U0182740

江苏省“十四五”时期重点出版物出版专项规划项目

南京近代建筑史

卷一

Modern Architectural History in Nanjing
Volume 1

周 琦 等著

东南大学出版社
南京

目　录

卷一

第一章

南京近代建筑史总论

按照一般的学术定义，中国近代建筑有两个含义。

首先在时间维度上，中国近代建筑特指1840年至1949年前后（即从第一次鸦片战争起至中华人民共和国成立前后）在中国新建的一批建筑，其中也涵盖一部分设计或始建于中华人民共和国成立前夕，但1950年前后才陆续完工的新建建筑。如位于南京新街口地区的“原国民党中央通讯社办公楼旧址”①。

第二个含义主要基于形式与建造逻辑，中国近代建筑指受西方文化及现代化观念影响的、带有现代特点的新建建筑。这类建筑从形式、空间、功能、技术、材料等方面均体现出从传统性向现代性的转变。

本书所研究的南京近代建筑正是上述两个含义的交集，因此南京同时期的以中国传统工艺、传统建造手段新建或修建的传统建筑，例如位于城南夫子庙地区的传统民居、祠堂、街巷、商铺等未纳入本书的研究范围。

基于特殊的地理位置与历史的条件，南京在整个中国近代建筑史中占据重要的地位。作为中华民国20世纪上半叶的首都②，南京成为那一时期全国的政治、经济、文化中心，尽管持续的时间不长，但统治阶层的意识形态依然在南京城中留下了浓重痕迹。不同于北京、上海、广州、天津等中国近代其他重要城市，作为民国首都的南京城，除了履行行政职能外，还充斥着有关民族自觉、民族复兴的强烈愿望，凸显出中国传统文化熏陶下的社会在现代化转变中，对政治与文化的诉求，对未来的愿景。这种诉求与愿景不论最终走向了何处，这些社会发展中的思想碰撞与历史变迁都在城市建筑中留下了独特的印记。

这种独特的印记在南京的近代建筑中多有体现。如带有中国传统官式“大屋顶”外观的建筑，这类建筑选用钢筋混凝土结构体系代替传统木构技术体系，结合现代化的施工作业方式，在外形上模仿中国传统宫殿式建筑，但内部空间及功能的营造体现出现代性，例如“原国立中央博物院旧址”；也有包括图书馆、报告厅、教室等在内的现代高等教育空间，例如由美国人投资、建设的“金陵女子大学旧址”。同样突出的还有南京的中心广场加放射形道路的路网体系，以及为迎接孙中山灵柩而修建的“中山大道”③。中山大道是中国第一条现代化的城市干道，在设计上参照了西方“林荫大道”的做法，但道路两侧的建筑却不乏中国式的布局逻辑，例如退后道路很远的传统宫殿式建筑。

相比于上海、广州、天津等早期开埠的城市，南京近代建筑中的商业建筑在规模与密集程度上不及前者。1842年《南京条约》签订以后，南京也被打开作为通商口岸，由于政治管控等原因，南京的商业氛围较弱。南京下关码头的海关在当时由中国人和英国人同时管理、征税，行使管辖等职能，在此背景下，下关码头一带修建了大量采用西方古典建筑形式的商业建筑，是特殊社会形态在城市与建筑中的典型反映。

目前，笔者对南京近代建筑的调查、研究已近30年，本书的目的在于对南京近代建筑的历史进行系统性、史料性、完整性的梳理，以厘清它的发展脉络。

本章作者为周琦。

① 原国民党中央通讯社办公楼旧址位于南京市中山东路75号，1948年由杨廷宝设计，1950年完工。

② 1912年1月1日，中华民国临时政府定都南京，1912年4月2日迁都北平；1927年4月18日国民政府定都南京，1937年10月30日迁都重庆；1946年5月5日还都南京，直至1949年10月1日中华人民共和国成立。

③ 中山大道建成于1929年，由中山北路、中山路、中山东路三段组成，全长近13公里，为当时世界第一长街。

第一节 南京近代建筑的社会背景及发展阶段

根据近代以来中国社会尤其是南京跟整个中国社会的演变变迁，南京本地的历史变迁相应地分成四个阶段：即1840—1927年，开创期；1927—1937，繁荣期；1937—1945年上半年，停滞期；1945年下半年—1950年，恢复期。

一、第一阶段：开创期（1840—1927年）

在南京的近代史中，1840年和1927年分别对应着两个重要节点，即第一次鸦片战争的爆发和中华民国正式定都南京。在这近90年的时光中，来自西方的建筑及技术在南京经历了从无到有的过程，是南京近代建筑的发生、探索与启蒙的阶段。这个阶段的主要特征是新的建筑类型开始出现，新的建筑功能又带来了新的建筑形式。来自西方的教会机构、工业体系、建筑技术等在相当程度上改变了人们对建筑的看法及认识，传统工艺与现代工艺逐步融合，形成了早期的建筑转型。1840年爆发的鸦片战争拉开了中国百余年动荡的序幕，它深度冲击了中国的传统社会，并在社会的各个阶层中激发出改变以脱困的愿望。这种愿望在接连几次的以失败而告终的对外战争中变得愈发清晰，最终推动了统治阶层、知识分子阶层在文化、科技与政治体制层面的革新尝试。这一阶段发生了两件对中国近代建筑产生深刻影响的历史事件，即发生于19世纪60至90年代末的“洋务运动”，以及1905年开始，1911年随清政府一起告终，但意义仍然重大的“预备立宪”。

洋务运动是一场清朝统治阶级的“自救运动”，它以“中学为体，西学为用”① 为主旨，希望通过“师夷”而“制夷”，最终“自强”“求富”。洋务运动的发起者将曾被国人所排斥的西方军事装备、机器生产和科学技术等引进中国，并催生出了中国的首批现代企业。在晚清时期，南京既是江南重镇，也是两江总督② 的首府所在地，具备地缘政治优势，因此成为洋务运动的重要实践场所。“金陵机器制造局”正是在这一背景下创建，并成为这一时期南京近代建筑中的重要构成。

金陵机器制造局是清政府在洋务运动时期创办的四大军事工业之一，也是创办于南京的第一处以机械动力进行生产的工厂。金陵机器制造局开始引进西方的建筑技术，融合中国当地的建筑工匠技术以及传统的工艺、材料，开始营建一些大规模的工厂、码头。下关码头也是洋务运动以后开始修建的。鸦片战争以后因为《南京条约》的签订等原因，清政府被迫打开一些门户用于通商。在洋务运动“中学为体，西学为用”的背景下，南京开始出现了现代建筑的萌芽。金陵机器制造局占地面积约17.3万平方米，1865年由时任两江总督李鸿章筹资办厂，1866年7月工厂初竣。工厂的规模在经历1886年和1935年的两次扩建后基本定型，建成有厂房30余处，办公楼和宿舍6处，安装有主要进口于英国的设备。作为西方先进工业技术和建筑技术在南京的首个试点，金陵机器制造局的工业建筑经历了从中国传统建筑形式中寻求借鉴和向西方建筑形式寻找灵感的发展历程，并最终通过工程师和建筑师对功能的量

---

① “中学为体，西学为用”最初由冯桂芬（1809—1874年）提出，后被张之洞（1837—1909年）系统阐释。

② 两江总督是清朝九位最高级的封疆大臣之一，总管江苏（含今上海市）、安徽和江西三省的军民政务，官秩从一品。林则徐、曾国藩、左宗棠、李鸿章、张之洞、张人骏等都在近代时期担任过两江总督。

身定制，实现了建筑形式、空间、结构和材料的本土化，并出现了一些早期的工业厂房，一些钢木结构的、中大跨度的工业厂房。

洋务运动历时35年，它为近代中国注入了许多积极的因素，但却不足以改变当时的社会状况。中国在1895年中日甲午战争中的惨败也为这场运动敲响了丧钟，人们认识到改革还需要更进一步，必须触动一些不可触动的内容了，比如政治体制。甲午战争的失败以及同年日本在“日俄战争”中的胜利让国人对其刮目相看，有识之士发现有必要学习日本，以找出一条快速扭转局面的捷径。日本的“明治维新”[①]运动与中国的“洋务运动”几乎同时发生，却产生了截然不同的效果。在学习日本的过程中，人们开始对政治体制提出诉求，并认为它是改革的核心所在。对于几千年来以皇权为尊的中国来说，政治体制上的改革必然步履维艰，并且难免有人流血牺牲。在经历了一系列内忧外患的打击下，为消除统治危机，清朝统治者最终将“君主立宪制”纳入选择范围。

1906年9月1日，清政府正式下诏颁布预备仿行立宪。1908年8月，清政府颁布《钦定宪法大纲》和《逐年筹备事宜清单》，规定第二年举行地方咨议局和中央资政院选举，计划以9年时间筹备宪法，10年后实行立宪。宪法大纲基本上体现了三权分立的原则，但具有浓厚的君权色彩。1909年9月，各督抚次第奏报举行各省咨议局选举。1909年各省咨议局选举，1910年资政院举行第一次开院礼。在1907年的时候，中国有一批城市开始了咨议局的筹备，南京就在其中。省会城市的咨议局是一种议会的机构，与清朝政府的行政机构形成某种互动，意义上的分权，或者是公众参与。位于湖南路10号的清末江苏省咨议局旧址就是在这一背景下筹建的，在外形上，它是一栋法国传统宫殿式样的公共建筑，这与中国传统行政建筑的做法很不一样。

委托建造这栋建筑的人是1909年被推为江苏省咨议局议长的张謇[②]，张謇是清末状元，他致力于实业与教育救国，参与创建了多所知名学府。受托设计这栋建筑的人是孙支厦[③]，他曾就读于张謇创办的通州师范学校，学习了测绘科、土木工程，以及一些建筑学方面的知识。在一定程度上，张謇算是孙支厦的老师与伯乐。1908年，孙支厦一毕业便受张謇推荐，负责江苏省咨议局的设计与施工。因为君主立宪制来自对日本明治维新的模仿，所以孙支厦在设计工作开展前被派往日本进行考察。孙支厦重点考察了位于东京的日本帝国议院[④]，然后以现代性政府改革的发源地法国为模板，选用了法国宫殿式建筑作为江苏省咨议局的建筑形式。孙支厦是中国现代建筑教育还未正式创建时期，由本土培养的工程、技术人员，对于建筑设计工作，他所能做到的就是基于所学的测绘、制图技术，结合自己的理解，根据现有案例模仿、再现。建成后的咨议局蔚为壮观，它的形式尽管来源于模仿，但不失特色。建筑立面采用三段式布局，中部设有方底穹顶的钟塔，西洋式圆拱木窗与金色屋面，是中国传统建筑的砖木结构体系。

这栋建筑最终没能作为咨议局而投入使用，1911年爆发的辛亥革命在建筑竣工之前便推翻了清朝的统治，历史走向了新的篇章。吊诡的是，这栋为了巩固清朝政府统治、为了变中求生而建造的房子，在建成后却成了新生政权的象征。1911年底，孙中山在此被推选为中华民国临

---

① “明治维新”发生于19世纪60至90年代的日本，是在西方资本主义工业文明冲击下，由日本政府自上而下推行的，具有资本主义性质的全盘西化与现代化改革运动。这场改革将日本推入世界强国之列，它的起点是1868年“君主立宪政体”的建立。

② 张謇（1853—1926年），江苏省海门市人，清末状元，中国近代实业家、政治家、教育家，主张“实业救国”。

③ 孙支厦（1882—1975年），江苏省南通市人，中国近代最早的建筑师之一。

④ 日本帝国议院始建于1890年，由伊藤博文内阁依据明治天皇颁布的“设国会诏”创设。历史上的日本帝国议院议事堂建筑共有5处：首座议事堂为临时建筑，完成于1890年11月24日第一届帝国议会召开前夜，但在第二年1月20日凌晨毁于火灾。之后又于1891年10月建成第二座临时议事堂，1925年9月18日又因失火而被烧毁。孙支厦考察的应为第二座临时议事堂。现在的日本国会为1936年11月7日竣工的第五座日本帝国议院议事堂。

时大总统，这栋建筑被用作中华民国的临时政府参议院，属于中华民国时期的重要行政建筑。

这一阶段现代商业开始在中国出现，是中外交流变得相对活跃的时期。在此阶段，西洋的商业交易模式、文化观念等都能在南京的近代建筑及场所中找到对应。中华民国总统府建筑群就是这一时期中西文化交流的典型印记。总统府建筑群的前身是清代的两江总督署以及太平天国的天王府，在作为清末两江总督署时，它尽管是由传统的官式建筑所构成，但却有着极具现代性的空间序列。那时的总统府还没有修建我们现在所见的标志性大门，整个建筑群是敞开的，没有门与墙的围合，通过廊串联各个空间并向后延展。这种框架式、中轴线布局的，通畅、平地无台阶的空间序列非常现代。1909 年，时任两江总督的端方[①]在访问欧洲后，在总督署内修建了法国文艺复兴式样的“西花厅”。西花厅是纯粹的西洋式官邸建筑，建筑中还可见西洋式的石雕等构造工艺。它在 1910 年张人骏[②]担任两江总督时建成，是总督休息、起居的地方。西花厅体现了在那一时期中政府官员、文人士大夫阶层对西洋文化的憧憬，或者说欣赏之情。

1910 年由端方在南京倡办的历时半年的“南洋劝业会”为南京的商业带来了短期的繁荣。南洋劝业会是清朝末年官商在江宁（今南京）合办的一次全国规模的博览会，它在模式上借鉴了万国博览会等国际博览会，是清朝末年的重要事件。南洋劝业会 1910 年 6 月 5 日开幕，1910 年 11 月 29 日闭幕，吸引了世界各国的商人前来交易，当时有 22 个中国的行省和 14 个国家参展并设馆，活动期间参观的人次逾 30 万。南洋劝业会时称“南洋第一次劝业会”。“劝业会”即为以赛会的形式鼓励工商业的发展，但除了展示工商业产品之外，劝业会还以其便捷的基础设施、丰富的建筑类型和崭新的展览空间表达了主办者对现代化的追求以及对中国各地改革者的支持，同时集公园、博物馆、动物园等“导民善法”于其中，既是向正处在新政时期的晚清社会示范性地展示一种现代化城市与建筑的面貌，也是一个寓教于乐的现代文明教育的场所。

图 1-1-1 20 世纪 30 年代的夫子庙街景

图片来源：https: //cn.bing.com

图 1-1-2 晚清下关功德船码头情形

图片来源：中共南京市下关区委员会，南京市下关区人民政府，南京大学文化与自然遗产研究所 . 百年商埠：南京下关历史溯源［M］. 南京：凤凰出版传媒集团，江苏美术出版社，2011：48.

同时期，时任两江总督的端方为解决下关商埠至南京主城区交通困难的问题，提出修建连接江边码头、沪宁铁路车站和南京主城区的城市铁路。1908 年 8 月，城区铁路的首期路段建成通车，乘坐市内“小火车”[③]观光也成了南洋劝业会极具特色的一项体验。城市铁路很大程度上改善了当时南京的交通状况，它联通了城南与城北，将位于城市东南方向的金陵机

① 端方（1861—1911 年），满洲正白旗人，官至直隶总督、北洋大臣，改革派人物。1906—1910 年任两江总督，对推动南京的现代化进程做出诸多贡献。

② 张人骏（1846—1927 年），直隶丰润县（今河北丰润）人，1900—1911 年任两江总督。

③ 市内“小火车”在南京运行了半个世纪，1958 年因不适宜城市的发展而被拆除。

器制造局和位于西北方向的下关码头相串联。结合城市铁路的建设，南京城内原有的马路也进行了拓宽，大马路、江宁路一带出现较为繁荣的商业氛围。城市铁路的修建为南京带来非常热闹的城市景象，进而形成了“南有夫子庙，北有大马路”的商业格局。值得注意的是，尽管都是商业中心，但夫子庙与大马路在风格上却各有千秋。夫子庙（图 1-1-1）是中国传统市井文化的载体，构成它的是小桥流水、亭台楼阁，以及缭绕其间的明、清往事。而大马路（图 1-1-2）则是一派西洋景，它尽管没有“十里洋场”式的喧嚣与浮华，但现代化的马路，以及路边高大的银行、邮局等商业建筑，无不彰显出时代中的现代指向。汽车、码头、轮船，以及长江水系与秦淮河水系互动，在南京形成了一个极具生活感的场景，在此，空间是流动的。

随着对外交流的深入，下关江边的现代工、商业建筑逐渐形成规模。1912 年建成的，位于下关江边的和记洋行是一个全现代的钢筋混凝土工业建筑群。它占地近 10 万平方米，体量之大实属全国罕见。当时的投资方英国“合众冷藏有限公司”将英国最先进的冷冻、储藏技术引入中国，收购长江中下游地区特别是南京周边地区的生猪、鸡鸭鱼肉等，进行加工、冷藏，最后通过长江航运，将产品返销到西欧国家。和记洋行是中国第一次出现的大规模现代化工业厂房，它采用先进的技术建造，建筑用料上既有从长江就地取材而来的沙子、鹅卵石，也有从英国进口的水泥与钢筋，在建筑规范上也以英国的规范为标准。1912 年由英国人聘请西洋建筑师修建的，位于下关江边的扬子饭店也是这一阶段的重要建筑。扬子饭店的独特之处在于它是用南京的城墙砖建造的西洋式建筑，它巧妙地利用了城墙砖作为结构材料，建构出西洋式的建筑场景。当时正值清朝终结，南京大量的城墙被拆除，拆卸下来的城墙砖物美价廉，因而被再次投入使用，造就了扬子饭店这样极具时代特色的建筑。

值得注意的是，在这一阶段的南京并没有形成关于建筑设计、城市规划、管理方面的法律、法规。清末民初时期社会动荡，民国政府在各地实行督军制度[①]，地方政府各自为政，兵荒马乱中不具备形成任何用于管控城市、建筑，以及建筑质量的法律、法规的条件。传统建筑依然是按照传统的方式修建，在《营造法式》等专业书籍的指导下，以及民间成熟的建造方法和工艺流程的支撑下，传统建筑的营造通常不会遇到太大的难题。而新式建筑的营造需要更多的摸索，通常需要外国的修建者将自己国家的建筑制度、法律、法规、建筑结构规范等与南京的实际情况相结合。因为没有统一的规范，所以那个时候的建筑图纸在格式上也是“五花八门”，大多数的图纸都是西洋式的，它们用英制标注，比如和记洋行的蓝图。为了便于中国工匠施工，这些图纸往往还需要被“编译”，将英制的尺寸换算成中国传统的尺寸。一项工程的顺利进展，需要外国建筑师、业主、营造商与中国的营造商、工匠的共同配合。

二、第二阶段：繁荣期（1927—1937 年）

1927—1937 年是南京近代建筑发展的繁荣期。这一时期，中华民国正式定都南京，政府集全国之财力建设新都城，南京因此迎来了城市建设的“黄金十年”。这是南京近代建筑发展的鼎盛阶段，在这段时间内南京城内新建了大量建筑，出现了丰富的建筑类型。行政、教育、商业等公共建筑都获得了很大程度上的发展。现代商业也开始兴起，商业中心从城南的商业街开始向新街口转移，出现了电影院等新的建筑类型。目前南京城内保存的 1500 余栋近代建

① 1912 年中华民国成立时并未实现强有力的中央政权，民国各省政权呈地方割据态势，“督军”即各省军事统帅的称谓，与省长同级别，但相比于省长更具备实权。

筑中，有很大一部分都是在这一阶段建成的。当时的南京汇聚了一批优秀的文学家、艺术家、建筑师，以及官僚资本家，他们都致力于新都城的建设。南京城中一派繁忙，包括商业、政治、文化、学术、教育在内的各种活动络绎不绝，为新的都城带来了生机。这一阶段的南京城市建设主要以两个历史事件为契机，首先是为安葬孙中山先生而举行的奉安大典，其次是为建设新首都而颁布的《首都计划》。围绕这两个事件而实施的各种建设奠定了现代南京城市的基本格局。

1925 年 3 月 12 日，孙中山去世。孙中山是广东人，但并没有“叶落归根”，而是留下了希望安葬在南京的遗愿。孙中山的奉安大典是中国近代史上的重大事件，中山陵和中山大道就是因此而营建的。1925 年 5 月，孙中山的葬事筹备委员会悬赏征求中山陵墓的设计图案，1926 年 1 月陵墓正式动工，1929 年春第一期工程完工，同奉安大典顺利衔接。中山陵在中国近代建筑史上占据了重要的地位，但它的建造更大程度上是一个政治事件。孙中山是中国近代民主主义革命的开拓者，他倡导以“民族”“民权”和“民生”为核心的“三民主义”，他一生致力于终结两千多年的封建帝制，建立民主共和的国家。中山陵建筑群的建设耗资巨大，占据了东郊的大量场地，尽管单体建筑屋面并未覆黄色琉璃瓦，而以象征青天白日的蓝色琉璃瓦代替，但在整体规模、单体体量上超过了绝大多数明、清帝王陵墓。这一高等级的工程建造虽与孙中山先生的思想和个人意愿存在出入，但这一项目正是时代所需。

中山大道是配合中山陵而修建的一条礼仪式的道路。它于 1928 年 8 月动工，1929 年 4 月正式通车，全长近 13 千米，采用“五块板”布局，道路宽度达 47 米，起于中山码头，止于中山门。中山大道在形式上参照了巴黎的香榭丽舍大街，它是一条由四排绿化带区分出人行道、慢车道和机动车道的林荫大道。为了赶在奉安大典前通车，中山大道的建设非常仓促，但通过各种努力，还是如期完工了，并且成为中国第一条高规格的现代化城市干道。1929 年 5 月 28 日，孙中山的遗体从北京由京沪铁路的专列运达南京，列车停在长江北岸的浦口火车站后，遗体又通过轮渡抵达位于长江南岸的中山码头。中山大道就从这里开始发挥起礼仪上的作用。中山大道上的这段路程是孙中山的灵柩抵达中山陵落葬前的重要环节，因此需要正式的仪式加以引导，以高标准的方式完成。中山大道将巨大的城市空间和尺度带入这场仪式中，在中国由传统向现代转型的节点上，参与创造了礼仪的盛况。1929 年 6 月 1 日的奉安大典也因为这些建筑与场所而形成一段深刻的社会记忆。

中华民国正式定都南京后，出于中央统治的需要，政府开始对南京进行统一的规划和设计。1929 年 12 月 31 日，在孙中山之子，国都设计技术专员办事处（简称“国都处”）最高领导人孙科的组织下，国都设计技术专员办事处完成了《首都计划》的编制工作。《首都计划》的顾问为美国建筑师亨利·K. 墨菲（Henry Killam Murphy，1877—1954 年）、美国工程师欧内斯特·P. 古力治 (Ernest P. Goodrich，1874—1955 年)，建筑师黄玉瑜为建筑方面主要助手；实际规划工作由墨菲和古力治二人主导，林逸民负责行政协调。由于墨菲和古力治两位美国顾问的参与，《首都计划》颇受美国城市规划思想与技术的影响。墨菲主要负责城市的中国特色保留以及中央政治区的设计，而古力治则负责交通规划以及港口设计。《首都计划》共分 28 个章节，大致可以分为调查、规划、执行 3 个板块。《首都计划》将南京按照美国首都华盛顿的样式作为一个现代化的首都的场景进行构想——林荫大道，分区有行政区、住宅区、商业区等等，按照现代城市的要求做的计划，但由于种种历史原因，这个计划的绝大部分思想，比如分区中对行政区的规划没有得到落实，《首都计划》在一定程度上是件纸上谈兵的事情。

《首都计划》的搁浅有政治上的因素，但更多是经济上的原因。民国政府当时的财力不足以支撑他们对首都的宏大构想。1927—1937 年间的民国政府并未在真正意义上统一中国，当时东三省被日本占据，西北方向又有地方军阀如诸侯般割据，因此未能形成权威性的中央行政职能。这段时期又全程贯穿了“第一次内战”，进一步加剧了财政上的窘迫。当时建设中央行政区是《首都计划》中重要的一部分。中央行政区最初选址于中山陵的南侧，孙中山之子孙科对此表示极大支持，他认为这样具有警示政治运用的意义和作用，因为有“国父”在上俯视众生。这个计划遭到了中华民国政府的反对，他们不愿意将中央行政区放在中山陵边上有经济的原因，但更多是出于政治上的考量。民国政府将中央行政区选址在明故宫的位置。明故宫在太平天国运动中被彻底烧毁，变成一片废墟，因此空出了大面积的土地。将中央行政区建立在明故宫的遗址上也合乎当时的逻辑，因为它离主城区很近，又在中山门内，有城墙的保卫。但这个计划也未能实现，经济困难是主要的原因。

建设中央行政区的计划尽管终止了，但为了履行首都的功能，就必须合理安置政府的各个职能机构。将行政建筑沿中山大道布置就成了当时的权宜之计。中山大道开拓后，沿路两侧需要规划一些街坊里巷，正好给大量的行政建筑留出了空间，同时行政建筑也能烘托出中山大道的庄重与规整。包括原国立中央博物院、原中国国民党中央党部、历史档案馆、原中国国民党中央党史史料陈列馆、励志社、中央医院、原国民政府外交部、原国民政府交通部等重要的公共建筑都沿中山大道两侧依次建设，这为首都南京创造了特有的城市风貌与建筑格局。

《首都计划》中的分区构想尽管没能够完整地建立起来，但也潜移默化地对城市建设产生了影响。作为“第一住宅区”的颐和路公馆区就是在《首都计划》分区的思想下建造的。当时的民国政府为了加强对各地割据军阀的监督、统治与管控，就在现今山西路一带开辟了第一住宅区，并要求各地领导人必须住在南京，与中央政府保持距离上的接近。新辟住宅区中的道路以全国各地的风景名胜之名命名，比如颐和路、珞珈路、莫干路等，意指汇聚了中国的名山大川，也彰显了南京的中心地位。当时李宗仁、阎锡山等大军阀都在第一住宅区建造了自己的公馆，形成了这个时代特有的居住形态。在高标准的颐和路公馆区出现的同时，也出现了中产阶级的社区，居住建筑的建设一派繁荣。在这一阶段，南京的文化、教育建筑也取得了大规模的发展，不论是西洋教会创办的学校，比如金陵大学、金陵女子大学等，还是中国人自己创办的学校，比如中央大学等，都在这一阶段兴盛起来。商业建筑中出现了现代的电影院与银行，比如大华大戏院和位于中山东路 1 号的交通银行（现为中国工商银行江苏省分行）等，都属于这一时期的优秀作品。工业建筑也得到了持续的发展。

三、第三阶段：停滞期（1937—1945 年上半年）

1937—1945 年属于南京历史中的“日据时期”。这一阶段，战争为南京带来了极大的损伤与破坏，是南京近代建筑的凋零期、停滞期，建筑基本上没有太多的发展，建筑技术也处于停滞阶段。日本占领军与汪精卫政府联合对南京城采取了一些有限的干预手段，主要集中于对现有建筑的再利用、废墟的整理，以及适当发展出一些小规模、小空间的修补式建设。

日本占领军对南京现有建筑的修补与再利用主要集中在“家屋”与“日人街”的建设上。自 1930 年代末至 1945 年，大量日本商人占据、租赁太平路两侧被毁坏的房屋，改造、建设为独栋式市房。这些市房建筑一般由在南京的日本建筑、土木业事务所设计并监造，用于日本商人的住家和商业经营，时称“家屋”。市房建筑类型众多，按照空间格局可以划分为单栋式和组合式，前者只设临街店铺栋，在竖向空间上划分功能，包括下店上寝式、前店后储式、底层为营业空间的混合式等；后者一般为院落式布局，由临街的店铺栋和屋后的附属栋组成，包括前店后储型、前店后厂型等。

为实现对南京的经济统治，日本首先划定了日本人活动区域，并帮助日本企业在南京开设商场和店铺。1938 年初，日军攻占南京不久，便将南京市中心最繁华的区域划定为“日人街”。除军人、军属外，居住此地的日本人人数约达 300 人。同年 3 月的《南京班第三次报告》记载了“日人街”的具体位置，即“北起国府路，南到白下路，西起中正路，东达铁道线路”，该区域内包括了战前繁华的太平路及中山东路商业街区。日本将新街口、中山东路、太平路一带划定为“日人街”，主要因为该区域的地理位置和既有设施方面的便利。一方面，该区域位于南京城市中心，与“南京市自治委员会”初期划定的四个行政区域联系紧密，方便日本的殖民统治；另一方面，“日人街”的范围囊括了战前南京最繁华的商业区，虽然大量商业建筑毁于战火，但中山东路、新街口附近遭破坏程度较小，尚有部分商业用房可以使用。

四、第四阶段：恢复期（1945 年下半年—1950 年）

1945 年下半年—1950 年是南京近代建筑发展的恢复期。1945 年 8 月 15 日，日本无条件投降，中国取得了抗日战争的胜利，同年 12 月，国民政府将还都南京提上议程，并决定在 1946 年 5 月 5 日正式还都南京。在还都前的这段时间，国民政府仓促地开展了一些恢复性的建设，比如政府办公机构的维修、出新，中山路、中山门的重新改建等。1946 年正式还都后，面对南京百废待兴的战后重建工作，国民政府最初的状态是雄心勃勃与信心满满的，整个社会都对重新建设首都抱有很高的期望与决心。在“还都令”下，一批批的政府官员，党、政、军机关，以及学校等从中国的西南各地迁回南京，社会各业的上层人士也纷纷在南京定居。政府机构建筑、学校建筑等都得到了修复或重建，南京的经济出现恢复与增长。

但是这个状况并没有维持很久，时局很快出现了急剧的变化。随着重庆谈判《双十协定》被撕毁，1946 年 6 月爆发的第三次国内革命战争让国民政府不得不将注意力从重建首都上转移。战争发展的速度很快，远远超出了统治阶级的预料。从 1947 年开始，国民政府的军队在内战中节节败退，国民政府不得不在 1949 年 4 月离开南京，迁往广州，并最终于 1950 年 3 月撤退至台湾地区。因此，这一阶段南京的恢复性建设尽管不乏宏大构想，却难免草草收场，所有的计划都浮于纸面，没有得到很好的实施。经济发展的普遍性萧条、停顿，社会动荡、军心不稳、民心不安，以及战争带来的巨变等因素都促成了建筑发展的停滞。这一期间的建设活动以小规模建筑为主，并且许多建设都是在仓促之中完成，建筑质量普遍不高。

在这一阶段建成的房屋中也有一部分的经典作品，比如位于北京西路的，由两栋四层楼高、现代式样的钢筋混凝土大楼组成的“驻华美军顾问团公寓”。驻华美军顾问团公寓由华盖事务所于 1935 年设计，但因战乱影响，直到 1946 年方才完工。它在选址上占据了一个风景优美、地势良好的位置，极具地标性。同样醒目的还有一批社会上层人士修建的小住宅，以及建筑师的自宅，比如位于成贤街的杨廷宝住宅（1946 年建）和位于文昌巷的童寯住宅（1947 年建），这些建筑在当时都具有一定的前瞻性。1948 年由杨廷宝设计的南京原国民党中央通讯社办公楼也是这一时期的重要建筑，大楼呈现代式样，完工于中华人民共和国时期，是当时南京的最高建筑。

这一阶段的城市总体而言没有得到太多的发展，街道、基础设施等基本没有得到改善。尽管有一些公共建筑、商业建筑、居住建筑、教育建筑等的零星建造，但因为规模及数量上的限制，这些新生建筑只能“镶嵌”在城市中，不能发挥区域影响。同时，因为人心不稳，投资方、设计师和工匠等都很难用稳定的心态投入工作，所以营建出的建筑大多比较粗糙，鲜有精品。

第二节　南京近代城市形态

一、南京近代城市的历史脉络

作为中华民国的首都，近代的南京城并非建立于一片空地之上，它不是一座全新的都城，也不同于华盛顿、巴黎这类经过全新规划而打造出的首都。尽管中华民国的统治者想在南京呈现出华盛顿特区般的首都形态，通过移植高标准的道路、广场空间、中轴线布局，以及高规格的建筑、西洋古典式样的城市等元素，建构出属于自己的理想化的新国都，但是，这些设想在南京远远没有实现，究其原因主要在于南京的历史厚度。南京既是一座古城，也是一座古都，对于它的改造与更新难免要以旧城为基础。所有的新生事物必然混杂于原有的城市肌理中，不论是道路，还是中央行政区、商务区、居住区、工业区、展览区等都无法形成像华盛顿中的那类完整区域。

近代南京城延续了明、清南京城的基本格局及区域划分（图 1-2-1、图 1-2-2）。明、清时期南京城的繁华区域位于城南地区，以秦淮河两岸为中心，而城中与城北相对荒凉，中央行政区位于城东的明故宫与六朝都城遗址所在处。至太平天国和两江总督时期，行政区则移到了位于城中偏东的位置，也就是现在的长江路一带。城市的其他区域相对荒凉，没有大量的民宅。这就是近代南京延续自明、清时期的基本布局。由于历次的战争摧残，南京是在萧条中走进了近代。历史中不断重演的战乱一次次重创南京城，六朝时期的动荡基本摧毁了之前南京城的文化印记。直到明朝在此建都后，南京的元气才有所恢复，城市面貌得以再一次变得兴盛、强大起来。作为明朝都城的南京是在很短时间中恢复与建立起来的，它鼎盛一时，但又随着明朝迁都北京而逐步衰落。在作为明朝首都的 50 多年中，南京城新建了城墙、宫殿、以大报恩寺琉璃塔为地标的城南宗教场所，以及位于市中心的钟、鼓楼，还规划了道路骨架及城市中轴线，这些都构成了近代南京城的历史脉络。

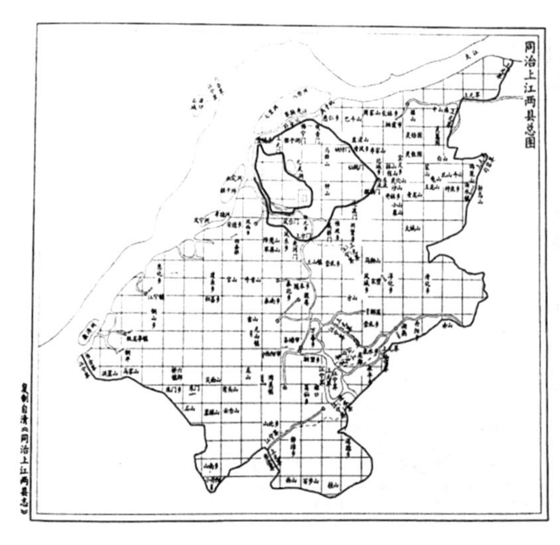

图 1-2-1 同治上江两县总图 (清末)

图片来源：南京市地方志编纂委员会. 南京建置志［M］. 深圳：海天出版社，1994.

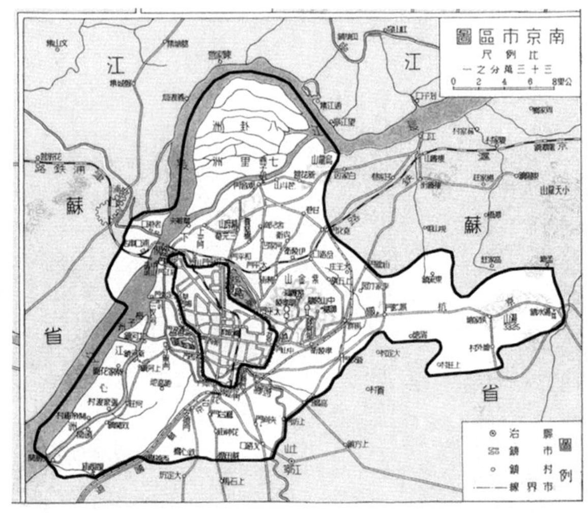

图 1-2-2 南京市区范围 (1949 年)

图片来源：朱炳贵. 老地图·南京旧影［M］. 南京：南京出版社，2014.

至清朝时期，尤其是清末太平天国运动年间，运动的兴起与被镇压摧毁了南京城市的基本形态。太平天国运动过后的南京又是一派凋零，人口剧减，大型的公共建筑被摧毁，城中只有零散的建设活动。这一时期的南京城甚至不能和苏州、扬州相比。它的城市面貌、建筑等级，以及人们能感觉到的外部空间，都在走向衰颓。战争打破了原有的城市肌理，城南地区的传统建筑聚落变得越来越少、越来越小，并且杂乱、零散，城市中已没有任何大规模的、体面的街区或建筑能被完整地保留下来。战乱使得南京城近代以前的传统建筑以及传统的城市面貌都表现出虚弱的一面。近代以前南京的传统城市与建筑，及其规模与等级都基本因破坏而丧失殆尽。所以，尽管同样是古城，南京却没能像北京、西安、苏州、扬州等城市那样，将中国古代社会遗留下来的建筑与城市风貌传承下来。南京是十朝都会，但它辉煌的历史，以及它的文化与脉络都几乎只能以无形的方式存在。有形的那一部分已近乎消失，除了自然山水和城市肌理、道路骨架之外，在传统的物质文化形态方面，南京城中还能触及的就只有来自过去的城墙，以及城南保存下来的一些破败、狭小、零散的建筑群。

南京的很多历史价值都来源于对传统的恪守，尽管传统社会遗留下来的物质形态有限，但近代时期所进行的各项大规模建筑，包括城市建筑、景观、绿化、空间格局等，都将传统社会遗留下来的东西置于重要地位。近代南京城市发展过程的主导者是中国人，这是一个充满艰辛的城市现代化转型过程，中国人自己主导了南京城的建筑、空间、格局、绿化、小品等要素的现代性蜕变。这与上海、天津等在西方资本主导下，发源自租界的近代城市存在很大的差异。南京是在国家行使主权的背景下，在主体文化、行政当局、自发的民间组织、知识分子阶层，以及新兴思想、文化的共同作用下，迈向现代化转型的城市，它的建筑与城市空间是这一过程最直观，也最深刻的印记。

二、南京近代城市道路格局

尽管近代以前的南京城曾一片荒芜，建筑破败狭小，城市凋零、区域混杂，但很重要的是，明、清时期所形成的城市肌理还在。中华民国政府在接收这座城市并将它打造成新的首都时，来自历史的城市格局成为新规划的基石。近代南京基本保留了明代的城墙以及明、清时期的道路系统。我们现在沿用的中山大道，以及南京的其他几条主要干道，其中绝大部分都发展自明、清时期遗留下来的城市骨架系统。区别只在于原有的道路相对窄小，但整体的城市道路骨架系统并没有消失。近代南京的城市形态是在原有的道路系统上逐步成形的，政治与商业的需要令南京在原有的城市格局中不断添加新的道路肌理。《南京条约》签订以后，下关码头作为通商口岸，为了解决货运与商业贸易问题，在城里修建了江宁路、大马路与小铁路，以连接位于城市东北角的下关码头和城中最为繁华的夫子庙地区。作为一个重大的历史事件，1929 年的奉安大典又一次为南京的道路系统带来了扩张的机会，为了让孙中山的灵柩能合乎礼仪地走完通往中山陵的路程，民国政府为此专门修建了高规格的中山大道。在安葬完孙中山后的二三十年间，南京的道路又被进一步拓宽，模范马路即是这一时期在原先南洋劝业会场的小马路的基础上拓宽而成的。

三、南京近代城市绿色空间体系

影响南京城市景观的宏观地理，最显著的莫过于其山水环境，同时也是构成城市景观的重要组成部分（图 1-2-3、图 1-2-4），这也为南京赢得“山水城林”的美誉。

以南京明城墙为城市边界，南京城外北侧有幕府山、燕子矶山系。城外南侧有雨花台、菊花台山系，城郊再往南则为牛首山山系，对南京城市影响不大。城外东侧紧靠钟山山系，钟山又称紫金山，山有三峰，主峰偏北，海拔448.9米，是宁镇山脉最高峰；第二峰偏东南，名中茅山，海拔360米，中山陵就位于其南坡；第三峰偏于西南，因太平天国时期曾在此峰修筑天堡城，故称天堡山，海拔250米，紫金山天文台即建于此峰，山体呈东西走向，长约7.4千米，南北宽约3千米，周长约20千米，绵延起伏。钟山山系有一小部分的低矮山系从城内东部太平门附近延续至城市中心位置，为鸡笼山、九华山、富贵山山系，山上建有大量名胜建筑如北极阁、鸡鸣寺等。城内西侧为五台山、清凉山及狮子山山系，城外西侧为长江，长江西侧沿岸有江浦老山山系，呈狭长形分布。

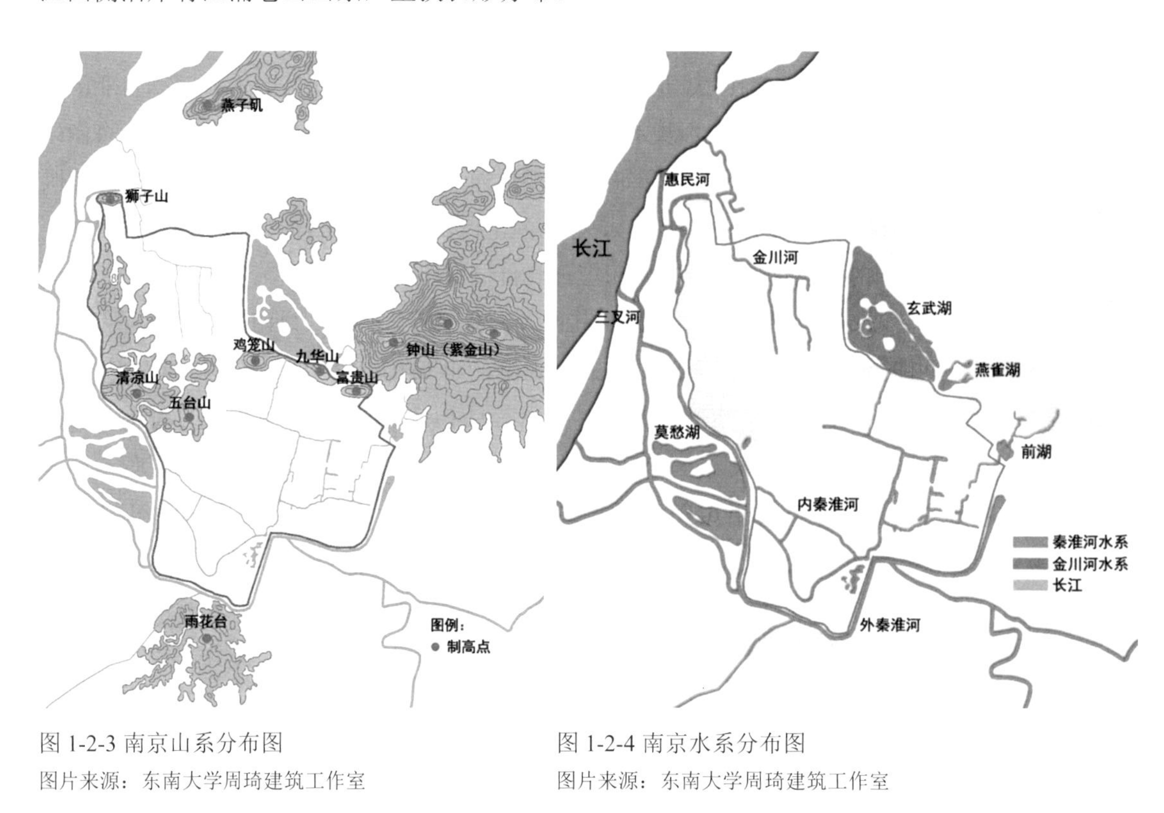

图1-2-3 南京山系分布图
图片来源：东南大学周琦建筑工作室

图1-2-4 南京水系分布图
图片来源：东南大学周琦建筑工作室

南京城西侧、北侧为长江，水面宽阔，是南京城西侧、北侧的防御天堑，也是近代时期重要的城市水运交通要道，民国时期在南京城北长江边建立下关码头，码头货运繁忙。长江在南京主要有两条支流水系，分别是秦淮河水系和金川河水系，分别位于城南与城北。秦淮河水系包括外秦淮河水系和内秦淮河水系，外秦淮河环绕于城墙外侧，城墙的曲线形式即依据河流形态建设，使外秦淮河兼做护城河之用，同时城外有较大的湖泊——莫愁湖。内秦淮河水系，包括了内秦淮河及其支流。

北侧的金川河水系，主要包括了金川河、惠民河等，以及玄武湖、燕雀湖等。金川河历史上是宽阔大河，上游源自五台山和清凉山的北麓，经山西路和三牌楼，流入玄武湖和长江。近代时期金川河大大缩短变窄，玄武湖的面积也缩减至只有古代的1/4（但仍是南京市区的第一大湖）。同时，城内大小水塘众多，分布密集。

南京的山系与水系，一起构成南京的自然地理格局，形成金川河流域平原和秦淮河流域平原，中间被钟山山系及其余脉阻隔，这也导致了古代南京城市发展的不均衡，城南成为商业繁华、建筑密集之地，城北则显空旷，又远离城东的政治中心，因此在明朝初期，城北主要作为军营驻扎地，至近代，城北发展仍滞后于城南。

南京城“山水城林”的空间格局在近代时期被进一步强化。我们可以从一张举办奉安大典时的老照片（图 1-2-5）看出，1929 年时的紫金山草木稀疏，不似现在的郁郁葱葱，紫金山的自然地质条件（图 1-2-6）也决定了它在天然状况下难以形成森林，而通过近代以来对紫金山的规划使其绿化状况得到改善。穿城而过的两条水系：长江与秦淮河形成了重要的城市边界，新建的林荫大道又将城内的水系与紫金山、石头城等山系相连接，共同构成了南京以自然元素为主导的空间格局。

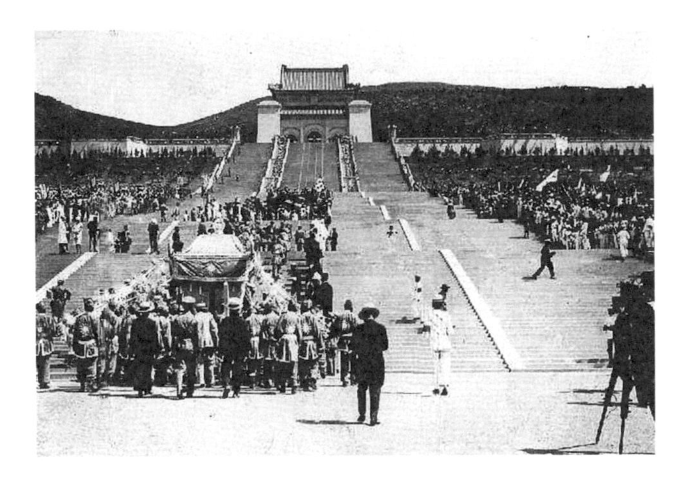

图 1-2-5 奉安大典图

图片来源：https: //cn.bing.com

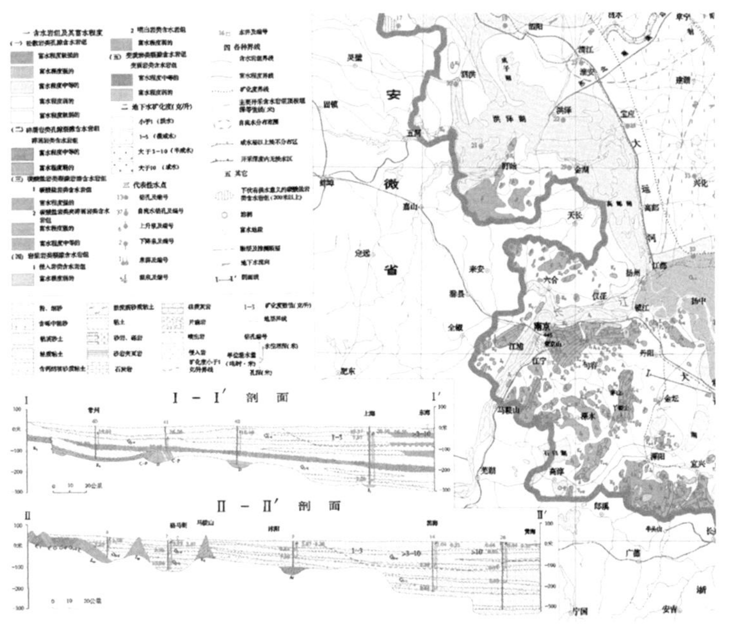

图 1-2-6 钟山水文地质由富水程度低和富水程度中等的岩石为主

图片来源：东南大学周琦建筑工作室

绿化体系在很大程度上受自然因素影响，目前我们所见的毗邻南京主城区的东郊 48 平方千米的绿化体系（图 1-2-7）是近代时期的成果。东郊天然的地理条件、土壤、地质条件等无法形成自然生长的原始森林。近代以来，配合中山陵的建设，紫金山一带的绿化状况才有了改观。目前还没有发现相关的史料记载那些选择安葬在紫金山的帝王将相们是如何面对这种自然状况的，我们不知道孙权、曹操、朱元璋是否为了陵寝的风水而在此大规模地栽培过草木。但是客观上讲，紫金山的土壤与地表无法自发地形成森林体系。

当谈到南京的风水时，人们会戏言建都南京的政权都不长久。南京虽然是十朝古都，但是没有哪一个朝代可以在此长久立足，它们往往昙花一现。六朝时期（222—589 年）的朝代就很短暂，南京在将近 370 年的时间中先后成了孙吴、东晋、宋、齐、梁、陈这 6 个朝代的京师，除了东晋政权维持了104年外，其他的政权都不超过60年。当隋文帝发兵灭掉陈朝后，因为惮于南京的“王气”，便将整座城市“连根拔起”，全部夷为平地，然后变成了农田。但长久以来，南京的虎踞龙盘之势已成为一种文化。孙中山选择南京作为中华民国的首都既有政治上的考量，也很大程度上是出于对盘踞在城市中的“帝王之势”的青睐。金陵城中的“祥瑞之气”引来了一批又一批的帝王在此建立都城，尽管每代帝王的都城都维持得很短，但总有新的朝代想在此奠定千秋大业。太平天国在南京的政权只持续了11年，明朝定都南京53年后迁都北京。南京作为都城都很短暂，有一种说法是因为南京长不了太大的树，南京的大树根系都很浅。这也许有一定的道理。在江南地区，甚至在江北的老山一带，都很难找到一棵自然生长状态下的需要3个人才能合围的大树，两人合围的树也很少见。在此立足的帝王将相像树一样，受土壤、地质的限制，无法深扎根，也难以发展成森林？

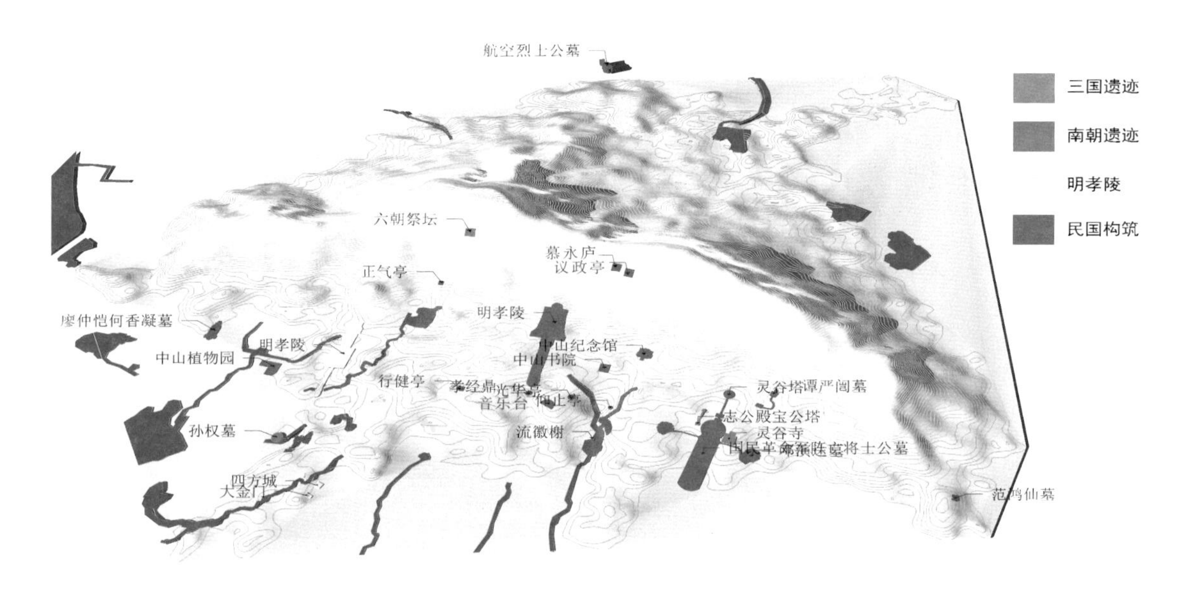

图1-2-7 东郊纪念物与钟山水体分布叠加图
图片来源：东南大学周琦建筑工作室

近代时期人们借助中山陵的建设，在南京东郊近48平方千米的区域中人工栽培了包括梧桐树、槐树在内的许多树种（图1-2-8、图1-2-9）。这是一次在政府号召下由植物学家、森林学家积极响应的植树造林活动。在投入了大量人力、物力与财力后，紫金山近48平方千米的荒芜状态终于被扭转，并进而造就了城市的绿色格局。经过近90年的发展，东郊一带由人工栽培而生的树木，已显现出了原始森林般的气魄。

近代南京城“山水城林”的绿色空间体系与城市形态密切相关。南京生态的城市形态、格局有赖于城市水系与绿色体系点、线、面的结合形式。在绿色体系中，与南京主城区一步之遥的东郊大面积森林植被在全国，乃至全世界的大陆性季风气候城市中都很少见。来自东南方向的季风将东郊48平方千米森林植被中的负氧离子吹入城区，这片森林既改善了生态环境，也形成了景观资源，是不可或缺的休闲场所，在城市格局中占据重要地位。南京城中点、线、面式的绿色空间体系由48平方千米的东郊森林、中山大道等栽满梧桐树的林荫大道，以及位于城市中心的在近代以来得到大力发展的玄武湖公园，其他散布在各处的城市公园、园林体系，还有一些机关大院和住宅小区中的绿化、景观等共同构成。被森林所覆盖的高绿化率城市格局是近代南京的一大特点。据统计，在南京步入大规模的现代化建设活动之前，城市的绿色覆盖率逾50%。

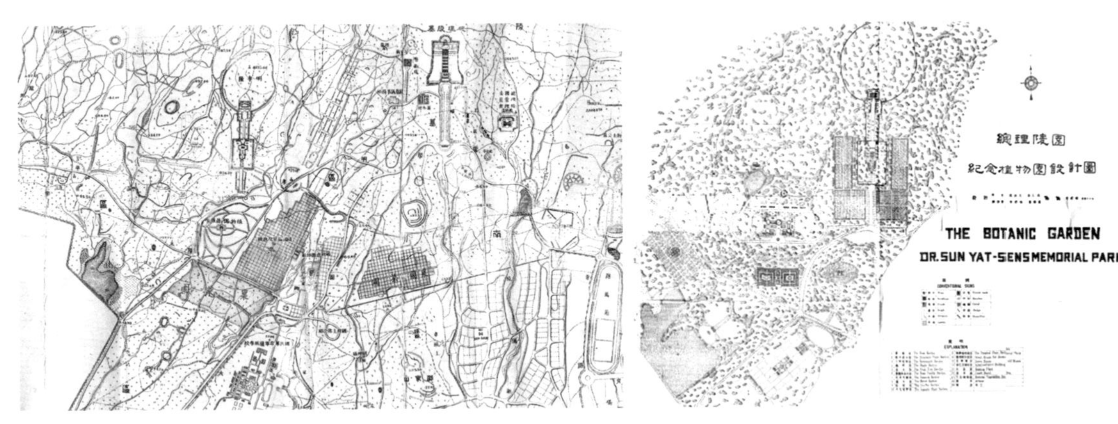

图 1-2-8 总理陵园林相图中展示的造林成果及未来造林的区域规划

图片来源：《中山陵档案史料选编》

图 1-2-9 总理陵园纪念植物园总平面设计图（1929 年）

图片来源：《中山陵档案史料选编》

四、南京近代城市空间布局

《首都计划》系统规划了南京市的城市空间布局，但其中重要的分区思想未能在南京实现。受时局影响，作为规划重点的行政区由最初的集中布局最终变成了散落于中山大道边的线状布局，没有形成区块式分布。但是《首都计划》中的分区思想仍然在南京留下了深刻的烙印，当时形成的几个相对集中的居住区，比如在政府引导下按高标准建造的颐和路公馆区、供达官贵人居住的梅园新村街区，以及一些开发商建设的零散的住宅区，比如西白菜园和百子亭等都是在分区构架下完成的建设项目。尽管没能实现《首都计划》设想的位于城市东、西方向的大面积住宅区，但这些已建成的、规模有限的住宅区与大量分布于城南的、百姓世代居住的传统民居也相得益彰。这是一种在旧城改造基础上所做的镶嵌式布局，这种建筑与空间的形态关系在南京具备一定的典型性。南京近代城市的工业区也呈零散分布状，工业建筑的选址多基于临时性、经济性、快捷性的原则，随水路、公路、铁路交通网而定，没有形成统一的规划和布局。例如，金陵机器制造局布置在秦淮河边，和记洋行的食品冷加工企业布置在长江边，都是出于航运上的考虑。

第三节　南京近代建筑类型

随着社会向现代化的转型，近代南京出现了很多传统建筑与社会中鲜有的建筑功能类型，主要涉及行政建筑、教育建筑、居住建筑、工业建筑、商业建筑、交通建筑，以及军事、工业与民用构筑物这些类型。

一、行政建筑

南京近代建筑中的行政建筑是在晚清社会向现代社会过渡时期，为了适应现代国家行政体系而出现的，不同于以往的建筑类型。该类型建筑种类复杂，有明显的层级性，在建造的数量与规模上都相对较大，具备很高的建筑等级。清代及其以前的传统官署建筑在数量上相对较少，且各部门多呈集中分布。比如清朝道光年间设置的两江总督署就将各个部门集中安置，没有形成建筑功能与行政职能的细分化与专门化。现代行政体系的复杂性带来了近代行政建筑类型的多样性，这种现象从清末一直持续到了民国鼎盛时期。作为中华民国的首都，南京近代建筑中的行政建筑既包括中央行政机关的各部、委、办、局，比如行政院、交通部、外交部等，也包括南京特别市[①]的行政机关，以及它的区县行政机关。这些建筑散布在城市各处，层次复杂，是行政当局改革与社会转型的产物。在大量新建政府行政办公建筑之外，国民政府也沿用了南京旧有的行政建筑，比如孙中山的临时大总统府就沿用了清朝的两江总督署。这种沿用暗含了权力的传承——两江总督是清代最高级别的封疆大臣之一，两江总督署是清代南京的最高权力机构。太平天国时期的天王府即在两江总督署的基础上扩建而成，两江总督署地块上的建设最早可追溯至六朝时期，它是六朝宫城的所在地，明朝初期的王府也建于其上。

二、教育建筑

近代教育在南京占据着至关重要的位置。南京长久以来都是中国的教育重镇，它是明清时期中国史上规模最大、影响最广的科举考场所在地，为当时的官场输送了半数以上的官员。直至今日，南京在教育上的实力依然在中国排名前三。近代教育在南京的蓬勃发展在一定程度上受益于南京的首都地位，但它的发端却始于清朝末年，并且一经萌发便迅速扩展。南京的近代教育开始于西洋人创办的西洋式教会学校，比如美国基督教会 1888 年创办的，作为金陵大学源头的汇文书院，以及 1913 年创办的金陵女子大学。1902 年，清政府创办了三江师范学堂（国立中央大学前身），开启了国人和西洋人共同涉足近代教育模式下的办学，这两股办学势力同时发生并且相得益彰。它们都争取到了位于城市中心的优质地段，也都在大面积的土地上建成了高标准的校区。这些校区中的建筑群风格各异，它们有的呈中国传统建筑式样，有的为西洋古典式样，还有一部分展现出了现代建筑的形式。

---

① “特别市”是 1930 年前中华民国政府的一级行政区划名称，“特别市”由民国政府直接管辖。民国时期共有 8 个特别市，分别是南京、上海、天津、青岛、汉口、重庆、北平和广州。1930—1948 年，“特别市”改称为“院辖市”，受行政院管辖。

三、居住建筑

南京近代建筑中的居住建筑特指一批在中西方结合的现代营造体系下建成的民居，有别于中国传统居住建筑的房屋。这类建筑多以西洋式的居住建筑为原型，是对西方独立式住宅、联排式住宅，以及公寓式住宅的移植与本土化。它们的出现同近代中国的社会变革息息相关，它们是新生活形态、新社会机构的现实图景，参与并见证了传统家族制度向现代核心家庭的过渡。国民政府于 1934 年推出的新生活运动进一步推广了这种西洋式的生活形态，在此背景下，出现了建造方式的变革以及一批新型的建筑式样。传统的住宅营建方式被突破。南京近代居住建筑的建设既有政府行政干预与区域划分下的集中建设，也有现代意象的房地产开发商通过购置土地，进行的中小规模开发。这一时期的建筑市场从经济手段、开发模式、政府角色到建筑的规模、等级、档次、形态等方面都发生了巨变。

近代南京按照不同的社会阶级和职业群体，形成了几个相对集中的居住区。比如供达官贵人居住的颐和路公馆区；供次一级高官居住的梅园新村居住区；供公共教职人员居住的公教新村；供军人、学者和贵族居住的百子亭、西白菜园等居住区；以及由天主教会创办的，供教会人员及信徒群居的聚落，比如位于下关的天祥里、天保里住宅群。此外，还有一些零散分布的居民区和一些简单的由个人营造的住宅。

四、工业建筑

近代时期的南京是一个消费型城市，作为国民政府的首都，它的发展更多地来源于对文化与休闲的侧重，因此在工业方面不及上海等其他早期开埠城市发达。尽管南京没有在近代时期形成完备的工业体系，但因为几家选址于其中、具备开创性及规模性的工厂，使南京在中国近代工业史中占据了不可忽视的位置。1865 年由李鸿章主持开办的金陵机器制造局、1913 年开业的英商和记洋行（图 1-3-1），以及 1931 年完成扩建的首都电厂下关发电所是那一时期留下的重要工业遗产。

图 1-3-1 和记洋行 1930 年代历史照片

图片来源：www. naval-history. net/WW1z08China-Durban. htm

金陵机器制造局[①]是中国民族工业的先驱。它是清政府在洋务运动时期创办的四大军事

① 金陵机器制造局的前身是李鸿章 1862 年在上海创办的“上海洋炮局”；1863 年，李鸿章赴苏州任江苏巡抚时将上海洋炮局搬迁至苏州，并更名为“苏州洋炮局”；1865 年，李鸿章赴南京任两江总督时，又将苏州洋炮局搬迁至南京，并更名为“金陵机器制造局”。

工业之一，也是创办于南京的第一处以机械动力进行生产的工厂。工厂位于现南京市秦淮区应天大街 388 号，占地面积约 17.3 万平方米。工厂的规模在经历 1886 年和 1935 年的两次扩建后基本定型，建成有厂房 30 余处，办公楼和宿舍 6 处，安装有主要进口于英国的设备。作为西方先进工业技术和建筑技术在南京的首个试点，金陵机器制造局的工业建筑经历了从传统中国形式寻求借鉴和向西方形式寻找灵感的发展历程，并最终通过工程师和建筑师对功能的量身定制，实现了建筑形式、空间、结构和材料的本土化。

和记洋行建造于第一次世界大战的背景下，它始建于 1913 年，由位于英国伦敦的“合众冷藏有限公司”① 出资，在南京的长江边建成了当时全国最大的现代化食品加工厂，同时也是当时南京唯一的现代轻工业大厂。和记洋行厂区巨大、坚固的钢筋混凝土结构代表了当时中国钢筋混凝土施工技术的最高水平，它的设计师和营造者均为在中国推广钢筋混凝土这一新材料的早期实践者②。1922 年，和记洋行的厂房全部建造完成③。厂区占地达 52 公顷，拥有大量从德国、英国引进的，能够完成最新食品加工工艺流程的机器设备④。和记洋行在所有的生产操作上都实现了半机械化，形成了一条从原料收购到食品加工、冷冻包装和产品运输的完整产业链⑤。在发展最为兴盛的时期，和记洋行雇佣了 10 000 余名中国工人，每天能宰杀生猪 3000 余头，加工鸡、鸭 20 000 余只，出产 100 余吨的蛋制品⑥。

图 1-3-2 和记洋行的钢筋混凝土体系及螺纹钢
图片来源：东南大学周琦建筑工作室

和记洋行的厂房建筑采用了当时最先进的多层钢筋混凝土梁柱体系，建筑所用的螺纹钢（图 1-3-2）、水泥等也都从英国进口。和记洋行厂区是中国首次出现的大规模、大体量钢筋混凝土建筑群，它的密肋梁体系也极具典型性。和记洋行厂房的基础处理得非常巧妙。由于厂区选址在长江边上，地基中含有大量沙土，为了实现结构的稳定性，设计者选用带皮的松木桩作为建筑基础。通过利用密布在地基中的粗木桩与江滩沙土间的摩擦力，使坐

---

① “合众冷藏有限公司”又名“万国进出口公司”，威廉·韦斯特（William Vestey，1859—1940 年），英国资本家、航运业巨头，与弟弟埃德蒙·霍伊尔·韦斯特（Edmund Hoyle Vestey，1866—1953 年）成立合众冷藏公司，后更名为韦斯特集团，是 20 世纪初世界最大的跨国冷藏公司之一。

② 关于和记洋行的建筑设计者，目前有两条线索。线索一为南京市天环食品（集团）有限公司设备档案室所藏设计图纸，其上有上海协泰行穆勒（E.J.Muller）签章；线索二为江苏省商业厅整理《关于前英商南京和记厂的生产设备情况的资料》，其中记载了原和记买办何醒愚所提供的线索：“南京和记在建厂时的设计工作是由上海协泰建筑师事务所承办，具体经办的设计师是汪敏信。”穆勒为挪威籍建筑师，于 1904—1905 年期间在上海工部管理工务写字楼任职工程师助理。后自办事务所“Muller，E. J.，Consulting Civil Engineer”（即协泰洋行），主营土木工程咨询相关业务。

③ 江苏省商业厅整理《关于前英商和记厂的生产设备情况的资料》，南京天环食品（集团）有限公司设备档案室。

④ 和记洋行厂区内包含蛋厂、炕蛋房、制罐厂、杀猪厂、宰牛厂、鸡鸭加工厂、冷气房、听子房、箱子房、机器房、炉子间、火腿厂、熬油厂、猪鬃厂、制革厂、羽毛厂、饲养厂，同时还自备了发电间、栈桥、水厂、趸船码头和小火轮。

⑤ 朱翔. 南京英商和记洋行研究［D］. 南京：南京师范大学，2013.

⑥ 南京市下关区文物局. 下关区文物志［M］. 南京：南京出版社，2012：175。

图 1-3-3 下关电厂第一期工程控制室楼及主厂房

图片来源：卢海鸣，杨新华，濮小南. 南京民国建筑[M]. 南京：南京大学出版社，2001：268.

落在沙滩上的巨大建筑获得了稳定的承台，建筑荷载得以顺利传入地基。

首都电厂下关发电所（图 1-3-3）是南京最早的大规模发电厂。发电所最初由德国西门子公司（Siemens Company）设计，中国的建筑师参与了优化设计，并主导了电厂的扩建工程。电厂位于现中山北路 576 号，占地面积约 3.3 万平方米。1919 年 12 月，由江苏省实业厅令省立南京电灯厂筹办。1931 年 6 月，下关发电所完成扩建，建成有厂房 3 处，控制室楼、码头、办公楼和仓库各 1 处，安装有全套进口于欧美的设备。首都电厂下关发电所项目既考验了中国建筑师的能力，也为南京工业建筑设计的本土化奠定了基础。

五、商业建筑

相比于上海等早期开埠城市，近代时期的南京商业建筑不发达，但仍然存在一定程度的发展，并且针对首都的商业、消费活动形成了一定规模的商业街区。南京的商业形式在近代逐渐从传统的店铺式商业向现代意义上的商业过渡，这是一种运营方式的转变，社会化大生产下的集约化采购、批发和零售模式影响了这一时期的商业建筑。以集约化为特点的百货公司体系开始出现，位于新街口的中央商场、新街口百货商场、鼓楼百货商场等就属此类新生的商业模式。传统街铺式的商业建筑形态也得到了保留与发展，比如太平南路商业街就逐步从城南夫子庙一带扩展至城东与城北，以适应城市发展中不断变化的居住空间。这一时期南京商业建筑的近代化呈渐进式，新的建筑形态通常镶嵌式地存在于传统城市肌理中，在特定范围内会出现较大规模的新、旧混杂，这共同构成了近代南京点、线、面式的商业布局。

近代南京既有传统沿街店铺式的商业街区，也有现代商业体系下的集约化大规模百货公司，还有像下关大马路那样的西洋景式商业街区。下关大马路历史街区为近代南京带来了一种全新的视野，它是一个以西洋式建筑为主体的、中西混杂的商业街区。那里既有形似夫子庙地区传统商业建筑的房屋，也有金陵大旅社等中西结合式的楼房，还有海关、银行、邮局等大量采用了西洋古典式风格的大体量建筑。不同的形式与功能在此混杂，构成了一幅幅“西洋景”，形成了下关特有的商业景致。以夫子庙地区为典型的，传统“前店后居”式的商业建筑功能分区方式也在近代发生了变化，太平南路上逐渐出现了一批一楼为商业、二楼及以上为居住的商业建筑形态。随之而来的是建筑本身的变化，传统小开间式的街铺开始向水平、舒展的建筑空间演变。为了创造出连续流动的大规模室内商业空间，南京近代商业建筑在结构上出现了砖木结构体系和框架结构体系，这类结构体系通常用于中央商场和太平商场等百货公司建筑。

六、交通建筑

清末民初，铁路站线、港口码头、飞机场、新式马路、水电管网等现代化的基础设施开始在中国城市出现，并且以火车、飞机等新式交通工具为代表，产生了跨区域的交通方式。尽管民国时期的南京并没有被定位为交通枢纽型城市，但作为首都的“大门”，它的铁路航站楼建筑、港口建筑，以及飞机场等都具备较高的等级和代表性。

近代南京的铁路运输网络最早由3条铁路干线奠定：晚清和北洋政府时期建成的沪宁铁路（1908年竣工）、津浦铁路（1912年通车）和作为市内小铁路的宁省铁路（1909年通车）。对应前两条铁路，南京先后建成了分别位于长江南、北两岸的下关火车站①和浦口火车站②。这两座车站都采用了西洋式的建筑外立面，拥有包括站房、月台在内的连续大空间结构体系，体现了较高的建筑规格和建造水平。1933年建成通航的下关铁路轮渡为长江两岸的铁路实现了"南北联运"，京芜铁路和京市铁路也在原有基础上进一步扩建、延伸——南京近代区域铁路网基本成型。1937年后的中国连年战乱，全国范围内的铁路都遭到了极大破坏，南京的区域铁路网也未能幸免。战后，这些盛极一时的交通建筑虽经修复，但再也不如战前那样完备。

1899年下关开埠，国内外航运公司从此开始大量涌入南京设立航运机构，建立码头。1927年南京建都之后，下关港区最重要的基础设施工程为中山大道、热河路、铁路轮渡，以及隶属津浦路局的中山码头。1912年浦口开埠后，津浦铁路局在浦口共建立码头10余座。日据期间，南京港被日军占领，沦为日本海军长江舰队基地。战后国内局势不稳，南京港区在此时期发展几乎停滞。港区码头已经不再有新的建设，大多为抗战后接收的码头。

近代时期的南京市域范围内先后建立过6座机场，它们分别是小营机场③、明故宫机场④、三汊河机场⑤、大校场机场⑥、草场村机场⑦和土山机场⑧。这些机场大多昙花一现，只有大校场机场和土山机场一直沿用到21世纪。其中，大校场机场是中国近代大型机场的典型。它是当时中国规模最大、设施最好的机场之一，它的空间布局与建筑技术体现了当时的最高水准。

七、军事、工业与民用构筑物

近代时期的南京既是中华民国政府的首都，也是一个重要的军事城市，散布在城中的众多行使了首都防卫职能的建筑，以及同第二次世界大战相关的军事营寨和军事构筑物是近代南京城的一大特色。这些军事遗迹包括碉堡、瞭望塔、飞机库等，它们常见于军事机关、军事院校中，比如炮兵学院内的瞭望塔就属于这一构造体系中具备一定成就与价值的案例。这一时期的南京还留下了一些代表了当时最新技术的工业及民用构筑物，比如位于江东门地区的中央广播电台旧址发射塔。1928年，国民政府在南京设立了中央广播电台⑨，电台的发射塔于1930年引进自德国，是西门子公司产品。发射塔是高125米的铁塔，它的结构精巧、构件纤细，通过钢结构和提供拉力的索，形成了巨大、稳定的结构。在20世纪八九十年代，中央广播电台旧址发射塔经历了较为彻底的修缮与加固，部分老、旧构件被替换。目前在世界范围内，保留或遗存的近代发射塔数量非常有限，依然屹立着的中央广播电台旧址发射塔是其中极具典型性的一例。

---

① 下关火车站始建于1905年，时称"沪宁铁路南京车站"，是沪宁铁路的起点站和终点站。1927年，车站改名为"南京下关车站"，因地处南京下关，故通常被称作下关火车站。

② 浦口火车站始建于1908年，1914年正式开通运营。

③ 始建于1912年，为中国最早的机场之一，也是南京历史上第一个机场。因不再能满足使用需求，于1927年被废弃。

④ 始建于1927年，历经两次扩建，1949年由解放军华东军区接管，1958年被废弃。

⑤ 建于1930年，为水上民用机场，1931年迁移至挹江门外中山北路末端的江边，1937年被废弃。

⑥ 建于1929年，1949年由解放军南京军管会空军接管，2015年被关闭。

⑦ 建于1938年，1945年被废弃。

⑧ 建于1939年，1949年被解放军南京军区空军接收，后作为民航通用航空基地。

⑨ 中央广播电台旧址于2018年1月27日入选"中国工业遗址保护名录"，其发射塔的发射功率在当时居亚洲第一，世界第三，影响广泛。

第四节　南京近代建筑特征

相比于上海、北京、苏州等其他近代时期的中国城市，南京的近代建筑总体而言有着更为丰富的形式。同时期的上海受偏爱古典复兴思潮的西方影响，在外滩、淮海路、南京路等对外交往较为频繁的区域，近代建筑在特征上以西方古典建筑形式为主。北京和南京都是传统意义上的古城，但和南京不一样的是，它依然保留着清晰的传统文化格局，城市的传统风貌没有遭到破坏。它的城市形态是国都性质的，故宫是它的主体。苏州是一个小桥流水式的中国传统城市，尽管它在近代没能免于来自西方的影响，但它的城市中却没有大规模地出现西洋式的建筑。南京是个特例，太平天国运动将南京近代以前的所有积累摧毁殆尽，传统的建筑与城市格局都化作了荒凉大地上的残垣断壁。近代南京的城市与建筑形态根植于残存的历史与空间格局中，在充满遗风的根基中，建筑拥有各种可能性。

南京近代建筑形式的丰富性更多地呈现在建筑风格上的不拘一格。近代时期的南京有一大批西洋式的居住建筑；有中央大学校园那样的西洋式建筑群；有励志社那样的中国传统宫殿式样的大规模现代建筑；有体现中国传统建筑元素与西方现代建造技术，以增强民族自信与视觉震撼力的“中西合璧式”建筑；还有一些受西方现代建筑影响的现代化建筑，例如华盖建筑事务所设计的美军顾问团公寓，以及新街口百货公司、鼓楼百货公司和中央商场等。这些建筑在形式上可以划分为西方古典建筑形式、“中国固有式”、新民族形式和现代建筑形式，它们共同构成了南京近代建筑丰富、复杂的群体特征。

一、西方古典建筑形式

19 世纪中后期，西方传教士和商人进入南京，带来当时西方流行的折中主义建筑，如法国罗曼式的石鼓路天主堂、美国殖民地式的汇文书院建筑群。19 世纪后期洋务运动创建的金陵机器局，其机器正局和机器大厂都采用折中主义时期的厂房形制。同时期的江苏省咨议局（1908 年）、两江总督府西花厅（1910 年）均为西方折中主义样式。真正的古典建筑形式开始于 20 世纪初，该类建筑采用从西方引进的建筑形式，以西方古典柱式为构图基础，主要用于文化教育建筑、商业建筑和一些官邸、使领馆等。如中央大学图书馆（1924 年）、中央大学生物馆（1929 年）、中央大学大礼堂（1930 年）、交通银行（中山东路 1 号，1936 年）等。

南京近代建筑中有一大批纯粹的西方古典形式的居住建筑，例如梅园新村的里弄式建筑与联排式建筑，它们几乎从结构形式到建筑外观都是对当时西洋居住建筑的翻版。这种建筑的处理方式在近代南京具有典型性，因为它是一种简单、高效的建造方式——西方古典形式的居住建筑在西方国家已发展成熟，直接模仿它们的空间与建造逻辑似乎是明智之举。

二、“中国固有式”

“中国固有式”建筑在南京最早出现于教会教育建筑中，例如金陵大学建筑群和金陵女子大学建筑群，就属于对该形式建筑的早期探索。这类建筑通常采用砖木或钢筋混凝土结构，具有现代的功能，但其外观却刻意模仿中国传统建筑的样式，以示对中国文化的尊重。至

1920年代中后期，以中山陵设计和国民政府颁布的《首都计划》为起点，这种“西洋骨中国皮”的建筑形式突然在中国建筑界流行起来，并大量出现在政府机关及公共纪念性建筑中。中山陵（1929年）、原国民政府铁道部（1930年）、原国民政府考试院（1928年）、励志社（1931年）、原国民政府交通部（1933年）、华侨招待所（1933年）、中央博物院（1936—1947年）等就属这一建筑形式的典型案例。该类建筑多具有现代化的、能满足公众参与的群体性空间。在结构上以钢筋混凝土体系为主，同时还利用混凝土材料的塑性性能对中国传统建筑的屋顶、柱、装饰构架等元素加以模仿、再现，其建筑造型和立面设计等均符合中国传统宫殿式建筑的要求。

这一时期大量出现的“中国固有式”建筑是民族复兴的需要，它具有一定普遍性。任何一个渴求复兴的民族或国家都会追本溯源地再现或恢复某些曾属于辉煌时期的事物，来自过去的建筑形式能将这种情怀以最具表现力的形式呈现。当局政府和知识分子阶层选择并主导了“中国固有式”建筑，而不是建筑师，因为他们希望用一个可触摸、可观察的具象形式，来表达无法触摸的文化心理与奋发自立的民族精神。华盛顿特区是《首都计划》中南京城市规划的范本，作为一个欧洲移民建立的国家的首都，华盛顿的重要公共建筑都披着西欧文化的“外衣”，因为他们的创建者需要表达出文化的同源性。“中国固有式”建筑也是通过给建筑包裹一层中国传统建筑的外皮，表达出相似的内涵。苏维埃时期的俄国同样也会给体量巨大的城市建筑穿上带有东正教建筑特点的“外衣”，其原理同“中国固有式”建筑相似。

三、新民族形式

20世纪30年代，现代建造技术与功能需求不断推动建筑在物质层面的革新，民族复兴思潮影响下的中国建筑师探索出一种将民族风格和现代建筑结合起来的“简朴实用式略带中国色彩”的新建筑形式，即“新民族形式”。这类建筑兼具现代建筑的简洁抽象和中国传统的建筑特征，它们通常采用新的建造技术、新的平面构图和形体组合方式，并在局部点缀传统建筑的细部和图案作为装饰，室内也经常采用传统平棋天花和彩画。这一形式在20世纪30年代后期的南京被广泛用于政府行政建筑、商业建筑和公馆类建筑。代表性案例包括中央体育场（1931年）、中山陵音乐台（1932年）、中央医院（1933年）（图1-4-1）、紫金山天文台（1934年）、大华大戏院（1935年）、原国民政府外交部（1934年）（图1-4-2）、

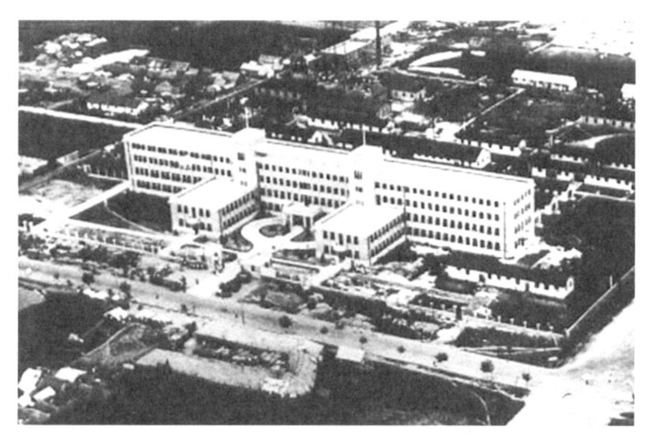

图1-4-1 中央医院历史照片

图片来源：卢海鸣，杨新华，濮小南．南京民国建筑［M］．南京：南京大学出版社，2001．

图1-4-2 原国民政府外交部历史照片

图片来源：https: //www. 997788. com/pr/detail_736_37817767. html

图 1-4-3 国民大会堂历史照片

图片来源：https：// kknews. cc/history/jv5lbe. html

图 1-4-4 国立美术馆历史照片

图片来源：http：// blog. sina. com. cn/s/blog_4adea43d0102yqcj. html

国民大会堂（1936 年）（图 1-4-3）、国立美术陈列馆（1936 年）（图 1-4-4）等。

国民政府建都南京后，在强大的社会潮流影响下，一批有识之士回国参与建设。这些人有着强烈的民族自尊与伦理道德意识，他们既接受了西方现代建筑运动的思想，同时也对国内的各种现象、城市化运动以及现代建筑的发展有清晰的认识。他们认为建筑师是一个高度专业化的职业，他们与士大夫属于同一类人，而非传统意义上的工匠。他们希望为中国社会的发展与进步履行自己的职责。以童寯为主的这批建筑师不满于当时盛行的用混凝土仿造的“大屋顶”建筑，童寯在很多文章中都表示出了自己对传统大屋顶的愤恨和抵触。就像柯布西耶反对西洋古典形式一样，童寯认为繁琐、复杂的传统建造体系远远不能适应现代化的需要，所以应该抛弃“大屋顶”，接受新的形式。

从经济与技术合理性角度考量，混凝土仿造的传统“大屋顶”建筑确实存在诸多问题。混凝土是一种很好的塑性材料，它可以像石膏或者泥塑那样，被塑造出各种形式。可以用于模仿中国传统木构建筑中造型复杂的斗拱、曲翘和举架等元素。但这仅仅是造型意义上的模仿，由混凝土捏造出的仿木构件无法实现传统建筑的力学特征。尽管钢筋混凝土体系的“中国固有式”建筑可以用混凝土在建筑的外部装饰体系下营造出地道的传统建筑式样，但已完全扭曲了钢筋混凝土材料本身的一些内在价值。这种结构受力极不合理，它做工繁琐、造价高昂，且脱离实际。从本体上讲，它违背了建筑最起码的建造逻辑与技术逻辑，但如果是出于对形式的需要，它也有存在的必要。这种做法是建筑史上的一个短暂过程，不具备持久性。

在任何一个时代下所出现的形式都有其内在的合理性。建筑作为一种象征性的符号，它的形式会在社会与文化中对公众展现出特有的魅力。人们持之以恒地怀念和表达传统建筑，在西方，传统的古典建筑形式被一再地复兴：从文艺复兴到新古典主义，再到现代的各种历史主义手法，传统的力量一直延续到了当下。童寯等年轻的中国近代建筑师们看到了现代建筑的巨大潜能，他们有感于为形式而形式的“中国固有式”建筑的矫揉造作与劳民伤财，进而提倡现代化的建筑形式。但是对于当时的中国，纯现代的柯布西耶或者密斯式的抽象建筑形式与现实之间的跨度过于巨大——当时中国的文化与艺术“土壤”无法滋养那种轻、光、挺、薄的玻璃与混凝土建筑。当时的国人，不论是统治阶级还是建筑业主，他们的都偏爱具象的建筑形式。

新民族形式就在这样的背景下应运而生，它是一种“屏风式”的，或者说“穿衣戴帽式”的建筑。这种建筑形式具备全现代化的建筑功能，它采用现代化的结构技术与现代化的营造体系，打造出了适于银行、学校和机关办公的现代化建筑空间。同时，传统的建筑形式又像衣服般，包裹住了由现代化的钢筋混凝土框架、框剪或者砖混结构支撑的建筑空间。这种建筑形式摒弃了用结构线脚形成中国传统三段式建筑立面的方法，剔除了传统建筑中的斗拱与各种复杂装饰；它用简单、易做的平面装饰和表面构图方法，通过窗洞的划分、局部的水泥装饰，为建筑的表皮注入传统建筑的肌理。这种形式一经推出就成为风潮，一批重要的公共建筑，比如国民大会堂、外交部大楼等都采用了这一形式。

华盖建筑事务所设计的原国民政府外交部大楼（图 1-4-5）是新民族形式的典范。在 1932 年的设计竞赛中，当时的业主更偏爱基泰工程司的方案（图 1-4-6），因为它沿用了中国传统的大屋顶形式，这符合业主的预期。但是，基泰工程司的方案造价高昂且工期漫长，而华盖建筑事务所的方案则具备造价和工期上的优势，并且也在一定程度上保留了传统的建筑元素。华盖建筑事务所设计的外交部大楼为平屋顶建筑，它采用简单的框架结构，建筑立面点缀了传统的装饰符号。这种处理手法走的是一条中间路线，它既适应了社会意识形态对传统形式的需求，同时又实现了简单、快捷、经济、高效的建造方式，因此很快占据了上风。新民族形式很快就在南京流行起来，一时之间成为大量新建建筑的首选形式。新民族形式发端于南京，也盛行于南京，并通过建造在南京的众多典型建筑影响了南京以外的城市建筑。

图 1-4-5 华盖建筑事务所外交部大楼方案

图片来源：东南大学周琦建筑工作室

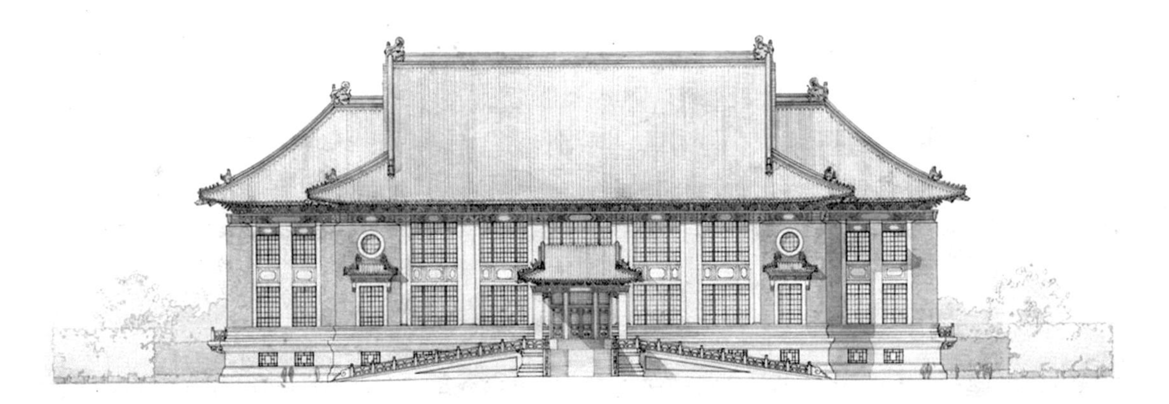

图 1-4-6 基泰工程司外交部大楼方案

图片来源：东南大学档案馆

四、现代建筑形式

20 世纪 30 年代后期以及 40 年代，西方现代建筑思潮进入中国，带来了西方现代建筑简洁的立面造型和抽象的几何体组合。这类建筑采用西方现代的构图手法，彻底抛弃了装饰，平面布局往往服从功能需要，对内部空间的重视超越了外观的对称形象，注重对新材料的运用，并忠实于表现材料与技术本身。这一建筑形式在南京近代建筑中主要用于居住、商业等政治意义较弱的建筑类型，没有成为普遍流行的式样。这类建筑的代表性案例包括中央医院（1931 年）、中央地质调查部地质矿产陈列馆（1935 年）、新都大戏院（1935 年）、国际联欢社（1936 年）、首都饭店（1933 年）、中山陵音乐台（1933 年）、福昌饭店（1939 年）、美军顾问团公寓大楼（1936—1945 年）（图 1-4-7）、下关火车站（1947 年）、招商局候船厅（1947 年）、新生活俱乐部（1947 年）、孙科住宅（1948 年）、原国民政府中央通讯社（1949 年）等。

图 1-4-7 美军顾问团公寓大楼历史照片

图片来源：童寯．童寯文集：第二卷［M］．北京：中国建筑工业出版社，2001．

第五节　南京近代建筑技术

一、南京近代建筑师群体

南京近代建筑师群体的发展在时间上可以分为四个阶段：1842—1918年，职业建筑师群体正式出现前；1919—1937年，南京近代职业建筑师正式出现；1937—1945年，日据时期；1945—1949年，国民政府还都南京时期。

当谈及建筑师时，人们通常对这一群体存在认知上的偏差，会认为建筑师既是建筑形式的决定者，也是城市面貌的塑造者。这种认识不论在当下，还是在建筑师群体刚刚出现时的近代时期都是不准确的。建筑形式更大程度上受统治阶级、业主以及投资商控制，它是上层意识形态的产物。近代南京的城市与建筑形态亦由上层意识形态决定，它们体现了特定时期中文化与思想上的统一性。南京近代建筑中的“中国固有式”建筑形式，以及著名的国立中央大学建筑群就充分展现了建筑师在塑造形式上的非自主性。

国立中央大学是中国人自主建设的大学，校园中的西洋式建筑群极具特色，它们的出现离不开建筑师对西洋古典建筑形式的娴熟掌控，更离不开业主对这一形式的选择。国立中央大学以“中学为体，西学为用”为指导思想，肇始于1902年由晚清名臣张之洞等人创办的三江师范学堂。当时的国人有感于近代以来屈辱的历史与现实，有识之士和统治当局认为中国在科学技术方面落后于西方，存在器用层面的不足，但思想、文化仍具优越性。他们提出要引进西方的科学技术以弥补中国传统社会的短板，在此基础上，三江师范学堂应运而生。三江师范学堂在随后的几十年中历经重组[①]，不断发展、壮大，但在办学思路上依然遵守以发展工科，建立自有的工业、营造体系为目的，引进西方的科学、技术、教学体系。

也正因此，学校在1921年准备在原有基础上大规模新建时，校方高层认为既然要引进西方的体系，就应该按照西洋的式样去建造校舍。当时的校长郭秉文聘请了之江大学的建筑师威尔逊（J.　Morrison Wilson），以欧美大学为参考为校园拟定规划。规划后的校园在空间布局、群体关系，以及轴线设置上都是典型的美国大学校园模式，单体建筑则由西方建筑师按业主要求，以西方古典复兴式的风格进行设计。作为校园中轴线端景的大礼堂即由英国老牌建筑师事务所公和洋行（Palmer & Turner Group，P&T）设计，该事务所为百年老店，擅长设计西洋古典式建筑，目前依然活跃在建筑界。1980年代建成的，一度为江苏最高建筑的南京金陵饭店，以及2014年完成的金陵饭店扩建工程也都是他们的作品。

中央大学大礼堂兴建于1930年，属于南京近代职业建筑师正式出现的年代，当时的建筑设计市场给予了业主更大的选择空间。在职业建筑师群体正式出现前的1842—1918年，近代南京的建造活动以四个历史事件为节点，表现出不同的侧重：1842年《南京条约》签订至1864年太平天国运动失败，这段时期以传统营建活动为主；1864—1899年洋务运动时期开始出现工厂和基督教会建筑的建造活动，比如金陵机器制造局和金陵大学；1900年至1918年下关开埠后，由中外政府、教会及民间资本发起的较大规模的建造活动。

在这些建造活动中活跃的建筑师，起初是中国传统的工官、工匠，但他们不能胜任西式

---

① 三江师范学堂于1905年易名为两江师范学堂；1914年改设为南京高等师范学校；1921年在南京高等师范学校的基础上，国立东南大学建立；1927年改名为国立第四中山大学；1928年2月，改名为国立江苏大学；1928年5月，改名为国立中央大学。

建筑的设计工作，在建造实践中逐渐向新式营造人员转变。随后是上海根基深厚的英国建筑师们，他们被中国政府、欧美各国政府、各国教会，以及民间资本等各方委托人所雇佣，在南京设计了大量建筑物。但随着美国基督教会从本国请来一流的美国建筑师后，英国人的垄断局面被打破了。加入竞争的还有本土培养的技师，例如测绘专业出身的孙支厦，他模仿日本议院建筑，设计了江苏省咨议局。在留学海外的中国建筑师正式出现前，孙支厦或多或少代表了中国的建筑专业人员。1914 年，将大量时间和精力投入中国项目设计活动的美国建筑师茂飞第一次来到中国，1918 年后由他带领和启蒙的中国留美建筑师正式开启了南京早期现代建筑师的职业历程。参与这一阶段建设的西方建筑师最初只是零散地进行一些规模、尺度和等级都有限的建筑设计，他们更大的贡献是将西方的建筑技术带入了中国。在这一阶段后期，才开始出现西方大牌建筑设计事务所参与的重大建设项目，比如美国帕金斯建筑事务所（Perkins Fellows & Hamilton Architects）受美国基督教会之邀，设计的金陵大学校园。

1919—1937 年是南京近代职业建筑师群体正式出现的阶段，该时期的建筑师群体以海外学成回国的中国建筑师为主，以国内培养的建筑师和外籍建筑师为辅。这些归国建筑师虽然大多很年轻，但却在建筑实践中崭露头角，并最终占据了中国近代建筑史的核心位置。这批建筑师中的主力，例如童寯、杨廷宝、梁思成、陈植、赵深、范文照等，有很大一部分曾在宾夕法尼亚大学接受过布扎体系的建筑教育。1930 年代是这批中国建筑师在南京近代建筑史中最为活跃的年代。中国建筑师在南京几乎从最开始就与国民政府各级人员建立了牢固的关系，他们在理解政府的建筑意图上优势明显。也正因此，以华盖建筑事务所、基泰工程司为典型的中国建筑师事务所承接了大量政府性的建筑设计项目，国民政府的铁道部、粮食部、交通部、外交部、立法院、国民党党史陈列馆、国民大会堂等重要建筑就是出自中国建筑师的设计。同时期的上海则是中、外建筑师互相角逐。这一阶段，国民政府开启了在中央和各级军政机关中大量雇佣建筑专业人才的先河。国民政府定都南京后，为满足大量政府大楼的建设需求，除少部分重要建筑，如中山陵园、部属大楼、国家级公共建筑等，是通过设计竞赛由开业建筑师重点设计外，许多建筑设计的工作是由内部专业人员完成的。银行建筑师的出现也是该时期的一个明显特点。

1937 年 12 月 13 日，日军占领南京并展开屠城。在此之前，大批的建筑师已逃离首都南京；在此之后，是长达 8 年的日据时期与南京建筑师群体的凋零时期。日据时期的南京城满目疮痍、废墟遍布，在财力、物力与专业人才的匮乏下，城市建设较少，建筑的设计与建造水平也非常有限。建筑业以修缮、恢复为主，偶有小规模的营建活动零散分布于城中。在日军和特务机关控制下的南京城中，实际从事建筑设计及相关工作的专业人士有以下三类：作为市级政府公务员的技正、技士、技佐；中国开业建筑师、技副及其事务所；日本建筑师及其建筑师事务所。这三类人群在来源、技术水准、专业背景、委托方等方面各有不同。这是一段没有建造出具备建筑学意义上的建筑遗产的时期，它留下了一些可归为“负遗产”的建筑痕迹，对应了那个时代的病弱与不堪。位于利济巷的慰安所旧址，以及汪伪政府时期加建在中山东路 1 号交通银行屋顶上的比例失调、构造有误的小楼（现已拆除）即属此列。

1945 年 9 月，日本正式签署投降书，同年 12 月，还都南京被国民政府提上议程，南京的建设活动也随还都的筹备工作而开启。一大批在战前服务过南京的本土建筑师满怀雄心地投入到首都的营建中，但遗憾的是，这些人的才华基本没有得到施展。首都的建设活动集中在 1946—1948 年这 3 年，并于 1949 年 4 月告一段落。战后的南京在建筑数量上面临巨大缺口，城市需要以战前残存的建筑容纳多于战前的人口。在经济和时间的双重压力下，建筑师将住宅建造与战后重建相结合，现代主义建筑逐渐增多。这一阶段南京的建筑设计及相关工作主要由开业建筑师和机关建筑师共同完成。他们主要从事了政府建筑物的修缮与扩建、各层级住宅与学校的兴建，以及完成部分战前遗留的建筑工程等工作。这段历史以残缺和破败为主体基调，尽管建筑师队伍和建筑缺口都很庞大，但实际上的业务量却很小，并且很快就萎缩了。这一时期零散出现了一些好的作品，比如基泰工程司建筑师杨廷宝设计的下关招商局大办公楼，华盖建筑事务所建筑师童寯设计的美军顾问团公寓大楼以及童寯自宅等建筑。

二、南京近代建筑结构

现代化转型时期的南京近代建筑出现了一些新的结构体系，它们分别是钢木结构体系、钢筋混凝土结构体系、钢结构体系、砖混木结构体系以及砖石木结构体系。

（一）钢木结构体系

南京近代建筑中的钢木结构体系是钢材与木材、砖材等材料相结合后所构成的一种混合结构体系。该结构体系通常以木屋架或钢屋架作为屋面承重结构，梁、柱部分由钢、木结合而成，以砖墙作为竖向承重结构，并由此将荷载传至基础。相比于中国传统木构架体系，钢木结构体系能够实现更大的建筑跨度。中国传统木构架建筑以“榫卯”为各构件间的连接方式，西洋式木屋架则采用锚栓、钢板等钢构件进行节点连接及加固，这在很大程度上加强了木结构的承载能力，并相应地提高了建筑跨度。在现有采用钢木体系的南京近代建筑中，建筑跨度最大可达到 20 米。

西方国家在 19 世纪 60 年代时就已经将铸铁、钢材等新型材料广泛应用于建筑之中，这类新型材料具有极佳的防火和结构性能，是工业厂房等对防火及空间跨度要求较高的建筑的首选建材。上述材料传入中国并运用在建筑中的时间相对较晚，由于当时国内钢铁工业非常落后，产能有限，并且钢木结构体系同中国传统砖木结构体系间存在较大差异，因此在建筑中的适用面比较窄，没能得到广泛应用。钢木结构体系建筑在南京近代建筑中多用于单层或多层厂房，以及大跨度的体育馆。例如晚清时期建成的，位于南京金陵机器制造局中的两栋厂房：机器大厂（图 1-5-1）和机器左厂，以及东南大学体育馆（图 1-5-2）。

机器大厂和机器左厂建筑对铸铁立柱的运用，以及支撑大跨度屋面体系的精巧结构，彰显出南京近代建筑对于尝试型材与新结构类型的热情。金陵机器制造局大厂始建于光绪十二年，建筑以墙体承重，上置中大跨度的屋面体系。机器大厂建筑平面呈矩形，西南朝向，长大约 47.5 米，宽大约 15.9 米。共两层，四坡顶。一层的室内正中设置一列铸铁立柱，一共 12 根，外墙约 0.8 米厚，两者共同承重，二层于端部设两根方形的铸铁立柱。屋架为木制中柱式的桁架，最大的跨度达到 14.3 米，机器大厂具有很特殊的张弦梁结构。在一层木梁及二层屋架下，每组张弦梁由木屋架、木梁和铸铁拉索组合构成。铸铁拉索直径大约 4 毫米，每组拉索分作 3 段。端头两段拉索通过金属构件与建筑外墙连接，中间一段拉索通过 3 组金属构件与上方木梁或木屋架连接。3 段拉索之间的连接依靠铸铁“连环”。这样就形成了特殊的木构件与铸铁构件共同承重的张弦梁结构体系，十分巧妙。

东南大学体育馆建于 20 世纪早期，是第一个出现在南京的大跨度体育建筑。体育馆高两层，采用西洋式的现代钢木结构体系屋架。屋架结构极具特色，其上、下悬杆皆由拉索拉结，

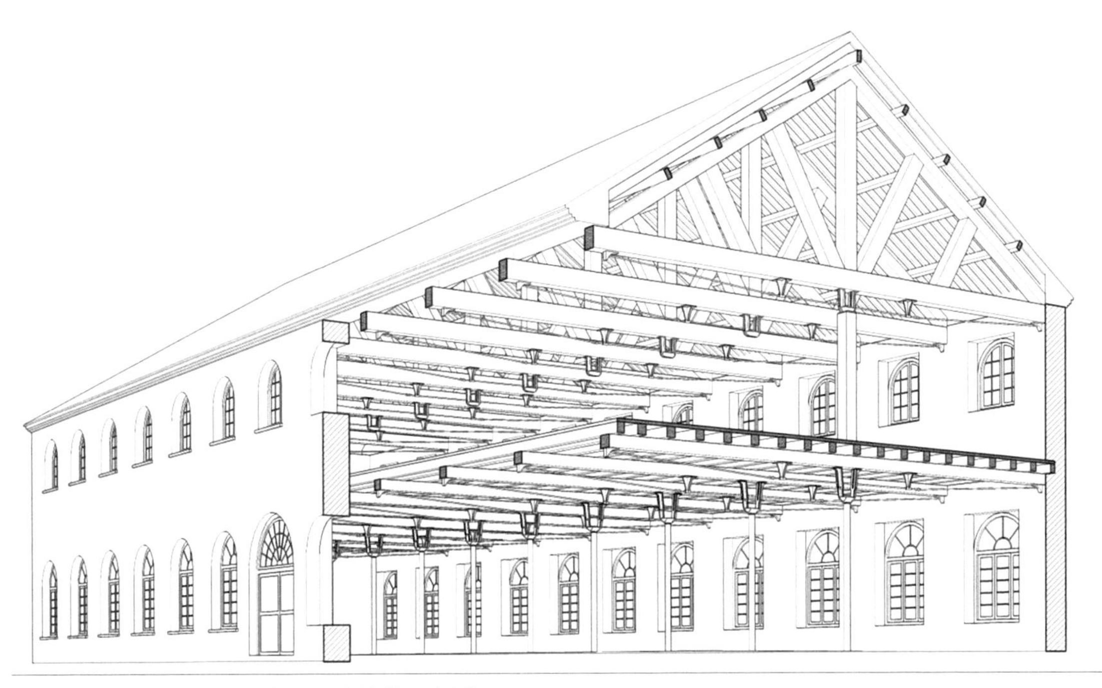

图 1-5-1 金陵机器制造局大厂钢木结构示意图

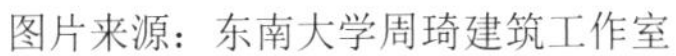

图片来源：东南大学周琦建筑工作室

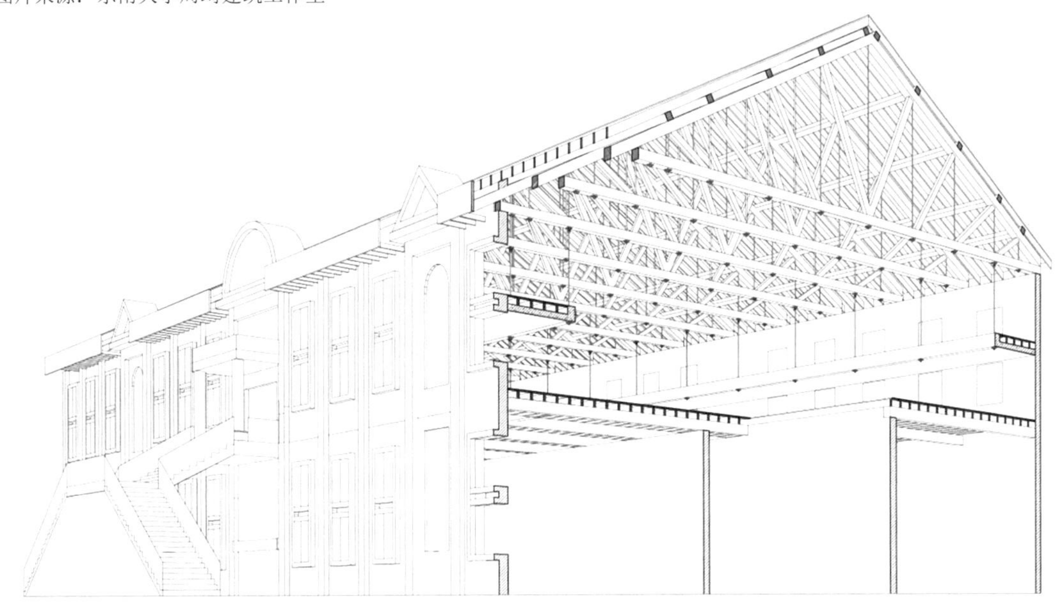

图 1-5-2 东南大学体育馆钢木结构示意图

图片来源：东南大学周琦建筑工作室

二层走廊看台端部与梁之间也由拉索固定；屋架的上悬杆、下悬杆、腹杆及檩条都采用钢材，节点处的加固构件也为钢材。体育馆屋架跨度达 20 米，整体搁置在青砖承重墙上，楼板为木质。

（二）钢筋混凝土结构体系

钢筋混凝土体系是南京近代建筑中的重要公共建筑和工业建筑的常用结构，在部分住宅建筑的局部构件中也有运用。钢筋混凝土体系建筑指近代时期从西方引进的采用钢筋混凝土或和其他材料（砖、木、钢）共同作为结构构件的建筑。这种体系的建筑体量普遍较大，室内空间跨度较大，造价也较为昂贵。20 世纪初，钢筋混凝土技术从欧美地区传入我国，并得到了迅速的发展与广泛的应用。目前南京保存下来的近代建筑中，有很大一部分属于该体系建筑。

按照使用的程度，钢筋混凝土结构体系可分为钢筋混凝土框架结构体系和砖混结构体系。钢筋混凝土框架结构体系指由钢筋混凝土梁、柱组成框架共同抵抗使用过程中出现的水平荷载和竖向荷载的结构体系。框架结构的房屋墙体不承重，仅起到围护和分隔作用，梁和柱之间的连接为刚性连接。屋盖、楼板上的荷载通过板传递给梁，由梁传递到柱，再由柱传递到基础。钢筋混凝土框架结构的构件材料为钢筋混凝土，因在近代早期钢筋混凝土价格昂贵，钢材和水泥大部分靠从国外进口，所以在使用中格外精简。纯钢筋混凝土框架结构在近代南京比较罕见，主要用于工业厂房类建筑和大型公共建筑，如南京原和记洋行建筑群和南京招商局旧址。

建成于1910年代的和记洋行厂房采用全现浇钢筋混凝土框架结构体系，墙体为不承重的填充墙，其钢筋混凝土框架标准跨度达5米左右，有的部位甚至达到8米。和记洋行厂房的多层全现浇钢筋混凝土结构体系在南京有着开创先河的意义，在它之前很难再在南京甚至全中国找到如此大规模地运用钢筋混凝土结构的案例，在它之后的很长一段时间，也没有再出现过能够与之比拟的建筑。和记洋行厂房建成后，南京近代建筑中对钢筋混凝土结构体系的大规模使用一度中断。因为实现这样的项目需要投入巨大的财力，并掌握关键的材料技术，而当时国内的水泥工业与钢材加工业都尚未成形。在缺乏来自本土的建筑材料，钢材、水泥都需要进口的情况下，钢筋混凝土结构体系的造价一度非常高昂。直到中国的水泥工业和钢材加工业正式起步后，这一状况才出现转机。1923年，中国水泥股份有限公司在南京正式投产，钢筋混凝土结构体系开始大量出现在南京近代建筑中。在此之前，钢筋混凝土大多相对节制地作为建筑构件，出现在一些重要建筑的门过梁、窗过梁、户外平台、阳台，以及一些精致、狭小的部位上。

钢筋混凝土框架结构体系也是“中国固有式”建筑中的常用结构体系，在此类建筑中，钢筋混凝土框架有时是完全运用，也有时是局部运用，并出现同木结构体系的混合。例如金陵女子大学的“中国固有式”建筑的梁、柱部分采用了钢筋混凝土结构，屋架部分则采用了西洋式的木屋架以减少钢筋混凝土的用量。

南京近代建筑中砖混结构体系的运用要远远多于纯粹的钢筋混凝土框架结构体系，其中很大一部分的原因在于钢筋混凝土在当时是一种昂贵且奢侈的材料。砖混结构体系能减少钢筋混凝土的用量，进而有效控制建筑的建造成本。砖混结构体系在南京近代建筑中具有一定的普遍性，此类建筑通常内部为钢筋混凝土框架体系，外部由厚重的承载砖墙作为外围护体系。中山东路1号的交通银行、大华大戏院等鼎盛时期建造的公共建筑都采用了这一体系。

（三）钢结构体系

钢结构体系在南京近代建筑中运用得相对较少，通常会以轻钢桁架体系的形式局部出现在工业厂房中，或者以全钢结构的形式出现在重要的建筑中。钢结构体系具有跨度大、自重轻、用料少以及做工精巧等优点。1931年竣工的国立中央大学大礼堂（图1-5-3）的穹隆体系即采用了全钢结构体系。该建筑由来自英国的公和洋行（Palmer & Turner Group，P&T）设计，穹顶部分为跨度32米的巨大轻钢结构体系。该体系结构轻巧，周边为钢筋混凝土框架及墙承重，是当时中国首例大跨度轻钢结构穹隆体系。

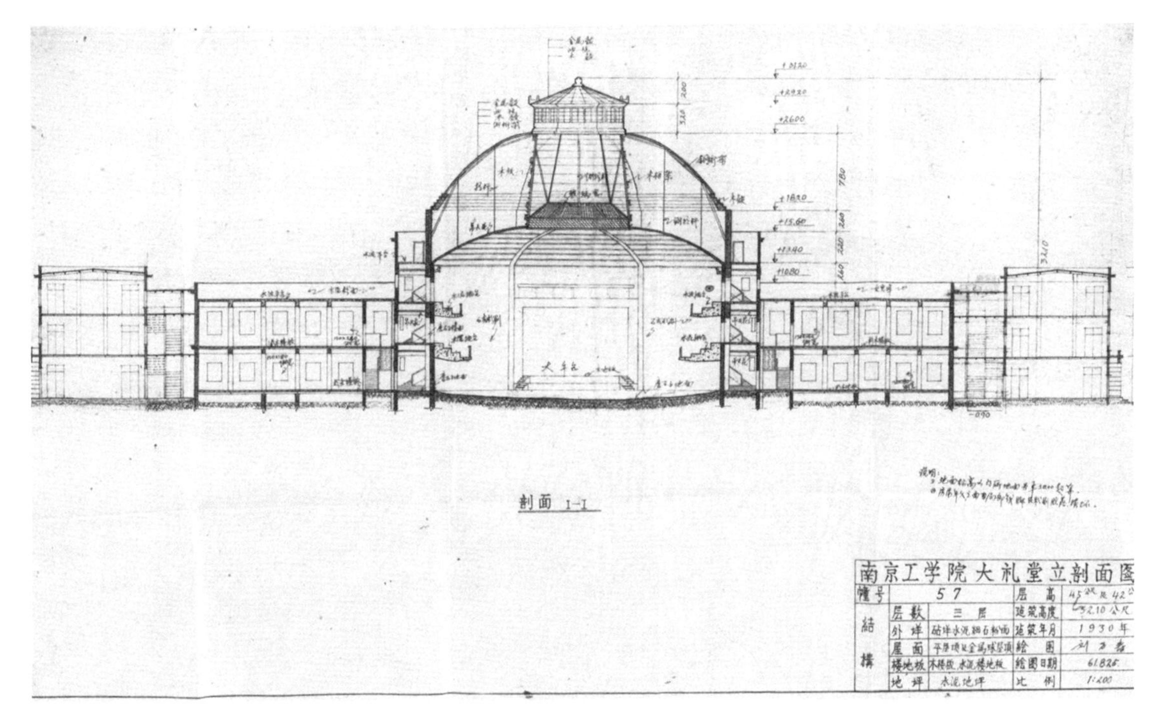

图 1-5-3 国立中央大学大礼堂剖面图

图片来源：东南大学档案馆

（四）砖木结构体系

砖混木结构体系（图 1-5-4）是南京近代建筑中的现代居住性建筑与小型公共建筑最为常用的结构类型，砖混木结构融合了砖材、钢筋混凝土和木材这三种材料的结构性能优点。

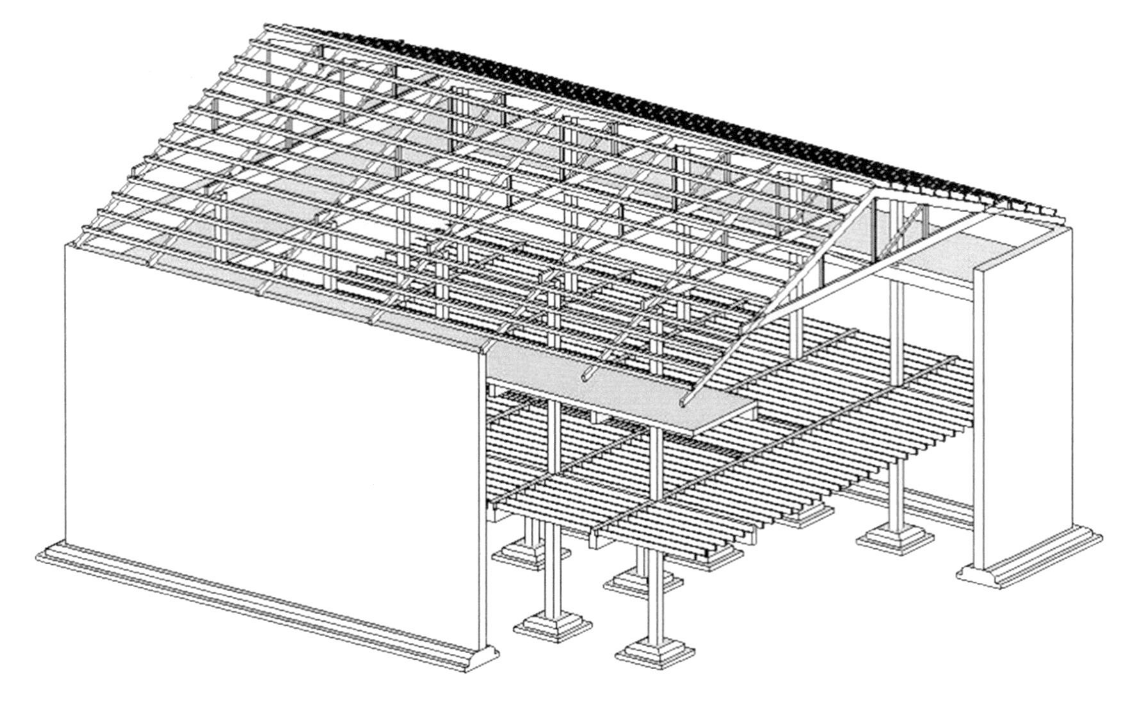

图 1-5-4 原临时政府参议院（辅楼）结构体系示意图

图片来源：东南大学周琦建筑工作室

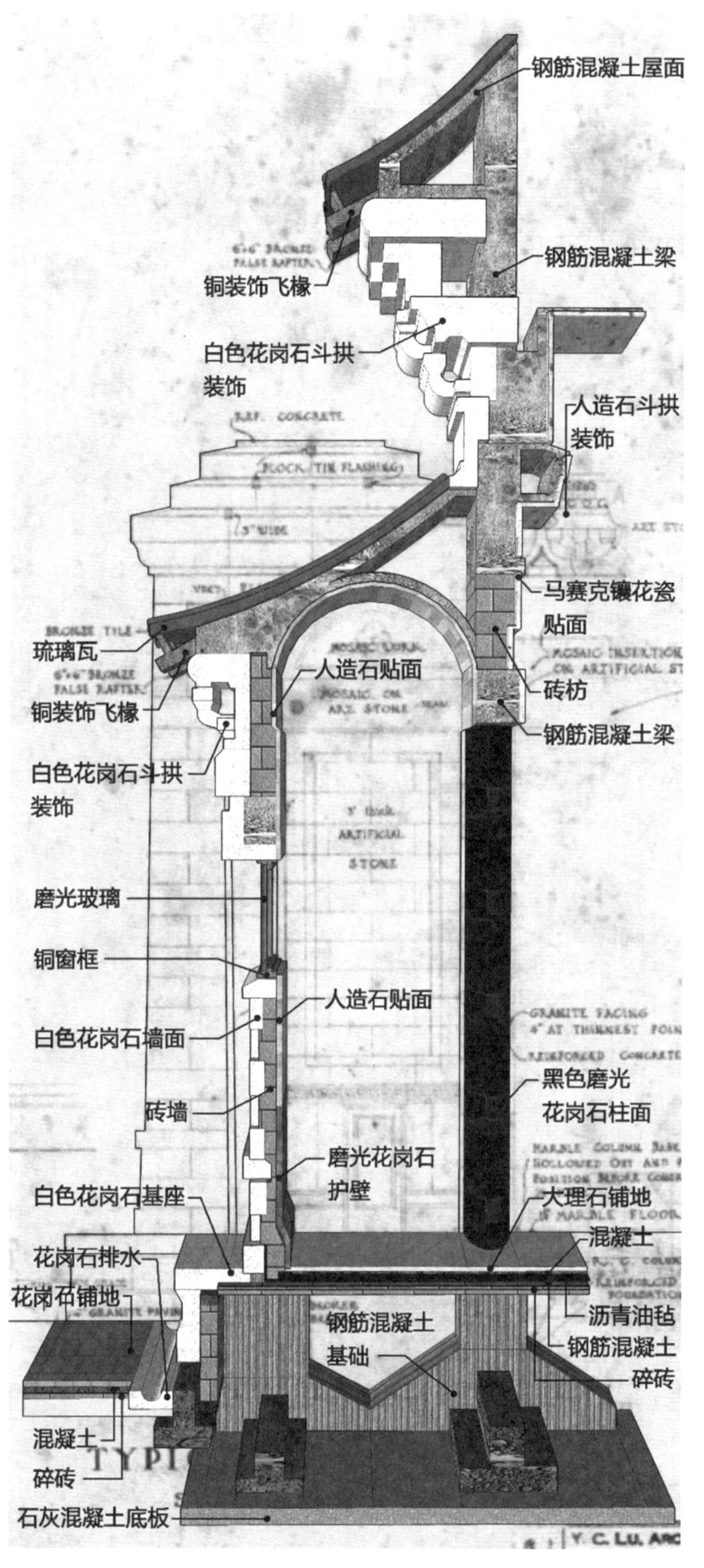

图 1-5-5 中山陵祭堂材料剖面模型分析图

图片来源：东南大学周琦建筑工作室

它以砖砌体、木楼板、木屋架，以及钢筋混凝土梁、柱共同作为承载构件。这种结构体系与砖混结构相同的是二者都以砖墙作为承载外墙，内部以钢筋混凝土梁、柱或砖墙承重。不同之处在于，砖混木结构体系的屋架与楼板部分通常采用西洋式的木屋架体系与木楼板体系。这种做法下的木屋架与木楼板能够带来更大的空间跨度，同时施工方便、构造简单，造价也较为低廉。

（五）砖石木结构体系

南京近代建筑中采用砖石木体系的案例相对较少。该体系建筑结构由砖、石、木混合组成，例如1923年落成的圣保罗教堂，它有着典型的英国乡村小教堂建筑形式，砖墙承重，门、窗部位采用石质过梁，屋面由钢木混合的桁架支撑。1929年完工的中山陵祭堂也属这一结构体系（图1-5-5）。

三、南京近代建筑材料

南京近代建筑材料主要包括水泥、钢材、木材以及砖材。水泥在南京近代建筑中的运用要早于水泥厂在南京的建立。在南京出现水泥厂之前，南京近代建筑中的水泥材料主要来源于进口，其中也有一部分来源于国内其他生产水泥的城市。1921 年，姚新记营造厂的创办人姚锡舟发起集资，在南京市郊的龙潭镇成立了中国水泥股份有限公司（南京水泥公司）。1923 年水泥厂正式投产，是当时国内建成的第五家大型水泥厂，规模在国内位居前三，设有比较完整的扎石、磨碎、运输、桶装机械。1935 年，启新洋灰公司在南京栖霞山筹建江南水泥股份有限公司，1937 年 11 月水泥厂试运行，为当时国内规模最大，设备及工艺最先进的水泥厂。水泥厂的出现进一步推动了钢筋混凝土结构建筑在南京的发展。

钢材是钢筋混凝土结构中必备的建筑材料，在早期这一材料主要来源于海外进口，比如和记洋行钢筋混凝土结构中的钢材来自英国的螺纹钢。和记洋行的钢筋混凝土结构集进口的钢材、水泥，以及取自当地的石子、采集于长江中的黄沙和江边的卵石于一体，形成了极具时代特征的材料融合模式（图 1-5-6）。钢材在 1929 年建成的大校场机场中被大量使用，大校场机场位于城市的东南角，是当时国内设施最为先进、规模最大的机场之一，与位于城市西北角的长江航运码头、下关火车站（沪宁铁路南京）以及浦口火车站一起，构成了南京的重要门户。1933 年建成通车的位于长江南、北两岸的南京铁路轮渡栈桥（图 1-5-7）属亚洲首例，在没有长江大桥的年代，铁路轮渡栈桥通过与轮渡船上轨道的对接，实现了京沪铁路与津浦铁路的连接。轮渡栈桥为钢桁架体系，其钢梁、钢轨、枕木等均从英国进口。

图 1-5-6 和记洋行 17 号楼（现 1 号冷库）室内照片（左图）与内柱截面（右图）
图片来源：东南大学周琦建筑工作室

南京近代建筑中的木材大部分产自本土，以杉木、松木和一些杂木为主，其中也包括进口自北美的花旗松木，主要用作西洋木构体系建筑的营造。

南京的砖瓦在民国初年已享有盛名，并在 1906 年开始出现机制砖瓦厂，主要生产青色砖瓦。国民政府定都南京之后，红平瓦也开始流行，到 1934 年，南京砖瓦业有淡海、征业、大兴、新建、新利源、协议记、通华、宏业等 8 个工厂。

中国有着与其文明一样悠久的制砖历史，长久以来，中国建筑中所用砖材以青砖为主，并相应地形成了成熟、稳定的青砖体系。南京明城墙即由青砖砌筑，在历经 600 多年的风雨后，

图 1-5-7 南京铁路轮渡桥
图片来源：东南大学周琦建筑工作室

城墙砖的状态依然良好。在近代以前，中国的传统砖材制作工艺已高度成熟，青砖被广泛用于民间。时至晚清，欧美现代制砖工业迅速发展，传统制砖业逐渐走向低迷，来自欧美的红砖体系开始在南京出现。当时南京建成的清水红砖建筑采用了典型的美国殖民地时期风格建筑的砌筑方式，红砖在此既是装饰性材料，也是结构性材料。这种殖民地时期风格建筑在美国有着几百年的历史，它们最初由早期的英国移民建造在美国的东部地区，我们可以在哈佛大学、耶鲁大学、普林斯顿大学，以及宾夕法尼亚大学的校区中看到这类红砖体系建筑。

红砖在材料上具备一定的优越性，它质地坚硬，耐风化、抗腐蚀，如果不长期浸泡在水中（比如用作地下室或地基材料），可以维持几百年不被侵蚀。同时，红砖在外观上也可以表现得精彩与出色，由它砌筑而成的砖墙可以带来不错的视觉体验。当红砖体系出现在南京时，中国的制砖工人、工厂的所有者以及建筑的营建者对于这种体系都非常陌生，并且按当时的工艺也很难用江南地区的黏土烧制出这种砖。红砖在南京早期的近代建筑中被运用得非常节制，例如鼓楼医院的前身，1892 年建成的马林医院就是一个红砖与青砖相得益彰的体系。这栋建筑的外墙主体由青砖砌筑，勾清水缝，红砖用于线脚部分的勾勒、墙面装饰，以及拱形窗洞处的发券。这种构造方式只会出现在当时的中国，欧美国家通常会用纯粹的红砖砌筑此类建筑。

四、南京近代建筑的营造厂商

南京的营造业随着近代建筑的发展逐步建立了新的组织机构，并采用了新的施工技术。1858 年后相继出现了协隆、隆泰等由洋行经营的营造厂，开始在南京使用西式建筑技术，原来的陈明记、应美记等水木作也先后更名为营造厂。至 1911 年辛亥革命时，南京已有营造厂 113 家，能承建三层以下砖木结构房屋。1927 年国民政府定都南京后，工程实行招标投标，施工方面开始使用少量混凝土搅拌机、磨石子机等机具。到 1935 年，南京已有营造厂 480 家，厂家之多，居全市各行业之首，其中比较有名的有姚新记、陶馥记、陆根记、陈明记等营造厂，中山陵工程就是由姚新记和陶馥记营造厂先后承建的。日军侵占南京时，营造厂纷纷内迁或倒闭。抗战胜利后，营造业再度繁荣，1948 年，营造厂已增加到 813 家，承建南京大量的建筑工程，施工技术也已逐渐现代化。

总体来说，南京近代建筑的营造厂商在南京获得了可观的发展，这些营造厂商中有不少起家于上海，但通过在南京承接重要项目而备受瞩目。近代时期是南京营造业的转型期，当时既有一批传统工匠维持着小规模的作坊式工作模式，也有一批规模较大、现代化程度较高的现代民族资本运作下的营造体系，随着南京大规模的城市建造而逐渐立足，并成了承接大型建设项目的主力。总部设在上海的姚新记营造厂在南京留下了中山陵、和记洋行等众多作品。姚新记营造厂采取了现代化的组织模式和施工机械，在西洋建筑师、工程师的指导下，以及中国工匠对现代化空间组织的实践下，姚新记营造厂在南京展现出了强大的实力与精湛的施工技艺。在中山陵项目中，我们可以看到精致的石构技术与混凝土技术，和记洋行项目中大规模的钢筋混凝土结构体系在当时也属罕见，对它们的完成需要高超的工匠水平。当时还有一批体现了施工造诣的优秀作品，比如基泰工程司设计的大华大戏院。大华大戏院门厅处有巨大的悬挑雨篷，这种悬挑结构在现代都不太容易处理，而当时的结构设计技术和营造技术却实现了它。

第六节 关于南京近代建筑史的思考

当我们讨论到史学方法问题，面对各种史观与方法时，有三件事情是值得带着兴趣去品味的——科学逻辑素养、人文思想观念与建筑本体。我们也可以不假思索、流水账式地表达历史，但回过来一看，会发现需要一种系统性、逻辑性在里面。当我们试图将系统性、逻辑性带入历史中时，会发现科学的思维方法是达成这一目的的有效途径。科学的理性思维帮助我们找到了建构、表达与理解这一体系的方法。这种理性是康德意义上的理性，它是建筑史中重要的一环。科学逻辑素养从思想方法上带给了我们对历史问题的认识和理解。

相比于科学逻辑素养，人文思想观念也许更为重要。因为面对一堆作为客观存在的、物质的、静态的，甚至是死的建筑而言，我们只有了解、学习人文史与哲学史，通过历史学方法与理论，才能进一步探讨这些建筑背后的人文思想，以及它所面临的城市问题。建筑史在人文史观的视角下会显现出更多的丰富性与场所精神，而不仅仅是八股文似的参照模板陈述建筑的政治、军事背景。我们需要以一种生动的、体验式的、场景感的方式来场所化地认识、理解我们的建筑，也只有这样，建筑史才会显得生动、有意义。按照这种方式记录的历史才能给经历它的人带来好的启发。建筑史是人文学科、历史学科以及建筑物软硬互动、相互理解的过程，是从人和社会的角度出发，对建筑本体展开认识并呈现结果。史学方法，比如马克思主义的唯物史观，也是我们认识建筑问题的基本途径。这其中我们会发现生产力和生产关系决定上层建筑学、建筑式样，这些观点毫无疑问是正确的，也是我们梳理这段历史时所发现的一个基本规律。当代史学的一些观念，比如田野调查的观念、人类学的观念对理解建筑史发挥了重要作用。

当面对建筑本体时，通常的做法是拍照记录建筑的平面、立面与剖面，然后再做出解释。但我们更倾向于将建筑放到一个大范围里面，在城市格局里面，在城市空间、街道空间里面，通过建筑所在的场所、院落、街区，以及它与自然的关系来认识它。这样建筑单体选址与位置的意义、存在的意义便跃然而出。比如说当我们面对一个抗日战争时期遗留的位于外城郭土城外的碉堡时，就会发现碉堡与地形以及外郭城墙间存在微妙的统一关系。它的防御性、射击孔、高度、与开阔地的关系都与大的环境息息相关，它不仅仅是一个建筑单体，而是整个区位部署的一部分。军事构筑物很具代表性地展现出建筑的布置与单体空间及形态的关系，行政建筑的布局更为如此。建筑单体的价值，它本身的特点以及它的实质，需要放到更大的空间里去认识。

当面对建筑的形式问题时，我们不能局限于对它的风格下菜单式的定义，诸如用“西洋式”“宫殿式”之类的标签来认识建筑。而是应该从形式背后的文化含义来说明建筑为什么会呈现出如此面貌。形式不是给建筑贴标签的。我们要理解建筑的文化背景含义、材料技术的可能性、工匠的特点，以及建造者、投资者的思想，弄清楚他们想要表达的精神是什么，然后加上可以获得的绘图和设计的技巧，再加上材料和技术的可能性。让人们看到造就建筑形态与做法的混合的社会历史形态，从各个角度来理解形式，感受形式背后的丰富与真实。比如说“江苏省咨议局”这栋建筑，给人的第一印象是它那“法国宫殿式”的建筑式样，但它其实并不是一个标签意义上的“法国宫殿式”建筑，它是特定历史条件下生成的混合物。清末的君主立宪改革推动了各省修建类似于议会功能的咨议局，江苏省的咨议局参照了采用法国宫殿式样的日本议会大厦。当时的建造者对“法国宫殿式”建筑非常陌生，仅仅止于“二手的”表象。但建造它的中国工匠还是尽其所能地通过一种比较简单的建筑技巧模仿、再现了，并最终实现了它。这是一个靠模仿、画图、记录所支撑的，半生不熟的建造过程。中国工匠对西洋的抹灰、柱式等一知半解，他们在其中掺入了许多中国传统的图案、材料与技术，用城墙砖来构筑墙体，用中国传统的木构造来替代西洋的做法，形成了中国传统木构和西洋木构相混合的结构体系。所以，这栋建筑远非“法国宫殿式”这一标签所能概括。对建筑形式的理解需要通过全方位、多视角的观察，需要认识它的必然性、可能性与现实性。

建筑中的一些内在因素更适于在技术的角度下还原。比如说，像居住建筑群——南京遗存下来的近代建筑遗产中有大量的居住建筑，这些来自近代的居住建筑显示出了它们的共同性。受西洋住宅的影响，这些建筑摆脱了中国传统的低层、水平展开的院落式空间，以及传统布局所带有的狭小、内聚与私密属性。近代时期的“新式”住宅几乎都是西洋化的，它们有联排式的，也有独立式，大多凸显出建筑体量与气势的“高大上”，层数多为两到三层，体现建筑单体的特点。住宅的空间以往竖向发展为主，以往庭院深深的围合院落空间已然解体，建筑不再具有中国人住宅惯有的隐私性与私密性。而这与中国人的生活方式极不协调。这类建筑在建造方式、建造逻辑及空间本身的布局特点上都带有西洋的特点，然而却又是由中国工匠、中国传统技术所演绎。它形成了一个普遍的结构、技术、材料和建造的体系，而规律性的东西就来自其中。居住建筑、行政建筑、工业建筑等都具有体现这种技术特征的特点。要梳理出这样的制作特点，就需要从一个单独、孤立的建筑本体发现出它的受历史背景影响下的技术体系、构造体系、结构体系。

我们会采用比较新、比较好的建筑手段去再现这些历史建筑，是一种图文并茂式的再现模式。用包括图式、文字、模型等综合手段来记录这段建筑本身。我们会用数字化的模型去解构建筑，去重组、还原它的建造过程、结构过程、建造磨具和材料特点。用现代化的三维手段、数字化的手段去表现它，而不是按照以往的惯例，仅仅止于拍照与绘制图纸。基于大量的建筑测绘与现场调查、田野调查，以及仔细的观察、分析，和对建筑做法、施工过程与细节的真实还原，我们最终可以对建筑本体形成更为深刻的了解。

建筑形式的来源中包含不容忽视的内在原因，同样功能的建筑在不同的社会情境下会展现出不同的形式。比如近代时期出现在南京的三所大学：金陵大学（1888 年创办）、金陵女子大学（1913 年创办）和国立中央大学（1928 年创办），它们都是在“中学为体，西学为用”的立场下，为学习西方科学技术而创立的大学，但由于面对了不同的社会现实，三所大学的校区在形式上表现出了差异。金陵大学最初是由美国基督教会创办的教会大学，其校园建筑按中国传统建筑方式建造，尽管坐落于南京，建筑形式却参照了中国北方三品大员的宅第。它是一个来自“皇城”北京的建筑群，有着与南京本土建筑所不同的巨大体量，以及生硬、封闭的山墙与屋顶。在金陵大学校园的规划设计上，当时来自美国基督教会的校董曾开宗明义地告诉他聘请的建筑师——同样来自美国的帕金斯建筑事务所的建筑师，应该去北京看看中国的传统建筑是什么样的。建筑师初次来到中国，对中国建筑一无所知，按照“甲方”要求去北京考察后，便“依葫芦画瓢”地设计出了我们现在所看到的金陵大学的建筑。

金陵大学为什么会呈现出这种形式？其背后的原因就在于美国基督教会创办它时，中国的社会史发生了巨大的变化。在清朝政府的鼓励下，19 世纪末年的义和团运动以“扶清灭洋”为口号，焚毁了大量的在华教堂，并对传教士展开杀戮。这一行为激化了中西方的矛盾，并成了八国联军侵华战争的导火索。外国入侵势力对中国的军事干预加剧了国民对基督教的反感，在民族自尊与民族复兴思想的引导下，基督教在中国的传播受到了极大的抵抗。尽管如此，美国基督教会依然希望能够在中国继续办学，因此，他们采取了“入境随俗”的方式。当时金陵大学的校董表示，他们要将校园的建筑与环境建设成中国人熟悉的样子，要让中国的学子在熟悉的环境里面聆听耶稣基督的福音，同时接受现代科学教育。正是在这样的意识形态下，金陵大学校区建筑才会采取这种非南京本土的，中国传统官式建筑的形式。它的形式尽管来自当时的皇城，但却又不能去模仿皇宫，因为建造者知道皇宫极具辨识度的琉璃瓦、大开间、大格局等都是建筑的禁忌。因此，校园建筑最终按照清朝三品大员的宅第以及衙门的形式进行建造，以体现民族性，同时在校园的总体规划上参照西方大学的通常做法，以中轴线的方式布局。

图 1-6-1 金陵大学北大楼历史照片
图片来源：美国耶鲁大学图书馆

但是，金陵大学的校园建筑也并非是纯粹的中国传统式样，这一方面源于西方建筑师对中国传统建筑的一知半解，另一方面则是设计上的刻意而为，金陵大学的北大楼（图 1-6-1）就是这种做法的典型。金陵大学北大楼的中部树立着一个突出于屋面的钟塔，它打破了屋顶的连续性。这完全不是中国传统建筑的做法，在中国传统建筑中几乎找不到先例，但属于基督教会修道院和经院中的常用手法。钟塔是这类教会建筑中不可缺少的元素，因为日常的宗教仪式离不开钟声的提醒，并且敲钟也具有仪式性。在美国教会的办学思想与当时中国的历史背景的交织下，才会出现金陵大学这种形式混杂，或者说中西合璧的校园建筑。

相反，由中华民国政府创办的国立中央大学（图 1-6-2）却是完全按照西洋建筑式样进行规划和设计的。国立中央大学的校园是由中国人聘请的英国建筑师，从建筑体系、建筑构造、建筑材料、建筑形式，到建筑的空间与细节，都纯粹按照美国大学校园的式样进行营造。这种西洋式的建筑风格之所以成立，也是出于当时社会大环境对西方文化接受度的提升。

图 1-6-2 国立中央大学历照片
图片来源：http: //blog. sina. com. cn/s/blog_de683f060102wl72. html

图 1-6-3 金陵女子大学历史照片
图片来源：http: //blog. sina. com. cn/s/blog_de683f060102wl72. html

金陵女子大学的创办比金陵大学的创办晚 20 余年，在当时的中国，人们对西洋思想的抵触情绪已不似 19 世纪末期前后那样强烈。金陵女子大学校园的建筑师是美国人亨利 · 茂飞，校园的建筑依然选用中国传统式样，但却没有像金陵大学那样使用中国北方式的建筑。茂飞在建筑形式的处理上参照了江南园林式建筑，并辅以清朝宫殿式建筑的做法，校园空间通过回廊体系建构出绿色、舒展的院落空间，整体氛围以和平、民主、开放为主旋律（图 1-6-3）。从金陵女子大学的规划、设计中，可以看出西方建筑师对中国传统建筑文化已具有一定程度的了解，但却是止于表象的。茂飞在设计金陵女子大学校园建筑时对中国传统建筑的构造并不熟悉，因此造成一个“错币”式的失误，在他设计的建筑中，柱子与斗拱是偏离的（图 1-6-4、1-6-5）。当时中西方文化交融的程度有限，西方人对中国建筑的形式与法规并不了解，想做中国式样的建筑只能通过最直观地模仿，难免出现建构逻辑上的缺陷。茂飞在南京留下了许多作品，可以看出他对中国传统建筑的理解在不断地深入。在他设计位于灵谷寺内的国民革命军阵亡将士公墓（1931 年动工）时，尽管是用全钢筋混凝土修建的传统体系建筑，但却做得非常地道，不论是其中的牌坊、纪念大殿，还是位于后方的纪念塔，都已不见先前的失误。可以说，经过多年的磨炼，他已经掌握了中国传统建筑的做法，可以按照新的营造法式，用钢筋混凝土创造出原汁原味的传统建筑形式。

图 1-6-4 金陵女子大学 300 号楼斗拱错位图
图片来源：东南大学周琦建筑工作室

图 1-6-5 金陵女子大学 300 号楼
图片来源：东南大学周琦建筑工作室

南京近代的银行模式源自西方，在银行建筑形式上，美国纽约华尔街体量巨大的西洋式建筑是最主流的仿造对象。这种形式的建筑通过厚重的砖石体系与极具历史感的西洋古典柱式，将银行需要表达的稳重、保守、坚固、封闭等性格彰显得恰到好处。南京近代的银行建筑是纯正的西洋商业建筑，它代表了新的商业模式，是现代银行体系的象征。在中国近代的金融体系从传统的钱庄模式向资本主义的银行模式过渡时，有形的建筑能让无形的理念更具说服力。

1930 年代建成的位于中山东路 1 号的交通银行大楼一直是南京人心目中银行的象征。那一时期建成的银行，包括民族资本创立的交通银行各个分部在内，都在建筑形式上选用了相同的体系，即西洋传统的罗马复兴式建筑体系，以封闭、具象的砖石构造出稳重的气质。这种将西方传统建筑形式赋予中国本土银行的做法是顺理成章的，毕竟近代中国的银行制度来源于西方。久而久之，罗马复兴式的近代银行形象便成了人们心中银行建筑的原型。曾经发生过一个真实的故事，在 1980 年代初期，一位老农民在改革开放后赚了钱，他的家在南京的六合地区，但他却不辞劳苦地背着一袋子的零钱，辗转好几十公里，来到新街口的工商银行存钱。银行的工作人员好奇他为何要舍近求远，不在六合的银行存款。老农民解释说，六合的银行看上去很简陋、破败，觉得把钱存那里不保险，而这个银行看上去很靠谱，所以他要来这里存款。老农民所说的“简陋”的银行是我们常见的以砖木或砖混为结构体系的现代风格建筑，这种形式无可厚非，但通过老农民朴实的视角可以看出，人们心目中对现代银行的认识来自最直观的建筑形式，形式具有意识形态的属性。当人们跳出“权宜之计”的束缚时，往往会转向最接近“原型”的选项。

那么，形式来源于何处？它受何种因素的影响，又为何会受其影响？中山大道及其两侧的建筑是一个很好的例证。中山大道是以迎接孙中山灵柩为契机而修建的一条现代化的城市主干道，它借鉴了巴黎香榭丽舍大街的林荫大道形式，在当时的中国道路体系中极具前瞻性。单从道路来看，“林荫大道”的形式可移植于任何城市，但中山大道的形式却是南京所独有的，它的特点来自它本身，更来自它所联结的空间。中山大道南、北两侧的建筑选址与布局既体现了民国首都的现代性，也承袭了中国传统文化对于建筑的礼制要求。对于重要的建筑，“坐北朝南”的底线不可触动。因此民国首都的重要行政建筑与文化建筑基本都位于中山大道的北侧，并且都会退后道路一定的距离，以形成传统衙署建筑那样的空间序列。这些建筑的形式以中国传统宫殿式样为主，在它们与中山大道之间通常会有一个由牌坊、照壁式大门，以及广场所构成的空间序列，形成传统、庄重的氛围。这种特征可见于中山大道北侧的中央博物院、中央资源委员会、国民党党部、励志社、中央医院等建筑。即便是位于中山大道斜向路段的，由华盖建筑事务所设计的外交部大楼，也可以清晰地看到上述特征。在中山大道的南侧基本没有政府高规格的行政建筑和其他重要的公共建筑，因为位于道路南侧的建筑主入口只能设置在建筑的北侧，这有违于传统文化对“坐北朝南”的要求。同时期的上海也有现代化的道路系统，上海的外滩、南京路、淮海路等区域却是另一番景致。这些道路的两侧林立着门面房式的建筑，它们“压着马路”而建，遵循资本主义的商业资本逻辑，是一种商业化的建筑。这种大尺度的林荫大道与退后道路很远的建筑，以及建筑与道路间的深深庭院和广场空间所构成的城市形态只会出现在近代的南京。

建筑遗产为什么会显得如此重要？我想这也许是因为它记录了历史，是城市、文化活动的有形载体。当历史事件、文化思想在时间层面中完结后，随着当事人的消逝，事件的终止，在此之后的人们便很难再感觉到它们。人们只能通过文字、影像的记载去想象彼时彼刻的情境。建筑遗产却是“此时此刻”的，它是证据，也是见证，是往事的舞台，也是串联今、昔的空间。人们通过建筑的场所与具象化的细节，仍然可以感受到与历史事件、文化思想及相关人物的共时性存在。因此，对重要城市空间和建筑遗产的强化、保留，其意义除了建筑本身以外，更在于为社会史、人文史守护这种有形的证据与载体。这样，人们不仅能在书本里读到历史，还能在历史发生的场景中感知历史。比如说，当我们试图了解“奉安大典”的盛况与哀伤时，如果置身于此时的中山陵的宏伟气势中，沿着中轴线，感受通过牌坊、台阶等建构出的仪式感、空间感，甚至压迫感，以及帝王般的威严与庄重，那么奉安大典便栩栩如生了。历史事件在场所中变得流动起来，军乐声、行进中的仪仗队、追随灵柩的人群等等关于往日的点点滴滴，都将在想象中浮现，在场景中还原。对于公众而言，建筑遗产的空间保留和记录了历史的风貌，它是我们传承、理解和认识历史的物质性场所及证据。

此书的编纂历时 30 年，从 1989 年笔者开始接触南京近代建筑史的调查与研究，一直到现在。尽管中间有一段时间不在中国，但回到南京后，除了从事教学工作与建筑创作以外，绝大部分的精力都投入到了对南京近代建筑遗产的系统化研究与保护工作上。时至今日，方才感到有了整理这一阶段研究成果的火候。本书对于南京近代建筑史的阐述在方法论上基于以下几点：系统性、完整性、翔实性与交叉性。系统性和完整性针对了如何在城市的尺度下，看待与记录近代时期的南京城市与建筑，并由此认识城市。系统性意味着对建筑的发展、建筑艺术，以及建筑的背景，包括社会背景、历史背景，产业背景、教育背景、政治背景等的研究，因为这些要素与相应类型建筑的发展过程息息相关。完整性是指对整体的城市建筑、道路、空间、技术等做出全方位的挖掘和研究。翔实性即是在巨大的城市群体下，对近代建筑从建筑单体、建筑细部、建筑构件，到建筑群、街区、城市、城市群的角度，进行全方位、细致深入地发掘与探讨。我们调查、研究了近千栋的南京近代建筑，并按照建筑类型对它们进行了详细的记录和整理，还原了它们的建造过程、历史原貌，甚至设计图纸，同时还包括用新的建筑手段表达和再现这些建筑。

交叉性是指将建筑放在历史背景下做研究。建筑的本质不仅仅存在于作为结果的建筑本身，它更多地存在于城市的发展历程中。对建筑本质的理解离不开将它背后所发生的故事同相关历史、文化进行关联。比如说，当我们试图理解近代的教育建筑时，就需要从教育史的层面，通过近代教育的转型过程，看待近代教育建筑的转型。近代教育的转型是从传统的、以儒家文化为主导的私塾教育方式，向来自于西方的公民化教学方式的过渡，后者以小学、中学和大学为办学机构。通过这个转型过程我们可以发现，学校等教育建筑的转型和教育的转型有着相当一致的关系。这是一个由小及大，从单一到复杂的认识过程。从教育史、教育活动本身着手，有助于对教育建筑的发展、转型过程的深刻理解。行政建筑也更是如此，近代以来从传统的统治的行政关系，到引入西方的社会机制和体制，其行政建筑、行政空间、权力空间发生了巨大的变化。这种变化有时是逐步发生，也有时是剧烈发生，反映到城市与建筑上便带来了城市选址、布局、形态及建筑单体、形式本身等要素的巨大变化。当我们观察行政史、政治史的时候，就能够更为深入、透彻地理解建筑呈现为眼前的样子。这是将一个建筑本体，从枯燥、静态、简单、单一的认识，过渡到全方位的理解。当然，这并不意味着去替代其他学科的工作。社会学科所提供的知识、素材能够帮助我们解读历史建筑的生成逻辑，我们的历史观强调跨学科的、多角度的，从社会学角度、人的角度来理解建筑为什么会是这样的。

第二章

城市规划与建设

第一节　南京近代城市规划历史沿革

一、尝试引进新的城市建设与规划方式（1865—1927 年）

（一）南京城市基础设施改良与市政管理制度落后

1865 年李鸿章在南京城南聚宝门（现中华门）外开办了南京第一座以机器制造为动力的工厂“金陵机器制造局”，从此掀起了南京城厢外部南区建设用地的拓展，也拉开了这座城市近代化转型的序幕。

相较租界城市，清末民初时大多中国城市尚未建立现代市政制度。此时南京也是一座缺少现代市政制度的城市。鸦片战争后，这座千年古城也被卷入资本主义经济体系，城市为了追逐效率开始进行基础设施改良，但是落后的城市行政管理制度严重制约了基础设施改良的进展。

清末时期的南京城（城厢内区域）分属上元与江宁两县管辖，并未设立专门针对南京城的行政管理机构。当时南京城大部分工程事项仍由区域性行政机构“两江总督署”管理，而两江总督署的城市建设主要是对道路交通进行改善。1895 年两江总督张之洞修建自城内的两江总督署经鼓楼、仪凤门至下关的江宁马路，此马路由砖石铺成，并且参照上海租界的马路技术，为南京近代道路建设的起点。除了修建马路，清政府在南京举办第一次全国性的商品博览会“南洋劝业会”，为方便城北会场与下关及南部老城的联系，修建了一条穿城小铁路。

下关与浦口开埠后，都有各自的商埠局负责区域内城市基础设施建设，成为独立于南京老城之外的城市建设区域。1908 年建成的沪宁铁路与 1912 年建成的津浦铁路虽然都在南京区域设站，但是这两条铁路却由清政府借外债修建，铁路管理局的实权被债权国把持，南京地方行政机关很难对铁路及车站的建设事务进行管理。

北洋政府时期，南京依然没有建立起专门针对城市的市政管理机构。南京作为省会，建设活动多由江苏省行政公署或省长公署负责。而当时主管民政的“省长”则需要听命于握有兵权的地方“都督”，因此地方的民政财政均制约于军权而不能独立。1922 年韩国钧任江苏省省长后，曾筹设市政公所，即后来成立的南京市政督办公署，以此机构办理一切市政实务，并由直鲁联军总司令以及江苏省省长兼任督办和会办①。“市政督办公署”的性质更像是省政府的派出机构，而非具有独立财权与行政管辖权的现代城市市政管理机构。1912 年设立的马路工程处随后也被并入南京市政督办公署，主管市区内外道路维修。然而因工程费有限，马路工程处仅能维持市内交通，无力拓展新路。

下关与浦口商埠区此时则各自拥有相对独立的行政机构，南京下关在辛亥革命后不久就重新设置了下关商埠局，对下关范围内的道路自行计划、自筹经费。该商埠局于 1914—1915

本章作者为左静楠。

① 江苏省南京市公路管理处史志编审委员会．南京近代公路史［M］．南京：江苏科学技术出版社，1990：31。此页还解释说明：南京市政督办公署所辖的区域按其组织大纲规定，以南京省城及下关警察区域为范围，公署内设总务处、财政处、工务处、公用处、公文处、卫生处、教育处、社会事业和都市计划处。其中都市计划处主管市区街道、沟渠、桥梁、港埠及其他公共建筑的管理和修缮业务，以及电灯、电话、煤气、自来水、公共卫生、消防、水患、教育、社会事业、户籍等项的管理。

年将小郎河填平，筑成连接江边码头与海陵门的新马路，便利了下关商业发展[①]。

虽然此时南京城市基础设施建设并没有规划作指导，多是对城市状况的被动性改良。但是到了 1920 年代，城市规划对中国城市已经不是陌生的事物，许多城市开始制定城市规划以指导旧城基础设施改良及新城建设，南京的市政建设精英当然也不会落后。下关商埠局于 1920 年制定《北城区发展计划》，而南京市政筹备处也于 1926 年制定《南京市政计划》。

（二）1920 年《北城区发展计划》

1920 年，下关区域开放为商埠 21 年，浦口开放为商埠 9 年，南京城正处于北洋政府统治的相对平稳时期。加上沪宁铁路、津浦铁路的通车，下关区域一跃成为南京最为繁华的地带，各种工厂、银行、邮局、商铺纷纷在下关区域建立。因此下关区域土地开始成为一种稀缺资源，而与之对比的是紧靠下关的城北地带——此区鲜有建筑，土地多为农田，地价低廉。在这种情形下，当时管理下关一切建设事宜的“督办下关商埠局”为了使下关借用城厢内北区土地扩展城市空间，制定了《北城区发展计划》。

此时城市分区的规划思想正在中国本土城市盛行，因此《北城区发展计划》分为“区域分配计划”和“干路计划”两部分，但是其规划区域并未覆盖南京全城，仅仅是下关沿江区域以及城厢内北部的荒凉地段。区域分配计划将城市用地按功能分为 8 个区（图 2-1-1），分别是住宅区、商业区、工业区、码头区、铁路站场、公园公墓区、要塞区和混合区。干路计划（图 2-1-2）将道路按宽度分为 5 个等级，分别是 120 尺、100 尺、60 尺、45 尺[②]，主要干道有两条：一条纵贯北城区南北作为中心干道，另一条则沿江发展为滨江大道。

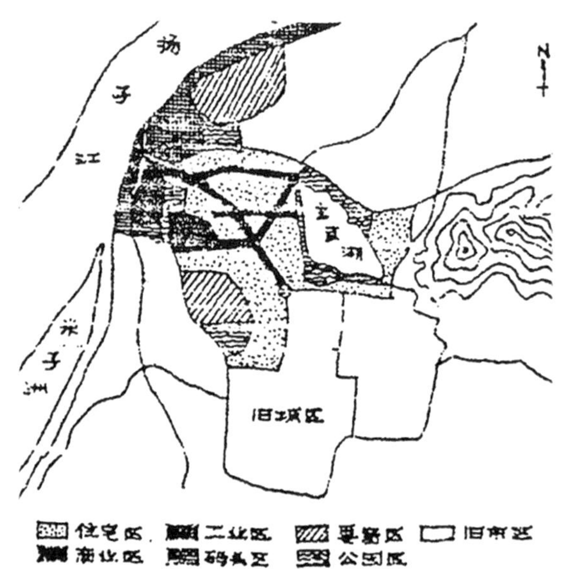

图 2-1-1 《南京市政计划》分区示意图

图片来源：南京市地方志编纂委员会. 南京城市规划志［M］. 南京：江苏人民出版社，2008：113.

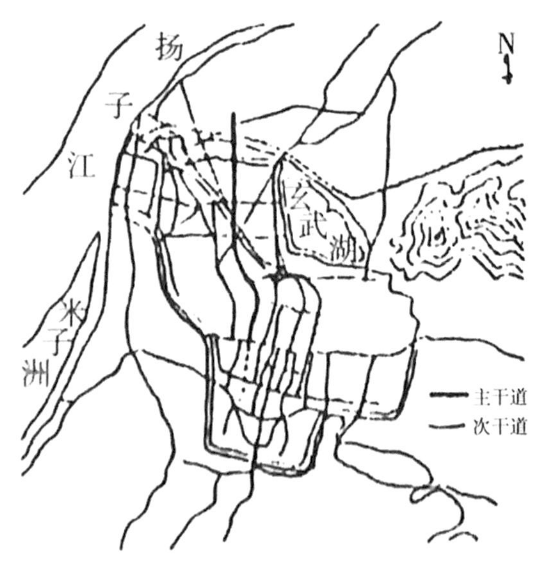

图 2-1-2 《南京市政计划》道路图

图片来源：孟建民. 城市中间结构形态理论研究与应用：南京城市建构过程总体分析［D］. 南京：东南大学，1990.

《北城区发展计划》的制定者主要站在下关商埠区的角度来构想城市空间，因此在功能

① 南京市政府秘书处编译股. 首都市政公报（第 29 期）：工务公牍［Z］. 南京市政府秘书处（发行），1929.

② 民国四年（1915 年）1 月 7 日，北洋政府公布《权度法》第二条明定甲制营造尺库平制以及乙制万国权度通制并行，长度基本单位是营造尺，等于 0.32 公尺（米）。因此路宽 5 个等级依次可换算为 38.4 米、32 米、19.2 米、14.4 米。

分区和路网计划方面仅仅围绕城北地区进行设计，此设计的短处为城北区域与南京城南旧城在空间形态与功能上的断裂。

（三）1926年《南京市政计划》

1914—1918年间的第一次世界大战使得西方列强无暇东顾，中国民族工商业有所发展。这也使得南京城的工商业建设出现了一个小高潮，但是繁荣的经济与陈旧的城市基础设施、混乱恶劣的城市环境形成鲜明对比，南京城市发展急需一个专门机构来管理。1925年春，南京工商界代表推举前省长韩国钧来做筹备，组建“南京市政筹备处”。该处除了负责管理南京市政建设事宜外，还负责制定南京城市发展规划，《南京市政计划》即为该处所制定，并于1926年成稿①。

此计划是南京近代史上第一个从全城角度出发所做的城市规划，旨在调和南京城市发展的资源配置矛盾。《南京市政计划》分为市区计划、交通计划、工业计划、商业计划、公园计划、名胜开发计划、住宅计划、教育计划、慈善公益计划、财政计划等10个方面，是一部较为完整的城市发展计划。在规划技术层面，涉及对城市的功能分区及对交通的综合规划（图2-1-3、图2-1-4），还辅加了城市发展建设资金计划。

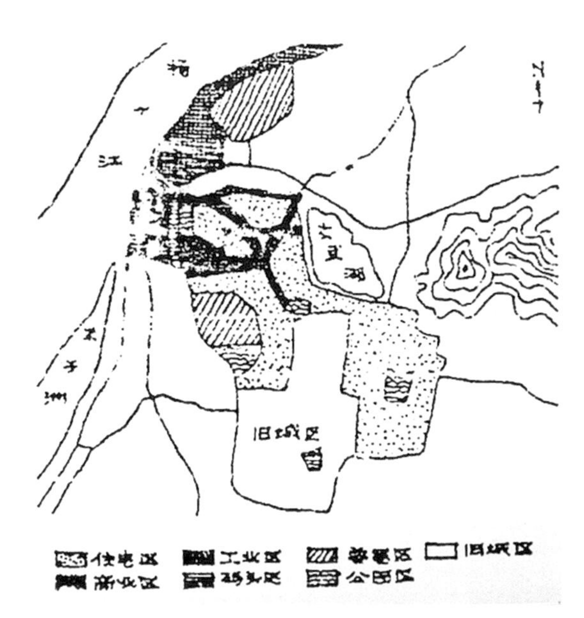

图2-1-3 《南京市政计划》分区示意图

图片来源：南京市地方志编纂委员会．南京城市规划志［M］．南京：江苏人民出版社，2008：115．

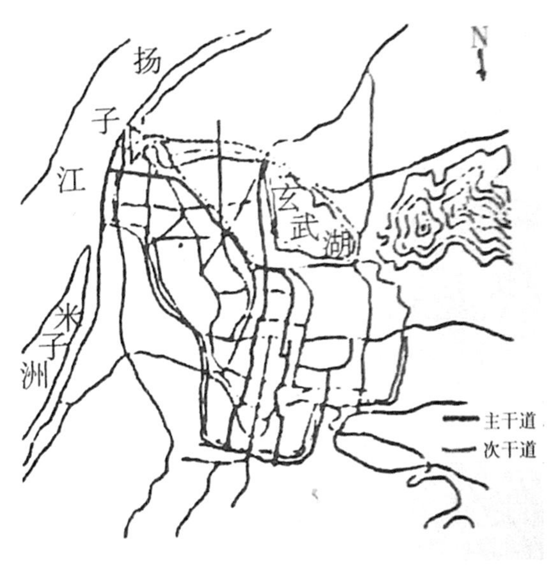

图2-1-4 《南京市政计划》道路图

图片来源：孟建民．城市中间结构形态理论研究与应用：南京城市建构过程总体分析［D］．南京：东南大学，1990．

《南京市政计划》比《北城区发展计划》要更加全面深入，但从城市形态的角度对比这两部计划，不难发现《南京市政计划》是在《北城区发展计划》基础上做的调整。

（四）不具备实施基础的城市规划

北洋政府时期的《北城区发展计划》和《南京市政计划》形成于20世纪初期中国城市

---

① 南京市政筹备处．南京市政计划书·序［Z］．南京市政筹备处（发行），1926．

接受西方城市规划技术与思想的浪潮中。官方希望借由这种西方传来的技术来解决城市发展问题，但是却如同中国其他城市建设掌权者一般——对西方城市规划的认识尚流于表面，仅机械地将城市分为若干功能区，未从城市全局综合组织城市功能分区。对道路系统的规划也未与城市分区联系，更无保障城市分区实施的区划法规的制定。

此时南京尚未建立现代市制，制定两部计划的机构分别是“下关商埠局”与“南京市政筹备处”，前者仅能对商埠界内的土地、工程、警察、杂捐事项进行管理[①]，对商埠之外的建设事宜并不具备任何权力；后者则是由工商业界发起、尚未得到当时的江苏省政府认证的机构，因此这两部计划根本没有可靠的法定机构来维护与执行。

二、成为国民政府首都后的城市规划（1927—1937 年）

（一）都市计划的兴起以及首都地位的确立

1928 年后，国民党在形式上统一了全国，政局开始进入相对稳定阶段。南京从地方文化政治中心转变为民国首都，这种城市身份的转变使其城市规划具有特殊的地位：第一，由于涉及对“首都身份”的确立，南京城市规划编制与管理牵扯到更多国家权力机构，涉及的部门并不局限于南京市政府，更多部门直隶于国民政府；第二，规划标准高，并且较为完整地引进了西方现代城市规划技术以及相关法规，为国民政府将城市规划“制度化”奠定基础；第三，城市规划具有很强的政治色彩，被用作塑造首都形象、树立权威的工具。

这一时期南京城市规划论述大致可以分为3部，分别是《首都大计划》《首都计划》以及“首都建设委员会”所主持的相关城市规划工作，其中只有《首都计划》是一部完整的规划论述。《首都大计划》是在《首都计划》编制前南京市政府所做各种零散规划编制的总称；在《首都计划》完成后，这部南京近代历史上最为完整的规划论述并没有被南京城市建设的主管机构“首都建设委员会”采纳，在之后的若干年中，首都建设委员会以“开常会通过提案”的方式确立过若干城市建设计划，涉及全城的规划只有“首都道路系统计划”以及“首都分区计划”。

（二）1928 年《首都大计划》

从 1927 年 4 月开始，南京成为中华民国国都。由此执政者开始组织人力物力，为南京城制定合乎其首都身份的城市发展计划。《首都大计划》就是南京作为国都后的第一部城市规划，其前前后后共有 3 稿。但是“首都大计划”并未经过正式定名，而是南京市政府在编制都市计划时，由市长和工务局长等一般称用的名称[②]，因此诸多文献中也就以《首都大计划》对南京市政府在 1928 年尝试制定的诸多建设计划进行总命名。

《首都大计划》初稿是在市长何民魂[③]任期内完成的。当时南京城除了若干由清末新政时期所筑的车马路外，几乎没有像样的道路，城市基础设施建设与上海、北京、汉口等城市相差甚远。而南京又是以民国首都的身份来进行城市规划的，因此市政府对此

---

① 依据北洋政府颁布的《自开商埠章程》：“自开商埠设置商埠局，管理界内土地、工程、警察、杂捐各事项。”详见：列强在中国的租界［M］. 北京：中国文史出版社，1992：568.

② 孟建民. 城市中间结构形态理论研究与应用：南京城市建构过程总体分析［D］. 南京：东南大学，1990：155.

③ 何民魂，江苏金山人，1927 年 9 月至 1928 年 7 月任南京市市长。.

颇为重视，派人出国考察现代市政。1928 年 2 月《首都大计划》初稿完成，包括分区和道路规划两部分。此时以西方规划模式改造城市的建设方式已逐渐被中国城市接受，因此《首都大计划》的初稿中也使用了“功能分区”“棋盘街”及“放射状道路”等颇为流行的城市规划手段。当时欧美城市规划界正在盛行“田园城市理论”，市长何民魂也以此为托词，声明要把南京建设成为“农村化、艺术化、科学化”① 的新城市。

在初稿的分区规划方面，共划分出 7 个功能区，即旧城区、行政区、住宅区、商业区、工业区、学校区和园林区。干道的规划主要是依据城市既有的道路结构而定，但是多用直线路形，并尽量减少路线上的转折点，同时还对道路宽度进行等级划分。

初稿完成近半年后，市政当局又对《首都大计划》进行了修改，而此时南京市市长已由何民魂替换为刘纪文。刘纪文的上任与蒋介石有莫大关系，而前任市长何民魂背后的支持力量则是桂系人马，因此南京政坛力量角逐也波及城市规划的编制。1928 年 10 月，《首都大计划》第三稿由刘纪文所领导的南京市工务局编制完成。

三稿调整了何民魂时期《首都大计划》的干路系统，连接下关与鼓楼的交通干道改由海陵门（今挹江门）入城直达鼓楼，这也大致奠定了现实中“中山路”的走向；同时设计了正南北走向的“子午路”（后改称中央路）。而在三稿所形成的分区计划中，明故宫区域则首次被定为了行政区。

（三）1929 年《首都计划》

在《首都大计划》三稿制定时，国民党高层还有意设立一机关来专门负责首都南京的城市建设事宜。《首都大计划》基本上是在以刘纪文为首的蒋系人控制下进行的，孙科在政见上与蒋介石相左，此时他也想介入首都南京的城市规划。1928 年 11 月 15 日国民政府决定设立“国都设计技术委员会”并由孙科“督同组织”。同年 12 月 1 日，“国都设计技术专员办事处”(以下简称“国都处”) 正式成立②。

国都处最高领导人为孙科，处长为林逸民，顾问为美国建筑师亨利 · 基拉姆 · 墨菲（Henry Killam Murphy，1877—1954 年）、美国工程师欧内斯特 • P. 古力治 (Ernest P. Goodrich，1874—1955 年)，建筑师黄玉瑜为建筑方面主要助手；实际规划工作由墨菲和古力治二人主导，林逸民负责行政协调。国都处于 1928 年 12 月 1 日正式成立，1929 年 12 月 31 日结束工作，完成了《首都计划》的制定。

《首都计划》全文共分 28 章节。大致可以分为“调查、规划、执行”3 个板块。“调查”的专篇章节主要在第 1 章“南京史地概略”以及第 2 章“南京今后百年人口之推测”。其他各章在开篇论述规划之前，也有相当篇幅的内容论述与该部分规划相关的基础调查资料，作为推演规划结果的科学论据。“执行”板块则为城市规划的执行提供法律及资金保障，分别是针对全国城市而制定的第 25 章“城市设计及分区条例草案”、针对南京制定的第 26 章“首都分区条例草案”，以及论述规划执行次序的第 27 章“实施之程序”，论述财务计划的第 28 章“款项之筹集”。而“规划”板块则作为“计划”的主要内容存在，全文有 23 个篇章来论述“规划”，此板块大致又可以分为“土地分区使用计划”“交通计划”“基础设施计划”。

① 南京特别市秘书处编译股. 南京特别市市政公报（第 9 期、第 11 期）［Z］. 南京特别市市政府秘书处（发行），1928.

② 1928 年 12 月 1 日孙科呈请国民政府将“国都设计技术委员会”改名为“国都设计技术专员办事处”。详见：王俊雄. 国民政府时期南京首都计划之研究［D］. 台南：台湾成功大学，2002：141.

在城市边界划定的基础上，规划者将全市土地又分为行政、公园、住宅、工业、商业、学校、交通用地等功能分区（图 2-1-5）。相较之前的南京城市规划中土地分区关系（图 2-1-6），《首都计划》中所呈现的土地分区关系复杂很多，各分区界限间不再泾渭分明，而是采用了交叠相混、零散多变的形式——这种分区形式并不是对规划秩序性的削弱，而是随着对城市功能机制的认识加深，土地分区规划被设计得更加细致的结果。

图 2-1-5 《首都计划》分区示意图

图片来源：南京市地方志编纂委员会．南京城市规划志［M］. 南京：江苏人民出版社，2008：115.

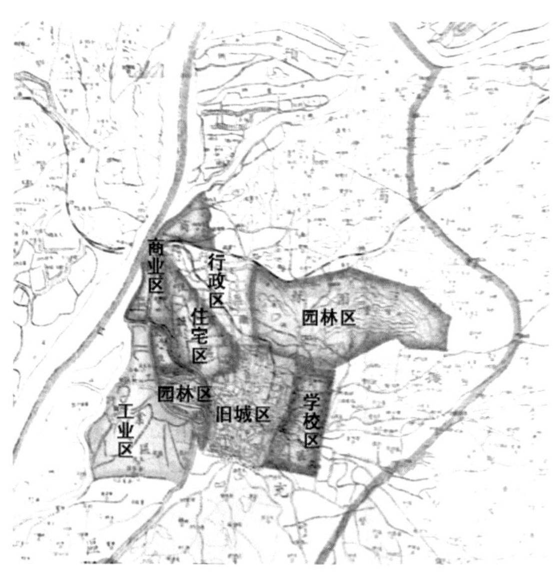

图 2-1-6 《首都大计划》初稿分区示意图

底图来源：南京特别市工务局. 南京特别市工务局年刊［M］. 南京：南京特别市工务局，1927:37-40.

交通计划则分为市内及对外交通。《首都计划》市内交通主要依靠城区内外的公路完成，而使用了上百年的内秦淮河“水路运输”以及清末开始运行的“市内铁路”则因效率低下被废止。市内道路的规划原则主要是依据分区功能并结合城市路网现状。《首都计划》不但对南京市区交通进行了规划，同时也对南京的对外交通做了详尽的计划，以专门的章节做了“铁路计划”“港口计划”“飞机场计划”①。是之前南京城市规划鲜有涉足的领域。 基础设施计划主要包括“自来水计划”“电力厂之地址”“渠道计划”“电线及路灯规划”。

（四）“首都建设委员会”的规划工作

1929 年年底，国都设计技术专员办事处在《首都计划》制定完成后即被裁撤。《首都计划》也并没有得到国民政府的法定认可，它仅以其翔实的数据调查及先进的技术方法成为之后南京历次规划的参考资料。

1929 年 1 月 8 日国民政府公布了《首都建设委员会组织条例》，宣告“首都建设委员会”（以下简称“首建会”）成立，该会为国民政府直属机关，在行政等级上与国都处平齐。在 1929 年 6 月 22 日召开的首建会第一次全体会议中推举蒋介石为首建会主席，刘纪文为秘书长，并聘任德籍工程师海因里希·舒巴德（Heinrich Schubart，1879—1955 年）为其顾问。

① 《首都计划》中针对“铁路计划”的专门章节是“13‘铁路与车站’”；针对“港口计划”专门章节是“14‘港口计划’”“24‘浦口计划’”；针对“飞机场计划”的专门章节是“15‘飞机场站之位置’”。

按其组织大纲，首建会对于“执行主管首都事务之行政长官有指挥监督之权”①。因此同为管辖首都建设部门，首建会在职权上和国都处发生矛盾，首建会曾一度要将国都处置为其下属机关。在孙科的坚持下，国都处勉强维持运行到1929年底，但是国都处所做的规划意图大都需要经过首建会的同意。

在国都处被裁撤后，首建会成为了南京城市规划与建设的管理机构。首建会从1929年1月成立到1933年4月被裁撤，期间主要完成对南京各项城市规划（或建设计划）的审核与修改，并督促南京市政府施行。各项城市计划主要由首建会委员提出，交由首建会下的“工程建设组”与“经济建设组”修订。在4年时间里，首建会完成了多项南京局部功能分区规划（性质更像是城市设计）的审核工作，但是涉及南京城市整体层面的规划仅有“首都道路系统计划”与“南京城市功能分区计划”两项。

1．南京城市功能分区计划

首建会对《首都计划》“功能分区”最大的改动即为“将中央政治区从紫金山南麓移入城内明故宫区域”。早在《首都计划》制定之时国民政府内部就有人质疑将“中央政治区设定在紫金山南麓”的做法。而之前《首都大计划》第三稿对于中央政治区的区位设定便是明故宫区域，当时负责《首都大计划》是刘纪文，从刘纪文任职南京市市长前后与蒋介石的紧密关系判断，似乎将中央政治区设定在明故宫区域更为符合蒋介石的心意。1930年1月18日，国民政府下达“训令”，命令首建会将中央政治区地点改在明故宫，并尽速制定城厢区域内的道路系统。该文后还附了一张蒋介石亲笔所写短笺：“行政区域决定在明故宫，全城路线应即公布为要，蒋中正 一月十七日。”② 困扰国民政府一年来的中央行政区选址终于有了定论。

由于中央行政区的重新设定，《首都计划》中的“土地功能分区”不得不被重新设置。1930年4月15日至17日，首建会召开了“第一次全体委员会”，刘纪文提出了有别于《首都计划》的土地分区方案，共包括两部分：“拟具首都分区计划案”与“拟具首都分区条例草案请公决案”③，后者则是仿照《首都计划》中《首都分区条例草案》进行编订，但是限制标准却放宽了。之后刘纪文的“土地分区案”被送交首建会秘书处及工程处详细研究。1933年1月24日，国民政府才最终公布了正式的《首都城内分区图》以及《首都分区规则》，此两者均是在1930年4月刘纪文提案的基础上进行修改而成。

从1933年正式对外公布的《首都城内分区图》（图2-1-7）来看，此土地功能分区计划主要针对南京城厢内部以及下关，未如《首都计划》遍及全市区域④。功能上大致分为政治区、公园区、第一住宅区、第二住宅区、第一商业区、第二商业区、军事区、高等教育区、第一工业区和第二工业区等10种。

---

① 详见：王俊雄．国民政府时期南京首都计划之研究［D］．台南：台湾成功大学，2002：203.

② 详见：王俊雄．国民政府时期南京首都计划之研究［D］．台南：台湾成功大学，2002：223.

③ 详见：王俊雄．国民政府时期南京首都计划之研究［D］．台南：台湾成功大学，244-249.

④ 南京的市区范围界限直到1934年才有定论，1935年才被实质性完成，1933年的首都分区计划仅就城厢内部区域进行划分，也可能受到了当时城厢外部市区界限未定的影响。

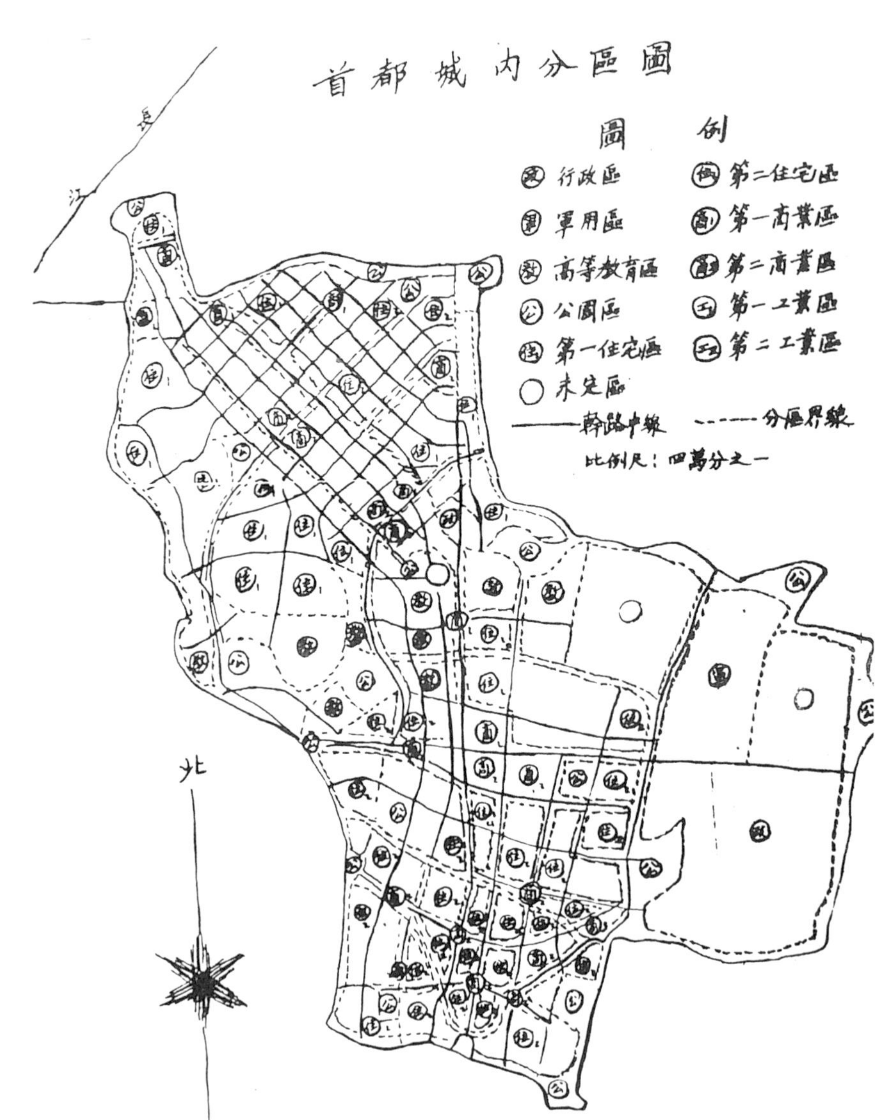

图 2-1-7 《首都城内分区图》抄绘图

图片来源：南京市地方志编纂委员会. 南京城市规划志［M］. 南京：江苏人民出版社，2008：118.

《首都分区规则》也大致参照《首都计划》之《首都分区条例草案》内款项进行修订，但在限制标准方面则更为宽松。1933 年的《首都分区规则》在“建筑限制”方面对各功能分区的建筑限高、最小基地面积都放松了限制要求，取消了在建筑基地内留侧院及前后院的规定，各功能分区建筑覆盖率也被提高，这意味着按照 1933 年《首都分区规则》的标准，每块建筑基地将被更多的建筑覆盖，城市建筑密度将会提高。

2. 南京城厢内道路系统计划

1930 年 2 月 27 日刘纪文在首建会第一次临时会议上提交了《首都干道系统图》，并顺利通过。此干道系统图修订时间不足两个月，是应蒋介石 1 月 8 日所发手令“全城路线应即公布”赶制而成，3 月 8 日国民政府便发令公布施行[①]。

刘纪文拟定的《首都干路系统图》（简称《干路图》）（图 2-1-8）主要针对城厢内部以及下关进行规划设计。虽然刘纪文的“干路系统设计”有部分参考《首都计划》道路系统

① 王俊雄. 国民政府时期南京首都计划之研究［D］. 台南：台湾成功大学，2002：225.

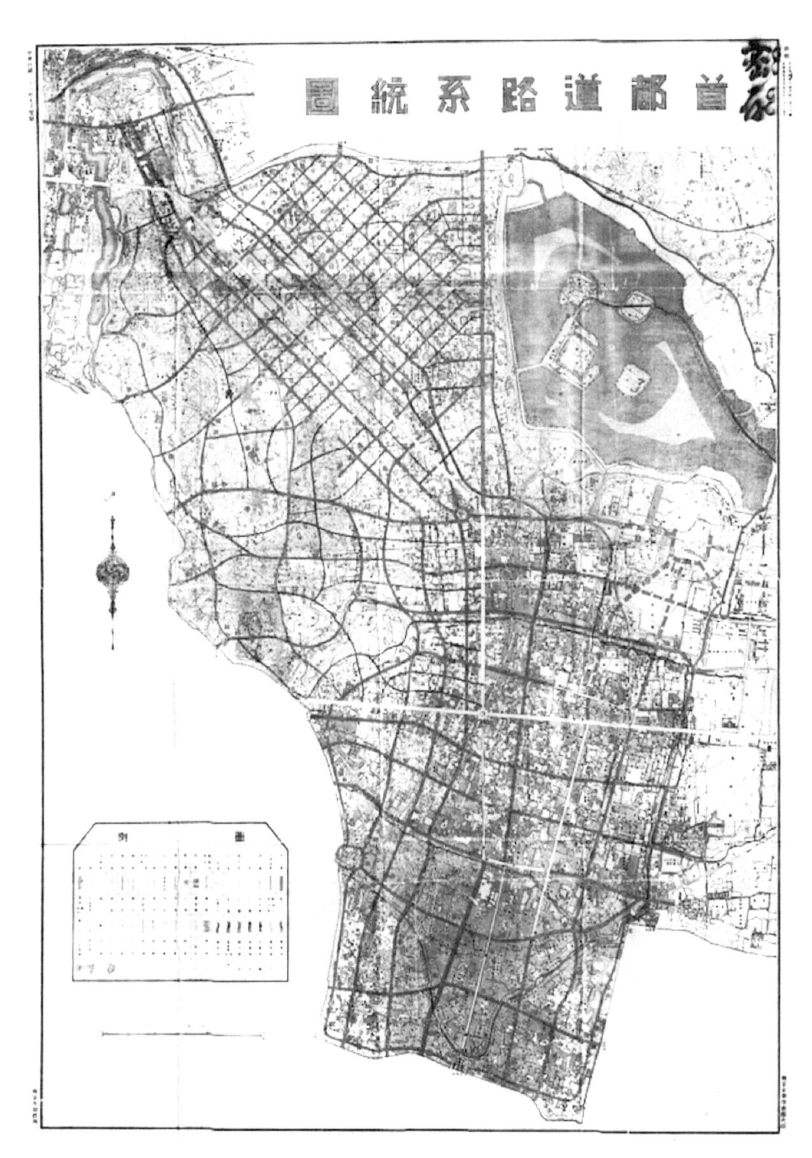

图 2-1-8 首都道路系统图

图片来源：南京市政府. 民国文书（档案号：10010030252-00-0002）[Z]. 南京：南京市档案馆.

设计标准，但刘纪文所采用的道路规划方法与《首都计划》完全不同。刘纪文认为："干路系统为任何城市规划之基础，必须干路确定，而后其他规划，乃能有所附属，故计划城市无不先从规划干路著手"[①]。《首都计划》却是先进行功能分区，后根据各个分区的不同功能进行特定的路网设置。

1930 年 12 月 2 日国民政府又公布了首建会拟定的城厢西北地域、中山路以北、中央路以西的次要道路系统。

（五）规划技术的引进与实施的困难

南京成为民国首都后的 10 年间，南京市政府、国都设计技术专员办事处、首都建设委员会分别参与过制定南京的城市规划。南京市政府制定《首都大计划》时对城市规划技术的认识还较为肤浅，仅从道路及分区两方面做了简单规划，且分区仅对城市土地用途做出规定，没有做出细致的"分区规则"来控制各个功能区内土地利用强度与建筑类型。国都设计专员

① 刘纪文. 首都干路系统规划例言［Z］. 首都建设，1930(3).

办事处所做的《首都计划》，较为完整地引进了美国当时的城市规划技术与思想，其规划论述涉及分区、交通、城市基础设施规划 3 个方面，并制定了相应分区条例来管控分区规划的实施，同时还搭配相应的财务计划，可以说《首都计划》是当时国内最为完整的以西方规划技术为基础的规划编制。但由于国民党内部派系对首都建设控制权的争夺，《首都计划》也不可避免成为权力纷争的产物，在孙科主导的“国都设计技术专员办事处”被裁撤后，《首都计划》并不被蒋介石主导的“首都建设委员会”采纳应用，且《首都计划》本身也带有某种过于理想化的规划色彩，这使其在当时战乱的情况下并不具备实施基础。

最后，南京城市的总体规划在首都建设委员会的缩减下仅仅剩下“道路计划”与“分区计划”两部分，南京城厢内的“道路计划”及“分区计划”最终得到了国民政府的法定公布，但仅有“道路计划”在实践中被执行，执行过程也困难重重，这致使南京政府不得不修改道路计划。“分区计划”虽经过国民政府的认可与公布，却由于城市在现实土地利用中的既存状况难以改变而被搁置。南京城市的基础设施建设此时大都只有建设计划，而无与城市总体发展相配合的规划；局部的城市分区计划更类似于城市设计，无法从整体层面调和解决城市发展中的矛盾。

（六）战争阴影下的城防要塞区计划

1934 年南京警备司令部提出了《关于南京城防的建议案》[①]，该案重启了南京城墙的防御作用，将修葺城墙列入了城防计划内。1935 年南京警备司令部又提出在城厢内外建立城防要塞区域，划入要塞区域的土地不准买卖及建设。

1936 年 7 月，国民政府参谋本部会同军政部进一步将南京城厢内外的要塞区域划分为保留建筑区、限制建筑区、工事区、永久工事区[②]——其中，永久工事区主要为西北沿江区域城墙内的高地以及玄武湖南岸的北极阁高地，此为南京城临江、临湖部分的第一道防线，所有建筑活动（军事除外）将被禁止；城北中山北路及中央路为进入城南部分的交通要道，在此两路的要害部位也设置有工事区。在工事区附近，未进行建设的业主将被禁止建设，以保留相当的射界；保留建筑区主要围绕各个工事区展开，国民政府的军事核心区域“小营及陆军军官学校”也被设为保留建筑区。除了以上城内的城防要塞区域，国民政府还在南京城墙外部的若干区域设立军事工事。由于各个要塞区的设置，南京城市正常的建设活动受到了极大干扰，如“新住宅区二、三区”“中央大学中华门外扩建校区”都由于落入城防要塞区域而不能建设。

三、日据时期的城市规划（1937—1945 年）

（一）日据时期的城市规划与建设管理机构

1938 年 3 月 28 日，“中华民国维新政府”在南京宣布成立，管辖区域包括南京、上海两个特别市以及江苏、安徽、浙江 3 省各一部分。早在“中华民国维新政府”成立之前，“南

① 李立．南京明城墙保护研究［D］．南京：南京农业大学，2007：13.
② 南京市政府．民国文书（档案号：10010030252-00-0001）［Z］．南京：南京市档案馆.

京自治委员会”就于1938年元旦成立，管理南京市政。其下设秘书处、总务、财务、救济、工商、交通、警务6课，施政的实权掌握在日本顾问手里。自治委员会所管辖范围，最初只限城内除新街口以外的地区[①]；以新街口为中心，城东南、西南、东北、西北4片分别划为第一、二、三、四区，后下关也划入南京自治委员会管辖范围，成立第五区。1938年4月24日，南京自治委员会解散，“督办南京市政公署”成立，以“市政督办”为主官。

1940年3月30日，日本方面策划已久的沦陷区统一政府——“中华民国国民政府”在南京成立，由汪精卫任主席，以南京为首都。1940年7月，“国民政府”改“督办南京市政公署”为“南京市政府”。

日据期间，南京政府曾试图对南京进行规划，然而此时城市规划编制机构却是日本内阁的“兴亚院”。兴亚院于1938年12月16日在东京正式成立，是日本政府编制和实施对华政策的总机关。该机关在华各联络部正式成立于1939年3月，此机构于1942年11月归并于“大东亚省”，作为该省的“中国事务局”，历时近4年。

（二）1939年《南京城都市计划要纲》

1939年8月，“兴亚院”编制了《南京城都市计划要纲》（以下简称《计划要纲》），10月由特务机关将其送交南京市政府。此《计划要纲》共分为3个部分，分别是城市规模、交通、分区。第一部分主要根据南京市人口数量以及人均占地面积预估南京未来25年的城市发展规模，并以城厢内区域作为第一期计划区域，即本次规划的重点区域；城外作为第二期计划区域，本次不作规划。第二部分简要阐明了对南京城内道路交通的规划，干道系统参考战前国民政府的规划，并结合南京城厢内部已经完工的主干道情况。城北部荒地的道路系统全部以正南北、正东西为走向，一改此前国民政府时期斜向45度的道路系统。第三部分则是对城厢内土地进行分区，共分为政治区、商业区、住宅区、公共区域、杂居区域、工业区域、公园区域。《计划要纲》并非一部完整的城市规划，仅完成了城市分区及道路系统。其思路延续国民政府战前为南京城所做的规划，建设重点仍集中在城北及城东地区，建筑密度最高的老城南却呈现一种放任状态，连所需开辟的主干道较战前国民政府的规划都有所减少。

日据期间，南京政府也曾经颁布过一些建筑与规划法规，内容上多沿袭沦陷前南京市政府发布的法规，如《南京市工务局市区建筑暂行简则》（1939年2月）；另外为了修复战争对城市带来的破坏，南京政府还颁布了一些建设修复性法规，如《南京市新住宅家屋管理暂行办法》（1938年3月）、《南京市工务局简易修建请照暂行办法》（1938年8月），《整理首都破损建筑物暂行规则》（1944年1月）。

四、战后复原时期的城市规划（1945—1949年）

（一）1939年《都市计划法》与战后城市规划制度化

战前中国各大城市虽然已经积极引进西方规划技术并尝试制定各市的城市规划，但是国民政府并没有从国家层面将城市规划作为一种法定制度来推广，因此各个城市推行城市规划

① 新街口为日军驻兵区，不归自治委员会管辖。

的途径以及编制内容并不统一。战后国民政府欲对全国城市规划工作进行统一管理，要求各个城市按照 1939 年 6 月颁布的《都市计划法》第八条规定[①]，组成都市计划委员会来拟定都市计划。1946 年 4 月国民政府公布《都市计划委员会组织规程》[②]，希望以此规程指导全国的都市计划委员会运作。

南京市政府于 1947 年 3 月开始筹备南京市都市计划委员会（简称“都委会”），聘定委员、指定工作人员，拟定《都市计划委员会组织规程》，并于 4 月先行设立计划处，从事各项调查计划工作，5 月 12 日召开第一次会议。

截至 1949 年 4 月南京解放前夕，都委会编制的成果性文件并不多，仅完成纲领性文件《南京市都市计划大纲》以及一些针对城市现实问题的建设计划，事关全城的总体城市规划尚未完成。分析原因，一方面是由于时局不稳，都委会的工作仍然进展缓慢，另一方面则是由于战后南京城市规划指导思想转变，注重对城市现状调查以及现实问题解决，一改战前追求规划结果、崇尚静态宏伟城市蓝图的作风。

（二）战后城市规划新思潮

1947 年 5 月，南京市都市计划委员会第一次大会召开，会上即讨论拟定了《南京市都市计划大纲》（以下简称《计划大纲》），将其作为之后都市计划编制的纲领性文件。此大纲与战前规划相比，在规划指导思想方面有两个变化：第一，有了战前十年的建设经验，认识到规划不能只追求静态效果，城市在不断发展，因此规划“不能预订年限，将来环境如有变迁，随时修正”；第二，由于受到战争的影响，《计划大纲》增加了国防方面的规划内容，都市计划适应城市空防、陆防、江防，但是国防建设不得妨碍都市发展与市民安全等。

1947 年底，都市计划委员会完成了对南京城市现状的初步调查，并将这些内容总结在“第一期调查报告”中。此报告显示规划者思想已经开始逐步由战前追求“首都理想城市形态”转向面对城市现实问题，注重解决市民实际的生活需要。在报告中都委会认为现代都市计划的主要目的“在改善民众之福利，一切设施，皆以市民生活为对象”。都委会的任务则是“以市民福利为第一，土地使用为基本”，并结合公共需要，使都市现状获得合理改善与发展，避免畸形凌乱滋长。

除了注重实用外，都委会还认识到南京与其周边城镇关系的重要性，甚至考虑到设置卫星城，因此在设定规划范围时：“着重于城区，但同时估计其邻近区域城镇之关系，使之成为个别卫星市，以备容纳将来繁殖之人口，然在城区计划未完成以前，欲从事全面计划，自属过早，惟邻近区域调查亦属重要，基本原则，应予以确定。”

相比于战前大刀阔斧地对城区进行改造，战后都委会则有认识到旧城的历史价值，认为新的都市计划重点为：“利用有悠久历史性之古迹名胜，有关民族思想及文化价值，亦应予以保存。一切建设均应采取现代化，而仍保持古城色彩。”[③]

最后在对城市改造的手段上，都委会也认为应该采取较为缓和循序渐进的方式：“除必要外应尽量利用原有河流，铁路及道路系统等避免剧烈之变，若现状并不与新计划冲突者，

---

① 1939 年《都市计划法》第八条：地方政府为拟具都市计划，得遴聘专门人员，并指派主管人员，组织都市计划委员会议订之。

② 《都市计划委员会组织规程》全文详见：南京市政府. 民国文书（档案号：10030080101-00-0002）［Z］. 南京：南京市档案馆。

③ 《南京何以需要都市计划》之“五、计划性质”，引自：南京市政府. 民国文书（档案号：10030010536-00-0001）［Z］. 南京：南京市档案馆。

尽可暂予保留，但将来任何改变必须依照新计划进行。”

（三）未完成的都市计划

在对急迫的城市问题进行整理，制定建设计划的同时，都委会还在拟定全城的都市计划。这份工作主要由都委会计划处承担。现仅能查阅计划处“1947年5月”以及“1948年1月至8月”的工作报告。从计划处工作记录可以发现，战后都委会其实仍然在延续战前南京城内的分区计划——各种功能区在城厢内位置并没有大的改变，也未对全城道路系统做重新规划，仅仅在局部结合现状做了调整。

首都政治区为中央行政机关办公区域，即战前的中央政治区，仍设定在明故宫区域。计划处对其道路系统及建筑布置进行重新规划。市行政区由傅厚岗移到了不远处的鼓楼区域，大致方位仍在城北。城北三角地带仍然被规划为住宅区域，考虑到战后房荒问题，城北住宅区被设定为平民住区，这点和战前城内建设大量高档住宅区不同。

其次是全城的道路系统，计划处未对全城的道路系统的主要构架做调整，对战前《首都干路系统图》最大的变动是重新规划了城北三角地区路线。战前城北三角地带的计划路线大都呈现“东北—西南”斜向45度走势，与现状道路“南北”走向差异很大，一旦照计划路线开辟，将会产生大量畸零土地。这点在战后引起官方、民间诸多负面评论，内政部营建司司长哈熊文曾写公函给出城北道路修改意见：“中山北路之三角地带为市内人烟较疏之地方，又为理想之住宅区域……其计划路线之横路系统应由东北西南改东西向。”

虽然战后规划思想更加注重调节城市功能，也认识到规划是一个动态过程，但并没有完全扭转当时城市规划中对静态理想城市形态的追求。南京市都委会的大量设计工作都围绕具有纪念性意义的“都市广场”“公共建筑”展开，而对“首都政治区”的整体形态设计则是这种思想集中体现。随着对战前规划的反思，对“理想城市形态”的追求虽然在战后陷入了低潮，但它仍然是南京城市规划工作的一个重要方面。

第二节 南京近代城市规划与城市基础设施建设

一、铁路规划与建设

（一）从权限分散到集中的铁路建设管理体系

1. 权限分散时期的铁路建设管理

南京区域两条最为重要的铁路“津浦铁路”与“沪宁铁路”分属两个不同的铁路行政单位，这就造成了南京此时铁路建设最大特点：缺乏统一规划，各自独立建设。另外，由于这两条铁路皆为清政府借外债所建，南京地方行政机关也很难对其建设事务进行干预。

1895 年，时任两江总督的张之洞向清政府奏请修筑沪宁铁路（上海到南京）。由于清政府财政匮乏无力兴办铁路，列强则争相向清政府借款修路，以便获取路权，攫取利润。1903 年，清政府与英国中英银公司签订《沪宁铁路借款合同》，准许英商出资承办沪宁铁路。为修建沪宁铁路，中方筹资 300 万两白银，向英方借贷 325 万英镑[①]。1909 年，中英双方商议后，成立了沪宁铁路局，隶属清政府邮传部，实际上则由铁道总局管理。1912 年 2 月，北洋政府成立后，全国铁路事务交由交通部路政司管理。沪宁铁路即由其下的沪宁铁路局管理局管理。事实上，由于沪宁铁路是由清政府借债英方建设，该路管理实权则一直由英国人把控。

此时期南京区域的另一重要铁路——津浦铁路也有相似的建设管理情形。1908 年清政府将计划多年的津镇铁路（天津至镇江）改为津浦铁路（天津至浦口），并与德华银行、华中铁路公司签订《津浦铁路借款合同》，借款 500 万英镑，其中德国占资 63%，英国占资 37%[②]。1911 年津浦铁路开通。津浦铁路建造时，清政府将其分为南北两段，并分别设立铁路局管理，1912 年南京临时政府设津浦铁路事务处管理全段铁路事务，1913 年北洋政府改事务处为天津津浦铁路总局，南段浦口区域铁路由津浦铁路总局下的分局管理。而津浦铁路局在北洋政府时期的管理实权也主要由英国人掌控。

2. 建都后对铁路建设的统筹管理

1927 年国民政府定都南京后，开始完善政府行政体系。1928 年 10 月国民党中央常务会议通过《中华民国国民政府组织法》，确立了国民政府、五院以及各部会的三级政府组织体系。1928 年 11 月 1 日，隶属行政院的铁道部正式挂牌成立。铁道部成立之后，以“管理统一、会计独立”[③]两大原则为铁道施政方针，并将之前分散的地方铁路行政机构统一收归国有，由铁道部组织将修路所欠外债逐年偿还[④]，厘清借款铁路局与外国公司的资本关系。南京区域沪宁铁路以及津浦铁路管理局成为了铁道部下属的一等路局[⑤]。在铁道部统一规划下，南

---

① 李蒙．南京近代铁路建筑研究［D］．南京：东南大学，2014：12.

② 李蒙．南京近代铁路建筑研究［D］．南京：东南大学，2014：14.

③ 秦孝仪．革命文献第七十八辑：抗战前国家建设史料——交通建设［M］．台北：“中央”文物供应社，1983：18.

④ 外债偿还情况可查“铁道部中华民国二十年至二十五年工作报告”。

⑤ 中华民国铁道部．铁道公报（第 52 期）：铁道部令第 1376 号［Z］．铁道部（发行）：1-3.

京区域的铁路网逐渐成形，“京沪”与“津浦”两路以轮渡方式实现南北联运，宁芜铁路建成，并实现与市内小铁路及京沪铁路的连接。另外，铁道部与首都建设委员还尝试在南京进行客货分流，建立中央车站，配合南京作为首都的发展。虽然此计划最终没有实现，但却是近代时期南京首次为配合城市发展做出的铁路设施规划。

（二）中央车站的规划与运作

1．城区站线规划及中央车站地点的议定

《首都计划》中“铁路与车站”篇章曾对南京区域的铁路网以及车站做过一个整体规划。关于铁路网的设计主要侧重于将南京打造成南北铁路交通枢纽，将现有的京沪[1]、津浦以及计划修建的京粤铁路在南京相连接。为此，计划在南京城厢周遭建造一圈绕城铁路线，并以火车轮渡将长江两岸的京沪以及津浦铁路相连接。同时计划在明故宫后宰门之北建造新的铁路总站，将当时正在使用的京沪路下关车站设为货运站。

1930 年 4 月首都建设委员会召开全体委员会，会上对中央车站[2]的设置地点产生了三种提案。这三种提案分别由刘纪文、孙科以及德籍顾问舒巴德提出。刘纪文案将中央车站设置在了小营区域；孙科由于曾主持编订《首都计划》，因此仍然根据《首都计划》将中央车站设置在了后宰门之北；舒巴德则计划利用原有市区小铁路，由京沪路自太平门入城与原有市区小铁路相接，并在此处建立中央车站[3]。第一次全体大会并未对中央车站的地点做出任何决定，直到 1931 年 2 月 10 日，国民政府才按照首都建设委员会与铁道部协议，决定中央车站地点在后宰门之北（图 2-2-1）。

图 2-2-1 《首都计划》后宰门北铁路总站规划

图片来源：国都设计技术专员办事处．首都计划［M］．南京：南京出版社，2006．

① 即沪宁路，南京成为首都后更名为京沪路。

② 功能即为《首都计划》中的铁路总站，在全体委员会上被换名为“中央车站”。

③ 舒巴德提案中的铁路线为自沪宁路建一条双轨支线由太平门入城，与原有市区铁路相接，并在此处建立火车总站，使客运沿新支线入城；货运则循旧线直往下关；由此总站出发，改原市区铁路为双轨，向南延伸接往南昌，向西接往下关通津浦铁路；在中华门外，建一支线环城西而通往下关，与原有市区铁路成一回路。舒巴德认为这种路线方式最为经济实用。参见舒巴德拟，唐英译《首都建设及交通计划书》，该计划书全文详见：国民政府首都建设委员会秘书会．首都建设［M］．南京：国民政府首都建设委员会秘书处，1929．

2．车站与中央政治区土地用途的矛盾：现实运作落空

1934 年 6 月，因江南铁路京芜段即将开工，进展缓慢的中央车站计划又被提上日程。1934 年 6 月 28 日，“中央车站联线会议”在铁道部大礼堂举行。中央车站属于联运车站，因此到会机关除了铁道部、南京市政府外，还有津浦路局、京沪路局、江南铁路公司代表，由于城外支线还涉及陵园区土地征用，总理陵园管理处也派代表参加了会议[①]。会议议定中央车站直属铁道部，建设经费由铁道部筹措，其建设线路范围限于城墙内部；城墙外部线路建设及费用由各相关路局负责。另外会议还具体拟定了城厢周遭各路通向中央车站联络线的建设权责，具体如下：京沪路联络线为 A 线，由京沪局负责；津浦路联络线为 E 线，即下关车站与中央车站的往来线，京沪局可代建，费用由津浦局负责；京芜路联络线，范围由中华门外车站走 D 线接至 B 线北段至中山门北城墙为界。

截至 1934 年末，中央车站与各路联络线兴办事宜都在积极筹划之中，土地测量与征用也相继展开。然而受到同在 1934 年间被重新提上日程的中央政治区计划影响，中央车站计划又出现了转折。1935 年 1 月由内政部、财政部、军政部、南京市政府联合组织的中央政治区土地规划委员会成立，2 月 7 日该会确立了中央政治区的范围，并在明故宫区域订立水泥椿界[②]。由于中央车站的场址毗邻政治区，似乎是受到政治区规划的影响，后宰门北中央车站场址在 1935 年 4 月被废[③]，整个中央车站计划落空。

（三）1927 年前的铁路网建设：初具规模

晚清与北洋政府时期，经过南京区域的两条最重要铁路——沪宁路与津浦路已经建成，而自江边码头至城内总督府繁华地带的市区小铁路也修建完毕，虽然此 3 条干线还没有直接相连，但是已经初步奠定了南京铁路运输网络的基础。

1．沪宁铁路的建设

沪宁铁路 1903 年开工，1908 年全线竣工。此路全长 311 千米，从上海经苏州、镇江至南京，全线 37 座车站。沪宁铁路局在南京的建设主要集中在长江南岸的下关及其以北的区域，最为主要的站点设施为沪宁铁路“南京车站”（即下关火车站），除此之外，南京境内还有和平门车站、龙潭火车站、尧化门火车站、栖霞山火车站，这一批火车站皆随沪宁铁路 1908 年通车而开始营运。另一重要的铁路附属设施为 1913 年建造的沪宁铁路码头，此码头建于惠民河北口下游 800 米处，作用为驳运沪宁、津浦铁路联运货物及旅客。

2．津浦铁路的建设

1912 年津浦铁路全线通车。津浦铁路局在南京区域的建设主要集中在长江北岸的浦口。由

---

① 此次会议记录全文详见：南京市政府．民国文书（档案号：10050010051-00-0009）［Z］. 南京：南京市档案馆.

② 政治区界址订立会议记录，录于《规划“中央”政治区域建筑物及道路事宜并勘定四至界址情形》，摘自：国民政府．“国使馆”国民政府档案：中央政治区及划定路线（档案号：0511. 20/5050. 01-02）［Z］. 台北：“国使馆”，57.

③ 南京市政府．民国文书（档案号：10010030307-00-0003）［Z］. 南京：南京市档案馆.

英方掌控的津浦局南段分局承包了浦口区域的大量城市建设，和铁路相关的设施建设主要由车站、码头、机车维修厂组成。车站主要由浦口火车站、浦镇火车站、东葛火车站、花旗营火车站组成。津浦路局为了方便机车维修于1911年在浦镇建造了浦镇机厂，此厂规模庞大，除了生产车间，还建造了员工生活附属设施，俨然建造了一座小型城镇。另外，津浦路局还于1910—1914年间沿江建造了10座码头，除了自用以外，这些码头被分包给了国内外各个航运公司。

3．穿城小铁路：市内铁路建设

在外国资本主导的区域铁路建设模式下，清末南京地方官署也打造了一条专门服务南京城区的小铁路，即宁省铁路。因南洋劝业会（1910年举办）的兴办，为了方便地将货物商旅从江边运至城内会场，1907年9月两江总督端方奏请清政府建造城区铁路，同年10月开工，1908年12月建成，1909年1月通车，称宁省铁路，1911年改名江宁铁路（下文简称市“内小铁路”）。该铁路起于下关，从兴中门东面的金川门入城。路线入城后，沿着清末的江宁马路向东而行，过北极阁南行至中正街（今白下路）止，共设7站。清末市内铁路由两江总督管辖，设总会办管理。1912年，该路改隶地方长官——“江苏省督军署”直辖，改总会办为总理[①]。

（四）1927年后的铁路网建设：南北联运的成形及破坏

1．首都铁路轮渡建设：南北铁路干线的连接

1930年10月国民政府铁道部成立“下关浦口铁路轮渡设计专门委员会”，经铁道部技术顾问康德梨、津浦京沪两路处长吴益铭、德斯福等委员的审核，最终从江底隧道、固定桥梁、浮桥等多种设计方案中采纳了“活动引桥”轮渡方案[②]（图2-2-2、图2-2-3）。1930年，首都铁路轮渡工程处成立，由该处负责铁路轮渡的施工事宜。铁路轮渡的工程费用来自英国的庚子赔款退款，分为国内工程和国外材料购置两部分：国内工程费共计支付约91万国币，用由铁道部拨付25万元、津浦路局垫付6万元，其余由中英庚款董事会拨借庚款4万英镑（合国币58万）；国外购置建设材料、机械设备、轮船等费用共计287万，此部分费用全部来自中英庚款董事会拨借庚款17.6万英镑[③]。

图2-2-2 浦口铁路轮渡引桥

图片来源 铁道部.铁道部首都铁路轮渡通车纪念刊[Z].南京：铁道部，1933.

图2-2-3 下关铁路轮渡引桥

图片来源 铁道部.铁道部首都铁路轮渡通车纪念刊[Z].南京：铁道部，1933.

① 铁道部铁道年鉴编纂委员会．铁道年鉴（第一卷）［M］.上海：铁道部铁道年鉴编纂委员会，1933：1190.

② 铁道部．铁道部首都铁路轮渡通车纪念刊［M］.南京：铁道部，1933：1.

③ 铁路轮渡费用来源详见：秦孝仪．革命文献第七十八辑：抗战前国家建设史料——交通建设［M］.台北：“中央”文物供应社，1983：25.

铁路轮渡工程分为引桥、桥墩基础、机械设备、靠船码头、江岸接轨工程、渡船设计等共计 7 部分工程组成。引桥由英国多门浪公司承建，轮渡由马尔康洋行承造，两岸接轨线路则由京沪、津浦两路局承建。下关江岸接轨线路长 1509 米，铺设 4 股道，浦口岸线接轨路总长 2952.9 米，铺设 6 股道。长江号渡轮舱面铺设轨道 3 股，各长 300 英尺，全船可载 40 吨货车 21 辆，或者最长客车 12 辆①。1933 年 9 月铁路轮渡建成，10 月 22 日首都铁路轮渡正式通航。建成后，由铁道部会同津浦铁路管理委员会共同组织首都铁路轮渡段，并由首都铁路轮渡段打理铁路轮渡通车后的运营。

2．京芜铁路及京市铁路建设：南京近代区域铁路网成形

为了打通南方各省与南京及上海的陆运线路，铁道部计划修筑京粤线路。而在 1932 年 7 月，由建设委员会委员长张静江发起“芜湖至乍浦铁路计划”，由于乍浦港修建不能完工继而又被用作军事要塞，因此当年 10 月“芜湖至乍浦铁路计划”便改作“江南铁路计划”，以便和铁道部的京粤线路计划相关联。1933 年 4 月商办江南铁路股份有限公司成立，该公司向铁道部提交了庞大的连接东南五省铁路计划②，但是由于资金有限，仅修筑成一、二两段即南京至孙家埠段。此段铁路全长 171.16 千米，共筹集国内股本 300 万元，另有债券、票面 300 万元③。股金由上海交通银行、中国银行、上海商储银行、上海市银行等承担，债券则由银行和国民政府建设委员会认购。1934 年 7 月芜湖至孙家埠修通，8 月 24 日芜湖至南京段开始修建。1935 年 5 月修至南京中华门。1936 年 3 月，江南铁路中华门站建成，江南铁路一二两段全线通车。同年 2 月，为与沪宁铁路连通，公司与京沪铁路商议修尧化门至中华门间 22.05 千米连接路。

南京市内小铁路在 1927 年后被命名为“京市铁路”，并由南京市政府直接管理，属于市办企业。1936 年南京市政府将市内小铁路自白下路站向南延伸，过中华门东部城墙出城，至江南铁路中华门站与江南铁路宁芜段接轨，当年 7 月完工。至此南京市内小铁路在清末原有 7 站的基础上新增了武定门站、建康路站、中华门站（表 2-2-1）。

南京市内小铁路车站设置情况表　　　　**表 2-2-1**

设站年份	最初站名	更改站名	位置	备注
1908	江口站		下关江边（今长江客运码头）	站线 4 条入库 1 条，货栈 4 座为 3949.8 立方米，仓库 1 座为 3917.5 立方米。
1908	下关站		沪宁线下关站（今南京西站售票处）	站线 2 条，1 条与沪宁线南京站 10 股道衔接
1908	三牌楼站		三牌楼楼子巷北侧	站线 2 条
1910	劝业会站	丁家桥	丁家桥（今中大医院大门外）	站线 2 条，1 条支线通劝业会会场，后拆除
1908	无量庵	鼓楼	今鼓楼隧道西北侧	站线 3 条，货物仓库 1 座，龙潭水泥厂专用线 1 条（1923 年建成），货栈 1 座 48 立方米
1908	总督府	国民政府	长江路东段北侧今省总统府东墙外	站线 3 条

① 铁道部．铁道部首都铁路轮渡通车纪念刊［M］．南京：铁道部，1933：2-6．

② 该路自南京至福建广东边境，中经江苏、安徽、浙江、福建、广东 5 省，全长 1000 余千米，筑路经费约需 3000 万元。全路共分 5 段进行，南京至芜湖为第一段，芜湖至孙家埠为第二段。

③ 李蒙．南京近代铁路建筑研究［D］．南京：东南大学，2014：12．

续表

设站年份	最初站名	更改站名	位置	备注
1908	万寿宫	中正街	今白下路东段	站线 2 条
1936	建康路	乘降所		抗战胜利后拆除
1936	武定门站		今武定门内白鹭洲	站线 2 条
1936	中华门东站		今中华门附近	属江南铁路京芜段车站，市内小铁路在此站与其汇合

截至抗战前夕，南京区域由三大铁路及市内铁路构成的铁路网全部建造完毕（图 2-2-4）。通过南京市域范围的铁路网，可以实现快捷的火车联运：对外，南京的铁路直运网络南可达皖南地区，北可至山东河北，而此两区也可通过南京方便地与上海连接。

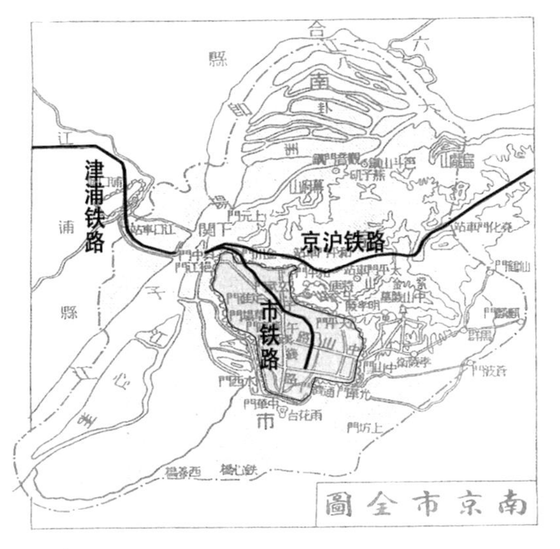

1930 年

1936 年

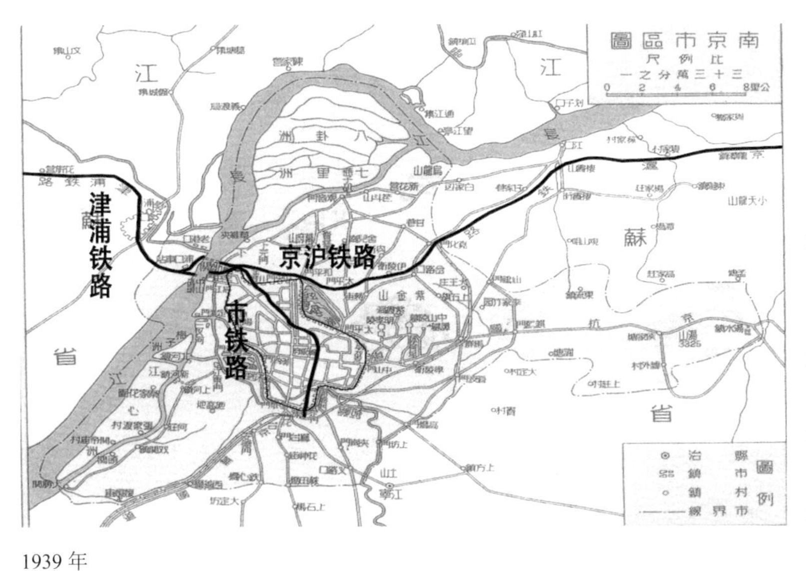

1939 年

图 2-2-4 南京市域范围铁路网演变

图片来源：
1930 年：朱炳贵. 老地图 · 南京旧影 [M]. 南京：南京出版社，2014.
1936 年：朱炳贵. 老地图 · 南京旧影 [M]. 南京：南京出版社，2014.
1939 年：朱炳贵. 老地图 · 南京旧影 [M]. 南京：南京出版社，2014.

3. 战争对铁路网的破坏

1937 年后全国一直处于战乱阶段，抗日战争以及内战给全国的铁路交通运输都带来了极大的负面效应。在战前被作为全国交通枢纽规划的南京区域铁路网被破坏，虽然经历战后修复，但是也不复战前完备。

1937—1949年间，南京区域沪宁铁路与津浦铁路的站线设施多被破坏，但路形尚算完整，而江南铁路在南京区域则经历了全线被拆的命运。江南铁路为自南京进入抗战后方的交通要道，1937年8月国民政府下令将京芜线南京境内11.5千米铁轨分段拆除，站舍仓库皆毁弃，仅留中华门站屋与京市铁路接轨。抗战期间，日军又将京芜段铁路修复，将其与南京市内小铁路连接，改称“南宁线”。抗站胜利后，江南铁路仍然恢复困难，1946年1月“京芜”段100千米线路配件又被拆除用以抢修陇海、津浦两路。直到1948年1月江南铁路公司方借款从美国购入钢轨枕木对铁路进行复建，9月1日恢复通车，但由于战争原因，至南京解放时，全线已经处于瘫痪状态。

二、港口码头规划与建设

（一）港务机构众多与建设管理权限冲突

1．商埠局、金陵关与铁路局共治下的港区建设管理

1899年，清政府在下关设立金陵关，正式通商开埠。1912年浦口自开为商埠。1915年，因津浦铁路码头全部建成，金陵关将浦口区域纳入自己的管辖范围。当时浦口与下关并不在统一的行政区划内，分属江浦县与江宁县，但是由于金陵关统一管理，浦口与下关共同构成了南京港区。

清末国弱，南京港区事务并不由中国政府统一管理，而是由多方机构插足管理，港区权责不明管理混乱，这种局面所产生的负面影响一直持续到了南京成为国都之后。

下关开埠时，清政府设商埠局专司下关商埠建设事宜。但是实际上港区建设事宜则多由金陵关把持。1899年下关开埠时，清政府在下关仪凤门外设立金陵关[①]，通过一系列不平等条约，西方列强攫取了金陵关管理实权。金陵关在英国势力范围之内，税务司由英国人充任。由于南京口岸没有专设租界，也无工部局之类的市政管理组织，但是列强需要一个机构维持其在下关的利益，因此由英国人把持的金陵关成了列强利益的代理人。金陵关不单单管理港口的关税业务，还在其下设置“南京口理船厅”，插足港口的码头建设及航船管理。“理船厅”又称“港务司”，负责“制定泊所、建筑码头驳岸、稽查出入船只、勘察船舶吨位、管理火药及爆裂物储藏所”[②]等事务。

浦口开为通商口岸后，虽然设有商埠局，“然十余年来，除办理税契、测绘洲地外，余则无所事事”[③]。津浦港口的主要行政管理大权也由金陵关操控。

津浦铁路建成后，码头经营管理权又由津浦铁路局掌控。1913年津浦路南段局组建了轮埠事务所，不久升为港务处，办理航运业务以及浦口港区建设规划，1917年又降为浦口港务办公室，1923年又恢复为处，直属铁路局，下属机构也基本齐全。

因此南京建都之前，港口码头事务基本上由商埠局、金陵关、津浦路局共同治理，其中又属金陵关势力最为强大，南京地方行政机构很难插足港区建设事宜。

---

① 清代自五口通商后，税关制度发生变化，出现了洋关、常关、厘局等税务机构。洋关是设在通商口岸的海关，1899年下关开埠时设立在仪凤门外的金陵关即为洋关。

② 秦岱源．中国航政史［Z］．油印本．南京：南京图书馆．

③ 江浦县续志稿（第2册）［Z］．南京：中共江浦县委党史资料征集办公室，1984：57.

2．建都后新的机构加入港区建设管理

1927年后南京成为首都，参与港务管理的机构又有了新变化。

首先是南京市政府对港区的管理。市政府规定："本市沿江、沿河之码头及土地水影，均由市政府工务局管理之。"①1934年南京市政府组织成立了码头整理委员会，其职责有测绘市区江河岸线，市区码头工程设计，建筑及审核事项，规划、修建码头仓库工程②。1927年后浦口商埠局由南京市政府接收，重组成立浦口市政管理处，隶属南京市政府。浦口码头水域和岸线使用审批、驳岸马路及有关市政建筑设置、港区市容管理等，改由浦口市政管理处具体负责。

另外，南京市政府还于1935年4月公布了《南京市码头管理及租赁规则》。此规则将港区码头分为政府机关专用码头、公共码头、出租码头3种分别管理，并规定在岸线陆域建筑码头者"必须将建筑图样，送请工务局会同金陵关核准"，岸线陆域及码头建筑物"不得妨害他人所租码头及公共交通"，所有岸线陆域及码头建筑"因公共建设必须收用时，得于二个月前通知租户，限期收回"③。《南京市码头管理及租赁规则》便于政府管控码头各种建设主体发展，统一港口布局，合理使用岸线陆域，减少违章建筑，有利于港口发展。但是外国航运企业在港享有种种特权，可以不受《南京市码头管理及租赁规则》限制，因此《南京市码头管理及租赁规则》的实施成效一般。

其次，国民政府新设立的航政局体系对南京港区的管理。1931年国民党政府收回了港务管理权，设置了上海、汉口、天津、哈尔滨4个航政局，南京港属于上海航政局管辖，由金陵关把持多年的"南京口理船厅港务行政职权"也收归上海航政局，但是对南京港船舶航运的管理实权仍然操控在金陵关手中。

1930年代港务机构增多，又各成系统，但因职责不清，因此常常发生管理机构矛盾：如金陵关和市工务局就"谁有在江边路的修筑权"发生的争执，市工务局和津浦路局就"港口土地征收是否给价"发生的争执④。

3．战后港区管理趋于统一

南京沦陷时，金陵关人员疏散，工作全部停止，关税由伪江海关南京转口税征收处接管。江务工作由伪维新政府绥靖部水路局接管，汪精卫政府成立后，又由伪建设部水利署接管。当时长江下游被日军管制，实际上也未开展江务方面的工作。

战后，1948年5月1日金陵关恢复为独立关税机构⑤，业务范围主要是关税和江务工作。金陵关在战前一直不肯交出的航政、港务职权，此时也交予国民政府统一管理。南京在战前没有专门的航政机构，有关业务分别由上海航政局和南京市政府兼管。抗战期间，交通部以原武汉航政局为基础成立了长江区航政局。1946年3月成立长江区航政局南京办事处，此处

---

① 吕华清．南京港史［M］．北京：人民交通出版社，1989：151．

② 但直到1937年5月，"码头整理委员会"才公布组织规则，《组织码头整理委员会案》，载于：南京市政府秘书处编译股．南京市政府公报（第140期）［Z］．南京市政府秘书处（发行），1934：67；《南京市码头整理委员会组织规则》，载于：南京市政府秘书处编译股．南京市政府公报（第177期）［Z］．南京市政府秘书处（发行），1937：16．

③ 《南京市码头管理及租赁规则》，载于：南京市政府秘书处编译股．南京市政府公报（第152期）［Z］．南京市政府秘书处（发行），1935：20．

④ 南京市政府．民国文书（档案号：10010010952-00-0001）［Z］．南京：南京市档案馆．

⑤ 金陵关于1945年9月在南京恢复，但是为直属国民政府总税务司的分支机构，没有独立。

成立标志着南京港航政管理专业化的开始，其主要业务为：船舶检丈登记、航务管理、船员考核、运价评定、海事处理、公用码头管理等。

（二）下关与浦口的港区规划尝试：从各自独立到统一规划

1．各自独立的港区规划

南京港区由下关与浦口两部分组成，但在定都之前，南京港区管理机构众多，浦口与下关的港区规划多是由各部门就自己所辖范围进行编制，且都未能付诸实践。下关方面当前资料可以考证的最早规划是1921年由下关商埠局提出的《北城区发展计划》，但是此计划主要是针对城北区域的发展制定，并非专门的港区规划。而江北的浦口在北洋政府期间有过两次专门针对港区的发展计划。分别是1917年由中国政府联合中法实业银行拟定的“海港及城市计划”①，以及1921年由浦口港总工程司②拟定的《浦口商埠总计划书》。

在《浦口商埠总计划书》中，浦口港总工程司主要是针对浦口港当前的贸易情况，提出将来港口的发展目标，并对港区的未来吞吐量、港口区与城市区关系提出定位。此计划欲将港区码头分为常川江轮区以及非常川大型轮船区。将常川吃水浅轮船码头设于浦口港下游江水较浅之地，并在此码头附近建立港区街市，以及港务管理处、公共轮船码头、海关办公处等机构。而对于非常川航行的大型轮船停泊码头则设于浦口港上游江水较深区域，并在此区设立造船厂、煤油池、以及其他“不卫生或易于发生危险”的工厂货栈。全部工程费用合计9000万元，并特别说明：“此种合同并未算入收买地亩之价，借款合同载明，凡港埠工程所用之地皆由中国政府供给。”③

2．统一规划的尝试

首次对南京港区做出整体规划设想的是孙中山。1919年孙中山在《实业计划》中，设想在中国建立东方大港，并为实现此大港计划而建立6个内河商埠，南京与浦口结合在一起即为其提出的内河商埠之一。考虑到下关港区地方狭小，孙中山建议将南京与浦口用隧道连接，使之成为双联之市，并削去下关区域，拓宽航道，利用米子洲（今江心洲）与南京城之间的江域做船坞，使其能够停泊巨轮。这样南京的港口区域就从下关南移到了米子洲东面所对应的沿江区域，此区域在可利用的土地面积上又大于下关数倍，孙中山设想随着港口区域的发展，米子洲以及此“南京扩地”都可成为“城市用地”以及“商业汇总汇之区”④。在当时的国力情况下，孙中山的南京浦口商埠计划并没有现实基础，但却准确地预示了南京港区未来的发展趋势。

建都后的《首都计划》对南京港区的规划主要体现在“港口计划”与“浦口计划”中。“港口计划”选择下关为主要港口，以浦口辅之，并以浦口为运输特种货物之用。

---

① 关于1917年计划出现于“浦口港总工程司”所拟定《浦口商埠总计划书》，目前尚未见到关于1917年计划的专门文献资料。详见：浦口港总工程司．浦口商埠总计划书［Z］．南京：南京图书馆，1921．

② 浦口港总工程司隶属港区的何种机关，目前尚无历史文献记载，但由于北洋政府时期浦口港区建设一直由津浦铁路局主管，推断浦口港总工程司可能隶属津浦铁路局，此处尚存疑问，留待考证。详见：浦口港总工程司．浦口商埠总计划书［Z］．南京：南京图书馆，1921．

③ 浦口港总工程司．浦口商埠总计划书（末章）［Z］．南京：南京图书馆，1921．

④ 孙中山．实业计划［M］．外语教学与研究出版社，2013．

首先是对下关港区的规划。根据南京未来200万人口估算，码头岸线须长5万英尺（15.24千米），而码头的形式则建议采取“将岸边陆地挖去，使码头缩进岸内”之法，原因是这种方法不会减少河身宽度，且可以提供足够的岸线长度；对于港口区域的南北向铁路主线，《首都计划》建议建造深坑，以免干扰道路交通，并以火车渡船的方式连接长江两岸铁路线；港口职工的住所则选定在下关南部区域。其次是浦口港区的规划。在“浦口计划”中，浦口区域主要为重工业区，其港区码头被规划为顺岸码头的形式，码头岸线估算长9千米，分为沿江岸线及沿河岸线两种，因此计划在津浦铁路车场东挖凿一条新运河，并拓宽原有浦镇至长江运河，以充沿河岸线。

《首都计划》中港区规划运作需要大笔建设资金投入，南京建设主管机关“首都建设委员会”并未按此计划对南京港区进行建设，但这部港区计划却成为民国时期南京港区建设的重要参考文件。其中的合理规划部分——“火车轮渡”以及“迁移轮渡码头至中山路附近”的构想都在1930年代得到了实现。而关于“挖岸建码头”的规划由于需要大笔建设资金，在南京市政府后来的“下关第一工商业区建设计划”中被放弃，改用较为节约资金的“顺岸码头”形式。

（三）近代南京港区建设

1．港区界线的变更

南京港区的界线随着港口的发展一直都有扩张。下关开埠时，金陵关颁布的《南京口理船厅章程》第一款规定南京港口的界线是：“下游自草鞋峡夹江口一直抵浦口为止，上游自大胜关夹江口一直抵浦口为止”[①]，允许外国人能在下关“永租”土地，建造码头行栈，准许停泊兵轮。后来浦口自行开放，开辟商埠，金陵关又将港区扩展至浦口。1933年国民政府交通部划定南京港的疆界：“自十二圩西起，沿江上溯，经南京浦口至苏皖交界点止”[②]。

2．抗战前的港区建设

由于清末五口通商的效应，南京下关早在开埠之前，即已被卷入日渐繁忙的长江航运之中，只不过清政府一直不允许在南京设立码头，南京直到1882年才由轮船招商局建立起一座趸船式码头[③]。

1899年下关开埠，国内外航运公司从此开始大量涌入南京设立航运机构，建立码头。此时码头仓库多由各航运企业修筑，港区的公共设施则由中国政府兴建。到1906年时，在下关修筑和拓宽的马路有3条：即太古码头至金陵关的沿江马路；入城马路至怡和码头马路（今营盘街），金陵关码头至惠民桥马路（今大马路），还新建桥梁一座（即龙江桥）。1914年，为了方便自下关入城，在仪凤门以南新开城门海陵门。1915年，商埠局将海陵门外小郎河填平，筑成由城门口到码头江岸的道路。1927年南京建都之后，下关港区最重要的基础设施工程则

① 交通部交通史编纂委员会，铁道部交通史编纂委员会．交通史·航政编［M］. 南京交通部交通史编纂委员会，铁道部交通史编纂委员会，1931：798-801.

② 交通部．交通年鉴·航政编［M］. 南京：交通部总务司，1935，第一章第四节。

③ 1868年，美商旗昌轮船公司在下关开设“洋棚”，是近代南京对外航运业的开端。1882年，轮船招商局从芜湖调来“四川号”趸船，泊于下关江岸的木栈桥旁，形成南京的第一座轮船码头。1895年，张之洞兴建接官厅码头，这是南京港第一座由官方兴建的轮船公用码头。详见：吕华清．南京港史［M］. 北京：人民交通出版社，1989：85-122.

为中山大道、热河路、铁路轮渡，以及隶属津浦路局的中山码头（图 2-2-5）。

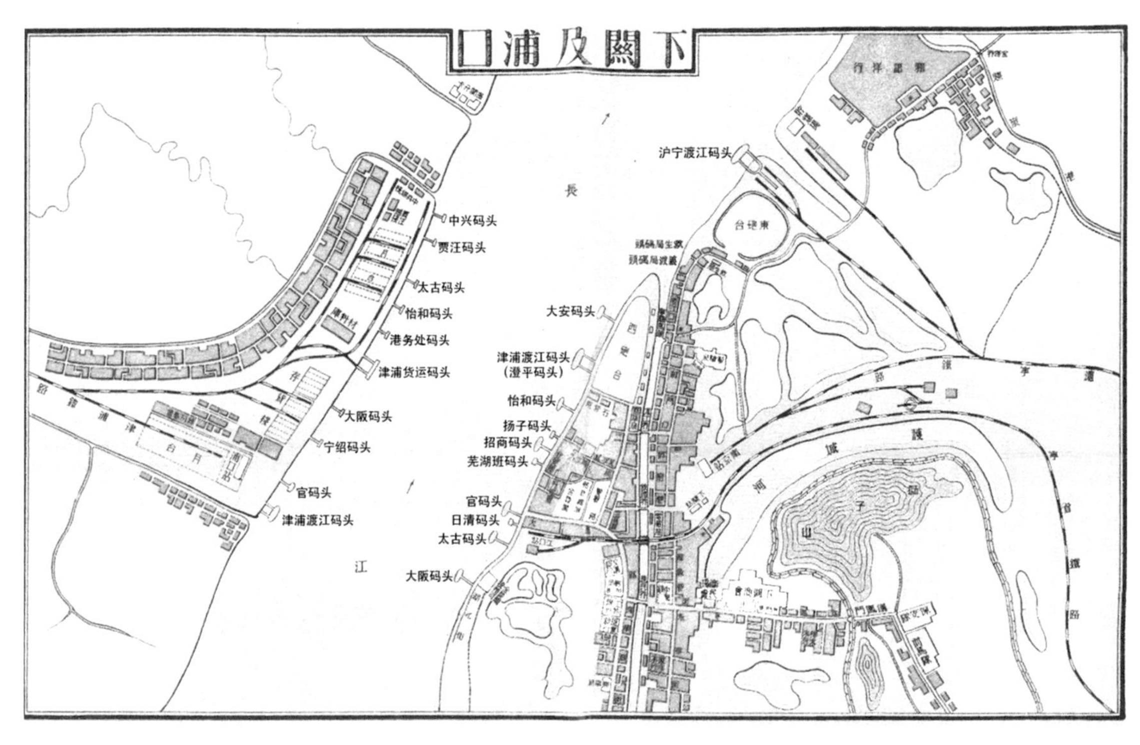

图 2-2-5 1927 年南京港区图

底图来源：朱炳贵．老地图·南京旧影［M］. 南京：南京出版社，2014.

1912 年浦口开埠后，该区码头的经营及建设权被划分给了津浦铁路局。至 1914 年，铁路局在浦口共建立起码头 10 座、仓库 12 座。1915 年由港口通往浦镇的马路建成。铁路局还开挖了一条小运河，称为煤炭港，此河东南入长江，可供小型船舶驶入装卸货物。

3．日本以军事为目的的港区建设

日据期间，南京港被日军占领，由碇泊场司令部进行军事管制，南京港沦为日本海军长江舰队基地。下关设有 3 处海军码头，分别是三汊河口处的宫里栈桥及朝日栈桥（原澄平码头）、安宅栈桥（原中山码头）。另外日军还在中山码头上游新建三座半军用码头，称为大兴、大和、日出码头，可停靠 5000 吨级海轮，并在 3 座码头前铺设直通火车站铁道，便于水陆转运。民用码头浦口区域只留有原轮渡码头，下关区域则是老江口码头。后来由于日商航运企业在南京港的经营扩大，便将部分军用码头兼作民用，但是监管相当严密。在浦口，日军将码头扩建为 12 座①，又在船舶修理所附近建军用码头一座，编为乙号，称为新码头，在其上首建军用石油码头一座，编为丙号，称为油码头②。

战后国内局势不稳，南京港区在此时期发展几乎停滞。港区码头已经不再有新的建设，大多为抗战后接收的码头，下关的码头除九家圩的宫里码头和澄平码头被海军接收，其余全部由交通部接收，后交给招商局南京分局代管，浦口原津浦码头则仍然由津浦路局接收（图 2-2-6）。

① 原来为 10 座码头，即 1914 年津浦铁路局在浦口建立的 10 座码头。

② 吕华清．南京港史［M］. 北京：人民交通出版社，1989：193-194.

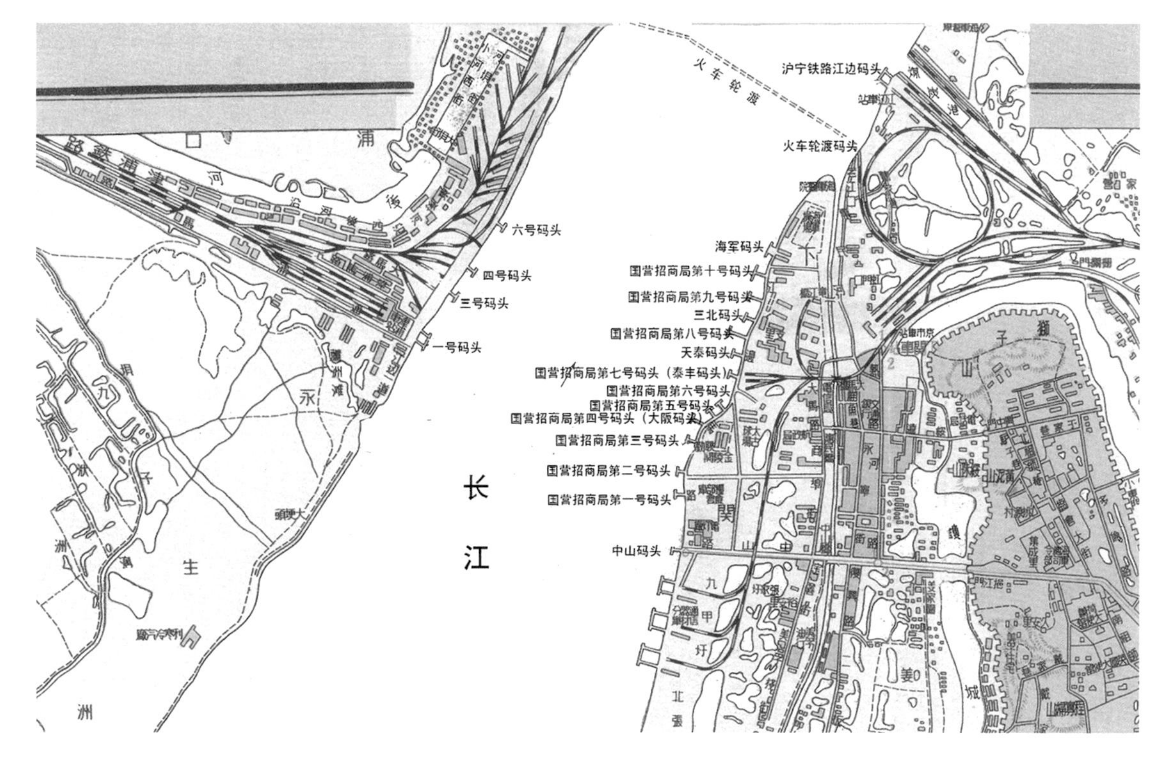

图 2-2-6 1949 年南京港区图

底图来源：朱炳贵．老地图·南京旧影［M］．南京：南京出版社，2014．

（四）南京近代港区码头的分类及演变

南京近代港口的码头大致分为 5 类（表 2-2-2）。第一类是客运轮渡码头。1910 年金陵关附近建客运轮渡码头，称为“大生码头”。1913 年津浦铁路局开办轮渡关浦线，往返下关、浦口之间，设有 1200 客位的“飞鸿”轮船，津浦一号码头为浦口方面的客运轮渡码头。而在下关区域，津浦铁路局租用下关商埠局的西炮台江岸，另建客运轮渡码头，称为“飞鸿码头”。1921 年，“飞鸿号”沉没，改用“澄平号”轮渡，此码头也改称“澄平码头”。此后客运轮渡一直由“津浦一号”以及“澄平”两码头承担。1936 年中山码头改扩建后，替代澄平码头成为下关区域的客运轮渡码头。第二类则是以长江航运为业务的码头，分为外资、民营、国营 3 类。外资主要为怡和、太古、大阪、日清等码头。国营主要为轮船招商局码头。民营在各个时期都有变化，20 至 30 年代主要是宁绍、三北等码头，战后主要是三北、民生公司的码头。第三类为官用的码头。如清末所建造的专门接待政府官员的“接官厅”码头，国民政府时期海军部也在下关设立了专用码头。第四类则是各个工厂公司的专用码头，如和记公司码头、中兴煤矿公司码头、贾汪煤矿公司码头。第五类则是连接沪宁、津浦两铁路线的货物渡江码头。浦口区域有津浦下货码头，下关区域有 1913 年在惠民河河口北部江叉处建造的“沪宁铁路码头”，除了驳运津浦、沪宁铁路联运货物外，联运旅客也在此码头换乘轮船过江。1933 年，南京火车轮渡建成，两岸的铁路码头驳运业务减少，走向没落。

南京近代重要码头历史沿革 表 2-2-2

	最初名称	历史沿革
南岸（下关区域）码头	澄平码头	1914 年，津浦铁路局港务处在西炮台附近建轮渡码头，以轮渡“飞鸿号“命名，谓“飞鸿码头”
		1921 年，“飞鸿号”沉没，改用“澄平号”轮渡，谓“澄平码头”
		日据期间，被改为朝日栈桥，为日本海军码头
		1945 年后，改为“海军码头”，由国民政府海军司令部使用
	怡和码头	1900 年，英商在江边路建“怡和码头”
		1945 年后，被编为“招商局十号码头”，由民生公司租用
	招商码头	1882 年，轮船招商局以“四川号”趸船建造“功德船”码头
		1945 年后，被编为“招商局九号码头”，由招商局使用
招商码头	美最时码头	1906 年，德商在江边路建造“美最时码头”
		第一次世界大战期间，被中国没收，租给三北、鸿安公司使用
		1945 年后，被编为“招商局八号码头”，由招商局使用
	接官厅码头	1895 年，两江总督建公用轮船码头，命名为“接官厅码头”
		1927 年后，被改为“海军舰队码头”
		1945 年后，被编为“招商局七号码头”，由招商局使用
	太古码头	1901 年，英商在江边路建“太古码头”
		1945 年后，被编为“招商局六号码头”，列为公用
	大阪码头	1902 年，日商在江边路建造“大阪码头”。不久，大阪与其他日本在华航业合并，组建了日清商船会社，下关的大阪码头即改称为“日清码头”
		1945 年后，被编为“招商局四号码头”，列为公用
	日清码头	位于公共路口，战前日商兴建
		1945 年后，被编为“招商局一号码头”，交三北公司使用
	中山码头	位于中山北路口，1928 年为迎接孙中山奉安大典而建。1933 年 12 月，铁路局改建中山码头，造百米长趸船、钢制栈桥 3 座以及候船室，拓宽码头至挹江门马路，修建大型停车场，1936 年 3 月 15 日正式营运，命名为“首都轮渡码头”
		日据期间，被改称为安宅栈桥，用作日军海军码头
		战后恢复原来的名称，恢复轮渡业务
	沪宁铁路江边码头	1913 年沪宁铁路局在江叉处（后被命名为煤炭港）建趸船引桥式码头 2 座，命名为“沪宁铁路码头”。火车轮渡通车前，为津浦、沪宁两路客货联运码头
	火车轮渡码头	1933 年建成。为沪宁、津浦铁路列车渡江之处
	大兴、大和、日出码头	日据期间由日军兴建，位于中山码头上游
		战后国民政府联合勤务总司令部接管
南岸码头	津浦码头	共 10 座，由津浦铁路局于 1914 年修建完毕，后分租给各个国内外航运公司。数量并无增减，唯经战火各有不同程度的损坏，客运轮渡码头被编为 1 号码头
	火车轮渡码头	在津浦 10 号码头下游 300 余米处，1933 年建成。为下关江边火车轮渡码头配套工程

三、机场规划与建设

（一）民用与军事并行的航空建设管理体系

由于航空建设不但涉及民用运输，还涉及军事国防。因此中国近代的航空设施建设一直存在民用与军事两套行政管理体系。

1．北洋政府的航空建设管理

北洋政府时期的民用航空管理机构则分为两部分，分别是 1919 年 3 月成立的交通部筹办航空事宜处，以及1919年11月北洋政府国务院设立的航空事务处。1920年8月交通部筹办航空事宜处被裁撤，并入国务院航空事务处。1921年，北洋政府发布《航空署组织条例》，将航空事务处改为航空署，负责航空路线及站场事宜。航空署为当时主管军事航空和民用航空的最高机关，隶属国务院军政部。

军事航空管理始于1927年6月张作霖改组内阁制。其在军事部下设航空署，次年撤销航空署，在军事部军政署下设立航空司。1928年5月国民革命军北伐占领北京后，北洋政府的航空司被南京国民政府军事委员会航空司令部接收。

2．国民政府的航空建设管理

1928年国民政府实行五院制，行政院下设交通部，交通部下设航空司，负责管理航空行政业务。1929年6月，国民政府“二中全会”决议将航空事业统归行政院军政部主管，邮运航空及其经费归国民政府交通部主管。1938年1月，国民政府重组交通部，在交通部下设航政司主管全国民用航空业务。抗战胜利后，为了发展民用航空事业，国民政府仿照美国联邦航空局的管理模式，于1947年1月设置交通部民用航空局主管全国民用航空。

而在军事航空行政管理的架构方面，1928年2月国民政府军事委员会下组建航空司令部管理全国的军事航空。11月北伐完成后裁撤国民政府军事委员会。在行政院下设立军政部，军政部下设航空署管理军事航空。1932年航空署划归中央军事委员会指挥，一年后在建制上完全脱离军政部管辖。1934年，航空署被升格为航空委员会，隶属军事委员会，蒋介石兼任航空委员会委员长。1946年6月，国民政府改组军事机构，撤销军事委员会，成立国防部。1946年8月航空委员会改组为空军总司令部。

（二）“四场一站”的机场规划与现实机场布局

1．《首都计划》中关于机场的超前规划模式

《首都计划》曾对机场在南京区域的布局做过规划（图2-2-7）。按照《首都计划》的设计，南京的飞机场站将被分为两类，一类是机场，另一类是飞机总站。

机场大致有4处：第一是红花圩，距离中央政治区南部0.7千米，距离拟建火车总站5千米，宽约1000米，长约1200米，此机场主要服务政府人员，战时也可就近保护中央政治区与铁路总站；第二是夹江东岸皇木场，在夹江之东，水西门之西，近上新河处，东北至西南，长约1300米，宽600米，此机场由于靠江，陆上飞机、水面飞机均可使用；第三是浦口临江机场，也可供水陆飞机停放或起飞使用；第四则为小营，因小营在城中被用为中央陆军军官学校操场，考虑到军校的搬迁问题，《首都计划》也认为小营区域似乎不宜兴筑，所以仅录入供参考。

除了以上4处机场，《首都计划》还欲在水西门外西南建造飞机总站，以便可以容纳多数飞机同时升降。飞机总站距离城厢南门3.6千米，距离铁路总站8千米，距离中央政治区10.5千米。总站场被设计为直径2500米的圆形，以便飞机可以从各个方向起落。至于建筑总站的办法，《首都计划》认为可以分六期建设，每期建造60度角的扇形飞机场，第一期先行建造距城市中心最近的一部分。而对于飞机总站建筑所需的大量土地，《首都计划》认为政

府应趁城外西部土地荒凉地价低廉之时将其收用，以免未来地价上涨，收用困难。收用之后，非急需之地，可以暂时辟为公园。

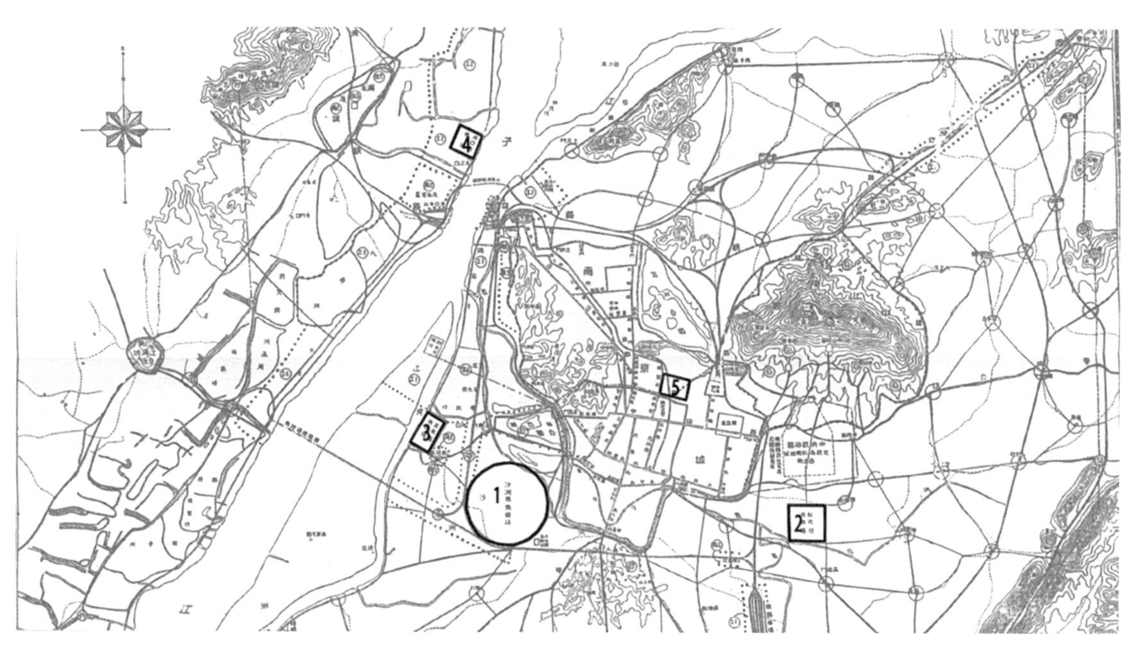

图 2-2-7 《首都计划》中机场选址分布图

注：1．飞机总站；2．红花圩机场；3．皇木场机场；4．浦口临江机场；5．小营机场。
底图来源：国都设计技术专员办事处．首都计划［M］. 王宇新，王明发，点校．南京：南京出版社，2006, 第 29 图。

2．对超前机场规划模式的考量及现实机场用地布局

1929 年 9 月国民政府交通部为办理邮运航空，派人对《首都计划》中所拟定的江东皇木场区域机场场址进行考察，后因中国航空公司对此场址提出质疑，认为距离城区过远交通不变而放弃 ①。最后交通部选定了南京下关三汊河口建立水上民用机场。1931 年 4 月 29 日，首都建设委员会再次派人就民用机场建设事宜考察《首都计划》所选场址，均认为红花圩、皇木场区域离城太远，交通不便，因此需要保留明故宫机场。航空委员会还与首都建设委员会商定：明故宫机场为军民合用机场，并成立由航空委员会主管的明故宫机场交通航空站，各航空公司在使用该机场时则向空军交费。

抗战胜利后，南京急需建造一座民用机场，民用机场的选址问题再次被提上议程。1947 年，交通部民航局与国民政府空军商定，将 1939 年 3 月由侵华日军修建的土山大型军用机场划拨为首都民用机场用地 ②。该机场距离南京市中心 10 千米，距离适中。至此南京的民用机场建设用地方才划定。

其次是军用机场建设用地。南京军用机场建设用地的布局则从属于国民政府军事委员会的全国航空战略计划。1932 年“一・二八”事变后，国民政府军事委员会重新拟订全国空军场站布局，重点以日本为防御对象，根据《全国空军港战地位之选择》③，将全国空军场站划分为总根据地、根据地、一等站、一等港、二等站、二等港、降落场等 7 种类型。南京明

① 欧阳杰．中国近代机场建设史［M］. 北京：航空工业出版社，2008：257.

② 战后为了满足航空业务激增的需求，民航局计划在为期 18 个月的第一期工作中在各地修建民用机场，因此，1947 年空军将南京土山机场等全国 21 个军用机场拨给民航局使用。详见：欧阳杰．中国近代机场建设史［M］. 北京：航空工业出版社，2008：208.

③ 欧阳杰．中国近代机场建设史［M］. 北京：航空工业出版社，2008：74.

故宫机场被列为一等站，负责首都及附近一带之防空事宜；大校场机场则为根据地，扼长江要背，为空军统辖机关之主要补给站。1932 年“一・二八”上海抗战时，国民政府为拱卫首都南京而抢修千米见方的句容军用飞机场。1934 年，航空委员会又将大校场开辟为飞机场，使其成为首都南京唯一的空军基地。

（三）南京近代机场建设

近代时期南京市域范围内先后建立过 6 座机场（图 2-2-8），现分述如下：

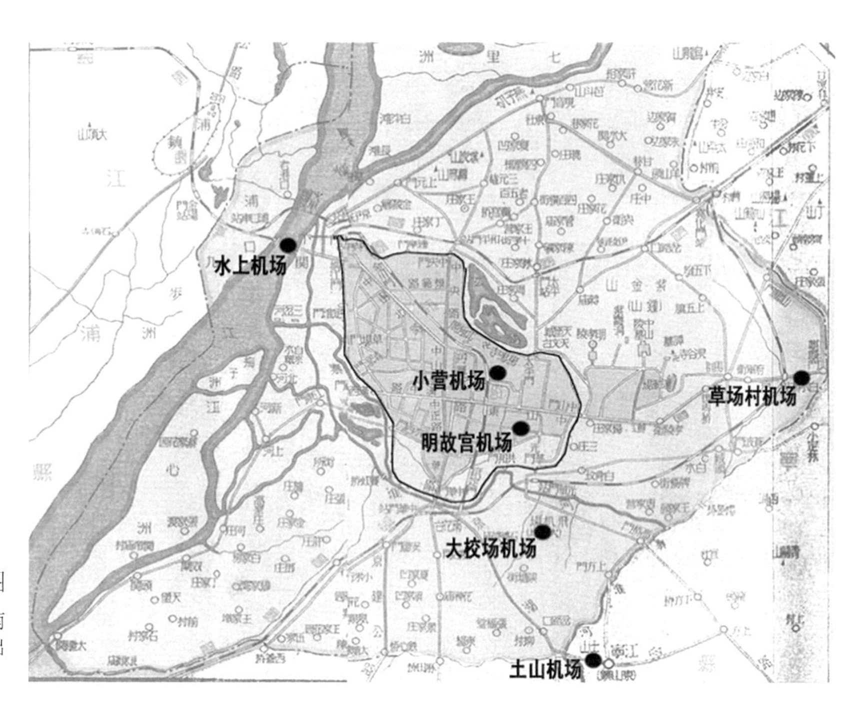

图 2-2-8 南京近代机场分布图

底图来源：朱炳贵. 老地图·南京旧影［M］. 南京：南京出版社，2014.

1．南京小营机场

1912 年 1 月，中华民国临时政府在小营建立机场，作为试飞表演用。机场无跑道，也没有通信设备，只是利用操场的一块平地供飞机升降。北洋政府时期的军阀齐燮元、孙传芳都先后统治江苏，并在南京建立空军，其空军人员少、飞机机型小，在小营机场起降。1927 年后，国民政府定都南京后，军队扩大，飞机增加，小营机场已经不能满足需要，因此被废弃。

2．水上机场

1930 年 8 月，国民政府交通部在南京下关三汊河设立水上民用机场。

1931 年，长江洪水泛滥，下关沿江马路被冲断，通往三汊河的交通极不方便，因此 1931 年 11 月 16 日，三汊河水上机场浮码头被移至挹江门外中山北路底下关江边。1937 年 5 月，为方便蒋介石专机起降，国民政府在北极阁对面的玄武湖建立临时性水上机场浮码头一座。南京沦陷后，水上民用机场被废弃。

3. 南京大校场机场

大校场原为明朝皇城卫戍部队军事训练场所，清朝系八旗兵驻地，此地位于南京市光华门外七桥瓮南，距新街口6.2千米。1929年，国民政府军政部航空署征收大校场土地703亩作为军队训练靶场。1931年4月，航空署在大校场建立航空学校，12月航空学校迁至杭州。1934年，航空委员会将大校场扩修，其场为南北600米、东西向645米，并建有一条长800米、宽50米的土跑道，大校场成为南京当时唯一的空军基地。1935年，航空委员会征收土地353亩扩建机场，机场总长1300米、宽1200米。1936年7月，机场再次扩建。日军占领南京后，于1939年将机场跑道延伸至1200米。1947年夏，国民政府改造机场，在原有跑道南侧，按照国际民航组织B级标准修建新跑道，新跑道为长2200米、宽45米、厚0.3米的水泥混凝土结构，可承受80吨飞机，是当时国内最新式的坚固道面。1949年4月23日由解放军南京军管会空军接管。

4. 南京明故宫机场

明故宫机场位于新街口东2千米。1927年底国民政府航空署在明故宫遗址清理出空场地，修建了一条土跑道，建立明故宫机场。1929年4月国民政府军政部航空署对机场进行第一次扩建，将原来的土跑道扩成800米长碎石跑道。1931年3月欧亚公司在机场建立起简易的候机室及办事处。1934年航空委员会成立明故宫机场交通航空站。1936年5月进行第二次扩建，征地0.03平方千米。1937年3月机场西北建立起综合性站屋一所。1938年，日军强行将机场东侧的第一公园列入明故宫机场，修建滑行道一条，长489米、宽25米、厚0.25米。1947年6月，划归民航的明故宫机场按照国际民航站B级标准扩建。扩建后机场约2000亩，交叉跑道两条，一条长1001米，另一条长837.3米，宽均为100米；滑行道长489米、宽25米、厚0.25米。水泥停机坪28 450平方米，大小厂棚22幢。1949年由解放军华东军区接管，1958年明故宫机场废弃。

5. 南京土山机场

土山机场位于中华门外江宁县上山镇，距离南京市中心10千米。1939年3月由日军修建，专供轰炸机及战斗机使用。机场建有长1600米、宽50米的碎石跑道。1947年9月，民航局接收土山机场，拟作民用航空专用机场。1948年12月交通部民航局动工修补土山机场，并整修土山至中华门公路，因建筑费用过大以及战局变化，此项建设并未进行。1949年被解放军南京军区空军接收，后作为民航通用航空基地。

6. 南京草场村机场

草场村机场位于南京市麒麟门附近吴家墩。1938年由日军开辟，机场为长方形，长1500米、宽60米。1945年1月机场已经废弃，当地人恢复种植。1947年8月经交通部调查，认为此机场无使用可能，遂废弃。

四、道路规划与建设

（一）国家与地方两级道路建设管理体系

1．国道公路的建设管理

中华民国建立初年，虽有交通部，但因军阀混战，交通部无实权，无法领导全国交通建设。第一次世界大战期间，北洋政府开始修路政，公路建设属于内政部筹办，并由各地方工务局或警察局负责。1919年11月内政部发布了《修治道路条例》。该条例规定国道由内政部核定，设主管机关办理，其他道路划区分期修治，由地方长官负责，同时还粗略地规定了道路分类和简单的工程标准[①]。

1927年国民政府建都南京，同年7月国民政府修正交通部组织法，规定公路建设由交通部路政司管理。当时国道由国民政府修治，省道由省建设厅筹办，县道由省政府核准，县建设局修治。1928年铁道部成立，将公路并入其统一管理体系，构成全国完整的运输网络。虽然在铁道部主管下，公布了国道线网规划，但因资金无着落，公路建设仍然只能靠各省自办，工程标准自定，路线走向各自为政。

1932年全国经济委员会成立，首议苏、浙、皖三省联络公路督造。同年11月全国经济委员会下设立公路处，该处相继制定了各省市专营公路管理规则、公路联运办法实施细则等公路管理规定。

至1937年，公路处逐步由主管重要公路建设，扩大为全国公路的最高主管机构，掌管工务、业务、政务三大职能，但是由于各公路的建设经费仍然走地方财政，公路仍然由各省市自行建筑。抗战胜利后，公路建设正式纳入交通部职能范围。

2．城市道路的建设管理

市区道路的修建则由地方市政机构主管。南京最早以道路建设为主体的市政机构为1899年设立的马路工程局。北洋政府时期，南京现代市制尚未建立，未有独立的城市市政管理机构，城市建设大都在江苏省政府的主管下进行。1922年，韩国钧任江苏省省长后，筹设市政公所，即后来成立的南京市政督办公署，其下设立马路工程处主管城区道路建设，但它只是执行机构，所有道路修建均须江苏督军及江苏省省长同意。1927年6月南京市政府成立，下设工务局，主管全市道路建设。而对南京市区道路的规划则由直隶于国民政府的首都建设委员会主管，在首都建设委员会制订城区道路计划后，由南京市政府工务局负责征地修建。

（二）区域公路规划与城区道路规划

南京市域范围的道路大致可以分为两个体系：其一为城区道路体系，不但起到服务城市交通作用，也划分着城市空间，是城市空间结构的重要影响因素，此部分道路规划一般由城市市政部门主管；其二则是南京市区与周围城镇的联系性道路，为城市对外交通的重要组成部分，属于区域性的公路网，由于公路所涉及空间已经超出一市范围，其规划主要由国家或区域层面的路政机构主管。

---

① 江苏省南京市公路管理处史志编审委员会．南京近代公路史［M］．南京：江苏科学技术出版社，1990：9．

1．区域公路规划

北洋政府期间，虽然由内政部主管全国公路建设，但是由于军阀混战，内政部并没有对全国公路进行系统规划。

1927 年国民政府建都南京，全国至少在形式上有了统一的政府。南京区域公路的建设开始被纳入全国公路网规划之下。1927 年 8 月全国交通会议在金陵大学大礼堂召开，会议的重要议题即为全国道路网规划①。1928 年 6 月国民政府行政院召开全国经济会议，经过有关部门研究，初步拟定全国公路网的路线②，和南京相关的线路大致为京陕线、京川线、京鲁线、京黑线、京沪线、京闽桂线、京滇线、京黔线、京康线、京藏线、京蒙线，这些线路形成了以南京为中心的全国公路网。

2．城区道路规划

对城区道路路线的拟定一直都是南京近代城市规划的关注焦点。

北洋政府时期，南京地方行政机构曾有两次编制城市规划的尝试，分别是 1920 年由督办下关商埠局拟定的《北城区发展计划》及 1926 年由南京市政筹备处编印的《南京市政计划书》，这两部计划都有涉及对南京城区道路路线的规划。《北城区发展计划》目的是为下关发展拓展城北空间，因此主要针对城北区域进行道路规划，而《南京市政计划书》则对整个城区空间进行了道路规划。但这两部计划在当时市政体系不健全、局势动荡的条件下根本没有实施的可能。

1927 年后南京成为民国首都，现代市政制度建立。1928 年初南京市政府开始组织工务局对城区空间进行功能分区及道路规划，相关的规划结果在南京市政府内部被称为《首都大计划》。1930 年 2 月 27 日时任南京市市长的刘纪文在首都建设委员会第一次临时会议上提交了《首都干道系统图》，并顺利通过。此图的路线计划便是综合了《首都计划》与南京市政府内部的《首都大计划》而成。1930 年 3 月国民政府在刘纪文提案基础上公布《首都干路系统图》，同年 12 月公布《次要道路系统图》。从此南京城区道路建设便在法定干路系统以及次要道路系统规划下进行。

（三）南京近代区域公路建设

南京城厢外的公路主要是服务于南京主城与其周遭城镇的区域交通联系，可以将其分为国道性质的公路与市郊道路。南京建都之前尚无国道体系规划。南京最早区域级别公路当属 1919 年修建的钟汤公路③。此公路起自南京中山门外钟灵街（今孝陵卫），经马群、麒麟门、坟头庙、侯家塘，止于南京东郊汤山镇，全长 23 千米，是南京区域最早可通行汽车的公路。至 1937 年，南京地区共建成 18 条长途干线，219 千米市郊道路。南京沦陷后，公路路面大

---

① 中国国民党中央执行委员会宣传部．中央周报［Z］. 该部（发行），1928.

② 拟定的路线详见：1. 上海中华全国道路建设协会．道路月刊［J］. 上海中华全国道路建设协会（发行），1929,28(4)；2. 交通杂志［J］. 上海中华全国道路建设协会（发行），1928,1(3).

③ 1919 年，上海的史量才、刘柏森与南京的陶保晋、唐云阶等实业家，向江苏督军齐燮元和江苏省省长齐耀琳申请组织汤山兴业公司。获准后利用以工代振的方式，兴筑钟汤公路。1921 年，按照《修治道路条例》拓宽至 7 米的钟汤公路建成。详见：［民国］叶楚伧，柳诒徵．首都志：卷九·兵备交通［M］. 南京：正中书局，1935.

都损坏，无一线完整。抗战胜利后，国民政府开始抢修公路，但是不久内战又爆发，因此南京地区的公路大都未修复。

1．国道性质公路建设

国民政府定都南京后，财政和军事仰仗江苏、浙江两省，于 1928 年 11 月下令江苏、浙江两省政府建筑南京至杭州的公路，这是以南京为中心的全国公路网建设的开端。

1932 年全国经济委员会对江南地区公路建设做了具体部署，开始修建杭徽路、苏嘉路、沪杭路、京芜路、京杭路、宣长路、京建路，以上路线建成后组成了京、沪、苏、浙、皖五省市的区域性公路网。同年江苏省也根据全国经济委员会的部署拟定公路联络干线，其中以南京为起点并在 1930 年代建造完成的有京陕干线浦乌段、京鲁干线浦淮段、京黔干线京芜段、京沪干线以及相关支线的建造。

2．市郊公路建设

随着近代时期南京城市的发展，其城市活动早已突破了城墙内的老城范围。1927 年后南京成为国都，但其市域范围由于涉及与江苏省的利益纠纷，直到 1935 年方被确定下来。后又经历抗日战争，南京沦陷，因此国民政府至 1949 年也仅是对南京城厢内的道路系统做了法定规划，对南京市郊的公路建设并没有形成一部法定规划作指导。

城市活动空间范围的扩大化也促使南京市政府根据实际建设需要进行市郊公路建设。其市郊公路的路线设计要点便是将城内城外各个交通枢纽联系起来，如南京内城及外城的城门。虽然明代外郭城墙早已不复存在，但是各个城门所在地点却成了古道驿路上的要塞，因此工务局修建市郊公路时仍然选择这些城门要塞，以便和既有市郊土路、故道、驿路结合。

南京市郊公路大致可以分为几个区域：首先是陵园区域，由环陵路、明孝陵路、灵谷寺路构成主路网，由总理陵园管理委员建筑与管理；其次是城西南沿江一带的市郊公路，主要为水西门至上新河公路，如江大路；另外一区则是城北区域市郊公路网，如和上路、观白路、尧姚路、仙栖路、太和路等；最后一区是城南郊诸路，如光石路。

（四）南京近代城区道路建设

南京城区近代道路修建大致可以分为两个时期：以 1928 年中山路修建为界限，之前城区道路修建多沿用旧有街巷空间，之后的道路修建则带来了城市路网结构性转变。

1928 年之前，南京区域征地制度尚未完善，加之建设资金贫乏，因此在民房繁密的旧城中，官府并没有能力对道路空间进行新拓或是取直，城市空间在道路网络层面并没有出现结构性的变化，仍然沿用了明清时期空间格局。1928 年中山路的修建则是一个转折点——此时国民政府定都南京，土地征用制度也在逐渐完善，在强大政治权力与制度的保障下，南京道路修建打开了新局面，不再受制于旧有的街巷空间，政府开始大量征用私人土地，拆迁民房，对城区路网进行全面改造，南京老城路网空间出现了结构性的转变。

1．早期的马路建设：城市原有道路空间的技术升级

19 世纪后半期，来往于下关与城南繁华地带的客旅逐渐增多，为方便下关与主城之间的交通，修建便于车马通行的近代马路迫在眉睫。1895 年时任两江总督的张之洞主持修建了南京第一条具有近代工程技术性质的道路——江宁马路。《海关报告册》描绘的江宁马路路线为：

“起于江干，穿下关，由仪凤门入城，循旧石路，达于鼓楼，再绕鸡笼山麓，经总督衙门，达驻防城边，而终于通济门；支路最早筑者，为三牌楼至陆军学堂路，1899 年（光绪二十五年）又筑一支路，至总督衙门门首，于是大行宫与西华门乃相通连；1900 年（光绪二十六年）署督鹿传霖复议增二路：一自花牌楼至贡院，一自洋务局至汉西门，迨拳匪乱起，仅前者筑就。1901 年（光绪二十七年）筑升平至内桥支路，于是藩台衙门，亦与干路相接，马路干路广 20 英尺至 30 英尺[1]。支路则以路测民房不能迁移，颇形狭窄，各路均可行东洋及轻马车”[2]。

仅有的文字记录无法确切得知当时的马路路线在城市中的所经之地，但 1898 年《江宁府城图》[3] 标示出了当时南京城的马路路线（图 2-2-9），南京城清末时期所修筑的马路路线可较为准确地被还原。从还原的路线图可以看出，清末时期的马路多沿城区旧有道路进行拓宽，并未给全城路网带来结构性的变化。

至 1912 年民国成立，南京城厢内南部区域及下关的许多旧有街巷被整修成马路（图 2-2-10）。此时新修马路路形仍然沿用城市旧街巷空间，曲折多弯。

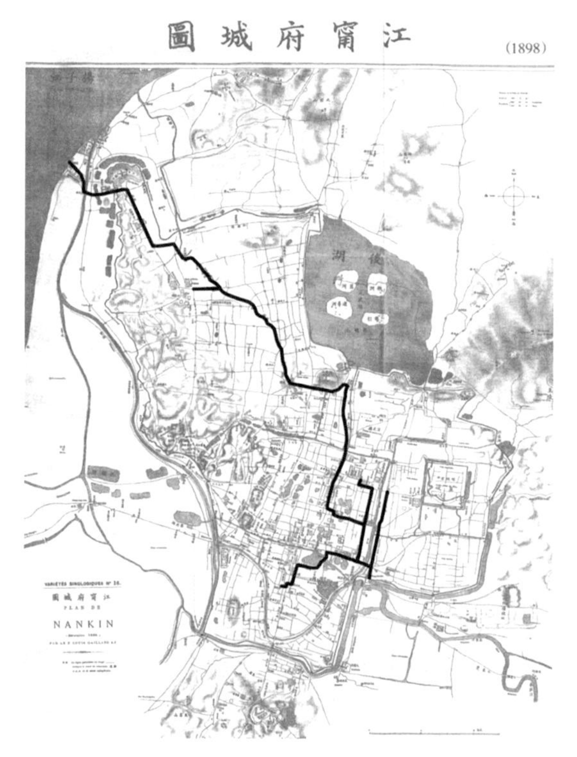

图 2-2-9 1898 年南京城区马路路线图

注：黑色加粗线体表示当时的马路路线。
底图来源：朱炳贵．老地图·南京旧影［M］. 南京：南京出版社，2014.

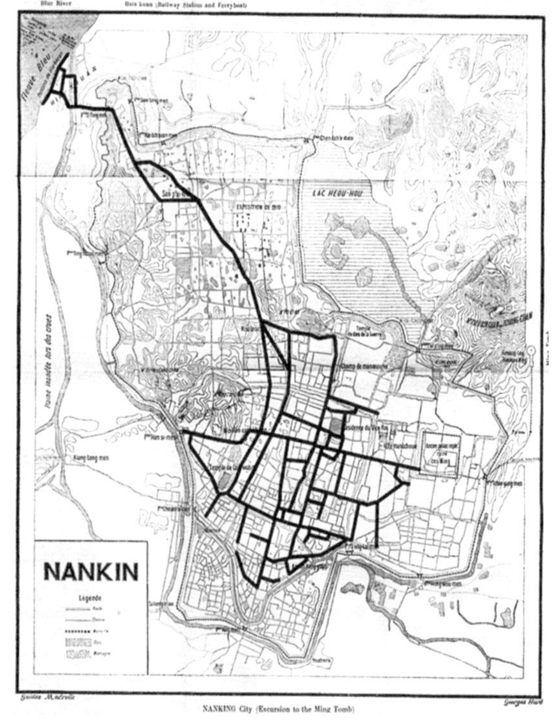

图 2-2-10 1912 年南京城区马路路线图

注：黑色加粗线体表示当时的马路路线。
底图来源：Madrolle’s Guide Books：Northern China，The Valley of the Blue River，Korea．Hachette & Company，1912.

---

[1] 1 英尺为 0.3048 米，因此江宁马路宽度约为 6 ～ 9 米。

[2] 详见：［民国］叶楚伧，柳诒徵．首都志：卷九·兵备交通［M］. 南京：正中书局，1935：890-891.

[3] 1898 年《江宁府城图》：法国传教士方殿华（Louis Gaillard）绘制，是迄今为止所发现留存最早的南京坐标地图。

1912—1927 年间，南京一直是军阀混战抢夺的据点城市，政府财政收入大部分被用作军费，日常行政也极端混乱。由于缺乏建设资金以及相应的征地制度保障 ①，南京城厢内道路多以路面翻修为主，几乎没有拓宽或新辟的马路工程 ②，仅下关商埠局在自筹经费的情况下有局部新建道路活动，该商埠局于 1914—1915 年将小郎河填平，筑成连接江边码头与海陵门的新马路。

1927 年 4 月国民政府定都南京。6 月 2 日即南京特别市市政府成立的第二天，市政府发布公告修建鼓楼至交涉署道路 ③，但是由于财力有限，截至 1928 年 7 月，市政府也仅仅对旧督署前狮子巷（即现长江路总统府段）进行拓宽 ④—— 此路仍然属于对旧有城市街巷的拓宽工程。

2．1928—1949 年：全城路网空间的结构性转变

截至中山大道修建以前，南京的近代马路修建多沿城市原有的街巷空间进行，并没有在城市街道层面形成新的肌理。

图 2-2-11 1930 年南京城路网图

图片来源：东南大学周琦建筑工作室，左静楠绘

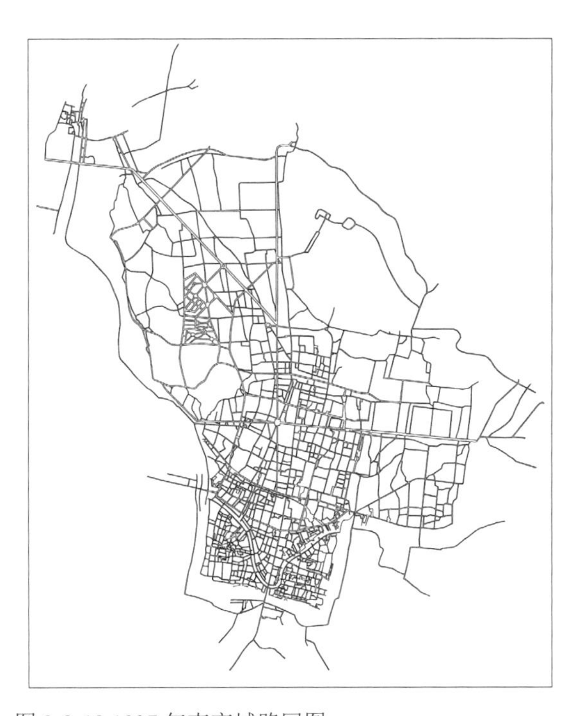

图 2-2-12 1937 年南京城路网图

图片来源：东南大学周琦建筑工作室，左静楠绘

1928 年南京紫金山麓正在兴建先总理孙中山的陵墓，7 月南京市市长兼中央建设委员会委员刘纪文会同另一委员李宗侃，向国民政府建设委员会提议建造贯通南京城东西的“迎梓大道”（即中山大道）以及贯通南北的“子午大道”⑤（后子午大道被分段命名为中央路、

---

① 此段时期内，全国已有部分城市颁布了地方性的征收土地法规，如北京的“收用房地章程”，已于 1918 年由内务部核准，“广州市开辟马路收用民业章程”“宝山吴淞筑路收地规则”也在此时段内相继颁布，但是由于南京处于政治局势不稳定时期，政府没有精力过问市政建设，因此直至 1927 年南京始终都没有相关的土地征收法规颁布。

② 此期间南京城厢内部新开道路（非旧路拓宽）尚未发现有档案记载。

③ 《南京特别市市政府第十八号布告》，详见：南京特别市秘书处编译股．南京特别市市政公报（第 1 号）［Z］．南京特别市市政府秘书处（发行），1927：45-46．

④ 从这一时期的《南京特别市市政公报》中可以看出，南京特别市市政府的道路修筑计划颇多，但碍于经费及征地制度不健全，仅有“旧督署前狮子巷拓宽”工程完工。

⑤ 建设首都道路工程处．建设首都道路工程处业务报告［M］．南京：建设首都道路工程处（发行），1930：3．

中山路、中正路），从此南京古城内外拉开建设新道路的序幕。

在 1930 年之前南京市政府的道路建设主要围绕中山大道以及子午大道进行开辟。这两条道路贯通南京城厢空间，其路线设计力求平直，与城市蜿蜒曲折的旧街网并不相融，因此产生了巨大的房屋拆迁量。而由拆迁所引起的民怨一再激化，也使得中山大道建设只能分两期进行。而原计划贯通城南北的子午大道，也仅仅开通至白下路。

1930—1937 年间，南京的道路建设（图 2-2-11、图 2-2-12）大都以国民政府对外公布的“首都道路系统”为法定规划指导。1937—1945 年为日据时期，南京城市道路建设处于停滞时期。1937 年南京保卫战时，城市道路多被损毁，因此日据时期并没有开辟新的道路，而是在原有路网结构上对损毁道路进行修复。1945—1949 年的战后复原时期，国民政府又忙于内战，国内通货膨胀严重，经济濒临崩溃，南京市政府更缺乏资金进行城市建设。当时为解决房荒，住宅建设是市政府战后建设的重头戏，而新辟建道路仅有 4 条：北平路西段以及下关土地重划区的“兴安路、大连路、安东路”[①]。因此南京近代城市路网的结构性转变大致在 1928—1937 年间完成。

（五）国民政府法定“首都道路系统计划”的实施与变更

1930 年之前南京城区道路建设并没有一个总体规划，道路建设多是跟随城市交通问题而采取的局部改善手段，缺乏统筹性与全局性。1930 年以后南京城市道路建设基本上是按照 1930 年国民政府所公布的“首都道路系统计划”[②]所拟定的路线进行开辟。但是建都之初，国民政府对南京城市的规划侧重于塑造国都形象，“首都道路系统”的路线规划有着很强的形式感印记，对城市空间旧有肌理采取了“漠视”的态度。

“首都道路系统计划”在实施时困难重重，从最初政府以强权对其进行严格执行，到后来执行逐渐松动，政府制定相应办法允许市民提出路线修改方案，再到战后对城北区域规划路线的全面否定，形式化的“首都道路系统”最终在城市现实的发展中被修改。

1．1930 年代初期：计划主控下的城区道路建设

“首都道路系统计划”被公布之后的几年里，南京市政府对其执行非常严格，尤其是其中的“干路系统”，就连“干路系统”公布之前的拟定道路路线也被修改，改按“干路系统”路线进行建设。

如子午路（今中央路）建设，对子午路的规划始于 1928 年，它是与中山大道一起规划的贯穿全城的大道。子午路北端始于和平门附近，南端终于中华门外雨花台附近。至 1929 年末，建设当中的子午路一直都沿着正南北走向展开。1930 年初“干路系统”公布，南北干线子午路自珠宝廊至中华门段不再以正南北为走向，而是沿老城原有道路略偏向西南出城。之后南京市政府对子午路的修筑即按照“干路系统”进行，珠宝廊至使署口的征地拆迁也因路线改移而作废。此南北干道的名字也发生了变化，鼓楼至和平门段改称中央路[③]，鼓楼至新

---

① 这三路虽有开工，但据档案记载并未完工，且此三路属下关火车站广场周遭小范围道路，未对全城路网结构带来重要影响。

② 由 1930 年 3 月国民政府所公布的《首都干路系统图》以及同年 12 月公布的《次要道路系统图》组成。

③ 中央路于 1934 年 5 月完工，见《南京市历年新开马路一览表》，此表录于：南京市政府秘书处编译股．南京市政府公报（第 159 期）［Z］．南京市政府秘书处（发行），1935．

街口段改称中山路，新街口经珠宝廊至中华门西侧的路段则被称为中正路（现称中山南路）。

实际上子午路南部修改后的路线更为合理——原计划的路线正南走向，必然和南偏西走向的中华路呈现交角，从而形成众多的三角地块，给房屋建设造成不便；且子午路南段所经之地也是南京城建筑密度最高的地段，与城市肌理不符的原定路线必然会造成大面积房屋拆迁以及畸零土地。一份 1930 年左右的《南京城市详图》[1]曾绘制出子午路的原定路线图（图 2-2-13），虽然此图并非是对城市现实的表达，但是仍然清晰地表现出子午路正南路线对城市既有肌理的干扰。

图 2-2-13 子午线的原定开辟路线图

底图来源：朱炳贵. 老地图·南京旧影［M］. 南京：南京出版社，2014.

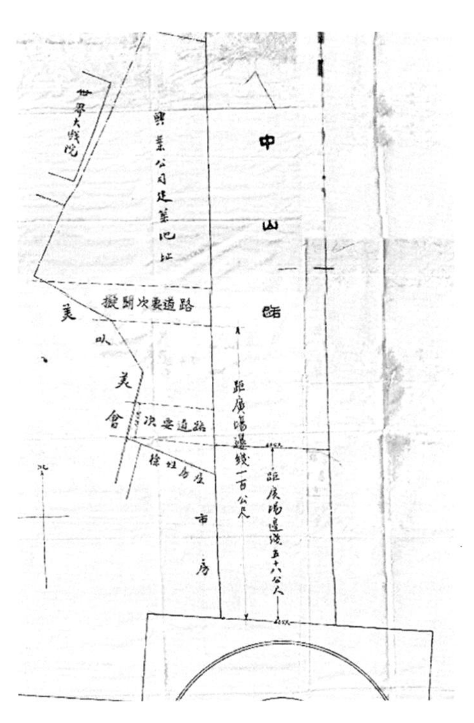

图 2-2-14 兴业公司地块内次要道路位置及改移位置图

图片来源：南京市政府. 民国文书（档案号：10010030133-00-0001）［Z］. 南京：南京市档案馆.

其次为“次要道路系统”对城市空间的影响。1927—1937 年间南京市政府由于财力有限，主要忙于按照“首都道路系统计划”开辟干路，而对计划中的“次要道路”无力开辟。但是政府并没有对计划中的“次要道路系统”完全放任不管，而是在业主进行地产开发时进行管制，使业主退让出其基地上拟定的次要道路空间。

例如新街口广场西北街块的开发案，此街块位于中山大道与规划中的天津路之间，内部有当时尚未开辟的次要道路。其中靠南的次要道路在新街口银行区，作为城市重点发展区域，此路所在区域很快就遇到了地产开发问题。1931 年“兴业公司生记”为了开发此区域地块，向南京市政府递交申请，请求变更产权地块内“次要道路”所在位置，将其向北移动稍许（图 2-2-14）。工务局在审批此“变更请求”时也承认了政府计划中的次要道路路线弊端，并批示：“该项次要道路向北移动、距广场边线一百公尺一节，于技术方面较为妥当”[2]，但是碍于“首

① 此图摘自：朱炳贵. 老地图·南京旧影［M］. 南京：南京出版社，2014。但是这份 1933 年地图上显示子午路 40 米宽路面已经开辟至白下路段（1930 年 7 月完成），而 1931 年开始开辟修筑的汉中路在此图上尚未修筑，因此推测此图应该是 1930 年的南京城市地图。“1933 年”的时间为出版社误判。

② 南京市政府. 民国文书（档案号：10010030133-00-0005）［Z］. 南京：南京市档案馆.

都道路系统计划”为首都建设委员会所编制，并经国民政府公布的法定规划文件，因此工务局最后坚持该地块内的次要道路不能取消，位置也不能修改。该地块南部区域后又经历了两次地产转让，最后的业主为中国国货银行。南京市政府依然要求国货银行在兴建建筑时必须将次要道路空间留出。直至 1949 年此处的次要道路依然未被开发，但是道路空间却被保留。

2．1930 年代后期至战后：城市空间现状影响下的道路计划修改

“首都道路系统计划”的制定过程比较仓促，它始于对《首都计划》城厢内部道路系统的修订，而其修订过程连带国民政府公布在案也只用了不到两个月的时间，因此对城市现状的调查并不充分，对新设定干路系统带给城市旧有空间的影响也没进行充分评估，以致南京市政府在实施“干路系统”时困难重重，由其所带来的民地征收、房屋拆迁、土地整理等问题也引发诸多民怨。

1933 年 4 月主管南京城市建设与规划的“首都建设委员会”被裁撤。规划管理权力的松动以及由道路开辟所带来的诸多官民矛盾，终于使得南京市政府开始制定法规来修改道路系统计划。1935 年 1 月 17 日南京市政府发布了经行政院批准的《南京市申请路线修改办法》①，其内容大致分为两层。① 已经公布的路线，除直线不得申请修改外，其弯曲路线，可以由利害关系人，申请市政府核转行政院核准修改。② 申请人必须具备以下条件，路线修改方得政府受理：曲线路经过之处有特殊价值的建筑物，或者路线改移，便利较大；新路线的坡度、曲度以及与其他道路的关系，在市政规划层面较为妥善；申请人必须取得路线改移后所有受影响者的同意；申请人必须担负赔偿各关系人因修改路线而受到的损失。

图 2-2-15 《首都道路系统图》中金陵女子大学区域规划路线

底图来源：南京市政府．民国文书（档案号：10010030252-00-0002）［Z］．南京：南京市档案馆．

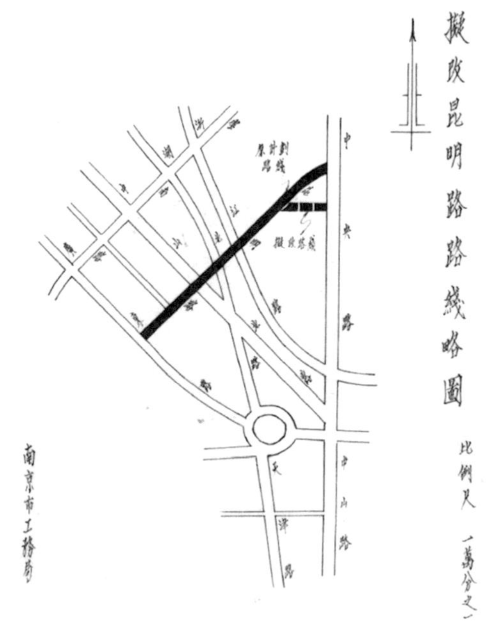

图 2-2-16 昆明路路线修改图

图片来源：南京市政府．民国文书（档案号：10010030137-00-0009）［Z］．南京：南京市档案馆．

① 全文录于：南京市政府秘书处编译股．南京市政府公报（第 149 期）［Z］．南京市政府秘书处（发行），1935．

此办法制定后对南京城内官民之间由于道路建设而形成的矛盾有一定缓解，也在一定程度上弥补了“首都道路系统计划”脱离城市现实的弊端。

1935 年后南京有若干拟定的次要道路路线按照《南京市申请路线修改办法》进行修改。如金陵女子大学附近的拟定次要道路路线，在“首都道路系统计划”中，此校校区在北、西、南三个方向都被拟定路线紧贴，使该校以后很难在这三个方向上有所拓展（图 2-2-15）。这种道路规划引起了金陵女子大学的强烈反对，在《南京市申请路线修改办法》颁布后，金陵女子大学即按照此办法要求政府取消其校西、南两条次要路线的修筑。市政府同意了金陵女子大学的请求，回复称：“该学院以四面阻于路线无法发展请准将西南二面两次要路线永不兴筑，以资救济，尚属实情，自应施予救济准不兴筑”[①]。

除了将规划道路图中不合理的道路取消，还有不少情况是按照既有城市道路改移计划路线。昆明路为“首都道路系统计划”中所拟定的次要道路，该路起于鼓楼北部傅厚岗、百子亭一带，斜向穿越中山北路，终于广东路，其路形上显然也是受制于中山北路与中央路之间三角地带整体路网的架构，为东北—西南 45 度走向，而此处原有的道路走向则大都为南—北、东—西走向。在业主向政府要求后，政府取消了昆明路北首一段，沿用傅厚岗东—西走向旧路进行开辟（图 2-2-16）[②]。

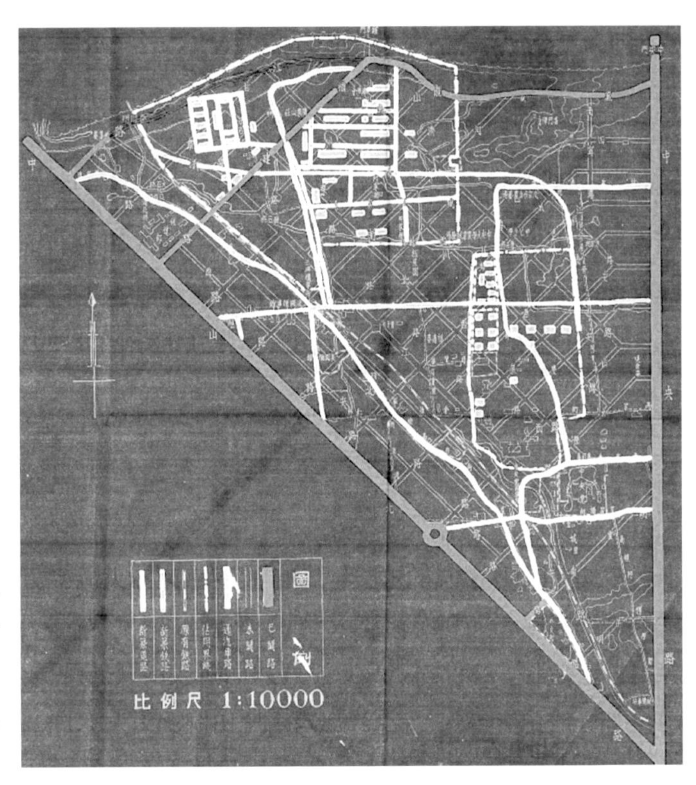

图 2-2-17 战后南京市工务局调查“城北三角地带日军圈占土地建设情况与拟开道路关系”对比图

图片来源：南京市政府．民国文书（档案号：10030080061-00-0003）［Z］．南京：南京市档案馆．

抗战前城北三角地带斜向 45 度道路系统并没有被建立起来。日据时期此区域大片土地被日军占用，日军照着旧有城市肌理在此区修工厂及仓库，所辟通汽车路也仍然循南北向旧路进行（图 2-2-17）。战争结束后城北三角地带土地又被国民党军方接收，南京市政府本欲按战前的“首都道路系统计划”继续开辟道路，整理土地，但是困难重重。一方面市政府和

① 南京市政府．民国文书（档案号：10010030136-00-0004）［Z］．南京：南京市档案馆．

② 南京市政府．民国文书（档案号：10010030137-00-0002、10010030137-00-0009）［Z］．南京：南京市档案馆．

军方很难协调；另一方面，拆除日军在此区域所建的城市基础设施，特别是道路，似乎也是对资源的一种浪费。最终内政部营建司也对战前的《首都干路系统图》持否定态度，1948 年 3 月营建司司长哈熊文致函南京市政府："中山北路及中山路之三角地带……其计划路线之横路系统应由东北西南向改东西向"①。而在 1948 年 8 月南京市都市计划委员会计划处的工作报告中也可查到"已完成城北三角地区道路系统制图 80%"的档案记录②。虽无法查到最终的"城北三角地区道路系统图"，但是从目前的相关史料记载仍然可以判断，南京市政府对战前追求形式而设计的"首都道路系统计划"城北部分持否定态度，并已经着手修改。

五、城市水电管网规划与建设

（一）各自为政的行政管理体系

在近代南京城市水电管网建设中，城市供电最先开展。为了筹备南洋劝业会，1909 年清政府在西华门外旗下街购地一块（6235 平方米），并派人赴上海订购发电机，按其大小设计厂房、车间，至此金陵电灯官厂正式成立。该厂此时为清政府在江苏的官办企业。1911 年辛亥革命后，金陵电灯官厂由江苏省实业厅接管，隶属江苏省政府，并改名为江苏省立南京电灯厂。1927 年南京特别市市政府成立，电灯厂划归市政府管理。1928 年经国民党中央政治会议议决，将首都电气建设划归国民政府建设委员会办理。因此南京电灯厂的全部业务交由建设委员会接办，并更名为建设委员会首都电厂。1937 年经国民党中央政治会议议决，由银行界投资的中国建设银公司购得电厂 70% 股权，并由建设银公司所属扬子电气公司经营。

因此近代南京的供电事业在行政管理上并不由 1927 年成立的南京市政府管控，而是先由直属国民政府的建设委员会管理，后电厂被卖于具有官僚资本性质的中国建设银公司，并由其下的扬子电气公司经营。

与首都电厂较为复杂的行政管理历史相反，近代南京的给排水建设则一直由南京市政府管理。1930 年 3 月"南京自来水工程处"成立，隶属于南京市政府，负责南京市自来水工程建设。自来水工程建设大体就绪后，1935 年南京市政府又组建"南京自来水管理处"③负责自来水事业的经营管理。南京的下水道建设则一直由隶属于南京市工务局的"下水道工程处"④负责。沦陷期间南京的首都电厂与自来水厂均被日本控制的伪华中水电公司⑤霸占经营。抗战胜利后，供电、供水恢复战前的管理体系。

（二）总体规划缺位下的个体建设计划

在《首都计划》之前，南京的历次城市规划从未将城市水电管网列为规划对象。因此《首都计划》似乎拓宽了南京城市规划对象范围——将城市水电管网与其他规划内容一同考虑：例如在考虑电厂与水厂位置布局时，城市未来的功能分区以及人口分布都是重要的参考数据，

---

① 南京市政府．民国文书（档案号：10030160014-00-0006）［Z］．南京：南京市档案馆．

② 南京市政府．民国文书（档案号：10030160012-00-0015）［Z］．南京：南京市档案馆．

③ 自来水管理处下设工程课与营业课，工程课下设工务股、机务股、材料股；营业课下设会计股、事务股。

④ 下水道工程处设有设计股、工程股、管理股、保卷股 4 股。

⑤ 伪华中水电公司隶属华中振兴会社，华中振兴会社是日本在华中地区进行殖民掠夺的主要机构，总部设在上海。

这使得城市供电与给排水能够尽可能地与城市发展相协调。对城市水电管网的规划主要出现在《首都计划》中“自来水计划”“电力厂之地址”“渠道计划”3个篇章中。此3篇主要在纲领性层面解决了城市管网的规划设计原则。以及水电厂的布局，使之能够和南京其他城市功能相协调。

首先是自来水系统。《首都计划》将自来水厂设立在江心洲北端（图2-2-18）[1]，因为“江心洲地点，既无碍于其他地方发展，又与现在及将来人口中心点的距离，比之其他江岸地方，均较为接近”[2]。另外计划供应百万人口，以每日出水1500万加仑（约合5．67万吨）为标准，水源取自扬子江，蓄水方法拟利用紫金山北崖开辟天然蓄水池，水塔建在清凉山顶部。

其次是供电系统。《首都计划》认为原有电厂设在下关并不适宜，不如设于夹江东岸，但是下关电厂厂址已具规模，仍可照常利用，作为分厂。新电厂拟设立在夹江东岸，也是考虑到未来南京的居民中心、工业区、自来水厂均与夹江东岸较近，且夹江东岸水位较深便于电厂用料煤炭的运输，而自此处引出的高压输电线路也可沿城内林荫大道装设，避开密集人群及建筑。

最后是下水道系统。城区下水道循新定道路系统而装设，设于主要干道下的沟渠为各下水道的总汇；排水方式以“雨水管与污水管分别设置、各成系统”为原则，就地势分为南北两部，划分泄水区（图2-2-18），各顺其势，导入附近大湖或河道。

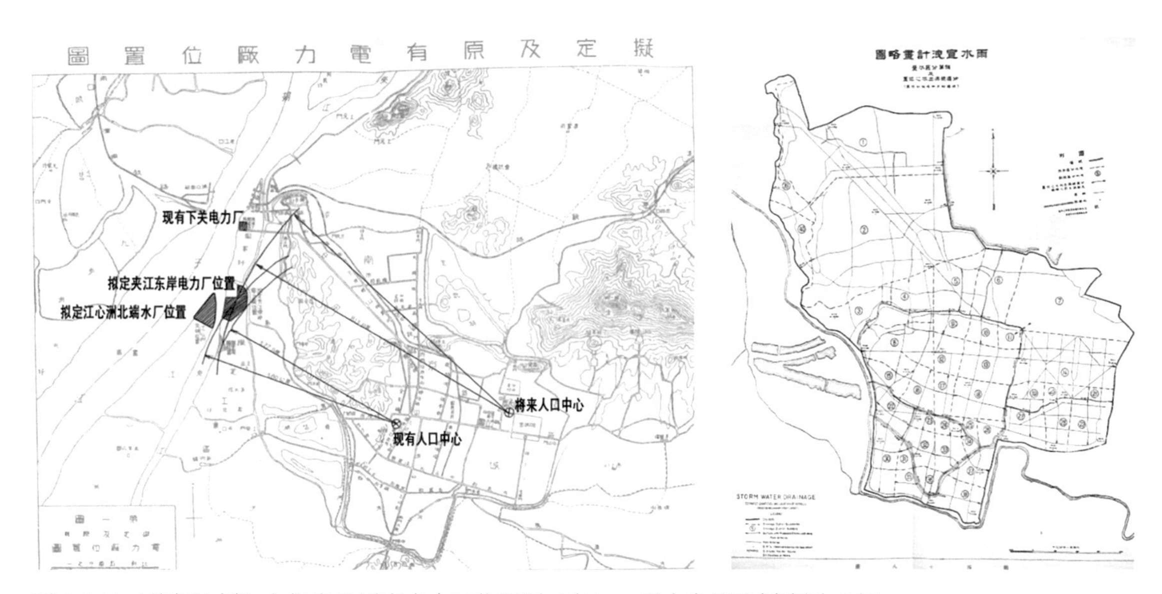

图2-2-18《首都计划》之拟定及原有电力厂位置图（左）、雨水宣泄计划略图（右）
底图来源：国都设计技术专员办事处．首都计划［M］．南京：南京出版社，2006，第47图。

《首都计划》并未实施，战前南京的水电管网建设大多依照各自的建设计划进行，在城市总体规划的缺失下，这些独立的建设计划似乎并没有多少配合未来城市发展的规划意识，大多是在对城市现状与建设资金的平衡中定位。

南京的“自来水建设计划”由首都建设委员工程组制定，南京市政府的自来水工程处仅仅负责执行。从日后建成的北河口水厂布置情况来看，首都建设委员会对自来水厂计划似乎是参考了1929年《首都计划》中的《自来水计划》。现实中北河口水厂距离江心洲北端

---

① 水厂地点选在江心洲之北，距离洲端约300米之处。参考：国都设计技术专员办事处．首都计划［M］．王新宇，王明发，点校．南京：南京出版社，2006：155-171．

② 国都设计技术专员办事处．首都计划［M］．王新宇，王明发，点校．南京：南京出版社，2006：157．

（《首都计划》中的水厂位置）较近，水厂的日供水能力最高在 6 万吨左右，与《首都计划》的 1500 万加仑日供水量相当。出于建设资金考虑，首都建设委员会并未采用“设置水塔”的蓄水方式，而是采用了较为经济的“蓄水池”蓄水方式，并将蓄水池设置在了清凉山上[①]。1931 年 3 月自来水工程处又拟定了城市供水管网的埋设计划，分三期开展，第一期为以新街口为中心的城市主要交通干道；第二期则以第一期干道网为中心展开；第三期则是以前两期干道网络为中心展开，重点区域为城内人口密集街巷区。

下水道建设计划则是由隶属于工务局的下水道工程处制定，1935 年 9 月南京下水道建设计划初步完成。考虑到资金限制，南京的下水道建设并未完全采用雨污分流的方式，而是拟在城南与下关采用合流制，城北区域结合路面明沟排水采用分流制。

现实中，南京并没有按照《首都计划》另选地点建立新的电厂，而是于 1931 年在首都电厂下关发电所旁购地 50 亩进行扩建。1933 年扩建工程完工后，南京的所有电力均由下关发电厂供给，西华门发电所改为他用。至于没有另择地点新设电厂，推测多是出于经费原因[②]—— 由于南京城市所需电量日益增加，而电厂又欠缺资金扩充设备，国民政府建设委员会难以维持，于是在 1937 年将首都电厂 70% 股权卖予中国建设银公司，原有电厂已经缺乏资金维持，另择地点建设新厂则更是困难。

战后在国民政府的规定下，南京成立了都市计划委员会负责城市规划编制。都市计划委员会为了编制全城的都市计划，对战后南京城市现状进行了系统调查，城市水电管网即为其中一项。在得到较为准确的数据后，都市计划委员会有针对性地提出了近期城市水电管网建设计划，以便解决南京水电基础设施薄弱的难题。虽然当时南京城市总体规划尚未完成，但是由专门的城市规划编制机构来统一制定水电管网建设计划已经较战前进步许多。

（三）未能满足城市需求的水电管网建设

1927—1937 年为南京城市水电管网初步建立时段，但是由于缺乏城市总体规划的引导，南京城市水电管网建设计划并未能预见城市未来的发展趋势，再加上建设资金缺乏以及时局动荡，城市管网建设一直落后于城市需求。

首先是自来水建设。1933 年 4 月设立在汉西门外北河口的自来水厂建成，城区正式通水。1937 年初南京自来水埋管长度已经达到了 160 余千米[③]，几乎遍布全市各个主要街道，出水能量约为每日 40 000 吨，用户达 4000 户以上[④]。1945 年 9 月复原时自来水用户为 3766 户[⑤]，但是战后南京人口增长迅猛，自来水供应成为此时南京城市亟待解决的问题：首先是出水量不足，至 1947 年出水量最高为 67 000 吨，但是此时水厂供水已达负荷饱和点。因无备用设备及输水管太小，较高地区，如鼓楼等地，在用水量达到最高峰时常常感到水压不足；其次是自来水供应仅覆盖城区一半人口，截至 1947 年 12 月，全城自来水用户数增至 8737 户，共计 40 万人，但城区包括下

---

① 自水厂至清凉山水库，以 750 毫米输水总管连接。参考：南京市玄武区地方志编纂委员会. 玄武区志［M］. 北京：方志出版社，2005：183.

② 国民政府时期，由于时局不稳，军费开支过大，建设经费一直处于紧缺状态，建设委员会下的首都电厂也不例外。由于南京城市所需电量日益增加，而电厂又欠缺资金扩充设备，于是才发生了 1937 年建设委员会将首都电厂 70% 股权卖予中国建设银公司。

③ 秦孝仪. 革命文献第九十一辑：抗战前国家建设史料——首都建设（一）［M］. 台北：中国国民党“中央”委员会党史史料编纂委员会，1982：6.

④ 秦孝仪. 革命文献第九十一辑：抗战前国家建设史料——首都建设（一）［M］. 台北：中国国民党“中央”委员会党史史料编纂委员会，1982：6.

⑤ 南京特别市市政府秘书处编译股. 首都市政［Z］. 南京：南京图书馆，1948：77, 第九章公共事业。

关区（即第一至第七区）有人口约 80 万人[1]，因此城区仅有 50% 人口享有自来水的供给。

其次是城市供电。战前首都电厂输电线路除城区外，东达龙潭汤山，北通浦口，南迄上方门东山镇，西至江东门，设有配电所 13 处，分布于城区及陵园、龙潭水泥厂、栖霞山水泥厂、东门街、江东门、句容、水晶台、三汊河、浦口等区。用户 44 000 户、最高负荷为 18 000 千瓦，且有 12 000 千瓦的备用余力[2]。1945 年 9 月复原之时，供电能力不足 10 000 千瓦。1947 年春电厂对设备进行维修更新，全部用电量达到了 25 000 千瓦[3]，全市需电量随人口的增加而激增，电厂仅能勉强维持供电业务。由于没有备用的机炉，现有设备不得不日夜使用，故障时有发生，致使分区停电之事频繁。

最后为城市下水道建设。战前配备下水道的路段多是 1935—1936 年间修建的新路，这些道路在施工同时埋设了下水道。战前新开各路共计埋设下水管道 26.723 千米[4]。战后根据都市计划委员会调查，至 1947 年底城区各类下水道共计 156.56 千米[5]，其中混凝土圆管均埋设于近年新筑道路下，计长 71.84 千米，其余为砖砌方沟，大都为城南的旧式砖砌阴沟，计长 84.72 千米，全城至少有 90 千米道路尚无下水道。而现有下水道多口径过小，不足宣泄，残毁淤塞的情况多发。城东政治区域及城北区域甚是空旷，道路稀少，下水道更未建立，整个下水道系统未经确定。

---

① 南京市政府. 民国文书（档案号：10030160014-00-0015）［Z］. 南京：南京市档案馆.

② 秦孝仪. 革命文献第九十一辑：抗战前国家建设史料——首都建设（一）［M］. 台北：中国国民党“中央”委员会党史史料编纂委员会，1982：6.

③ 南京特别市市政府秘书处编译股. 首都市政［Z］. 南京：南京图书馆，1948：78, 第九章公共事业。

④ 秦孝仪. 革命文献第九十一辑：抗战前国家建设史料——首都建设（一）［M］. 台北：中国国民党“中央”委员会党史史料编纂委员会，1982：5.

⑤ 其中 24 ～ 36 英寸口径的干管长 26.28 千米，6 ～ 20 英寸口径为支管，计长 130.28 千米。

第三节　南京近代城市规划与城市分区建设

国民政府在1933年1月公布的《首都城内分区图》以及《首都分区规则》，为南京近代历史唯一一部经官方认可的全城分区规划。《首都城内分区图》对城厢内部土地进行功能区划分，《首都分区规则》具有区划条例的性质，对各个功能区内的不同利益主体的建设行为进行管控。分区计划中“中央政治区”与现实中的“明故宫机场”发生位置冲突，为此作为规划的执行者——南京市政府曾就此土地功能冲突咨询国民党高层意见，得到蒋介石回复：“行政区问题可容研究，余可公布。”[①]然而中央政治区的位置不确定，全部分区规划因政府机关杂处各区，使建设管控很难执行。最后，南京市政府决定暂缓实施《首都分区规则》[②]。1936年春内政部要求南京市政府依照《地政施行程序大纲》规定，及早确定首都分区计划。此时战事逼近，市府认为“分区制度不能仅以谋市民之安宁健康，并须顾及国防防空要求”[③]，1933年城市分区计划已不能完全切合实际，“极有详细审查及再行考核之必要”[④]。直至抗战爆发，南京市政府也并未能完成对分区计划的修正。

一、工业区规划与建设

1899年下关开埠，金陵关的建立以及港口码头的繁荣，津浦与沪宁铁路的修建，这都使得下关与浦口成为中国南北水陆交通枢纽。因此在南京近代历次城市规划编制中，沿江区域都被视为以港口交通为基础的工业区。孙中山的《实业计划》（1919年）主要是欲将南京沿江区域打造成内河港埠，借以发展工商业。而南京建都前的另外两部城市规划——《南京北城区发展计划》（1920年）以及《南京市政计划》（1926年）均将工业区规划在长江沿岸幕府山一带。虽然在建都后《首都大计划》（1928年）的历次稿件中工业区位置并不确定，但是也主要是沿江布置。《首都计划》（1929年）中工业区被分为了第一工业区和第二工业区两种，第一工业区即普通工业区，此类型的工业对环境干扰不大，除了下关以外，另将下关以南由夹江至城墙一带的土地划入。第二工业区即笨重滋扰工业区，所以被置于浦口发展。在1930年4月首都建设委员会第一次全体大会上，刘纪文提出“首都分区计划案”，将第一工业区设置在下关港埠区、城厢外西面夹江地段，第二工业区设置在浦口。1933年1月国民政府公布的《首都城内分区图》显示城厢内部未有任何工业区用地。但是《首都分区规则》中却有对第一工业区与第二工业区的管控规则，考虑到1933年公布的分区计划案是在1930年刘纪文提案基础上修改而成，推测国民政府对工业区的设置延续了刘纪文案。

如前文所述，南京全城分区计划并未实施。但是在1930年底，首都建设委员会第34次常会却通过了南京市政府提出的“下关第一工商业区计划”，此后下关三汊河一带土地一直被南京市政府保留并作为工商业区运作，但是截至战前并未能成功开发。战后，工厂复原的风潮又带动了南京市政府重提下关地段建设，不但将原“下关第一工商业区”改为“第一工

---

① 南京市政府．民国文书（档案号：10010030126-00-0002）［Z］．南京：南京市档案馆．
② 南京市政府．民国文书（档案号：10010030126-00-0002）［Z］．南京：南京市档案馆．
③ 南京市政府．民国文书（档案号：10010030126-00-0001）［Z］．南京：南京市档案馆．
④ 南京市政府．民国文书（档案号：10010030126-00-0001）［Z］．南京：南京市档案馆．

业区”，还计划增开草鞋峡一带的“第二工业区”。

（一）增加财源与下关第一工商业区计划

1．下关工商业区设立

1930年6月南京市工务局长向市长魏道明[①]提议开辟工厂建立商市，以便提高地价增加税源，并建议市府将中山路以南、三汊河以北、护城河以西沿江滩地“九甲圩”一带开辟为商业区，将浦口一带开辟为工业区[②]。10月8日，市长兼首都建设委员会秘书长魏道明将“在下关南部区域开辟商业区”的提案交首都建设委员会第32次常务会议讨论，该会原则上通过了此提议[③]。

但是到了1930年11月，魏道明则向首都建设委员会提议将下关南部区域由“商业区”变更为“第一工商业区”，理由为“俾工商业均能通用而投资者更能踊跃也”[④]，并提交了以工商业为功能的计划平面图（图2-3-1、图2-3-2）、断面图及简要的计划说明（表2-3-1），以备首都建设委员会审查。1930年底首都建设委员会第34次常务会议上通过了“下关第一工商业区计划”[⑤]。1931年1月南京市政府将下关工商业区的征地计划书提交行政院内政部审核，2月内政部核准通过了南京市政府的征地计划[⑥]。

图2-3-1 南京市下关第一工商业区平面图

图片来源：南京市政府．民国文书（档案号：10010030160-00-0004）［Z］．南京：南京市档案馆．

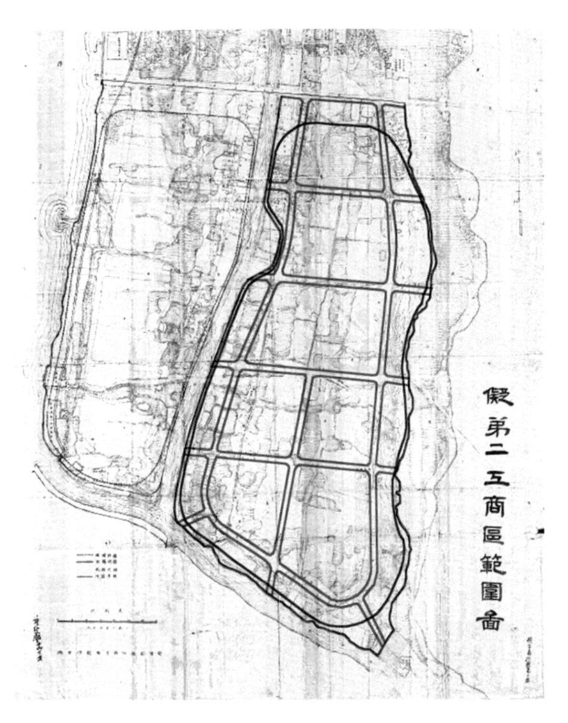

图2-3-2 南京市下关第二工商业区平面图

图片来源：南京市政府．民国文书（档案号：10010030161-00-0001）［Z］．南京：南京市档案馆．

① 魏道明的南京市市长任期为1930年4月14日至1932年1月6日。

② 南京市政府．民国文书（档案号：10010030160-00-0001）［Z］．南京：南京市档案馆．

③ 南京市政府．民国文书（档案号：10010030160-00-0002）［Z］．南京：南京市档案馆．

④ 南京市政府．民国文书（档案号：10010030160-00-0002）［Z］．南京：南京市档案馆．

⑤ 但是首都建设委员会仍然提出了三点修改意见：“第一，沿江及三汊河干路之外边线应改距江岸150公尺（米），其中距江岸60公尺内必须空出以便货物起卸；第二，惠民河之整理及沿江之干路因与前国都设计专员办事处所拟循河安设铁路之计划不同，究以何者为适用，尚需致电拟请大会征询铁道部意见；第三，横贯干路再依前项更改结果酌量排列，惟以能遵循旧堤为较拓。”首都建设委员会关于“第一工商业区计划”的意见全文详见：南京市政府．民国文书（档案号：10010030160-00-0004）［Z］．南京：南京市档案馆．

⑥ 南京市政府“下关第一工商业区征地计划书”及内政部批文详见：南京市政府．民国文书（档案号：10010011045-00-0002）［Z］．南京：南京市档案馆．

下关第一工商业区计划　　表 2-3-1

条目	内容
建设范围	惠民河以西三汊河以北中山路以南沿江滩地 1100 余市亩
街块划分	此区域干路开辟后共计形成 9 块沿江沿河段落、4 块腹地段落，宽度均为 300 米，长度则自 250 米至 350 米不等
道路形式	干路形式采取马蹄式，干路一条宽度 22 米，该路边线距江岸及三汊河岸定为 100 米，距惠民河岸则定为 74 米，中间开辟东西向的干路 3 条，宽度也为 22 米
街块内部布置	自江岸起可顺次建设人行道、起重机、轨道、仓库、工厂以及马路等设施
码头形式	顺岸式码头①
河道改造	将宽 60 米的三汊河拓宽至 100 米，惠民河则定为 60 米，但是为了便于船只掉头，另在其东岸开辟 50 米半径的圆形船渠以便小号船只掉头
土地获取	全部以征收的方式获得
建设资金来源	政府财政垫付

事实上除了第一工商业区，南京市政府还计划在挹江门城墙外开辟第二工商业区，此区域北至中山路，南至护城河，西至惠民河，东至城墙外大南河，面积约 1731 亩，其位置毗邻第一工商业区，将来若两区完成，便可在城墙外部形成一片面积较大的新市区。南京市政府在 1931 年 8 月公布要开辟第二工商业区的消息[①]。而 1931 年后第一工商业区开辟屡遭挫折，第二工商业区的计划再没被提起。

2．计划受挫：土地与建设资金的羁绊

虽然南京市政府希望能够尽快完成第一工商业区的建设计划，但是建设进展却极其不顺。

首先是征地受挫。1931 年 3 月在接到内政部正式征地公告后，南京市土地局就开始和业户协议征地补偿金。但是由于政府给价过低，区内业户大都不愿意土地被征收。各业户纷纷向中央党部、国民政府、行政院、首都建设委员会呈诉反对工商业区计划。因此南京市政府只好停止地价补偿协议工作，等待国民政府指示，但是直到 1933 年国民政府都未对工商业区征地事宜做出任何明确批示。而在等待批示期间，征收区域的业户仍然被禁止建筑以及地产买卖，这样的后果便是“商民经济不能流通，公家税收亦因而减少”[②]。

其次是工商业区属于沿江低地，区内多池塘沼泽，需要投入巨大的土地整理费用。1931 年 5 月上海浚浦总局经过对第一工商业区的勘探调查[③]，认为以“自中央开辟小港”办法需要填土 187 万立方米，工程耗时，小型机船及抽泥管需要 11 年，用大型机船则需 2 年，而填土费用估算约需银 150 万圆。另外根据 1931 年 9 月南京市工务局自己对第一工商业区的建设费用（包括征收土地费、填补土方费、沿江岸壁费、沿河岸壁费、马路沟渠费）计算，共需 334 万[④]。 而南京 1927—1937 年 10 年间建设经费总计支出 1886 万银元[⑤]，按照这个额度来计算，下关第一工商业区的建设费用就大致用到 10 年建设经费的 1/6，如果再加上后期开发的码头货栈建筑费用以及其他基础设施如铁轨、电力、自来水的开发费用，第一工商业区的开发对当时的南京市政府就是一笔巨额投资。1930 年代南京政府建设投资大，财政支出极度

---

① 南京市政府秘书处编译股．首都市政公报（第 90 期）［Z］．南京市政府秘书处（发行），1931．

② 南京市政府．民国文书（档案号：10010011045-00-0010）［Z］．南京：南京市档案馆．

③ 上海浚浦总局对第一工商业区勘探调查报告全文详见：南京市政府．民国文书（档案号：10010030160-00-0036）［Z］．南京：南京市档案馆．

④ 南京市政府．民国文书（档案号：10010030160-00-0013）［Z］．南京：南京市档案馆．

⑤ 金钟．南京财政志［M］．南京：河海大学出版社，1996：5．

紧张，必须依靠国民政府拨款来弥补亏欠，拨款占到 1/3 还多[1]。因此南京市政府的工业区计划如果没有中央政府的支持，就没有稳固的建设资金。

3．建设方法的变迁：从区段征收到建设限制

1932 年间南京有多处工程因为政府资金不足而缓办。九甲圩的业户似乎又看到了希望，于 1933 年 2 月再次上书南京市政府以及首都建设委员会请求准予建筑及地产买卖。考虑到工商业区的建设确实很难有充足资金马上实施，首都建设委员会没有驳回九甲圩业户的请求，1933 年 4 月首都建设委员会通知南京市政府在工商业区内设定保留地段，其余地段允许业户自由买卖建筑[2]。

但此保留区域的边界不知因何原因，至 1934 年 6 月才得到市政府的明确界定[3]。保留区域主要是工商业区内的码头区域（图 2-3-3）建筑活动及土地买卖仍然被禁止。

1934 年 9 月首都电厂因扩充设备，需要征收九甲圩保留地段内陈姓土地。此时首都电厂为国民政府建设委员会附属机关[4]，迫于国民政府建设委员会的压力，南京市政府同意了首都电厂在保留区内征地建厂，但是对保留区内的建设做了“三项限定办法”：① 沿江沿河梗处之码头应一律照《码头整理规则》办理；② 凡业户使用土地时须先拟具计划图说呈由工务局核准并由财政局缴收应纳之受益摊费；③ 土地之使用限于货栈及码头旁必要设备[5]。

首都电厂征地事件打破了第一工商业区保留地区的建设禁止状态。当时保留区域沿江有不少商人经营的工厂货栈，如陵生泰保码头、顺和栈、华界煤场、永源煤焦厂、亚细亚火油公司、美孚煤油公司等，市政府对这些商家工厂扩建改建行为大都禁止，但是首都电厂征地案之后即 1935 年，南京市政府对该区的民间建设管控放松，仅以保留区域的“三项限定办法”对该区建设进行管理[6]。下关第一工商业区的建设由于缺乏资金，直到 1937 年抗战开始仅仅完成了区内“南通路”[7]的建设。而工商业区的建设方法也由最初的“全部征收”变为“区段保留”，最后又由“区段保留”改为对区内建设活动进行“功能性限制”。似乎建设现实一直在迫使南京市政府改变最初的建设计划。当时南京工业多以资本薄弱的小手工业为主，即使第一工商业区能够建立，其高昂的建设费也会使得众多小业主望而却步。

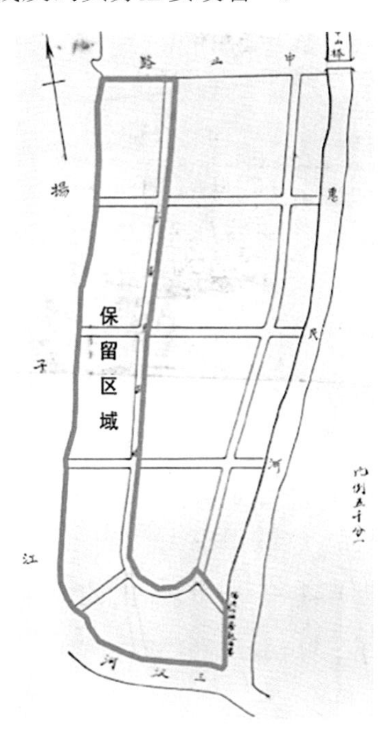

图 2-3-3 工商业区保留区域示意图

底图来源：南京市政府．民国文书（档案号：10010011405-00-0007）［Z］．南京：南京市档案馆．

---

① 金钟．南京财政志［M］．南京：河海大学出版社，1996：5．

② 南京市政府．民国文书（档案号：10010011045-00-0006）［Z］．南京：南京市档案馆．

③ 1933 年 4 月主管南京建设的首都建设委员会被裁撤，推测第一工商业区保留地段的边界界定案此时被搁置可能与首都建设委员会裁撤有关。

④ 首都电厂于 1937 年时被宋子文旗下的中国建设银公司购买了 70% 的股份，剩下的 30% 股份归经济部，成为合办企业。

⑤ 南京市政府．民国文书（档案号：10010011045-00-0010）［Z］．南京：南京市档案馆．

⑥ 关于保留区域放开建设活动的公函见：南京市政府．民国文书（档案号：10010030160-00-0033）［Z］．南京：南京市档案馆．

⑦ 南通路于 1935 年 3 月开始修建，弹石路面。由于南京市政府需要修筑沿三汊河及惠民河的堤埂，而此堤埂当时为来往交通要道，为了不妨碍交通，南京市政府决定提前修筑南通路，待南通路修好时便可取代堤埂道路，联系三汊河及惠民河。参考：南京市政府．民国文书（档案号：10010011138-00-0001）［Z］．南京：南京市档案馆．

（二）战后工厂复原与沿江工业区计划

1. 战后沿江工业区的设立

战后市面凋敝经济困难，南京市政府希望发展工业促进生产、吸纳失业工人稳定社会秩序。而此时许多内迁工厂也开始复原，重返战前工商业发达的江浙地区，但是这些工厂的原有厂房多毁于战火，因此也急需寻求地段建造新厂房。民国首都南京成为众多内迁工厂复原后建立新厂房的热门地区。

由于复原工厂对工业用地的急需，南京市政府决定将“下关第一工商业区”的工业商业合用功能纯化为工业功能，并改称“下关第一工业区”。战前计划中该区总面积仅 1068.86 市亩（约 71.26 万平方米），除去道路用地外，仅有 922 市亩（约 61.47 万平方米）。1946 年 2 月起“京芜区工业复原协进会”以及其他多家工厂申请在南京购地建厂，根据工厂申请面积统计，第一工业区的面积将不敷使用。于是南京市政府决定在长江沿岸草鞋峡一带开辟总面积约 1600 市亩（约 106.67 万平方米）的第二工业区，以便建立纺织、食品加工等轻工业。按照当时工厂争相申请领地的情形，南京市政府决定将第一、第二工业区同时开辟，并认为：“确定实施时，唯恐土地不敷分配，而决不致有荒废过剩。”[①] 除这两块工业区，南京市政府甚至认为有必要将浦口、水西门及汉西门外加开大规模工业区[②]。

2. 侧重基础设施的轻工业区计划

第一工业区的规划早在战前已经完成，工务局在战后仅就第二工业区拟定了初步计划（表 2-3-2、图 2-3-4）[③]。战后工业区规划比战前更为重视区内基础设施的建设：在道路系统中加强堤路的地位，使之与干路同宽（30 米），并拟在此区修建京沪铁路支线。另工务局重点规划了工业区的排水及防洪系统，在排水系统中拟采用雨污分流制，并初步设想了对污水的处理。最后此次规划还考虑了工人的日常生活需要，在工业区附近规划了工人住宅区域。南京市政府还对土地及建设费用的获取办法做了简要构思[④]，分为 3 方面：① 第二工商业区内公有私有土地由地政局依法征收；② 所有道路按照规定宽度一次开足，并同时修筑河渠、下水道、堤闸及抽水站；③ 所需工程费用，除建筑铁路、车站、货栈与有关机关商议外，其余按亩分摊，由承领人分期缴付。

---

① 南京市政府．民国文书（档案号：10030080037-00-0009［Z］．南京：南京市档案馆．

② 南京市政府召开第三十次市政会议通过第一第二工业区计划，同时表示：“惟应在浦口及水西门汉西门外，加开大规模工业区，交工务局另拟计划呈核。”原文见：南京市政府．民国文书（档案号：10030080037-00-0009［Z］．南京：南京市档案馆．

③ 1946 年时南京市都市计划委员会尚未成立，南京的各种规划均由南京市工务局编制，计划大致分为缘起、计划概述、开辟办法三部分，并在最后附第二工业区平面图一份。此计划详见：南京市政府．民国文书（档案号：10030080037-00-0019、10030080037-00-0004、10030010465-00-0002）［Z］．南京：南京市档案馆．

④ 南京市政府．民国文书（档案号：10030010465-00-0002［Z］．南京：南京市档案馆．

南京市第二工业区初步计划概述　　表 2-3-2

条款	内容
区域及面积	该区北滨扬子江草鞋峡，东至和记公司及邱虎山一带堤埂，西至水鱼雷营及老虎山、象山，南迄水关桥，共约 3360 市亩，除滨江一带地势较低，须填土培高外，其余大致尚属平坦
道路及地段	区内主要干路有二：一为由下关车站经由宝塔桥通过该区而至上元门之干路，宽度定为 30 米；一为由蒙古路经水关桥通过该区而至上元门之干路，宽度定为 28 米；至于滨江堤路，因系码头轮埠所在，交通频繁，故照本市规定堤路宽度亦定位 30 米；接通堤路与干路之道路，则视需要情形，定为 24 米及 20 米；其余次要道路，宽度均为 20 米。各路宽度分配，详如附图。全区除道路及预留车站货栈用地外，共分作 16 地段，每一地段最长之一边大致约在 210 米（有一两处特殊情形者除外），每一段之面积，自 72 市亩至 132 市亩不等
下水道及抽水站	该区下水道，采用分流制，即雨水污水，分别设管。平时雨水经由雨水管及涵洞直接泄入附近江河。涵洞均设活动闸门，可以随时开启，当降水盛涨闸洞堵闭时，区内雨水汇集一处，在堤内适当处所，设置抽水站，排除雨水入江。至于全区污水，因系工业区，污水质异而量多，完全经由污水管，借抽水机之力引入总出水管，而排至扬子江江底。污水及所含物质为大量江水所稀释氧化，绝无问题，且该处位于自来水水源及下关商埠之下游，绝不致有何不良影响也
堤防及闸具	沿江河口一带，须筑混凝土堤，或水泥砂浆砌块石堤。堤顶高度，以高出民国二十年（1931 年）最高洪水位 1 米为准（即本市标高 55.72 米）。堤埂通达码头之处，为便利交通起见，应在本规定高程以上（本市标高 54.00 米）预留缺口。唯须构造坚固，前后须设闸板两道，于洪洵开闸时，在两闸板中间，填筑泥土，以免漏水。通江各河，应于尾间适当处所，建筑水闸或桥闸，借以调节水位，并防止洪水倒灌
渠道	就原有水道，酌为拓宽整理，河面宽 20 米，通常水深 1．5 米，使小轮木船可以驶入，且在扬子江平常水位时，该渠可作宣泄雨水之用，此外对于工厂一部分给水及消防用水，亦可取给于此渠
铁道车站及货站	该区西部，循山麓筑一支线，与京沪铁路相接，并建筑车站及货栈，此项工程，当商请交通部办理之
码头及起重设备	在滨江一带，分期建筑公用码头数处，并附有电力起重设备
其他	此外如自来水及电力等当由自来水管理处及首都电厂察酌今后实需情形预为规划，分别扩充，以应需要。至于地下埋设水管电线等工程，亦须由有关机关预先会商确定，俾于开辟道路时，同时埋设，或预为准备，而免事后周折，有碍市容。此外各工厂员工宿舍及医院学校，设在象山之阳，距离非遥，仅一山之隔，而自成一村，亦一合乎理想之境地也

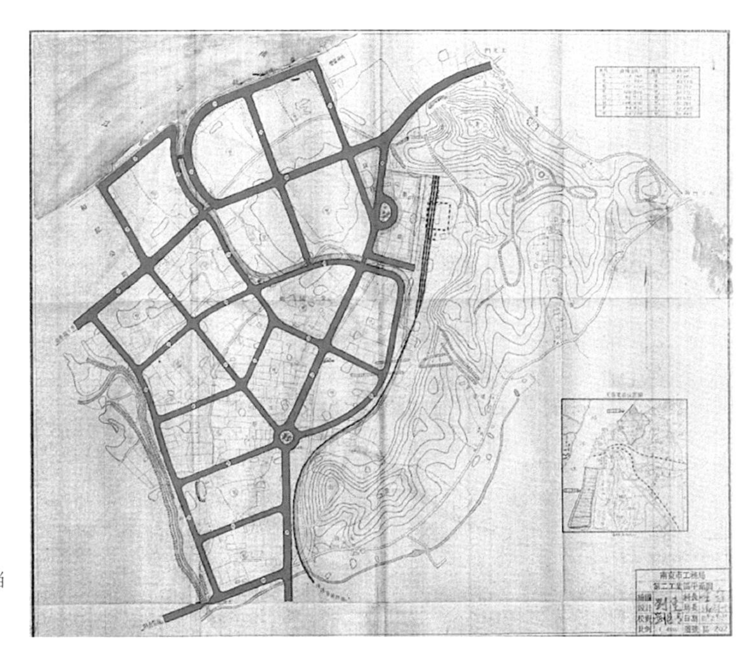

图 2-3-4 南京市第二工业区平面图

图片来源：摘自：南京市政府．民国文书（档案号：10030010465-00-0002）［Z］．南京：南京市档案馆．

3．工业区计划落空

1946 年 6 月南京市政府将第一、第二工业区计划书送交行政院审核，请求依法征地。但是行政院并没有立即批准南京市的工业区计划。1947 年 1 月行政院召集各关系机关商讨后认为南京有急速开辟工业区的需要，但是希望南京市配合整个都市计划完成工业区建设。3 月南京市政府再次与行政院各部召开会议协商开辟工业区事宜[①]，最后会议争论的焦点仍然聚焦在第二工业区的选址上。国防部对第二工业区的意见主要是“此区位置与拟定修建的要塞地带多有重合”，因此“在该处沿山脚最外曲线向西四百至六百公尺以内在枪炮火网范围必须保留空地不能使用”[②]。另外交通部也认为第二工业区所选地区长江段“恐易淤塞应加研究”，而“梅子洲及对江浦口土地平坦交通便利，将来易于扩张，与国防无碍，颇适宜开辟工业区”[③]。最后会议达成了四点决议：第一工业区可按计划办理；第二工业区由南京市政府洽国防部再加研究；梅子洲及浦口一带可否建设工业区提交南京市都市计划委员会研究；有关土地问题由内政部地政署及南京市政府会同商订。此后的第一、第二工业区计划运作文件，至今尚未公开。查看后建立的都市计划委员会工作记录，也没有发现有关第一、第二工业区的计划案，但是客观现实却使我们得知战后南京第一、第二工业区计划并没有实现。

在工厂复原潮来临之际，似乎工业区建立的客观条件比战前充分，但是战后南京城市总体功能分区计划一直没有完成，孤立的工业区计划编制在经行政院内政部各个部门综合审视后，又出现诸多城市功能冲突问题。而和平的经济建设环境转瞬即逝：内战爆发，1948 年全国经济崩溃，南京所希冀的工业区终究没能建立起来。

（三）区划制度缺失下的工厂建设

从南京全城工业的发展状况来看，1927—1937 年间南京的工业多采取手工业小作坊形式，规模狭小，资本薄弱。1928 年南京建市之初，全市手工业（多是南京传统产业，以木业、印刷业、缎业为主）共计 354 家，机器工业仅有 21 家，机器工业总资本 28 700 元[④]；1937 年抗战爆发前，共计有大小工厂 629 家，资本规模在 5 万元以上的仅有 9 家[⑤]，各厂资本不充足，规模甚小，未能蓬勃发展。

战前南京几家比较大型的工厂则呈现分散式布局，清末最早建立的一批工厂多分布在城南靠近城墙区域，以便利用城内廉价的劳动力，同时获取城外廉价的土地资源，北洋军阀统治时期发展起来的一批工厂则多沿长江分布，如以肉蛋食品加工为主的英商和记工厂；三汊河与长江交汇处水运方便，成为面粉厂与煤炭厂最为集中分布的地区；城北沿江区域由于盛产石灰，栖霞、镇江南的水泥厂与龙潭镇的中国水泥厂都布局在此区域。长江北岸由于地广人稀，地价便宜，且靠近浦口港区与津浦铁路，也有若干所较大的工厂，如浦镇机厂以及分布在六合卸甲甸的永利铔厂。

---

① 到会机关有国防部、内政部、经济部、交通部、财政部、地政署以及南京市政府，参考《南京市政府邀集有关机关会商开辟第一第二工业区记录》，全文详见：南京市政府．民国文书（档案号：10030080037-00-0021）［Z］. 南京：南京市档案馆.

② 引自《南京市政府邀集有关机关会商开辟第一第二工业区记录》，全文详见：南京市政府．民国文书（档案号：10030080037-00-0021）［Z］. 南京：南京市档案馆.

③ 引自《南京市政府邀集有关机关会商开辟第一第二工业区记录》，全文详见：南京市政府．民国文书（档案号：10030080037-00-0021）［Z］. 南京：南京市档案馆.

④ 南京特别市市政府秘书处编译股．首都市政要览［M］. 南京：南京特别市市政府秘书处出版股，1929：82.

⑤ 南京市政府．行政统计报告·实业［Z］. 南京：南京图书馆，1936.

战后由于通货膨胀、经济困难，民营工业难以存活，南京较大的工厂多为官僚资本操控。截至 1949 年 3 月，南京的官营工厂共计 58 家。战后南京民营工业依然薄弱，如战前一样，多为小手工业作坊，应用动力生产工厂仅占全市工厂的 4%[①]。民营工业类型也较为单一，多为营造厂与砖瓦厂[②]。

从以上的情况可以发现，战后并没有多少新兴民营资本在南京设厂建立机械工业，其原因大致可以从当时的国内环境窥见一斑。1945—1949 年中国大部分时间仍然在进行战争，在战时经济状况下，国营企业可以依靠国家资本维持；而受内战的影响市场不稳，民营企业却很难维系生存。战后内迁工厂复原所带来的投资潮如昙花一现，很快又被内战浇灭。因此南京的民营工厂大都延续战前的小手工业，规模小且多以家庭作坊形式出现。战后增长最快的砖瓦与营造业似乎也不需要专门的工业区进行建厂——营造业主要依靠廉价劳动力在城市中直接进行建造工作，而砖瓦厂的技术比较低端，规模较小，对场地环境、基础设施要求不高，因此这些工厂主也不愿意投入资金购买或租用地价相对较高的工业区地块；而对于依靠国家资本的国营工厂，又不归南京市政府管辖，其投入和产出都走中央财政，因此对于建造地点的选择更为自主，另外很多国营工厂布局似乎还涉及了国家安全，采取了分散布局的方式，大多位于城外（图 2-3-5）。这大概也解释了战后南京第一、第二工业区计划失败的原因。

南京战前战后的两次工业区计划均未实现，而南京市政府也从未颁布过关于工业建筑的管控规则。对南京近代工业建筑影响最大的因素仍然是工业需求以及建筑技术的进展。城内手工业小作坊由于规模小、技术简单，对建筑无特别要求，大多数小作坊混杂于城内传统街巷，一般采取“前店后坊宅形式”，面向街道一面作为店铺经营买卖，后面作为手工业者的作坊或者商人的居住场所。兴起于近代时期的机械工业则需要较大的建筑空间及专门的工业场地来容纳机器设备及繁杂的工业流程，因此机械工业多在城厢外部地价较为低廉的区域建立厂区，并多选择跨度较大的结构来建造大空间厂房。

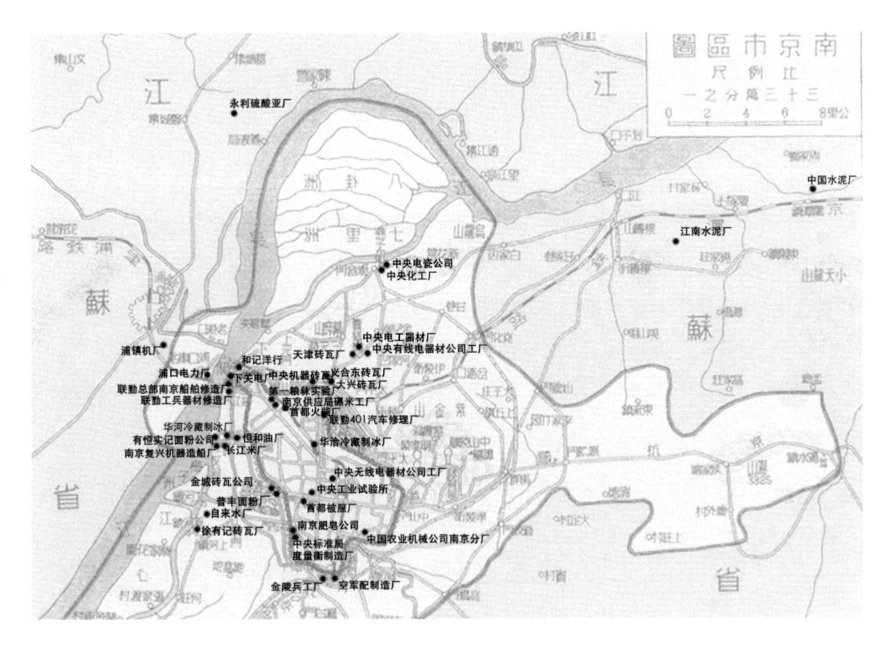

图 2-3-5 南京市近代工厂分布

图片来源：东南大学周琦建筑工作室，左静楠绘

① 书报简讯社. 南京概况：秘密（下册）[Z]. 南京：南京图书馆，1949.

② 战后复原促进南京人口大增，同时也带来了巨大的建设量，许多民营资本多在南京投资营造厂与砖瓦厂。据记载，南京全市已经登记的营造厂有 1064 家，而全市共有窑厂 54 家，工人约 18 000 人，此数据引自：书报简讯社. 南京概况：秘密（下册）[Z]. 南京：南京图书馆，1949：87.

二、住宅区规划与建设

南京建都后城市人口一直在增加，但新增的居住单元数量却总是不能满足新增家庭的居住需要，因此住房建设一直是南京市政府工作重点。在解决住房问题之外，南京市政府还有一个更为重要的任务：打造“首都形象”，树立良好卫生的城市景观。“模范”住宅区的建立与“棚户区”的清理便是实现这个更为宏大城市目标的手段。

（一）“模范”住宅区计划与建设

1．民国精英对模范住宅区的畅想

南京传统居住区形态多是贫富不分，拥有众多宅院的富户与住房紧张的普通住户同在一条小街，传统住区的基础设施较差，通常合院建筑中没有上下水道以及化粪池等基础卫生设备。随着南京人口的增长，传统居住区建筑密度增大，遇到火灾发生险情的概率也随之提高；另外传统居住区内路面多崎岖不平，路形曲折，致使交通不便。

1927 年，南京建都后，国民政府一直希望将南京打造成可与华盛顿、巴黎等西方都市相媲美的现代都市，而西式住宅小区也正是政府对“现代都市”畅想的一个重要方面。1930 年代，南京市政府在城厢内部开发过两个高档住宅区项目，分别是新住宅区及政治区域住宅区，在这两个项目中政府希望能够树立起现代生活的典范形象。而南京这两个高档住宅区的规划形式与欧美郊区的花园住宅区颇为“形似”。

但南京并非国内第一个引进欧美郊区住宅区形式的城市，早在国民政府定都南京前，民国建设精英在广州已经开始了对欧美郊区住宅区的模仿。令人诧异的是，广州对欧美郊区住宅区规划思想的认知却是来源于一些学者对当时颇为流行的“田园城市理论”的误解。1919 年张维翰将日本内务省地方局编撰的《田园都市》翻译成中文引鉴到国内，“田园城市”思想成为国内建设者关注的热点。但国人对田园城市的认识比较有限，多理解为如公园般的居住，孙科就曾在《都市规划论》一书中评价田园城市为：“此种新村市，地一英亩，只建住宅六至十家。余地悉属公有，为植树花草果木之用。村既建成，望之俨如一大公园，此花园都市名义之所由来也。”这俨然将田园城市的特征简化为了环境优美、低密度住宅社区。

不仅如此，孙科主政广州期间就曾试图在广州东郊白云山一带建立环境优美的低密度住宅社区“以为住居之模范”[①]，但由于“陈炯明叛变事件”，未能实施。1923 年 11 月广州市行政会议通过《开辟观音山及住宅区办法》，并做了新式住宅区的简要规划，且在招领宅基地办法中对建筑密度、容积率、建筑成本做出限定。1927 年广州市政府又组织了“广州市模范住宅区筹备处”，并计划在东郊征地 600 余亩建立模范住宅区，而其建筑规则及规划建设蓝本则是 1923 年的《开辟观音山及住宅区办法》。

国民政府从广州北迁至南京后，国民党精英也试图在南京建立模范住宅区，此种模范住宅区的建设先锋——“广州模范住宅区”就成了施政者对“南京模范住宅区”的畅想范本。1930 年南京市市长魏道明在首都建设委员会第 26 次常务会议上提出“建筑模范住宅区案”。自此南京市政府也开始了对“模范住宅区”建设探索。

---

① 李宗黄．模范之广州市［M］．上海：商务印书馆，1929：80．

2．山西路新住宅区计划及建设

战前南京市政府的平民住宅分为甲、乙、丙三种：甲种住宅为二层楼房，其他两种为平房。南京市政府原计划在中山北路之西大方巷一带征地建筑甲种住宅，但因建设经费难以筹集而致使计划落空。于是市府改将此区的打造成居住标准更高的模范住宅区，以便借助南京城内富裕阶层的资本力量完成建设。

1930 年 3 月国民政府公布了《首都干路系统图》，以城北区域拟定干路网所形成的街块为单位，南京新住宅区共计形成四区，区域范围北至宁夏路、南至西康路、东至宁海路、西至西藏路。第一区建筑面积 540 余亩、第二区面积 660 余亩、第三区面积 600 亩、第四区面积 530 亩。

1930 年南京市工务局即开始对新住宅区四区进行总体道路网规划。除了作为各区边界的干道是由《首都干路系统图》拟定外，其余各区内道路均由南京市工务局另外设计。最初南京市政府聘请德籍顾问舒巴德设计"新住宅区计划图案"。新住宅区所在区域为城北丘陵地带，因此舒巴德的道路计划主要有以下依据[①]：该处地形之同高线；道路系统；利用原有道路；节省挖土及填土等工程费用。宅地的划分原则与广州的模范住宅区类似，以独户住宅为建筑类型，每户拥有独立的宅基地，每一宅基地以两亩为最低限度。1931 年 3 月首都建设委员会第 40 次常务会议审核通过由南京市工务局绘制的"新住宅区第一二三四区路线网计划图"[②]。但 1931 年的路线网计划图并不是最终定案，新住宅区仅开辟了第一及第四两区，第一区按照 1931 年路线计划图进行开辟，1934 年 1 月市政府又对第四区的道路网进行了重新规划。

建设分为四区进行开发，南京市政府首先对第一区进行开发。1930 年 7 南京市土地局开始跟第一区土地原有业主进行地价协议，拉开了新住宅区征地建设序幕。1931 年 5 月第一区马路、房屋、公共设备并填筑土方等工程招标建筑[③]。1933 年 1 月新住宅区第一区开始对外放领土地。建都后南京一直处于人口激增住房短缺的状态，新住宅区第一区住宅基地放领得到了很好的市场效应，大有供不应求之势，因此南京市政府于 1933 年 11 月开始筹划其他几区的开辟，经过市政会议讨论决议先就第四区进行开辟。1935 年第四区住宅基地开始放领，1936 年全部放领完毕。至抗战前夕第四区的道路与水管工程也已全部完工，但是建筑住宅者却很少。1935 年 2 月南京市政府决定继续开辟第二及第三区，但是由于战事逼近，南京警备司令部在全城设立多处"城防要塞区"，新住宅区二、三两区大部分落入了"城防要塞区"[④]，1936 年 7 月市政府向内政部申请"撤销二三两区的土地征收案"[⑤]，不在要塞地区土地可自由建筑，在要塞区域土地则遵循"要塞法"进行处置。自此，新住宅区二、三两区建设计划落空。

新住宅区建设所需土地由南京市政府以征收的方式获得，由于政府发给原有土地业户的征收补偿地价极低，分为每平方丈 6 元、7 元、8 元三等[⑥]，造成了原有土地业户的极大不满。新住宅区内土方整理，道路、园亭、学校、娱乐等场所以及上下水道建设均由南京市政府负责。对于此项建设资金南京市政府认为："此项土地经改良后，再以相当市价售出，所有建筑公

---

① 目前仅能断定舒巴德在 1930 设计了新住宅区的道路网，至于舒巴德是否有进一步深入参与住宅区设计，目前并无详细史料可以证明。详见：南京市政府．民国文书（档案号：10010011059-01-0001）［Z］．南京：南京市档案馆．

② 南京市政府．民国文书（档案号：10010011058-00-0001）［Z］．南京：南京市档案馆．

③ 南京市政府．民国文书（档案号：10010011060-01-0011）［Z］．南京：南京市档案馆．

④ 南京市政府．民国文书（档案号：10010031O284-00-0003）［Z］．南京：南京市档案馆．

⑤ 南京市政府．民国文书（档案号：10010030287-00-0002）［Z］．南京：南京市档案馆．

⑥ 关于此区及其周围土地交易价格内政部当时也做了调查，此调查结果详见：刘岫青．南京市土地征收之研究［M］// 萧铮．民国二十年代中国大陆土地问题资料．台北：成文出版社，1977：49671-49682．

用工程之费用均可取诸售价"[1]。新住宅区第一区的放领地价即由征收地价及各项建筑工程费共同构成，精简后建设总计支出 592 500 元（平均每平方丈 26 元）。最后政府以每平方丈建设费 20 元，再加上每平方丈 6 元、7 元、8 元三等地价作为住宅基地价格标准。

3．政治区域住宅区计划及建设

政治区域住宅区是南京市政府继新住宅区后开发的第二片模范住宅区，但是由于开发时期较晚，截至 1937 年抗战前夕，仅完成了该区道路中心桩钉立的工作。而战后由于国民政府经济崩溃，南京又面临极度的房荒，战前这种建筑质量较高的低密度住宅区再也无法实现。虽然同是低密度独院住宅，但是政治区域住宅区建设计划在运作过程中仍然与山西路新住宅区有许多不同之处。

政治区域住宅区的建设范围位于明故宫南部靠近城墙区域。1931 年 2 月国民政府通过"城东后宰门以南全部留作中央政治区之用"的决议[2]，1933 年 1 月公布的《首都城内分区图》将城东整个后宰门以南的区域全部作为中央政治区，因此政治区域住宅区的建设用地实际上为中央政治区保留地。但是这块面积广大的区域自 1929 年以来却一直处于建设停滞状态[3]，国民政府无力征收此区域土地，又不准民众在该区买卖土地或者进行建设活动，民众怨声载道。与此同时，南京城内住房紧缺问题已经相当严重。1933 年 8 月南京市政府向行政院递交公函，申请将政治区域南部划出 2500 余亩土地划为公务员住宅之用。行政院于 1933 年 9 月核准了南京市政府的申请[4]。之后南京市政府将此政治区域住宅区分成八区进行开发。1934 年 9 月已经停滞了许久的中央政治区规划又被国民政府提上日程。由于和中央政治区规划区域有重合部分，市政府的"政治区域住宅区计划"不得不进行修改。1935 年 6 月 29 日，国民政府终于正式公布"中央政治区计划"，此计划包含了三种内容[5]，其中之一为《中央政治区附近土地使用支配图》，按照此图，中央政治区南部住宅区的建设范围方才确定下来。此时的政治区域住宅区面积仅剩下 1230 亩，为原计划区域南部靠近光华门部分（图 2-3-6）。

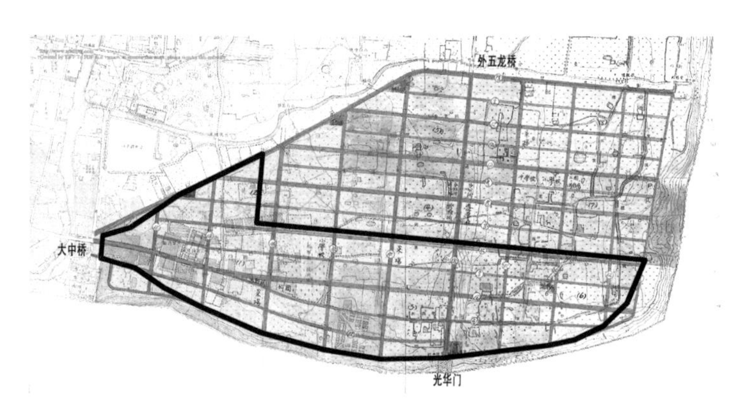

图 2-3-6 政治区域住宅区 1935 年后新划定的范围与 1933 年计划范围对比

图片来源：黑色线框内范围为 1935 年后政治区域住宅区范围，根据相关资料在《政治区南部住宅区计划图》(1933 年)上添加。

南京的《首都干路系统图》并没有对明故宫区域进行道路网设定，因此政治区域住宅区的路网规划主要以现实既存的御道街（中兴路）、八宝街、大光路为参照框架。区内地块划分基

---

① 南京市政府．民国文书（档案号：10010011060-01-0002）［Z］．南京：南京市档案馆．

② 《议定中央车站地点其在后宰门以北与中央政治区域无抵触》(1931 年 2 月 10 日)，录于：国民政府．"国使馆"国民政府档案：中央政治区域及划定路线（档号 0511．20/5050．01-03）［Z］．台北："国使馆"．

③ 南京市政府于 1929 年 7 月 3 日发令宣布明故宫一带因市政府将有收用计划，自即日起停发建筑执照。详见：南京市政府秘书处编译股．首都市政公报：公牍 42（第 40 期）［Z］．南京市政府秘书处（发行），1929．

④ 南京市政府．民国文书（档案号：10010011186-00-0003）［Z］．南京：南京市档案馆．

⑤ 其他两种内容为"中央政治区各机关建筑地盘分配图""执行与财务计划"。

本上是新住宅区地块划分标准的翻版。另外，区别于新住宅区公共设施的分散布局，政治区域住宅区的公共设施布局较为集中。为了避免住宅区功能混乱，工务局特意在住宅区内指定了两条可以建筑商店的街道，分别是自外五龙桥至光华门的御道街，自大中桥至光华门的大光路。而在 1937 年 1 月的计划中，这种公共设施集中布局的思想仍然没有改变，但是政府却调整了公共设施用地的位置——公共设施用地大多被集中布置在整个住宅区的南北中轴线御道街两侧（图 2-3-7）。工务局对该住宅区的人口密度设定为每亩 8 人，因此整个住宅区预计可安置居民 1 万余人。根据居民人口设定，工务局初步估定了各项公共设施的规模。（表 2-3-3）

政治区域住宅区公用保留地使用支配说明（1937 年 1 月） 表 2-3-3

编号	用地性质	面积及设定原因
1、2	商业	两块地合计 6.2 亩，位于通济门附近，区内通向城南出入要道，适合辟做商业用地
3	学校	本号地块 22.2 亩，位于区内第一期适中位置，按儿童人数为区内人口数 1/5，第一期约占全区面积 3/4，以儿童 1500 人计算学校用地面积
4	医院	本基地面积约 10 亩，位于御道街西，因而两侧道路宽阔可得闹中取静之优点，病床数量按照全区人口 1/200 计算，可得 50 床医院用地
5	会堂、图书馆	本基地面积约 10 亩，拆开做会堂基地，并附设图书馆
6	市政办公	本基地面积 7.6 亩，位于御道街旁，地点适中，拟作市政大楼，所有区内之市政设施即以此为总办事处
8 、 9 、10、11	商业	四基地共 22.3 亩，位于御道街旁光华门附近，拟用定期出租方法租于人民经营商业而限制其用途：公寓或旅馆（房间不超过 30 间者）；小规模电影院及音乐场（容纳人数不超过 500 人）；小规模汽车行（车库收容汽车 5 辆以下并用防火构造者）及加油站；俱乐部茶室弹子房（容纳人数不足 100 人）；菜场（摊位不满 150 个）；裁缝铺洗衣作坊（雇工不满 5 人）；其他售卖日用品之商店，间口在三间以下或不满 12 公尺者
12、13	警备消防	面积共约 4.8 亩，位于光华门口及御道街两旁，拟作消防队、警察局及宪兵队之用
14	学校	位于住宅区二期之用地；面积约 7.6 亩，可容纳 500 学童

注：编号具体对照图 2-3-7

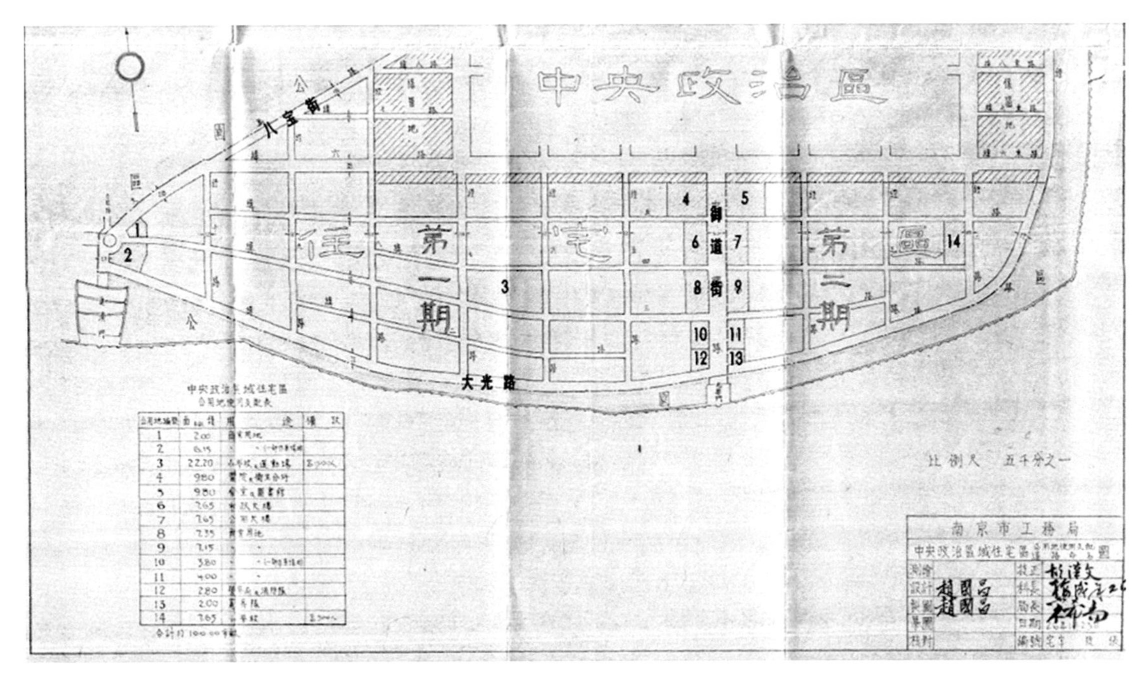

图 2-3-7 政治区域住宅区公共用地布局

图片来源：南京市政府．民国文书（档案号：10010030277-00-0014）［Z］. 南京：南京市档案馆.

在1933年的政治区域住宅区建设计划中，南京市政府决定先开辟八区中的第一、二、三区，此三区毗连光华门、大中桥一带，交通方便、商业繁荣，开发后发展较为容易。其余各区，“待建设经费收足半数后，再行分别开辟”[①]。而后由于建设计划变更，1935年后南京市政府将剩余的1230亩土地分为两区，以御道街为界，以西为一期，以东部分为二期，进行分期建设。

由于山西路新住宅区建设时在土地征收问题上严重伤害了原有业主的利益，因此政治区域住宅区曾尝试以“土地重划”方式获取土地，不强行征收土地，只要原有业主缴纳公共设施建设费之后，业主便可以保留原有宅基地。但是该区的开发标准仍然属于高档住宅区，建设费用被定为每平方丈20元，由于建设费用过高，原有业主中大多数人支付不起建设费，最后南京市政府不得不转向以征收方式获取土地。

4．对模范住宅区土地用途及建设规模的控制

为了将新住宅区打造成模范住宅区，南京市政府于1933年11月颁布了《南京市新住宅区建筑规则》（以下简称《新住宅区建筑规则》），以此控制新住宅区内私人土地用途及建设规模。《新住宅区建筑规则》共分13条，对新住宅区内的建筑请照手续、建筑占地面积、建筑高度、建筑用途、建筑卫生设施均做详细规定。1935年11月南京市政府又对此“规则”进行了修正。

《新住宅区建筑规则》的颁布时间晚于《首都分区规则》（1933年1月），新住宅区的位置大致属于《首都分区规则》中所定的第一住宅区，但是《新住宅区建筑规则》的标准要高于《首都分区规则》。首先是对建筑类型的控制，《首都分区规则》明确要求第一住宅区要建造“四周留有空地不相连之住宅”，而《新住宅区建筑规则》虽然未有对住宅形式进行限制，但是政府在进行土地放领时，已经将该区的土地划分为适当尺度的宅基地，并规定建筑与宅地界址相距2米，这实际上已经限定了新住宅区建筑类型为“四周留有空地不相连之住宅”，而建筑高度上《首都分区规则》仅要求第一住宅区不超过3层16米，《新住宅区建筑规则》则要求不得超过2层；对建筑覆盖率双方都要求不超过50%。可能是出于实际建设需求，1935年修订版本的《新住宅区建筑规则》在对建筑规模要求上进一步放宽，向《首都分区规则》靠拢，住宅覆盖率60%，层数不超过3层。

南京市政府通过对新住宅区内土地进行统一划分，在区内形成了面积均衡、形状规整的私人宅基地，通过《新住宅区建筑规则》对区内私人建设活动的规模及用途进行限制，在城北空地上打造出一片“模范住宅区”，区内大都为两层的住宅小楼，均衡地布置于宅基地中央，这些住宅连同其宅院四周的围墙、街边绿树共同构成了新住宅区特有的街道景观，直至今日此区仍是南京城中的最具特色的“民国社区”。《新住宅区建筑规则》为南京市政府在近代时期真正落地实施的一部具有区划性质的建筑规则。

1933年11《新住宅区建筑规则》颁布的同时，市政府还颁布了《南京市政治区域住宅区建筑规则》（以下简称《政治区域住宅区建筑规则》）[②]，政治区域住宅区的建设标准似乎要低于新住宅区一些。例如，对建筑形式的选择，虽然以分离式建筑为原则，但是允许至少两屋相连；对建筑高度仅要求3层以下，不超过正屋前面路宽及退让地宽之和；而对用地

① 南京市政府. 民国文书（档案号：10010030278-00-0008）[Z]. 南京：南京市档案馆.

② 全文详见：南京市政府. 民国文书（档案号：10010030278-00-0012）[Z]. 南京：南京市档案馆.

的建筑密度则未做任何限定。但是在该"规则"第一条也做了如下规定："凡在本区内建筑屋宇除遵照本市工务局建筑规则外并应遵照本章程之规定"，因此政治区域住宅区的建筑密度应该是被划拨到全市统一标准之下，按照《南京市建筑规则》第52条规定"建筑物在基地上所占面积，二层至三层的不准超过60%"。

从新住宅区到政治区域住宅区，南京市政府所订立的"住宅建筑规则"在一定程度上充当了"区划条例"的作用。通过对建筑占地面积、布局、高度、土地用途、配套卫生设备的控制，南京市政府在城中打造出一片模范住宅区，它不仅仅是住宅区，也是改良后的城市空间，具有良好的城市基础设施，有序的建筑景观。但是对这种城市空间的制造又是超越现实的，在南京大部分民众生活贫困、房荒严重的情况下，南京市政府不得不逐渐降低"住宅建筑规则"的限定标准，这点从《新住宅区建筑规则》与《政治区域住宅区建筑规则》之间的对比便能发现。

（二）棚户住宅区计划与建设

1．南京的棚户问题

20世纪早期伴随着中国城市的近代化进程，大批农民开始进城务工，棚户开始在上海、汉口、天津、广州等大城市蔓延。南京的棚户蔓延主要出现在1927建都之后，不同于上海的棚户区主要分布在市区周遭[①]，南京的棚户区主要分布在城内铁路与交通干道两旁、城南人口稠密区域，以及城北码头与工厂区。

建都后南京棚户人口的增长尤为迅速，逐渐在人口结构构成上占据相当重要的比例。1936年南京全城有棚户61 273户，总计人口259 282人，相当于全城1/4的人口，而这25万人中有18万则居住于城内[②]。

棚户居民通常会从土地所有者那租用土地，简陋的住宅直接建在未经硬化整理的土地上，建筑材料主要是芦草、竹木等容易迁移的材料。棚户一般净空很低，大多没有窗户，这种建筑类型在中国乡村比较常见，但在城市中却引起了极大的负面评价。在民国精英的认知中，棚户"有碍观瞻、有碍卫生、有碍消防、有碍治安风化"[③]。南京市政府甚至不认为棚户居民是城市的正规居民，1928年南京市府社会局将这种简陋可移动建筑的居民定义为"棚户"，而其他城市居民则为"普通户"[④]。

事实上，棚户区内部的居住条件也确实差到了极点。区内居住密度极高，缺乏公共设施，污水横流。棚屋无厨房起居分区，潮湿阴暗，严重影响棚屋居民的生活质量。

2．消极的控制策略

在战前10年的首都建设中，南京市政府曾经尝试过若干种方法来处理棚户问题。

早期市政府并未将棚户当作城市居住问题的一部分，只是将其作为城市发展的负面因素

---

① Lu H．Beyond the Neon Lights［M］. Berkeley: University of California Press，1999：118．

② 陈岳麟．南京市之住宅问题［M］// 萧铮．民国二十年代中国大陆土地问题资料．台北：成文出版社，1977：47898．

③ 陈岳麟．南京市之住宅问题［M］// 萧铮．民国二十年代中国大陆土地问题资料．台北：成文出版社，1977：47934-47932．

④ Tsui C M. A History of Dispossession：Governmentality and the Politics of Property in Nanjing,1927-1979［D］. Berkeley: University of California，2011:86．

来解决。因此对棚户的处理一直采取消极控制策略，包括取缔与限制。1927年南京刚建都不久，首任市长刘纪文即令取缔全市棚户，命棚户居民移居到城外偏僻处搭建，以免影响市容和交通。

1933年7月南京市政府又公布了《南京市工务局取缔棚户建筑暂行规则》①，此“规则”公布标志着南京市政府试图以公共权力控制棚户在城市空间的发展。其方法大致有三：第一，强制清除非法建造的棚户，对象大致有3类，如“未经核准搭盖者”“搭盖后土地发生纠纷者”“不遵本规则之规定者”；第二，要求棚户“在不接近官署学校营房要塞不碍观瞻交通消防之偏僻处搭盖之”；第三，以立法的形式向棚户居民实施最低建筑标准，且棚户的搭建要取得工务局的核准，为了防止火灾严格限制棚户搭建密度，“芦棚草房每座至多只准搭盖五间，每两座之距离至少须有六市尺以上”。

取缔与限制方法并未能有效地控制南京城内的棚户发展，城内棚户数量依然不断增加。首都警察厅棚户人口调查报告显示：1934年10月城区八局棚户共计38 872户，153 935人，1936年9月城区八局棚户共计45 743户，181 035人②。

1934年石瑛③任市长时，南京市政府组织了“棚户住宅改善委员会”，此委员会开始尝试“取缔与限制”之外的棚户问题处理办法，标志着市政府开始接纳棚户居民是南京城社会构成中不可缺少的部分。“棚户住宅改善委员会”委员张剑鸣曾就棚户的社会作用评论：“此辈棚户类皆以小贩、拉车、洗衣、缝衣等为业，于吾人日常生活有密切关系，一旦将其全部祛除，于整个社会组织上将发生绝大影响”④。并承认“棚户即属市民之一部分，又尽纳税之义务，自不能置其权利于例外”⑤。

为此，棚户住宅改善委员会重新拟定了4种治理棚户蔓延的办法：① 取缔，但是不采取极端的驱逐政策，而是用和平限制方法，即编订棚户门牌，以后只需迁出，不许增加；② 改良，将现有棚户不合卫生者加以改善，如修筑道路、疏浚阴沟、设立垃圾箱等；③ 迁移，现有棚户如果没有改善的可能，可以另外选择地点，由政府给予津贴，勒令迁移；④ 建筑平民住宅，这项办法南京市政府也承认是最为彻底的改善办法，但是考虑到政府财政困难，很难全部实现，只能在原有平民住宅外加建一部分供给财力充裕的棚户租用。

3．棚户住宅区的正式设立

随着政府对棚户居民社会地位的承认，正式的棚户居住区建设计划被提上了日程。棚户居住区的地点被选择在城外靠近交通要道处，原因大致有三：首先，棚户区作为政府辅助贫困的公共住宅项目，只能尽量以极低的成本开发，以便将来以低价辅助贫民生活，因此地价低廉的城外土地成为棚户居住区首选地段；其次，棚户住宅区属于质量不高的住宅区域，仍然是首都的“灰暗面”，与首都“宏伟观瞻”形象不符，因此南京市政府也不可能将其设置在重点建设的城厢区域；最后，棚户居民需要进城务工，城门是出入城厢的交通要道，于是南京各个城门附近成了建设棚户住宅区首选地点。

1934年春为了迁移下关惠民河一带棚户，南京市政府在新民门外四所村开辟棚户住宅区，

---

① 全文见：南京市政府秘书处编译股．南京市政府公报（第131期）［Z］．南京市政府秘书处（发行），1933．

② 陈岳麟．南京市之住宅问题［M］// 萧铮．民国二十年代中国大陆土地问题资料．台北：成文出版社，1977：47948-47949．

③ 石瑛的南京市市长任期为1932年3月至1935年4月．

④ 陈岳麟．南京市之住宅问题［M］// 萧铮．民国二十年代中国大陆土地问题资料．台北：成文出版社，1977：47934-47932．

⑤ 陈岳麟．南京市之住宅问题［M］// 萧铮．民国二十年代中国大陆土地问题资料．台北：成文出版社，1977：47944．

除拨出市地 30 余亩外，又先后 3 次加征民地 1000 余亩，建成南京最大的棚户区；此外又于共和门外七里街加征民地 350 余亩，以 100 亩建筑平民住宅，余下的 250 亩则划为棚户住宅区，供棚户建造；还于光华门外石门坎征收民地 50 余亩，以备迁移城内棚户之用。

尽管以上棚户住宅区的建立在一定程度上缓解了南京底层居民的生活窘况，但是市政府对于城内棚户问题的解决并没有一个全盘的计划。南京城内棚户问题最终引起了国民政府行政院的注意，1934 年 11 月国民党中央政治会议通过了汪精卫提议的“建筑首都贫民住宅区计划”一案，由行政院令饬市政府遵照办理 ①，此计划拟将全市棚户逐年迁移，每期 5000 户，共分 7 期迁移。

1935 年 6 月内政部审核通过了南京市政府提交的建设 9 个棚户区的征地计划 ②。这 9 个棚户区（图 2-3-8）有 6 处为新辟，分别为郭家沟、前三庄、东岳庙、霸王桥、赛虹桥、草场门南；七里街与石门坎则为在原有基础上进行扩建，七里街加征民地 210 亩，石门坎加征民地 110 亩，四所村则仍维持原有范围。以上新征民地 2450 亩，连同以前市府拨定及征用的土地共计 3800 余亩。

棚户住宅区由“贫民住宅委员会”负责计划，但是棚户住宅区建设计划并不顺利。由于征地计划庞大，政府与民地所有人时有矛盾，再加上经费困难 ③，无法完成每期安置 5000 户的指标，也无法满足每年新增的 6800 多个棚户家庭的居住需求。抗战前，仅在四所村、石门坎、七里街 3 处建造了棚户住宅区，共计迁入棚户 3000 余户。

工务局分给每个棚户家庭一块长 5.5 米、宽 4 米的地块，然后由棚户居住者按照工务局的建设要求自行搭建。工务局对棚户住宅的建造有着严格的规定：棚户住宅大致隔为前后两间，檐高 2.6 米，墙体为泥墙或竹笆墙，木屋架上盖芦席或茅草。每座棚屋建造须 30 元，由市府津贴 10 元，余由棚户自给，产权归棚户居民所有。道路、水沟、厕所、水井、学校等公共设备则由市政府负责建造 ④，但是棚户居民需要支付 50 元的土地购置与公共设施建设费用 ⑤。当棚户居民搬出棚户区时则需要将土地还给政府，并将棚户住宅卖给下一个居民。

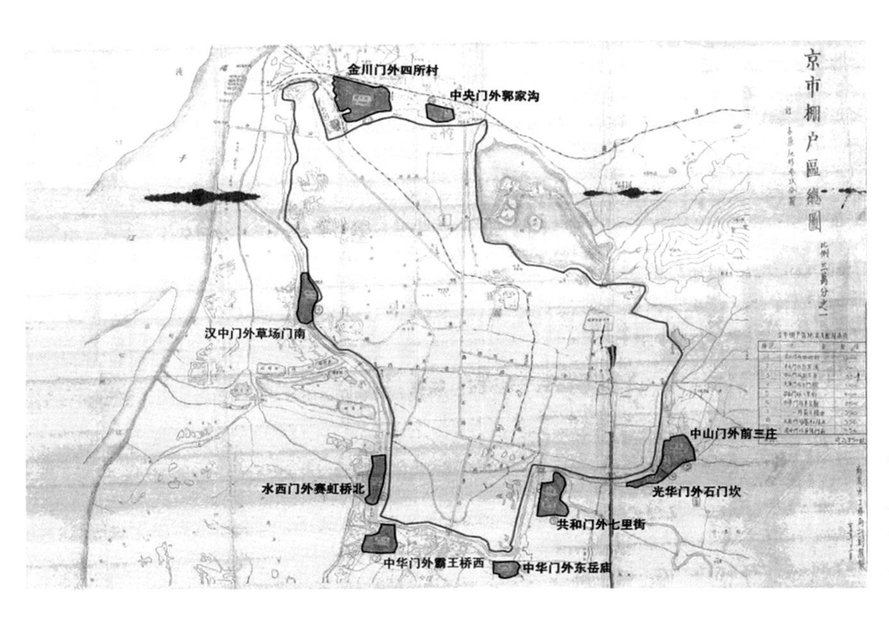

图 2-3-8 1935 年棚户区建设计划中的棚户区分布

底图来源：南京市政府 . 民国文书（档案号：10010030274-00-0002）[Z]. 南京：南京市档案馆 .

① 南京市政府 . 民国文书（档案号：10010011060-01-0011）［Z］. 南京：南京市档案馆 .

② 南京市政府 . 民国文书（档案号：100100310284-00-0003）［Z］. 南京：南京市档案馆 .

③ 预订经费为 280 万元，因此每年需要筹集经费 40 万元。第一年经费由提案人募集 5 万元，国库担任 10 万元，其余 25 万由市府担任筹集；以后每年国库担任 15 万元，市府仍担任 25 万元。详见《中央日报》，1935 年 1 月 15 日。

④ 摘录于：陈岳麟 . 南京市之住宅问题［M］// 萧铮 . 民国二十年代中国大陆土地问题资料 . 台北：成文出版社，1977：47958.

⑤ Tsui C M. A History of Dispossession：Governmentality and the Politics of Property in Nanjing 1927-1979［D］. Berkeley: University of California，2011:120.

棚户建筑并不理想，其位置偏于城厢外部，而大部分的棚户居民都需要到城内谋生，在城外的棚户区离工作地点还有很长一段距离，出行极为不便。另外，由于经费问题，棚户区的公共设施建设也不完善，四所村旁新开辟的五所村，区内无水井，无厕所，无路灯，无清道夫，时人评论“满潴污水污泥，臭气四溢，住民无不以为苦”[①]。

（三）区划制度缺失下的城市住宅建设

在模范住宅区与棚户住宅区，政府通过制定严格的建筑规则，对区内私人住宅建设活动进行控制，直接影响了这两种功能区城市空间以及建筑单体的形态。但是近代时期南京城市中大部分住宅还是在一种“区划”缺失的状态下进行建设的。如果按照当时南京住宅建设的两个主体进行划分，则可以大致分为政府及“其他”，而这“其他”中最具实力能够对住宅进行成片建造的则是地产商与企事业单位。

1．政府的住宅建设

首先是战前的平民住宅。由于没有分区规划的强制限定，南京市政府所主导的平民住宅选址也是随地价与住宅类型而定。南京市政府对平民住宅的开发主要通过征收土地、建造住宅、放租 3 个步骤完成的。而在前期开发时土地征收与建造也需要投入公共建设资金，这笔资金的回收则主要依靠建成后的住房出租。平民住宅质量的高低是其未来房租价格的主要依据，因此政府需要在地价与住宅类型（决定住宅档次与未来房租）之间做出平衡，这种平衡即决定了平民住宅的选址。

南京市政府早在 1928 年开始计划建筑平民住宅，此项计划起因似乎与当时市政府征地修路有关。特别是中山大道的开辟，造成许多平民宅地被征，而政府的拆迁及征地补偿又不能及时到位，许多人流离失所无家可归，因此政府需要建造平民住宅容纳因拆迁而失屋者。南京市政府的平民住宅分为甲、乙、丙 3 种：甲种住宅为两层楼房；乙种住宅为单层排屋，每户有两间居室并一间厨房及院落；丙种住宅也为单层排屋，但是建设标准要比乙等住宅低许多，每户前后分为两间。甲种住宅的档次最高，当时南京政府为其选择的建造地点在城北大方巷一带，但是因经费困难停工，后来此地被政府用作建造更为高档的住宅区——新住宅区。乙、丙两种住宅档次较低，分别建筑在光华门大阴沟（图 2-3-9）以及武定门附近。

早期的平民住宅建设主要针对因政府修筑道路或其他公共设施而失去房屋的市民。而在 1934 年南京市人口已经由建都之初的 36 万人猛增到 79 万人，南京的房荒日益严重，政府建设平民住宅的主要目的已经是针对大量收入微薄无钱购屋的劳工阶层。因此平民住宅日渐与棚户住宅同步规划，1934 年南京市政府开始计划建造止马营（图 2-3-10）及七里街两处平民住宅区，城外的七里街并非只拥有平民住宅，此处也是政府设置棚户住宅区的地段。

战后房荒更为严重，按照 1947 年全市人口 112 万，每 6 人需要一间住房，则共需住房约 18.6 万间，但是按照 1947 年官方的统计显示，全市房屋仅 108 269 间，其中住房 81 202 间，铺房 27 067 间[②]。可见南京战后住房供需严重失衡，即使全市的房屋全部用作住宅，仍然有

① 摘录于：陈岳麟．南京市之住宅问题［M］// 萧铮．民国二十年代中国大陆土地问题资料．台北：成文出版社，1977：47958.

② 详见《本市房屋间数及分别铺房住房计算房捐统计表》，该表录于：南京市政府．民国文书（档案号：10060010014-00-0001）［Z］．南京：南京市档案馆.

将近一半的市民没有房屋可住。因此中央政府与南京市政府的住宅策略在战后已经由战前的“维护国都形象、塑造城市模范街区”转移到“应急建设”层面，怎样以最经济的方式解决大量人口居住问题成了政府住宅建设的核心工作。

图 2-3-9 大阴沟乙种市民住宅

图片来源：Tsui C M. A History of Dispossession：Governmentality and the Politics of Property in Nanjing 1927-1979［D］. Berkeley: University of California，2011:102.

图 2-3-10 止马营丙种平民住宅

图片来源：Tsui C M. A History of Dispossession：Governmentality and the Politics of Property in Nanjing 1927-1979［D］. Berkeley: University of California，2011:104.

当时中央与地方两级政府的住宅建设分“公务员之公教新村”“市民住宅”“平民与棚户住宅”3 个类型，对私人住宅建造行为则以完全放开、鼓励、提供帮助的态度展开。如战前平民住宅建设一样，其空间布局与建筑形态受地价与承租人群的影响。公教新村与市民住宅主要为中央机关与市政府机关人员建造，住宅质量较高，位置也都居于城内交通干道附近。战后，低密度的花园洋房住宅区已经不可能建造，取而代之的是能容纳更多居住人口的“住宅小区与公寓式集合住宅”模式。

1946 年行政院拨款，“中央还都机关房屋配建委员会”负责在南京建造了 5 处公教新村[①]，各个新村的公寓式住宅分为甲种与乙种两个类型。而由南京市政府筹集经费建造的 5 幢市民住宅，空间分布模式与建筑类型皆与中央政府的公教新村相似，地点分别位于中山东路逸仙桥及广州路，至 1946 年 8 月共计建造市民住宅 5 幢。

1948 年 4 月南京市政府公布战后平民及棚户住宅计划。这两部计划基本上延续了战前南京市政府对平民及棚户住宅区建设策略，将这些建筑质量不高的住宅区域作为城市的“灰色地带”建在城外或者靠近城墙的区域。拟在金川门、半山园建造平民住宅，棚户住宅则延续战前区位设置在城外，在水西门外二伏庄、金川门外五所村建造。另外，战前棚户住宅由居民按照政府设立的建筑规则自建，战后棚户住宅则由政府建好后出租。但由于建设资金未能到位，此计划并未完成。

2．地产商、企事业单位的住宅建设

除了市政府直接建造的项目，战前南京市住宅建设的另一股重要力量是地产商以及企事业单位（主要是银行及学校等团体）。

近代民族资本薄弱，这些地产开发商不可能同时具有开发城市基础设施的实力，因此地产商及企事业单位的住宅主要建造在城市中基础设施良好、交通便捷的地带，如中山路、太平路沿线。这些新修建的交通干线带来便利交通，而且沿新修干线区域的上下水管道也大都

① 5 处总建筑面积 3.8 万平方米，每村可住 100 余户，5 村也仅仅可住 600 余户。而当时南京有公教人员 30 余万，因此仅选择中央政府院部会等一、二级机关的公务人员以抽签方式获取租住资格。

齐全，为现代住宅建设提供了最为基础的卫生设施。但是这样的地段一般地价奇高，战前南京最大的房地产开发商“乐居房产开发有限公司”曾评价南京地产：“南京地产购觅匪易，盖建屋基地，必须地形方整，环境佳良，大小适中，交通方便，庶为上选，普通出售之地，苟非面积过广，地价动则巨万，即地形欹斜，多所耗费”①。这些地段建造房屋一般也价格不菲，而其中价值最高的当属附带院落的独栋住宅，价格远超一般富裕市民的居住标准。如南京吉兆营清真寺重建，所建规模为占地面积 1000 平方米，建筑面积 200 平方米的中国传统木构建筑，相当于一座大型传统住宅，总造价为 2500 元②，仅略多于复成新村最便宜的一所西式住宅售价的 1/3。

图 2-3-11 南京近代住宅区空间分布

图片来源：东南大学周琦建筑工作室，左静楠绘

当时南京尚未有约束私人住宅建造的区划条例，能够对私人建造活动起到约束作用的主要是 1933 年公布的《南京市建筑规则》③。从城市土地利用与私人房屋之间关系来看，《南京市建筑规则》中曾对同一基地上建有多栋建筑的情形做了以下规定：“凡在同一基地上建筑房屋多所，其应留空地，须各座平均分配，不得合并计算，各个房屋间距离，至少须 3 公尺，

① 南京乐居房产股份有限公司. 复成新村房屋说明书［Z］. 南京乐居房产股份有限公司，1935.

② 《吉兆营清真寺碑记》，1922 年。转引自：蔡晴，姚糖. 南京近代住区的营建特征与保护观念初探［J］. 华中建筑，2006, 24(11):174-182.

③ 原为 1933 年 2 月公布的《南京市工务局建筑规则》，1933 年 11 月修正为《南京市建筑规则》。全文详见：南京市政府秘书处编译股. 南京市政府公报（第 159 期）［Z］. 南京市政府秘书处（发行），1935.

下房与主房距离，至少须 2 公尺；房屋只准两幢相连，每幢不得超过三开间，自三幢以上相连之弄堂房屋，一概不准建筑，但所连接之邻房，不在此限。”这大概也成了规范私人住宅建造行为的最重要法则。

开发商收购的地块一般会建造多栋住宅，这批住宅的建筑类型大致可以分为 3 类：第一类是独栋独院式住宅，此种类型和南京市政府在新住宅区通过区划法则建立的类型相似，主要分布在傅厚岗、梅园新村、复成新村、大方巷等住宅区；另外一类则是联排住宅或者是双拼住宅，多分布在雍园新村、桃源新村、文昌巷、板桥新村、慧园里、宁中里等住宅区，其中宁中里的住宅建筑密度最大，其高距比甚至不到 2:1，其次是板桥新村，楼间距大概只有 3 米；最后一类则是由中小房地产者开发，将传统纵深发展的合院式住宅变成标准化、小型化的院落式单元住宅，这种住宅建筑标准更低，采光通风常常受到限制，并且缺乏卫生设施，其间距更小，建于 1927 年的树德坊—金汤里住宅区的前后宅间距仅有 2.8 米（图 2-3-11）。1933 年之后建造的住宅大都遵守了《南京市建筑规则》，但是由于日益增高的租金和土地费用，小型住宅设计越来越普遍，低层高密度的建筑类型开始盛行。

三、中央政治区规划与建设

（一）权利与现实矛盾纷争下的中央政治区计划

1．明故宫区域土地功能确定

早在 1928 年刘纪文第二次当选南京市市长时期，南京市政府便有计划将明故宫区域作为南京的中央行政区进行建设。1928 年 10 月《首都市政公报》对外公布：“行政区，决定在明故宫，其范围东至朝阳门西至西边门，南则扩至城外教场村双桥门为止，北至明故宫之后宰门为止。”[①]《首都市政公报》还另外说明：“刘市长因五院将设立，各区划分，不容稍缓，前商呈中央要人决定以明故宫旧址为行政区，同时并商准宋子文同意、筹划建筑经费。”[②] 刘纪文在南京市市长一职上的升迁多与蒋介石有关，此段记载中的“中央要人”也很有可能是蒋介石本人。

但是 1928 年 11 月后，与蒋介石在政见上有分歧的孙科逐渐掌控了南京城市规划的领导权，1928 年 12 月孙科领导的国都设计专员办事处开始编制《首都计划》，并将中央行政区设立在南京城墙外紫金山南麓一块面积 7.5 平方公里的区域，而明故宫区域则被设为集中型的第二商业区，并按照此种城市分区设计了相应的道路系统以及其他城市基础设施。1929 年 7 月 12 日，孙科正式呈文给国民政府，请其决定以紫金山南麓为中央政治区[③]，但是国民政府一直到 1929 年底国都设计技术专员办事处被裁撤都未能决定中央政治区的地点。其实在等待国民政府批示期间，将“紫金山南麓设为中央政治区”已经引起了以蒋介石为主席的首都建设委员会异议，首都建设委员会审查组认为：“将中央政治区设在紫金山南麓和划明故宫为主要商业区，将使全市其他地区，包括城北、城西、城南和下关等地永无发展。”[④]

---

① 南京市政府秘书处编译股．首都市政公报（第 22 期）［Z］．南京市政府秘书处（发行），1928.

② 南京市政府秘书处编译股．首都市政公报（第 22 期）［Z］．南京市政府秘书处（发行），1928.

③ 详见《选择紫金山南麓为中央政治区域》（1929 年 7 月 13 日），录于：国民政府．“国使馆”国民政府档案：中央政治区域及划定路线（档号 0511．20/5050．01-01）［Z］．台北：“国使馆”：1-9.

④ 国民政府首都建设委员会秘书处．首都建设［M］．南京：国民政府首都建设委员会秘书处，1929.

《首都计划》于 1929 年底编制完成后，主管机构国都设计技术专员办事处也于 1929 年 12 月 31 日被裁撤。1930 年 1 月 18 日，国民政府下达训令，命首都建设委员会将中央政治区地点设立在明故宫区域。此训令中并未说明理由，但是随文附上了国民政府主席蒋介石的亲笔文函，上写：“行政区域决定在明故宫，全城路线应即公布为要。”①

中央政治区的设置地点成了国民党内部各利益集团争执的焦点，城市规划的技术理性则成为实现政治意图的工具。台湾学者王俊雄对这段历史的研究表明：孙科在《首都计划》中将中央政治区设立在紫金山南麓也并非来自城市规划的科学原理，在其呈给国民政府请其同意在紫金山南麓设立中央政治区的公文中，孙科陈述的主要理由为“地在总理陵墓之南，瞻仰至易，观感所及，则继述之意，自与俱深”，因此孙科似乎可以凭借在紫金山南麓设立中央政治区，以“先总理的名望”压制蒋介石日益集权的统治；而权力集团的另一方蒋介石及刘纪文早在《首都计划》前就倾向于将中央政治区设于明故宫区域，当孙科所领导的国都设计技术专员办事处被裁撤后，蒋介石立即以一种近乎独裁命令的方式确立了明故宫区域的土地用途，将其划为中央政治区。而此时全城的土地综合利用计划中土地功能分区尚未确立，城市规划的技术理性再次被忽视。

2．中央政治区用地规划及其周遭用地配置

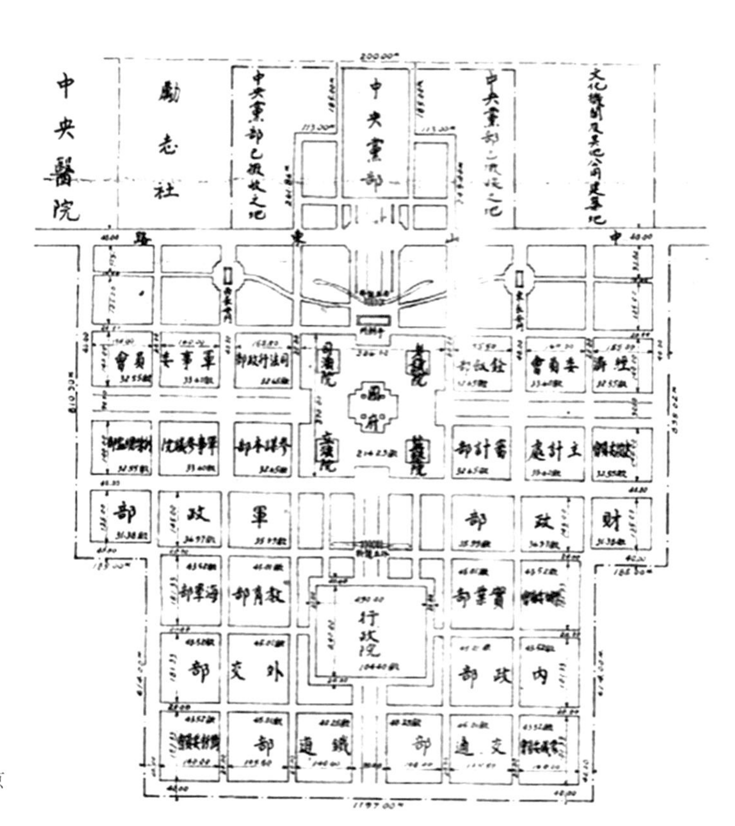

图 2-3-12 中央政治区机关建筑分配图

图片来源：南京市政府．民国文书（档案号：10010011275-00-0001）［Z］．南京：南京市档案馆．

1930 年 1 月，中央政治区域的地点被选在了明故宫区域后，其范围面积以及具体位置尚未确定。然而直到 1933 年 4 月“首都建设委员会”被裁撤，国民政府都未能公布“中央政治区”的详细计划图②。1935 年 1 月中央政治区土地规划委员会（以下简称“土规会”）成立，专

① 详见《中央政府行政区域决定在明故宫所有全城路线应即划定公布》（1930 年 1 月 18 日），录于：国民政府．“国使馆”国民政府档案：中央政治区域及划定路线（档号 0511．20/5050．01-01）［Z］．台北：“国使馆”，17.

② 1930 年 4 月首都建设委员会即在其第一次全体大会上公开征集中央政治区的设计详图，共收到两个提案，分别来自首都建设

门负责中央政治区规划事宜，6月国民政府终于公布了中央政治区计划，此计划包括三种内容：其一，为“中央政治区各机关建筑地盘分配图”；其二，为“中央政治区附近土地使用支配图”；其三，为“执行与财务计划”。

在“中央政治区各机关建筑地盘分配图”（图 2-3-12）中，中央政治区被分为三个部分，分别是最北部的中央党部区域、中部的国民政府区域以及南部的行政院区域，此三区被两条宽 40 米东西大道分割，靠北的大道即为已经建成的中山东路。每个区内又被分割成 150 米宽、180 米或者 145 米长的街块，每个机关部委大致占据 1~2 个街块。

“中央政治区附近土地使用支配图”（图 2-3-13）对政治区四周的土地使用进一步规范，并以此调整中央政治区与周围城市空间之间的功能矛盾。中央政治区周围土地被分为“公用保留地”“文化机关及其他公用建筑地”“住宅区”“公园区”四种。

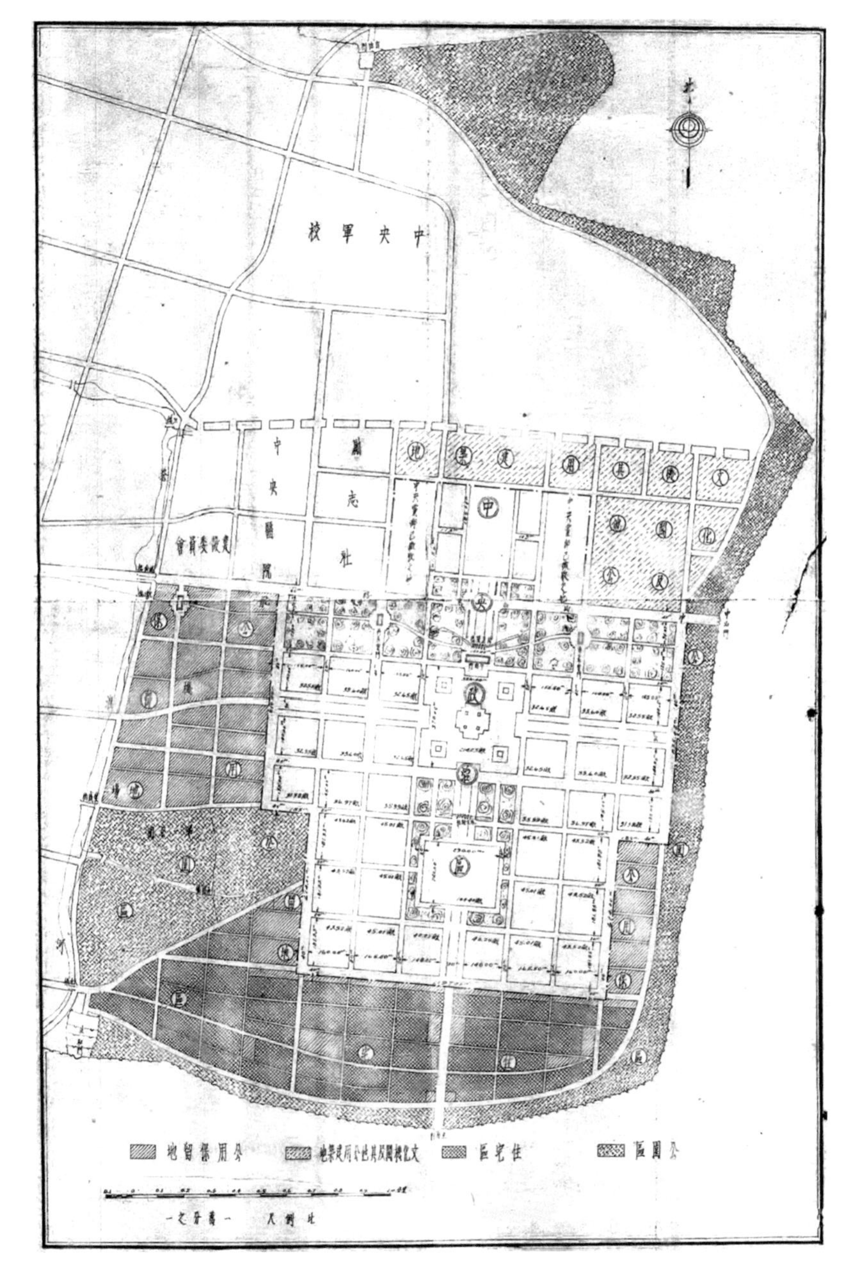

图 2-3-13 中央政治区附近土地使用支配图

图片来源：南京市政府．民国文书（档案号：10010011275-00-0001）［Z］．南京：南京市档案馆．

委员会工程建设组委员孙科和首都建设委员会德国顾问舒巴德。最终首都建设委员会决定采用舒巴德所提原则办理，“其详细计划交工程建设组并案研究”。然而以孙科为主任委员的首都建设委员会工程建设组随后推翻了舒巴德案，1930 年 10 月首都建设委员会工程建设组向国民政府正式递交由其自行编制的“中央政治区”计划图，其后国民政府的注意力似乎从中央政治区规划上转移开。此段历史详见：王俊雄．国民政府时期南京首都计划之研究［D］．台南：台湾成功大学，2002：256-265．

“公用保留地”设立是供将来各机关扩展之用，主要分布在政治区的东西两侧，政治区域南部已经被南京市政府规划为住宅区，部分土地已经放领，为了尊重这一事实，政治区域的扩展用地只能向东西方向索取。而其西面最大的一块扩展用地则是明故宫机场，这也为日后中央政治区与明故宫机场的用地冲突埋下了伏笔。

“文化机关及其他公用建筑地”的设定也是向土地利用现状妥协的结果：中央党部西侧已有两块用地建设完毕，分别是中央医院与励志社，东侧由之前行政院通过的国民大会堂建筑用地，之所以将中央党部东侧设为“文化机关及其他公用建筑地”，除了国民大会堂被行政院设置在此处外，还因为早前南京市政府将此处规划为“文化机关建筑用地”，土规会认为这些均和中央党部关系不大，但在尊重现实的基础上，将其改为了“文化机关及其他公用建筑用地”。

“住宅区”更是遵照南京市政府已经在进行的住宅区计划，扣除掉计划中住宅区与“中央政治区”重合的部分而成。“公园区”最大的一块是以当时尚存的第一公园为基础扩大而成，其他公园用地则为1933年“首都分区计划”中的一部分。

3．现实中的土地利用冲突

南京城东部的明故宫区域自清末以来一直处于荒凉状态。明成祖迁都北京后，明皇城因缺乏修葺就已经开始衰败[①]。清朝时期明皇城成为八旗驻防城，之后的太平天国战争以及北洋政府时期的军阀混战彻底摧毁了明故宫区域的宫殿，地上建筑所剩无几。

1927年底国民政府航空署在明故宫遗址清理出空场地，修建了一条土跑道，建立明故宫机场。在明故宫遗址东部靠近复成桥区域还建有第一公园。除了机场与第一公园外，明故宫区域大部分土地属于旗地[②]，民国之后旗地大部分被租于一般居民耕种。

1935年所公布的“中央政治区详细规划”使该区域诸多土地功能发生了转变。

首先是中央车站的规划。1931年2月国民政府按照首都建设委员会与铁道部的提议，将中央车站设立在后宰门之北。1934年6月江南铁路京芜段的开工，南京城东北的中央车站及其与各路的连线也开始运作，至1934年末中央车站的规划与建设工作相继展开。但是在1935年中央政治区详细规划完成后，中央车站计划突然被废止。考虑到后宰门北的中央车站位置与中央政治区内的中央党部距离过近，两地用地边缘距离不足200米，因此中央车站计划的废止与中央政治区详细计划似乎有关。1935年4月，南京市政府结合中央政治区道路规划，在原中央车站用地重新拟定了道路计划图（图2-3-14）。

政治区域住宅区建设更是引发行政院再次关注中央政治区的“导火线”。早在1928年刘纪文任市长时期就计划将明故宫区域设为中央政治区，因此该区土地自1928年起即被保留，并禁止建筑买卖，但随着南京城市人口增加以及地价房价的飞涨，该区业主土地既不能被建筑也不能被买卖，经济损失巨大。因此南京市政府在获得行政院同意后，于1933年8月开始在中央政治区南部圈划2500余亩土地建造住宅。1934年4月南京市政府呈文行政院请求对明故宫区域进行整体规划，以缓解民众疾苦，并附上了自行绘制的中央政治区规划图，此时行政院才又开始关注中央政治区的规划问题。1935年土地规划委员会所提出的“中央政治区

---

① 王能伟．南京明故宫兴废略述［J］．南京史志，1988(5):19-21.

② 中国清代统治者拨归皇室、赐予勋贵，或授予八旗官兵等的土地的总称。

详细规划图”与南京市政府运作之中的住宅区范围严重重合，两者只好互相妥协——中央政治区公用保留地不再向南设置，而是设置在政治区东西两侧，而住宅区仅留下了南部靠近光华门区域的1230亩土地。

最后则是明故宫机场与中央政治区的用地冲突。早在1933年国民政府核准“首都城内分区案”后，首都建设委员会曾就“明故宫机场与中央政治区在位置上存在冲突”事项请示蒋介石，蒋氏回复称“行政区问题可容研究，余可公布”[1]。这种模棱两可的分区态度也预示了政治区域以后的土地用途冲突。南京在成为首都后，航空逐渐繁忙，至1936年大型机起落时，明故宫机场已经是过于狭小。1936年1月蒋介石电令南京市政府会同交通部一起完成明故宫机场扩充工程[2]，并指明明故宫机场“东面现有极广空地，若能尽量扩充，固属甚善”[3]。但是蒋介石似乎忘记了明故宫机场东部“极广空地”实际上是保留的“中央政治区”用地，所以一旦明故宫机场向东扩充，则会与中央政治区土地划分相冲突，并占用拨给立法院、参谋本部等机关的建筑用地（图2-3-15）。因此明故宫机场扩充案遭到了中央政治区土地规划委员会的抗议，1936年7月土地规划委员会回复南京市政府：“中央政治区各机关建筑地盘分配图系经呈奉行政院议决通过，并经国府备案，因此无法变更”[4]。在交通部、南京市政府与土地规划委员会斡旋期间，蒋介石的一封密电终结了冲突，电文如下“明故宫机场应准展扩，各机关另有地方也”[5]。土地规划委员会意识到明故宫机场扩建问题的严重性，若不加以限制，中央政治区的规划虽经国民政府公布，也会毫无实效。因此土地规划委员会最后声明明故宫机场扩展征用的土地“只可临时借用，并不应妨碍立法院之建筑，分配图原案，系百年大计”[6]。

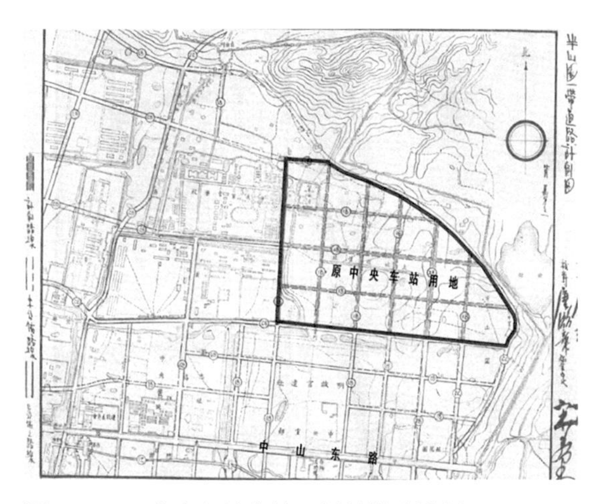

图2-3-14 “中央车站废址”新拟道路计划

图片来源：南京市政府．民国文书（档案号：10010030307-00-0003）［Z］．南京：南京市档案馆．

图2-3-15 明故宫机场扩充用地与中央政治区规划冲突关系

图片来源：南京市政府．民国文书（档案号：10010011129-00-0024）［Z］．南京：南京市档案馆．

① 南京市政府．民国文书（档案号：10010030126-00-0002）［Z］．南京：南京市档案馆．
② 南京市政府．民国文书（档案号：10010011129-00-0008）［Z］．南京：南京市档案馆．
③ 南京市政府．民国文书（档案号：10010011129-00-0008）［Z］．南京：南京市档案馆．
④ 南京市政府．民国文书（档案号：10010011129-00-0008）［Z］．南京：南京市档案馆．
⑤ 南京市政府．民国文书（档案号：10010011129-00-0013）［Z］．南京：南京市档案馆．
⑥ 南京市政府．民国文书（档案号：10010011129-00-0024）［Z］．南京：南京市档案馆．

（二）区划制度缺失下的行政及军事机关建设

政治区域规划未能确定，使政府机关杂处各处，此种状况也间接导致了 1933 年公布的分区规划难以施行，最后南京市政府决定暂缓实施《首都分区规则》[①]。但在 1935 年中央政治区详细规划被公布后，此规划的实施效率依然低下，行政与军事机关散布全城各处（图 2-3-16）。

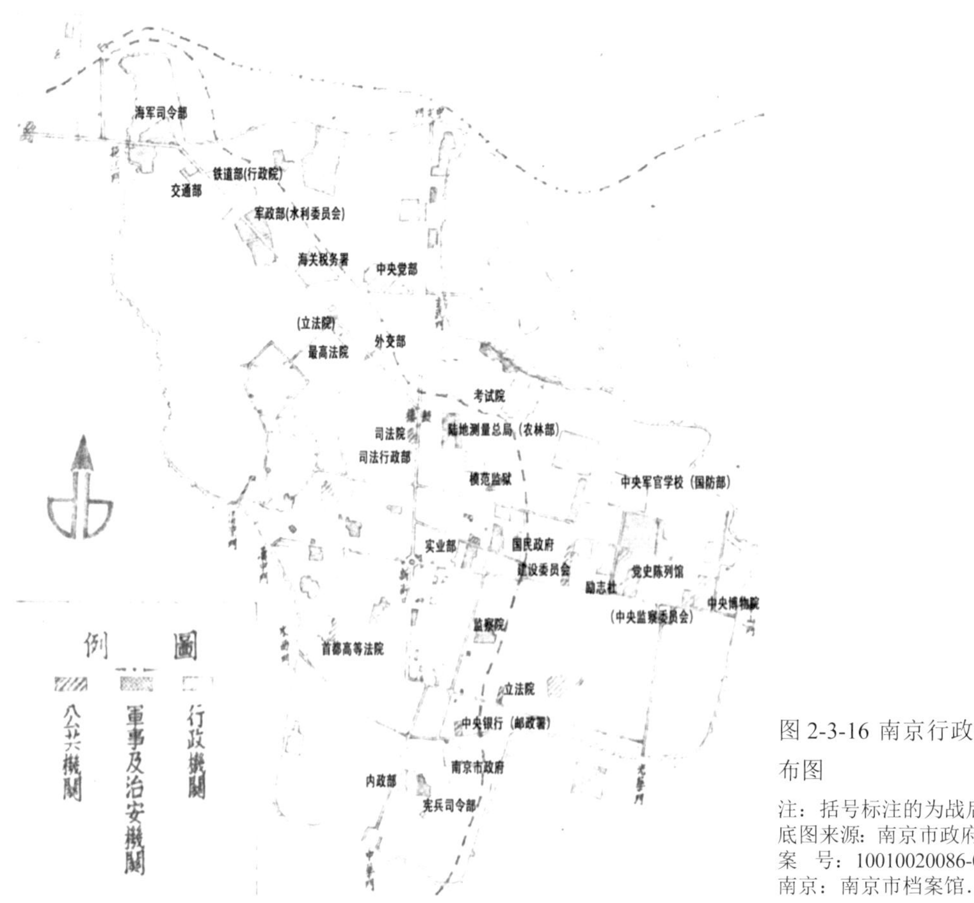

图 2-3-16 南京行政及军事机关分布图

注：括号标注的为战后用途。
底图来源：南京市政府. 民国文书（档案号：10010020086-00-0016）［Z］. 南京：南京市档案馆.

1．行政及军事机关在南京城市空间的实际分布

早在 1935 年 2 月土地规划委员会便已经确立了中央政治区域的范围，并在明故宫区域订立了中央政治区的水泥桩界[②]。在建设经费方面，经土规会估算，中山路以南中央政治区共需征收民地约 3036 亩，加上房屋拆迁费和青苗费，共需约 70 万元，而土地初步整理费用为 12 万元，因此初步开发约需 82 万元。而学者王俊雄也曾对此笔费用做过估算："若仅以其中央政府部门之岁出 16 300 万来计算，也仅占不到 0．5%"[③]。另外与新住宅区的开发建设费用（其第一期土地面积 540 余亩，建设费用为 59 万）相比较，中央政治区的初步开发费用其实相当低廉。但是直到抗战爆发前，中央政治区似乎仅完成了中兴路（明御道街）的拓宽修筑工程。至于各机关土地征收方面，1936 年 11 月立法院函请南京市政府代为征收中央政治区内新院址土地，但是因立法院新址与明故宫飞机场有冲突，之后的征收计划又不了了

---

① 南京市政府. 民国文书（档案号：10010030126-00-0002）［Z］. 南京：南京市档案馆.

② 政治区界址订立会议记录，详见《规划中央政治区域建筑物及道路事宜并勘定四至界址情形》（1935 年 2 月 13 日），录于：国民政府. "国使馆"国民政府档案：中央政治区域及划定路线（档号 0511. 20/5050. 01-01）［Z］. 台北："国使馆".

③ 王俊雄. 国民政府时期南京首都计划之研究［D］. 台南：台湾成功大学，2002：275.

之[①]。1937 年土地规划委员会又有了对中央政治区土地进行全部征收的计划，随着抗战的爆发，此计划也无法施行[②]。

由于中央政治区的建设与规划并不顺利，南京城内众多的行政机关很少在中央政治区内进行建筑。南京的行政机关选址一般会受两个因素影响：第一，利用南京城内原有的官方建筑，这些原有官方建筑一般质量较高，并且所在场地的土地所有权归官方所有，免去了土地征收的麻烦，例如，国民政府办公场所利用清两江总督署旧址，南京市政府则利用了夫子庙贡院旧址，首都高等法院利用了朝天宫旧址，海军司令部则利用了陆师学堂旧址；第二，在新修交通干道两旁征地建造办公场址；南京建都之后，重点建设的中山路、汉中路、太平路、中华路构成了南北 - 东西交通干道，新建的行政建筑多位于这些干道沿线。由于城南为老城区，建筑密度大，旷地稀少，因此行政建筑的分布又以城北干道沿线居多。更为讽刺的是，土地用途被划定为中央政治区的明故宫区域竟然是全城行政机关最少的区域。截至抗战前夕，明故宫区域仅中山东路以北有励志社、中央党史档案馆、中央博物院等少数行政机关在此征地建造。

机关土地征收的另一个特点是军事及治安机关在南京城内占地颇广，这种情况在战后更加明显。城北大片土地在抗战时期被日军占领，战后又被国民党军事机关接管。

2. 行政军事机关征地无限制："大院"城市肌理诞生

现实南京城中的行政军事机关多分布在城中交通干道沿线。机关征收土地大都需要提交征地计划书交行政院审核，但是行政院只审查被征收的土地是否用于字面上的"公共事业"，并不审核被征土地面积的大小以及征收地点是否与城市规划相吻合，因此各机关大都趁地价尚未大涨之前尽可能多地征用土地。大片民地被征用也严重影响到了市民生活及城市建设，以致于南京市政府不得不上书行政院制止机关的大面积征地行为，并通知各个机关：其征地计划书不仅要送交行政院审核，也应送交南京市政府查核[③]。但是直到抗战前，中央行政机关的大面积征地行为仍然未被制止。

由于征用土地面积较大，行政机构并不仅仅在征用土地内建造办公用房，也会建造许多辅助用房，如职员宿舍；机关大院内部还会建设自成体系的内部路网。行政机构所圈土地周围的环境并非行政办公，多是普通民地，用于建造住宅、商店，甚至是菜田——这种城市功能的差异性，导致机关通常会将自己所圈土地与周围环境隔开，成为区域孤岛，形成了"大院式"的空间形态。随着城市发展，"大院"的土地所有人出现更迭，但"大院"不会消失，反而形成了一种独特的肌理永远烙印于城市空间。

例如，1930 年代国民政府铁道部在城北中山北路旁征收的三角形地块，在该地块内不但建造了铁道部办公楼，还建有诸多辅助用房，包括员工宿舍，甚至铁道部长孙科都在其内部建有别墅。民国时期铁道部周遭用地尚未开发，建筑很少，属于荒凉地段。1949 年后该地块产权被军队接收，地块内部的路网与建筑仍然呈现自成一体的孤岛式发展。而随着南京城市发展，城北土地被开发，各种功能的城市建筑开始在国民政府铁道部旧址周围建造起来。为了不被巨大的铁道部旧址地块阻碍交通，该地块周围逐渐形成了一圈环路。至此，民国时期征收的三角形地块正式成为了街块，被永久地保存在城市街网中。

---

① 南京市政府．民国文书（档案号：10010011129-00-0024）[Z]．南京：南京市档案馆．

② 南京市政府．民国文书（档案号：10010030132-00-0002）[Z]．南京：南京市档案馆．

③ 南京市政府．民国文书（档案号：10010011339-00-0001）[Z]．南京：南京市档案馆．

四、商业区规划与建设

如果按照商业区空间形态来分，南京近代城市规划中的商业区大致可以分为3类，一类是“点状”，一类是沿主要路线布置的“带状”，最后一类则是集中于一定区域的“块状”。按照商业的业态来划分，也可以分为3类，第一类为服务于附近居民区的零售小商业，这类商业在空间形态层面对应“点状”，分散于居民区内；第二类则是具有一定规模和服务半径的大型商业，这类商业对应的空间形态是“带状”商业街以及更大规模的“块状”商业区。建都之前的几次城市规划中并未对商业区业态进行细化，1929年的《首都计划》首次对南京的商业业态进行了区分，并根据商业业态的不同规划小型商业网点、带状商业街、大规模的商业区。小型商业网点结合居住区布置，大型商业则分布在主要干道两侧以及两块集中的商业区内。1933年的国民政府正式对外公布的《首都分区规划》中，对商业区的布置虽然与《首都计划》有很大不同，但是商业业态与空间形态结合原则与《首都计划》相同。以上城市分区规划虽然未能实施，但是1930年代南京市政府几次独立的商业区计划还是承袭了以上分区规划中商业业态与城市空间的关系原则，例如在山西路新住宅区与政治区域住宅区内布置小型商业网点，而在主要交通干道两侧发展商业街区。

由于近代商业还未能发展出大面积集中型商业区，因此沿干道布置的商业街规划及运作便成了本节探讨的重点对象。1930年代南京的商业街区计划大致有两部：首先是南京市政府于1930年提出的“新街口银行区计划”；其次是首都建设委员会委员孔祥熙于1931年提出的“城北新商业区计划”。前文更多是关于两部计划的编制及运作，而后文则呈现区划制度缺失的现实城市空间、商业空间分布及建筑形态。

（一）整饬市容与新街口银行区计划

1. 新街口银行区划定与限期建筑

1930年6月首都建设委员会通过了南京市政府的“新街口圆环计划”，同年10月直径100米的新街口广场开始建设，11月市政府训令将新街口广场四围定为银行中心区，以兴市面，并命周围业户于5个月内开始建筑[①]。

1931年初，新街口广场的建设工程已经完工[②]，然而在新街口广场购有土地的银行拖延五载，1935时只有交通、大陆、盐业3家银行先后向工务局报建，而广场四围的中南、农工、上海、邮政储金汇业局等银行仍将地块闲置。论及银行不愿意建设的原因：大多银行已经在别处建有房屋，新街口广场四周地段虽然被南京市政府定为银行中心区，然而该区四周商业至1935年时仍然不景气，因此在市面不景气时进行新行屋的建造，银行认为实在很有困难[③]。但是政府认为新街口四周土地价值高昂，每平方丈价值300至400元不等，即使业主资本匮乏，无法建筑施工，但是将地产向银行抵债也不难筹资施工。因此政府认定银行闲置土地而不建设，是“意存投机待时而售高价”[④]。1935年9月南京市政府向未报建的银行业

① 南京市政府秘书处编译股．首都市政公报（第73期）［Z］．南京市政府秘书处（发行），1930.
② 南京市政府秘书处编译股．首都市政公报（第75期）［Z］．南京市政府秘书处（发行），1931.
③ 南京市政府．民国文书（档案号：10010030272-00-0016）［Z］．南京：南京市档案馆.
④ 南京市政府．民国文书（档案号：10010030272-00-0009）［Z］．南京：南京市档案馆.

主发出通告：依照《首都新开道路两旁房屋建筑促进规则》[①]的相关规定，限令业主于1936年1月1日[②]前照章呈报建筑，逾期即照地价，每月征收1%的罚款，逾期满一年者，政府将依法征收其土地。

1930年时，南京市政府虽然训令新街口四围为银行区，但是并未明确银行区建筑范围，1935年通知银行"逾期建筑处罚办法"时明确规定为距新街口广场中心点100米的区域为银行区，此区域内有基地的银行为农工银行、交通银行、中南银行、大陆银行、盐业银行、邮政储金汇业局、上海银行。

2．整饬市容与银行区建筑功能管制放开

至1936年3月新街口四围土地闲置的银行仍然未请照建筑。银行业主又联名向政府诉说困难，这次政府竟然放开新街口广场四围土地功能限制，称各银行业主"误以新街口广场附近，有所谓银行区之规定，非造银行不可也，拟令土地局再令饬知照该处一带之建筑，但求适合干路路旁建筑办法，并非限于银行用途"[③]。

此段政府训令似乎透露出市政府建筑银行区根本目的并非调整城市功能，而是打造城市景观。城市中心区域位置显耀、地价高昂，似乎也只有银行等金融机构能够承受地价投资并建立起高质量的建筑，"帮助"政府完成计划中的宏伟城市形象。

南京市政府在1935年设定新街口广场四围建筑期限时曾声明："新街口广场，实处于全市交通之中心，其地位之重要，自不待言，当时本府加以开辟，原拟于最短时间内，希望市民合作，而造成一最繁盛之中心，现事经五载，虽四周新造房屋日渐增多，但四面畸零不整之房屋仍然存在，而一无所有之空地，仍四要均是，经过其地，有碍观瞻，四周空乱，立感本市建设之迟缓，本府似应优先努力建成该广场100公尺以内之建筑，以完成此全市中心之建设，而壮一市之观瞻。"[④]这段话更是透露出政府建设新街口广场区域的"本意"。

1936年6月在政府的催促下，新街口尚未报建的银行终于开始领照建筑。而至1945年时，农工银行、上海银行、中南银行仍未有行屋建起。

（二）首都建设委员会的"城北新商业区计划"

在1931年4月首都建设委员会第42次常务会议上，委员孔祥熙拟具城北新商业区计划，市长魏道明提议在中山北路与山西路交叉点建筑商业中心广场，这两个提案被并案讨论，交给首都建设委员会工程、经济两组会审[⑤]。

当时南京重点发展几项工程多在城北开展，如新住宅区及下关第一工商业区。考虑到新住宅区开辟后领地者甚为踊跃，将来建筑后城南人口将渐次北移。为了适应城北发展，孔祥

---

① 主要为以下3条规定，第三条规定：第一条规定之空地，应由南京市政府，就道路情形，分段拟具建筑纲要及限期，经首都建设委员会议定后，公布施行。第六条：凡有左列情事之一者，应由南京市政府，按照地价，每月征收1%的罚款，其逾期满一年者，得依法征收之，①逾登记限期，尚未申请登记的空地，②已登记而逾建筑限期，尚未建筑房屋的空地。第七条：凡在登记或建筑限期内出卖的空地，应由买主遵照原定下棋登记或建筑，逾期时照前条规定办理。《首都新开道路两旁房屋建筑促进规则》全文详见：南京市政府秘书处编译股．南京市政府公报（第98期）［Z］．南京市政府秘书处（发行），1931.

② 后延期至1936年6月30日。

③ 南京市政府．民国文书（档案号：10010030272-00-0019）［Z］．南京：南京市档案馆.

④ 南京市政府．民国文书（档案号：10010030272-00-0009）［Z］．南京：南京市档案馆.

⑤ 南京市政府．民国文书（档案号：10010030160-00-0010）［Z］．南京：南京市档案馆.

熙提出选城北适中交通便利地，规划为新商业区。认为新商业区开发后："居民称便，市区繁荣与土地充分利用价值日增，道旁有整齐建筑不感荒凉"[①]，另外孔祥熙还认为城北"现属空旷之地，地价不高，建筑物稀少，损失亦属不大"[②]，因此在城北建商业区具有较大的经济优势。

根据《首都建设委员会开辟首都新商业区办法大纲》[③]，新商业区的位置在中山北路之中段，东南起湖南路，西北迄河南路，长1500米，在沿路两旁各100米（至次要道路边线止），约计土地450亩。开发资金由首都建设委员会筹集，区内土地依法征收。

在建设商业区内道路、沟渠、水管、路灯的同时，将各地段重划为适于商业建筑的基地，街块腹地部分也可以划为住宅基地，分别招商承领，限期建筑，即以售得价抵补购地及建设费。基地的处分分为3种：第一种为竞价承领，第二种为均价招领，第三种为定期租赁。开发费用则包括建设费、地价补偿以及拆迁费。开发区域不仅为新商业区本身，还包括新商业区周围的道路，主要是河南路及湖南路。最后总计开发成本在224.9万元（包括拆迁费及地价补偿费73.1万、道路沟渠建设费34万、土方平整费117.8万）。由于开发成本颇高，首都建设委员会对新商业区开发后的地价定位也颇高。按照地块所属位置，其价格可以分为5等：最贵的甲等地每平方丈90元，最便宜的用于居住的腹地也要每平方丈50元。而同时期开发的新住宅区第一期地价最贵为每平方丈28元[④]，当时能够承担起新住宅区地价的市民已属于南京非常富裕的阶层，由此可知能够购买城北新商业区地皮的商户也必须具有雄厚的资本实力。随后首都建设委员会第43次常务会决议："新商业区计划案旨在振兴市面，宜采用限期建筑方法为原则，并展长自大行宫至三牌楼止。"[⑤] 从南京城市空间的发展来看，城北新商业区计划应该没有得到实施。

与此同时，魏道明提案中的"山西路商业中心广场"经首都建设委员会第43次常务会通过，在现实城市空间中逐步建立起来。在初始计划中，南京市政府对山西路广场寄予了极大的厚望，将其直径设定为200米，而当时已经建成的新街口广场直径仅为100米。

1931年7月市政府在写给内政部的咨文中称："查中山北路、山西路一带系拟定为商业区，将来即为首都新商业之中心，但于此发绪引端之际必公家先有新建筑，新人民之视听，俾投资商业之闻而兴起……为壮中外人士之观瞻计，亦宜从速建筑广场，惟该广场面积如果太小则不足以示伟大，故拟开为200米，而征收土地则拟定为350米，合183亩，除广场外，余地用以整理，免致靠近广场有不规则之建筑以碍观瞻"[⑥]。

1932年，日本侵略上海的"一·二八"事变发生，国民政府迁都洛阳，南京的各项建设计划皆暂停。1933年南京市政府由于无力征收山西路广场初始计划中面积广大的土地，将广场直径由200米改为100米[⑦]，名称也换为了"南京市第二广场"，可知此时山西路广场的城市商业中心功能已经被淡化[⑧]。

---

① 南京市政府. 民国文书（档案号：10010030160-00-0011）［Z］. 南京：南京市档案馆.
② 南京市政府. 民国文书（档案号：10010030160-00-0011）［Z］. 南京：南京市档案馆.
③ 南京市政府. 民国文书（档案号：10010030160-00-0011）［Z］. 南京：南京市档案馆.
④ 见本节第二部分论述。
⑤ 南京市政府. 民国文书（档案号：10010011405-00-0004）［Z］. 南京：南京市档案馆.
⑥ 南京市政府. 民国文书（档案号：10010011055-00-0003）［Z］. 南京：南京市档案馆.
⑦ 南京市政府. 民国文书（档案号：10010011055-00-0010）［Z］. 南京：南京市档案馆.
⑧ 1935年山西路广场方才动工修建，最终建成的山西路广场直径为100米。

（三）区划制度缺失下城市商业街区建设

1．南京近代商业业态与空间分布

近代南京商业大多属于手工业和小商业的结合体，商业用地特征是城市居住、商业、手工业混合利用土地，以便借助高密度的人口以及便利的交通支撑起服务半径不大的小商业发展，这种业态使得近代商业的空间分布与人口及交通因素密切相关。

首先是人口因素。近代城市商业服务半径较小，商业必须选择人口密集的区域，才能获得足以支撑其发展的消费者。城南是南京人口最为密集的区域，另外在1930年代城北新修建了一些住宅区，如山西路新住宅区、傅厚岗住宅区以及国民政府附近的梅园新村，这些住宅区是新增的人口聚居区，而南京的商业网点大都随人口分布于这些住宅区附近。城外下关在开埠后，人口密度也较高，此处也聚集了不少商业店铺。

其次，商业以流通为目的，交通因素对商业的空间分布有极强的影响力。南京1930年的城市道路建设不但改变了城市的物质形态结构，同时也推动城市内在的功能结构演变。中华路为城南主街，位置居中，连通城市南北区域；而升州路、建康路则连通了东西出城要塞通济门、水西门，再加上明清时期城市对秦淮河水运的依赖，以此三路为核心的秦淮河三角区成为全城交通最为便利，商业最为繁华的地带。而1930年代开辟的城市主干道，如连通南北的中山北路—中央路—中山路、连通东西的汉中路—中山东路，进一步将城市空间的可达区域扩展开来。虽然在1930年代新街口大块土地仍然荒凉，但是却成为城市物理空间的中心，此时相继建造的世界大戏院、新都大戏院、大华大戏院及南京的第一家百货商店“中央商场”都在新街口范围内，这也是商业中心由城南老街向城北新开发区域移动的信号。

1930年代政府的商业区计划的失败也可以从“影响商业空间分布的因素”层面寻找到若干原因。1931年城北新商业区计划的建设地点在人烟稀少的城北，即使政府有财力将其建成，但是南京尚不发达的城市交通也很难将城南的消费人群大批运往城北。另外，不同种类商业对待城市空间的态度也有很大区别：例如，新街口银行区，政府对此种特殊商业功能的设定多是出于“首都观瞻”的考虑，但是银行却要考虑市场行情与生存，新街口银行区计划自1930年实施以来至1934年，大多地块仍然被闲置，而其他商业，如影院及商场，则多问询新街口闲置地块，欲购买建筑①。1935年在政府三令五申强制银行建筑的情况下，银行区计划依然很难实施。1936年末甚至发生了农工银行将新街口地块转卖给首都电厂的事件②。这充分说明了城市的“功能区”并非“人为设定”即可成立，是城市经济、社会等各种因素共同作用的结果。

2．建筑规则对商业街区建筑的影响

近代时期南京市政府并没有设立专门的“商业建筑规则”对商业街区的建筑活动进行管控，但是商铺大多临街而建，因此“城市道路沿线的建筑管控规则”成为对商业建筑活动影响最大的建筑规则。南京大致有两部建筑规则涉及对道路沿线建筑活动的管控，分别是1930年的《南京特别市新开干道两旁建筑房屋规则》（以下简称1930年《房屋规则》）③以及

---

① 详见：南京市政府．民国文书（档案号：10010030272-00-0001）［Z］．南京：南京市档案馆．

② 详见：南京市政府．民国文书（档案号：10010030272-00-0056）［Z］．南京：南京市档案馆．

③ 全文详见：南京市政府秘书处编译股．首都市政公报（第51期）［Z］．南京市政府秘书处（发行），1930．

1933 年的《南京市建筑规则》（简称 1933 年《建筑规则》）[①]。

1930 年《房屋规则》颁布于首都建设委员会开始制定全城分区计划之前，主要目的是营造新开道路两旁整齐有序的城市景观，建筑类型分为市房与住宅，当时南京沿街商铺所用建筑多被称为市房，但是此《房屋规则》应用时间不长。1931 年南京市政府又经首都建设委员会同意，颁布了《首都新开道路两旁房屋建筑促进规则》（简称：1931 年《房屋促进规则》），在此 1931 年《房屋促进规则》中，南京市政府不再拟定道路两旁建筑的详细要求，而是规定："道路情形，分段拟具建筑纲要及限期，建筑纲要，除有特别规定外，均应依照《首都分区规则》办理"，做出这样的规定似乎也是为了与首都建设委员会正在拟定的全城分区计划相呼应。

1933 年 2 月南京市政府又公布了《南京市工务局建筑规则》，此规则又对全市沿街道路两旁的建筑做了统一规定，《南京市工务局建筑规则》在 1933 年底又被修编为《南京市建筑规则》，此后的日据时期及战后复原时期，《南京市建筑规则》经历数次修正，但历届政府大都以《南京市建筑规则》为全市最主要的建筑管控条例，因此这部 1933 年《建筑规则》对南京沿街商业建筑的影响最为深远。

1930 年《房屋规则》主要侧重于对新开道路两旁沿街景观的塑造，不但规定了严格的层高标准，还要求同一街块内所有建筑每层高度必须相同，使得不同业主建造的房屋最后得以形成整齐的街墙。而 1933 年《建筑规则》在对沿街建筑高度控制方面略为降低了要求，但是却对沿街的土地利用强度做出限定，规定了沿街的建筑密度。在政府沿街建筑规则的管控下，南京近代较为繁华的商业街道大都形成了统一整齐的街道景观（图 2-3-17、图 2-3-18）。

图 2-3-17 太平路与白下路鸟瞰

图片来源：叶兆言，卢海鸣，韩文宁. 老照片 · 南京旧影（高清典藏本）[M]. 南京：南京出版社，2012：252.

图 2-3-18 太平路街景

图片来源：叶兆言，卢海鸣，黄强. 老明信片 · 南京旧影 [M]. 俞康骏，收藏. 南京：南京出版社，2011：250.

五、教育区域规划与建设

（一）继承城市校园分布现状的教育区规划

南京首次对教育用地进行规划出现在 1928 年 2 月完成的《首都大计划》初稿中。在此

① 全文详见：南京市政府秘书处编译股. 南京市政府公报（第 159 期）[Z]. 南京市政府秘书处（发行），1935.

计划中，学校区被设在了城东明故宫旧址，规划者认为此区域为“风景优美、市嚣不侵”之佳境，有利于学校塑造安静的教学环境。

初稿完成近半年后，市政当局又对《首都大计划》进行了修改，1928年10月《首都大计划》第三稿编制完成。此稿主要针对土地功能分区进行了调整，学校区域被置于以“国立中央大学”① 为中心的北极阁南面区域。国立中央大学所在的区域原为明代国子监旧址，国子监为明朝国家最高学府及教育行政管理机构，以此处为核心设立首都的学校区域似乎更合乎传统的延续。另外当时南京最为重要的几所大学，如中央大学、金陵大学、金陵女子大学已经在此区域建校，因此设学校区于此也是对城市既存现状的尊重。

1929年《首都计划》并没有设定明确的学校区域，而是针对当时城市学校的现状以及人口分布给出了指导性规划意见。针对中小学的分布，规划者认为：“在使中小学之校舍分配得益，按市内人口之情形酌量设置。”② 经过考察欧美中小学设置标准，规划者认为小学生距离校舍，不能超过一英里（约1609米），中学生距离学校的距离，不应超过一英里至一英里半（约2413米）。随着住宅区发展及人口稠密区域学童递增，应按情形逐渐扩充学校。对于大学校园的分布，规划者遵从现状，认为：“现有之中央大学、金陵大学、金陵女子大学，其所占之地段，虽系由东而西，排成横列，原可划成教育区域，不过各校之间，每间以其他业主之土地，且三校接近鼓楼，鼓楼一带实为交通要津，将来必有许多干路从中通过，欲将三校划成一区，殊有所难。”③ 因此仅在分区上将三校划入住宅区内，使其临近地段，不至移作他用，以免产生滋扰及其他障碍。

1933年1月24日，国民政府公布了正式的《首都城内分区图》及《首都分区规则》，在《首都分区图》中，教育区被明确划分出来。教育区的划分基本尊重城市既有现实：高等教育区是沿袭原中央大学、金陵大学和金陵女子大学校园加以扩大而成；然而1930年刘纪文城市分区提案中的军事教育区（主要是应对城厢东北部“中央陆军军官学校”）则被向南扩展至中山东路，并改名为军用区，此名称似乎淡化了该区的教育功能，加强其军方管理性质。1933年《首都分区规则》还对高等教育区的土地利用做出了一定的管控规则：首先是建筑功能仅限于学校、公园、书店、餐馆等零售店及火车客站，建筑高度为16公尺，建蔽率为50%。

作为中国东南部的政治文化中心，近代时期南京新式学校的建立早于现代市政制度确立。换句话说，1927年南京现代市制确立、市政府成立之时，南京近代时期最为重要的几所大学早已成立多年，校园选址、规划以及建筑风格也已经确立，此时不管是“南京市政府”还是“首都建设委员会”已经很难通过规划对已经成为城市现实的文教校园形成影响，也就形成了：在建都后的城市总体分区规划编制中，教育区布局几乎都是对当时城中大学空间分布现状的承认与延续，并未做任何大刀阔斧的改动。虽然这些城市规划并未真正实施，但是南京作为区域文化教育中心的城市功能却一直伴随着这座古城的近代化进程始终。

① 东南大学起源于1902年建校的三江师范学堂。1902年9月，三江师范学堂正式开学。开办之初，暂设于总督府署，同时在北极阁南明代国子监旧址兴筑校舍。1906年5月，两江总督周馥易“三江”为“两江”，并根据《奏定学堂章程》条例，定名为“两江优级师范学堂”，1912年，两江优级师范学堂正式停办。1914年8月，江苏省巡按使（即省长）韩国钧委任原江苏省教育司司长江谦为南京高等师范学校校长，在两江师范学堂原址筹建。1920年4月，郭秉文在校务会上提出在南京高等师范的基础上创办一所国立大学的议案，与会委员一致赞同。1921年7月13日，教育部核准《东南大学组织大纲》，国立东南大学成立。1927年7月，教育行政委员会明令将原国立东南大学、河海工程大学、江苏法政大学、江苏医科大学、上海商科大学以及南京工业专门学校、苏州工业专门学校、上海商业专门学校、南京农业学校等江苏境内专科以上的9所公立学校合并，组建为国立第四中山大学，大部分学院均设在南京四牌楼国立东南大学原址。1928年2月29日，第四中山大学奉训令改称“江苏大学”。改名江苏大学引起校名风潮。4月24日，大学委员会以大学院337号训令，将“江苏大学”改称为“国立中央大学”。

② 国都设计技术专员办事处．首都计划［M］．王宇新，王明发，点校．南京：南京出版社，2006：207.

③ 国都设计技术专员办事处．首都计划［M］．王宇新，王明发，点校．南京：南京出版社，2006：211.

（二）区划制度缺失下的文教校园建设

1．影响南京近代校园空间分布的因素

近代时期南京的校园建设并没有受到政府的规划或其他建设法规的管控，但是这些校园在城市中的选址（图 2-3-19）仍然会受到社会历史及经济人口因素的影响。

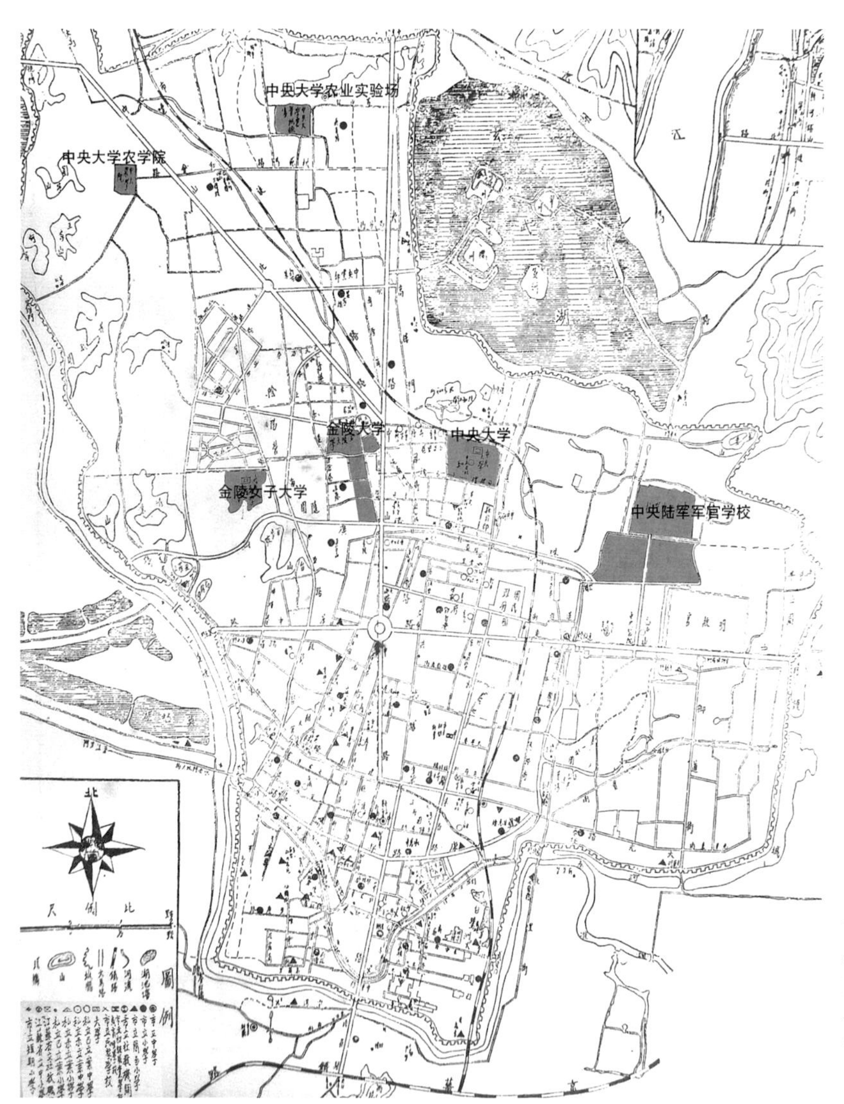

图 2-3-19 南京市教育机关分布图

注：图中色块所覆盖范围为南京近代大学校园所在区域。

底图来源：南京市政府秘书处．南京市政府行政统计报告［R］．南京：南京图书馆，1937.

首先是社会历史因素。南京在明清时期即为中国东南部的文化教育中心，城内有许多传统书院、官学。随着社会转型，这些传统学校的旧址又被近代时期的新型学校所利用，如中央大学的前身“三江师范学堂”即是建于明朝国子监遗址上，而中央陆军军官学校则建于清朝陆军学校旧址；另一方面，教会作为中国政府之外的重要办学力量，在创立学校的初期，也会沿用城内一些大户宅院或者寺庙建立学校，如金陵女子大学在 1915 年开办之初，借用南京绣花巷李鸿章花园旧址为临时校园。

其次是经济因素。由于学校的建设一般需要较大的土地面积，因此地价是影响学校选址的最主要因素。1927 年之前建立的一批教会学校主要选址于城北，民国初期城北尚属荒凉，地价便宜，便于教会出资购取大片土地建设校园。如金陵中学的前身“汇文书院”选址于

乾河沿，1910 年金陵大学在鼓楼山地西南坡购地 2000 余亩作为校区，随后“金陵女子大学”也选择了鼓楼西南方向的随园陶谷一带作为永久校址，这些地点均位于城北。1930 年后随着城北道路交通的发展，该区域地价大幅上涨，较大校园的选址开始跨出城墙范围向城外发展，发展方向则主要是城东南区域，此处土地比沿长江区域的城西北地段便宜，又与中山陵园区相近，风景优美，于是不少学校开始在城外东南区域建立校址，如紫金山南麓的国民革命军遗族学校，中央大学也曾在 1930 年代中期筹划中华门外新校址，但由于抗战爆发未能实现。

最后是人口因素。城中的各种小学、中学由于所需土地面积并不庞大，并且服务对象主要是本市学生，因此大都结合人口密度分布在城内居住区域。

2．社会价值取向下的校园规划与建筑形式

清末民初，在华教会为了减小传教阻力，采取了“本土化施教策略”，这一时期由教会创立的大学大都采用了“中国化”的校园形式，甚至直接采用中国传统书院形式，或将校园建于传统大宅内。1915 年金陵女子大学创立时，直接建校于南京城厢东南绣花巷内“李鸿章花园旧址”。此时一些另辟新址的教会学校即使采用西方校园规划布局，也会在单体建筑上采取“中国化”形式，这种“中国化”随着时间的发展由初期的单体建筑模仿，发展到后期对中国传统建筑组群空间运用。例如帕金斯事务所（Perkins Fellows & Hamilton Architects）于 1913 年设计的金陵大学，其校园总体规划采取了美国本土大学常用的围绕中心绿地、注重几何轴线的开敞式布局（图 2-3-20），但是单体建筑却都仿照了中国北方官式建筑的形式（图 2-3-22）；1919 年由美国建筑师墨菲所设计的金陵女子大学城北新校区不但在单体建筑层面模仿中国官式建筑，其整个校园的规划布局也采用了中国传统建筑组群的空间意向（图 2-3-23、图 2-3-24）。

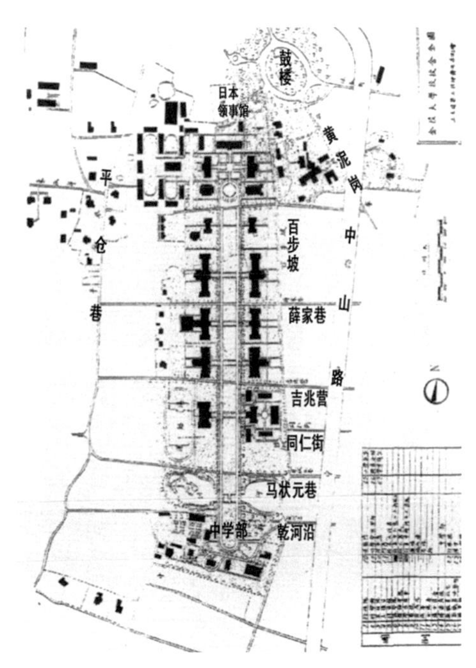

图 2-3-20 建校初期的金陵大学校园规划图

底图来源：金陵大学秘书处．私立金陵大学一览［Z］．南京：金陵大学秘书处，1933．

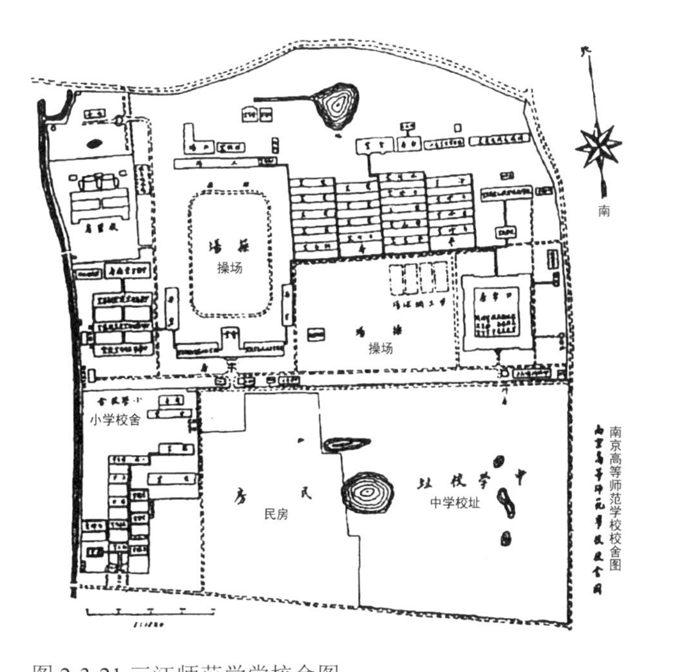

图 2-3-21 三江师范学堂校舍图

图片来源：苏云峰．三（两）江师范学堂：南京大学的前身，1903—1911［M］．南京：南京大学出版社，2002．

图 2-3-22 1920 年的金陵大学校园

图片来源：美国国会图书馆

在传教士所主导的教会学校拼命“本土化”“中国化”的同时，中国官方在南京设立的学校却大都采用了西方建筑及规划形式。如中央大学的前身，创立于 1903 年的三江师范学堂，它的校园规划尚未脱离中国传统书院布局形式（图 2-3-21），主要建筑基本成一条轴线布局，无校前区广场，通过建筑与城市空间巷联系，但是它的主体建筑却采用了西方建筑形式。至 1921 年，“三江师范学堂”已经成为“国立东南大学”时，首任校长郭秉文对尚有“旧式书院色彩”的校区进行了全新规划与建造，此时的东大校区规划采用了西方大学常用的开敞式三合院布局、宽广绿化、轴线端部限定的空间处理手法，单体建筑采取西方折中主义建筑形式。

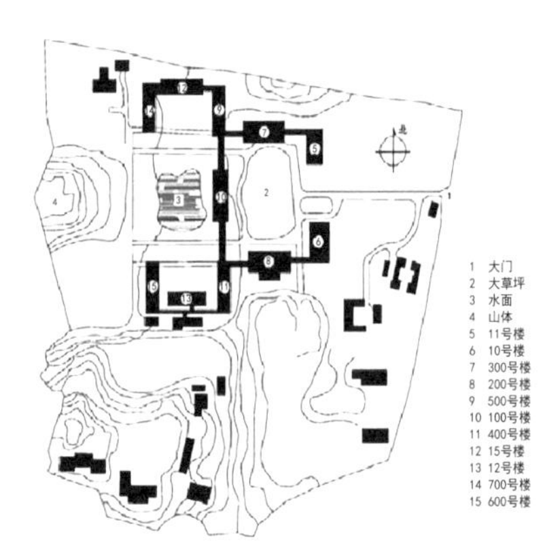

图 2-3-23 金陵女子大学校园平面图

图片来源：潘谷西．中国建筑史［M］．北京：中国建筑工业出版社，2001：335.

图 2-3-24 金陵女子大学早期规划

图片来源：阳建强．历史性校园的价值及其保护——以东南大学、南京大学、南京师范大学老校区为例［J］. 城市规划 ,2006, 30(7):57-62.

这似乎与 1915 年中国兴起的“反传统、反封建”新文化运动相关，东南各省知识精英欲在南方建立一所由新派力量控制的大学[①]，即东南大学（简称“东大：）。而首任东大校长郭秉文又是留美博士，其理念就是仿照美国的大学模式。因此美国大学的流行校园规划与建筑形态也成了郭秉文所主持的东南大学的模仿对象，更何况当时处于上升期的美国也是中国知识精英所崇尚的西方民主与现代社会的象征。因此在建都之前，整个东南大学的校园规划及建筑风格都已经奠定。即使在 1930 年代国民政府在南京掀起了一场建造中国传统建筑的风潮，此时已经成为国立中央大学的东大校园建筑也依然延续之前的风格，采用西方折中主义式样。

校园内建筑的高度与密度在此时也没有任何建筑法规来做限制。近代时期的南京校园尚在发展阶段，通常先购买大量的土地，拟具较为全面的规划，但校园建筑的建造随资金筹集

① 五四运动期间，北京大学一时处于全国风潮的中心，校长蔡元培辞职之后，北京大学前途未卜。东南各省知识精英认为北方为旧派势力所控制，东南应建立一所新的国立大学，借机将北方新派力量转移至东南，成立新的大本营。此为 1920 年代东南大学成立的缘由。详见：许小青．从东南大学到中央大学［D］. 华中师范大学，2004：13.

逐步完成，此过程极其缓慢，大多数校园直到新中国前夕，所建楼宇仍然寥寥无几，校园内建筑密度并不高。

3．校园建设对城市肌理的影响

民国初期南京近代校园与城市肌理较吻合，校园规划也多顺应城市肌理。在学校的发展过程中，大多会出现校园用地扩张将校园周围的土地圈入学校范围内的情况。而学校的环境又与周围城市空间相异，久而久之，被圈入校园内部的城市街道逐渐丧失城市服务功能，成为校园内部道路。而在此过程中，校园所在区域的小街块也逐渐合并成大街块，改变了城市原有的肌理形态（图 2-3-25）。校园用地扩张对城市小街块的归并程度大致相同，其过程可以分为两类。

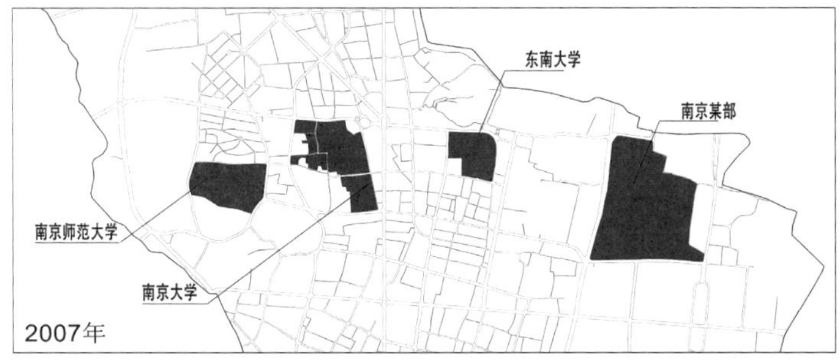

图 2-3-25 南京近代大学校园区域城市肌理变化

图片来源：东南大学周琦建筑工作室，左静楠绘

第一类：“逐步转化型”的街区合并，如金陵大学。1910 年金陵大学所购买的校区土地从北向南横跨了几个城市街块，在 1913 年的金陵大学校园总体规划中，设计者并没有将校园封闭起来，而是尽量按照原来的城市肌理，将校园划分为预科部、师范专修科、医科、大学部和进修专门学校等若干分区，分区间的道路仍然对城市开放，打破了传统校园的封闭空间布局。民国时期金陵大学确实保持了这些地块间道路的城市开放性，但随着学校的发展，还是出现了分区地块归并，一些城市道路就此消失。

第二类：校区扩张合并街块，如中央大学与中央陆军军官学校。这两个校园在最初仅仅拥有一个城市街块，但是随着发展，学校开始扩张用地，周围的街块逐渐成了校区用地，街块间原来的城市道路也成为校园内部路。在校区扩张过程中，校区原来的小尺度街块逐渐与周围街块合并成了大尺度街块，城市肌理发生了转变。

六、公园绿地规划与建设

（一）南京近代城市公园绿地计划

19 世纪末西方城市规划中的城市分区思想开始在中国传播。分区中公园绿地区即为调和城市土地功能不平均使用以及都市拥挤、混乱、不卫生状况而设立，它背后也有服务公共权益的价值理念。虽然早期殖民城市设立的公园绿地区带有明显的种族色彩，但是这毕竟使国人逐渐意识到公园绿地是城市功能空间不可分割的一部分。例如，19 世纪末 20 世纪初中国东北新建殖民城市在土地分区中出现了专门以公共绿地为功能的分区[①]，这种绿地区不同于中国古代都城中专属于统治阶级的风景游览区（古代此类区域类似于皇宫的后花园，一般平民无法进入），近代城市中的公园绿地区是向大多数居民开放，并为调和城市空间发展矛盾而设立。

南京近代各个时段的城市规划编制都将公园绿地作为城市功能之一，列入城市分区中，但大多规划只是肤浅地将各个功能区域拼凑在一起，没有考虑分区间的互动关系。《首都计划》首次在从优化全城功能角度来规划公园绿地，在南京已有公园（中山陵园、玄武湖公园、第一公园、鼓楼公园、秦淮公园）的基础上，计划选择地段增扩公园，开辟林荫大道，将分散的公园联络起来，使这些公园成为一个大公园（图 2-3-26）。对于城内新增加的公园，《首都计划》将其分为两类：第一，古迹所在，如雨花台、莫愁湖、清凉山、朝天宫、五台山、鼓楼、北极阁；第二，在市区重要空间征地新建公园，如新街口区域、长江岸边。按《首都计划》的规划，南京在城内将拥有公园及林荫大道共约 1600 英亩（约 6.48 平方千米），占全地面积 14%，以将来城内居民 72.4 万人计，约每 453 人占有公园一英亩[②]，但如果将南京城厢外的土地面积以及人口也计算在内——即“大南京”，则每 137 人占有公园一英亩，并认为“此数实城市设计家认为最适宜者也”[③]。

1933 年《首都城内分区图》又对全城的公园绿地进行了规划。相较于《首都计划》中的公园系统，1933 年分区图取消新街口公园，另由于明故宫区域的整体用途发生转变，政治区域公园与林荫大道均被取消。其他公园设置一如《首都计划》，主要为沿旧城墙绕行一周的带状公园，也有沿秦淮河的数条林荫大道，将城区内公园连成系统，但公园区整体面积缩减较多。另外则遵从城市现实基础，将城南区域原有名胜古迹“白鹭洲”“朝天宫” 划为了公园用地。

（二）城市的公园绿地建设

19 世纪末 20 世纪初，精英阶层开始有意识地筹建公园，这一时期部分私园也逐渐向公众开放使用。1904 年天津《大公报》在报道南京修建公园时记载：“金陵下关商埠将兴，兹有某显宦在彼购买荒地多亩，依照上海张氏味莼园形式，建造公园一座，供人游览，刻已兴工赶造，落成之期当在明春桃月”[④]。然而这座公园的土地仍是私有，并非真正意义上的城市公共空间。

① 如俄国对大连的规划当中，就将市区分为了欧洲市区与“支那”市区，而在欧洲市区中则又分为商业区、市民区、别墅区、公园苗圃区四种。详见：越泽明．满洲都市计划史研究［D］. 东京：东京大学，1982：51.

② 国都设计技术专员办事处．首都计划［M］. 王宇新，王明发，点校．南京：南京出版社，2006：105-109.

③ 国都设计技术专员办事处．首都计划［M］. 王宇新，王明发，点校．南京：南京出版社，2006：109.

④ 闵杰．近代中国社会文化变迁录（第二卷）［M］. 杭州：浙江人民出版社，1998：532.

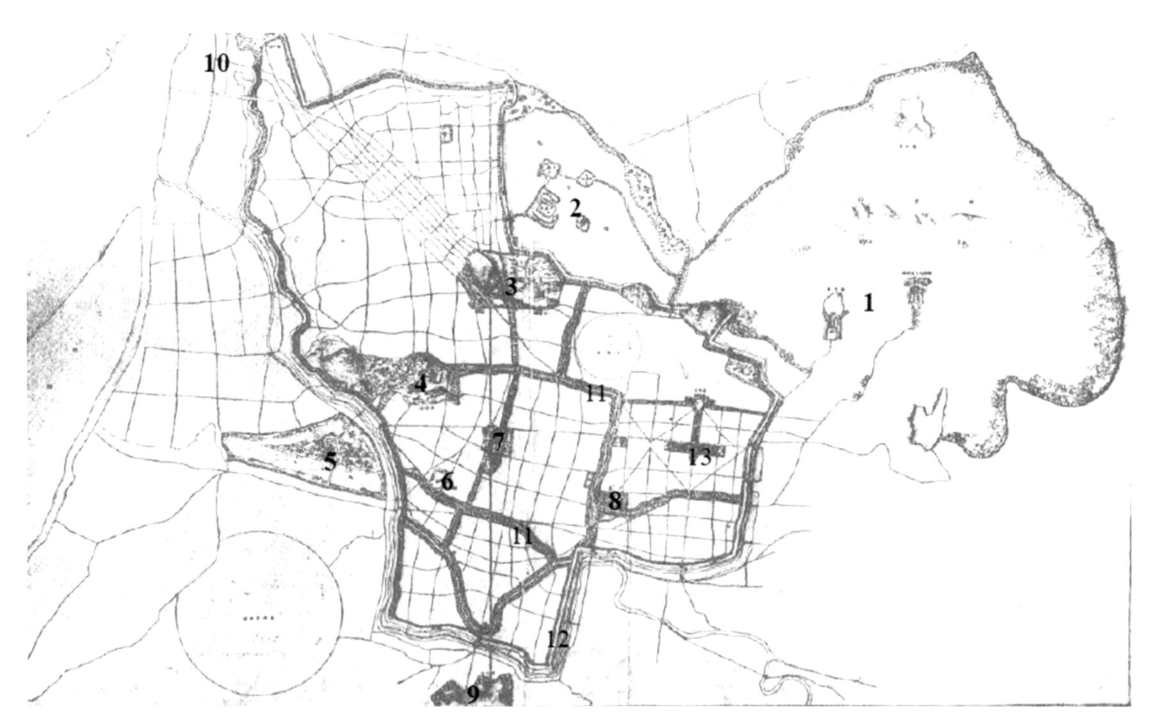

图 2-3-26 《首都计划》中的公园系统

注：图中的数字分别示意如下：1. 总理陵园，2. 五洲公园，3. 鼓楼北极阁一带公园，4. 清凉山及五台山一带公园，5. 莫愁湖公园，6. 朝天宫公园，7. 新街口公园，8. 第一公园，9. 雨花台公园，10. 下关公园，11. 沿河林荫大道，12. 沿城墙林荫大道，13. 政治区公园。

图片来源：国都设计技术专员办事处．首都计划［M］. 南京：南京出版社，2006，第 35 图。

南京第一座由官方建造的公园为绿筠花圃公园，1908 年为了给即将举办的“南洋劝业会”进行前期准备，江宁公园办事处负责征地建造了这座公园。但南洋劝业会结束后，这座小公园也逐渐荒废。北洋政府时期，南京官方又设立了 4 座公园，分别是 1922 年建成的秀山公园（即以后的第一公园）、1910 年建成的玄武公园、1923 年以鼓楼为主体的鼓楼公园、1923 年夫子庙秦淮河畔的秦淮小公园。

1927 年南京市政府成立，设立了公园管理处，专门负责全市公园建设与维护工作。至 1936 年 4 月，南京市政府建成及管辖的公园有 8 处，分别为：玄武公园、第一公园、莫愁湖公园、白鹭洲公园、秦淮小公园、鼓楼公园、政治区小公园、燕子矶公园。这些公园大多依靠城市原有官地建成，初始时期面积狭小。在后期发展中，政府不得不用官方财政将这些公园附近的私人土地征收，以便扩充公园用地，但是过程相当曲折。如：玄武湖公园初期开放时，仅是城外的一处名胜，附近土地多为私有。1930 年南京市政府进行的公园开发工作也仅仅是征收湖区土地修筑道路，即连接湖内各小岛的道路与湖外围环路。玄武湖内各小岛及玄武湖周边的土地仍属于私有。1931 年政府征收了美洲公园土地，对其进行开发。1932 年 4 月工务局本打算征收玄武湖亚洲西部的私人土地以扩充园地，但由于时局困难而暂缓办理。至 1934 年 4 月玄武湖公园仅征收开辟了美洲（梁洲）公园，其余各洲土地均未征收。此时去往玄武湖公园游玩的游客渐增，美洲公园已经拥挤不堪，南京市政府决定逐步将各洲土地征收并进行统一规划。直至战后玄武湖也仅仅征收了亚洲（环洲）、美洲（梁洲）、非洲（翠洲）3 块园区土地，并进行了园景及娱乐设施布置。

除了运用土地征收获取城市公共绿地外，西方一些城市还运用区划条例获取公共绿地，例如：二战前英国的控制性城市规划要求在地产开发过程中提供游戏场地和空地。南京在 1933 年公布的具有区划规则性质《首都分区规则》并未对各个功能区内的绿地面积做详细规定，且《首都分区规则》并未施行，因此南京市政府只能通过公共资金购地建设公园。这导致《首都计划》及《首都城内分区图》中大规模公园系统根本无法实现。公园用地属于公共性质的土地，不似道路用地属于城市发展急需的基础设施建设用地，南京市政府不可能花费大量公共资金征收建造公园所需的土地。因此最为经济的办法就是将政权变换时期接管的官地进行改造，建成公园。其次已经具有一些文化底蕴及自然地貌基础的名胜古迹也是当时政府选择建造公园的有利区域。另外在两块较大的由政府开发的住宅区域：山西路新住宅区与政治区域住宅区，政府在对区域土地整体开发中规划出运动场地及小公园，虽土地初始的获取是通过征收，但是政府却将此项征地及建设费用划拨到整理后住宅区地价中，由住宅区建成后入住的居民承担。

在现实城市空间中南京的公园用地面积其实相当紧缺，据 1936 年 4 月的政府统计资料，南京城内的公园用地面积大致在 360 亩上下。这种公园绿地状况与《首都计划》所估定城内的 10565 亩[①]的公园绿地面积相比，基本上仅后者的零头。

战后南京城内的公园绿地缺乏状况更是严重。由于战争，全城公园破坏严重，较大公园绿地多在城外，城内公共绿地仅占城区（水面除外）面积 4.53%，全部公共绿地内公园仅占全城面积的 0.26%，城内仅有鼓楼、白鹭洲、玄武湖 3 座公园。1947 年南京市都市计划委员会完成了对南京城现实状况的初步调查，并总结了南京当时最为严重的城市问题[②]，缺少公园绿地即为之一，此调查称："城内广大区域，竟无适当之公园及运动场，虽具有地理上之优势，而全市已开辟之主要公园仅有一处，致市民缺乏游憩场所。多数学校（除教会学校外）鲜有运动场及园地之设置。"[③]针对此问题，政府提出的解决办法为利用市有公地在城内各区多开小型公园及广场，特别是城南人口密集区域[④]。而经过调查，政府共发现城南 7 处适于建造体育场或小型公园的空地，这些场地大部分土地为公地，或者为靠近城墙的私有土地，地价较为便宜。

虽然近代南京历次城市规划中都设有公园绿地区域，但是在现实城市空间建设中却很难按照规划开辟公园绿地区。归根到底还是由于土地私有制度与公园绿地区的公共空间属性之间的矛盾，因此市政府对公园绿地等城市公共空间的拓展，一直是以一种较为被动的姿态展开的。特别是在人口密集的城南区域，只能选择公有土地或者地价较为低廉的区域补充城南严重不足的公园绿地。在城市新开发区域——城北，政府则通过区段征收与土地重划，将土地功能进行重新分配，以此预留出了部分公共绿地。而《首都计划》与《首都城内分区图》中所划定的诸多公园与林荫大道体系在没有充足财源与相关区划规则的引导下只能成为泡影。

（三）国家的纪念性景区建设：总理陵园

南京城东紫金山区域由于属于山林地带，远离长江航线，建设及交通条件都不佳，1927 年前南京城市空间的实际建设并未向紫金山区域扩展，而 1920 年代两部城区发展计划也未将紫金山区域列为城市未来建设区域。因此在南京建都之前，这里只是城外的名胜古迹所在

---

① 详见：国都设计技术专员办事处．首都计划［M］．王宇新，王明发，点校．南京：南京出版社，2006：105-109．
② 南京市政府．民国文书（档案号：10010020086-00-0016）［Z］．南京：南京市档案馆．
③ 南京市政府．民国文书（档案号：10010020086-00-0016）［Z］．南京：南京市档案馆．
④ 南京市政府．民国文书（档案号：10030160014-00-0015）［Z］．南京：南京市档案馆．

处——明朝开国皇帝朱元璋的陵墓“孝陵”就坐落在紫金山南麓。但是整个紫金山区域在此时并非一片植被繁茂、规整有序的景区，这片区域的性质更像是一片乡野林地，有一些村庄散落其间。

此时紫金山区域土地大致分为公地与民地两类。公地占的面积较大，分属于义农会南京分会[①]、江苏省立第一造林场[②]、灵谷寺[③]，民地则为该区域村民所有。义农会南京分会、江苏省立第一造林场、灵谷寺各自为政，江苏省政府又管理无方，林业建设乏力。再加上军阀混战，政局不稳，山场保护无力，滥伐林木现象严重。

1925年3月孙中山病逝，葬事筹备委员会于同年4月开始在南京城外紫金山麓寻找合适地点，圈地建造总理陵园。总理陵园建造彻底改变了紫金山区域的发展轨迹。葬事筹备委员会初期计划建造一个规模宏大的纪念陵园[④]，打算征用紫金山区域全部土地，征地事件触动了江苏省在紫金山区域的地方利益。虽然北京政府将孙中山的葬事定为国葬，但鉴于当时中央政府在地方的权威不强，陵园建造的征地事项开展并不顺利。至1925年9月仅有800亩公地被正式圈拨出来[⑤]。中山陵1926年1月开始兴工，由于时局不定，工程时辍。1927年4月国民政府建都南京，此时江苏省政府也被改组，内部要员皆由南京国民政府中央要员担任，江苏省级政权逐步被纳入南京国民政府的管理之下，阻碍中山陵园建设的中央与地方关系矛盾彻底消失。

1927年6月葬事筹备委员会决定扩大陵园范围，组织陵园计划委员会，进行整体规划[⑥]。陵园计划委员会成立后，制定了整体规划方案，将紫金山全部划入，这一计划得到了国民政府核准备案[⑦]。1928年3月江苏省政府将紫金山林区移交葬事筹备委员会管理。接管紫金山林区后，葬事筹备委员会决定收购陵园界内全部民地。1928年7月，葬事筹备委员会下面正式设立了购地处，开始测量、调查、收购紫金山周边各村民有土地，并函令江苏省江宁县当局协助办理[⑧]。至1929年6月孙中山奉安大典告成，总理陵园一共收购了19 277亩（约12.9平方千米）土地。紫金山北面民地的收购，则由葬事筹备委员会改组而成的总理陵园管理委员会继续办理。1930年代以后，整个紫金山及山脚周边地区都纳入了“总理陵园”的范围。1934年南京市与江苏省在进行“省市划界”时，在划定的市区范围内，以钟山全部划为“总理陵园区”，这片区域面积约30.58平方千米，设总理陵园管理委员会进行管理，直隶于国民政府而不属于南京市管辖。

从整个总理陵园的建立过程来看，南京市政府似乎从未参与其中。在南京市建立之前，这片区域虽属于江宁县，但却不属于江宁县城范围；南京在1927年建市后此区域仍然由江苏省江宁县管辖。因此陵园土地的征收事宜大都由江苏省政府与国民政府的直属机构“葬事筹备委员会”及后来的“总理陵园管理委员会”完成。陵园内部建设资金的筹措也皆由国民政府直接拨款。

---

① 义农会成立于民国初年，由金陵大学农科教授裴义理联合中外名人发起，在紫金山垦荒造林。后来南京地方人士自行筹款接办，改名为义农会南京分会。录于：南京市政府．民国文书（档案号：10050010278-00-0001）［Z］．南京：南京市档案馆．

② 该造林场成立于1917年，隶属于江苏省实业厅，其造林事业主要在南京西北郊区的幕府山和乌龙山，在紫金山南麓植有600亩苗圃、1500多亩林地。见：（民国）总理陵园管理委员会．总理陵园管理委员会报告［M］．南京：南京出版社，2008，园林部分。

③ 灵谷寺建于六朝时期，为千古名寺。详见：南京市档案馆．中山陵档案史料选编［M］．南京：江苏古籍出版社，1986：46.

④ 陵园除了孙中山的陵墓，还将筹建中山学院、中山园、中山林，见：广州民国日报，1925-4-14(10)

⑤ 葬事筹备委员会第10次会议记录，详见：南京市档案馆．中山陵档案史料选编［M］．南京：江苏古籍出版社，1986.

⑥ 葬事筹备委员会第48次会议记录，详见：南京市档案馆．中山陵档案史料选编［M］．南京：江苏古籍出版社，1986.

⑦ [民国]总理奉安专刊编纂委员会．总理奉安实录［M］．南京：南京出版社，2009：43.

⑧ 葬事筹备委员会第59次会议记录，详见：南京市档案馆．中山陵档案史料选编［M］．南京：江苏古籍出版社，1986.

相较于南京市民的城郊公园，此时总理陵园的性质更像是国民政府为了树立党国观念专门建造的纪念性景区。除早期历史古迹明孝陵、灵谷寺之外，国民政府建造了大批具有教化意义的设施：首先是各种墓园，如中山陵、国民革命军阵亡将士公墓等；其次是一些公共设施，如中央体育馆、音乐台等；此外这里还设置了一些学校及住宅，如国民革命军遗族学校以及专供国民党高层居住的陵园新村。

南京市的诸多发展建设，凡是牵扯到陵园区域的皆需要和总理陵园管理委员会商议，得到其同意才可进行。例如，1934 年京沪铁路中央车站支线的部分计划路线在陵园区范围内，该段路线的设计均须经总理陵园管理委员会同意方可进行[①]；1933 年南京市政府在中山门外征地建造了 8 幢平民住宅，也需要得到总理陵园管理委员会的同意。也正是由于总理陵园管理委员对陵园区域建设的严格控制，该区才有了整体的规划发展，避免了被都市蔓延所侵蚀，这也为未来的南京城保留了一大片城市核心圈层的外围绿地。

① 南京市政府．民国文书（档案号：10050010327-00-0003）［Z］．南京：南京市档案馆．

第四节　南京近代城市开发与土地整理

一、近代城市建设所带来的城市土地划分问题

（一）传统城市土地组织模式与现代城市空间的功能性矛盾

1927 年南京成为国都之前，现代交通路网结构尚未建立，城市经济也主要以农业及小手工业作坊为主。在这种传统经济模式下，城市产权地块①大小不一，形状互异，街巷空间逼仄，有的地块甚至不通公共道路。这种地块组织形式尚且能够在“人口不多，交通节奏缓慢，房屋密度适中”的传统城市中满足人们衣食住行需求。

1927 年后，南京城市开始大规模建设，笔直顺畅的现代路网结构被引入城中，城市人口迅速增长，房屋建设量大增。这时传统城市的地块组织开始出现各种弊端：首先是道路建设，新路开辟后，沿街地块被切割成不合建筑的零碎土地，很难使用，土地的经济效益损失很大；而一些旧路也失去了交通功用，成为废路；其次原有传统街块内不少土地缺少出路，随着建筑密度增大，居住人口增多，产生了种种安全及卫生隐患——建筑房屋遇有盗警火灾难于施救，又因缺乏上下水道设施影响市民卫生。

（二）传统城市土地组织模式与现代城市空间的结构性矛盾

南京是一座历史悠久的古城，城中的街巷网络与街块内部的产权地块划分都是在漫长的历史过程中逐渐形成的。至清末民初时，整个城市的街巷网络大都迂回曲折，多“丁字路口”，而在街网的下级层面：由产权地块构成的地块网格也大都从属于上层街网发展，以四周街网界定自己的走向以及对街块的划分模式。1927 年之后建立的现代路网打破了这种传统土地组织模式，现代路网为适应快速交通形成“笔直宽敞”的路形，与传统城市“迂回曲折”路网以及在此模式下形成的地块肌理并不相容。

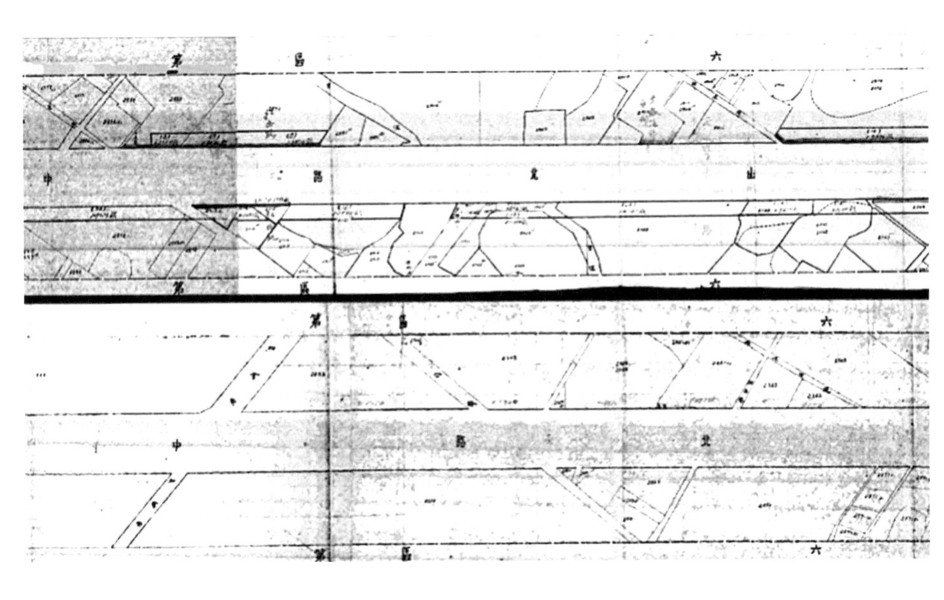

图 2-4-1　中山北路沿线地籍图（局部）

图片来源：南京市政府．民国文书（档案号：10010030469-00-0001）[Z]．南京：南京市档案馆．

① 按照地籍边界划分的土地。

以中山大道的建设为例。在现实城市空间中，我们或许无法直接观测到这条路线的开辟对其沿线城市土地的影响，特别是在空旷的城北地带，似乎政府只是在城市荒地中修建了一条现代马路。但是 1937 年《中山北路沿线地籍图》（图 2-4-1）却清楚地显示出这条现代道路与传统城市地块肌理的矛盾。此路的开辟基本上将其沿线的土地切划成各种畸零地块，引起地块秩序混乱。若这些土地上有建筑，这些建筑也大都需要重建；而土地上无建筑，不成形状或面积过小的地块也很难适应将来的地产开发。以中山路为代表的一系列城市新开道路在南京传统城市肌理上切开了“口子”，由于街巷网格的变化，传统街网内的地块组织开始从“有序”变成近代街网下的“无序”。

二、战前土地重划与南京城市土地整理

土地重划是由农地整理手法产生出的一种城市规划技术手法。此种方法源于 1902 年德国法兰克福市市长阿迪凯斯（Adickes）最初实行的“阿迪凯斯法”[①]。在亚洲国家中日本最早开始引入此种方法，并在 1910 年的“耕地整理法”中运用，通过地权交换对农地进行整理[②]。后来日本将这种“交换分合”的土地整理方法用于城市开发，土地重划方法逐渐成了日本城市规划的实现手段，并在 1923 年关东大地震后的东京、横滨重建中得到广泛应用。战后在土地私有制的国家，土地重划仍然是城市规划得以实施的重要技术手段，如日本及中国的台湾地区。

理论上土地重划要使重划前后业户的土地价值不变。虽然业户在土地整理时需要无偿让出自己的部分土地（俗称“让地”），作为公共用地以及建设费用抵价地，重划后土地面积必然减少，但是由于重划后土地价值上升，业户所拥有的土地总价值不变，因此“让地”是土地重划的第一个关键点。另外土地重划需要对全区土地进行重新组织，划出公共设施用地及建筑段落，因此对地块边界的划分整理，俗称“换地”，是土地重划的第二个关键点。

土地重划方法在 1930 年代也引起了国民政府建设精英的注意。建都后南京市政府开始逐步尝试运用此种方法对城市土地进行整理。但是在当时城市规划体系尚不完善、土地所有权及价值的官方登记未完成的情况下，土地重划实施并不顺利。而这种历史背景也一度使得南京市政府对土地重划技术进行“简化运用”。

（一）1931 年《首都百子亭土地重划试行区域暂行规则》

国民政府在 1930 年《土地法》中对土地重划进行了释义：“因一定区域内的土地，其分段面积不合经济使用者，得由主管地政机关，就该区域内土地的全部，重新划分，并重划地段，分配于原土地所有权人。”[③]《首都计划》中《城市分区及分区授权法草案》也曾以“重定地段权”赋予政府“土地重划”的权力[④]，具体重划方法为：由设计委员会根据该地段业主原持有土地的比例，重新分配土地，且所指定的位置须与该业主原有土地相近；重划时需要指定 1/10 以下的面积为公园；而执行此计划的费用支出，在拆屋和赔偿方面由市政府负责；新路建筑费用方面则由邻近道路的土地业主均摊。1931 年首都建设委员会在南京城市

---

① 徐波．土地区划整理：日本的城市规划之母［J］. 国外城市规划，1994(02):26.
② 徐波．土地区划整理：日本的城市规划之母［J］. 国外城市规划，1994(02):26.
③ 中国第二历史档案馆．中华民国史档案资料汇编：第一编，财政经济（七）［G］. 南京：江苏古籍出版社，1994:132.
④ 国都设计技术专员办事处．首都计划［M］. 王宇新，王明发，点校．南京：南京出版社，2006：232-233.

建设中首次试图实施土地重划，其方法与《首都计划》中所规定的方法还是多有不同。1931年11月首都建设委员会决定在玄武门以南，北极阁以北，城根以西，高楼门以东，百子亭西家大塘一带实施土地重划[①]，并绘制路线计划图与重划规则《首都百子亭土地重划试行区域暂行规则》（以下简称《百子亭规则》）[②]。

《百子亭规则》大致对土地重划的原则、公共设施建设及重划费用来源、地价标准、管理机构、重划计划书与重划地图编制、地块标准共计6个方面的内容进行了说明。其设定的土地重划原则显示目的有二：一是建设区域公共设施，划出公建用地；二是土地形态整理，使其成为合乎建设要求之地。

从目前掌握的文献资料来看，《百子亭规则》并没有执行，背后原因不得而知。但是1937年工务局有关文档将百子亭区域土地重划未能实施的原因归结为："整理必先举办土地登记，因此延搁迄今，尚未解决。"[③]1934年南京的土地登记才开始，因此1931年《百子亭规则》实施时，南京的土地产权并不明晰，土地价值也未经法定认证。而土地重划却涉及大量复杂的产权置换工作，在土地登记尚未完成之前，土地重划很难以一种"有理有据"的尺度对地块进行重划及补偿。另外从《百子亭规则》的分析来看，重划方法对于业户的经济生活影响大，而政府的弥补措施也未能取得业户信任，因此导致大面积土地重划执行起来困难重重。

但《百子亭规则》是南京市政府土地整理的开端，其"交换分合"与"改良地形"的思想，以及"重划计划书及地图的编制方法"都对后来南京的土地整理工作起到深远影响。另外土地重划制度在建设公共设施及城市形态控制方面，要较"区段征收"节省公共资金，因此战后南京市政府在土地整理方面以"土地重划"为主要方法。

（二）工务局"城北三角地带"的土地整理方法

百子亭区域的土地重划并没有执行，城市地块凌乱的局面一直在困扰南京城内的建设。随着城北区域道路修建展开，中山北路以东"三角地带"大片土地的整理开发问题更加凸显。1937年南京市工务局在递交给市政府的城北土地整理文案中称："查本市城北中山路以东，中央路以西，鼓楼以北一带土地约六七千亩，自首都道路系统图，于十九年（1930年）制定公布后，遂形成最不规则之土地，畸零杂乱，不堪应用，以致地广人稀，至今尚未繁荣"[④]，但是这是"旧城市改建过程中不可避免之事实"[⑤]。论及其他国家治理城市土地凌乱问题的经验，工务局列举了日本东京的例子："日本东京大火后，重新规划，亦将原有地形割裂致凌乱不堪，嗣经成立东京土地重划委员会，予以重划，历时数年，始告成功。"[⑥]工务局重提"土地重划"的另一个重要原因是南京城区土地登记已办理完毕，"土地重划"似乎有了实施层面的可能性。

---

① 参见：《首都百子亭土地重划试行区域暂行规则》第一条。

② 《公牍：令发首都百子亭土地重划试行区域暂行规则案》，录于：南京市政府秘书处编译股．南京市政府公报（第97期）［Z］．南京市政府秘书处（发行），1931.

③ 《公牍：整理城北中山路以东一带土地案》，1937年。摘自：南京市政府．民国文书（档案号：10010011771-00-0566）［Z］．南京：南京市档案馆．

④ 《公牍：整理城北中山路以东一带土地案》，摘自：南京市政府．民国文书（档案号：10010011771-00-0566）［Z］．南京：南京市档案馆．

⑤ 《公牍：整理城北中山路以东一带土地案》，摘自：南京市政府．民国文书（档案号：10010011771-00-0566）［Z］．南京：南京市档案馆．

⑥ 《公牍：整理城北中山路以东一带土地案》，摘自：南京市政府．民国文书（档案号：10010011771-00-0566）［Z］．南京：南京市档案馆．

论及整理方法，工务局认为可以依照《土地法》第212条“土地因重划之必要，得为交换分合及地形改良，公园道路堤塘沟渠及其它建筑物，因交换土地得为废止”及第221条之规定：“已重划之土地，依照原有地段之价值或面积，为相当之分配。前项地段位次，在可能范围内，依其原有位次。”对该段内土地，根据地籍图册与业主协商或者用强制方式，依法重划交换分合。工务局还提出了两条更为实际的划分原则：一、整理必须分小段落进行，因小段落面积小而整理较易，容易见功而取信于人民；二、在重划之前，所有新路应提前开辟土路，以免靠近旧路之土地，一经重划之后，反而有缺乏出路弊端。

当时城北三角地带旧路以及地块划分大致为南北向，《首都道路系统图》拟定路线与此区既有城市肌理成45度交角。工务局根据此种城市肌理制定了土地整理图例（图2-4-2）。南京市政府在收到此份提案后，即通过并批示“工务”与“地政”两局拟具详细办法，进行办理。但是后来战事升级，南京沦陷，城北区域土地整理计划根本无法实施。直至1945年抗战胜利，南京市政府又组织人员对城北三角地带的土地重划问题进行论证研究。最终，策划许久的“土地重划”制度在下关区域实施。

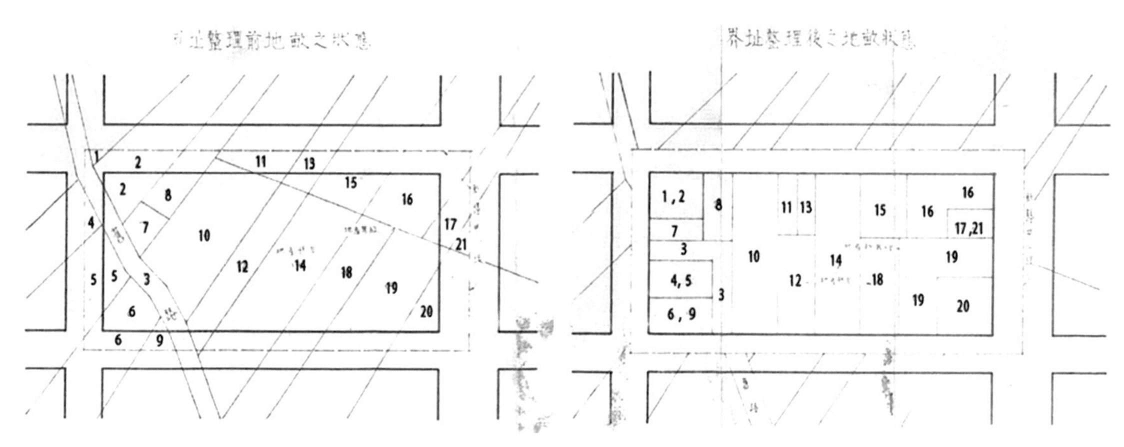

图2-4-2 工务局城北土地整理图例

图片来源：南京市政府．民国文书（档案号：10010011308-00-0001）［Z］．南京：南京市档案馆．

（三）土地重划“简化”应用：新开道路两边的土地整理

南京按“首都道路系统计划”进行干路开辟后，新开道路两旁的土地亟待整理：新路开辟后不但出现畸零地块，还产生了不少在交通上已经没有任何作用的废路。针对这种无序土地，难以建筑局面，首任市长刘纪文曾提出将中山路沿线100米内的土地附带征收①，但是由于政府经费奇缺，发放拆迁补偿金已经非常吃力，因此附带征收所需要的巨额征地费更是无法筹集。1931年初南京市工务局开始尝试用土地重划的方法对新开道路两旁的零碎土地进行整理。

1．道路两旁地段土地重划的初步尝试

中山路、汉中路修建之后，新街口地区土地被切割得比较凌乱，特别是沿塘坊桥与大丰富巷一线——由于旧路线和新开路线交叉成锐角，新路开辟后街块内地块全部被切成锐角状，不适合建筑使用（图2-4-3），另外新路的开辟使旧路失去了原有的交通作用，成了废路。

① 《附带征收中山路两旁土地案》，录于：南京市政府．民国文书（档案号：10010011799-00-0111）［Z］．南京：南京市档案馆．

1931 年 1 月新街口广场四周被辟为银行区，因此市政府希望能够尽快将此区域零碎土地加以整理，以形成有序的建筑用地及良好的城市景观。对塘坊桥一带的土地整理就在此背景下展开。

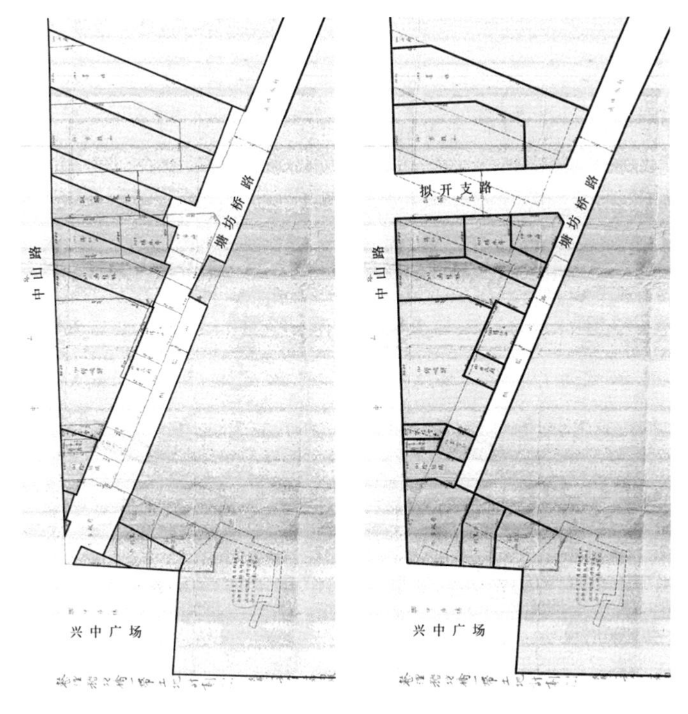

图 2-4-3 中山路开辟后塘坊桥地块现状（左）

底图来源：南京市政府．民国文书（档案号：10010030145-00-0005）［Z］. 南京：南京市档案馆.

图 2-4-4 塘坊桥地块整理计划（右）

底图来源：南京市政府．民国文书（档案号：10010030145-00-0005）［Z］. 南京：南京市档案馆.

1931 年南京市政府开始对塘坊桥地段土地进行整理，此时政府希望用一种较为彻底的重划方法建立塘坊桥地块网格与中山路在走向上的对应关系。因此整理包括对段落内私有土地、公有土地的重新划分，同时也包括对塘坊桥废路土地的分配。中山路开辟后，原塘坊桥旧路在交通上用途已经不大，政府决定将此路部分土地放领，供周围业户使用，只留下 4 米宽的道路方便该区居民出入使用，并开辟东西向横路连通中山路（图 2-4-4）。但是这种划分方法对业户的地产形状、面积改动较大，需要较长的协商时间，因此并没有进行下去。

2．简化的土地整理办法

由于没有建立“土地重划委员会”，重划土地又涉及复杂的产权调整，需要跟业户沟通协调，因此在 1931 年末，南京市政府将道路两旁的“土地整理事务”交给南京市筑路摊费委员会管理，由筑路摊费委员会负责组织协调业户地块整理，市工务局负责制定划分计划，市财政局负责地籍测绘及调查。此时市政府对新开道路沿线的土地整理原则已经发生了改变，将“通盘整理重划”改为“有条件修正”，仅仅对形状或面积上不合要求的地块进行修正。以最小的产权扰动方式解决沿街地块形态混乱问题。

1931 年 12 月南京市政府公布了《首都新开道路两旁房屋建筑促进规则》，半年后，又公布了《首都新开道路两旁房屋建筑促进规则实施细则》。按照这两部“规则”的限定，沿路地段如果地形不整、面积不足时均应按照该规则要求整理土地。这其实是对土地重划办法的一种简化使用，在不涉及“让地”增设公共设施的情况下，仅以“换地”的方式对沿路地块形态进行整理。沿街业户的地块必须按照政府要求的宽度、深度以及与街道交角进行整理，这种“简化”方法也对城市街道景观产生极大影响。

新开辟干道两旁土地主要用于建造店铺，因此沿街地块也大多按照《首都新开道路两旁房屋建筑促进规则实施细则》中的商业区地块要求进行整理，做到地块形状“宽度大于 4 公尺，深度大于 6 公尺”。为了避免引起过多的利益冲突，南京市政府主要采取“在各个地块业户之间以相等面积的土地进行交换”的方式，减少协议价购买过程。如在“朱雀路与建康路转角地块”的土地整理案中（图 2-4-5），政府对各业户的土地交换划分方式具体如下：

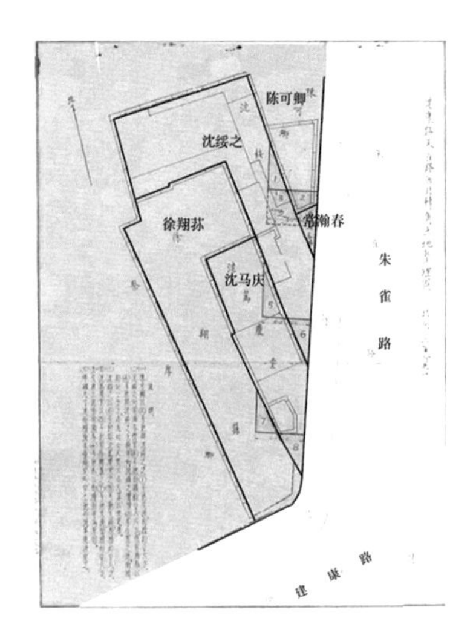

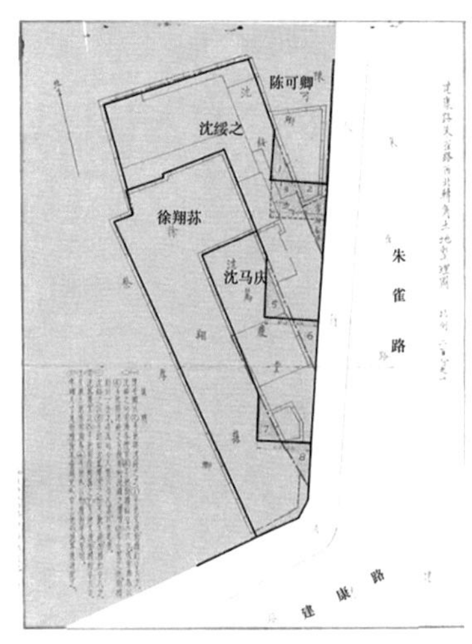

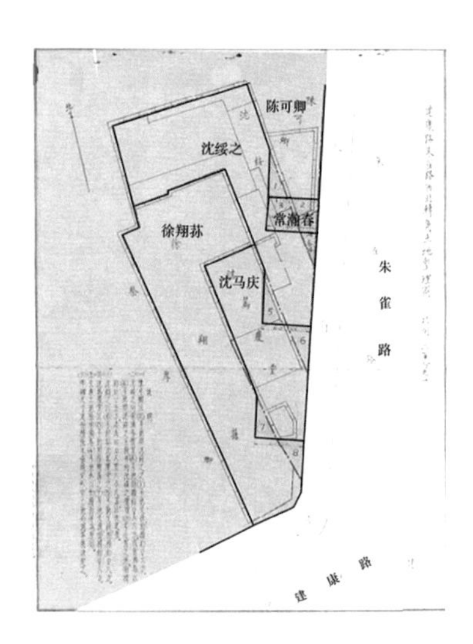

图 2-4-5 建康路与朱雀路西北转角土地整理前后对比图

注：左图为地块现状，中图为整理计划之一，右图为整理计划之二。
底图来源：南京市政府．民国文书（档案号：10010011115-00-0001）［Z］．南京：南京市档案馆．

“一、陈可卿以 2 号地与沈绥之之 1 号地交换，面积约 0.6 方（平方丈）；二、沈绥之向常瀚春价买 4 号地，面积 0.66 方，或常瀚春以 4 号地与沈绥之互换，并向沈绥之价买 3 号位置之地面积约记 1.5 方，凑成 4 公尺宽 6 公尺深以便建筑；三、沈绥之以 6 号地与沈马庆的 5 号地交换，面积约 0.8 方；四、沈马庆以 8 号地与徐翔荪的 7 号地交换，面积约 0．6 方；五、交换土地除常瀚春 4 号地外以面积相等为原则；六、准确尺寸及面积除本图规定外，由土地局测算后决定之。”[①]

截至 1936 年，南京市政府先后完成了太平路、中华路、中正路、雨花路、中山大道、汉中路、朱雀路等新辟干路两侧的土地整理，土地整理后政府方允许业户领照建筑。之前计划通盘整理的塘坊桥地段也于 1933 年在筑路摊费委员会的主持下采用简化办法，对中山路旁的土地进行处理。事实上塘坊桥沿靠近新街口区域的许多小地块已被“农工银行”归并，因此筑路摊费委员仅仅调整了“农工银行”及其毗邻的“徐绍瑞”部分土地[②]，并利用土地征收的方法开辟了连通塘坊桥道路与中山路的横路。但这种“简化”的土地重划方法没有完全解决“传统城市土地组织模式与现代城市空间之间的矛盾”，这种矛盾也在南京近代城市形态上留下了痕迹。

三、战后土地重划与南京城市土地整理

（一）被战争破坏的地产界限

1945 年 10 月，即抗站胜利后南京市政府刚刚复原 1 个月时，市政府收到了一封来自下

---

① 土地交换划分方式引自《建康路朱雀路西北转角土地整理》图面文字，此图详见：南京市政府．民国文书（档案号：10010011115-00-0001）［Z］．南京：南京市档案馆．

② 查看中山路两侧 1937 年地籍图，徐绍瑞地块此时也被农工银行购买归并。

关的商民请愿信：

“窃维本市下关地方人文荟萃工商云集……抗战发生后全部物资房产被损害者其数字一时间实无法统计，其中尤以下关邓府巷、虹霁桥两地为最，所遭损失竟至十室十空，片瓦无存……二十七年地方秩序稍稍稳定，其他地方皆次恢复，独邓府巷虹霁桥两处复为敌伪华中铁道公司夷为平地占据自用，抗战胜利天日重见，商民等纷纷回还故土预备重理旧业，但观旧日衣食所寄托之邓府巷及虹霁桥两地满目荒凉，一片冷落，昔日店基与路线之分歧已无从辨认……谋使各商店复原，拟肯钧府及有关各局会同工商委员先行派员勘量二十六年前旧有商店店基与路线，并命令指定准由商民等先行收回地权由商民等办理复原整理手续，再以筹备其它有关建筑等等事项。”①

这封信中所描述的房屋道路地界被毁现象并非下关一处，抗战八年南京许多地产界限都已经混乱。有的如上信所述，被夷为平地后又被日军侵占，无视原有地界，随意建造房屋。在城北区域中山北路与中央路之间的三角地带，这一现象也很突出，城北三角地带虽然荒凉，但并非无主土地。日据期间这片土地被日军不分地界任意圈占建造房屋工厂，抗战胜利后国民政府各部队机关又在此区域圈地，抢占日军所建工厂仓库。原有业主土地在经日军、国民政府两重“圈占”之后，地界更加混乱。

战后大批的市民返乡，为了能够重建家园，市民要求政府整理地界，返还土地的呼声日增。因此南京市政府决定开始整理土地，分两个层面：一是整理土方、修建道路；另一层则更为重要，整理产权地块的边界，建立合乎建设的地块形状以及秩序。战前南京市政府主要以“区段征收”的方式获取土地，建立较为理想化的地块组织结构；战后建设资金紧缺，建设任务繁重，大多居民急需建设用地，在这种情况下，理想化的“区段征收”很难应用，战前一直未能实施的“土地重划”又被提上了日程。

（二）重划方法规范化：1946 年行政院《土地重划办法》

战后城市地界紊乱、地块需要重新整理，除南京外，其实有许多城市都需要开展复建，整理土地。但战后各地政府建设资金奇缺，进行大规模土地征收的办法需要巨额征地款，这显然不切实际，因此“土地重划”不失为一种既可以节省政府投资，又可以整理土地的“良策”。

国民政府的《土地法》及《土地法施行法》中关于“土地重划”部分多属于原则性规定，其详细实施办法尚缺②。为使各地土地重划有所遵循，行政院地政署依据法令并参考业务实际需要拟定了《土地重划办法》，呈行政院审核。1946 年 10 月 22 日行政院第 764 次会议通过了《土地重划办法》③。《土地重划办法》共计 30 条，延续《首都百子亭土地重划试行区域暂行规则》的一些基本条款设定，但对条款中的内容做了相应的改进。

主要为以下几点：第一，管理机构方面不再设置土地重划委员会，而是交由各城市地政机关主持，土地重划的审核监督则由中央地政机关主持。战后的土地重划管理机构设置更为简洁，便于中央管控；第二，战前南京全市土地登记已基本完成，各区土地也有法定地价作

① 南京市政府. 民国文书（档案号：10030011469-00-0001）［Z］. 南京：南京市档案馆.

② 1930 年《土地法》对土地重划的规定仅为：“凡因辟筑道路，其分段面积不合使用，或某一区域内因水火兵灾毁灭，必须整理，或原有土地面积狭小畸零，不合耕作者，均应加以重划，使土地得以充分利用，并减轻市政当局收用土地之负担，而兼收整饰市容之功效。”详见：南京市政府. 民国文书（档案号：10030010536-01-0013）［Z］. 南京：南京市档案馆.

③ 南京市政府. 民国文书（档案号：10030011458-01-0003）［Z］. 南京：南京市档案馆.

为参考，因此战后的土地价格主要依据法定地价，评定方式标准化；第三，战后将重划费用（主要是赔偿房屋及其他原因重划而损毁的费用）与重划事业费、建设费用分开，明确规定重划费用的来源由业户的土地价值承担，而对重划事业费及建设费用来源未做说明。

其次，《土地重划办法》新加入了一些条款，主要为以下几个方面：第一，对重划土地编制成区的原则做了说明，可依照功能或空间相连性组织为重划区，并不受行政区划限制；第二，对业户的权益做了相应保障，并赋予业户对重划事项提请重新审核的权利，且对无法负担重划后补偿地价的业户给予金融贷款；最后还对重划区土地上的各种权利关系做进一步说明，这部分关系主要涉及“地上权”“永佃权”“地役权”等。但 1946 年《土地重划办法》没有对“让地”及“换地”的具体办法进行设定，留给地方政府根据重划地段的具体情况进行详细设定。

（三）片区土地重划应用：下关土地重划区建设

战后下关区域地界紊乱，下关火车站附近的交通也需整治，旧有道路及战前广场已不能满足城市发展需要。1946 年下半年，南京市政府决定对下关一带土地进行重划，通过“让地”，获取城市发展所需的道路、广场等公共空间，并对“让地”后剩余的土地（包括私人土地与公地）进行重新划分，形成合于建设的地块。

重划区域分为三期进行（图 2-4-6），1946 年 7 月在下关举办第一期土地重划，其范围为东至京沪铁路，南至京市铁路（即“市内小铁路”），西至惠民河，北至老江口江边，总面积计 133 亩；下关第二期土地重划，其范围为东沿护城河，南至绥远路，西至惠民河，北至京市铁路，总面积 155 亩；第三期土地重划，其范围为东至惠民河，南至大马路，西至扬子江，北至老江口，总面积 212 亩[①]。截至 1949 年南京解放前，一、二两区的重划计划经行政院核准执行，而第三区则始终未有进行。

图 2-4-6 战后下关第一、二、三期重划区位置图

底图来源：朱炳贵. 老地图·南京旧影［M］. 南京：南京出版社，2014.

① 南京市政府. 民国文书（档案号：10030010536-01-0013）［Z］. 南京：南京市档案馆.

1947年下关第一期土地重划完成之后，南京市政府开始策划第二期土地重划。根据《土地法》《土地施行法》以及1946年《土地重划办法》，南京市政府绘制了原地籍图以及建筑实况，并拟具了《下关第二期土地重划区计划图》《下关第二期土地重划区地籍册》《下关第二期土地重划区计划书》[①]。第二期土地重划区登记面积146亩，原有道路面积9.8亩，其中包括民地103块（业主88户，一些业主占有多块土地），公地36块，原有楼房、平房及草房367幢。第二期土地重划区占地面积为155.8亩，重划前公共设施用地主要为道路用地，且仅占该区总面积的6.3%，重划后经过“让地”，该区的公共设施用地面积比例达到了38.6%，不但提高了道路用地面积，还补充了河堤及广场用地（图2-4-7）。

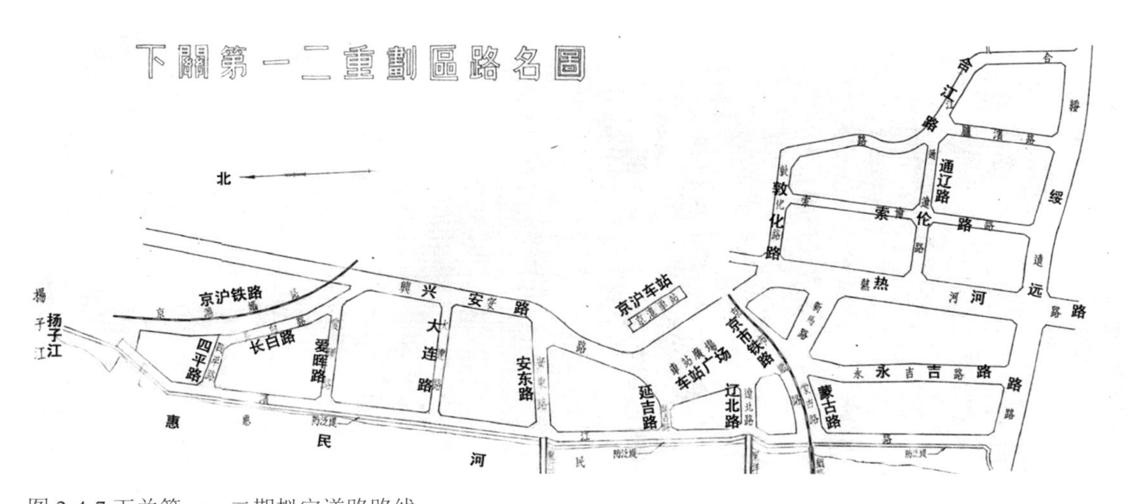

图2-4-7 下关第一、二期拟定道路路线

图片来源：南京市政府．民国文书（档案号：10030080399-00-0006）［Z］．南京：南京市档案馆．

对于重划费用及公建土地获取费用仍比照第一期土地重划办法，所有因重划而带来的费用一概不向业户摊收，同时因公共用途划出的土地也不给予补偿。不同于战前新开道路两旁“简化版”的重划办法，下关区域的土地重划涉及了“让地”，也正是通过“让地”，政府才能无偿获取公共设施建设用地。公共设施的完善也意味着区域土地价值提升，也只有借地价的提升，私人业主因土地面积减小的损失才能被弥补。但是当时完善的地价评估体系尚未建立，南京市政府无法估算出重划后土地所提升的价值，因此也无法确切地按照土地价值估算出“让地”的面积，因此每户业主只能按照各宗土地原有面积大小进行公地分摊。

重划后土地除现有房屋依照实况划分外，其余建筑基地最小单位面积为9厘（0.09亩）；各户原有面积划出应担公用土地面积即为应配面积，按原有土地的相当位置配给土地。如果同一业户有数宗土地时应尽可能使之合并为一宗；应配土地不足一单位面积者尽可能配给一单位基地，当实配面积与应配面积有差异时其差额均以现金补偿[②]。

按照重划计划，二期的土地在被划去公共设施用地后，剩余的土地将被重新划分。划分的原则为：将小块不实用的土地合并为面积较大且形状合宜的土地。另外划分地块数量也必须满足该区业主数量，使得每个业主都能在重划后区域拥有土地。从整体上看，二期区域重划前只有3条

① 《下关第二期土地重划区实况图》《下关第二期土地重划区计划图》见：南京市政府．民国文书（档案号：10030082848-00-0001）［Z］．南京：南京市档案馆；《下关第二期土地重划区地籍图》见：南京市政府．民国文书（档案号：10030082544-00-0114）［Z］．南京：南京市档案馆；《第二期土地重划区地籍册》见：南京市政府．民国文书（档案号：10030011469-00-0004）［Z］．南京：南京市档案馆；《下关第二期土地重划区计划书》见：南京市政府．民国文书（档案号：10030011469-00-0005）［Z］．南京：南京市档案馆；《下关第二期土地重划区基地分配总册》见：南京市政府．民国文书（档案号：10030011469-00-0008）［Z］．南京：南京市档案馆．

② 关于下关第二期土地重划具体办法详见：《下关第二期土地重划区计划书》，录于：南京市政府．民国文书（档案号：10030011469-00-0005）［Z］．南京：南京市档案馆．

道路，尤其是热河路东，整个区域只有热河路一条公共交通走廊；重划后添加了沿护城河道路、两条纵向道路、两条横向道路，调整了惠民河沿河道路的位置，取消沿惠民河的浅进深地块。而对街块内的重划地块进行研究，根据下关《第二期土地重划区基地分配总册》《第二期土地重划区地籍册》① 内的相关基地数据，选出3类土地作为研究对象，分别是市有土地、大宗土地代表“静海寺土地”、私人土地代表“徐善基土地”，查看这3类土地重划前后的地块形态变化（图2-4-8）。

图2-4-8 重划前类型土地分布（左）、重划后的类型土地分布（右）

注：图中地块填充白色为市有土地，灰色为静海寺土地，黑色为徐善基土地。
底图来源：南京市政府．民国文书（档案号：10030082544-00-0114）［Z］．南京：南京市档案馆．

市有土地：二期重划区内有不少土地为市产，但是这些土地大都比较分散，其中有不少属于土地登记时发现的溢地②，这类土地多为正常地块的“边角料”，难以使用。重划后将小地块合并，成为较大地块，便于建造。由于还需要考虑其他业主地块的位置，二期重划区内的市产也并非全部合并，原有市产地块25块，重划后合并为11块。若原有土地房屋质量尚佳，重划后地块形状需要照顾原有基地上的房屋。

大宗土地代表“静海寺土地”：静海寺是二期重划区内典型的大宗土地所有者，重划前土地面积已达40亩，其原有土地面积的55%都要被划为公用，重划后静海寺仅剩18亩，且剩余土地被分割为3块。静海寺成为土地重划计划中的“牺牲者”，原有大宗地块被分解。

私人土地代表“徐善基土地”：徐善基属私人业主中拥有多块土地者，重划前土地较分散。热河路东有两块，其中一块为开路后的畸零地块，热河路西有一块。重规划后其土地也被划去了45%的面积作为公共设施用地，剩下的土地被划分到热河路北部靠近其原有地块位置附近。重划后的地块以L形出现，但较重划之前规整了许多。

土地重划取消了所有锐角形不合建造的地块，并对零碎地块进行整合，划分后街网结构对下层地块网格的控制力提升许多。由于政府是重划计划的编制者，对市有土地地块的位置比较照顾：如原静海寺基地内房屋多为破坏后重建，战后被市政府接收，造成“地主与房主不同人”现象，因此在重划时为了保留这些接收建筑，市政府将这部分原属于静海寺的土地调换为市有，导致静海寺土地在重划之后呈零散状态。且市产地块重划前分布零散，面积狭小，

① 南京市政府．民国文书（档案号：10030011469-00-0004）［Z］．南京：南京市档案馆．

② 溢地即为市政府对私人土地进行登记产权时，发现其实际所有面积超出了原有地契所载的面积，由此超出部分的面积在产权上属于无主土地，市政府便将这部分土地定义为溢地，收归市有。

抵补公共建设用地的份额也很小，二期重划区重划前市有土地面积为28亩，重划后为26亩，土地损失仅为7%[1]，造成了私人业主损失的土地较多，且划分后的私人地块大部分仍然呈现狭长状，并非理想的建造基地。

至1946年底，下关第一期土地重划区除少数业户因特殊原因外，均已办理完竣领地手续。但战后的下关土地使用状况异常混乱，不少业主的土地被他人占用。有“日据时期非法建筑物侵占”，也有“战后大量难民在下关建造棚户占用”。建筑的建造状况与地籍划分极不吻合，因此重划实施起来非常困难，虽然原有业主按照要求办理完竣领地手续，但却无法解决自己所领地块内他人房屋的拆迁问题。

公共道路与广场的建造也基本难以进行。直到1947年6月，第一期重划区才开始修建由下关火车站向北而行的“兴安路”之一小段。道路工程进行缓慢，除了建设经费紧缺，拆迁工作更是难以开展。首先无法为拆迁路线上的棚户找到合适地点安置；且拆迁路线上许多房屋所有者为国民政府机关单位，如首都警察厅、海军司令部下属机构，这些机构隶属于国民政府，南京市政府拆迁工作需向上级层层申请，效率极低。

第二期重划区的计划书于1947年3月由南京市政府呈报行政院地政署，获得核准，并公告执行。热河路以东土地的重划及放领工作已近开展，热河路以西部分的业户则至1949年4月都未得到重划后的土地权利书，究其原因仍然是产权复杂所致。

四、另一种土地整理办法：区段征收

对于地块秩序的整理，除了土地重划之外，还有一种方法则是“区段征收”。

1930年的《土地法》第343条第2项规定，“区段征收，谓于一定区域内之土地，须重新分段整理，为全区土地之征收者”[2]。因此区段征收是政府基于新都市开发建设、旧都市更新，依法将一定区域的土地全部予以征收，并重新加以整理规划的方法。

这也是实现城市分区制度的有效途径：即由政府依法将所划区域的土地尽数征收，建设道路、自来水、下水道等基础设施，同时将区域土地划分成相应的建筑段落再予以放领，并附以一定的限制条件，诸如使用性质、建设方式、建筑期限等[3]，承领者根据领地时的限制条件建造，可以形成规划设定的城市功能及景观，前期征地费用可在放领土地时重新收回。此方法将区域内前业主的土地所有权剥夺，因此开发过程中不会受到区域原有地籍划分及功能的影响。但这种方法需要政府投入大量建设资金征收土地，若土地放领不顺利，会使政府财政入不敷出。另外区段征收剥夺了原业主的土地所有权，一旦补偿地价不能满足原有业主的要求，极易导致官民矛盾。

（一）极端城市空间的开发：总体规划缺失下区段征收的“错位”应用

区段征收是城市规划落地实施的手段，在城市总体规划的调控下，政府通过区段征收达到优化城市功能与形态的目的。近代南京缺乏城市总体规划，区段征收被南京市政府用在城市局部特定功能区建设中。由于当时政府并未立足现实来认知南京城市功能的缺陷，也未能充分

---

① 南京市政府．民国文书（档案号：10030011469-00-0008）［Z］．南京：南京市档案馆．

② 中国第二历史档案馆．中华民国史档案资料汇编：第一编 财政经济（七）［G］．南京：江苏古籍出版社，1994：172．

③ 周柏甫．都市地域制与区段征收及土地重划之相互关系暨其应用［J］．地政月刊，1934(02):324-325．

意识到城市功能相互之间的联系，造成这些局部分区计划被孤立对待。在这种情况下，区段征收也被“错位”应用，从调控城市功能、解决城市实际问题的手段，变成了政府脱离城市现实，制造极端化空间的便利工具。当然这种“便利性”也是由区段征收本身的技术特性所决定——在“征收”权力下，区段内原有业户的土地所有权被剥夺，因此政府可以在更大的自由度下改变征收区域内的城市形态，这也就为开发者脱离现实、塑造城市空间创造了基础。

“区段征收”多被南京市政府运用在局部特定功能区建设计划中，但仅住宅区计划在南京住宅“刚需”旺盛的背景下运作成功。市政府以区段征收方式开辟的住宅区主要分为两种，分别是高级住宅区及棚户住宅区。在这两种住宅区内，由于政府获得了全区的土地所有权，于是以一种不大受限制的方式开发了两种极端的居住环境。

新住宅区与政治区域住宅区同属南京市政府在1930年代开发的高档住宅区。新住宅区位于城北丘陵地段，此区域在开发前大部分属于林地、农田、坟地，属于城厢内部乡村地段，建筑密度极低，用于车行的道路尚未开发，区域内多是步行小道。政治区域住宅区则分布于明故宫遗址南部靠近城墙区域，此区在明朝为皇城南设置中央文武机构的街区，街道划分体现了较强的秩序感，经历明清两代，到民国时期，该区地上遗留建筑已经不多，区域土地多为旗地，被租于市民耕种。就在这两块近似乡野形态的区域，南京市政府以区段征收的方式取得大面积土地，建立一种在中国传统城市中从未有过的城市肌理——来自西方的住区模式。

新住宅区在山地，因此规划的路网结构较为蜿蜒（图2-4-9）；而政治区域住宅区位于平坦地段，再加上此区原有严谨的街区肌理影响，市政府将其规划为均匀的矩形街网（图2-4-10）。但这两个住宅区城市肌理的深层结构却完全相同。街块划分以“每块宅基地均毗邻车行通路”为原则，每个街块被划分为两排宅基地；宅基地面积平均化，每块基地上容纳一栋住宅。这种划分方式使得每块宅基的面积、与街道的关系以及内部建筑类型都大致相同，因此每块宅基地在获得城市资源方面具有均衡性①。

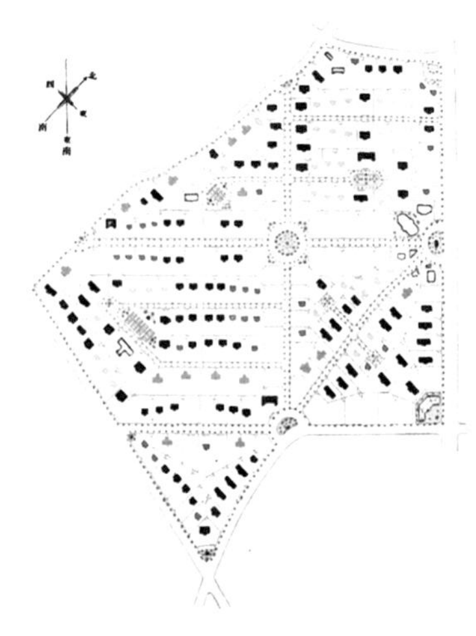

图2-4-9 新住宅区第一区计划平面

图片来源：南京市政府秘书处. 南京市政府民国十九年度工作报告［R］. 南京：南京图书馆，1931.

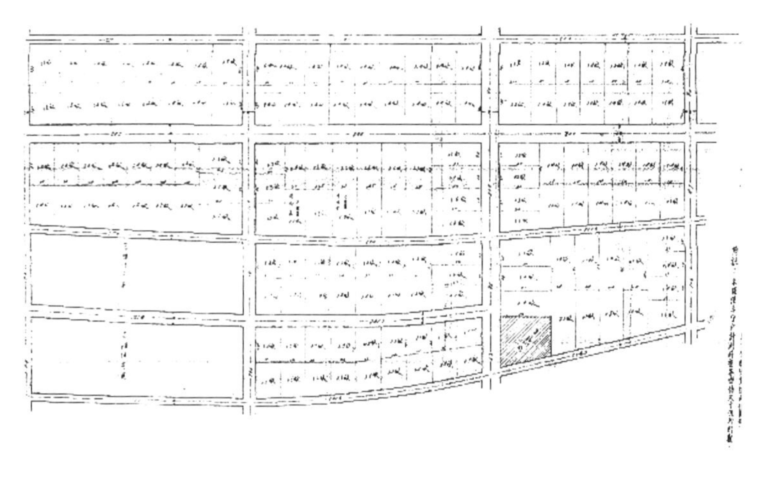

图2-4-10 政治区域住宅区第三区分户计划图

图片来源：南京市政府. 民国文书（档案号：1001003O278-00-0030）［Z］. 南京：南京市档案馆.

① 这种均衡性使得地块在市场交易方面能够像标准商品一般便于给价流通。由于便于资本投资开发，这种城市肌理类型在19世纪西方新城建设中一直占有重要地位，如美国的纽约、洛杉矶的城市空间中大都具有这种类型的城市肌理。

南京市政府通过区段征收获取了这两块区域的土地所有权，将原土地所有人与这些区域的联系完全隔断。没有了以前业户在该区经济及社会关系的牵绊，政府可以在一种较为理想的状态下对这两块区域进行全盘重新开发，引入了一种南京从未有过的城市肌理及理想化的高端居住模式：低密度的花园洋房，平坦小区道路，完善的上下水道及其他生活卫生设施。

当这座城市的老城南人口密度已经达到每亩 40 人时[①]，政府规划了两片人口密度仅为每亩 8 人的西式独栋住宅区，这更像是脱离城市现实状况而存在的乌托邦。新住宅区第一、四两区完成后最多可容纳 578 户家庭居住，政治区域住宅区战前并未能成功开发建造，但是即使被开发，按照新住宅区的居住标准，政治区域也仅能容纳 664 户家庭，两区合在一起可容纳 1242 户家庭[②]，截至 1936 年，南京尚有 51 000 户家庭缺乏住房[③]。政府的理想住宅区模式显然无法解决南京日益严重的“房荒”问题。抗战结束后，南京再也不具备条件建造如此理想化的住宅区，新住宅区的空间模式成了南京城市空间的一处孤例。

1935 年南京市政府开始在城厢外征地建造棚户住宅区。在高级住宅区内，政府建设目的是为当时的南京城树立一种优质的理想生活典范，因此高级住宅区的城市基础设施以及宅地整理都是以高于城市整体水平的方式展开建设；而棚户区则是南京城市生活的阴暗面，政府为了节约建设资金解决此城市消极问题，对棚户住区的设计呈现出一种极端地非人性化的性质，所有棚户区的规划都如同兵营一般，以“最少的土地容纳最多的住户”为原则——每户棚户的宅基地面积为 22 平方米（5.5 米长，4 米宽），5 户为一排，成组排列[④]。在政府提供宅基地的基础上，棚户住宅由居民自行搭建，但是棚户样式以及材料则需要按照政府的统一做法进行：每户棚户住宅被隔为两间，檐口高 2.6 米，采用泥墙或竹笆墙、泥地面、木屋架上盖芦草或茅草。虽然在政府制定棚户住宅区计划时明确规定区内公共设施，如道路、水沟、厕所、学校等由政府建设，但是由于建设资金的匮乏，政府并未完成这些公共设施建设，棚户区缺乏路灯、水井、厕所，道路不修，污水横流，居住环境极其恶劣。

高级住宅区与棚户住宅区都似乎成了南京正常城市生活水平之外的区域：一个是高于普通居民生活水平的“乌托邦”，一个是低于市民居住需求的“收容所”，它们都无法解决当时南京的住房匮乏问题。

（二）两种土地整理方式的比较：土地重划与区段征收

“土地重划”与“区段征收”均是在近代南京留下印记的土地整理方法，它们也是城市规划实施的重要手段。但是这两种方法仍然有许多不同之处，这里仅就这两种土地整理方法在建设资金来源、公共建设用地的获取、土地划分后的最终形态 3 个层面结合南京近代的城市建设历史做出区分。

土地重划法主要是遵照对应原则[⑤]，将私有杂乱不规整的用地进行重新划分，通过将段

---

① 城南人口密度根据《南京市政府行政统计报告》中的“人口密度分布图”估算。详见：南京市政府秘书处. 南京市政府行政统计报告［R］. 南京：南京图书馆，1937：22.

② 新住宅区可容纳家庭户数根据住宅区宅基地数量统计，政治区域住宅区可容纳家庭户数则根据政治区域住宅区的面积 1230 亩，以新住宅区的住宅户数与住宅区面积比例标准进行估算。

③ 战前南京新增户数与新增居住单元数量统计数据来自：Tsui C M. A History of Dispossession：Governmentality and the Politics of Property in Nanjing 1927-1979［D］. Berkeley: University of California，2011:81.

④ 陈岳麟. 南京市之住宅问题［M］// 萧铮. 民国二十年代中国大陆土地问题资料. 台北：成文出版社，1977：47958.

⑤ 即：对应土地区划整理前的宅地位置、面积、土质、水利、利用状况、环境条件等因素，决定土地区划整理后的宅地分配原则，也称换地。

落内原业主部分土地出让，取得所需的公共设施用地，以此完善公共设施（包括道路、公园绿地、排水等），提高宅地利用率。土地重划的建设资金以及公共建设用地获取主要依靠原土地所有者将其土地所有权无偿出让，即依靠“让地”获取。而让地的依据即为：重划后业主土地面积缩减，但由于土地的重划整理，增加了土地的使用价值，使地价上升，所以并未侵犯土地所有者的个人财产权。因此最为理想的状态即为 C1A1=C2A2（C1 为重划前地价，A1 为重划前土地面积，C2 为重划后地价，A2 为重划后土地面积）。通过换地得到公共设施用地和部分工程费用，这对政府来说也是一种节省公共建设资金的有利方法，但是这种方法下土地和原有业主尚有联系，并没有将原土地业主与重划区域的经济及社会关系完全剥离。因此政府对区域内的地块进行重新划分时是有限制的，仍然需要使原业主的地块位次在换地前后大致相同。由于业主在换地前地块面积大小并不相同，换地后各地块按照比例除去“让地”面积，其剩余的地块大小仍然保留着之前面积不均的形态。

区段征收的方法则是政府基于新都市开发建设、旧都市更新等开发目的的需要，依法将一定区域的土地全部予以征收，并重新加以整理规划，之后将整理完毕的土地出售以补充前期投入的征地费用及建设资金。这种土地整理办法通常需要投入较多的前期建设资金，因此政府要背负一定的财政负担，但是这种办法却可以使政府获取开发地段完全的土地所有权，从而以一种较为的理想形式是对土地进行开发整理。

南京市政府在战前尝试运用土地重划整理城区土地，但仅在新开道路两旁的土地整理中运用了简化的重划方法：仅涉及了“换地”，并没有涉及“让地”操作。即使是这种浅层次重划方法仍然使政府省去了“附带征收道路两旁土地，整理沿街景观”的公共资金。战后土地重划在通货膨胀、政府财政极其困难的情况下成为政府整理土地、开发城区的首选方式。在下关区域，南京市政府第一次较为完整地实施了土地重划，以“让地”的方式获取了广场及道路用地，并消除了该区不合使用的狭小地块。但是“土地重划”方式并不能实现“区段征收”中理想的城市形态与功能，政府所主持的“换地”与“让地”并没有剥夺原有业主在该区的土地所有权，被整理后的地块仍然保有原地块划分结构的痕迹。

在战后下关重划区，各个业主的土地在被扣除“让地”面积后所剩的土地面积仍然不均，因此各个地块的“建筑—地块—街网”结构并不同质化：大的地块上可以同时拥有数栋建筑，而这些建筑单体通过地块网格与街道的联系并不紧密，可以自成一体地形成地块内小区域空间；小的地块则仅能容下一座建筑，单体建筑通过地块网格与街道的关系较为紧密。各个地块内城市肌理特征的差异性以及地块所属经济社会层面的差异性，共同导致了该区域城市空间结构的不稳定性，为日后的变动埋下了伏笔。

1930 年代南京在几次局部功能区计划运作中，政府首选的土地整理办法便是区段征收，希望可以利用这种方法较为彻底改变征收区域的土地功能以及城市形态，实现现代首都应具备的城市功能与形象。但是区段征收需要政府投入较多公共资金用于征地以及公共设施建设，而当时时局不稳，南京市政府的财政一直非常紧张，如果土地整理后在放领阶段的市场需求不高，初期建设资金不能很快回收，区段征收将无法运作。正是这一原因使得南京市政府众多功能区建设项目中仅有刚需旺盛的住宅区得以运作成功。由于采取了区段征收的土地整理方法，政府掌控了住宅区的全部土地所有权，对区内城市功能及形态的控制度较强，因此可以不受限制地建立某种脱离城市现实的极端性质城市空间。

第三章

行政建筑

第一节　清末新政至南京国民政府成立前政权机构建筑

一、西方政治制度引入中国的历史背景

（一）中西方政治制度的碰撞

近代中国与西方的最大区别在于农耕文明和海洋文明的差异。中国的农耕文明集合了儒家教义，以精耕细作、聚族而居的农业生活孕育出自给自足的文化传统，统治者信仰“普天之下，莫非王土；率土之滨，莫非王臣”的封建王权和官僚政治。而受海洋文明熏陶的西方重商主义者则相信民主国家、法治和科学技术，热衷于国际贸易，并崇尚战争为扩张服务。中西方在尚未交流之前，各自在封闭的环境中形成了独立的体系，但当19世纪西方列强用坚船利炮打开中国大门的时候，两种文明的差异便在不断升级的碰撞中产生分歧。中西方在政治观念上的差别，主要体现在对“国家”概念的认识上。西方的“国家”概念是以独立国家相互平等为基础的，要求互派公使、签订贸易协议；而清政府传承的是中国传统的天朝思维和明清延续的朝贡体系，即大清国是天朝上国，其他国家是四夷，彼此地位呈主从关系。

第一次鸦片战争失败后，清政府仍不愿了解新的世界规则，直到第二次鸦片战争结束，洋务派才开始抱着“师夷长技以制夷”的目的，开展了自上而下的改良运动。部分官员认识到国际形势的变化，决心履行中国的条约义务，按照现代规则开展外交活动。从形式上看，儒家的“天下”已经演变成“国家”，但在精神上，昔日“中央帝国”的世界观依旧沿袭未改。直到甲午战争及庚子之变之后，清政府才真正认识到“西方已经优于自己”。

（二）外国势力的渗透

19世纪下半叶，清政府在帝国主义的压迫下承受着日益繁重的负担，随着不平等条约的不断扩大，外国势力也由沿海逐步深入到内地。在政权机构层面，除了文教卫生机构深受传教活动的影响之外，清政府的海关、邮局和盐务部门雇用外籍人士。这些部门虽然在形式上仍隶属于中国政府，但实际长期受外国势力控制。

1. 海关

海关包括税务、海务和工务三个部门，海务负责测探水道、操纵灯塔、修理浮标和维护治安，工务负责修理房屋等固定资产。海关的核心业务是税务，分内班、外班和港务三科，内班是海关的行政部门，负责行政和会计。

第一次鸦片战争之后，海关在各通商口岸实行“领事报关制”，外国领事开始直接参与中国的海关业务。1846年，英国领事巴富尔诱使上海道台宫慕久在英租界内开设江海北关。1851年9月，上海道台委任英国人贝利斯担任海关港务长，成为外国人进入中国海关的开端。

本章作者为高钢。

1853年9月，上海爆发小刀会起义，英国领事阿礼国趁机派兵占领海关。1854年7月，上海税务管理委员会主持的江海新关成立，成员由英、美、法三国领事提名。1858年为办理五口通商税务，司税直接由英美人担任。1861年成立的总税务司署，垄断海关税务权。1861年1月，总理各国事务衙门任命英国人李泰国为海关总税务司，统辖全国海关。6月赫德代理总税务司，陆续开办粤海新关、潮海新关、镇江、浙海、天津、闽海、厦门、汉口、九江等海关。1863年，总税务司署在上海成立，1865年迁至北京。1900年海关归总理各国事务衙门管辖。直到20世纪初，海关的组织结构、职责、工作程序及海关人员的组成，基本上都由海关总税务司赫德主持。1898年，关税成为偿还日本战争赔款的贷款保证，海关是偿还外债的主要机构。海关管理中国邮政和灯塔业务，控制港口的领港工作，亦是外国了解中国的情报机构。

2. 邮局

中国近代的邮政事业起始于西方列强对华侵略以后，1842年8月24日，英国首先在香港设立邮局，《南京条约》后，又陆续在各通商口岸开办邮局。1861年，总理各国事务衙门成立后，各国公使寄递的邮件改由总理各国事务衙门转交驿站代寄。1866年总理各国事务衙门将代办邮递业务交海关兼办。同年12月起，北京、上海、镇江、天津海关先后设立邮务办事处兼办邮递，承担原由驿站传递的各国驻华使馆公文，并收寄办理海关公私信件。1896年3月20日，光绪皇帝批准正式开办大清邮政。外国邮局最初在19世纪60年代出现，邮政作为海关的一项业务，在北京和条约港口之间传送公使函件。大清邮局由总税务司托管，成为海关的一个部门。邮政部门通过管理和限制信局活动，以及吞并吸收部分信局的方式，成为官方垄断事业。1911年5月，邮政局和海关分离，大清邮政局转归邮传部管辖，由前海关邮政局总办帛黎管理。1911年后，邮政局变为中国政府的行政部门，不再隶属于海关，但各省邮政主管仍由外国人担任。辛亥革命后，中华民国成立中华邮政。除为清廷服务的官办邮政外，中国公众通过私营信局寄送邮件。1914年参加国际邮政联盟，但直至1922年华盛顿会议以后，缔约列强才同意撤销各自邮政。

3. 盐务

中外合办的盐务署是1913年4月26日善后借款签署后强加给中国的。此时，关税收入已用作庚子赔款的抵押，所以北京政府只能用盐税的收入来担保善后借款。各国财团坚决要求采取措施对盐务进行控制，迫使袁世凯同意在财政部下设立盐务署，由中国总办和洋会办共同主管稽核总所。

（三）租界的示范作用

1842年自《南京条约》允许外国人在通商口岸居住、贸易以来，1893年增辟28个地方进行对外贸易。其中16个条约港口设外国租界，租界的地方行政由外国人管理。

公共租界的工部局只是纳税人会议的执行机构，之后逐步取得包括向中外居民征税和维持治安的行政权力。工部局成员由外国选民选举产生，受代表工商业利益的英国核心圈操纵。

在租界内，除了授予外国人治外法权和特权外，公共租界当局还对中国居民行使管辖权。在上海的公共租界，中国人之间的民事或刑事案件在会审公廨审理，受外国陪审团控制。外国市政当局坚持租界为中立领土，拒绝中国军队通过。

租界的市政建设发展迅速，显示了西方现代文明的先进性，这与传统华界形成强烈对比。自19世纪60年代以来，华界内仿效租界的市政设施和市政管理体系。华界最早成立的市政管理机构，也是从道路修建管理部门开始的。1895年设立的南市马路工程局，是直接模仿租界工部局的具有近代意义的市政机构，1897年改为南市马路工程缮后管理局。至1905年，已发展成为拥有户政、警政、工程三个部门，名为“上海城厢内外总工程局”，是带有地方自治性质的近代市政机关。

二、晚清新政时期的政权机构建筑

（一）晚清官制改革

晚清官制改革是清政府行将就木前的最后挣扎，也是中国政治体制向现代化迈进的一次尝试，其中既有列强的干预、西学的影响，也有改革派与其他势力的权力争夺。官制改革过程分三个阶段，第一阶段是第二次鸦片战争之后设立总理各国事务衙门和南北洋通商大臣，第二阶段是光绪庚子后改革官制，第三阶段是1911年改设责任内阁。

1. 行政改革

行政机构的改革主要体现在练兵、兴学和理财方面。

1901年，清政府取消河东河道总督和通政使司，先后裁撤詹事府、通政使司，设立商部、学部、巡警部、练兵处，以加强对工商、教育及军事的管理。1905年9月1日，慈禧发布懿旨“预备立宪”，实行三权分立后，再次调整中央机构：增设邮传部管理交通、邮政、电信业务；将兵部改为陆军部，兼管海军处和军咨处；将工部并入商部，改为农工商部；将巡警部改为民政部，户部改称度支部。

总理各国事务衙门成立于1861年3月11日，主管对外通商和交涉事务，并兼管对外贸易和海关税务。总理各国事务衙门最初只是隶属于军机处的临时机构，义和团事件之后，西方国家认为总理各国事务衙门机构臃肿，不能有效处理外交突发事件，要求公使进驻北京，迫使清政府成立新的外交部门。总理各国事务衙门改组为外务部，成为正式机构，品级高于其他六部。1901年总理各国事务衙门改为外务部。

陆军部成立于1901年，由兵部、练兵处和太仆寺合并而成。清朝正规军队由八旗和绿营组成，但到19世纪已无战斗力。1901年清政府命令各省巡抚改建兵制，取消部分绿营防勇和武举考试，在各省创办武备学堂。1903年，中央为控制各省新军成立练兵处，以招募和训练新军。1904年清政府改建兵制，将新军分为三十六镇，统归练兵处辖制。1906年兵部与练兵处合并成立陆军部，1909年设立筹办海军事务处。

1903年9月成立商部，掌理重大工商计划，并在各省建立商务局。清政府设立财政处以统一货币。1905年为集中管理纸币，清政府开设户部银行，1908年改组为大清银行。1906年，铁路、船舶、邮电的管辖权转归邮传部，商部改组为农工商部。

教育方面的改革以废除科举、创办新学和鼓励出国留学为主。1905 年 12 月设立的学部成为全国教育的最高行政机构。此前，礼部负责科举考试及传统教育事项，但新式学堂由 1898 年成立的京师大学堂负责。京师大学堂集大学与行政机构于一身，不能起到有效的监管作用，故另设学部管理新式学堂。1905 年清政府宣布自 1906 年始废除科举。

清政府宣布实行宪政后不久，进一步改革政治制度。行政方面，一是合并职能重复的官署，如太常寺、光禄寺和鸿胪寺并入礼部，兵部、练兵处和太仆寺并为陆军部，户部和财政处改为度支部等；二是增加中央管理机构，如新建邮传部，改刑部为负责司法行政的法部等，使原来的吏、户、礼、兵、刑、工六部变为外交部、吏部、民政（巡警）部、度支部、学部、陆军部、海军部、法部、农工商部、邮传部和理藩部。

2. 司法改革

1902 年成立法部，以修订法律和管理司法。义和团事件之后，为取消治外法权，清政府按照西方模式进行司法管理并修改法律。清代沿袭明制，从中央到地方，各级均设监狱。清代司法与行政不分，监狱只是衙门的附属机构。1903 年，清政府批准改良狱制的措施，修订相关监狱法规，改革监狱管理机构，筹建京师模范监狱、奉天模范监狱等一批新式模范监狱。1905 年废除酷刑，建设新式监狱。清末监狱改良运动，标志中国监狱建筑现代化的开始。光绪末年，清政府在全国范围内开展监狱改良运动。中华民国成立后，北洋政府及国民政府均延续清末的监狱改良运动，修订监狱新规，建设新式监狱。新式监狱以感化人为宗旨，实行劳役、教诲相结合的制度，分房监禁，教授囚犯生活技能以重返社会。

清末狱制改良的第一步是引进近代监狱制度，修建罪犯习艺所。1902 年 11 月 15 日，赵尔巽奏请各省通设罪犯习艺所。翌年 4 月刑部拟定具体章程，饬各省筹建罪犯习艺所。同年直隶总督袁世凯即率先拟建直隶罪犯习艺所，派遣凌福彭等赴日考察狱制。1904 年天津罪犯习艺所成立。1909 年兴建的京师模范监狱即以东京巢鸭监狱为样本。天津府守凌福彭赴日考察监狱回国后，与天津南段巡警局总办赵秉钧等会同商讨，提出四项改革意见：应分已决、未决、拘置等监；培养狱官人才；改良监狱设备；宜广设艺所、工厂、教诲室、自新监等，注重感化教育。

废除三法司，将刑部、大理寺改组为法部和大理院。司法方面，设大理院、审计院和资政院。大理院的权力是与纯粹作为行政机构的法部明确分开的。在各部之外独立设置审计院，因负责审计各部账目而独立于各部之间。暂不设立法机构，在将来召开国会之前，计划把资政院试作立法机关。可以按照大理院模式设立独立地方司法机关，在各省建立审判厅。

3. 立法改革

1906 年 9 月 1 日，清政府通过甲午战争和日俄战争认识到专制政体不如立宪，正式下诏颁布预备仿行立宪。1908 年 8 月，清政府颁布《钦定宪法大纲》和《逐年筹备事宜清单》，规定第二年举行地方咨议局和中央资政院选举，计划以 9 年时间筹备宪法，10 年后实行立宪。1909 年各省咨议局选举，1910 年资政院举行第一次开院礼。1910 年建立海军部，1911 年 5 月 8 日，清政府废除军机处，发布内阁官制与任命总理和大臣。成员中皇族与满人超过半数，立宪派认为清政府实无诚意推行宪政，逐渐倾向革命派。1911 年设立军咨府。1911 年 10 月 10 日武昌起义之后，各省纷纷宣布独立。1912 年 1 月 1 日，孙中山在南京宣誓就职，宣告中华民国成立。1912年2月12日，隆裕太后颁布宣统皇帝退位懿旨，清朝统治宣告结束，走向共和政体已经是大势所趋，君主立宪退出历史舞台。

（二）新建的政权机构建筑

1. 陆军部和海军部

1906年，清政府在铁狮子胡同原承公府及和亲王府旧址上修建陆军部衙署，建筑由军需司建造科沈琪设计，中国营造厂承建，1907年8月完工。1909年3月，清政府又在陆军部东侧建造陆军贵胄学堂。1910年，陆军贵胄学堂撤销，改为海军部。

2. 大理院和狱制改革

1906年11月6日，清政府颁布官制改革上谕，将刑部改为专职司法的法部，大理寺改为专掌审判的大理院。1909年4月，大理院利用工部和銮舆卫旧址新建办公大楼[①]，建筑由通和洋行[②]设计，公易洋行承建，前民科推丞周绍昌总办工程。

庚子事变之后，西方列强纷纷表示如果中国法律及审判等相关事宜皆臻妥善，即允弃其治外法权。但无论法律若何美善，裁判若何公平，如果狱制不备，一经宣告，执行之效果全非。因此，修律的同时，久为外人所痛诋之监狱亦势在必改。1902年签订的《中英续订通商行船条约》第二十款规定："中国深欲整顿本国律例，以期与各西国律例改同一律。英国允愿尽力协助，以成此举。一俟查悉中国律例情形及其审断办法，及一切相关事宜皆臻妥善，英国即允弃其治外法权。"

3. 资政院和各地咨议局

1907年9月12日，清政府设立资政院，宣称"中国上下议院一时未能成立，亟宜设资政院以立议院基础"。1909年8月颁布资政院章程，择定观象台贡院旧址兴建资政院。1910年9月23日，清廷效仿西方议会成立资政院，但仅为中央咨议机构。

清政府推行"预备立宪"的机构宪政编查馆，对各省咨议局的建筑，提出统一要求："其新建者，则宜仿各国议院建筑，取用园式，以全厅中人，能彼此共见互闻为主，所有议长席、演说台、速记席暨列于上层之旁听等，皆须预备。其改造者，亦应略仿此办理。"[③]

三、北洋政府时期的政权机构建筑

中华民国南京临时政府下辖三个系统。第一个系统包括临时稽查局、公报局、印铸局、法制局和秘书处。第二个系统包括实业部、教育部、司法部、财政部、内务部、外交部、海

---

① 大理院奏筹备关系立宪事宜折［J］. 东方杂志，1909（5）：280-281。

② 通和洋行由 Brenan Atkinson 和 Arthur Dallas 共同创办，前者 18 岁时就在上海 T. W. Kingsmill 建筑师事务所工作，后者曾任上海公共租界工部局的市政工程助理。通和洋行 1898 年初创于上海，之后在汉口、天津及北京等地设立分公司，并发展成为远东最大的建筑事务所。通和洋行在上海代表作有会审公廨、大北电报局和意大利领事馆等。在北京除大理院外，还设计了审计院、东方汇理银行、新世界商场和邮政管理总局等建筑。

③ 宪政篇［J］. 东方杂志，宣统元年（1909 年）第五期。

军部和陆军部。第三个系统包括卫戍总督府、大本营和参谋部。

临时约法时期的北京政府，由国会产生对其负责的中华民国大总统府，直辖三个系统。第一个系统包括步兵统领衙门、军事处和参谋本部。第二个系统为国务院，下属三个部分：第一部分包括税务处、审计处和秘书处；第二部分包括交通部、农商部、教育部、司法部、海军部、陆军部、财政部、内务部和外交部；第三部分包括蒙藏事务局、临时稽勋局、全国水利局、币制局、印铸局、铨叙局和法制局。第三个系统包括国史馆、平政院和秘书厅。

袁记约法时期的中华民国大总统府直辖四个系统。第一个系统包括步兵统领衙门、军事处、参谋本部、翊卫处和统率办事处。第二个系统包括交通部、农商部、教育部、司法部、海军部、陆军部、财政部、内务部和外交部。第三个系统为政事堂，由国务卿、左丞、右丞负责，管辖包括礼制馆、司务所、印铸局、铨叙局、法制局、主计局和机要局。第四个系统包括国史馆、肃政厅、平政院、蒙藏院和审计院。

四、国民政府成立前的南京政权机构建筑

1899年1月30日，两江总督刘坤一奏请清政府依据条约开埠，派南盐巡道兼任税关监督，并在下关滨江设立金陵海关。1912年1月1日，孙中山在南京就任临时政府大总统。1月3日，中华民国临时政府成立。1月28日，中华民国临时参议院成立，提出国会组织法大纲，仿效美国国会的两院制。1912年3月11日临时大总统颁布《中华民国临时约法》，改总统制为内阁制。临时约法关于参议院、大总统、国务院、法院等的各项规定，都按西方三权分立的代议制原则制定。同年4月，孙中山辞去临时大总统职务，国都北迁。

临时大总统府的直属机构包括秘书处、法制局、印铸局、铨叙局、公报局和参谋本部等。秘书处下设总务科、文牍科、军事科、财政科、民政科、英文科和电报科。临时政府设陆军部、海军部、外交部、司法部、财政部、内务部、教育部、实业部和交通部。陆军部位于督练公所，海军部位于江南水师学堂，外交部于1912年3月2日从总统府迁至鼓楼狮子桥，司法部位于甲家巷，财政部位于江宁布政使司衙门即原藩署旧址，内政部位于江南政务厅，教育部位于碑亭巷交涉署，实业部位于劝业道署，交通部位于粮道署，法制部位于中协署。

1912年4月，临时政府迁往北京，南京府于1913年12月16日撤并为江宁县，受江苏省管辖。同月，江苏省行政公署成立，与都督府分治军政、民政，省行政公署治于江宁。江宁复为江苏省省会。1913年初设江苏行政公署，1914年5月改行政公署为巡按使署，1916年7月6日改称省长公署，至1927年北伐军攻克江宁后撤销。

1. 江南模范监狱

南京最早的新式监狱“江宁罪犯习艺所”建于1905年，地址在大石桥南，俗称老虎桥监狱，1909年改称“江南模范监狱”，1917年改称“江苏第一监狱”[①]。

江南模范监狱用地方正，长宽各约210米，基地四周设置围墙，外围开凿壕沟，占地面积“四千方丈有奇”[②]（约67亩）。模范监狱分南、北两大区域，北区是普通监房及工厂，南区包括东、中、西三个部分，中间是监狱的办公管理区，西面是盐犯监，东面是病监和女监。

---

① 王晓山．图说中国监狱建筑［M］．北京：法律出版社，2008：152。

② 张研，孙燕京．民国史料丛刊：209 政治·政权机构［M］．郑州：大象出版社，2009：131，京外改良各监狱报告录要，江苏第一监狱。

监狱坐北朝南，“八”字形正门居中布置，门内有照壁正对入口，大门两侧是收发室、看守厨房、守卫室和职员厨房等。南区中部的办公管理区有前后两进、沿中轴线对称布局的建筑。第一进院落以圆形花坛为中心，西侧为看守教练所，东侧为出品陈列所。出品陈列所展示的是囚犯在工厂制作的各类产品，分类展陈以便供销选购。看守教练所的西侧，自南向北依次排列的是会客堂、看守食堂和看守宿舍。出品陈列所的东侧与之对应，自南向北分列职员会议室、职员食堂和看守宿舍。办公管理区的第二进院落是一座四合院，为整个监狱的行政中枢，典狱长、第一科、第二科、第三科均在此办公。其中第一科主管经费出纳、典守印信、统计在监人员的身份簿和指纹等事项；第二科主要负责对罪犯的管理和戒护；第三科负责罪犯劳作及产品的销售与推广。第二科由于担负管理和戒护的工作，职责最为重要，人员也最多，各监房、工场内设置的电铃等警报设备均通达第二科。第一科与第三科位于四合院的南座，中间设穿堂直达内院。内院以花坛为中心，庭院东西两侧设职员宿舍。典狱长室和第二科位于四合院的北座，中间有过道通往北区的普通监房。四合院的东西厢房分别为仓库和保管库，东北角为教务所，西北角为看守休息室，东南角为识别室，西南角为主科附属室。识别室往东与病监相连，主科附属室向西与盐犯监连通。办公管理区地处监狱中心位置，在东、西、北三面均与各监房保持联系。（图 3-1-1、图 3-1-2）

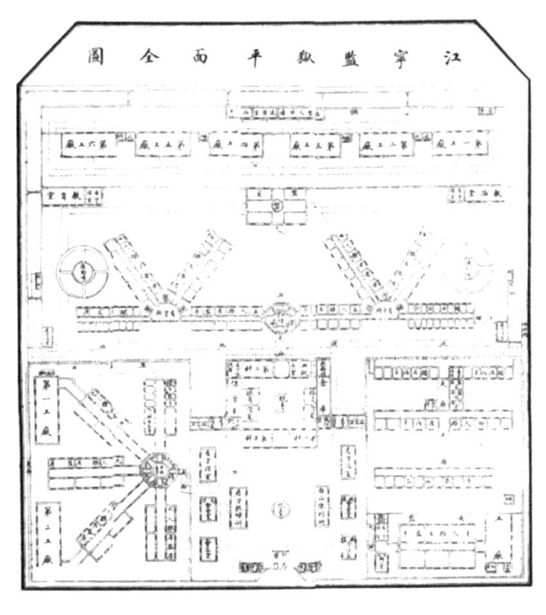

图 3-1-1 江宁监狱平面全图

图片来源：张研，孙燕京 . 民国史料丛刊：209 政治·政权机构［M］. 郑州：大象出版社，2009：245.

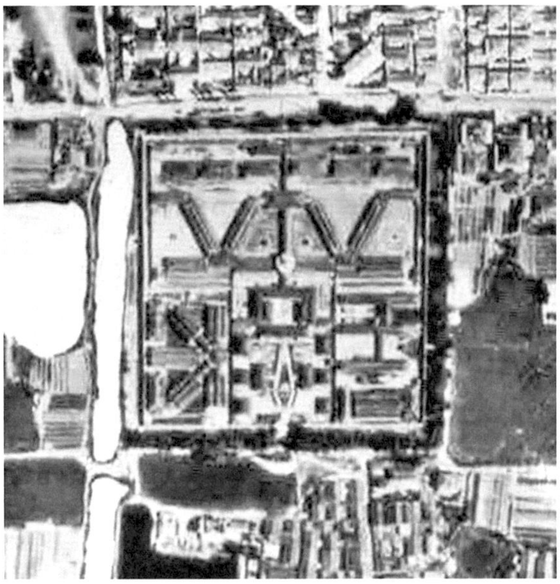

图 3-1-2 江宁监狱航拍照片

来源：美国国会图书馆

南区西侧盐犯监呈扇状布局，八角形塔楼是中央看守室，内有看守宿舍及暗室环绕。塔楼东面通过走廊与管理区相连，西面呈扇面形向外分出五个分支，为盐犯监房，其中西北、西南两处监房端部各与一工厂相连。盐犯监建于 1916 年 9 月，内有 9 人杂居监房 20 间，独居监房 8 间，能容纳罪犯 188 人。南部东侧的女监呈一字形布局，东端与工厂相连，西端与看守宿舍和主任办公室相连，主任办公室通过走廊与管理区连接。女监共有 10 人杂居监房 6 间，可容 60 人。女监北面的病监由三排平房组成，呈“三字形”① 排列。最南端为传

① “三字形”布局形式亦称“电线杆式（Telephone-Pole）”，一般用通长的走廊将若干个平行布置的监房从中间串联起来，人员与物资的流动都通过中央走廊完成。这种类型的监狱最早是由 19 世纪末的法国建筑师范西斯科·珀辛（Fancisque Poussin）在设计弗瑞内斯（Fresnes）监狱时采用的。

染病监，有 12 间监房；中间为 4 人杂居病室，共 10 间，可容 40 人；北端为独居病室，有 13 间。三排病监通过中间走廊进行连接，走廊两边有候诊室、手术室、医务所、医药室和看守宿舍。

北区的普通监为东西连列的两组扇形监房，扇面以看守所为中心，向北分出四支，两两之间设置用于关禁闭的暗室。两组监房之间有八角形的瞭望塔楼连接，塔楼内设看守宿舍和盥洗室，塔楼南面与管理区相连。东西两监共有杂居房 72 间，独居房 40 间。杂居房每间收容 5 人，共计容额 400 名。普通监房东、西各有一处圆形运动场。监狱最北端为 6 座并置的工厂，工厂北面靠围墙处有在监人炊场、洗濯室及浴室。工厂与普通监之间有一道围墙，围墙西端为教育室，东端有教诲堂。由于工厂及炊场与第二科之间距离较远，故在围墙中间增设交番所以通消息，交番所内设盥洗室。相较于盐犯监、女监和病监，普通监看守最为严格，其监外围墙有两道，四角均有看守宿舍。

监狱内共有工厂 9 处，其中普通监 6 处、盐犯监 2 处、女监 1 处。工厂作业分木工、炊工、缝工、染织、洗工、农工、营缮、铁工、鞋工、袜工、制米、毛巾、印刷和女缝绣工 14 科。

图 3-1-3 首都监狱内景

图片来源：卢海鸣，杨新华，濮小南．南京民国建筑［M］．南京：南京大学出版社，2001：342.

图 3-1-4 首都监狱工厂

图片来源：卢海鸣，杨新华，濮小南．南京民国建筑［M］．南京：南京大学出版社，2001：340.

2. 江苏咨议局（国民党中央党部旧址）

辛亥革命爆发后，全国 17 个起义省份的代表于 1911 年 12 月 29 日齐聚南京，选举孙中山为中华民国临时政府大总统。江苏咨议局还曾经是清朝江苏咨议局、江苏省议会、中华民国临时参议院以及中国国民党中央党部所在地。江苏咨议局大楼于 1909 年开工，1910 年落成。辛亥革命爆发后，革命党人在江苏咨议局成立江苏省议会。1912 年 1 月 28 日，江苏咨议局改为中华民国临时参议院，直至同年 4 月 29 日临时参议院迁往北京。

1909 年，清末状元、南通实业家张謇被推选为江苏咨议局议长。同年，两江总督端方奏请建筑江苏咨议局。清政府建议各省新建咨议局以模仿各国议院建筑为宜。张謇特委派南通工程技术专科学校的毕业生孙支厦赴日考察行政会堂建筑，并令其设计建造江苏咨议局办公大楼。“宣统元年乙酉（1909 年），（孙支厦）27 岁，年初，由端方委派，以大清国专员身份去日本考察帝国议院等建筑，实测制图”①。

关于江苏咨议局建筑的模仿对象，多数学者认为参照东京日本帝国议院。“在日期间，

---

① 参见：孙模．建筑师孙支厦年表［J］．南通工学院学报（社会科学版），2003，19（01）：49-51.

孙支厦潜心研究以西洋建筑风格为主的日本公共建筑，并主要参照东京帝国议院测绘，制作了典型的建筑图样。回国后，即按法国文艺复兴形式，主持设计建造了江苏省咨议局大楼”。[①]李海清对孙支厦设计江苏咨议局的过程作了更加详细的考证：“孙支厦即奉派以‘大清国专员’身份赴日本考察帝国议会建筑。但日方不予方便，拒绝提供图纸，于是孙硬是借了梯子，钻到天花板上测绘，画出了结构草图。归国后，孙就以此作为参考，负责江苏省咨议局的建筑设计与施工，不到半年即建成”[②]。李海清认为孙支厦的多数作品都以“当时较为典型而且大家比较喜欢的某建筑”为确定的模仿对象。并认定江苏省咨议局就像张謇自宅“濠南别业”模仿清北京农事实验场之畅观楼，南通钟楼模仿英国伦敦大钟楼一样，模仿了日本的帝国议院[③]。

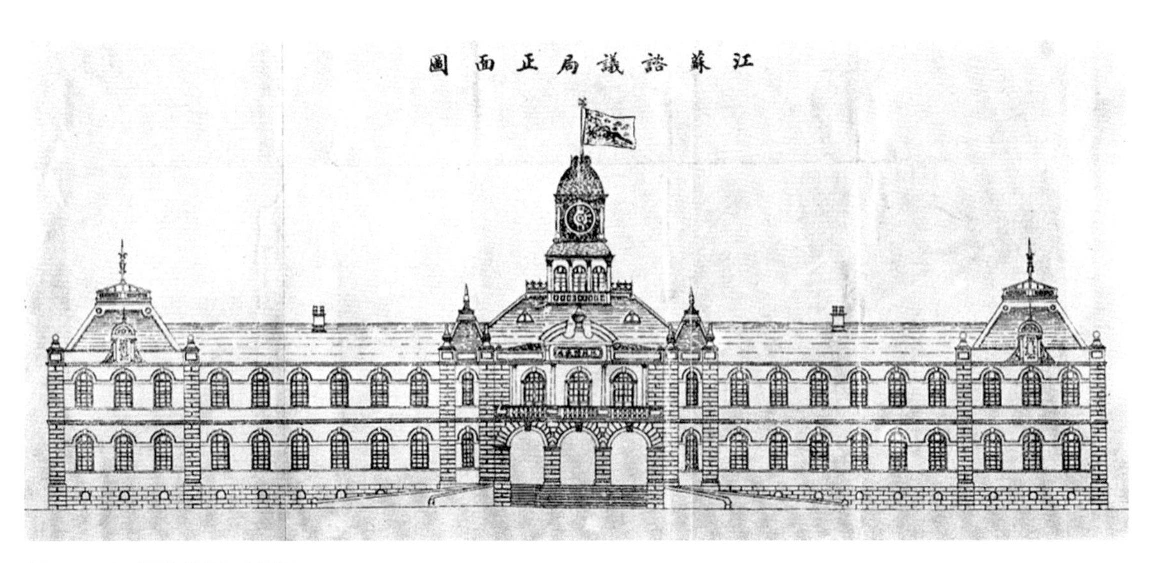

图 3-1-5 江苏咨议局正面图

图片来源：《东方杂志》1909 年第 6 卷第 9 期，第 4 页

图 3-1-6 十八国公使到南京

图片来源：《良友》1929 年第 5 期，第 34-42 页

图 3-1-7 中国国民党中央党部旧址

图片来源：《东方杂志》1909 年第 6 卷第 10 期

江苏咨议局大楼具有欧美市政厅建筑的明显特征。大楼正立面分基座、墙身和屋顶三段式，主入口前设门廊；正立面中部建有高耸的钟楼，钟楼屋顶为方穹隆，上覆绿色鱼鳞状铜板瓦。查阅东京府厅（即东京市役所，建于 1895 年，妻木赖黄设计，现为东京国际论坛大楼）旧照可知，江苏咨议局的建筑风格、造型比例与之十分相像：两栋建筑均为欧洲文艺复兴后期市政厅建筑式样；主立面均按纵横三段式设计，中间入口处都有突出的门廊，顶部亦有耸立的钟塔。

---

① 邵耀辉，徐汉涛，魏伟，等。纪念孙支厦诞辰 120 周年［J］. 南通工学院学报（社会科学版），2013，19（1）.

② 李海清 . 哲匠之路——近代中国建筑师的先驱者孙支厦研究［J］. 华中建筑，1999，17（2）：127-129.

③ 同②。

江苏咨议局建于 1909 年，迄今已逾百年，历史上经过多次修整，现状已有所改变。结合江苏咨议局的原始设计图纸和老照片，与东京府厅建筑进行对比，会发现二者有更多的细节趋于一致，尤其是建筑正立面中部的设计：两栋建筑的门廊正面均有 3 扇拱形门洞，拱心设锁石，拱门上部砖缝呈放射性划分（20 世纪 90 年代大修期间，江苏咨议局此处的砖缝改为水平划分，拱心锁石亦缺失，圆拱线脚简化为红色釉面砖贴面）；二者门廊上部的露台栏杆造型如出一辙，均为宝瓶栏杆与栏板相间的式样（江苏咨议局的露台栏杆，在“文革”期间改为卷云纹花饰栏板）；两栋建筑最为相像的部分还属二楼中间部位，3 扇圆拱形门窗面向露台开启，门窗套为爱奥尼壁柱承托饰有线脚的圆拱，拱心设锁石，门窗之间亦立有 4 根爱奥尼壁柱（江苏咨议局此处的壁柱与门窗套均在“文革”期间损毁，门窗套现简化为红色釉面砖饰面）。

江苏咨议局建筑与东京府厅的区别在于平面布局，前者现状为四方形封闭式合院，后者呈工字形布局。日本各府县厅舍中也有合院式布局的案例，比如京都府厅，但该建筑的议场位于建筑后端，不像江苏咨议局的议场位于封闭式合院的中心庭院内。且江苏咨议局建筑本身也有部分空间存在疑问，以致对其平面布局的方式产生疑问。

江苏咨议局有两处部位不同寻常，一是位于东北和西北拐角处的廊道空间。回廊主廊道的旁边多出一小段平行廊道，二者之间还有拱券分隔；二是东南和西南拐角处的屋面形式。整个建筑屋面以四坡顶为主，但以上两处屋顶局部为平顶，仅回廊顶部有一点坡屋顶与主屋面联系。（图 3-1-8~ 图 3-1-15）

图 3-1-8 国民党中央党部旧址现状

图片来源：东南大学周琦建筑工作室，金海摄

图 3-1-9 国民党中央党部旧址复原效果图

图片来源：东南大学周琦建筑工作室

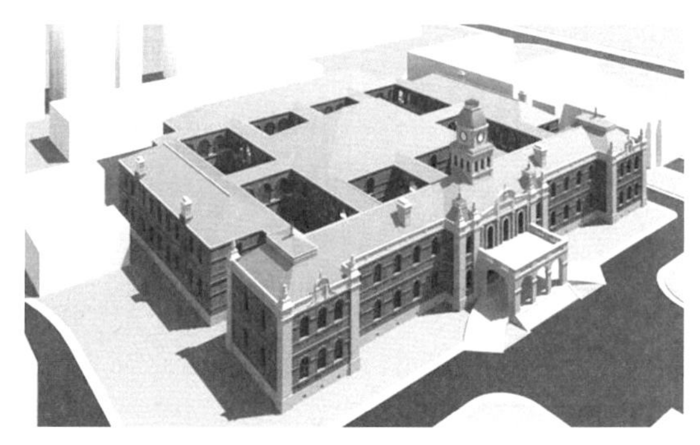

图 3-1-10 国民党中央党部旧址复原鸟瞰效果图

图片来源：东南大学周琦建筑工作室

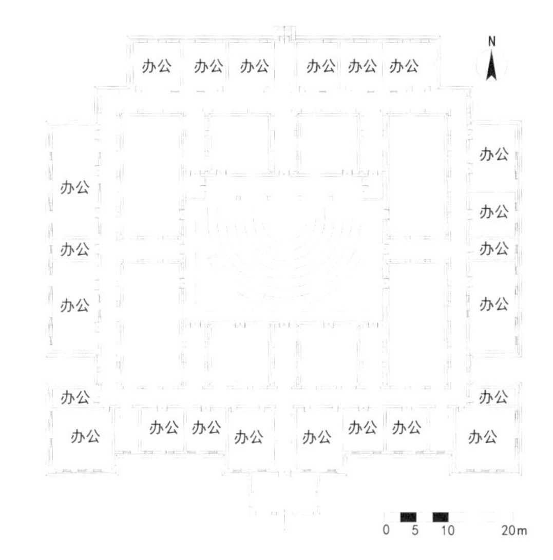

图 3-1-11 中央党部旧址一层平面原状推测图
图片来源：东南大学周琦建筑工作室

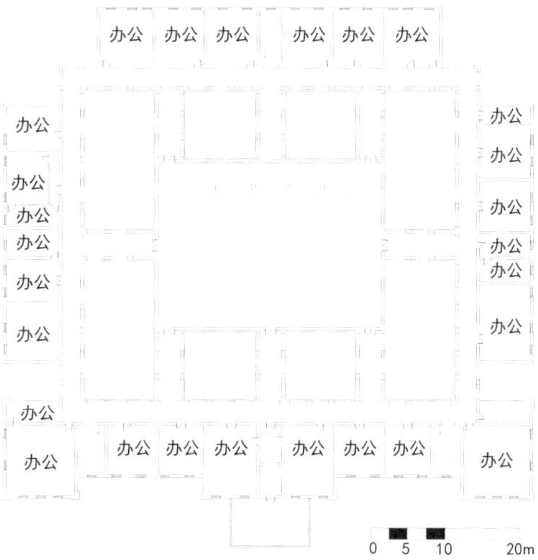

图 3-1-12 中央党部旧址二层平面原状推测图
图片来源：东南大学周琦建筑工作室

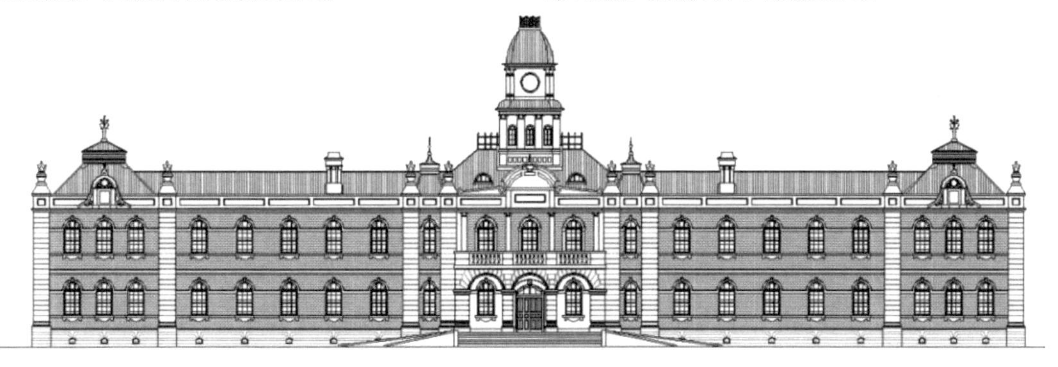

图 3-1-13 国民党中央党部旧址南立面复原图
图片来源：东南大学周琦建筑工作室

图 3-1-14 国民党中央党部旧址南立面复原效果图
图片来源：东南大学周琦建筑工作室

图 3-1-15 国民党中央党部旧址西立面复原效果图
图片来源：东南大学周琦建筑工作室

从 1929 年 9 月美国海军亚洲舰队（United States Asiatic Fleet）拍摄的南京航空照片发现，江苏咨议局建筑原来的平面布局方式应该是以回廊联系东、西、南、北 4 幢独立式 2 层楼房，形成开敞式四合院。议场位于庭院中间，有 8 条连廊与四周建筑连接。这种布局方式与中国传统民居四合院十分相似，四合院以抄手游廊联系正房、东西厢房及倒座。现东北、西北拐角处分隔两条廊道的拱券可能是原来角部连廊的外墙，东南、西南拐角处平屋顶部分应为后期加建。

3. 临时大总统府内的西式建筑

两江总督署旧址最初为明朝汉王陈理的府邸，1372 年陈理被朱元璋遣送至高丽，汉王府遂废置。1377 年西平侯沐英将汉王府扩建为黔宁王府。1404 年汉王府东部改为朱高煦的新汉王府。清朝时，汉王府西部改为两江总督署，东部改为江宁织造署。1853 年 3 月 19 日，太平军攻占南京，改两江总督署为天朝宫殿。1912 年 1 月 1 日，临时大总统府成立于两江总督署旧址。1912 年 4 月，孙中山辞去大总统职务，总统府改为留守府，同年 6 月改为江南都督府。1913 年 6 月，讨袁总司令部在此成立。1913 年 9 月 1 日，张勋攻入南京，重新辟为江苏都督府。1914 年 1 月，冯国璋任江苏都督。1916 年，冯国璋升任副总统，同时兼任江苏督军，都督府改为副总统府。1917 年，冯国璋北上当大总统，军阀李纯、齐燮元、卢永祥、杨宇霆、孙传芳以此作为五省联军的总司令部。1927 年 3 月，北伐军攻占南京，蒋介石在此成立国民党军事委员会[①]。南京国民政府刚建立时，蒋介石把原孙中山临时大总统的办公室改作办公室。

总统府会客堂为一幢单层西式平房，系 1917 年冯国璋任副总统后所建。1917 年 4 月 2 日下午，副总统府因电线短路而引发了一场火灾，烧毁房屋 60 多间。建筑正面是一拱门，门周围灰塑回形花纹。两侧是外走廊，分别是 6 扇拱形落地窗，下为铸铁花栏，上嵌有拱心石，窗的两边还有万年青图案浮雕。中走廊两侧都有护墙板，顶部是雕花装饰，悬一盏铜质进口吊灯。门前是 5 级彩色磨石子台阶。西式平房东西各自一大间。东为会客室和休息室，中悬有大型铜吊灯。西边一间是外宾接待室。（图 3-1-16、图 3-1-17、图 3-1-18）

麒麟门以北是政务局大楼，为建于 20 年代中期的 2 层西式楼房。建筑风格与会客室一致。南北两面均有外廊和拱形落地窗，下为铸铁栏杆，上嵌拱心石。正门也为拱形，塑有回形花纹。两层共有 8 大间，楼下只有一狭窄的楼梯通楼上。二楼上还有阁楼。整幢建筑为砖木结构。（图 3-1-19、图 3-1-20）

临时大总统办公室是 1910 年两江总督张人骏建造的西式花厅，之后成为中华民国临时大总统的办公室（图 3-1-21 ～图 3-1-23）。花厅的墙体由清水青砖砌筑而成，内部为砖木结构。建筑坐北朝南，单层七开间，3 间屋内有壁炉。朝南有外廊及 12 扇拱形落地窗，拱的上部中央均嵌拱心石，下为铸铁空花栏杆（图 3-1-24）。房屋基座有 1 米多高，正中抱厦向南突出，顶部饰有山花，东、南、西三面各有一拱形门。建筑平面呈“T”形，正中间是穿堂，西边大间为大会议室。孙中山曾在此举行中华民国临时政府的第一次内阁会议。东边第一间是小会议室，兼作会客室。第二间是办公室，最东边为休息室。

---

① 江苏文史资料编辑部 . 总统府史话（江苏文史资料第 49 辑附录）［M］. 南京：江苏文史资料编辑部，1996.

图 3-1-16 会客堂正立面图
图片来源：东南大学周琦建筑工作室

图 3-1-17 会客堂门前连廊
图片来源：东南大学周琦建筑工作室，高钢摄影

图 3-1-18 会客堂背立面图
图片来源：东南大学周琦建筑工作室，高钢摄影

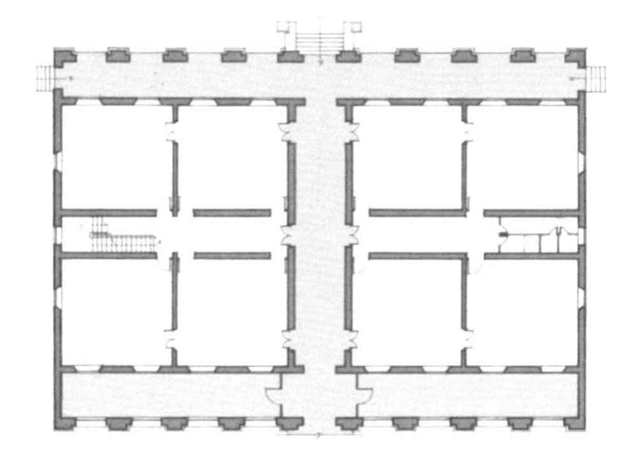

图 3-1-19 政务局一层平面图
图片来源：东南大学周琦建筑工作室

图 3-1-20 政务局大楼正立面图
图片来源：东南大学周琦建筑工作室

图 3-1-21 临时大总统办公室南立面
图片来源：东南大学周琦建筑工作室，高钢摄影

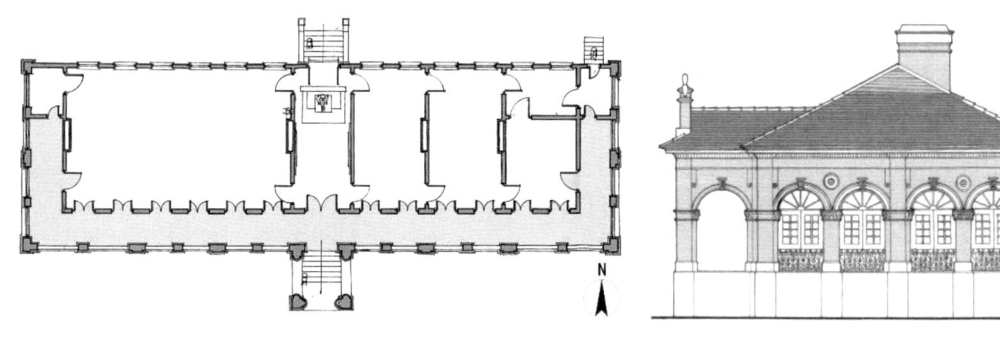

图 3-1-22 临时大总统办公室平面测绘图
图片来源：东南大学周琦建筑工作室

图 3-1-23 临时大总统办公室侧立面测绘图
图片来源：东南大学周琦建筑工作室

图 3-1-24 临时大总统办公室正立面测绘图
图片来源：东南大学周琦建筑工作室

4. 江苏邮政管理局

1897 年 2 月 2 日，镇江邮政局在南京贡院街成立南京邮政支局。1899 年下关成立邮政支局。1912 年，南京邮政局改称江苏邮务管理局，地址在大石桥，邮务长为英国人李齐。1918 年在金陵关税务司的东侧，下关大马路建造 3 层高的南京邮局。新局大楼由邮局英籍帮办睦兰主持建造。建筑面积 4361.8 平方米。1921 年竣工后，江苏邮务管理局迁至此楼办公，1929 年 4 月更名为江苏邮政管理局。

下关邮政局旧址位于大马路 62 号，总平面呈“L”形（图 3-1-25），包括南楼和北楼两部分，占地面积约 2000 平方米，建筑面积 4545 平方米。南楼建于 1918 年，由通和洋行[①]设计，建筑沿马路坐北朝南布置，为钢筋混凝土结构的 3 层平屋顶楼房，立面风格采用殖民主义外廊式。南楼平面呈矩形，一层为邮政业务大厅，办公入口位于东侧，由“L”形双跑楼梯进入二层，西侧和东北角各另有一座楼梯。二层以上为办公室，由于进深较大，二层中间设中庭，中庭两侧的立柱采用塔司干双柱式。三层中庭设两处天井，阳光从屋顶天窗直射到二层。南楼沿街立面共有十一开间，一层两端及中间三开间封闭，其余开间底层架空，作为沿街入口。二层以上，除中间一开间的阳台封闭外，其余均完全打开，形成通长的外廊。正立面采用三段式构图，一层方柱近似多立克柱式，柱头点缀盾形或方尖形装饰，沿街入口门楣的顶部有盾形装饰。二楼和三楼的立柱上下贯通，柱头双耳采用回纹式样，类似爱奥尼柱式的漩涡，下方有穗状装饰。二楼和三楼的栏杆略有区别，二楼为宝瓶栏杆，三楼为栅栏式。檐口设女儿墙和齿状装饰带，屋顶中间有穹顶塔楼。南楼其他立面均开大窗，设窗楣、窗台和窗套，所有外门窗

---

① 通和洋行（Atkinson & Dallas Architects and Civil Engineers Ltd.）是 20 世纪初上海重要的建筑设计事务所和地产公司之一，由英国阿特金森兄弟和亚瑟·达拉斯合伙创建。通和洋行在上海的主要作品有上海公共租界会审公廨、圣约翰大学科学馆、外滩电报大楼、外滩旗昌洋行大楼、大清银行、永年人寿保险公司、外滩东方汇理银行大楼、新世界游乐场、华商纱布交易所和五洲大药房等。1915 年，事务所在汉口开设分部，设计有汉口电话局和中国银行。

均为木制。建筑外墙为水刷石饰面，局部有斩假石（图 3-1-26、图 3-1-27、图 3-1-28）。

北楼呈东西向布局，平面为长方形，南侧山墙与南楼的西北角相接。北楼主入口位于东侧，外墙呈“八”字形，门厅凸出于外。楼梯正对门厅，位于平面正中，将北楼分成对称的两个部分。一层现为邮政局印刷厂，二楼是邮政培训学校的学员宿舍。北楼原高为2层，屋顶应为盂莎顶，两侧开老虎窗，现屋顶已拆除，并增设为 3 层楼。北楼立面采用文艺复兴风格，外墙为水泥砂浆饰面，窗户设窗台和窗套，檐口由二层窗户的锁心石支撑。西立面中间顶部设拱形窗，两侧设八棱柱形烟囱。

建康路邮政支局位于太平南路和建康路的交汇处。1922 年，江苏省邮务管理局在奇望街新建邮政支局。建筑由英国人设计，平面呈“ 凹”字形，坐西朝东，地上 2 层，平屋顶，1923 年 1 月 1 日建成开业。1935 年更名为建康路邮政支局。建筑风格为文艺复兴式样；入口处为柱式门廊和 5 座圆拱门。大楼顶部中央建有西式圆顶钟台。建筑外墙为水泥拉毛粉刷，窗套为水泥仿砌石，门廊上部及装饰柱、阳台，围以水泥宝瓶栏杆。大楼底层为营业大厅，水磨石地坪；二楼为办公用房，木地板，内廊式布局（图 3-1-29、图 3-1-30）。

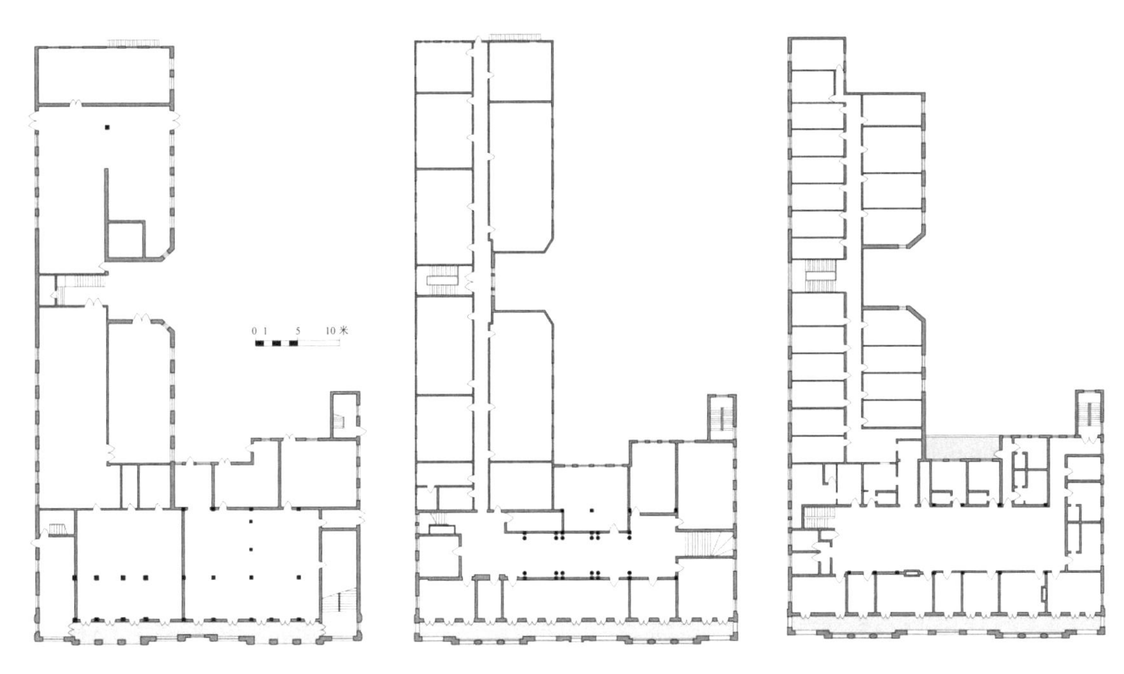

图 3-1-25 江苏邮政管理局一层平面（左）、二层平面（中）、三层平面（右）图

图片来源：东南大学周琦建筑工作室

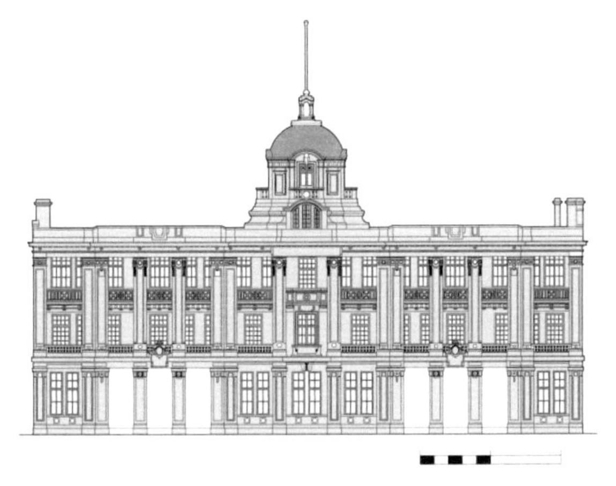

图 3-1-26 江苏邮政管理局正立面图

图片来源：东南大学周琦建筑工作室

图 3-1-27 江苏邮政管理局背立面图

图片来源：东南大学周琦建筑工作室

图 3-1-28 江苏邮政管理局侧立面图
图片来源：东南大学周琦建筑工作室

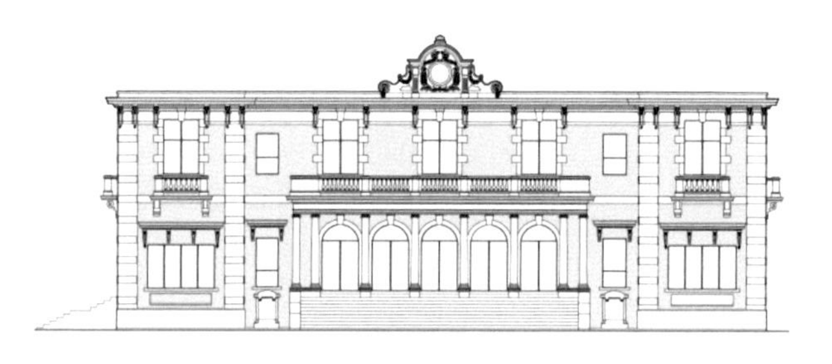

图 3-1-29 建康路邮政局正立面图
图片来源：东南大学周琦建筑工作室

图 3-1-30 建康路邮政局侧立面图
图片来源：东南大学周琦建筑工作室

第二节　首都政治区规划与南京近代政权机构的布局

一、南京在国民政府成立前的城市格局

“南京为江苏的省会，地濒长江下游。城北下关，为重要的商埠，轮舶往来沪汉，固已极形便利；有沪宁路，南通闽浙，东达扶桑；有津浦路，北抵津京，转驰关外；如果将来宁湘、浦信二路告成，其交通当不下于北美的纽约。”自明清以来，南京的城市空间大致分为3个区域，一是位于城南的居住和商业区，二是位于城东的旗地和皇城区，三是位于城北的军事区。

城南商业集中人烟稠密，房屋“闾阎栉比，供不应求”。城南也是各级政府机构的集聚地，自南向北分布有江宁县署①、藩署②、粮道署、江宁府署③、巡道署④、南捕厅⑤、上元县署⑥、保甲总局、守备衙署、洋务局、北捕厅、督署⑦等官署。

城东地区原为明皇城旧址，清代改为旗地⑧，负责城防的江宁将军署及都统衙署⑨均驻扎于此，将军署位于明故宫西安门西侧，都统衙署位于通济门内。城北地区除玄武湖南侧为军事用地外，鼓楼以北仍然荒野遍地，人迹罕至。但自1899年下关开埠以来，沿江一带逐渐发展成为交通枢纽，商旅云集，人口稠密。

“城北则学校较多，外侨卜居者亦伙”，前清在海陵门内（今挹江门内）建立海军鱼雷枪炮学校，在和会街创设陆师学堂。多国政府亦在城北设立领事机构，如位于双门楼的英国领事署，位于三牌楼的美国领事署和德国领事署，位于鼓楼的日本领事署等。民国初年负责外事和侨务工作的交涉署设在外国驻华机构云集的城北狮子桥附近。

总体而言，民初南京的人口分布疏密不均，城南密集，城北和城东除下关外仍留有大片荒地。一方面，城北、城东尚未开发的土地成为南京日后向北、向东发展的空间基础。如清政府早在1910年就将南洋劝业会会址设在城北丁家桥地区，预备立宪后成立的江苏咨议局也设于此。国民政府成立后，中央政治区的选址范围也主要集中在城北的紫竹林、城东的明故宫旧址及中山门外紫金山脚下这3处地址。另一方面，为了连接下关和城南的人口稠密地区，南京的城市交通以北至下关码头、南至城南核心区的南北向为主。“由下关至城内各处，虽皆修筑马路，除几条要道宽约一丈五尺外（有的还够不上）其余大都不上一丈，路面均以碎石砂土铺成，间有面上砌以鹅卵石者；但晴则尘灰飞扬，雨则泥深没胫，深感行路之

---

① 江宁县署位于银作坊，今长乐路邮电学校处。

② 藩署即布政使司，清代江南省在南京设立安徽布政使司，在苏州设立江苏布政使司。安徽布政使司迁往安庆后，又在江苏范围内设立江苏和江宁两布政使司。江宁布政使司位于今瞻园路128号，辛亥革命后成为江苏省长公署，国民政府时期改为内政部。

③ 江宁府署为江宁知府驻地，下辖上元、江宁、句容、溧水、高淳、六合、江浦7县。江宁府署位于府西街，元代为“西锦绣坊”，太平天国时期改为豫王胡以晃和忠王李秀成的王府。

④ 巡道署即江宁盐巡道署，原在江宁府署西侧，雍正十年（1732年）改为巡道，迁至奇望街按察司旧署。

⑤ 南捕厅全称为“南捕通判衙署”，位于绒庄街板巷口，今南捕厅大板巷，原为驿传道旧署。

⑥ 南京自五代十国杨吴天祐十四年（917年）起，即由上元、江宁两县同城而治，两县以内桥为界，桥北为上元，桥南为江宁。上元县署位于中正街昇平桥西，今白下路101号。辛亥革命之后，上元、江宁两县合并，上元县署改为贫儿教养院，国民政府时期在此设立南京市地方法院。

⑦ 督署即两江总督署，顺治初年两江总督辖制江南（包括今江苏、安徽）、江西、河南3省；顺治六年（1649年）改辖江南、江西两省；康熙三年（1664年）辖江南一省（含江苏、安徽二布政使司）；康熙二十一年（1682年）复辖江南、江西两省。清朝地方行政实行督抚制，总督辖数省，侧重军事，巡抚只管一省，侧重民政，二者无直属关系。

⑧ 旗地是清政府划拨给皇室、贵族，或赐予八旗官兵的土地。

⑨ 顺治十七年（1660年）清政府对江宁驻防城进行大规模扩建，在太平门和通济门之间修筑城墙，城东原明故宫地区成为旗地。江宁将军是江宁、京口等地驻防军队的最高统帅，其前身为昂邦章京，1660年昂邦章京改为驻防总管，1661年驻防总管改称将军。都统的前身为梅勒章京，是一旗的最高军事长官。

困难！”1909年建成的江宁铁路，成为连接城市南北的主要交通工具。“由下关至城内，如空手徒步，费时将近两时；以南京的地位言，应有公用电车，以利行旅；可是电车虽没有，而江宁铁路，由下关江口至城内中正街，自日至夜，来往开车共二十次，交通上颇称便利”。

1907年，两江总督端方上奏清廷修建南京市内铁路，聘请英国工程师格里森设计，江南商务局总办王燮督办。1907年10月动工，1908年12月建成，耗资公帑40万两。京市铁路由下关经金川门入城至中正街，长度7英里。1909年1月通车，取名为宁省铁路，全长11.3千米。沿线设江口、下关、三牌楼、无量庵、督署、万寿宫6站。1910年举办南洋劝业会期间，又在丁家桥增设劝业会站。1927年定都南京后，宁省铁路更名为京市铁路。1936年南京市政府将京市铁路向南延伸3.8千米，从雨花门出城，在养虎巷口与江南铁路接轨，在延伸线上增设武定门、中华门两站。

南京的房屋颓唐和腐败状况，随处可见；除公共场所或学校机关有西式建筑物外，其余大都“因陋就简”“拆壁补壁”；偶一经过马路，旧庐低屋，触目皆是[①]。国民政府定都南京以后，开始建设主要道路系统，街道两旁出现大批新式建筑。

二、肇始期：国民政府成立至实行五院制（1927—1929年）

（一）理想：国都处时期的中央政治区规划

1928年2月，时任南京特别市市长何民魂在其主导的《首都大计划》中，最早提出设立行政区的构想。行政区地址初定于玄武湖西岸，但在同年7月刘纪文继任南京市市长后的第二次调整中，地址变更为明故宫旧址。

1928年8月，国民政府在建设委员会之下设立“建设首都委员会”，蒋介石出任主席，刘纪文任秘书长，委员包括孔祥熙、宋子文、赵戴文和孙科，1929年6月22日，“建设首都委员会”更名为“首都建设委员会”。1928年12月1日，“建设首都委员会”的下属专门机构“国都设计技术专员办事处”（简称“国都处”）成立，孙科任主任，林逸民任处长，美籍建筑师墨菲和工程师古力治担任顾问。1929年12月，国都处完成《首都计划》，将南京的城市空间分为中央政治区、市行政区、工业区、商业区、文教区和住宅区6大类。在行政区方面，《首都计划》指出中央政治区宜设在环境幽静，稍离尘嚣的区域，而市行政区因与市民联系紧密，宜设在临近商业区的地方。

国都处在比较了紫金山南麓、明故宫和紫竹林等3处地点之后，考虑到面积、位置、格局、军事、观感等诸多因素的综合影响，认为中央政治区设在紫金山南麓最为合适。国都处列举紫金山南麓的优势：首先，区域面积足够大，可以满足扩建的需求；其次，紫金山南麓位置适宜，交通便利，邻近规划中的政府职员住宅、明故宫商业区和火车客运总站，且远离工业区，符合南京向东发展的趋势；其三，紫金山南麓的地势北高南低，容易营造庄严宏伟的气势，而高低错落的地形有利于建造园林景观；其四，紫金山与规划中的兵营及军用机场相连，在军事上可作为天然屏障；最后，从国民观感来看，中央政治区设在城外有革故鼎新之感，且中央政治区位于中山陵脚下，既符合中国建筑坐北朝南的传统，又有承继孙中山遗志的意蕴。

与紫金山南麓相比，明故宫和紫竹林则各有利弊。国都处认为明故宫的优点在于位置适

① 祝鼎章.南京的近况［J］.东方杂志，1924，21（04）.

中，土地空旷易于规划，但明故宫地形过于平坦，不利于建筑布置。紫竹林地处城北，与南京向东发展趋势不符，且地形平坦，建筑布置难达美观。因此，国都处在《首都计划》中将中央政治区拟定在紫金山南麓，明孝陵和中山陵之间的南向坡地上，规划面积达 2.9 平方英里（约 7.5 平方千米），其中内圈为政党机关的建设用地，外圈为职员住宅和公园建设用地。

国都处在拟定紫金山南麓为中央政治区的同时，又规划大钟亭、傅厚岗一带为市行政区。根据《首都计划》列举的选址原则，市行政区须满足用地充裕、交通方便以及有利市民来往等条件。大钟亭地区的规划面积有 646.5 亩，可以满足日后的扩建需求，且该区域临近中央路和中山北路，交通十分便利。同时，傅厚岗地势较高，市政府建于其上可增加气势，并引起市民注意。市行政区除政府办公之外，还设置诸如登记处、征税处等与市民关系密切的机构，而消防、警察和教育等场所则分散于各处。

1. 墨菲方案

国都处选择紫金山南麓作为中央政治区，不仅是从区位方面的考虑，实际还与孙科和墨菲的主观意愿有关。1929 年 6 月，墨菲曾以紫金山南麓为基址设计过一套中央政治区规划图（图 3-2-1）。方案参照美国首都华盛顿的联邦政府行政区设计，将明孝陵和中山陵之间的小红山作为制高点，向南延伸出三角形的中央政治区。区内建筑沿中轴线呈院落式布置（图 3-2-2），风格采用“中国固有之形式”。

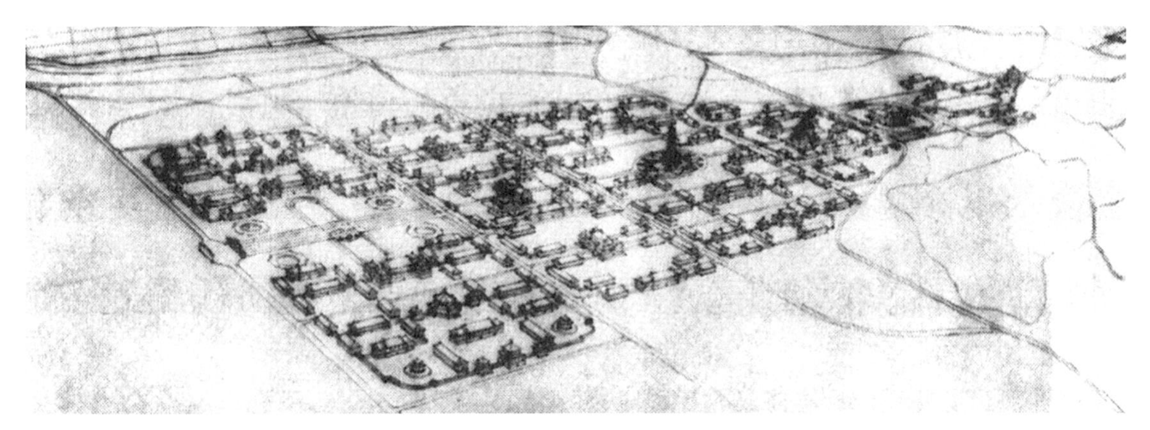

图 3-2-1 墨菲设计的《拟建中央政治区》鸟瞰图

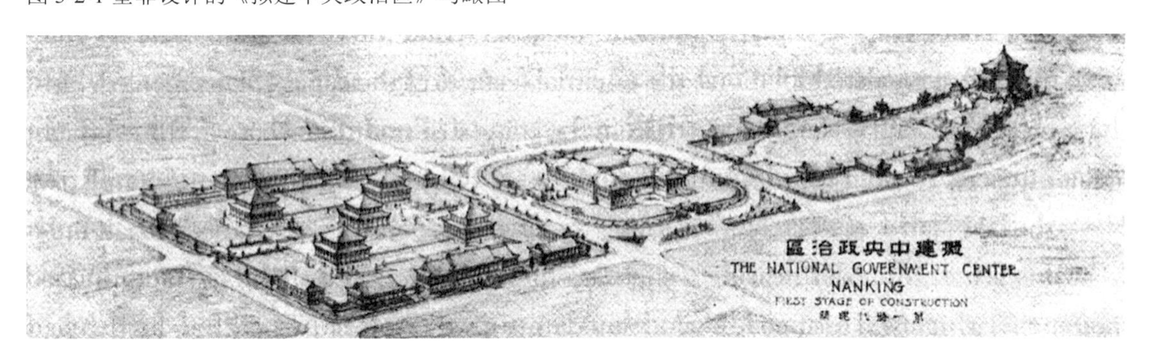

图 3-2-2 墨菲设计的《拟建中央政治区》局部图

国民党中央党部大楼位于中轴线的最北端，八角攒尖顶的楼阁式造型类似广州中山纪念堂，其下自北向南依次排列国民政府、五院和各部会建筑。国民政府四周设有宫墙，角部抹圆，平面形似明堂辟雍。五院采用金刚宝座式布局，行政院居中，其他四院分列四角。墨菲将代表最高权力的国民党中央执行委员会设于制高点，而将国民政府置于南面较低的位置，显示了国民党中央党部凌驾于国民政府的领导地位，符合训政时期国民党“以党治国”的执政理念。整个中央政治区位于中山陵脚下，在空间上具现了尊崇孙中山思想的意识形态。墨菲的规划反映出国民政府所要建构的民族主义，其“中国建筑文艺复兴”理论，与孙科在政治上所持的“孙中山主义”立场一致。

2. 吕彦直方案

墨菲曾经的助手吕彦直并不认同国都处的选址方案，他认为中央政治区设在陵墓脚下，有违中国传统风俗，明故宫旧址则更能彰显中央政治区的正统性和传承性。针对国都处列举的紫金山南麓优势，吕彦直挚友兼合伙人李锦沛、黄檀甫透过《字林西报》的采访提出不同观点[1]。

首先，他们认为中国古代的政府建筑大多建于平地，无须借助山体营造气势。其次，紫金山在现代战争中抵挡不住飞机的狂轰乱炸，其防卫作用不大。再者，民国首都由北京迁至南京已经体现了革故鼎新的革命精神，不必刻意将中央政治区迁出城外。最后，吕彦直坚持选址明故宫，是期望以既存的明代遗迹来约束新建筑的形式，使政府建筑保持中国的传统风格。

吕彦直在病重之际，曾以明故宫为基址设计了中央党部和国民政府建筑群，并完成《规划首都两区图案》和《国民政府建筑设计鸟瞰图》等图纸（图 3-2-3、图 3-2-4）。吕彦直设计的中央政治区总平面形似胶囊状，南北两端均以半圆形的广场为端景，中山东路将基地分成南北两个部分，北面是中央党部区，南面是国民政府区。八角攒尖顶的中央党部大楼是北区的核心建筑，其北面拟建先贤祠，以纪念国民革命中为国捐躯的爱国志士。中央党部的正前方耸立孙中山的立像，东侧为国家图书馆，西侧是国家艺术馆。国民政府大楼、行政院及其下属各部会位于中山东路南侧，中轴线上的主干道连接南面的立法院、司法院、考试院和监察院。基地的最南端拟建象征“三民主义”的“民权塔”，作为星形道路的汇集点，连接首都各干道。

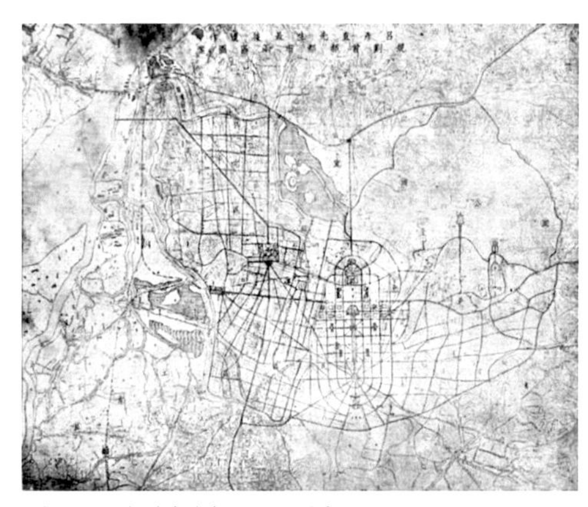
图 3-2-3 规划首都两区图案
图片来源：《良友》1929 年第 5 期，第 34-42 页

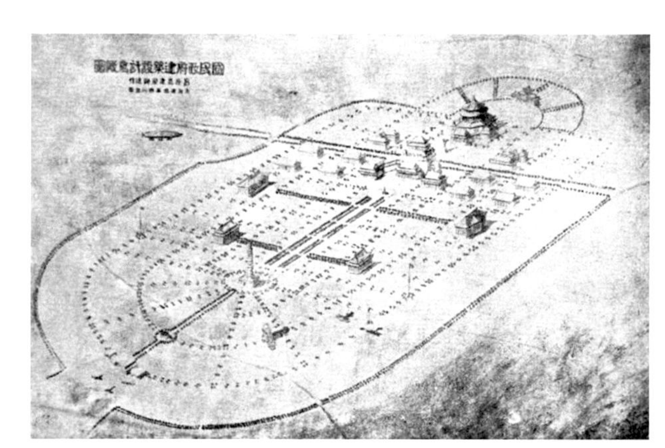
图 3-2-4 国民政府建筑设计鸟瞰图
图片来源：《良友》1929 年第 5 期，第 34-42 页

---

① 1929 年 7 月《字林西报》（North China Daily News），砖块和泥灰中的三民主义（The Three Principles in Brick and Mortar）。

3. 黄玉瑜和朱神康方案

国都设计技术专员办事处并未采纳墨菲的中央政治区规划方案，而是于 1929 年 7 月公布《首都中央政治区悬奖征求图案条例》，以紫金山南麓为基地，面向全国征求“首都中央政治区全部建筑物之布置及形式图案”。

条例规定，中央政治区包括中央党部、国民政府、各院部委员会等机关。设计须考虑各机关建筑的相互关系，功能上“收便利迅速之效果”，形式最好采用改良后的中国传统建筑样式，同时需考虑采光、通风、交通、经济等各方面因素的影响。中央政治区图案征集竞赛聘请墨菲、欧文·慕罗[①]（Irving C. Moller）、海因里希·舒巴德[②]（Heinrich Schubart）、陈和甫[③]、茅以升、林逸民、陈懋解[④]等人为评审顾问，共收到 9 份参赛方案。评选结果“未能悉合意旨”，一、二等奖空缺，并列三等奖的 1 号和 6 号图案由国都设计技术专员办事处技正黄玉瑜、首都建设委员会荐任技正朱神康合作完成。《首都计划》中刊录的中央政治区规划图，是黄玉瑜、朱神康合作的 1 号方案。（图 3-2-5）

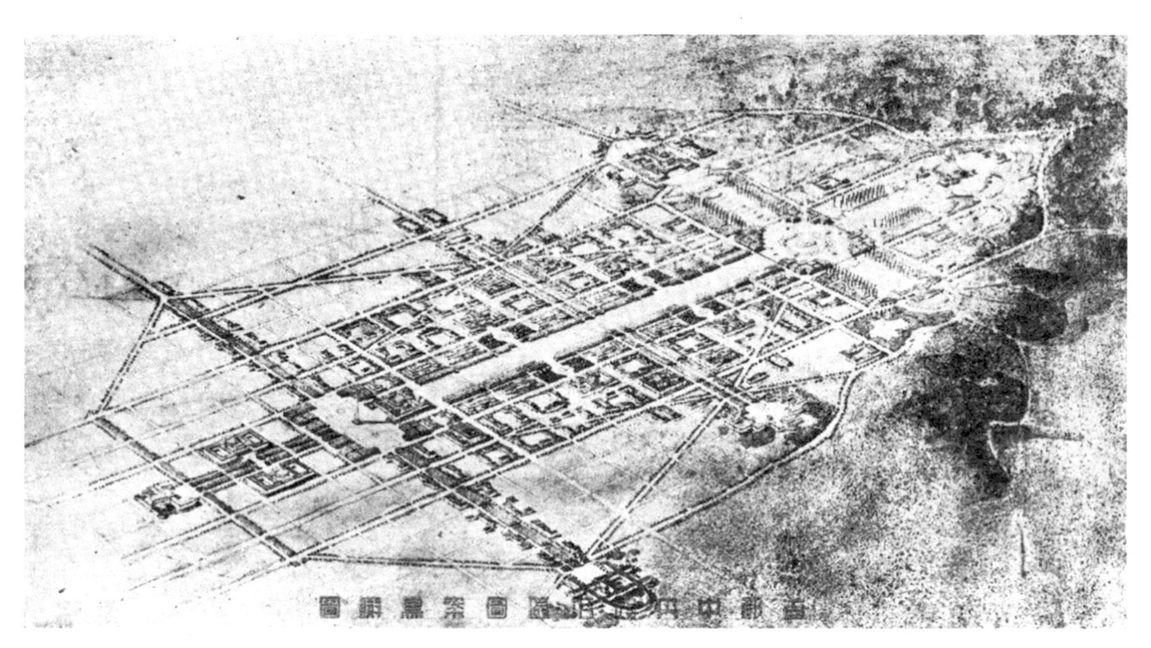

图3-2-5 黄玉瑜和朱神康合作的《首都中央政治区图案鸟瞰图》
图片来源：《首都计划》

黄玉瑜、朱神康方案的总平面受美国华盛顿国家广场的影响较大：中轴线形成连续的视觉通廊，广场和林荫大道两侧分别为各部门的行政办公楼。中央党部位于中轴线北端的制高点上，其下由北向南依次为国民政府、五院及各部、各省驻京机构，行政院位于中轴线的最南端。矗立在小红山顶的中央党部是全区的视觉焦点，体现了国民政府“以党治国”的执政理念。中央党部区由 4 栋呈“U”字形排布的建筑组成，中央党部大楼居中，内设 3000 人大会堂，门前层叠的石阶增添了崇高威严的气势。中央党部大楼的前方树立孙中山铜像，再前为纪念广场，广场中间设革命成功纪念壁。中央党部大楼的两侧为党部附属机关，后方是革

---

① 慕罗为首都建设委员会的美籍顾问。

② 海因里希·舒巴德（Heinrich Schubart，1879—1955 年），德国人，毕业于汉诺威工业大学，1907 年曾出任青岛帝国海军胶澳租界地的建筑总监，1929 年 7 月被聘为首都建设委员会顾问。

③ 陈和甫时任南京市工务局局长。

④ 陈懋解时任华北水利委员会委员长。

命先烈纪念堂。国民政府区位于中央党部区的南面，国民政府办公楼和主席官邸分别位于东、西两座相互对峙的小山丘上，二者间距约为 820 米，中间以一条东西向的道路连接。

总平面布局的重点在于安排中央政治区的纪念性空间（图 3-2-6），方案通过在中央党部和行政院之间设置一条宽阔的林荫大道作为视觉通廊，来增加政府建筑群的纪念性。南北向林荫大道和东西向道路的交叉处为中心广场，广场中间设 200 英尺高的喷泉，广场南面是“五院及各部”区域。中心广场与行政院大楼之间，由北向南依次分布博物院、政府图书馆、内政部、外交部、立法院、监察院、财政部、铁道部、交通部、工商部、司法院、考试院、教育部、司法行政部、农矿部和卫生部等，东、西两侧的高地上分别设立参谋本部和最高法院。行政院以南的东西向道路为行省大道，街道两侧是各省的驻京机关，东端为军官学校。行政院南面的广场上树有北伐成功纪念碑，正对中轴线上的航空林荫大道，航空林荫大道通往南端的航空署和飞机场，道路两侧为军政部和海军部。黄玉瑜、朱神康方案的中国元素主要体现在建筑立面上，造型按等级低高由简入繁，部署采用重檐歇山顶；院署在高楼中间立重檐攒尖楼阁；国民政府设重檐歇山顶门厅，中间立重檐八角攒尖楼阁；中央党部置于高台之上，除门厅为重檐歇山顶外，中间立天坛形式的高楼，建筑造型回归中国皇权统治下的建筑规制（图 3-2-7）。

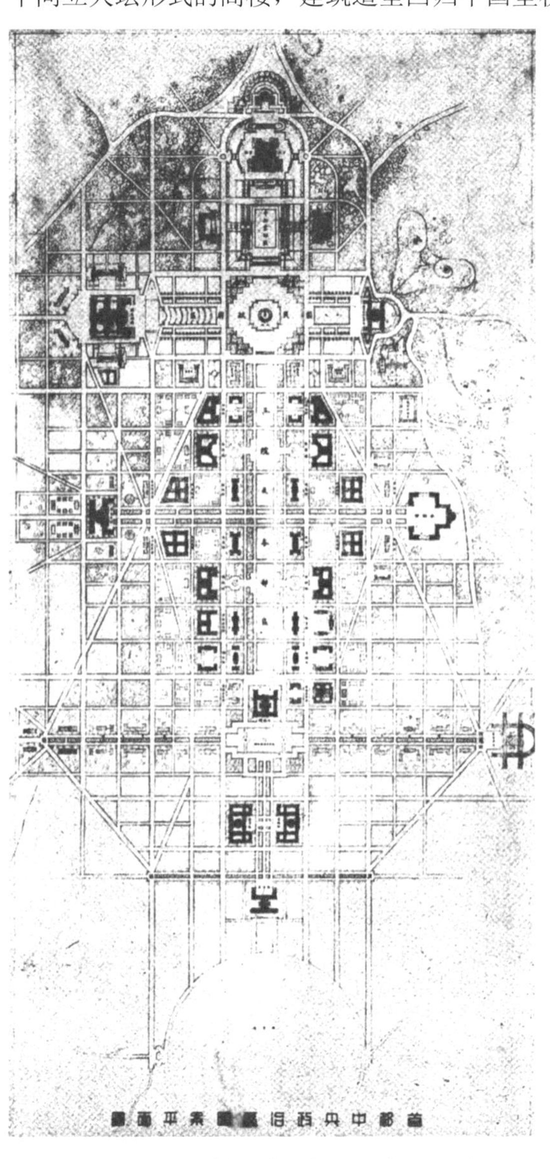

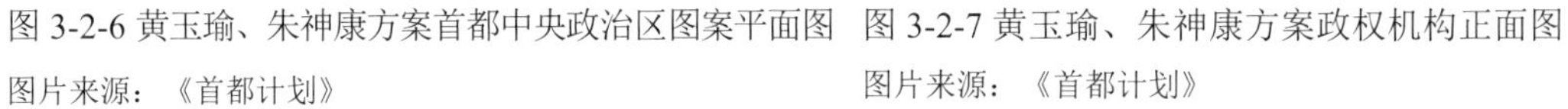

图 3-2-6 黄玉瑜、朱神康方案首都中央政治区图案平面图
图片来源：《首都计划》

图 3-2-7 黄玉瑜、朱神康方案政权机构正面图
图片来源：《首都计划》

（二）现实：南京国民政府成立至实行五院制

1.“军政”时期的两级官制

1928 年 10 月以前，南京国民政府处于“军政”时期，其组织形式继承了广州和武汉国民政府的委员制，组织架构采用两级制。根据 1928 年 2 月 13 日颁布的《中华民国国民政府组织法》，国民政府在“军政”时期成立的直属机构有民政部（内政部）、外交部、财政部、交通部、司法部、农矿部、工商部、监察院、考试院、大学院、审计院、法制院、建设委员会、军事委员会、蒙藏委员会、侨务委员会和最高法院。1927 年 4 月 19 日，国民政府首先成立财政部和外交部，5 月建立交通部，6 月设大学院和司法部，8 月设立民政部。

2. 实行五院制之前的南京政权机构布局

国民政府时期南京权力机构分布表（1928 年 10 月以前）① 表 3-2-1

机构名称	原址单位	地址	备注
国民党中央党部	江苏咨议局	湖南路裴家桥	1924 年 1 月 31 日在广州成立
国民政府	两江总督署	东箭道以西，宗老爷巷以南	1927 年 4 月 18 日成立，设秘书处、副官处、印铸局和参事处
民政部	基督书院	保泰街以南，双龙巷以北，丹凤街以西	1927 年 4 月 18 日设立民政部，1928 年 4 月 1 日改名为内政部
外交部	交涉署	中山北路以东，云南路以南，付德桥以西	1927 年 4 月 18 日设立
财政部	芦政衙署	蔡家花园	1927 年 4 月 18 日设立
交通部		盔头巷南，高家酒店西，慈悲社东	1927 年 4 月 18 日设立
司法部		小桃源北，金大农科东，约师杆子南	1927 年 4 月 18 日设立
农矿部			1928 年 2 月 4 日设立
工商部		鼓楼保泰街以南，鼓楼医院东侧	1928 年 2 月 4 日设立
监察院			1928 年 2 月 4 日设立
考试院			1928 年 2 月 4 日设立
大学院	国立第四中山大学	四牌楼以北，成贤街以西	1927 年 6 月 27 日由中央教育行政委员会改立
审计院	道尹公署保甲总局	万寿宫以东，复兴巷以西，白下路北	1928 年 2 月 4 日议决设立，1928 年 7 月 1 日正式成立
法制院		四牌楼以北，成贤街以东	1927 年 4 月 18 日设立，1928 年 10 月 31 日裁撤
建设委员会			1928 年 2 月 4 日设立
军事委员会			1928 年 11 月 7 日裁撤，1932 年 2 月 6 日重新设立
蒙藏委员会	曾公祠		1928 年 2 月 4 日设立
侨务委员会			1928 年 2 月 4 日设立
最高法院	守备衙署	左所街东，永庆巷西，石桥街北	1927 年 11 月 27 日成立

① 本表根据《中华民国国民政府军政职官人物志》之组织系统表（1928 年 2 月）及《最新首都城市全图》（1928 年）绘制。见：刘国铭. 中华民国国民政府军政职官人物志［M］. 北京：春秋出版社，1989：16。罗云澄. 最新首都城市全图［M］. 南京：南京共和书店，1928。其中组织系统表依据 1928 年 2 月 13 日公布的国民政府组织法编制，所列监察院、考试院实际未设立，部分临时性机构未列入。

南京国民政府成立伊始，政权尚未稳定，内忧外患，百业待兴，没有新建较多办公场所，这一时期的政权机构多利用旧有衙署、学校、庙宇、祠堂等既有建筑。如国民党中央党部设于中华民国临时政府参议院旧址（晚清江苏咨议局）；国民政府设在原中华民国南京临时政府驻地（前清两江总督署）；外交部设于鼓楼西北侧的原江苏交涉署旧址；最高法院设于毗邻金陵神学院的前清守备衙署；审计院位于白下路道尹公署旧址；江苏省政府及民政厅、农政厅设于原江苏省公署，其前身为江宁承宣布政使司衙门；大学院设于四牌楼原国立第四中山大学内；民政部和邮务支局位于鼓楼保泰街北侧的基督书院；蒙藏委员会设于八条巷的曾公祠。另有一些部门围绕国民政府分布，如财政部位于蔡家花园；交通部位于慈悲社；工商部位于鼓楼保泰街南侧；司法部和农矿部位于小桃源附近等。

三、发展期：实行五院制至抗战爆发（1929—1937 年）

（一）理想：首都建设委员会时期的中央政治区规划

1929 年 6 月 22 日，建设委员会下属的“建设首都委员会”更名为“首都建设委员会”。国都处在 1929 年底完成《首都计划》后，并入“首都建设委员会”工程建设组。国民政府在蒋介石的授意下，并未按国都处的规划指定紫金山南麓为中央政治区，而是直接在 1930 年 1 月下令将中央政治区改在明故宫旧址。

实际早在 1928 年 9 月 26 日召开的第 15 次市政会议上，南京市政府就已经通过了刘纪文提出的“规划首都行政区”案，确定明故宫为中央政治区。根据《南京特别市市政公报》勘定的规划范围，明故宫中央政治区“东至朝阳门，西至西边门，南则扩至城外教场村双桥门为止，北至明故宫后宰门为止”，占地约 16 平方千米，其核心区域是大内紫禁城。南京市政府自 1928 年起，将明故宫一带的 7000 多亩土地预划为中央政治区，并明令禁止土地买卖和建设新屋。

此前修建的两项工程对明故宫地区的格局产生深远影响，一是 1927 年在明故宫西南角修建的飞机场，二是 1928 年为举行孙中山奉安大典而修建的中山东路。飞机场因暂时无法迁移而限制了中央政治区的建设规模和建筑高度，中山东路则将明故宫分成南、北两个部分。明故宫旧址在《首都计划》中被划定为商业区，遗址改为公园，1930 年改为中央政治区后，所有关于中央政治区的规划方案均以明故宫地区为建设基址。

中山东路将明故宫旧址分为南、北两个区域，南面用地充裕，北面空间局促。1930 年 4 月，首都建设委员会召开第一次全体大会，针对后两种方案进行讨论。前者以孙科为代表，主张中央政治区全部设在中山东路南侧。孙科认为“中央政府区之地点以中山路南之明故宫一带最为适当”，理由是“一、中山路南尚无重要建筑物之存在，且无碍他种计划之发展；二、中山路南拟定中央政府区，面积有五千余亩，宽广足用；三、距离所定之后宰门北之火车站，有九百二十五公尺之遥，及可减灭中山干路之嚣烦，适合政治庄严肃穆之旨”。

1. 孙科方案

孙科认为跨越中山东路两侧的方案不妥，因南区地域宽广，且距离后宰门火车总站较远，故选择中央政治区全部划在路南的方案。

孙科的方案在空间上延续了明故宫的中轴线，最北端是位于中山东路北侧的铁路客运总站，东、西两侧分别为铁路总局和邮政总局。火车总站的南面有半圆形广场，向外延伸出7条放射状道路，中间的林荫大道一直通向路南的中央政治区。为隔绝交通侵扰，中山东路南侧有一条宽200米的东西向绿化隔离横贯全区，内部保存东、西长安门和内五龙桥等遗迹。

中央党部的大礼堂位于绿化带以南的中轴线上，两侧是国民党中央执行委员会等党团机关和国民政府各委员会。国民政府建筑群位于中轴线的最南端，由行政院、立法院、司法院、监察院、考试院五院及最高法院拱卫其中枢位置。国民政府与中央党部大礼堂之间有一条林荫大道，向南延伸至光华门，道路两旁设各部会办公楼。各机关集中在南北长1050米、东西宽950米，面积约1500亩的矩形中。四周留有3500亩土地，可作为机关扩充和职员住宅的用地。

2. 海因里希 · 舒巴德方案

海因里希·舒巴德建议将明故宫遗址保存为古迹公园，认为“自明故宫至洪武门之御道，亦当视之如国宝而保存也”，反对《首都计划》将明故宫地区设为商业区。当国民政府在1930年初指定明故宫旧址为中央政治区之后，海因里希·舒巴德又提出了以历史保存为主的规划方案，仍旧建议将明故宫改为遗址公园，保留园中御道，并在御道两旁新建道路作为干道，且园内不许兴建任何房屋。国会及各院部会等中央机关应环绕明故宫的外围建设，高度以两层为宜。然而，在首都建设委员会召开第一次全体会议时，海因里希·舒巴德却放弃了以历史保护为主的规划设想，反而按国民党“以党治国”的执政理念，沿明宫城的中轴线由北向南依次配置中央党部、国民政府和行政院建筑。不过各部委的办公楼仍沿宫墙外围布置，并在中山东路的两侧空出广场和公园，以呈现不同性质的纪念空间，使“置身其间者如入名园而屋宇巍峨兼富森严之象”。

海因里希·舒巴德的方案以几何形式塑造主要建筑的空间关系，中央党部与两侧的图书馆、博物馆及各委员会办公楼组成三角形的空间格局，合院式的国民政府大楼矗立于建筑群中央，立法院、司法院、监察院、考试院四院形成的围合空间向南逐渐收拢，汇集至南端的行政院，从而形成倒三角形的空间。中央党部的西北部为军事用地，东北部为政府职员的住宅区，司法院、立法院、考试院和监察院的四围设置各院的附属机关。行政院南面的环道以内为行政院附属机关用地，外围是政府职员住宅区。为了化解行政区中沉闷的方庭空间，海因里希·舒巴德将道路设计成曲线，利用巴洛克式的透视手法营造城市景观。

3. 首都建设委员会工程建设组方案

首都建设委员会在审查孙科和海因里希·舒巴德的规划方案后认为，孙科方案的中央政治区偏于中山东路南侧，且多数区域不在明故宫旧址的范围内，因而不符合国民政府将中央政治区设于明故宫的指令，故认定海因里希·舒巴德的方案原则通过，并交由首都建设委员会工程建设组详细规划。但以孙科为主任委员的工程建设组在详细规划时，又推翻了海因里希·舒巴德的方案。工程建设组在1930年6月10日的报告中指出，海因里希·舒巴德的方案存在诸多缺陷：首先，中央政治区跨越中山东路的南北两侧，易受交通阻隔；其次，海因里希·舒巴德为了保护明故宫遗址，将各级机关的办公楼围绕明宫城的四周布置，以便空出中间的大片土地作为遗址公园，因而造成房屋朝向不佳，且曲线形道路过于曲折，既不符合中国的建筑传统，又与当时盛行的民族主义观点相悖。

首都建设委员会工程建设组在报告中重新提出一份中央政治区规划图，同时列出4项设计原则：① 保留明故宫遗址内的一切古迹；② 在中央政治区的四周修筑40米宽的道路；③ 主要道路务求平直；④ 区内各地块的面积约占40亩。工程建设组沿明故宫的中轴线布置中央政治区的主要建筑，整个区域自北向南被绿化带分成3个部分。中山东路以北的国会区是第一部分，国会位于中轴线的最北端，其东西两侧分别为图书馆和博物馆。第二部分是中山东路以南的国民政府区，为了隔绝交通噪声的侵扰，道路南面设有200米宽的绿化带，再南是各委员会的办公楼。国民政府位于委员会南面的中轴线上，两侧分别设置立法院、司法院、监察院和考试院，建筑群围合成国民政府门前的广场和绿地。第三部分是行政院区，行政院位于中心，两侧设有各部委的办公楼。在工程建设组提交的规划图中，道路面积约为1507亩，占中央政治区总面积的33%；公园面积约为1600亩，占36%；建筑用地面积约为1383亩，占31%。首都建设委员会将工程建设组的方案送至各院部征集意见，最后决定中央政治区的地点不限于中山东路的南北两侧，但因南侧土地宽裕，故多偏于路南。

（二）理想：中央政治区土地规划委员会时期的地盘分配情况

1933年4月底，首都建设委员会裁撤，行政院于1935年1月成立中央政治区土地规划委员会，统筹明故宫中央政治区的规划事宜。土地规划委员会主席由行政院副院长兼财政部长孔祥熙担任，内政部司长郑震宇、财政部司长高秉坊、军政部署长陈长良和南京市政府参事张剑鸣等4人担任委员。1935年2月7日，土地规划委员会召开界址审查会议，决定在明故宫旧址的基础上扩大中央政治区的规模，将军事委员会和全国经济委员会等地纳入用地范围。会后，土地规划委员会设置了明故宫中央政治区的界桩，围占土地约2400余亩。1935年6月29日，土地规划委员会制定的《中央政治区各机关建筑地盘分配图》得到行政院第215次会议的审批通过。随后，国民政府正式公布明故宫中央政治区的规划方案，内容包括《中央政治区各机关建筑地盘分配图》《中央政治区附近土地使用支配图》和相关执行计划及财务计划等。至此，历经多年悬而未决的中央政治区规划就此定案，但不久后爆发的抗日战争又使明故宫中央政治区的计划再次搁浅。

1.《中央政治区各机关建筑地盘分配图》

《中央政治区各机关建筑地盘分配图》（图3-2-8）反映了土地规划委员会“与古制适合”的构想，“政权南面而立，治权北面，而朝文东武西”。整体布局以明故宫中轴线为序，由北向南分成中央党部区、国民政府区和行政院区3个部分，三者之间以40米宽的东西向大道相隔。中山东路以北的区域为中央党部区，中间是中央党部办公楼，两侧为已征收用地，1936—1937年在征收土地上建成党史陈列馆和中央监察委员会办公楼。中央党部区的西侧是励志社和中央医院，东侧是国民大会的预留建设用地。国民大会作为代表最高民意的权力机构，却偏居中央党部一侧，充分体现了训政时期“以党治国”，党权高于一切的威权体制。

国民政府区位于中山东路南侧，之间有一道200米宽的绿化隔离带，其中保存有东西长安门、内五龙桥和午门遗址。国民政府区采用网格式布局，街道将地块分成若干方格网，国民政府占据中间的4个区块，面积为214.23亩。国民政府办公楼的四周环绕司法院、考试院、立法院和监察院，西北角为司法院、东北角为考试院、西南角为立法院、东南角为监察院。国民政府区内横亘一条 90 米宽的东西向大道，道路两侧各有 6 片街区作为下属机构的办公用地，每块面积在 32 ～ 33 亩之间。按照“文东武西”的古制，东面多为文职机关，西面多为军事机关。考试院的东侧为铨叙部，监察院的东侧为审计部，司法院的西侧为司法行政部，立法院的西侧为参谋本部。铨叙部的东侧为经济委员会，审计部的东侧为主计部和建设委员会，司法行政部的西侧为军事委员会，参谋本部的西侧为军事参议院和训练总监部，其中经济委员会和军事委员会各占两个区块。

行政院区也以方格网划分街区，每个地块约 45 亩。行政院位于中轴线的最南端，占据 4 个地块，面积为 104.4 亩，四周环绕绿化，周边为行政院各直属部委。南北向的中轴线将行政院区分成东西两个部分，东区由北向南依次为财政部、实业部、资源委员会、内政部、交通部和蒙藏委员会，西区由北向南依次为军政部、海军部、教育部、外交部、铁道部和侨务委员会。财政部和军政部占据 3 个区块，内政部、外交部、交通部和铁道部各占 2 个区块。除了依据“文东武西”的古制，将军事机构和文职机关分区规划外，中央政治区的建筑布局还特别注意各院部委机构之间的内在关联性和构图的对称性。

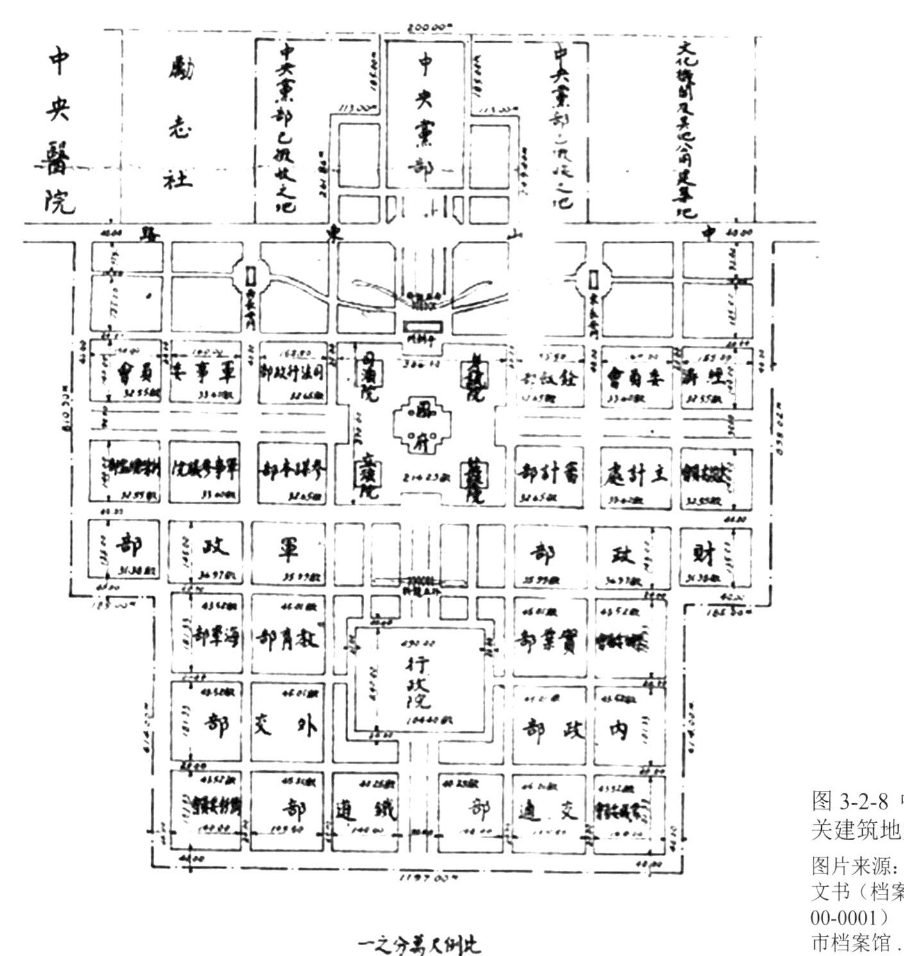

图 3-2-8 中央政治区各机关建筑地盘分配图

图片来源：南京市政府 . 民国文书（档案号：10010011275-00-0001）［Z］. 南京 : 南京市档案馆 .

2.《中央政治区附近土地使用支配图》

为了规范中央政治区周边土地的使用功能，维护区域环境，使政府部门之前占用的土地合法化，中央政治区土地规划委员会在南京市政府所拟图纸的基础上，制定了《中央政治区附近土地使用支配图》。经行政院第215次会议修正通过，于1935年6月29日正式公布。《中央政治区附近土地使用支配图》的范围包括西至秦淮河，北至后宰门街，东、南至城墙的大片土地，中央政治区以外的区域分为公用保留地、文化机关及其他公用建筑地、住宅区和公园区4种类型。

公用保留地大多位于中央政治区的西南方，主要是一些暂时无法搬离的既有建筑用地，或是具有缓冲功能的保留绿地。前者如西侧的明故宫飞机场，及西华门至秦淮河一带的中央军官学校、航空训练班、军事委员会、交通研究班和导淮委员会等。后者如南部隔绝住宅区噪音的缓冲绿地及扩展预留用地，而中轴线南端的零星保留地则强化了中轴线的序列感。文化机关及其他公共建筑用地位于中央党部区的东北侧，是对南京市政府拟具规划图中有关文化机关建筑用地的沿续。但在《中央政治区各机关建筑地盘分配图》中，中央党部区的东侧为国民大会建设用地，行政院因而增加其他公用建筑用地一说。从实际情况来看，早在地盘分配图公布前的1935年4月16日，中央博物院筹备处就以此区域内的半山园为基址，组织安排了中央博物院的方案竞图。公园区有“线、面”两种类型：线性公园沿中央政治区东、南两侧的城墙设置，经自由门（太平门）、中山门、光华门，直至共和门（通济门），此为1933年1月城内分区计划的一部分；面状公园由第一公园扩大而成，位于中央政治区西南至秦淮河之间。住宅区位于中央政治区的南部，为政府职员的住宅用地。

（三）现实：实行五院制至抗战爆发

1.“训政”时期的官制变化

1928年8月，国民党二届五中全会宣布由“军政”进入“训政”时期。这一阶段影响南京政权机构布局的主要因素体现在三个方面，一是国民政府实行“五院制”，二是江苏省省会由南京迁往镇江，三是开筑中山大道。实行“五院制”，使国民政府的组织架构由原来的两级制变为三级制，各级行政部门在拆并重组的同时，也增加了许多机构。省会由南京迁往镇江，使原省级行政机构的办公场所空出，为新增的中央部委提供驻地。新修筑的中山大道重塑了南京的城市肌理，一方面，部分官署因所在街区被拆分而不复存在；另一方面，为了丰富中山路沿线的城市风貌，国民政府鼓励新增部委在中山大道两旁兴建办公大楼。

1928年8月14日，国民党中执委二届五中全会决定依据建国大纲设立“五院”。

1928年10月，国民政府根据《训政纲要》和《中华民国国民政府组织法》，开始改组试行五院制，在国民政府之下设立行政院、立法院、司法院、考试院、监察院五院。政府组织由委员制改为领袖制，主席由国民党中央执行委员会选任。国民政府总揽国家治权，主席兼任陆海空军总司令，五院之下设置各直属部委，组织架构由两级制改为三级制。除军事委员会、全国经济委员会、稽勋委员会、国父陵园管理委员会、西京筹备委员会、参谋本部、训练总监部、军事参议院和中央研究院等直属机构仍由国民政府统辖外，其余各部委均改隶五院分管。其中，行政院下设内政部、外交部、财政部、交通部、教育部、司法行政部、经济部、农林部、社会部、军政部、粮食部、卫生署和地政署。司法院设最高法院、行政法院和公务员惩戒委员会。考试院设考选部和铨叙部，监察院设审计部，立法院设若干委员会。

1932年，“一·二八”淞沪抗战爆发，国民政府决定改组军事机构，重新恢复1928年11月裁撤的军事委员会为全国最高军事机关。1932年1月30日，国民政府发表迁移宣言，决定移驻洛阳办公。1932 年 3 月 5 日，国民党四届二中全会决定以长安为西京陪都，以洛阳为行都。1932 年 12 月 1 日又回到南京。1937 年 11 月 20 日，国民政府宣布迁都重庆。

2. 实行五院制之后的南京政权机构布局

五院中最先设立的是行政院、立法院和司法院。行政院成立于 1928 年 10 月 25 日，办公地址在东箭道 19 号，毗邻原两江总督署的东花园，与国民政府隔墙相望。司法院成立于 1928 年 11 月 16 日，地址在中山路与汉口路的交界处，邻近小桃源附近的司法行政部。司法院的下属机构多集中在中山北路一带，其中，最高法院位于大方巷 12 号（今中山北路 101 号），行政法院位于中山北路 261 号，最高法院检察署位于中山北路 290 号，公务员惩戒委员会位于王府园 26 号。立法院成立于 1928 年 12 月 5 日，院址设在白下路斛斗巷前清一等靖逆侯张勇的宅第。考试院和监察院成立稍晚，1930 年 1 月考试院成立，院址初定于前清织造府旧址，后改在鸡鸣寺脚下的文庙与关岳庙（武庙）旧址。监察院正式成立于 1931 年 2 月，院址设在复成桥东第一公园附近。监察院下属的审计部，其前身为 1928 年 7 月成立的国民政府审计院，1931 年 3 月改组为审计部，地址在白下路复兴巷口。

实行五院制后，各级部委也在原来基础上增加并重组。1928 年 10 月，交通部改隶行政院，其铁路事业划归新成立的铁道部，部址先在慈悲社，后迁至中山北路萨家湾，与铁道部的新办公大楼毗邻。1928 年 11 月大学院改为教育部，地址在成贤街 51 号。卫生部成立于 1928 年 10 月，地址设在黄埔路。新成立的院部仍以利用既有建筑为主，如 1930 年 11 月由工商部与农矿部合并成立实业部，地址设在中山东路大仓园附近的洋务局旧址；训练总监部设于李相府等。除旧有衙署外，以军政部和海军部为代表的新兴军事部门，还将部址设在与其密切相关的新式学堂内。如军政部设于江南陆师学堂旧址，海军部设于江南水师学堂旧址等。

1928 年 7 月 17 日，江苏省政府决定将省会迁往镇江。自 1929 年 2 月 15 日正式迁出后，南京城内原有的中央、省、市三级行政架构变为两级，省级行政机构的办公场所随后改为中央部委驻地。江苏省政府及民政厅、农政厅所在的省督公署旧址，原系瞻园的一部分，清朝时改为江宁承宣布政使司衙门，亦称江宁藩司衙门。自江苏省政府从藩司衙门迁出后，内政部由鼓楼迁至瞻园，其东侧的粮道署[①]旧址则改为宪兵司令部。五院中的立法院和监察院也利用原省级机构的驻地办公。立法院所在的张侯府，原为江苏沙田署和江苏教育厅的驻地。第一公园附近的监察院院址，原为江苏建设厅。

1928 年 7 月，刘纪文在第二次担任南京市市长之后不久，以首都建设委员会委员的身份，提议兴建从下关到中山陵的中山路迎梓大道及城北子午线干道。中山路发端于下关中山码头，自挹江门入城后沿东南方向直行，经鼓楼转为南向，至新街口向东直行至中山门，出城后与陵园大道相接，直达中山陵。中山大道设计为路宽 40 米的林荫大道，其中柏油路面快车道宽 10 米，两侧碎石路面慢车道宽 6 米，人行道宽 5 米。为尽快满足奉安大典的通行需要，中山大道先行修筑 10 米宽柏油路面快车道，其余工程待后期完成。子午线干道是通往南京西北区域的主要道路，起自神策门（和平门）车站，沿玄武湖西侧向南直行，在鼓楼附近与中山路连接。道路全长 5 里，路型、路宽均与中山大道相同。1928 年 8 月，中山路第一期工程开工，原计划 1929 年 2 月完工，后延至 5 月，而子午线干道则一直未付诸实施。中山

---

① 粮道署即督粮道衙门，清代有督运漕粮之责的称督粮道，掌监察收粮及督押粮盘，归漕运总督管辖。

路对南京城市空间的结构，以及西北、城中和城东 3 个区域的发展影响甚大，南京整体的发展趋势也因此北移。

新修筑的中山北路、中山路及中山东路重塑了南京的城市肌理。一方面，部分官署因所在街区重组而不复存在；另一方面，为了丰富中山路沿线市貌，一些政府部门在新建道路两旁建设办公场所。国民革命军总司令部驻地在南京三元巷，蒋介石的官邸也在总司令部内，是一套旧式整体建筑。后来，因开辟中正路（今中山南路），司令部被拦腰截断，屋宇隔成两半[①]。最高法院位于大方巷 12 号（今中山北路 101 号）。中山大道建成后，铁道部、交通部、司法院法官训练所、最高法院、管理中英庚款委员会、外交部、司法院、中国国民党中央党史史料编纂委员会及中国国民党中央监察委员会等多个部门均沿街兴建办公大楼。

国民政府时期南京权力机构分布表（1928 年 10 月至 1937 年 11 月）[②] 表 3-2-2

政府机构名称		原址单位	地址	备注
党团	国民党中央党部	江苏咨议局	湖南路裴家桥	1924 年 1 月 31 日中国国民党一大闭幕后，在广州成立
	党史史料编纂委员会		中山东路 309 号	
	中央监察委员会		中山东路 313 号	
国民政府	国府委员会	督署	东箭道以西，西箭道以东，宗老爷巷以南	1928 年 10 月 19 日，国民政府秘书处改为文官处，副官处改为参军处。1931 年 4 月 1 日，国民政府主计处成立
	文官处			
	参军处			
	主计处			
行政院	行政院院部	督署	东箭道 19 号	1928 年 10 月 29 日正式办公
	内政部	藩署	瞻园，堂子巷以南，大功坊以东，使署口以北	1928 年 4 月 1 日，由民政部改名为内政部
	外交部	交涉署	中山北路以东，云南路以南	1927 年 4 月 18 日设立
	军政部	江南陆师学堂	中山北路以东，合会街以北	行政院成立后即设置。1932 年受军事委员会兼领
	海军部	江南水师学堂	挹江门内，盐仓大街以西，中山北路以北	1929 年 4 月 12 日，海军署升格为海军部，1938 年 1 月裁撤
	财政部		中山东路胪政牌楼南，铁汤池以东	1927 年 4 月 18 日设立
	实业部	洋务局	中山东路以北，荷花塘巷以西。邓府巷以东	1930 年 11 月 17 日，由工商部、农矿部合并成立
	教育部		成贤街以西，双井巷以南，大纱帽巷以北	1928 年 10 月 23 日，由大学院教育委员会改置
	交通部		盔头巷以南，高家酒店以西，慈悲社东侧；中山北路萨家湾	1927 年 4 月 18 日设立
	铁道部		中山北路以东，福建路以北	1928 年 11 月 1 日成立。1938 年 1 月 1 日并入交通部
	卫生部		黄埔路西侧，中央医院以北	1928 年 10 月 30 日，内政部卫生司改为卫生部
	蒙藏委员会	曾公祠	中正路以东，八条巷以北	1932 年 7 月 25 日改隶行政院
	建设委员会		中山东路以北，中央医院西侧，逸仙桥东侧	1930 年 11 月 24 日，改隶国民政府

① 江苏文史资料，第 49 辑附录，总统府史话。

② 参见：刘国铭. 中华民国国民政府军政职官人物志［M］. 北京：春秋出版社，1989：31。依据 1928 年 10 月 8 日公布之国民政府组织法制成。

续表

政府机构名称		原址单位	地址	备注
行政院	中央古物保管委员会		中山东路以南，明故宫午朝门以北	1935年11月19日，由行政院改隶内政部
	管理中英庚款董事会		山西路以北	1931年4月8日成立
立法院	立法院院部	张侯府	复兴巷以东，斛斗巷以西，白下路以北	1928年12月5日成立，包括秘书处、编译处和各委员会
司法院	司法院院部		中山路与汉口路交界处	1928年11月16日正式成立
	司法行政部		小桃源以北，金大农科院以东，约师杆子以南	1932年1月1日改隶行政院，1934年10月3日复隶司法院
	最高法院	守备衙署	左所街以东，永庆巷以西，汉中路以北；中山北路101号	1927年11月27日成立
	行政法院		中山北路261号	1933年6月23日成立
	公务员惩戒委员会		王府园26号	1932年4月成立
考试院	考试院院部	关岳庙（武庙）	玄武湖以南，鸡鸣寺以东	1930年1月6日正式成立
	考选委员会			1929年11月设
	铨叙部			1929年12月设
监察院	监察院院部	江苏建设厅	复成桥东第一公园附近	1931年2月正式成立
	审计部	道尹公署	万寿宫以东，复兴巷以西，白下路以北	1931年3月，审计院更名为审计部，改隶监察院
直隶国民政府之军事机构	陆海空军总司令部	河海工科大学	中正路以东，羊皮巷以南，三元巷以北	1929年8月成立，1931年11月30日撤销
	参谋本部	督署	东箭道以西，西箭道以东，宗老爷巷以南	1928年10月成立，1933年改军令部，隶属于军事委员会
	军事委员会			1937年8月12日，为抗战最高统帅部
	军事参议院		白下路南，朱雀路以东，西八府塘	19928年10月设立
	训练总监部	李相府	五福街以北，绣花巷以南，马路街以西	1928年10月成立，1938年改为军训部，隶于军事委员会
	国军编遣委员会	暨南学校女子部	中山路以西，薛家巷以北，鼓楼医院南	1929年1月12日成立，1930年12月19日裁撤
	首都卫戍司令部	粮道署	道署街以北	1928年12月14日成立，1932年1月13日裁撤
国民政府其他机构	首都建设委员会			1929年6月17日成立，1933年4月裁撤
	中央研究院	法制院	成贤街以东；鸡鸣寺以南	1928年6月成立
	总理陵园管理委员会		中山门外	1929年6月成立

四、恢复期：战后还都至南京解放（1946—1949年）

（一）理想：内政部营建司时期的“首都政治区计划”

抗日战争爆发后，国民政府西迁重庆，首都中央政治区规划就此搁置，但国民政府从未放弃南京的建都计划，蒋介石在抗战胜利后不久即下令重启明故宫中央政治区规划。1946年6月25日，行政院在首都建设委员会尚未恢复之前，指令内政部统筹有关首都政治区的建设事宜，具体工作由内政部营建司负责。同年9月2日，行政院又下令暂缓在明故宫中央政治区内兴建房屋，以防止各机关在新政治区规划尚未确定之前擅自建设。

1. 首都政治区的设计原则

1947年8月，行政院拟定首都政治区计划大纲和首都政治区土地处理办法，并于12月19日通过首都政治区四项原则。原则首先明确了中央政治区的用地范围，即在1935年《中央政治区土地使用支配图》的基础上，加入励志社、中央医院一带区域。具体范围以明故宫遗址东南两侧的城墙为界，西沿秦淮河，北至竺桥，东到国防部突出城墙的部分。其次，议定中央政治区范围内的土地征收办法，一次性征收包括旗地在内的所有私人土地，并将应发地价列入1948年度的财政预算。同时准许原房主在政府征用之前，仍可使用被征区域内的民用建筑。其三，强调政府机关应在中央政治区的规划范围内建设办公用房。最后，要求在首都政治区开始建设之前，先解决好区内的道路系统、水电设备、职员宿舍和学校等基础设施问题，并责令内政部和南京市政府共同拟定首都政治区的设计细则。

内政部在与南京市政府正式商议之前，先于1948年4月27日邀请专家、学者召开了首都政治区设计原则座谈会，审查中央政治区的设计原则[①]。此次会议由内政部营建司司长哈雄文[②]主持，与会专家有杨廷宝、童寯、傅焕光[③]、董大酉、徐琳、冯纪忠、陈登鳌、金超、娄道信、刘敦桢和潘廷梓等人。哈雄文首先指出明故宫中央政治区存在的土地问题，以及规划中可能遇到的困难。他认为明故宫地区的地势过于平坦，不像紫金山南麓可以利用山体坡度营造高低错落的秩序感。而且中央政治区的道路以东西向为主，不利于建筑按坐北朝南的传统习惯布置。其次，中央政治区东南两侧的城墙过于高大，既妨碍日后扩建，又不易突显建筑的形象。另外，明故宫旧址还保存有大量的文物古迹，飞机场及部分军事设施也不能即时搬迁，势必影响中央政治区内的建筑高度和建设进度。因此，哈雄文认为明故宫中央政治区的规划须分区分期设计，并注意局部与整体的协调。

针对首都政治区用地减少且部分区域暂时无法使用的问题，刘敦桢建议三级机关不宜纳入首都政治区。据抗战前曾参与编制中央政治区规划的杨廷宝回忆，时任国民政府主席林森曾主张中山东路以北为中央党部区，以南为国民政府区，国民政府区仅计入五院，其他附属机关概未列入。关于政治区的交通问题，刘敦桢认为应在保留原东西向道路的基础上，延长珠江路至城墙，增加两条经复成桥和大中桥的横向干道。关于城墙离首都政治区较近而无法凸显建筑形象的问题，杨廷宝建议城墙附近只作园林绿化用地，不宜建设房屋。关于政治区的功能布局问题，杨廷宝提出首先应确定首都政治区的道路，并安装路牙以框定区块范围后再行建设，从而使“设计者亦有实际上之大体观念，庶易于每一地段中，想象其建筑物应有之形势，然后再以各机关性质分配地段，配合建筑物”。他还建议行政院及所属各部会应位于中轴线的西侧。因为一方面西侧面积充裕，且离市区较近，方便行政院与市内机关的联系。另一方面，中央政治区西侧的土地大多被明故宫飞机场占用，而行政院、外交部和交通部等部委机关在市内已有办公建筑，不必积极建设，正属相宜。同时，杨廷宝还认为中央政治区南部的光华门一带地势较为低洼，不宜建设国民大会堂，其选址应尽量北移。刘敦桢建议将国民大会堂、立法院和总统府作为重心，列于明故宫遗址的中轴线上，从而突显首都政治区

---

① 见：《首都政治区设计原则座谈会记录》，南京市档案馆藏，档案编号10030160014（00）0013。

② 哈雄文（1907—1981年），湖北武汉人，1907年出生于北京，1927年毕业于清华留美预备学校，1932年毕业于宾夕法尼亚大学。同年回国入职董大酉建筑师事务所，1932年9月加入中国建筑师协会。1935年出任沪江大学商学院建筑科主任。1937年任内政部地政司技正。1943年5月至1949年任内政部营建司司长。

③ 傅焕光（1892—1972年），字志章，江苏太仓人，是中国水土保持事业的创始人之一。1915公派菲律宾大学森林管理科学习，1918年毕业回国。1928—1937年任总理陵园主任技师、园林组组长兼设计委员会委员。1946年6月任总理陵园管理处处长，同时担任农林部中央林业实验所副所长兼水土保持系主任。

庄严肃穆的气势。童寯认为首都政治区的建筑务求伟大，以壮观瞻，因而建议建筑单体不宜过多，且规模不应小于中央医院，必要时可以将数个单位集中于一栋建筑中办公。至于建筑群体的布局，童寯既不赞成新村式，也不赞成花园式，而是建议加宽道路、增加绿地，审慎考虑原计划大纲中建筑占地 40% 的规定。关于首都政治区周边的水景绿化，水土保持专家傅焕光建议拓宽秦淮河水面，并将河道两岸辟为风景区。同时为培养区内绿化，鼓励在首都政治区内提前植树，并建议各单位不应在建筑外围设置围墙。而童寯认为，若秦淮河水清澈则予以保留，否则无存在必要。

内政部营建司最后总结各位专家的意见，确定首都政治区的设计原则。首先，鉴于中央政治区现有面积狭小，且不少部会早已在其他地区建筑新屋的现实情况，建议首都政治区内除国民大会堂、总统府和五院外，各部会是否全部设于区内不作硬性规定。其次，规定政治区内的房屋应以整齐庄严为原则，建筑体量务求高大宏伟，规模不得小于中央医院。除国民大会堂、总统府和五院各自独立设置外，其他各部会建议合署办公，既可以依附于上级部门，也可以联合多个同级部门，还可以与下属机关一道组成整体进行建设，均视机关的性质及其需要而定，不作硬性要求。考虑到首都政治区西面的明故宫飞机场一时无法搬迁，而区内建筑的平均高度将在五层以上，势必妨碍飞机的升降作业，故在飞机场尚未般迁之前，任何建筑均不便施工。同时，建议行政院成立明故宫中央政治区建设委员会，负责一切决策事项。设立设计专门委员会，召集专家研究详细设计事宜。最后，会议决定由内政部协同 1947 年 6 月成立的南京市都市计划委员会，共同负责绘制中央政治区的主要道路系统及总统府、国民大会堂和五院的位置分布图，并请杨廷宝先生草拟中央政治区的绿化计划。

2.《首都政治区计划总图》

1948 年，内政部刊登了陈占祥与娄道信合作设计的《首都政治区计划总图》（图 3-2-9）。图纸按照首都政治区设计原则，总体上延续了 1935 年《中央政治区各机关建筑地盘分配图》的格局，首都政治区被中山东路划分成南北两个部分，道路南侧设有绿化隔离带，主要建筑位于明故宫遗址的中轴线上，但建筑的位置关系发生较大变化。《首都政治区计划总图》未明确中央党部的位置，中山东路以北设置了国民政府和立法院、监察院、司法院、考试四院。国民政府位于中轴线的最北端，东侧为最高法院，西侧为总统官邸。而先前建成的党史编纂委员会暨党史陈列馆和中央监察委员会办公楼，被分别改为立法院和监察院。考虑到司法院与最高法院的紧密关系，将司法院设在监察院和最高法院之间，而考试院则位于立法院的北面。立法院、监察院坐北朝南，而考试院和司法院为东西朝向，四院与国民政府一起围合成方形广场。首都政治区的东北角保留了已建成的中央博物院，并在其北部增设图书馆，这与 1935 年《中央政治区附近土地使用支配图》中对该区域“文化机关及其他公用建筑用地”的设定一致，而未按《中央政治区各机关建筑地盘分配图》的要求设置国民大会建筑。中山东路以南为行政院及其附属部委的办公区，行政院立于中轴线上，与中山东路相隔一条约 800 米长的林荫大道，这与华盛顿国家广场上的视觉通廊作用类似。林荫道两端分别是中华民国纪念堂和阅兵场。国民大会堂位于中轴线的最南端，建筑南面有流水环绕的大广场，广场中心伫立宪法纪念碑。与《中央政治区各机关建筑地盘分配图》相比，《首都政治区计划总图》将原南面住宅区的范围扩充至政治区，中轴线最南端的入口位置改为警卫室。至此，中轴线自北向南的建筑序列，由原来的中央党部、国民政府、行政院变为国民政府、行政院、国民大会堂和警卫，这体现了抗战后国民政府试图在宪政体制下，重新配置国家权力机构的尝试（图 3-2-10~ 图 3-2-12）。

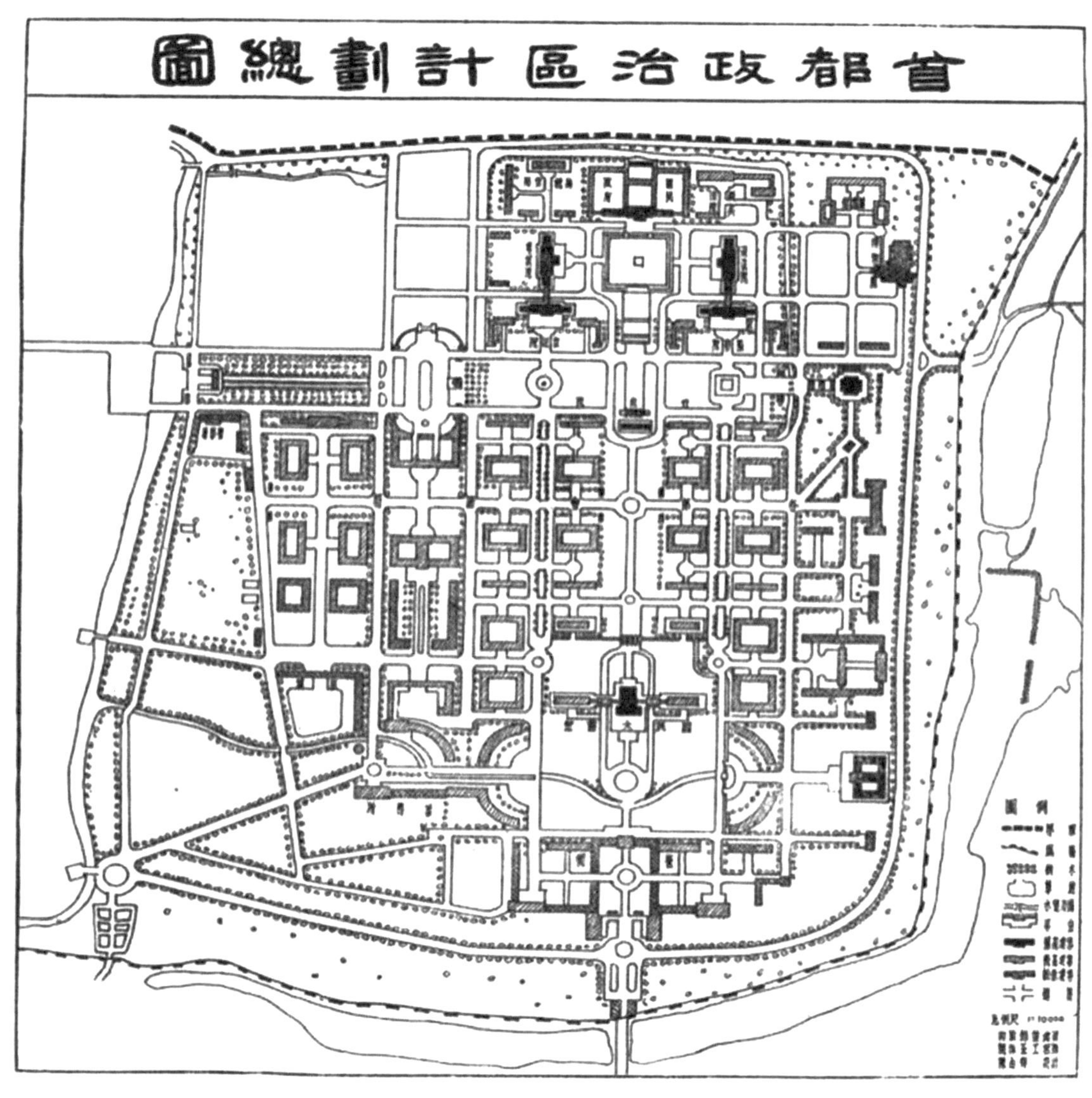

图 3-2-9 陈占祥与娄道信合作设计的《首都政治区计划总图》
图片来源：《公共工程专刊》1948 年第 2 期

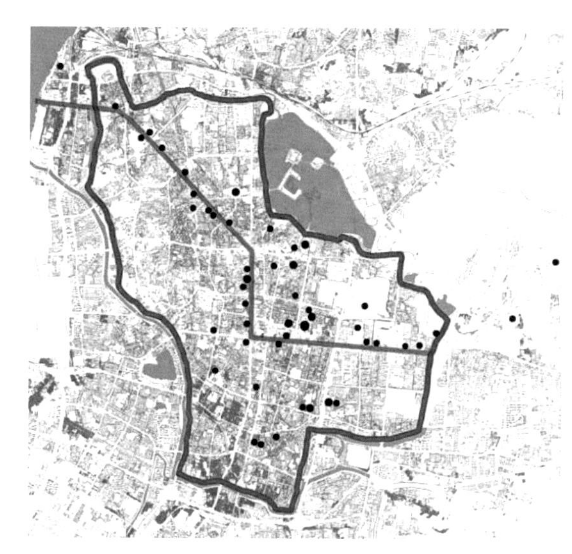

图 3-2-10 国民政府时期南京权力机构范围分析图
图片来源：东南大学周琦建筑工作室，高钢绘

图 3-2-11 国民政府时期南京各级权力机构关系分析图
图片来源：东南大学周琦建筑工作室，高钢绘

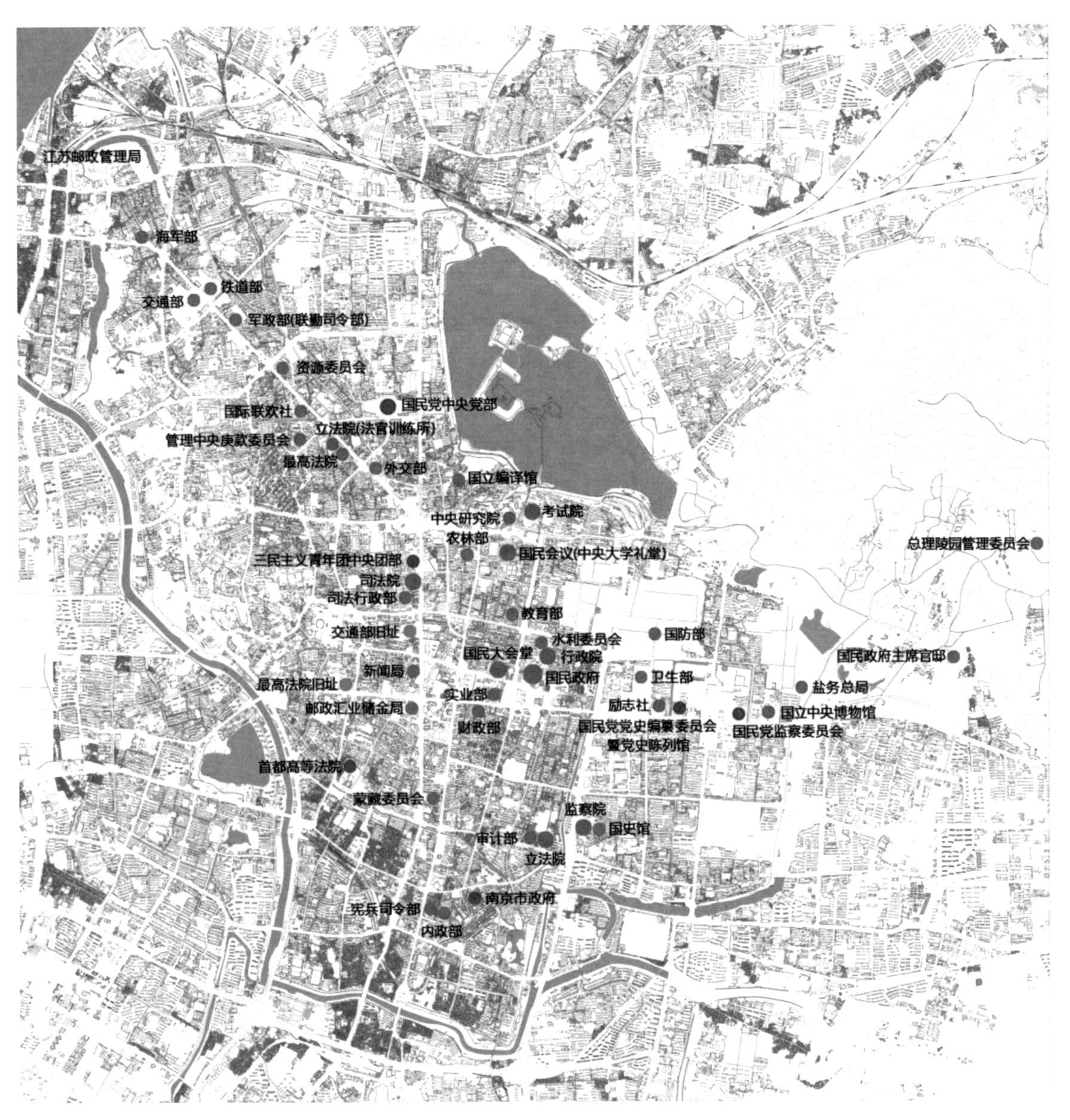

图 3-2-12 国民政府时期南京权力机构分布图

图片来源：东南大学周琦建筑工作室，高钢绘

（二）现实：还都南京后的政权机构布局

1. 抗战期间及还都后的机构调整

抗日战争胜利后，国民政府于 1946 年 5 月 5 日正式还都南京，多数部门迁回原址，少数新增机构或原址不敷使用的部委另择他址办公。国民政府在渝期间，增加并重组了部分行政机构。撤销的机构有 1938 年并入交通部的铁道部，实业部扩大改组为经济部，资源委员会由军事委员会改隶经济部。1940 年农林部成立，社会部由国民党中央执行委员会改隶行政院。1941 年水利委员会成立，全国粮食管理局改组为粮食部。

2. 还都后南京政权机构的布局

1938 年 7 月 6 日，国民政府在武汉召开第一届国民参政会，国民参政会是由国民党、共产党及其他抗日党派和无党派人士组成的全国最高参政、议政和咨询机构。休会期间设驻会委员会，日常办事机构为秘书处。抗战胜利后，国民参政会秘书处迁至南京林森路上的国立美术馆内。1948 年 3 月 29 日召开“行宪国大”，国民参政会即告结束。宪兵司令部驻瞻园路 120 号。1946 年 6 月 1 日国防部成立，下辖陆军、海军、空军、联勤 4 个总司令部。

行政院迁至中山北路萨家湾铁道部旧址办公，立法院迁至中山北路原司法院法官训练所。监察院先迁至颐和路 34 号办公，后与立法院合署办公于法官训练所旧址。一些在抗日战争时期新设立的部委，或利用既有办公场所，或新择地址办公。1941 年设立的粮食部，办公地址在原铁道部大楼西北翼的加建部分，东箭道原行政院南北楼分别改为社会部和地政部办公地址。1940 年设立的农林部，办公地址在大石桥。

1948年3月29日，国民政府在南京召开“行宪国民大会”。以总统为国家元首，实行五院制。总统府直属机关有中央研究院、国史馆、国父陵园管理委员会、战略顾问委员会等。1948年5月，行政院地政署扩大为地政部，1949 年 3 月改为内政部地政署。1949 年 3 月，工商部、农林部、水利部及资源委员会合并为经济部。1949 年 3 月社会部并入内政部。1948 年 5 月，国民政府主计处改为行政院主计部。新闻局成立于 1947 年 4 月，地址在新街口国货大楼 5 楼。

市级机构方面，南京市政府自 1927 年 4 月 24 日成立以来，一直在江南贡院旧址办公。市政府下辖教育、财政、卫生、工务、公安五局。其中，教育、卫生、工务三局在贡院街，公安局在保泰街，财政局的地址有两处，分别是贡院街和太平路 235 号。1927 年 7 月 20 日增设土地局，地址在夫子庙。1929 年 1 月增设社会局，地址在龙门街。1932 年 4 月，教育局并入社会局，土地局并入财政局，卫生局撤销，公安局由国民政府内政部直辖。至此，市政府仅设社会、财政、工务三局和秘书处。抗战胜利后，1945 年 9 月南京市政府在江南贡院原址恢复办公，下设财政、教育、社会、地政、卫生、工务六局及秘书、会计、人事三处。1947 年 4 月，增设民政局及统计、新闻两处。此外，南京市政府直属机构还有都市计划委员会、文化建设委员会、文献委员会、经济建设委员会和公用事业委员会等。1929年成立国民党南京特别市党部，地址在建康路273号。首都高等法院在朝天宫，设民事、刑事两庭及检察处，看守所在宁海路25号，首都监狱在老虎桥。1935 年 10 月 1 日，江宁地方法院改组为首都地方法院，地址在长乐路 131 号，1945 年 9 月改置于白下路 133 号，设民事、刑事两庭与检察处。1948 年 4 月 1 日首都高等特种刑事法庭设于羊皮巷原警官学校招待所旧址。市参议会先在中山东路 132 号，后迁至白下路万寿宫内。

第三节　南京国民政府成立至抗战前的政权机构建筑

国民党的组织形式始终强调“以党治国”，孙中山关于“党治”的概念早在中华革命党时期就已出现，自学习苏联的组织方法后，国民党发展出施行“党治”的政党组织。关于“党治”，孙中山在1906年的《军政府宣言》中提出分“军法之治”“约法之治”和“宪法之治”三个阶段。1924年4月12日，孙中山在《建国大纲》中，正式将建国进程分为军政、训政、宪政三个阶段。大纲以选举、罢免、创制、复决为人民应有之“权”，以行政、立法、司法、考试、监察为政府施政之“能”，权能区分以造成“万能政府”，实现三民主义。

1927—1937年间，在南京新建的政权机构建筑中，采用“中国固有式”的有16栋，占比37.2%；新民族形式的有9栋，占比20.9%；简化西式的有9栋，占比20.9%；西方古典主义风格的有4栋，占比9.3%；现代主义风格的有3栋，占比7.0%；装饰主义及西班牙风格的各1栋，各占2.3%。如果将时间延伸至1949年南京解放之前，“中国固有式”建筑的占比则降至35.4%，现代主义风格升至12.5%。

国民政府时期南京政权机构建筑的风格类型统计表　3-3-1

部门	建筑名称		建筑风格	建设时间	设计者	地址
党团	中央党史史料编纂委员会暨党史陈列馆		中国固有式	1935—1936	杨廷宝	中山东路309号
	国民党中央监察委员会		中国固有式	1936—1937	杨廷宝	中山东路313号
国民政府	参谋本部		简化的西式	1928		长江路292号
	总统府图书馆		简化的西式	1929		
	子超楼		新民族形式	1935	虞炳烈	
	主计处		新民族形式	1935	长城建筑事务所	
	大门		西方古典式	1928		
行政院	行政院本部	行政院（北楼）	简化的西式	1928		东箭道19号
		办公厅（南楼）	简化的西式	1934	赵深	
	外交部	外交部本部	新民族形式	1934	华盖建筑事务所	中山北路32号
		国际联欢社	现代主义	1936竣工	梁衍	中山北路259号
				1946扩建	杨廷宝	
	国防部	一字楼	西方古典式	1908		黄埔路
		大礼堂	西方古典式	1928-1929	张瑾农	
		憩庐	简化的西式	1929		
	财政部	财政部本部	简化的西式	20年代末		中山东路128号
		财政部长官邸	简化的西式			
		盐务总局	现代主义	1946年	杨廷宝	中山门半山园
	交通部	交通部本部	中国固有式	1930—1934	耶郎	中山北路303号
		公路总局	现代主义	1946—1947	华盖建筑事务所	
	教育部	教育部	简化的西式	20年代末		成贤街
		国立编译馆	现代主义	30年代	虞炳烈	天山路39号
	铁道部	铁道部办公楼	中国固有式	1929—1930	范文照	中山北路254号
		宿舍				
		铁道部长官邸	西班牙风格	1930		

续表

部门	建筑名称		建筑风格	建设时间	设计者	地址
行政院	卫生部		现代主义	1932—1933	范文照	黄埔路 1 号
	水利委员会		现代主义	1947	宋秉泽	国府后街 8 号
	资源委员会		现代主义	1947	杨廷宝	中山北路 200 号
立法院	原司法部法官训练所旧址		中国固有式	1935		中山北路 105 号
司法院	司法院本部		西方古典式	1931		中山路 251 号
	最高法院		装饰艺术派	1932—1933	过养默	中山北路 101 号
监察院	监察院本部		新民族形式		基泰	第一公园
考试院	考试院本部	宁远楼	中国固有式	1931	卢毓骏	北京东路 41-43 号
		华林馆	中国固有式			
		图书馆书库	中国固有式			
		宝章阁	新民族形式	1934		
		明志楼	中国固有式	1933		
		衡鉴楼	新民族形式			
		公明堂	新民族形式			
国民政府之直属机构	国立中央研究院	地质研究所	中国固有式	1931	杨廷宝	北京东路 39 号
		历史语言所	中国固有式	1936		
		社会科学所	中国固有式	1931		
		气象研究所	中国固有式	1928—1931	卢树森	北极阁 2 号
		天文研究所	新民族形式	1930—1934	余青松 杨廷宝	紫金山天堡峰
		总办事处	中国固有式	1947	杨廷宝	北京东路 39 号
		化学研究所	新民族形式	1948		九华山
	总理陵园管理委员会		中国固有式			中山陵茅山路口
	中英庚款管理委员会		中国固有式	1934	杨廷宝	山西路 124 号
	国史馆		简化的西式			公园路体育里 7 号
	国民政府主席官邸		中国固有式	1931—1933	陈品善	中山门外小红山
国民大会	国民会议（中央大学礼堂）		西方古典式	1930—1931	公和洋行	四牌楼 2 号
	国民大会堂		新民族形式	1935—1936	奚福泉	长江路 264 号

一、国民政府成立初期的多元并置

（一）国民政府大门

1929 年，外交部部长王正廷认为国民政府是首都中心，关系内外观瞻，若屋宇太差有失国体，故建议重修国民政府大门（图 3-3-1）。国民政府随后令参军处重修大门，加高两边围墙，拆除大门内的隔墙和二门，以形成广场。国民政府大门为凯旋门式样的 2 层建筑，入口设 3 扇大门，外侧为拱门，内侧为方门。一层大门东端是传达室，西端为卫兵司令室，二层是参军处宿舍，门楼正中设旗杆。大门正立面采用券柱式造型，立柱设爱奥尼双柱，外墙饰水刷石，表面仿石材分缝，墙身装饰几何线脚，门拱中间设锁石，门上有铸铁镂空花式挂落。马路对面正对大门处，建有一座中西合璧式的七开间照壁。

大门原址为太平天国时期的真神荣光门，1864 年 6 月拆除，另建两江总督署大门和东西辕门。在国民政府大门建成之前，还有 1 座北洋政府时期的江苏都督署大门（图 3-3-2），国民政府初期也以此门为国府大门。门楼平面呈“八”字形，中间面阔三开间，与两侧围墙融为一体，入口只有 1 扇拱门。建筑风格为拟洋风时期的仿巴洛克山墙式样，壁柱冲天，两端

女儿墙设宝瓶栏杆，中间采用传统建筑中的云墙[①]来代替巴洛克涡卷。（图 3-3-3）

图 3-3-1 国民政府大门

图片来源：安特生摄影，编号 0393

图 3-3-2 都督府大门

图片来源：http://blog.sina.com.cn/s/blog_4945b4f80102v78a.html

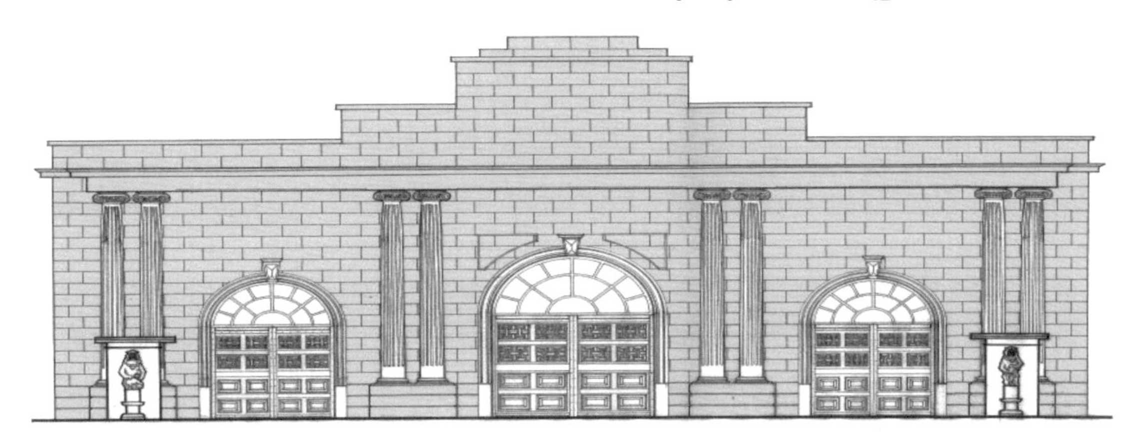

图 3-3-3 国民政府大门正立面图

图片来源：东南大学周琦建筑工作室

（二）参谋本部南、北楼

参谋本部南、北楼建于 1928 年（图 3-3-4），前后两栋建筑通过架空连廊连接（图 3-3-5），平面呈“工”字形。南楼面阔七开间，长 23 米，宽 11.2 米，北楼面阔五开间，长 22.8 米，宽 9 米。前后两栋楼均为清水灰砖砌筑，勒脚饰水泥砂浆，外门窗均为木制，南楼有水刷石窗套，北楼仅设水刷石窗台。建筑屋顶铺小青瓦，南楼为歇山顶，北楼为四坡顶（图 3-3-6）。

图 3-3-4 参谋本部南楼南立面

图片来源：东南大学周琦建筑工作室，高钢摄影

图 3-3-5 参谋本部连廊

图片来源：东南大学周琦建筑工作室，高钢摄影

---

① 云墙又称龙墙，常见于中国古典园林的围墙，是用砖砌成高低起伏的半弧形墙，形状若云。

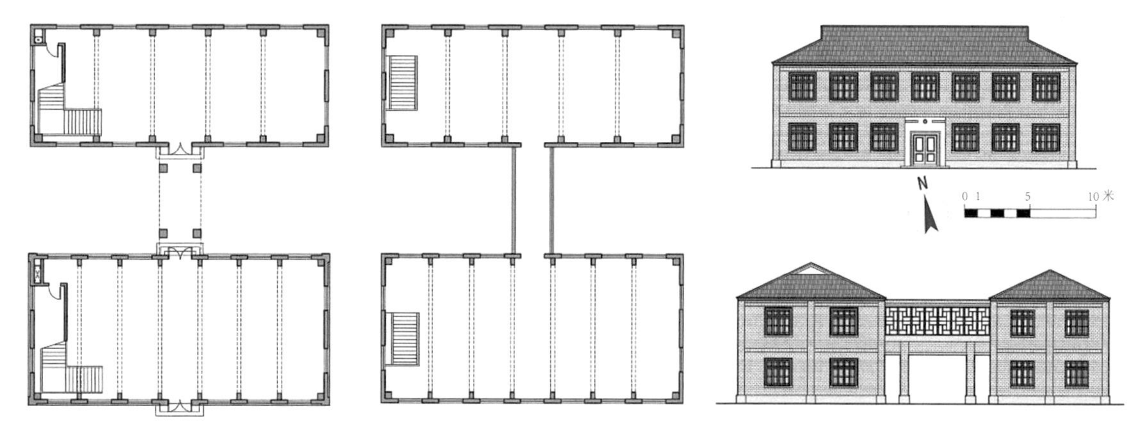

图 3-3-6 参谋本部一层平面（左）、二层平面（中）、立面（右）测绘图
图片来源：东南大学周琦建筑工作室

（三）参谋本部（现总统府图书馆）

1929 年，在西花园水池北端建造 1 幢西式 3 层大楼，作为军事委员会参谋本部办公室，后来改作图书馆（图 3-3-7）。

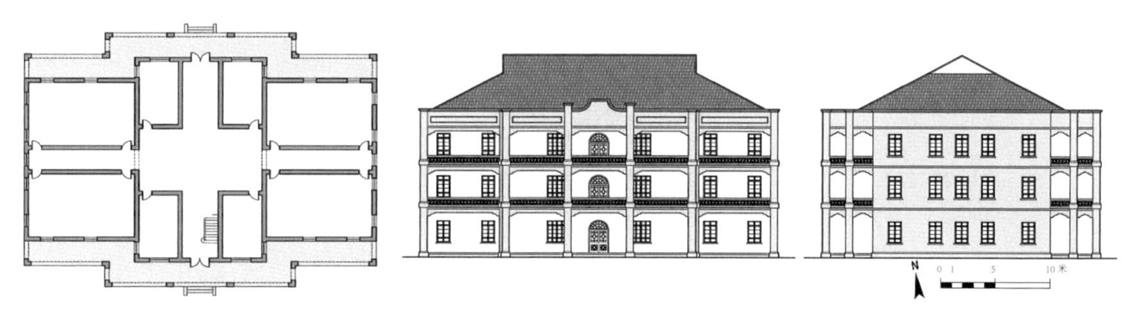

图 3-3-7 总统府图书馆一层平面（左）、正立面（中）、侧立面（右）测绘图
图片来源：东南大学周琦建筑工作室

（四）国民会议堂（中央大学大礼堂）

国立中央大学大礼堂（图 3-3-8、图 3-3-9）采用西方古典主义风格，建于 1930 年 3 月 28 日，时任校长张乃燕主持兴建，建筑由英国公和洋行[①]设计，新金记康号营造厂承建。大礼堂在建设之初，险因资金困难而停顿。继任校长朱家骅为了获得拨款，利用自己在国民政府中的地位和影响力，以召开国民会议的名义续建大礼堂。续建工程由卢毓骏负责监理，1931 年 4 月底完工（图 3-3-10、图 3-3-11、图 3-3-12）。

---

① 公和洋行成立于 1868 年，由英国建筑师威廉·赛尔维（William Salway）在香港创立。1880 年左右，建筑师卡文·巴马（Clement Palmer, 1857—1953 年）和结构工程师亚发·丹拿（Arthur Turner，1858—约 1945）加入，所以建筑事务以他俩的名字重新命名为 Palmer & Turner Architects and Surveyors。

图 3-3-8 国民会议堂（中央大学大礼堂）

图片来源：http://blog.sina.com.cn/s/blog_55a4207f0100811r.html

图 3-3-9 国民会议开幕

图片来源：《东方杂志》1931 年 28 卷，第 11 期

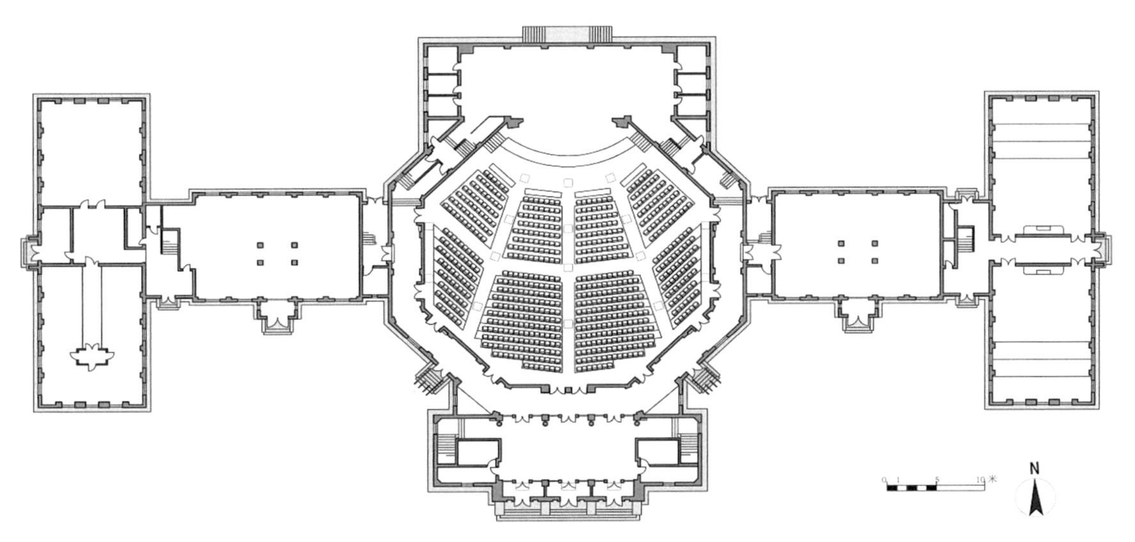

图 3-3-10 国民会议堂（中央大学大礼堂）一层平面现状测绘图

图片来源：东南大学周琦建筑工作室

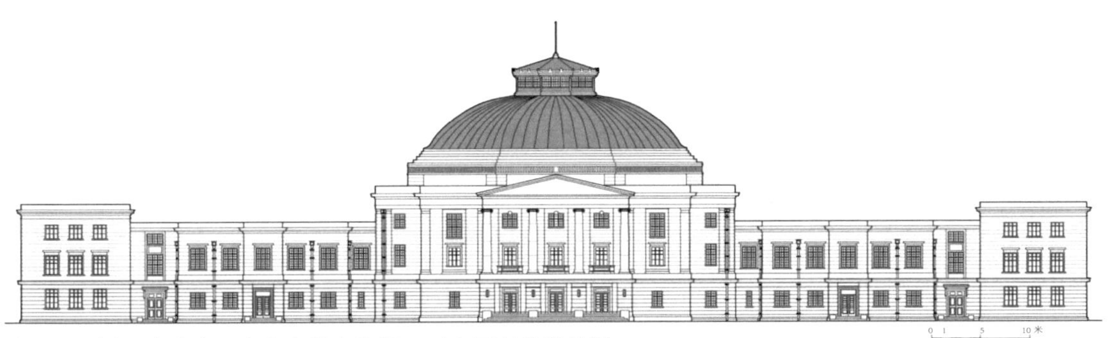

图 3-3-11 国民会议堂（中央大学大礼堂）正立面现状测绘图

图片来源：东南大学周琦建筑工作室

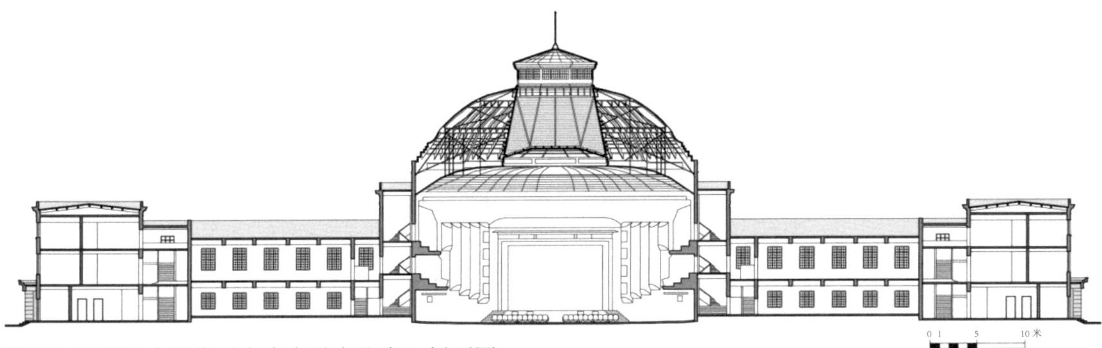

图 3-3-12 国民会议堂（中央大学大礼堂）剖面图

图片来源：东南大学周琦建筑工作室

（五）司法院

司法院成立于 1928 年 11 月 16 日，是国民政府的最高司法机关，下辖最高法院、行政法院、中央特种刑事法庭和中央公务员惩戒委员会。司法行政部是全国最高的司法行政事务管理机关，办公地址最初在薛家巷，1935 年迁至中山路司法院内办公。

司法院大楼建于 20 世纪 30 年代，占地约 15 000 平方米。主体建筑坐西朝东，1931 年竣工[①]，为新古典主义的 3 层砖混结构办公楼（图 3-3-13）。司法院办公大楼供司法院、司法行政部及中央公务员惩戒委员会等多个部门办公，正立面有两个出入口，主入口不在正中，分列于南北两侧，左右对称。门厅凸出于建筑主体，一二层架空，形成骑楼形式的入口，底层有车行通道。司法院办公大楼的立面采用三段式构图，分基座、墙身和屋顶 3 个部分。一层基座部分为花岗岩饰面，二层和三层的墙身部分为水泥砂浆饰面，表面做仿石材划分，窗间墙位置立有通高壁柱，入口部位为爱奥尼柱式。建筑外窗均为木窗。屋顶主要为双坡顶，入口及两端为孟莎顶，阁楼设圆形老虎窗。主楼屋顶中央的八边形鼓座上立有坦比哀多式样的穹隆顶，圆柱形底座上立有 16 根爱奥尼柱式，正中设自鸣钟 1 座。

图 3-3-13 司法院大楼
图片来源：叶兆言，卢海鸣，黄强．老照片 · 南京旧影［M］．南京：南京出版社，2012：115.

1949 年 4 月，司法院大楼的多数建筑毁于战火，唯有门楼存留至今。但对比历史照片发现，大门亦非最初样式。司法院旧址现存的大门为三开间，中门略小，两侧较大，共立 8 根多立克柱式，排列方式为双柱式，门额中间凸起。而最初设计的大门为五开间，每个开间宽度一致，立柱为多立克柱式。

（六）最高法院

最高法院成立于 1928 年 11 月 27 日，是国民政府最高审判机关，隶属于司法院（图 3-3-14、图 3-3-15）。最高法院最初设在汉中路的教会学校内。1932 年 7 月 1 日，最高法院以房屋陈旧不敷使用为由，在中山北路购地 28.4 亩新建办公大楼。最高法院旧址位于中山北路 101 号，1932 年由过养默设计，东南建筑公司承建，1933 年 5 月竣工。建筑为钢筋混凝土结构，高 3 层，平面呈“山”字形，“工”字形内走廊联系各办公室，北部中间为审判庭，高 2 层（图 3-3-16、

① 1931 年 7 月的《良友》杂志第 53-58 页刊登了刚刚竣工的司法院大楼，大楼前有压路机在修筑院内道路。

图 3-3-17）。入口门厅两侧有楼梯通向塔楼，中间为上下贯通的八边形中庭，通过塔楼侧天窗采光，中庭内壁有西式壁龛。建筑立面采用装饰艺术派风格（图 3-3-18），中间的塔楼利用竖向线条和两侧的细长窄窗来营造崇高威严的气势，门楣上的三角形装饰和顶部层层叠落的造型象征“执法如山”，八边形鼓座上设攒尖顶（图 3-3-19），前方置座钟，所有屋顶为四坡顶，上铺机平瓦。最高法院建成之初，只有入口塔楼粉刷水泥砂浆，其余外墙均为清水灰砖墙，围墙做成雉堞形式。后期外立面重新装修，所有外墙均做水泥拉毛粉刷，檐口增设女儿墙，表面做六边形装饰线条，外墙壁柱升至女儿墙高度，顶端亦做装饰。同时，沿中山北路在办公楼正前方设置门楼和喷泉。门楼为三开间单拱形式，中间高两侧低，拱门位于中间，两边是传达室（图 3-3-20）。喷泉立于门楼和办公楼之间的圆形水池内，象征“一碗水端平”。在这里办公的还有最高法院检察署。但是在 1935 年修建司法院法官训练所时，还是采用了中国传统大屋顶方案。1936 年落成的司法部直辖第二监狱，办公区域也为中国传统式样（图 3-3-15）。

图 3-3-14 抗战前的最高法院

图片来源：叶兆言，卢海鸣，黄强 . 老照片 · 南京旧影［M］. 南京：南京出版社，2012：112.

图 3-3-15 司法部直辖第二监狱新近落成

图片来源：《良友》1936 年第 17 期，第 118 页

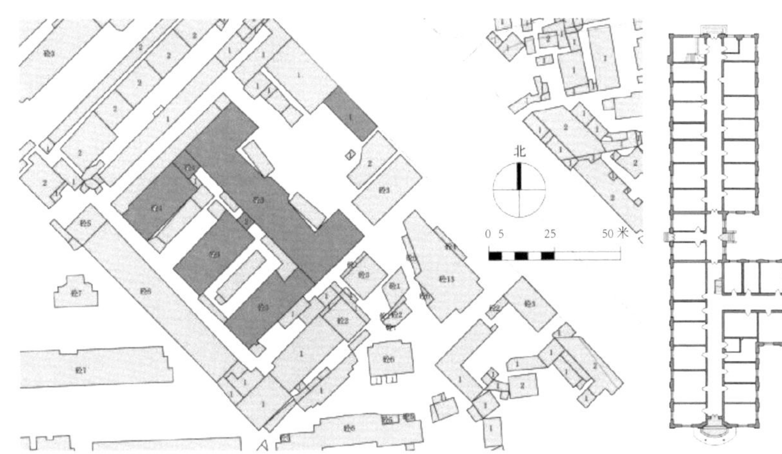

图 3-3-16 最高法院总平面图

图片来源：东南大学周琦建筑工作室

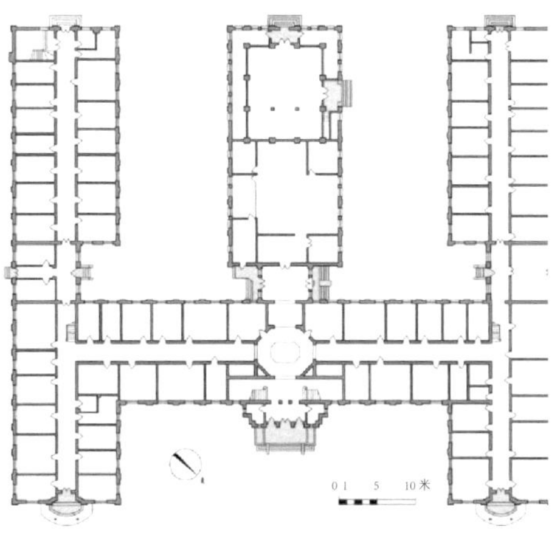

图 3-3-17 最高法院一层平面图

图片来源：东南大学周琦建筑工作室

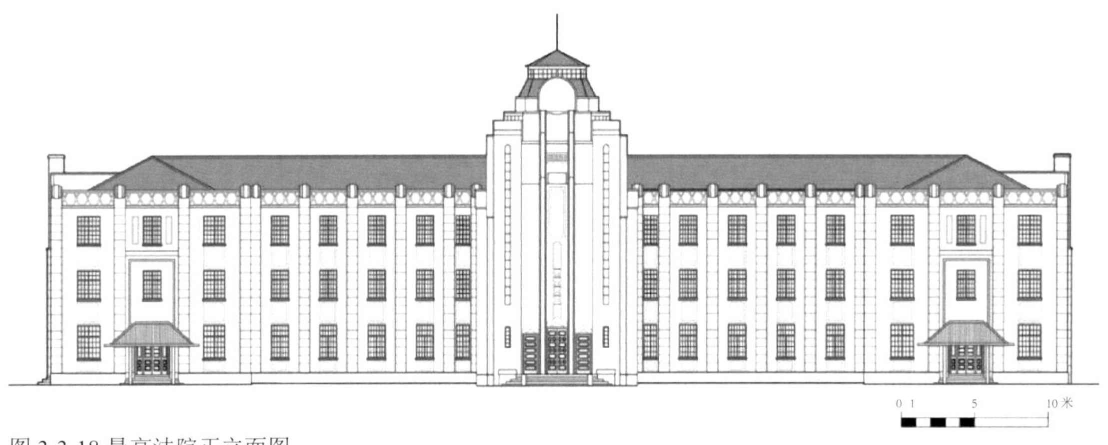

图 3-3-18 最高法院正立面图
图片来源：东南大学周琦建筑工作室

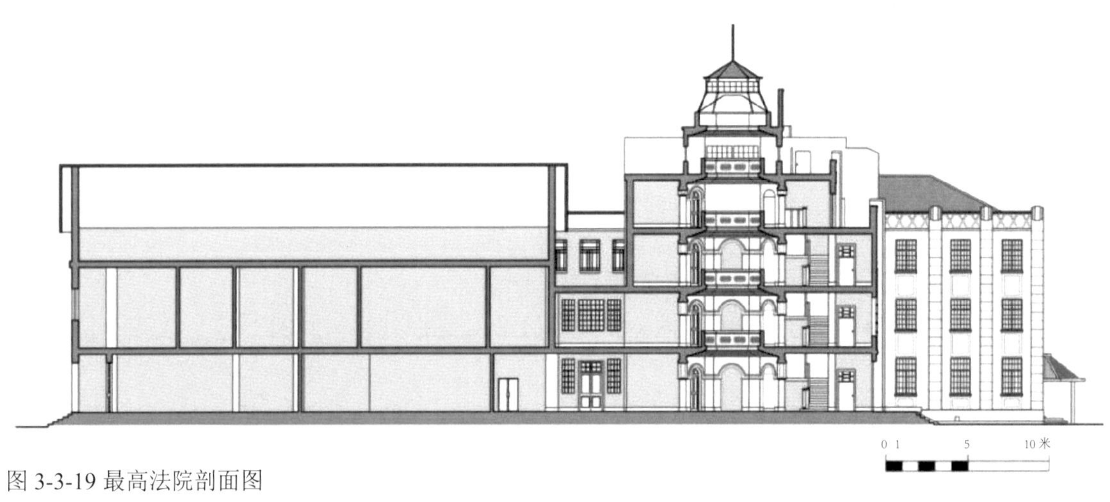

图 3-3-19 最高法院剖面图
图片来源：东南大学周琦建筑工作室

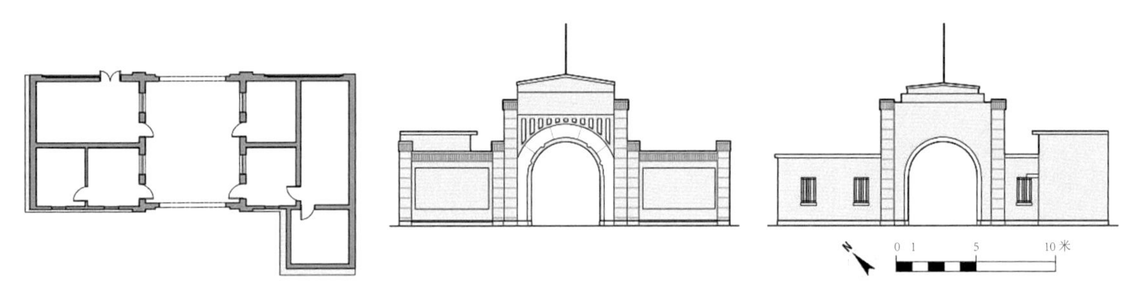

图 3-3-20 最高法院门楼平面图（左）、正立面图（中）、背立面图（右）
图片来源：东南大学周琦建筑工作室

二、官方主导下的“中国固有之形式”

（一）观念：长官意志下的传统复兴

早在辛亥革命前后，孙中山先生就已经完成了“三民主义”的构想，民族独立是其国家观念的核心。通过 1921 年广州市政建筑的设计，墨菲向孙科等人灌输了“东亚最美建筑在于中国”的建筑美学观念。其强烈的民族主义意味说明建筑作为载体已经纳入民族主义建设方案中，墨菲完成了将政治与建筑艺术融合的早期技术路线的设计。建筑师、政治家及各界精英在选择建筑形式来表现孙中山伟大功绩及政治思想继承等方面取得了共识，“中国古式”

或“纯中国建筑式”取得了代言国民政府民族主义建筑形式的胜利。民族形式作为政治形态上的多元复合体，既渗透了孙中山民族主义的政治主张，又有国民党树立党内正统的形式象征，也有国民政府抗拒帝国主义殖民艺术下意识的文化心态，还有中国建筑师关于建筑民族性的自省自觉。

孙科和墨菲①的联系始于20世纪20年代，1921年广州市政厅成立后不久，墨菲受孙科的邀请来到广州开展规划设计。墨菲以其在教会大学所取得的经验和他本人对中国传统城市和传统建筑的关注，提出了中国近代历史上第一个“中国古典复兴”风格的政府公共建筑，广州市政中枢的设计最终得到市政厅批准，使“固有形式”的概念第一次出现在政府官方文件中。在1921年提出市政中枢设计案的同时，墨菲也提出了未来广州的城市规划设想，并在1927年墨菲为广州所做的第二次规划中得以发展和深化，具有纪念性的、富有中国传统城市表征的城市空间和美国“城市美化运动”的方法结合在一起，形成墨菲对改造中国传统城市的种种设想。

广州国民政府时期，孙科曾先后三次担任广州市市长，期间聘请美籍建筑师墨菲制定广州城市规划。此次规划不仅将孙科在《都市规划论》中阐释的城市“现代化”论述具体化，也反映了1925年孙中山过世后，国民政府某些领导人士所建构的一种民族主义。1926年6月，孙科第三度出任广州市市长。墨菲曾于1926年6月前往广州与孙科再次会面，并提出广州城市规划。墨菲提出的广州城市规划，主要目的是想通过美国方式改造广州城市，以呼应国民政府西化的改革路线；同时也想要让广州保有中国特质。墨菲采用了“放射状”道路系统来规划广州，而放射性道路的中心点，即是一座具有“中国宫殿建筑风格”的新市政中心。关于市政中心的设计构想，墨菲则将其比拟为北京紫禁城，认为其应为内有方院之方形建筑群；同时，构造上虽采用现代钢筋混凝土来营造，但造型应具有一切中国宫殿建筑的特征。

自1926年起，墨菲写了三篇文章来系统地阐明其中包含的理念与方法。1928年他提出“中国建筑文艺复兴”的论述。文章中墨菲宣称，所谓“中国建筑文艺复兴”，其核心观念即为“改良中国建筑使之能适应于现代使用”。认为中国建筑的改良只要遵照两项步骤进行即可成功：第一，严肃仔细地考察出构成中国建筑的“元素”（Elements）；第二，在新建筑的设计过程中确实保留下这些构成元素。而根据墨菲自己的观察，这些元素可归纳为“反曲的屋顶”“组织上高度秩序”“构造上的坦实外露”“华丽色彩的大量运用”和“建筑元素间的良好比例关系”等5项。除此以外，他也指出，要设计出真正的中国建筑，必须一开始即以完整保留中国建筑的外观为出发点；而非在先造成西方建筑的外观后，再加入这些元素。至于室内方面，墨菲认为，因为中国建筑本身就是开放性的梁柱系统，因此走道、隔间墙、暖气、通风、电灯、楼梯等，可以按照现代功能所需安排在其中。

戴季陶在1925年夏天提出的“孙中山主义”，也进一步支持孙科采取此立场的作用。由于1925年3月孙中山过世后，国民政府由赞成容共的左派人士所掌握，持右派排共立场的戴季陶，于是开始筹划推动一连串的孙中山思想再诠释计划，想要纠正国民党回到他所认为的正确的革命道路上：其中尤以1925年夏戴季陶在上海自费出版的《孙中山主义之哲学的基础》和《国民革命与中国国民党》两本册子最为重要。

戴季陶认为，孙中山思想是中国革命的正统思想，国民党人的革命路线须以孙中山遗教为中心。孙中山作为中国固有道统的继承人，其遗教以恢复中国固有文化为第一步，这样才

① 墨菲出生于美国康涅狄格州纽黑文市，1895年毕业于Hopkins School，1899年获耶鲁大学艺术学学士学位，之后在耶鲁大学研究生院学习一年建筑。1914年墨菲受教会委托来到中国，并对北京紫禁城等中国古典建筑进行考察。随后21年（1914—1935年），墨菲致力于教会大学的“中国古典复兴”，规划和设计了长沙雅礼大学、北平燕京大学和南京金陵大学等多所大学。

能真正复兴中国民族。戴季陶说："在思想方面，先生是最热烈的主张中国文化复兴的人，先生认为中国古代的伦理哲学和政治哲学，是全世界文明史上最有价值的人类精神文明的结晶，要求全人类的真正解放，必须要以中国固有的仁爱思想为道德基础，把一切的科学文化，都建设在这一种仁爱的道德基础上，然后全世界人类，才能得到真正的和平，而文明之进化，也才有真实的意义……而达到目的的方法，第一步就是要恢复中国民族固有之道德文化。"

经过墨菲的"中国建筑文艺复兴"论述、戴季陶的"孙中山主义"和吕彦直在中山陵空间设计的具体实践后，孙科意识到建筑形式是可以为政治上的民族主义服务的。通过选择重组某些特定空间的形式，宣称为中国的"民族传统"，来塑造新的集体记忆，使社会大众能凝聚团结，建构出国民党理想的、类于欧美的"现代化"的"强大"民族国家，并非真的想回归传统。

1. 铁道部大楼

南京国民政府在完成北伐和统一中国后不久，即提出"整理国民经济""振兴实业"的口号，按照孙中山的实业计划进行建设，而"铁道之建设，则尤为当务之急"。1928 年 10 月 24 日，国民政府任命孙中山之子孙科出任首届铁道部部长，"以国父哲嗣孙科博士为第一任部长，寓意实为深远"。1928 年 10 月，国民党中央政治会议决计，秉承孙中山"交通为实业之母，铁路又为交通之母"的遗教，单设铁道部专办铁路事业。

铁道部（图 3-3-21）由办公大楼、院长官邸、职员住宅 3 部分组成，由范文照、赵深设计，1929 年 9 月 10 日奠基，1930 年 5 月竣工。办公大楼为中国传统宫殿式建筑，面朝西北（图 3-3-22、图 3-3-23）。钢筋混凝土结构，平面呈"一"字形。中央办公大楼高 3 层，两侧附楼高 2 层，另有 1 层地下室。重檐庑殿顶，琉璃瓦屋面，正脊兽吻俱全。斗拱、梁枋、门楣等处均施以彩绘，建筑面积 3604 平方米。铁道部办公楼和部长官邸的电气工程由上海德兴电料行承建①。在办公大楼后面，有数幢造型相同的 2 层楼房，均为职员宿舍。另有红砖建造的花园式西式别墅一座，系孙科担任铁道部部长期间建造，建筑面积 529 平方米，最初是孙科的官邸。1932 年后，由担任行政院院长的汪精卫居住。

图 3-3-21 铁道部旧址鸟瞰

图片来源：卢海鸣，杨新华，濮小南．南京民国建筑［M］．南京：南京大学出版社，2001：40.

① 朱光立．洋为中用与中国近代建筑的文艺复兴：以国民政府铁道部建筑群为例［J］．档案与建设，2015（8）：51-55.

图 3-3-22 铁道部大楼入口

图片来源：卢海鸣，杨新华，濮小南 . 南京民国建筑［M］. 南京：南京大学出版社，2001：40.

图 3-3-23 从中山北路看铁道部大楼

图片来源：海达·莫里森摄影

2. 华盖建筑事务所立法院方案

1937 年全面抗战前夕，国民政府立法院曾委托华盖建筑事务所在白下路张侯府旧址设计新办公楼，但之后因抗战爆发而中断。华盖建筑事务所为立法院设计了两套风格迥异的方案①，一套是“中国固有式”的传统大屋顶方案②，另一套是在现代主义平屋顶建筑上加入中式纹样的新民族风格方案③，其中大屋顶方案较为详细，似为施工图。

大屋顶方案的主入口设在白下路，门口有甬道通往办公楼前的广场，新建办公楼位于广场北端。大门、甬道、广场及新建办公楼位于同一条中轴线上，广场两端树立旗杆以强化中轴对称的构图关系。基地西侧保留原西花园，南部沿围墙有一排辅助用房。从总图上看，立法院办公楼计划分 4 期进行建设，第一期建东配殿，第二期建主楼及议场，第三期建西配殿，3 期完成后总平面呈“山”字形。第四期在北部加建扩充部分，最终形成包含两个内庭院的“日”字形平面。设计图纸只反映了第一至第三期的建筑设计，不包括第四期的扩建部分。

大屋顶方案的建筑平面呈“山”字形，由南侧的“工”字形办公楼和北侧的议场组成。“工”字形办公楼包括主楼和东、西配殿，其中主楼为庑殿顶，高 3 层，东、西配殿为歇山顶，高 2 层，主楼与配殿之间经由两层高的平屋顶耳房连接。大屋顶方案（图 3-3-24）东西长 92.4 米，南北宽 55.1 米，总建筑面积 7050.1 平方米（含地下室 662.8 平方米）。地下层高 2.7 米，一层和二层高 3.9 米，三层高 3.65 米。建筑入口位于主楼中间，前方有月台，月台下方设卫兵室。由月台上两段台阶可进入位于夹层的门厅，门厅高 6.6 米，左右各有一部楼梯通往一楼和二楼。门厅底层架空，可供汽车通行，乘客经一层穿堂进入立法院。地下层为防空库和档案库，一层和二层通过“工”字形的内廊联系各办公区域。一层东翼有统计科、议事股、编制科、事务科、文书科、掌卷股、人事股、管理股、会计股、收发股等部门，西翼主要为修编处及各委员会，包括修编室、办公室、委员室及会议室等。一层中间北侧为礼堂兼宴会厅，层高 4.95 米，位于二楼议场的正下方，礼堂入口的东侧是小宴会厅和备餐室，西侧是休息室和办公室。立法院长办公室及会客室、会见室位于二楼东南角，东翼还有秘书处、秘书长办公室及秘书办公室等。副院长办公室和会客室位于二楼西南角，西翼还有委员会及委员长办公室、会见室等。议场位

① 图纸现藏于南京城市建设档案馆，档案编号 I20004620001，由华盖建筑师事务所设计，设计时间自 1937 年 2 月 25 日起至 1937 年 6 月 14 日止，档案共 2 卷，文件 3 份。

② 大屋顶方案包括 8 张图纸，除 1 张基地总平面图外，其余 7 张系一整套图纸。基地总平面图修订于 1937 年 2 月 25 日，图纸右侧标明立法院办公大楼方案由华盖建筑事务所设计。7 张整套图纸已达施工图深度，每张均有华盖建筑事务所的图签，并注明建筑师为赵深、陈植和童寯，绘图人员包括丁宝训和毛梓尧等。图纸内容依次为：① 基地图，地下层平面图，大门、汽车间及下房平面图；② 一层平面图；③ 二层平面图；④ 三层平面图及门窗详图；⑤ 剖面图；⑥ 立面图；⑦ 议场平屋面改正图。其中①修订于 1937 年 1 月 14 日，②～⑥ 修订于 1937 年 6 月 14 日，⑦修订于 1937 年 7 月 4 日。

③ 平屋顶方案包括五张图纸，依次为：一层平面图及钢窗详图；二层平面图及木门详图；三层顶平面图及屋顶平面图；正立面图及剖面图；背立面、侧立面图及剖面图。这 5 张图纸均为方案深度，设计时间不详。

于二楼中间北侧，通高 7.3 米，平面呈长方形，地面平坦未起坡，二层设座席，可从主楼三层进入。三楼南侧为新闻记者休息室，其余是各委员会及委员长办公室、会客室等（图 3-3-25）。

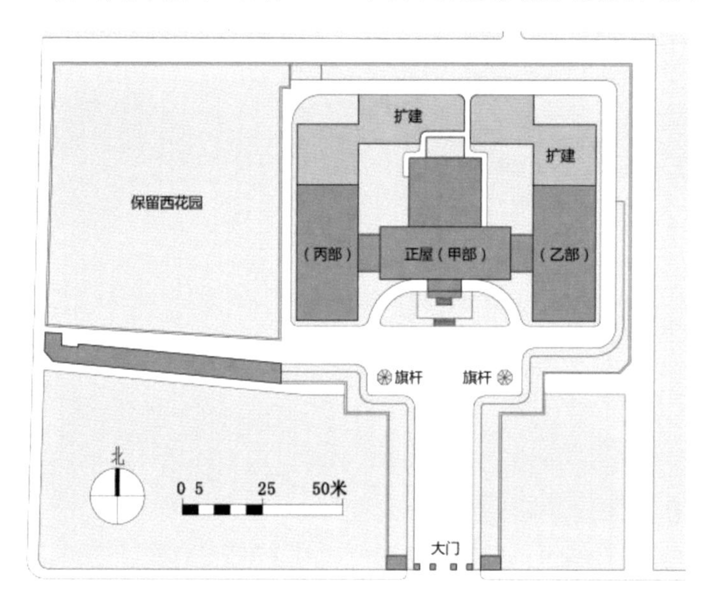

图 3-3-24 立法院办公楼大屋顶方案总平面图

图片来源：东南大学周琦建筑工作室

建筑立面中轴对称，竖向采用三段式构图，分基座、墙身和屋顶 3 个部分。基座为须弥座造型，由人造笃摆斩石砌筑而成，间隔设置出风洞，外罩生铁篦。议场部分的基座简化，外粉水泥斩假石饰面。建筑墙身采用清水砖墙砌筑，外门窗均为钢制，檐下额枋粘贴磨方砖。

东、西配殿两侧各有一排开敞阳台，承托阳台的砖砌擎檐柱依次排列，增加了建筑的秩序性和庄严感。阳台上设置笃摆斩石栏杆，栏板外贴“海棠池”纹磨砖。入口门廊为卷棚歇山顶，立柱用磨光青岛石，柱础用苏石。除议场外的所有屋顶均采用洋松屋架，三角形屋架上用垫木或立柱调节檩条高度，以形成屋面举折。屋顶上覆青筒瓦，屋脊为水泥预制，外涂永固水泥漆。东、西配殿的歇山顶在博风板外贴磨方砖，山花粉刷拉毛水泥，通风口饰木百叶（图 3-3-26）。

议场屋顶最初设计为硬山顶，但因上部空间浪费较多，遂于 1937 年 7 月 4 日改成盝顶。修改后的平屋顶采用钢结构屋架，在工字钢大梁上焊接角钢，空隙部位砌筑 12 英寸厚空心砖。屋顶基层为 3 英寸厚煤屑三合土，面层做二毡三油松香柏油石子屋面（图 3-3-27 ～图 3-3-29）。

办公楼室内走廊采用马赛克地带及踢脚，阳台为磨方砖铺地，楼梯采用笃摆磨石子踏步及台度，厕所和浴室铺马赛克瓷砖，议场采用分块铁屑水泥地坪，其余各室为柳桉木地板及踢脚。礼堂兼宴会厅的吊顶采用藻井造型，表面做钢丝网粉刷面层，外饰特种油漆彩画。议场亦为藻井吊顶，顶棚内嵌 3/4 英寸厚的吸声隔音板。

立法院大门由 4 根砖柱和 3 扇铸铁门组成，两侧分别为警卫室和传达室。门柱顶部装饰十字脊歇山顶铜框玻璃门灯，柱身饰方砖，基座饰笃摆人造石。中间两根门柱中空，内侧开玻璃门，外侧开 20 厘米宽的方形的窥视窗。铸铁门采用直棂造型，局部有夔龙纹装饰。警卫室和传达室采用笃摆人造石基座，墙身为青机砖砌筑，屋顶为盝顶，女儿墙覆青筒瓦，二者与铸铁门之间各开一扇便门，门框饰方砖。广场两侧的木旗杆高 24 米，底部直径为 40 厘米，顶部直径为 25 厘米，端头采用黄铜制作。旗杆底座为八边形笃摆人造斩石基座，边长 4.5 米，高 2.7 米。

西花园南部的单层辅助用房，东西长 74 米，南北宽 6 米，自西向东依次为 3 间汽车室、8 间下房及饭堂、厨房、浴室等。辅助用房的南墙与围墙融为一体，围墙高 2.4 米。下房采用人字架屋顶，檐口高 2.4 米，室内吊顶高 3.2 米。下房基座采用青机砖砌筑，围墙、车房及下房的浑水墙身均用旧砖砌筑，外粉毛水泥。屋顶铺设旧建筑拆下来的旧筒瓦，车房和下房的

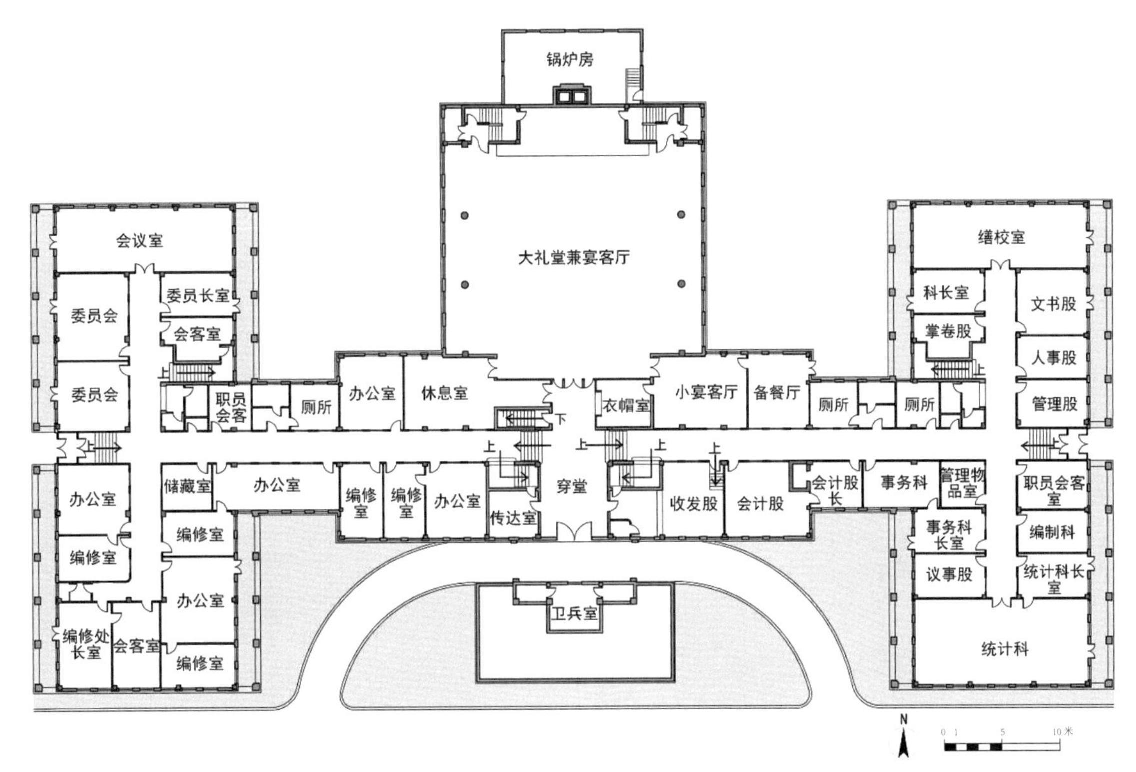

图 3-3-25 立法院办公楼大屋顶方案一层平面图

图片来源：东南大学周琦建筑工作室

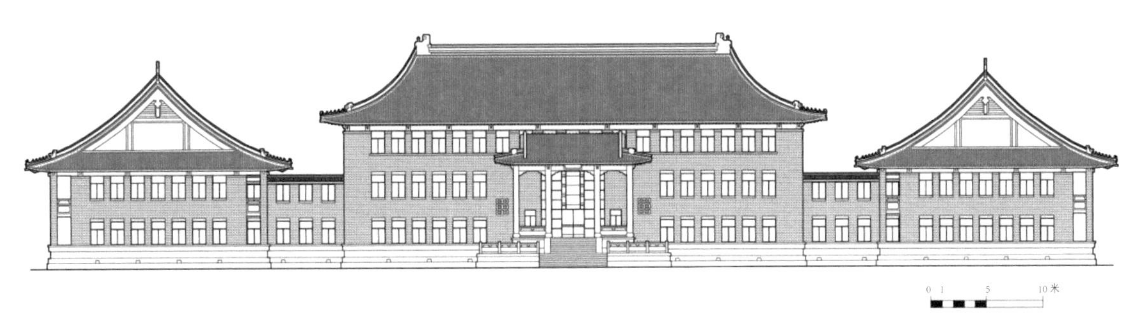

图 3-3-26 立法院办公楼大屋顶方案正立面图

图片来源：东南大学周琦建筑工作室

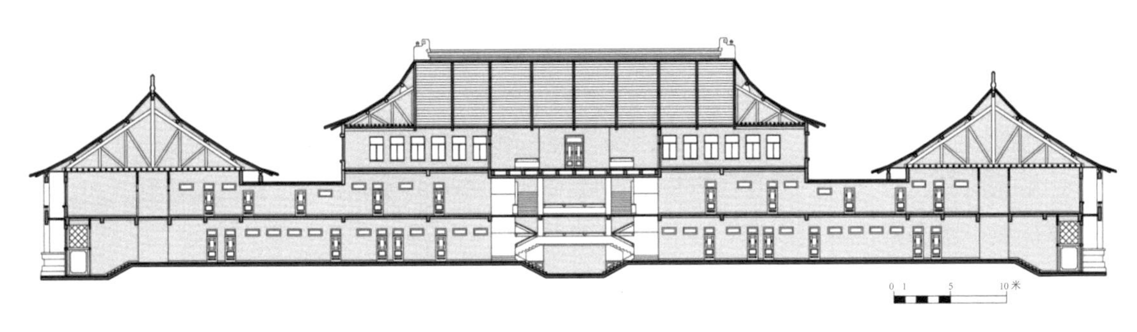

图 3-3-27 立法院办公楼大屋顶方案剖面图

图片来源：东南大学周琦建筑工作室

图 3-3-28 立法院大屋顶方案鸟瞰图
图片来源：东南大学周琦建筑工作室

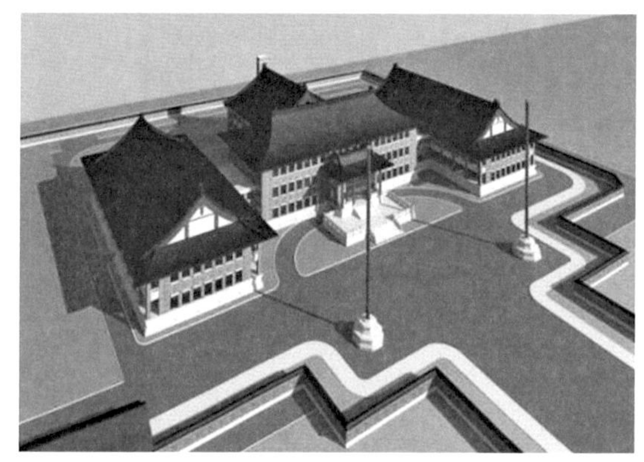

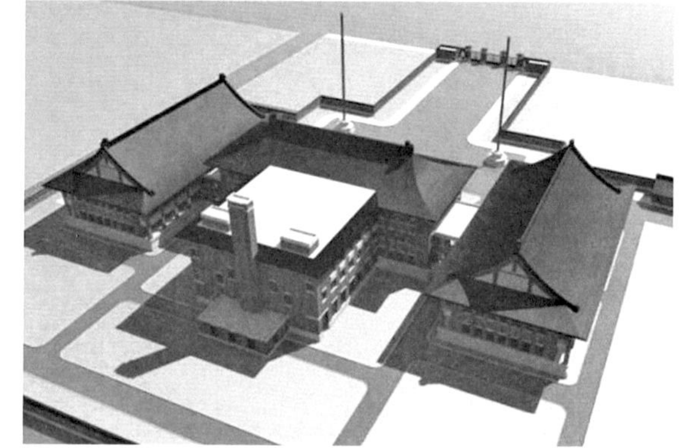

图 3-3-29 立法院大屋顶方案鸟瞰图（硬山顶议场）
图片来源：东南大学周琦建筑工作室

粗木作也用旧木料改造。采用拆旧的材料砌筑辅助用房，一方面起到了循环利用的作用，另一方面也说明当时国民政府的经费十分紧缺。

立法院平屋顶方案（图 3-3-30）仍采用“山”字形平面，“工”字形办公楼位于南侧，议场位于北端。和大屋顶方案相比，平屋顶方案的主楼面宽加长，建筑全长超过 150 米，正立面设一主两副共 3 处入口。主入口大厅向南突出，略高于两侧 3 层办公楼，2 层高的东、西配楼分列两端，建筑体量呈中间高两侧低的层层叠落态势。主副入口通过台阶进入办公楼，平台底部架空，可供汽车通行。建筑内部以“工”字形走廊联系各办公室，东、西配楼的平面布局与大屋顶方案一致，中部门厅则扩大为 21 米 ×35 米的多功能厅。议场的布置方式与大屋顶方案差别较大，平屋顶方案议场采用半圆形布局，主席台位于北端，阶梯状的座席向心聚拢。议场净高 11.5 米，二层挑空，局部设有楼座。

平屋顶方案采用的是在现代建筑基础上点缀中式装饰的新民族风格。建筑立面分基座、墙身和檐口 3 个部分：基座为简化的须弥座造型；墙身由清水砖墙砌筑，副入口两侧砌花格砖洞，造型简洁，极富传统韵味；檐口女儿墙向外悬挑，底部采用雀替状构件承托。主副入口均设巨柱门廊，主入口列 6 根 1.5 米 ×0.7 米通高方柱，副入口列 4 根 1.2 米 ×0.6 米方柱。除入口外，东、西配殿及议场两侧亦设通高擎檐柱，列柱成为平屋顶方案的重要母题。巨柱门廊起源于希腊神殿的石砌列柱，文艺复兴时期多以山墙形式设于建筑入口。平屋顶方案通过巨柱门廊的设计来营造建筑的秩序感，以此塑造立法院的庄严形象，充分体现了华盖建筑

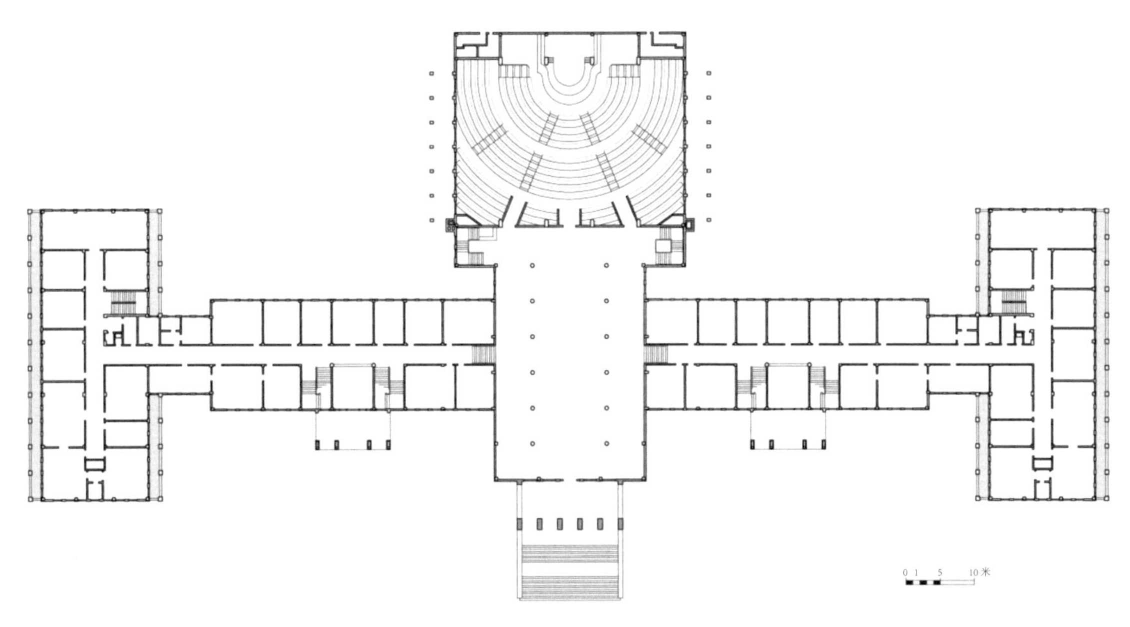

图 3-3-30 立法院办公楼平屋顶方案二层平面图
图片来源：东南大学周琦建筑工作室

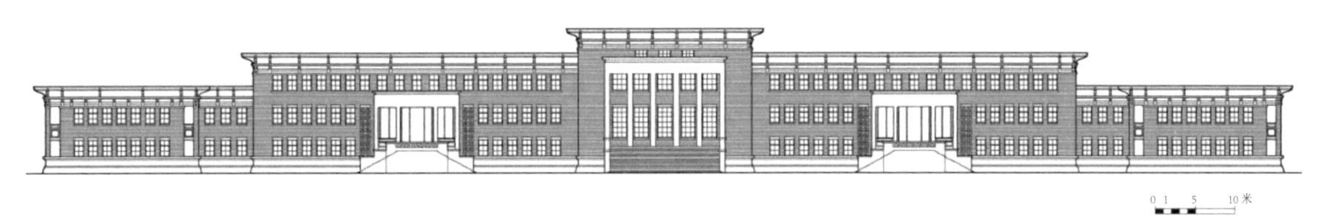

图 3-3-31 立法院办公楼平屋顶方案正立面图
图片来源：东南大学周琦建筑工作室

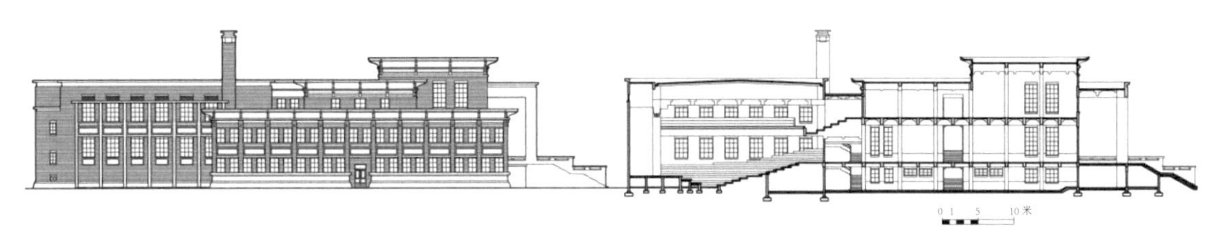

图 3-3-32 立法院办公楼平屋顶方案侧立面图（左）、剖面图（右）
图片来源：东南大学周琦建筑工作室

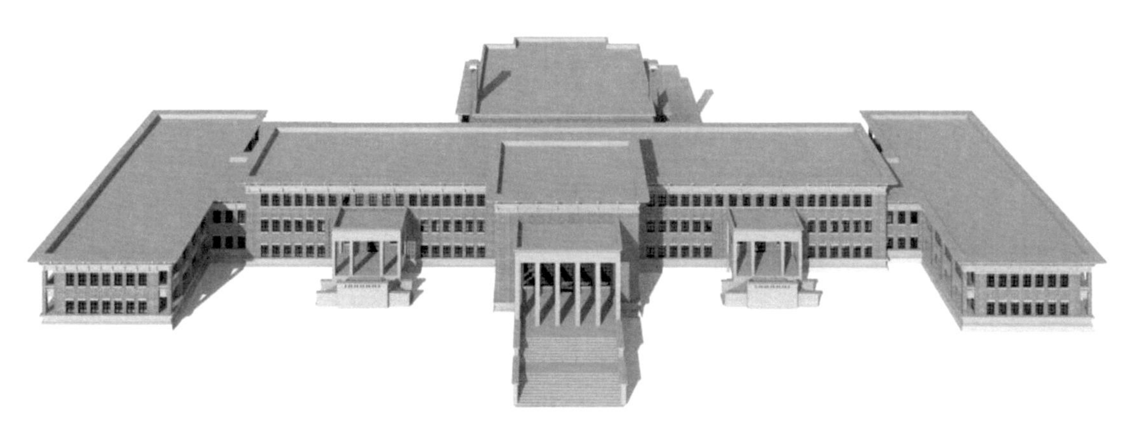

图 3-3-33 立法院办公楼平屋顶方案鸟瞰图
图片来源：东南大学周琦建筑工作室

事务所融汇中西、不拘一格的设计特点（图 3-3-31 ～图 3-3-33）。

从平面布局来看，两套方案的差别并不大，除平屋顶方案的面阔加长外，主要区别在于议场的排布方式。平屋顶方案的半圆形布局更趋近于西方多党制的国会建筑，而大屋顶方案的多功能厅式布局，在使用上更具灵活性。两套方案的最大区别在于建筑的造型风格，作为国民政府五院之一的立法院，理应遵照《首都计划》的要求采用“中国固有之形式”，况且时任立法院长即为《首都计划》的缔造者孙科。两套方案的完成度也说明了这一问题，大屋顶方案的设计深度远胜平屋顶方案，由此可见，官方最终选择的可能还是大屋顶方案。

华盖建筑事务所的创始人赵深，在离开范文照事务所之前，就曾设计过诸如铁道部大楼、励志社、华侨招待所、上海八仙桥青年会等中国固有式建筑。在设计铁道部办公大楼的过程中，赵深与孙科建立了良好的私人关系，之后华盖建筑事务所又设计了铁道部办公大楼的扩建工程。该扩建工程即陈植所称“为与原建筑群协调，不得不沿用古典形式”① 的粮食部大楼。但中国固有式建筑的大屋顶，无论是在结构合理性方面，还是在经济性方面都存在较大问题，这也是立法院大屋顶方案的议场由硬山顶改为盝顶的重要原因。为此，早在 1933 年华盖建筑事务所成立之初，赵深、陈植、童寯 3 人就曾相约拒绝使用大屋顶，他们认为将传统屋顶加在现代建筑上的所谓中国建筑复兴，只是便于建筑师抄袭的“整容术”，反对在按现代方式设计的房屋上不合时宜地添加瓦屋顶。然而，立法院平屋顶方案并不符合以孙科为代表的文化保守主义人士的观点，图纸亦未深化设计。

3. 考试院

1928 年 10 月 10 日，戴季陶就任国民政府考试院院长。考试院最早在戴季陶自宅内成立筹备处。院址原定于江南织造府旧址，但戴季陶认为织造府地处闹市，空间狭小，不利于未来发展，最终将院址定在鸡鸣寺东侧的关岳庙。1929 年 1 月 6 日，考试院正式成立。是年冬考试院选址定在鸡笼山一带，征用武庙、昭忠祠、千仓师范、千仓会馆及观音庙会等周边土地，建成东到珍珠河，西达鸡笼山的国民政府考试院。考试院有东西两个大门，东大门重檐庑殿顶，入口三拱门。西大门为考试院正门，棂星门式样。考试院大门，中额书“为国求贤”四个大字，阅卷大楼题名“衡鉴楼”，大考场题名“明志楼”，图书馆题名“华林馆”，办公室大楼题名“宁远楼”。大门内有“问礼亭”，师法孔子问礼之意。院长官邸题名“待贤馆”，与“为国求贤”、待贤而“传”语意双关。

考试院主要由考选委员会和铨叙部组成。考试院旧址占地 103 590 平方米，建筑面积达 8277 平方米。考试院建筑按东、西两条平行轴线排列。东路自南向北依次是泮池、东大门、昭忠祠、武德楼、宁远楼、华林馆、图书馆书库和宝章阁，西路自南向北依次是西大门、《孔子问礼图》碑亭、明志楼、衡鉴楼和公明堂（图 3-3-34）。其建筑群由卢毓骏 ② 设计。

---

① 陈植 . 意境高逸，才华横溢——悼念童寯同志［M］// 童明，杨永生 . 关于童寯：纪念童寯百年诞辰 . 北京：知识产权出版社，中国水利水电出版社，2002：17. 原文为“我们同事务所的建筑师三人之间曾相约摈弃‘大屋顶’，只在某办公楼的设计中，由于要与原建筑群协调，不得不沿用古典形式”。某办公楼是指铁道部大楼西北翼的加建部分，后作为国民政府粮食部办公楼。

② 卢毓骏（1904—1975 年），福建福州人。1916 年入福州高级工业专科学校，1920 年赴法国勤工俭学，在巴黎国立公共工程大学学习，1925 年任巴黎大学都市规划学院研究员。1928 年回国后担任南京特别市市政府工务局技正科员建筑课课长，市政府技术专员，经办中山路、中山桥及首都市政工程。1931 年任在南京考试院工作。其主要作品有南京考试院、考选委员会、大考场及铨叙部，汤山望云别墅，南京高等法院等。迁台后，卢毓骏在台湾大学任职。1961 年，卢氏应张其昀之邀，规划中国文化学院之建设并主持“建筑及都市设计学系”。由于卢氏风格追求复古形式，成为复古建筑师代表，也成为台湾战后重要的建筑师之一。

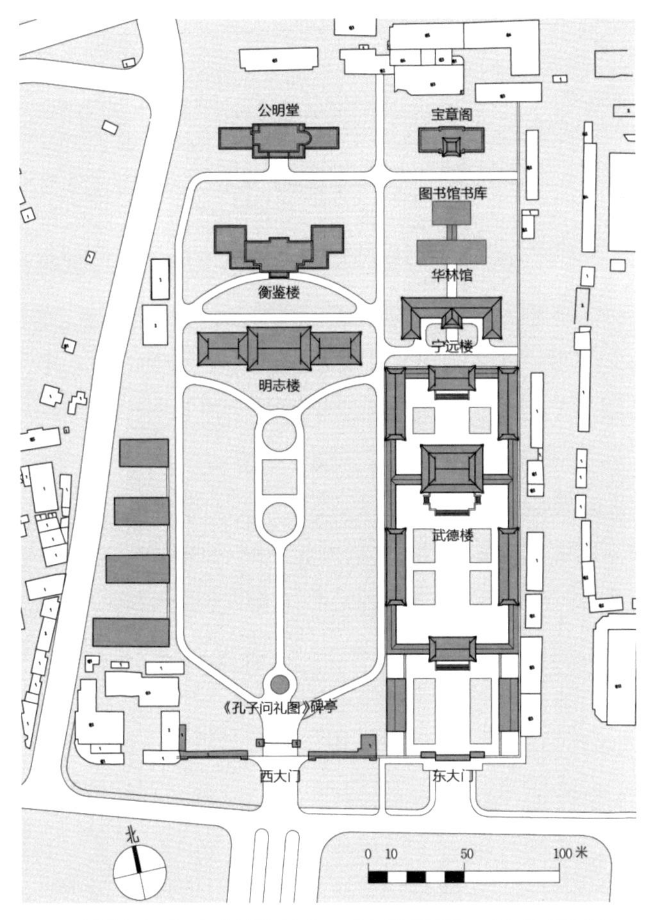

图 3-3-34 考试院总平面图（左）
图片来源：东南大学周琦建筑工作室

图 3-3-35 宁远楼入口（右上）
图片来源：卢海鸣，杨新华，濮小南 . 南京民国建筑［M］. 南京：南京大学出版社，2001：47.

泮池在东大门正南方，呈半月形，又名月牙池。古代学宫又称泮宫，泮宫东西南方有池，形如半壁，以其半于辟雍，故称泮池。池内北沿有 3 只螭首一字排开。东大门有 3 个拱门，重檐庑殿顶，屋顶覆绿色琉璃瓦。大门基部仿须弥座，上部梁枋、斗拱、檐椽等均施以彩绘，钢筋混凝土结构。两重檐中间挂有戴季陶手书“考试院”金字竖额。

昭忠祠是清代祭祀文武官吏的祠堂，大殿为总祠，东西各两座配殿，考试院时期改为议政堂。武庙大殿坐落在 2 米高的台基上，设月台。大殿面阔 7 间，进深 5 间，重檐歇山顶，上覆绿色琉璃瓦。大殿内部加添楼板改为二层，改名武德楼，楼下为考试院大礼堂，楼上是铨叙部办公室。武庙大殿前后两侧，各建 1 座砖木结构的 2 层楼房，利用连廊围合成南北两个四合院，作为考试院秘书处、参事处和铨叙部的办公室。武庙大殿始建于明朝洪武二十七年（1394 年），清朝改为江宁府学，咸丰年间毁于战火；同治年间江宁府学迁至朝天宫，原址重建武庙大殿。

宁远楼建于 1931 年 5 月，1932 年 8 月竣工，砖混结构，高 2 层，平面呈“山”字形，重檐庑殿顶，上覆小瓦。宁远楼是考试院的办公大楼，院长戴季陶的办公室“待贤馆”就设在其中，“待贤馆”与“为国求贤”、待贤而“传”语义双关。宁静致远，出自西汉刘安的《淮南子·主术训》，诸葛亮的《诫子书》也有引用，为古代学者追求的一种崇高的境界（图 3-3-36）。

三国时期的吴国，在鸡笼山南古台城内建有华林馆，南朝时续有扩建。考试院内建华林馆，有怀古和为国选拔人才之意。华林馆位于宁远楼北，是一幢单层混合结构建筑。第一届高等考试结束后，建成考试院图书馆“华林馆”。华林馆分为两部分，阅览室为中国传统式样的九楹平房，书库为宫殿式二层楼房。在华林馆北面是图书馆书库，高 3 层，砖木结构，重檐庑殿式屋顶，假石勒脚，侧面设有雨篷，平面呈长方形，楼梯设在房屋中央，扶手采用花纹形栏杆，第三层木构架体系圆柱支承木屋顶。

宝章阁位于华林馆北面，建于 1934 年，是考试院的档案库，收藏考生试卷、文官任免登记书等档案资料。“宝章”意为珍藏的书法名家真迹。考试院中的宝章阁实为典藏档案文书的重地。宝章阁高 3 层，钢筋混凝土结构，平屋顶，屋顶正中设盝顶塔楼。建筑立面简洁，檐口简化，具有西方现代派建筑风格，但在细部处理上体现了中国传统建筑特征，如建筑的左右对称，细部装饰斗拱、屋顶塔楼为盝顶等，都是典型的中国古典建筑风格。

明志楼建于 1933 年，是考试院主考场。明志楼为歇山顶建筑，钢筋混凝土结构，8 根红柱上歇山顶抱厦，屋面覆盖绿色琉璃瓦，斗拱、檐椽、梁枋等均施以彩绘。中部地上二层，地下一层，前面有月台，平面周围砌有雕花水泥假石栏杆。踏道宽阔，东西两侧为地上一层半，地下半层。檐下悬挂竖书“明志楼”三字匾额。入口处门廊上部悬挂“忠孝仁爱信义和平”八字横匾。全楼平面分成三部分，楼中部分的两个考场后改为大礼堂，楼东西还各有一个考场。戴季陶亲题门联：“做人当立大志，彻始彻终，有为有守；求学须定宗旨，知本知末，通古通今。”

西部分别是大门、孔子问礼图碑亭、明志楼、衡鉴楼、公明堂等。

西大门是考试院主入口。冲天柱砌出毗卢帽与云头装饰。大门两边各有一座牌坊，由山墙与大门相连，牌坊呈外八字排列，牌坊底部两层石鼓夹抱。整个牌坊造型与夫子庙棂星门相似。牌坊中额镌刻戴季陶手书的“选贤任能”四字。门前左右置有两尊汉白玉须弥座狮子。西大门为三开间的中国传统牌坊式建筑，钢筋混凝土结构，中间高阔，两边略小。柱头表面饰有中国传统的云纹图案。牌坊底部两层石鼓夹抱。底座为须弥座式，也是用汉白玉制造。（图 3-3-36）

西大门后有一圆形广场，广场中央为问礼亭《孔子问礼图》碑亭，亭内竖《孔子问礼图》碑，意为师法孔子问礼图之意。石碑刻于南朝齐永明二年（484 年），记载了鲁昭公二十四年（公元前 518 年）孔子从曲阜到洛阳考察周朝典章制度，寻求巩固鲁国政权办法的经历。途中孔子拜访了精通周礼的李耳，在获取经典后才回到鲁国。图碑中是二人驾车、一组身穿古装人物在城门前欢迎的场面。左上端刻“永明二年，孔在鲁入周问礼周流”。1933 年，《孔子问礼图》碑从河南运来南京，立于考试院。戴季陶效法孔子问礼，专立一大石碑将《孔子问礼图》碑嵌于上半部，四边饰有云纹。碑额有吴稚晖的题字，下部刻有林森撰文、魏怀书写的碑记。进入西大门后，迎面是问礼亭，亭子中央竖有《孔子问礼图》碑，是戴季陶效法孔子问礼而建。1932 年，日本发动淞沪战争，国民党决定将南京所有党政机关迁往洛阳，考试院也于 2 月下旬迁往洛阳办公。1934 年 1 月，戴季陶在明志楼前建“问礼亭”，用来展陈其在洛阳重金购得的南齐永明年间孔子问礼于老聃的石刻。国民党元老吴稚晖手书“问礼亭”三字，高悬亭间。戴季陶撰写碑文：“礼以节众，乐以和众，建国育民始于是，愿与同志共勉之。”

图 3-3-36 考试院西大门

图片来源：叶兆言，卢海鸣，黄强. 老照片·南京旧影［M］. 南京：南京出版社，2012.

衡鉴楼为考选委员会办公室，位于明志楼北，是一幢砖混结构的西式平屋顶建筑，中间高

3层，两翼高2层，入口设柱廊。衡鉴本意为衡器和镜子，比喻准绳、楷模，后引申为品评、鉴别。

公明堂为典试、襄试委员会评阅试卷之处。“公明”取自《荀子·不苟篇》中的“公生明，偏生暗”。公明堂高3层，平屋顶，造型简洁（图3-3-37）。衡鉴楼与公明堂均较为简朴，对称式布局，墙身简洁平整，略施装饰。公明堂为典试、襄试委员会评阅试卷的地方。

1937年6月6日的《中央日报》刊载《励士钟塔》[①]新闻：“考试院为纪念全国考铨会议，昔与中央各机关及全国各大学集款捐建励士塔一座于该院东花园内，该塔高六十余尺，塔顶镌刻总理建国大纲全文，形式异常美观，现已全部落成。图示励士钟塔全景。”又据1934年11月5日《中央日报》报道：11月4日晚上，当时全国考选委员会在考试院（图3-3-38）明志楼内，设宴招待参会代表和新闻记者。考试院院长戴季陶致辞，不仅向百余位参宴人士介绍了考试院的创立经过，而且“为纪念此会起见，拟即席发起创捐一钟，存放考院内，上刊总理关于考铨之遗教，用以指挥考院全体人员更用以指挥全国考铨事宜，俾我国行政效率日增进步云云”。他的倡议当即受到全体人员赞同。后来经考试院牵头、有关方面集资捐款，1937年在该院前面的东花园内建成了这座钟塔，内置一口大钟。

图3-3-37 公明堂背立面复原图
图片来源：东南大学周琦建筑工作室

图3-3-38 从台城看考试院
图片来源：海达·莫里森摄影

该楼共有4层，乃钢筋混凝土结构，重檐翘角，十字脊梁，上覆绿色琉璃瓦，建筑平面呈四方形，底部每边长约5米多，自下而上楼身渐倾收缩，楼基则建在一个大约10米见方的露天平台上，四周围有中式护栏。该楼一层四面皆辟有大门，二至四层四面皆开设窗户。其中四楼窗户周围还有时间刻度标记，楼内曾悬挂大钟。一楼四面各开一门，直贯一、二层，门楣浮

① 周庆安.被误读的南京和平公园钟楼建造史［J］.江苏地方志，2012（1）：57-59.

雕方回纹。二、三、四楼四面辟有窗户，四楼窗户宛如时钟，并刻有时间标志。塔顶飞檐翘角，十字脊顶，上覆琉璃瓦，檐下有斗拱等装饰，檐枋、藻井彩绘游龙等。塔内一层藻井为云龙、仙鹤图案，周边饰以寿纹；二层藻井是仙鹤、如意图案。塔内的螺旋式铁梯可供人们上下登临。民国后期，该塔一度称为魁星塔，作考试院钟楼之用，上层悬挂巨钟。

4. 励志社

1929 年 1 月 1 日，蒋介石模仿日军“偕行社”创办黄埔同学会励志社，地点最初在黄埔路中央陆军军官学校内，1931 年迁至中山东路 307 号。励志社的主要任务一方面是充当蒋介石的内廷供奉机构，另一方面是接待外国来华军政人员，特别是抗战胜利后的美军顾问团。

励志社的 3 幢宫殿式建筑（图 3-3-39），建于 1929—1931 年间，由范文照、赵深设计，陆根记营造厂承建[①]。建筑费用 15 万元，是上海银行界在中原大战时捐给宋美龄发放官兵犒赏金的剩余款项。励志社总社 3 幢建筑物的内部设施齐全，有多功能礼堂、剧院、办公室、餐厅、浴室、宾馆式客房和理发室等，还有网球场、手球场、排球场、田径运动场、跑马场等。

励志社 3 幢大屋顶宫殿式建筑呈“品”字形分布，由西向东，分别是大礼堂（图 3-3-40）、1 号楼（图 3-3-41）和 3 号楼。1 号楼建于 1929 年，砖木结构，建筑面积 2050 平方米。中间

图 3-3-39 励志社航拍照片

图片来源：《良友》1936 年第 16 期，第 113-117 页

图 3-3-40 励志社大礼堂

图片来源：首都新东方式的建筑美［J］. 东方杂志，1935，32（4）.

图 3-3-41 励志社 1 号楼

图片来源：叶兆言，卢海鸣，黄强 . 老照片·南京旧影［M］. 南京：南京出版社，2012：128.

高 3 层，庑殿顶；两翼高 2 层，歇山顶，东西对称，烟色筒瓦屋面，绿色屋脊。大楼入口处

① 见《南京民国建筑》，297。侯鸣皋在江苏文史资料第 1 辑发表的《励志社与黄仁霖》一文中指出，1931 年黄埔路励志社的建筑由上海竟记营造厂承建，该厂老板王竟群是黄仁霖的侄女婿，他以替黄仁霖修建南京大悲巷 7 号花园洋房作为回扣。

建有门廊，红漆廊柱。大楼底层墙面为水泥假石粉刷，二层以上清水勾缝。大楼东南墙角，镶嵌有正方形石碑块，上刻“励志社，民国十八年志，立人立己，革命革心，蒋中正与励志社同仁共勉”。3号楼建于1930年，砖木结构，建筑面积1846平方米。中间高3层，歇山顶；两翼高3层，庑殿顶。东西对称，烟色筒瓦屋面，脊檐饰有瑞兽，檐口梁枋施以彩绘。屋顶建有壁炉烟囱，烟囱上部做成宫殿式屋顶。1号楼和3号楼内部均呈中廊式布局，两边是带独立卫生间的客房，是当时接待贵宾住宿之处。大礼堂建于1931年，主体为钢筋混凝土结构，而梁、椽、挑檐则是木结构，高3层，重檐庑殿顶，平而为方形，建筑面积1360平方米，可容500人就座。内部按当时较现代的剧院布置，设有门厅、休息室、观众厅及其他服务设施，在其四周还建有附属用房。1935年10月10日，南京第一次集体结婚在励志社大礼堂举行。

励志社从开办到抗日战争前，在南京、南昌和成都各修建了一处中国传统大屋顶式建筑。南昌励志分社建于1934年，由熊式辉带头捐建。成都励志分社是1936年在四川峨嵋军官训练团时，由四川大小军阀捐建①。

5. 国立中央研究院

中央研究院自1928年6月成立以来，陆续按学科分设各研究所，至1937年抗战爆发前共有物理、化学、工程、地质、天文、气象、历史语言、心理、社会科学和动植物等10个研究所。物理研究所、化学研究所和工程研究所位于上海，其余均在南京，中央研究院总办事处设于南京成贤街原法制局旧址内。抗战胜利后，物理、化学、动物、植物、工学、心理学研究所和数学、医学研究所筹备处等8个单位暂留上海，总办事处及天文、地质、气象、历史语言、社会科学研究所等6个单位设于南京。中央研究院设有学术评议会，为民国最高学术评议机构。

北京东路39号是中央研究院总办事处及地质研究所、历史语言研究所和社会科学研究所所在地。地质研究所位于中央研究院总办事处大楼西北方，大楼门朝东南，是一座仿明清官式建筑。楼前有两层石阶。大楼由基泰工程司建筑师杨廷宝设计，朱森记营造厂承建。大楼建于1931年，高2层，钢筋混凝土结构，建筑面积约1000平方米，平面呈“凸”字形。单檐歇山顶，屋面覆盖绿色琉璃瓦，梁枋及檐口部分为仿木结构，漆以彩绘。大楼门前建有亭式门廊，两侧有栏杆，门廊雕梁画栋。一楼中部设地质标本陈列室，其余为制作、资料、科研、办公用房（图3-3-42）。大楼东南角地下室有锅炉房。

中央研究院历史语言研究所位于中央研究院大院内总办事处大楼的正北，为仿明清宫殿式建筑，由基泰工程司杨廷宝设计，六合营造厂承建。大楼建于1936年，高3层，钢筋混凝土结构，建筑面积1700平方米。建筑平面呈长方形，歇山顶，屋面覆盖绿色琉璃瓦，外墙上部为清水砖墙，下部采用水泥仿假石粉刷。正门朝南，入口处有门廊。大楼东西两侧各辟有一扇侧门。大楼两端为阅览室和小型书库，其余部分为办公、研究用房（图3-3-43）。

社会科学研究所位于中央研究院总办事处大楼的东北侧，建于1931年，高3层，人字顶，红砖墙，坐北朝南。

中央研究院气象研究所观象塔（图3-3-44）位于鸡笼山北极阁2号。早在南朝时期，北极阁就设有日观台，又称司天台。明朝设钦天监，观察天文气象。1928年，竺可桢筹建中央研究

① 江苏文史资料，第1辑，P61，侯鸣皋，励志社与黄仁霖。

院气象研究所，选址北极阁修建气象台，同年12月竣工。气象研究所观象塔由卢树森① 规划设计，建在石砌平台上，六边形，上下共4层，高约14米，钢筋混凝土结构。底层设6根圆形廊柱，上面两层都有混凝土栏杆。观象塔内设有旋梯通向每层挑台和顶层平台。观象塔的造型类似佛教建筑中的经幢，但在细节处理上运用了诸多西式手法，一层廊柱的顶部饰西方古典柱式中的垫板，而非中国传统建筑中的斗拱。在观象塔顶部女儿墙的位置上，装饰一圈希腊神庙山墙顶部的放射花瓣状顶饰（Acroterion）。海棠窗回纹装饰，不拘一格，中西合璧。

观象台塔楼的两侧各有一栋中式办公楼，马头墙装饰，为江南民居风格。1930—1931年，气象研究所在气象塔的北侧又兴建了一座面积为570平方米的两层图书馆，建筑底层作地震观察室。图书馆为重檐歇山顶，上铺筒瓦，砖木结构。

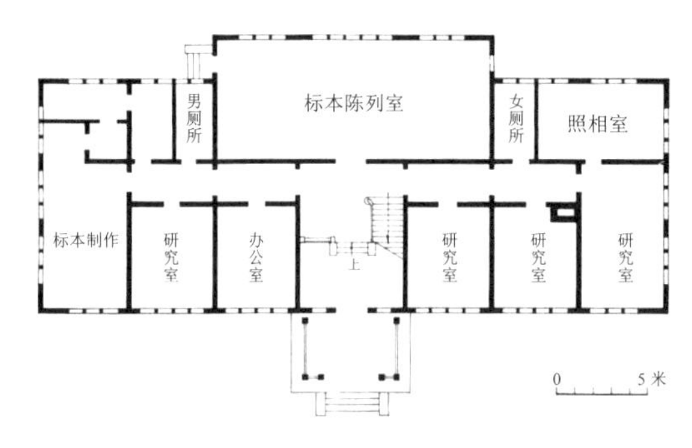

图 3-3-42 地质研究所一层平面图

图片来源：南京工学院建筑研究所．杨廷宝建筑设计作品集［M］．北京：中国建筑工业出版社，1983：75-76.

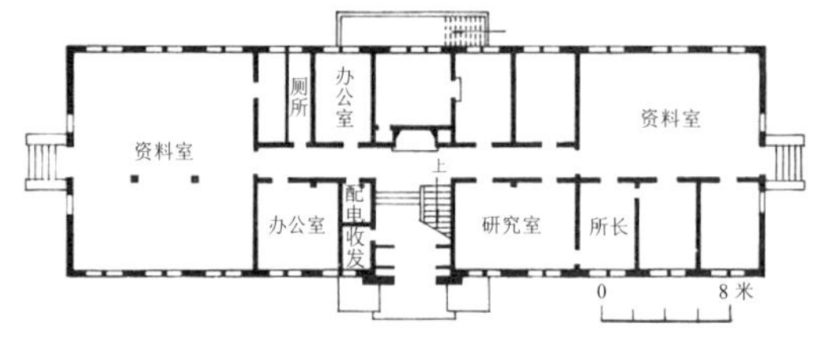

图 3-3-43 历史语言研究所一层平面图

图片来源：南京工学院建筑研究所．杨廷宝建筑设计作品集［M］．北京：中国建筑工业出版社，1983：106.

图 3-3-44 气象研究所观象塔

图片来源：海达·莫里森摄影

（二）区位：中山陵及中央政治区内的政权机构建筑

1. 总理陵园管理委员会

总理陵园管理委员会成立于1929年9月30日，负责中山陵的护卫、管理、工程建设与农林事业等，并指导陵园新村建设。1946年7月，总理陵园管理委员会改组为国父陵园管理委员会。总理陵园管理委员会办公地址，最初设在南京浮桥2号总理葬事筹备委员会旧址，后搬至中山陵以东、藏经楼以西的茅山路口。总理陵园管理委员会办公大楼平面呈“工”字形，高2层，屋顶为歇山顶。建筑一层做成月台形式，四周有栏杆。抗日战争时期，南京总理陵园管理委员会旧址被侵华日军炸毁，仅残存混凝土基础及地坪。1946年国民政府还都后，国

① 卢树森（1900—1955），浙江桐庐人，出生于上海，1923—1926年在宾夕法尼亚大学学习，获建筑学学士学位。从卢树森的工作经历来看，他曾同时出任中央研究院北极阁中央气象台和南京栖霞寺隋舍利塔计划的监造工程师，中央气象台观象塔的经幢造型有可能受到栖霞寺舍利塔的启发。

父陵园管理委员会改设在中山陵 7 号的原国民革命历史图书馆内（图 3-3-45、图 3-3-46）。

图 3-3-45 陵园管理委员会

图片来源：《良友》1936 年第 16 期，第 113 页

图 3-3-46 炸毁后的陵园管理委员会

图片来源：卢海鸣，杨新华，濮小南. 南京民国建筑［M］. 南京：南京大学出版社，2001：481.

图 3-3-47 小红山主席公邸模型

图片来源：《建筑月刊》1934 年第 2 卷，第 5 期，第 14-15 页

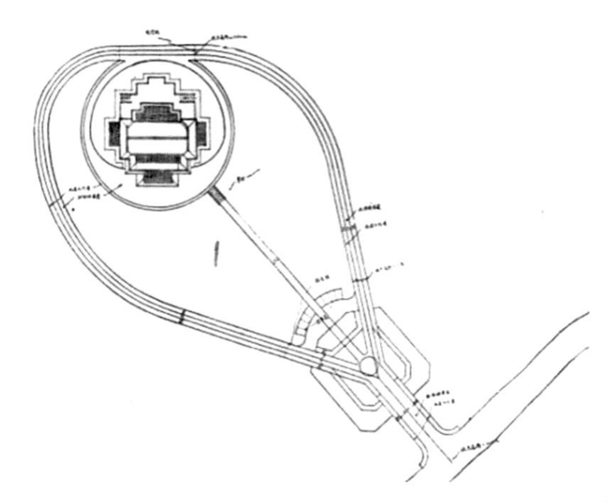

图 3-3-48 小红山主席公邸总平面图

2. 小红山主席官邸

1930 年 10 月 24 日，总理陵园管理委员会经蒋介石授意，拟定在紫金山南麓的小红山建设国民政府主席官邸（图 3-3-47）。1931 年春，由南京市工务局局长赵志游设计的主席官邸正式开工，技正陈品善负责主办，新金记康号营造厂承建，1934 年竣工。

主席官邸占地 120 亩，由正屋、门楼、警卫室、汽车间和花园组成。旧址在通往中山陵的陵园路南侧，车道经门楼分为两股，因势形成水滴状环路（图 3-3-48）。门楼是一座三开间的庑殿顶单层建筑，人行道穿堂而过，两侧为门卫室。门楼基座采用仿石材划分的水刷石饰面，墙身贴浅褐色泰山砖，檐口雕梁画栋，屋顶覆盖绿色琉璃筒瓦。穿过门楼有人行道直达主席官邸，人行道与门楼在同一条中轴线上，尽端为主席官邸正屋。正屋坐北朝南，与东南方向的中轴线偏移一定角度，设计者围绕正屋修建环形人行道，以消隐中轴线的指向性。

主席官邸正屋建于山顶平台之上，高 3 层，面积约 2000 平方米。建筑室内采用错层布局，从北入口进入门厅，两侧分别是应接室和仆役室。主楼梯位于中间，西侧是衣帽间，从主楼梯上半层为一楼大厅（图 3-3-49 地下层平面图）。仆役楼梯位于西侧，下半层为半地下室。

半地下室的中间和南面为填土，秘书办公室、卧室和盥洗室位于东侧，南面是仆役室，厨房、配膳间、煤间、气炉间、洗衣干衣室位于西侧，各房间通过“U”形回廊连接。一楼主要为会客空间，大厅位于中央，客厅和书房位于东侧，饭厅在西侧，东西两侧均有阳光房，大厅南面是“凸”字形平台，四周围以汉白玉凤纹栏杆（图 3-3-49 首层平面图）。

主楼梯上半层为穿堂，两侧分别是秘书室和配膳间。二层主要为起居空间，正中设女客厅，后改为祈祷室“凯歌堂”，周围分设 4 间带盥洗室的卧室套间，东西两侧均有阳台。会客厅对面半层之上为小餐厅，两旁分别是厨房、配膳间和休息室（图 3-3-49 二层平面图）。

建筑外立面采用中国传统大屋顶形式，分基座、墙身和屋顶 3 个部分。半地下室为基座部分，采用凿毛花岗岩砌筑。大方脚和地面以下的勒脚用城墙砖砌筑，地面以上采用红色机砖墙，地坪线以下设两皮柏油牛毛毡防潮层。墙身外贴浅褐色泰山砖，门窗套及线脚做水刷石饰面、窗下墙做菱形装饰。屋顶为“凸”字形，由“工”字形的歇山顶和南面露台的盝顶组成，屋顶覆北平绿色琉璃瓦，瓦片由南京工务局直接向北平订购。檐口双椽上方下圆，四周钢筋混凝土檐枋均仿北平宫殿式，彩画由北平工匠承做。（图 3-3-50）

主入口汽车道的平台、各入口台阶及南部平台镶边皆用磨光白水泥人造石，栏杆及花板用北平白石。外门窗均为钢制，内门窗除地下室用洋松门窗、大厅用柚木门之外，其余均为柳桉木制作。其中，钢门窗有 118 樘、柚木门 6 樘、柳桉木门窗 72 樘、洋松门窗 14 樘。台肚和踢脚板，除浴室用瓷砖或磨石子外，主要房间均为柳桉木。所有门板及台肚板均用双面光五夹板。半地下室的玻璃采用行片，浴室、厕所用冰片玻璃，其余均用车边玻璃。半地下室外窗加装铁艺栅栏，外门窗做紫铜丝纱门窗。

室内墙面粉刷分水泥砂浆、油漆、大理石和瓷砖 4 种，其中地下室的仆役楼梯间、仆役卧室和配膳室用水泥砂浆粉刷，应接室、秘书室办公室、女客厅、所有卧室及休息室用油漆粉刷，过厅、回廊、大厅、客厅、饭厅、书房、阳台、穿堂和小餐室用大理石装饰，所有盥洗室、浴室和厨房用瓷砖台度。

半地下室的地坪，除仆役卧室铺洋松企口地板，秘书办公室和卧室铺柳桉木企口地板外，其余房间均为磨光水泥地。门厅、浴室、盥洗室、入口平台、阳台、回廊及穿堂做马赛克瓷砖五色嵌花地面。应接室、过堂、所有卧室及休息室铺柳桉木企口地板。大厅、客厅、书房、饭厅、女客厅和小餐室铺亚克力花纹地面。主楼梯和仆役楼梯均为钢筋混凝土结构，主楼梯台度及梯段采用水磨石饰面（图 3-3-49）。

3. 中央政治区中轴线两侧的“东宫”和“西宫”

1935 年春，中央党史史料编纂委员会在明故宫“西宫”旧址上兴建办公大楼暨党史陈列馆，由基泰工程司杨廷宝设计，馥记营造厂承建，1936 年初竣工[①]（图 3-3-50、图 3-3-51）。

中央党史史料编纂委员会暨党史陈列馆旧址的大门，为钢筋混凝土结构的三楹四柱牌楼。门柱设一对铜壁灯，屋顶覆绿色琉璃瓦，额枋施璇子彩画，柱础为斩假石须弥座。基地四角各有一座四方攒尖顶的警卫岗亭，屋顶覆绿色琉璃瓦。主楼正对大门，为明清官式大屋顶式样，墙身铺贴浅褐色泰山砖。一层为基座，主要为办公室和档案库房，各办公室以回廊相连，中间为档案库房，两间库房面积各约 100 平方米，室内“回”形楼梯位于北部。台基以上高两层，由南面的“Y”形台阶上至二层，二、三层均为史料陈列大厅，东西两侧有平台。建筑为重檐歇山顶，上覆棕黄色琉璃筒瓦，背面有抱厦式老虎窗和通风口，檐口设水泥预制斗拱，梁枋绘以彩画（图 3-3-52）。

---

① 国民党中央党史史料陈列馆工程图纸现藏于南京市城市建设档案馆，档案编号 I30000470001。登记开工时间为 1935 年 4 月 1 日，竣工时间为 1936 年 1 月 30 日。

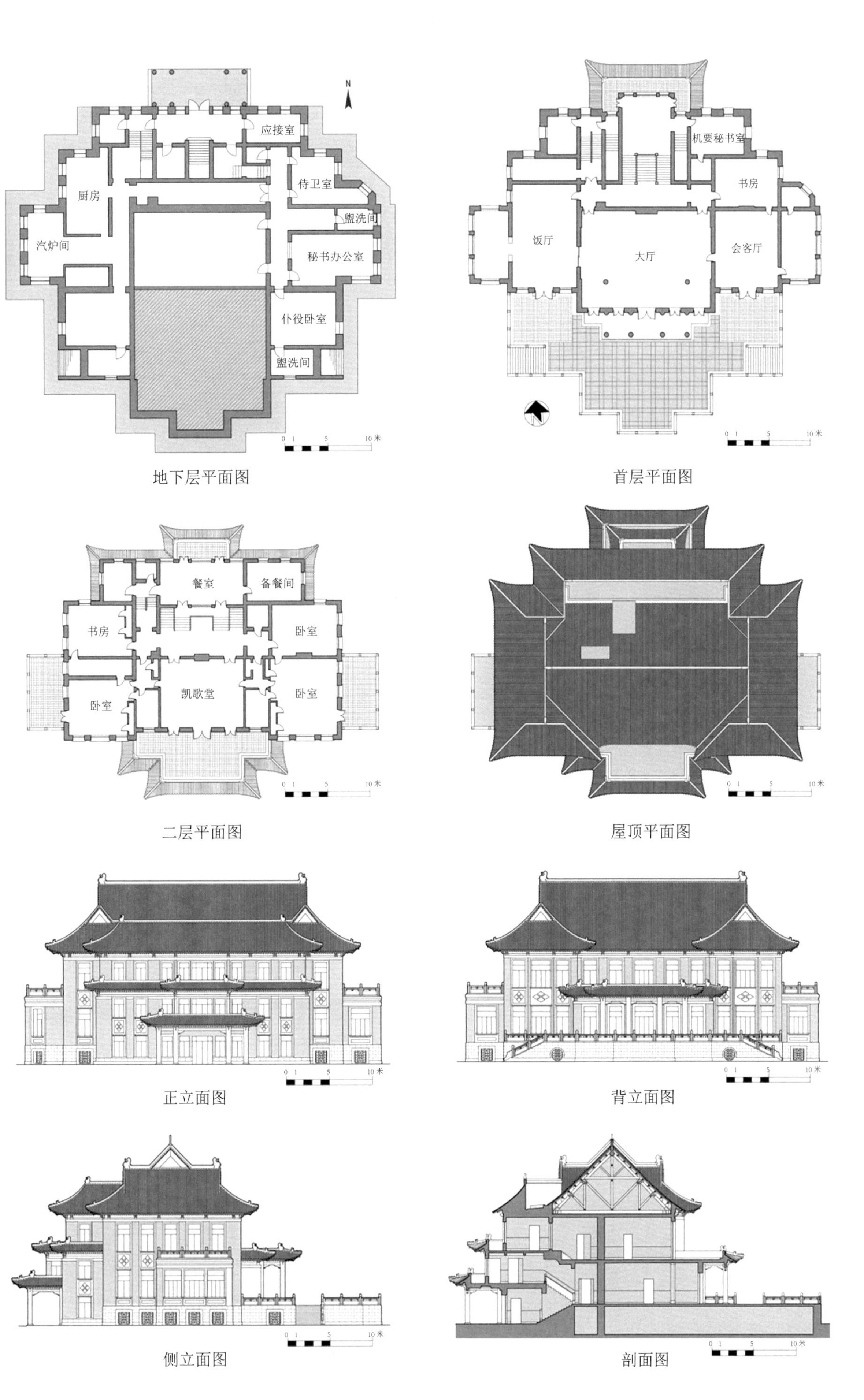

图 3-3-49 小红山主席官邸测绘图

图片来源：东南大学周琦建筑工作室

中国国民党中央监察委员会办公楼建于1936年2月，由基泰工程司杨廷宝设计，馥记营造厂承建，1937年2月竣工，占地5.78万平方米。因中央监察委员会办公楼的位置在明故宫文华殿旧址之上，故又称“东宫”。首都中央行政区以明故宫中心线为轴线，当1936年中央党史陈列馆建成后，国民政府决定在明故宫轴线东侧与之对称的位置，建设中国国民党中央监察委员会办公楼。监察委员会办公楼（图3-3-53）的平面布局和建筑外形与党史陈列馆几乎完全一致，只有屋顶琉璃瓦的颜色有所区别，前者为绿色，后者为棕黄色。

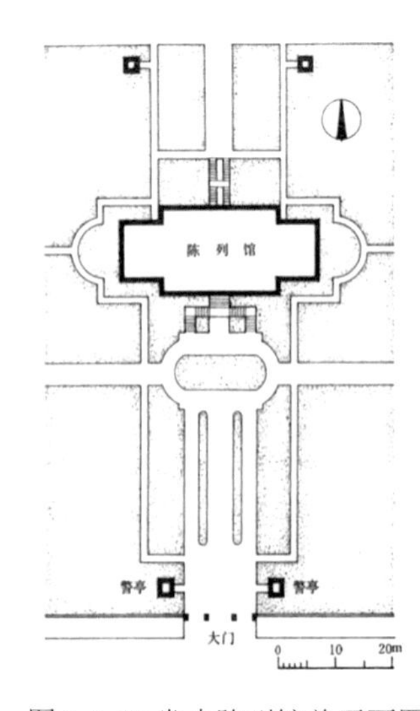

图3-3-50 党史陈列馆总平面图

图片来源：南京工学院建筑研究所.杨廷宝建筑设计作品集［M］.北京：中国建筑工业出版社，1983.

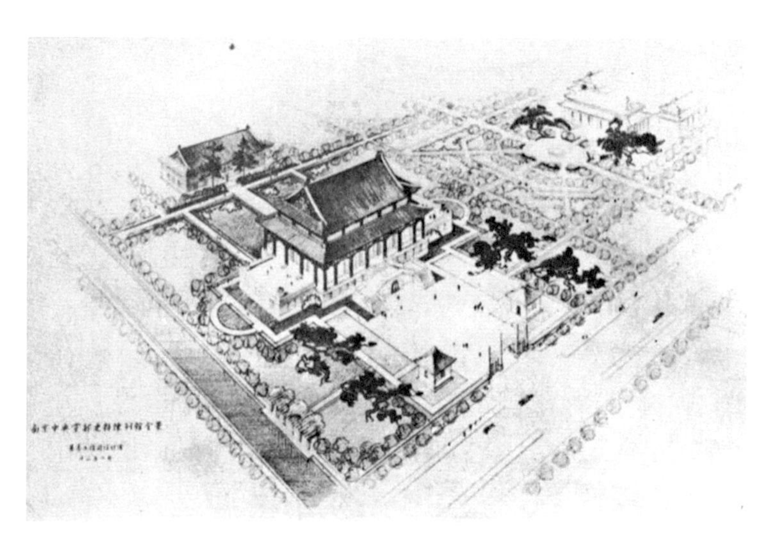

图3-3-51 党史陈列馆旧址鸟瞰效果图

图片来源：南京工学院建筑研究所.杨廷宝建筑设计作品集［M］.北京：中国建筑工业出版社，1983.

图3-3-52 中央党史史料陈列馆旧址现状

图片来源：东南大学周琦建筑工作室，高钢摄影

图3-3-53 中央监察委员会办公楼旧址现状

图片来源：东南大学周琦建筑工作室，高钢摄影

4. 国立中央博物院

1933年4月，在蔡元培的倡议下，教育部设立中央博物院筹备处，办公地点在北极阁中央研究院内。博物院拟设自然、人文、工艺三馆。1934年7月，成立“中央博物院建筑委员会”。在1934年7月26日第一次会议上，公推张道藩、傅斯年、丁文江为常务委员，梁思成为专门委员，具体领导建筑工作。在这次会议上，还讨论了征用院址土地的问题。8月4日，筹备处即正式致函南京市政府，拟征收中山门内路北旧旗地为院址。至1935年4月，市政府划定半山园旗地100亩为院址，后又增加93亩。计划建筑自然馆1410平方丈，人文馆1320平方丈，工艺馆2000平方丈，公用270平方丈，共计5000平方丈。工程分三期完成，第一期包括行政

办公楼和人文馆等，人文馆暂由三馆（自然馆、人文馆、工艺馆）共用。同年4月16日通过征选建筑图案章程，邀请李宗侃、李锦沛、徐敬直、杨廷宝等13位建筑师送设计图参选。审查委员会由杭立武、刘敦桢、梁思成、张道藩和李济等5人组成。审查委员们一致选出兴业建筑事务所建筑师徐敬直设计的图案为当选图案，报呈教育部备案。中央博物馆建筑委员会聘徐敬直为建筑师，由他会同专门委员梁思成等修正原图，并指导、监督建筑工作。

中央博物院力图体现中国早期的建筑风格，以弘扬中华民族传统文化精神，同时区别于中山东路上其他几幢大屋顶的仿古建筑。中央博物院建筑委员会经过研究，决定采用辽代的式样来建造博物院。徐敬直的设计图原是仿清式建筑的，在梁思成的指导下，徐敬直和李惠伯重新设计了建筑图案。总体布局强调深层次的对称轴线，主体建筑离中山东路主干道较远，前面留下宽敞的空间，做草坪、广场和绿化带，大殿前建有宽大的三层平台，可以衬托主体建筑的雄伟高大。大殿仿辽代蓟县独乐寺山门形式，大殿为七开间，屋面为庑殿顶，上铺棕黄色琉璃瓦。

第一期工程由江裕记承建，1936年6月初动工兴建。1937年7月，抗日战争爆发，建筑工程于8月底停工。当时第一期工程已完成大半：陈列室后部屋顶柱梁等钢骨水泥工程和前部保管库楼板及两边屋顶等水泥工程全部完成；正面大殿除楼板梁柱屋架及下层全部完成外，其二、三两层也完成全部的二分之一；其他附属工程，或大部完竣，或大半未成。

日据期间，在博物院设防空总机构，对已完成的部分大加改造，并破坏多处，损失严重。1946年，建筑委员会连续召开了三次会议，讨论并通过了修复工程计划。在修复计划决定前，由傅斯年代表建筑委员会，解决了原承包商江裕记问题，得以另行招标复工。经过公开招标，陆根记中标。1946年12月份签订合同后，即行开工，仍按原设计图案进行。主要项目包括人文馆陈列室、大小讲堂及图书室、理事会及院长办公室、人文馆保存库、研究室等。电气、卫生及消防等附属工程，也以招标的形式进行。

（三）融合："大屋顶"下的西式元素

在南京国民政府时期建造的政权机构建筑中，交通部大楼是唯一由西方人设计的官署办公楼。当西方建筑师开始接触中国古典建筑的时候，他们面对这种截然不同的建筑体系和建筑造型，很难在短时间内产生兴趣。因此，习惯将自己熟悉的建筑语言和设计方法与业主所特别要求的建筑理念结合起来。尽管戴上了中国官式大屋顶，但其体量组合关系在本质上仍是西方式的建筑审美观念的反映结果。

1. 交通部大楼

交通部大楼与铁道部隔街相望。大楼成方形，占地50亩，建筑费用约200万元。工程始于1931年，由前交通部部长王伯群组织，协隆洋行耶朗设计，新丰记承建。"九一八事变"爆发后，工程中辍。1932年朱家骅任交通部部长，督促擘画，继续经营。交通部大楼（图3-3-54）采用"中国固有式"。《申报》称新楼共分四楼，正中乃两座4层楼，楼顶有一小亭台及露天花园。

主楼左右辅以两座3层高的楼，分别为邮政总局及电政局的办公室。大楼总计四进，其逢单数者，乃属宫殿式亭阁门；其逢双数者，乃属城门式圆洞门。门之内有花园，通接后楼。楼内屋室共分300余间。窗之方向均朝外，走廊成圆形，系用水泥筑成，颇平滑洁净。办公室内，地板尽属洋松木钉成，上涂以古铜色油漆。四壁墙面，均用白色。而部、次长办公室墙壁，则另以绿色金边墙布修饰。一楼为总务司、技术官室和会食厅；二楼为次长办公室、秘书厅、参事厅、航政司和大礼堂（图 3-3-55）；三楼是邮政司、电政司、职工事务委员会办公室；四楼为会计长办公室及图书室。

图 3-3-54 交通部大楼

图片来源：叶兆言，卢海鸣，黄强．老照片·南京旧影［M］．南京：南京出版社，2012：107.

图 3-3-55 交通部大楼礼堂

图片来源：叶兆言，卢海鸣，黄强．老照片·南京旧影［M］．南京：南京出版社，2012：124.

建筑原计划在10个月内完工，后来由于地基变更、1931年的大洪水以及1932年“一·二八事变”的影响，直到 1934 年底才竣工。随后，国民政府交通部由慈悲社迁来办公，中华邮政总局[1]也在此办公。交通部旧址位于中山北路 303 ～ 305 号，占地 47 050 平方米。1928 年，交通部部长王伯群以兴建中华邮政总局的名义，聘请上海协隆洋行（A. J. Yaron Architects）的俄国建筑师耶郎（A. J. Yaron）设计办公大楼，1930 年 7 月开工，1934 年底竣工，建筑由新丰记营造厂承建。

交通部大楼沿中山北路布置，面朝东北方向，与马路间隔一条护城河。大门位于基地两端，通过小桥与道路连接。两座大门均为四柱三楹棂星门式样，横额中间有毗卢顶装饰，立柱设铜框玻璃门灯。大门旁边各有一间单层歇山顶警卫室，勒脚饰水刷石，墙身贴浅褐色泰山砖，屋顶覆青灰色筒瓦。内部道路采用西方几何形式，围绕大楼一周铺展，在建筑正面两端和山墙中间的次入口处分别设置半圆形和圆形花圃（图 3-3-56、图 3-3-57）。

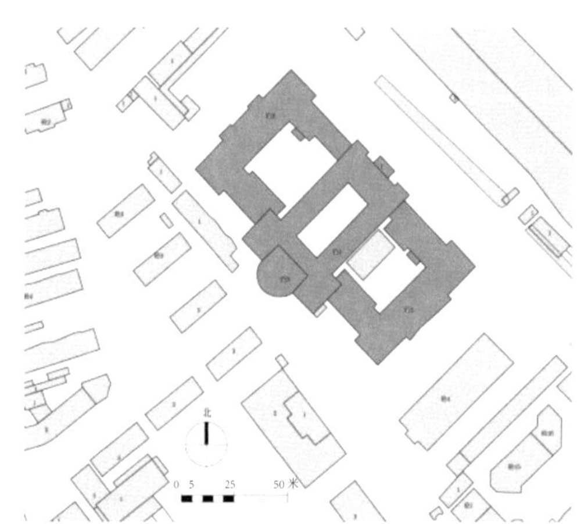

图 3-3-56 交通部大楼总平面图

图片来源：东南大学周琦建筑工作室

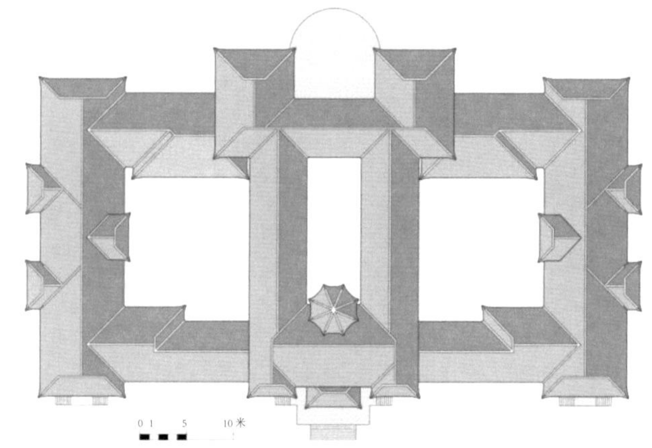

图 3-3-57 交通部大楼屋顶平面图

图片来源：东南大学周琦建筑工作室

① 中华邮政总局成立于 1896 年，初隶属于海关。民国时期改隶交通部。内设机构有总务、考绩、业务、汇兑、储金、供应、计核、联邮八处，以及秘书、视察二室等。下属机构有各地的邮政管理局、办事处、邮政代办所等。

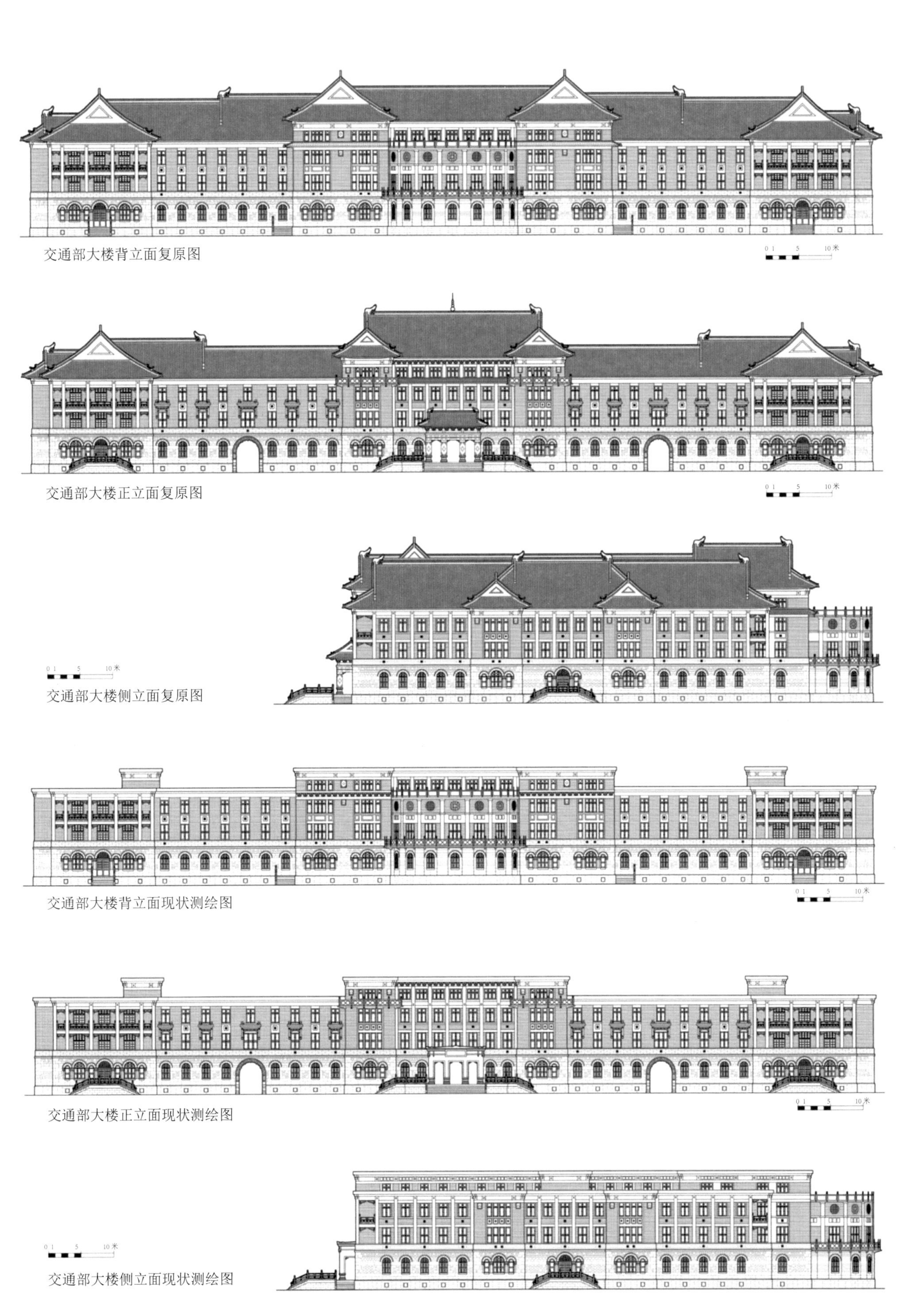

图 3-3-58 交通部大楼立面图

图片来源：东南大学周琦建筑工作室

交通部大楼为钢筋混凝土结构的中国传统大屋顶建筑，主楼高 4 层，两翼附楼高 3 层，总建筑面积达 18 933 平方米。建筑平面呈“目”字形，主楼和两翼附楼内部各有一天井，与 1928 年格里森（Dom Adelbert Gresnigt）设计的北京辅仁大学十分相似，皆为四面围合的修道院形制。主入口位于主楼中间，正对中山北路，为歇山顶中式门廊。主楼平面近似拉丁十字教堂，门厅两侧设塔楼，中庭和两旁办公楼类似巴西利卡的中堂和侧廊空间，半圆形的会议室与教堂圣龛后殿相似。两翼附楼类似教堂附设的修道院，通过回廊围合庭院空间。建筑室内以环形走廊的形式联系各房间，正面、背面及主楼的办公室采用单边走廊，两侧采用双边内走廊，走廊顶部为十字交叉拱结构。大楼设 3 部主要楼梯，主楼中庭正对入口的位置设八边形楼梯，上覆八角攒尖顶，两翼附楼中间朝内庭位置各设一部楼梯，顶部以抱厦形式与屋顶融为一体。建筑室内多为马赛克和水磨石地坪，主要房间和公共部位有彩画顶棚。

建筑立面分为基座、墙身和屋顶 3 个部分，一层基座采用水刷石饰面，表面仿乱石砌砖缝。

主楼歇山顶门廊面阔三开间，柱基为须弥座形式，柱壁嵌琉璃装饰，主入口门前设月台，次入口设“八”字形台阶。一层外窗为拱形，部分入口为三连拱或七连拱式样的窗连门形式，窗间柱有垂花装饰，窗下设通气孔。两翼附楼正立面中间各有一扇拱门通往内庭院，拱门仿故宫宫门式样，边框饰缠枝莲花纹。主楼二至四层、附楼二至三层为墙身部分，外立面贴浅褐色泰山砖，附楼内庭院的外墙为水泥砂浆粉刷。主楼中间部分的窗间墙设半圆形壁柱，两侧塔楼在四层挑出一圈阳台。附楼二层窗楣间隔采用垂花门装饰，窗下墙中间嵌绿色琉璃镂空花砖。建筑四角为带阳台的角楼形式，钢筋混凝土圆柱上设雀替，三层阳台装置传统寻杖栏杆。大楼外窗均为钢制，每层大小形制各不相同，一层拱窗的窗扇为步步锦式样，拱顶为龟背锦。二层和三层均为步步锦窗扇，但天窗有所区别。四层窗扇为步步锦，天窗为龟背锦。半圆形会议厅的三层开圆窗，间隔采用龟背锦和万字锦式样的窗扇。交通部办公楼的屋顶为歇山顶，上铺绿色琉璃筒瓦，主楼为重檐歇山，正脊上设宝顶。背面半圆形会议厅的屋顶为平屋面，外围设寻杖栏杆，类似天坛圜丘。

1937 年 12 月，交通部大楼的屋顶在战火中焚毁殆尽。1946 年还都南京后，将原来的歇山顶改为平顶，门廊的歇山顶改为“山华蕉叶板”式样的僧帽顶（图 3-3-58）。1947 年 1 月，新成立的民用航空局又在交通部大楼东侧兴建了 3 层高的办公楼。

2. 中英庚款董事会办公楼

1900 年八国联军攻陷北京，强迫清政府签订《辛丑条约》，并赔偿 11 国 4.5 亿两白银。1909 年起，美国政府最先退还庚子赔款的超出部分，充作留美学习基金和中国教育文化基金。巴黎和会之后，英国国会于 1926 年初通过退还中国庚子赔款的议案，至 1930 年中英两国政府以正式换文确认。1931 年 4 月 8 日，管理中英庚款委员会在南京成立，委员会由中英两国人员共同组成。英国退还的庚款全部设立基金，用以支持中国铁路、水利建设和工业生产，利息用来兴办文化教育事业。按国民党中央政治会议规定，铁路建设占用英国退还庚款的 2/3，剩余的 1/3 有 40% 用于导淮工程，20% 用于广东治河，12.33% 用于基本工业电气事业和黄河水利。文化教育事业方面，主要用于保护文物古迹、补助高等教育与研究机关、资助留英公费生等。

管理中英庚款委员会旧址位于山西路 124 号（图 3-3-59），办公楼建于 1934 年，高两层，由杨廷宝设计。建筑平面略呈“凸”字形，底层为秘书、会客及杂务用房，二层为正、副董事长室和会议室等，阁楼为贮藏间。管理中英庚款委员会办公楼采用中国传统官式建筑式样（图 3-3-60、图 3-3-62），屋顶为庑殿顶，上铺黄褐色琉璃瓦，外墙贴棕褐色泰山砖。庑殿顶设有三角桁架，檩条直接落在承重墙上，交接处以预埋的垫木砖承载压力。大门为中西合璧式的牌坊造型（图 3-3-61），局部有装饰主义特征，办公楼入口的设计手法与之类似。

中英庚款委员会大门及办公楼入口门廊的设计风格具有装饰主义特点，柱头的处理手法与赖特在美国伊利诺伊州橡树园设计的联合教堂（Unity Temple，Oak Park，Illinois，1904—1906 年）十分相似。杨廷宝设计中英庚款委员会大楼的同时，赖特的首位华裔学徒梁衍正在设计国际联欢社。据张镈回忆，杨廷宝当时也为国际联欢社设计了一份具有中国园林特征的方案，但未得到业主认可，而梁衍设计的现代方案却被外国使团采纳。

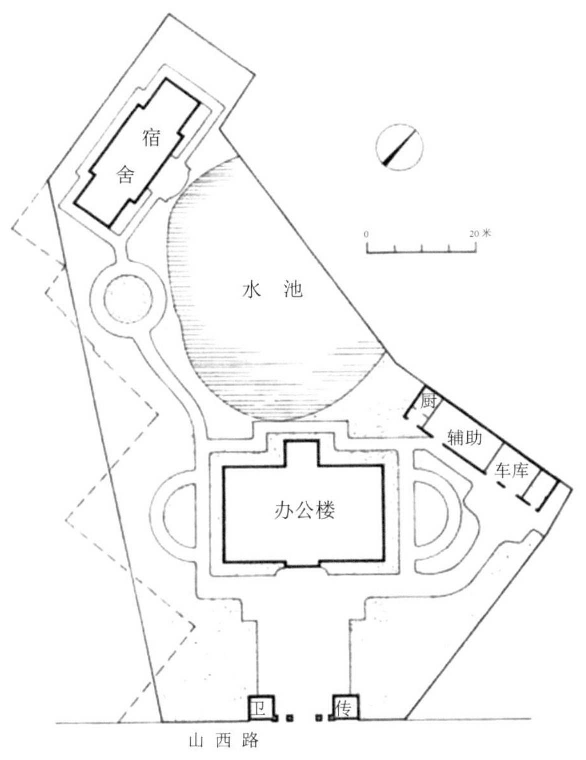

图 3-3-59 管理中英庚款委员会总平面图

图片来源：南京工学院建筑研究所 . 杨廷宝建筑设计作品集[M]. 北京：中国建筑工业出版社，1983：88.

图 3-3-60 管理中英庚款委员会办公室入口

图片来源：南京工学院建筑研究所 . 杨廷宝建筑设计作品集［M］. 北京：中国建筑工业出版社，1983：88.

图 3-3-61 管理中英庚款委员会大门

图片来源：叶兆言，卢海鸣，黄强 . 老照片 · 南京旧影［M］. 南京：南京出版社，2012：138.

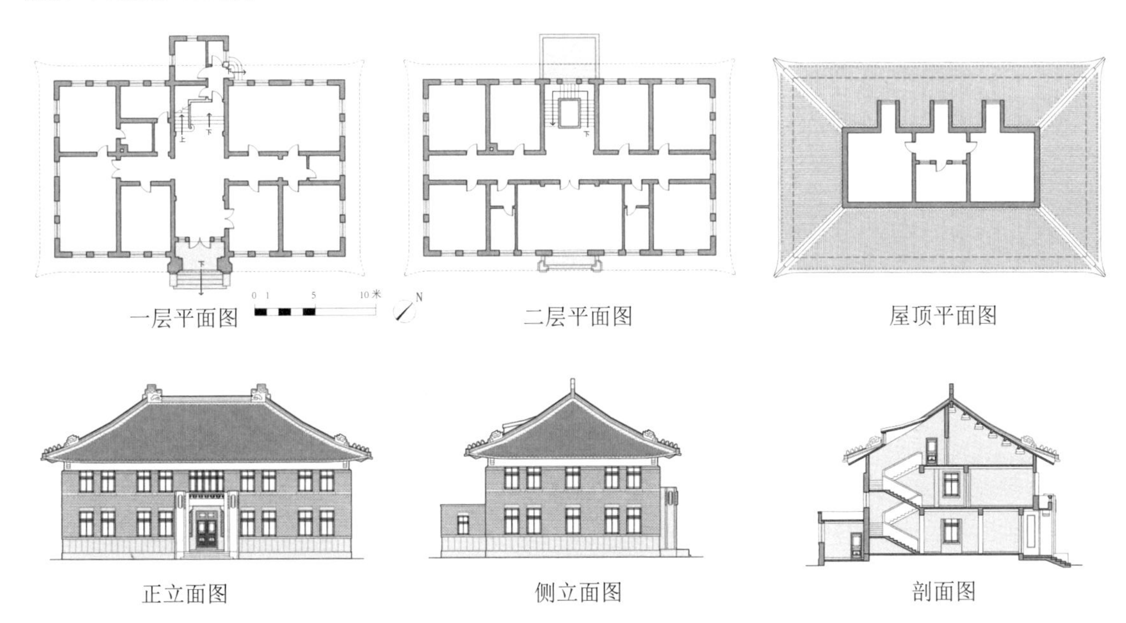

图 3-3-62 管理中英庚款委员会办公楼图纸

图片来源：东南大学周琦建筑工作室

三、现代主义和折中的新民族形式

1. 国立编译馆

1933 年 4 月，国立编译馆正式成立，隶属于教育部。国立编译馆（图 3-3-63）旧址位于天山路 39 号，现存办公楼和别墅各一栋。办公楼建于 1933 年，由虞炳烈设计，为钢筋混凝土结构的平屋顶楼房，中间高 3 层，两侧高 1 层。建筑采用现代主义风格，几何特征明显，入口处用两根圆柱支撑半圆形门廊，立面通过棕红色泰山砖贴面的窗间墙和浅黄色粉刷的窗下墙及檐口营造水平向构图，窗上细长条的凹槽加深了立面的横向特征。建筑平面呈“八”字形，转角处作弧面处理，整体中心对称，但入口一侧的楼梯以阶梯状排布的竖条窗打破了立面的水平构图和均衡态式（图 3-3-64），凸显自由灵动的现代主义建筑特征。

图 3-3-63 国立编译馆透视图

图片来源：《国立编译馆概况》1936 年出版，http://www.kfzimg.com/G03/M01/5A/54/pYYBAFXUgsiAXPE0AASfqAMW4Uc506_b.jpg

图 3-3-64 国立编译馆入口

图片来源：https://cn.bing.com

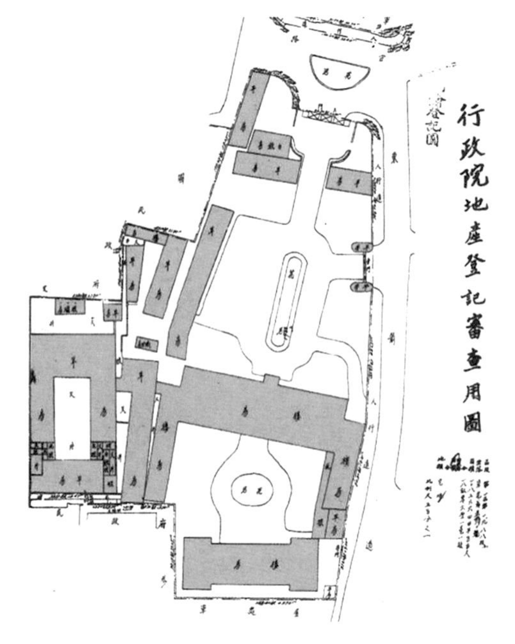

图 3-3-65 行政院地产登记审查用图

图片来源：卢海鸣，杨新华，濮小南 . 南京民国建筑［M］. 南京：南京大学出版社，2001：38.

图 3-3-66 行政院方位图

底图来源：1952 年房地产图

2. 行政院南北楼

行政院办公楼最先设在国民政府的东花园，包括门楼、南北办公楼及若干平房等。1937

年日军占领南京之后，行政院迁往重庆，东箭道旧址成为汪精卫交通部和铁道部的驻地。1946 年 5 月还都南京以后，行政院迁往萨家湾原铁道部旧址办公，东箭道 19 号改为社会部、地政部、水利部及侨务委员会的合署办公地点（图 3-3-66、图 3-3-67）。

行政院大门由清水青砖砌筑，为凯旋门式样的三开间门楼。受地理位置和交通的限制，大门设在基地的最北端，左右两侧各有一间门房。由于东箭道路面狭窄，车辆往来不便，不久又在正门东侧开设东门。行政院办公楼有南、北两幢，与大门在同一条中轴线上，均为砖木混合结构的两层楼房。

行政院北楼（图 3-3-67）建于 20 世纪 20 年代，平面呈“U”字形，正门朝北，与行政院大门（图 3-3-68）在同一条中轴线上，门前设水池。北楼立面采用现代主义风格，造型简洁，只在主入口上部有些许竖向装饰线条，建筑外墙作水泥砂浆饰面，所有门窗均为木制。室内楼梯位于中间，两侧通过内走廊联系各办公室。

行政院南楼建于 1933 年[①]，位于行政院的最南端，与参军处毗邻。南楼由华盖建筑事务所赵深设计，1933 年 9 月动工，1934 年 6 月竣工[②]。建筑为砖混结构的二层楼房，建筑平面呈“工”字形，入口位于北侧。一层设会议休息室、秘书室、接待室、资料阅览室和总办公厅（稽核室），地下室东侧设防空洞。二层为秘书处、秘书长室、政务处长室和参事室等，二层西端有三间房间，分别为北侧的院长室、中间的正副院长会客室和南侧的副院长室[③]。行政院南楼采用现代主义风格，二楼窗下墙有水泥砂浆粉饰的回纹图案，外墙采用清水青砖砌筑，屋顶为四坡顶，上覆青灰色机平瓦（图 3-3-69）。

图 3-3-67 行政院北楼

图片来源：海达·莫里森摄影

图 3-3-68 行政院大门

图片来源：叶兆言，卢海鸣，黄强 . 老照片·南京旧影［M］. 南京：南京出版社，2012：112.

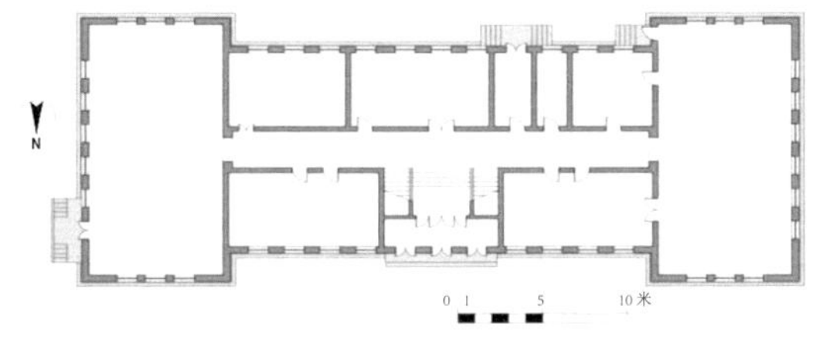

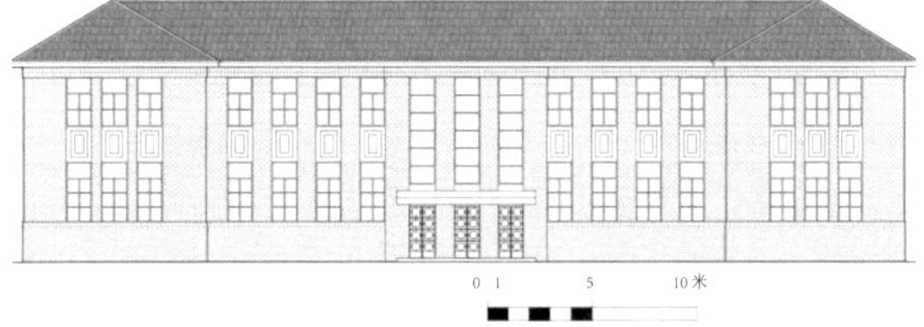

图 3-3-69 行政院南楼一层平面（左）、正立面（右）测绘图

图片来源：东南大学周琦建筑工作室

① 华盖建筑师事务所曾设计行政院临时办公楼，南京市城市建设档案馆登录的开工时间为 1933 年 7 月 19 日，竣工时间为 1934 年 3 月 8 日。从时间上看，华盖建筑师事务所设计的行政院临时办公楼是行政院南楼。图纸现藏于南京市城市建设档案馆，档案号为 I20004610001。因未能调阅档案，具体情况待进一步核实。

② 陈宁骏 . 东箭道的国民政府行政院［J］. 江苏地方志，2003（03）：49-50。1934 年 6 月 29 日下午 4 时，行政院秘书处特为首都新闻界就行政院新建成办公楼及其他设施，举行了招待参观会。政务处长彭学沛介绍这次修建新屋时说：“工程分为三部分：第一部分为大办公厅（南楼），共有两层，不到 40 间房子；第二部分是门前旧屋重修、粉刷，添建穿堂、走廊、围墙，改修庭院马路；第三部分为新建卫士室、工役宿舍、汽车房、代国府参军处，建楼房 4 幢等。总共用洋十四万六千六百余元”。

③ 院长室居北，原因大致有二：一是正门朝北，北为正位；二是院长常年不在此处办公，而副院长常在此主事。正副院长室居西，是因为东边的铁路和国府火车站较为喧闹。

3. 国际联欢社

国际联欢社隶属于外交部，是一个以各国驻华外交使团成员为主，并有中国外交界人士参加的旨在联络国际人士感情的团体。国际联欢社成立于 1929 年，最初活动场所在三牌楼将军庙。后来由于参加人数增多，原址不敷使用，美国驻华大使馆参事兼总领事裴克（Peek）倡议另择新址重建一处活动场所。为此，他除了向社员筹集资金和向外国商人募捐外，又请求国民政府外交部参与合资兴建。时任行政院长兼外交部部长的汪精卫为了控制国际联欢社的财产权和管理权，遂指派外交部以“不使国库增加新负担而主权不致旁落”为由，于 1935 年 6 月呈请行政院批准拨款 12 万银元，建造国际联欢社。经行政院和国民党中央执行委员会审查通过。1935 年 12 月，在三步两桥附近的中山北路沿街购地 17 亩，由基泰工程司的建筑师梁衍[①]设计，裕信营造厂承建，1936 年完工。计有主楼一幢，西式平房三进。

主楼为钢筋混凝土结构，高 3 层，大楼采用西方现代派手法，立面入口设计半圆形雨篷，中间突出部分以框架柱与弧形钢窗有机结合，用以加强立面效果。门厅部分采用新颖的装饰材料。房屋立面的柱套、门套选用磨光黑色青岛石贴面，墙面以檐口线和窗腰线等横向线条为主。

4. 卫生部大楼

1931 年 3 月，卫生部长刘瑞恒委托范文照在黄埔路设计卫生部办公大楼（图 3-3-70、图 3-3-71），高 3 层。1932 年 8 月开工，1933 年 9 月竣工。外墙采用石基和耐火砖砌筑，外观简洁庄重，结构坚固实用。卫生部办公大楼由泰康行营造[②]，钢窗由中国铜铁工厂出品[③]。

图 3-3-70 卫生部办公大楼南立面

图片来源：叶兆言，卢海鸣，黄强 . 老照片·南京旧影［M］. 南京：南京出版社，2012：126.

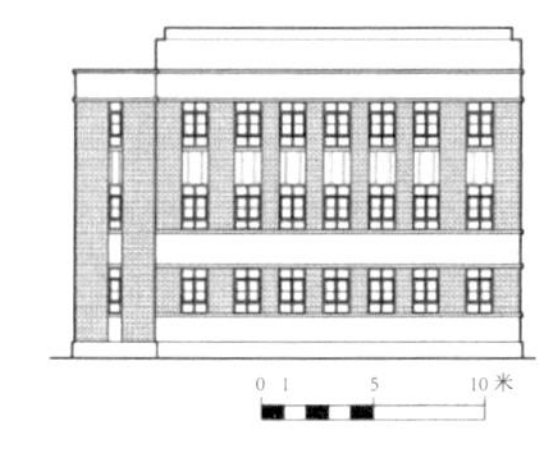

图 3-3-71 卫生部大楼正立面（左）、侧立面（右）复原图

图片来源：东南大学周琦建筑工作室

---

① 梁衍（1908—2000 年），广东新会人，生于东京，是北洋政府海军总长萨镇冰的女婿。1928 年毕业于清华学校，之后在宾夕法尼亚大学建筑系学习，1931 年获得耶鲁大学建筑学士学位。1932 年，梁衍在 Taliesin 的 F. L. Wright 事务所学习，是赖特的第一位学徒生。1933 年经欧洲回国，任基泰工程司设计师。

② 参见：《建筑月刊》1932 年创刊号泰康行广告。

③ 参见：《中国建筑》1935 年 2 月第三卷第二期扉页广告。

5. 主计处大楼

主计处大楼位于国民政府旧址第一进院落的西侧，为新民族风格的两层坡屋顶建筑，兴建于 1935 年 4 月，同年底竣工，由长城建筑事务所设计，顺源营造厂承造。

主计处大楼平面（图 3-3-72）呈“口”字形，中间设庭院，内侧有一圈回廊，主要房间位于南北两侧，屋内设壁炉。主入口设在东面，与第一进广场连通，西面有两个次入口，东西两侧各有两座楼梯，梯段为水磨石预制而成。主计处大楼由清水灰砖砌筑，勒脚粉刷水泥砂浆，屋顶为四坡顶，上覆青灰色机平瓦。建筑的外立面设计较为简朴，而面向庭院的内立面则十分精美，单侧走廊均由水泥圆柱支撑，上下柱头皆饰有雀替状构件。南、北楼两端各有一段装饰墙，表面粉刷水泥砂浆，并作横向分缝。装饰墙下部开拱形门洞，上部开矩形窗洞，窗楣有圆形门簪装饰，墙顶有回纹装饰带。二层走廊设花式镂空铸铁栏杆，与楼梯扶手样式一致。所有门窗均为木制，窗户外侧加装锦纹铸铁防盗窗（图 3-3-73）。

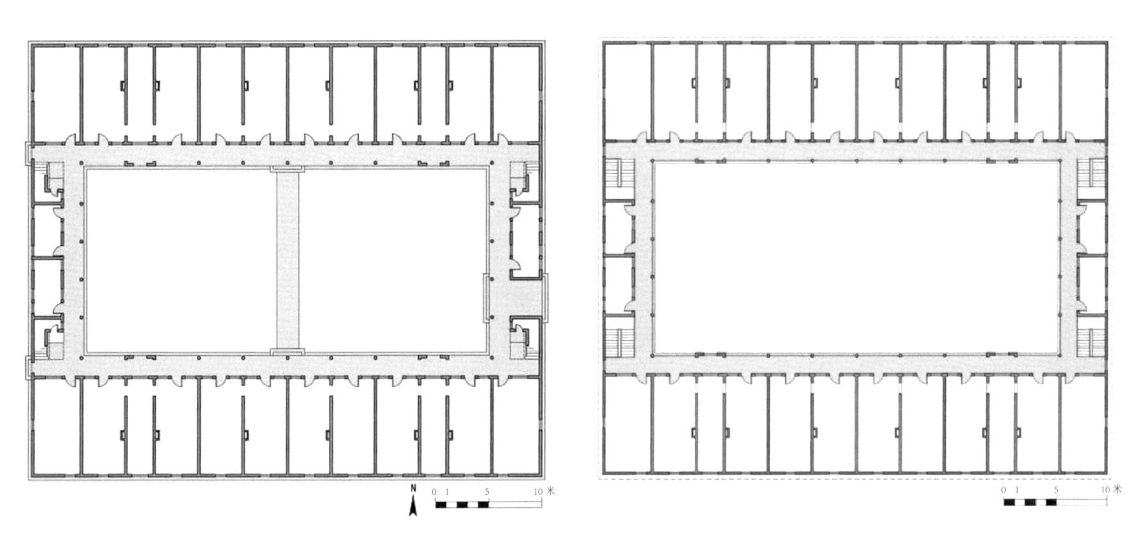

图 3-3-72 主计处大楼一层平面（左）、二层平面（右）测绘图
图片来源：东南大学周琦建筑工作室

图 3-3-73 主计处大楼剖面测绘图
图片来源：东南大学周琦建筑工作室

6. 总统府办公楼（子超楼）

总统府办公楼位于国民政府中轴线的最北端，为钢筋混凝土结构的5层平屋顶楼房，底层设半地下室。办公楼建于1934年11月，1935年12月竣工，由虞炳烈设计，鲁创营造厂承建，工程耗资10万余银元。大楼最初为文书局办公楼，1936年改称国民政府主席办公楼，因国民政府主席林森字子超，故又称“子超楼”。抗日战争时期曾被日军16团占用，1938年3月成为维新政府的行政院办公楼。汪精卫政府成立后，又成为立法院和监察院的驻地。1946年5月，国民政府由重庆返回原址办公，1948年成为正副总统的办公楼。

子超楼的平面呈矩形，面阔33米，进深20米，正立面中间内凹，内凹处一层为入口、二层为阳台、三层为露台。一层入口两侧设天井，可供半地下室采光，楼前种有林森亲手栽植的两棵印度雪松。建筑室内由内走廊连接两侧的办公室，东北角和西北角各有一座楼梯，一部奥的斯（OTIS）电梯位于东北角。半地下室及一楼是文书局办公室，二楼是国民政府主席和秘书长的办公室，总统府时期为正副总统办公室。总统办公室位于二楼东南角，是由3间房间组成的套间，西面为办公室、中间为会客室、东面是休息室和卫生间，西南侧有敞开式阳台。文书局长办公室位于总统办公室西侧，秘书长办公室位于副总统办公室西侧。三楼正中是国务会议厅，南北各有一处露台，会议厅北墙镶嵌汉白玉石碑，上刻林森手书“忠孝仁爱信义和平”8个大字。四楼平面呈“凸”字形，东西北三面均向内缩进，为电讯室和卫兵职员室，东北角有锅炉烟道。建筑室内走廊、楼梯及公共区域均采用水磨石地坪，主要房间铺设木地板。建筑立面采用装饰主义风格的新民族形式，外墙四周设壁柱，表面粉刷水泥砂浆，并仿石材分缝，窗下墙做回纹装饰花版，仅南立面壁柱铺贴浅褐色泰山砖，所有外窗均为钢窗。

7. 外交部大楼

国民政府外交部建筑最初采用中国复古式，由天津基泰工程司建筑师杨廷宝设计，不久由于长江水灾等原因政府财政紧张，于是改由上海华盖建筑师事务所赵深、童寯、陈植重新设计，1935年6月建成3层钢筋混凝土建筑，建筑面积5050平方米（图3-3-74），采用经济、实用的现代建筑风格（图3-3-77）。建筑由姚新记营造厂承建，1934年3月开工，1935年6

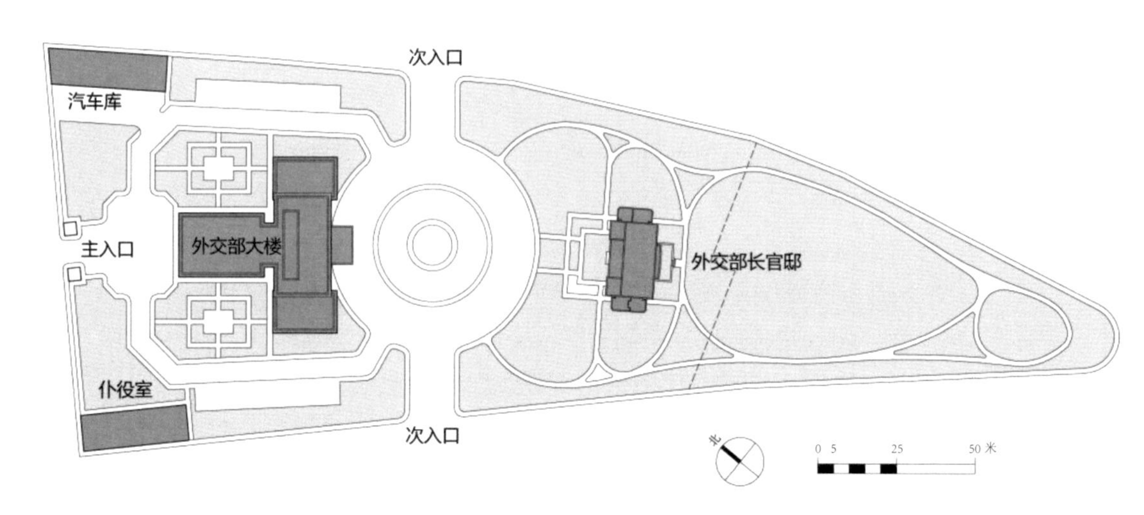

图3-3-74 外交部大楼总平面图
图片来源：东南大学周琦建筑工作室

月竣工。《中国建筑》杂志评价外交部办公楼“为首都之最合现代化建筑物之一；将吾国固有之建筑美术发挥无遗，且能使其切于实际，而于时代所要各点，无不处处具备，毫无各种不必需要之文饰等。致逊该大楼特具之简洁庄严”。

（1）基泰工程司外交部大楼方案

1931 年 3 月，外交部准备筹建新办公大楼，方案最初由天津基泰工程司关颂声、杨廷宝设计，内容包括外交部大楼和外交部宾馆两项，其中外交部宾馆设计了甲、乙两套方案。

外交部大楼平面呈矩形，两侧有耳房，建筑平行于中山北路布置，地上两层，半地下室一层，主入口面朝西南方向，门前有卷棚歇山顶门廊和汽车坡道。一层平面以方形大厅为中心，中间立 4 根方柱，大厅两侧各有一座主楼梯通往二楼，楼梯下方设随员等候室，侧面设听差室，听差室旁边各有一座仆役楼梯通往地下室。大厅正后方为部长室、常任次长室和政务次长室，部长室两侧分别设共用客厅。东南侧耳房为秘书区，包括 6 间秘书室和 1 间会客室，门口各有两间科员室。西北侧耳房为图书馆，门口两侧有图书主任室和书记室。大厅上方为二层会客厅，两段隔墙将会客厅分成 3 个部分，隔墙中间设移门。大会堂位于会客厅对面，两侧分别为备餐室和休息室。二层东南侧耳房为参事区，包括 4 间参事室和 1 间科员室，西北侧耳房为饭厅。半地下室主要为下房和存物室，西北侧为厨房区，包括厨夫室、厨房、备餐室、锅炉房、存煤室和伙夫房。建筑立面分为基座、墙身和屋顶 3 个部分，半地下室为基座部分，采用须弥座形式；墙身贴浅褐色泰山砖，两端稍间为实墙，一层窗户设歇山垂花窗楣，二层开圆窗，中间五开间开大型钢窗；屋顶中间为歇山顶，两侧耳房为庑殿顶，屋面铺青灰色筒瓦及绿色琉璃屋脊。

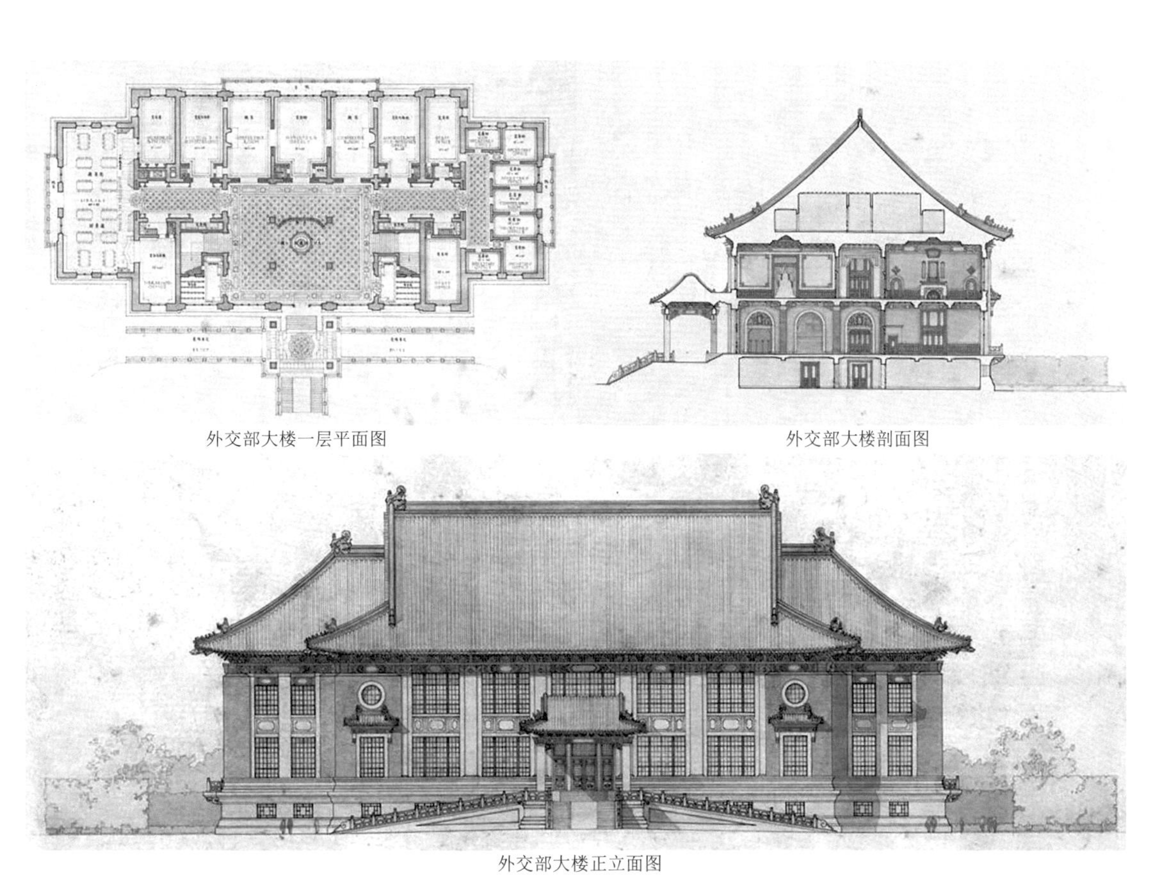

外交部大楼一层平面图　　外交部大楼剖面图

外交部大楼正立面图

图 3-3-75 基泰工程司外交部大楼最初方案设计图

图片来源：东南大学档案馆，黎志涛教授提供

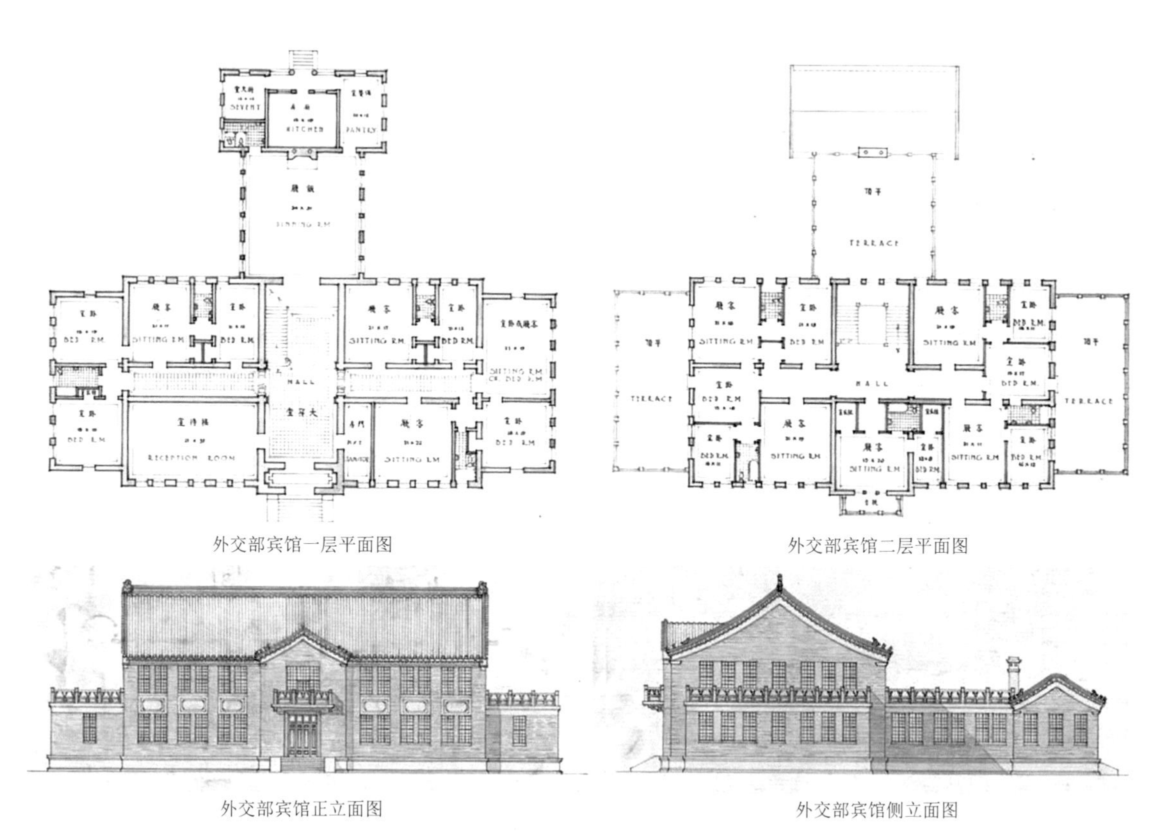

外交部宾馆一层平面图　　外交部宾馆二层平面图

外交部宾馆正立面图　　外交部宾馆侧立面图

图 3-3-76 外交部宾馆甲种方案设计图

图片来源：东南大学档案馆，黎志涛教授提供

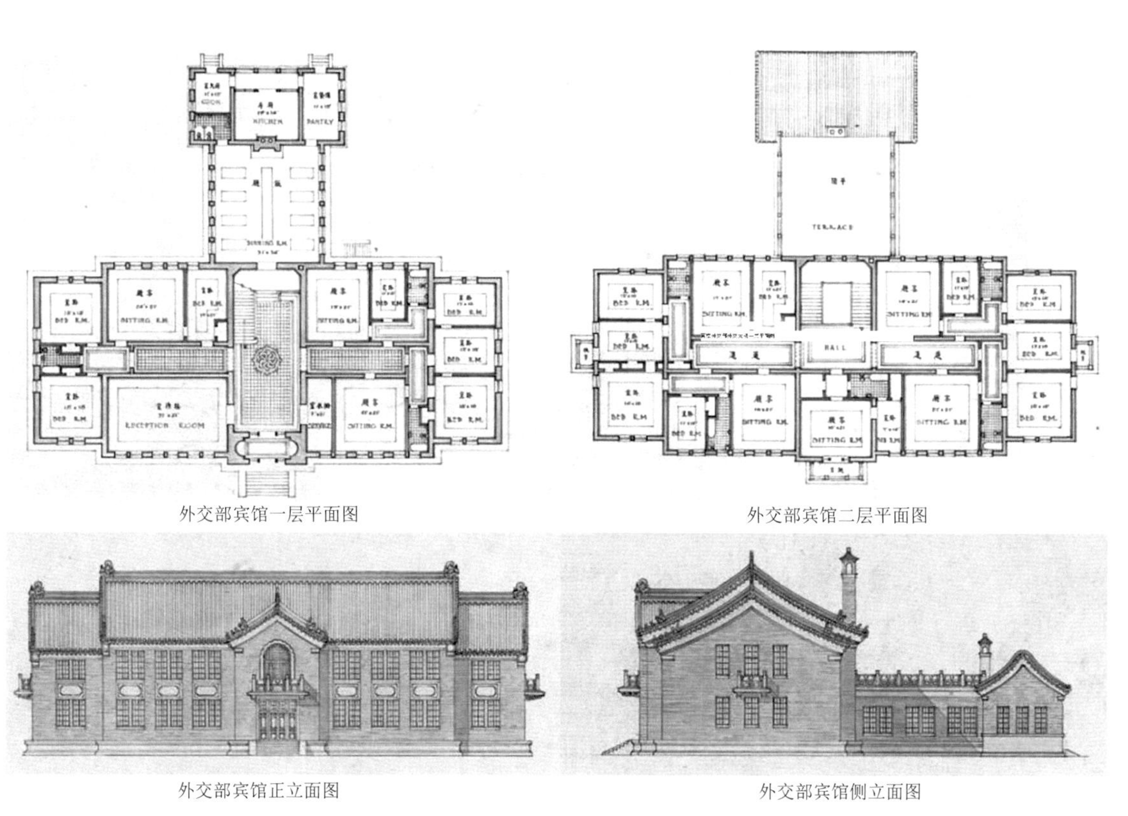

外交部宾馆一层平面图　　外交部宾馆二层平面图

外交部宾馆正立面图　　外交部宾馆侧立面图

图 3-3-77 外交部宾馆乙种方案设计图

图片来源：东南大学档案馆，黎志涛教授提供

外交部宾馆有甲、乙两种方案，平面基本一致，均为“T”字形，前半部分除一层入口有接待室外，上下两层都是带客厅和卫生间的卧室套间，后半部分仅一层，分别是餐厅、厨房、备餐间和厨夫室。二者的区别主要体现在两侧耳房上，甲种方案的耳房为一层，乙种为两层。建筑外观均采用民居形式的硬山造型，入口为抱厦形式，饭厅为平顶，厨房为硬山顶，外墙铺贴浅褐色泰山砖。甲种方案的耳房为一层平顶，女儿墙设寻杖栏杆，乙种方案的耳房为二层硬山顶（图 3-3-76、图 3-3-77）。

后来因经费紧缩，外交部决定放弃兴建外交部宾馆，将部分迎宾功能加入外交部大楼，基泰工程司为此重新设计了一套“工”字形平面的方案（图 3-3-78），建筑面积约 4000 平方米。重新设计的大楼平行于中山北路，入口正对道路，前后分为办公楼和宴会厅两个部分，中间以楼梯连接。一层从歇山门廊进入，中间为大门厅，主楼梯位于门厅的正后方，由楼梯上半层即为大宴会厅，其下部有一层半地下室。门厅两侧是办公区域，东南侧主要有部长室、部长会客室、秘书室、次长室、次长会客室和普通会客室等，西北侧主要为秘书室、参事室、录事室和会议室等。楼梯两边是备餐间，每间备餐间内都各有一座通往地下室的楼梯和通向宴会厅二楼音乐台的楼梯，宴会厅上下贯通，仅二楼有悬挑的音乐台。二层中间为大客厅和录事室，两侧分别为南花厅和北餐厅，旁边各有一间备餐间，两座通往阁楼的楼梯设于备餐间一侧。建筑采用中国传统官式大屋顶风格，立面分基座、墙身、屋顶 3 个部分，墙身稍间为实墙，中间各开间开大钢窗，屋顶为重檐歇山顶，琉璃瓦屋面。

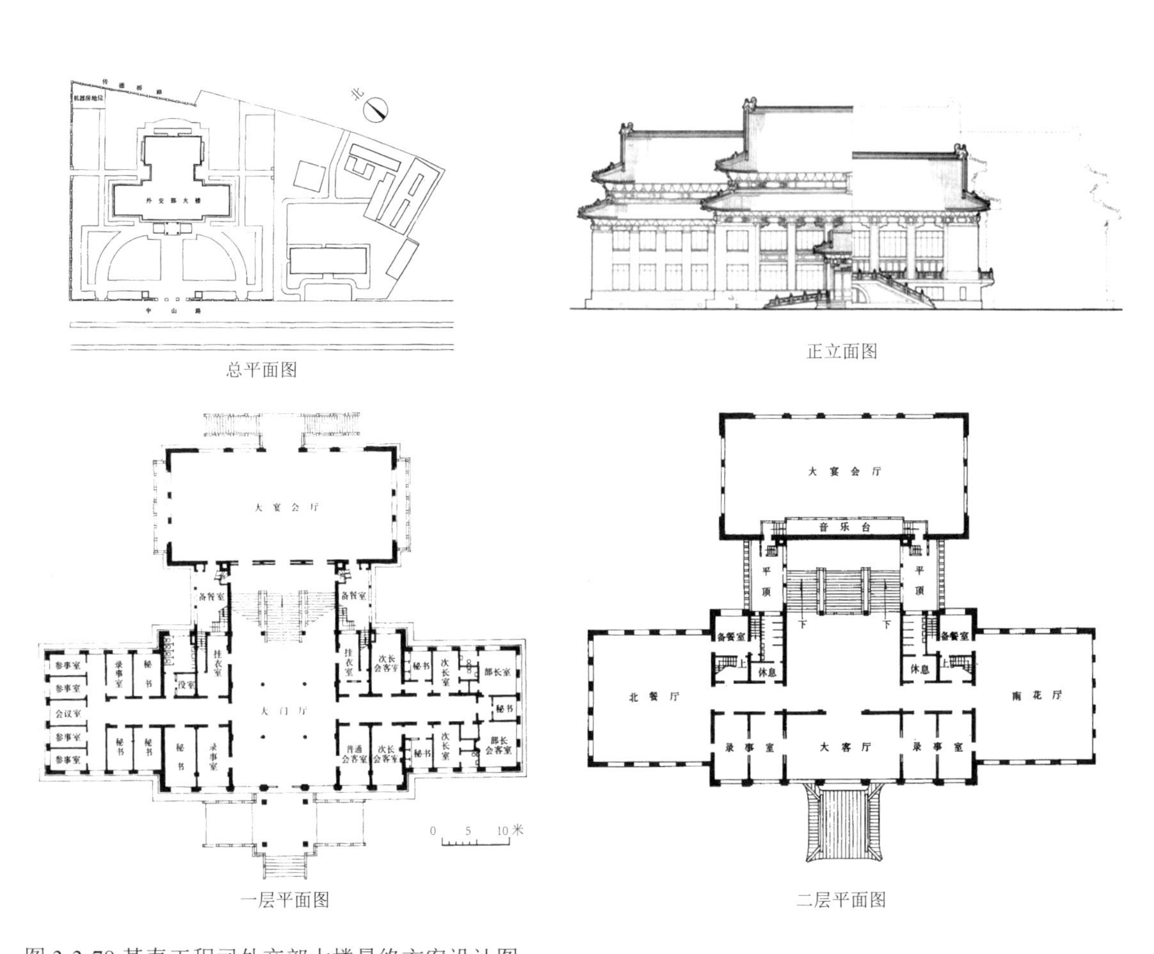

图 3-3-78 基泰工程司外交部大楼最终方案设计图

图片来源：南京工学院建筑研究所 . 杨廷宝建筑设计作品集［M］. 北京：中国建筑工业出版社，1983：63-64.

基泰工程司设计的外交部大楼方案最终未能实施，外交部另请华盖建筑事务所设计。关于更换设计方的原因，《中国建筑》杂志的解释是，“嗣后为求紧缩起见，决定抛弃宾馆计划，并将办公大楼酌量扩展，以其一小部分作为迎宾之用，以合乎实用不求华丽为主要目的。故初拟图样不能适用”①。但有学者认为实际原因与设计费有关，外交部因不愿拨补基泰工程司第一期的设计费用，而另请华盖设计②。

（2）华盖建筑事务所外交部大楼方案

华盖建筑事务所赵深、陈植和童寯 3 人于 1932 年开始设计外交部大楼③，整个工程包括外交部办公大楼、外交部部长官邸、汽车间、仆役室及前后大门、门房等。“因中山路偏南北向，若新屋正面朝西，冬夏两季均不相宜。始决定大楼正面朝鼓楼。在基地之中部辟大圆路，东西辟两门，使往来车马可以东西贯通”。办公大楼和部长官邸相对而立，通过中间的圆形道路联系交通，汽车间位于东北角，仆役室位于西北角。

外交部大楼为钢筋混凝土结构的平屋顶建筑，中间高 4 层，两翼高 3 层，局部有半地下室，建筑面积达 5050 平方米。华盖建筑事务所设计的平面呈“T”字形，在布局上与基泰工程司十分相似，均利用中间主楼梯连接前后两个部分（图 3-3-79 一层平面）。与基泰工程司的方案相比，建筑一层入口设门廊，门前有弧形车道，大门中间为转门，两侧分别设问询室和候见室。4 根朱红色圆柱立于门厅中央，主楼梯位于门厅的正后方，从楼梯上半层即为会客厅，而下半层则通往半地下室。前半部分东侧为出纳科、会计科、典职科及科长室、交际科及科长室、会客室等，出纳室设金库，典职科和交际科各设一间文卷库。西侧为总收发处、护照室、文书科、监印室、庶务科和领物室，领物室内有台阶通往主楼梯下部的储藏室，领物室东面为直通四楼的扶梯，旁边设两台电梯。半地下室分成两个部分，与主楼梯相邻的是位于会客厅下面的厨房、备餐室、库房、油印室、男盥洗室和浴室。

北半部是礼堂的接待区，从北面次入口进入，中间设门厅，台阶之上为穿堂，有楼梯通向二层的礼堂。北门厅两侧分别有衣帽室、电话间、侍役室、炉房、煤间和盥洗室等。二层前半部分中间为大会客室，东侧是正、副部长的办公室以及会客室、秘书室，西侧是总务司、参事厅、秘书厅的办公室和男女盥洗室，总务司包括司长办公室、会客室和附属办事室，参事厅包括参事厅办公室、两间参事室和议事室，秘书厅包括秘书厅办事处荐任秘书室和简任秘书室。二层后半部分是会客厅和最北端的礼堂，中间设穿堂，穿堂两侧分别为女盥洗室和备餐间。会客厅和礼堂高一层半，三楼以上前后两部分的地坪等高，穿堂上部有夹层，为音乐室、音乐员休憩室和储藏室，其中音乐室阳台悬挑于礼堂上空。三层前半部分的中间为电报科，内设机密室和文卷室，东侧为国际司办公室，西侧为欧美司办公室，两侧均包括司长办公室、会客室和附属办事室，以及多间科员办公室、书记室和会客室等。主楼梯走廊东侧设电台，后半部分为亚洲司办公室，最北端为外交部图书馆。亚洲司办公室包括司长办公室、会客室和附属办事室，以及一科至四科办公室和书记室，图书馆包括阅览室、书库和图书管理员室，书库内设夹层。四层前半部分两翼退台，只有中间七跨空间，最南端是档案室，东北角有副委员长室和条约委员会。主楼梯东侧有小楼梯通至屋顶，顶部有电机室和水箱。四层后半部分为情报司和条约委员会办事室，最北端是图书馆书库，情报司包括司长办公室、会客室和附属办事室，以及书记室和一科至四科办公室（图 3-3-79）。

---

① 《中国建筑》第 3 卷第 3 期

② 参见李海清《历史的误会：南京原外交部办公处建筑设计引发的思考》，P189-199。

③ 华盖建筑师事务所设计的外交部大楼图纸现藏于南京市城市建设档案馆，档案编号 I20004650001。城建档案馆登录的开工时间为 1932 年 11 月 19 日，竣工时间为 1934 年 6 月 30 日。另有赵深建筑师事务所设计的国民政府外交部辅助用房工程图纸亦藏于南京市城市建设档案馆，档案编号 I20005000001。

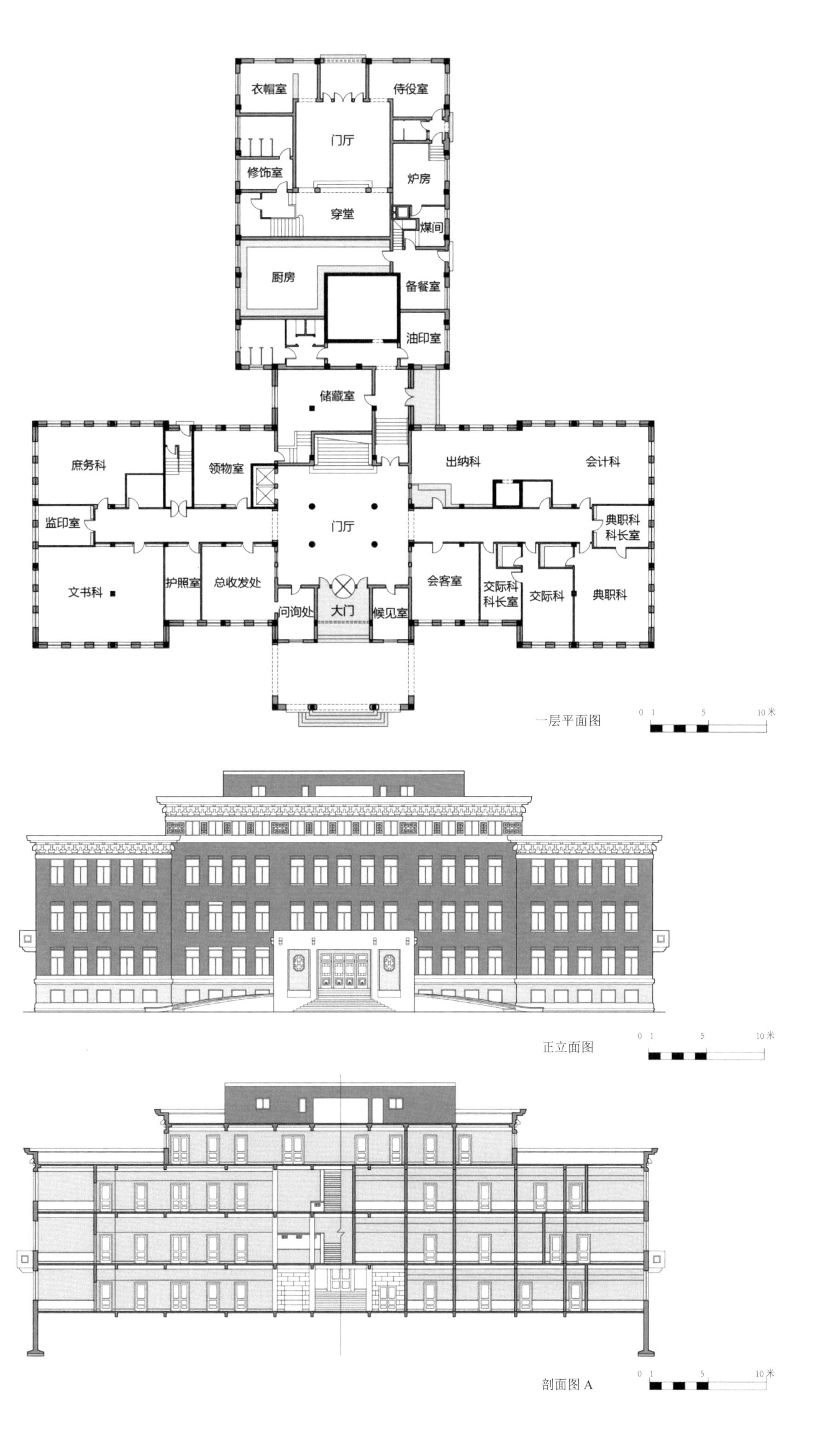

一层平面图

正立面图

剖面图 A

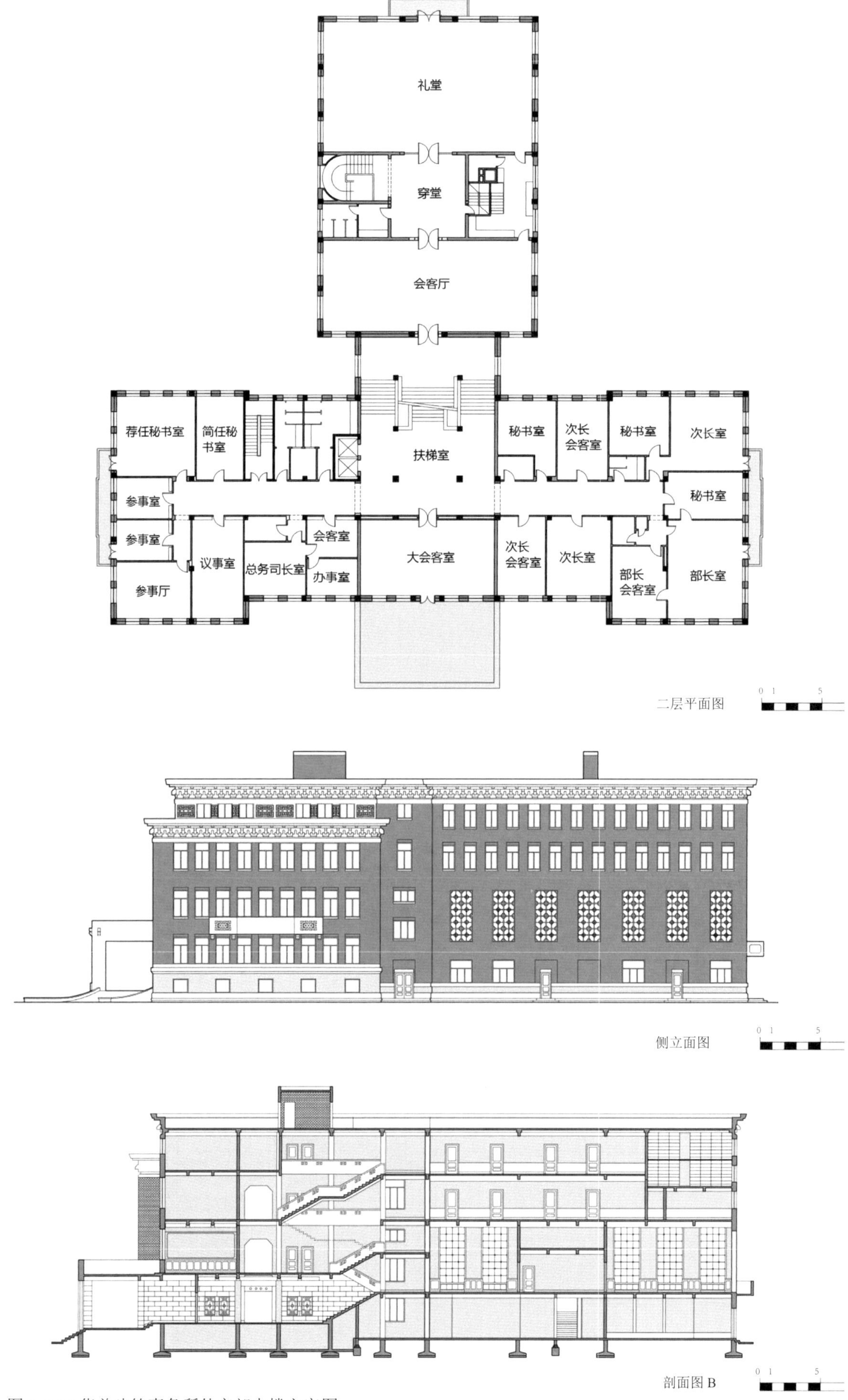

图 3-3-79 华盖建筑事务所外交部大楼方案图

图片来源：东南大学周琦建筑工作室

外交部大楼采用在现代建筑基础上点缀简化传统装饰的新民族形式。建筑立面分为基座、墙身和檐口 3 个部分，半地下室为基座部分，表面饰水刷石，墙身铺贴褐色泰山砖，檐口以琉璃砖做成简化的斗拱装饰，四层窗间墙铺贴饕餮纹式样的琉璃面砖。外门窗均为钢制，二层会客厅和礼堂的外窗采用海棠纹形式的窗框，南北主次入口外罩万字纹铸铁大门。建筑室内多处绘以彩画，如前后门厅，正副部长办公室、会客厅和礼堂的天花等，地坪主要为彩色水磨石饰面，走廊及盥洗间铺马赛克。为达到隔音效果，外墙、隔壁及地板皆用空心砖，“故于优声问题，概已美满解决”。

实际建成的外交部大楼在原设计方案的基础上做了一些调整，一是在前楼底部增加一层半地下室，二是取消后楼图书馆书库的夹层。从立面上可以看出，半地下室的外立面被处理成基座的形式，基座高度较原设计方案加大，使得三段式构图的比例更加匀称。另外，前楼东、西山墙上的窗户排布较密，半地下室的窗户并未与上层窗户逐一对应，而是采用间隔开窗的方式留出大片窗间墙，试图以厚实的墙体来体现建筑基座的厚重感。后楼基座的线脚与原设计方案一致，并未调整，但取消了三、四层图书馆的书库夹层，原三层小窗变为两层大窗，从而使建筑外观的整体性进一步加强。

外交部部长官邸为钢筋混凝土结构的两层平屋顶别墅，建筑平面呈矩形，两侧有耳房，四周抹角。主入口位于北侧，与外交部办公大楼相对，一层门厅两侧分别为候见室和衣帽室（图 3-3-80 一层平面）。候见室旁边设主楼梯，衣帽室与役室相连，通往厨房和备餐室，中间设仆役楼梯。建筑南面是大厅、客厅和餐厅，中间用移门分隔，两端各有一座壁炉。主楼两侧的耳房均有工作庭院，西边是锅炉房，东边是守卫室。二层南面有 4 间卧室，两侧耳房的平屋顶成为东西露台，北面中间为平台，西北角是女仆卧室，东北角是更衣室（图 3-3-80 二层平面）。

建筑立面采用现代主义风格，形式简洁质朴，外墙与办公大楼一致，表面铺贴褐色泰山砖，四角各设一根烟囱，檐口有压顶，外窗均为钢窗。北立面入口较为精致，门额设彩画式样的海棠池装饰，门柱基座有抱鼓石，二层檐口设齿饰带，类似藏式民居（图 3-3-81）。

图 3-3-80 外交部部长官邸一层平面（左）、二层平面（右）图

图片来源：东南大学周琦建筑工作室

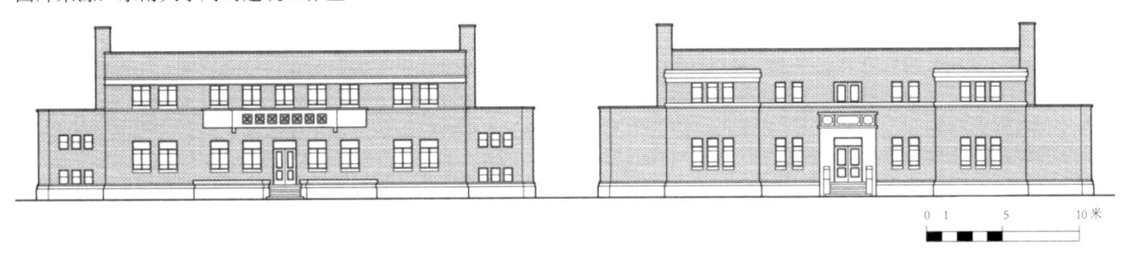

图 3-3-81 外交部部长官邸背立面（左）、正立面（右）图

图片来源：东南大学周琦建筑工作室

外交部旧址的辅助用房包括汽车库、仆役室和门房。汽车库位于东北角，东西向布局，为单层坡屋顶建筑。西面六开间为汽车库，可停 12 辆车，中间设管理处和修理处。汽车库北面为 18 人警卫卧室，最北端有入口庭院，院内设公共卫生间。汽车库的东北角为 20 人汽车夫卧室和 16 人门房卧室，东南角为木作间和 16 人花匠及打扫夫卧室（图 3-3-82）。仆役室位于西北角，平行于中山北路，为单层坡屋顶建筑。房屋平面呈矩形，东面有盥洗室、浴室、水炉间、煤间、8 人厨师卧室、仆役餐厅、职员厨房和 8 人信差卧室，西南角还有职员餐厅和仆役厨房，其余 5 间房间均为仆役卧室，可供 88 人居住（图 3-3-83）。汽车库和仆役室的外立面十分相似，勒脚饰水刷石，墙面及女儿墙刷水泥砂浆，压顶及腰线为立砌清水砖装饰带，屋顶采用人字形木屋架，屋面铺泰山牌青瓦（图 3-3-84、图 3-3-85）。

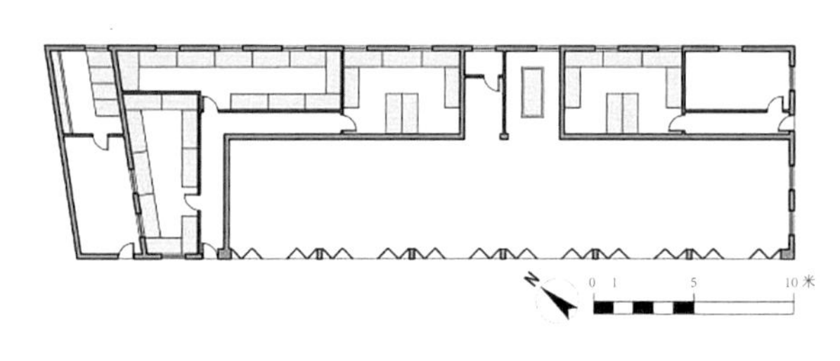

图 3-3-82 外交部汽车库平面图
图片来源：东南大学周琦建筑工作室

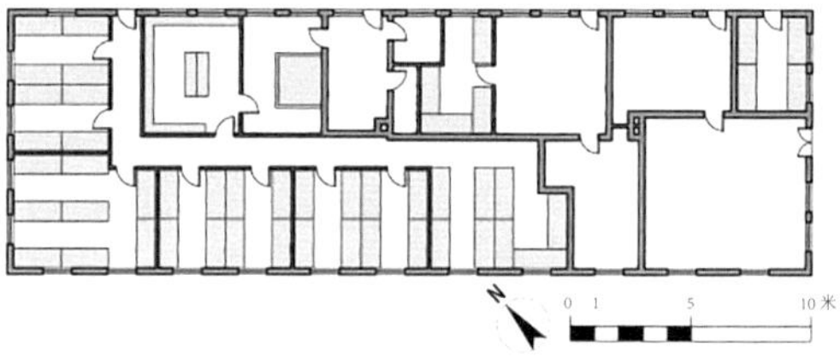

图 3-3-83 外交部仆役室平面图
图片来源：东南大学周琦建筑工作室

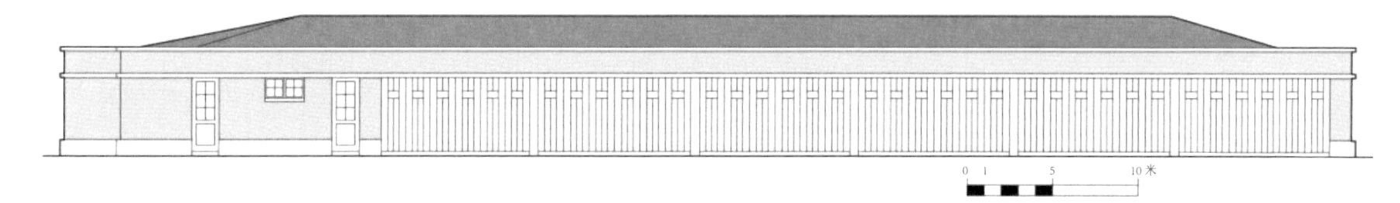

图 3-3-84 外交部汽车库立面图
图片来源：东南大学周琦建筑工作室

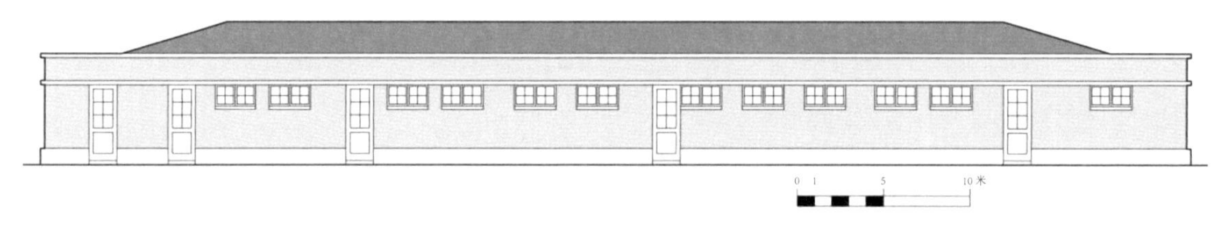

图 3-3-85 外交部仆役室立面图
图片来源：东南大学周琦建筑工作室

外交部旧址共有 3 处入口，东西入口中间设一座门房，北入口两边各设一座门房。门房为单层平屋顶建筑，外墙与办公大楼一致，铺贴褐色泰山砖，女儿墙采用与办公楼相同的定制釉面砖，为梁枋彩画中的海棠池形式。门房窗户为钢窗，外罩寿字形铸铁罩篦，窗楣上设六角门钉。大门为直棂铁门，中间和底部分别装饰卷云纹和万字纹铁艺。

8. 监察院办公楼

国民政府监察院成立于 1931 年 2 月，最初位于复成桥东、公园路旁一座坐东朝西的老式平房内，北临第一公园，南接明御河。基泰工程司曾在公园路监察院内设计监察院新办公楼，建筑由杨廷宝设计，张开济绘图[①]，尺寸全部采用英制。

监察院新建办公楼基址位于公园路东侧，基地北端有一幢既有办公楼。新建办公大楼坐北朝南，建于原大楼南侧，二者之间有一条走廊连接。监察院新建办公楼设计为钢筋混凝土结构的两层平屋顶建筑，局部有地下室。建筑平面呈“山”字形，即“工”字形二层办公楼加北部凸出的一层大礼堂，中轴对称、肃穆庄严（图 3-3-86）。

建筑主体为现代主义风格，局部饰有中国传统式样的建筑构件，属于中西结合的新民族形式范畴。外立面按三段式划分，外墙墙基及正门四边镶石块，基座与檐部以琢假石饰面，墙身为清水青砖墙。墙身露明处采用光面机制青砖砌筑，不露明处用普通红砖。建筑中部的女儿墙加高，使中间略高于两端。在立面造型上，建筑中部以竖向线条为主，窗间墙上下贯通，宽窄相间，一直延续至檐口。檐部装饰霸王拳式样的构件，这一做法与中央研究院总办事处大楼檐口的处理方式一致。二层窗下墙饰有如意云头纹琢假石饰面，其纹样取自格扇门裙板。建筑两侧以横向线条为主，一层窗额及二层窗台的琢假石装饰带增加了横向的延伸感，与建筑中部的竖向线条形成对比。建筑立面均开大窗，只有背立面二楼因档案库和书库的原因，开竖向窄窗，并自成韵律（图 3-3-87 ～图 3-3-89）。

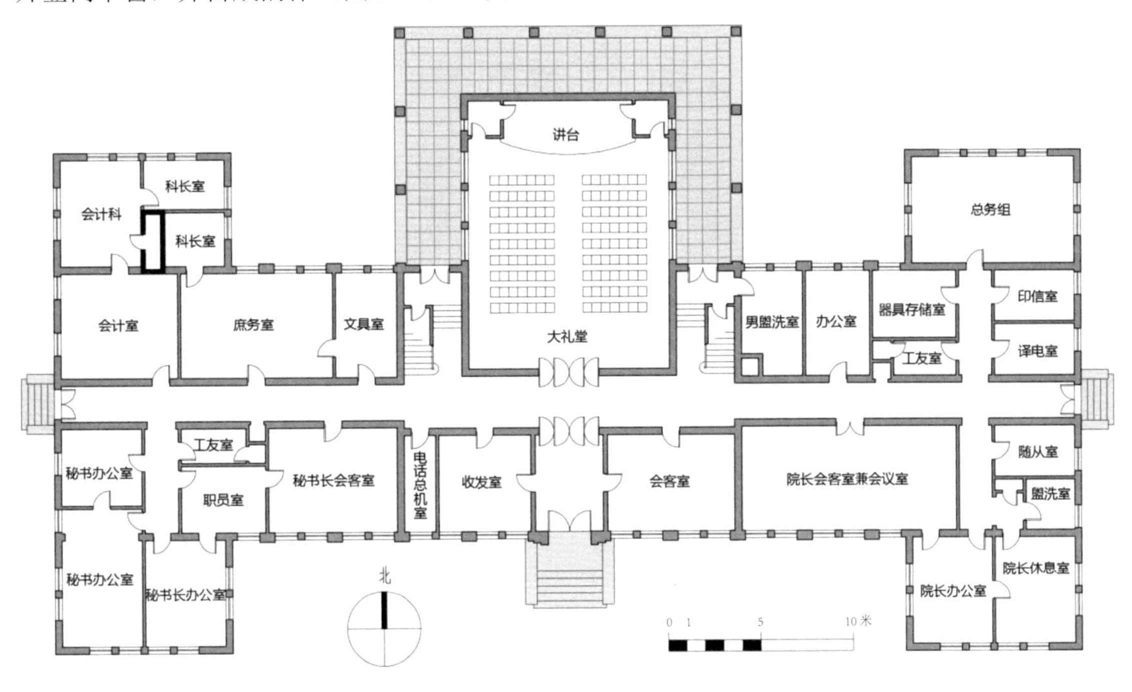

图 3-3-86 监察院办公楼一层平面图

图片来源：东南大学周琦建筑工作室

图 3-3-87 监察院办公楼正立面图

图片来源：东南大学周琦建筑工作室

① 图纸只标明日期，未标注年份，完成日期为 8 月 12 日，改正日期为 10 月 29 日。张开济（1912—2006 年），1935 年毕业于中央大学建筑工程系，1936 年加入基泰工程司。

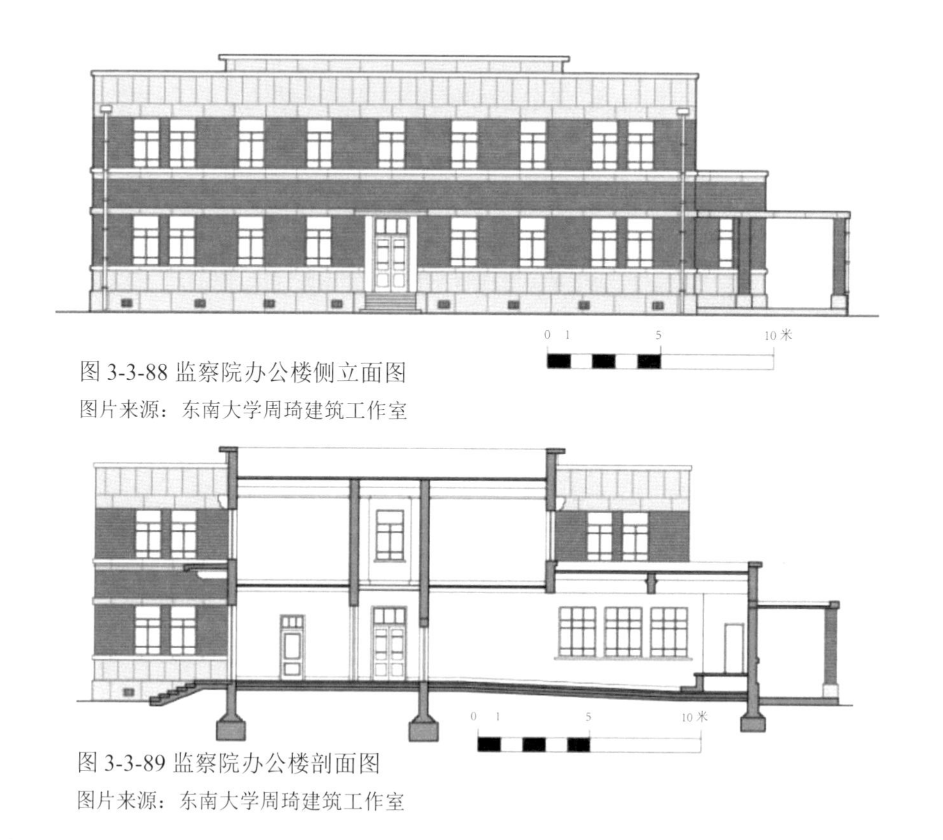

图 3-3-88 监察院办公楼侧立面图

图片来源：东南大学周琦建筑工作室

图 3-3-89 监察院办公楼剖面图

图片来源：东南大学周琦建筑工作室

新办公楼的地下室为锅炉房、防空室和杂物间。建筑室内以一条内走廊联系两侧房间，礼堂位于中间，两旁各有一部楼梯。礼堂外围突出部分有一圈长廊，与新旧建筑之间的连廊融为一体，可遮风避雨。一楼入口大厅的两侧分别是收发室、电话总机室和会客室。除大礼堂外，一楼还设有院长办公室、秘书办公室、会计科、庶务科、总务组等。东南角为院长办公室套间，包括院长办公室、休息室、会客室兼会议室、盥洗室以及随从室等。秘书办公室位于西南角，包括秘书长办公室、秘书长会客室、职员室及两间秘书办公室等。会计室、会计科及庶务科在西北角，每个科室均有一间科长室，会计科内设有金库，庶务科与文具室相连。总务组位于东北角，与院长办公室相对，周围有译电室、印信室、器具存储室及办公室等。走廊东西两端各有一间电话间和工友室，电话间面向走廊，工友室可供员工盥洗、饮茶及存放衣帽之用。一楼只有一间男盥洗室，位于东楼梯的东侧，入口在楼梯半平台的下方，较为隐蔽。二楼主要为副院长办公室、机要科、文书科、档案组、图书组、缮印组、统计室、编译室及调查专员办公室等，机要科和文书科各有一间科长室和工友室。副院长办公室及会客室位于二楼东南角，档案组位于西北角，其北侧配有档案库，东北部为书籍阅览室和书库，紧邻图书组。二楼有男、女盥洗间各一间，分别位于两部楼梯的旁边。

办公室均铺松木地板，过道及穿堂为水磨石地面，盥洗室为马赛克小瓷砖地面，礼堂用复合地板（Composite Floor），其余均为水泥地面。内墙及室内吊顶均抹纸筋灰，板条墙及板条顶棚有灰线。楼梯踏面及踢脚板镶水磨石块，栏杆扶手及立柱用菲律宾木制成，熟铁栏杆采用镂空“卍”字纹。门外台阶及走廊四周台面均用苏州石。内外门皆用柳桉木门，各窗均为钢窗。

9. 国民大会堂（国立戏剧音乐院）及国立美术陈列馆

国民大会堂（图 3-3-90）位于长江路 264 号，原名国立戏剧音乐院。1933 年，国民政府为筹备 1935 年 5 月召开的国民大会，就已经提出了在首都建筑国民大会会场的动议。后因国民大会改在中央大学大礼堂举行，筹建国民大会堂的动议暂时搁置。1935 年 9 月，孔祥熙等 5 人提议以国立戏剧音乐院和美术陈列馆的名义在首都建筑国民大会堂，剧场兼作会场，一举两得。提案获得批准后，国民大会堂筹委会公开招标征集设计方案和营造商。经筹委会评定，设计方案以公利工程司奚福泉建筑师的为首选，关颂声、赵深的设计方案分列二、三名；上海陆根记营造厂中标承建。在施工过程中，陶记工程司事务所李宗侃曾对原设计方案做了局部修改。1936 年 5 月 5 日，国民大会堂正式竣工。

国民大会堂（国立戏剧音乐院）坐北朝南，左右对称。主体建筑地上 4 层，地下 1 层（图 3-3-91、图 3-3-92）。分前厅、观众厅和舞台 3 部分，建筑面积 5100 平方米。前厅为砖混结构，观众厅为钢筋混凝土柱网结构，型钢屋架。前厅设有井楼，一楼两侧设有办公室、衣帽间；二楼为休息室；放映室设在顶楼。各层都设有卫生间、贮藏室。前厅为平顶屋面。剧场部分设在建筑物的中央，楼上下共设有 2500 多个观众席。剧场顶部为人字屋顶，钢屋架。表演台部分的台口为圆弧形，台前设乐池；表演台的底部以及后台设有演员化妆室和休息室。国民大会堂内制冷、供暖、通风、消防、盥洗、卫生等设施齐全。国民大会堂的造型属于西方近代剧院风格，建筑立面采用了西方近代建筑常用的勒脚、墙身、檐部三段划分的方法，造型简洁明快；檐口、门厅、雨篷处都运用了民族装饰。

图 3-3-90 国立戏剧音乐院及美术陈列馆
图片来源：《中国建筑》1937 年第 28 期，第 13-18 页

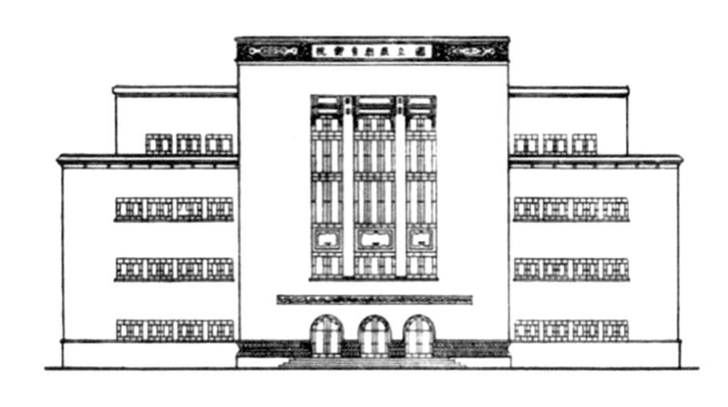

图 3-3-91 国立戏剧音乐院前面立视图
图片来源：《中国建筑》1937 年第 28 期，第 13-18 页

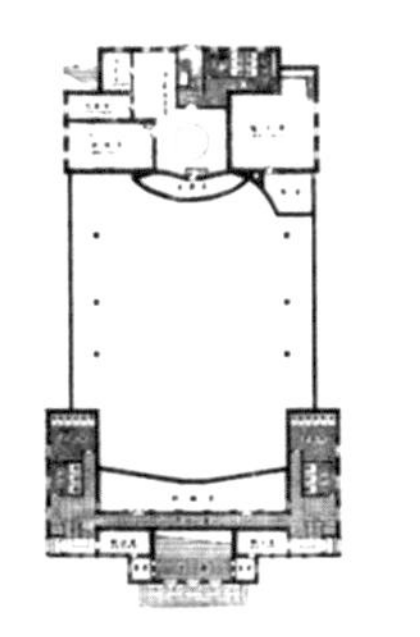
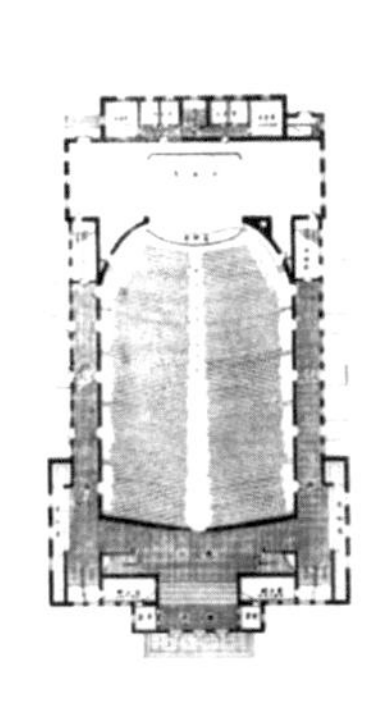
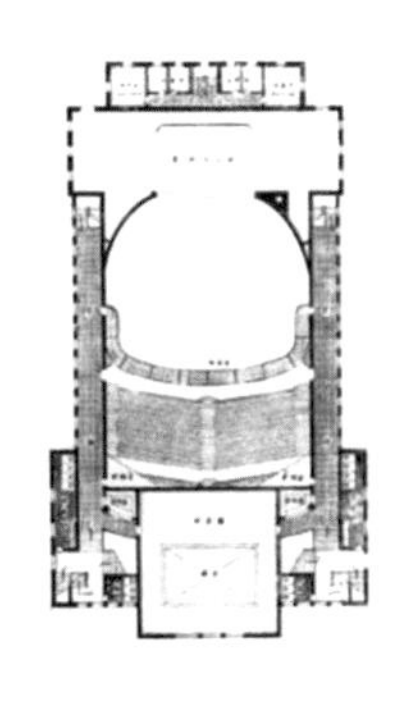
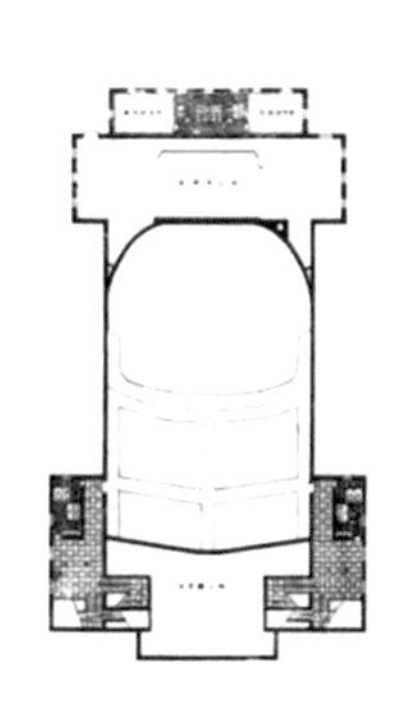
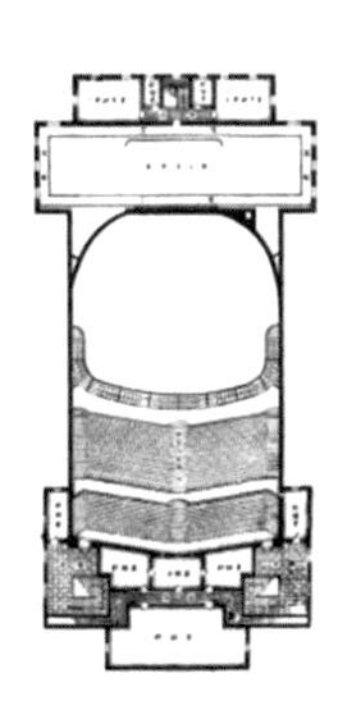

图 3-3-92 国立戏剧音乐院各层平面图
图片来源：《中国建筑》1937 年第 28 期，第 13-18 页

国立美术陈列馆（图 3-3-93、图 3-3-94）坐落于长江路 266 号，1935 年 11 月 29 日奠基，1936 年竣工。由公利工程司奚福泉设计，陆根记营造厂承建，李宗侃监造。美术馆大门为立柱式三楹大门，大门内东、西两侧各设有一座正方形平顶警卫室。大楼坐北朝南，钢筋混凝土结构，主体 4 层，两翼 3 层，左右对称，立面呈“凸”字形。其建筑造型、风格均与国民大会堂相似，既有西方现代建筑风格，又有中国传统建筑特色。在外观设计上，采用简洁明

快的手法来表达民族性，如对称式构图，立面檐口、雨篷等细部的传统装饰图案等。

图 3-3-93 国立美术陈列馆 1

图片来源：安特生摄影

图 3-3-94 国立美术陈列馆 2

图片来源：安特生摄影

10. 紫金山天文台

1928 年 4 月，“国立中央研究院天文研究所”成立，所长高鲁选择南京东郊紫金山的第一峰为未来的台址。1929 年 2 月，高鲁奉命调任驻法国公使，临行前推荐厦门大学天文系主任、留美建筑学硕士、天文学博士、英国皇家天文学会会员余青松接替自己的重任。1929 年 7 月，总理陵园管理委员会提出：天文研究所现在修筑通向紫金山第一峰的盘山道路，必须重新在紫金山北麓选线，且总理陵园管理委员会原先答应赞助一半筑路费用的承诺，已无力兑现。同时，总理陵园管理委员会还提出：国立第一天文台应该按照中国式的建筑风格建造，因陵园现有建筑皆为中国式，将来的建筑，亦拟采用国有体制以归划一，天文台建筑外观须与陵园保持一致。

总理陵园管理委员会对国立第一天文台应该按照中式建筑风格建造的要求，对余青松来说是一个很大的困难：天文台必须要有能转动的圆形观测屋顶，而圆屋顶就不合中国建筑的规制。余青松最后决定放弃在紫金山第一峰建台的计划，重新选择紫金山的第三峰作为台址。1930 年夏季，国立第一天文台终于在紫金山第三峰正式破土动工。在这座天文台的建设过程中，由于余青松采用了点工制的方法，同时在施工中就地取材，大量采用紫金山特有的虎皮石砌就地基和墙面，不仅节省了大笔的材料和运输费用，同时还使紫金山天文台成为防风、防火的坚固建筑。1934 年夏天，经过 5 年时间的艰苦施工，国立第一天文台的主要建筑已经基本建成，它们分别是：台本部 1 幢，25 间，面积 503.80 平方米；子午仪室 1 幢，5 间，面积 113.95 平方米；赤道仪室 1 座，6 间，面积 106 平方米；变星仪室 1 座，面积 25.52 平方米，东宿舍 1 幢，19 间，面积 237.11 平方米；西宿舍 1 幢，32 间，面积 261.28 平方米（图 3-3-95）。土木建筑总投资为 19 万元。1934 年 9 月，国立第一天文台终于落成。

台本部建于 1931 年，是紫金山天文台最早建造的建筑之一，由杨廷宝设计。该建筑包括行政办公用房和观象台两个部分，基本上按轴线对称布置，设计时利用地形高差，在底层两侧和二层中部北侧均有出入口与室外相通，底层与二层间另有楼梯相连。底层为一般办公用房，二层为馆长室、会议室、档案室等，北边为观象台。该建筑将行政办公与圆形观象台有机结合成一个整体。在台本部的主楼正中，有一石阶通向一巨大的银色圆顶观象台。长阶中段，三孔石牌楼横跨其上。牌楼顶部覆盖着精致的蓝色琉璃瓦，正中镌刻国民政府主席林森书写的“天文台”3 个蓝底填金大字（图 3-3-96）。

11. 国立北平故宫博物院南京古物保存库

1931 年“九一八事变”发生后，为避免北平故宫文物落入敌手，行政院决定将故宫文物南迁。文物南迁工作自 1933 年 2 月 7 日开始，至同年 5 月 23 日结束，共分 5 批南迁，迁走文物 13 427 箱又 64 包。为了防止日军的袭击，故宫文物南迁时，其运输线路绕开天津，经平汉线，转陇海线，再转津浦线，先迁到上海。1937 年 1 月 17 日，这些文物又分成 5 批，运到南京，存放到古物保存库。

南京古物保存库是由上海华盖建筑师事务所设计，钢筋混凝土结构，地上 4 层，地下室 1 层（图 3-3-97）。工地基建始于 1936 年 3 月，保存库建于 1936 年 5 月，同年 12 月完工，建筑费用 39.3 万元。整个建筑外形仿承德外八庙中须弥福寿之庙的大红台。

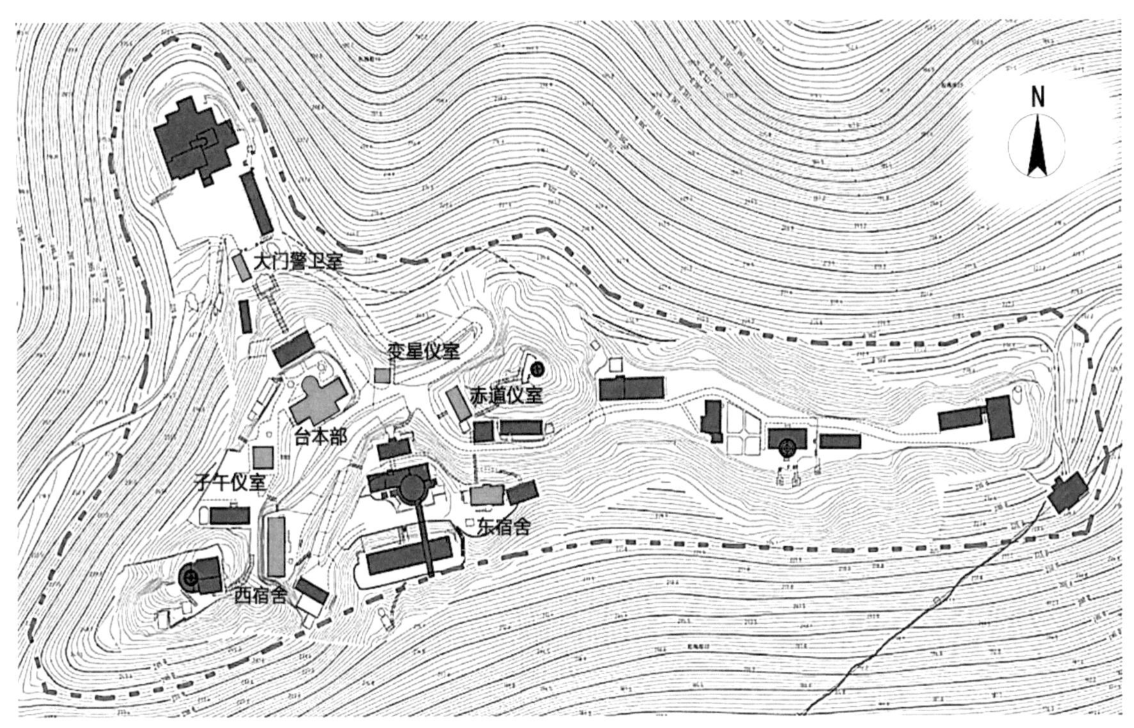

图 3-3-95 紫金山天文台总平面图

图片来源：东南大学周琦建筑工作室，高钢绘

图 3-3-96 台本部

图片来源：叶兆言，卢海鸣，黄强 . 老照片·南京旧影［M］. 南京：南京出版社，2012：137.

图 3-3-97 南京古物保存库航拍照片

图片来源：南京市博物馆

第四节　全面抗日至新中国成立前的政权机构建筑

一、南京沦陷时期的政权机构建筑

（一）维新政府时期

日军在1937年12月13日占领南京后，成立南京自治委员会。自治委员会下设秘书处、总务课、财务课、救济课、工商课、交通课和警务课，办公地址先后在鼓楼新村1号、保泰街原首都警察厅旧址和中山北路原司法院法官训练所。

1938年3月28日，汉奸梁鸿志、温宗尧、陈群等人及日本华中派遣军、海军和日本外务省人员，在南京原国民政府礼堂举办“中华民国维新政府”成立典礼。维新政府由行政院、立法院和司法院组成，辖制江苏、浙江、安徽三省及上海、南京两市。梁鸿志任行政院长，温宗尧任立法院长，陈群任内政部长[①]。维新政府的最高议政机关是由梁鸿志、温宗尧、陈群三人组成的“议政委员会”，日军原田熊吉少将出任最高顾问。

维新政府因日军强占原南京国民政府旧址，一直在上海虹口租用新亚饭店办公，直到1938年10月1日才正式迁驻南京。维新政府行政院和交通部设在原国民政府所在的两江总督署旧址，行政院下设秘书厅、铨叙局、考试局、统计局、典礼局、印铸局、侨务局、外交部、内政部、财政部、绥靖部、教育部、实业部和交通部等[②]。立法院、内政部和教育部在原南京市政府所在的江南贡院旧址，外交部在华侨招待所，实业部在中南银行南京支行大楼，财政部沿用中山东路原国民政府财政部旧址办公[③]。维新政府依循北洋旧制，逐级设立省公署、道尹公署和县公署。1938年4月24日，维新政府在原司法院法官训练所成立“督办南京市政公署”。1938年9月22日，华北中华民国临时政府与维新政府合并成立“中华民国政府联合委员会”，直至1940年3月汪精卫政府成立后撤销。

（二）汪精卫政府时期

1940年3月30日，汪精卫以“还都”的名义在南京成立国民政府。维新政府和华北临时政府同时宣告解散，并入汪精卫“中央政府”。1940年3月20日至22日，汪精卫政府在国际联欢社召开中央政治会议，政权机构沿用南京国民政府的体制，以“中央政治委员会”为最高指导机关，国民政府下设“五院”及军事委员会等。

汪精卫政府“还都”南京，各院部委理应按照抗战前的格局回原址办公，但原南京国民政府各级机关多被日军占用，因此汪精卫政府只能重新调整办公地点。原南京国民政府所在的两江总督署旧址破损严重，且维新政府仍盘踞在内，汪精卫政府只好将行政中枢迁至鸡鸣寺原考试院旧址。汪精卫中央政治委员会、国民政府、行政院、立法院、外交部等重要机关均设于此。

---

① 司法院长一职，因章士钊拒不就任而暂时空缺。

② 原定军政部长周凤歧在上海遇刺，军政部设置随即取消。

③ 中国人民政治协商会议江苏省委员会文史资料研究委员会．抗战记事（江苏文史资料选辑第22辑）［M］．南京：江苏古籍出版社，1987：220-245，附录：中华民国维新政府始末。

原考试院旧址的西路建筑改为汪精卫政府的中央机构办公楼，国民政府位于衡鉴楼一、二楼；中央政治委员会位于衡鉴楼三楼，会议厅在明志楼二楼；行政院位于公明堂，会议厅在明志楼左翼；立法院位于原考试院西侧的 1 ～ 3 号楼，会议厅在明志楼右翼。西大门作为汪精卫政府的主入口，门楣上的题字由考试院时期的“选贤任能”改为“天下为公”。明志楼的入口门廊被封闭，屋檐中间悬挂“国民政府”竖额，其西侧的平房，自北向南依次改为立法院办公厅、政治训练部、航空署、国民政府音乐队和卫队等。平房南面是中央政治委员会的秘书处、总务处，以及文书处的收发科和机要科等。原南京国民政府外交部旧址被日军“中国派遣军总司令部”占用，汪精卫政府遂将考试院东路建筑改为外交部办公楼，东大门悬挂“和平建国”的篆书横额，重檐之间设“外交部”竖额，昭忠祠及东、西配殿改为“议政堂”。

除财政部和海军部沿用抗战前的旧址外，其余部委均另择他址办公。考试院和监察院位于原国民政府所在的两江总督署旧址，司法院、司法行政部和内政部合署办公于原南京市政府所在的江南贡院旧址。警政部和边疆委员会分别于 1941 年 8 月和 1943 年 3 月并入汪精卫内政部，前者改称“内政部警政署”，地址在北极阁原中央研究院旧址，后者改称“内政部边务局”。水利委员会位于瞻园路原内政部旧址，交通部和铁道部分别在东箭道 19 号原行政院旧址的南、北楼。教育部位于山西路原管理中英庚款委员会旧址，而成贤街的原教育部旧址改为汪精卫实业部和粮食部的合署办公楼。1941 年 8 月 16 日成立的汪精卫实业部由农矿部和工商部合并而成，农矿部最初设在中南银行南京支行大楼。粮食部成立于 1943 年 2 月 1 日，1944 年 4 月并入实业部。1941 年 1 月成立的“中央储备银行”是汪精卫政权的中央银行，地址在新街口原交通银行南京分行旧址。汪精卫宣传部设在新街口原国货银行南京分行大楼的五楼。

党团机构方面，汪精卫国民党中央党部最初设在上海，迁宁后搬至颐和路 32 号，之后又改在华侨招待所；丁家桥原中央党部旧址改为汪精卫社会部、军政部、赈务委员会、侨务委员会和边疆委员会等部委的驻地，社会部[①]在原中央党部 4 号楼，军政部在 9 号楼，赈务委员会在 8 号楼，侨务委员会在 23 号楼，边疆委员会在 24 号和 25 号楼。军事机构方面：军事委员会设在原南京国民政府旧址内；军事委员会军需处于 1941 年 12 月改组为“经理总监署”，地址在中山东路原中央党史史料编纂委员会暨党史陈列馆；参谋本部在原国立美术陈列馆；军事训练部在丁家桥原中央党部 9 号楼；政治训练部在鸡鸣寺原考试院西侧的 4 ～ 6 号楼；情报室在国民大会堂两侧，国民大会堂改为宪政实施委员会。市级机构方面：汪精卫政府改“督办南京市政公署”为“南京特别市政府”，地址沿用原司法院法官训练所；南京特别市党部设于八条巷 9 号的一座西式两层楼房内，楼上为主委、书记长、总务科和宣传科的办公室，楼下为组织科和社会福利科的办公室。

（三）以既有房屋为主的政权机构建筑

维新政府和汪精卫政府的存续时间较短，且南京国民政府在抗战前已建有不少办公楼，因此政权机构多利用既有建筑办公。除占用原南京国民政府各部委的旧址外，一些政府部门的附属机构，如隶属于侨务委员会的华侨招待所，隶属于司法院的法官训练所等，也被政权机构占用。华侨招待所改为维新政府的外交部和汪精卫时期的国民党中央党部，司法院法官训练所改为维新政府的“督办市政公署”和汪精卫政府的“南京特别市政府”，两栋建筑均

---

① 1941 年 8 月，社会部更名为“社会运动指导委员会”。1943 年 1 月，赈务委员会与“社会运动指导委员会”合并成立社会福利部。

采用官方推崇的“中国固有之形式”。与此同时，政权还利用金融机构西迁后空置的银行建筑办公。如中南银行南京支行改为维新政府实业部和汪精卫政府农矿部，交通银行南京分行改为汪精卫中央储备银行，中国国货银行南京分行改设汪精卫宣传部等。这些金融建筑均建于 20 世纪二三十年代，建成时间不长，结构坚固耐用。建筑风格变化较大，囊括西方古典主义、装饰主义和新民族主义等多种形式，体现了当时金融类商业建筑的流行趋势。

1. 中南银行南京支行改为维新政府实业部及汪精卫农矿部

中南银行创建于 1917 年 6 月 5 日，由印尼华侨黄奕住创办，与盐业银行、金城银行、大陆银行并称“北四行”。中南银行总行设于上海，1929 年 3 月在南京白下路 155 号设立办事处，1933 年 8 月 1 日改为南京支行。南京沦陷期间，中南银行南京支行大楼曾先后作为维新政府实业部和汪精卫政府农矿部的办公楼[①]。

中南银行南京支行大楼建于 1929 年，为钢筋混凝土结构的 4 层楼房，地下设 1 层库房。建筑平面呈“L”形，转角处设入口门厅，顶部有两层钟楼，首层为通高的营业大厅，两侧楼梯直通夹层回廊。二层以上为办公室，每层均设库房。中南银行大楼采用装饰主义风格，立面以竖向线条为主，窗间墙贴褐色泰山砖，窗下镶嵌浮雕装饰栏板。

2. 交通银行南京分行改为汪精卫中央储备银行

1941 年 1 月 6 日，汪精卫政府成立“中央储备银行”，地址在新街口原交通银行南京分行旧址。交通银行是 1908 年晚清邮传部为赎回京汉铁路而创办的，南京分行成立于 1910 年。1933 年，交通银行南京分行在新街口东北角兴建办公大楼，由缪苏骏[②]设计，新亨营造厂[③]承建，1935 年 7 月 1 日竣工。南京沦陷期间，汪精卫中央储备银行是支付侵华日军军费的主要机构。抗战胜利前夕，国民政府军事委员会京沪行动总队南京指挥部进驻汪精卫中央储备银行，负责战后接收工作。

交通银行南京分行大楼高 3 层，地下一层为库房，南面是营业库、发行库和检查处，北面是锅炉房、煤间和伙夫卧室等。地上部分的平面略呈矩形，由前、后两个部分组成，二者之间通过穿堂连接。前面以采光中庭为核心，四周围绕业务部门及营业厅，后面是银行内部的办公室。一层由南侧主入口进入，营业大厅四周分布信托部、营业部、发行部、出纳部等办公室及顾客接待室，北面是正副经理室、会客室和文书室等。二层中庭上空，周边是董事长室、总经理室、管理处办公室和会议室。中庭顶部设玻璃天棚，高度与三层楼板平齐，可以透过由屋顶天窗射入的阳光。三层除了北部是银行职员的宿舍、阅报室和娱乐室之外，其余均为事务室。大楼四角各设一座塔楼，其中南面两座突出于屋面，东北角和西南角为楼梯间（图 3-4-1）。

交通银行南京分行大楼采用平屋顶，中庭上方的采光天窗突出于屋面。建筑形式为西洋

---

① 抗战胜利后，中南银行南京支行于 1946 年 3 月在原址恢复营业，一直经营至 1952 年 10 月。1960 年，中南银行南京支行大楼改作朝阳饭店，1987 年又改为交通银行南京分行白下路支行。

② 缪苏骏，字凯伯（Miao，Kay-Pah），江苏溧阳人，毕业于上海南洋路矿学校。曾担任实业部登记工业技师，并自营东南建筑公司；1932 年上海市工务局技师开业登记；1933 年 12 月，经杨锡镠、庄俊介绍加入中国建筑师学会，1934—1937 年为中国工程师学会会员；自营缪凯伯建筑师事务所（Miao Kay Pah Consulting Co.）。

③ 新亨营造厂的创始人叶庚年为浙江宁波人，1900 年生于浙江镇海，12 岁在上海澄衷中学求学，后入教会圣芳济书院读书。1920 年就读于香港大学土木工程专业，两年后辍学，之后回上海成立新亨营造厂。

古典风格，外观与交通银行在济南、大连、哈尔滨、青岛、徐州、汉口等地的分支机构十分相似。正立面主入口设 4 根通高的爱奥尼立柱（图 3-4-2、图 3-4-4），东、西两侧各有 6 根爱奥尼壁柱。屋顶塔楼之间设宝瓶栏杆，檐口出挑，檐下设齿饰带。建筑一、二层为框架结构，三层以上为砖混结构，中庭立柱止于三层楼板，与边柱无对位关系。

汪精卫政府时期，“中央储备银行”在屋顶南侧加建了一幢折中主义式样的二层楼房。建筑采用西方古典主义风格，正面镶嵌4对爱奥尼双柱，但屋顶为简化的中式歇山顶（图3-4-3、图 3-4-5）。爱奥尼柱和歇山顶的比例失调，应为混乱时局下的仓促之举。

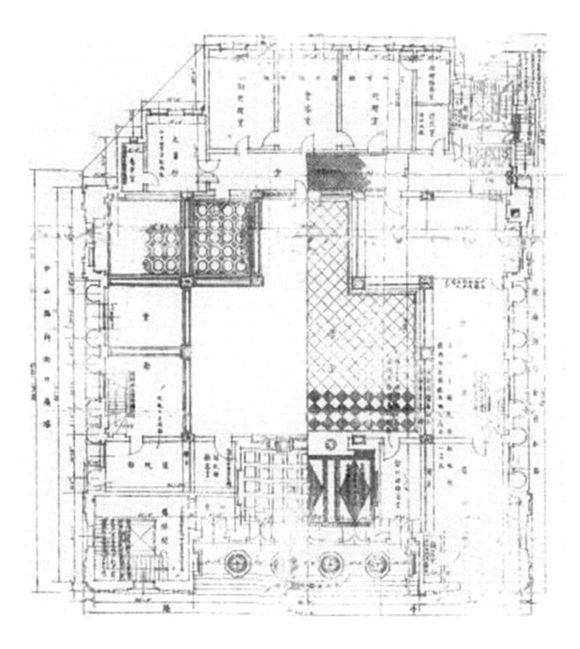
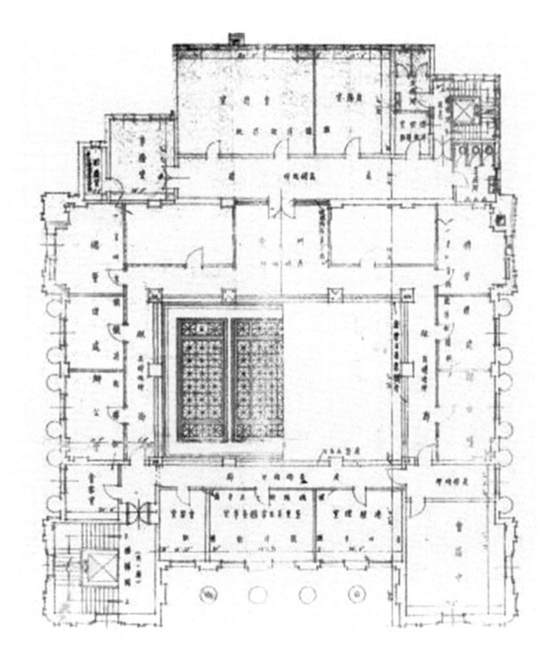

图 3-4-1 交通银行一层平面（左）、二层平面（右）图

图片来源：南京市城市建设档案馆，编号：1001-3-4476

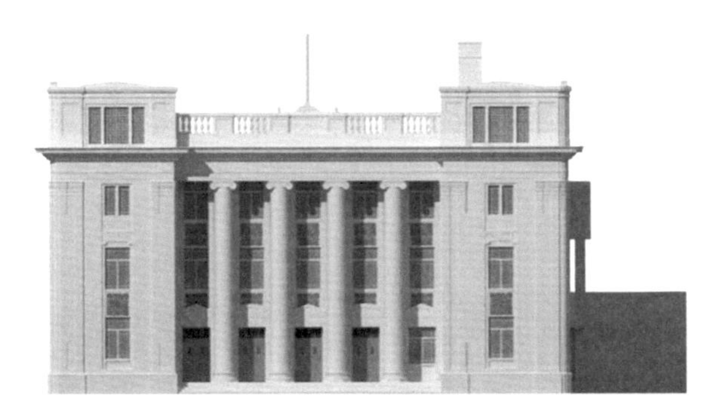

图 3-4-2 原交通银行南立面效果图

图片来源：周琦建筑工作室

图 3-4-3 汪精卫中央储备银行南立面效果图

图片来源：周琦建筑工作室

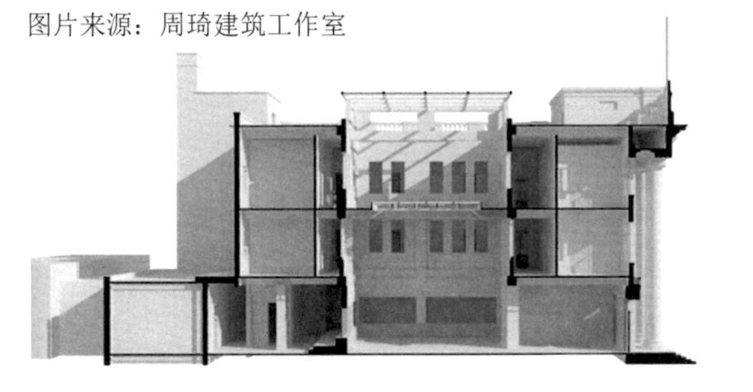

图 3-4-4 原交通银行剖面透视图

图片来源：周琦建筑工作室

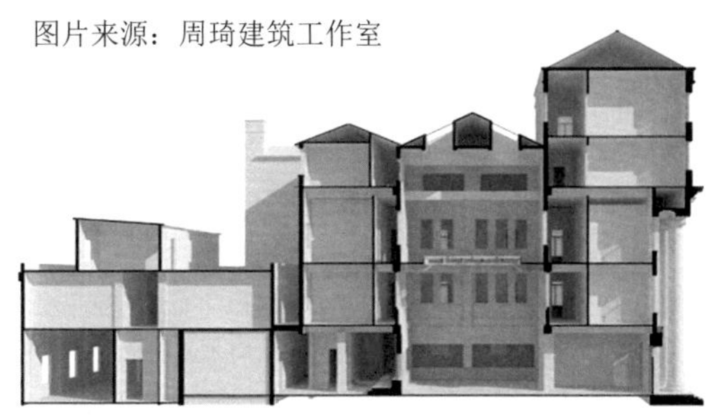

图 3-4-5 汪精卫中央储备银行纵剖面透视图

图片来源：周琦建筑工作室

3. 中国国货银行南京分行改设汪精卫宣传部

中国国货银行[1]成立于1929年11月1日，总行设在上海，1930年12月1日在南京建立支行，1931年1月改为南京分行。中国国货银行南京分行大楼位于新街口西北角，地址在中山路19号。大楼由公利建筑公司奚福泉设计，成泰营造厂承建，1935年4月开工，1936年1月竣工。南京沦陷期间，汪精卫政府曾将宣传部设在中国国货银行南京分行的大楼内。

中国国货银行南京分行大楼高6层，地下1层，为钢筋混凝土结构的平屋顶建筑（图3-4-6、图3-4-7），占地1920平方米，总建筑面积4022平方米。建筑坐西朝东，正对中山路，平面由东侧的梯形主楼和西侧的不规则形辅楼组成，二者之间有廊桥连接（图3-4-8、图3-4-9）。主楼底层中间为入口大厅，三面环绕营业柜台、经理室和会客室等。二至五楼的平面布局相同，

图3-4-6 中国国货银行外观

图片来源：《中国建筑》1937年第28期，第9页

图3-4-7 中国国货银行正立面图

图片来源：《中国建筑》1937年第28期，第10页

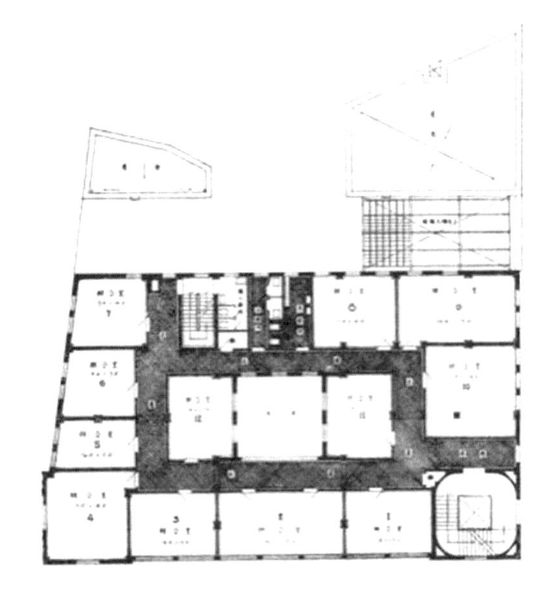

图3-4-8 中国国货银行底层平面图

图片来源：《中国建筑》1937年第28期，第11-12页

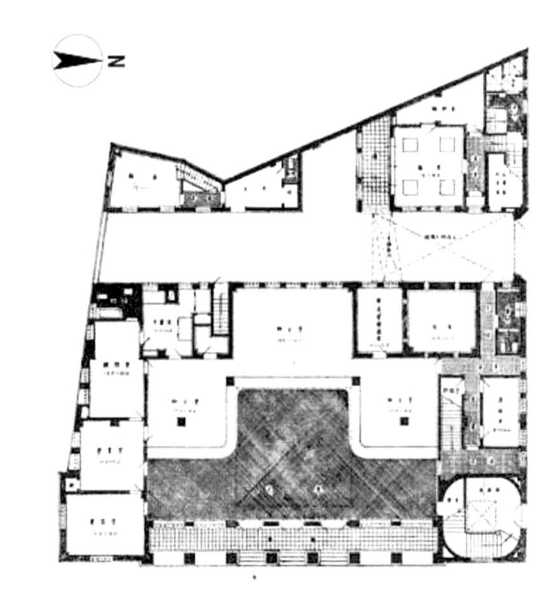

图3-4-9 中国国货银行二至五层平面图

图片来源：《中国建筑》1937年第28期，第11-12页

① 中国国货银行是由孔祥熙、宋子文等人创设的官商合办银行，与中国通商银行、四明商业储蓄银行及中国实业银行合称“小四行”，除经营商业银行业务外，还兼营投资事业。1936年建造国民大会堂时，中国国货银行南京分行曾借贷10万元支持大会堂的建设。

中间为采光天井，周围是内廊和办公室。中国国货银行大楼采用新民族主义风格，外观“综合现代建筑之趋势而仍不失中国原来之风味”。沿街立面庄重对称，内凹的主入口以8根混凝土方柱承接三楼的假阳台，阳台栏板为传统望柱勾栏形式。建筑外墙采用水刷石饰面，直棂形的拼花钢窗、六边形的花格窗扇以及檐部简化的额枋造型，均体现了中国传统装饰的特点。

4. 华侨招待所改为维新政府外交部及汪精卫中央党部

华侨招待所是国民政府侨务委员会的附属机构，最初建在玄武湖五洲公园。1929年1月，因原址设备陈旧，国民党中央决定在中山北路81号新建招待所，作为国民会议的第十二宿舍，供与会华侨代表居住[①]。华侨招待所的筹建工作由陈果夫和刘纪文负责，建筑委托范文照设计，新锡记营造公司中标承造，1930年5月10日开工，1931年5月20日竣工[②]。南京沦陷时期，华侨招待所改为维新政府的外交部和汪精卫中央党部（图3-4-10）。抗战胜利后，国民党的先遣部队前进指挥所曾驻扎于此，负责筹备中国战区的日本投降签字仪式等事项。

华侨招待所是一幢钢筋混凝土结构的官式大屋顶建筑，前部为庑殿顶，高三层，后部为平顶，高2层（图3-4-11～图3-4-13）。建筑之所以前后有别，主要原因是工程经费有限[③]，未能按原计划建设。但陈果夫在竣工报告中指出：“惟礼堂及东西两厢房屋，底脚均甚稳固，将来经济充裕，或应用不敷时，仍可加高至三层，以与正面相等。”华侨招待所的平面呈“日”字形，中间有两处天井，一层设礼堂、会客室、阅报室、休息室、弹子房、游艺室和会食堂，二、三层为宿舍、浴室、厕所和仆役室等。建筑外立面采用中国传统样式，分基座、墙身和屋顶三个部分。一层为基座部分，外饰水刷石，表面仿石材分缝，主入口采用卷棚门廊形式。二、三层为墙身部分，窗间墙设方形壁柱，窗下有勾栏状浅浮雕。

图3-4-10 华侨招待所改为汪精卫中央党部

图片来源：叶兆言，卢海鸣，黄强. 老照片·南京旧影［M］. 南京：南京出版社，2012：104.

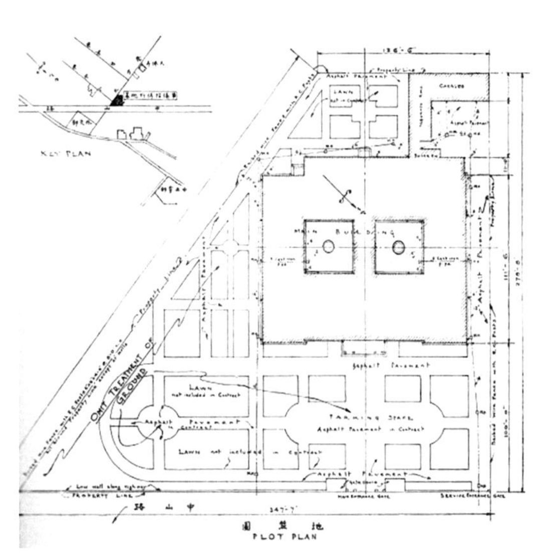

图3-4-11 华侨招待所总平面图

图片来源：《建筑月刊》1933年第1卷第5期，第16页

① 华侨招待所实际未能按时交付使用，国民政府为了表达歉意，特意趁国民会议闭幕后各代表仍在南京之际，邀请与会代表参加1931年5月20日华侨招待所的落成典礼。

② 1931年5月21日，《中央日报》发表消息“华侨招待所昨晨举行落成典礼”，文章以《蒋主席致词望侨胞努力建设工作，中委陈果夫报告筹备之经过情形》为题介绍了华侨招待所的筹备经过。

③ 华侨招待所的用地面积为九亩四分六厘一丝，地价计12 498.68元。1929年11月，国民党中央第四十次常会议决的预算总额为15万元，新锡记营造公司以14 4742元造价中标，之后追加为150 679.41元。建筑竣工后，各项费用的总造价升至24 0234.14元。

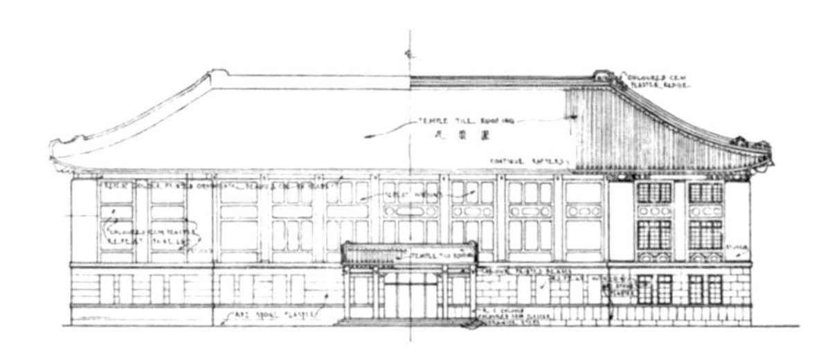

图 3-4-12 华侨招待所正立面图
图片来源：《建筑月刊》1933 年第 1 卷第 5 期，第 14 页

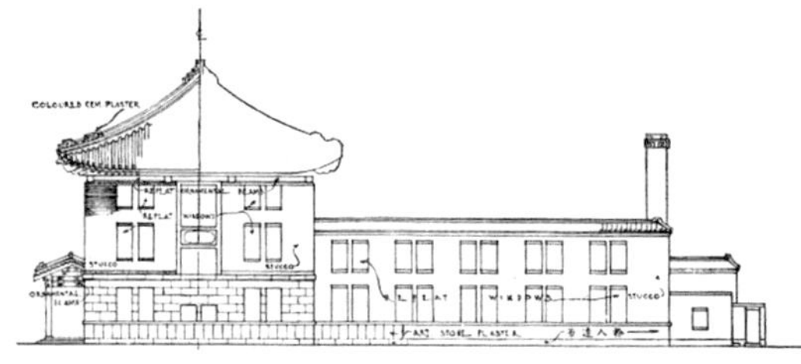

图 3-4-13 华侨招待所侧立面图
图片来源：《建筑月刊》1933 年第 1 卷第 5 期，第 14 页

5. 法官训练所改为“督办市政公署”及“南京特别市政府”

司法院法官训练所成立于 1929 年[1]，是国民政府负责法官职前养成训练和在职研习进修的机构。法官训练所大楼建于 1935 年，为钢筋混凝土结构的官式大屋顶建筑，维新政府时期改为“督办南京市政公署”，汪精卫政府时期改为“南京特别市政府”。1946 年抗战胜利还都后，立法院迁入法官训练所旧址办公。

司法院法官训练所旧址位于中山北路西侧，建筑高 2 层，平面呈“山”字形，前面是“工”字形主楼，后面中间为大议事堂，两侧是办公楼（图 3-4-14 ～图 3-4-16）。主楼正立面横向分成 5 段，中间为入口门厅，两端是山墙外凸的办公楼，门厅和办公楼之间有耳房连接。建筑立面纵向分为基座、墙身和屋顶 3 个部分，外墙由清水灰砖砌筑而成，基座采用须弥座形

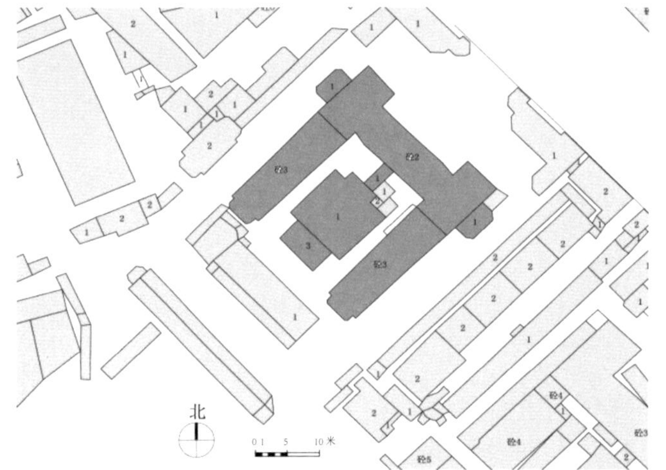

图 3-4-14 司法院法官训练所总平面图
图片来源：东南大学周琦建筑工作室

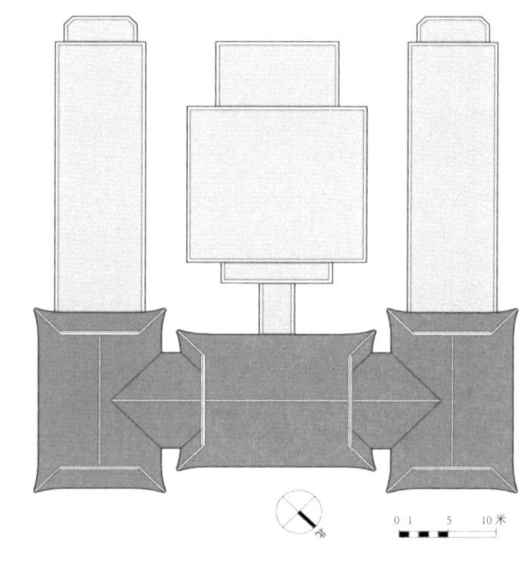

图 3-4-15 司法院法官训练所屋顶平面图
图片来源：东南大学周琦建筑工作室

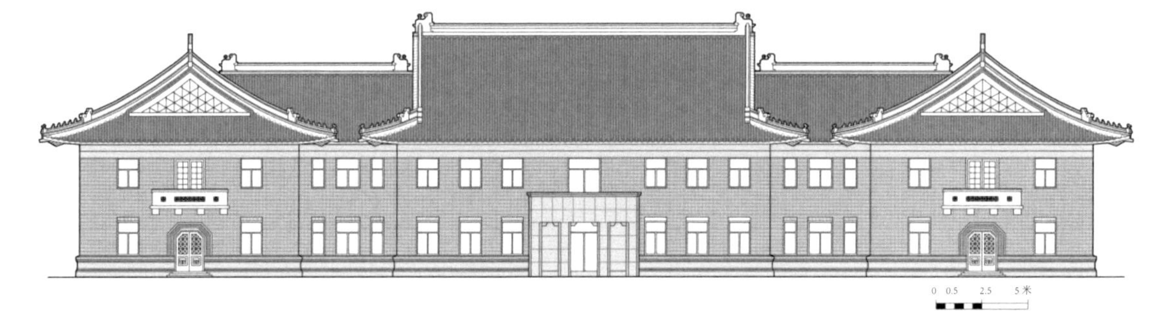

图 3-4-16 司法院法官训练所正立面现状测绘图
图片来源：东南大学周琦建筑工作室

① 司法院法官训练所最早可追溯到 1914 年成立的北洋政府法务部司法官学院。

式，檐下以叠涩砖块模拟斗拱，屋顶为歇山顶，上铺小青瓦。主入口设花岗岩砌筑的方形门廊，廊柱顶部作雀替装饰。两端的办公楼在山墙位置各设一处次入口，门框顶端抹角，外罩回形装饰带，二层阳台兼作雨篷，阳台栏板嵌绿色琉璃镂空花砖。两侧的办公楼左右对称，前端与主楼连接，后端设八边形门廊，窗户上部饰有窗楣，窗台底部装饰牛腿。中间的大议事堂高一层，前端通过连廊与主楼相连，末端有两层高的办公楼，入口设歇山顶门廊。办公楼和大议事堂均为平屋顶，仅女儿墙装饰披檐。

二、南京抗战胜利还都后的政权机构建筑

（一）还都前的准备

1945 年 8 月 15 日，日本宣布无条件投降，国民政府在抗战胜利后准备还都南京。同年 11 月 26 日，蒋介石在全国最高经济委员会议上指出，国民政府中央机关全部迁回南京为时尚早，但为就近主持东南各省各部门的复员建设工作，行政院所属各部会署及国防最高委员会财政专门委员会、主计处、善后救济总署等机构应先行抽调部分人员赴南京办公。会议决定首期还都于 1945 年 12 月初开始，人员须在 12 月 15 日之前输送完毕。11 月 27 日，行政院开会讨论首期还都办法，商定由院方派员会同南京市政府各级机关处理具体事宜。行政院派陈克文[①]参事实地勘察后，决定将中山北路萨家湾原铁道部大楼作为行政院办公楼，中央各部委有原址的仍回原址办公，无原址或原址已毁的在铁道部旧址集中办公。

1945 年 12 月 1 日，南京市市长马俊超在市政府召开“首都还都各机关到京应行准备事项谈话会”[②]，商讨还都后各部会的办公、住宿、膳食、交通和经费事宜，行政院及其下属部委、南京市府各局均派员出席。内政部、外交部、财政部、教育部、司法行政部、善后救济总署、卫生署和主计处等多数机关仍回原址办公。内政部瞻园路旧址在抗战期间被汪精卫水利署占用，水利委员会在内政部收回房屋后仍需另觅新址办公。交通部因大楼屋顶毁于战火，故暂时与水利委员会、蒙藏委员会、侨务委员会及地政署等一起在铁道部旧址集中办公。抗战期间成立的部委，除经济部在原实业部大仓园旧址办公外，其余多数仍由南京市政府划拨房屋。其中，农林部位于大石桥 1 ～ 5 号，社会部位于羊皮巷，粮食部在厅后街 10 号、12 号、14 号。为满足多部委的办公需求，行政院对铁道部旧址进行环境整饬，修补增设柏油马路和停车场，并重筑下水道，修缮工程于 1946 年 9 月 18 日竣工[③]。原铁道部办公楼西北翼的加建部分及北侧“T”字形办公楼改为交通部，原铁道部长官邸改为行政院长办公楼。

国民政府所在的两江总督署旧址，南京沦陷时期曾先后被日军、维新政府和汪精卫政府占用，破坏较为严重。为保证按时还都，国民政府文官处于 1946 年 1 月 8 日致信南京工务局，要求尽快修缮国民政府的房屋。南京工务局随即招标多家营造厂进行维修，在 40 天内如期完

---

① 陈克文（1898—1986 年），广西岑溪人，原名尧蕙，字用五，1923 年加入中国国民党，1935 年进入国民政府任职，历任行政院参事、立法委员和立法院秘书长。

② 参见：南京市档案馆“送首期还都各机关到京应行准备事项谈话会记录请工务局查收”档案，编号为 10030080060（00）0003。行政院首期还都人员共 1309 人，其中包括内政部 31 人，外交部 72 人，财政部 165 人，经济部 85 人，教育部 75 人，交通部 189 人，农林部 42 人，社会部 80 人，粮食部 66 人，司法行政部 66 人，水利委员会 27 人，卫生署 56 人，地政署 11 人，善后救济总署 127 人，主计处 12 人，国防委员会 12 人，资源委员会 40 人，侨务委员会 10 人，蒙藏委员会 13 人，行政院 120 人，会计处 10 人。

③ 参见：南京市档案馆藏“修整行政院柏油路停车场及下水道工程竣工图”，馆藏编号为 10030082802（00）0001。图纸落款有局长张剑鸣、陈鸿鼎，主任刘瑞，校对田正平，绘图监造史珏等人的签字。张剑鸣于 1945 年 8 月 29 日出任南京市政府工务局长。陈鸿鼎在 1945 年 4 月 12 日之前任重庆市工务局技正，后任内政部科长。刘瑞于 1937 年 4 月 21 日至 1947 年 1 月 24 日任内政部科长，1947 年 8 月 22 日任内政部视察。

工[①]。1946 年 4 月下旬，国民政府各机关迁回南京，4 月 25 日行政院正式在南京办公。1946 年 4 月 30 日，国民政府颁布《还都令》，并于 5 月 5 日举行还都典礼。

（二）还都后的政权机构调整

国民政府各级机关的组织架构，在抗战期间及还都后均有较大调整。行政院在抗战时期撤并的部门有铁道部、海军部、兵役部、实业部、建设委员会和全国经济委员会。1938 年 1 月，铁道部并入交通部，海军部改为隶属于军事委员会的海军司令部，实业部、全国经济委员会及建设委员会合并为经济部。与此同时，行政院新增的部委有农林部[②]、粮食部[③]、善后救济总署、全国水利委员会[④]和中央气象局等，社会部[⑤]由国民党中央党部改隶行政院。

抗战胜利后，国民政府[⑥]在组织构架上的重大变化是建立新的军制，军事委员会及其下属部会、陆军总司令部、军政部均被裁撤，仅保留军事参议院直隶于国民政府。1946 年 6 月 1 日，国民政府在"美国军事顾问团"的帮助下成立国防部，隶属于行政院。国防部由军政和军令两个系统组成。军政系统的最高长官是国防部长，下设办公室、预算司、财务司、法规司、人事司、人力司、工业动员司、征购司和工程司。军令系统的最高长官是参谋总长，下设一至六厅，分别负责人事行政、情报、计划作战、补给、编制训练、研究发展等事项。国防部的执行机构为陆军总司令部、海军总司令部、空军总司令部和联勤总司令部，地址分别在三十四标、挹江门、小营和三牌楼。

除国防部外，行政院新增的部门多由原部属机构升格改制而成，如 1946 年 9 月资源委员会由原军事委员会和经济部共管的下属机构改为行政院的直属部门，1947 年 4 月全国水利委员会、卫生署和地政署分别升格为水利部、卫生部和地政部，1947 年 9 月善后救济总署改为善后事业委员会，1948 年 5 月国民政府主计处改为行政院主计部等。抗战胜利后，国民政府新成立的直属机构还有国史馆、宪政实施促进委员会、国民大会筹备委员会等，总理陵园管理委员会更名为国父陵园管理委员会。行政院新成立的部门有新闻局和国立北平故宫博物院，新闻局成立于 1947 年 5 月，地址在新街口中国国货银行南京分行大楼五楼。

1948 年 3 月至 5 月，国民政府召开第一届"国民代表大会"，宣布由"训政"进入"宪政"。"行宪国大"通过《中华民国宪法》，选举正、副总统，并于 1948 年 5 月 20 日成立总统府。原国民政府的直属机构改为总统府的六局二室，总统直接聘任咨政、参议、特任秘书长和参军长等。总统府的直属机构包括中央研究院、国史馆、国父陵园管理委员会和战略顾问委员

---

① 国内有 17 家营造厂参与投标，益兴、鲁创、华德、新艺、新都、泰康、便利、公协、昌华、缪顺兴等营造厂中标，分别负责水电、工程等项目的安装维修任务。国民政府先后拨款 32 284 960 元。

② 1940 年 7 月，农林部成立于重庆，其前身为经济部农林司，负责管辖全国农林行政事务。农林部下设总务司、农事司、农村经济司、林业司、渔牧司、垦殖司、会计室、人事室、统计室，以及设计考核、农业复员、粮食增产、农业促进、农业推广等委员会，并附设农业研究实验所、林业研究实验所和畜牧研究实验所。1949 年 3 月，农林部缩编为经济部农林署，7 月改为经济部农林司。

③ 粮食部成立于 1941 年 5 月 20 日，其前身为 1940 年 8 月 1 日成立的全国粮食管理局，办公地址在重庆康宁路 2 号。粮食部掌管全国粮食行政事宜，下设秘书处、参事厅、总务司、人事司、军粮司、民食司、储运司、财会司、调查处、会计处、统计室及督导室等部门。1949 年 3 月，粮食部缩编为财政部田粮署。

④ 1941 年 9 月，全国各水利机关合并成立水利委员会，掌管水利行政事务，水利委员会下设秘书处、参事处、总务处、工务处、会计室、人事室、统计室、技监室等。

⑤ 社会部成立于 1938 年 4 月，最初隶属于国民党中央执行委员会，1940 年 7 月改隶行政院，负责职业辅导、社会救济和劳工行政等工作。社会部下设人民团体组织司、劳工司、社会救济司、儿童保育司、社会服务司、总务司、合作事业管理局、社会保险处局和工矿检查处等机构。1949 年 5 月，社会部并入内政部。

⑥ 南京国民政府战后下辖 7 个系统：第一为顾问；第二为主计处、参军处和文官处；第三为立法院、行政院、司法院、考试院和监察院；第四为政务官惩戒委员会；第五为国民大会筹备委员会、立法院立法委员暨国民大会代表总事务所、国父陵园管理委员会、国立中央研究院、国史馆和稽勋委员会；第六为战略顾问委员会及北平、武汉、重庆、西北、广州、东北各行辕；第七为国民参政会，辖宪政实施促进委员会。

会等。在组织架构上，“宪政”时期仍实行“五院制”，行政院、立法院、司法院、考试院、监察院分别为国家最高行政、立法、司法、考试、监察机关。南京解放前夕，国民党在节节溃败之际，开始大批缩编政府机构。1949年3月，地政部和社会部并入内政部，粮食部并入财政部，工商部、农林部、水利部及资源委员会合并为经济部。

抗战期间国民政府增撤的政权机构（1937.11—1945.9）　　表3-4-1

	部门	备注
党团	三青团中央团部	1938年7月9日，三民主义青年团在武昌成立
行政院	经济部	1938年1月由实业部、建设委员会及全国经济委员会合并成立
	农林部	1940年7月22日成立
	社会部	原属国民党中央党部，1940年10月改隶行政院
	兵役部	1944年10月由军政部兵役署升格成立，1945年底裁撤
	粮食部	1940年7月3日成立全国粮食管理局，1941年7月改为粮食部
	善后救济总署	1945年1月23日成立
	地政署	1942年6月22日，内政部地政司改为地政署
	卫生署	1938年1月1日改隶内政部，1940年复隶行政院
	全国水利委员会	1941年7月23日由各水利机关合并成立
	中央气象局	1941年10月成立，1945年7月改隶教育部
国民政府直属机构	国史馆筹备委员会	1940年2月1日成立
	稽勋委员会	1941年11月1日成立
	还都接受委员会	1945年9月5日成立

抗战胜利后国民政府新增调整的政权机构（1945.9—1948.5）　　表3-4-2

	部门	备注
行政院	国防部	1946年6月1日，军事委员会和军政部合并成立国防部
	水利部	1947年4月23日，全国水利委员会改为水利部
	地政部	1947年5月1日，地政署改为地政部
	卫生部	1947年4月23日，卫生署改为卫生部
	资源委员会	原属军事委员会，抗战时属经济部，1946年9月改属行政院
	善后事业委员会	1947年9月成立
	新闻局	1947年5月1日成立
	国立北平故宫博物院	1947年10月15成立
国民政府直属机构	战略顾问委员会	1947年4月1日由军事参议院改组成立
	参谋本部	1946年5月31日重新设立
	国父陵园管理委员会	1946年7月，总理陵园管理委员会更名国父陵园管理委员会
	国史馆	1947年1月1日成立
	宪政实施促进委员会	1947年1月20日成立
	国民大会筹备委员会	1947年11月22日成立

（三）既有建筑的更新与扩建

新成立的部委大多利用既有建筑办公，还都初期的建设活动多以修缮、扩建为主。行政院自迁往铁道部旧址后，原东箭道19号的行政院南、北楼改为社会部、地政部和侨务委员会的驻地。立法院迁至中山北路原司法院法官训练所旧址，监察院先在颐和路34号，后与立法院合署办公。国防部沿用黄埔路原中央陆军军官学校旧址，新闻局设在新街口中国国货银行南京分行大楼五楼，首都高等法院在朝天宫，国史馆[①]位于公园路体育里7号的3栋两层小楼内。国父陵园管理委员会旧址毁于战火，遂迁至中山陵7号原国民革命历史图书馆。

1. 中央陆军军官学校改为国防部

抗战胜利后，国民政府在“美国军事顾问团”的帮助下成立国防部（图3-4-17），地址设在紫金山太平门内的中央陆军军官学校旧址。中央陆军军官学校由前清陆军学校和军营扩建而成，校区分本部、马标、炮标和小营4个部分，城郊还有老五团分部。校本部占地23 500平方米，与明故宫遗址隔街相望，建筑多为1928—1933年间修建的西式校舍，设有大礼堂、教学楼、图书馆、体育馆、劈刺房、工字堂宴会厅、俱乐部和室内游泳馆等[②]。校部大楼正对学校大门，因平面呈“一”字形，故又称“一字楼”（图3-4-18）。中央陆军军官学校时期，“一字楼”的一、二层是教育处、经理处、总务处和政治部的办公室，三层是校部办公厅和教育长的办公室。大礼堂位于校园北侧，与“一字楼”同在一条中轴线上，两者之间有河沙铺成的集合场，广场东、西两侧各有6栋纵向排列的2层西式校舍。中央陆军军官学校与国府军事委员会位于相邻地块，但各自有独立的出入口。蒋介石的官邸“憩庐”位于大礼堂东侧，介于军事委员会和校本部之间。

“一字楼”建于1908年，平面呈长方形，中间及两端略凸，东西长139米，南北宽11.5米，占地1504平方米（图3-4-19）。建筑中间的主楼高3层，屋顶为孟莎顶，两翼高2层，

图3-4-17 国防部旧址总平面图

图片来源：东南大学周琦建筑工作室，高钢绘

图3-4-18 从大门看一字楼主楼正立面

图片来源：收藏于南京中山码头，http://blog.sina.com.cn/s/blog_a4768d030102v7kx.html

① 国史馆最早成立于1914年5月，自袁世凯称帝后不久中断。1936年1月，张继、邹鲁等人曾在国民党五届五中全会上提出“建立档案总库，筹设国史馆”的议案。1940年2月，国史馆筹备委员会在重庆李子坝嘉陵新村16号成立。经过多年筹建，国史馆最终于1947年1月20日正式成立，直隶于国民政府。1948年5月，国史馆改隶总统府。馆内下设史料处、征校处、总务处、会计室、人事室、史料审查委员会和国史体例商榷委员会。国史馆位于公园路体育里7号，3栋两层小楼呈鼎足之势，故称“鼎园”。

② 文闻．国民党中央陆军学校与军事专科学校［M］．北京：中国文史出版社，2010：1.

图 3-4-19 一字楼正立面图
图片来源：东南大学周琦建筑工作室

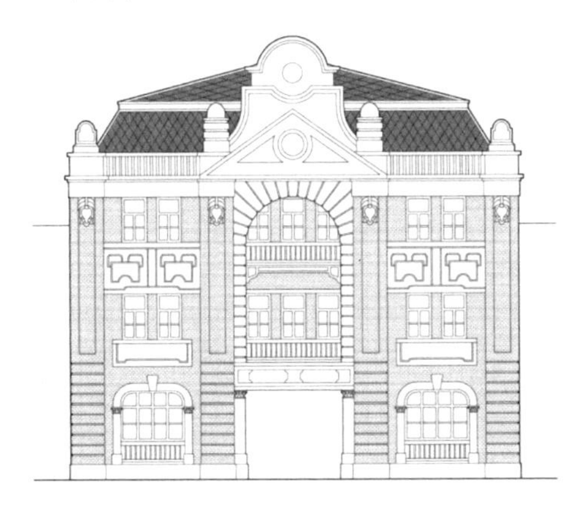

图 3-4-20 一字楼主楼正立面复原图
图片来源：东南大学周琦建筑工作室

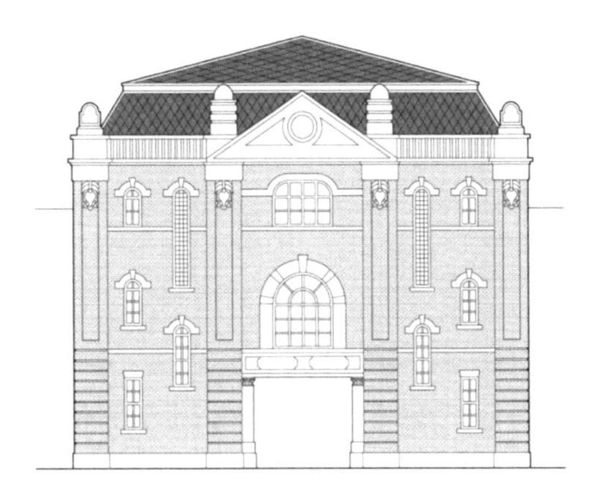

图 3-4-21 一字楼主楼背立面复原图
图片来源：东南大学周琦建筑工作室

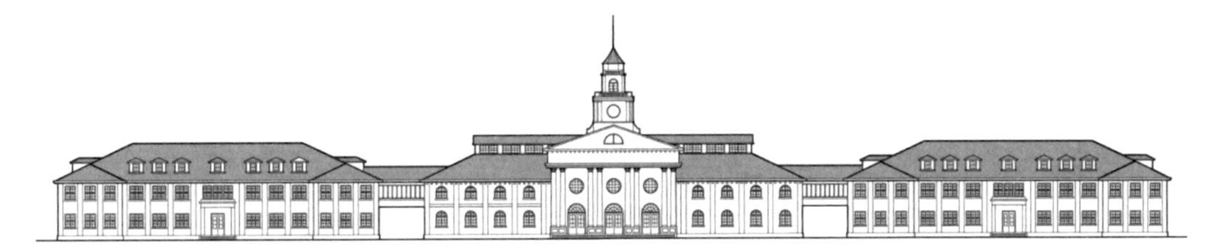

图 3-4-22 大礼堂正立面复原图
图片来源：东南大学周琦建筑工作室

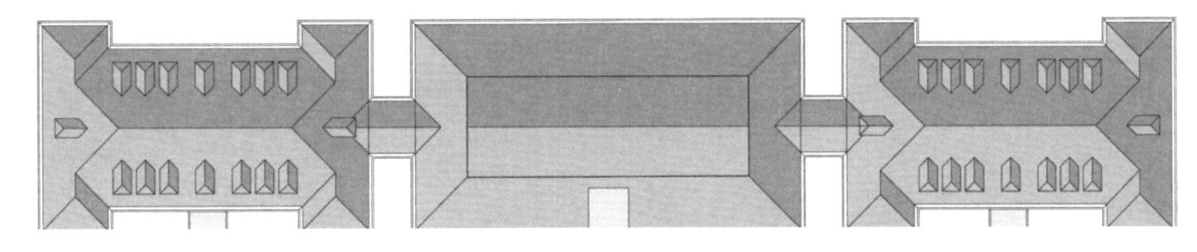

图 3-4-23 大礼堂屋顶平面图
图片来源：东南大学周琦建筑工作室

图 3-4-24 中央陆军军官学校大礼堂
图片来源：《东方杂志》1935 年第 32 卷第 17 期

为四坡顶，屋面铺菱形水泥瓦。“一字楼”采用文艺复兴风格，外墙由清水砖砌筑，窗间设壁柱，一层门窗为拱形，二层为矩形，窗台、窗楣及腰线均设砖砌线脚。主楼面阔三开间，外墙有4根砖砌壁柱，柱基仿石材分缝，柱头突出屋面，檐部有灰塑花饰，女儿墙位置设宝瓶栏杆，屋顶正中有盾形山花（图3-4-20、图3-4-21）。过街楼两侧悬挂孙中山所书“革命尚未成功，同志仍须努力”的楹联，通道入口设多立克石柱。主楼一层窗户为拱形，窗框两侧有爱奥尼壁柱，二、三层窗户为矩形，窗下饰几何纹样的水刷石栏板。二、三层中部设内阳台，三层阳台顶部有拱形装饰。

大礼堂占地1530平方米，由礼堂和两侧的办公楼组成，中间有过街楼连接。礼堂平面呈矩形，办公楼平面呈“工”字形，均为四坡顶的二层楼房。大礼堂由张谨农工程师设计，杨仁记营造厂承建，1928年9月开工，1929年2月竣工。

建筑采用文艺复兴时期的巴洛克风格，入口门廊以4组爱奥尼双柱支撑三角形山花，门廊顶部设钟楼，尖塔穿过屋顶，从三角形门廊的后端突起（图3-4-22），这一做法与伦敦广场上的圣马丁教堂（S. Martin in the Fields，London，1721—1726年）十分相似。两侧办公楼的入口相对简单，为多立克柱式支撑的方形门廊。建筑外墙采用清水砖砌筑，窗间设壁柱。所有门窗均为木制，礼堂门窗为拱形，入口拱门上方各有一扇圆窗，办公楼门窗为矩形。建筑屋顶采用钢桁架结构，屋面铺金属波楞瓦，檐部设齿饰带，礼堂屋顶中间升起侧高窗，办公楼屋顶设老虎窗（图3-4-23、图3-4-24）。礼堂内部上下贯通，二层有一圈走廊，廊道通过杆件悬吊在屋顶钢架上。室内以礼堂北侧的半圆形讲台为中心，按同心圆方式布置桌椅，讲台后方设有休息室。

憩庐是一幢砖木混合结构的二层西式住宅，建于1929年7月12日，同年10月14日竣工后，成为蒋介石在南京的主要居所。憩庐占地300平方米，建筑平面呈矩形，一层为客厅和办公室，二层为卧室和起居室，入口设有门廊，门廊顶部为二层露台。在憩庐的东北侧还有一幢砖混结构的二层楼房，该楼是建于1932年的122号楼。122号楼的平面呈矩形，南北长40米，东西宽20米，局部通过拱廊和平台与憩庐连为一体（图3-4-25）。憩庐和122号楼均由清水红砖砌筑，门廊及壁柱饰水刷石，表面作条状隅石分缝。两栋建筑的屋顶均为四坡顶，屋面铺设红色机平瓦，窗楣过梁处采用水刷石饰面，中间设锁心石。憩庐的外观较为简朴（图3-4-26），其简化的西式装饰与中央陆军军官学校的文艺复兴风格呼应。

图3-4-25 憩庐及122号楼一层平面现状图

图片来源：原南京军区营房部提供

图3-4-26 憩庐外观

图片来源：叶兆言，卢海鸣，黄强．老照片·南京旧影［M］．南京：南京出版社，2012：14.

2. 朝天宫改为首都高等法院

1946 年 4 月 1 日，司法行政部在南京朝天宫成立首都高等法院，下设 3 个刑事庭、2 个民事庭和书记室、人事室等，并附设看守所一座。首都高等法院作为第二级审判机构，以最高法院为上级机关，受理江宁地方法院的上诉案件和首都辖区内的第一审刑事案件。首都高等法院所在的朝天宫，是明朝贵族觐见天子前学习朝拜礼仪的地方，历史上曾长期作为道观使用，太平天国时期被改为负责制造军火的红粉衙。清同治四年（1865 年），李鸿章又将文庙和江宁府学移至朝天宫。抗日战争前夕，朝天宫成为北平故宫博物院南京分院的临时驻地。南京沦陷期间，汪精卫政府在此设立首都高等法院。

朝天宫在战争中破损严重，房屋早已不敷使用。为尽快开展业务，首都高等法院聘请中联工程司建筑事务所设计图纸，黄秀记营造厂以国币 259 709 150 元中标[①]，限期 80 天完工。修缮更新工程包括修缮和新建两个部分，修缮部分为翻修全部房屋、亭台、栏杆、围墙、走廊、石坎、石阶，加铺所有弹石、青石、方砖、水泥路面，以及换修棂星门、大门、边门及疏通阴沟下水道等。新建的房屋有警卫室门房、汽车间、职员宿舍、饭厅、厨房、浴室各一座，以及工友宿舍、厕所各两座。

修缮范围包括朝天宫头门和第一进、第二进、第三进房屋共 4 个部分（图 3-4-27）。头门区域，整理棂星门和四周照壁、东西辕门的瓦屋面，修补屋脊，铲除照壁墙底、重新粉刷墙面，以及用钢骨混凝土柱或洋松柱替换棂星门柱，改木栅门为铁门等。同时翻修两扇辕门之间的弹石道路，另开一条通往旗杆的 3 英尺（约 0.9 米）宽小路。第一进院落，翻修棂星门两侧的厕所，并修补围墙和走廊。第二进院落，将大成门两侧隔为办公室，大成殿改为第一法庭，东、西厢房分别改为民事庭和刑事庭。东厢房自南向北依次为执达员室、民事候审室、第五法庭、第四法庭、第三法庭、第二法庭、法警室和评议室。西厢房自南而北依次为刑事核告室、法警室、刑事候审室、第六法庭、评议室、检察官办公室和侦查庭等。第三进院落，将崇圣殿改为庭推总办公室[②]。

新建房屋大多位于第三进院落的西北角。除一间厕所位于大成殿西侧外，另有汽车间、警卫室门房位于棂星门背后，汽车间在棂星门西侧，警卫室门房在棂星门东侧。朝天宫西北角的新建房屋自成一组，职员宿舍（图 3-4-28）居中，北侧是浴室、厕所和两栋工友宿舍（图 3-4-29），南面是厨房和饭厅（图 3-4-30、图 3-4-31）。所有建筑均由清水砖墙砌筑，勒脚水泥粉光，屋顶设洋松人字屋架，屋面铺青洋瓦。新建房屋与第三进院落之间还有 8 英尺（约 2.4 米）高、10 英寸（25.4 厘米）厚的空斗围墙，墙面饰石灰砂浆。

警卫室门房和汽车间大小一致、结构相同，均为双坡顶的单层平房。汽车间的平面呈长方形，长边一侧开 3 扇折叠门，可停 3 辆小汽车，室内四壁砌筑 4.5 英尺（约 1.4 米）高的水泥台度。警卫室门房被两道灰幔板条墙分成 3 个等大房间，各室之间有门互通。职员宿舍为砖木混合结构的 2 层双坡顶楼房，一层高 13 英尺（约 4.0 米），二层高 11 英尺（约 3.4 米）。建筑平面呈矩形，中间的走廊将室内分成南北两个部分，楼梯居中，除一楼入口两侧为阅报

---

① 南京市档案馆藏“首都高等法院黄秀记营造厂建造房屋工程合同”“首都高等法院修建房屋施工说明书”“首都高等法院建筑工程标单”各一份，及工程设计图纸四张，档案编号为 10030082858。工程图纸包括：① 工友宿舍、饭厅平立剖面图，砖墙大方脚详图；② 汽车间、警卫室、浴室、男女厕所间、厨房平立剖面图；③ 职员宿舍平立剖面图；④ 首都高等法院总平面图。图纸完成于 1946 年 12 月 27 日，图纸比例为 1/8 英寸合 1 英尺（1:96），大样比例为 1/2 英寸合 1 英尺（1:24）。黄秀记营造厂负责人为黄秀山，办公地址在大丰富巷 52 号。

② 庭推即法庭推事，推事又称推官，是中国古代的司法官职，民国初年仍称法官为推事。

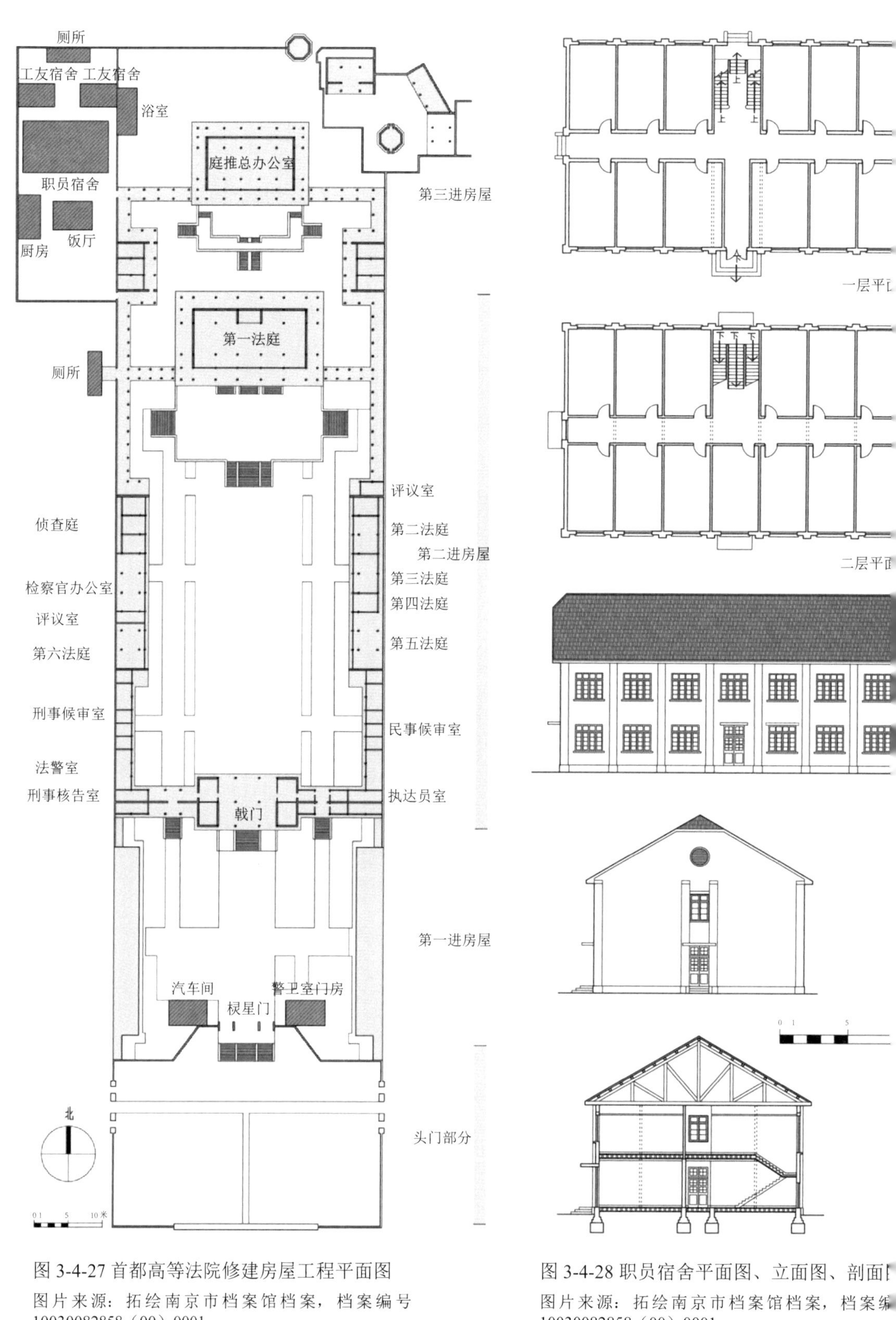

图 3-4-27 首都高等法院修建房屋工程平面图

图片来源：拓绘南京市档案馆档案，档案编号 10030082858（00）0001

图 3-4-28 职员宿舍平面图、立面图、剖面图

图片来源：拓绘南京市档案馆档案，档案编号 10030082858（00）0001

图 3-4-29 工友宿舍平面图、正立面图、背立面图

图片来源：拓绘南京市档案馆档案，档案编号 10030082858（00）0001

室和会客室外，上下两层均为卧室。职员宿舍的外墙设有壁柱，内部为纵墙承重，山墙顶部开百叶气窗，入口设钢骨水泥雨篷。厨房为双坡顶的单层建筑，室内有 3 间房间，中间是伙食房，两侧是厨房和储藏间，四周设水泥台度，北侧有烟囱突出墙外。工友宿舍为砖木混合结构的单层双坡顶建筑，室内分为 3 间。浴室西侧与工友宿舍相连，室内设水池和更衣室，水池四周砌水泥台度。

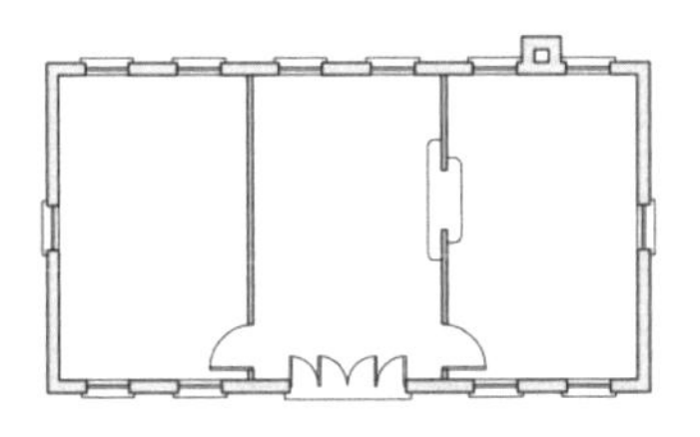

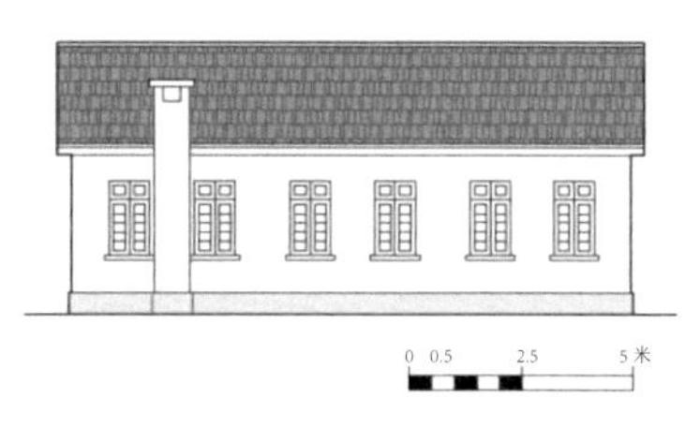

图 3-4-30 厨房平面图、正立面图、背立面图
图片来源：拓绘南京市档案馆档案，档案编号 10030082858（00）0001

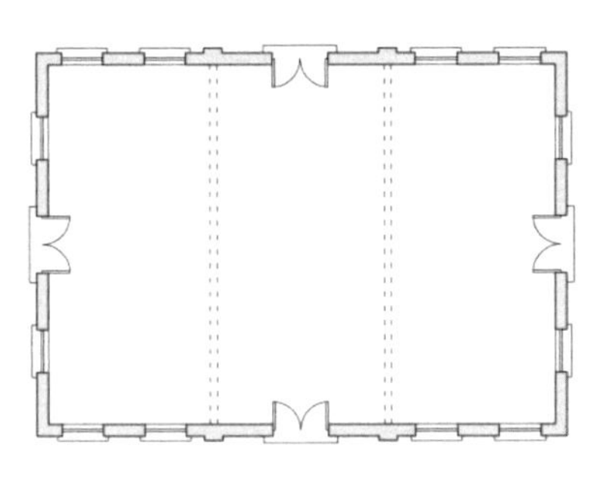

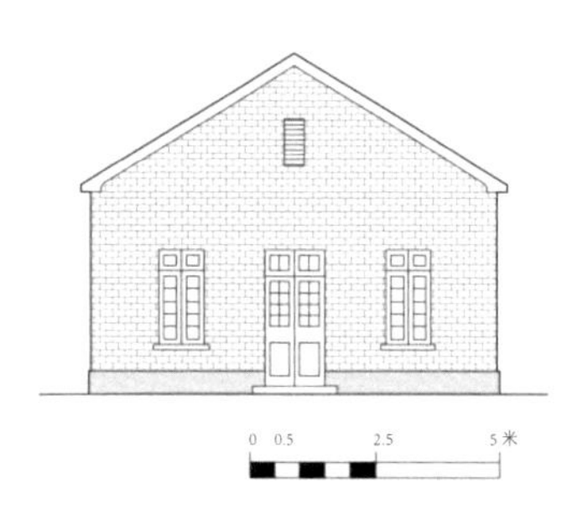

图 3-4-31 饭厅平面图、剖面图、侧立面图
图片来源：拓绘南京市档案馆档案，档案编号 10030082858（00）0001

3. 国际联欢社扩建

1946 年抗战胜利还都后，外交部决定在国际联欢社原址扩建餐厅及附属用房[①]。扩建工程由基泰工程司杨廷宝设计，弘毅营造厂[②]承建，合同工料总价为国币 3 亿 6 千万元，1947 年 8 月竣工。扩建部分的平面呈“Y”形，由 3 栋钢筋混凝土结构的楼房按“品”字形组合而成，南面两栋高 2 层，北面一栋高 3 层（图 3-4-32 ～图 3-4-34）。扩建部分与原建筑之间以扇形门厅衔接，新增面积 1100 平方米，扩建后总面积达 5130 平方米，占地 11 050 平方米。

扩建部分一层南面为餐厅，中间是与扇形门厅相连的大客厅，北面有两套客房，内设起居室、浴室和厨房，北侧地下室为锅炉房。二层以上均为客房，除南楼两套房间为三室两厅外，其余均为两室两厅。建筑墙体采用 9 英寸 ×4 英寸 ×1.5 英寸青砖按英式砌法修筑，居住部分外墙厚 15 英寸，公共部分外墙厚 10 英寸，室内板条隔墙厚 5 英寸，中间立通长墙筋。各层楼地板采用洋松格栅，间隙设剪刀撑，中间以煤屑三合土做隔沙楼板，表面铺洋松企口板。外门窗配紫铜纱窗，玻璃用 21 盎司净白片，四周嵌亚麻籽油灰缝，浴室和厕所等高窗装冰雪片或磨砂玻璃。建筑外立面与梁衍设计的一期建筑风格相似，均为现代主义国际式，构图强调横向线条，以连续的窗楣和窗台划分墙体，表面粉刷水泥黄沙灰浆（图 3-4-35、图 3-4-36）。

① 国际联欢社 1946 年扩建的设计图纸，现藏于南京市档案馆和南京市城市建设档案馆。南京市档案馆编号为 102200000010143（00）0001-0005，南京市城市建设档案馆编号为 I20004780001。

② 参见：南京市档案馆藏“外交部国际联欢社新建房屋工程合同”，档案编号 102200000010143（00）0001-0005。弘毅营造厂地址在华侨路高家酒馆 1 号，合同签订日期为 1946 年 12 月 12 日。

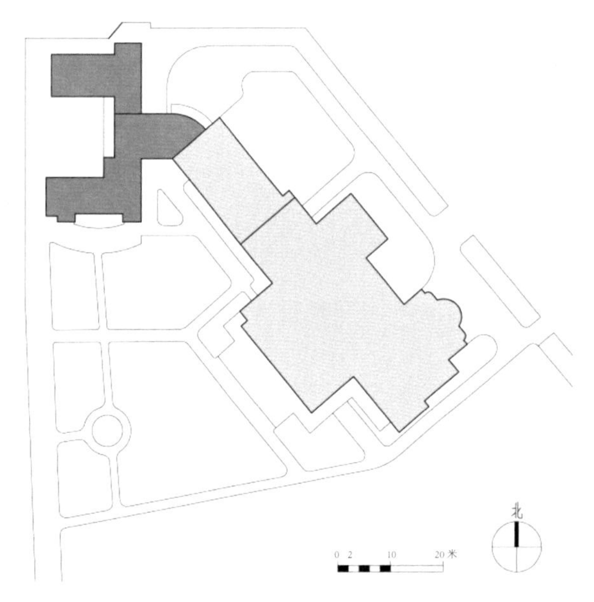

图 3-4-32 国际联欢社总平面图

图片来源：南京工学院建筑研究所 . 杨廷宝建筑设计作品集［M］. 北京：中国建筑工业出版社，1983：153.

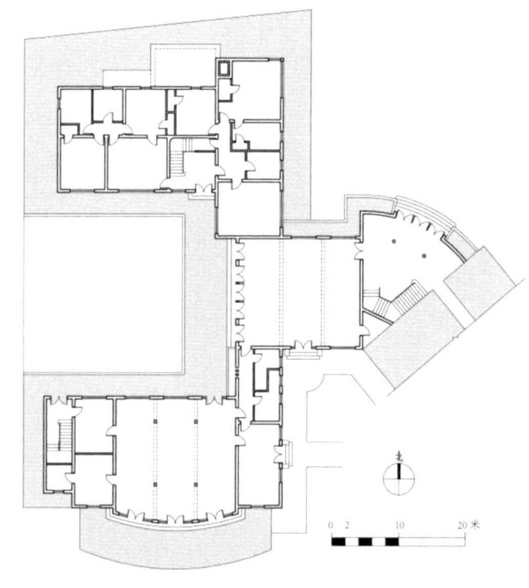

图 3-4-33 国际联欢社加建部分一层平面图

图片来源：拓绘南京市档案馆档案

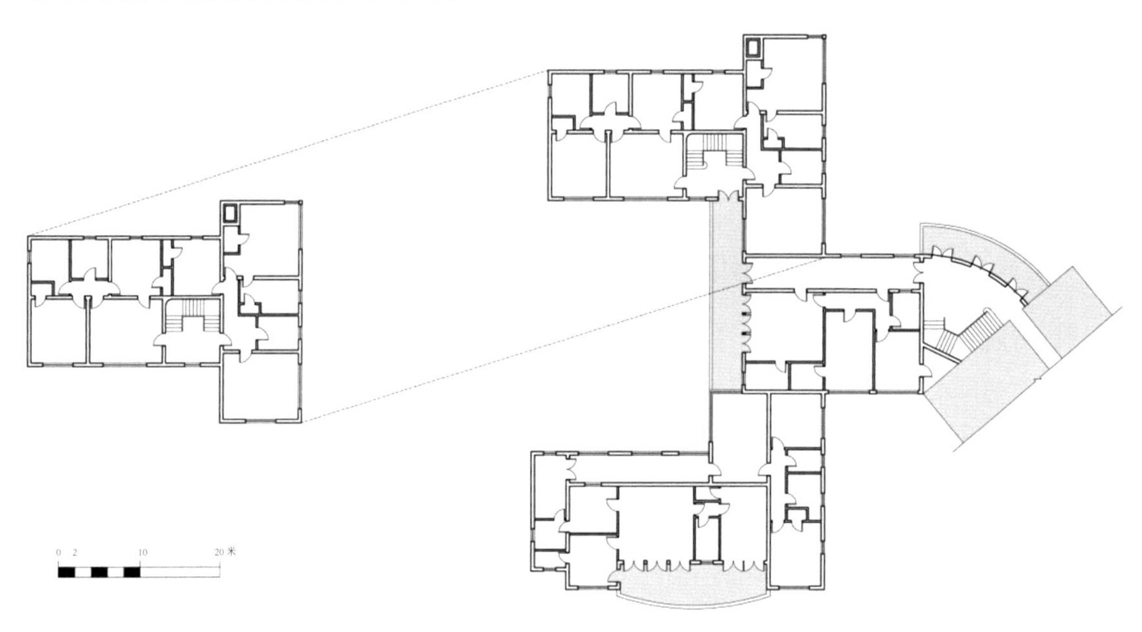

图 3-4-34 国际联欢社加建部分二层、三层平面图

图片来源：拓绘南京市档案馆档案，档案编号 102200000010143（00）0001-0005

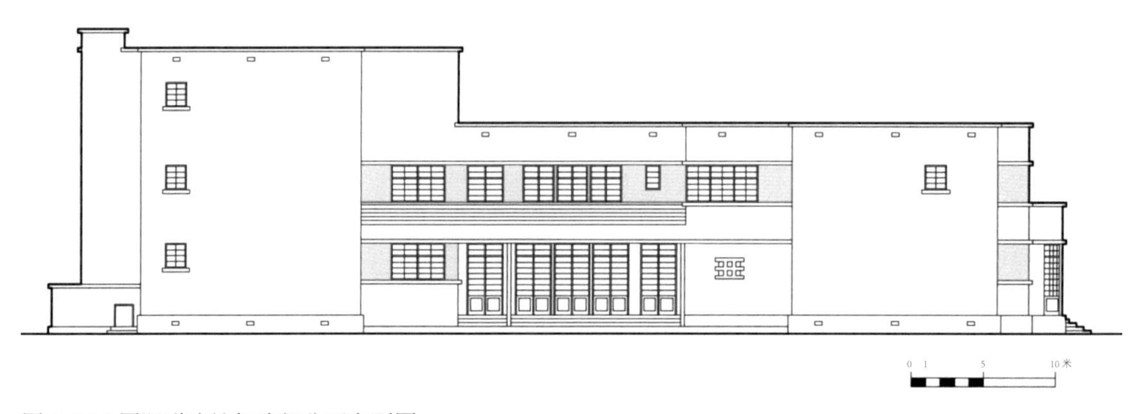

图 3-4-35 国际联欢社加建部分西立面图

图片来源：拓绘南京市档案馆档案，档案编号 102200000010143（00）0001-0005

图 3-4-36 国际联欢社加建部分剖面图

图片来源：拓绘南京市档案馆档案，档案编号 102200000010143（00）0001-0005

（四）还都后新建的政权机构建筑

抗战胜利还都后，部分新成立的机构或原址不复存在的部门开始在南京修建新的办公场所，如水利委员会、军事委员会调查统计局①、资源委员会②、农林部、财政部盐务总局、交通部公路总局等，均在各自驻地新建办公楼。受战后经济影响，还都后兴建的办公楼以现代主义国际式为主，官方倡导的"中国固有式"建筑数量趋减。除了续建战前未完工的中央博物院之外，仅有中央研究院总办事处大楼采用改良的大屋顶形式。

现代主义国际式的流行，除了经济原因之外，还与当时的国际环境有关。战后大量而快速的建设活动，为现代主义建筑的发展提供了土壤。抗战期间，国民政府采取的"亲美"政策，在一定程度上也起到了推波助澜的作用。早在抗日战争爆发前夕，美国对中国现代主义建筑的影响就已初露端倪，如国际联欢社采用赖特门生梁衍的方案，美国军事顾问团 AB 大楼选用华盖建筑师事务所的现代主义设计等。与此同时，中国建筑师也逐渐认识到现代主义建筑反抗传统的意义。黎宁在 1943 年发行的《国际新建筑运动论》③一书中声称，"十九世纪人类在世纪末的苦恼中，对于雄视一时的古典传统起了反抗的作用，凝成了国际间一般新建筑的要求，然而又可以说这种要求是内在迸发与模仿的自觉。中国新建筑运动亦起于，反抗古代传统建筑的思潮中"。

然而，现代主义建筑的流行，并不意味着国民政府放弃使用"中国固有式"大屋顶建筑，作为民族主义最为直观的物质符号。相反，还都后不久，在国民政府重启明故宫中央政治区计划的同时，内政部即会同中央设计局出版了《全国公私建筑制式图案》，制定出"中国固有式"建筑的规则，进一步强化了各级政权建筑的传统形象。

---

① 军事委员会调查统计局的前身为 1932 年 3 月成立的"中华复兴社"特务处。1946 年 6 月，军事委员会改组为国防部，军统局公开的武装部分划归国防部二厅，秘密核心部分改组为国防部保密局。

② 资源委员会的前身为 1932 年 11 月 1 日成立的国防设计委员会，隶属于参谋本部。国防设计委员会下设军事、国际关系、教育文化、财政经济、原料及制造、交通运输、土地及粮食、专门人才调查等 8 个部门。
1934 年 4 月，国防设计委员会与兵工署资源司合并为资源委员会，直属于军事委员会。资源委员会负责对各类资源的调查研究、开发和动员工作，下设秘书处、设计处、调查处、统计处、专员室、矿业室、冶金室和电气室。1938 年 3 月，资源委员会改隶行政院经济部，职能变为创办和管理基本工业、重要矿业及电力事业，下设秘书处、电业处、工业处、矿业处，会计室、技术室、购料室和经济室。1946 年 5 月，资源委员会改隶行政院，掌管矿业、动力和基本工业，下设机构改为业务委员会和秘书处、财务处、总务处、会计处、参事室、人事室、统计室。1949 年 1 月，资源委员会复归经济部。

③ 黎宁 . 国际新建筑运动论［M］. 重庆：中国新建筑社印行，1943。来源：中国国家数字图书馆民国图书。

1.《全国公私建筑制式图案》中的县政府和县参议会

1945年11月3日，蒋介石指令中央设计局和内政部拟制标准县市及乡镇建筑图。1946年初，内政部会同中央设计局出版《全国公私建筑制式图案》，并制定县政府和县参议院的建筑规则。"标准图"及建筑规则延续了官方"中国固有式"建筑的路线，不但对县政府、县参议会的选址、布局、功能、大小、材料、颜色提出具体要求，还限定建筑形式必须采用"中国固有式"。

《县政府建筑规则》规定，县政府的用地面积不小于13 500平方米，宽度不小于90米，深度不小于150米。建筑由南向北依次为大门警卫室、集合场、办公楼、县长住宅、运动场、男职员宿舍、女职员宿舍、食堂和厨房工役室（图3-4-37）。县政府门前的围墙呈弧形，大门东、西两侧各有一间警卫室，大门后方的集合场由正方形和3个矩形组成，中央设旗杆。办公楼位于集合场北侧，平面呈"凹"字形（图3-4-38），建筑中间的办公主楼高2层，两侧的法庭和礼堂高1层，之间通过单层耳房连接。办公主楼的入口设有门廊，门厅两侧各有3间房间，一层平面被穿堂和过道分成南、北两个部分，过道两侧的房间完全对称，楼梯位于两端。门廊顶部为露台，与二层南面的会议室连通，会议室居中，两侧分别是县长和秘书的办公室，二层北侧的布局与一层完全一致。东面的耳房是办公室和女盥洗室，西面是男盥洗室和印刷室。建筑东、西两端分别为法庭和礼堂，法庭入口设门厅，两侧是看守室，北面为法庭，过道以北是军法室和两间办公室。礼堂的布局方式及房间大小与法庭相似，仅北面改为讲台。县长住宅、运动场及男职员宿舍位于办公楼北侧，东面是男职员宿舍，西面是县长住宅，中间为运动场。县长住宅由3个矩形组成，男职员宿舍平面呈"凹"字形，入口面向运动场。最北面是成排布置的厨房工役室、食堂和女职员宿舍，食堂居中，西侧为女职员宿舍，再西为女厕所，食堂东侧为厨房工役室，再东为男厕所。县政府建筑采用中国固有式，所有外墙从墙脚至窗台用条石砌造，窗台至窗楣部分为深色清水灰砖墙，窗台、窗楣至屋檐部位采用人造石砌筑，门窗木料以柏木或松木为主。入口门廊为钢筋混凝土结构，门柱采用砖石砌造，柱基为条石，柱顶用人造石。办公主楼及两端的法庭、礼堂为单檐歇山式屋顶（图3-4-39、图3-4-40），耳房为双坡顶，所有屋架采用英式人字架，屋面铺青色筒瓦或板瓦。

《县参议会建筑规则》规定，县参议会的用地面积不小于4000平方米，宽度不小于50米、深度不小于80米。所有建筑按坐北朝南的方式排列，由南向北依次为大门、办公楼与会议厅、食堂、厨房、宿舍和厕所（图3-4-41）。县参议会大门采用棂星门式样，位于基地的正前方。大门背后是直径7米的圆形广场，广场中央立有旗杆。办公楼及会议厅位于广场北端，建筑平面呈"T"字形，前面为办公楼，后面是会议厅，中间有过厅连接。办公楼高2层，占地250平方米，会议厅高1层，占地180平方米。办公楼的入口设置门廊，门厅两侧各有两间房间，建筑平面被穿堂和过道分成前后两个部分，楼梯位于中间，休息平台下方有门通往过厅。二层的布局方式与一层类似，只是一层门厅及两侧小房间的位置合并为大房间。会议厅的南面与过厅相连，北端设讲台，东西两侧各有4扇大门。食堂位于会议厅的西北侧，南北各设一门，南门连接通道、主便门及办公楼，北门通往厨房。宿舍位于会议厅的正北面，占地131平方米，前面为走廊，后面是5间寝室。宿舍东侧为厕所，西侧为厨房。县参议会办公楼及会议厅采用中国传统大屋顶形式，外墙自地面至窗台采用条石或人造石砌造，窗台至窗楣为深色清水灰砖墙，窗楣至屋檐用人造石。宿舍、食堂和厨房为普通民房式样，建筑外墙以深色清水灰砖砌造。所有屋顶采用人字屋架，办公楼及会议厅铺青色筒瓦，其余为板瓦。

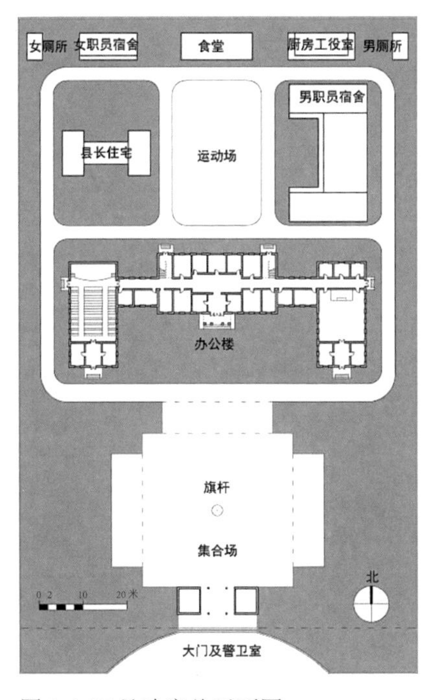

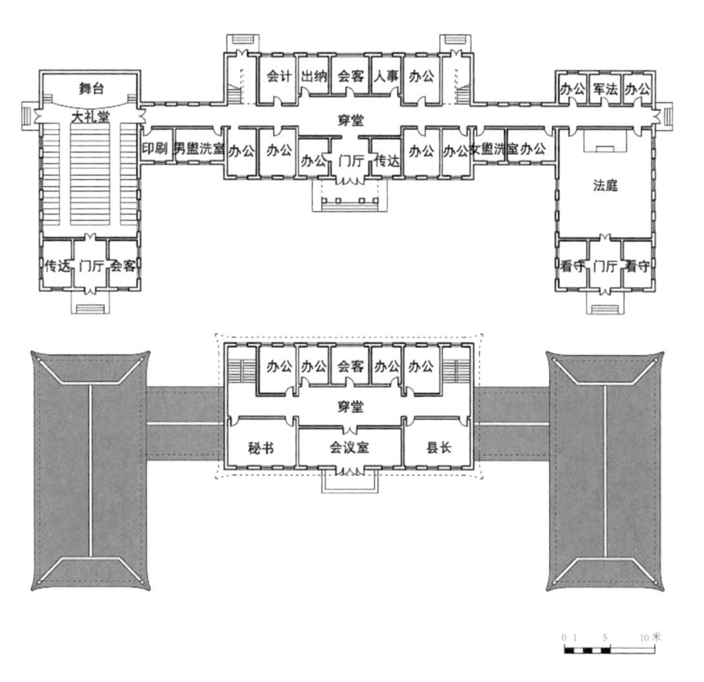

图 3-4-37 县政府总平面图

图片来源：拓绘南京市档案馆档案，档案编号 10030080476（00）0005

图 3-4-38 县政府办公楼一、二层平面图

图片来源：拓绘南京市档案馆档案，档案编号 10030080476（00）0005

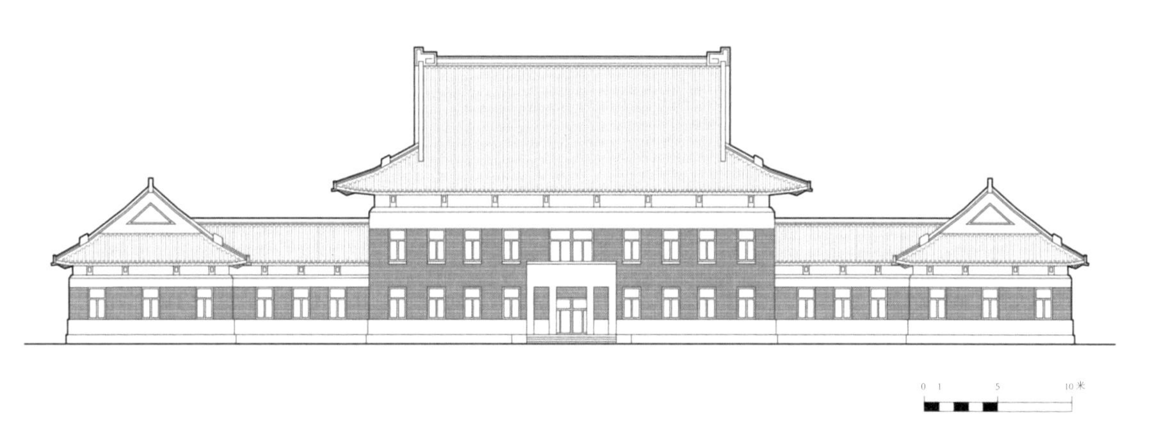

图 3-4-39 县政府办公楼立面图

图片来源：拓绘南京市档案馆档案，档案编号 10030080476（00）0005

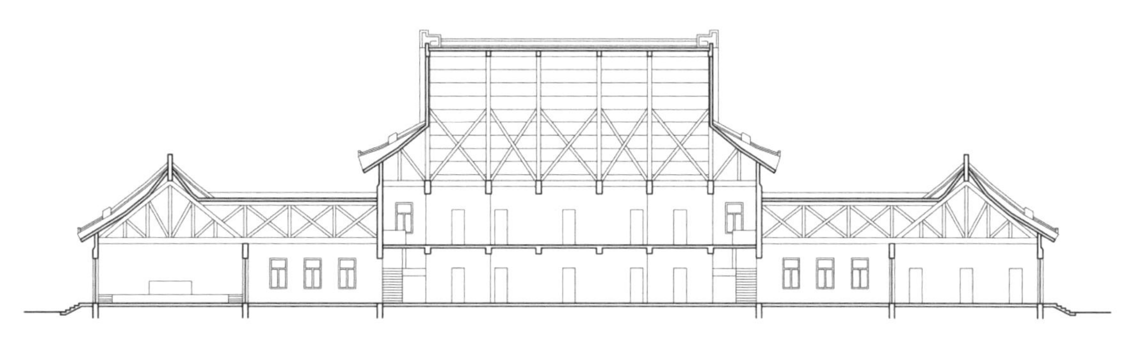

图 3-4-40 县政府办公楼剖面图

图片来源：拓绘南京市档案馆档案，档案编号 10030080476（00）0005

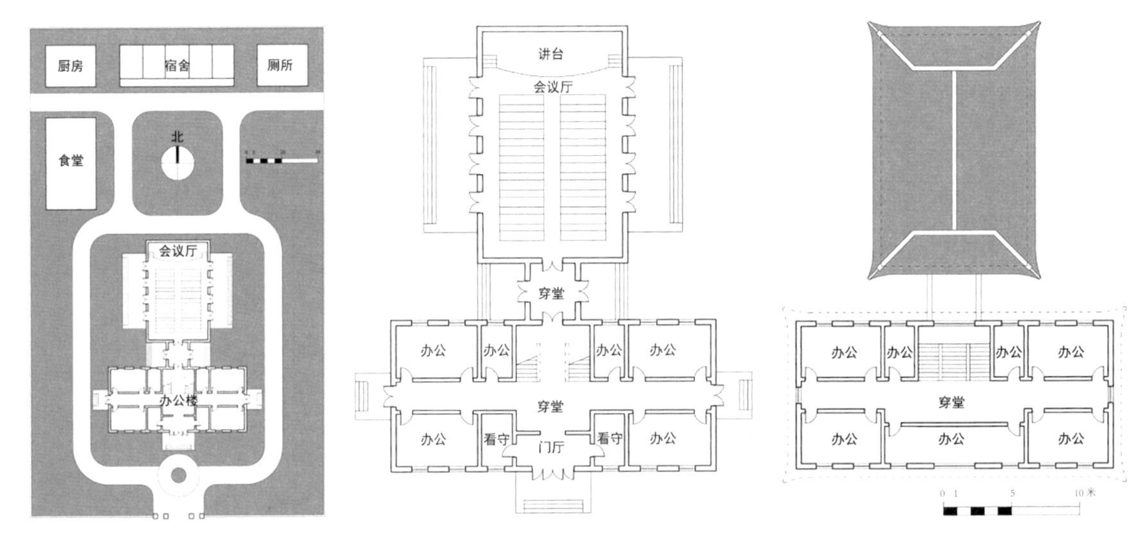

图 3-4-41 县参议院总平面（左）、一层平面（中）、二层平面（右）图

图片来源：拓绘南京市档案馆档案，档案编号 10030080476（00）0005

2. 中央研究院总办事处大楼及化学研究所

中央研究院总办事处大楼是还都后兴建的为数不多的“中国固有式”建筑之一。大楼位于鸡鸣寺中央研究院建筑群（图 3-4-42）的入口处，面积 3000 平方米，1947 年由基泰工程司杨廷宝设计，新金记康号营造厂承建。建筑平面呈“T”字形（图 3-4-43），包括前、后两个部分，前面为办公区，后面是图书馆书库，中间以过街楼连接。大楼内部通过廊道联系各个房间，首层设值班室、主任室、研究室、阅览室和多间办公室，大楼西翼为会议室，楼梯设在门厅东侧。总办事处大楼中间高 3 层，两翼高 1 层，北侧书库高 3 层。建筑采用重檐屋顶（图 3-4-44），二楼为歇山顶，三楼为悬山顶，入口门廊以抱厦形式楔入，屋面覆绿色琉璃筒瓦，两翼及书库为平屋顶。墙身铺贴浅褐色泰山砖，窗下墙饰水刷石装饰带，与女儿墙融为一体。总办事处大楼正门朝南，东侧有边门通往中央研究院内部，正门两侧及边门各有一座警卫室，均为方形攒尖顶岗亭，形式与中央监察委员会大楼和中央党史史料编纂委员会陈列馆的门房一致。

与总办事处大楼同时兴建的化学研究所（图 3-4-45），并未采用中国传统大屋顶形式。在经过 1947 年初的第一轮设计之后，杨廷宝将化学研究所修订为新民族风格的平屋顶形式。化学研究所坐落于九华山脚下，建筑平面呈“T”字形（图 3-4-46），由前、后两个部分组成，前面部分的一层为办公室、会议室和图书室，二层为生物化学室、无机化学室和光谱室，三层为分析室、有机化学室、应用化学室和微量分析室。后面是锅炉房、工具间、药品室等辅助用房，建筑面积约 2700 平方米。建筑立面采用三段式构图，开窗两两成组，形成强烈的韵律感。檐口山花部位的八角形花窗及卷云纹装饰，窗下墙装饰的回纹浮雕，均以呼应中央研究院建筑的中式传统。

中央研究院总办事处大楼和化学研究所采用不同风格的建筑造型，这与建筑所处的环境及其等级密切相关。首先，总办事处大楼位于鸡鸣寺脚下，早在 20 世纪 30 年代鸡鸣寺周边就已建成地质研究所、社会科学研究所和历史语言研究所等多座大屋顶建筑。从文脉的延续性考虑，总办事处大楼的形式应与这些建筑保持一致，而化学研究所远在九华山，联系相对较弱。其次，总办事处作为中央研究院的行政机关，地位略高于一般研究所，而且位于中央研究院入口的显要位置，因此屋顶采用等级更高的重檐顶。

3. 水利委员会办公楼

1947年初，水利委员会在国府后街原军官研究班驻地修建新办公楼，基地南临东箭道19

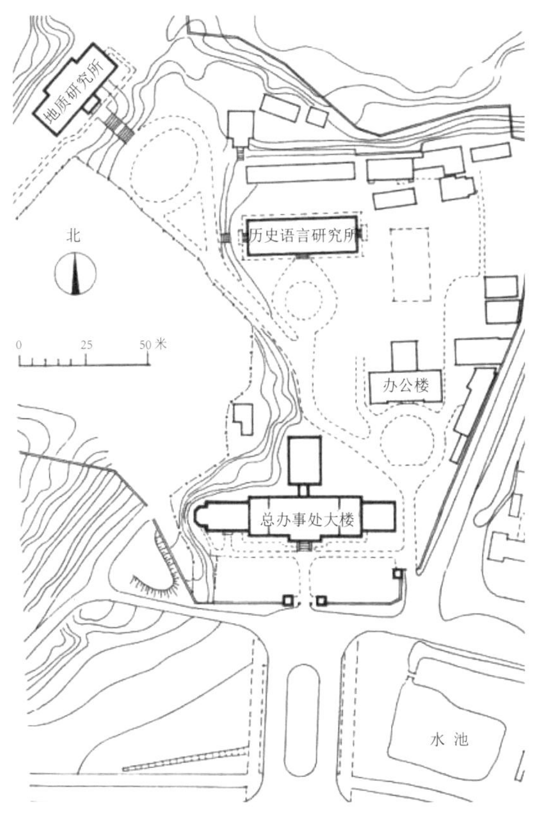

图 3-4-42 中央研究院总平面图

图片来源：南京工学院建筑研究所．杨廷宝建筑设计作品集［M］．北京：中国建筑工业出版社，1983：166.

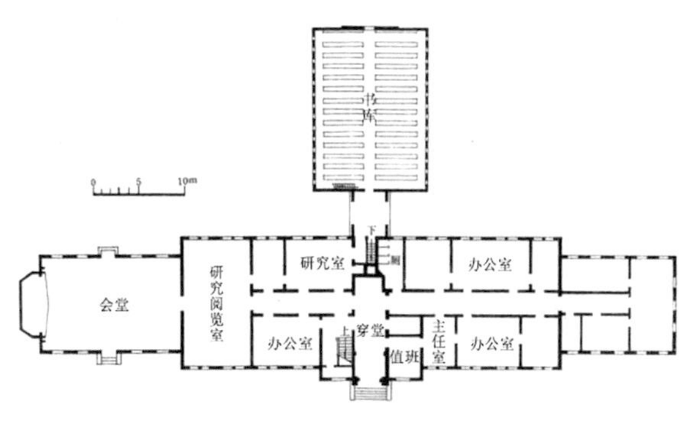

图 3-4-43 中央研究院总办事处大楼旧址一层平面图

图片来源：南京工学院建筑研究所．杨廷宝建筑设计作品集［M］．北京：中国建筑工业出版社，1983：167.

图 3-4-44 中央研究院总办事处大楼

图片来源：海达·莫里森摄影

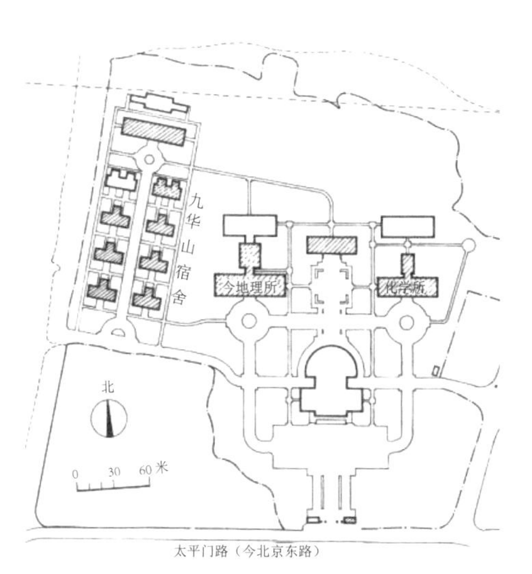

图 3-4-45 化学研究所总平面图

图片来源：南京工学院建筑研究所．杨廷宝建筑设计作品集［M］．北京：中国建筑工业出版社，1983：174.

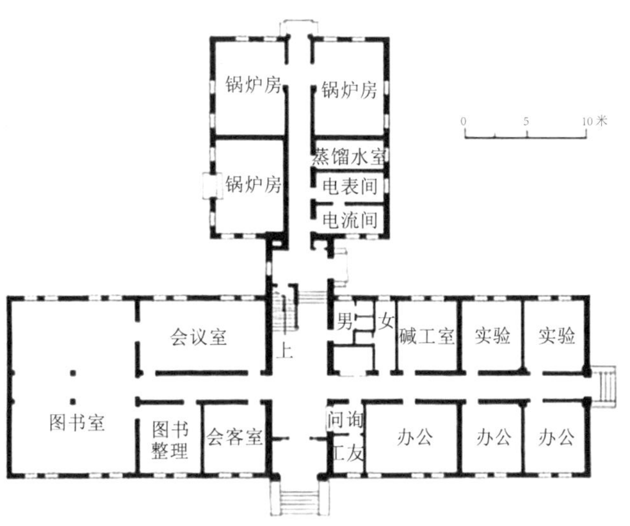

图 3-4-46 化学研究所一层平面图

图片来源：南京工学院建筑研究所．杨廷宝建筑设计作品集［M］．北京：中国建筑工业出版社，1983：175.

号原行政院旧址，建筑由宋秉泽设计[①]。水利委员会入口朝南，大门为四柱三开间的钢筋混凝土建筑，中柱间距较宽，边柱间距略窄，西侧为传达室，东侧有便门。大门横梁设4条带反光罩的暗灯槽，上挂“水利委员会”5个大字，门柱上各有一盏钢骨玻璃门灯。建筑外墙用白水泥粉光，表面剁斧处理，平屋顶以白水泥粉饰压顶。水利委员会办公大楼位于基地正中，南面有花圃，东面设运动场，西面的辅助用房自南向北依次是汽车库、办公室、厕所、饭厅和厨房。

水利委员会办公楼的平面呈“日”字形（图3-4-47），由前、后、东、西4栋2层楼房围合而成，大会议室中山堂位于中央，将内庭院分成东、西两处。主入口位于前楼中部，4个次入口分别在东、西楼的中间位置及前楼的东、西两侧。建筑室内以“口”字形走廊联系各个房间，其中前、后楼为内走廊，东、西楼为面向庭院一侧敞开的外走廊。

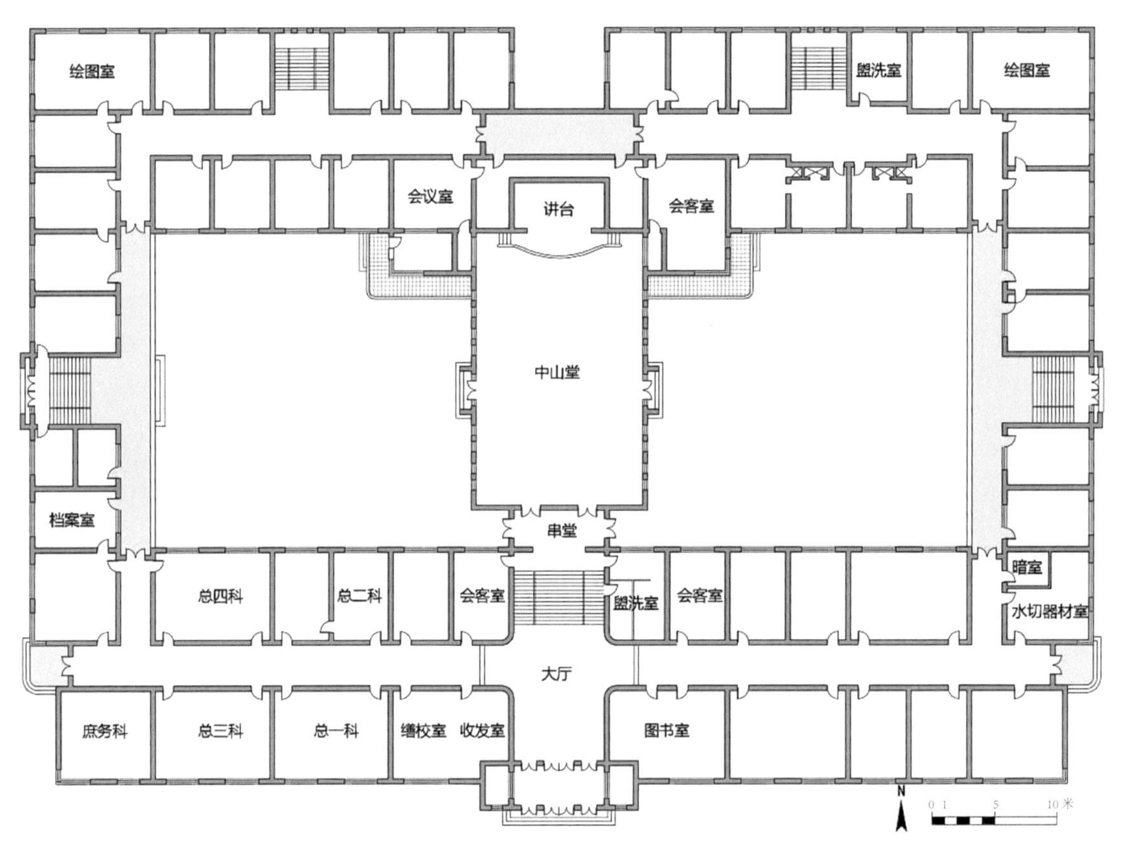

图3-4-47 水利委员会办公楼一层平面图

图片来源：拓绘东南大学档案馆档案，档案编号G00105

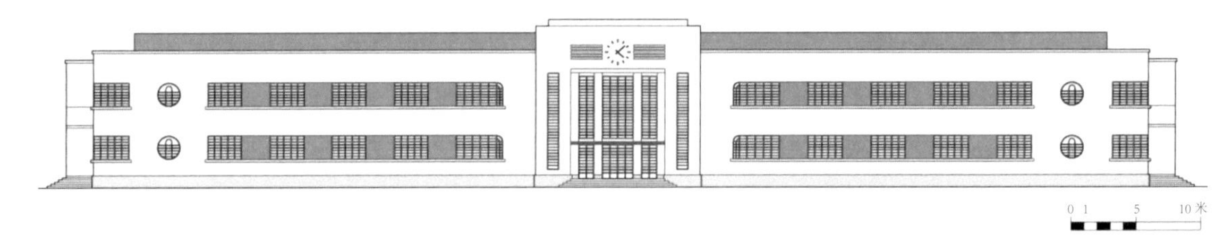

图3-4-48 水利委员会办公楼正立面图

图片来源：拓绘东南大学档案馆档案，档案编号G00105

① 水利委员会新建会址工程详图现藏于东南大学档案馆，档案编号为G00105。设计人员有水利委员会委员长薛笃弼、副委员长沈百先、工务处长蔡邦霖、总务处长巩克忠、设计绘图宋秉泽、设计校核陆克铭。图纸完成于1947年1月8日，绘图日期为1946年12月24日，结构计算为古云章、任道衡和臬学炳。

水利委员会办公楼共有5部楼梯，主楼梯位于前楼中部，正对主入口，东、西楼各有一部楼梯，后楼有两部楼梯。前楼一层门厅的两侧设传达室和电话室，大厅两侧为图书室、收发室和缮校室，主楼梯两侧是会客室，西侧是庶务室和总一至总四科，庶务室内设金库和寝台。西楼一层为档案室、电话室和印刷室，东楼为水工器材室和暗室。中山堂内设讲台、后台和休息室，讲台两侧的耳房分别为记者席和电务间。中山堂通过穿堂与前楼大厅相连，东、西各有一扇门通向内庭院。后楼的东北角和西北角各有一间绘图室，靠中山堂一侧为会议室、休息室和会客室。二层平面布局与一层基本一致，前楼二层大厅的西南角有铁板楼梯通往三楼及钟塔，大厅东侧为第二会议室。中山堂二层上空，穿堂夹层为电务室。三层实际为平屋顶上加建的活动房屋，前、后楼各有8间。

办公楼采用现代主义风格（图3-4-50、图3-4-51），立面强调纵横线条，外墙粉刷白水泥，表面做錾斧[①]处理。主入口利用竖向木制长窗加深立面的纵向构图，顶部开水平凹槽，中间设座钟，檐口立旗杆。大门为柳桉木玻璃门，装有镀克罗米[②]拉手，门口设钢骨玻璃门灯。外墙开长窗，窗间铺紫褐色麻面砖，砖缝勾黑，与深色玻璃钢窗融为一体。窗口大料延长作为墙箍，连续延伸的窗台和窗楣强化横向装饰，窗台做錾斧处理。长窗角部的圆弧处理及端部的圆窗起到了柔化和活跃立面构图的作用，转角处设"L"形角窗，使空间更为灵动。中山堂东、西两侧开竖向长窗，门楣设"中山堂"镀克罗米美术字。建筑主体为平屋顶，中山堂为双坡顶，人字形木屋架上铺设青洋瓦。三层活动房屋的屋顶呈半圆形，上覆白楞铁屋面板。

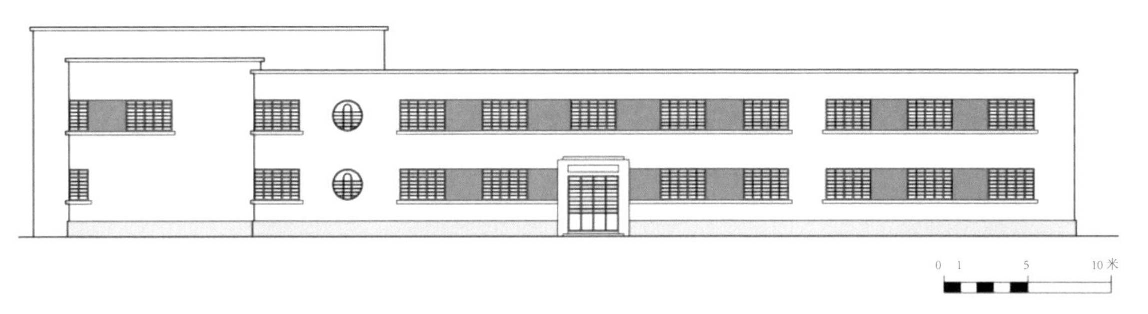

图3-4-49 水利委员会办公楼侧立面图

图片来源：拓绘东南大学档案馆档案，档案编号G00105

图3-4-50 水利委员会办公楼复原鸟瞰图

图片来源：东南大学周琦建筑工作室

图3-4-51 水利委员会办公楼内院复原图

图片来源：东南大学周琦建筑工作室

① 錾斧为流行于浙闽一带的手工石材表面处理方式，需要初錾、细錾、终錾3个工序。

② 克罗米是金属铬 chromium 的音译，电镀克罗米面即为电镀铬面层。

4. 资源委员会办公楼

资源委员会是国民政府负责工业建设的下属机构，其前身为国防设计委员会。资源委员会自 1932 年成立以来，先后隶属于国民政府军事委员会参谋本部、军事委员会、经济部和行政院[①]。抗日战争胜利后，资源委员会成为行政院的直属部级机构，统辖全国近千家大中型企业，涉及石油矿产开采、冶炼、钢铁、电力、煤炭、机械、化工、电子等多个领域，对中国近代工业的发展起到举足轻重的作用[②]。

1947 年，资源委员会在中山北路 200 号新建办公楼[③]，建筑由基泰工程司杨廷宝设计，楼高 2 层，面积约 2600 平方米。资源委员会办公楼的平面呈“C”字形（图 3-4-52），一层入口设门廊（图 3-4-53），门厅两侧分别是电话总机室、会客室、传达警卫室和收发室，楼梯居中，两旁为男厕和锅炉房。办公楼的东南翼为正副局长办公室、机务室、各矿办公室、四处长室、会议室、资料绘图室、事务室和会客室，端部有大会议室（图 3-4-54）。西北翼为正副处长办公室、主任室、办公室、事务出纳室、图书绘图室和档案室等。二层中间为公共会议室，楼梯两旁为男女厕所，东南翼为总务组、会计组、技术组及相关办公室，西北翼为主任委员会、陈列室、会计总务、业务技术组等室。资源委员会办公楼为砖木混合结构，墙体采用清水红砖砌筑。屋顶为歇山顶，屋面覆灰色水泥板瓦（图 3-4-55 ～图 3-4-57）。室内铺设木地板，工程造价十分低廉。

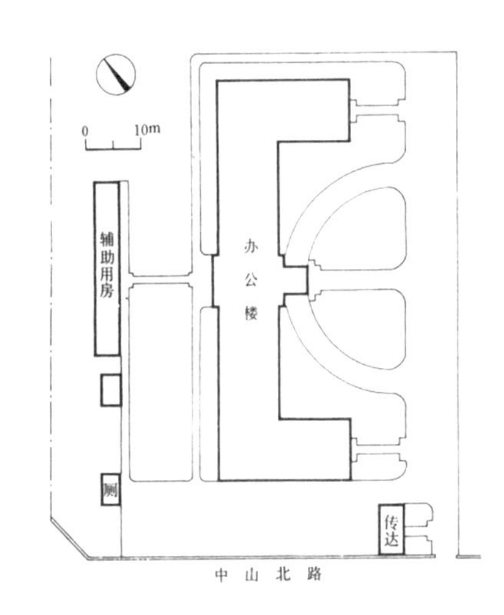

图 3-4-52 资源委员会总平面图

图片来源：南京工学院建筑研究所 . 杨廷宝建筑设计作品集［M］. 北京：中国建筑工业出版社，1983：165.

图 3-4-53 资源委员会门廊

图片来源：南京工学院建筑研究所 . 杨廷宝建筑设计作品集［M］. 北京：中国建筑工业出版社，1983：165.

① 1932 年 11 月成立国防设计委员会，隶属于军事委员会参谋本部。1935 年 4 月，国防设计委员会与兵工署资源司合并改组为资源委员会，隶属于军事委员会。1938 年 1 月，资源委员会隶属于经济部，经济部由实业部、全国经济委员会、建设委员会、军事委员会第三部和第四部、资源委员会合并成立。1946 年 5 月，资源委员会从经济部划出，升格为部级机构，直隶于国民政府行政院。

② 薛毅 . 国民政府资源委员会研究［M］. 北京：社会科学文献出版社，2005：1.

③ 根据南京城市建设档案馆记录，华盖建筑师事务所曾设计首都资源委员会办公厅附属图书馆、宿舍、车库等工程。开工时间为 1936 年 2 月 25 日，竣工时间为 1939 年 8 月 30 日。图纸藏于南京市城市建设档案馆，档案编号 I20004750001。在此之前，华盖建筑师事务所还设计了参谋本部国防设计委员会（资源委员会）冶金实验室、电气实验室、矿室等工程，1934 年 6 月 13 日开工，1937 年 5 月 21 日竣工。图纸藏于南京市城市建设档案馆，档案编号 I20004760001。

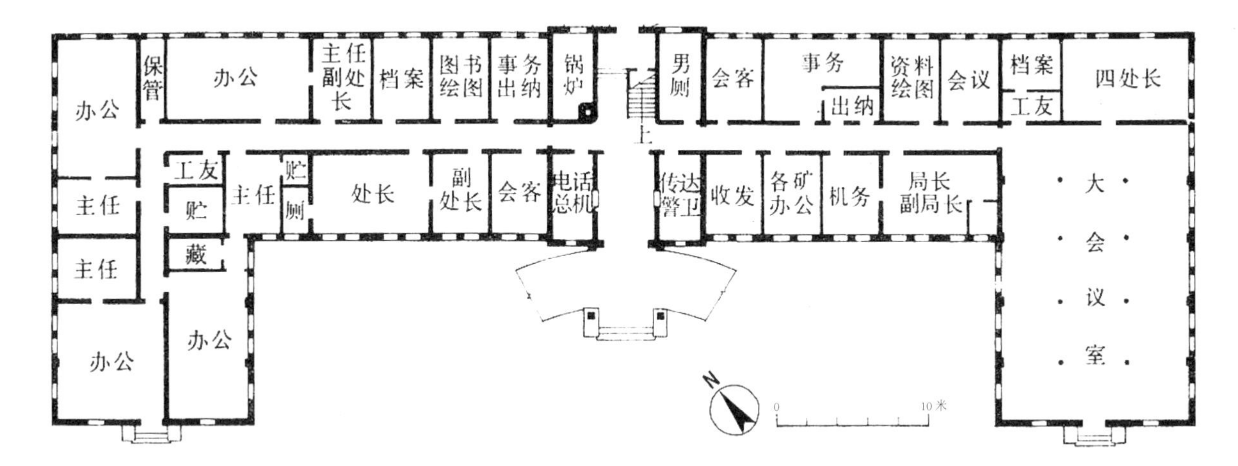

图 3-4-54 资源委员会一层平面图

图片来源：南京工程学院建筑研究所 . 杨廷宝建筑设计作品集［M］. 北京：中国建筑工业出版社，1983：165.

图 3-4-55 资源委员会正立面图

图片来源：东南大学周琦建筑工作室

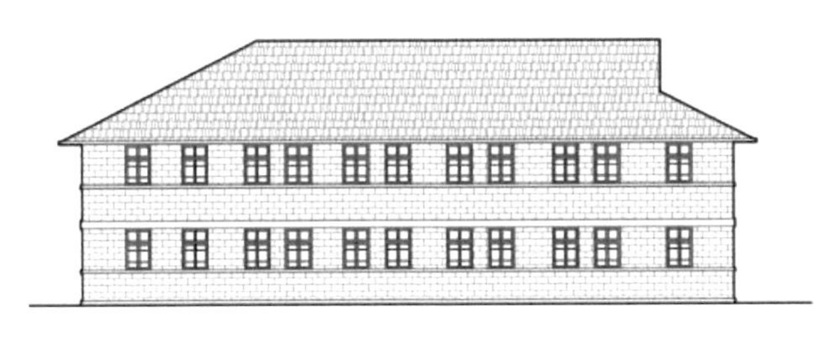

图 3-4-56 资源委员会侧立面图

图片来源：东南大学周琦建筑工作室

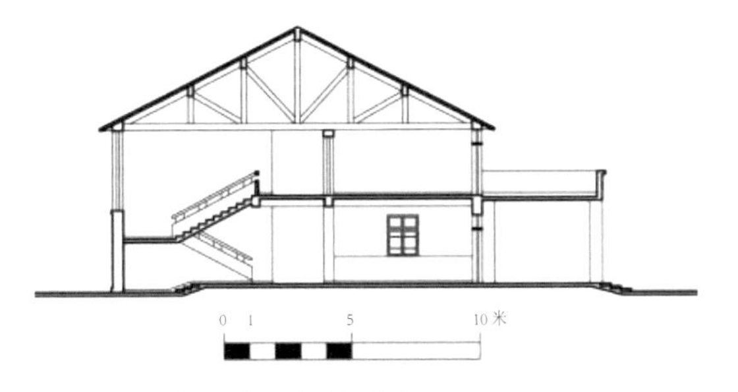

图 3-4-57 资源委员会剖面图

图片来源：东南大学周琦建筑工作室

5. 财政部盐务总局办公楼

财政部盐务总局办公楼[①]位于中山门内半山寺旁，1946 年由杨廷宝设计。办公楼平面呈“山”字形，中间 3 层，两翼 2 层。建筑底层为传达室和办公用房，二层东侧为副局长办公室、会客室、产销处长办公室、人事处长办公室、稽核室和产销处，西侧为局长办公室、会客室、财务处长办公室、会计处长办公室、秘书办公室、译电室和会计处，“T”字形主楼梯位于中间，楼梯南侧是大会议室，北侧是人事处（图 3-4-60），三层为档案室及上级驻局办事机构。

财政部盐务总局办公楼采用现代主义风格，为钢筋混凝土结构的平屋顶建筑。立面采用

① 财政部盐务总局成立于 1932 年 8 月，主要负责办理盐税征收、盐业产销等盐务事务。

纵横构图，主入口及两翼通过壁柱和边框强调竖向线条，中间以带形钢窗及通长窗檐、窗台加强横向线条（图 3-4-61）。外墙粉刷水泥砂浆，底部和顶部均开有通气口。建筑师可能受到格罗皮乌斯和梅耶设计的法古斯鞋楦厂影响，在转角处设计了角窗，但结构没有悬挑，角部仍有立柱。

图 3-4-58 盐务总局入口

图片来源：南京工学院建筑研究所 . 杨廷宝建筑设计作品集[M]. 北京：中国建筑工业出版社，1983：147.

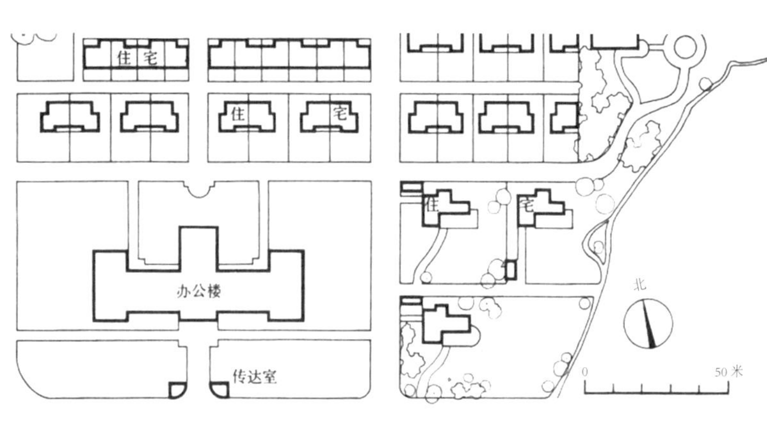

图 3-4-59 盐务总局总平面图

图片来源：南京工学院建筑研究所 . 杨廷宝建筑设计作品集［M］. 北京：中国建筑工业出版社，1983：146.

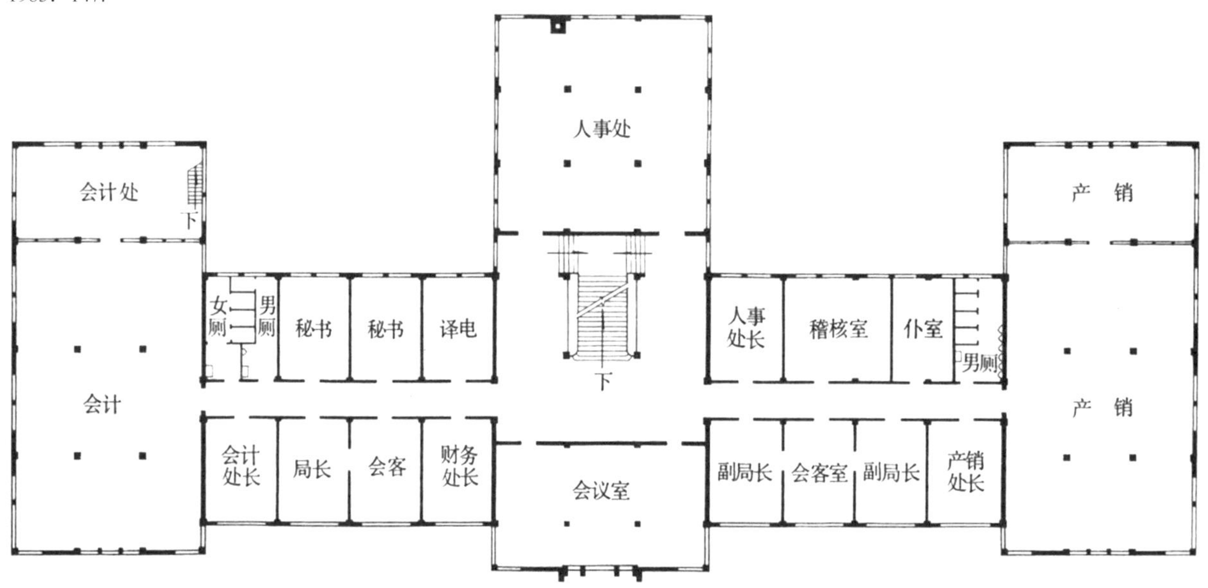

图 3-4-60 盐务总局二层平面图

图片来源：南京工学院建筑研究所 . 杨廷宝建筑设计作品集［M］. 北京：中国建筑工业出版社，1983：147.

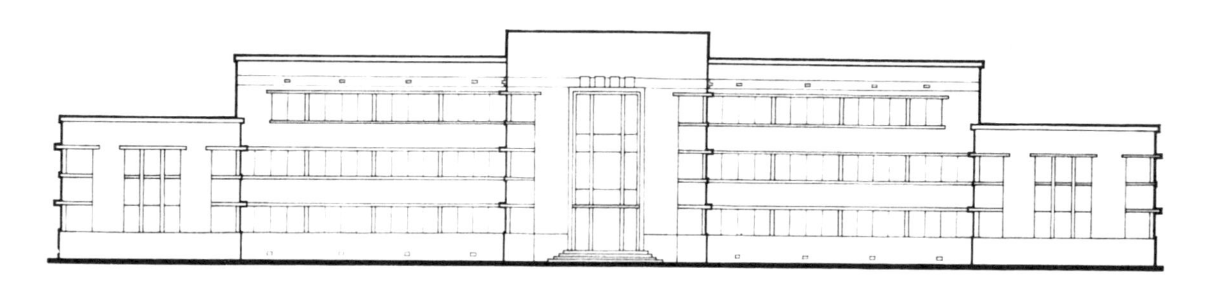

图 3-4-61 盐务总局正立面图

图片来源：南京工学院建筑研究所 . 杨廷宝建筑设计作品集［M］. 北京：中国建筑工业出版社，1983：146.

第四章
教育建筑

第一节　1840—1911年南京近代教育建筑

一、划时代的变革：国人创办的新式学堂

（一）清政府制订新学制引导学校建设

庚子新政前，清政府没有统一的教育立法。1902年清政府颁布了《钦定学堂章程》（《壬寅学制》），因不够完善未能施行。1904年又颁布了《奏定学堂章程》（《癸卯学制》）并在全国推广施行，该学制一直沿用至清朝灭亡，为各类学堂的开办、教学模式、学堂房屋配置提出了统一指导方针。

《癸卯学制》将各办学机构统一名称为“学堂”，并称其房屋设备为“堂舍”。《学制》将学堂分为初、中、高三级。初等学堂含蒙养园、初等小学及高等小学；中等学堂含普通中学堂、初级或简易师范学堂、中等实业学堂；高等学堂含高等学堂及大学预科、高等实业学堂、优级师范学堂、分科大学等。《癸卯学制》针对各学堂的课程设置、教学模式等做出统一、明确的规定。

《癸卯学制》首先在《学务纲要》中对各类学堂房屋设备提出了总要求，如：宜首先急办师范学堂，各省办理学堂员绅宜先派出洋考察；各学堂一体练习兵式体操，配备体操场；陆军大学堂宜筹建设等。另外，针对从“蒙养园”至“大学堂”的房屋设置进行明确规定，专列《屋场图书器具章》详细规定各类学堂的建筑类型与功能设置要求，各学堂建筑功能大致分为教学、教辅、生活、运动用房4类：教学用房为通用讲堂、生理化、图画等专用讲堂等；教辅用房为器具标本储藏室、图书室、礼堂、教职员室、专业实习场所等；运动场地为体操场（室内、室外）等；生活用房为学生寝室、自习室、教员宿舍、厨厕、食堂、盥洗室、养病所等。

（二）新式学堂建造状况综述

1. 营建特征

官办新式学堂由两江总督及地方官员主持修建，采取先奏准后建造的方式。私立学堂房屋多用旧房改建而成。从学堂建筑本体层面上讲，学堂类型由零散到渐成体系，建筑功能受西学影响逐渐演变。具体而言：一是办学数量逐渐增加。起初国人创办的洋务学堂仅有零星几所，随着变革的深入和学制的颁布施行，南京新政学堂发展至百余所，类型齐全，渐成体系。二是在封建社会皇权一统的背景下，清廷颁布教育法令，自上而下在全国范围内推行，针对学堂建设实施管控，各地方官员依照教育法令督造，因此，学堂建筑共性多、个性少，同层次同类型的学堂其房屋设施趋于统一。三是学堂建筑功能受西学影响逐渐发展演变，西方建筑形态传入，部分学堂内出现“洋楼”。虽然晚清大多数学堂由民房寺观公所或书院改造而成，但会根据西学要求进行改造以求适用，出现了适应新学教学的普通讲堂和生理化专用讲堂，

本章作者为王荷池。

以及用于学生聚会和行礼庆祝用的礼堂、图书室、学生宿舍、体操场等，有明显的教学用房、教辅用房、生活用房、体育活动场所区分，但功能混杂布置。此外，在清政府“中体西用”的办学思想下，晚清南京的新式学堂旧学与新学建筑并存，一直保留旧学对应的祭孔场所。

2. 空间分布

洋务学堂集中在下关，沿江宁马路设置。南京开埠与城市基础设施的建设直接影响了洋务学堂的分布。新政学堂大多数由书院、民房、寺观公所改建而成，集中在城南和城中，受明初南京城文教建筑布局的影响；新建新政学堂位于城北鼓楼、北极阁一带，从自然环境、历史文脉、交通便利等因素综合考虑；军事学堂位于城东，利用小营、明故宫附近的将军署这两处演武厅集中设置，沿袭晚清军事机构在城内布局。

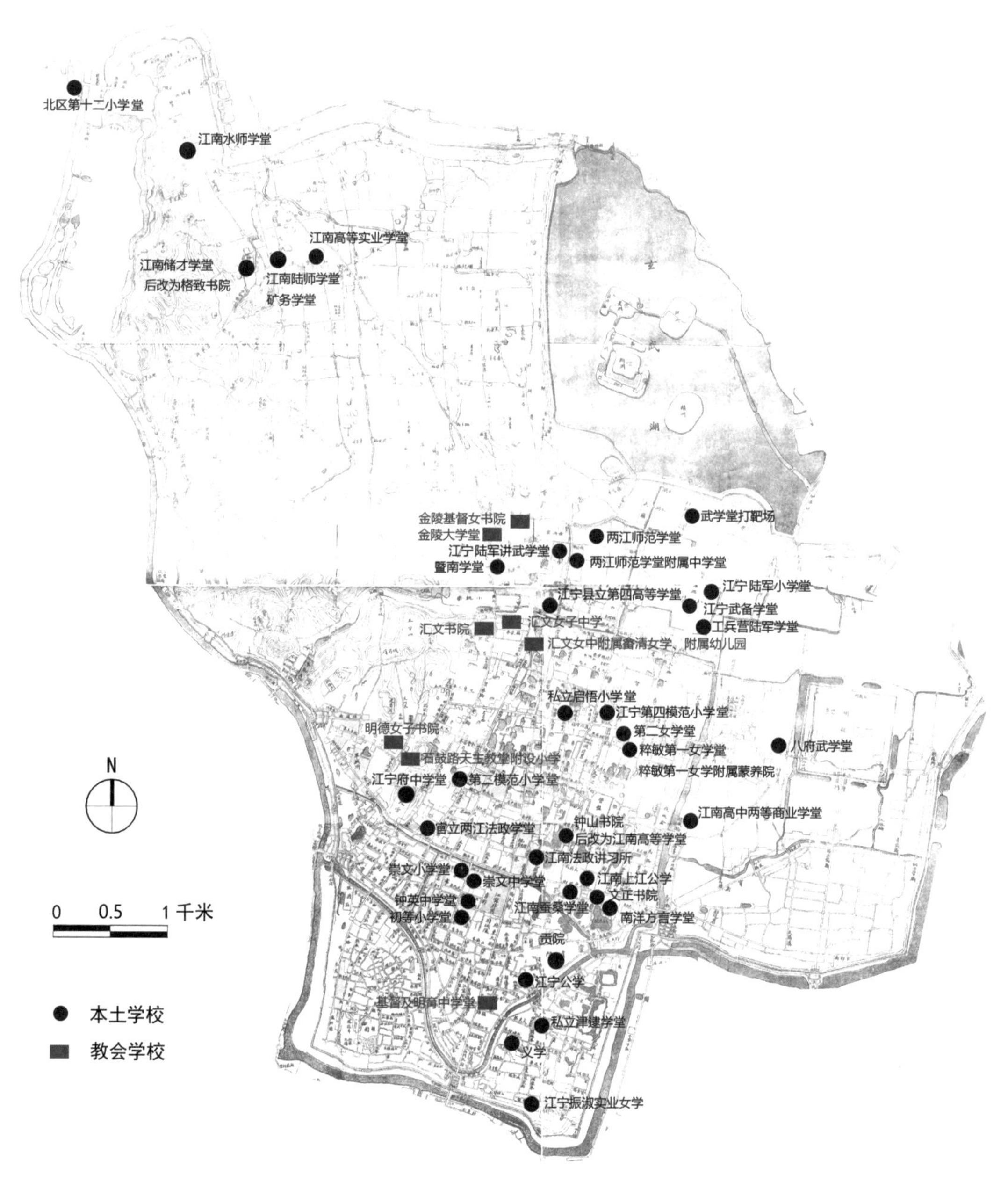

图 4-1-1 1840—1911 年南京新式学堂分布图

图片来源：东南大学周琦建筑工作室，王荷池绘

（三）洋务学堂

南京的洋务学堂大致分为3类：技术学堂、军事学堂、外国语学堂。自洋务运动至甲午战争前后，南京合计创办洋务学堂8所，多为择址新建。洋务学堂培养不同于中国科举制度下的旧学人才，教学内容以西文、西艺、军事为主，是近代官办新式学堂的开端，因办学思想和教学内容的改变导致了学堂建设的改变，拉开了南京教育建筑近代化的序幕，无论是学堂规划还是内部功能的设置，均区别于中国传统的学宫和书院，其建筑布局的分化以及固定的建筑与专业学科的对应，兵（体）操场、实习工场、西学讲堂的出现等，均是洋务学堂近代化起步的表现。其中技术学堂有金陵同文电学馆、南京铁路专门学堂、矿务学堂；军事学堂有江南陆师学堂、江南水师学堂、侍卫学堂及医师普通科、江宁练将学堂；外语学堂有江南储才学堂。

在南京的8所洋务学堂中，有6所选址于下关，临近长江，沿江宁马路；仅侍卫学堂、练将学堂因军事演练需要选址于小营武庙附近。

洋务学堂以中体西用为办学思想，学堂规划思想沿袭儒家“礼乐相成”的精神和洋务教育以“忠君、尊孔”为主导的“中体西用”思想。洋务学堂为适应西学教学内容的需求，出现了新的建筑功能与类型，如实习工场、办公楼、兵（体）操场、洋教习住宅。教育目标和教育内容的改变促使以“间”为单位的传统空间布局形式发生了变化，校园空间形态中原有的等级关系也随之弱化，不再严格地居中设置主轴线和主要建筑。或于基地左端、右端，或居中设置主轴线和主要建筑，采用多条南北向轴线并列的方式，但仍然保留中国传统建筑组群的原则。

洋务学堂的功能分区，按学科属性划分建筑属性，具有课程设置专业化、分科分班教学、重视实际操作等特点，因此上课、实验、实习操作或演练对应有专门的场所。例如江南水师学堂有公务厅、客厅与学徒住房、饭房、睡房、西学堂工艺房[①]。中国传统学宫和书院均设祭孔场所。洋务学堂虽以学习“西文西艺”为主，但仍保留旧学祭孔场所。有明确史料记载的江南水师学堂、江南储才学堂均设有祭孔场所。

图4-1-2 江南陆师学堂的中学讲堂

图片来源：刘晓梵．南京旧影［M］．北京：人民美术出版社，1998：28.

图4-1-3 江南陆师学堂的西学讲堂

图片来源：卢海鸣，杨新华，濮小南．南京民国建筑［M］．南京：南京大学出版社，2001：113.

洋务学堂的编班授课方式仿照西方学校，因西学教学内容的需要，出现了建筑布局的分化，有中学讲堂、西学讲堂之分；因课程设置专业化，出现新的功能与类型，如礼堂、办公楼、实

① 高时良．中国近代教育史资料汇编：洋务运动时期教育［G］．上海：上海教育出版社，1992：468-481.

习工场、体操场等，固定的建筑与专业学科相对应。功能设置有教学建筑（有中、西讲堂，实习工场等）、教辅建筑（有礼堂、办公厅等）、后勤用房（有饭厅、宿舍、厨房、厕所、库房等）、军事演练场所（兵操场、雨盖操场、体操场、游泳池等）等 4 类，建筑内部功能混合布置。

洋务学堂的建筑形态华洋混杂，西学讲堂或洋教习住宅采用西式，多用殖民地外廊样式；其余大多数建筑仍采用中国传统形式。江南水师学堂设有总办楼、英籍教学楼、轿厅、东西长廊等，除用于洋人的几处仿欧式建筑外，其余堂舍均采用清代建筑风格；江南陆师学堂营造中式房屋 230 间、西式房屋 15 间 ①。陆师学堂的中学讲堂（图 4-1-2）、德国教官住所皆为中国传统建筑形式，中式古典花格门窗，各座建筑之间设有庭院。西式建筑典型的有江南水师学堂的西学讲堂、陆师学堂的西学讲堂（图 4-1-3）这两座建筑采用殖民地外廊样式，这种在简单方盒子建筑周围包外廊的做法特别适合南京夏热冬冷的气候，外廊朝南以获得良好的日照，雨天可利用外廊课间休息。

（四）维新学堂

1895 年甲午战争的惨败使 30 多年洋务教育“富国强兵”的计划宣告破产，也暴露了洋务教务单纯学习西方学习技术存在的缺点。因此，维新运动提倡科学文化，改革政治、改革教育制度，将教育改革深入到制度层面。正如梁启超所言：“变法之本，在育人才；人才之兴，在开学校；学校之立，在变科举。”② 学制改革渐成朝野共识。

1898 年 6 月，光绪皇帝在《明定国是诏书》中宣示：改武科制度，立大小学堂……嗣后，光绪帝又令各省督抚督饬地方官将各省府厅州县的大小书院一律改为兼习中学、西学的新式学堂，以省会大书院为高等学堂，郡城书院为中学堂，州县书院为小学堂，地方自行捐资办理的社学、义学等也要一律中西学兼习，凡民间祠庙不在祀典者，也一律改为学堂，并鼓励绅民捐资兴学。至此，全国各地的书院纷纷改为学堂。

戊戌变法失败后慈禧下令停办学堂，照旧办理书院，维新变法仅持续百余天，但在清政府提倡军事改革、兴学育材、振兴农工商业的倡导下，两江总督刘坤一继续创办新式学堂，筹设了农工商等实业学堂，保留江南高等学堂，加强军事学堂建设等（例如 1896 年创立侍卫学堂及医师普通科，1899 年创办江宁练将学堂），并下令各级官员自筹经费，按京师大学堂章程将各书院一律改为学堂 ③。1898 年 7 月，据刘坤一奏报，已于江苏、安徽两省设中、小学堂 ④。维新运动加快了南京新式学堂建设的步伐。

（五）新政学堂

庚子事变后清政府推行“新政”，在教育方面作以下变革：教育立法、统一学制、创办新式学堂、逐步废除科举。1901 年 9 月 4 日，清政府命令各省城书院改成大学堂，各府及直隶州改设中学堂，各县改设小学堂，并多设蒙养学堂。1902 年清政府颁布《壬寅学制》，1904 年颁布《癸卯学制》并在全国范围内自上而下推行。按照学堂建筑规模、结合《癸卯学制》（以下简称学制）系统，南京近代教育体系划分为初中等学堂、高等学堂、军事学堂 3 种类型分述如下。

---

① 杨新华，卢海鸣 . 南京明清建筑［M］. 南京：南京大学出版社，2001：114.

② 梁启超 . 论变法不知本原之害，饮冰室文集类编（上）［M］. 光绪壬寅年（1902 年）八月版 . 第 11 页。

③ 徐传德 . 南京教育史［M］. 北京：商务印书馆，2006：169—171.

④ 白新良 . 明清书院研究［M］. 北京：故宫出版社，2012：266.

1. 初中等学堂

晚清南京的初中等学堂 表 4-1-1

学校类型	晚清时期的学堂名称	现名	创办时间	学堂地址
蒙养园	粹敏第一女学附属蒙养园		1908	江宁府科巷
小学堂	江宁第四模范小学堂	大行宫小学	1902	大行宫
	上元高等小学堂	第三高级中学	1902	白下路升平桥畔
	江宁县北区第十二小学堂	天妃宫小学	1902	下关静海寺
	思益小学堂		1903	城南
	幼幼蒙学堂	逸仙小学	1904	城南
	第二模范小学		1904	城南
	私立启悟小学堂	长江路小学	1905	城南
	初等小学堂	考棚小学	1905	下江考棚
	江宁振淑实业女学	马道街小学	1906	城南
	津逮学堂	长乐路小学	1906	城南
	义学堂	小西湖小学	1906	秦淮剪子巷崇义堂附近
	上元树声学堂		1906	城南
	第二模范小学堂	秣陵路小学	1906	城南
	同仁小学堂		1906	城南
	崇文小学堂	游府西街小学	1907	城南
	江宁公学	夫子庙小学	1907	夫子庙
中学堂	江宁府中学堂	宁海中学	1902	八府塘
	三江师范学堂附属中学堂	南京师范大学附属中学	1902	北极阁
	崇文中学堂	南京市第一中学	1907	中华路府西街
	钟英中学堂	钟英中学	1904	户部街，后迁至白下路
	安徽旅宁公学	第六中学	1904	上江考棚
	暨南学堂	暨南大学	1907	鼓楼之南的薛家巷妙相庵
中等实业学堂	江南商务学堂		1906	复成桥
	旅宁学堂附设理科讲习所			复成桥
	华东协和学堂		1910	不详
中等师范学堂	毗卢寺附设师范学堂		1901	毗卢寺
	江南贡院之尊经书院师范传习所		1905	江南贡院
	旅宁第一女学堂		1905	江宁府科巷
	宁属初级师范学堂		1906	大石桥东

资料来源：南京市地方志编纂委员会.南京教育志（上册）［M］.北京：方志出版社，1998；小学堂堂舍史料来源于第177-179页，中学堂来源于第366页，中等实业学堂来源于第622页，中等师范学堂来源于第907-908页。

据上表统计，从庚子新政至清朝灭亡，南京共有国人创办的蒙养园1所，小学堂16所，清官、私办中学堂6所，中等实业学堂3所，中等师范学堂4所[①]。这些初中等学堂大量利用寺观公所、民房改建而成，仅暨南学堂、宁属初级师范学堂、两江师范学堂附属中学堂3所为新建房舍。晚清时期初中等学堂总数为30所，仅3所学堂新建房屋，新建比率仅占10%，其余27所学堂利用旧房办学，初创时期学堂房屋较为简陋。新建3所学堂中，2所为师范学堂，因《奏定学堂章程》明确提出：宜首先急办师范学堂[②]，解决学堂师资紧缺之状况。

---

① 南京市地方志编纂委员会.南京教育志（上册）［M］.北京：方志出版社，1998：372-373.

② 详见《奏定学堂章程》之《学务纲要》。

另1所新建学堂为暨南学堂，为解决侨胞教育困难，特由两江总督端方请准清政府，择址新建堂舍[1]。经旧房改建而成的新式学堂，《癸卯学制》有明确规定：学堂房屋须增改修葺，少求合格，讲堂、体操场尤宜注意。

初中等学堂集中在城南和城中，少数新建学堂位于城北鼓楼、北极阁一带。虽然《癸卯学制》明确规定：中小学堂宜取往来适中之处，以便学生入学。初等小学堂每百家以上之村设一所，中学堂各府必设一所[2]。两江总督也提出了分区设置学堂的理念，例如：1906年时任两江总督端方因见江宁、上元两县官办小学甚少，遂提出由官府筹款大力兴建小学，将江宁府城（南京）划为东、南、西、北4区，每区设初等小学10所，共计40所[3]，可这一计划并未实现。实际上，南京大多数中小学堂位于城南人口稠密区。

利用旧有书院、寺观、公所、民房改建成的初中等学堂，其规划仍为中国传统的布局形式，但根据新式学堂教学方式和教学内容的需要，设置博物、理化、图画、外文、哲学、经济等西学科目对应的实验室、仪器室、译学馆、实业馆等功能空间。该时期的初中等学堂已有初步的功能分区。《癸卯学制》中也明确指出：查各国学堂，其布置之格局，讲堂斋舍，员役之室，化验之所，体操之院，实验之场，诵读之几凳，容积之尺寸，光线之明暗，座次之远近，屋舍联属之次序，皆有规制……这个“规制”就是场所的分类和专门化，最终形成功能分区。

初中等学堂的功能由当时的教育宗旨、教育模式和教育内容等决定。清政府在引进日本学制和日本学校新式功能的同时，仍保留“忠君、尊孔、读经”，因此初中等学堂（新式学堂）均设置读经、讲经课程，并保留旧学相应的祭孔场所，定时举行祭孔活动。

与此同时，设置新学对应的4类功能用房。中国古代的学宫与书院虽有大致的功能分类，但不以用途分类，房屋只有大小和级别之分，建筑的平面配置、立面形式大同小异，只通过装修、装饰和室内陈设布置显示出其使用的目的。新式学堂编班授课的模式、新开设的西学课程决定了各学堂须按照西学的要求对场所功能进行细化，分门别类地设置西学对应的各类功能空间。至于如何按照西学课程的要求分门别类设置各功能空间，《壬寅学制》《癸卯学制》均有详细规定。如中小学堂增设生、理、化、算术、图画等自然科学的内容，农工商实业学校添设农科、工科、商科等专业课和实习课，为适应这些课程，学制规定各学堂设置适合中国文学、外国语、算学、历史、地理课程的普通讲堂；适合博物、物理、化学、图画课程的特别讲堂（相当于现在的生理化实验室和绘图教室）；设置区别于传统书院修身养性的体操场；设置用于学生聚会和学校庆祝活动用的礼堂。

学堂中的单体建筑以“间”为单位，组合成庭院，再以庭院为单元组成各种组群，并用轴线组织院落空间。《癸卯学制》详细规定各房间内部的平面设计要求。《奏定学堂章程》规定了各学堂的功能类型，讲堂内设置的黑板、几案、椅凳等设施也直接影响到讲堂大小、光线的设计，因此，《钦定学堂章程》详定了室内细化设计要求，规定了各房间尺寸大小和光线要求：

蒙养园保育室面积之大，合每幼儿五人占地六平方尺（约0.67平方米），庭园面积之大，至小者当合幼儿一人占地六平方尺。讲堂：小学堂每一讲堂60人以下，讲堂以广二丈四尺（约8米）、长三丈三尺（约11米）为度。几案之广，应以一尺三四寸（约0.47米）为度，其长二人用者四尺（1.33米），一人用者二尺（0.67米）以上。中学堂每班学生数不得

---

① 南京市地方志编纂委员会.南京教育志（上册）［M］.北京：方志出版社，1998：2001-2003.

② 详见《奏定初等小学堂章程》《奏定高等小学堂章程》《奏定中学堂章程》。

③ 南京市地方志编纂委员会.南京教育志（上册）［M］.北京：方志出版社，1998：177-179.

超过50人，中学堂各式讲堂，以宽二丈四尺（约8米）、长三丈（约10米）者为最合法，故其面积应以七百二十平方尺（80平方米）为限。中学堂几案之广应一尺三四寸（约0.47米），其长每人所占之数，以二尺（约0.67米）以上为准。礼堂：小学礼堂占最大之面积，得容一千余平方尺至二千平方尺（111.11～222.22平方米）。自修室兼寝室：自修室、寝室兼用一室者，每人于屋内容积应得五百六十七立方尺，不兼用者，自修室每人应得三百二十四立方尺，寝室每人应得四百八十六立方尺[①]。

晚清南京的初中等学堂的使用功能已经受到西方影响，上课、实验、聚会、住宿、体育活动都有相应的场所，虽仍延续中国传统学堂，单座建筑混合各类使用功能的特点，但仍具有里程碑式的历史意义。房屋的内部尺寸、光线、视线设计要求非常先进。新政学堂告别传统书院学宫仅有的仪式场所、治学场所、游憩场所模式，进入按照功能划分空间的西式学堂模式。

晚清南京的初中等学堂建筑均为平房，西方建筑形式虽已传入南京，但“洋楼”只限少数重要建筑或门面工程（校门）等，其他建筑仍袭旧制，呈现中西两种建筑并存的现象。晚清创办的33所初中等学堂中，有30所为传统民居或书院改建而成，这种改建主要针对建筑功能，建筑外观一般变动不大。江宁府中学堂由文正书院改建而成，建筑形式仍为中国传统形式，硬山式屋顶。暨南学堂房屋采用清代官式建筑风格[②]，部分房屋采用歇山式屋顶，中式古典花格门窗。部分学堂大门采用西式，如暨南学堂内部房屋虽为中国传统形式，但却采用巴洛克式的校门，门楼两侧为西式壁柱，壁柱间用砌筑墙体，墙体顶部塑成曲线形，门楼下为拱形入口。

2. 高等学堂

晚清南京的高等学堂　　表4-1-2

初办时学堂名称	现名	创办时间	堂址	学堂房屋状况
三（两）江师范学堂	东南大学	1902	北极阁	新建堂舍
江南高等学堂		1902	门帘桥	由钟山书院改办
江南高等实业学堂		1904	三牌楼和会街	由格致书院改办
江南高中两等商业学堂		1906	复成桥	利用复成桥商务局房屋
江南蚕桑学堂		1906	中正街	由蚕桑树艺公司改办
南洋方言学堂		1907	中正街八府塘	旧房改建
江南法政讲习所		1908	娃娃桥	利用娃娃桥官房
官立两江法政学堂		1908	红纸廊	利用旧仕学馆房屋

来源：南京市地方志编纂委员会．南京教育志（上册）［M］．北京：方志出版社，1998：981-1028.

在晚清创办的8所高等学堂中，有7所利用旧房改建，仅三（两）江师范学堂为新建堂舍，体现了当时急需办学但经费短缺的现状，也反映政府优先创办师范学堂的实况。

7所利用书院或官房改建而成的高等学堂多位于城南繁华地带，仅江南高等实业学堂原为江南储才学堂（洋务学堂）改建而成，位于城北下关。择址新建的三（两）江师范学堂从历史文脉、自然环境等角度出发，由两江总督张之洞亲自指定北极阁明朝国子监旧址为堂址，

① 舒新城．中国近代教育史资料（中册）［M］．北京：人民教育出版社，1961：495-500.
② 南京市地方志编纂委员会．南京教育志（上册）［M］．北京：方志出版社，1998：2001-2002.

此处文人气息浓厚，且环境清幽、交通便利。

经旧有书院或官房改建而成的新式学堂的规划形制没有太大改变，主要根据西学教学之需作局部功能置换，增设理化、博物、图画等特别讲堂，以及实验室、图书仪器室、礼堂、体操场等空间。虽然高等学堂的空间形态仍保留着中国传统建筑组群原则，但新式功能空间的产生促使校园空间形态中原有的等级关系弱化，与洋务学堂、初中等学堂类似，学堂规划不再严格地以居中为尊，而是并列设置多条南北向生长轴线，轴线间缺乏横向的联系和整体组织。以三（两）江师范学堂为例，先期建成的主要建筑位于基地居中偏左的主轴线上，主轴线两侧设置教习住宅和学生宿舍，依稀可见“尊卑有序”的传统规划布局思想。二期建成的口字房在基地右侧另起一条南北向轴线发展，这条轴线与一期建筑形成的主轴线平行。附属中学堂又以另外一条南北向轴线并列生长，三条轴线之间缺乏东西方向的联系。

学堂的功能分区可根据教学层次划分为大学堂和小学堂两部分，也可根据教学、生活、运动等师生活动进行功能分区。晚清高等学堂的功能设置为旧学祭孔场所与新学功能空间并存，因高等学堂为专才之学，设有实验室和各类专业实习场。

晚清大学堂采取“堂—科—门”三级大学建制①，《奏定大学堂章程》第一次明确了以三“科”作为设立大学的基本条件，后来有关法规中的相关规定均源出于此②。近代最早的大学堂在骨子里还遗留有古代官学的基因，故初始多以“馆”“门”“堂”为名，如官立两江法政学堂、三（两）江师范学堂等。三（两）江师范学堂设立理化科、农学博物科、历史舆地科、手工图画科，讲授史地、文学、算学、物理、化学、博物、生理、农学、教育学等若干门课程，并建立了与之相对应的房屋，重视实验室和专业实习场所的设置，如理化科有专用器械标本室，并添建理化讲堂一所，由中国教习蒋与权负责绘图③；农科博物科配备有 100 余亩的农事实验场；手工画图科配有专用画室、木工室和金工室等。高等学堂较初中等学堂规模更大，建筑类型更多，功能更完善。区别主要体现在各种实验室和专业实习场所设置上，如江南高中两等商业学堂直接设在复成桥商务局内；江南蚕桑学堂附设有养蚕实验场等。

学堂的平面形制仿照西方建筑向高空发展，在单体建筑内设置多种功能，建筑平面变得复杂，平面形制演进为“一”字形、“口”字形、“回”字形、“门”形等，采用外廊式、中廊式、回廊式等多种平面组合形式。例如：三（两）江师范学堂一字房（教学楼）采用外廊与中廊式结合，中部主体高 3 层，局部 4 层，两翼 3 层，主体部分为中廊式布局，两翼部分为南向单外廊，建筑内部共设 24 间讲堂。口字房（行政楼）高 2 层，平面呈“口”字形，内部功能复杂，共有 60 间房。

学制详细规定高等学堂建筑平面设计要求，《钦定高等学堂章程》规定：

高等学堂每班不得过四十人，讲堂过大有害目力，应酌定宽不过二丈二尺（约 7.33 米），长不过三丈（约 10 米），共面积不得过六百六十平方尺（约 73.33 平方米）。自修室寝室兼用一室者，每人于屋内容积应得五百六十七立方尺（约 21 立方米），不兼用者自修室每人应得三百二十四立方尺（约 12 立方米），寝室每人应得四百八十六立方尺（约 18 立方米）。凡房屋之地板承尘板，其距离度数，讲堂在十五尺（约 5 米）以上，寻常之屋在十尺（约 3.33 米）

---

① 大学建制是指大学学科专业的编制方式及其组织形式。

② 周川. 中国近代大学建制发展分析［J］. 北京大学教育评论，2004，2（3）：88.

③ 《东方杂志》记载关于三江师范学堂房屋状况，引自：苏云峰. 三（两）江师范学堂：南京大学的前身，1903—1911［M］. 南京：南京大学出版社，2002.

以上，窗之面积在讲堂须过全积六分之一。

7 所经传统书院、旧仕学馆、官房改建而成的高等学堂建筑外观无太大改变。新建的三江师范学堂部分重点建筑（如教学楼一字楼、行政楼口字楼、洋教习住宅等）皆为西式，其他建筑仍采用中国传统建筑形式（如三江师范学堂农事实验场、蚕室、学生斋舍等附属建筑），呈现中式与西式建筑并存的现象。

3. 军事学堂

军事教育中国古代早已有之，以礼、乐、射、御、书、数六艺并重。但自汉朝独尊儒术以来，军事教育被排斥于学校教育之外。清朝重视武学，但也没有建立专门的武学学校，一般以祠庙、军营、教场为武学人才的培养机构。近代新式军事学堂起源于 1840 年鸦片战争之后，清朝廷鉴于中国军队的硬弓、刀石等远不如西洋兵器，于是花重金购买西洋枪炮组建水师，由此创办了一批军事学堂。1905 年清政府练兵处会同兵部奏拟《陆军小学堂章程》，开始在全国各省设立陆军小学堂，江宁府在此情形下创办了江宁陆军小学堂和陆军中学堂。南京自 1901 年至 1911 年，10 余年间共创办了 6 所新式军事学堂，均由时任两江总督亲自督办。

晚清南京的军事学堂 表 4-1-3

学堂名称	创办时间	堂址	学堂房舍状况
江宁武备学堂	1902	初在进香河昭忠祠，后在小营	初时借用昭忠祠，后在小营建新堂舍
江宁陆军小学堂	1905	小营	在小营建新堂舍
马队、炮队、工程、辎重速成学堂	1906	小营	借用将军署、演武厅旧房
江宁陆军中学堂	1907	小营	在小营建新堂舍
江宁陆军讲武学堂	1907	昭忠祠	借用昭忠祠
随营学堂		小营	与陆军中学堂合用堂舍

来源：1. 南京市地方志编纂委员会 . 南京教育志（上册）［M］. 北京：方志出版社，1998：1363-1365.
2. 徐传德 . 南京教育史［M］. 北京：商务印书馆，2006：166—169.

清政府将“尚武、尚实”列入教育宗旨，军事学堂择址新建的比例明显高于初中等学堂和高等学堂，在 6 所新式军事学堂中，有 4 所在小营新建堂舍（江宁武备学堂、江宁陆军小学堂、江宁陆军中学堂、随营学堂），2 所利用旧房（马队、炮队、工程、辎重速成学堂及江宁陆军讲武学堂），新建房屋比例达 66.7%。

新式军事学堂位于城北和城东，利用两处旧演武厅集中设置：一是位于江宁府太平门小营的演武场，靠近打靶场，此处设有江宁武备学堂、江宁陆军小学堂、江宁陆军中学堂；另一处是位于明故宫的将军署，在此设立八府武学堂、江宁陆军讲武学堂。

利用旧房开办的武学堂一切建筑皆随旧式。新建的江宁陆军小学堂、江宁陆军中学堂仍采用中国传统建筑群体的布局形式，与同时期的初中等学堂布局类似。但是军事学堂因其教学方式的不同仍有其“个性”所在：军事学堂教学以军事演练为主，因此大型兵操场、打靶场的设置是为重点，教学用房、办公用房与兵营等配套集中设置。从晚清南京军事学堂分布图中可以看出：陆军小学堂建筑、四十二标营房和工兵营等教学、生活用房集中设置在基地中部，左右两侧分设宽广的演武厅、练兵场和兵操场，方便师生迅速集合和疏散。在北端靠近明城墙根处设置打靶场，并配设炮兵营房。

晚清创办的军事学堂属于中小学堂级别，在房屋配置上尚需满足初中等学堂的建筑类型与功能设置要求，设置教学、教辅用的讲堂、办公房等，学堂与兵营配套设置，设有食堂、厨厕等后勤用房。结合军事学堂的特点，设有练兵场、演武厅、打靶场等军事训练场所和兵器存贮室等。建筑形态方面，陆军小学堂、陆军中学堂、随营学堂、江宁武备学堂均在小营新建堂舍，且合用堂舍，这几所学堂的建筑形态以西式为主。例如陆军小学堂建筑具有折中主义建筑的特征，立面中心高耸的方形钟楼、拱形门窗均为当时流行的西方建筑所常用的元素，屋顶为中国传统的歇山式屋顶，屋顶内部为三角形木屋架。

（六）典型实例分析：江南水师学堂

1. 江南水师学堂历史沿革

鸦片战后，清政府逐渐认识到中国在科技上落后于西方，尤其在经历了道光、咸丰年间的海战之后，意识到海防的重要性，培养海军人才势在必行。清政府在先行创办了福州船政学堂、北洋水师学堂后，认为南洋为中外交接之处，各水师兵船更需要人才，宜设立南洋水师学堂，江宁（南京）为南洋适中之地，故在此设立水师学堂[①]。

1886年，两江总督兼南洋大臣曾国荃奏准整建吴淞、江阴、镇江、南京、宁波、镇海各炮台，在南京设立鱼雷学堂，学堂附设于南京通济门外火药局内，兼建鱼雷厂，是南洋设立学堂训练海军人才的开始。1890年，曾国荃已建立了小规模的南洋海军舰队，由于缺乏驾驶、管轮人才，又以鱼雷学堂规模狭隘，复奏准设立江南水师学堂[②]。

江南水师学堂成立后，由时任两江总督兼南洋大臣沈秉成负责新学堂的建设，沈秉成先行委派桂嵩庆等官员筹办购地建屋等事项、筹措建堂经费，委派该堂洋教习沈敦和前往北洋水师学堂进行考察。建堂经费先由南洋防费拨付白银五万两，后又经海军衙门续拨白银一万七千两。

江南水师学堂于1890年正式开办，创立之初即采用西方学校编班授课的形式，系统学习西方科技文化知识。开设有驾驶、管轮两科，各分3班，分别课授，课程有英文、勾股、算术、几何、代数、平弧三角、重学、微积分、中西海道、星辰部件、驾驶御风、测量绘图诸法、帆缆、枪炮、轮机等课程，修课毕业后，派登练船以实践[③]，至1911年清朝灭亡时，该学堂在办校的21年间共培养学生221人。

1912年中华民国临时政府海军部成立，江南水师学堂改为海军军官学校，1915年改名为雷电学校，1917年又改为海军鱼雷枪炮学校。1929年改为海军部，在原江南水师学堂房屋基础上进行扩添建，此后学校房屋被用作海军部直至1949年南京解放，该处现为某研究所。

2. 江南水师学堂的营造过程

江南水师学堂的设计者和施工者均有明确记载，该学堂房屋由时任两江总督沈秉成委派

---

① 高时良．中国近代教育史资料汇编：洋务运动时期教育［G］．上海：上海教育出版社，1992：478-479.

② 高时良．中国近代教育史资料汇编：洋务运动时期教育［G］．上海：上海教育出版社，1992：483.

③ 见张之洞：奏添设水师学生原额片（1896年3月14日）。引自：高时良．中国近代教育史资料汇编：洋务运动时期教育［G］．上海：上海教育出版社，1992：473-474.

江南水师学堂洋文正教习沈敦和[①]设计。沈敦和赴北洋水师学堂考察后，仿照英国水师学堂常见样式绘图，参考上海西式房屋形制，稍作改变，完成房屋图样设计。该学堂在购觅基地后即招雇洋匠拟进行施工建造，先令匠人各自密开造价，然后择其价值最廉者，与之核实定议，令其按图样包造。该学堂自 1890 年 5 月开工建造，8 月工程完成，9 月正式开办，学堂占地约 20 亩。建造有机器、汽锤、打铁、翻砂、造模、鱼雷等厂；体操场、大桅管等体能训练场所；汉文、洋文、诵画教习、监督委员等住房；大厅、饭厅、门楼、库房、大烟囱、测量台、水池、操场、厨厕、井灶等，合计房屋 350 余所，建筑面积达 4790 平方米，工料均极坚固，局势颇为宏敞，房屋造价为白银 49 700 余两，外加购地费用合计用白银 7 万余两，该费用均由清政府拨付[②]。

1929 年原江南水师学堂房屋改为海军部所用，增建了部分房屋。有明确史料记载的添建房屋有海军部办公厅房，内设海军司令办公室，参谋长办公室，有房屋 72 幢。根据时任海军部政务次长陈绍宽于 1930 年 11 月在《海军期刊》第二卷上发表的《一年来海军工作之实记及训政时期之计划》一文，海军部的机构分布情况大致如下：

大门以内第一进左侧为传达室、电话室，右侧为招待室、勤务士兵房；第二进左侧为会客厅，右侧为副官办公室；第三进为政务次长办公室、卧室、餐厅、浴室、会客室、译电室、勤务兵房；第四、五两进为部员会客用餐之处，东西两侧房舍编为东西宿舍各三十号；出东宿舍为常务次长办公室、卧室、宴会厅、会客室、阅报室及党义讲堂，部员士兵诊病室、各厅司长寝室。再前为楼房两座，楼上为部长办公室、浴室、会客室、机要室及参事寝室，楼下为会客厅、会议厅、参事办公室、浴室；部长楼之西为总办公厅、总务厅和秘书办公室，再西为西式平房六所，海军部六司各用一所；部长楼之后为体操场；操场西北隅有楼房两座，为经理处及无线电台；东北角为器具材料存储库。

江南水师学堂遗址位于现南京市中山北路 346 号，目前占地面积 1000 余平方米，已列入省级文物保护建筑。1988 年在原址上照原样仿建总办楼、轿厅、厂房、高官办用房等部分建筑[③]。目前尚存的历史建筑有英籍教官楼、长廊 4 跨、东西四合院式的学员寝室、讲堂 5 间、半边亭 1 座、巴洛克式的大门牌坊 1 座。

3. 江南水师学堂的规划布局

学堂规划沿袭中国传统书院的布局规则，以“间”为单位构成单座建筑，再以单座建筑组成庭院，进而以庭院为单元组成建筑群，以多条南北向并列的纵向轴线组织院落空间，学堂房屋按照中国传统衙署建筑形式面南坐北。因实习工场、体操场、办公楼等新式建筑功能的出现，学堂规划打破了中国传统建筑“择中”观念，不再严格地居中设置主轴线和主要建筑，而是根据功能需要结合基地环境合理布置，在校园右侧布置主轴线，主轴线上设教学、办公等主要建筑物；在基地左侧设置 3 幢联排的机器厂和实习工场（图 4-1-4），留出基地中部和基地后端用地作为体操场。学堂布局有大致的功能分区，基地右侧为教学及生活区，基地左

---

① 沈君即沈敦和，字仲礼，又字默龛。

② 高时良 . 中国近代教育史资料汇编：洋务运动时期教育［G］. 上海：上海教育出版社，1992：468-471，见沈秉成：江南创设水师学堂工竣开课谨陈筹办情形折〔光绪十六年十二月二十日（1891．1．29）〕

③ 南京市下关区政协学习文史委员会，等 . 下关民国建筑遗存与纪事［M］. 南京：南京市下关区地方志编纂办公室，2010：29.

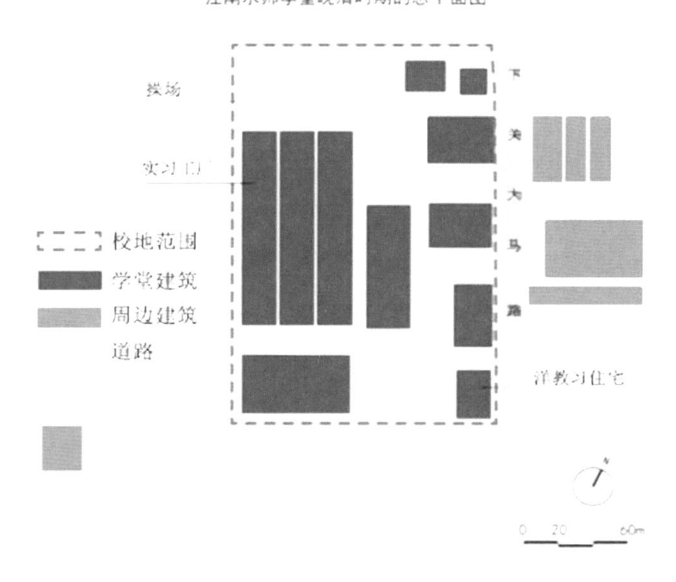

图 4-1-4 晚清时期的江南水师学堂总平面图

图片来源：1898 年南京城地图所示的江南水师学堂总平面图及比例翻制

侧为实习工场区，基地中部及后端为军事训练及体能训练区。并且按照中学与西学分设有中式讲堂与西式讲堂。民国时期海军部添建后，总体布局未做太大改变，仍似中国南方传统书院的毗连式庭院天井布局形式。

4. 江南水师学堂的单体建筑

江南水师学堂在建筑功能设置上旧学与新学空间并存，保留旧学祭孔场所。正楼上恭设大成至圣先师孔子神像，定期举行祭孔活动[①]，但学堂的主要功能空间则根据新学要求设置，学堂建筑面积 4790 平方米[②]，共有房屋 360 余间[③]，根据新学教学、办公、生活、实习操作、军事演练等不同使用要求设有教学建筑讲堂、实习厂、西学堂、工艺房等；教辅建筑总办楼、公务厅、客厅等；生活用房学生宿舍、教习住宅、饭厅、库房、厨厕等；军事训练场和体育活动场所兵操场、打靶场、练习登船用的桅杆、水池等。建筑形态华洋混杂，中式与西式建筑混合设置。校门牌坊和服务于洋人的几处建筑为西式建筑，其余房屋均为中国传统建筑式

图 4-1-5 学校大门

图片来源：东南大学周琦建筑工作室，王荷池摄影

图 4-1-6 洋教习住宅

图片来源：东南大学周琦建筑工作室，王荷池摄影

① 高时良 . 中国近代教育史资料汇编：洋务运动时期教育［G］. 上海：上海教育出版社，1992：580-581.

② 南京市下关区政协学习文史委员会，等 . 下关民国建筑遗存与纪事［G］. 南京：南京市下关区地方志编纂办公室，2010：28.

③ 高时良 . 中国近代教育史资料汇编：洋务运动时期教育［G］. 上海：上海教育出版社，1992：468-487.

样，卷棚屋顶、饰有脊兽、东西四合院等属于典型的清代建筑风格[①]。

目前遗存的主要建筑有学堂大门和洋教习住宅（图 4-1-5、图 4-1-6）。学堂大门建于 19 世纪末，具有仿巴洛克建筑的特征，大门平面呈圆弧形，立面由 10 根门柱均匀布置，各柱子之间由墙体或装饰护栏连接，中部柱子高耸，两边逐渐变低，各柱自下而上又分为 5 个层次，每层顶部和边缘塑成花纹线条，门壁外表面用水泥砂浆粉刷，于立面正中入口处设置拱券门，建筑结构采用砖混结构[②]。学堂东南角的洋教习住宅历经多次修缮，目前保存尚好，建筑物东西向开间约 22 米，南北向进深约 22 米，高 2 层，坡屋顶，目前为红瓦屋面，建筑立面的拱形窗户具有西式建筑的特征。

江南水师学堂是南京最早创办的新式学堂，拉开了南京教育建筑近代化的序幕，是近代新式学堂的起步。这种起步表现在打破了中国传统儒学的藩篱，仿照西方创办新式学校，培养系统学习西方自然科学技术的人才，并采用西方学校分班授课的教学模式。在学堂建设中主要表现为新式建筑功能的出现，根据西学教学内容的需要设置有体操场、打靶场、实习工场、西学讲堂等新式建筑功能；在学堂规划上打破了传统学宫书院建筑居中为尊的理论，根据功能需要合理设置主轴线和主要建筑；学堂有大致的功能分区，建筑布局也开始分化，因课程设置的专业化，固定的建筑与专业学科相对应，有中学讲堂与西学讲堂之分；在建筑形态上出现了与西学对应的西式讲堂，供洋教习居住的洋楼，中式与西式建筑混合设置。

二、西方教会创办的学堂

（一）传教策略的转变：从“布道”到“办学”

开办学校是西方教会在华传教事业的重要组成部分[③]，教会最初采取“自下而上”的传教策略，收容街头的流浪孤儿为学生[④]。随着教会势力扩大，在华购地建校甚至强行占地建堂等行为引起国人的激烈反抗，“庚子教难”客观上促使传教士将传教活动的重点从“布道”转向“教育”，庚子新政后教会学校迅速发展。中国社会不需要传播福音的“布道者”，但是欢迎服务社会的“教育家”，从传播福音到兴办教育，从办小学到中学、大学，在华从事教育的传教士完成了从“布道者”向“教育家”角色变换。

南京最早的幼稚园、小学、中学都始于教会学校，教育模式和校园建设为同期的国人办校提供参照。从 1875 年最早开办的石鼓路天主教堂附设学校至 1910 年的金陵大学堂，南京教会学校形成了从幼稚园—小学—中学—大学的完整教育体系，其学堂建设也从最初利用教堂、租用民宅发展至学堂与教堂分离、单独购地建造学堂。

（二）西方学校建设模式的直接移植

基督教会与学校的关系一直非常密切，现代大学即起源于欧洲中世纪大学，美国殖民地时期的很多中小学、大学由教会创办，教会有着丰富的学校建设经验。在南京，西方传教士采取

① 高时良．中国近代教育史资料汇编：洋务运动时期教育［G］．上海：上海教育出版社，1992：483.
② 刘先觉，王昕．江苏近代建筑［M］．南京：江苏科学技术出版社，2008：115.
③ 王建军．中国教育史新编［M］．广州：广东高等教育出版社，2014：175.
④ 董黎．中国近代教会大学建筑史研究［M］．北京：科学出版社，2010：29.

直接移植母国的校园建设方式，照搬西方的校园规划和建筑形式。造成这种局面的原因有二：一是鸦片战争后，面对中西文化在严重失衡的状态下，西方的政客和商人可以毫无顾忌地将各种建筑形式引入中国，此时传教士们普遍抱有西方本位文化的优越感；二是以中国传统书院的格局来布置西方的教会学校，传教士认为并不适合，即便采用，也是传教初期不得已而为之。

中国古典建筑是一种长宽比接近 3：2 的矩形平面形式，主入口位于建筑平面长边正中，开门即是建筑的主要活动空间，单体建筑的功能类型只是随着家具陈设的不同而变化，不存在按功能划分类型的分类概念。西方建筑自古希腊起就有了单体功能类型之分，发展至近代，学校功能配置更是齐全。因此，教会在引进西方教育体制和教学内容的同时，也直接移植与之相适应的校园建设模式。

（三）教会学堂的实际建造状况综述

晚清南京的教会办学力量有英美基督教会和法国天主教会。晚清西方教会创办的学堂类型主要为初中等学堂，至 1910 年开始合并组建高等学堂，但并未开始高等学堂建设。在 8 所教会中小学中，1 所为法国天主教会创办（石鼓路天主教堂内附设学校）、1 所为英国基督会创办（基督及明育中学堂），其余 6 所均由美国基督教会创办。基督教会的办学热情明显要高于天主教会，尤以美国基督教会在南京办学最为活跃。

教会学校在教育上一度占据先机，领先于国人办校。在学校类型上，结合当时中国社会女禁未开的状况率先开办女子学校；结合当时中国医学、农业落后的状况率先开办医学、农学教育；在创办时间上，南京最早的小学、中学均为教会学校。教会学校最初沿用教堂、租用民宅办学，自 19 世纪末期开始大量购买土地，建造堂舍。教会学校在成立之初直接移植西方成熟的教学体系和校园建设模式，在校园功能上不存在演变的过程，只是随着规模的扩大学堂功能逐步完善。南京的教会学校主要为美国基督教会创办，因此学校建设主要受到美国学校的影响。

1890 年后，西方教会开始强调创办高等学校，学校建设开始走“本土化”路线，重视与中国传统文化的结合，在此背景下，南京的汇文书院、益智书院、基督书院于 1910 年合并为金陵大学堂，新学堂的建设走“本土化”路线，与中国传统文化结合。

晚清南京教会学堂的空间分布主要受传教活动影响，集中在城中和城北鼓楼附近，与教堂、教会医院就近设置，集中形成宗教文化圈。

（四）初、中等教会学堂的建设

晚清南京共有教会创办幼稚园 1 所、小学 3 所、中学 5 所、中等实业学堂 1 所。

晚清南京的教会中、小学堂 表 4-1-4

学校类型	校名	现名	创办时间	堂址	堂舍状况
幼稚园	匯清女学附设幼稚园	估衣廊小学	1905	估衣廊	洋楼，利用城中会堂的房屋
小学	无校名，附设在石鼓路天主教堂内	石鼓路小学	1875	石鼓路	洋楼，附设在天主教堂内，有礼拜堂 1 座，学堂两座
	明德女子书院小学部	南京幼儿高等师范学校	1884	四根杆子（今莫愁路）	附设在明德女子书院内
	匯清女学	估衣廊小学	1887	估衣廊	洋楼，利用城中会堂的房屋

续表 4-1-4

学校类型	校名	现名	创办时间	堂址	堂舍状况
中学	明德女子书院	南京幼儿高等师范学校	1884	四根杆子（莫愁路）	洋楼，学堂与教堂合用房屋，有住宅、书房、礼拜堂、钟楼
	汇文女子中学	南京市人民中学	1887	南京乾河沿	洋楼，有大门、平房数间、课堂、教长住宅等洋式房屋 5 座
	汇文书院	金陵中学	1888	南京乾河沿	洋楼，有钟楼、小礼堂、课楼、哮呤寝室、青年会图书馆等
	金陵基督女书院	南京大学附属中学	1896	宝泰街 35 号	洋楼 1 座
	基督及明育（女子部）中学堂	中华中学	1899	花市大街	平房数间
中等实业学堂	史密斯纪念医院附设医学堂		1889	汉西门黄泥巷	药房 10 余间，礼拜堂 1 座，洋楼 1 座

来源：1. 南京市地方志编纂委员会 . 南京教育志（上册）［M］. 北京：方志出版社，1998：178-179，364.
2. 各学堂房屋状况主要来源于：1896 年夏南京境内教会建筑清单，档案号 635(1896.8.21),《中国近代史资料汇编：教务教案档（第六辑）》，第 783 页，855-861 页。

晚清南京的教会学堂集中在城中和城北鼓楼一带。学堂选址主要受传教活动影响，因传教士最初在四根杆子（今莫愁路）、鼓楼、乾河沿、估衣廊一带传教，故教会学校也集中在这一带设置。南京的教会学堂多为美国基督教会创办，选址类似美国“学术村”的选址观，教会学校选址在城北城郊接合部，不仅地价便宜，还能购得较完整的土地，城北较城南荒凉，但安静宜人，交通也算便利。

晚清南京的教会学堂直接移植教会母国的校园建设模式，规模较大的几所学校均由美国教会创办。美国统一校园规划的理念最早起源于 17 世纪末的威廉和玛丽学院（1699 年）①，19 世纪美国大学是一种“学术村”的概念，校园注重优美的自然风景，地处城郊，包含教学、办公、社交娱乐、体育运动、生活后勤等功能，是一个功能齐全的社区。校园建筑围绕绿色开放空间形成聚合、多轴线布局、校园林荫道，利用围合与轴线的方法形成校园空间②。传教士将这些规划理念直接搬到南京，从学堂选址到空间布局，均体现出与美国校园高度相似性。

由于学堂较小，整个校园未进行功能分区，建筑物混合布局，功能设置和总体布局方式分为两类。规模较小的教会学堂房屋简陋，附设在教堂内或租赁民房数间办学，晚清初创之时，大多数学堂属于此类，如畲清女学、明德女子书院初期皆附设在教堂内，基督及明育中学堂仅有平房数间，金陵基督女书院有洋楼 1 座，尚谈不上规划；规模较大的有汇文书院和汇文女子中学两所学校，校园规划直接移植北美“中心花园式”集中式院落③结构，主要建筑物教学大楼与生活用房（学生宿舍、食堂等）围绕体操场或中心绿地设置，四周以围墙分隔，创造一种独立的基督教氛围（图 4-1-7）。“中心花园”式的布局受 19 世纪北美大陆开敞式校园形式的影响，学校主要建筑物集中布置，非常适合规模较小的教会中小学。如果进一步针对南京教会中小学的校园规划量化分析可得知，这种移植北美“中心花园”模式的规划形式仅有 2 所，折射出西方教会创办之初的艰难，也反映出西方教会“先办学后建校”的办学方针。

① 江浩 . 大学形态的形成及设计理论研究［D］. 上海：同济大学，2005：48.
② 江浩 . 大学形态的形成及设计理论研究［D］. 上海：同济大学，2005：5-7.
③ 集中式院落空间结构表现为：建筑物围绕校园的中心广场形成集中式户外活动空间，结构紧凑。引自：姜辉，孙磊磊，万正旸，等 . 大学校园群体［M］. 南京：东南大学出版社，2006：53.

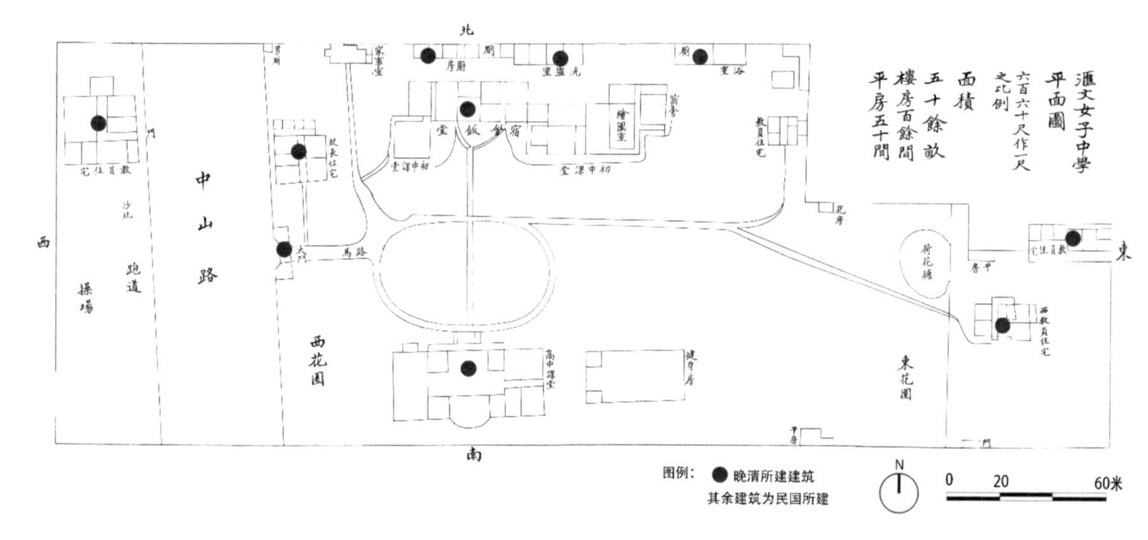

图 4-1-7 汇文女子中学总平面图

图片来源：民国二十五年（1936 年）春季刊《南京市私立汇文女子中学概况一览》，南京市人民中学校史办提供

晚清南京的教会学堂实行“编班授课制”[①]，自创办初即参照西方学校对场所功能进行细化，在有限的几间平房或单幢建筑内部分隔出教学、运动、生活、办公、宗教等活动对应的专门性房间（国人办校功能混合使用，如教室兼作礼堂）。因此教会学校与国人办学校的功能区别在于：一是教会学校不存在建筑功能的演变过程，只是随着学校规模的扩大其功能设置不断地完善；二是教会学校设有钟楼、礼拜堂等宗教建筑。如果对各校建筑类型与功能做定量分析，基本每所学校都含有教学、运动、生活、办公、宗教等 5 类功能，这 5 种活动类型对应有专门性的房间、场所或单幢建筑物，只是各校的规模大小和建筑数量有差异。

教会学校开启近代教育建筑按使用功能划分建筑类型的先河。中国古代传统的学宫和书院虽然有讲堂、祭殿、藏书楼等大致的功能分类，但不同使用功能的建筑物，其平面和立面形式都是相似的。但教会学校移植西学模式，不同使用功能单体建筑对应不同的平面和外形，不同于中国古典建筑的“通用式”设计，西方建筑是“特殊式”设计[②]，如教学用的教学楼与住宿用的宿舍、宗教礼拜堂、图书馆等，平面布局和建筑形态个体差异很大。

规模较小的学校仅有平房数间或单幢建筑，没有形成明显的建筑分类，一幢建筑内往往包含多种功能，建筑内部被分隔成许多专门性空间，用以教学、办公、生活和宗教活动。在 10 所教会中小学中，有 8 所（石鼓路天主教堂附设小学、畲清女学及幼稚园、明德女子书院、金陵基督女书院、基督及明育中学堂、汉西门斯密斯医学堂等）属于此类。与中国古典建筑以“数”的增加向平面发展不同，西方建筑依靠“量”的扩大向高空发展，以“座”为单位，将更多、更复杂的内容组织在一座房屋里面，由小屋变大屋，由单层变多层，因此房屋内部平面功能复杂，即便学校仅有单幢房屋，也会在内部分隔成一个个独立的专门性房间，对应上课、实验、借阅、吃饭、睡觉、运动、办公、礼拜等活动，功能混杂。例如明德女子书院，一座楼就是一所学校，楼内包含教室、实验室、图书室、办公室、礼拜堂等。直至 20 世纪

① 编班制课堂组织形式自 16 世纪起在西欧一些国家试行，17 世纪捷克教育家夸美纽斯（Johann Amos Comenius，1592—1670 年）奠定了理论基础，19 世纪得到大范围推广。引自：张宗尧，李志民．中小学建筑设计［M］．第 2 版．北京：中国建筑工业出版社，2009：8.

② 李允鉌．华夏意匠［M］．天津：天津大学出版社，2005：79.

20年代，才单独建立小礼堂，将宗教活动与教学分开，1929年后又建有学生宿舍，将生活与教学用房分开[①]。规模较大的汇文书院和汇文女中2所学校，出现明显的建筑分类，校园建筑呈现专业分化，有教学楼、图书馆、礼拜堂、宿舍、食堂、体操场等，但这些单体建筑内部功能混杂，师生活动对应专门的场所。如汇文书院钟楼第一层为办公用房，第二层为教室，第三层为宿舍。哮呤寝室一楼配置伙房、饭厅、澡堂等生活服务设施，一楼南面曾作为宿舍和教室，二楼三楼为宿舍。东课楼、西课楼内设教室。

教学用房是学校最主要的建筑，往往最早建设。教学楼分为有两类：一类是规模较大的汇文书院和汇文女中建有独幢的教学楼，内部功能混合，以教室为主；另一类是规模较小的学校利用平房或在独幢建筑内分隔出教室。

教学楼平面多为矩形和凹字形、综合楼形式，体量大。教学楼内部主要设置普通教室、专用教室和生理化实验室等教学用房，教辅类用房如校长室、教务处、事务处、会计室、教师办公室等各类行政办公室和图书室都会设置在教学楼内，有时还会“塞入”礼拜堂、学生宿舍和食堂，由于房屋有限，这种经济型综合楼模式在学校创办初期普遍存在。如汇文女子中学的初中课堂一楼中部和东部设为食堂和宿舍，与教室混合布置；高中课堂利用一楼西部的大空间设置礼拜堂。教学楼一般采用走道式组合的布局方式，多用外廊式布局，南向外廊单面布置房间；或用中廊式，中间走廊两边布置房间。

教学楼内的教室一般为南北向布置，矩形平面，强调光线和视线设计。因西方教会注重自然科学知识的传授，对于数理化公式的推导、演算、证明，仅通过教师的口述表达难以达到较好的教学效果，因此，板书和实物演示是近代西方教育的特点，这与中国传统教育以背诵、写作为主的文科教育是截然不同的。与班级授课制配套的是黑板、讲台、讲桌、秧田式的座位排列，这种座位模式下所有的学生都面向教师[②]，教师除了讲解还要板书，学生除了听讲还要看黑板和记笔记。人的视线决定了教室的大小。从人体工程学的角度分析：看黑板对教室的空间距离和光线有明确要求，人的视力要求普通教室最后排座位距离黑板不超过10米，两侧课桌与黑板最边缘的角度不应超过30度，从而确定了教室的宽度，第一排座位与黑板应有适当的距离，前排正座的学生观看黑板时垂直视角不小于45度[③]。教室要求自然采光，满足学生的书写要求，采光量主要通过开窗大小决定，同时开窗的位置和大小又与建筑立面形象有关。

西方教会注重自然科学知识，重视实验，强调实际参与和动手能力的培养，对科学和数学等逻辑思维的训练尤其重视，认为科学实验是发展培养逻辑思维的最佳方式之一，因此各教会中小学都设有实验室。由于房屋有限，实验室都设置在教学楼内。实验室对室内空间距离和光线有着同教室类似的要求，分班级上实验课，配套有黑板、讲台、实验桌。中小学有生物、物理、化学等实验室，一般在实验室毗邻处或在实验室内部配套有实验准备室、管理员工作室、仪器室、标本室、化学药品室等，例如明德女子中学的实验室就设置在教学楼淑德堂内，在实验室内配套有玻璃橱柜，内存实验用的标本、器皿等。

行政办公室一般设在教学楼内，包括校长室、教务处、教师办公室、事务处、会计室、邮电室等各类办公用房。图书室也设在教学楼内，仅汇文书院建有独栋的图书馆，其平面为矩形，设有图书阅览室、教室和书库。

教会学校把管理学生生活作为一项重要的教育内容，他们认为学校不仅是学习科学知识

---

① 明德女子书院历史建筑相关史料，来源：南京幼儿师范学校（原明德女子书院）校史馆。

② 张宗尧，李志民．中小学建筑设计［M］．第2版．北京：中国建筑工业出版社，2009：56.

③ 张宗尧，李志民．中小学建筑设计［M］．第2版．中国建筑工业出版社，2009：48-49.

的地方，校园环境可以塑造学生的品格，让学生融入基督教精神，教会希望在这个充满基督教氛围的校园天地可以提供师生学习、生活、运动、宗教活动。“教会学校的学生其饮食起居、读书生活概由学校负责管理，每班都有教师专职负责”。教员的妻子也往往充当义务教员，分担学校的工作，为形成家庭化环境提供条件①。因此，教员宿舍、学生宿舍与教学楼一样，是学校最早建设的一批建筑。这点与国人办校不同，国人办校不强制要求教师和小学生住校，因此无须建造教员住宅和小学生宿舍。学生宿舍一般靠近教室或教学楼设置。规模小的学校，学生宿舍为平房或设在教堂内，规模大的学校建有宿舍楼，或将学生宿舍设在教学楼内。如汇文书院建有独幢学生宿舍——啰呤寝室，是集学生宿舍、食堂、澡堂等所有生活设施于一体的综合楼。教会学校设置教师住宅或宿舍。教会学校的教员多是外国人，文化观念与生活习惯的不同加上当时国人对教会的排斥，与华人合住显然不可能，购地建屋成为唯一途径。且教会学校一般会要求教员住校，希望与学校形成一个基督教学术区，成为基督教徒大家庭。因此，教会学校都会建设教师住宅、单身教师住宅、校长住宅等。

现代体育运动来源于西方国家。西人认为体育锻炼对学生的健康成长、增强体质、开发智商等方面至关重要，与中国传统书院强调以“智育”为中心、修身养性的书院格局完全不同。教会学校一向重视体育运动，无论哪所教会学校，均设有室内健身室和室外体操场，有的学校甚至设有多处体操场。晚清时期教会中小学的活动室、健身室都附设在教学楼或学生宿舍内。室外体操场则是各校必备，即便堂舍再简陋不堪，也会利用空地作为室外活动场所，例如汇文书院设有南操场和北操场。

“中国人只搬洋学堂，不搬洋教堂”。礼拜堂为教会学校所独有，西方教会的办学目的就是为了服务宗教，宗教课程为必修课，因此每所教会学校都设有礼拜堂。礼堂一般与教堂同设，既用来进行宗教活动，也用来开展世俗活动。晚清时期大多数学校的礼拜堂附设在教学楼内，规模不大，如汇文女中的礼拜堂设在高中课堂一楼右侧。仅汇文书院在1888年建有独幢的小礼拜堂，并建有钟楼。小礼堂平面为简单的矩形，在室内前方设有圣坛和读经台，中央排放整齐的圣职席位。

教育建筑的风格演进是中外建筑文化冲突融合的产物，建筑形态折射着当时的社会意识形态、历史文化背景；以及西方教会、业主、建校负责人、建筑师等不同人群的意识。综合史料对南京教会中小学建筑形态进行分析，晚清90%的教会学校建筑形态为西式，即便是择址新建的房屋仍采用西式建筑风格，仅基督及明育中学堂为几间平房。

晚清教会中小学建筑形态大致有4种类型：殖民地外廊样式、美国殖民期建筑样式、简化的西方古典式、学院哥特式，一所学校往往包含多种建筑样式。

殖民地外廊样式是指欧美殖民者在其殖民地所建的外廊式建筑，在简单的方盒子似的建筑周围包上外廊，在中国、日本等东南亚国家广泛采用。藤森照信视其为中国近代建筑的原点。教会学校的殖民地外廊样式主要为教学楼或教员住宅。如汇文女子中学教长住宅和教学楼均在单面设有外廊，外廊墙面开设连续的拱形洞口，外廊较宽，上面覆有屋顶，逢雨天学生还可以在外廊活动，非常适合南京多雨的气候（图4-1-8）。

美国殖民期建筑样式（Colonial Style）起源于欧洲中世纪的乡村和城市住宅，欧洲殖民者到达美洲后，这种形式成为当时流行的一种时尚。建筑特征为：建筑体量一般不大，平面及造型较灵活，屋顶陡峭，清水砖墙，圆拱形窗户，在檐口、转角、入口等局部用精细的磨

---

① 史静寰.基督教教育与中国知识分子［M］.福州：福建教育出版社，1998.

砖做成圆弧或曲面线脚，形成较复杂的装饰。比较典型实例有汇文书院钟楼和明德女子中学主教学楼淑德堂。例如钟楼外墙用清水砖砌筑，红砖嵌线，圆拱形窗户，立面局部有曲面线脚装饰。淑德堂外墙为清水砖墙，主入口门廊设有细柱，门廊及外墙柱子用砖砌线条装饰，楼层间也用凸出墙面的砖砌线条装饰，窗户为矩形，屋顶起伏跌宕，坡度平缓，两侧设有老虎窗。

南京教会学校的古典复兴趋向简化，模仿文艺复兴时期府邸立面的处理手法，建筑严谨对称，墙面处理简洁，墙面平整或以壁柱进行竖向划分，窗户多为半圆拱券或三角楣饰方窗，有的干脆直接做成方窗。例如宏育书院立面处理简洁，方形窗户，入口有山花和拱形门廊（图4-1-9）。汇文书院西课楼入口门廊连续的拱券、啬吟寝室主入口的山花、罗马柱都是西方古典主义的建筑语汇。

图 4-1-8 汇文女子中学初中课堂
图片来源：https://cn.bing.com

图 4-1-9 宏育书院
图片来源：https://cn.bing.com

学院哥特式建筑主要用于教会学校的教堂，以表达教会学校的属性，是学校生活中心的基督象征。哥特风格进入校园后衍生出一种被称为“学院哥特式”的教育建筑风格，一直在欧美校园中发挥着重要影响。牛津大学、剑桥大学等最早建立的一批大学校园有很多具有明显哥特特征的校园建筑，美国殖民地诞生的第一批大学，以模仿哥特风格建筑来表明对正统学术的传承。学院哥特式风格逐渐风靡美国大学校园，并随着美国传教士和美国建筑师进入了中国南京，如汇文女子中学高中课堂等。

（五）高等教会学堂的创办

1890 年后，在华西方教会将重心转向高等教育，南京的教会中小学开始合并组建成高等学堂。1907 年基督、益智两书院合并成宏育书院，1910 年宏育书院并入汇文书院，组建成金陵大学堂，旧堂舍未作改动。至 1911 年清朝灭亡时，金陵大学堂仅在鼓楼购地建设新校区，民国时期才开始新校区的设计和建造。

（六）典型案例：汇文书院

汇文书院旧址（今金陵中学）位于南京市鼓楼区中山路 169 号，始建于 1888 年，是西方传教士在南京建立的第一所高等教育机构，其附设金陵中学是南京近代中学教育的起源。建筑群于 19 世纪末期一次性建成，是晚清时期南京规模最大的教会学校。

1. 汇文书院的历史沿革

1888 年 11 月，在华中地区的教会年会上，主教傅罗（C. H. Fowler）建议在南京创办一所大学以促进基督教义的学习，此建议获得与会代表的赞同。该时期美国教会正在捐款发展基督教育，适逢清政府下达“科举考试增考算学科”诏书的时机，美国基督教美以美会传教士傅罗（C. H. Fowler）在南京乾河沿创办了汇文书院，英文名定为“The Nanking University”[①]，聘请美籍传教士福开森[②]担任首任院长，后由美国人师图尔[③]（J. L. Stuart）、包文[④]（A. J. Bowen）继任。汇文书院始设圣道馆、博物馆 (即文理科)，后增设医学馆，并设有附中，称成美馆。开办时标榜传授高级科学课程，实际并不具备大学水准，初时仅有学生 5 人，以后逐年增加。1889 年夏设特别班，特别班学生为清朝的秀才、童生等，主要学习英文及国际知识，毕业后多考入邮电、海关、盐务及银行等机构工作。1892 年汇文书院分大学堂、高等学堂、中学堂、小学堂 4 级，学制均为 4 年，专收男生。1910 年宏育书院与汇文书院组建成金陵大学堂后，大学部设于汇文书院堂址，中学设于宏育书院堂址，小学设于益智书院堂址，改中学堂为附属中学，简称金陵大学附中、金陵中学[⑤]。1921 年金陵大学迁入鼓楼新校区后，原汇文书院建筑群交由金陵中学使用至今。1937 年南京沦陷前该校大部分师生内迁至四川办学，留在南京的另一部分师生成立金陵补习学校，1939 年更名为鼓楼中学，1942 年改名为同伦中学。抗战复校后恢复原金陵中学校名，新中国成立后该校与金陵女子文理学院附属中学合并，定名为南京市第十中学，1988 年改名为南京市金陵中学至今。

2. 汇文书院的选址与规划

汇文书院选址于南京城中乾河沿，其选址与当时传教士的活动范围有关。最初传教士在四根杆子（今莫愁路）、鼓楼乾河沿一带传教，在此处建教堂、开医院、办学校，教会建筑的集中设置有利于形成宗教文化圈。

汇文书院建筑群除体育馆为民国年间建成外，其余建筑均为 19 世纪末期一次性建成，全部由美国建筑师设计，陈明记营造厂营造。据陈明记家族后人的口述得知：陈明记对金陵中学所建建筑的维修一直持续到 20 世纪 50 年代初期。该校为晚清时期南京规模最大的教会学校，一度成为国人建校的参照对象。20 世纪初国人对西人办学逐渐接纳，汇文书院开始与地方官员接触，两江总督张之洞、端方等官员都曾被邀请参加该校毕业仪式或其他重要仪式。

该校规划直接移植了北美校园中心花园式的布局模式，主要建筑物围合中心操场和绿地集中式布置。根据 1911 年场地调研图（图 4-1-10）显示，基地分为 A、B、C 3 个地块，A 地块为 3 幢教员住宅；B 地块为新购买土地；C 地块为学校主要用地，设置教学、办公、生活建筑群和体育活动场所。C 地块空间布局表现为各单体建筑物围合操场和中心绿地布置，形成两组中心花园式的布局形式：钟楼、小礼堂、东课堂与单身教员住宅、图书馆三面围合操场；西课

---

① 张宪文 . 金陵大学史［M］. 南京：南京大学出版社，2002：11.

② 约翰·加尔文·福开森（John Calvin Ferguson，1866—1945 年）是加拿大安大略省人，生于 1866 年，1886 年毕业于美国波士顿大学获文学学士学位，1902 年获博士学位。福开森精通中文，与两江总督刘坤一、邮传部尚书盛宣怀过从甚密。傅罗请福开森担任院长，应该是看中了他丰厚的人脉关系和一定的教学经验。

③ 师图尔是司徒雷登的父亲，掌管汇文 10 余年。

④ 包文是美国伊利诺伊州人，毕业于讷克司大学，1897 年来华，对后期 3 所书院的合并极力主张。

⑤ 南京大学高教研究所校史编写组 . 金陵大学史料集［M］. 南京：南京大学出版社，1989：15.

楼、咾呤寝室、图书馆及另一幢单身教员住宅三面围合中心绿地。主要建筑物沿校园主干道呈线性布置[①]，钟楼是校园建筑至高点，以钟楼为中心，小礼拜堂根据使用要求紧邻钟楼设置，东、西课楼，咾呤寝室分列于钟楼东西两侧，保留校园内池塘，设南北两个操场。

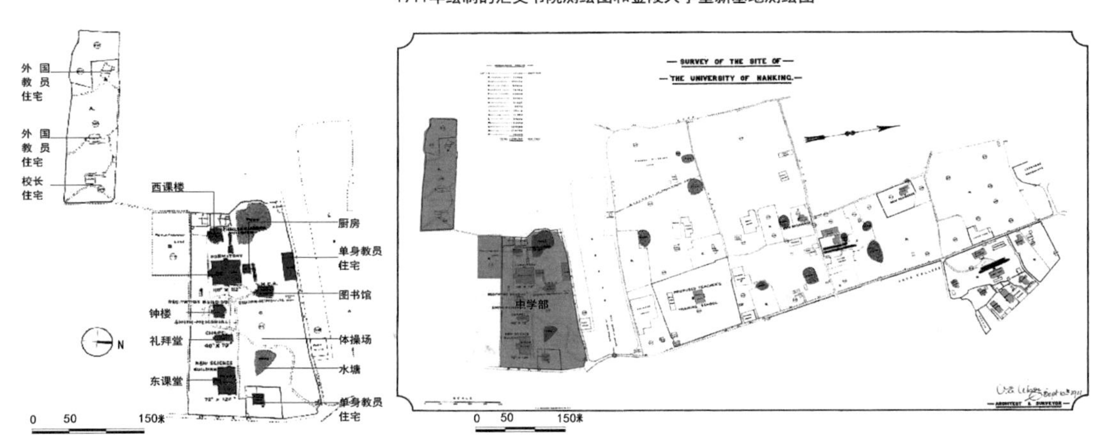

图 4-1-10 1911 年 9 月 10 日美国纽约 Architects&Surveyors 设计公司绘制的场地调研图
图片来源：美国威斯康星州历史协会

汇文书院在首次规划中已经定型并建造，在后来的历次金陵大学校园规划中仅将中学部汇文书院地块纳入总体规划考虑，在环境、道路等方面作局部调整和完善。

金陵大学最终规划方案和单体建筑设计由美国帕金斯事务所完成，在此次规划中，汇文书院部分与 1913 年凯蒂·X. 克尔考里（Cody X. Crecory）的方案比较有如下改动：A 地块已经被划分出去，B、C 地块综合考虑，并将金陵中学部分纳入大学部总体规划构图，房屋不作改动，针对道路、景观、环境等进行几何规整式的规划。通过后期对比 1914 年美国帕金斯事务所绘制的金陵中学规划图和 1929 年的航拍图得出，针对道路和景观所做的几何式布图规划方案并未实现，将 B 地块扩大后辟建为北面操场。

3. 汇文书院的单体建筑

汇文书院旧址（今金陵中学）建筑群除体育馆为民国时期所建外，其余为晚清时期一次性建成，有钟楼、小礼堂、西课楼、东课楼、咾呤寝室（口字楼）、青年会图书馆、体育馆等代表性建筑 7 幢，建筑形态为西式，外墙清一色的青砖砌筑。

（1）校门

校门最初设在乾河沿，新中国成立后改设在中山路上。校门为巴洛克式，校名随着学校历史的变迁几易其名。清朝末年校名题为“匯文書院”，白底黑字。至 1910 年，汇文书院与宏育书院合并为金陵大学堂后，校门题名为“金陵大學堂”，且右边门柱上写有“分設中學”字样，由著名书法家、两江师范学堂总督李瑞清题写。1915 年，金陵大学堂随京师大学校改名为金陵大学校后，中学堂亦改名为金陵中学校，校名也改书为“金陵中學校”。

（2）主楼：钟楼

钟楼建于 1888 年春，为美国殖民期风格，是南京教会学校建筑中现存的最早实例，现

① 1932 年南京市地图中此道路首次命名为盔头巷。

保存完好，用作行政办公楼，于 2012 年修缮（图 4-1-11）。

建筑物主体原为 3 层，1917 年 9 月顶层失火后，由美国教会出资修复，将主体部分改为 2 层，原第三层部分改为阁楼，设有老虎窗，并将原两折式屋顶改为四坡屋顶，上铺水泥菱形瓦（俗称鱼鳞瓦）。钟塔部分原为 5 层，后改为 4 层。钟塔顶部钟亭内置有 1 口座式摆动大钟，钟楼由此得名。

建筑体形平、立面对称，清水砖墙砌筑，不作任何粉刷①。建筑平面近似方形，南北向稍长，通面阔 18.2 米，进深 12.4 米，钟楼顶部标高 16.1 米。建筑平面对称，为南北向短内廊式建筑布局，楼梯布置在北面中部。前后均有入口与门廊，有台阶上下。第一层平面为 4 间办公室，层高 3.9 米；第二层设教室 4 间，层高 3.3 米；第三层为阁楼，最高点净高 3.2 米，利用斜坡屋顶开设老虎窗，用作单身教员宿舍②。

建筑细部为典型的西式建筑处理手法。墙身用青砖砌线脚装饰，在建筑立面中部及檐口下部砌有凸出墙面的砖线脚，还通过弧形砖拱券顶部设置一圈凸出墙面的砖线脚环绕建筑物四周，以达到装饰墙面的效果；在一、二层窗顶上采用弧形砖拱券既解决了过梁承重的作用，又美化了墙面；在建筑物东西两面设置壁炉与烟囱，适应当时外国传教士的生活习惯。建筑结构为砖木混合式，砖墙承重，各层楼地面和楼梯均为木结构，屋顶也采用木屋架。

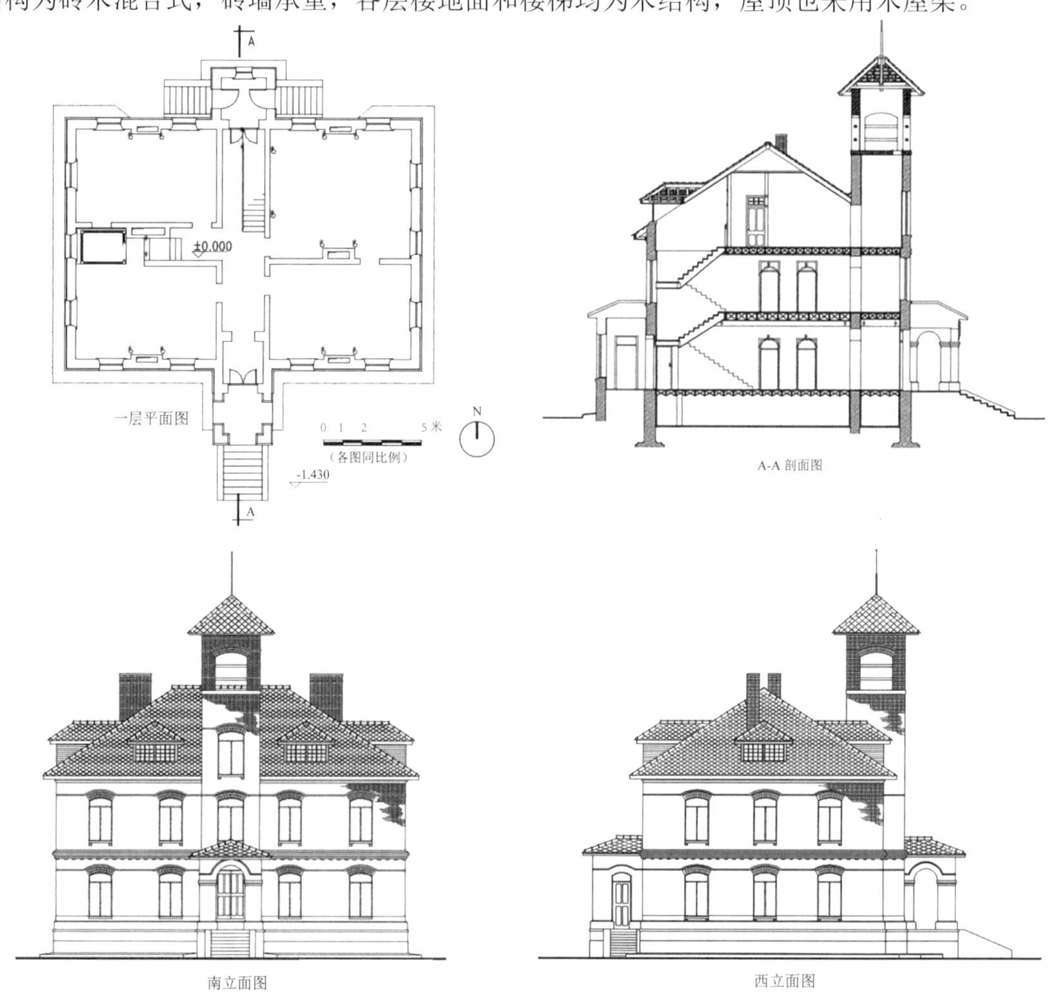

图 4-1-11 钟楼现状测绘图
图片来源：东南大学设计院

① 勒脚与门廊部分用水泥粉面，估计是后加上去的。引自：刘先觉，张复合，村松伸，等. 中国近代建筑总览：南京篇［M］. 北京：中国建筑工业出版社，1992：16.

② 南京市金陵中学. 南京市金陵中学［M］. 北京：人民教育出版社，1998：115.

（3）教学建筑：东、西课楼

东、西课楼分别建于校园东、西面，均建于 1893 年，是学堂主要教学楼，砖木混合结构。西课楼坐北朝南，东西向开间约 18.50 米[①]，南北向进深约 15.44 米，建筑物上下两层，每层有 4 间教室，合计 8 间[②]。檐口和勒脚处以砖砌线条装饰，在一楼勒脚处还设有方形通风孔，屋顶铺波形铁皮瓦，有多个壁炉烟囱升出屋面。建筑平面呈长方形，三面开门方便学生出入，主入口设在南立面，门廊为 3 跨拱形门，高 2 层。屋架、楼梯、地板、门窗皆为木制。东课楼（图 4-1-12）东西向开间约 38.00 米，南北向进深约 22.35 米[③]主体建筑高 3 层，阁楼 4 层，共 4 层，阁楼开设老虎窗，屋顶伸出多个壁炉和烟囱，矩形窗户。建筑平面呈长方形，内设教室 16 间，一楼设科学部及理化、生物实验室。入口有拱形门廊，高 2 层，室内门窗、地板、楼梯、屋架均为木制。

东、西课楼内部皆南北向布置教室和实验室，教室平面为矩形（图 4-1-13），其大小、光线设置合乎人体工程学和教学要求：最大的教室长度不超过 10 米，东课楼大教室尺寸约为 10.0 米 ×8.5 米，小教室尺寸为 9.0 米 ×8.5 米，西课楼大教室尺寸为 8.0 米 ×9.0 米，小教室尺寸为 7.0 米 ×9.0 米，走道宽约 3.0 米，设有两部楼梯，符合视线和疏散要求。教室内光

图 4-1-12 东课楼历史照片

图片来源：金陵中学校史馆

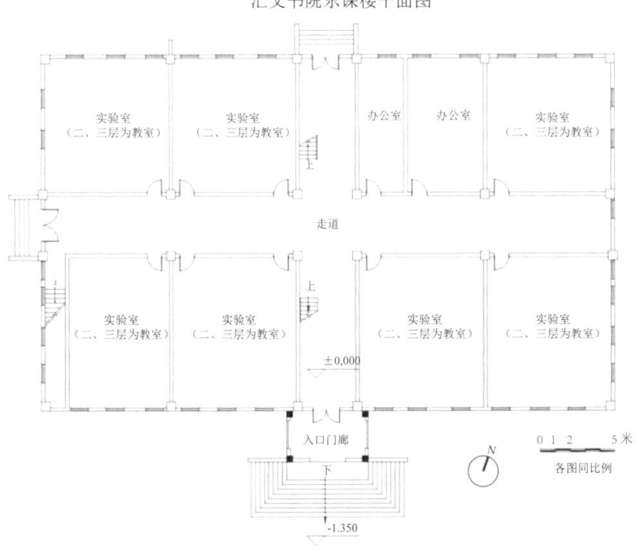

图 4-1-13 东课楼一层平面图、西课堂一层平面图

图片来源：根据金陵中学校史馆提供的原始图纸翻制

① 数据来源于 1988 年南京市中小学房屋分幢登记表，金陵中学校史馆提供。

② 南京市金陵中学 . 南京市金陵中学［M］. 北京：人民教育出版社，1998：115.

③ 数据来源于 1988 年南京市中小学房屋分幢登记表，金陵中学校史馆提供。

线充足，完全满足光线设计要求：每间教室最少有 3 个窗户，东西两侧的教室甚至在南面和东（西）面各设 3 个窗户。

（4）教辅建筑：青年会图书馆

图书馆建于 1902 年（图 4-1-14），又称为青年会堂（Y. M .C. A）、库伯堂（Copper Hall），位于钟楼西北数十米，1988 年拆除，目前为仿原样重建（图 4-1-15）。建筑物坐北朝南，东西向开间约 13.80 米，南北向进深约 19.75 米[①]，平面呈矩形，高 2 层，一层为学生宿舍，二层为图书馆，含阅览室 1 间、教室 1 间、藏书室 1 间[②]。入口门廊，外墙用青砖砌筑，檐口和勒脚处以砖砌线条装饰，一楼窗户为平券，二楼窗户为拱券，墙面四周设有菱形图案装饰。一楼窗户间的扶壁式砖墙柱有哥特式建筑的痕迹，与小礼堂做法一致。室内楼地板、楼梯、门窗均为木制。

图 4-1-14 1910 年前的青年会图书馆
图片来源：美国耶鲁大学图书馆

图 4-1-15 1988 年重建后的图书馆
图片来源：东南大学周琦建筑工作室，王荷池摄影

（5）生活用房：哮吟寝室（学生宿舍）、单身教员宿舍

汇文书院的学生宿舍名为哮吟寝室，建筑物东侧墙壁上刻有“COLLINS DORMITORY 1893”字样，该楼建于 1893 年，位于钟楼西侧，目前已不存。最初为平行的两栋 2 层楼房，20 世纪初加盖为 3 层，并将两楼连成一体，中间形成一个巨大的天井，利用天井采光通风，夏季能防止阳光直射，冬季减少散热利于保温，十分适合南京夏热冬冷的气候特征。因建筑平面呈“口”字形，故俗称“口字楼”。建筑物坐北朝南，东西向开间约 33 米，南北向进深约 35 米[③]一楼配置有膳厅、浴室、通讯处、膳委会及储藏室等生活服务设施，一楼的南面也曾作宿舍和教室，二楼和三楼分别是单身教师宿舍和学生宿舍[④]。每层均设内廊，四角有楼梯。东南西北四面均设有门，东门和西门设有门廊，方便学生通行。建筑形式为简化的西方古典式，外墙青砖砌筑，墙身有砖砌线脚装饰，并设有壁炉烟囱等。砖木混合结构，室内楼地板、屋架、门窗及楼梯均为木制。另有两幢单身教员宿舍，建筑形式亦为西方古典式，拱形门窗，层高为 2 层，四坡屋顶。口字楼天井、院落的设置体现了教会学校建筑根据当地气候进行的调整和适应性改造。

---

① 数据来源于 1988 年南京市中小学房屋分幢登记表，金陵中学校史馆提供。
② 南京市金陵中学 . 南京市金陵中学［M］. 北京：人民教育出版社，1998：115-116.
③ 数据来源于 1988 年南京市中小学房屋分幢登记表，金陵中学校史馆提供。
④ 南京市金陵中学 . 南京市金陵中学［M］. 北京：人民教育出版社，1998：116.

（6）宗教建筑：小礼堂（礼拜堂）

小礼堂建于 1888 年，位于钟楼东侧，原为美国基督教美以美会礼拜堂，目前已拆除。

建筑物坐北朝南，东西向开间约 11.10 米，南北向进深 22.10 米[①]，建筑为单层平房，平面为简单的矩形，可容座位 300 人[②]。建筑属于哥特式建筑风格，入口设门廊，人字形的大坡屋顶有欧美乡村小教堂的特征。建筑结构为砖木混合结构，地板、屋架及门窗均为木制，外墙用青砖砌筑，檐口、墙身和窗顶用凸出墙面的砖砌线脚装饰。

19 世纪末期，汇文书院附设金陵中学开启了南京近代中学教育的先河，外国传教士在引进新式教育内容的同时，也引进了适应新式教育模式的建筑布局方式。汇文书院建筑群采用当时西方学校建筑的规划和建筑设计手法，完全不同于当时南京的本土建筑，为南京仿西式建筑做出了楷模，极大程度上影响了南京近代教育建筑的发展，反映了当时社会的特点，记载了南京近代史的曲折变迁。

---

① 数据来源于 1988 年南京市中小学房屋分幢登记表，金陵中学校史馆提供。

② 南京市金陵中学 . 南京市金陵中学［M］. 北京：人民教育出版社，1998：115-116.

第二节　1911—1937 年南京近代教育建筑

一、国人办校的发展与兴盛

（一）民国制度法规的发展与完善

民国成立后效仿欧美学制，政府颁布施行《壬子 . 癸丑学制》，规定小学、中学、师范学校、实业学校、专门学校、大学等各级各类学校的房屋设置要求，明确学校的建筑类型与功能设置，在晚清《癸卯学制》的基础上有所改进：小学要求设置独立的校地、校舍、体操场，不得作为他用。中小学校始设校园，高等学校加课农业者，应设农业实习场。高等学校增设实验室，女子师范学校须有艺圃。女子师范学校得附设保姆讲习科及蒙养园，国民学校（小学）附设蒙养园。1922 年制订的《壬戌学制》使近代学制走向定型，后续学制均以此为基础或稍作微调。该学制彻底开放女禁[①]，改称蒙养园为幼稚园，将幼儿教育纳入正式学校系统，改实业学校为职业学校，南京因此产生了一批中等职业学校或在中学设职业科，学校建筑功能也逐渐完善，这些学制很好地引导了学校建设。

1927 年国民政府定都南京后才开始颁布一系列的建筑法规对学校营建活动进行引导与管控。南京市与教育建筑相关的法规经历了《市区建筑暂行简章》（1927 年 12 月）—《南京市工务局建筑规则》（1933 年 2 月）—《南京市建筑规则》（1935 年 11 月 23 日）—《南京市建筑管理规则》（1948 年，共 11 章 327 条）的过程，均由南京工务局颁布，其内容不断完善，1927—1937 年间，《南京市建筑规则》成为控制南京学校营建活动的主要法规。

《南京市建筑规则》全文共 11 章。第一章总则规定市内一切公私建筑（含校舍）起造、添造、改造、修理或拆卸均应于事前由业主约同承造人请领执照，并将图样、施工说明书等呈工务局审核，通过后才可动工。在第八章第二节《医院校舍旅馆茶园浴室章》第 205—211 条规定：校舍除经工务局特许外，每层至少须有太平门两处，校舍建筑之楼梯过道及出入口处须设减火器或其他消防设备，并须经工务局之核实。校舍建筑每层须设备合于卫生之男女厕所及盥洗所，小学校舍之楼梯其两旁应装设扶手及栏杆，梯级高度不得过 15 厘米，深不得小于 27 厘米，转弯处不得用斜形或螺旋形梯级。小学校舍最高不得过 2 层。教室四周窗户之面积不得小于室内墙壁面积 1/5，窗台至少须高出地面 1 公尺，教室内之净高至少为 3.5 公尺。

（二）学校实际建造状况综述

1. 学校类型与空间分布

民国时期学堂一律改称为学校，办学力量有政府和私人两类，政府创办的学校称为公立

---

① 1907 年清政府颁布《奏定女子小学堂章程》和《奏定女子师范学堂章程》，男女学校分设。1912 年民国教育部规定初等小学男女可以同校，新文化运动促进女子高等学校的产生，1920 年北大首开女禁，大学男女可以同校，同年南高师（现东南大学）也开女禁。直至 1922 年教育部公布的《壬戌学制》，才完全取消了各级各类学校限止女子入学的规定。在建筑方面的影响则是男女宿舍的分设。

学校，私人创办的学堂为私立学校。该时期与清朝最大的不同是政府允许私人创办大学，最明显的特征是南京创办建了一系列的军事学校，此为南京作为民国首都区别于其他地方城市教育建筑的一大特色。

1929 年《首都计划》制订前南京学校分布与晚清无异，集中在城中与城南。《首都计划》引进西方先进的规划理念，首次提出南京中小学校应根据人口密度、人口发展趋势和学龄儿童的比例在城内均衡分布，从 1936 年学校分布图来看，《首都计划》得到了很好的实施，南京城区（城墙内）被划分为 8 个学区，乡区被划分为 3 个学区，中小学校在全城均匀分布，呈满天星斗状（图 4-2-1）。

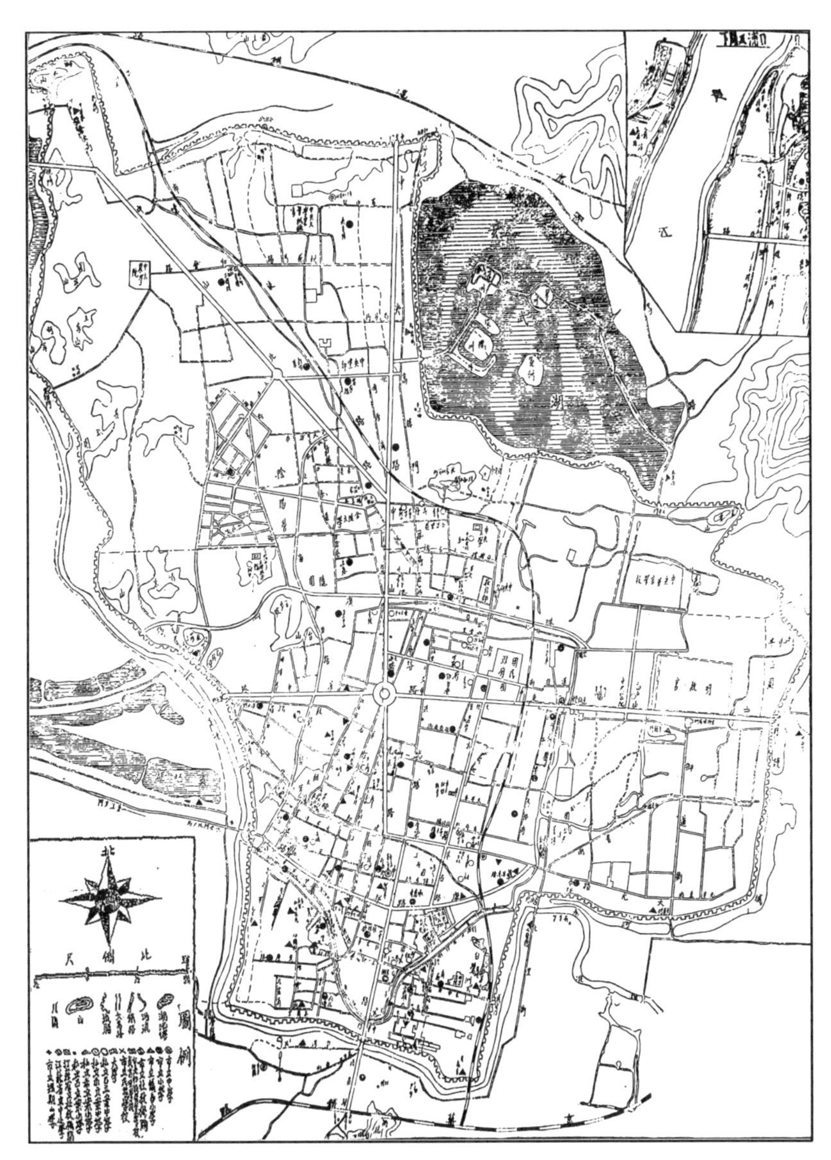

图 4-2-1 1911—1937 年南京城学校分布图

图片来源：南京市社会局 . 南京教育［M］. 南京：南京市社会局，1936：1-2.

部分新建高等学校和军事学校向城墙外发展。已建大学在原校址不变，但是随着校地规模的扩大，学校不断整合周边用地，校区扩张合并街块，周边街块逐渐成为校区用地，街块间的城市道路也成了学校道路，学校建设使城市肌理发生了转变。军事学校设在晚清军事学堂旧址或城墙外。因城市道路的修建，以及公共汽车、市内火车等现代化便捷交通工具的使用，使新建学校已不再局限在城内，而是根据教学需要或军事演练需要择址于城外（图 4-2-2）。

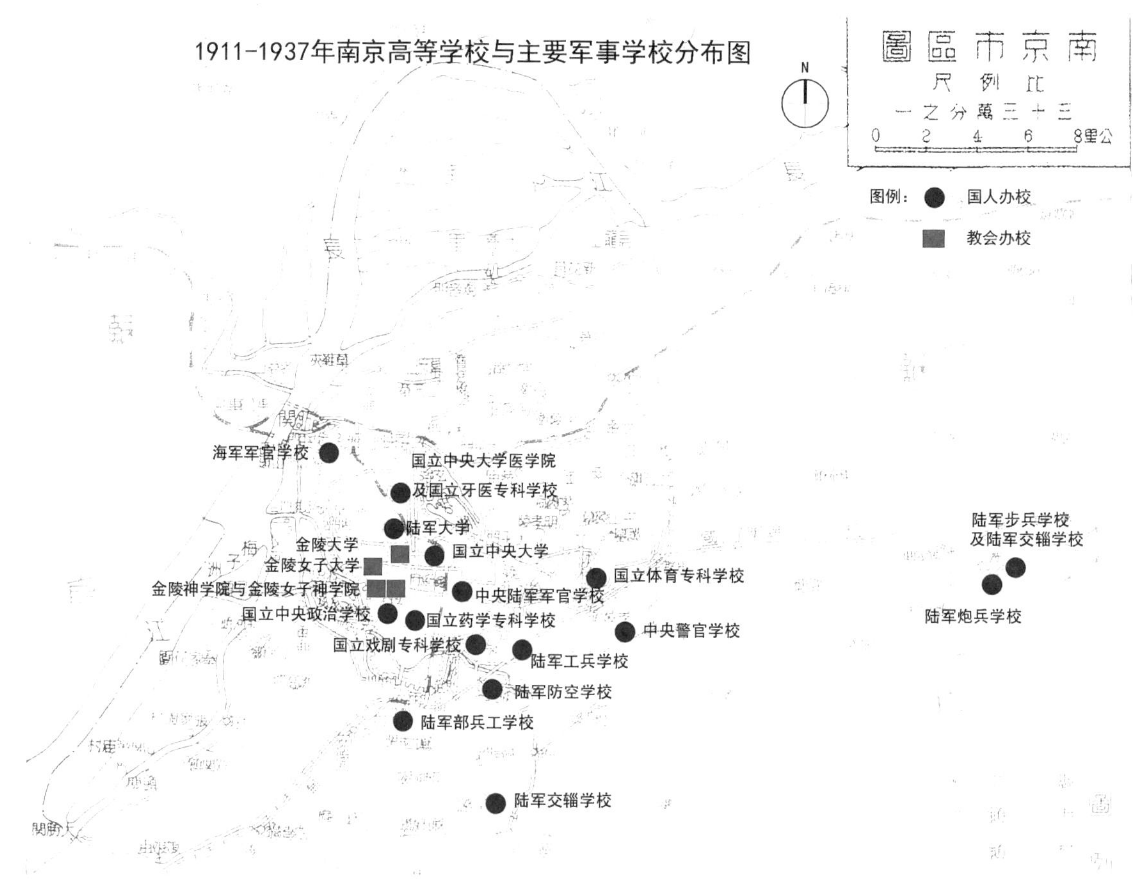

图 4-2-2 1911—1937 年南京高等学校与主要军事学校分布图

底图来源：1949 年南京地图

3. 营建特征

北洋政府时期国人办校几乎无所发展，首都南京时期的学校空间分布与营建模式皆有规制。1927 年 6 月南京市政府工务局成立，下设总务、设计、建筑、取缔、公用 5 科，管辖全城的城市建设。1933 年 2 月颁布的《南京市工务局建筑规划》规范了市内一切公私建筑的营造方式，以学校建筑为例：首先由校方报工务局申请执照，图则经审查合格后，由工务局通知请照人领取；然后领照兴工，待兴工和排灰等工作完毕后分别填写报告单，呈请工务局派员查勘察；最后由工务局取缔科负责违章查处[①]。首都南京时期市立学校经费从市财政税收项下拨付，由于市财政入不敷出，依赖中央和江苏省补助，私立学校主要依靠私人捐资和征收学杂费。

从学校建筑本体层面上讲，北洋政府时期发展缓慢，南京国民政府时期全面兴盛。具体而言，一是办学数量迅速增加，尤其是国民政府推行小学义务教育，由此兴建了大量的小学校舍，中学校和高等学校也迅速发展。二是在建筑功能设置方面，民国后废除祭孔读经，旧学祭孔场所消失，西方公共建筑礼堂取代祭孔场所，成为新的聚会庆祝之所。随着学制的反复改革与定型，学校建筑功能与类型也走向定型，教学、科研、教辅、生活、体育活动用房一一齐备，建筑形态呈现多元化。三是专业建筑师参与学校建设，学校规划手法灵活多样，建筑形态中西兼备，功能设置齐全。

---

① 南京市工务局建筑规则，南京市档案馆，档案号 10010011035（01）0015。

（三）初中等学校建设

1. 初中等学校的统计与简介

民国时期的第一所幼稚园于1918年创办，1935年幼稚园数量增至26所。1928年小学数量为53所(比清末稍减)，1936年发展至231所（其中市立小学179所，私立小学52所）。1927年中学校仅10所，1936年发展至20所。另有中等专业学校3所、中等师范学校4所。

民国初年颁布的《壬子·癸丑学制》明确要求各小学有专用的校地和校舍，因此南京的小学校照章行事，均有独立的校地校舍，有的借用公共场所（如大行宫等），有的借用民房办学，小学规模一般不大，面积也不大，学校校舍有教室、办公室、宿舍、操场等设施。1927—1937年国民政府推行义务教育，由南京市政府有组织、成规模地新建了48所小学校舍（大多数为工务局设计），该时期共有小学231所，新建校舍占总数的20.8%，涵盖市立小学、义务（简易小学）、乡区等各类小学。

1911—1937年南京的中学校　　表4-2-1

1937时校名	现名	创办时间	校址	校舍状况
市立第一中学	南京市第一中学	1907	中华路府西街	晚清校舍基础上添建
市立第二中学	南京田家炳高级中学	1935	筹市口	新建
私立安徽中学	南京市第六中学	1904	中正街	晚清校舍基础上添建
私立钟英中学	钟英中学	1898	九条巷	南捕厅衙门改建为校舍
私立五卅中学		1925	鼓楼保泰街	校舍最初分为三院，民国十九年建新校舍
私立钟南中学	南京建筑工程学校	1924	太平北路	利用闺阁祠为校舍
私立东方中学	不详	1921	长江路、邓府巷	不详
私立三民中学	南京市第四中学	1929	龙蟠里	不详
私立首都女子初中	不详	1927	杨将军巷	利用私立首都女子政法讲习所为校舍
国立中央大学附中	南京师范大学附属中学	1902	四牌楼大石桥	晚清校舍基础上添建
国立国民革命军遗族学校	校舍现由南京军区前线歌舞团使用	1929	中山陵附近，中山门外卫岗	新建

注：另有9所私立中学由于史料缺乏，校舍状况不明。这9所私立中学分别为：成美中学（校址在大香炉）、两广初中、冶城中学、华南中学、京华中学、现代中学、行健中学、学艺初中、励志初中。私立学校大多校舍简陋，多为民房改建而成，规模较大的私立安徽中学尚且利用前清南捕厅旧址改建而成，私立学校的校舍简陋程度可见一斑

来源：1. 学校数量、校名、部分学校的校舍状况源自：南京市地方志编纂委员会. 南京教育志（上册）［M］. 北京：方志出版社，1998：370-371.　2. 各校档案室查阅的校史、校舍档案史料。

新建学校2所，仅占总数的10%，为市立二中、国民革命军遗族学校，这两校均为公办，新建校舍必须以资金保障为前提。扩充添建的学校有5所，占总数的25%，分别为市立一中、国立中央大学附中、私立安徽中学、私立钟英中学、私立五卅中学，前4校均建于清末民初，随着学校规模的发展扩大，在旧校舍基础上扩充添建新舍，五卅中学为利用五卅惨案后各地筹款建造的校舍。其余13校均为私立中学，校舍简陋，大多利用民房公所改造而成。

此外，至1937年时，南京有4所中等职业学校，分别为私立鼓楼医院高级护士学校（教会办）、中央高级护士职业学校、中央高级助产职业学校、中央工业职业学校。前3所附设在其实习机构内，仅中央工业职业学校设在中央门外郭家山。

1911—1937 年南京中等师范学校 表 4-2-2

校名	现名	创办时间	校址	校舍状况
江苏省立第四师范学校	宁海中学	1912	钱厂桥	利用钟山书院的房屋
江苏省立第一女子师范学校	宁海中学	1912	中正街	先租赁中正街、后租赁考棚西巷为校舍，原方言学堂为附小校舍，民国三年以马府街官屋为校舍，民国十年增租中正街民房，后翻盖楼房
江苏省立栖霞乡村师范学校	南京市栖霞中学	1927	栖霞山麓，毗邻栖霞寺	1928 年新建校舍 45 间，购地 10 亩
晓庄师范学校	南京晓庄学院	1927	和平门外劳山脚下晓庄	新建，均为茅草房
南京中区实验中学设师范科	南京市第一中学	1929	中华路府西街	附设在市立一中内
南京市立师范学校	宁海中学	1935	中华门外小市口集合村	由江苏省立第四师范学校、江苏省立第一女子师范学校与其他学校合并组建

来源：南京市地方志编纂委员会 . 南京教育志（上册）［M］. 北京：方志出版社，1998：908-910.

2. 初中等学校的选址与规划

1929 年前，南京初中等学校集中在城南一带，与晚清无太大差别。《首都计划》制订后，市教育局将南京市划为城区和乡区。城区划为第一、二、三、四、五、六、七、八等 8 个分区，乡区划分为上新河、燕子矶、孝陵卫等 3 个分区。教育局还重新布局全市学校，迁移校址分布不均匀的 6 校。1935 年 11 月 11 日，教育部又以法规的形式公布《市县划分小学区办法》[①]，要求各市县遵照实施义务教育暂行办法，视户口之疏密，与地势交通等相互关系，参酌各地方自治组织情形将全市县划分为若干小学区。每区约一千人，城市中人口繁密之地得变通，偏僻农村人口不满一千者，亦划为一小学区。从 1936 年南京学校分布中可以看出，《首都计划》和教育法规得到较好的实施，中小学校分布均匀，改变了晚清集中在城南和城中的格局。

职业学校选址根据专业特点而定，多附设在实习机构内。晚清维新派曾提出中等职业学校的校址选择根据专业特点而择定，虽然教育部迟至 1947 年颁布的《职业学校规程》中才有明确要求“校址选择须以适合学科之环境而便于实习的原则”[②]，但 1937 年前创办的职业学校已经不自觉地履行了这一原则。如 1932 年建立的国立中央高级护士职业学校附设在黄埔路中央医院内（现南京军区总医院），1933 年成立的中央助产学校最初亦附设在中央医院内，后迁到石鼓路新址（现南京妇产科医院院址）。

北洋政府时期南京的中小学校几乎无所增长，初中等学校的建设集中在 1927—1937 年间。首都南京时期，政府推行义务教育。在国家统一学制的前提下，在专业建筑师参与学校建设背景下，以及在国民政府、教育部门、建设机关的共同引导下，学校建筑无论其校园规划还是功能设置，有着明显的“共性”。选取南京市工务局设计的 51 所小学校舍原始图纸和 8 所[③]校舍质量较好、规模较大的南京市公私立中等学校作实例分析。这 51 所小学校中，有明确史料记载的实际建成的有 26 校，涵盖了公、私立各类实验小学、简易小学、乡区小学、

① 宋恩荣，章咸 . 中华民国教育法规选编（1912—1949）［M］. 南京：江苏教育出版社，1990：309-310.

② 教育部公布的《职业学校规程》，引自：宋恩荣，章咸 . 中华民国教育法规选编（1912—1949）［M］. 南京：江苏教育出版社，1990：555-560.

③ 这 8 所规模较大的中学校为：市立一中、市立二中、私立安徽中学、国立中央大学附中、国立国民革命军遗族学校、江苏省立第四师范学校、江苏省立栖霞乡村师范学校、晓庄师范学校。

住宅区配套小学。

分析实例，“黄金十年”期间南京初中等学校规划状况大致如下：

在建设分期上，校方根据财力和实际使用需求逐步添建，分幢或分期建设校舍，并充分利用晚清校舍进行扩添建。如南京市立一中、中央大学附中、安徽中学、钟英中学均在晚清校舍的基础上改扩建，在充分利用原有校舍的基础上，逐渐添建新建筑。如中央大学附中在1919年添建教学楼杜威院、望钟楼、附中一院，1922年又建教学楼附中二院。因学校设有幼稚园，1920年代添建幼稚园舍，附设幼儿活动场地。南京市立二中由工务局设计了两套规划方案，拟分期新建校舍。一期工程仅建设教学楼和大礼堂两幢建筑，二期进行整体校园建设。

在规划布局上，专业建筑设计者结合周边环境因地制宜，根据地形合理布置教学楼与体操场，建筑布局注重采光、通风等良好的学习生活环境，学校规划开始出现明确的功能分区。教学楼与体操场前后布置，体操场一般布置在无遮挡的基地南侧，用于南北方向长、东西方向短的校地，例如新路口简易小学（图4-2-3）和南京市立第一中学基地南北方向较长，设计者将体操场设置在教学楼的南面，两者之间用道路或其他建筑分隔。教学楼与体操场左右布置，用于东西方向宽，南北方向窄的校地，例如私立安徽中学、剪子巷简易小学皆为此种布置方式，充分利用地形将教学楼和体操场一左一右分开设置。教学楼与体操场地各据一角布置，教学楼免受体操场的干扰，例如大中桥小学将教学楼设于基地最南端，空出东面大面积用作体操场。例如南京市立第二中学校地面向城市道路时，设计者将体操场靠近城市道路巧妙地形成隔离带，并在教室与体操场之间设有礼堂及办公楼，营造安静宜人的学习环境。

当基地地形特殊，如基地周边有河流、山丘或需穿过狭窄民巷等极端环境时，体操场一

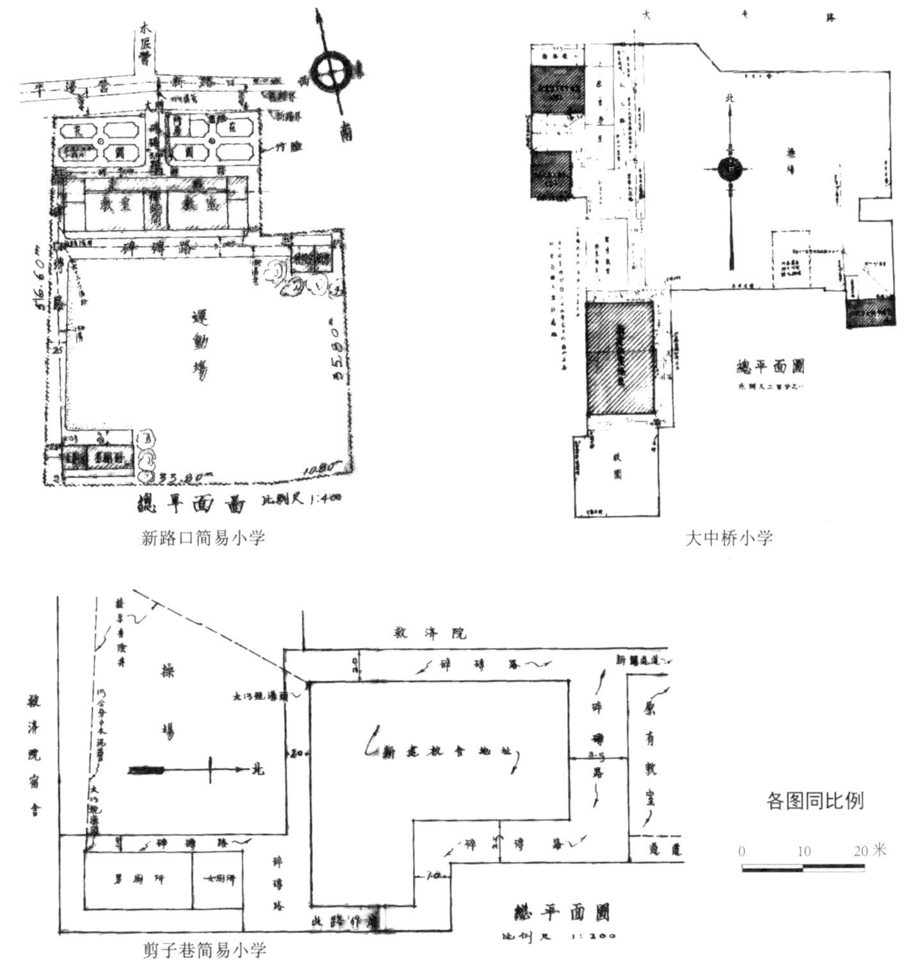

图4-2-3 新路口简易小学、大中桥小学、剪子巷简易小学布局

图片来源：南京市档案馆

般设在南面。例如淮清桥小学处于逼仄的民巷中，设计者采取穿越窄巷过渡到开阔地段的手法，将主教学楼设置在开阔地段，利用空地作为室外活动空间。南昌路小学基地呈带形，两侧均为大面积水塘，设计合理利用地形，用一条狭长的堤岸作为主干道连接校门和教学楼，南北向设置教学楼，在教学楼的南面设置操场。一般将教学楼、宿舍楼等主要建筑南北向布置，学校、运动场一般设在南面向阳处，运动场长轴多南北向布置，但也有少数学校根据地形设为东西向，例如中央路小学的运动场长轴为东西向（图 4-2-4）。

小学校通常仅有单幢综合楼，规模较大的小学以轴线结合院落的形式进行规划布局，多为集中式院落或轴线式院落。由于规模小，小学校一般不设学生宿舍，根据民国学制的要求设有教室、礼堂、操场 3 类空间，因此大多数学校以单幢综合楼的形式将教室、礼堂、办公室、图书室等功能全部囊括在内，利用空地设置操场。如南京市模范小学、剪子巷简易小学校内只有一幢综合楼，在综合楼内设置教室、图书室、各类办公室等各类功能空间。模范小学利用综合楼中心部位设置大礼堂，礼堂四周的边角部分铺设草地，合理利用空间。当学校有多幢建筑时，单体建筑围合中心绿地、操场或院落布置，形成集中式的户外活动场地，呈“中心花园式”，这种布局方式结构紧凑，非常适合规模不大的学校，例如中央路小学围合中心操场布置（图 4-2-4），三条巷小学的单体建筑围合成三合院或四合院的形式。

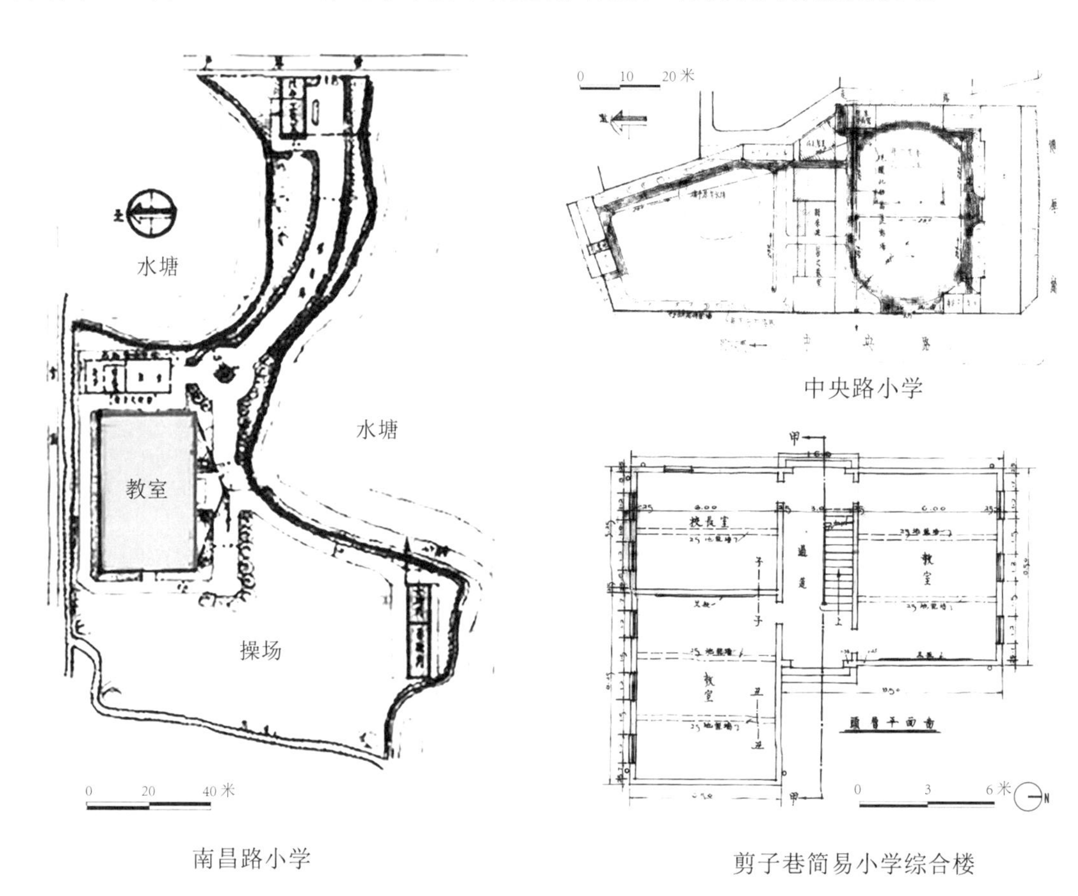

图 4-2-4 南昌路小学、中央路小学、剪子巷简易小学综合楼
图片来源：南京市档案馆

中学校规模稍大，皆以轴线组织院落空间，单体建筑围合成三合院或四合院的形式。轴线有单轴、并列轴、十字轴几种形式。另有栖霞和晓庄两所乡村师范学校，因位于乡村，校地宽广，校舍简陋，且没有规划，自由散布在乡间。国民革命军遗族学校的校园规划以中国传统建筑群体的手法沿轴线组织院落空间，以开敞的三合院为基本单元，规整地组织单体建

筑，通过主次轴线关系串联或并联院落，形成具有空间序列的建筑群。主次轴线呈十字形相交于中心广场。主轴线上依次设置大门、中心绿地、大礼堂；次轴线上设置教学楼、学生宿舍等，并以一座二层高的楼房作为次轴线高潮的终结点。

扩添建的学校一般沿用前清校舍，因此原校园轴线不会有太大改变，新建校舍延续原轴线生长或另起一条轴线生长，形成单轴、并列轴或十字轴，校园空间结构仍为轴线式院落。如南京市立一中（图 4-2-5）延续晚清校舍轴线，添建和平院、博爱院，形成大门—主教学楼—学生宿舍主轴线，并在主轴线西侧设计一条新轴线，建明德院、厨房饭厅和体育运动场。国立中央大学附中将晚清校舍轴线延长，添建中一院、雪耻楼、杜威院、望钟楼、教室食堂等，添建的校舍围合中心操场布置，校园总体布局呈单轴发展。私立安徽中学（图 4-2-6）在保持晚清校舍轴线基础上，在东侧另辟一条次轴线，次轴线上布置生活用房和运动场所，主轴线布置办公、教学、生活用房，主次轴线沿南北向并列布置。江苏省立第四师范学校也在保持主轴线的同时，在基地西侧另设一条新轴线并列发展，并在新轴线上添建普通教室、健身房、球场、运动场等，主轴线上添建了部分教室、大会堂、办公室、学生宿舍、厨房浴室等。

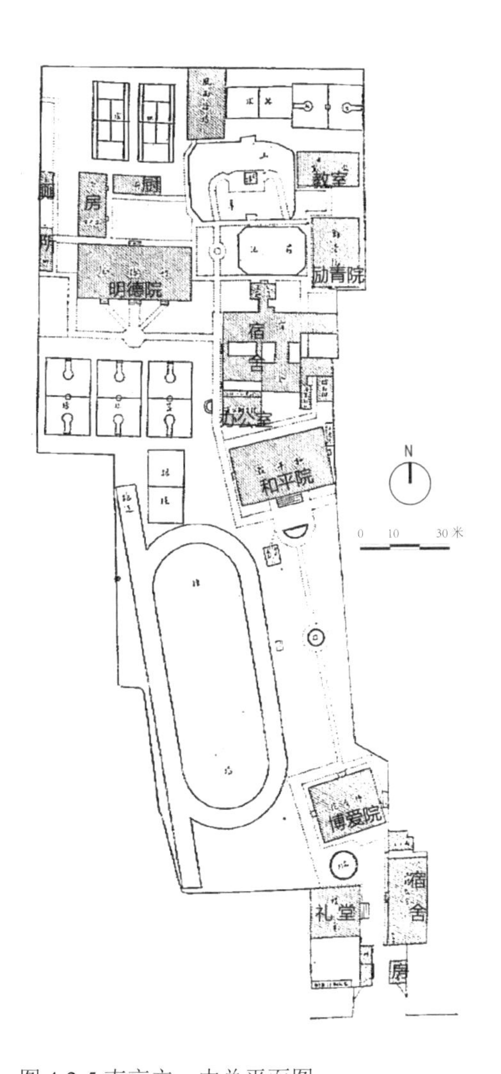

图 4-2-5 南京立一中总平面图

图片来源：［民国］南京市立第一中学．南京市立第一中学十周纪念册［M］. 南京：南京市立第一中学，1937.

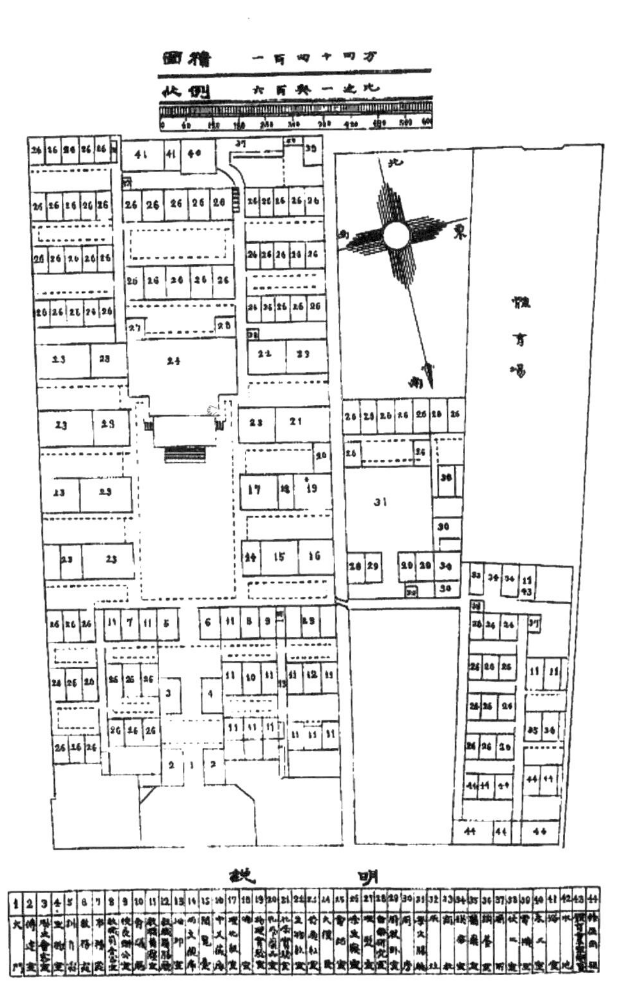

图 4-2-6 私立安徽中学总平面图

图片来源：［民国］南京安徽中学. 十年来之南京安徽中学［M］. 南京：南京安徽中学，1933.

3. 初中等学校的建筑功能与形态

民国成立后废除“忠君尊孔”，旧学祭孔场所消失，教育部以“忠君与共和政体不合，尊孔与信教自由相违”为由明令全国各中小学，废止读经和拜孔之礼，自此旧学祭孔场所在各类新式学堂消失，祭孔场所荒废或转为他用。学校功能趋于完善，规模较大的学校出现明显的建筑分类，设教学楼、宿舍楼、礼堂等；规模较小的学校则在单幢建筑内分隔出教室、办公室、宿舍等空间，建筑内部功能混杂。

一般情况下，小学校舍多为单幢教学综合楼，内部设各类教室、实验室、办公室、礼堂、图书室、学生宿舍等，功能几乎无所不包，俨然一座综合楼。中等学校按照学制规定的房屋设置要求，在教学楼内添设音乐、图画等专用教室、生理化实验室、学生成绩陈列室、农工劳作等实习室、课外活动作业室等。理化实验室初期附设在教学楼内，后拟建成独幢科学馆。

民国时期中小学校建筑不再仅限于平房，1927—1937 年新建的大部分中小学建筑已经仿照西方建筑向高空发展，建筑高度一般不超过 3 层，平面功能复杂，功能混合设置。教学用房分为普通教室，生理化、图画、音乐等专用教室，实验室等。教学楼的平面形式演变复杂多样，由晚清时期单座平房的简单矩形平面演变为建筑体量丰富的楼房，当教学楼北面设置大礼堂或大教室时，平面则衍生出“T”字形；在矩形平面的两侧设办公室等辅助用房时，则衍生出工字形平面，故建筑平面大致有矩形、“一”字形、“T”字形、“L”形、“工”字形、“口”字形等几种形式。

教学楼的朝向一般为南北向，内部房间用走道式组合布局，空间使用效率高。主要分单廊式（南外廊或北外廊）和中廊式（中间走道两侧房间）两类，也有沿房间两侧设置走道的双外廊式、四周布置房间的回廊式，大礼堂或专用教室等大空间一般设置在教学楼中部或端部。在晚清教室注重光线、视线设计的基础上，1927—1937 年新建的中小学校的教室内部已考虑到流线设计。教室通常设前门和后门，方便学生进出。两侧墙上开设窗户采光和通风，教室的大小满足正常人的视力要求，长宽均不会超过 10 米。1927—1937 年南京工务局设计的 51 所小学的教室图纸中，教室多为长方形，长度 8 ～ 10 米，宽度 6 ～ 10 米（图 4-2-7）。

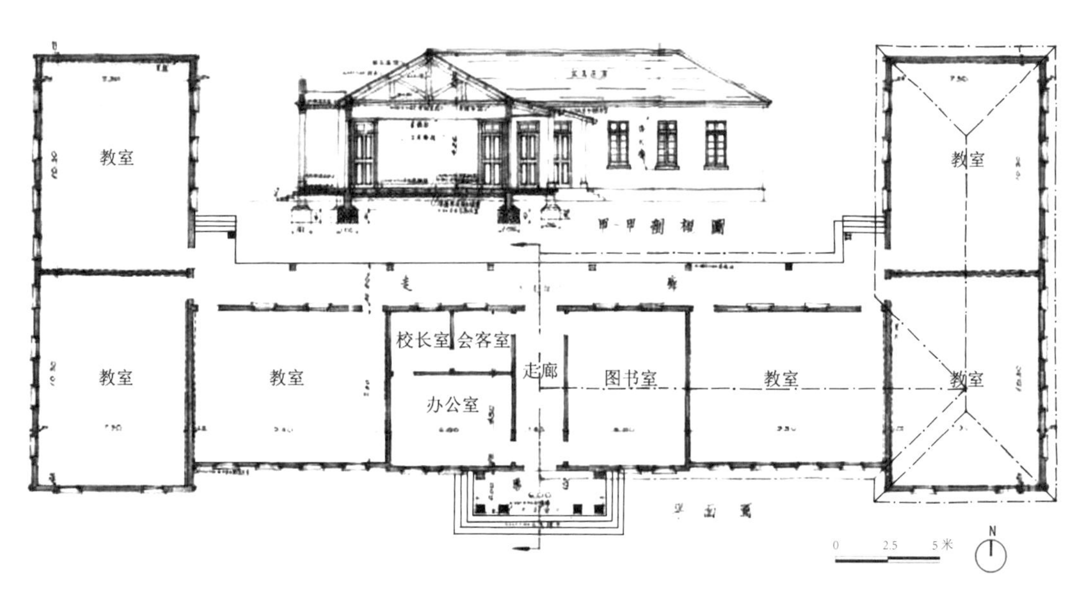

图 4-2-7 南京市教育局拟建全市小学校甲种设计图

图片来源：南京市档案馆，档案号 10010050213（00）0003

各中小学校图书室、校长办公室和教职员办公室等行政用房一般附设在教学楼内，如果为平房时，则以“间”为单位集中设置。各中小学校均设有礼堂，一般单独设置，用地紧张时附设在教学楼背面的中部或端部。这主要根据《壬子·癸丑学制》的规定，将大礼堂与教学用房分设，而晚清《癸卯学制》允许礼堂与讲堂通用，可便宜兼用。小学校一般不设学生宿舍，但会配置厨房。中等学校都会设置学生宿舍，1935 年颁布的《中学规程》首次明确要求“中学校需设置教职员寝室，如属可能，应备教职员住宅”①。这些后勤用房初期多为简陋平房。学生宿舍一般设在教学楼内，随着学生人数的增加，有些学校建有独幢的学生宿舍楼，在宿舍楼内附设膳堂、图书室等，建筑平面多中廊式布局，也有单面布房间的单外廊式。

中小学校均设有体操场、球场等体育活动场所。体操场分室内和室外两种，小学校一般设置室外体操场。51 处南京工务局设计的小学校舍中仅有一例设有游泳池，并附设更衣室，为九龙桥游泳池及简易小学。因 1935 年国民政府颁发《中学规程》，规定中学校“如属可能，应备体育馆、体育器械室”②，市立中学相对设施较好，一般会照学制行事，如南京市立一中建有独幢体育馆，市立二中也拟建体育馆，虽然因抗战爆发未曾建成，但从原始设计图纸中可以了解到，该体育馆为单层大空间建筑，钢木组合屋架，跨度达 16.6 米，高 8.5 米，内部设置篮球场。体育馆、大礼堂、实习工场等大空间建筑的出现反映了民国建筑结构计算的进步和钢材等建筑材料的发展，由此产生了一种以大空间为主体的新的空间组合方式，以建筑物的主要功能为中心，其他各辅助空间都环绕着这个中心来布置，大空间设置在建筑平面的中心或一侧，或底层为小空间的辅助用房，上层为大空间。

1927 年以前南京已创办有幼稚园。1932 年颁布的《小学法》明令“小学得附设幼稚园”③，自此各小学校附设有幼稚园舍，幼稚园舍一般单独设置，与小学校舍分开，并配置幼儿户外活动场地和相关游玩设施。同时，1927—1937 年间，南京中小学校普遍设有学校园（School Garden）。学校园又称学园、校园、学级园，是以自然科学教育和农业教育为主要目的小型种植园、植物园或综合性园林，是中小学生自然科学科、农业劳作科的户外教室和实验场所，根据学校规模适当设置，包括成片的绿地、种植、饲养、天文和气象观测等用地。学校园的兴起与当时基础教育阶段强调自然科学教育、实业教育和劳动教育等密切相关。《壬子·癸丑学制》首次明确提出了在中小学校中设置学校园，但“视学校情形可暂缺学校园”④。1933 年南京国民政府颁布的《小学规程》《中学规程》中将学校园的设置作为中小学校的硬件设施，至此开始了普及式发展。规模较大的中小学学校园设置完备且具有特色，用地紧张或财政限制的中小学，因陋就简利用校园边角地或仅用盆栽方式充当学校园。

初中等学校的校舍相对简陋，主要为解决使用功能，建筑形态处于次要地位。民国时期很多中小学校沿用晚清校舍，除 48 所新建小学校舍⑤设计相对考究外，其余学校的房屋设施简陋，多为简单的两坡顶或四坡顶平房或楼房，屋面覆瓦，立面开设矩形窗户，清水砖墙或略作粉刷，建筑外形与普通民房无异，或者直接用民房改建而成。例如私立安徽中学、私立五卅中学（图 4-2-8）、江苏省立第四师范学校等学校建筑均属此类。形态简朴的校舍如长乐路小学新建教学楼，高二层，四坡屋顶，矩形窗户，建筑立面无多余装饰。新路口简易小学

---

① 宋恩荣，章咸 . 中华民国教育法规选编（1912—1949）［M］. 南京：江苏教育出版社，1990：388-389.

② 宋恩荣，章咸 . 中华民国教育法规选编（1912—1949）［M］. 南京：江苏教育出版社，1990：388-389.

③ 宋恩荣，章咸 . 中华民国教育法规选编（1912—1949）［M］. 南京：江苏教育出版社，1990：243-244.

④ 舒新城 . 中国近代教育史资料（上册）［M］. 北京：人民教育出版社，1961：447.

⑤ 抗战后统计的战前新建小学校舍数量，引自：［民国］南京市教育局 . 南京市教育概览［M］. 南京：南京市教育局 1948：12-16.

教学楼（图 4-2-9）设计手法与之类似，稍有变化，将外廊设置成拱形的门廊，窗户也做成半圆拱窗。

图 4-2-8 私立五卅中学

图片来源：五卅中学 . 五卅中学十周年纪念册［M］. 南京：出版社不详，民国二十四年（1935 年）.

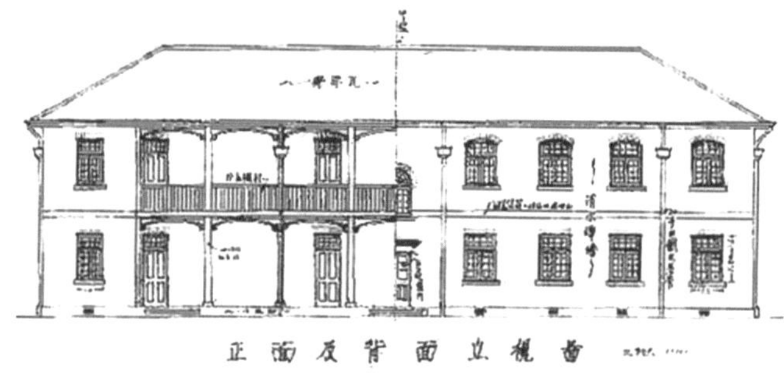

图 4-2-9 新路口简易小学

图片来源：南京市档案馆，档案号 10010050209（00）0015

部分新建校舍建筑形态采用西式。如国立中央大学附中新建的望钟楼，其拱形的门窗具有西方古典建筑的特征；民族楼采用法国孟莎式四坡两折屋顶，屋顶斜坡分为上下两段，上段坡度较缓，下段坡度陡峭，在陡的屋顶处开设老虎窗。立面上用凸出墙身的柱子分隔墙面，矩形窗户，建筑物底部设置通风孔。也有部分学校建筑采用中国传统宫殿形式。市立一中和国民革命军遗族学校建筑群较为典型。例如市立一中博爱院采用中国传统歇山式屋顶，墙身上有中式纹样装饰，矩形窗户。由于南京市立一中是在晚清崇文学堂基础上继续办校的，校址位于原江宁府署旧址，校内有大量晚清遗存的传统建筑，因此新建校舍延续原建筑形式。国民革命军遗族学校建筑群，因位于中山陵脚下，建筑也采用中国传统宫殿形式。

此外，1937 年前南京建筑师已经进行了现代主义建筑的探索，在校园建筑中虽应用不多，但也有案例出现，如 1937 年建成的南京市立二中教学楼、工务局设计的拟建市小学校舍等皆为简洁现代主义建筑形式，平屋顶，矩形窗户，立面简洁无多余装饰。

（四）高等学校建设

1. 高等学校的统计与简介

1927 年前南京共有高等学校 3 所，1927 年 6 月颁行的“大学区制”① 致江苏 9 所高校合并，至 1937 年初，南京共有国人创办的高等学校 6 所。

1927 年前国人创办的高等学校 **表 4-2-3**

学堂名称	现名	创办时间	校址	校舍
私立江苏法政大学	东南大学	1914	初在府西街原江宁府署，1923 年迁至红纸廊	初以江宁府署为校舍，后迁至红纸廊前清两江法政学堂旧址
国立东南大学	东南大学	1902	四牌楼	在晚清两江师范学堂房屋的基础上大规模新建
国立河海工程大学	河海大学	1915	五迁校址	详见下文

来源：南京市地方志编纂委员会 . 南京教育志（上册）［M］. 北京：方志出版社，1998：983-985.

① “大学区制”系蔡元培等人仿效法国教育制度，保障教育经费独立，实现“教育学术化，学术研究化”。这种体制主要有两个部分：一是在中央设大学院代替教育部。二是在地方，废止各省教育厅，以各省国立大学为教育行政机关，大学校长总理区内一切学术与教育行政事宜。1929 年 7 月 1 日废除大学区制。

至 1937 年国人创办的高等学校表　4-2-4

学堂名称	现名	创办时间	校址	校舍
国立中央大学	东南大学	1902	四牌楼	详见下文
国立戏剧专科学校		1935	初在鼓楼妙相庵，后在大光路	利用鼓楼妙相庵曾国荃祠堂为校舍
国立药学专科学校	中国药科大学	1936	白下路盐业银行旧址，后在丁家桥	1936 年租赁南京白下路盐业银行旧址，1937 年在丁家桥建新校舍，工程未竣，抗战爆发后西迁，战后在原址复建
国立牙医专科学校	东南大学	1935	丁家桥中央大学医学院内	附设在国立中央大学医学院内
国立中央国术馆体育专科学校		1927	中山陵附近	详见下文
国立中央政治学校		1927	红纸廊前江苏法政大学旧址	详见下文

来源：1. 南京市地方志编纂委员会 . 南京教育志（上册）［M］. 北京：方志出版社，1998：983-987.
2. 各校校史档案室查阅的校史、校产档案。

2. 高等学校的选址与规划

民国时期的 6 所大学在全城呈分散状态，新建大学多位于城北或城墙外。民国大学选址主要考虑以下因素：一是沿用晚清旧校址或租借房屋。1927 年以前的 3 所大学中，私立江苏法政大学沿用城南晚清法政学堂旧址、国立东南大学在城北晚清两江师范学堂旧址续办，国立河海工程大学一直租用民房为校舍。国立药学专科学校和国立戏剧专科学校创办之初亦租借公房为校舍。二是利用晚清南洋劝业会闲置的旧址新建校舍。“黄金十年”期间新建了 5 所高等学校，其中国立药学专科学校、国立中央大学医学院、国立牙医专科学校均选址于前清南洋劝业会场旧址，此处举办南洋劝业会后长年闲置，占地千余亩，大面积的土地为校园后期扩建留有余地。三是择址于风景优美、交通便利、具有历史文脉之地。例如国立中央国术馆体育专科学校、国立中央政治学校地政学院皆选址于风景优美的紫金山脚下。1934 年国立中央大学筹建新校区时，曾派员在南京四郊选址，勘定中华门外石子岗一带为新校址。

1927 年以前，南京的 3 所高等学校中仅国立东南大学聘请了专业建筑师进行校园总体规划，新的校园规划以欧美大学为参考，改变了晚清校园仅有的东西向轴线，新增一条从南校门—体操场—学生宿舍的南北向轴线作为学校的主轴线，单体建筑在此规划下按照轻重缓急逐渐添建，建筑形式采用西方古典式。私立江苏法政大学利用前清两江法政学堂旧址办学，学校建设停留在单体建筑层面，仅新建了西式的校门和图书馆。国立河海工程大学则一直租借民房公所为校舍[①]。1927—1937 年间，南京的高等学校多由专业建筑师进行规划，设计手法受美国大学校园影响。

校园空间布局仿照欧美大学校园开敞的三合院形式，空间组织十分强调由“校门—广场—主楼”构成的主轴线。这种仿照美国大学开敞三合院形式的典型实例有国立中央大学和国立药学专科学校（图 4-2-10），校园总体布局以学院式序列、轴线式空间关系，按顺序一层一层地进行空间展现和过渡，十分重视主轴线控制的大门—广场—主体建筑的教学区模式。其配套的单体建筑形态为西方古典式。如国立药学专科学校由两组三合院式的建

① 校舍资料来源于河海大学校史展览馆。

筑群组成，一组为饭厅、男生宿舍、女生宿舍等生活用房围合成的开敞三合院，另一组为实验室、图书馆、教室等教学用房围合成的三合院，两组建筑均有明确的中轴线。若校园受地形限制，总体布局多呈行列式。如国立中央国术馆体育专科学校（图 4-2-11）基地为山地，南北向长，东西向短，东西高差约 9 米，建筑物平行于等高线布置，因城市道路位于基地西侧，故在此设置主入口。学校由一条东西向主轴线控制总体布局，在这条主轴线上依次设置大门、校本部办公楼、学员宿舍，主轴线两侧建筑非对称布置，单体建筑呈行列式布局。

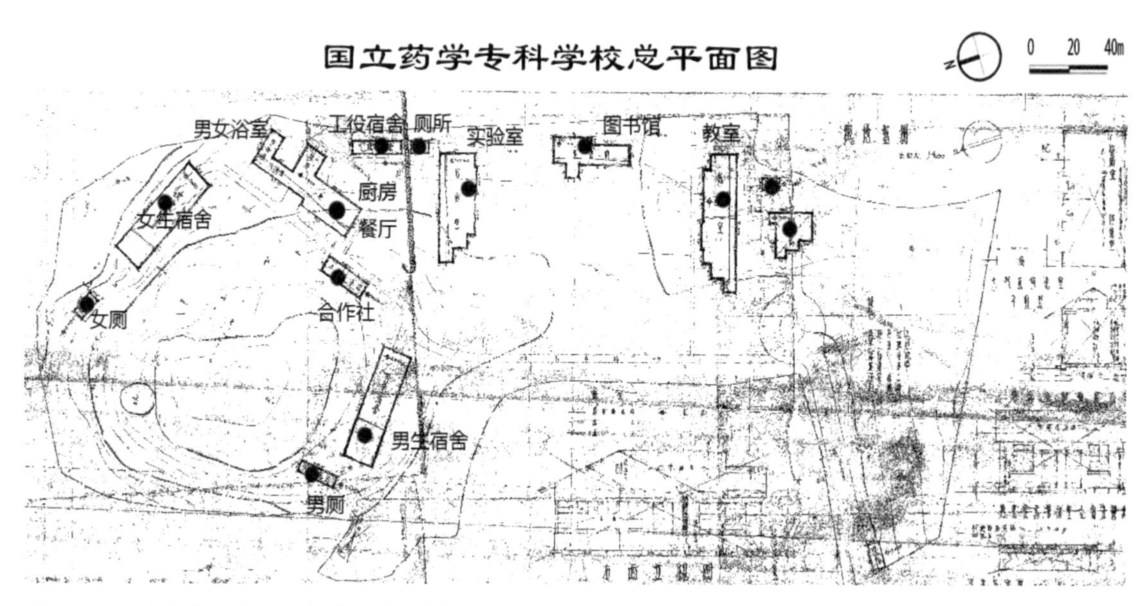

图 4-2-10 国立药学专科丁家桥校舍地盘图

图片来源：南京市档案馆，档案号 10010030489（00）0046

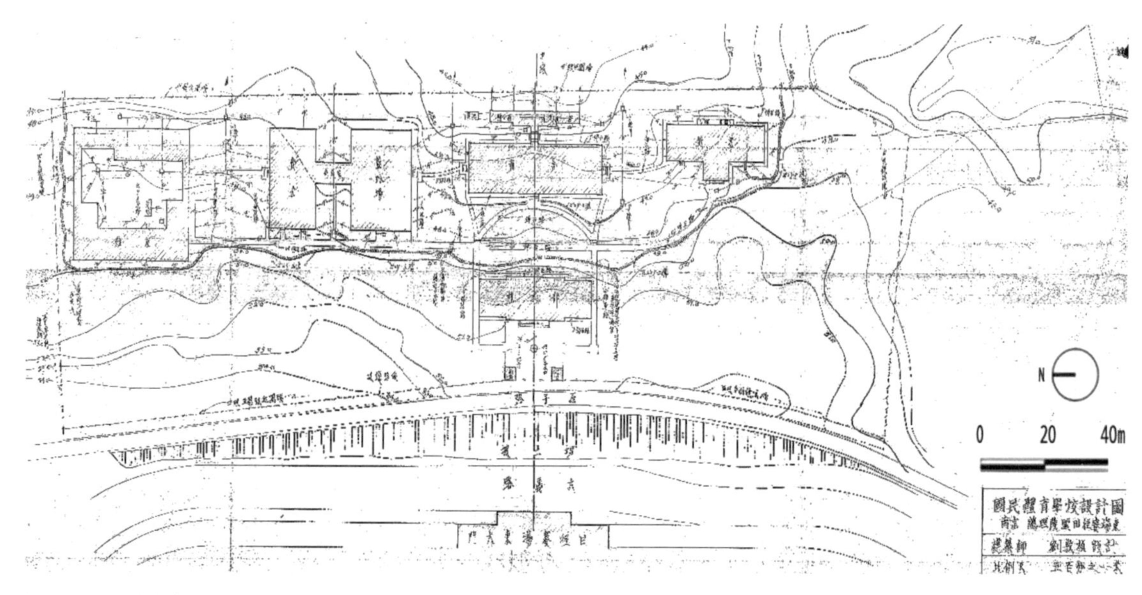

图 4-2-11 国立中央国术馆体育专科学校地盘图

图片来源：南京市档案馆，档案号 10010030485（00）0002

若对“黄金十年”期间的大学校园规划形式作量化分析可以发现：在 8 校区中，有 2 校（国立戏剧专科学校、国立药学专科学校等）租借民房公所办校，其他 6 所校区均聘请专业建筑师进行规划设计，设计手法灵活多样，其中国立中央大学四牌楼校区、国立药学专科学校新校区、国立中央政治学校校本部等 3 校区仿照欧美大学校园开敞的三合院形式布局，国立中央政治学院地政学院、国立中央国术馆体育专科学校等 2 校区规划呈行列式，国立中央政治学校计政学院则根据有限的基地以综合楼的形式涵盖教学、办公、礼堂、宿舍等所有功能①。

按现代主义功能分区方法，校园分为教学办公区、后勤生活区、体育活动区，各类建筑集中布置在相应区域内，校舍建筑总体呈现为若干不同尺度、肌理的功能区块拼合。各学校首先按照教学层次进行分区，大学附设的中小学校都会与大学部分开设置。其次按照建筑物的使用功能划分为教学办公区、学生生活区、体育活动区，各区分布按照教学活动规律及便于管理为原则，并考虑动静分区。三是教学区按照学科进行细化，随着大学“校—院—系”三级建制的定型，各校兴建了院系大楼，因此按照文、理、农、医等学科进行区划。新建学校规划建筑形式让位于功能。国立中央大学新校区前三名校园规划方案虽仍以轴线组织院落空间，强调大门—广场—主楼的主轴线，但注重地形，侧重功能分区，建筑风格趋于简化，以满足使用功能为目的，建筑费用最能节省等特点，体现了现代主义建筑思潮对南京教育建筑的影响。

与晚清时期根据需要自由开设的道路不同，此时期的校内道路经过精心设计，几何方正。考虑到车行和人行方便，路面材质铺设水泥或石子。注重入口广场空间的景观和校内的绿化设计，如国立中央政治学校地政学院、计政学院，均在入口处设置有花园和几何形状的草坪，大多数大学在三合院中设置大面积精心修剪的草坪，注重绿化。

至此，南京教育建筑在抗战前达到顶峰，从中国古代“分馆授业”“门闱之学”的教学模式过渡到效仿西方教育模式，校园规划也相应地从传统书院封闭内向型院落架构过渡到欧美校园开敞的三合院形式或简单的行列式，并出现了注重地形、形式让位于功能、节省建筑经费的现代主义建筑思想。

3. 高等学校的建筑功能与形态

民国后废除“忠君尊孔”，高等学校祭孔场所改为他用。民国时期的国立大学效法欧美大学，与南京同时期建造的教会大学无论是校园规划还是建筑形态、建筑功能均有异曲同工之妙。此外，高等学校区别于初中等学校不仅在于校园面积和建筑数量，更重要在于其功能设置——高等学校为专才之学，重视科研与实训，建设有实验室、实习工场等科研场所。虽然晚清高等学堂也重视实习场所的建设，但民国时期的大学科研场所配置更全，规模变大。

高等学校的建筑功能更加细化、复杂，平面组合方式多样。1927 年前的大学校舍相对简陋，建筑数量少，有限的几幢校舍内部容纳教学、办公、生活、聚会等多种功能，建筑物内部的功能混杂。1927 年后，随着各大学建筑物数量的增加，各单体建筑的使用功能逐渐变得单一明确，各校陆续建设的教学楼、大礼堂、图书馆、学生宿舍、体育馆等固定建筑均有其特殊的使用功能，发展至后期，固定建筑与专业学科相对应（如院系大楼），近代大学建筑类型也彻底完成了专业分化。建筑平面采用多种组合方式。教学楼、办公楼、实验楼、宿舍楼等建筑，为最大化利用空间多采用走道式组合，多以中廊式为主，中间走道两侧布置房间。体育馆、实习工场、礼堂等建筑，则采用大空间为主体的组合方式，在建筑物中心部位设置大空间，两侧或周边设置小房间。因大学建筑平面功能相对复杂，空间组合多样化。

晚清时期大学堂采用“堂—科—门”三级建制，按八科②建设分科大学校舍。民国初年

---

① 见国立中央政治学校计政学院地盘图，计政学院秘书室 . 中国国民党中央政治学校附设计政学院一览［M］. 南京：无出版社，1934.

② 晚清大学堂八科分别为：经学科、政法科、文学科、医科、格致科、农科、工科、商科。

采用“校—科—门”建制，学堂一律改称为学校，改八科为七科[①]，1919年五四运动后，采用“校—科—系”建制，1927年至1929年的大学区制并没有影响到校园建筑，只是将各校教学、行政合并管理。南京民国政府时期采取“校—院—系”建制，其颁布的《大学组织法》（1929年）规定：“大学分文、理、法、农、工、商、医各学院。凡具备三学院以上者，始得称为大学。不合上述条件者，为独立学院，得分两科。大学各学院及独立学院各科，得分若干学系。”[②]大学“校—院—系”建制首次以法律的形式得以确认，此后颁布的一系列法规均延续了这种建制，最终确立了中国近代大学“校—院—系”三级建制模式并沿用至今。

“校—院—系”建制带来的变化明显地反映在校园建设上，因大学里面独立的各“学院”级单位的出现，很多大学建造了明确使用目的、功能综合的院系大楼，原有校园建筑亦按照此思路进行建筑功能上的调整。如国立中央大学的东南院为法学院大楼、中山院是文学院大楼、前工院为工学院系部大楼，科学馆为理学院、生物馆为生物系、金陵院则为医学院的附属牙科医院，丁家桥校区为医学院和附设医院所在地。国立政治大学则直接以“院”为单位择址新建院舍，地政学院在紫金山脚下新建，计政学院也脱离本校另建院舍。

《壬子·癸丑学制》明确规定：“除各种教室及事务室外，应备设图书室、实习室、实验室、器械标本室、药品室、制炼室等，以供实地研究。在文科并应设历史博物室、人类模型室、美术室等。在理科并应设附属气象台、植物园、动物园、临海实验所等。在商科并应设商品陈列所、商业实践室等。在医科并应设附属病院。在农科应设农事实验场、演习林、家畜病院等。在工科并应设各种实习工场。”[③]各类科研实验室、工科实习室、农林实验场等，以及科研实验室、工科实习室设置在教学楼附近，附属实验区、农林实验场因面积较大，一般设置在校园外。

随着结构技术和建筑材料的发展，大跨度建筑得以实现。1923年建成的国立中央大学体育馆跨度达22米，采用三角形钢木组合屋架，屋架的上弦杆和下弦杆为木杆，直杆为钢材，节点、端部及局部用铁件加固[④]。1931年建成的国立中央大学大礼堂建筑内部正中的正八边形会堂跨度达36.76米，有观众席3层，共计2300座席，由于当时结构计算和施工的进步，二、三层观众席的水泥挑台出挑很大。钢结构穹顶标高为26.00米，大礼堂最高点标高为31.20米，半球形的穹顶做法依次为钢桁架+钢拉杆、木壳、油毡、金属壳。

图4-2-12 江苏法政大学大门

图片来源：叶兆言，卢海鸣，黄强．老明信片·南京旧影［M］．俞康骏，收藏．南京：南京出版社，2012：151.

图4-2-13 中央政治学校地政学院教室

图片来源：中央政治学校附设地政学校．中央政治学校附设地政学院一览［M］.1935.

---

① 民国初年大学分文、理、法、商、医、农、工等七科。

② 宋恩荣，章咸．中华民国教育法规选编（1912—1949）［M］．南京：江苏教育出版社，1990：415.

③ 舒新城．中国近代教育史资料（上册）［M］．北京：人民教育出版社，1961：660.

④ 中大复员委员会工程组绘制《国立中央大学体育馆修理图屋架修理节点大样图》，东南大学档案馆，档案号3011622-96。

晚清时期南京的高等学堂只有局部重点建筑为西式，其他建筑仍为中式。1927 年以前的大学校舍虽为零星添建，但已有统一建筑形态的理念，如江苏法政大学新建了巴洛克式的校门（图 4-2-12）以及西方古典形式的图书馆。1927—1937 年间，校方会聘请专业建筑师进行学校设计，建筑形态趋于一致，多为西方古典形式，如国立中央大学建筑群。也有部分新建校舍采用中国传统宫殿形式，如国立中央国术馆体育专科学校[①]和国立中央政治学校地政学院[②]（图 4-2-13）。前者由著名建筑师刘敦桢先生设计，学校主楼采用中国传统宫殿形式。中央政治学校地政学院建筑群与此类似，校大门和学校主要建筑教学楼、办公楼、学生宿舍等皆为中国传统宫殿形式，部分建筑的墙上有中式图案的线脚装饰，校大门檐下施以彩画。

“黄金十年”间的大学建筑形态，以西方古典式最多，占总数的 50%，有 4 所校区，分别为国立中央大学、国立牙医专科学校、国立中央政治学校本部、国立中央政治学校计政学院，对应的校园规划多为美国大学校园开敞的三合院式布局。中国传统宫殿建筑形式的有 2 所校区，分别为国立中央国术馆体育专科学校和国立中央政治学校地政学院，校园规划摒弃了传统书院封闭内向的院落布局，采取简单的行列式。另有国立药学专科学校、国立戏剧专科学校 2 所学校租借公房和寺观为校舍。该时期国立大学采用中国传统宫殿形式与当时国民政府倡导中国固有之形式有关，而采用西方古典建筑形式与当时西方古典复兴思潮相关，两种建筑形式同时出现在南京大学校园中，表明了南京作为首都时中西兼容的特征。

（五）军事学校建设

1. 军事学校的统计与简介

1927 年以前南京的军校较少。1927 年国民政府定都南京后，蒋介石以“办军队学校才能出军官，有军官才能扩编军队，有军队才能实现一统天下”为指导思想，培养效忠“党国”的军事人才，以首都南京为开办军校的主要基地，创立了一批成规模成体系的军事学校，这批选址考究、规模宏伟的军事院校，是南京近代教育建筑区别于其他地方教育建筑的一大特色。

1912—1937 年南京的军事学校　　表 4-2-5

学校名称	设立时间	校址	校舍
陆军军官学校	1912	—	—
陆军军需学校	1912	复成桥原商业学堂旧址	1912 年迁往北京，1928 年迁回南京四牌楼陆海军经理法规委员会旧址
海军军官学校	1912	仪凤门原江南水师学堂旧址	利用前清江南水师学堂房屋，后增建房屋
海军雷电学校	1915	仪凤门原江南水师学堂旧址	利用前清江南水师学堂房屋，1929 年增建房屋
中央陆军军官学校	1928	小营	详见下文
军事交通技术教练所	1929	丁家桥	利用丁家桥南洋劝业会房屋
陆军部兵工学校	1917	中华门外	1917 年创办在汉阳兵工厂内，1932 年迁至中华门外金陵制造局对面，进行新建
陆军工兵学校	1931	海福巷	详见下文

① 国民体育学校设计图，南京市档案馆，档案号 10010030485（00）0003。

② 中央政治学校附设地政学校. 中央政治学校附设地政学院一览［M］. 出版地不详：出版社不详，1935.

续表 4-2-5

学校名称	设立时间	校址	校舍
陆军步兵学校	1931	大石桥	在大石桥筹建，后迁至晓庄师范学校旧址，又迁至原清军第三十三标营房，在汤山建新校舍，后以南京白水桥营房为校舍
陆军炮兵学校	1931	汤山镇	详见下文
陆地测量学校	1931	大石桥	1931 年在大石桥创校，1937 年另建校舍于中山门外，1947 年迁回南京后再迁苏州
军政部航空学校	1931		1931 年由南京迁至杭州笕桥镇
陆军通信学校	1932	紫竹林	
陆军大学	1912	薛家巷西妙相庵	1931 年由北京迁至南京薛家巷西妙相庵，1946 年以汤山陆军炮兵学校陶庐为校舍，1947 年在孝陵卫修建新校舍
陆军防空学校	1933	通光营房	中和桥通光营房
陆军军医学校	1933	复成桥	以复成桥江苏省工业专门学校为校址，抗战后迁至上海江湾，改为国防医学院
陆军交辎学校	1933	汤山	借汤山陆军步兵学校两栋建筑作为临时校舍，1934 年在中华门外岔路口建新校舍
中央警官学校	1936	五棵松	在光华门外海福巷新建校舍
陆军骑兵学校	不详	——	——
陆军兽医学校	不详	——	——

来源：1. 南京市地方志编纂委员会 . 南京教育志（下册）［M］. 北京：方志出版社，1998：1365-1402，1997-2015。

2. 军事学校的选址与规划

南京的军事学校主要分布在城墙外或汤山，少数学校沿用城内晚清军事学堂旧址或租借城内公房。城内的军事学校以位于小营的陆军军官学校规模最大，城墙外的军事学校以汤山炮兵学校规模最大。军事学校选址主要以方便军事训练为标准，配建大面积的兵操场，并远离市嚣，以免军事训练误伤民众。例如陆军工兵学校选址于光华门外海福巷紫金山南麓，此处土丘星罗，地形非常有利于工兵的训练，学校官兵常在此进行筑城、架桥、修路等训练。炮兵学校选址汤山，附近是丘陵山地，利于炮兵测绘、射击、运动等科目演练，且交通便捷，临近宁杭公路。陆军步兵学校、陆军交辎学校等学校也建校于汤山。

军事学校的校内建筑呈兵营式整齐规整的布局方式。军营建筑讲究对应相等、布局整齐、简单质朴、外形雷同，体现出“平等”的文化特征。军事学校的规划布局脱胎于营房 (Barracks)。兵营、营房意指简陋的房子、临时的住宿地，主要解决居住生活和驻防保卫的功能。军营建筑不同于世俗化的民居环境，风格严谨、单调、凝练，强调功能性、实用性。军营的内部环境使官兵被压缩到“一个全新的个性空间”，亲密的距离促成官兵之间相互了如指掌、心心相印，空间的认同感、归属感固化成心理定式，形成“新领土观念”①。

以孝陵卫营房为例。1933 年孝陵卫陆军营房区域呈长方形，南北长约 580 米，东西宽约 920 米，占地约 780 余亩。初期建筑形制以两列并排的 28 栋平房为主体，配备适当附属建筑和训练设施的兵营。28 栋平房分两列由北向南排列，每列 14 栋平房兵舍，兵舍横宽约 100 米，侧端还附属 1 栋建筑，为该栋兵舍的被服库、厨房及厕所。兵舍前面是大操场，中间建有独栋

① 王虹铈 . 孝陵卫营房漫话［M］. 南京：东南大学出版社，2011：7-8.

建筑为团部[1]。营房内部房间为长方形，每间有 50 ～ 60 张上下铺的床位[2]。中央陆军军官学校的规划布局与孝陵卫陆军营房如出一辙，单体建筑均匀相等、外形统一，总体布局规整对称，呈行列式。所不同的是中央陆军军官学校为一所学校，十分重视大门—训练场—主楼构成的中轴线，校内设置宽广的兵操场，以兵操场为中心四周布置单体建筑，建筑物以三合院或四方院的形式组合，以单轴线或多条轴线并列组织空间，总体布局规整、严谨、对称。

3. 军事学校的建筑功能与形态

该时期南京军事学校按其建筑规模大致分为两类：一类附设在营房内，主要性质为兵营；另一类军事学校建有大规模建筑群，其建筑功能类型与大学建筑类似，有教学建筑（主要为教学楼）、教辅建筑（办公楼、大礼堂、图书馆）、后勤用房（学员宿舍、教员宿舍、食堂）等。各单体建筑的平面布局、建筑形态与同时期的大学建筑类似。

军事学校因教学目标和教学内容的不同，建筑类型及功能设置具有特殊性。军校注重军事科目的实际演练，将理论课程与军事演练相结合，配备大面积的军事训练场、射击场，并建有军事观测塔、兵器陈列馆等与军事科目训练相关的建筑。同时也注重体格训练，规模较大的学校配有体育馆、游泳馆、健身房。有些军校还注重官兵的思想文化建设，建有官兵同乐会所和革命历史纪念馆等。通过分析规模较大的中央陆军军官学校、陆军工兵学校、陆军炮兵学校、陆军部兵工学校等 4 所军校发现，该时期军事学校建筑形态以西洋古典式为主，也出现了简约的现代主义建筑（如陆军部兵工学校综合楼）形式。

（六）典型实例分析：从三江师范学堂到国立中央大学

三江师范学堂是庚子新政后南京新创办的规模最大的高等学堂，历经三江师范学堂、两江师范学堂、南京高等师范学校、国立东南大学、国立第四中山大学、江苏大学、国立中央大学、南京大学、南京工学院、东南大学等时期，其间十易校名，迄今已有百余年校史。学堂自 1902 年创办后规模逐渐扩大，1949 年发展至四牌楼总部和丁家桥分部两个校区，目前旧址为东南大学所在地。1949 年时，四牌楼总部（含文昌桥宿舍）占地面积约 500 多亩[3]，有主要建筑 20 余座，丁家桥分部占地面积近千余亩，主要为医学院、农学院所在地，建有病房楼、门诊楼、教学楼等建筑若干座。另有抗战后在成贤街、九华山、兰园、高楼门等地建造的若干座教师住宅，此外，学校曾在 1934 年于中华门外征地 2700 亩拟建新校区，但因抗战爆发未曾建成。

1. 历史沿革

庚子新政后，清政府加快了教育变革的步伐，新式学堂迅速发展。自 1901 年 8 月，清政府谕各省督抚学政“切实通筹认真举办大学堂”[4]后，南京和全国其他城市一样，迅速开办新

---

① 王虹铈. 南京东郊孝陵卫营房概况考［J］. 南京理工大学学报（社会科学版），2008，21（2）：41-44.
② 汉民 . 土地行政汇刊［M］. 南京：南京特别市政府土地局，1929.
③ 《南大百年实录》编辑组 . 南大百年实录（上卷）［M］. 南京：南京大学出版社，2002：486.
④ 何炳松 . 最近三十五年来之中国教育［M］. 南京：商务印书馆，1931：77-85.

式大学堂以应时局。1902 年清政府颁布《钦定学堂章程》将师范教育正式列入章程后，全国各地纷纷创办师范学堂。同年 4 月，时任两江总督刘坤一邀请张謇、缪荃孙、罗振玉等社会名流商议筹办学堂事宜，刘坤一向清廷上奏《筹办师范学堂折》，呈请在江宁（南京）创立师范学堂，招收两江总督辖区——江苏、安徽、江西三省的学生入堂就学。1903 年，继任两江总督张之洞向清廷复奏办学事宜并得以获准。校址由张之洞亲自择定为江宁省城北极阁前原明朝国子监旧址，校名定为三江师范学堂，并附属小学堂一所。张之洞委派翰林院编修缪荃孙率员赴日本考察学校，并聘请他为三江师范学堂总稽查（又称总教习），负责筹建事宜；同时调任“熟悉教育情形之湖北师范学堂长胡均，来宁精绘图式，详定章程”[①]，负责学堂设计。

1902 年学堂初创时名为三江师范学堂，1903 年 3 月在江宁府署先行开办，9 月正式开学，同时建造新堂舍。1905 年因省界和经费矛盾，由两江总督周馥改学堂名为两江优级师范学堂，并在学堂之旁另造房屋，添设师范传习所，1911 年辛亥革命爆发后，校内驻兵，两江师范学堂停办。民国政府成立后，1914 年江苏巡按使韩国钧改两江师范学堂为南京高等师范学校（简称南高师），并修葺前清校舍筹备开学，1915 年南高师正式开学，1921 年成立东南大学与南高师两校双轨并行，1923 年南高师并入东南大学，1927 年南京国民政府在江苏试行“大学区制”，江苏境内的 9 所高校合并组建成国立第四中山大学[②]，1928 年改名为江苏大学，不久定名为“国立中央大学”。1937 年南京沦陷前，学校西迁重庆沙坪坝，1945 年抗战胜利后回原址复校直至 1949 年解放。新中国成立后学校几易其名，现为东南大学。

2. 学校的营造过程

三江师范学堂新堂舍自 1903 年 6 月 19 日起开始建造，由继任两江总督魏光焘主导，知县查宗仁工程监督。1906 年新堂舍竣工，校园建设共计耗时 2 年，主要建筑有教学楼一字房、教习房及学生宿舍等，1909 年又建成行政办公楼口字房，至 1911 年时建成堂舍 200 余间，建筑经费达 35 万两白银。1911 年辛亥革命爆发后，因驻扎在校园内的沪军燃草取暖而失火，致两江师范的“斋舍洋楼半为灰烬”[③]。

民国初年，南京高等师范学校修葺前清校舍，1916 年新建梅庵草房 3 间，1918 年建成工艺实习场一座，1919 年附属小学新建杜威院和望钟楼。1921 年组建东南大学后，校长郭秉文聘请之江大学建筑师韦尔逊(J.Morrison Wilson)制订校园规划方案，开始新一轮的校园建设。在新的校园规划下，学校先后建成东南院、中山院、孟芳图书馆、体育馆等。南京成为首都后，学校规模进一步扩大，科学馆、生物馆、工学院、大礼堂、南校门、附属牙科医院等相继落成，因农学院需要大量的实验基地，学校于 1931 年在三牌楼另建农学院，将四牌楼校内的农学院迁至三牌楼。1934—1935 年期间，四牌楼校地东部文昌桥新建学生宿舍 3 座，四牌楼校区基本格局确定。

1937 年 8 月，国立中央大学校舍遭到日机的轰炸，图书馆、大礼堂、大礼堂后的女生宿舍、附属中学校舍均有不同程度破坏。日军占领南京后，国立中央大学校园被日军占为伤兵医院，

---

① 朱斐. 东南大学史：1902—1949［M］. 南京：东南大学出版社，1991.

② 这是为纪念孙中山先生而命名为“中山大学”的，同时因南京系北伐军攻克的第四座历史文化名城，故在其之前再冠以“第四”二字，称第四中山大学（简称“第四中大”或“四中大”），以有别于广州的中山大学（即第一中山大学）、武汉的第二中山大学、杭州的第三中山大学。第四中大隶属于中央政府，校名之前得加“国立”二字。后经校务会议议决，即以 6 月 9 日为第四中山大学成立纪念日。

③ 朱斐. 东南大学史：1902—1949［M］. 南京：东南大学出版社，1991.

部分教室改作病房，大礼堂改为日军司令部，图书馆西侧新建3幢平房作为日军的炊事房。

抗战复校后师生人数激增，四牌楼校区已不敷使用，于是学校将四牌楼校区定为校本部，对原有建筑进行系统性的修缮；将战前丁家桥医学院设为校分部[①]，在丁家桥分部进行了大规模的新建。抗战后学校成立复员委员会工程组，由刘敦桢担任工程组组长，负责校舍的修缮和新建工作。四牌楼校区的主要营造活动有：修葺损毁和破坏的建筑物，修缮屋顶、室内楼地板、门窗工程，改造水电设备工程、扩建工艺实习场、将图书馆平屋顶改建为坡屋顶等。此外，为解决学生住宿问题，校方将校东文昌桥学生生活区规模扩大，新建7幢学生宿舍和2幢食堂，配建开水房和浴室，形成集中性的学生生活区，占地面积百亩左右。

3. 校园规划

（1）晚清时期

三（两）江师范学堂由胡钧模仿日本帝国大学（今东京大学）设计，建成后“校舍俱系洋式，壮丽宽广，不亚日本帝国大学”[②]。至1911年时，校地面积达200余亩，有堂舍200余间。其附设小学堂初时借用进香河畔的昭忠祠为堂舍，后在三（两）江师范学堂基地西南角的大石桥新建房舍，与宁属初级师范学堂合用。三江师范学堂的创办人张之洞是“中体西用”思想的倡导者，学堂在参照日本教育制度和办学方式、引进西方科技文化等教学内容的同时，仍然保留有中国封建教育“忠君、尊孔、读经”等内容[③]。

根据新式学堂教学的需要，学堂有大致的功能分区，形成了以一字房、口字房、工场等建筑构成的教学办公区；以学生宿舍、食堂、教习房为主的后勤生活区；在主教学楼一字房后面设置的体操场和学生宿舍前面设置的体操场为体育活动区；附属中小学堂自成一区，位于基地西南角。学堂空间组织与日本帝国大学有所区别，日本帝国大学校园规划为多轴线布局、设立中央公共空间以及采用美化校园景观等手法，而三（两）江师范学堂的规划更似沿袭中国传统书院的院落式布局模式，并列设置多条南北向生长轴线。

主教学楼一字楼、体操场（承担大型聚会和祭孔等功能，具有祭祀功能）、实习工场等按照书院讲堂、祭祀的布局模式以纵轴对称发展的方式组合，坐南朝北排列主要建筑。与书院建筑布局类似，教师住宅、学生宿舍及其他附属建筑设置在主轴线两侧，空间构成上依稀可见“尊卑有序”的传统思想。轴线之间呈南北向单向生长，相互之间缺乏横向联系。如1906年建成的一期工程一字楼、体操场、实习工场是校园主轴线，这条轴线自南向北生长，轴线两侧分别设有教习房和学生宿舍；1909年建成的二期工程口字房、实验室等另起一条轴线发展；附属中小学堂又以另外一条南北向轴线并列生长；三条轴线之间缺乏东西方向的联系。学堂道路根据实际需要开设，无道路等级之分，道路为土路。校地四周设有围墙，主教学楼一字楼和行政楼口字楼前各设有一处校门（图4-2-14）。

（2）北洋政府时期

民国后学校规模逐渐扩大，通过向基地东、南发展以扩充校地。至1920年12月，南京高等师范学校的校舍面积已从清末两江师范学堂时期的200亩扩展至375亩（包含附中、附小、

---

① 朱斐．东南大学史：1902—1949［M］．南京：东南大学出版社，1991.

② 1904年《东方杂志》报道，引自：苏云峰．三（两）江师范学堂：南京大学的前身，1903—1911［M］．南京：南京大学出版社，2002：143.

③ 南京市地方志编纂委员会．南京教育志（上册）［M］．北京：方志出版社，1998：1054.

农场），房屋200余间[①]（图4-2-15）。至1923年国立东南大学时期，有大学校地199亩，附中、附小校地106亩，农场100亩，合计405亩。1926年时校舍面积305亩，农田地824亩[②]。南高师时期未对校园总体布局进行调整，校舍基本沿用前清两江师范学堂时期的旧房。

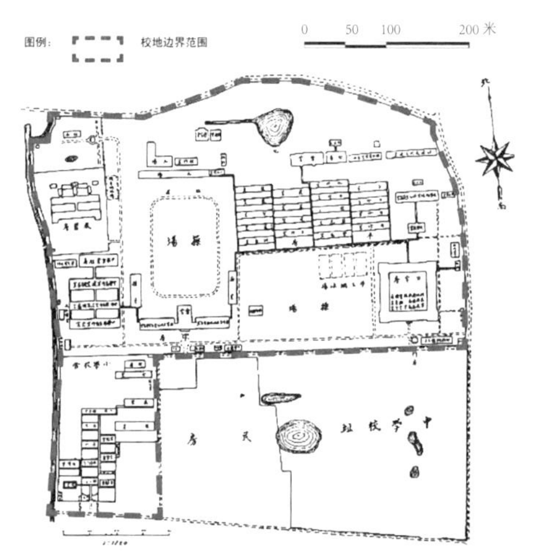

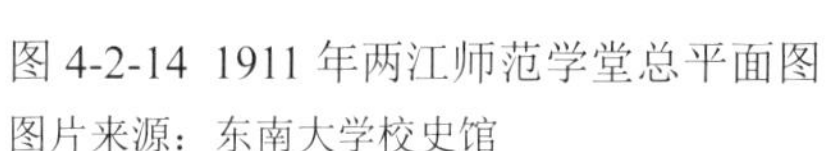

图4-2-14 1911年两江师范学堂总平面图
图片来源：东南大学校史馆

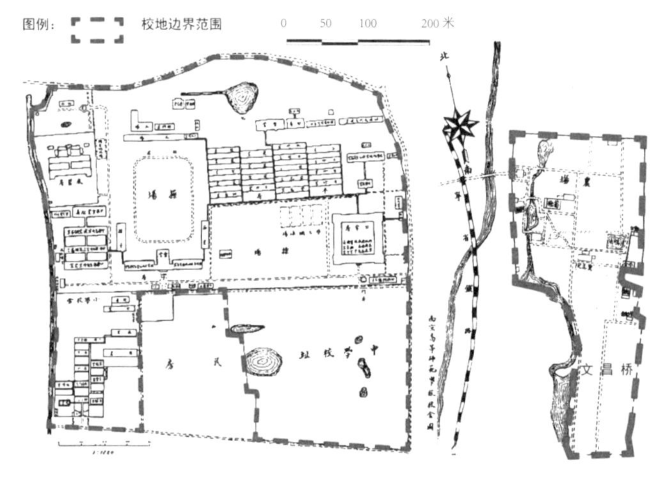

图4-2-15 1915—1921年南京高等师范学校总平面图
图片来源：东南大学校史馆

1921年国立东南大学成立后，校长郭秉文聘请之江大学的建筑师韦尔逊到校兼任校舍建筑股股长，校园规划由韦尔逊拟订，上海东南建筑公司完成总图绘制。韦尔逊察看地势，通盘规划，以四牌楼为中心，次第向四周辐射，按急缓轻重，拟订分期实施计划[③]。新的校园规划以欧美大学为参考，建筑形式采用西方古典式。新校园规划重新整理了校园空间序列，充分利用校区南面扩展用地及东部文昌桥校地，打破了校园原先仅有的东西向轴线，新增一条从南校门—体操场—学生宿舍的南北向轴线作为学校的主轴线，与原东西向轴线在操场处相交。

在此规划指导下，学校按照韦尔逊制订的“按急缓轻重，分期实施计划”，1921—1922年间，先行建造教学楼东南院、中山院，因图书馆和体育馆作为新式大学藏书和倡导体育之需，1923年再建图书馆和体育馆。直至1926年，新校园规划尚未成型，稍显零散。

（3）首都南京时期

该时期校地继续扩大，东至成贤街，西至大石桥，南至四牌楼，北至钦天山，总面积约400亩。成贤街文昌桥之东与小营接壤的土地百亩为宿舍区域。本校前门设在四牌楼，此区有文、理、法、师、工五院与农学院的一部分，以及医学院牙症医院[④]。该时期延续此前韦尔逊制订的校园规划，随着科学馆、工学院的相继落成，开敞的三合院形式校园雏形初具。直至1931年大礼堂的落成，这组西方古典建筑群体确定了构图中心，1933年建成的南校门确定了从大门—广场—主要建筑的校园主轴线，自此，国立中央大学四牌楼校区规划走向定型。

学校总体布局基本上呈对称布置，在入口大门至大礼堂构成的主轴线两侧均衡设置图书馆、教学楼等建筑，同时借鉴20世纪30年代西方校园流行的“端景式”空间结构处理手法，将造型独特的大礼堂作为端景及构图中心，辅以错落有致、排列有序的西洋古典式建筑群，

---

① 南京大学高教研究所.南京大学大事记1902—1988［M］.南京：南京大学出版社，1989：28-40.
② 朱斐.东南大学史：1902—1949［M］.南京：东南大学出版社，1991：101.
③ 朱斐.东南大学史：1902—1949［M］.南京：东南大学出版社，1991：128.
④ 《南大百年实录》编辑组.南大百年实录（上卷）［M］.南京：南京大学出版社，2002：486.

配合几何方正的道路网架，堪称西方古典空间模式之典范①。校园规划强调功能分区，校地南部的中山院、东南院、工学院、生物馆、图书馆、科学馆、大礼堂等共同构成了学校的主要教学区；大礼堂后面的大片学生宿舍及食堂等仍为后勤生活区；体育馆与一字楼后面的体操场为体育活动区；附属中小学位于基地西南角自成一区。校园空间组织强调主次轴线与合院的运用，形成了以南校门—广场—大礼堂的主轴线，一字楼—科学馆的次轴线（此为两江师范学堂的主轴线），一主一次、一纵一横的轴线组合奠定了当今校园格局的主体（图4-2-16）。

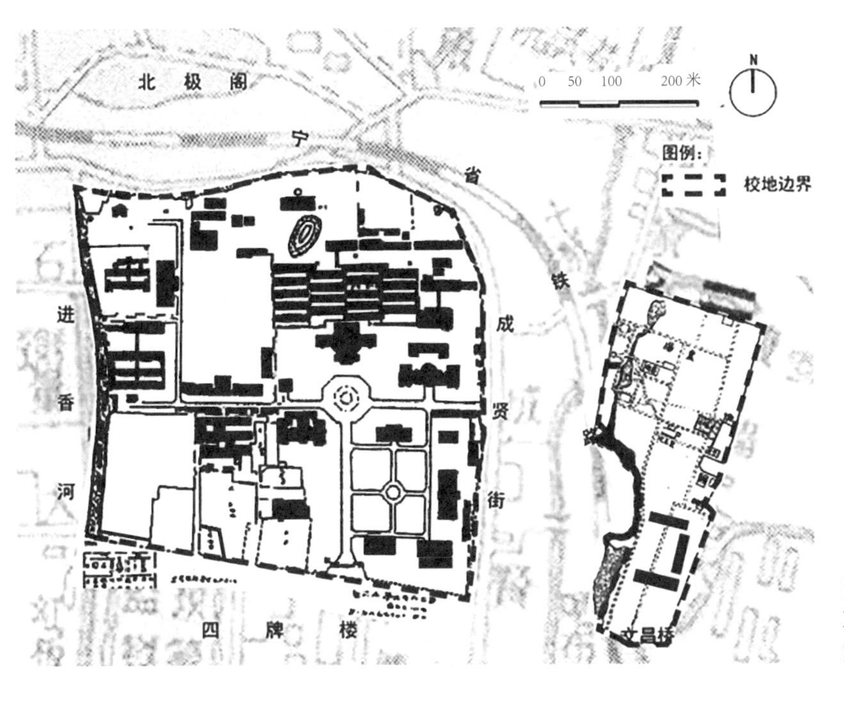

图4-2-16 1937年国立中央大学校园总平面图
图片来源：东南大学档案馆

（4）抗战后

1937年南京沦陷前，国立中央大学四牌楼校区的规划布局已经定型。日据时期校地被日军据为陆军医院后，学校规划未作改动。1946年复校后，校方主要针对校东部文昌桥学生宿舍区进行了大规模的新建与规划。抗战前学生宿舍集中在大礼堂后面东北方向的平房内，1934—1935年间已陆续在四牌楼校地东部的文昌桥建成南舍、北舍、中舍等3幢学生宿舍，这3幢宿舍呈院落式布局。抗战复校后因人数激增，1946年学校在文昌桥新建教师和学生生活区。新建的文昌桥宿舍区包含7幢学生宿舍和2座食堂，食堂西北方向设置浴室和开水房，南面入口处建有一组平房，生活设施齐全，设有球场作为学生体育活动场所。新建学生宿舍位于战前原宿舍北面，规划布局呈行列式，单体建筑一律坐北向南，其中5幢为男生宿舍，2幢为女生宿舍，通过中间的食堂和球场隔开。为了打破这种简单行列式布局的单调，设计者利用宿舍西面南北流向的弯曲小河进行了精心的景观设置，在小河上设置弯弯的小桥，围绕河床设置绿地、花架等，优美的自然景观丰富了宿舍区的生活环境，为学生提供一个亲切宜人的交往空间。

（5）现状

国立中央大学四牌楼本部建筑群目前保存尚好，现存南校门、大礼堂、图书馆、生物馆（现中大院）、科学馆（现健雄院）、金陵院、体育馆、工艺实习场、梅庵、文昌桥老六舍等历史建筑10余座，这些历史建筑目前仍作为教学教辅等功能性空间使用。

① 王建国，阳建强.大学校园文化内涵的营造与提升：第七届海峡两岸大学的校园学术研讨会论文集[M].南京：东南大学出版社，2009：138.

4. 单体建筑

（1）校门

早期的校门较为简陋，现存南校门为杨廷宝设计，1933 年建成。南校门位于学校南北向主轴线的南端，外形采用西方古典建筑式样，与大礼堂、图书馆、生物馆等校内西方古典建筑群风格一致。校门为混合结构[①]，由三开间的四组方柱与梁枋组成，每组方柱为双柱，柱身刻有凹槽，柱头和檐口皆有线脚，梁枋上刻校名。校门檐口高度约 8.6 米，跨度约 13 米（图 4-2-17）。立面有三开间，根据几何作图分析，当心间的净宽是立面面宽的 1/3，建筑物垂直方向的高度是水平宽度的 2/3，檐部高度是总高的 1/4，由此划分产生的立面当心间矩形以及两侧间柱外侧以内围内的矩形比例同为 1:1.5[②]，接近黄金比例，反映了设计者严谨的工作作风和娴熟的设计手法。

（2）一字楼

一字楼（图 4-2-18）是两江师范学堂时期的主教学楼，位于两江师范校地西南部，正对当时学堂的大门。该建筑于 1906 年建成，1964 年拆除后在原地建造南高院[③]。一字楼坐北朝南，因平面近似"一"字得名。建筑内部设有各类讲堂，一层北面设置大会堂，用楼梯联系垂直交通。一字楼为殖民地外廊样式，在方盒子似的建筑周围包上外廊，外廊墙面开设连续的拱形洞口，外廊较宽，上有屋顶，课间或雨天时学生可在外廊上活动。建筑物中部主体高 3 层，局部钟楼为 4 层，两翼为 2 层，立面呈阶梯形，富有变化。每层檐口处均有砖砌线脚，砖砌窗台。比较特殊的是建筑物中部二、三层的窗户均为圆拱形窗，并用砖砌出与窗户同圆心的圆弧窗套，但是底层窗洞却为矩形，为了保持立面的统一性，底层仍然采用与二、三层相似的圆弧窗套。建筑物为砖木结构形式，屋架为晚清时期南京常用的三角形木桁架结构。

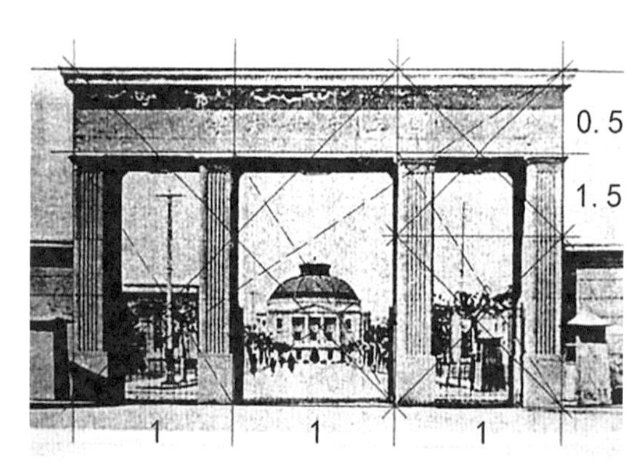

图 4-2-17 校门

图片来源：东南大学校史馆

图 4-2-18 一字楼

图片来源：卢海鸣，钱长江．老画册·南京旧影［M］．南京：南京出版社，2014：10.

（3）口字楼

口字楼（图 4-2-19）是两江师范学堂时期的主要行政办公楼，位于两江师范学堂校地西南部，学堂大门之右前侧，1909 年建成，1923 年毁于火灾，1927 年在原址建成科学馆，现为健雄院基址。口字楼因平面近似"口"字得名，四边皆有建筑，围合成中心空地。内部共有 60 余间房，设有监督室、教务长室、庶务长室、斋务长室、教室、实验室、仪器室和图书

---

① 刘先觉，张复合，村松伸，等．中国近代建筑总览：南京篇［M］．北京：中国建筑工业出版社，1992：16，68.

② 赖德霖．中国近代建筑史研究［M］．北京：清华大学出版社，2007：294.

③ 详见东南大学档案馆藏文书档案《关于讨论南高院修缮或新建方案》，档案号 3010963-5。

室①。建筑内部用楼梯联系垂直交通。

建筑外观具有西方折中主义建筑的特征，四坡屋顶，有多个壁炉伸出屋面，檐口和楼层间有砖砌线脚凸出墙面，每层窗户顶部有线条装饰，拱形窗户的圆弧实际上仅作为立面装饰，窗户洞口为整齐排列的矩形，窗台为砖砌。建筑物为砖木结构形式，坡屋顶应为晚清时期南京常用的三角形木桁架结构。

（4）梅庵

梅庵位于校园西北角，六朝松前，是为纪念两江师范学堂堂长李瑞清而建。1916 年初建时为三间茅屋，1922 年改建为砖混结构的平房②。建筑物南立面正中尚有柳诒徵题写的“梅庵”匾额，黑底金字．题写于民国三十六年（1947 年）6 月 9 日。改建后的梅庵（图 4-2-20）坐北朝南，为一层砖混结构的平房，建筑面积 212.44 米，面阔 15.50 米，进深 8.80 米。内廊式布局，南面 4 间房，北面 3 间房，建筑西南侧与东北角各设一个入口，抬级而上，是一处宽广的大平台，周围设有栏杆。建筑外观简洁，平屋顶，屋顶女儿墙、檐口、窗户顶部均有线脚凸出墙面作为装饰，窗户一律为矩形，建筑物底部被抬高，设有通风孔。

图 4-2-19 口字楼

图片来源：刘晓梵．南京旧影［M］．北京：人民美术出版社，1998：30.

图 4-2-20 梅庵

图片来源：东南大学档案馆

（5）工艺实习场

工艺实习场位于操场北侧，前清时在此处建有实习工场，是东南大学现存最早的建筑物。该建筑西侧 7 间建于 1918 年，东侧 5 间和北面木工厂系于 1948 年抗战后加建③，后经多次改建（图 4-2-21 ～图 4-2-23），目前建筑形态基本保存完好。

工艺实习场坐北朝南，建筑平面初建时为矩形，加建后设有机械工厂、木工厂、第四分厂，围合成院落形式。东西向开间为 49.88 米，南北向进深最大值为 44.20 米，建筑局部两层，占地面积 1471.30 平方米，总建筑面积约 1953.80 平方米。在建筑物的南面设置一主一次两处出入口，在西面和东面各设一处出入口，通过主入口门厅左侧的楼梯联系垂直交通。（图 4-2-22）

工艺实习场具有西方古典建筑的特征，初期建成的工艺实习场侧面尚有西方古典柱式，建筑物初时为平屋顶，扩建后改为坡屋顶，屋面铺青色洋瓦。北部木工厂坡屋顶屋脊结构标高约 8.80 米，檐口高度为 5.90 米，底层层高约 3.30 米；南面机械工厂（现东大校史馆）稍高，坡屋顶屋脊为 13.60 米，檐口高度为 10.10 米，底层层高为 4.50 米，建筑外观简洁大方，除柱头和门楣做简单线脚处理外无过多装饰。加建时外墙采用黄沙石灰粉面刷色粉，勒脚为水

① 苏云峰．三（两）江师范学堂：南京大学的前身，1903—1911［M］．南京：南京大学出版社，2002：143-145.

② 刘先觉，张复合，村松伸，等．中国近代建筑总览：南京篇［M］．北京：中国建筑工业出版社，1992：16，67.

③ 实习工场原始图纸，东南大学档案馆，档案号 3011518-95。

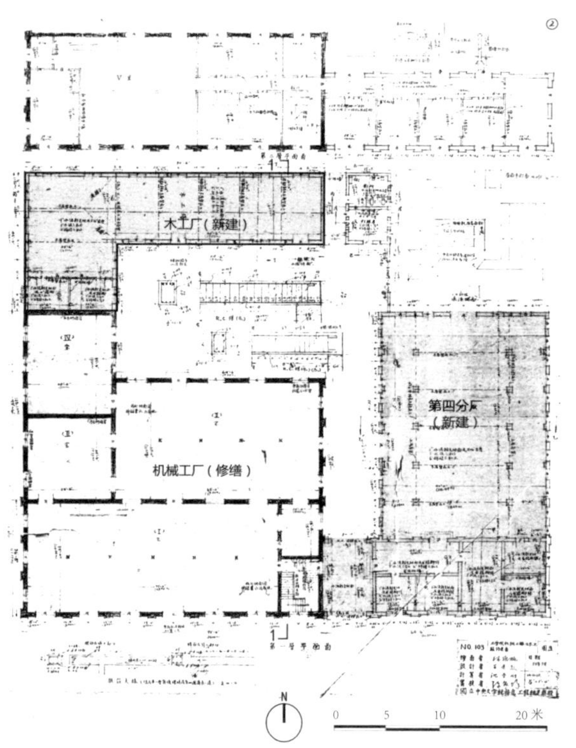

图 4-2-21 工艺实习场平面图
图片来源：东南大学档案馆，档案号 3011518-95

图 4-2-22 工艺实习场加建前
来源：东南大学档案馆

图 4-2-23 工艺实习场加建后
图片来源：东南大学周琦建筑工作室，王荷池摄影

泥粉面。目前为清水砖墙。每跨间用凸出墙面的柱子进行分割，入口门楣上镌刻“工藝實習場”5个繁体字，西侧墙角镶嵌奠基石。门窗全为矩形，门窗顶部采用砖砌平拱的做法，水泥窗台。工艺实习场为砖木混合结构，外墙采用明代城墙砖砌筑①，室内隔墙为砖砌，楼面为杉木企口板。在屋面设计上，采用三角形木屋架，最大跨度达 11.40 米，屋架局部用铁件加固，每间设剪刀撑两道，将屋架直接搁置在墙身上。屋面采用台湾油毛毡防水，檐口设置排水沟，在墙面敷设铸铁落水管排至地面明沟。

（6）东南院

东南院（图 4-2-24）位于校园东南部，1921 年落成，是当时学校的法学院大楼，1982 年拆除原东南院，在原址修建了新的东南院。

东南院坐南朝北，平面为矩形。主入口设在建筑物的北面，面对中心大草坪，与工学院、生院馆等建筑围合中心草地坪呈三合院布局。建筑物内部为内廊式布局，中间走道两侧为房间，通过楼梯联系上下空间。在外观设计上，东南院具有西方古典建筑的特征，四坡屋顶，立面为中间入口与两侧对称式的构图，主入口门廊采用西方古典柱式，门廊二层为平台，栏杆亦用古典式。矩形窗户，水泥窗台，窗间用凸出墙面的柱子分割墙面，楼层间有凸出墙面的砖砌线条装饰，建筑物底部设通风孔。

（7）中山院

中山院（图 4-2-25）位于南校门入口处，1922 年落成，是当时学校的文学院大楼。1982 年拆除原中山院，在原址修建了新的中山院。中山院坐南朝北，平面为矩形。与东南院类似，在建筑物北面设置主要出入口。建筑平面为内廊式布局，通过楼梯联系上下空间。中山院具有西方古典建筑的特征，四坡屋顶，有壁炉烟囱伸出屋面。主入口门廊采用西方古典柱式，

① 卢海鸣，杨新华．南京民国建筑［M］．南京：南京大学出版社，2001：155.

立面正中顶上有欧式山花，主入口有楼梯直通二楼。矩形窗户，水泥窗台，一、二层之间用凸出墙面的砖砌线条装饰墙面，建筑物底部设通风孔。

图 4-2-24 国立中央大学东南院
图片来源：东南大学校史馆

图 4-2-25 国立中央大学中山院
图片来源：东南大学校史馆

（8）图书馆

图书馆坐北朝南，初建时建筑平面为“丄”形，扩建后围合出两个天井，占地面积 1934.26 平方米，建筑面积增至 3812.92 平方米。东西向开间总长为 64.02 米，两翼南北向进深为 31.15 米，建筑物地上 2 层，地下 1 层，内廊式布局，前部为办公接待室及阅览室，后部为书库，在建筑物的南面正中设置主入口，东西两翼北面各设一处出入口，通过主入口门厅的楼梯联系上下空间（图 4-2-26、图 4-2-27）。

图 4-2-26 图书馆加建前
图片来源：东南大学档案馆

图 4-2-27 1933 年图书馆加建后
图片来源：东南大学档案馆

图书馆的建筑形态为西方古典建筑形式，比例匀称，构图严谨，入口采用标准的爱奥尼式柱廊，与山花、檐部构成经典的西方古典形式构图，配以水刷石墙面及精美的装饰细部，是南京最地道的爱奥尼式建筑[①]。图书馆初建和扩建时均为平屋顶，檐口高度 11.17 米，1946 年修缮时改为坡屋顶，屋脊高 15 米，屋面铺铁皮瓦[②]。建筑物檐口、窗户顶端及窗套皆用凸出墙面的直线线脚装饰，楼层间用凸出墙面的回纹装饰。矩形窗户，为解决地下室通风排湿问题，建筑底部设有方形通风孔。

图书馆采用钢筋混凝土结构，中部主体结构为砖墙与钢筋混凝土柱、梁共同承重。为创造出较大的阅览室空间，将内廊部分的纵墙以钢筋混凝土柱代替，钢筋混凝土梁两端分别支承于柱、砖墙上，再设置钢筋混凝土楼板。这一做法使得内承重墙减少，从而创造出较大的

---

① 潘谷西 . 南京的建筑［M］. 南京：南京出版社，1995：88.

② 图书馆土建竣工图 1933 年，东南大学档案馆，档案号 3010122-7；图书馆土建修缮图 1946 年，东南大学档案馆，档案号 3010122-8。

室内连续空间。北侧书库部分的地下室为钢筋混凝土内框架与外承重墙相结合，而一层至二层却采用了木制内框架与外承重墙相结合[①]，其书库具体做法为砖墙承重，钢筋砼密肋梁，以及木柱、木梁、木楼板[②]。1933 年图书馆扩建时建筑内部已设有水、电、暖气等设施[③]。

（9）体育馆

体育馆位于操场西侧，为国立东南大学成立后学校倡导体育活动所建，主楼耗资 6 万银元，游泳池及配套设备 4 万银元[④]，堪称当时国内高校之最。体育馆坐西朝东，占地面积 1162.30 平方米，建筑面积 2316.92 平方米，建筑平面呈矩形，长为 55.52 米，宽为 20.8 米。建筑物共有 3 层，在建筑物东向主立面正中设置主入口，用室外楼梯直通至二楼。底层内部为大空间，东、西两侧立面各设一处出入口，东面入口处有两部楼梯，西面入口处有一部楼梯，二层木质看台为 1946 年修缮时加建。1965 年修缮时将底层分隔成多个小房间，在建筑物东面对称开设两个出入口，西面正中开设一个出入口[⑤]。形成目前体育馆的室内布局现状。

建筑形态受西方古典复兴的影响，造型简洁大方，比例匀称。坡屋顶，上覆铁皮瓦。屋脊高度 16.90 米，檐口高度 10.50 米。建筑物主立面朝东，为中间入口与两边对称式构图。二层主入口门廊采用西方古典柱式，门廊上方为半圆形券，上书“體育館”3 个繁体字，古典欧式楼梯栏杆，窗户均为矩形，水泥窗框，窗间用凸出墙面的砖砌成矩形作为装饰，外墙为清水砖墙。体育馆为砖木结构，砖墙承重，木楼板。屋架部分采用三角形钢木组合屋架，共 14 榀屋架，每榀屋架坡度为 30 度，跨度约 22 米。三角形钢木屋架的上弦杆和下弦杆为木杆，直杆为钢材，节点、端部及局部用铁件加固。屋架通过铁件与外墙连接，在砖砌外墙的顶部与屋架交接处预埋木块后，再用铁件将木制屋架与预埋木块连接固定[⑥]。

（10）科学馆（今健雄院）

科学馆又名江南院，现名健雄院，位于大礼堂东侧，原清末两江师范学堂口字楼基址。1923 年口字房毁于火灾后，同年适逢美国洛克菲勒基金会中国医药部代表孟禄博士来校讲演，得洛氏基金会出资 14 万美元与本校合建科学馆，由上海东南建筑公司设计。1924 年动工兴建，因江浙战争资金短缺，工程延期至 1926 年夏竣工[⑦]。

科学馆（图 4-2-28 ～图 4-2-30）坐北朝南，平面呈“H”形，建筑物占地面积 1748 平方米，东西向开间为 73 米，主体中部进深为 17 米，两翼进深为 28 米。建筑物地下 1 层，地上 4 层，建筑面积 5343 平方米。内部为内廊式布局，中间走道，两侧布置教室、实验室、办公室等房间。一、二层北面正中设置大讲堂，东西两端北面设置大教室。建筑物居中设置主入口和门厅，东西两翼各设一个出入口。门厅北面大讲堂两侧各设一部楼梯联系上下空间，大讲堂外部两侧还单独设有室外楼梯。科学馆的屋顶老虎窗、主入口爱奥尼柱、拱券形入口大门皆为西方古典建筑语言。主立面朝南，为对称式构图。二、三层窗户均为矩形，窗间和檐下有浮雕装饰，外墙为清水砖墙。

---

① 李海清 . 中国建筑现代转型之研究：关于建筑技术、制度、观念三个层面的思考（1840—1949）［D］. 南京：东南大学，1983：95.

② 李海清 . 中国建筑现代转型之研究：关于建筑技术、制度、观念三个层面的思考（1840—1949）［D］. 南京：东南大学建筑学院，1983：92.

③ 图书馆卫生、暖气、电气、工程师及建筑工程，东南大学档案馆，档案号 3010122-2&8-2。

④ 体育馆修理工程合同、建筑平立面图、水电图，东南大学档案馆，档案号 301162296。

⑤ 体育馆修缮图图纸，东南大学档案馆，档案号 3011622-96。

⑥ 中大复员委员会工程组绘制，国立中央大学体育馆修理图屋架修理节点大样图，东南大学档案馆，档案号 3011622-96。

⑦ 南京大学高教研究所 . 南京大学大事记 1902—1988［M］. 南京：南京大学出版社，1989：37.

建筑结构为混凝土结构[1]，楼地板、楼梯皆为钢筋混凝土结构[2]，楼梯扶手皆为木制。（图 4-2-30）

图 4-2-28 科学馆历史照片
图片来源：东南大学档案馆

图 4-2-29 科学馆现状照片
图片来源：东南大学周琦建筑工作室，王荷池摄影

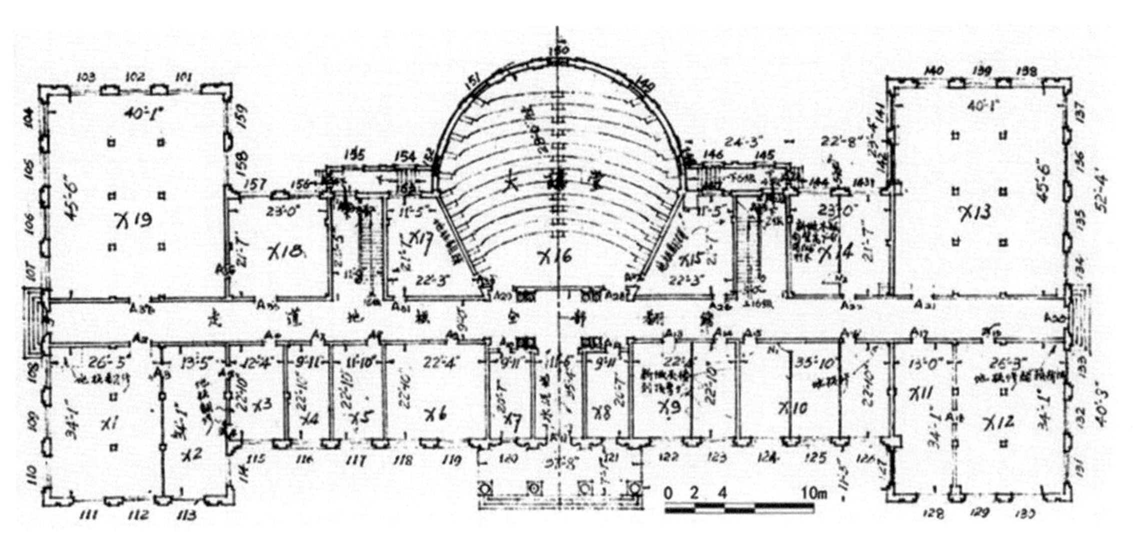

图 4-2-30 1946 年国立中央大学科学馆一层平面图
图片来源：东南大学档案馆，档案号 3010722-3&499

（11）生物馆（今中大院）

生物馆现名中大院，位于大礼堂东侧，与图书馆并列于学校主轴线的两侧（图 4-2-31）。1929 年由建筑师李宗侃设计，1957 年由杨廷宝设计扩建两翼。生物馆坐北朝南，初建时平面类似“十”字形（图 4-2-32），建筑物占地面积 1350 平方米，东西向开间为 45.67 米，南北向进深为 17.96 米，建筑物地下 1 层，地上 3 层，建筑面积 4049 平方米。建筑内部为内廊式布局，中间走道，两侧布置教室、实验室、办公室等房间，一层北面正中设置大讲堂，二层北面正中为博物馆。建筑物居中设置主入口和门厅，东西两翼各设一个出入口。在门厅右侧设置楼梯联系上下空间，另在建筑的东西两侧各设一部室外疏散楼梯。

生物馆建筑形态与西侧的图书馆相似，为典型的西洋古典式（图 4-2-33）。坡屋顶，屋脊高度 14.93 米，檐口高度 12.19 米，建筑物主立面朝南，为中间入口与两边对称式构图。主入口为 4 根巨大的爱奥尼柱子形成的柱廊，顶上有山花，山花上绘恐龙浮雕图案。矩形入口大门，门上有线脚装饰。窗户均为矩形，窗间和檐下用直线形线脚装饰，二、三层间用凸出墙面的回纹装饰，初建时外墙为清水砖墙，目前贴灰色面砖。建筑物底部设置有通风孔。生

① 刘先觉，张复合，村松伸，等. 中国近代建筑总览：南京篇［M］. 北京：中国建筑工业出版社，1992：16，68.
② 1946 年中大复员委员会工程组绘制，国立中央大学科学馆修理图，东南大学档案馆，档案号 3010722-3&499。

图 4-2-31 生物馆历史照片

图片来源：东南大学档案馆

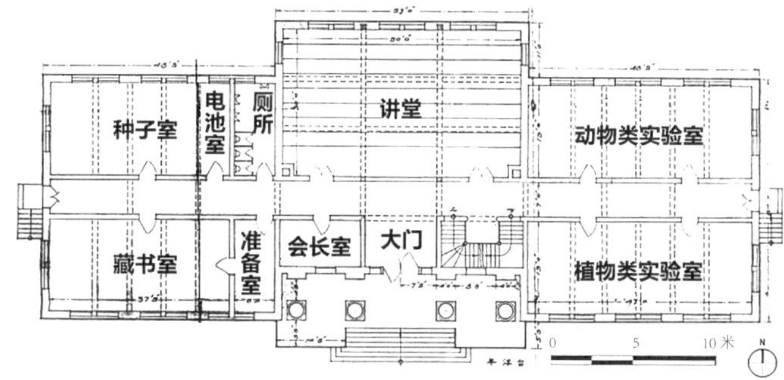

图 4-2-32 生物馆一层平面图

图片来源：东南大学档案馆，档案号 3010229-3&7、11

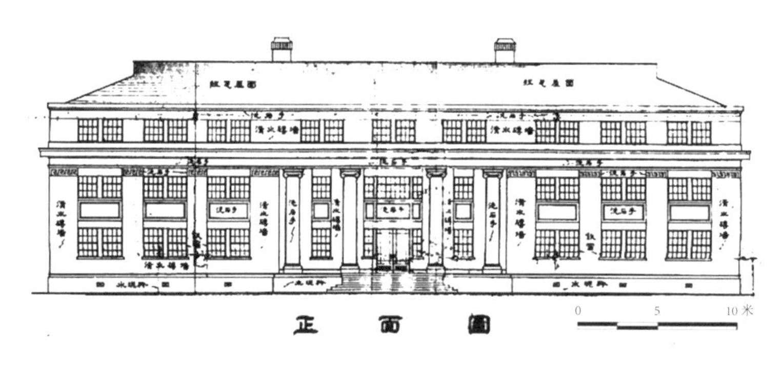

图 4-2-33 生物馆立面图

图片来源：东南大学档案馆，档案号 3010229-3&7、11

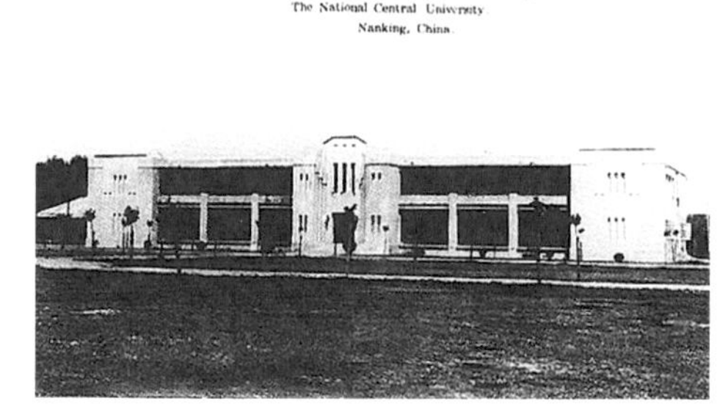

图 4-2-34 工学院历史照片

图片来源：东南大学档案馆

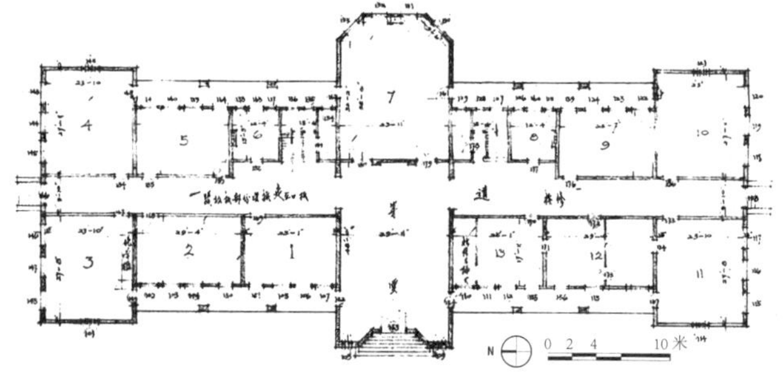

图 4-2-35 1946 年工学院平面修缮图

图片来源：东南大学档案馆，档案号 3011829-101

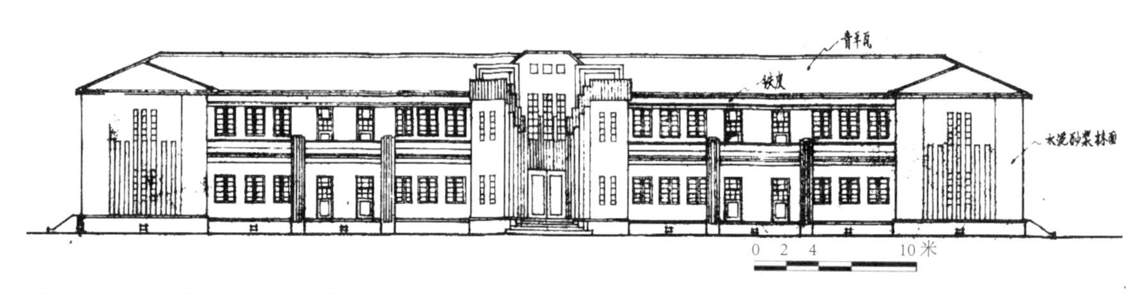

图 4-2-36 1965 年工学院立面修缮图

图片来源：东南大学档案馆，档案号 3011829-101

物馆为钢筋混凝土结构，一层地板以及二、三层楼板和梁柱、屋面檐沟皆为钢筋混凝土材质。屋架为三角形木屋架，采用洋松木制作[①]。

（12）工学院

工学院大楼位于校园东南部（图 4-2-34、图 4-2-35），东南院北侧，后拆除，1985 年在原址修建了前工院。工学院坐东朝西，平面呈“十”字形，占地面积 1244.87 平方米，南北向开间 60.00 米，建筑物中部进深为 26.38 米，两翼教室进深为 21.21 米，建筑物地上 2 层，建筑面积 1436.88 平方米。建筑内部为内廊式布局，中间走道，两侧布置教室、办公室等房间，一、二层北面正中设置大讲堂。建筑物居中设置主入口和门厅，东西两翼各设一个出入口。在门厅北面大教室左右两侧各设置一部楼梯联系上下空间。

建筑形态具有西方折中主义建筑的特征，柱子线条简洁。坡屋顶，上覆青平瓦。屋脊高度为 11.60 米，一层层高为 4.04 米，二层层高为 3.65 米[②]。立面为对称式构图（图 4-2-36），主入口墙面内凹，做出参差不齐的墙面以达到装饰的效果，入口大门上有线脚装饰，窗户均为矩形，窗间和檐下有线脚装饰。工学院为混合结构，墙身为砖砌，一层地面为木地坪，部分为水泥地坪，二层为木楼板，采用三角形钢木组合屋架。

（13）大礼堂

大礼堂位于校园中央，与南大门一起构成校园中轴线，成为中轴线的端景。大礼堂由 Palmer & Turner（英国公和洋行）设计，1930 年兴建，后因经费问题停工。1931 年时任校长朱家骅以召开国民会议的名义获国民政府资助得以续建，最终造价合计大洋 354 640 元，由中央大学建筑系教授卢毓骏主持建造[③]。1965 年由杨廷宝扩建两翼教室。

大礼堂坐北朝南，中部会堂为正八边形，两翼部分为矩形。初建时占地面积 1167.58 平方米，建筑面积 1746.40 平方米。建筑内部正中的正八边形会堂跨度达 36.76 米，观众席 3 层，共计 2300 座，由于当时结构计算和施工的进步，二、三层观众席的水泥挑台出挑大。两翼部分为内廊式布局。居中设置主入口和门厅，门厅左右两侧各有一部楼梯联系上下空间，会堂两侧也各设一部楼梯，东西两翼部分各自设有出入口。

建筑主立面朝南，造型宏伟壮观，属于欧洲文艺复兴时期的古典式样，主立面有多层的基座、柱式、山花作装饰，中部会堂半球形的穹顶上覆盖青铜薄板，经自然锈蚀的铜绿形成一层天然的保护膜，穹顶正中为玻璃屋顶，球体顶部有正八边形采光窗户。为解决大礼堂自然采光问题，学校曾多次召开建筑图样讨论会[④]。穹顶结构标高为 26.00 米，大礼堂最高点标高为 31.20 米[⑤]。所有窗户均为矩形，窗间和檐下用凸出墙面的线脚装饰。会堂两侧的办公室及扩建后的两翼教室均为平屋顶（图 4-2-37）。

大礼堂中部会堂走道和看台为钢筋混凝土结构，穹顶为钢结构，半球形的穹顶做法依次为钢桁架、钢拉杆、木壳、油毡、金属壳。中心采光顶加设玻璃罩，用钢拉杆拉住玻璃罩，四周用木框架固定玻璃罩。半球形穹顶至高点处的八边形窗户顶部做法依次为：木壳、油毡、金属壳。两翼为木楼地板[⑥]。

---

① 1929 年李宗侃建筑师绘制，中央大学生物学馆营造图样，东南大学档案馆，档案号：3010229-3&7。

② 以上建筑物尺寸数据等均源自原始图纸图签。1946 年中大复员委员会工程组绘制，国立中央大学科学馆修理图，东南大学档案馆，档案号 3010722-3&499。

③ 朱斐 . 东南大学史：1902—1949［M］. 南京：东南大学出版社，1991：219.

④ 大礼堂 1930 年大礼堂开工典礼函件大礼堂建筑工程委员会会议记录，东南大学档案馆，档案号 3010428-4&11-24。

⑤ 以上建筑物尺寸数据等均源自原始图纸图签。1946 年中大复员委员会工程组绘制，国立中央大学大礼堂原始图纸，东南大学档案馆，档案号 3010428-6&11-26、3010428-6&11-29、3010428-6&11-30。

⑥ 国立中央大学大礼堂原始图纸，东南大学档案馆，档案号 3010428-6&11-26。

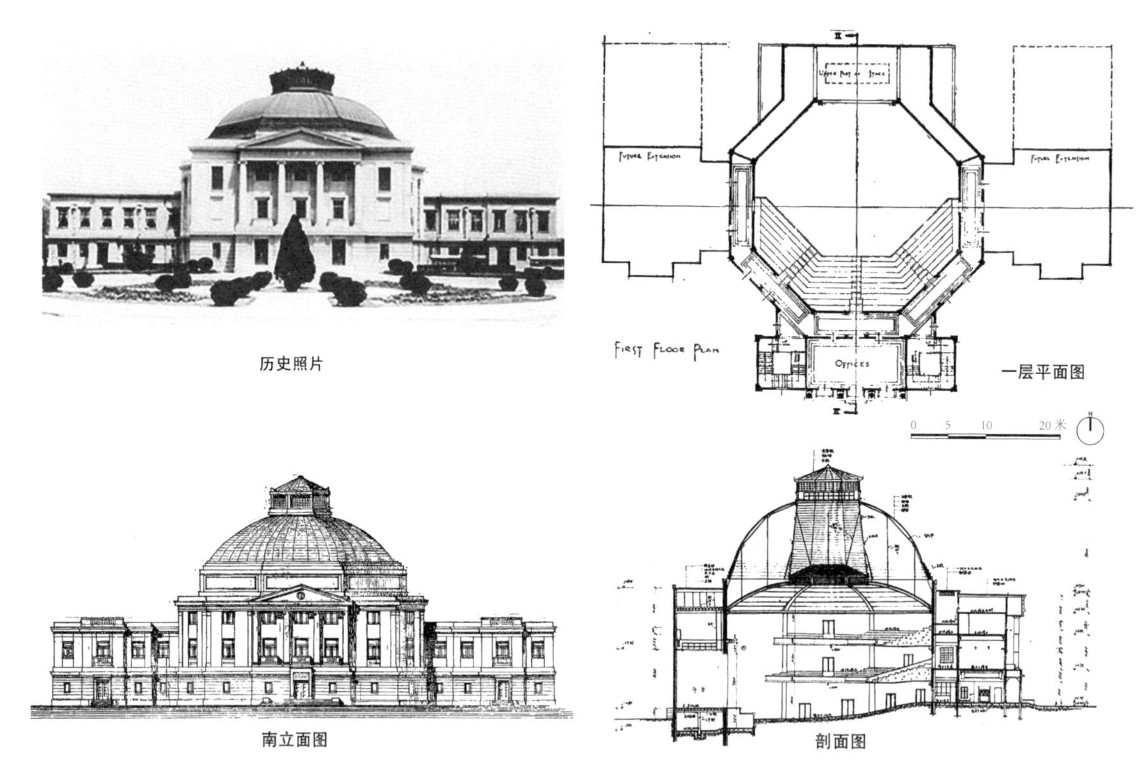

图 4-2-37 大礼堂建成后的历史照片、大礼堂原始设计图
图片来源：东南大学档案馆，档案号 3010428-6&11，26

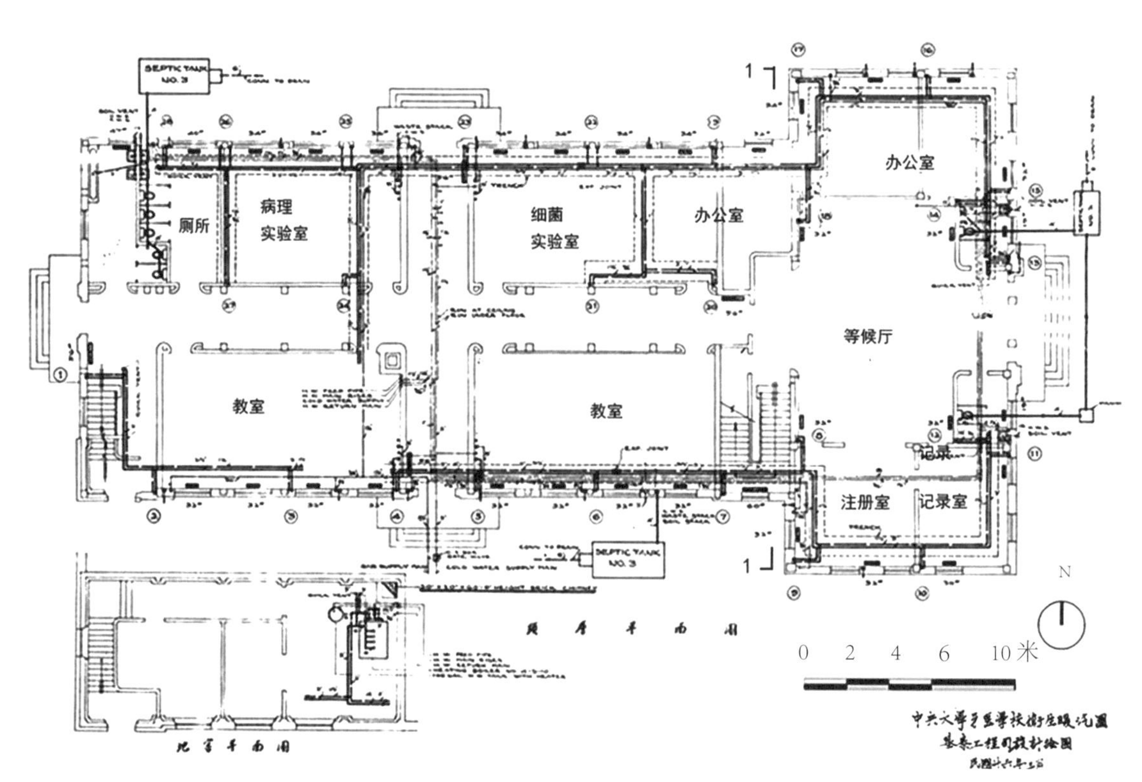

图 4-2-38 1936 年金陵院平面图
图片来源：东南大学档案馆，档案号 3010335-16

（14）金陵院

金陵院是国立中央大学附属牙科医院牙科专业教学实习大楼，位于校园东北角，现名仍为金陵院，保存完好。由基泰工程司杨廷宝于 1936 年设计，三合兴营造厂承建，1958 年由杨廷宝扩建西侧部分。建筑平面呈侧“T”形，占地面积约 909.56 平方米，南北向长约为 46.11 米，建筑物中部主体进深约 17.64 米，端部进深约 24.52 米，地下 1 层，地上 3 层，建筑面积约 2728.68 平方米。内部为内廊式布局，不同楼层划分教学和临床医学两大功能。一层门厅为医院，设挂号室、记录室、等候厅、办公室等；主体部分为教学用，设教室、实验室、办公室等。二层也为医院，设护士站、诊察室、手术室、治疗室、办公室等。三层为教学用，设 4 间大教室和 1 间实验室。一层东面正中设置主入口，北、西、南面各设一个出入口（图 4-2-38）。

金陵院立面造型简洁，坡屋顶，屋脊高 14 米，檐口高 11.7 米，一、二层层高均为 3.9 米。窗间、檐口、主入口门楣、柱头、层间均由直线形线脚装饰。矩形大门，宽大门套，所有窗户均为矩形，建筑为钢筋混凝土结构，梁板柱均为钢筋混凝土，三角屋架为木制，外墙为砖墙。

（15）文昌桥学生宿舍

1946 年抗战后，师生人数激增，校方在四牌楼东部的文昌桥新建 1 ～ 7 幢学生宿舍。这 7 幢宿舍采用同一套设计图纸，目前仅存老六舍。学生宿舍一律坐北朝南，平面呈矩形，占地面积约 962.56 平方米，南北向长约 77 米，东西长约 13 米。建筑物为两层，建筑面积 1925.12 平方米。建筑内部内廊式布局，中间走道两侧设置寝室，在南面设有 3 处门厅和出入口，门厅北面设楼梯联系上下空间。学生宿舍建筑外观简单朴素，仅层间设置灰色腰线。两坡屋顶，上铺青色洋瓦，窗户一律为矩形。宿舍均为砖木混合结构，楼地面皆为杉木楼板，楼梯及楼梯立柱均为木制，三角形木屋架，每榀屋架设置剪刀撑，内外墙均为砖墙。

5. 国立大学近代化历程之典范

从三（两）江师范学堂到国立中央大学的校园建设历程映射了国立大学的近代化历程。晚清以“中体西用”为教育思想，体现在三（两）江师范学堂的建设中。纵观三（两）江师范学堂的建设模式，校园形态仍然遵循传统书院空间布局形制，突出轴线对称的院落序列，反映传统建筑“尊卑有序”的建筑布局思想，局部建筑采用西式，建筑功能设置也是新旧并置，保留旧学祭孔场所，形成这种中西拼贴校园模式的背后原因与当时的社会背景，以及规划者、建设者为封建官僚和刚刚接触新学的知识分子有关。

民国时期教育效法欧美，新式学校在引进西方教育思想与教育制度的同时也引进了西方建筑形式，当时正值西方的某些大学建筑采用西方古典形式以表达悠久的历史。这种建筑形式也被引入国立中央大学的校园设计中，校园中典型的西方古典建筑群规模宏伟、设计手法娴熟，是近代大学效仿西方校园建设之典范。国立大学在推行教育改革的同时，也引进了西方校园建设模式，从民主开放的三合院规划布局到西方古典形式的建筑形式以及符合西学教育的功能空间的设置，可谓“全盘西化”，折射了近代中国维新变革、努力向西方学习的决心。

二、教会学校的迅速扩张

清末民初，西方教会确定了重点发展高等教育的方针。在 1890 年举行的传教士大会上，狄考文强调："对传教士来说，全面地教育一个人，使他能在一生中发挥一个受过高等教育的人的巨大影响，这样做可以胜过培养半打以上受过一般教育但不能获得社会地位的人……我们必须培养受过基督教和科学教育的人. 使他们能够胜过中国的旧式士大夫。"①

北洋时期军阀混战的社会背景给教会学校提供了机会。教会将南京初中等学校合并组建成大学，也开始筹建新大学。1911 年前后，南京先后创办了 4 所教会大学：金陵大学（1910 年）、金陵神学院（1911 年）、金陵女子神学院（1912 年）、金陵女子大学（1915 年），这 4 所大学均由校方聘请美国著名建筑师设计，择址新建。

（一）教会学校建设理念的发展流变：中西合璧成为主流

清末除少数租界的建设之外，大规模的建设活动当属教会大学的建设，由此也拉开了中西合璧的序幕。这些教会大学的校舍采用当时西方建筑的工程技术和材料，平面功能符合西方建筑的功能主义设计理念，适应新式学堂的教学，外部造型模仿中国宫殿寺庙建筑构图元素并与西方建筑风格相糅合，被称为"中国传统宫殿式"②。

开埠以来，西方建筑理念以工业技术形式输入，教会建筑代表的西方文化观念与中国传统文化发生碰撞。自 19 世纪 60 年代开始，反教会引起的"教案"不断发生，"庚子教难"后，面对中国民众的激烈反抗，在华教会不得不重新调整传教方式，在文化上通过"中国化"消除隔阂。建筑是文化的载体，最容易直观地影响普通民众，于是西方教会用建筑这一符号来表达自身的立场。如此，中西建筑文化观念有了共通点，即创造一种能满足各自不同文化动机并具有表象特征的建筑形式，这也是西方建筑形态对中国传统建筑文化的一种妥协与折中。

20 世纪 20 年代后，教会学校的命运与中国近代所发生的重大事件紧密联结在一起，如 1919 年的"五四运动"、1922 年的"非基督教运动"、"收回教育权"运动等。教会学校还必须向国民政府进行注册登记，并接受中国本土的办学竞争。这迫使教会做出相应改革，更大程度表明其"中国化"的态度。1922 年中国基督教大会倡导"本色教会运动"，要求教会学校建设"更有效率、更基督化、更中国化"。此后，教会学校建筑形态出现了明显的复古主义倾向，建筑形式毫无例外地指向宫殿式建筑，组合手法趋向于程式化和标准化，建筑风格基本定型、纯正，更加优美③。南京的金陵女子大学就是这一时期教会学校"宫殿化"建筑的定型之作。

教会学校在时机上顺应了中国人引入"西学"的大趋势，教会学校在筹划和兴建过程中，正值基督教推行"本色运动"和天主教实施"中国化"的计划，许多传教士在此期间加深了对中国传统文化的认识，从而推动了在华西方教会的世俗化、本土化，为促进中西文化交流起到了积极作用。如福开森、司徒雷登（John Leighton Stuart，1876—1962 年）、刚恒毅（Cardinal Celso Costantini，1876—1958 年）都是推崇中国古典建筑文化的著名传教士。汇文书院的创办人福开森"于中国古代艺术致力既久"④，在金陵大学新校园建设中，与时任金陵大学校

---

① Records of the General Conference of the Protestant Missionaries of China Held at Shanghai,1890.P.458-459. 引自：陈学恂 . 中国近代教育史教学参考资料（下册）［M］. 北京：人民教育出版社，1987：15.

② 董黎 . 中国近代教会大学建筑史研究［M］. 北京：科学出版社，2010.

③ 董黎 . 中国近代教会大学建筑史研究［M］. 北京：科学出版社，2010：127-128.

④ 《南大百年实录》编辑组 . 南大百年实录（中卷）［M］. 南京：南京大学出版社，2002：8.

长包文一致明确要求："建筑式样必须以中国传统为主。"[①] 负责金陵女子大学校园建设的德本康夫人明确向建筑师墨菲提出"建造不超过两层，建筑内部和屋顶一样，全部都能显露出中国风格"[②]，建筑师墨菲认为"中国建筑艺术，其历史之悠久与结构之谨严，在使余神往。"[③]因此，在西方教会本色化的大背景下，有了喜爱中国传统建筑文化的业主和建筑师，"中西合璧"建筑存在并成为主流就成了顺理成章之事。

在教会学校宫殿化的进程中，职业建筑师的作用很关键。帕金斯事务所设计的金陵大学采用西方校园规划思想布局模式，建筑形态模仿中国传统官式建筑，内部功能按照西学要求进行设置，是南京最早开始中西合璧的教会学校，但真正将中国古典复兴推向高度的是美国建筑师亨利·墨菲[④]。墨菲以扎实的专业功底、对中国古典建筑的热爱和刻苦钻研的精神，设计了一大批质量上乘、形似兼神似的教会学校，成为中国建筑古典复兴思潮的代表性人物。金陵女子大学是墨菲探索中国传统建筑的新突破，是模仿"宫殿"为倾向的定型之作，并在随后的燕京大学设计中达到顶峰。在金陵女子大学的校园设计中，墨菲捕捉到了中国传统建筑的具体特征，在单体建筑形式处理上形成固定的设计套路，领会到中国传统建筑的意境，如建筑意匠、空间营造、园林意境等，较金陵大学初步的"中西合璧"，金陵女子大学的中国传统化更加彻底，墨菲在此次设计中形成了一套固定的设计套路，并在20世纪20年代后期提出了"中国建筑复兴"（Renaissance of Chinese architecture）的观点，墨菲称之为"具适应性的中国建筑复兴"（The adaptive renaissance of Chinese architecture）[⑤]。

至1927年南京民国政府成立，南京的各基督教大学建设已基本完成，以帕金斯、墨菲为代表的美国建筑师们采用中国古典建筑形式与新的功能类型建筑相结合，开创了中国近代古典复兴的先河，事实上成了民国政府定都南京后蒋介石提倡国粹及由中国第一代建筑师在20世纪30年代发起的"中国固有建筑形式"创作潮流的先导。

（二）教会学校的实际建造状况综述

南京民国时期的教会学校除震旦大学预科学校由法国天主教会创办、育群中学为英国基督教会创办外，其余学校均为美国基督教会创办。学校类型有初中等学校、高等学校。主要创办高等学校，初中等学校也有发展。女子教育、医学、农学等方面一直保持优势。

民国后，教会学校选址仍主要受传教活动影响，随着传教范围的扩大，城北下关、城南、城西均出现了教会中小学，教会大学仍集中在鼓楼附近（图4-2-39）。

北洋政府时期军阀混战，对教育管控相对宽松，教会学校趁乱迅速扩张，大多数学校在这一时期建成。中小学校数量增加，由8所增至12所，新建4所教会大学。1927年国民政府定都南京后收回教育权，要求教会学校必须向国民政府注册，教会学校由开始的纯宗教教

---

① 引自南京大学校报第754期。

② Cody J W. Henry K. Murphy: an American Architect in China,1914 ～ 1935［D］.Ithaca：Cornell University,1989：164.

③ 潘谷西 . 中国建筑史［M］. 第5版 . 北京：中国建筑工业出版社，2004：376.

④ 美国建筑师亨利·基拉姆·墨菲（Henry Killam Murphy, 1877—1954年）是中国近代建筑史上著名的建筑师。1899年从耶鲁大学毕业，1908年与合伙人理查德·亨利丹纳（Richard Henry Dana）在纽约市麦迪逊大街成立墨菲和丹纳建筑事务所（Murphy&Dana, Architect），1914年5月下旬首次来到中国，开启了中国传统形式结合现代功能的设计之路，主持规划设计了长沙雅礼大学、福建协和大学、金陵女子大学和兆平燕京大学等多所著名大学，并主持了国民政府南京的"首都规划"，他的"适应性建筑"使"中国传统建筑复兴"走向了一个新的高度，是当时中国建筑古典复兴思潮的代表性人物。1935年墨菲退休，结束了在中国长达21年的建筑活动，随后回到美国康涅狄格州故宅。他还在佛罗里达州的克罗尔加布尔斯设计了一座有8个家庭的小型"中国村"（Chinese village），1949年，他在72岁时结婚，1954年在家中逝世，享年77岁。

⑤ 唐克扬 . 从废园到燕园［M］. 北京：生活·读书·新知三联书店，2009：62.

育过渡到以现代科学教育为主，加之西方爆发了严重的经济危机，自1930年代后教会办学发展放缓，南京教会学校再无较大的建设活动。

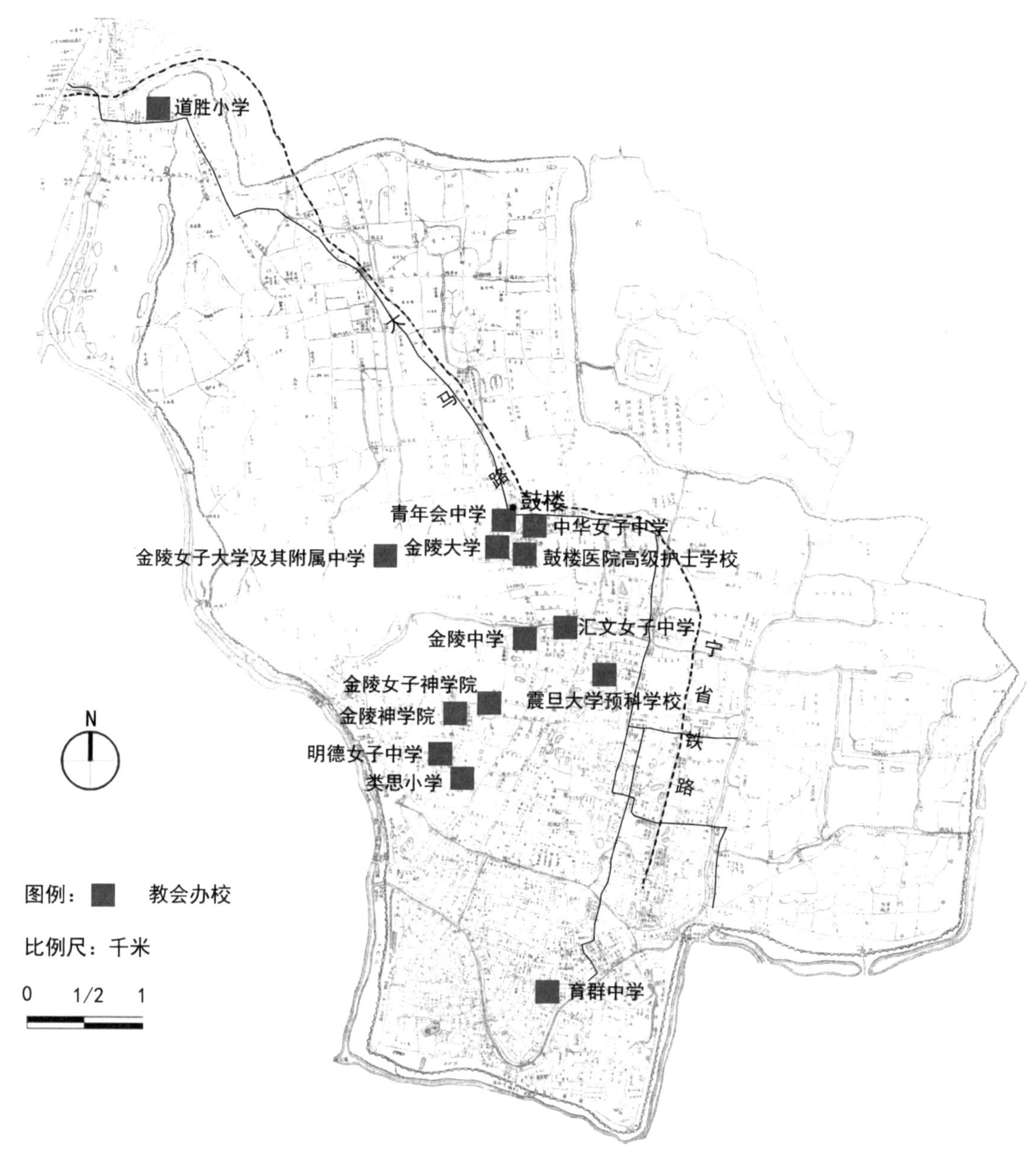

图4-2-39 1911—1937年南京教会学校空间分布图
底图来源：1928年南京城市地图

（三）初中等教会学校的建设

至1937年，南京有教会幼稚园4所[①]（分别为畲清小学幼稚园、明德小学幼稚园、道胜小学幼稚园、中华女子中学幼稚园）；小学4所（汇文女中附属畲清小学、明德小学、益智小学、类思小学[②]）；中学9所[③]。

① 南京市地方志编纂委员会.南京教育志（上册）［M］.北京：方志出版社，1998：79.

② 该校为1875年法国传教士倪怀伦创办的南京第一所教会学校，隶属于天主教会，初时无校名，1930年在石鼓路天主教堂内创办类思小学。1939年在国府路（长江路）增办类思小学二部，南京解放前一直为教会学校现为石鼓路小学。

③ 南京市地方志编纂委员会.南京教育志（上册）［M］.北京：方志出版社，1998：370-371.

1911—1937年南京的教会中学　　表4-2-6

原校名	现名	设立时间	校址、校舍
明德女子中学	南京市女子中等专业学校、南京幼儿高等师范学校	1884	位于四根杆子（现莫愁路）， 1911—1937 年添建部分校舍
汇文女子中学	南京市人民中学	1887	位于乾河沿（现鼓楼区中山路 178 号）， 1929 年因开辟中山路将校园分为东、西两部分， 1911—1937 年添建部分校舍
金陵中学	金陵中学	1888	位于乾河沿（现鼓楼区中山路 169 号）， 1934 年添建体育馆
中华女子中学	南京大学附属中学	1896	位于保泰街（现鼓楼区鼓楼街 83 号）， 1911—1937 年添建部分校舍
育群中学	中华中学	1899	详见下文
青年会中学	南京市第五中学	1913	1920 年迁到花牌楼 (今太平南路) 商务印书馆隔壁， 1926 年迁到内桥南府东街，1934 年迁至保泰街 7 号， 以基督教来复会的 3 座楼房为教室
金陵女子文理学院附属中学	南京市第十中学	1924	位于宁海路金陵女子大学校内，1936 年宋氏三姐妹捐赠附中宿舍 1 座
震旦大学预科学校	南京市第九中学	1925	位于碑亭巷，附设在天主教堂内
鼓楼医院高级护士学校	南京卫生学校	1918	附属在鼓楼医院内

来源：1. 各校史档案室查阅的档案史料（含各校 1949 年前关于校园建设的原始图纸、照片、文字档案资料等）。
2.《中国近代建筑总览南京篇》《南京明清建筑》《南京民国建筑》等著作。

民国时期的教会中小学校选址主要受传教活动的影响，随着教会传教范围的扩大，教会学校开始向城西、城北发展，例如在城北下关挹江门内新创办了道胜小学。另外，随着西方教会势力的扩大，教会不断购买和整合周边用地，扩大学校规模。

随着学校规模的扩大，多数教会学校开始校园规划。如明德女子中学、中华女子中学（晚清时期名为金陵基督女书院）添建了教学楼、礼堂、体育馆、学生宿舍等建筑，功能渐趋完善，开始校园规划，新建的道胜小学也有完整的学校规划。这 3 所学校因同为美国基督教会创办，与晚清的汇文书院、汇文女子中学类似，均采用北美校园“中心花园”式（集中式院落）的规划布局模式，主要建筑物（教学大楼、礼拜堂与生活用房等）围合体操场或中心绿地设置，由于学校规模小，教学、生活、运动等功能相互临近和混合布局便于使用。

民国时期教会中小学半数以上经过专业的校园规划，以北美“中心花园式”最多，合计 7 所，分别为明德女子中学、明德小学、汇文女子中学、汇文女中附属畲清小学、金陵中学、中华女子中学、道胜小学。这种布局方式系沿续晚清已经成型的汇文书院和汇文女子中学的校园模式。附设在教堂、大学、实习医院内的学校合计 5 所，分别为青年会中学、震旦大学预科学校、类思小学、金陵女子大学附属中学、鼓楼医院高级护士学校。这几所学校均为民国后新办，教会为达到快速扩张目的，在资金有限的实际状况下，利用一切可利用的资源办学，仅育群中学建有单幢综合楼。

随着学校规模的扩大，教会学校的校园功能渐趋完善，各校建筑呈现专业分化，有明显的建筑分类，但建筑内部功能仍然混杂。这一时期，有明显建筑分类的学校由晚清 2 所增至 5 所（金陵中学、汇文女子中学、明德女子中学、中华女子中学、道胜小学），建筑类型有教学楼、学生宿舍、礼拜堂、体育馆、体操场等，师生活动对应有专门性的房间或场所，除了体育馆和礼拜堂这种特殊使用功能的建筑物外，其他建筑内部功能仍然是一种经济型的混合式布置。如明德女子中学 1912 年先行建设教学楼（淑德堂），通过购买校地扩大规模后，陆续建有教师住宅爱明楼、小礼堂等。1925 年开设了幼稚园、小学、中学、高中部，学校规模再次扩大，添建健身房、幼稚园教室，1929 年后，为改善学生住宿环境，又新建 1 幢 3 层楼的学生宿舍（思明堂），至此，学校规模基本成型，功能设置完善。中华女子中学晚清仅有 1 座洋楼，民国时新建教学主楼、大礼堂、家政楼、多处学生宿舍和教员住宅。育群中学新建的综合楼涵盖教室、办公室、实验室、礼拜堂、学生宿舍等多种功能性房间。

晚清时期仅汇文女子中学和汇文书院建有教学楼，民国后各校教学楼陆续添建。如明德女子中学率先建成教学楼淑德堂，道胜小学在 1916 年建成了南楼、北楼等两座教学楼，中华女子中学在 1920 年代初建成了教学楼，育群中学在 1926 年建成了教学综合楼。新建的教学楼是一种综合楼，内部功能混杂，含有教室、实验室、图书室、办公室、宿舍、礼拜堂等。建筑平面有矩形和“L”形。为了提高空间的利用率，大多数教学楼采用内廊式布局。教室内部注意到了光线、视线、流线的设计要求。从育群中学建筑平面来看，教室考虑了流线设计和疏散的问题，设有前后两处门，教室平面多为规整的长方形，方便学生桌椅的摆放。在建筑的东、中、西部共设 3 部疏散楼梯。

随着学校规模的扩大和学生数量的增加，学校开始改善学生的住宿环境，不再将学生宿舍设在教学楼内，建设单幢学生宿舍楼。明德女子中学在 20 世纪 20 年代建有学生宿舍思明堂，建筑平面呈侧“王”字形，分 3 个单元，建筑地上 3 层，采用内廊式布局，中间走道两侧为寝室。

各教会学校均设礼拜堂。如道胜小学的礼拜堂设在传教士住宅的一层内，育群中学的礼拜堂设在教学楼一层内。规模较大的学校单独建设礼拜堂，明德女子中学的礼拜堂就是单独设置的，屋顶陡峭，开设老虎窗，入口有罗马柱和门廊。这些中小学校的礼拜堂平面均为简单的矩形，在室内前方设圣坛和读经台，中央排放整齐的圣职席位；空间尺度较小，没有中厅和侧廊之分，并非照搬西方教堂巴西利卡或拉丁十字的形制，只为解决基本的使用功能。

教会女校为适应缝纫、插花等家政课程教学需要，另建家政楼，与教学楼分开设置。如 1920 年中华女子中学在教学主楼西侧新建 3 层高的西式家政楼，用于本校家政课程的教学和实习。

教会学校向来重视体育场馆的建设，晚清的教会学校只设室外体操场。民国后随着建筑技术、建筑材料的发展，教会学校均建体育馆等大跨度建筑。如金陵中学在 1934 年建成的体育馆为钢木屋架，主跨 1 层，附跨 2 层，主跨高 21 米，南北长约 32 米。汇文女子中学 1933 年建成体育馆，单层，钢木屋架，南北长约 30.5m，东西长约 15.5m。明德女子中学也建有钢筋混凝土结构的健身房，立面由 7 个半圆拱组成。

1937 年前教会创办的 4 所幼稚园全部附设在小学校内，这与国民政府 1932 年颁布的《小学法》有关，法令明确规定小学须附设幼稚园。1927 年后教会学校被要求向国民政府备案，因此必须遵守该法规。

1911—1937 年南京教会中小学新建建筑风格既有西方古典主义和折中主义形式，也有中国传统宫殿形式，还有简洁的现代主义建筑形式，校内建筑形态基本保持统一。从数量上说，西式建筑居多，风格多样，既有西方古典形式也有美国殖民期样式；新建规模较大的学校采用中国传统宫殿形式；现代主义建筑较少，仅为个例。在晚清西式校舍基础上扩充添建的学校，仍然延续已建成的西式风格，建筑形态保持统一，添建的校舍以西方古典形式居多，也有美国殖民期样式，设计手法多样。如明德女子中学健身房、中华女子中学主教学楼的西方古典柱式、三角形的山花、拱形柱廊皆为西方古典建筑元素；明德女子中学宿舍具有美国殖民期建筑式样的特征。西式校舍建筑共有 7 校，占总数的 53.8%，分别为明德女子中学、明德小学、汇文女子中学、汇文女中附属畲清小学、汇文书院、中华女子中学、鼓楼医院附设护士学校。

民国新办的3所规模较小的学校——青年会中学、震旦大学预科学校、类思小学利用基督教堂为校舍。民国新建的2所规模较大的学校——道胜小学、金陵女子大学附属中学均采用中西合璧的设计手法。道胜小学目前遗存的5幢历史建筑仿中国传统宫殿形式，金陵女子大学附属中学校舍与大学部中国传统宫殿式建筑群保持一致。

（四）高等教会学校的建设

1937年前南京共有4所教会大学：金陵大学、金陵女子大学、金陵神学院、金陵女子神学院，这4所学校均为美国基督教会创办。

1. 高等教会学校的选址与规划

4所教会大学集中设置，均选址于南京基督教活动中心——鼓楼一带，与教会中小学、教堂、教会医院就近设置，形成宗教文化圈。鼓楼位于城北荒凉地段，地价相对便宜，且容易购买到集中的大片土地用于大学建设，符合美国大学“学术村”的理念。1910年代建成的3所教会大学——金陵大学、金陵神学院、金陵女子神学院皆为美国大学校园开敞的三合院形式，1920年代建造的金陵女子大学校园规划表现出中国传统建筑群体沿轴线布置院落空间的规划模式。这种状况反映了南京教会大学校园规划由移植到中西合璧的发展演变过程，反映了西方教会“本色化”运动渐趋深入的发展过程。

高等教会学校引进“草陌式”（mall）[①]校园规划布局。美国总统托马斯·杰弗逊（Thomas Jefferson）创立的弗吉尼亚大学开创了影响全美的“草陌式”校园规模式，三面建筑围合中央绿地。其校园规划特征为：校园中心为矩形绿地，绿地的两个长边和一个短边由建筑围合，另一边向城市开敞；布置于短边的建筑为校园的中心建筑，功能上通常为图书馆；沿两个长边布置对称的校园建筑，建筑面向绿地以强调其中央空间；中央绿地呈线性发展，两侧建筑可根据学校的发展不断增加，校园具有可持续发展的特点。“草陌式”校园空间开敞，实现了校园与自然、城市空间上的交流。这一模式风靡全球，被美国传教士和建筑师带到南京，并用“合院”组织空间的布局方式找到了中西间的互通点，故前期建造的3所大学均采用这种规划形式。金陵大学北端大学部由北大楼、西大楼、东大楼以三合院的形式围合中心绿地布置，几栋学生宿舍楼仍然重复了“草陌式”的布局模式，金陵神学院与金陵女子神学院皆是如此。

高等教会学校规划还仿照中国传统建筑群体规划模式，1920年代建成的金陵女子大学建筑群就采用了此布局形式。与设计师墨菲受到紫禁城布局的影响有关，金陵女子大学采用中国传统建筑群体的空间序列，结合西方校园理性的功能分区，借鉴紫禁城在轴线上依次采用纵横空间对比、湖泊山丘呼应的构图手法，采取轴线对称和主次院落的群体布局，以三合院或四合院为基本单元，形成富有空间序列感的建筑群[②]。在整体规划中灵活变通，不拘泥于中国传统建筑群体严谨的南北向主轴线，因地制宜以东西为主轴线，并在主入口与四方院之间通过林荫道紧密相连，校园空间既有西方庭院的特性，又蕴涵中国古典园林的韵味。

---

① 音译，来自“mall”一词，指校园的中心绿地

② 王建国，阳建强.大学校园文化内涵的营造与提升：第七届海峡两岸大学的校园学术研讨会论文集［C］.南京：东南大学出版社，2009：137.

在这些规划中，较大的教会大学具有明确的功能分区。首先，按照教学层次分区；其次，按照建筑使用功能划分为教学行政区、学生生活区、教员生活区、体育运动区等；最后，教学区按照文、理、农、医等学科进行细分。如金陵大学有附属中学、预科部、大学部、医学部等，按照教学层次，各区域间相对隔离，按使用功能分区。大学部中北大楼、东大楼、西大楼、图书馆、礼拜堂等主要教学楼与教辅建筑位于校园、南北主轴线的终端，平行于南北主轴线设置学生生活区，由几幢学生宿舍围合而成。教学区按文、理、农、医等学科划分，北大楼为文学院、东大楼为理学院、西大楼为农学院，东北大楼为医学院，并附属有鼓楼医院。金陵女子大学的功能分区颇有故宫"前朝后寝"的影子，前区由100号社会体育大楼、200号科学馆、300号文学馆、图书馆、礼堂等主要教学楼、教辅建筑构成，后区的学生宿舍400～700号楼、厨房、厕所、浴室等构成学生生活区。

2. 高等教会大学的建筑功能

教会大学资金充足，校舍多一次性建成。西方教会直接从美国聘请具有丰富校园设计经验的建筑师设计，各校功能齐全，在近代学校建筑类型与功能的形成中起到了导航与示范性的作用。与中小学校建筑功能混合布置不同，大学规模宏大、建筑功能齐全，平面采用多种组合形式，有单一明确使用功能的教学科研楼、图书馆、体育馆、学生宿舍、教师住宅、礼拜堂等，随着学科的划分和学科专门化程度的加深，出现学院大楼和系馆建筑。另外，大学还有科学研究的需求，因此科学馆、实验室、实习工场、农林实验场、医科大学附属实习医院等大量兴建。大学师生人数较多，学生宿舍、教师住宅、后勤建筑规模也随之扩大。

大学建筑类型、建筑空间组合形式多样，主要有三种组合模式。第一类是走道式组合，大多数建筑属于此类。如教学楼、办公楼、实验楼、宿舍楼等，为最大限度地利用空间采用走道式组合。第二类是以大空间为主体的组合方式，如体育馆、礼堂、实习工场等，在建筑物的中心布置大空间，周边设置辅助用的小房间。第三类针对平面功能复杂的建筑，采用多种空间组合形式，如金陵女子大学100号楼在建筑平面中心部位设置社交大厅、健身房等大空间，两侧设置办公室、更衣室等小房间，并采用内廊式布局和西方建筑的公共空间设计手法，划分公共区域、私密区域，动静分区明确。

学校中不同学科的划分产生了学院大楼建筑，学院大楼综合性较强，可容纳学科属性相同或相近的院系，功能上复杂，自成一体。例如金陵大学下设文、理、农3个学院，其中文学院为北大楼，理学院为东大楼，农学院为西大楼。理学院东大楼共有3层，建筑平面呈矩形，内廊式布局，设有15个房间，有实验室4间、普通教室6间、演讲厅1间、教师办公室2间、厕所2间。随着学科专门化程度加深，学院大楼又进一步分化出各个系馆，凡是拥有独立系馆的学科都是专业性较强、注重实验的学科。如金陵大学农学院的蚕桑系，脱离农学院西大楼，添建两座桑蚕系馆建筑，农林科专修教室及实验室各一座[①]。桑蚕系馆分为前楼和后楼，内部设有显微镜实验室、贮桑室、蚕室、贮茧库、煮茧室、滤水池、制丝机械陈列室、浴室、工房、附设原种场、普通种场等[②]。

科学研究是大学除教学以外的另一重要任务。科学研究所需的历史、社会、化学、农业

① 金陵大学总务处. 私立金陵大学要览［M］. 南京：金陵大学，1947：4.

② 江苏省地方志编纂委员会. 江苏省志蚕桑丝绸志（蚕桑篇）［M］. 南京：江苏古籍出版社，2000.

经济、农艺、园艺等研究所，隶属于文、理、农等学院。尤其是理工农医等科需要配设相当数量的各类实验室、实习工场、农林实验场等，医科大学需附设医院。教会大学重视科学研究且研究资金雄厚，开设理、工、农、医科的学校都建有科学馆。如金陵大学理学院东大楼被称作科学大楼，西大楼农学院称为西科学大楼，医学院东北大楼建医学实验室，金陵女子大学 200 号楼为科学馆。以金陵女子大学科学馆为例，建筑平面呈倒“丄”形，高 2 层，内廊式布局。在一层平面内布置有生物实验室 1 间、标本存贮室 1 间、物理实验室 1 间、化学实验室 2 间、化学制剂室 1 间、光学实验室 1 间、实验教师室 1 间、办公室 1 间，并配置有教室和演讲大厅各 1 间。二层设置普通化学实验室 1 间，配套化学准备室、指导教师室，盥洗室；物理实验室 1 间，配套有仪器室和暗室；设有机化学实验室 1 间、工业化学实验室 1 间，两者合用贮藏室；设实验示范教室、普通教室和小型图书室各 1 间 ①。其中，化学实验室按实验要求进行设计。基础课教学用的实验室主要为台式，实验过程一般在实验台上进行，建筑空间及管网配置主要由实验台的布置及活动要求而定。根据供排水设施特点，分为湿式及干式两种，化学及生物实验室多为湿式，物理实验室为干式。实验室内部空间根据实验要求进行布置（图 4-2-40）。

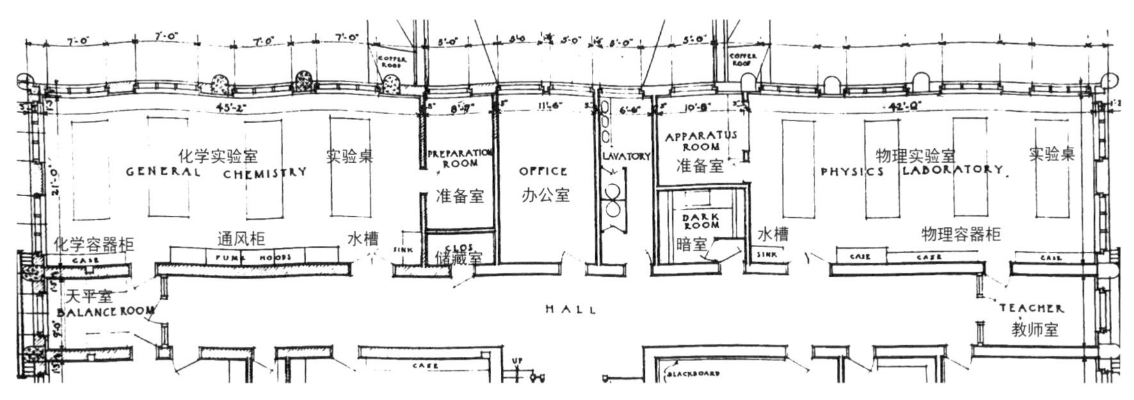

图 4-2-40 金陵女子大学科学馆（200 号楼）内部的化学实验室与物理实验室平面图
图片来源：东南大学档案馆，档案号 3010335-16

农林科还配设农林实验场进行科学研究。金陵大学农学院设农场 126.6 公顷有余（城内 13.3 公顷，城外 113.3 公顷有余）②，林场 133.3 公顷有余，另有乌江实验区是农学院推广工作示范区，有农会、合作社、示范繁殖场 ③；太平门外和学校附近的汉口路和鼓楼设有园艺实验场，阴阳营设有乳牛场，金银街设置蚕桑实验场，小粉桥胡家菜园设农工系实验工场等 ④。农场内配有教学用房，设农业专修科办公室及图书馆、教室、住宅、饭堂、实验室，以及花舍、种子所、种子储藏室、浴室、蚕桑系水库、劳作室、毛织实验场二所、整染室、校外农场房屋 ⑤。

这一时期，钢筋混凝土的应用和结构技术的进步促进了大跨度建筑的兴建。金陵女子大学 1933 年建成了图书馆和礼堂，小礼堂柱间最大跨度达 8.90 米 ⑥。金陵大学建体育馆 2 座、图书馆 1 座 ⑦，其中 1936 年建成的图书馆中最大的阅览室柱间跨度达 14 米左右。

① 美国耶鲁大学图书馆藏：金陵女子大学科学馆原始图纸一、二层平面图标示。
② 南京大学高教研究所校史编写组 . 金陵大学史料集［M］. 南京：南京大学出版社，1989：191.
③ 《南大百年实录》编辑组 . 南大百年实录（上卷）［M］. 南京：南京大学出版社，2002：357-362.
④ 《南大百年实录》编辑组 . 南大百年实录（上卷）［M］. 南京：南京大学出版社，2002：350-351.
⑤ 《南大百年实录》编辑组 . 南大百年实录（上卷）［M］. 南京：南京大学出版社，2002：357-358.
⑥ 数据来源于东南大学建筑设计院提供的测绘图纸。
⑦ 《南大百年实录》编辑组 . 南大百年实录（上卷）［M］. 南京：南京大学出版社，2002：352.

教会大学一般将礼堂与教堂同设，既是宗教礼拜之所，又是学生活动聚会之处。金陵大学建有大礼拜堂 1 座、小礼拜堂 1 座。金陵女子大学建有礼堂 1 座。以金陵大学大礼堂为例，其建筑平面与教会中小学礼拜堂简单的矩形平面不同，原汁原味地移植了西方教堂巴西利卡（Basilica）[①] 形制，中间有中厅，两侧有侧廊，中厅高，侧面开有采光窗，侧廊由列柱界定空间，构成拉丁十字的圣职席耳房。为了与中西合璧建筑群的整体风格协调，建筑外形采用中国传统形式，仿古代庙宇形式，屋顶主体为歇山顶，侧面为硬山顶，筒瓦屋面。

教会大学还建有大规模的学生宿舍楼，形成学生宿舍区。金陵大学共有学生宿舍 6 座，甲乙楼、丙丁楼、戊己庚楼、辛壬楼围合中心绿地呈开敞的三合院形式，单体建筑为中国传统形式。金陵女子大学 4 幢学生宿舍楼以院落的形式围合，院落中间设有人工湖，单体建筑为中国传统宫殿形式。教会学校要求教师住校，故配套建设有教师住宅，如金陵大学有单身教员宿舍 2 座，教职员住宅 56 座，分布在金陵大学鼓楼校区附近的天津路、汉口路、金银街、平仓巷一带 [②]，与学校距离较近。

3. 高等教会大学的建筑形态

该时期南京教会大学的建筑形态以中国传统宫殿形式为主，规模较大的金陵大学与金陵女子大学皆采用了中国传统宫殿形式，但金陵神学院和金陵女子神学院仍采用西式建筑形态，建筑形态与办学思想高度统一。

金陵女子神学院教学主楼为西方折中主义形式，立面构图讲究对称、比例严谨，主入口处连续的拱形柱廊和罗马柱皆为西方古典建筑元素，建筑物背面的礼拜堂具有哥特式建筑特征。两幢学生宿舍采用了西方古典建筑元素，金陵神学院的两幢建筑也采用西方折中主义形式，百年堂主入口门廊设西方古典柱式和山花，建筑立面设壁柱、拱券等西式装饰细节，十分精致（图 4-2-41、图 4-2-42）。

图 4-2-41 金陵女子神学院主楼正面旧影
图片来源：美国耶鲁大学图书馆

图 4-2-42 金陵神学院内建筑旧影
图片来源：美国耶鲁大学图书馆

金陵大学与金陵女子大学建筑群体现出南京教会学校与中国传统宫殿式建筑之间结合的历史演变。两所大学在屋顶及檐下空间的处理手法上，区别较为明显。先期建成的金陵大学建筑群中，许多建筑单体将中式的大屋顶直接扣在西式的墙身上，为中国传统元素

① 巴西利卡（Basilica）是古罗马的一种公共建筑形式，基督教沿用了罗马巴西利卡的建筑布局来建造教堂，平面呈长方形，外侧有一圈柱廊，主入口在长边，短边有耳室，后来将主入口改在短边。

② 《南大百年实录》编辑组 . 南大百年实录（上卷）［M］. 南京：南京大学出版社，2002：352-356.

与西式建筑的简单糅合，两者间缺少过渡；后期建成的金陵女子大学建筑群则有意识地运用中国传统元素，在檐下增设斗拱，对整体建筑形态与立面构成进行合理过渡，并逐步领会中国传统建筑技术与艺术结合的美，虽出现斗拱与柱头错位的现象，但不失为一种进步（图 4-2-43、图 4-2-44）。

图 4-2-43 金陵大学北大楼
图片来源：东南大学周琦建筑工作室，王荷池摄影

图 4-2-44 金陵女子大学 200 号楼
图片来源：东南大学周琦建筑工作室，王荷池摄影

（五）典例实例分析：金陵女子大学

金陵女子大学是我国第一所女子大学，与金陵大学同属西方基督教会在华兴办的十六所教会大学之一，由美国著名建筑师亨利·墨菲设计，迄今已有百余年校史。金陵女子大学校址位于现南京市宁海路 122 号，校园占地面积 260 亩，主要建筑物有 100~700 号楼、大礼堂、图书馆等 9 座中国传统宫殿式建筑，现为南京师范大学随园校区。

1. 金陵女子大学的历史沿革

中国封建社会一直有“女子无才便是德”的思想，近代以来，解放妇女、兴办女学思想出现，南京逐渐出现了一些女子中学，但由于没有女子高等学校，女中毕业生无升学之场所。女学和医学是近代西方教会在华维持优势的两大法宝，因此在中国国立大学和私立大学迅速崛起的背景下，西方教会敏锐地意识到应投入更多的精力开创女学、医学等专门教育，以继续维持其领先地位[①]。

1911 年冬至 1912 年初，在江苏、浙江、上海一带传教的美国基督教 8 个教会在上海聚集一堂，商讨如何解决女中师资及女中毕业生升学场所的问题，会议讨论制定在长江流域开办一所女子大学的计划。1913 年夏，由美国北长老会，北浸礼会，基督会，南、北卫理公会各选 3 人，组成校董会，每个教会提供 1 万美元用于建筑校舍，购置设置，提供 600 美元用于日常开支。同年 11 月 13 日，校董会公推北长老会代表德本康夫人（Mrs Laurence Thurston）为扬子江流域妇女联合大学校长。1914 年 11 月教会的管理董事会正式通过校名定为“金陵女子大学”，校址选在南京。1915 年 9 月，金陵女子大学租用南京城东绣花巷李鸿章小儿子宅院为临时校址开学。1919 年夏，德本康夫人回美国筹集建校基金，共获得各教会

① ［美］杰西·格·卢茨 . 中国教会大学史［M］. 曾钜生，译 . 杭州：浙江教育出版社，1987：122.

60万美元经费，遂于1921年在陶谷（宁海路南端西侧）一带购得校地，筹建新校区，聘请美国著名建筑师亨利·墨菲进行校园规划与设计。

2. 金陵女子大学营造过程

金陵女子大学全部工程分为两期进行，第一期工程为100～700号楼，含教学楼、学生宿舍等；第二期工程为图书馆和大礼堂。1919年10月18日～19日，墨菲和丹纳建筑事务所完成了金陵女子大学第一期工程100～700号楼的详细施工图纸设计，其中吕彦直承担了大部分工程设计任务。第二期工程于1933年设计，历时两年。

1918年墨菲向德本康校长及校方管理层提交了一份初步规划方案：宿舍顺着轴线由东至西，教学楼沿长轴线自北向南布置，通过轴线组织突出重点建筑，运用开口方庭展示建筑立面。

1919年1月，纽约的管理层批准了墨菲的方案。德本康夫人和墨菲先行确定了礼拜堂、图书馆、科学馆、教学楼、一栋教工宿舍楼和一栋学生宿舍楼的小比例平面及立面，估算了每立方英尺建筑的造价，并初步确定出基本的建筑尺寸①。

1919年4月，墨菲与金陵大学委员会的全体委员，一起商讨确定了建筑风格、材料、造价、第一批建造的建筑名单、工作计划、工程监理等6个问题②。

1919年6月，德本康夫人和建筑师墨菲为新建筑打桩、划定楼群的四方界址③。

1920年11月举行施工招标，校方选择了一家南京本地的营造商：陈明记营造厂。

1921年7月新校舍的施工合同正式签署，工程建设正式开始④。同月，当墨菲返回纽约之时，夏季的大雨延缓了施工进展。德本康夫人在日记中记录了施工过程："过去六个月以来我曾数次总结出，在中国盖房子的整个过程中，最容易办到的事情竟然是筹得足够的金钱……通往我们新基地的那条分支道路必须得到整修，地表周围仍遍布着那些不情愿迁走坟茔隆起的土丘，而即便在旱季，老天爷也不时地倾下瓢泼大雨，阻碍修路、迁坟、打地基之类的工作。"⑤

1923年新校舍一期工程竣工，100～700号楼建成。

1933年第二期工程开始建设。

1936年宋氏三姐妹捐建附中宿舍一座（东一楼）、校友严彩韵捐建医务室一座。

1937年建成南山甲楼、乙楼等两座教职员宿舍。

目前保存完好的主要为第一期和第二期工程共9幢历史建筑。

3. 金陵女子大学的校园规划

金陵女子大学的校园规划表现出中国传统建筑群体沿轴线布置院落空间的规划模式，以三合院或四合院为基本单元，规整地组织单体建筑，通过主次轴线关系串联或并联院落，形成具有空间序列的建筑群。这种校园布局方式受到紫禁城传统木构建筑群的影响，与墨菲

---

① Cody J W. Striking a Harmonious Chord:Foreign Missionaries and Chinese-style Buildings,1911-1949［J］. 中国学术，2003（1）：11-17.

② Cody J W. Henry K. Murphy: an American Architect in China,1914 ～ 1935［D］.Ithaca：Cornell University,1989：170-173.

③ 孙海英．金陵百屋房：金陵女子大学［M］．石家庄：河北教育出版社，2004：20.

④ 孙海英．金陵百屋房：金陵女子大学［M］．石家庄：河北教育出版社，2005：20-21.

⑤ Cody J W. Henry K. Murphy: an American Architect in China,1914 ～ 1935［D］.Ithaca：Cornell University,1989：1.

1914 年参观令他“震惊”（thrilling）的紫禁城有关[①]。

设计中贯穿东西方向的主轴线以东部丘陵的制高点来确定，中轴线通过入口狭长的林荫道增强了空间的纵深感，图书馆和大礼堂向中轴线靠拢形成 100 号楼前半封闭的院落空间。100 号楼居中布置，控制空间构图的中心，与两侧的 200 号、300 号楼围合成开敞的三合院，

图 4-2-45 金陵女子大学新校区设计鸟瞰图
图片来源：耶鲁大学图书馆

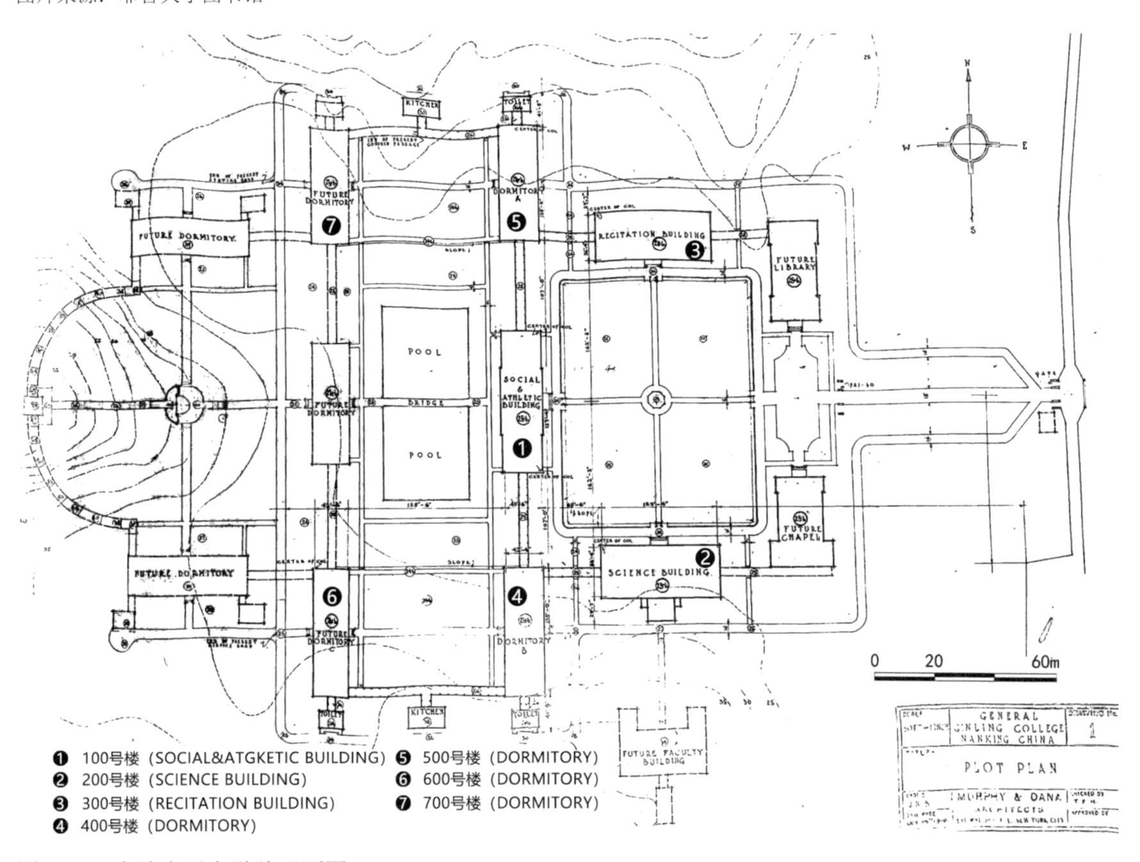

图 4-2-46 金陵女子大学总平面图
图片来源：耶鲁大学图书馆

① 1914 年，北洋政府内务总长朱启钤提议将紫禁城向全体国民及外国游客开放。当时仅开放了紫禁城外廷部分，内廷部分仍由清朝皇室居住。因此墨菲得以游览紫禁城。

构成第一进院落，视觉对比由纵向深远转向横向宽敞[①]。100 号楼后是由学生宿舍围合而成的第二进院落。作为学生生活区，墨菲有意将女生宿舍布置成由连廊连接的合院，合院中心布置一处人工湖，借鉴中国传统的造园手法，设置假山驳岸、花丛垂柳。同时，湖泊也是主次轴线转换的节点。学生宿舍两两一组与回廊形成两个对称三合院，分别布置在次轴线的南北两端，形成主次轴线纵横交错、等级分明的多重院落空间。中轴线终端引至西部丘陵的峰顶，峰顶有一处中式楼阁，借助地形的起伏达到完美终结。规划中，楼阁、圆弧形连廊及其他建筑共同围合成校园的第三进院落，但这一进院落未能建成（图 4-2-45、图 4-2-46）。

金陵女子大学的校园规划中，墨菲提取了故宫布局的几种基本元素：轴线对称、多重院落、纵横空间对比、湖泊山丘呼应。整体布局中，轴线串联起建筑单体围合的方形院落，建筑因地制宜，融入周边环境；入口狭长的林荫道与 100 号楼前开敞的三合院落的对比，体现出小中见大、欲扬先抑的布局思想；中国传统空间形式中错落的建筑布局结合西方校园方正的道路网架、规则的草坪，用游廊代替围墙与人工湖泊一起营造出古典园林意境。

4. 金陵女子大学的主要建筑

金陵女子大学建筑单体为中国传统宫殿形式，内部功能根据西学要求设置教学、教辅、运动、生活等空间，平面布局以内廊式为主，是“当时将中式建筑风格用于现代建筑的典范”[②]，这与设计师墨菲在中国的经历息息相关。墨菲参观紫禁城后[③]，概括了中国建筑的 5 个要素[④]：反曲屋顶[⑤](Curving, Up-turned Roofs)、建筑组合上的严整性（Orderliness of Arrangement）、营造上的坦率性（Frankness Construction）、华丽的彩饰 (Gorgeous Color)、大体量的石造基座[⑥]（Massive Masonry Base），称其为“适应性建筑”语汇，并将“适应性建筑”的语汇应用于金陵女子大学校园设计中，进行灵活改编。因此，金陵女子大学建筑群具有一些共同特征：建筑单檐歇山顶，基本为两层高，左右对称，斗拱设置在屋顶与墙身之间。

金陵女子大学中的主要建筑有：100 号楼、200 号楼、300 号楼、400 号～ 700 号楼（图 4-2-47）。

100 号楼又名“社会与体育大楼”（Social and Athletic Building）是学校主楼，位于学校东西向的中轴线上。

200 号楼又名“科学大楼”（Science Building），是学校的科学馆，位于学校南北向的次轴线上，100 号楼的东南侧。

300 号楼又名“朗诵大楼”（Recitation Building）是学校的文学院大楼，位于南北向的次轴线上，100 号楼的东北侧。

400 号、500 号、600 号、700 号楼为 4 幢学生宿舍，内部布局及建筑外观一致，两幢宿舍为一组与回廊形成两个对称的三合院，分别布置 100 号楼后面南北向轴线的南北两端。

---

① 董黎 . 中国近代教会大学建筑史研究［M］. 北京：科学出版社，2010：147.

② 刘先觉，王昕 . 江苏近代建筑［M］. 南京：江苏科学技术出版社，2008：138.

③ 1914 年，北洋政府内务总长朱启钤提议将紫禁城向全体国民及外国游客开放。当时仅开放了紫禁城外廷部分，内廷部分仍由清朝皇室居住。因此墨菲得以游览紫禁城。

④ Murphy H K. The Adaptation of Chinese Architecture［J］. Journal of Chinese and American Engineers, 1926，5（3）：37.

⑤ 亦可理解为弧形的、起翘的屋顶。

⑥ 通常这一项被翻译成：建筑各个构件和部分之间完美的比例关系。见：傅朝卿. 中国古典样式新建筑［M］. 台湾：台北南天书局，1994：26，“完美的比例”。

100 号楼

200 号楼

300 号楼

400 ～ 700 号楼

图 4-2-47 金陵女子大学主要建筑历史照

图片来源：耶鲁大学图书馆

（1）100 号楼

100 号楼坐西朝东，建筑平面为矩形。建筑物占地面积约为 713.01 平方米，建筑面积约为 1431 平方米，开间约为 49 米，进深约为 15 米。

整个建筑共有 4 层，地下 1 层，地上 3 层，其中主体部分 2 层，另有 1 层阁楼利用大屋顶下的空间做成。其中一层为社交大厅，二层为体育活动中心。

建筑物内部布局为内廊式，走道两侧设置办公室、休息室、厕所等小房间。东立面为建筑的主立面，居中设置主入口，南北两侧各设一个出入口。

100 号楼是典型的中国传统宫殿式建筑（图 4-2-48），单檐歇山顶，屋顶脊中加脊，中部高耸，利用歇山屋顶的侧面开小窗采光通风。檐下设斗拱，但无论是原始设计图纸，还是实际落成的建筑，斗拱与柱头都存在错位。

建筑中部主体檐口高度 10.77 米，两侧檐口高度 8.46 米，一、二层层高均为 3.30 米[①]。建筑立面左右对称，形成横向三段式。主入口设有中式风格的雨篷，门窗形式也皆为中式。中部主体窗扇为三交六椀菱花。建筑结构为钢筋混凝土结构，梁、柱、板皆为钢筋混凝土，屋架为三角形木制屋架。

（2）200 号楼

200 号楼坐南朝北，建筑平面为“⊥”形，建筑物占地面积约 752.93 平方米，建筑面积约 1541 平方米[②]，开间约 41 米，进深约 18 米。整个建筑共有 3 层，其中主体部分 2 层，与

① 建筑物平、立面尺寸均源自原始图纸。

② 面积来源于：卢海鸣，杨新华．南京民国建筑［M］．南京：南京大学出版社，2001：170-171.

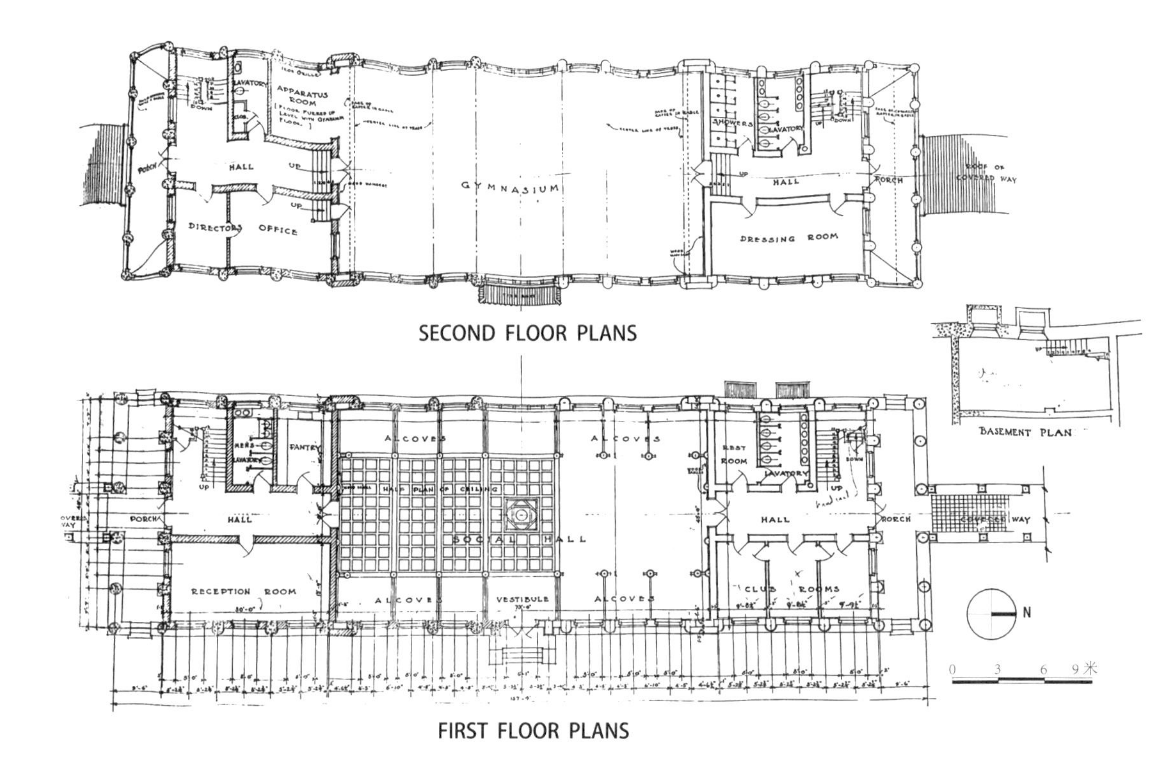

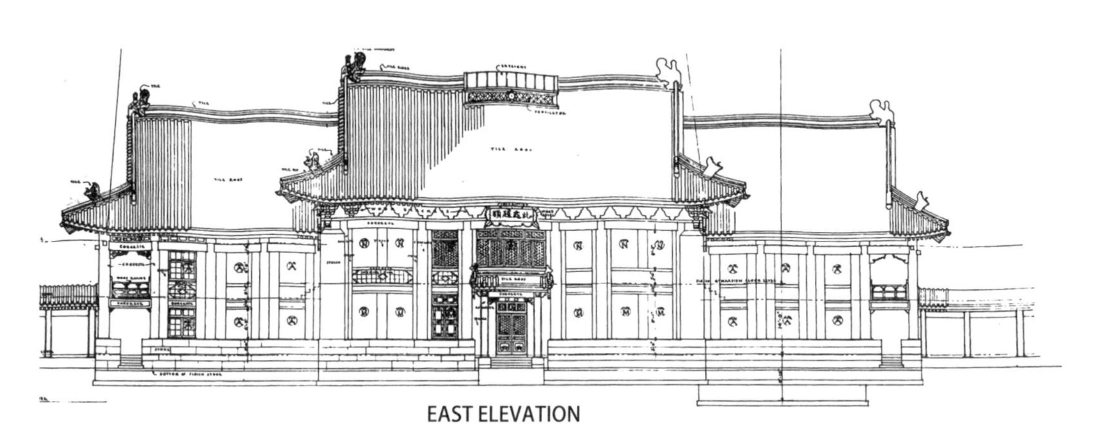

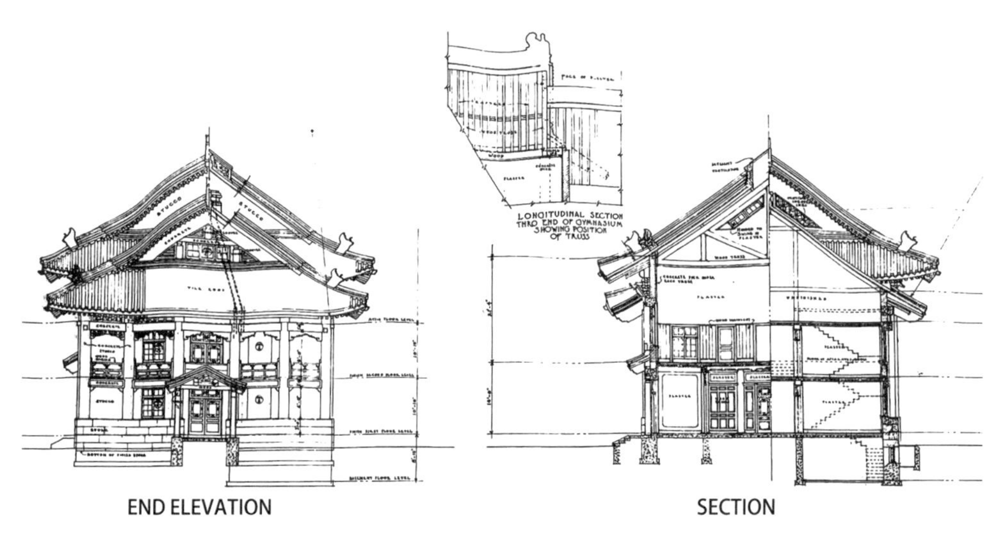

图 4-2-48 墨菲事务所 100 号楼原始设计图纸

图片来源：耶鲁大学图书馆

100 号楼相似，另有 1 层阁楼利用大屋顶下的空间做成。

建筑物内部布局为内廊式，中间走道，两侧布置房间。一层中部为大教室，两侧分别布置化学实验室、物理实验室、生物实验室、教室、教师休息室等房间。北立面为建筑的主立面，居中设置主入口及门厅，门厅设置楼梯联系上下空间，东西两侧各设一个出入口。

200 号楼的建筑形态也是典型的中国传统宫殿式建筑（图 4-2-49），单檐歇山顶，利用歇山顶侧面开窗采光通风，檐下斗拱设置与 100 号楼相似，斗拱与柱头错位。檐口高度为 10.49 米，一、二层层高均为 3.96 米①。建筑立面左右对称，门窗形式皆为中式，主入口大门刻有中式如意纹图案，窗户为三交六椀菱花窗。建筑结构与 100 号楼一致。

（3）300 号楼

300 号楼坐北朝南，建筑平面为矩形，建筑物占地面积约 732.24 平方米，建筑面积约 1492 平方米②，开间约 40.00 米，南北向进深约 18.00 米。300 号楼与 200 号楼相似，整个建筑共有 3 层，其中主体部分 2 层，另有 1 层阁楼利用大屋顶下的空间做成。

建筑物内部布局为内廊式，中间走道，两侧布置大小教室和教师休息室等房间。300 号楼的正门入口处建有一座宽大的门廊。通过门廊后，进入门厅，门厅处设有楼梯联系上下空间，建筑物的东西两侧各设一个出入口。

300 号楼建筑形态设计手法与 200 号楼相似，亦为典型的中国传统宫殿式建筑（图 4-2-50），单檐歇山顶，利用歇山顶侧面开窗采光通风，檐下斗拱较 100 号和 200 号楼稍有改进，只有部分斗拱与柱头错位。檐口高度为 10.49 米，一、二层层高均为 3.96 米③。建筑立面左右对称，门窗形式皆为中式，主入口大门刻有中式如意纹图案，窗户为三交六椀菱花窗。建筑结构与 100 号楼一致。

（4）400~700 号楼

4 幢学生宿舍坐西朝东，建筑平面均为矩形，每幢建筑物占地面积约 530.03 平方米，建筑面积约 1151 平方米④，开间约 39 米，进深约 14 米。整个建筑共有 3 层，其中主体部分 2 层，另有 1 层阁楼利用大屋顶下的空间做成。

建筑物内部布局为内廊式，走道两侧布置寝室。一层南侧设置饭厅、交谊室。一、二层南、北两端均设有宽大的廊道，可用以晾晒衣物。东立面为建筑的主立面，居中设置主入口与门厅，南北两侧各设一个出入口。

四幢学生宿舍形态一致，典型的中国传统宫殿式建筑，单檐歇山顶，利用歇山屋顶侧面开窗采光通风，400 ～ 700 号楼檐下未设斗拱。大屋顶屋脊结构高度约 12.56 米，檐口高度约 7.96 米，一、二层层高均为 3.30 米⑤。建筑立面左右对称，门窗形式皆为中式，主入口大门刻有中式如意纹图案，门上图案为三交六椀菱花式。建筑结构与 100 号楼一致（图 4-2-51）。

金陵女子大学中的建筑细部与装饰设计，大量引入中国传统建筑的做法，如建筑外部的吻兽、雀替、隔扇、栏杆等，等级较高的建筑使用三交六椀菱花格栅门窗与如意纹裙板，建筑物山面配有悬鱼惹草。内部装修亦着力表现中式建筑装饰风格，如天花、屏风、碧纱橱、挂落、楼梯栏杆、室内陈设等。初建时，瓦当雕刻蛟龙图案，滴水雕刻凤凰图样，新中国成

---

① 建筑物平、立面尺寸均源自原始图纸。

② 面积来源于：卢海鸣，杨新华 . 南京民国建筑［M］. 南京：南京大学出版社，2001：170-171.

③ 建筑物平、立面尺寸均源自原始图纸。

④ 面积来源于：卢海鸣，杨新华 . 南京民国建筑［M］. 南京：南京大学出版社，2001：170-171.

⑤ 建筑物平、立面尺寸均源自原始图纸。

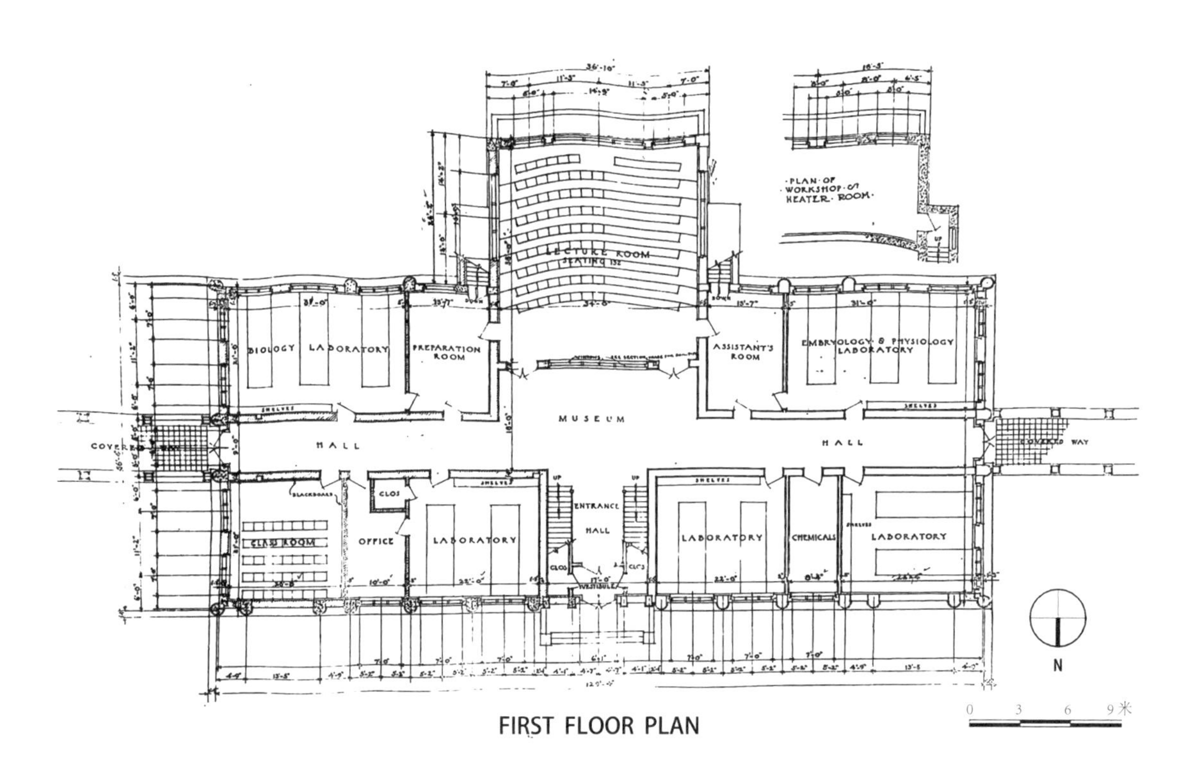

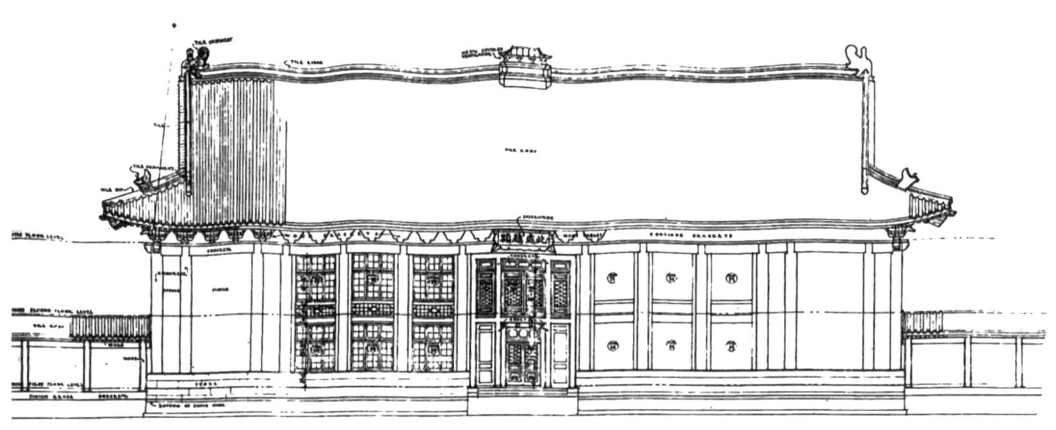

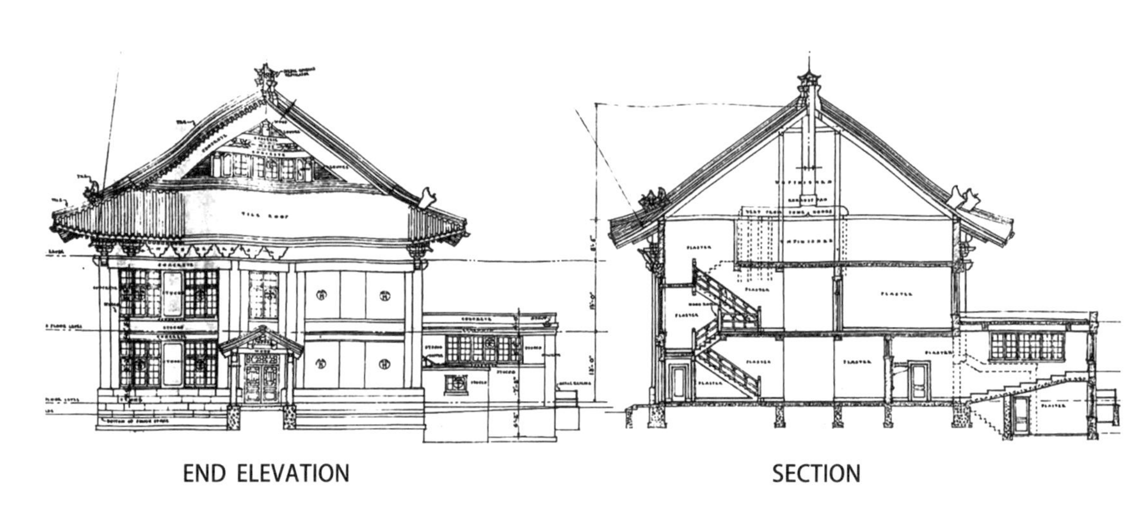

图 4-2-49 墨菲事务所 200 号楼原始设计图纸

图片来源：耶鲁大学图书馆

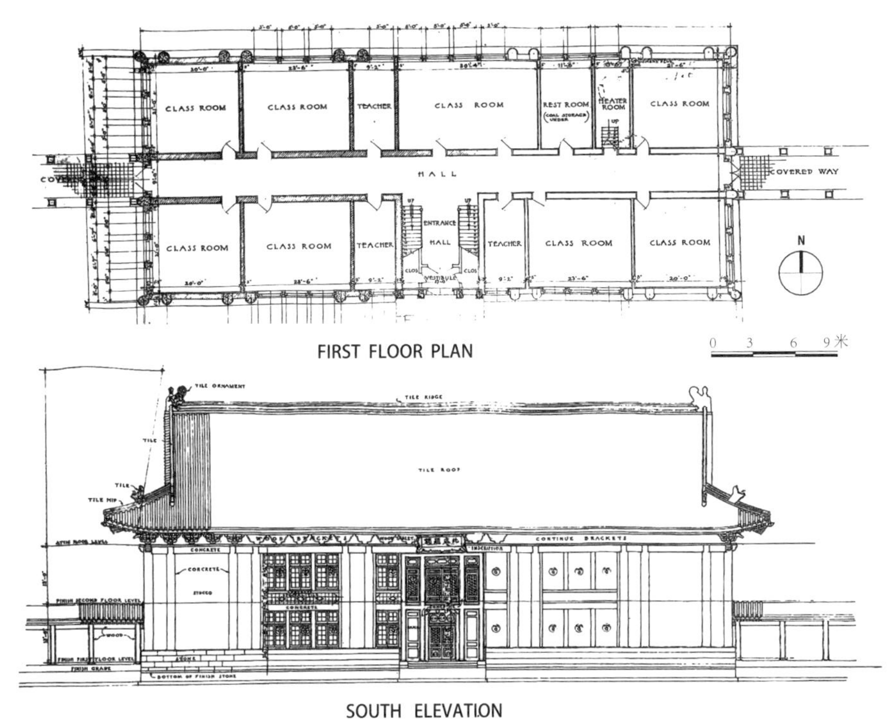

图 4-2-50 墨菲事务所 300 号楼原始设计图纸

图片来源：耶鲁大学图书馆

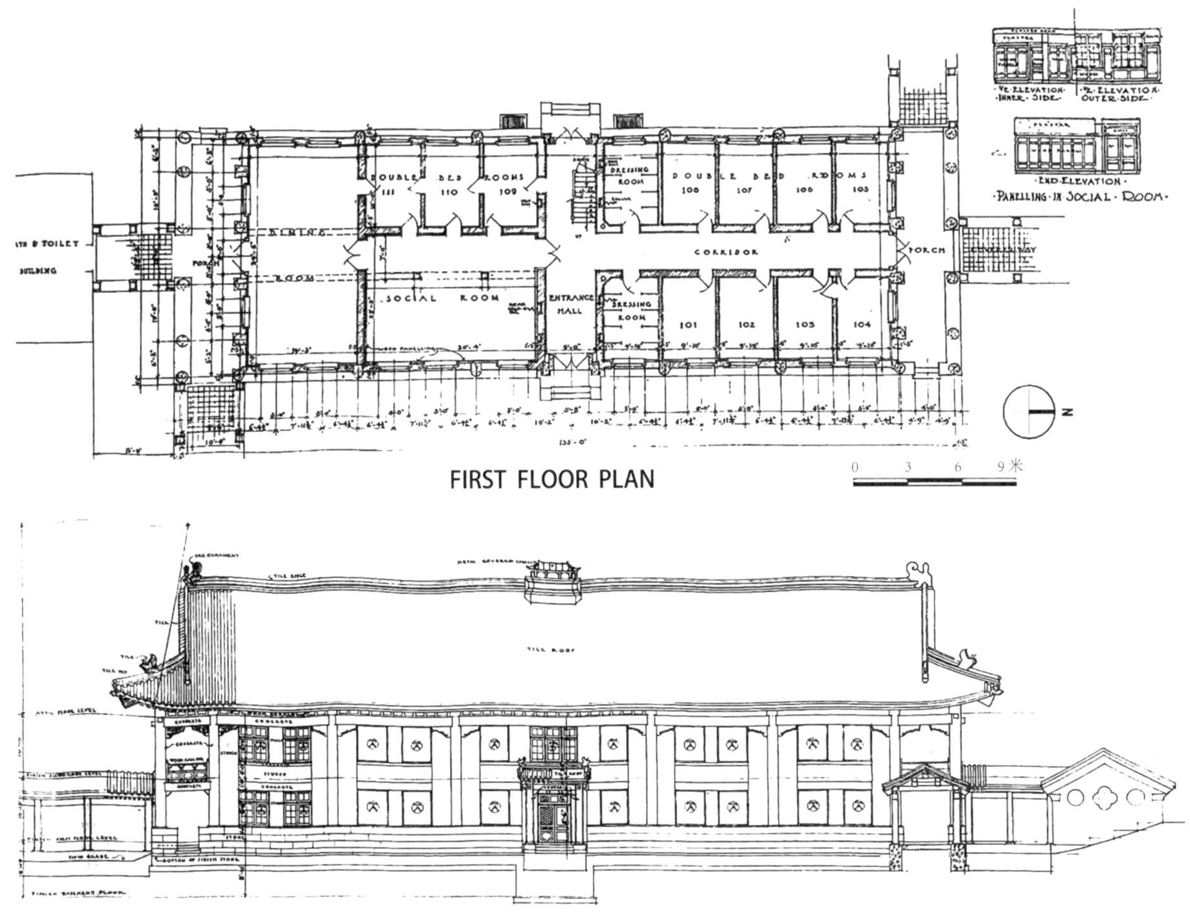

图 4-2-51 墨菲事务所 400 ～ 700 号楼原始设计图纸

图片来源：耶鲁大学图书馆

立后进行修缮保护时，多数瓦件被更换，由原来的蛟龙与凤凰图案变成了“南师”字样或五角星图案。

5. 中国古典建筑的复兴之作

金陵女子大学建筑是墨菲“宫殿式”建筑的定型之作，体现了他对中国传统建筑的理解方式。中国传统建筑的重点在于院落与群体的组合，而不仅仅是对单幢建筑的追求，他的设计手法适度地把握了中国传统建筑的要素[①]。在此基础上，墨菲对中国传统建筑进行了“适应性的改良”。一是因地制宜，以东西向为主轴线，改变了中国传统建筑南北向为主轴线的做法；二是以广场为中心，两条轴线纵横交错，主次关系明晰，富有理性[②]；三是摒弃中国传统建筑沉重的大门和封闭的院墙，力图营造一种西方校园的开放式空间。

因此，金陵女子大学的校园规划布局、功能分区、空间组织、景观绿化、单体建筑均体现了中西方文化的交融，是墨菲“具适应性的中国建筑复兴”（The Adaptive Renaissance of Chinese Architecture）的代表作品。正因为墨菲大胆的“复兴”，这种“旧瓶装新酒”[③]的“中国建筑复兴”为中国传统建筑的传承与发展提供了一种新的探索方式。

---

① 刘先觉，王昕．江苏近代建筑［M］．南京：江苏科学技术出版社，2008：139.

② 刘先觉，王昕．江苏近代建筑［M］．南京：江苏科学技术出版社，2008：139.

③ 郭伟杰在他的康奈尔大学博士论文中，关于墨菲的适应性建筑研究形象地称之为“旧瓶装新酒”。

第三节 1937—1945年南京近代教育建筑

一、当局政府在制度法规层面的管控

1938年1月1日南京市自治委员会成立后，设立教育处，4月下旬自治委员会撤销后，成立市政公署管辖教育处，10月11日改教育处为教育局，后改名为南京特别市教育局。这些教育机关负责南京教育业的恢复并针对学校建设实施管控[①]。教育局规定了南京中小学校址的分布要求、中小学校的校舍设置标准。

1939年，南京特别市教育局根据南京市当时的人口密度将城区划分为5个学区，将乡区划分为4个学区。划分学区之前，南京特别市教育局曾做过严密的人口调查工作："奉行学龄儿童调查，本局业于1938年后，迭次奉行，惟京市人口，逐渐增多，嗣后当于每学期内，施以严密调查，期得正确数字，以为各小学增级增校之准备。"[②]

南京特别市教育局颁布《规划中小学情形之校舍扩充要求最低标准》（以下简称《标准》）如下[③]：各校须有传达室一、校长教员办公室各一、大礼堂一、相当之教室若干、适用运动场一、图书馆一、学校园一、饮茶所一。男女合校之小学，须有男女厕所各一。中学应增设教导处，事务处、级任室、仪器标本室、储藏室、教职员学生宿舍、盥洗室、浴室、厨房、饭堂等。

在实际建造中，各校以该《标准》为指导方针，分期修建校舍。例如《推进教育事业计划》中拟订校舍建设计划如下[④]：自1938年起，各中小学增校增级修建校舍……兹拟于1939年度下学期，修缮督量厅、武定门、承恩寺、宫后山、磨盘街、船板巷、暨窑湾、头关、迈皋桥、七里洲、燕子矶等旧校址，为女子中学及新增各小学校舍，嗣后再视实际需要，分期修建校舍……为增级增校之用。

二、1937—1945年学校的实际建造

（一）1937—1945年南京学校的营建特征与空间分布

这一时期的办学力量多样复杂，大多数学校由维新政府和汪精卫政府创办，也有许多私人办学。维新政府仅开办初中等学校，汪精卫政府时期初中等学校继续发展，并开始创办高等学校和军事学校。日军占用原炮兵学校和工兵学校校舍后用作军事学校，并在孝陵卫等营房内附设军事学校。

维新政府时期成立南京特别市教育局，负责修理战火中损毁的校舍，校舍修缮费用由市库拨给，由各校据实拟定数目，呈请市长核准拨发[⑤]。学校营建特征表现为私塾的再次繁荣、大量修缮、较少扩添建、极少新建校舍。1935年南京私塾数约占小学数量的三分之一，1939

---

① ［民国］南京特别市教育局编纂委员会. 南京教育［M］. 南京：南京中文仿宋印书馆，1939：1.

② ［民国］南京特别市教育局编纂委员会. 南京教育［M］. 南京：南京中文仿宋印书馆，1939：86.

③ ［民国］南京特别市教育局编纂委员会. 南京教育［M］. 南京：南京中文仿宋印书馆，1939：26.

④ ［民国］南京特别市教育局编纂委员会. 南京教育［M］. 南京：南京中文仿宋印书馆，1939：89.

⑤ ［民国］南京特别市教育局编纂委员会. 南京教育［M］. 南京：南京中文仿宋印书馆，1939：90-91.

年时南京私塾共计 160 所，学生达 6164 人[①]，同时期的小学数量仅为 39 所[②]。

战火中损毁程度较小的校舍，均被日军占用。如国立中央大学四牌楼校区被日军用作陆军医院，门柱上悬挂日文招牌，门口有日军站岗；大礼堂用作日军司令部，穹顶上涂抹巨大的红十字；教室被用作病房，教室内设置榻榻米。金陵大学与金陵女子大学沦陷初期被划为国际安全区，珍珠港事件爆发后，美日宣战，金陵大学校园被日方占领，汪精卫政府在此设立中央大学，金陵女子大学被日军占领后用作日军司令部，部分校舍成为马厩。金陵女子神学院被日军占用后，添建了平房、马棚、马槽、厨厕、洗衣间等若干小建筑[③]。

战后，大部分学校选择修葺校舍，校舍地点不合适或损毁过甚不能修理者，另觅公产房屋及民房使用。南京特别市教育局在 1939 年统一调查校舍损毁状况后，认为校舍修葺势不容缓，遂由各校向市政府呈请，批准后由市府拨款维修。扩添建校舍较少，如 1939 年南京特别市教育局扩充添建旧贫儿院作为南京市第一中学校舍。根据南京特别市教育局 1939—1940 年的统计，恢复的 61 所小学中，新建校舍的仅有南京市立第二小学。

1938 年后每学期均有严密的人口调查，以备及时增级增校[④]。汪精卫政府开办的高等学校和军事学校大多位于城墙内，仅陆军将校训练团一所学校位于城墙外。日方开办的中小学和高等学校位于城墙内，军校全部位于城墙外（图 4-3-1）。

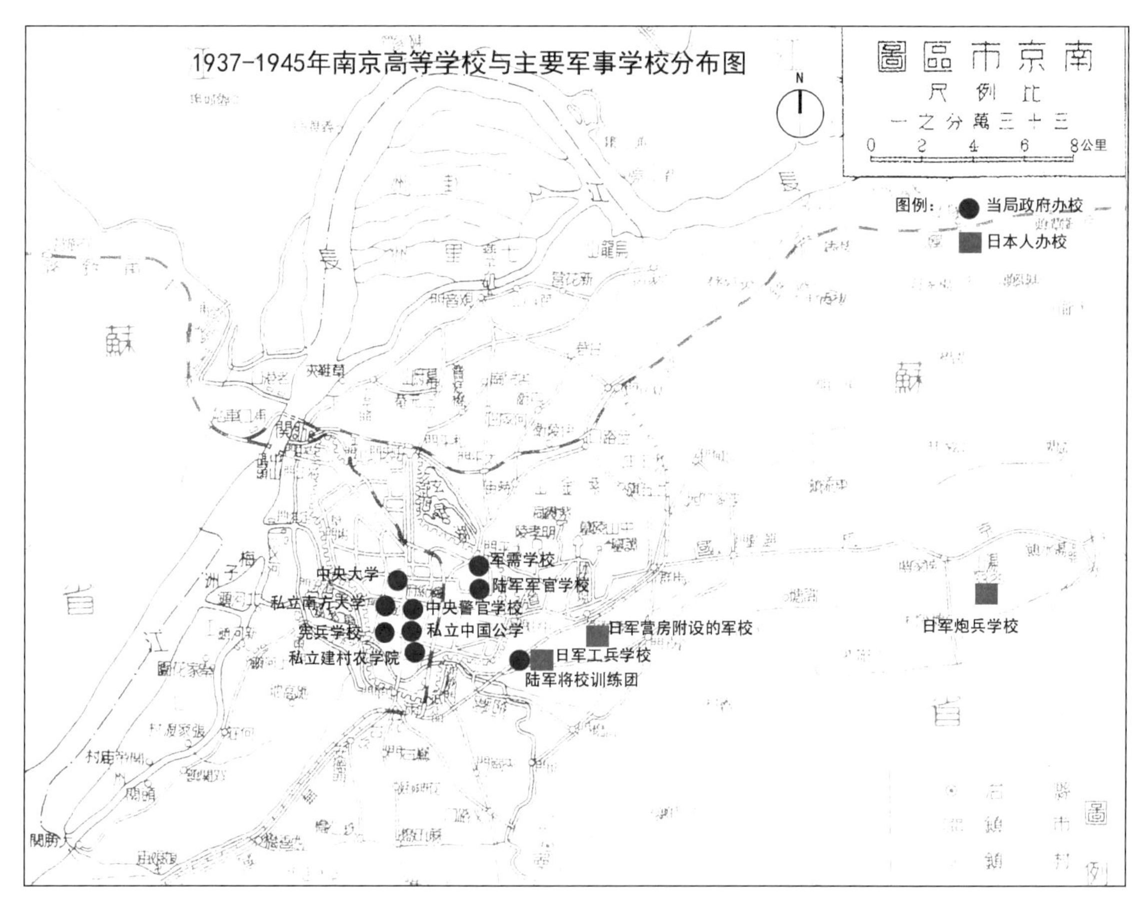

图 4-3-1 1937—1945 年南京的高等学校和军事学校

图片来源：东南大学周琦建筑工作室，王荷池绘

① 南京市地方志编纂委员会 . 南京教育志（上册）［M］. 北京：方志出版社，1998：72-73.

② 南京市地方志编纂委员会 . 南京教育志（上册）［M］. 北京：方志出版社，1998：72-73.

③ 南京市档案馆，档案号 10030081320（00）0001。

④ ［民国］南京特别市教育局编纂委员会．南京教育［M］．南京：南京中文仿宋印书馆，1939：86.

（二）初中等学校建筑的修缮与建造

1938—1939 年南京有市立小学 40 所[①]，私立小学 21 所[②]。

1940—1945 年新增市立小学 29 所[③]，新增私立小学数量不详。

1938—1945 年，南京合计有中等学校 25 所[④]。

小学校舍多为修葺战前原有房屋，不能修复者另寻觅公产或民房为校舍。1938 年当局政府利用在战火中损毁程度较小（校舍特征为尚完整、无甚损毁、略有损毁或部分损毁）的几所学校先行创办小学，按建校的先后顺序，以数字命名各校[⑤]。1939 年当局政府出面组织调查各校舍损毁状况，统一划拨经费，大量修葺战前原有校舍、少量扩添建、极少新建校舍。40 所市立小学中，修葺校舍 31 所，损毁过甚不能修葺另觅公产及房屋 8 所，新建校舍仅 1 所为南京市立第二小学[⑥]。教会创办的私立小学仍用原校舍继续办学，国人创办的私立小学以寺庙、会馆或民房为校舍[⑦]。

中学校舍的基本情况见表 4-3-1

1937—1945 年南京的中等学校表 4-3-1

学校类型	1937—1945 年的校名	创办时间	校址 / 校舍状况
中学[⑧]	南京市立第一中学	1938	初时占用原成美中学校舍，因校舍狭隘，后勘修白下路昇平桥前贫儿院旧址为一中新校舍，1939 年 9 月迁入
	南京市立第二中学	1938	本校占用鼓楼渊声巷前华南中学旧址开办，民国二十八年九月，当局政府拨用前南京市鼓楼小学为校舍
	私立钟英中学	1939	南捕厅原校址、原校舍
	私立安徽中学	1939	白下路中正街原校址、原校舍
	私立正始中学	1939	中学部占用原昇平桥小学校舍（现南京市第三中学所在地），小学部占用评事街小学校舍
	私立建业中学	1939—1940	钓鱼台湖南会馆
	明德女子中学	1939—1940	莫愁路原校址、原校舍
	卫斯里堂补习班	1939—1940	升州路
	金陵女子大学服务部实验科	1939—1940	汉口路
	城中会堂补习班	1939—1940	估衣廊
	中华路基督会中学	1939—1940	中华路原校址、原校舍
	私立汇文女子中学、私立鼓楼中学	1939—1940	鼓楼原校址、原校舍
	利济中学	1939—1940	碑亭巷原震旦初中校舍
	金陵耕读学校	1939—1940	金银街

① 1939 年第一学期，南京有市立小学 18 所（分别为南京市立第一学小学至第十八小学），市立初级小学 16 所（分别为南京市立第一初级小学至第十六初级小学）、市立短期小学 5 所（分别为南京市第一短期小学至第五短期小学）、日人开办的小学 1 所合计 40 所。引自：［民国］南京特别市教育局编纂委员会. 南京教育［M］. 南京：南京中文仿宋印书馆，1939：15-18，南京市立小学简明概况表（1939 年第一学期）、第 54 页。

② ［民国］南京特别市教育局编纂委员会. 南京教育［M］. 南京：南京中文仿宋印书馆，1939：37-39.

③ 南京市地方志编纂委员会 . 南京教育志（上册）［M］. 北京：方志出版社，1998：183.

④ 南京市地方志编纂委员会 . 南京教育志（上册）［M］. 北京：方志出版社，1998：372-373；［民国］南京特别市教育局编纂委员会. 南京教育［M］. 南京：南京中文仿宋印书馆，1939：15，36-37.

⑤ 当局政府根据学校成立的先后顺序，直接以数字命名各校，如市立第一小学、市立第二小学……市立第十八小学，市立第一初级小学、市立第二初级小学……市立第十六初级小学，市立第一短期小学……市立第五短期小学等。

⑥ ［民国］南京特别市教育局编纂委员会. 南京教育［M］. 南京：南 v 京中文仿宋印书馆，1939.

⑦ ［民国］南京特别市教育局编纂委员会. 南京教育［M］. 南京：南京中文仿宋印书馆，1939：38-39.

⑧ 南京市特别教育局规定私立学校校名一律冠以私立二字。

续表 4-3-1

学校类型	1937—1945 年的校名	创办时间	校址 / 校舍状况
中学	私立金陵补习学校	1939—1940	天津路
	进德圣经女学校	1939—1940	天妃巷
中学	市立女子中学	1940	租用王姓三进平房，经修葺后作为校舍[①]
	国立模范女中	1940	邓府巷，占用邓府巷小学旧址
	国立模范中学	1940	大仓园，占用私立东方中学旧址
	中央大学实验学校	1940	朝天宫
	冶城中学	1940	—
	培育中学	1940	—
	私立道胜初中	1942	下关原益智小学校址
	私立昌明初中	1942—1945	长乐路
	私立南方大学附中	1942—1945	—
	私立新华中学	1942—1945	—
中等职业学校	国立第一职业学校	1940	新创办，校址在珠江路
	国立第二职业学校	1940	新创办，校址在三牌楼
	市立第一职业中学	1941	新创办，校址在洪武路
	同仁会看护学校	1941	鼓楼，占用原私立金陵高级护士职业学校校舍
南京中等师范学校	金陵大学农场内设简易师范学校	1938	金陵大学农场
	国立师范学校	1940	初在竺桥，后迁至建邺路中央政治学校旧址，再迁至原首都三民中学旧址龙蟠里（今南京市第四中学）

来源：1. 南京市地方志编纂委员会. 南京教育志（上册）［M］. 北京：方志出版社，1998：372-373.
2.［民国］南京特别市教育局编纂委员会. 南京教育［M］. 南京：南京中文仿宋印书馆，1939：15，36-37.
3. 南京市档案馆馆藏史料，档案名称：南京市政府教育局 1945—1949 年，全宗号 1003，目录号 007。

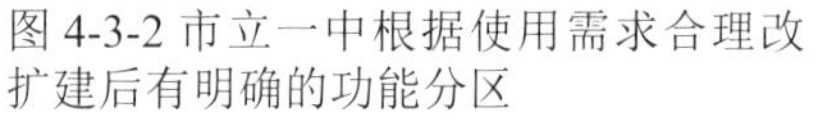

图 4-3-2 市立一中根据使用需求合理改扩建后有明确的功能分区

底图来源：［民国］南京特别市教育局编纂委员会. 南京教育［M］. 南京：南京中文仿宋印书馆，1939.

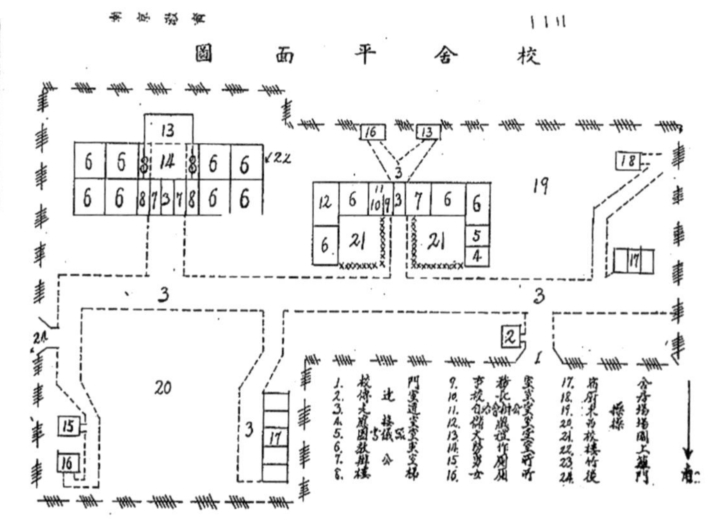

图 4-3-3 南京市立第二小学新建校舍图

图片来源：［民国］南京特别市教育局编纂委员会. 南京教育［M］. 南京：南京中文仿宋印书馆，1939.

① 《关于市立女子中学修理校舍说明》，南京市档案馆，档案号 10020051879（00）0003。

1938 年 6 月至 1939 年 10 月，新建小学 1 所。在原校舍基础上扩添建的学校，规划布局不作改变，仅进行局部添建。如南京市第一中学（图 4-3-2）在战前旧址基础上进行修葺和添建，学校总体布局未作改动，保持原有建筑轴线式院落空间布局，仅根据教学需要进行功能置换。居中设置教室、实验室、图书室、办公室等教学办公区，后勤用房布置在基地东、西两侧。

新建学校单体建筑呈行列式布局，道路网架笔直规整。如南京市立第二小学（图 4-3-3），1940 前维新政府新建的唯一学校，两幢主要建筑放置在场地中心，并列、平行布置，其他附属建筑散布在校园边角位置，与主要建筑物平行，单体建筑一律南北朝向，仅有一幢二层楼房，其余皆为简易平房。道路网架几何规整，利用基地内的边角空地设有两个操场，在教学楼前设有学校园。建筑内部功能混杂，教学楼内设有教室、仪器标本室、图书室、大礼堂、应接室、办公室等各类功能空间，仅将宿舍、厨房另外设置。

1937—1945 年校园规划处于停滞状态，以修葺战前校舍为主，新建和扩添建活动较少，学校建设侧重解决建筑使用功能。小学校几乎都配有教室、校长办公室、教员办公室、大礼堂、图书室、传达室、运动场、学校园、饮茶所、男女厕所等。中学校按照校舍设置标准，在小学校舍建造标准上增设教导处、事务处、级任室、仪器标本室、储藏室、教职员学生宿舍、盥洗室、浴室、厨房、饭堂等。学校仍采取编班授课的方式，学生座位采用插秧式布置，所有学生面向老师看黑板，教室内部考虑了光线要求。该时期中小学校舍简陋，建筑形态处于次要地位。

（三）汪精卫政府创办的高等学校与军事学校

汪精卫政府时期共创办了 4 所高等学校，1 所为国立，其余 3 所为私立，分布在鼓楼和城南。除中央大学占用原金陵大学校舍外，其余 3 所均租用民房为校舍。汪精卫政府共创办军事学校 8 所，无新建校舍，全部利用战前原校舍。

1937—1945 年南京的高等学校表 表 4-3-2

校名	创办时间	校址与校舍
中央大学	1940	初占用建邺路原中央政治学校旧址，1942 年迁入原金陵大学，
私立南方大学	1942—1945	石鼓路，租借民房
私立中国公学	1942—1945	白下路斛斗巷，租借民房
私立建村农学院	1942—1945	绣花巷，租借民房

来源：南京市地方志编纂委员会 . 南京教育志（上册）［M］. 北京：方志出版社，1998：910.

1937—1945年南京的军事学校 表 4-3-3

校名	创办时间	校址	校舍
水巡学校	1938	下关草鞋营	
陆军军官学校	1941	南京励志社旧址	利用战前校舍
陆军将校训练团 陆军军士教导团	1942	海福庵原陆军工兵学校旧址	利用战前校舍
经理训练班	1942—1945	南京励志社	利用战前校舍
炮兵学校	1942—1945	原国民政府陆军炮兵学校旧址	利用战前校舍
工兵学校	1942—1945	海福庵	利用战前校舍
中央警官学校	1943	南京羊皮巷	
宪兵学校	1943	南京朝天宫	利用朝天宫旧址

来源：南京市地方志编纂委员会 . 南京教育志（上册）［M］. 北京：方志出版社，1998：910.

（四）日军创办的军事学校

1937—1945 年，日军除了占用原炮兵学校、工兵学校校舍办学外，另在日军营房内附设军事学校进行军事教育培训[①]，营房附设的军事学校总数量未知，规模最大的当属驻扎在孝陵卫日军营房内附设的军事学校（地址为现南京理工大学校内）。

日军营房附设的军事学校呈兵营式布局。以孝陵卫日军营房附设军事学校为例：教室设置在场地中心，排成两列，教学建筑外形整齐划一。教学楼东西长约 64 米，南北宽约 13 米，方形廊柱，走廊向南面开敞，两列教室间设置操场（图 4-3-4）。

日军营房附设的军事学校呈现明显的日式建筑特征。这些附设的军事学校均为新建，仅具备集训和教学的基本功能。这些建筑采用坡屋顶，坡度平缓，深挑檐，外墙用青砖砌筑，窗台倾斜面较大，建筑物底层架空防潮，室内铺设木地板。窗台离地面较低，一般采用推拉门窗，窗下墙体镶嵌壁柜，具有典型的日式建筑特征（图 4-3-5）。

日本教官会所、教官住宅和其他后勤生活用房也呈现出明显的日式建筑特征。例如日本教官住宅建筑外形简洁淡雅，坡屋顶，设日式推拉格栅门窗，建筑物底部设有通风孔，室内架空高，铺设木地板，设置榻榻米。

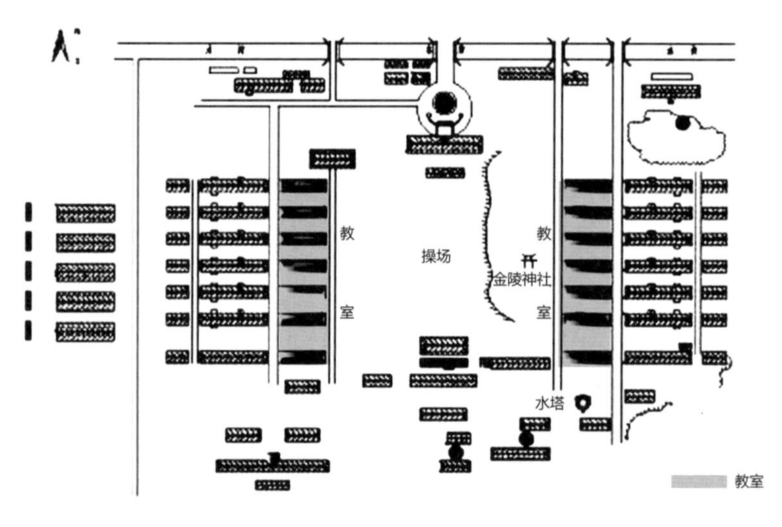

图 4-3-4 日军营房附设军事学校教室、寝室分布图

图片来源：王虹铈 . 孝陵卫营房漫话［M］. 南京：东南大学出版社，2011：123.

图 4-3-5 孝陵卫日军营房内附设的军事学校

图片来源：王虹铈 . 孝陵卫营房漫话［M］. 南京：东南大学出版社，2011：102-112.

① 王虹铈 . 孝陵卫营房漫话［M］. 南京：东南大学出版社，2011.

（五）典型实例分析：南京市立第一中学

1. 南京市立第一中学历史沿革

南京市第一中学系晚清时期创办的崇文中学校，1927 年改名为首都中区实验学校，1933 年改名为南京市立第一中学，校址原位于中华路府西街，原晚清时期的江宁府署，民国后继续在此办学并新建校舍。南京沦陷前，该校大部分师生内迁至四川，本部仍留有部分师生。南京沦陷后，维新政府于 1938 年 5 月正式恢复创办该校，初时校名为南京市立初级中学，后改名为南京市立第一中学。与此同时，维新政府将该校师生迁至南京大香炉原成美中学校内，后因学生人数增多，校舍狭隘，政府修缮白下路昇平桥前贫儿院旧址作为市立一中的新校舍，1939 年 7 月该校师生迁入新校舍内[①]。

2. 南京市立第一中学办学状况及校舍状况

日据时期，该校师生均为男性，在学制上仍采用战前的“六三三学制”，即初中三年，高中三年。从 1940 年 8 月全国中等教育调查表中可知，学校采取校长负责制，开设修身、国文、算学、物理、化学、英文、历史、地理、体育、劳作、图画等课程的基础上，加设日文课。

1940 年，该校分设初中部和高中部，各有 3 个年级，初中部 11 个班，学生 571 人，高中部 4 个班，学生 173 人，该校共有教师 41 人。学校收入由学生缴费与当局政府拨款两部分组成，主要支出有教师的薪俸、工饷、办公费、设备费等。从 1940 年 9 月该校收支表中可知，该时期不收学费，仅收住宿费 5 元、体育费 1 元及其他杂费合计 12 元，政府当月拨款 7119 元，当月支出薪俸 6074 元、工饷 385 元、办公费 660 元，合计支出 7119 元[②]，收支平衡。

政府对该校进行每学期普查和统计[③]，根据需要逐渐添建。1938 年 5 月后，随着学生人数增加，学校扩大规模，1939 年修理白下路昇平桥贫儿院为校舍；历经 3 年发展，1942 年第二学期统计时，校地面积达 20 余亩，功能齐全，设相应教学、办公、后勤用房、活动场地。

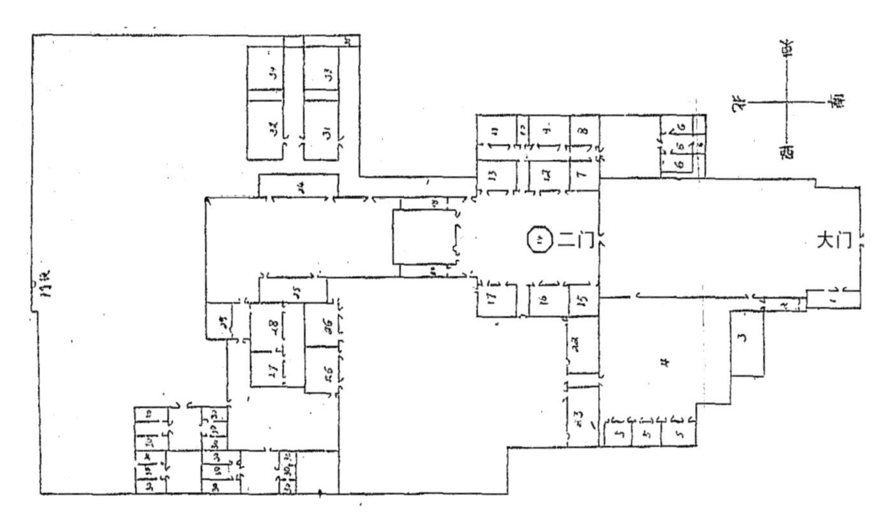

图 4-3-6 1939 年南京市立一中总平面图

图片来源：［民国］南京特别市教育局编纂委员会．南京教育［M］．南京：南京中文仿宋印书馆，1939：117.

① 全国中等教育调查表，南京市立第一中学，南京市档案馆，档案号 10090010001（00）0007。

② 全国中等教育调查表，南京市立第一中学，南京市档案馆，档案号 10090010001（00）0007。

③ 全国中等教育调查表，南京市立第一中学，南京市档案馆，档案号 10090010001（00）0007。

3. 南京市立第一中学学校规划与建筑

该校规划布局具有中国传统建筑群体沿轴线布置院落空间的规划模式，整个学校由三进院落组合而成，设有大门、二门，院落中心设置有圆形花坛。学校建筑中有多座平房，各座建筑功能用途不同，每座平房内设置若干房间。校方将中轴线上的正房改为学校礼堂，中轴线上的主要房间改为教室、生理化实验室、图书室、校长办公室、教员办公室等；在中轴线两侧靠近围墙处设置学生宿舍、饭厅、后勤厨房、厕所、工役室等；将院落改为学生室外活动场地（图 4-3-6）。

1939 年第一学期该校有学生 461 人，教师 12 人，普通教室 12 间、特别教室及实验室 1 间；设办公室 6 间、图书室 1 间、会堂 1 间；饭厅 1 间、职员寝室 6 间；体育器械室 1 间、运动场约 3 亩。1940 年 8 月该校师生人数略有增加，校舍亦有添建。该校当年设教室 15 间、实习场所 1 间、成绩室 1 间；设办公室 5 间、教员预备室 1 间、礼堂 1 间、图书馆 1 间；设宿舍及自修室 2 间；设运动场 5 亩，另设学校园 1 亩，供学生植物劳作等课程实习用。至 1942 年时，该校已有学生 863 人，有教师 42 人。该年度学校已有教室 16 间、理化仪器室 1 间、成绩室 1 间；大礼堂 1 座、办公室 4 间、教员预备室 1 大间、图书室 1 大间；宿舍 10 间，饭厅 1 大间、厨房 4 间，体育活动场所未变。学校总面积达 20 余亩，每学生平均用面积 1.6 方丈。

日据时期南京的教育建筑基本处于停滞状态。受战争的影响，南京的学校建筑遭到严重破坏，就连南京市立一中这类当局政府重点创办的学校也仅是在战前贫儿院旧房的基础上进行了有限的扩充添建。沦陷时期南京经济的凋零、人口锐减，以及日军“以战养战，以华治华”的教育方针注定了当局政府仅能维持一种“开学上课”的状态，因陋就简办学。

第四节　1945—1949年南京近代教育建筑

一、国人办校的修复与新建

（一）教育制度及建设法规的修订

1946年7月16日，南京市恢复教育局，战后初中等学校校舍营建活动皆由教育局管辖[①]。教育局第一科负责中等学校教育业和校舍建设，第二科负责国民学校（小学）教育和校舍建设，因国民学校为义务教育，第二科下附设设备股，专门负责国民学校的校舍营建[②]。

抗战后国民政府教育部对教育制度进行修订，于1948年初颁布《大学法》《专科学校法》作为高等院校管理的最高准则，然而应者寥寥无法实施。后又修订了《中学规程》（1947年4月9日）、《职业学校规程》（1947年4月9日）、《大学法》（1948年1月12日）、《专科学校法》（1948年1月12日）、《师范学院规程》（1948年12月25日）等，各类学校房屋设备的设置要求一如战前。

抗战后南京市工务局对战前制定的《南京市建筑规则》进行修订，1948年6月重新颁布《南京市建筑管理规则》（共11章327条），请照手续和营造方式一如战前，校舍营建内容未作太大的改动。抗战后南京教育建筑的建设时间约两年，教育、建筑法规多于1948年颁布施行，实际推行时间仅一年。抗战后的教育制度和建筑法规对学校营建的规定与战前基本类似，南京市都市计划委员会提出的"一切建设均应采取现代化"符合战后教育建筑"建校时间紧、经费短缺"的客观要求。

（二）抗战后学校的实际建造状况综述

1. 办学力量及学校类型

抗战后在原政府、私人等办学力量的基础上，新增一股办学力量——企事业单位，政府允许企事业单位创办幼稚园、小学。如空军总司令部附设子弟小学、永利铔厂创办附属小学等。该时期学校类型与以前相同，分为初中等学校、高等学校、军事学校3类。

2. 营建特征

抗战后学校的空间分布和营建模式皆沿袭战前，按人口密度在全城划分学区、设置中小学校，由校方拟订学校建设计划，报工务局审批，通过后方可照图样建设。市立学校经费从市财政税收项下拨付，教育局经管校舍修建的预决算费用，私立学校经费来源主要依靠私人捐资和征收学杂费[③]。学校建筑修缮与新建并行，校舍简陋，有些教室以芦席搭成，仅避风

---

① ［民国］南京市教育局．南京市教育概览［M］．南京：南京市教育局，1948：1-2.
② ［民国］南京市教育局．南京市教育概览［M］．南京：南京市教育局，1948：4.
③ ［民国］南京市地方志编纂委员会．南京教育志（上册）［M］．北京：方志出版社，1998：1577-1581.

雨[①]，新建的高等学校校舍也多为不超过 3 层的简易房屋，讲求实用。该时期高等学校大规模建造教员住宅，解决南京城教员和教师眷属的生活住宿问题，教员住宅区由此产生。

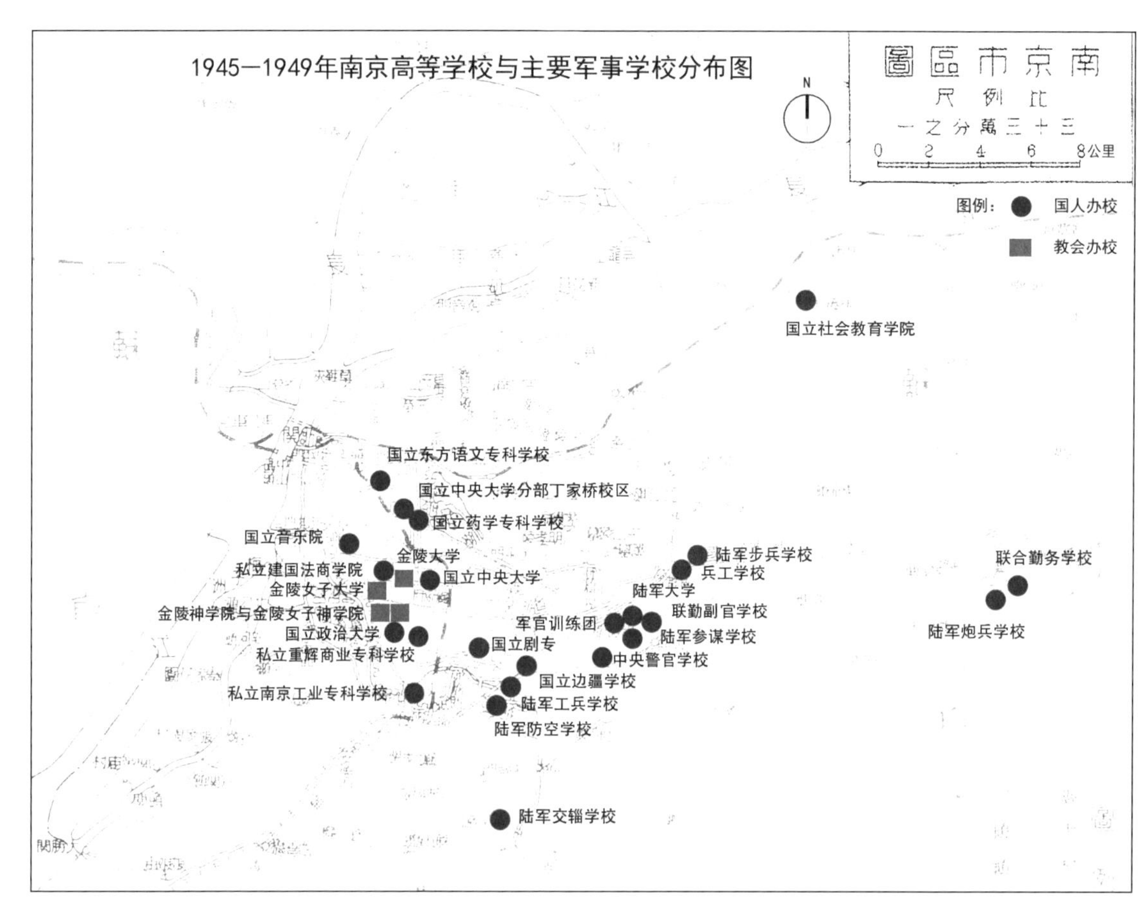

图 4-4-1 抗战后南京高等学校与主要军事学校空间分布图

图片来源：东南大学周琦建筑工作室，王荷池绘

3. 空间分布

抗战后南京市中小学校根据人口密度划为 13 个学区[②]。新建中等职业学校和高等学校、军事学校多位于城墙附近或城墙外，孝陵卫设立最高军事教育区，集中新建军事学校。

（三）初中等学校的修缮与再造

1. 初中等学校的统计与简介

1948 年南京共有幼稚园 30 所，1949 年 4 月解放时跌至 12 所。

抗战后小学校校舍及教学条件完备的改名为中心国民学校，条件不足的改名为国民学校。1947 年南京共有国民学校（小学）117 所，1949 年增长至 269 所（含市立和私立小学）。抗战后中学校大多回迁原址，国民政府接收、改组了日据时期的部分中学并新创办了一些中学，至 1948 年，南京共有国人创办的公私立中学 67 所、中等职业技术学校 7 所，同期教会中学

① 南京市地方志编纂委员会. 南京教育志（上册）[M]. 北京：方志出版社，1998：374.

② ［民国］南京市教育局. 南京市教育概览 [M]. 南京：南京市教育局，1948：1-70.

仅 9 所，中等职业学校仅 1 所[①]。

据 1948 年教育局统计，南京虽有小学 218 所，但仅 18 所小学为新建校舍[②]，教育经费紧缺。中学校舍多数维修，少新建[③]，市立中学校舍设备较好，私立中学中少数创办历史较长的学校（如钟英、安徽、成美中学）校舍及设备尚好，余者校舍简陋[④]。中等职业技术学校合计 7 所，学校规模较小，校舍较为简陋，大多附设在实习单位内，如中央高级护士职业学校、高级助产职业学校皆附设在医院内。部分大学在校内设立职业科，如国立药学专科学校附设药剂职业科、国立中央大学附设医事检验职业科。但也有些职业学校另建校舍，如高级印刷职业学校设在后宰门，高级窑业职业学校在中华门外岔路口建有新校舍[⑤]，具体建设状况不明。抗战后南京的中等师范学校仅 2 所：南京市立师范学校和江苏省立江宁师范学校，前者在中华门外小市口设立分校，新建一幢综合楼作校舍，后者利用门帘桥（今白下会堂）原南京实验小学旧校舍[⑥]。

抗战后南京市教育局针对初中等学校校舍进行了系统性的修缮，包括教室、办公室等各类教学、教辅用房和生活用房。建筑外立面、楼地板、墙面、门窗均需修理和新制，学校大门、道路、景观、管沟、水电线路也需翻新和修理。如南京市立一中，抗战后国民政府解散了该校日据时期在贫儿院旧址创办的校舍，接收战前原府西街校舍，校方针对原校舍进行整修；包含各处路面及墙壁修补，教学楼博爱、和平、明德三院墙面粉刷，大礼堂修缮，大门传达室加铺水泥路面，操场西南角新建小屋，各处垃圾堆及碎砖瓦砾清理等。学校新建了校门，增建校园景观。和平院布置了一处小花园，命名为“劳圃”，将原荷花池填为平地，布置若干石凳，设鸟、鸽舍、兔舍、金鱼缸等，命名为“怡园”，网球场基地铺一块草地，命名为“憩坪”。各单体建筑在具体修缮时，明确了修缮范围，规定了建筑材料的要求和具体尺寸及施工方法。

各学校建筑的修缮工作在南京工务局引导下进行，工务局对于工程审批手续、工程质量、工期均有严格的标准和罚则。部分学校在修缮原校舍的基础上，进行了一定程度的改扩建。抗战后虽然学校建筑相对简陋，但在制度法规、施工建造、工程验收等方面已经逐渐现代化。

2. 初中等学校的校址

据南京教育局 1948 年统计，南京初中等学校新建校舍 21 所[⑦]：中央路、香铺营、白下路、南昌路、蓝家庄、朱雀路、大光路、绣花巷、三条巷、崔八巷、罗廊巷、于家巷、七区中心、八区中心、十区中心、中山门、迈皋桥、尧化门“国民学校”，以及市立第一民教馆、市立体育场、市立师范学校等。扩添建校舍 18 所[⑧]：市立第二中学、市立第三中学、市立第四中学、市立第五中学、市立第一女中、市立第二女中、市立商业职校，以及大行宫、火瓦巷、逸仙桥、船板巷、四区中心、十二区中心、三牌楼、兴安路、笆斗山、太平门、蓋家湾“国民学校”等。抗战后南京初中等学校建筑以修缮为主，扩添建最少。新建的 21 所学校中，18 所小学校舍，

---

① 南京市地方志编纂委员会 . 南京教育志（上册）［M］. 北京：方志出版社，1998：625-626.
② ［民国］南京市教育局 . 南京市教育概览［M］. 南京：南京市教育局，1948：12-16.
③ 南京市地方志编纂委员会 . 南京教育志（上册）［M］. 北京：方志出版社，1998：373-374.
④ 南京市地方志编纂委员会 . 南京教育志（上册）［M］. 北京：方志出版社，1998：379.
⑤ 南京市地方志编纂委员会 . 南京教育志（上册）［M］. 北京：方志出版社，1998：624-626.
⑥ 南京市地方志编纂委员会 . 南京教育志（上册）［M］. 北京：方志出版社，1998：910.
⑦ ［民国］南京市教育局 . 南京市教育概览［M］. 南京：南京市教育局，1948：12-16.
⑧ ［民国］南京市教育局 . 南京市教育概览［M］. 南京：南京市教育局，1948：12-16.

扩添建的 18 所学校中，11 所为小学校舍。

抗战前南京中小学校已经按照人口密度分布，抗战后大多数学校在原址复校，且“学校设置以民政局人口统计数为依据，根据人口密度、学校分布情况、失学儿童数等因素，适当增校增班”①。中等职业学校除战前原址复校学校外，新建学校有两个特征：一是位于城墙附近或城墙外，如国立高级窑业职业学校新建校舍位于中华门外岔路口，国立高级印刷职业学校校址在后宰门，南京市商业职业学校校址在武定门外，南京市立师范学校分校设在中华门外小市口；二是附设在实习场所内，如淮河水利工程总局内附设有高级水利科职业学校，国立药学专科学校内附设高级药剂职业科，国立中央大学医学院内附设医事检验职业科，国立戏剧专科学校附设有职业科。

3. 初中等学校规划

规划主要分为两种，一种为建筑呈行列式布局，单体坐北朝南；另一种根据基地现状将教学楼、办公楼等主要建筑布置在场地中部，其余建筑无序分布，并预留扩添建用地。

其中新建市立小学、白下路小学都将教学楼和办公楼居中设置，其他附属建筑依基地现状设置且不考虑建筑间距和朝向。新建香铺营小学将学校建筑设置在基地西侧，留出东侧大面积土地作为未来扩添建用地，校内建筑呈行列式布局，教学楼设置在基地中部，其他建筑与其平行，南北向布置。抗战后中等学校的校舍以扩充添建为主，这些扩添建的校舍事先并没有通盘规划，而是根据当时的实际需求逐渐添建。如南京市立二中添建教室、宿舍、饭厅、盥洗室各 1 座，添建建筑呈无序布局，并无通盘规划②。国立中央大学附属中学于 1946 年秋新建学生宿舍 1 座，厨房浴室各 1 座，厕所 3 座，活动房屋 6 幢，平房 30 余间③，学校建筑呈行列式布局，部分附属建筑无序设置，总体布局略显混乱。

有些新建学校建有单幢综合楼，在楼中混合布置所有教学、教辅及生活用房，利用室外空地作体操场。如工务局设计的市立标准小学，楼内设有教室、礼堂、办公室、图书室、书库等各类功能空间，各功能分区明确，合理地进行动静分区、清污分区，流线处理得宜。又如南京市立师范学校，抗战后该校舍在燕子矶设分校，新建学校仅有 1 幢建筑矗立于旷野，建筑内部综合布置所有的功能性空间，有教室、办公室、礼堂、图书阅览室、书库、学生宿舍等，俨然一座“建筑综合体”。

在小学规划中，着重解决使用功能，根据使用要求配设相应的功能空间，对单体建筑进行标准化和模式化设计，以加快设计和施工进度。工务局根据单体建筑规模将校舍划分为甲、乙、丙 3 种类型，各校统一建筑类型与建筑样式，统一设计图样，批量生产。工务局对此详细规定如下《拟建甲、乙、丙种市立国民学校校舍》说明书④：

工程范围包括坐落在南京的所有甲、乙、丙三种校舍。

甲种校舍：二层教室 24 间，大礼堂、办公室、教员宿舍、工役室、厨房、男女厕所、门房等各一；乙种校舍：二层教室 16 间，大礼堂、办公室、教员宿舍、工役室、厨房、男女厕所、门房等各一；丙种校舍：一层教室 8 间，大礼堂、办公室、教员宿舍、工役室、厨房、男女厕所、门房等各一。

---

① ［民国］南京市教育局 . 南京市教育概览［M］. 南京：南京市教育局，1948：1-70.

② 南京田家炳高级中学校史室提供的档案文书记载。

③ 《南大百年实录》编辑组 . 南大百年实录（上卷）［M］. 南京：南京大学出版社，2002：487.

④ 《拟建甲、乙、丙种市立国民学校校舍等施工细则》，南京市档案馆，档案号 10030070241（00）0005。

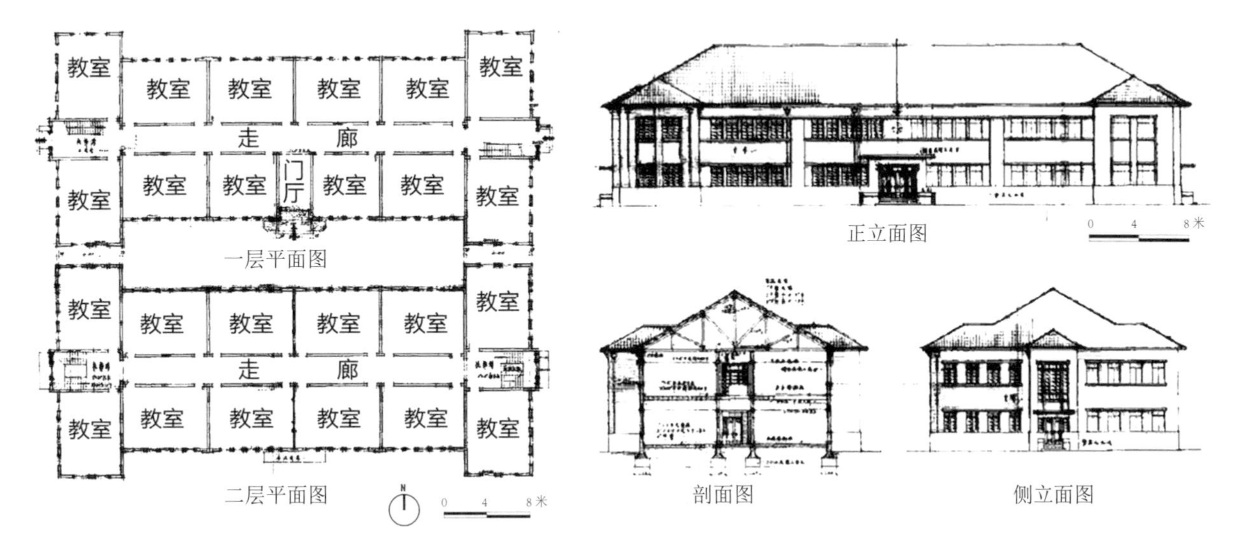

图 4-4-2 1947 年拟建甲种市立小学教室标准平立面、立面图
来源：南京市档案馆，档案号 10010050213（00）0003

此外，工务局规定各学校大礼堂、办公室、教员宿舍、工役室、厨房、男女厕所、门房等建筑的统一设计标准，并附有图样。这些教学辅助用房和后勤用房皆十分简陋，两坡屋顶，矩形窗户，外观简单朴素，砖木结构，主要为解决使用功能。工务局还另附说明："下水道、垣墙、路面均包括在内，分别照图切实办理。卫生、自来水、电灯等设备均不包括在内。本工程一切结构布置均须按照图样尺寸切实办理，未得工务局之许可不得任意更改。图样尺寸除少数为沿用英制外，均以公制（米）为标准单位。"① 这种标准化和模式化设计的尝试有利于战后校舍的快速建设。国民政府在南京推行的学校建筑标准化设计方式用在了后来台湾的学校建设中，1958 年台湾还公布了《国民学校校舍建筑设备暂行标准》②。

4. 初中等学校的建筑功能与形态

抗战前南京中小学校的建筑类型与功能设置已发展完善，抗战后功能设置基本无变化，但校舍更加简陋，具有"麻雀虽小，但五脏俱全"之特征。多数学校的校舍为旧房修缮或民房租借，新建多为小学校舍，中等学校主要为添建③。建筑平面形式多样，有矩形、工字形、T 字形、凹字形，或自由形，矩形平面最为常见，但也出现自由灵活布置的建筑平面形式。如 1948 年拟建市立标准小学平面设计图中无对称轴线，以南北向为主的体块被东西向的体块穿插组合，形成十字形的平面空间，按照功能需求合理组织流线。虽在一幢楼中混合布置各类功能空间，但各功能分区明确，很好地处理了动静分区、清污分区。建筑平面多用走道式组合，中廊式居多，广泛用于教学楼、学生宿舍等建筑；或采用外廊式，南向单外廊居多，如 1947 年拟建市立小学校舍为单层平房，教室外侧设朝南的单外廊以获得良好的采光通风。

抗战后初中等学校的建筑形态简单朴素，讲求实用。战后南京新建的学校建筑明显受到西方现代主义建筑思潮的影响，很少有人再去考虑"中国固有之形式"，对于创造结合中国特点的建筑思潮逐渐淡薄④。同时，抗战后经费短缺，政府要在短时间内解决大量师生的教

① 《拟建甲、乙、丙种市立国民学校校舍等施工细则》，南京市档案馆，档案号 10030070241（00）0005。
② 刘贞贞，刘舜仁．台湾国民小学建筑空间形态演变之探讨［J］．台湾建筑学会建筑学报，2007（61），181.
③ ［民国］南京市教育局．南京市教育概览［M］．南京：南京市教育局，1948：12-16.
④ 刘先觉．中国近现代建筑艺术［M］．武汉：湖北教育出版社，2004：80.

学和生活问题等客观现实给现代建筑提供了生存环境，重视功能、造型简约、追求经济效果的现代建筑几乎能满足当时社会的客观需求。

在建筑形态方面，多数学校校舍简陋，建筑形态与普通民房类似，外形为简单的两坡或四坡顶，立面简洁无装饰，建筑高度不超过 3 层。同时，现代主义建筑形式出现。抗战后南京现代主义形式的学校建筑增多，设计手法更加娴熟，重视基本功能，造型简约。如市立第一民众教育馆采用平屋顶、矩形门窗，立面简洁，注重整体的比例与尺度，追求立面的光影效果。南京市立二中新建大礼堂也以解决使用功能为前提，建筑外观简洁。类似的实例还有南京市工务局 1948 年设计的拟建市立标准小学，各种大小空间有机组合，立面设计线条简洁，无过多的线条装饰，建筑主体为平屋顶。

（四）高等学校的修缮与再造

1. 高等学校的统计与简介

抗战后，国民政府对南京的高等学校进行了合并和整顿[①]。解散了汪精卫政府创办的中央大学和 3 所私立高等学校，并将迁回南京的高校进行合并，如国立牙医专科学校随国立中央大学医学院迁回南京后，合并入中央大学医学院；中央政治学校迁回南京后与中央干部学校合并为国立政治大学。抗战期间后方创办的高等学校迁至南京，如国立音乐学院、国立社会教育学院、国立东方语文专科学校、私立重辉商业专科学校等。同时，继续创办新学校，如 1946 年以后，新建私立南京工业专科学校。至 1948 年底，南京共有国人创办的高等学校 11 所，其中国立大学 8 所，私立大学 3 所。而教会大学仍为 4 所，数量没有增加（表 4-4-1）。

抗战后国人创办的高等学校 表 4-4-1

校名	现名	创建时间	校址与校舍状况
国立中央大学	东南大学	1902	本部在四牌楼，分部在丁家桥。四牌楼本部校舍以修缮为主，少量添建。丁家桥大规模新建校舍
国立政治大学	1949 年解散	1927	建邺路红纸廊。添建 6 号楼、教室、宿舍
国立戏剧专科学校	中央戏剧学院	1935	大光路。抗战后迁回原址，1947 年添建职员宿舍、校长住宅 1 座（为单幢洋房）、汽车房
国立药学专科学校	中国药科大学	1936	丁家桥。抗战后迁回原址，1946 年返校时重新规划设计建造
国立边疆学校	中央民族大学	1930	光华门外石门坎。租房 + 新建
国立音乐学院	中央音乐学院	1940	西康路古林寺。租房 + 新建
私立建国法商学院	1949 年停办	1940	宁海路匡庐路。1947 年新建洋式平房 3 幢，后添建建国大楼（教学主楼）1 幢、学生宿舍数幢
国立东方语文专科学校	1949 年并入北京大学	1941	紫竹林。1941 年在云南创立，1946 年迁南京，校址在筹市口市立二中附近。建综合楼 1 座
国立社会教育学院	江苏教育学院	1941	栖霞山、苏州忠王府。新生部设在栖霞山并建新校舍。分部借用苏州忠王府、拙政园为临时院址
私立重辉商业专科学校	1949 年停办	1944	朱雀路。先借南京羊皮巷市立师范学校校舍，后租赁南京朱雀路浙江同乡会馆房舍办学

① 南京市地方志编纂委员会. 南京教育志（上册）［M］. 北京：方志出版社，1998：988-989.

续表 4-4-1

校名	现名	创建时间	校址与校舍状况
私立南京工业专科学校	1949 年停办	1947	中华门内小膺福街。初时租用私人房屋，后在院内新建房屋，南京解放后校舍拨给了附近的私立中学使用，后改为南京市第十八中学所有

来源：1. 南京市地方志编纂委员会 . 南京教育志（下册）［M］. 北京：方志出版社，1998：990，2006-2032，有关校史、校舍记录。
2. 南京市档案馆藏，档案号 1022-5-19、1022-5-18，1947—1948 年校舍建设状况。
3. 南京市档案馆藏 1949 年前教育局、工务局全宗档案，责任者教育局、工务局。

2. 原有建筑的修缮与改扩建

战前大规模兴建校舍的主要为国立中央大学、国立政治大学两校，抗战后校方对原校舍进行修缮。以国立中央大学以例，校方委任工学院院长刘敦桢为中大复员委员会工程组主任，主持学校回迁的基建工作，修缮了四牌楼校区全部校舍工程，扩建实习工场，将图书馆平房屋改建为坡屋顶。

东南大学校内图书馆西侧、南高院正前方有 3 栋平房，为日据期间日军建造的炊事房，抗战后，校方将其改为工学院的教室与实验室。第一、二栋平房分设机械系的热工、汽车实验室，航空系的风洞实验室及化工系的化工机械实验室；第三栋为建筑系的办公室、建筑设计教室、美术教室、模型室①。3 栋平房外形一致，建筑形态简朴，两坡屋顶，外墙统一用青砖砖筑，清水砖墙，勒脚部位用水泥抹灰，矩形门窗，山墙面亦有窗户，至今仍作为实验室使用。

工艺实习场建于 1918 年，初为 7 间。1948 年在建筑物东侧和北侧进行了扩建，由复员委员会工程组设计制图，泰来营造厂施工，工程造价为金圆券 96 731.94 元，工程内容包含修缮原机械工厂，新建东侧 5 间第四分厂，新建北面木工厂，新建男女厕所等②。扩建沿袭原建筑形态，立面造型与原建筑保持一致，外观简朴，仅在入口门楣和柱头处作简单装饰，主要侧重建筑功能的扩充与完善，扩建部分为大跨度的实习工场，柱距 6 ～ 8 米。修缮部分包括水电设备的维修，如拆换落水管、更换电线等，拆除原屋顶白铁皮，改铺洋瓦等。

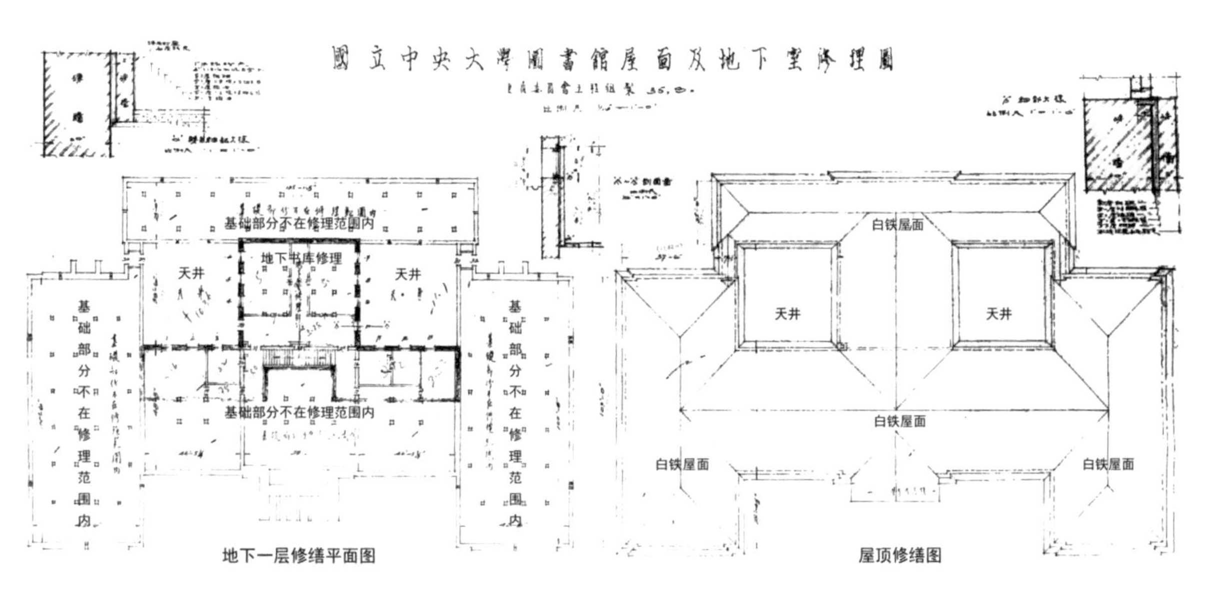

图 4-4-3 1946 年国立中央大学图书馆改建为坡屋顶图
图片来源：东南大学档案馆，档案号 3010122-4/84

① 朱斐 . 东南大学史：1902—1949［M］. 南京：东南大学出版社，1991：274-275.
② 实习工场，东南大学档案馆，档案号 301151895。

抗战前图书馆为钢筋混凝土平屋顶，抗战后维修时改为坡屋顶，白铁屋面。建筑立面造型和内部功能未作任何改动[①]（图 4-4-3）。

中大复员委员会工程组针对四牌楼战前兴建的原校舍进行了全部修缮，以“修旧如旧”为原则，建筑形态不作改变，保持原西方古典建筑风格，针对房屋破损部分进行修理及水电设备的维修，包括木楼板的翻修、天花吊顶的拆除更换、室内局部隔墙的砌筑或拆除、木门窗和玻璃的更换、重做油漆、漏水屋顶的修理、屋架结构加固等。

3. 高等学校的校址与规划

抗战后南京的高等学校大多数位于城墙内，少数学校在城墙附近或城墙外择址新建校舍。战前原有的 4 校，国立中央大学、国立政治大学、国立药学专科学校、国立戏剧专科学校抗战前在南京已有永久校址，均迁回城墙内原校址复校。战后新建的 7 校中，国立音乐学院、私立建国法商学院、私立重辉商业专科学校、私立南京工业专科学校等 4 所学校在城墙内租房或添建或新建房屋。国立东方语文专科学校、国立边疆学校、国立社会教育学院等 3 所学校在南京城墙附近择址新建校舍。

抗战后南京高等学校均有不同程度的新建、扩添建，校园规划呈现出与战前明显的区别。

择址新建的学校，结合地形布置单体建筑，功能分区明确。校园总体布局以主轴线为中心呈行列式分布，主轴线居中设置，布置大门、教学办公楼（或礼堂）等主要建筑，其他建筑以主楼为中心，平行于主楼，单体建筑基本为南北朝向，道路网架方正规整。

新建宿舍区多为行列式布局，建筑单体相似。这种整齐划一、外形相似的布局形式，既满足了战后时间紧、经济省的客观要求，又满足了国人对于南向的偏好。抗战后新建的国立中央大学文昌桥学生宿舍、国立边疆学校教职员宿舍、国立中央大学九华山教员宿舍等均属于这种形式，单体建筑平面为矩形，自南向北呈行列式布局。

部分新办学校租借公所、民房为校舍，如国立社会教育学院暂借忠王府、拙政园为临时院址，私立重辉商业专科学校和私立南京工业专科学校皆为租用民房为校舍，原建筑格局保持不变。部分学校抗战后进行了添建，如国立中央政治大学校本部在不改变原校园规划的基础上，添建 6 号楼 1 座[②]；私立建国法商学院在租借民房的基础上见缝插针添建了洋式平房 3 座、教学主楼 1 座和学生宿舍[③]。新建学校仅建单幢综合楼，如国立东方语言专科学校在南京城墙附近的紫竹林建设新校舍，学校仅有 1 幢综合楼和 1 幢附属平房[④]，无校园规划可言。

针对抗战后南京高等学校的校园规划状况量化分析，国立大学多新建或添建校舍，私立大学多租借民房公所办学，校舍相对简陋。11 所大学中有 4 所进行了较大规模的新建，分别为国立中央大学、国立音乐院、国立边疆学校、国立药学专科学校；租借和扩、添建房屋各有 3 校，为国立社会教育学院、私立重辉商业专科学校、私立南京工业专科学校；国立政治大学、私立建国法商学院、国立戏剧专科学校等 3 校在原地扩添建。战后南京房荒严重，无论是新建校舍的简单行列式布局，还是扩充添建、租借民房公所为校舍，皆为节省资金、缩短建设周期。

---

① 图书馆基建图纸，东南大学档案馆，档案号 3010122。

② 1947—1948 年校舍建设状况，南京市档案馆，档案号：1022-5-19、1022-5-18。

③ 《私立建国法商学院为添建校舍请本行贷款贰亿伍千万万一案》《建国法商学院、致远建筑公司为保证院舍建筑工程使用年限双方拟订条约》，南京市档案馆，档案号 10220070138（00）0009。

④ 从 1949 年南京城地图、南京城航拍图可知。

4. 高等学校的建筑功能与形态

抗战后高等学校在功能设置上最主要的变化在于大量地、成规模地建造教师住宅。虽战前南京已有教职员宿舍的出现，但多数为单身教员的集体宿舍，数量较少。抗战后由于大量人员回都造成南京城内"房荒"严重，政府和校方为解决民生问题，配建了大量的教员及家属住宅，成规模建造教师宿舍区，几乎所有的高等学校都有扩添建、新建教员宿舍的记录。

抗战后百废待兴，新建学校建筑形态简单朴素，但功能设置齐全，教学、科研、教辅、生活等用房一一配设。由于校舍紧缺，多数学校建筑内部功能混杂，在有限的校舍内混合设置各种使用功能，有时还会将相近使用性质的建筑空间兼用。例如国立东方语文专科学校在综合楼内混合布置教室、办公室、学生宿舍等多种功能，一幢楼就是一所学校；国立音乐院的大礼堂兼作饭堂，办公室均设在教学楼内①。

抗战后高等学校建筑形态简洁朴素，以实用为主，建筑形式让位于功能。大量新建校舍外形简洁，无装饰，采用两坡或四坡屋顶，建筑高度不超过3层。宿舍建筑外形相似，仅作少量变化，或者干脆采用同一套设计图纸，批量生产。这种相似性的设计不仅节约了设计和建造的时间，也节省了材料，非常适合战后"多、快、好、省"的实际需求。部分学校的校门或校内少量重点建筑（如教学楼、办公楼）采用现代主义建筑形式。如国立中央大学丁家桥校区抗战后新建了校门，采用简洁的平顶，立面简洁无装饰，讲究体块的穿插和光影变化。

（五）军事学校的修缮与再造

1. 军事学校的统计与简介

抗战后大量军事学校随国民政府还都南京，政府随后又新建了一些军校，至1949年南京共有军事学校14所。南京解放前夕，国民政府创办的军事学校陆续迁往台湾，有兵工学校、陆军工兵学校、陆军防空学校、陆军辎重兵学校、陆军步兵学校、陆军炮兵学校、陆军大学②等，其他小型军事学校解散③。

1945—1949年南京的军事学校 表4-4-2

学校名称	创办时间	校址	校舍状况
兵工学校	1917	东郊白水桥	改校址在南京东郊白水桥，原兵工署兵器陈列所、精密仪器研究所、弹道研究所内
陆军工兵学校	1931	海福巷	抗战后迁回原址
陆军步兵学校	1931	白水桥营房	1946年迁回南京，以白水桥营房为校舍
陆军炮兵学校	1931	汤山	抗战后迁回原址，1946年建汤山作厂
陆军辎重兵学校	1933	中华门外岔路口	抗战后迁回原址
中央训练团	1946—1948	孝陵卫	在孝陵卫新建校舍
陆军大学	1946—1948	孝陵卫	在孝陵卫新建校舍
陆军参谋学校	1947	孝陵卫	在孝陵卫新建校舍

① 国立音乐院单体建筑设计图，南京市档案馆，档案号10010030491（00）0002。
② 此表根据：南京市地方志编纂委员会.南京教育志（上册）[M].北京：方志出版社，1998：1370-1371.
③ 南京市地方志编纂委员会.南京教育志（上册）[M].北京：方志出版社，1998：1371-1403.

续表 4-4-2

学校名称	创办时间	校址	校舍状况
陆军防空学校	1946	南京通光营房	1946 年在光华门外建有新校舍
国防部新闻军官学校	1946—1948	原清军炮标	在原清军炮标新建立该校
国防部情报军官学校	1946—1948	总统府中山室	在总统府中山室新创立该校
联合勤务总司令部联合勤务学校	1946—1948	汤山	在南京汤山新创立该校
联合勤务总司令部特勤学校	1946—1948	励志社旧址	在励志社旧址新创立该校
联合勤务总司令部副官学校	1947	孝陵卫	在孝陵卫新建校舍

来源：1. 南京市地方志编纂委员会 . 南京教育志（下册）［M］. 北京：方志出版社，1998：1370-1371.
2. 王虹铈 . 孝陵卫营房漫话［M］. 南京：东南大学出版社，2011：179-243.

迁回战前原校址的军校有 3 所，以营房为校舍的 3 所，新建校舍 4 所，余者附设在国防部、总统府、兵工署等党政机关内。从 1945 年至 1949 年间南京军事学校的建设活动既有针对战前校舍的修缮和添建，也有新建。以陆军工兵学校校舍修缮为例，该修缮工作以恢复战前建筑形态为原则，针对屋顶、门窗、楼地面损坏部分进行修缮，包含水电设备和室外管沟、路面的维修①。战前南京最大的军事学校，中央陆军军官学校改为国防部。新建的军事学校主要集中在孝陵卫，为中央训练团、陆军大学、陆军参谋学校、联合勤务总司令部副官学校等 4 校。

2. 军事学校的规划

中央训练团、陆军大学、陆军参谋学校、联合勤务总司令部副官学校皆位于孝陵卫，这四校分开设置。东区为陆军大学、西区为陆军参谋学校、东山建筑群为联合勤务司令部副官学校。因中央训练团利用日军营部建筑改扩建，中央训练团联勤副官学校校舍属于临时房屋，因此进行完整校园规划的主要为陆军大学和陆军参谋学校等两所学校②。

陆军大学和陆军参谋学校皆以轴线组织院落空间，以三合院或四合院为基本单元，多条南北向轴线并列发展，十分重视以大门—广场—主楼构成的主轴线，强调空间序列与层次，主要建筑围合广场或操场呈三合院或四合院布局，道路网架几何方正。陆军大学建筑群以 3 条南北向轴线并列生长，基地左侧主轴线上设置主要建筑南楼、北楼、西楼、东楼，主要建筑围合成四合院的形式，轴线两侧建筑大致对称布局，强调大门、主楼、广场构成的主轴线。学校建筑根据使用性质进行功能分区，各区之间既相对独立，又方便联系。

3. 军事学校的建筑功能与形态

抗战后的军事学校首次出现了眷属新村、实验农场、附属医院等，体现了军队在后勤生活上的改进和人性化的关怀。其他建筑类型与大学建筑无异，包括教学建筑教学楼，教辅建筑办公楼、大礼堂、图书馆等，后勤用房学员宿舍、教员宿舍、食堂等，设有大面积的军事训练场。

建筑平面多为简单的矩形，办公楼、教学楼内部的房间多采用走道式组合。大礼堂一般将会堂设置在建筑中部，周边设置辅助用房，以大空间为主体组合平面。

---

① 《陆军工兵学校校舍修理工程》，南京市档案馆，民国文书，关键词：陆军工兵学校。
② 王虹铈 . 孝陵卫营房漫话［M］. 南京：东南大学出版社，2011.

这一时期的军事学校广泛采用现代主义建筑形式。如陆军参谋学校办公楼、陆军大学办公楼、中央训练团大礼堂中正堂等学校主要建筑皆为现代主义形式。以陆军参谋学校办公楼为例，该楼坐北朝南，开间约94米，进深约17米[①]，建筑物中部主体高3层，两翼部分高2层，平屋顶，矩形窗户，立面线条简洁，无装饰，主入口大门四柱三开间，入口雨篷亦为简单的平顶，整幢建筑显得简单大方。附属建筑多为单层平房，两坡屋顶或四坡屋顶，外形简单朴素，类似普通民房。例如陆军大学的食堂、校长办公室、陆军参谋学校的餐厅等。

军事学校还出现临时性房屋，主要为联合勤务总司令部副官学校，主要建筑有两种[②]。一种是简易平房，外墙用木板横向拼贴，屋顶用椽子覆盖薄瓦。建筑内部有外廊式和中廊式两种，外廊式正房朝南，东西两厢与正房相连，呈倒“凹”字形。中廊式在房屋的东西两侧开门，中间为走道，两侧设置房间。这种简易平房均为泥土地面，内墙抹泥灰，墙面开设玻璃窗。另一种是简易活动房屋，由美国援助，为“二战”期间典型的美军野战营房。根据现存遗物来看，这种活动房屋长约15米、宽5米、高2米，整体呈半筒状，外覆铁皮波形瓦，在瓦间开设推拉窗，在屋面两侧开设房门，室内为大空间，无分隔，地面架空，铺设木地板。这种活动房屋可以随时移动，使用方便。

二、典型实例：国立中央大学丁家桥校区

中央大学丁家桥校区位于现鼓楼区丁家桥之北，为晚清南洋劝业会原址。1920年筹建国立东南大学时，校方提出增加南洋劝业会址为东大校地[③]。1921年，校董黄炎培借考察南洋之机会，为扩大东大校基，再次拜访华侨张步青先生，请将其在南京丁家桥的南洋劝业会旧址约500亩土地捐献给东大办学，获张氏首肯[④]，校方在此建造了医学院的部分建筑，将北部空地辟为农场，南部房舍借给交辎学校借用。

国立中央大学丁家桥校区抗战前为医学院与附属医院所在地，1935年5月18日国立中央大学开始筹建医学院和附设医院，同年中央大学又奉令创办国立牙医专门学校[⑤]，国立牙医专科学校挂靠国立中央大学医学院内，两校校址设在丁家桥。1937年南京沦陷前，医学院迁至四川成都与华西大学、齐鲁大学合作教学，1939年设立牙科医院，抗战胜利后，国立中央大学于1946年复校上课，医学院仍设在丁家桥[⑥]。沦陷期间丁家桥校舍成为敌军仓库，抗战后先由国防部接收作为仓库，经交涉后，原有的校产全部归还中央大学，并另将原劝业会旧址及房屋一并拨给中央大学。至此，丁家桥校地北至筹市口，南至丁家桥，东自芦席营，西至模范马路，占地面积约1000余亩[⑦]，校方在丁家桥校区进行了大规模的建设。1949年南京解放后，中央大学改名为南京大学，医学院改名为南京大学医学院，1952年改名为中国人民解放军第五军医大学，1958年又改名为南京铁道医学院，2000年南京铁道医学院与东南大学合并后，该校地定名为东南大学丁家桥校区。

---

① 王虹铈 . 孝陵卫营房漫话［M］. 南京：东南大学出版社，2011：225.
② 王虹铈 . 孝陵卫营房漫话［M］. 南京：东南大学出版社，2011：230.
③ 朱斐 . 东南大学史 1902—1949［M］. 南京：东南大学出版社，1991：98.
④ 引自：朱斐 . 东南大学史 1902—1949［M］. 南京：东南大学出版社，1991：110.
⑤ 朱斐 . 东南大学史 1902—1949［M］. 南京：东南大学出版社，1991：230.
⑥ 南京大学高教研究所 . 南京大学大事记 1902—1988［M］. 南京：南京大学出版社，1989：56-57.
⑦ 《南大百年实录》编辑组 . 南大百年实录（上卷）［M］. 南京：南京大学出版社，2002：487.

1. 丁家桥校区的设计及营造过程

1935 年 11 月，国立中央大学在丁家桥建设医学院宿舍，1936 年 4 月宿舍落成。抗战后，校方在此进行了大规模的新建活动，设医学院、农学院及理学院、工学院一年级新生部。医学院位于西南，有 30 余幢校舍。农学院位于东南，亦有校舍 30 余幢，靠东部分划为国立药学专科学校校址，一年级及先修班居于中，教职员宿舍建于木房之后，北部空地为农学院之苗圃及农场[①]。

丁家桥校区抗战复员初期校舍皆系木房[②]，1947 年开始大规模的校园建设。1947 年 5 月，新建教职员宿舍 (双层活动房屋)，由大夏建筑公司营建；1947 年 5 月，新建学生宿舍，由大业公记建筑公司承建；1947 年 8 月 14 日，中央大学农化系办公室修理工程，由张镛森建筑师设计，立兴营造厂承建；1947 年 9 月 25 日，新建中央大学附属医院门诊部，兴业建筑公司设计，立兴营造厂承建；1947 年 9 月 26 日，中央大学附属医院新建大楼及爱克斯光室，由中大工程组设计，立兴营造厂承建；1947 年 10 月，新建女生宿舍，由大业公记建筑公司承建；1947 年 10 月，新建教职员宿舍，由大业公记建筑公司营建[③]。校方为加快施工进度，平行施工，各单体建筑选择不同的建筑师设计，由多家建筑公司同时施工。

2. 丁家桥校区的规划布局

从 1946 年规划设计图（图 4-4-4）和 1949 年实际建成图（图 4-4-5）来看，校园规划仍然十分强调校门—广场—主楼的主轴线，单体建筑呈简单的行列式布局。建筑物坐北朝南，校园总体布局功能分区明确。在近千亩的校地上，学校按照院系和使用功能划分为医学院、农学院、新生院、教工宿舍区、公共体育活动区等。医学院位于基地南部，后是农学院，农学院后面设置教工宿舍，留出基地北端大片土地作为农学院苗圃及农场，该处既可作为未来发展用地，建成后又是教工宿舍区的天然氧吧，布局合理。教工宿舍区共设计建造房屋 20 余幢，单体建筑一律南北向呈行列式布局，道路笔直规整，为了打破这种直线式的单调，设计者充分利用地形中弯曲的水渠和自由形态的池塘设置水景绿化，丰富居住环境。整个教工区设甲、乙、丙 3 种户型，3 种户型之间稍作变化，建筑形态于统一中求变化，变化中求统一。

3. 丁家桥校区的单体建筑

抗战后的丁家桥校区新建教学楼、办公楼、学生宿舍、教工住宅，以及医学院的实习场所——附属医院门诊部、病房大楼等，功能完善。抗战后新建的校舍建筑外形简单朴素，立面简洁，无多余装饰，矩形窗户，两坡屋顶，建筑高度不超过 3 层。丁家桥校区内的近代建筑多已拆除，仅存两幢医学院病房楼[④]，北面的为后勤楼，南面的为行政楼。

---

① 《南大百年实录》编辑组 . 南大百年实录（上卷）［M］. 南京：南京大学出版社，2002：487.

② 《南大百年实录》编辑组 . 南大百年实录（上卷）［M］. 南京：南京大学出版社，2002：487.

③ 南京近代工程记录汇总表，引自：季秋 . 中国早期现代建筑师群体：职业建筑师的出现和现代性的表现（1842—1949）——以南京为例［D］. 南京：东南大学，2014，详见附录第 309-310 页。

④ 南京近代工程记录汇总表，引自：季秋 . 中国早期现代建筑师群体：职业建筑师的出现和现代性的表现（1842—1949）——以南京为例［D］. 南京：东南大学，2014，详见附录第 309-310 页。

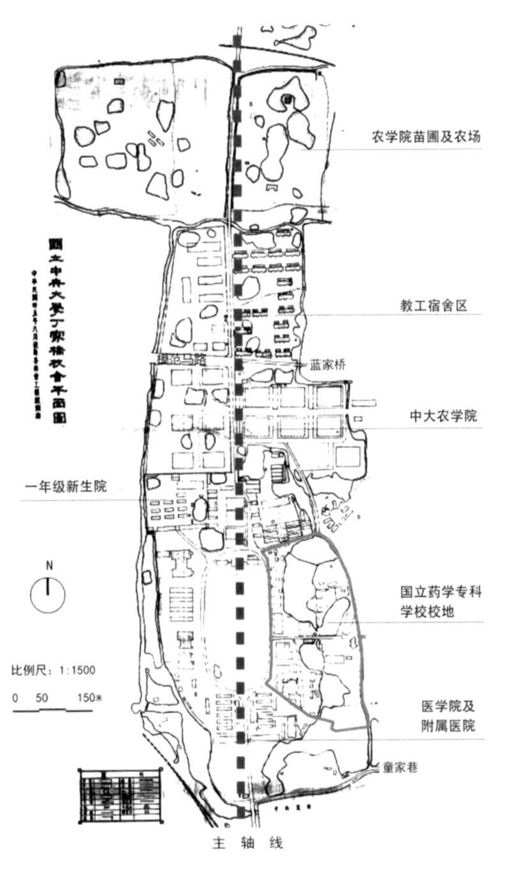

图 4-4-4 国立中央大学丁家桥校区规划总平面图
图片来源：东南大学档案馆

图 4-4-5 国立中央大学丁家桥校舍实际建成图
底图来源：1949 年南京市地图

后勤楼坐北朝南，占地面积 1194.13 平方米，建筑面积 2388.26 平方米。建筑平面呈矩形，东西长约 86 米，南北长约 13 米。建筑共两层，南立面正中设置主入口，东西立面各设一个出入口（图 4-4-6）。建筑内部为中廊式布局，建筑中部房间面积稍大，两翼房间面积稍小。建筑外观简洁朴素，高 2 层，中部主体略高。立面无多余装饰，两坡屋顶，简单矩形窗，窗台上下划有分隔线，水泥粉刷勒脚，建筑入口设雨篷和门廊。建筑结构为钢筋混凝土梁柱、砖墙、木屋架、木楼板混合结构。以砖砌体、木楼板、木屋架和钢筋混凝土柱、梁作为承重构件，外墙为砖墙承重①，一层为水泥地面，二层为木楼板，顶棚、楼梯皆为木制。

行政楼位于大操场北，主入口朝北，面向后勤楼，占地面积 1364.96 平方米，建筑面积 4094.88 平方米，东西向长约 101.00 米，南北向长约 14.80 米，平面设 4 个单元，每个单元分别设置入口大门。建筑内部为中廊式布局。建筑高 3 层，建筑外观与行政楼类似（图 4-4-7）。建筑结构为钢筋混凝土框架、砖墙混合结构。建筑物体量大，内部采用钢筋混凝土柱、梁、板共同作为承重构件，外墙为砖承重墙②，楼梯为钢筋混凝土结构。

4. 抗战后快速复校思想下的产物

国立中央大学丁家桥校区是抗战后鲜有的大规模建设的典型实例，新建建筑简洁朴素，讲求实用，是战后迅速复校思想下的产物，建筑以解决使用功能为前提，受到战后现代主义

① 周琦. 南京近现代建筑修缮技术指南［M］. 北京：中国建筑工业出版社，2018.
② 周琦，南京近现代建筑修缮技术指南［M］. 北京：中国建筑工业出版社，2018.

建筑思潮的影响。一方面，二战后现代主义建筑思潮在欧美被大规模推广，这种思潮影响到战后的中国；另一方面，抗战后经费短缺，短时间内解决大量师生的教学和生活等现实问题为现代建筑提供了生存环境。仅有国立中央大学这种大型的高等学府才有如此大规模的新建活动，其他学校多是因陋就简办学，能修缮旧房者一般不会新建房舍。

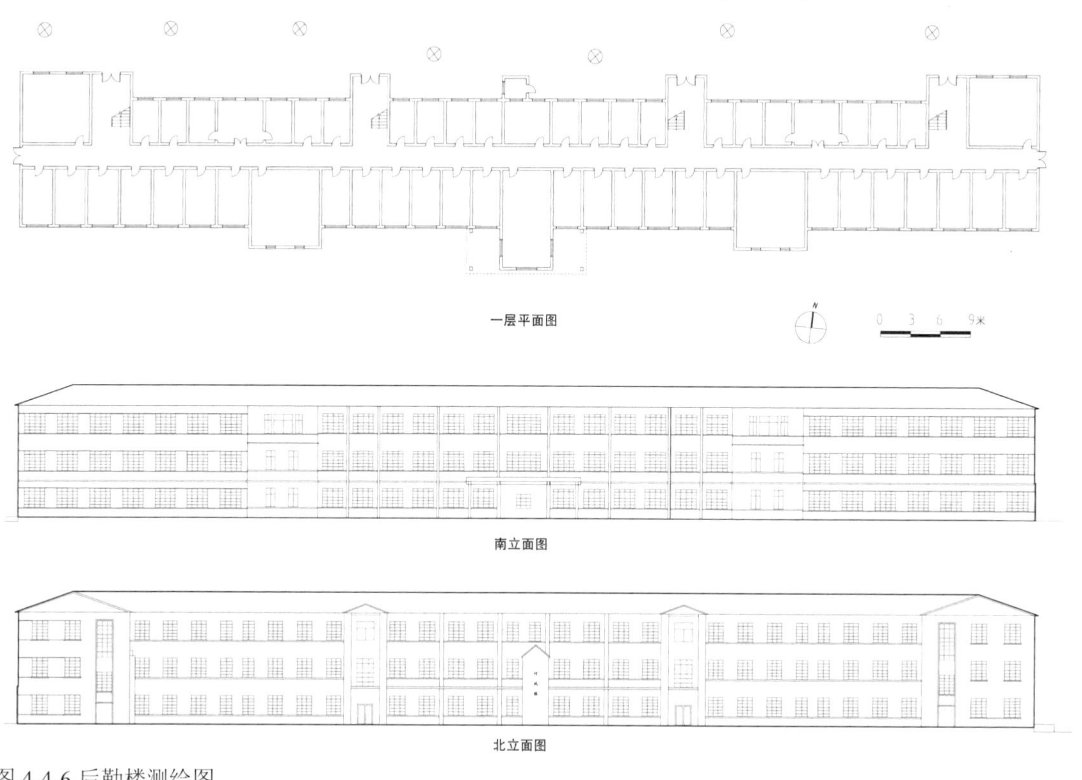

图 4-4-6 后勤楼测绘图

图片来源：东南大学周琦建筑工作室

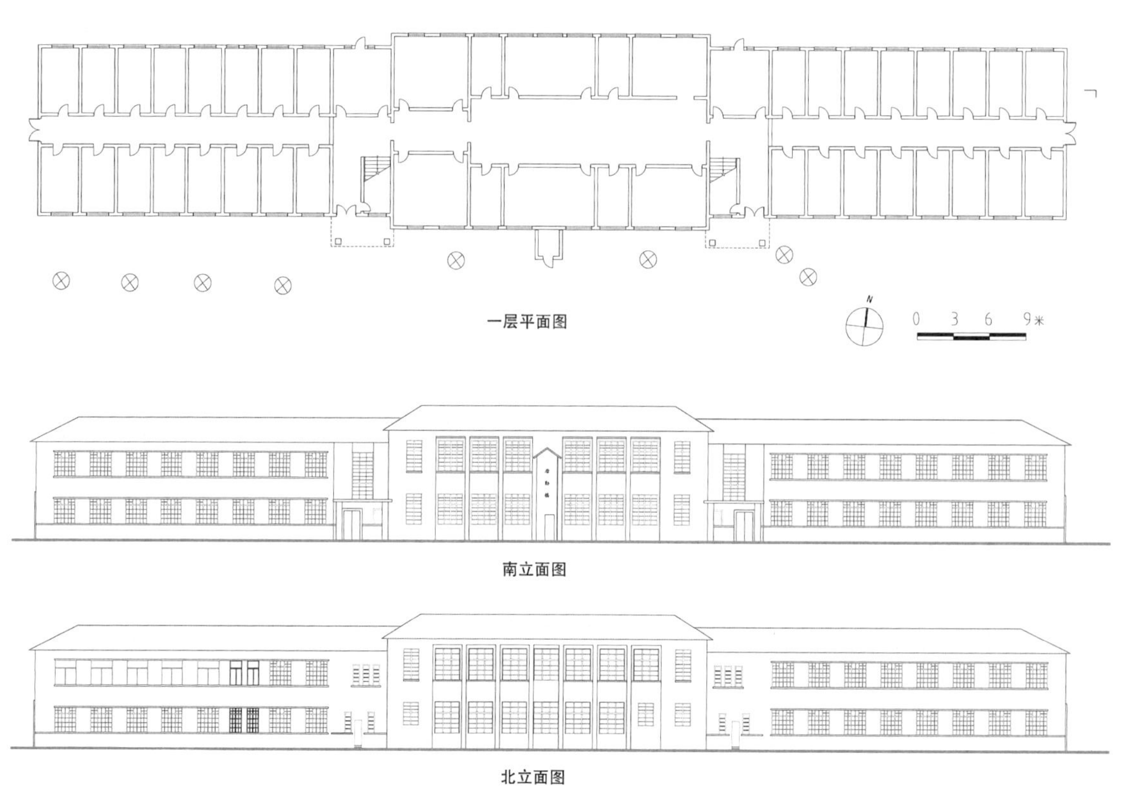

图 4-4-7 行政楼测绘图

图片来源：东南大学周琦建筑工作室

第五章
商业建筑

第一节　晚清及民国初年南京的商业街市与商业建筑

一、概述：晚清至民国初年南京的商业区与商业街市

街市与市房是明清南京城主要的商业空间形式，晚清至 1927 年之间，受西风东渐影响及当局者的现代化改良措施的共同作用，旧城的传统街市与市房建筑空间形式亦有不同程度的发展（图 5-1-1、图 5-1-2）。

图 5-1-1 某商业街道之一

图片来源：杜克大学图书馆藏．甘博摄影集（Sidney D. Gamble Photographs）第一辑 .

图 5-1-2 某商业街道之二

图片来源：杜克大学图书馆藏．甘博摄影集（Sidney D. Gamble Photographs）第一辑 .

（一）商业街市

晚清至民国初年，南京街市基本延续了传统的商业街道空间特征。旧城街市的宽度一般为 4~6 米，采用碎石路，两侧店铺鳞次栉比，店牌、招幌高高挂起。但由于政权更替、缺乏有效的市政管理措施，许多商民占道经营、违章加建，部分街市宽度狭小，行人拥堵，更难以通行小汽车，只能容纳人力车和单轮二把手车，十分不便。

随着南洋劝业会的创办，南京旧城城北地区得以发展，具有代表性的新建商业街道为模范马路和劝业路（图 5-1-3）。该路东连劝业会西门、西接三牌楼，两侧店铺、市肆林立，为重要商业及交通要道。道路路面为石子路，可通行汽车、马车及其他各类传统人力车辆。道路两侧为统一规划建设的二层高的传统式样店铺，形成连栋式商业街。由此可见，晚清至 1927 年间，南京基本延续了传统商业街市空间特征，鲜有大规模、自上而下的商业街道改造与建设。

本章作者为陈勐。

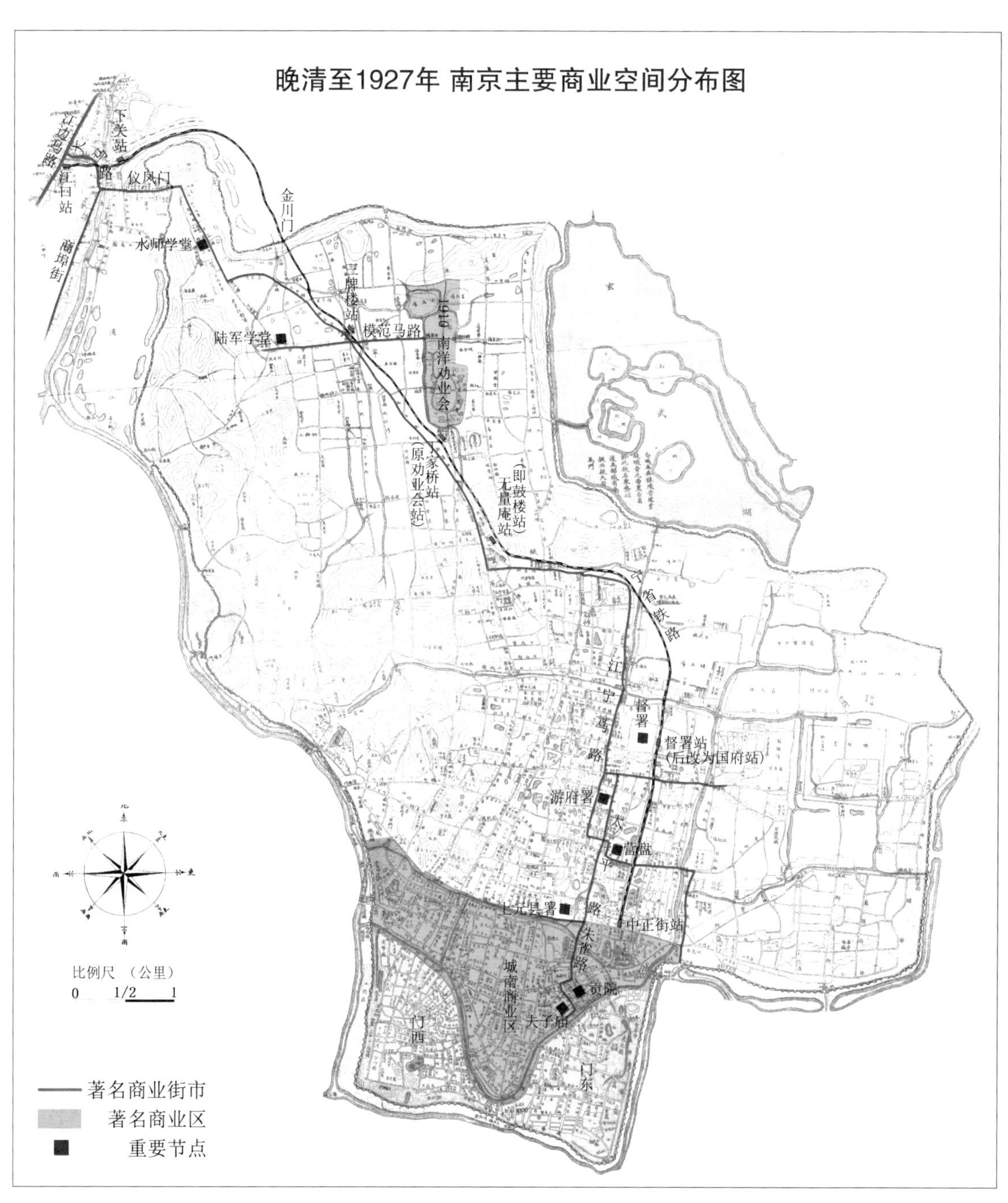

图 5-1-3 晚清至 1927 年南京主要商业空间分布

图底图来源：最新首都城市全图（1928）［Z］. 南京共和书局发行，1928.

（二）市房建筑

晚清至 1927 年，旧式店铺依旧是南京较为普遍的市房形式。旧式店铺指传统合院式住宅临街面辟为商店的房屋，建筑临街面往往较为窄小，内部空间或垂直于街道呈带形布局，或更加开阔，向基地内部延展。一般旧式店铺往往采用“重楼式”与“廊房式”结合的建筑形式，临街店铺多为二层传统建筑，山墙面垂直于街道，店铺与人行道间通过挑檐、挑台、底层后退等方式形成介于室内外的灰空间。传统店铺的广告手段包括招牌、幌子与店牌等，既是传统店面的装饰要素，也具有提挈店铺售品类型作用，如梁思成先生所言：“也许因为玻璃缺乏，所为商品的广告法，在古代的店面上，从来没有利用窗子陈列的，引起顾客注意的唯一方法，乃在招牌和幌子。”[1]

晚清之际，受西风东渐影响，南京还出现了另一类新式市房，即在店铺临街面装潢“洋式门面”的形式。新式市房平面一般采用江南地区传统住宅的合院式、天井院式格局，临街店铺栋以长边对外，外立面则装潢各类西方建筑风格的门面，如巴洛克式、装饰主义式、简化的古典式样、折中主义式等。无论是旧式店铺还是装潢了“洋式门面”的新式市房，多采用天井院式的平面布局。晚清及民国初年，随着南京人口的增长以及临街面地价的上升，市房基地逐渐向纵深方向发展，形成大量垂直于商业街道的狭长带状地块[2]，基地临街面面阔一般为 4 ～ 8 米，纵深可达 20 ～ 25 米。由于用地狭长且市房间彼此毗连，为扩大房屋采光面，市房多采用天井院式布局，以一进一进的院落组织各功能房间。此外，还出现了以山墙面面向街道的单体建筑的狭长布局形式，屋面则设天窗来增加内部采光，也是一种适应于狭长地块的市房空间类型。

晚清至 1927 年，南京基本延续了传统商业街市的空间特征，虽有部分富有店家采用了以西方建筑风格装潢门面的新式店铺，但多数店家依旧沿用传统建筑样式。

二、下关开埠与商埠现代化

自古以来，南京便是长江下游的河运枢纽、重要的商业中心及中国东南地区的军事重镇，下关一带则是南京的对外门户。1899 年正式开埠后，下关成为南京受西风东渐影响的前沿地，在中外力量的共同推动下，发展为南京城北地区新兴的商业中心。辛亥革命后，受时局影响，下关逐渐走向衰落，当局与民间实业人士虽然制定了一系列振兴商埠的措施，但未见起色。

（一）下关地区的历史沿革与商业位势

1.1858—1899 年的下关

下关地区在传统南京城的军事设防及商业贸易中就一直具有重要作用。1858 年第二次鸦片战争后，清政府与英、法两国签订中英《天津条约》和中法《天津条约》，中英条约规定长江各口岸均对英开放通商，中法条约则明确规定将南京列为开放口岸[3]。太平天国运动之后，从 1864 年至 1899 年的 35 年间，先后担任两江总督兼南洋大臣的曾国藩、李鸿章、刘坤一、左宗棠、曾国荃、张之洞等开明官员，发展了军事工业、通讯与交通、新式学堂等设施，开启了下关地区的现代化篇章。

这一时期，下关地区民族工商业亦有发展。1894 年甲午中日战争后，清政府为增加税收以偿付巨额赔款，放宽了民间办厂的限制。同年，浙江宁波人徐阿炳在下关大马路南端、惠民桥以西创办了南京第一家民营工业企业胜昌机器厂。随后，下关又陆续开设了协昌机器厂、永泰昌机器厂、永兴翻砂厂等民族工业企业。洋务派及开明士绅的努力为近代下关的发展奠定了基础，19 世纪末期，下关形成了初步繁荣的局面。

---

① 参考：［民国］梁思成，刘致平．建筑设计参考图集第三集：店面［Z］．北京：中国营造学社，1935：1-8；谭刚毅．两宋时期的中国民居与居住形态［M］．南京：东南大学出版社，2008：208．

② 带状地块（Strip-plot）指细长状的矩形基地，短边朝向街道，向垂直于道路的纵深方向发展。

③ 南京市人民政府研究室．南京经济史（上）［M］．北京：中国农业科技出版社，1996：257．

2.1899—1911年的下关

1898年，西方列强向清政府提出修改长江通商章程，之后签署了"修改长江通商章程十条"，规定光绪二十五年二月二十一日（1899年4月1日）南京正式对外国开埠通商[①]。1899年2月21日，设金陵关，5月1日，金陵海关开关，南京正式成为对外贸易的口岸[②]。1904年，时任两江总督兼南洋大臣的周馥进一步明确商埠界域，即"以惠民河以西，沿长江岸长五华里，宽一华里左右地带，为外国人开设洋行，设立码头货栈之地"。1905年，周馥奏设商埠局，由该局自置督办，办理商埠一切建设事宜。下关开埠后，洋人在下关地区购置地产经营洋行、货栈、工厂，设立教堂，著名的大型企业有和记洋行、美孚火油公司、德士古煤油公司等。

如果说洋务运动及下关开埠为近代下关的发展创造了契机，推动了近代下关走向繁荣，那么1908—1910年间南洋劝业会的筹备与创办则加速了这一繁荣进程，充分体现于与展品输运、商旅消费等有关的相关基础设施建设上。南洋劝业会的展品运输主要依靠下关地区的陆运及江运，"或由火车，或由轮舶，或由民舟，雾集云屯，靡不由下关转达会场"。宁省铁路在赛会筹备期间通车，成为下关入城的重要交通方式，后张人骏又拓宽相关道路，加强下关与城内联系。劝业会事务所还在下关江口车站东首和沪宁车站西首分设两处堆栈，方便货品运抵会场。

晚清之际，随着当局的基础设施建设及商业贸易的发展，商埠区逐渐突破1904年由周馥所划定的开埠范围，跨惠民河向东面发展。1908—1909年间，沪宁、宁省铁路营运后，车站均设于护城河以北、惠民河以东的区域，由站台入城的道路沿线区域得以迅速发展。而下关电厂向南至三汊河一带，则主要是田圩，较为荒芜，仅东侧的商埠街和惠民河西岸有所发展（图5-1-4）。截至辛亥革命爆发之前，下关方圆十数里的地区洋行、商铺林立，成为"华洋交涉之区、商务总汇之处"[③]。

3.1911—1927年的下关

1911年辛亥革命爆发后，受国内、国际时局变化的影响，下关商埠的发展趋于缓慢。1913年7月至9月间"二次革命"（又称"癸丑之役"）的"南京战役"，对南京城市及市民生活破坏严重，被称为"洪杨后一巨劫"[④]。战役中，北军自浦口炮击下关，破城后又大肆劫掠，使南京城及下关商埠区遭到严重破坏，下关商埠局在战事中被焚烧殆尽，大马路、二马路、鲜鱼巷等著名商业街几乎成为一片焦土。

兵燹之后，1914年3月1日，下关重设商埠局，由金鼎任帮办，起先直辖于"巡按使"，后"自为其政"，专司筹备经费及下关范围内的道路擘划和相关市政建设。下关商埠局重建工作主要包括扩大商埠区面积、建设道路交通等基础设施、重划土地并明确产权、治安管理等项。

商埠局的一系列举措并未使下关恢复往昔的繁荣，至1910年代末、1920年代初，下关

---

① 《修改长江通商章程十条（订立于一八九九年四月一日）》记载："凡有约国之商船，准在后列之通商各口往来贸易，即镇江、南京、芜湖、九江、汉口、沙市、宜昌、重庆八处。"

② 南京市人民政府研究室．南京经济史（上）［M］．北京：中国农业科技出版社，1996：257.

③ 中共南京市下关区委员会，南京市下关区人民政府，南京大学文化与自然遗产研究所．百年商埠：南京下关历史溯源[M]．南京：凤凰出版传媒集团，江苏美术出版社，2011：63.

④ 《新京备乘》记载："辛亥革新，金陵未遭兵燹，仅停贸数日，而元气未伤也，市面攘往熙来，无异平日……一日忽讨袁军起，宁军与皖赣合，称之曰二次革命"；"讨袁之帜，乃飘扬于龙盘虎踞间，宁人携家避沪者不可胜计……北军围攻甚急……张勋部夺太平门、朝阳门入，徐宝山军队接踵而入，冯国璋部入仪凤门，雷震春部入南门……且各路军先后至，不相隶属，带兵官亦不约束兵士……结队入市，比户抹劫，闻以徐宝山部为尤强暴。张（勋）军返城后，愤精华多为各军先取，搜刮愈厉，恣睢尤甚……自入城起迄初三日，闻一家竟有劫至二十余次者……迨初四日，张入城后，方申儆军纪，秩序渐复，然已全城荡然、扫地以尽，诚洪杨后一巨劫也。"

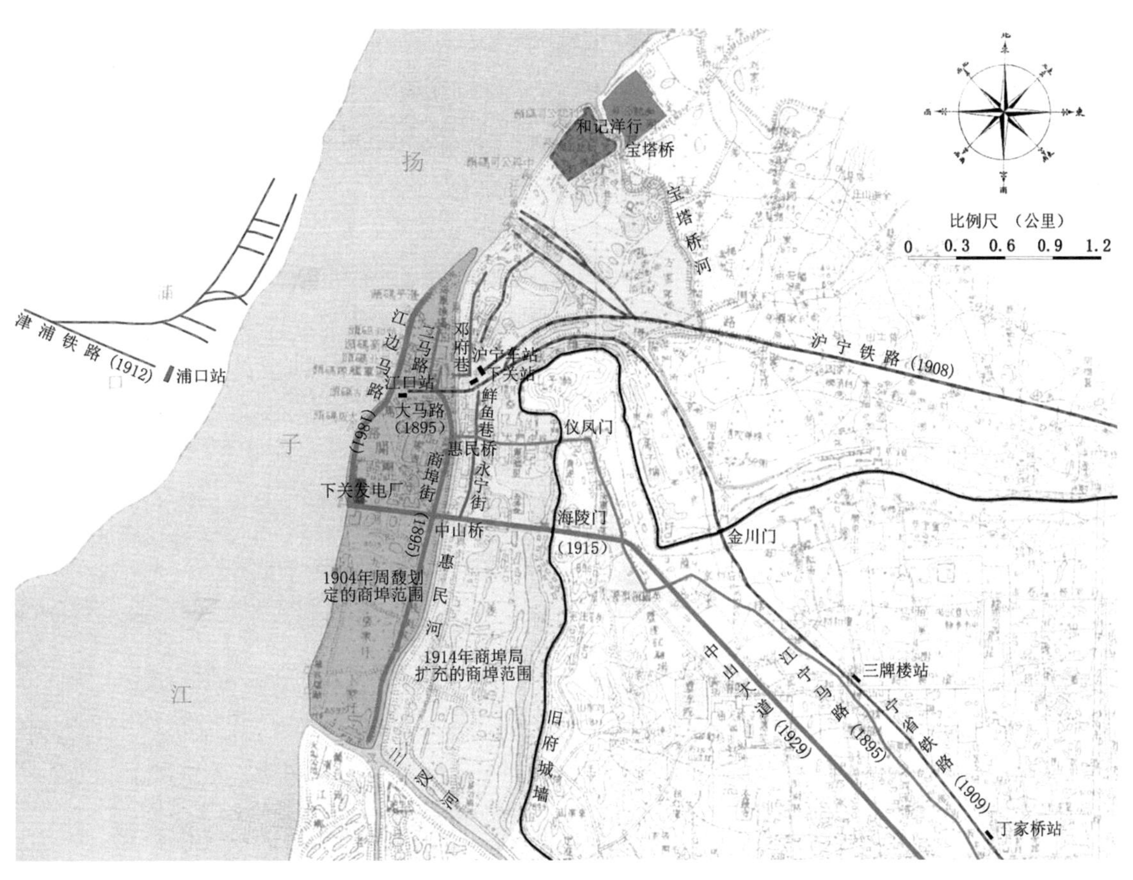

图 5-1-4 下关商埠区位、交通及商业位势分析图
底图来源：南京特别市土地局. 首都城市图（1929）［M］. 京华印书馆代印，中华民国十八年（1929）五月缩制.

商业“生意寥落”“贫民麕集”，汇集了大量低端的旅宿、娱乐业，“萃为淫赌之场”①。1920 年，商埠局又制定了分区制的《南京北城区发展计划》，一方面拟增设沿江的码头与工业区，另一方面则希望统筹发展下关与旧城城北地区，增强下关与城区的联系，加快开发建设包括下关在内的北城区。同年，江苏实业界人士还提出了带有改良意味的“南京下关宜推广商场意见书”，试图着重发展仓储业与工业，以加强下关贸易中转港口的地位。但是，这些规划与措施均未能实施。

（二）下关的商业街市与新商业建筑类型

19 世纪末、20 世纪初，随着下关商埠的繁荣与现代化发展，新建了多处商业街市，包括江边马路、大马路、商埠街等，发展出多种新的商业建筑类型，例如洋行、西式饭店、银行等。

1. 下关的商业街市

从空间分布上看，下关的繁荣伴随着商业区自长江岸边向东部城垣方向发展的趋势。19 世纪中叶，人们沿长江江岸建屋，江边马路由于靠近江口遂成为最早发展起来的街市。1899 年下关正式开埠前，修建了大马路，开埠后，又建商埠街、二马路，拓宽大马路，商业区向惠民河一带发展。沪宁、宁省铁路营运后，火车站周边的邓府巷、鲜鱼巷、永宁街、绥远路、

① 南京下关宜推广商场意见书［J］. 江苏实业月志，1920（20）：15.

铁路桥等亦形成繁华街市。之后的直系军阀统治时期，开海陵门、建海陵门外马路，惠民河东岸兴起复兴街，西岸商埠街继续向南延伸，过海陵门外马路至三汊河北，为美孚栈街和宝善街。迨至民国初年，下关商埠大致形成了一定区划，以惠民桥及其西岸商埠街为界，其西面主要为英、法、德、日等国外商所办商铺，东侧延伸至仪凤门外，主要为“贫民贸易”，民国初年时有铺户 200 余家[①]。

自 19 世纪后半叶至 1927 年国民政府定都南京，下关商业区的空间格局和现代化发展受其特殊的史地特征和现代化基础设施建设的影响，集中体现商埠区阶段性发展特征的著名商业街道为江边马路、大马路和商埠街。

（1）江边马路

江边马路是下关江岸边的交通要道，也是近代下关最早繁荣起来的商业街市。太平天国运动期间，江边马路便有所发展。太平天国在下关鲜鱼巷北端设“天海关”[②]，作为征税机构，于 1861 年开放同洋人间的贸易。随着港埠商贸活动的恢复，中国人也重归下关，建屋经营。商业建筑多平行于江岸呈带形排列，与江岸间留有足够的卸货空间，屋后设各类院落。

1927 年国民政府定都南京，江边马路连接各码头，是下关地区最重要的南北向干道，其中大马路以北至江口段最为繁盛。江边马路南至中山路、北至澄平码头，沿路西侧为港口码头，东侧有大马路、石营盘和北安里等支路，全长 4173 英尺（约合 1271.93 米），路宽 43 英尺（合 13.1064 米），路面为石子路，可容纳各种机动车和非机动车，“汽车、人力车、马车均多”[③]。

（2）大马路

大马路始建于 1895 年，1907 年完成拓宽[④]。该路西起江边泰丰（日清）码头，向东南转弯，沿惠民河向南至惠民桥，南接商埠局（位于商埠街北端），中途同二马路、三马路等街道相交。根据南京国民政府初年的调查，大马路全长 1639 英尺（约合 500 米），路宽 27 英尺（合 8.2296 米），路面由石片铺筑而成，可容纳各种机动、非机动车辆，“公共汽车、振裕汽车、营业汽车、马车、人力车皆甚多”[⑤]。

大马路的兴起始于 1899 年下关正式开埠，英、日、德等国商旅在大马路沿街建造房屋，设店经商，大马路遂成为繁华的商业街市。之后，现代化铁路设施的营运，进一步带动了大马路周边地区的商业发展，南北向的二、三马路形成商业街市。清末及民国初年，大马路容纳了众多政府部门和公司机构，如金陵海关、下关区警察署、江苏省邮务管理局、民生实业公司南京分公司、三北轮船公司南京分公司等，还有各类中外商人经营的商业设施，如各类洋货店、商行、酒肆、茶楼、旅馆等。大马路具有代表性的商业建筑为金陵大旅社。该建筑为高 3 层复合型商业设施，采用外廊式风格，底层为各式商铺，二、三层应为旅店房间。至南京国民政府初期，大马路是南京城北最繁华的街市之一，时有“南有夫子庙，北有大马路”的美誉。

（3）商埠街

20 世纪初，商埠街也是下关一带繁华的商业街道，因 1905 年周馥奏设的下关商埠局位于该

---

① ［民国］胡联瀛，周家泉．北伐军焚掠南京城［M］// 章伯锋，李宗一．北洋军阀（第二卷）．武汉：武汉出版社，1990：347.

② 中共南京市下关区委员会，南京市下关区人民政府，南京大学文化与自然遗产研究所．百年商埠：南京下关历史溯源[M]．南京：凤凰出版传媒集团，江苏美术出版社，2011：42.

③ 南京特别市各区道路现状调查表（民国十八年十月调查）．见《首都市政公报》，第 59-60 期，1930 年 5 月 31 日，无页码．

④ 中共南京市下关区委员会，南京市下关区人民政府，南京大学文化与自然遗产研究编．百年商埠：南京下关历史溯源［M］．南京：凤凰出版传媒集团，江苏美术出版社，2011：137.

⑤ 南京特别市各区道路现状调查表（民国十八年十月调查）［J］．首都市政公报，1930（59-60）．

路北端，故也称为“商埠局街”[①]。商埠街位于惠民河西侧，与河岸平行，北起惠民桥与大马路连通，南至中山桥与奉安大典前修筑的中山路相交。根据1929年的调查，商埠街全长1700英尺（合518.16米），宽22英尺（合6.7056米），为石片路面，可行驶各类摩托车、马车、人力车等。

商埠街的繁荣源自下关开埠后商埠建成区向东部惠民河一带的扩展。20世纪初，随着下关码头贸易的繁荣，外商纷至沓来，原江边马路及大马路周边土地不敷使用，于是中外商旅纷纷在商埠街两侧添建楼房、改拓街道，开办起学堂、教堂、货栈等，遂形成一条新兴的商业街市。之后，两江总督兼南洋通商大臣端方改善下关交通的举措加速了商埠街的发展。1906年，端方为安抚江北水灾的“流民”，决定“以工代赈”，疏通惠民河和三汊河，不仅自惠民桥至江口一带航行通畅，船只还可以顺三汊河、外秦淮河达于府城南门，惠民河遂有“小江”的美誉。惠民河的疏浚促进了河道沿线商业贸易的繁荣，商埠街沿河道向南延伸，称美孚栈街和宝善街。

商埠街两侧多戏院、酒楼、旅馆、浴室等娱乐消费设施，是“洋人贵族享乐消遣之地”[②]。1901年，刚抵达南京的周作人曾看到：“桥（惠民桥）的这边有一道横街，道路很狭，有各种街铺，最后至江天阁可以吃茶远眺。”[③] 可见当时商埠街的繁荣景象。

2. 下关商埠的新商业设施类型

（1）“洋行”及“办馆”

“洋行”指西方列强在中国开办的各种企业，是殖民者在华实施经济侵略的机构。下关开埠后，各国洋行、公司接踵而至，纷纷在下关地区设立行号，经销“五洋”商品——香烟、肥皂、火油、洋烛和火柴，此外还有各类洋纱、洋布、洋糖、洋伞、洋松等。这些洋行主要集中于惠民河以西的繁华街市，如江边马路、大马路和二马路等。

伴随西方国家在华的经济侵略，一种具有中介性质的职业——“买办”出现。买办是帮助西方人解决语言隔阂、制度两歧、商情互异、货币不同等困难的中间商人，有的买办还会协助外商经营“办馆”，即为洋人代办货物的洋货店。周作人抵达下关时，便见到了专办食物的办馆，他们还购买了“摩尔登糖”和“一种成听的普通方块饼干”。

（2）餐旅业

伴随着下关商埠贸易的繁荣，餐旅业亦得以发展。20世纪初期，下关地区航运、铁路交通便捷，可谓上可达京津、下可至苏沪，近则为南京入城的重要换乘站。于是，大量商家在下关开设旅馆、餐饮等商业设施。在1910年《南京暨南洋劝业会指南》的食宿推荐中，24家客栈中有11家位于下关，8家番菜馆（即西餐馆）中有两家设在下关，18家茶寮中有7家位于下关[④]，足见下关地区繁荣的餐旅业景象。至南京国民政府初期，下关旅馆业依旧繁荣，根据1929年的《新都游览指南》记载，下关共有旅店32家，其中江口和大马路一带最多，各有6家，其次为二马路的4家，“南京著名之旅舍，大都在下关江口、大马路、二马路，及城内中正街、大行宫、状元境一带”[⑤]。

---

① 参照：方继之. 新都游览指南（1929）［M］. 南京：南京出版社，2014.

② 中共南京市下关区委员会，南京市下关区人民政府，南京大学文化与自然遗产研究所. 百年商埠：南京下关历史溯源[M]. 南京：凤凰出版传媒集团，江苏美术出版社，2011：138.

③ 周作人. 周作人文选·自传·知堂回想录［M］. 北京：群众出版社，1998：68-69，78.

④ 裕隆旅馆广告. 详见［清］刘靖夫等. 南京暨南洋劝业会指南［Z］. 南京：南京金陵大学堂总发行，上海：上海华美书局印刷，清宣统二年（1910）：37.

⑤ 方继之. 新都游览指南（1929）［M］. 南京：南京出版社，2014：121.

（3）金融业

辛亥革命后，下关地区银行林立，传统钱庄、典当业也恢复繁荣，成为南京的金融中心。最早在下关地区开业的为官办银行，包括交通银行、中国银行、江苏银行[①]等行在南京的分行。私立银行方面，“南四行”[②]之一的上海商业储蓄银行，“北四行”[③]中的盐业银行、金城银行、大陆银行亦在下关地区设立分行。金融机构集中分布于大马路和商埠街，根据1927年的《最新南京全图：下关及浦口》，大马路及商埠街自北向南依次分布着交通银行、江苏银行和盐业银行，惠民桥东首还有中国银行。国民政府初年，下关地区共有官办、商办银行9家，包括大马路的中国银行、交通银行和金城银行，鲜鱼巷的大陆银行和上海商业储蓄银行，惠民桥下的江苏银行和道生银行，商埠街的盐业银行，邓府巷的中央银行等。

下关也是传统钱庄业的重要中心。清末及民国初年，由于国体改制、时局动荡，传统钱庄业遭受严重打击，当时南京仅存钱庄9家。之后，伴随着南京官办、商办银行的发展，钱庄业获得各类优惠和便利，由是得以复苏。南京国民政府初年，南京共有钱庄32家，其中有8家位于下关地区，分布于鲜鱼巷、惠民桥、邓府巷等地。

（三）西风东渐的建筑形式：外廊样式

清朝末年，伴随着西风东渐的影响，西洋建筑风格开始在中国传播。南京随着下关开埠也出现了带有殖民地色彩的“外廊样式”（Veranda Style），亦称“殖民地外廊样式”（Colonial Veranda Style）。最早出现外廊样式的地区为西风东渐的前沿地——下关江边马路一带。下关正式开埠后，西方国家的领事人员及外国商旅纷至沓来，他们建造的领事馆、商馆、府邸等建筑类型中多采用外廊样式。这一时期，外廊式建筑开始向大马路、商埠街一带传播，著名的金陵大旅社、江苏邮务管理局等建筑均采用外廊式。在下关商埠区建筑西方化的同时，1910年南洋劝业会的举办则为外廊式建筑在南京的进一步传播创造了契机，主办方建设的本馆建筑多数采用外廊样式。从某种角度上讲，南洋劝业会成为以外廊样式为主的西方建筑形式的展场，创造出了不同于传统南京城的城市空间体验。

20世纪10年代末及20年代，第一次世界大战的爆发使得西方列强无暇东顾，战后各国家休养生息，而中国国内时局动荡、军阀割据，南京下关也一改往昔的繁荣景象，“生意寥落”“贫民麕集”，外廊样式的发展逐渐停滞下来。

江苏邮务管理局旧址位于下关大马路62号，是民国初年管辖江苏省内除上海及周边地区外的邮政局所的机构，同时也是邮局的营业及办公用房（图5-1-5、图5-1-6）。南京邮政事业始于清光绪二十三年（1897年），镇江邮政局在南京贡院街设立南京邮政支局。1899年南京辟为通商口岸后，在下关设立南京邮政局。民国元年（1912年），改为中华邮政局。民国三年（1914年），以每省设一邮务区为原则，划全国为21邮区。江苏省城南京于大石桥设邮务管理局，当时的邮务长为英国人。民国七年（1918年），由于人员业务发展需要，在下关大马路金陵关税务司东侧建设新局，1921年竣工。

---

① 辛亥革命以前，南京有三家官办银行，包括大清银行、交通银行和裕宁官银钱局。鼎革以后，交通银行仍用其原名，大清银行改组为中国银行，裕宁官银钱局改为江苏银行。（根据：南京市人民政府研究室. 南京经济史（上）［M］. 北京：中国农业科技出版社，1996：293. ）

② “南四行”包括浙江兴业银行、浙江实业银行、上海商业储蓄银行和新华信托储蓄银行。（南京市人民政府研究室. 南京经济史（上）［M］. 北京：中国农业科技出版社，1996：296. ）

③ “北四行”包括盐业银行、金城银行、大陆银行和中南银行。

江苏邮务管理局旧址由时任邮局帮办、英国人睦兰主持建造，建筑为钢筋混凝土结构，高3层，屋顶为上人平台，建筑面积约4500平方米。建筑平面呈“L”形，由紧临大马路的南楼和屋后的北楼组成。南楼平面为矩形，面阔11间，底层原为邮政大厅，空间开阔，二、三层均为内廊式的小房间，应作为办公之用。建筑主立面为英国摄政时期（Regency）带列柱的盒式立面同外廊样式的结合，形成竖向三段式的格局——底层为单层柱廊，形成跑马廊式格局，东西端部围合起来设置楼梯间；建筑二、三层列柱贯通，形成室外阳台；顶部为厚重的檐口线脚，与透空的外廊形成对比，中部为高出屋面的、装饰精美的穹顶。装饰细部受到新艺术运动（Art Nouveau）的影响，以抽象的圆形、曲线形几何图案为主，穹顶窗户的曲线造型优美，栏杆、窗台等部位亦有曲线装饰。江苏邮务管理局旧址造型典雅、装饰精美，是近代南京晚期外廊样式的代表作。该建筑现为南京邮政局职工教育培训中心及鸿兴达职业培训学校。

图 5-1-5 江苏邮务管理局历史照片

图片来源：叶皓．南京民国建筑的故事［M］．南京：南京出版社，2010：444．

图 5-1-6 江苏省邮务管理局旧址照片

图片来源：http://blog.sina.com.cn/s/blog_4cd69daf010096ba.html

19世纪末期，随着下关开埠通商，以外廊式为代表的西方建筑样式开始在下关商埠、城北等新建城区传播，1910年南洋劝业会的创办将外廊样式的发展推向高潮。南京近代早期外廊式建筑的类型和风格呈现多元化趋势，体现出不同建筑风格与外廊样式相融合的形式特征，例如领事府中常见的圆拱风格与外廊样式相结合的形式，南洋劝业会展览建筑中各类简化的中西方风格与外廊样式相结合的形式，扬子饭店所采用的法国古堡复兴式与外廊式相结合的形式等。20世纪20年代末，随着国民政府定都南京，在官方行政建筑、纪念性建筑及文教建筑中开始探索中国古典建筑的近代复兴形式，“中国固有式”建筑风格登上历史舞台。与此同时，商业市房、大型商场等商业建筑往往追求西方本土建筑的符号化装饰，或在建筑临街面装饰西式店面，或设置高起的门楼，它们模仿、简化各类西方建筑风格，外廊样式的影响逐渐淡化。

三、清末新政与南洋劝业会

南洋劝业会是清朝末年官商在江宁（今南京）合办的一次全国规模的博览会[①]，南洋劝业会时称“南洋第一次劝业会”，“南洋”指两江总督兼任的南洋通商大臣所掌管的江、浙、闽、粤、内江各通商口岸，同时兼有鼓励南洋诸岛华商回国投资、发展实业之意。“劝业”一词出自《史记·货殖列传》“各劝其业，乐其事”之句，“劝”意为努力从事，“劝业会”即为以赛会的形式鼓励工商业的发展。但除了展示工商业出品之外，劝业会还以其便捷的基础设施、丰富的建筑类型和崭新的展览空间表达主办者对于现代化的追求以及中国各地改革者的支持，同时集公园、博物、动物等“导民善法”于其中，既是向正处在新政时期的晚清社会示范性地展示一种现代化城市与建筑的面貌，也是一个寓教于乐的现代文明教育的场所。

（一）南洋劝业会的背景与缘起

西方博览会出现于19世纪中叶，繁荣于19世纪末20世纪初，对于举办城市的现代化进程和城市建设均具有重要的促进作用。晚清中国的劝业会效仿了西方的博览会和万国博览会，博览会是西方国家以炫耀国力、扩充贸易为目的，集展销为一体的大型赛会。

南洋劝业会的成功举办与端方督署两江期间致力改革、推行新政是分不开的。端方是清末政坛中一位眼界宽、思想深、能力强的改革家，被严复称为“近时之贤督抚”[②]，是清末满族权贵中最有才干和作为的封疆大吏。端方出洋考察宪政归国后，于1906年离京南下，督署两江，自此至1909年7月调任直隶总督，他在两江地方改革中落实新政思想，包括实施地方自治、整改新军与创建新式警察、改良社会风俗、发展新式教育、建立民族工商业企业等。

（二）现代化基础设施与整体布局

端方十分重视基础设施的现代化建设，他督署两江期间所推行的现代化交通设施建设、新军改革及创建新式警察、发展社会公益事业等举措，以及继任者张人骏创办电灯照明业等措施，为南洋劝业会的兴办创造了便捷的基础设施条件。端方率先筹建江宁城内铁路，即宁省铁路。铁路设“劝业会站”，后改名为“丁家桥站”，乃为劝业会场而专门修建，位于会场南面松枝门西首，“三牌楼站”位于会场西侧，向东经模范马路和劝业路可达会场西侧大门。南洋劝业会（图5-1-7）的整体空间布局受到宁省铁路的影响，体现在入口位置、道路规划等各方面。会场位于江宁城北紫竹林一带，四周“东抵易家巷，南抵丁家桥，西抵将军庙口，北抵公园”，是“宽约二里、长八九里”的椭圆形场地，面积达七百余亩。铁路位于会场西侧，自西北向东南经过会场，并与“十八家”街道相交于丁家桥车站，该条街道为会场的南北向主干道。自丁家桥车站至三牌楼车站的垂线距离约为1.3公里，两站间的区域也成为劝业会的核心场区。三牌楼站向东辟建模范马路和劝业路，两侧市肆林立，丁家桥站向北至劝业会正门的道路两侧也是遍布商业设施，成为南京最早的基于公共交通站台发展起来的站前商业

---

① 南洋劝业会为一次全国规模的博览会，因会场内设有第一、第二参考馆，陈列德、美、日、英四国出品，故John E. Findling将南洋劝业会（NAN-YANG CH'UAN-YEN HUI, or NANKING SOUTH SEAS EXHIBITION）收录于*Historical Dictionary of World's Fairs and Exhibitions*（《世界博览会历史辞典》）一书中。

② 王栻. 严复集（第三册：书信）[M]. 北京：中华书局，1986：736.

街，是具有近代意义的商业空间，类似于日本的“缘日空间”[①]——即经由序幕性的商业空间抵达展览的目的地[②]。这两条道路分别导向南洋劝业会的两个主入口，即南侧正门和西侧次门，形成主要的游览动线。此外，还设有丰润路东侧门、将军庙西侧偏门以及青石桥马路北侧门，各主要入口均有新式警察和军队分别驻防，共同维护会场治安与秩序。

南洋劝业会会场南北向主干道由丁家桥车站南侧陈家巷延伸至绿筠花圃北缘，贯穿会场南北，长约 2000 米，形成劝业会场的空间轴线。自丁家桥车站始，向北为三道门——一门松枝门仿欧洲凯旋门形式，二门为中国传统三间三楼式牌楼，三门为正门，采用西方建筑形式。继而向北为椭圆形广场，依次布置喷泉、纪念塔和音乐亭，其后为三栋主要建筑——公议厅、审查室和美术馆，构成中轴线的主要序列（图 5-1-8）。三栋建筑南向主立面均为对称式构图，审查室坐北朝南，公议厅、美术馆则为东西向布局，主入口朝西。环绕椭圆形广场为主要场馆，包括 9 栋本馆和 2 栋省馆，除京畿馆和暨南馆外，主入口均指向椭圆形广场。

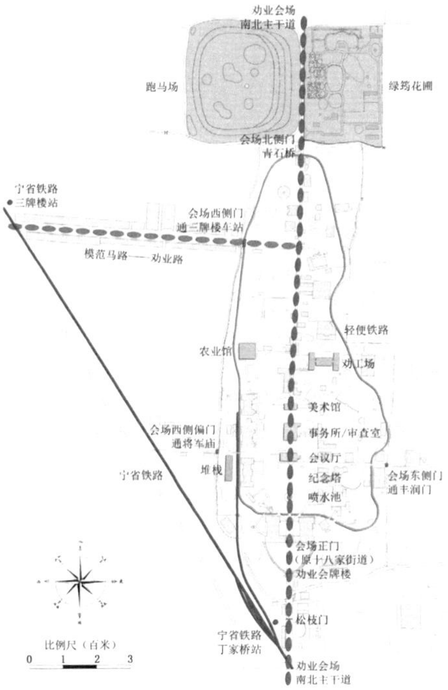

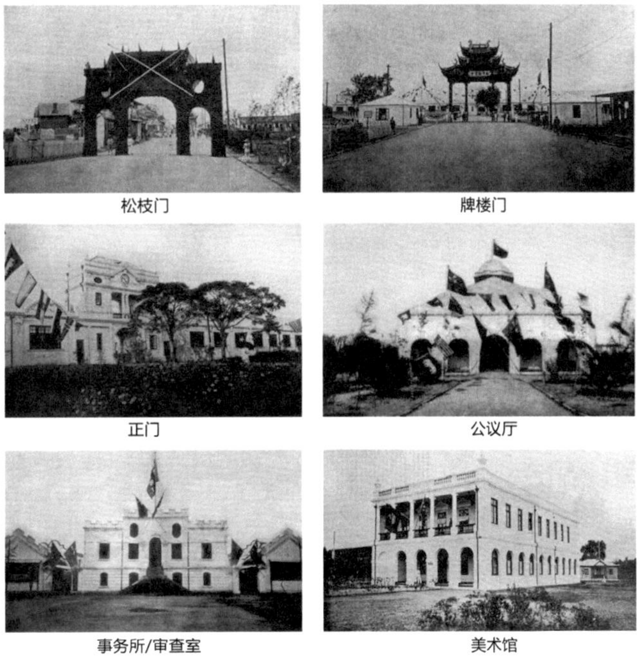

图 5-1-7 南洋劝业会布局图（左）

底图来源：南洋劝业会场图［Z］. 上海：上海商务印书馆印行，清宣统二年（1910）.

图 5-1-8 南洋劝业会中轴线主要建筑（右）

图片来源：苏克勤，余洁宇. 南洋劝业会图说［M］. 上海：上海交通大学出版社，2010：205，206，207，210，211，109.

美术馆往北则“二途相合，成一直径”[③]，劝工场和农业馆分列东西，为主办方所建建筑中的两栋中国式样建筑。按照我国古代“以左为尊”的方位义，位于东面、体现兴商思想的劝工场在地位上要高于农业馆，体现了中国封建社会的农本商末观向重商惠工观的转变以及主办方对振兴工商的期待。继而向北，道路两侧布置其他场馆、商业及游览设施，中轴线末端则为绿筠花圃和跑马场。

---

① “缘日”（“縁日”）日文为庙会之意，“缘日空间”（“縁日の空間”）为日本庙会的特有空间，即经由序幕性的商业空间抵达展览目的地。“逢传统的‘缘日’时寺院入口处自然形成了商店，这个空间日本称为‘缘日空间’。这里构成了进入寺院的空间序列，也是百姓娱乐的场所之一。”（根据：青木信夫，徐苏斌. 清末天津劝业场与近代城市空间［C］// 建筑理论·历史文库编委会. 建筑理论·历史文库：第 1 辑. 北京：中国建筑工业出版社，2010：158. ）

② 青木信夫，徐苏斌. 清末天津劝业场与近代城市空间［C］// 建筑理论·历史文库编委会. 建筑理论·历史文库：第 1 辑. 北京：中国建筑工业出版社，2010：158.

③ 袭士雄. 关于鲁迅和“南洋劝业会”的一则新史料［J］. 鲁迅研究动态，1986（5）：37.

（三）劝业会场的建筑

南洋劝业会的本馆及各主要建筑由英资通和洋行设计，景观由 N. C. Huang 设计。通和洋行为苏格兰建筑师事务所，成立于 1898 年，是 20 世纪初期活跃于上海和天津的著名建筑师事务所。通和洋行在中国具有丰富的执业经验，其项目覆盖了商业、居住、工业等多种建筑类型。在南洋劝业会之前，他们设计了大北电报公司大楼、礼查饭店、业广有限公司大楼等重要建筑，其作品受到 20 世纪西方历史主义建筑思潮的影响。例如，大北电报公司大楼为法国晚期文艺复兴式，礼查饭店为新古典主义的巴洛克风格，业广有限公司大楼为新古典主义和英国安妮女王建筑风格的结合等。他们也有对中国传统建筑风格的实践，如被中国海关任命设计 1904 圣路易斯博览会中国场馆和其内的全部木制构筑物。在中国长期的执业经历以及对西方历史主义建筑的实践经验，促使通和洋行获得南洋劝业会建筑设计的机会。

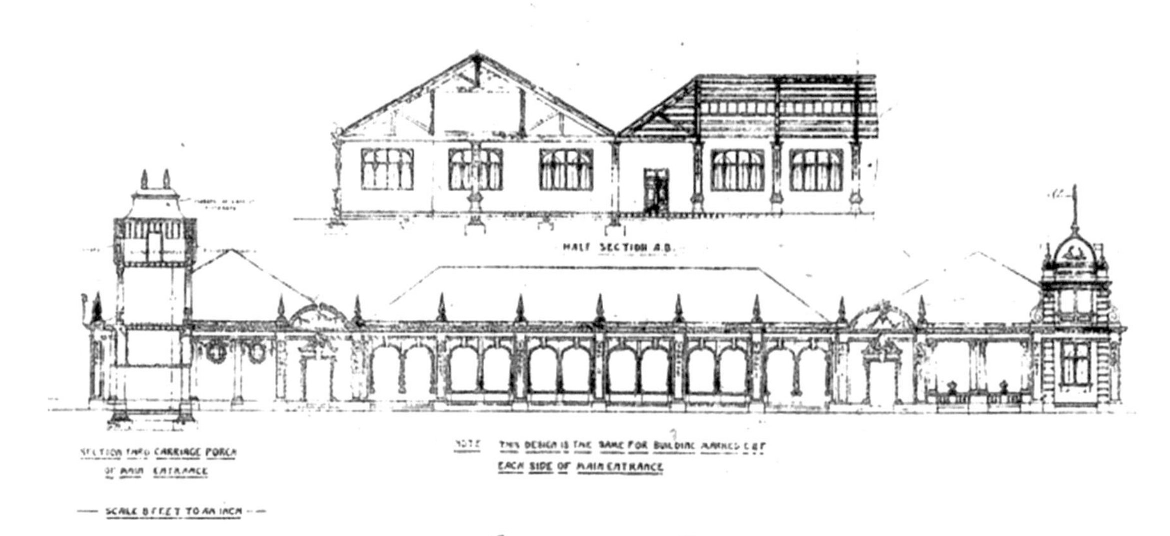

图 5-1-9 教育馆及工艺馆立面和剖面图

图片来源：《劝业会旬报》1909 年第 1 期

1. 建筑形式与风格

南洋劝业会的承办者热衷于“各国新式”建筑风格，为通和洋行创造了展示西方建筑形式的舞台（图 5-1-9）。建筑群以白色为主色调，被称为“白色之城”（the White City）——除一栋红砖砌筑的乔治亚风格的建筑外，所有由通和洋行设计的其余 25 栋建筑均为白色。“白色之城”的概念最早出现在1893年芝加哥万国博览会中，会场建筑统一采用白色和新古典主义建筑风格，以“庄重性”“对称性”和“纪念性”为特征。“白色之城”的另一个解释源自夜间亮化设计，会场内广泛应用街灯，使林荫大道和建筑物在夜晚熠熠生辉[①]。

本馆为南洋劝业会最重要的展馆建筑，又称总馆、两江馆或东道馆，共计13个。农业馆为本馆中第三大场馆，也是本馆中唯一一栋中国传统风格建筑。建筑单层，平面为正方形，四周设回廊，开间和进深均为九间。建筑四隅设角楼，为三重檐四角攒尖顶形式。立面装饰采用中西混合式样，入口为西式山形墙，外廊柱也为西方古典式，栏杆则为中式。除农业馆外，建筑均“模仿各国新式，相地建筑馆院”[②]，但因资金不足，本馆中除美术馆和水族馆外，均为单层建筑，高度均为5米左右，这也使所谓西式风格建筑，无从模仿西方建筑的复合构图和比例，只能局部模仿西方建筑的片段。

省馆则主要采用中西合璧的建筑风格，其中又以中式屋顶加西式山形墙的形式最为常见。东三省馆为一单层独立房屋，屋顶为中式歇山顶，入口处为一西式山形墙，突出屋顶之外，转角处为隅石砌构造。相似的形制还可见于河南、浙江和山东馆。云贵、四川和山陕馆则采用中式屋顶加入口处西式塔楼的形制。云贵馆位于会场东南隅，建筑单层，主体建筑为五间歇山顶，设圆拱窗，明间突出一西式塔楼，顶部为巴洛克式山形墙，饰以新艺术运动风格装饰。四川馆与云贵馆形制相仿，入口塔楼采用巴洛克式屋顶。安徽、直隶二馆采用西式牌楼和中式建筑相结合的形式。安徽馆入口为一巴洛克式牌楼，主楼为中式歇山顶二层楼屋，屋前屋后均有院子（图5-1-10）[③]。直隶馆则采用中式歇山顶建筑形式，四周环以西式围墙，北侧正门为中式牌楼门，西侧门采用西式门柱加涡卷侧翼的形式。

图5-1-10 安徽馆

图片来源：［清］南洋劝业会事务所．南洋劝业会纪念册第三辑［Z］．南京：南洋劝业会总发行，南京：南洋印刷官厂印刷，清宣统二年（1910）：10.

图5-1-11 湖北馆

图片来源：［清］南洋劝业会事务所．南洋劝业会纪念册第三辑［Z］．南京：南洋劝业会总发行，南京：南洋印刷官厂印刷，清宣统二年（1910）：4.

位于劝业路和南北向主干道交汇处的湖北馆为规模最大的省馆，其内建筑、景观中西杂陈（图5-1-11）。该馆平面呈“凹”字形，围合一处水院，水面向东延伸过铁路至会场东缘竹篱处。展馆入口为一西式牌楼，入内则一西式钟楼，其造型模仿了1904年端方担任湖北巡抚时在黄鹤楼故址主持修建的湖北警钟楼。湖北馆展室南北分列，庭院为中国传统园林景观，“花圃错落、翠竹扶疏”，“竹楼亭榭，幽雅不与凡同”[④]。因王禹偁《黄冈竹楼记》广为

① Findling J E, Pelle K D. Historical Dictionary of World's Fairs and Expositions, 1851-1988［M］. Connecticut: Greenwood Press, 1990: 126.

② 南洋劝业会观会指南［M］// 鲍永安．南洋劝业会文汇．苏克勤，校注．上海：上海交通大学出版社，2010：112.

③ 参照：赖德霖．梁思成“建筑可译论”之前的中国实践［J］．建筑师，2009（2）：22-30.

④ ［清］《东方杂志》编辑浮邱，冥飞．南洋劝业会游记（附游览须知）：卷二［Z］．上海：上海商务印书馆发行，1910：12-15.

传诵，园林建筑主要以竹作为建筑材料，并请江宁布政使、著名文学家樊樊山设计一竹楼，为品茶处，“椽瓦栏槛，几案椅机，无不用竹为之”[①]。竹楼为品茶处，售宜昌长阳之茶业，每壶仅小洋两角，还赠茶叶一瓶。楼上插“品茶之红帜”，“随风招展”，虽远亦见。绕楼四周则遍植竹子，“绕竹不下千百株，濒一荷池”，竹林中还有一处以“赤壁”为主题的园林，参观者可以荡舟游览，品茗茶、赏竹楼，成为会场内一处僻静的休憩之所。

另有多栋场馆从中国传统建筑文化中汲取营养，湖南馆以湖南民居马头墙装饰正立面，广东馆和直隶馆将传统民居的院落、天井与展览功能相结合，营造出具有良好采光和通风的展陈空间。江西馆和福建馆在内部空间中寻求创新，江西馆规模较小，但内部空间极富特点；福建馆以封闭的中庭空间为特色，展陈流线围绕中庭呈“口”字形展开，外墙设窗，展品横陈窗下。

2. 建筑材料与设备

劝业会建筑还应用了新型建筑材料——水泥，代表建筑为位于水产馆西侧、水竹居东侧池塘之上的“桥亭”。该桥名为“劝业桥”，亭立于桥上，桥和亭都采用湖北水泥厂所生产的水泥。湖北馆中也有用水泥的记载：“（湖北馆）入口为湖北警钟楼之雏形，方正若城，楼上环雉堞嵌，一大自鸣钟，四围以湖北出品水泥为壁。”[②] 该厂水泥工艺精湛，广告称“中外商人购用均为推中国水泥第一（即塞门汀土）”，且订购者“纷纷不绝”[③]。在其后评比中湖北水泥厂所产水泥获得了最高奏奖。南京在1923年始生产水泥，劝业会桥亭及湖北馆警钟楼成为水泥应用于南京建筑之始。劝业会“桥亭”还利用了水泥的材料特性来表现建筑形式。《南洋劝业会游记》中记载：“桥凡三洞，两端有高下，中为独柱亭，支立如伞，两旁栏杆具备，亭中陈列寿器一具，狮子一对，高塔模型一座，坚逾石板，见者几不知为水泥也。”[④] 该桥由三段单拱桥串联形成，亭位于两段拱的连接处。单拱跨度仅为6m，但轻薄如翼，形态美观，是中国第一个采用钢筋混凝土制造的薄壳拱桥。

劝业会场内还出现了近代高层建筑，即纪念塔。纪念塔建筑面积约360平方米，高约27.7米。《南洋劝业会观会指南》中记载：“喷水池后挺然独立，直入云霄者，为纪念塔。塔中设有电梯，升高远眺，可览会场全景，金陵全城皆在目也。”[⑤] 除电梯外，塔内还设有楼梯，计104级，盘梯螺旋而上，可达塔顶平台。纪念塔前还有圆形喷泉，即“喷水池”。“池阑”由水泥筑成，池内四条“金龙”环拱着铸铁喷水管。水管用西式装饰，承托一大一小两个水盘，所喷水柱“高过丈余”[⑥]。纪念塔和喷水池这两个应用现代设备的建筑景观，是会场内一处奇景。

---

① ［清］《东方杂志》编辑浮邱，冥飞．南洋劝业会游记（附游览须知）：卷二［Z］．上海：上海商务印书馆发行，1910：15-16.

② ［清］《东方杂志》编辑浮邱，冥飞．南洋劝业会游记（附游览须知）：卷二［Z］．上海：上海商务印书馆发行，1910：13.

③ 引用自“湖北水泥厂广告”．《申报》，1910年6月18日（清宣统二年五月十二日）.

④ ［清］《东方杂志》编辑浮邱，冥飞．南洋劝业会游记（附游览须知）：卷一［Z］．上海：上海商务印书馆发行，1910：26.

⑤ 南洋劝业会观会指南［M］// 鲍永安．南洋劝业会文汇．苏克勤，校注．上海：上海交通大学出版社，2010：113.

⑥ 南洋劝业会观会指南［M］// 鲍永安．南洋劝业会文汇．苏克勤，校注．上海：上海交通大学出版社，2010：113.

第二节　国民政府时期的商业区发展

一、概述：国民政府时期南京商业概况及商业设施建设

1. 商业区的变迁与商业街市发展概况

南京国民政府时期，各级政府机构先后颁布多项都市计划，包括1927年南京特别市工务局编制的“民国十六年度首都城市建筑计划”、1929年12月由首都建设委员会制定的《首都计划》、1931年1月南京市政府颁布的“下关第一工商业区计划”等。这些都市计划中均包含自上而下的开辟新商业区的内容，但因各种政治及经济原因，集中设置的新商业区计划均未能实现。新街口至鼓楼一带由于便利的交通条件及当局自上而下的引导与推动，逐渐发展为现代化的新商业区。与之相对应，政府以道路改造、市政设施建设为主的改良性措施促进了传统商业街区的现代化改良，至三十年代中叶，南京旧城南、城中、城北均出现了不同规模与档次的“市中心”，商业生活十分繁荣。

2. 商业建筑发展概况

南京国民政府时期，伴随商业区与商业街道的变迁与改造，商业建筑迎来了现代化的发展，体现在集中型商业设施的出现与发展、市房建筑的大量建设等方面。

集中型商业设施的大量出现与发展是这一时期南京商业建筑现代化的主要特征，体现在国货运动导向下的商业展销设施、大型商场及百货公司、大型菜场建筑等的建设（图5-2-1）。在首都建设潮流及国货运动的推动下，南京的永久性商业展销设施继续发展，体现现代性特征的大型商业卖场——“集团售品组织”[①]与百货公司开始登上历史舞台。1929年9月9日，由国民政府工商部创办的国货陈列馆开幕，并附设国货商场，为南京国民政府时期首栋集商品展示、销售为一体的大型商业设施。1934年10月10日，由南京市政府发起、官商合办的南京国货公司开业，为现知南京第一所大型百货公司企业。1936年1月12日，由国民党元老张静江发起，得到政、商各界名流响应并面向民间集资创办的中央商场开业，为抗日战争爆发前南京规模最大的综合型商场。中央商场以出租型商铺为主要组织经营方式，以室内步行商业街为主要的空间特征，对以后南京大型商场的发展具有重要影响。

另一类主要的集中型商业建筑类型为大型菜场，包括公营类和私营类菜场。菜场是南京国民政府时期当局主要力主创办的民生类商业设施类型，至抗日战争爆发前，南京共有市有菜场6座，包括丁家桥菜场、中华路菜场、八府塘菜场、科巷菜场、杨家花园菜场和同仁街菜场；私有菜场5座，包括鱼市大街菜场、程阁老巷菜场、彩霞街菜场、明瓦廊（临时）菜场和孝陵卫菜场。这些菜场建筑以木结构为主，形成一体化的室内空间，既方便市民购买，也利于当局集中管理，从而在社会卫生、治安管理等方面达到现代化社会改良的目的。

商业街道两侧的市房建筑是另一类主要的商业建筑类型。国民政府时期，随着以中山大

---

① “集团售品组织”为南京近代最早出现的大型商业建筑类型，指由场方择址、购置或租赁土地，集资建设商场建筑，再以店铺或摊位的形式出租给其他百货商店、工厂、商号和商贩等，依靠收取押租利息和出租租金来谋取利润。关于集团售品组织的最早记载可见于1936年9月的《南京市国货陈列馆所属国货商场整理意见书》云：“此种集团售品组织，在当时首都尚属创见，故参加厂商，极形踊跃，营业情形，颇称发达。”（南京市档案馆藏，南京市社会局档案：《南京市国货陈列馆所属国货商场整理意见书》，1936年9月29日，档案号10010010457(00)0073。）

图 5-2-1 1927—1937 南京集中型商业设施分布图

底图来源：中国史地图表编辑社，马宗尧 编制，金擎宇 校订．南京市街道详图（1949）［Z］．亚光舆地学社出版，大中国图书局发行，1949.

道、太平路、建康路、中华路为代表的新的商业街道的开辟和旧城商业街道的拓宽改造，市房类型建筑开始大规模兴建。从功能业态角度，大量市房建筑均容纳了居住功能，如传统“店屋式”市房——既是商人的营业店铺，也是住宅。也有许多富裕商人、规模化经营的公司于其他地方另营住宅，市房内的居住用房则主要作为员工宿舍，供店员使用。从空间形式角度，南京的市房建筑一般为合院式、天井院式的建筑组团，呈现出向垂直于道路的纵深方向发展的狭长地形特征。市房建筑面阔一般为 4 ～ 8 米，进深达到 15 米甚至 20 米以上，形成单一的线形空间序列。各市房山墙面彼此毗连，形成连栋式店铺街。市房的店面形式趋于西化和多样化，不再拘泥于传统建筑形式，西式店面成为一种流行风尚。各类中西风格杂糅的市房建筑，在太平路、中山东路、中华路等最为繁华的商业街市中，甚至出现了统一的西式店面街——店面样式仿效西方巴洛克式、装饰主义式、国际式等建筑风格，呈现多样化特征，形成了规整的、连栋式市房店面组成的现代化商业界面。

二、国民政府时期南京新商业区计划

（一）《首都计划》前的商业区计划

1. 孙中山《实业计划》之南京新商业区

1918年，孙中山在《实业计划》中，针对南京及浦口提出了“激进的”新商业区改造方案，他提议“削去下关全市”，将南京码头移至“米子洲（今江心洲）与南京外郭之间”，“如是则可以作成一泊船坞，以容航洋巨舶”，泊船坞与南京城间的“旷地”，则可辟设一“工商业总汇之区”[①]。孙中山认为此规划的优点在于两点，一方面，米子洲以东、南京府城墙以西的地区，面积广袤，“大于下关数倍”，可发展为“工商业总汇之区”，而“商业兴隆之后”，米子洲也可成为城市的一部分；另一方面，该地区距离南京城南住宅区较近，与下关相比，具备商业发展的区位优势。

《实业计划》中位于“米子洲（今江心洲）与南京外郭之间”的工商业总汇之区，即为上新河地区，由于该区域位于长江中游木材产区和长江下游木材消费区的转折点上，在晚清之际便成为长江流域重要的木材转运中心，是基于南京特殊的史地特征自下而上形成的工商业聚落，这一点被中山先生所忽略。

2.1928年南京特别市工务局“首都城市建筑计划”之工商业区计划

1927年4月，南京特别市政府成立，刘纪文[②]任首任市长，5月，刘派陈扬杰[③]筹备创立工务局。当时，南京城市建设百废待兴，“道路狭窄，不便交通；建筑参差，难分区治”[④]。城南地区“商市逼仄”，城北则“荒土毗联”，城东、城西“亦复零落散漫，不村不市”[⑤]。因此，工务局创立伊始便开始筹划南京城市规划与建设。

1928年5月，工务局发表了“首都城市建筑计划”，设计署名者为设计科马轶群，李宗侃，唐英，徐百揆和濮良筹。该计划将南京城划分为行政、工商业、学校、住宅四区，其中，行政区位于旧府城东北、南洋劝业会及绿筠花圃旧址，西侧达鼓楼至仪凤门的干路，东达旧府城城墙；学校区位于旧府城东南，由明故宫旧址及南沿洪武门外的24 000余亩地组成；工商业区位于下关，自北向南沿江分布。住宅区计划包括旧城改造和新区建设两方面，前者指城南旧区，以渐进式的改良方式为主；后者则拟向城周四郊拓展，并以北至狮子山，南面包括五台山、莫愁湖等地，东西界于行政区与工商业区的区域作为模范住宅区。五个新的功能区域环拱北起鼓楼、南至中华门的繁华旧城区。

工商业区计划由建筑师李宗侃设计，规划方案采用棋盘式加放射型布局，街区尺度在100~250米之间。区域以三汊河为界，南面为工业区，北面为商业区。商业区又以惠民河为界，西面为商务办公区，包括各种公司、银行、邮政总局、公安局等功能，视觉与交通中心为交易所，建筑面江而设，前有广场。惠民河东岸为商贸区，包括各类百货公司，北面靠近沪宁车站处

---

① ［民国］孙中山．实业计划［M］// 孙中山．建国方略．牧之，方新，守义，选注．沈阳：辽宁人民出版社，1994：146.

② 刘纪文为国民政府蒋介石系重要人物，于1927年5月至8月间首次出任南京市市长。

③ 陈扬杰，字子英，时年36岁，广东新会人，毕业于法国北省工业学院土木工程专业，曾任广东粤汉铁路工务处处长、总工程师、车务处处长，以及广三铁路局局长等职务。

④ 马轶群，李宗侃，唐英，等．首都城市建筑计划［M］．道路月刊，1928，23卷（2、3号合刊）：6.

⑤ 马轶群，李宗侃，唐英，等．首都城市建筑计划［M］．道路月刊，1928，23卷（2、3号合刊）：6.

划为旅馆区，区内中央设国家戏院，面向惠民河，遥对西岸的交易所，其后为总商会，形成该区的视觉与交通核心。惠民河两岸则设滨河公园，“将来浅草平铺，嘉树森列，亦增美趣”[①]。工商业区计划基于下关地区特殊的史地特征，引入了西方以机动车为尺度的规划理念，是现代主义城市规划在南京的一次尝试。但是，该规划所采用的新城街区尺度过大，显然不符合南京传统城市肌理，也不适于当时南京的社会经济状况。

“首都城市建筑计划”将工商业区设于下关地区，主要源自三方面原因。首先，下关地区水陆交通汇集，为南京城的对外门户，在此建立商业区有树立繁荣的现代化新都形象之意。其次，南京作为南京国民政府和市政府所在地，商业区设在偏于一隅的独立区，为塑造瑰丽雄壮的政治型城市提供了可能。最后，南京国民政府初立，首都建设百废待兴，利用下关地区既有设施加以改造，不失为经济之举。但是，该计划颁布不久，孙科负责的“国都设计技术专员办事处”成立，与“首都建设委员会”及市政府相关部门争夺都市计划的决策权，“首都城市建筑计划”也因权力更迭难以实施。

（二）《首都计划》关于商业区与商业设施的计划

1928 年 11 月，“国都设计技术专员办事处”[②]成立，由孙科负责，林逸民任处长兼技正，开始着手制定南京都市计划，并特聘美国人墨菲、古力治为顾问； 1928 年 12 月，“首都建设委员会”[③]成立，蒋介石任主席，刘纪文任秘书长，孔祥熙、宋子文、赵戴文、孙科任常务委员；1929 年 12 月，国民政府颁布《首都计划》；此后，至 1937 年底南京沦陷，南京国民政府先后颁布多项关于南京都市建设方面的计划。《首都计划》是近代中国最早出现的都市计划之一，兼具现代城市规划与城市设计导则的特征，是一部关于首都南京的城市空间改造计划。

商业空间改造是南京都市计划的重要一环，包括新商业区的开辟与旧城商业街区的改造。据国都设计技术专员办事处处长林逸民在《都市计划与南京》中所言，都市计划分为三种，即“重新规划者”“改良原有者”和“保留原区展辟新区者”[④]。然而当时南京旧府城、下关等地区的发展并不均衡，城南地区自古便是商旅繁盛的市民聚居区，下关自开埠以来也是华洋杂处、辐辏往来，除此之外，城北、城西则较为荒芜，“全城三分之二，实可目之为邱墟”。南京都市计划综合采用兼容并蓄、因地制宜的方式，取三种规划模式之所长，“一面利用城外空地建筑公共场所、以为发展之地步；一面规定路线，订立建筑法则，提倡城内空地之建筑；又一面详审各方情形，改良原有繁盛区域是也”[⑤]。

1.1929 年“道路系统规划”中的商业街区与街道

道路系统规划是首都建设计划的重要与先决一环，南京特别市政府成立之际，城市延续传统肌理，路向混乱、交通拥堵，鼓楼以北“几无道路可言”，鼓楼以南则“路向不定，路幅狭小，完全是些陋巷”[⑥]。商业街市更是窄小逼仄、市容杂乱，花牌楼、三山街、府东街等著名商业街仅有几尺宽，江宁马路

---

① 马铁群，李宗侃，唐英，等．首都城市建筑计划［J］．道路月刊，1928，23（2、3 号合刊）：7.

② “国都设计技术专员办事处”正式成立于 1928 年 12 月 1 日，由孙科负责。

③ “首都建设委员会”由与蒋介石关系密切的刘纪文负责。

④ 林逸民．都市计划与南京［J］．首都建设，1929（1）：7.

⑤ 林逸民．都市计划与南京［J］．首都建设，1929（1）：7.

⑥ 尚其煦．南京市政谈片（上）［J］．时事月报，1933，8（2）：112.

亦不过12~13尺，“商店林立的街衢，在其垂直于地平三面，没有一面是整齐的”[①]。

首都建设委员会成立后开始着手南京城市道路规划。1929年10月，发表《首都道路系统之规划》，后收录在《首都计划》“道路系统之规划”篇章中，并附“道路系统图”[②]。该计划提出道路规划分为“新辟者”和“旧有者”，前者“可以随意规划，了无障碍”，后者宜“因其固有，加以改良”[③]。规划依据路幅宽度及承载车辆类型将城厢内道路分为干道（23米）、次要道路（12~22米）、环城大道、林荫大道（36米）、内街（6米）及后巷6种。干道是连贯各重要地点的主要道路，各区内均有干路贯通。次要道路指每一区域内互相贯通之道路，包括零售商业区道路（22米）、新住宅区道路（18米）和旧住宅区道路（12米）。

旧城商业街区被纳入道路规划后的街区尺度范畴内。规划规定，商业区道路应正向布置、形成完整矩形街区，从而保证商店设施的合理布局。零售商业区道路宽度为22米，中间12米为公路，两侧各5米为人行道，人行道宽度则依据400米街区单元的人流估算而拟定。此外还设立了一种半步行商业街，即“内街”，指不拓宽的现有道路，改造为仅容纳人力车、行人和货物装卸的街道，在街道两端分设竖石柱二条，相距一公尺半，以阻止汽车行驶。“内街”的设置，为半步行化商业街的发展提供了管理依据。

新辟商业区的街区尺度亦须符合边长约为400米且南北边长大于东西边长的原则。该规划提出新商业区应位于“所拟火车总站之南”[④]，即原明故宫所在区域。规划为方格网式布局，街区道路中心线间南北向平均长度为320米，东西广度平均为100米。

2.《首都计划》之商业区计划

1929年12月，南京国民政府颁布了《首都计划》，体现了此前国都设计技术专员办事处和首都建设委员会阶段性工作成果的汇总。《首都计划》中关于商业区的计划主要包括商业区类型的划分、明故宫商业区规划以及第一、第二商业区导则。

（1）商业区类型与明故宫大商业区规划

《首都计划》之“首都分区条例草案”篇指出商业区分为三种，包括小商业区“即零售小商店等所在者”、大商业区“即戏院、旅馆、百货商店所在者”及批发趸栈商业区等。这种商业区类型的定义与划分基本延续了国都设计技术专员办事处处长林逸民及首都工务局陈和甫、张剑鸣等人的想法，林逸民在《首都计划与南京》中指出，商业区按空间类型可分为“趸存批发”“零售”和“管理”三种，其中“批发商店”宜靠近货仓码头及工业区域，“以便货物之运输”；“零售商店”宜靠近住宅区或混入住宅区域内，“以便市民之购买”；“商业办事处所”宜界于批发与零售商业之间。

《首都计划》还包括了新的商业区类型，即容纳戏院、旅馆、百货商店之类现代化商业设施的“大商业区”[⑤]，这一商业愿景与孙科、林逸民等人对明故宫新商业区的期待相关。1929年10月，林逸民在《都市计划与南京》一文中指出，南京需要现代化的新商业区，“明

---

① 尚其煦. 南京市政谈片（上）［J］. 时事月报，1933，8（2）：112.

② 由于《首都计划》中原附“道路系统图”已遗失，现仅能从“城内分区图”中窥见大致面貌。

③ 首都道路系统之规划［J］. 首都建设，1929（1）：5.

④ 《首都计划》中提出总火车站（即“总客站”）“拟以明故宫北由自由门至中山门路线之转弯处为之”。

⑤ 《首都计划》之“铁路与车站”篇指出：“且以南京发展之趋势观之，明故宫一带，必成为将来商业之中心点。故无论如何，大商店、大旅馆、大戏院及政府人员之公馆等，必在此地建筑，今设于其附近之地，更足以促成其为一优美繁盛之商业区域，与纽约中部铁路之总客站，具有同一之效力。”（根据［民国］国都设计技术专员办事处. 首都计划［M］. 王宇新，王明发，点校. 南京：南京出版社，2006：123-124.）

故宫一带，应利用之以辟为商业区域，而建置旅馆、戏院并各种商店。”[①]1929年11月，孙科领衔的国都设计技术专员办事处在《关于首都道路计划之释疑》中指出：“明故宫一带，既非辟为普通零售小店之用，亦非辟为趸售之商业区域，实用以备大百货商店、大戏院、大旅馆之设置。”[②]他们还认为，这种现代化商业区应具备便捷的交通环境，依附于火车站而建是充分条件，“关于该项营业，不必接近住宅区，而与火车总站，则具有莫大之关系。故明故宫一带，应用为商业区也”[③]。

新商业区位于原宫城后宰门附近的火车总站以南，向南与原皇城中轴线相连并于承天门处与中山东路正交，划出一块十字形公园，又向南延伸，止于光华门（原正阳门），符合舒巴德所谓之“南向大规模车站及旷场”[④]。十字形公园限定出四块商业区，北界大约在外青溪、明故宫宫城城墙附近，西界杨吴城壕，东至南京府城墙，南至承天门附近，并有一条自东北向西南的道路与内秦淮河“林荫大道”相连通。四块商业区统一采用正南、正北的棋盘格式布局，街道笔直，街区基本单元为320米长、100米宽，并设四条斜向道路由对角线方向穿过，符合1929年10月“道路系统规划”中关于“新商业区”的规定。

（2）第一、第二商业区导则

为实现对商业区及商业设施建设的制度化管理，《首都计划》设立了第一和第二商业区，前者指小商业区，后者包括大商业区和批发趸栈商业区。根据《首都计划》之“城内分区图”所示，第一商业区面积较少，主要集中在中山路自鼓楼至挹江门段以东至旧府城墙的范围内，以平行于中山北路的带状商业为主，尚有部分商业呈“线”型和“点”状分布。此外，中山路自鼓楼至新街口段西侧尚有三段商业区，由百步坡向南，包括高家酒店与管家桥、大丰富巷等地（图5-2-2）。

相较而言，第二商业区分布较广泛，所占比重也较大，分为“面”型区域与“线”型街域两种。“面”型区域指由基本商业街区单元组成的商业区，包括拟建新商业区和旧城商业区两部分，前者为明故宫新商业区，后者即旧时所谓“三山聚宝连通济”的城南传统商业区——南界内秦淮河两岸达于镇淮桥，北界东吴运渎及内青溪自内桥至淮清桥段，东、西边界达于东、西水关，其间道路纵横，并向门西、门东地区渗透，包括了三山街、南门大街、贡院前街等传统商业街。第二商业区的“线”型街域指商业街道，城北部分主要集中于中山北路两侧，自下关经挹江门入城达于鼓楼，此外还有狮子山南麓兴中门大街及盐仓大街两侧。城中、城南部分分布较广，主要包括：中山路与计划辟建的汉中路、中正路形成十字形，中央设街心广场；东面拟改造拓宽珠江路、碑亭巷、太平路、白下路等街道；在太平路北端，由国民政府前狮子巷、利济巷、中山路和碑亭巷等围合的区域，以及街心广场东北丹凤街、鱼市街和估衣廊处形成“点”状商业街区。此外，府城墙外也有第二商业区之划设，包括浦口港拟辟建的新商埠区、下关惠民河以东至挹江门的区域，以及市郊公路交叉点等处。

“首都分区条例草案”篇制定了关于第一商业区、第二商业区的设计导则，对建筑业态类型以及商业建筑的高度、旁院、后院、前院及建筑密度等相关技术指标做了相应规定。导则中关于建筑业态的规定十分宽泛，第二商业区包含了第一商业区的所有业态。宽泛性还体现在对各类非商业属性设施的囊括，包括公共建筑如图书馆、博物馆等，公教设施如学校、

---

① 林逸民．都市计划与南京［J］．首都建设，1929（1）：9．

② 审查首都道路系统计划之意见书（参阅本刊第一期计划栏内之“首都道路系统之规划”），首都建设，1929（2）：44．

③ 审查首都道路系统计划之意见书（参阅本刊第一期计划栏内之“首都道路系统之规划”），首都建设，1929（2）：44．

④ 舒巴德．首都建设及交通计划书［J］．唐英，译．首都建设，1929（1）：16．

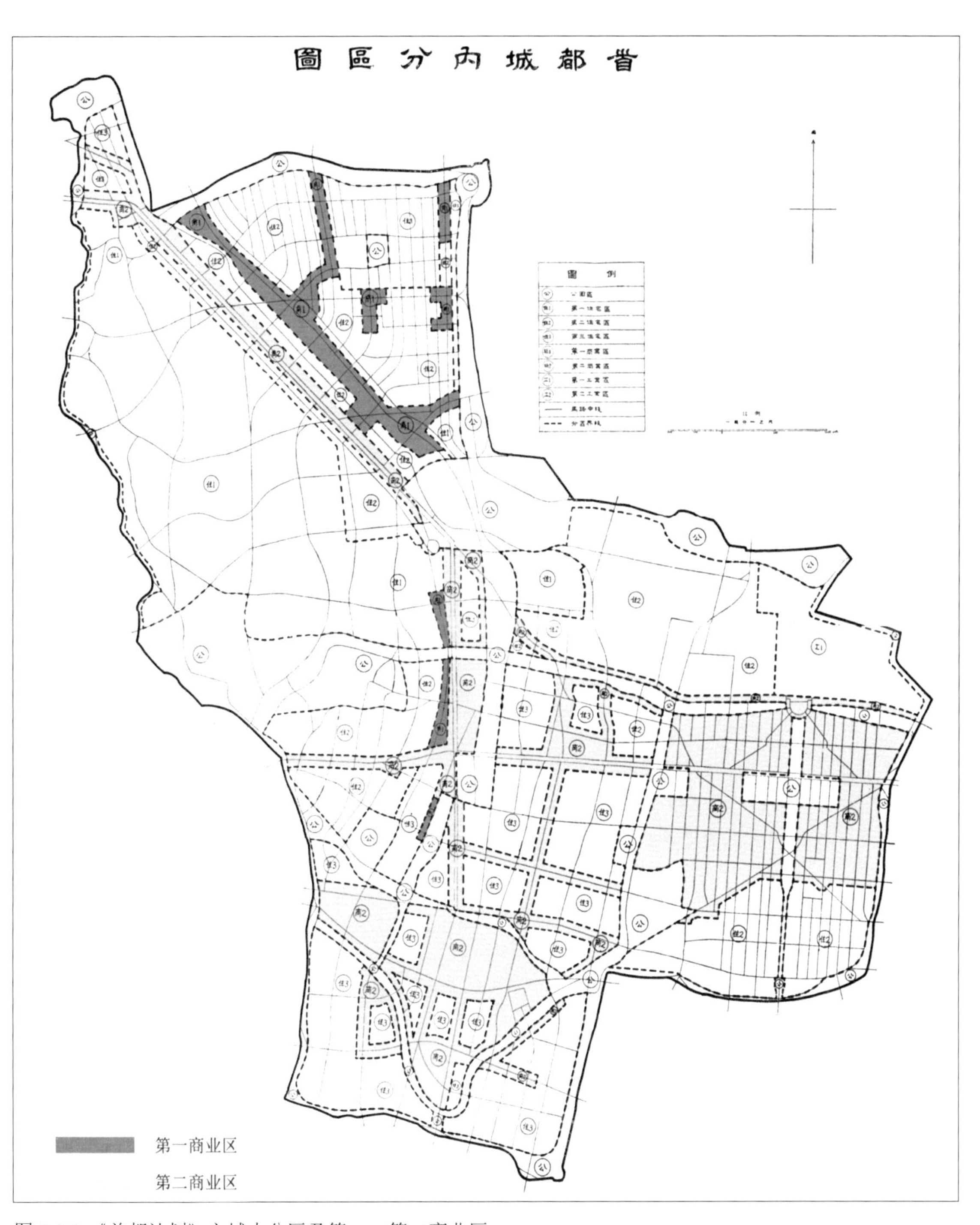

图 5-2-2 《首都计划》之城内分区及第一、第二商业区

底图来源：［民国］国都设计技术专员办事处．首都计划［M］．王宇新，王明发，点校．南京：南京出版社，2006.

庙宇、教堂等，文娱设施如公园、游戏场、运动场等，住宅建筑含第一、第二、第三住宅区所有许可项目等。第二商业区的专属业态主要体现在公共娱乐设施如戏园、影戏院、公众会堂等的设置，以及非第一、第二工业区规定并对环境影响较小的工业设施。

《首都计划》关于商业区业态的宽泛性规定使基本容纳了除重工业、政府权力机构以外的所有业态形式，这种宽泛而又形式化的内容对自上而下的商业区规划没有实质性的制度化约束与导向作用，仅能作为旧城商业街区固有改良的参照。

（三）《首都计划》后关于工商业区的计划

1929年底《首都计划》颁布后，国都设计技术专员办事处被裁撤，之后“首都计划”历经多次更动较大的修订，争议核心为中央政治区区位及规划，商业区地点也随之调整至下关一带。当时中国国内时局动荡，国民党内部派系斗争激烈，首都建设委员会及南京市政府人事屡次更替，加之当局财政拮据，下关新商业区计划未能实施。

1.《首都计划》的修订及商业区分区计划的调整

《首都计划》颁布后，南京国民政府即刻裁撤国都设计技术专员办事处，另行成立规划机关。此后大致以1933年4月为界，分为“首都建设委员会时期”（1929年6月~1933年4月）和“中央政治区土地规划委员会时期”（1933年5月~1937年），前一时期内先后由刘纪文、魏道明和石瑛担任首都建设委员会秘书长。

中央政治区区位的选择——设于紫金山南麓或明故宫地区——是孙科系与蒋介石系争论的核心问题，而《首都计划》将中央政治区置于紫金山南麓并不能令蒋介石等人满意。1930年1月18日，《首都计划》颁布仅一个月，南京国民政府又下发“训令”，命令首都建设委员会将中央政治区地点改在明故宫，并尽快制订、公布城厢区域道路系统规划[①]。因此，拟建新商业区只得另行择址。1932年前后，魏道明任南京市市长期间，将下关惠民河一带划为工商业区，包括北至中山路、西达长江、东至府城墙、南邻三汊河的区域，又以惠民河为界，分为西面的“下关第一工商业区”和东面的“下关第二工商业区”[②]。

针对旧城的道路系统规划及商业区固有改良计划，相关行政部门又先后颁布数项法规图纸，包括：1930年3月8日首都建设委员会公布的“首都干路系统图”，1930年10月6日南京国民政府根据首都建设委员会提议公布的、由刘纪文拟定的“首都干路定名图”[③]，1933年1月24日由行政院修订颁布的“首都城内分区图”和《首都分区规则》等。由于《首都计划》中关于南京道路的规划本就沿用首都建设委员会制定的《首都道路系统之规划》，故在1930年至1933年间的修订中更改较少。城北地区除在神策门西侧开辟中央门，并由该门到鼓楼间辟建一条南北向主干道与中山大道连通外，新街口往南的城中、城南地区基本沿袭旧制。而且，1933年1月“首都城内分区图”颁布之前，城南著名商业街道太平路、中华路等均已完成拓宽改造，白下路西段亦已完工，道路两侧都市景观改造、建设工程均同步进行，商业市肆鳞次栉比，已经恢复了改造前的繁荣景象。由此可见，《首都计划》对于南京国民政府乃至整个近代时期南京旧城商业街道的固有改良影响深远。

2.下关“第一工商业区”计划

南京国民政府时期，作为城市对外门户的下关港埠一直被视为发展现代化工商业的主要区域。《首都计划》颁布前，沿长江上游发展工业区便得到李宗侃、吕彦直、舒巴德等规划人员的共识，在1927年底李宗侃、唐英等人设计的“首都城市建筑计划”中，工商业区以下

---

① 王俊雄．国民政府时期南京首都计划之研究［D］．台南：台湾成功大学，2002：222．

② 南京市档案馆藏，《下关第一工商业区干路计划图案》，1930年11月1日，档案号10010011405(00)0002，以及南京市档案馆藏，《为拟具第二工商业区计划呈请转首建委会审议及咨内政部核准（附图）》，1931年6月2日，档案号10010030161(00)0001．

③ 王俊雄．国民政府时期南京首都计划之研究［D］．台南：台湾成功大学，2002：228．

关三汊河为界，其南面为工业区，北面为商业区，采用棋盘加放射型布局。《首都计划》中，以1904年周馥划定的下关商埠为中心，拟将下关地区改造扩建为现代化港口，并将浦口作为输运特种货物之用，具体包括：填平惠民河以东之水塘地，自和记洋行南面至惠民河北入口处建筑四座大型码头，惠民河以东、中山路与京沪车站间为繁盛的商业区域，三汊河向南则为港口工人的居住区[①]。但是，由于《首都计划》的决策者专注于发展明故宫新商业区，并未对惠民河以东、中山路与京沪车站间的区域做出进一步的规划与导则。

《首都计划》颁布后不久，因当局者将明故宫新商业区强制划为中央政治区，新商业区只能另行择址。1931年，魏道明接管首都计划的相关工作后[②]，便拟定开辟“下关第一工商业区”。1931年1月30日，南京市土地局布告下关九夹圩一带停止建筑买卖，2月28日，经首都建设委员会审查通过后，南京市政府立案开辟下关第一工商业区，范围为“中山路以南，惠民河以西，三汊河以北，长江东岸一带”，共计1100余亩。之后，当局制定了下关第一工商业区道路计划及初步建筑方案，又经内政部核准公告征收土地，但因经费紧张未能即时征收，仅禁止该区域业户自由买卖建筑。迨至石瑛接任南京市市长兼首都建设委员会秘书长后，下关第一工商业区仍然仅停留在规划方案层面。1933年3月，石瑛有鉴于“禁止该处（下关第一工商业区划定区域内）业户自由卖买建筑……致该处业户蒙莫大之损失”，将原拟建第一工商业区区域划出一部分，准予自由买卖，包括“西至江边、东至与江边平行的第一条马路之东边线止”，除保留码头、道路等公用设施用地外，其余准予商人自由买卖、建造房屋。

至抗日战争爆发前，下关第一工商业区计划仅停留在讨论阶段，未做进一步的详细规划与实施，这主要与当局的财政状况有关。南京市政府一直“财政竭蹶”[③]，《首都计划》颁布后，首都城市建设主要集中于民生类设施和权力机构建设，前者包括旧城商业街改造、新住宅区辟建、大型菜场以及相关的基础设施建设等，而后者范畴内争执数载的中央政治区计划都未能实现，更不用说新商业区的辟建了。

国民政府定都南京后，开展了以现代主义功能分区制为导向的都市计划，并力图建设容纳大型戏院、旅馆、百货商店之类现代化商业设施的“大商业区”，从而塑造现代化的“新都”形象。但是，由于当局的内部矛盾以及财政问题，新商业区计划未能实施。一方面，南京国民政府内部矛盾重重，孙科派与蒋介石派针对明故宫一带作为新商业区还是中央政治区展开了激烈争论，在中央政治区定在明故宫后，下关才成为新工商业区的地点；另一方面，由于政府当局财政拮据，难以支撑大规模的自上而下的城市改造，下关第一工商业区仅停留在设想与讨论阶段，未能实际实施。

三、新商业区的开辟与旧城商业街市的改造

南京国民政府时期，实际完成的新商业区建设为新街口地区，该区域以银行设施为主，并容纳了一些娱乐、百货业、餐旅建筑，形成复合型的商业区。城南地区的旧城商业街区则

---

① ［民国］国都设计技术专员办事处．首都计划［M］．王宇新，王明发，点校．南京：南京出版社，2006：1-2.

② 1930年6月20日，南京国民政府行政院正式任命魏道明为南京市市长，1931年1月17日，魏道明又接任刘纪文的首都建设委员会秘书长一职。

③ 《准首都建委会函据佩呈为下关九夹圩第一工商业区请准自由建筑买卖案》，南京市档案馆，档案号10010030160(00)0014，1933年4月29日。

伴随着现代化道路的开辟与改造，形成了新兴的商业街市，包括太平路、中山东路、建康路、中华路等商业街道。

（一）新街口银行及商业区规划及建设

1. 新街口广场的辟建

新街口商业中心的形成源自南京国民政府初期的现代化道路规划以及作为道路交通枢纽的新街口广场的辟建。1929 年 5 月，中山大道第一期工程完工后，南京市市长刘纪文便计划开辟新街口广场。1930 年，首都建设委员会公布“首都干路系统图”，在《首都计划》的基础上计划开辟南北向的中央路，从而强化了以新街口、鼓楼为中心的“十字形”路网，中山路与“子午线”交汇的新街口将成为新的道路交通中心。

1930 年 11 月 12 日，值孙中山 64 周年诞辰之日，新街口广场开工，次年 1 月 20 日竣工，历时 3 个多月。1931 年 1 月底，南京市政府正式将新街口广场定名为“兴中广场”。新街口广场平面采用外方内圆的形式，广场四缘边长达 100 米，与东西向的汉中路、中山东路相平行，同子午线上的中央路、中正路略呈一角度。正方形内部为相切的环形道路，路面宽 20 米，同四边主干道相连接，环形道路与方形平面相切所分隔出的四隅为人行道和草地。广场中央由环形道路围合成半径为 30 米的圆形街心花园，内部有 3 个同心圆，由内而外分别为半径 8 米的花台、宽 8 米的环形停车场以及最外围宽 9 米的环形绿化带（图 5-2-3）。

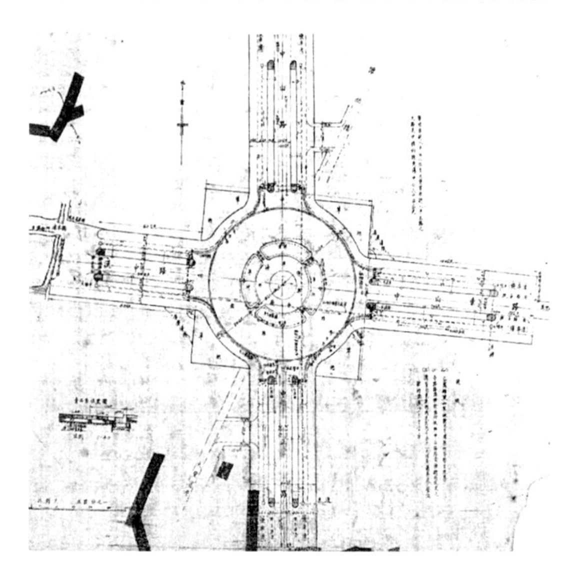
图 5-2-3 1930 年新街口广场设计图

图片来源：南京市城建档案馆藏，《1947 年整修新街口广场图纸》，转引于：许念飞．南京新街口街区形态发展变迁研究［D］．南京：南京大学，2004：31．

图 5-2-4 1937 年南京新街口金融、商业、娱乐设施分布

图片来源：东南大学周琦建筑工作室，陈勐绘

2. 新街口银行、商业区的形成

新街口广场开工建设之际，当局便议定将该区域划作银行区。1930 年 11 月 26 日，南京市市长魏道明在南京市政府“第一四三次市政会议”上提议将新街口广场四围化为银行区，“以兴新城市之市场”，并“限于五个月以内开始建筑”。随后，工务局、土地局相关工作人员遵照办理，并于 1931 年 1 月 30 日将“银行区计划”布告各银行业主一体知悉，拟“于布告

之日起一个月内先将建筑草图、计划书等呈送工务局审核，俟奉准后再行设计建筑，以期整肃”[①]。但是，自清末至南京国民政府初年，南京的金融中心一直位于下关，官办银行如交通银行、中国银行、江苏银行等，私立银行如上海商业储蓄银行、盐业银行、金城银行、大陆银行等均在下关设有分行。由是，各家银行虽在新街口置地，却迟迟不动工兴建。至1935年，新街口广场四围依旧较为空旷，除交通银行、聚兴诚银行两行竣工，国货银行正在施工外，多数银行领地后均未开工建设。1936至1937年间，中国国货、盐业、大陆、浙江兴业、邮政储金汇业局等公、私金融机构才陆续在新街口建设分支行、局新屋[②]。至抗日战争爆发前，新街口银行区已初具规模，逐渐取代下关成为南京新的金融中心。

新街口银行区主要指环抱圆形广场的四围土地，其外沿则由南京市政府有意识地拓展为商店、游乐场建筑区[③]。至抗日战争爆发前，相继有世界大戏院、中央商场、中央游艺园及中央大舞台、新都大戏院、大华大戏院、福昌饭店等娱乐、商业、餐旅设施竣工营业。1937年以前，新街口地区的主要商业设施均集中于东南片区，即中正路以东、中山东路以南的地块内，呈现出向南、向东发展，与中华路、太平路等商业街道接轨的趋势。

南京国民政府时期，在新商业区计划由于种种原因难以实施的情况下，新街口地区因其优越的交通位势——位居中山路与子午线交汇的现代化道路交通中心，加之当局自上而下的推动，逐步发展为集金融、娱乐、商业等职能的现代化金融商业区。但是，这一进程并非十分顺利。自晚清以降，下关地区容纳了多所银行在南京的分支行机构，一直是南京的金融中心，而城南太平路、中华路、建康路等传统商业街道在完成拓宽改造后，现代化基础设施完善、两侧商业市房形态规整，发展为连栋式店铺街。因此，新街口广场四围地区发展缓慢。直至抗日战争爆发前，尚有大量闲置土地、池塘、低矮民宅等，仅沿道路一侧建起新的楼房，并未形成连续的街道界面。

新街口金融商业区的形成受到经济利益驱动，并具有较强的政治象征性。广场西南、东南片区的大面积土地均属李石曾、张静江等具有官僚化绅商身份的国民党元老所有，中央商场便由这一利益团体集资创办。此外，该区域既位居孙中山先生的迎榇大道——中山大道的转折处，也处于刘纪文等人提议的中央路子午线与中山路的交汇处，具有较强的政治象征意味。当局的重视很大程度上也源自他们的现代化“新都”图景——以金融、百货商场、电影院等体现发达资本主义国家经济特征的建筑类型展示现代化的都市面貌，以达到塑造“合法政府”形象的政治目的。

（二）旧城商业街市的改造

1.“都市计划”与旧城商业街的改造

南京国民政府时期，随着“都市计划”的导向和当局自上而下的推动，南京老城南地区

---

① 根据 南京市土地、工务局布告（第四号）1931年1月31日：为新街口广场四围作银行中心区仰拟建于该区各银行业主依限将建筑图样等呈核由，《首都市政公报》，第76期，1931年1月31日，第4页。

② 1935年第1卷《建设评论》记载：“新街口银行区，年前经首都建设委员会划定，通饬本京各银行依期购领土地，如交通、大陆、国货、盐业、聚兴诚、浙江、兴业、上海、通商、邮政储金汇业总局，均购有基地，已建筑新厦，计交通、聚兴诚两行，国货银行，即将竣工，其余各行，亦在分别筹划兴筑中。此外该处毗连马路两旁空地，及旧有建筑，亦多在纷纷改造，预计明年六月底前，该处中心建筑，可望达到完全竣工之目的。”（参见《南京市政府确立整个首都建设计划》《建设评论》第1卷，1935年，第17-18页。

③ 参见《南京市政府确立整个首都建设计划》《建设评论》第1卷，1935年，第17-18页。

的主要商业街道也渐次完成更新改造。南京城南旧城商业街道主要修筑于明初，当时的宽度为 10~15 米，但因管理不严，房屋侵占街道，1927 年前后，部分道路狭窄处仅有 5 米。旧城道路主要为石子砌成的路面，不仅凹凸不平，下雨天还满是沟洼，非常不便。南京特别市政府正式成立后，便将旧城街道改造提上日程。1928 年 4 月 12 日，狮子巷马路完工，为市府筑路工作的“试点工程”，即所谓的“第一线”[①]，1929 年 5 月，中山大道一期工程 10 米宽的快车道完工，成为联系下关与城中的重要交通干道。在道路工程进行的同时，当局开始计划城南旧区商业街道改造。1928 年 5 月，“首都城市建筑计划”指出城南旧有商业区应以改造为主，云：“佥以城南为现在商业之中心，而且房屋栉比，除规定一二干道外，拟听其自然改进，爰就其余各地积极计划。”1929 年《首都计划》指出，自鼓楼以南直至城墙的旧城区内，屋宇鳞次栉比、道路纵横密布，应“因其固有，加以改良”。

1929 年 10 月，南京特别市工务局设计科对市内各区道路现状进行了全面调查，包括路面状况、道路宽度与长度、承载车辆种类等，可知多数道路均为石子、石片路，损坏不堪且难以容纳机动车辆，而著名的商业街道如南门大街、三山街、黑廊街（后为升州路东段）等均被列入较高的更新改造等级。至 1935 年，南京的道路工程建设已颇具成效。根据《南京的道路建设》一文记载：“目前南京的道路，最宽的是 40 尺，至少也有 3 公尺的宽。七年来在建筑道路上所耗的钱，计在三百数十万元。而且已成的路不过是一部分，在计划中尚未动工的，和将来须筑而未曾计划到的，还有大部分哩。”[②] 商业街道的改造拓宽是道路工程中的重要一环，《首都计划》中划定为“第二商业区”的线形商业空间均渐次得到改造拓宽，包括南北向的中山北路、中山路、中正路、中华路、太平路等，以及东西向的珠江路、中山东路、汉中路、白下路、建康路、升州路等。道路基于“交通状况及重要程度”分配宽度，根据南京市工务局编制的《南京市道路宽度分配标准详图》记载，商业区街道可分为 5 种，包括 30 米、28 米、24 米、22 米和 18 米，此外，最高标准的 40 米宽主干路及部分内街，也具备商业职能。多数著名的商业街道均采用 28 公尺宽度，例如白下路、中华路、升州路、建康路等。这类商业街以中间的 18 公尺作为行车道，具体划分为中央 10 公尺宽的柏油路面快车道和两侧各 4 公尺宽的弹石路面慢车道，两端外缘还有各 5 公尺宽的水泥人行道。

2.“建筑规则”与商业街市的空间形塑

旧城商业街市临街界面的空间形塑源自相关建筑法规的规范化约束。《首都计划》颁布后，南京市政府及首都建设委员会先后颁布了多项“建筑规则”，以规范道路开辟、改造后两侧的建筑活动，包括：1929 年 12 月“第八十一次市政会议”修正通过的《南京特别市新辟干路两旁建筑房屋规则》[③]、1931 年 10 月“首都建设委员会第四十八次常务会议通过”的《首都新辟道路两旁房屋建筑促进规则》[④]、1932 年 6 月由南京市政府公布的《首都新辟道路两旁房屋建筑促进规则施行细则》[⑤]、1933 年 2 月由南京市政府公布的《南京市工务局建筑规则》

---

① 据［民国］南京特别市工务局．南京特别市工务局十六年度年刊［Z］．南京：南京花牌楼太平街南京印书馆印刷，1928：46．记载：“首都市开辟道路以狮子巷路为第一线，而市府筑路工作亦以此路为惟一最大之成绩。”

② 市政设施：南京的道路建设（干路最宽的为四十公尺，七年来共用三百余万元），《道路月刊》第 48 卷第 1 期，1935 年，第 19 页。

③ 《南京特别市新辟干路两旁建筑房屋规则（中华民国十八年十二月二十四日）》，《首都市政公报》第 51 期，1930 年 1 月 15 日，第 1-2 页。

④ 《首都新辟道路两旁房屋建筑促进规则（首都建设委员会第四十八次常务会议通过呈奉国民政府核准备案）》，《首都市政公报》第 98 期，1931 年 12 月 31 日，第 1-2 页。

⑤ 《首都新辟道路两旁房屋建筑促进规则施行细则（中华民国二十一年六月四日公布）》，《南京市政府公报》第 109 期，1932 年 6 月 15 日，第 12-17 页。

以及当年 11 月修编的《南京市建筑规则》等。

（1）《南京特别市新辟干路两旁建筑房屋规则》（1929 年 12 月）

《南京特别市新辟干路两旁建筑房屋规则》（简称《房屋规则》）由南京市工务局订定，于 1929 年 12 月 24 日在“第八十一次市政会议”上修正通过。此时《首都计划》刚刚发布，尚未有针对旧城商业街市的大规模改造。因此该《房屋规则》主要针对中山路等“市区内新辟干路两旁建筑房屋”的规模与形式，包括总则、市房、住宅和附则 4 章。总则第四条明确规定新建道路两侧房屋“除特别规定者外，应一律与干路线平行”，为近代南京由整齐划一的、沿路线性分布的市房、店铺组成的现代化商业街市空间奠定了法规基础。《房屋规则》之“第二章：市房”为核心篇章，具体规定了市房的建筑层数、各层层高、店面面宽、室内外高差等数值。

基于《房屋规则》的管控措施，当局希望新辟干路两侧形成由层高统一的市房建筑组成的、与道路平行且整齐划一的连续的商业界面。市房建筑规定面阔为 4 米至 8 米，至少为两层，并对各层层高有具体且严格的规定。但是，《房屋规则》并未对土地整理、建筑进深、建筑密度等提出相应规范，道路两侧各用地范围较为凌乱，难以保证商业界面的完整性和连续性。

（2）《首都新辟道路两旁房屋建筑促进规则》（1931 年 10 月）与《首都新辟道路两旁房屋建筑促进规则施行细则》（1932 年 6 月）

鉴于《房屋规则》对土地整理和建筑密度的忽视，1931 年 10 月，首都建设委员会发布《首都新辟道路两旁房屋建筑促进规则》（简称《房屋建筑促进规则》），翌年 6 月 4 日，南京市政府又公布《首都新辟道路两旁房屋建筑促进规则施行细则》（简称《施行细则》），来加强对新辟道路两侧用地的管控，以期塑造统一的商业界面。

《首都新辟道路两旁房屋建筑促进规则》是为督促新辟道路两侧空地业主限期建造房屋的纲领性文件，并对《房屋规则》未涉及的内容，如市房用地范围、空地定义等做出相应规定。首先，《房屋建筑促进规则》规定“首都新辟道路两旁 36 公尺以内之空地”为限期建筑范围，从而为临街面建筑的发展提供了法规约束；其次，“空地”定义为“地上建筑物价值不满该地地价百分之二十者”，属于空地者，需在 6 个月内向市政府呈请登记，并由政府分段拟具“建筑纲要及限期”，若在限期内未申请登记或建造房屋，则根据地价每月征收罚款，逾期一年由政府依法征收；最后，对于“不合建筑用之地段”，则由政府召集各业主或“协议价让”或“依法征收”。《房屋建筑促进规则》通过之时，城南太平路商业街改造工程刚刚完竣，故该规则还将“展宽之道路”包含于规则适用的范畴内。

《首都新辟道路两旁房屋建筑促进规则施行细则》是补充《房屋建筑促进规则》并促进其实施的关于土地整理方面的法规性文件，以道路两旁土地“化零为整”、促进用地形状规则化为目的。《施行细则》将“应行整理之地段”划分为 3 类，包括“面积不足者”“地形不整者”和“四周无路可达街道者”。针对商业区，“面积不足者”指宽度不满 4 公尺，或深度不满 6 公尺者；“地形不整者”指边界不规整的用地，如四隅边界与道路夹角过大或过小、宽度与进深不满足要求的用地等[①]。

针对各“应行整理之地段”，则应采取不同的化零为整的方式。“地形不整之地段”应由用地相毗连的业主协议采取“割让”或者“交换”的方式，“割让”指根据市价转让土地，“交换”则指“以地易地”，以期“整理后之界线合于两方土地之经济使用”。土地面积不足的

① 根据《首都新辟道路两旁房屋建筑促进规则施行细则》，《南京市政府公报》第 109 期，1932 年 6 月 15 日，第 12-17 页。

业主则或由邻地处购置土地“补足所需面积”，或“商请邻地业主收并”。对于“四周无路可达街道者”，则由业主向市政府呈请于毗连地段业主处协议转让道路空间，“以至5公尺之宽度为限”。除此之外，《施行细则》还放宽了关于市房空地范畴的规定。一方面，用地进深由36公尺改为30公尺；另一方面，对于布置了庭院、设备的空地，且该业主在该范围外建有房屋，“成为整个之布置者”，不视为空地[①]。

基于《房屋建筑促进规则》和《施行细则》的规定，南京新辟道路两侧土地得以统一整理、化零为整，形成宽度在4公尺以上、进深在6公尺以上的临街市房用地单元，为近代南京商业街市的整体性空间形塑创造了条件。

（3）《南京市工务局建筑规则》（1933年2月）

1933年2月，南京市政府公布《南京市工务局建筑规则》，是针对南京建筑活动的管控条例。该“建筑规则”共包括11章，对建筑的请照、营造、取缔等手续，各类建筑物设计通则如建筑高度、面积、建筑密度等指标，建筑的结构、材料、防火设备等设计准则均做出规定。同年11月，该规则被修编为《南京市建筑规则》（以下简称《建筑规则》）[②]。此后的日据时期及抗日战争胜利后，虽然历经多次修订，但一直作为当局管控建筑活动的基本规则，对南京近代商业街市的空间形塑影响深远。

针对商用市房建筑，《建筑规则》在前述《房屋规则》《房屋建筑促进规则》和《施行细则》的基础上，增加了部分规范内容，并做出一些调整。《建筑规则》针对商业街道两侧建筑形态的规范性调整体现在放宽建筑高度限制、增加建筑密度控制等方面。首先，市房建筑不得低于两层，且第一层高度不得低于3.6米，以上各层不得低于3.2米，较《房屋规则》关于高度的要求，有所放宽。其次，根据建筑层数规定了相应的建筑密度，即房屋层数越多，则建筑密度越小，较之1933年2月《南京市工务局建筑规则》基于居住、商业、工业等建筑类型划定建筑密度，更能整体控制市房的空间形式。最后，由于主要商业街市两侧临街进深6米的基地范围均被规定为“全部作为建筑面积”，而对于由多栋房屋组成的组合型市房，各栋房屋又须“平均分配”空地，某种程度上决定了主要建筑必须临街而建，减少了前院出现的可能性，促使多进内天井院式、合院式市房空间格局的发展。

图5-2-5 改造前的升州路

图片来源：［民国］南京市工务局．南京市工务报告［R］．南京：南京市工务局发行，1937.

图5-2-6 拓宽后的升州路

图片来源：［民国］南京市工务局．南京市工务报告［R］．南京：南京市工务局发行，1937.

① 根据《首都新辟道路两旁房屋建筑促进规则施行细则》，《南京市政府公报》第109期，1932年6月15日，第12-17页。

② 南京市档案馆藏。

1929 年至 1933 年期间，随着多项市政建筑规则的颁布，南京重要商业街道两侧出现了由宽度在 4 米以上、进深在 6 米以上的，垂直于道路向街区纵深方向发展的临街市房用地单元相互毗连组成的连栋式商业空间。市房临街面与道路平行，建筑在两层以上，且各层层高有较为严格的规定。1931 年至 1937 年期间，在相继完成拓宽改造的太平路、中华路、升州路、建康路等商业街道的历史照片中可知，南京著名街市均形成了统一的、由连栋式市房店面组成的商业界面（图 5-2-5、图 5-2-6）。

3. 现代化的商业街道：太平路商业街

南京国民政府时期，最繁华热闹的商业街道是位于城南的太平路。1931 年，该路完成拓宽改造，形成容纳机动车、非机动车及行人的双向四车道格局，两侧临街用地亦完成土地整合，建起西式店面的连栋式市房，商户还配置了电灯照明、灯箱广告、无线电广播等设施，发展为现代化的商业街道。

（1）太平路的拓宽改造

太平路是 1920 年代南京城南地区著名的商业街。该路北起中山东路大行宫，南至白下路与朱雀路相连通，循吉祥街、花牌楼、太平街及门帘桥，全长约 1.4 千米。其间还有数条东西向街巷横贯其中，包括铜井巷—科巷、党公巷—文昌巷、户部街—三十四标以及马府街—娃娃桥。此外，还有多条街巷与其相交，包括龚家桥、杨公井、太平巷等（图 5-2-7）。南京国民政府初期，太平路旧有道路窄小逼仄，路面状况较差且路身宽度不一。根据 1929 年 10 月南京特别市工务局设计科发布的《南京特别市各区道路现状调查表》，太平路道路宽度在 4 米至 5.5 米间，路身均为石子、石片砌筑，部分路面破坏严重，太平街北部通达性较低，难以行车，亟待修理。

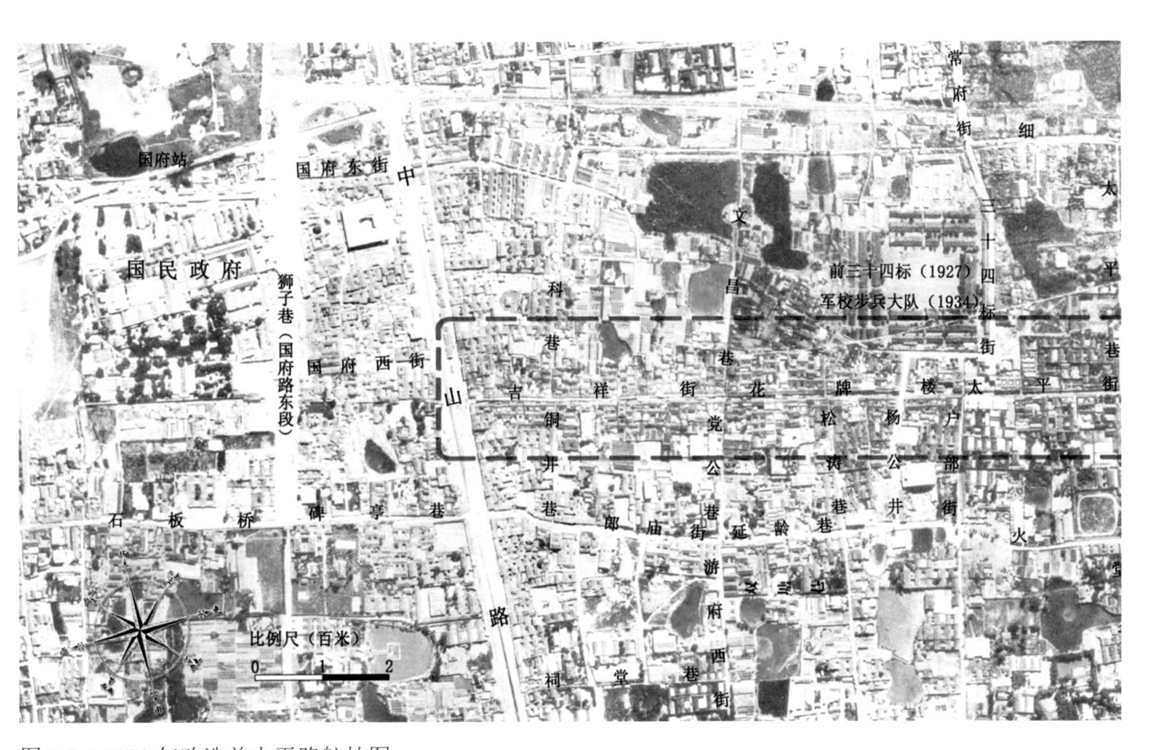

图 5-2-7 1929 年改造前太平路航拍图

底图来源：美国国会图书馆藏，Created / Published by ［Washington, D.C.］: Aircraft Squadrons, 1929m, *Nanking, China*

1930 年颁布的“首都干路系统图”中，该路连同南面的朱雀路统一被划定为“最重要干路”。太平路改造拓宽工程自 1931 年起分两段进行，南段自中正街至花牌楼（即后来的白下路至杨公井段），由谈海营造厂承包，于 1931 年 6 月前后完工，全长约 850 米。北段自杨公井至中山东路大行宫，由缪顺兴营造厂承包，于 1931 年 9 月前后完工。改造后的太平路全长 1454.66 米，宽 24.58 米，中央 10.98 米为快车道，两侧分别为 2.74 米宽的慢车道和 3.96 米宽的人行道[①]，形成水平向人车分流的现代化道路格局（图 5-2-8）。太平路改造工程进行之际，两旁的沿街市房也同时开始兴修。

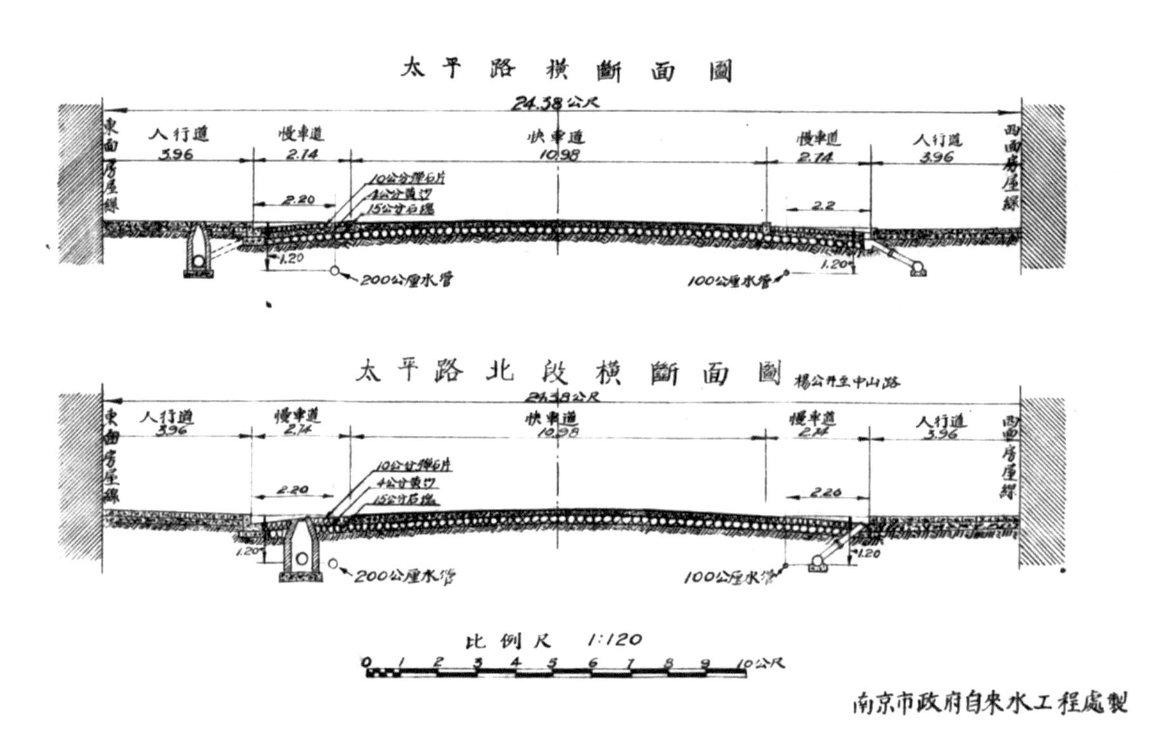

图 5-2-8 太平路及太平路北段横断面图

图片来源：南京市档案馆，南京市自来水管理处：《给市长呈文：埋装太平路、中华路、白下路、中山路水管工程至关重要：附分期装接自来水管预算表一份图纸五张》，1931 年 11 月 23 日，档案号 10010090198(00)0001

太平路筑路费用采用临街受益商户分摊的办法，即工程费用、地价补偿金、房屋拆迁费等相关筑路费用由因为道路拓宽改造而受益的土地所有人共同分担，河沟等公用部分的费用则由市政府负担。太平路改造工程是这一“筑路摊费”方式的试点工程。根据 1930 年 8 月 19 日首都建设委员会颁布的《南京市筑路摊费暂行规则》记载，具体“受益土地”以沿路两旁各 45 米进深之区域为限，其中，靠近道路两侧各 15 米深度的地段为“第一区”，其余为“第二区”。每区摊费各占费用总额的四分之一，按照土地面积平均计算[②]。

太平路的拓宽改造使得沿街土地地价高涨，而筑路摊费在其中仅占很小一部分，况且《南京市筑路摊费暂行规则》明确规定商户所摊费用不得超过地段市价的一半，超出费用由市政府负担[③]，这为太平路商业地产的发展创造了契机。道路拓宽改造后，基地暴露于临街两侧的业主可谓“赚了大便宜”。在太平路改造工程完工的 1931 年前后，北段地价由每平方 150 元涨至每平方米 480 元，翻了两倍之多。但是，改造前道路两侧的被征土地业主则遭受了较大损失，他们每平方米仅获得补偿金 40 元，远远不够其在拓宽后的道路沿线两侧重新购屋居

① 十年来南京市政之回顾［Z］// 南京市政府秘书处 编印．十年来之南京．1937：48．

② 《南京市筑路摊费暂行规则》1930 年 8 月 19 日，《首都市政公报》第 68 期，1930 年 9 月 30 日，第 3-4 页。

③ 《南京市筑路摊费暂行规则》第五条明确规定：“（临街商户）应摊之费不得超过各该地段市价之半，其超过之费由市政府负担之。”

住或营业。即便如此，这并未影响较富有的商家和企业重新在太平路开业，像花牌楼书店、群众公司、中央书局等店均在道路工程进行的同期择址建设新店准备复业。

太平路路身工程完工后，电力、水管等现代化市政设施也陆续兴建。太平路路灯工程分两期进行，于 1932 年前后动工装置。之后，首都电厂又将部分木电杆替换为水泥电杆，并设立铁塔作为“锚杆”（Anchor Pole）。由是，太平路两侧市肆林立，小汽车、公共汽车、人力车、行人往来其间，夜晚灯火通明，发展为现代化的商业街市。

（2）太平路的消费空间图景

太平路改造工程完成后，成为南京独具特色的现代化商业街道，体现在复合型的商业业态，文化消费业态的汇聚，广播、广告等声、光设备营造出的现代化空间体验等方面。太平路繁华的商业首先体现在复合型的商业业态。道路沿线汇聚了各类百货杂货店、专营类店铺、酒楼、旅馆等，满足人们一站式消费的需求。太平路也是南京重要的文化消费中心。早在太平路改造之前，花牌楼、太平街、门帘桥等处便分布着 20 余家书肆，旧书、文化书、教科书、军用书等皆有销售，有“花牌楼书店街”的美誉。改造工程竣工之后，太平路进一步发展为南京重要的书店区。太平路两侧店铺还采用了广播、广告等现代化声、光设备，从声觉、视觉等角度扩大宣传、招徕顾客。《南京太平路夜景》便描绘了夜晚之际太平路繁华的商业图景，“电灯、霓虹灯，照得比白天还亮……每家店铺里送出嘈杂的无线电：扬州小调、苏滩、大鼓、梅兰芳、妹妹……靠这两排铺子的门前，是水门汀铺成的人行道，上面来来往往，挨挨挤挤……红绿交织的霓虹灯特别亮，照着玻璃柜里纸做的模特儿……”[①] 太平路商业街通过现代化声、光、电设备营造出不同于传统商业街市的现代化空间体验，勾勒出一幅时与空交织的热闹喧嚣的商业图景。

四、国货运动与南京的现代化商业设施（1927—1937 年）

国货运动[②] 是近代中国由民族资产阶级为主体发动，有众多社会进步阶级、阶层参与的，以宣传和购用国货产品、推动国货产销、抵制洋货大量进口等作为途径，以发展中国民族经济为目的的爱国运动。近代中国的国货运动伴随着 1905 年爆发的反美爱国运动而发端，至 20 世纪 20 年代因新兴民族资本家阶层的崛起而达到高潮，20 世纪 20 年代末及 30 年代随着国民政府的推动、“新生活运动”的蔓延以及政府执政方针向生产建设转移而进一步得到发展。国货运动既是近代中国人民反抗外来侵略的一种经济手段，近代中国人民反帝爱国运动的重要组成部分，也是国民政府促进国民经济建设的重要方式。

（一）国货运动与南京的现代化商业设施

南京国民政府早期在京市及地方推动国货运动的重要举措是创办国货陈列馆及国货展览会。1928 年 6 月 1 日，国民政府决议在首都南京设工商部国货陈列馆，翌日公布《省区特别市国货陈列馆组织大纲》，规定各省区特别市在省区市政府所在地设国货陈列馆，由工商部国货陈列馆统一指导。1928 年 11 月 1 日，历时两个月的工商部中华国货展览会在上海召开。

---

① 张唯力. 南京太平路夜景［J］. 新少年，1937，3（4）：79-81.

② 国货概念相对于洋货而言。起先人们一般把外国进口的产品统称为洋货，而把与洋货相对的我国产品都称为土货。

此后，全国各地先后创办了永久性国货陈列馆，并开办各类短期的国货展览会，前者如上海社会局设立的国货陈列馆、天津的河北省国货陈列馆、济南的山东省国货陈列馆等，还有上海及各地商会所附设之商品陈列所等。后者如南京的国货展览会、国货仇货展览会、国货样品陈列室等，上海的上海市特区国货运动会、上海市国货运动展览大会、妇女国货展览会等。

20 世纪 30 年代中叶，国民政府自上而下的行政力量进一步推动了国货运动的发展，体现在新生活运动、国民经济建设运动等对国货运动的影响。1934 年 2 月，国民政府主席蒋介石发起“新生活运动”，其《新生活运动纲要》中明确规定衣料和建材宜使用国货，这也成为国货运动的纲领性规范。此后，有关部门颁布了一系列鼓励国货生产的奖励办法，各级行政部门亦从不同方面鼓励、倡导使用国货，全国范围内掀起一股提倡国货的风潮。

新生活运动伴随国民政府执政方针向生产建设的转变而蓬勃开展。1933 年至 1935 年期间，国民政府主席蒋介石、国民政府行政院院长汪精卫等在不同场合发表通电、演讲，宣称生产建设为之后的发展方向，并发起国民经济建设运动，1936 年 6 月成立国民经济建设运动委员会。新生活运动和国民经济建设运动代表国民政府执政方针导向生产建设后在日常生活和经济建设两方面所体现出的内容，前者注重日常消费与行为生活，后者侧重于民族工业及物质基础，二者共同推动着国货工商业企业的发展和国货产品的使用。

国民政府的行政手段为国货运动的发展创造了广泛的社会条件。自 20 世纪 30 年代中叶起，以地方和中央政府为主倡办的、具有西方百货公司性质的国货公司及大型国货商场登上历史舞台。1934 年 10 月 10 日，由南京市政府发起、官商合办的南京国货公司开幕。1936 年 1 月 12 日，由国民党元老张静江等人发起、以国货救国为口号的中央商场开幕。1937 年 5 月，由国民经济建设运动委员会领导联合国货产销协会、国货联办处同仁共同发起创办的中国国货联合营业公司开业，并计划在全国各地添设 17 家新公司。随后，国货联营公司联合首都提倡国货人士发起创办首都中国国货有限公司。从地方政府倡办到国民政府联合统筹监管，国货公司规模不断扩大，向全国各地蔓延，行政力量对国货公司的创办具有重要的推动作用。

（二）国货陈列馆：宣传国货的大本营

1. 工商部国货陈列馆及附设国货商场

国民政府定都南京后，为提倡国货、振兴实业，首先筹办工商部国货陈列馆。1928 年 6 月，南京国民政府决议设国货陈列馆，由工商部颁布《国民政府工商部国货陈列馆规程》，规定设馆长一人，其下有总务、出品及编查三股，各设股长一人，技术员、事务员若干，并附设售品部、国货改良委员会等机构。该规程还规定每年定期征集出品一次，每年 10 月举行展览会一次，会期一个月。同年 8 月，工商部颁布《国民政府工商部国货陈列馆征集出品规则》和《国民政府工商部国货陈列馆售品规则》，面向全国征集出品，并规定每年征集出品一次，按类别分染织工业、化学工业、饮食工业、机电工业、手工制造、艺术出品、教育出品、医学出品、工业原料、其他商品等共计十大门类。所有出品按出品人要求分为“非卖品”和“售品”，前者在陈列一年后由原出品人持据领回，后者陈列一年后由本馆售品部照售品规则办理。售品部经营之商品包括本馆陈列品和厂家寄售品两种，售品按销售方法分三类，即现售、约定和代办。

经过一年多的筹备与征集出品工作，1929 年 9 月 9 日即孙中山第一次革命纪念日，国货陈列馆开幕。开幕式十分隆重，国民政府各院部机关、工商界、民众团体代表等千余人出席了开幕礼。陈列馆馆址位于南京城南淮清桥东北、东八府塘以南，利用旧江宁织造府廨宇，“略事修葺，草草布置……分类陈列展览”[①]。馆东国货商场初创之际也曾繁荣一时，根据1936年9月的《南京市国货陈列馆所属国货商场整理意见书》记载：“此种集团售品组织，在当时首都尚属创见，故参加厂商，极形踊跃，营业情形，颇称发达。[②]”但好景不长，因市面不景气和交通不便，商场经营困难。由是，1934年初，国货陈列馆馆长彭伯勋呈请将奇望街自上海银行至大中桥一段修辟为宽坦马路，后工务局率先开辟建康路自中正路至淮清桥西垣一段，以改善商场周边交通环境，促进商场销路。即便如此，国货商场营业情况仍未见好转。根据实业部1935年初的调查，国货商场1934年全年的营业额为472 518元6角5分，若以当时南京人口为80万计算，则每人全年消费不过约大洋5角余，可见“京市人民对国货购买率之微细，而亟待积极之提倡也”[③]。

国货陈列馆及附属商场北抵东八府塘（锅底塘）南垣，南至今建康路，占地约21亩，旧商场及花园隙地占地约10余亩[④]，是一处中国传统合院及园林空间。屋宇院落井然有序，东八府塘水面成为馆后的观赏内湖，景色优美。建筑均为南京地区传统的砖、木构房屋，并采用砖石砌西式牌楼装饰陈列馆大门。整体合院空间及园林既成为参观、购物者的游憩之地，也为举办国货展览会提供了场地。自国货陈列馆创办始，该馆举办了多次全国规模的国货展览会，成为国民政府提倡国货的“大本营”。

国货陈列馆附设的国货商场是南京最早出现的、具备一定规模的、经营百货类的商场之一，时人称之为“集团售品组织”，即招徕各种商家在同一栋建筑内销售各类货品的大型商业设施。馆方根据月租金的不同将所有铺面划分为甲、乙、丙三等，出租给各国货工厂和商店经营。馆方则制定相应的管理办法方便统一监管，包括严禁转让盘顶、规定划一货价等。“定价销售”本是西方百货商场现代商业设施的重要特征之一，是一种促进交易行为效率的方式，这也体现了管理者的现代化经营理念。

国货陈列馆附设国货商场是南京国民政府时期创办的首座经营国货类的综合型商场，在近代南京商业设施的现代化历程中具有重要意义。事实上，早在南洋劝业会的劝工场中便已出现了此类以商业内街和出租型店铺单元为特征的集团售品组织式的商业经营模式和商场空间。显然，传统的递进式院落布局不符合该类型建筑的空间需求。这种以传统建筑容纳现代化商业内容的“旧瓶装新酒”的形式，体现了现代化公共消费空间对传统建筑文化的介入，也反映出时人在有限经济条件下的一种探索。

2. 南京市国货陈列馆及附设国货商场改扩建方案

1936年3月，国货陈列馆及附设商场移交首都市政府社会局接管，重组机构并改名为“南京市国货陈列馆”，由余思永任馆长，于1936年7月10日重新开放。首都市政府接管之际，国货陈列馆因由其他展览会借用场地而关闭已久，附设商场更是经营惨淡，“场内厂商，仅

---

① 南京市档案馆藏，南京市社会局档案：《南京市国货陈列馆所属国货商场整理意见书》，1936年9月29日，档案号10010010457(00)0073。

② 南京市档案馆藏，南京市社会局档案：《南京市国货陈列馆所属国货商场整理意见书》，1936年9月29日，档案号10010010457(00)0073。

③ 《南京国货陈列馆商场去年营业状况》，《外部周刊》第56期，1935年4月8日，第26页。

④ 《南京国货厂商新式国货大商场》，《国货月刊》（长沙）第49-50期，1937年7月，第56页。

余十数家，较之盛时，不及十分之一”，“营业清淡，朝不保暮，已不复具备商场之形式”。当时，太平路商业街已改建完工，新街口随着中央商场的成立发展为新兴的、较为高档的商业中心，而夫子庙一带传统游艺、商业日臻繁盛，形成大众化商业业态，偏处一隅的国货商场均难与之竞争。此外，“九一八”事变以后，南京市民购买力下降，进一步加大了国货商场的经营难度。因此，余思永接手国货陈列馆后，便着手拟建新的国货商场。建筑方案遵循“提倡国货”“繁荣市面”以及“救济中小商人”的设计原则，委托“赵深领衔的华盖建筑事务所、陈均霈及张谨农”三家事务所及建筑师设计，后张谨农的方案因“较为与上述原则及经济许可限度相适合”而被选中[①]。

1936年9月，南京社会局上报市政府拟建新的国货商场，并附《南京市国货陈列馆所属国货商场整理意见书》，提出“商场组织与整理之原则”三点，即“商品平民化”“商场大众化”和“商场游艺化”[②]。馆方将拟建国货商场定位为服务于城南居民的区域性、平民化、经营日用百货品的商场，以符合城南周边居民购买力、吸纳中小商人以及销售低廉的日用百货为经营方针。馆方还希望采用官商合办的形式，由市政府出资三分之一，其余部分通过地皮、建筑作为抵押来吸引金融资本投资，待借款偿清后，政府每年可通过出租商铺获利[③]。基于此经济性与营利性原则，拟建建筑不宜过于宏富，出租商铺的规格也不宜过高。

张谨农的方案集中体现了馆方的经营方针和营利性原则，体现在空间的节约利用和多种类型的商铺形式等方面。该方案参照上海蓬莱市场，采用离散式布局，包括临街的三层商场和屋后的两座平房商场及茶室或饮食店一栋，空间利用率较高。临街商场为室内商业街式，平面南北长20米，东西宽68米，设铺位两排，中间为过道。铺位面宽3.57米，每层36间，共计108间。建筑采用平屋顶，屋面可作为室外茶座。楼后为两栋单层商场，东楼南北长48米、东西宽18米，设双排店铺，商铺面宽4.8米，共计18间。西楼南北长49米、东西宽9米，设单排铺位7间，每间面宽4.3米。平房商场西面为一矩形平房，东西宽13米、南北长15米，作为茶室或饮食店。所有平房间的道路均上盖“铅丝玻璃棚”，形成西方拱廊街式的半室内购物空间。此外楼房商场后、平房商场以西的大片隙地则拟建游艺场，包括剧场、书场、杂耍场和球场等，四周杂莳花木，布置花园，“俾成为唯一之大众化休憩娱乐场所”。（图5-2-9）

商场店铺数量与类型、商业空间的集约度是通过收取租金来获利的“集团售品组织”的重要评价指标。首先，新建商场的铺位数至少应不低于旧商场。根据《意见书》的记载推测，旧商场铺位数当在100家以上，张谨农的方案有铺面133间，而华盖方案仅为62间，与旧商场规格相差过多。其次，张谨农方案共设置了三种垂直于步道的带状类型铺面单元，且租金根据区位而有所不同。这种带状铺面单元类似于商业市房的平面格局，便于商户进行前店后储式装修布置。与华盖方案的方形店铺单元平面相比，既方便出租和使用，也可获得更大的室内面积。最后，华盖方案设置了入口大厅、平行双合楼梯、宽阔步行道等服务空间，虽然增加了购物体验，但也导致商业空间的集约度不高，不符合馆方的实用性需求。

1937年上半年，国货商场改建计划获得南京市政府批准，拟采用官商合营的股份制公司组织形式，股本金额为国币10万元，由政府拨款2万元，并以地产折价充作股本，其余则面

---

① 南京市档案馆藏，南京市社会局档案：《为据国货陈列馆呈送国货商场整理意见书及计划草图转呈鉴核示遵》，1936年9月29日，档案号10010010457(00)0073。

② 南京市档案馆藏，南京市社会局档案：《为据国货陈列馆呈送国货商场整理意见书及计划草图转呈鉴核示遵》，1936年9月29日，档案号10010010457(00)0073。

③ 南京市档案馆藏，南京市社会局档案：《南京市国货陈列馆所属国货商场整理意见书》，1936年9月29日，档案号：10010010457(00)0073。

向国货工商厂家招募股款。馆方计划随后改建国货陈列馆，将建康路发展为“国货区”[①]。但是，该计划获准后不久抗日战争爆发，战乱局面使当局无暇顾及首都的商业设施建设。南京沦陷后，日军对南京的商业区进行了严重的破坏与焚烧，国货陈列馆作为政府性的国货倡导机构，自无法幸免，有史料记载：“国货陈列馆房屋于事变时业已全部焚毁，仅剩余破碎瓦砾；”[②]“国货陈列馆废址基地上现仅存有前国货陈列馆大门石狮一对、水泥石塔一座，其余大坑小凹，颓垣、残壁，瓦砾成堆，所有墙脚城砖均被附近居民偷折罄尽，无法整理。”[③]

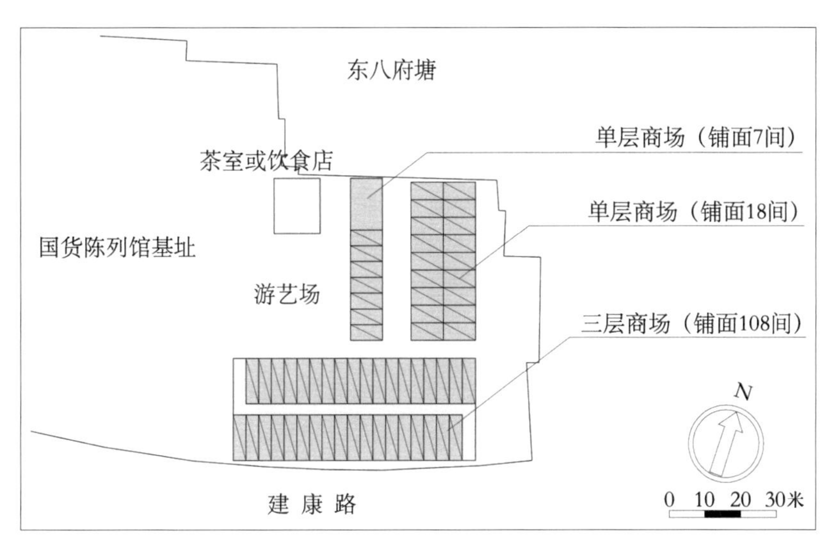

图 5-2-9 张谨农之国货商场方案推测平面示意图

底图来源：南京市档案馆藏，南京市社会局档案：《南京市国货陈列馆所属国货商场整理意见书》，1936 年 9 月 29 日，档案号 10010010457(00)0073

（三）国货公司：政府导向的国货事业

随着政府对国货事业的重视，南京出现了现代化百货公司商业机构，包括南京国货公司及其分公司，拟创办的首都中国国货公司等。

1. 南京国货公司的创办

1934 年，为响应新生活运动并推动国货事业的发展，南京市政府发起创办南京国货公司，全称为“南京国货股份有限公司”。该公司采用官商合办的形式，由南京市政府认股 2 万元，所属各机关职员认股 6 千元，其余则面向社会各界招募[④]。

1934 年 10 月 10 日值中华民国“双十节”之日，南京国货公司开幕，首任董事长为时任南京市市长的石瑛。开幕当日，众多国民党中央要员如汪精卫、居正、陈公博等到场祝贺。该公司位于城南建康路，建筑四层，采用装饰主义风格。1937 年，于中山路 73 号创办分公司，建筑主体三层，中部塔楼四层，是一栋现代主义国际风格建筑。

南京国货公司具备现代化百货公司的特点，体现在统一进货、经销等方面。《首都国货导报》刊登的南京国货公司广告中称：“本公司实事求是，一律实价出售，不赠品，不放盘……

① 根据《南京国货陈列馆计划扩充》，《国货月刊》（长沙）第 48 期，1937 年 5 月，第 32 页；以及《南京国货厂商新式国货大商场》，《国货月刊》（长沙）第 49、50 期合刊，1937 年 7 月，第 56-57 页。

② 南京市档案馆藏，汤守愚等：《为遵章缴纳旗税承租旗产淮清桥国货陈列馆旧基暨八府塘塘地兴种并从事渔殖以利生产而维民生事由》，1941 年 7 月 31 日，档案号 10020041916(00)0014。

③ 南京市档案馆藏，南京特别市政府档案：《为据仇进等请租前国货陈列馆旧址暨东八府塘二地检□草图令仰该员迅往勘查漫凭核办由》，1941 年 9 月，档案号 10020041916(00)0014。

④ 马超俊. 南京近年之经济建设［J］. 实业部月刊，1937，2（1）：189.

直接采办，应有尽有。”例如，公司在上海设立“申庄”，专门负责进货以及与厂商接洽事宜，初时位于上海石路同芳里，后因扩大营业而迁址于大新街迎春坊。这种统一进货、销售的经营模式初具百货公司雏形，也是南京国货公司较之国货陈列馆附属商场的进步之处。

南京国货公司营业状况较佳，自开幕日起至1936年6月底止，门市营业总额达64.47万元，毛利达11.28万元。抗日战争爆发前夕，公司股额为法币10万元，虽难以与中央商场相媲美，但也是南京远近闻名的大型商场。

抗战爆发后，南京国货公司被迫停业，重要账籍被携往重庆，商品存货则临时装箱分存，南京沦陷后被搜查占据，损失无数。

2. 中国国货联营公司与首都中国国货公司的筹办

20世纪30年代初，中国国货商品的生产与经销主要由民间团体所推动，根据地位于上海。1932年8月，时任中国银行总经理的张公权联络上海国货界部分代表人士成立“中华国货产销合作协会”（简称“产销协会”）。1933年2月，又推动国货同业创办上海中国国货公司。1933年3月，产销协会在上海成立“国货介绍所”，开展国货批发业务，翌年，改组为“中国国货公司”和“国货介绍所全国联合办事处”（简称“国货联办处”）。随后两年内，该团体在镇江、济南、重庆、广州等地创办中国国货公司11处，扩大了国货销路。

上海国货界人士创办的国货团体秉承生产方、销售方及金融方三方合作原则，即由银行放贷、国货工厂以货值做抵押、国货公司专营销售的合作方式。该方式有助于三方互利共赢——国货工厂资本得以周转、银行放款有保障、国货公司则节省资本。但是随着国货销路打开，一些国货名牌出现供不应求的情况，许多国货工厂要求改为现款交易，原寄售办法几近作废。1936年春，各地国货公司货源出现严重困难。国货联办处寄希望于借助政府力量调控国货供需市场，官商联办的国货事业登上历史舞台。

1936年10月，国民经济建设运动委员会通过设立“中国国货联合营业股份有限公司”（简称“国货联营公司”）的方案[①]。该公司以官商合办、互利共谋为原则，以合作性事业来统筹国货市场的供求平衡。他们既负责代办、采购、批发、运输、销售等具体事宜，也负责监管国货产销机构、订定国货公司营业方针、评定国货品质、促进国货改良等事项。据1937年2月行政院公布的《中国国货联营股份有限公司章程》，该公司为股份有限公司，股本总额为200万元法币，由政府认股三分之一，全国各地国货工厂及国货公司认股三分之二[②]。

1937年5月，由国民经济建设运动委员会领导，联合国货产销协会、国货联办处同仁共同发起创办的中国国货联营公司开业。之后，该公司除积极充实各地已成立的12处国货公司外，还计划添设新公司17家，按全年营业额分为甲、乙、丙、丁四等。南京拟筹设的新公司定为甲等，预计全年营业额在70万元以上。

中国国货联营公司成立后，首先筹设南京、武汉两处国货公司。1937年5月前后，国货联营公司联合南京市政府及首都金融、工商各界提倡国货人士发起首都中国国货有限公司。7月，在筹备工作开展了两个月后，举行创立会，股本计30万元，推定吴震修为董事长，聘寿

---

① 寿墨卿．参加提倡国货运动的片段回忆［C］// 潘君祥．中国近代国货运动．北京：中国文史出版社，1996：303.

② 行政院令第三号（民国二十六年二月二日）：《公布中国国货联合营业股份有限公司章程由（附章程）》，《行政院公报》第二卷六号，1937年2月8日，第103-107页。

墨卿任经理[①]。随后，寿墨卿于新街口觅定公司店址，拟建六层大厦，并着手准备土建、装修、进货等事项，计划于 1937 年双十节正式开业[②]。

（四）中央商场：抗战前“南京唯一之大规模商场”（1934—1936 年）

1. 中央商场的缘起与创办

1934 年春，国民党元老、时任国民政府行政院建设委员会委员长的张静江发起创办南京中央商场，得到众多政界、实业界以及社会名流响应并面向民间集资，于 1936 年 1 月开业。该商场是抗日战争爆发前南京规模最大、最为著名的大型国货商场，时人称之为“南京唯一之大规模商场”[③]。

中央商场建筑群基地位于新街口东南片区，基地三面临街，西侧紧邻中正路，南侧为淮海路，东侧有老王府后街，基地北侧经一条支街可达正洪街。工程拟分三期进行，一期除大型商场外，还包括游艺场、电影院和公共汽车站，计划于 1935 年底完工，二期包括商场扩充部分和旅馆，三期工程则根据情况另行设计。1935 年 4 月，商场一期正式开工，建筑由上海华中营业公司设计，上海仁昌营造厂包工承建。同年 11 月，商场中部、北部均告完工，各承租商家开始着手门面装潢、店堂设计、商品备货等准备事项。1936 年 1 月 12 日上午 9 时，中央商场开业，门前车水马龙，场内人头攒动。当月 23 日，正值农历除夕夜，中央大舞台开幕，时任国民党中央监察委员的褚民谊行揭幕礼，宾客云集、盛况空前。

自 1936 年 1 月开业至 1937 年抗日战争爆发，是中央商场的“黄金时期”，“商业繁盛……商场里表现着蓬勃的生气”，进场商号从最初的 80 家发展到 90 余家，经营商品类别从 3000 余种发展到 5000 余种，一家来自上海的由 12 家工厂组成的“上海国货工厂联合营业所”，甚至租用了第二层前楼的全部 20 间店堂，销售来自 11 家工厂的产品。由此可见当时中央商场包罗万象的商品类别和繁荣的商业景象。

中央商场创立伊始，便成为南京最大的经营百货类的商场。在知名度方面能够与其抗衡的仅有太平路的大中国商场，而中央商场在当时属于高档商场，所经营商品如漆器、瓷器、罐头、雕刻等，均属较高档商品，同期的大中国商场、国货陈列馆附属商场等，则为经营低廉日用百货的低端商场。大中国商场位于太平路 311 号，即太平路与太平巷交叉口东南侧，该地块为带形用地，用地面积为 289.26 平方米，仅可容纳长约 24 米、进深约 12 米的房屋，体现了联排式市房的特征，在规模上显然无法同中央商场相媲美。而且，大中国商场于 1937 年 3 月 11 日早晨发生重大火灾，“所有该商场上下楼房十六幢，及邻近忠义坊廿一间，均付一炬”，损失数额据传达到百万元以上。因此，抗日战争爆发前，中央商场成为南京规模最大的综合型商场。

2. 中央商场的建筑空间与形式

中央商场建筑方案包括两份，其一设计于 1934 年 9 月，是中央商场筹备处为组建中央

---

① 首都创立国货公司：吴震修、马超俊分任常务董监，寿墨卿为总经理，《国货月刊》（长沙）第 49、50 期合刊，1937 年 7 月，第 56 页。

② 《首都中国国货公司概况》，《中华国货产销协会每周汇报》第 4 卷第 14 期，1947 年 3 月 5 日，第二版。

③ “南京唯一之大规模商场”的描述源自 1935 年 9 月《首都国货周报》专载的《寂寞“中正路”——南京将有中央商场》一文，《首都国货周报》第 10 期，1935 年 9 月，第 17 页。

商场股份有限公司和面向社会招股而作；其二设计于 1935 年 8 月，为最终的建成方案（图 5-2-10）。两个方案图签一栏均注明设计方为上海华中营业公司。此外，另有学者认为建筑由高观四设计[④]。高观四既是上海华中营业公司的“建筑师”，也是中央商场的发起人之一。了解中央商场的建筑形式与空间首先要了解上海华中营业公司和高观四的背景。

上海华中营业公司（Shanghai Reality Co. Architects & Engineers）成立于 1926 年，由南浔张氏石铭、澹如、久香堂兄弟三人[⑤]及鄞县李孤帆联合顾宜孙、庾宗溎、朱耀廷、高观四、施求麟、王崇植、钱昌祚、邵逸舟、罗冠英等工程师合作创立。其中，张澹如任董事长，李孤帆、张石铭、高观四和庾宗溎四人为董事，监察人二人，分别为张久香和朱有卿。该公司除在上海、天津和汉口设有三个营业所外，还在北京、济南、青岛、南京、无锡、杭州、南通、芜湖、九江、长沙、广州和香港等地设有代理处。该公司是一家涵盖房地产咨询、投资、企划、买卖等，以及测绘、土建、室内装修等工程，机械工程、设备购买、采矿及冶金等业务的综合性工程单位。

1934 年 9 月招股时期的建筑方案为集中式布局，商场平面呈“之”字形，连接西侧的中正路和东侧的老王府后街，南北侧又引出街巷直达淮河路和正洪街。建筑主入口位于中正路中央，旅舍和戏院分列南北。建筑北面、南面分设次入口，北入口一侧设传统“书场”，是初期方案的一个特色。主入口处为四层高的、层层收分的西式塔楼，成为建筑群的视觉焦点，应作为场方办公之用。商场内以正交排列的、阡陌纵横的“街巷”组织购物流线，上盖玻璃天棚，中央设摊架，分隔出两侧的步行空间。“街巷”两侧则为连续排列的、相对独立的店铺栋，包括二层高和一层半高两种，底层为营业空间，二层以上可作为店员居住、仓储等功能。方案共设二层高铺面 32 间，一层半铺面 125 间（图 5-2-11）。

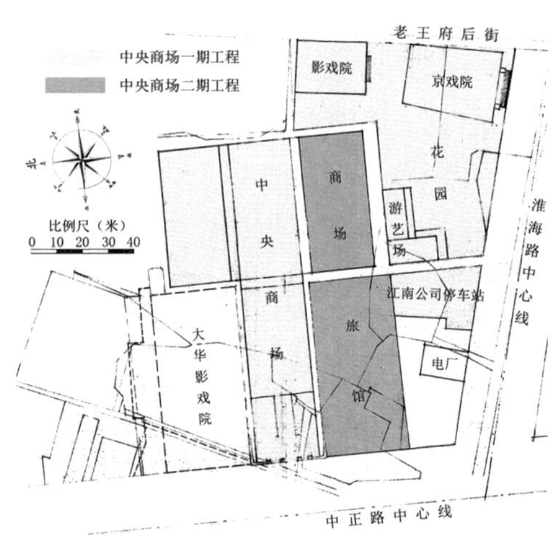

图 5-2-10 中央商场建筑群一层平面图

图片来源：南京图书馆藏，《南京中央商场》，MS/F721/14(1912-1949)-01-201

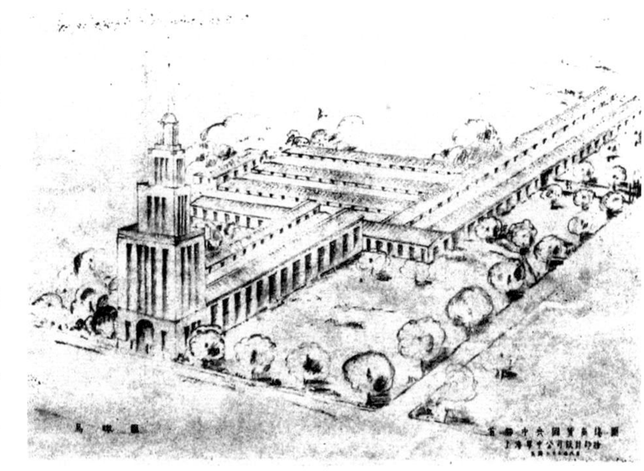

图 5-2-11 中央商场方案初稿效果图

图片来源：南京图书馆藏，《南京中央商场创立一览》，MS/F721/8(1912-1949)-01-202

中央商场初期方案体现了中国传统商业街市空间和西方建筑技术与形式的融合。一方面，购物流线基于室内步行街展开，两侧商铺彼此毗连、相对独立，各商铺二层及阁楼空间并未

④ 刘先觉、王昕在《江苏近代建筑》一书中指出：“建筑由高观四设计。”（根据 刘先觉，王昕 编著. 江苏近代建筑［M］. 南京：江苏科学技术出版社，2008：99. ）后文洙在《六秩春秋话沧桑：南京中央商场六十年（1936—1996）》一书中也有相同的观点：“商场建筑设计由上海华中营业公司的资深建筑师高观四进行打样。”（根据 后文洙 主编. 六秩春秋话沧桑：南京中央商场六十年（1936—1996）［M］. 南京：南京中央商场股份有限公司，1995 年 12 月（编后记成文时间）：7. ）

⑤ 上海华中营业公司的主要发起人与张静江关系密切，张石铭是张静江的堂兄，张澹如、张久香是他的亲兄弟。

纳入商场空间内，体现了中国传统“以工事列肆、以贸易立市”的线形商业空间特征。某种程度上，商场的集中式布局形式更像是设计者在街区尺度内的商业街道规划。基地南北垣通向建筑次门的路口处，还设置了三开间冲天式牌坊各一幢，类似传统的“市门”。这些均体现出中国传统市肆观的商业空间形态。另一方面，商场还融入了西方建筑技术与形式。步行街上覆三角形木桁架结构支撑的玻璃天棚，类似西方拱廊街的形式。主入口塔楼立面采用竖向条形窗，造型向上层层收分，收束于四角鼓座，上覆圆形小穹顶和塔尖。这一向上冲势的造型和风格特征使人联想起同时期流行于美国的阶台式装饰主义建筑风格。

3. 中央商场建筑群的空间形式

中央商场建成方案转变为离散式布局。根据 1935 年 8 月的建筑设计图，中央商场建筑群包括三部分，即大型商场、附属设施及中央游艺园。其中，附属部分和中央游艺园沿基地南侧淮河路及东侧老王府后街呈“L”形布局。前者位于淮海路和中正路路口东北角，包括样子间、首都电厂配电所和中央停车站。由停车站向东为中央游艺园，包括临淮海路的游艺场、京戏院（即中央大舞台）以及北侧的影戏院三部分，呈“三叶草”式格局，环绕中部的中央乐园及圆形喷水池形成向心式布局。游艺场和京戏院之间还有一大片集中设置的公共草坪，使淮海路上的行人可以观赏到喷水池。

中央商场是建筑群的核心，位于基地正中。建筑主入口面向西侧中正路，北侧为大华大戏院，南侧空地为拟建的二期商场和旅馆。建筑主体部分二层，西侧临街为四层楼，总建筑面积约 7006 平方米。建筑采用钢筋混凝土框架结构，填充墙为砖砌，屋顶为双坡顶桁架式木屋架构造，上覆瓦面。建筑立面为装饰主义风格（Art-Deco），局部如檐口处饰以中国传统纹饰，是早期西方建筑风格结合中国传统建筑装饰在大型商业建筑中的一种尝试。

中央商场建筑平面为室内步行商业街的形式，一期部分平面呈“L”形，若加上南侧二期工程，则呈朝向西侧中正路的“凸”字形形态，建筑主入口位于“凸”字探头处，前方为一方形广场，拟建的旅舍和大华大戏院分列南北，形成一定的围合感。建筑采用 8.10 米 ×4.00 米柱网，每个柱网内设置一个商铺单元，共有商铺 130 个、摊柜 70~80 个。“L”形平面由三个东西向的矩形构成，分别为 23.77 米 ×44.20 米、23.77 米 ×47.34 米以及 23.77 米 ×51.34 米。三个矩形为三个防火分区，其间以 4 米宽通道隔开，内设消防楼梯和防火门。行人由中正路引入，过一中式牌楼门、广场及一宽约 8 米的步道到达商场入口。商场临街面面阔三间，中间为交通空间，两侧设铺面。交通部分屋架高于两侧店铺，有围护墙体，上开高侧窗，以增强卖场空间的采光。西侧中正有一面阔三间、进深两间的四层楼，三层、四层为商场的办公用房。

中央商场建筑平面格局反映了传统“市”的形态特征，体现在自城市街道经过牌楼门、广场进入商场内线形步行商业街的空间序列中。建筑中正路一侧设三开间的冲天式牌楼门，以传统商市符号化的入口标志物提挈建筑群的商业功能（图 5-2-12）。入内为一开敞广场，两侧为绿化植被，暗示了前方商场空间的存在，也导向了垂直于道路的纵深方向发展的线形室内商业街序列。进入商场内部，线形序列与后部的环形商业街相通，形成连续的室内步行街。建筑底层内街中央设柜台，两侧为店铺。二层平面采用围绕中庭的环形购物流线，楼板向中庭悬挑，商铺内收，商铺外墙和柱间形成环形步道，使消费者获得更丰富的购物体验（图 5-2-13）。东侧的两个矩形卖场还设置了南北向步道，通往北面的两个次入口和东南角的一个次入口。

图 5-2-12 中央商场建筑群鸟瞰效果图

图片来源：南京图书馆藏，《南京中央商场》，MS/F721/14(1912-1949)-01-201

图 5-2-13 南京中央商场内庭

图片来源：《实业部月刊》，第 2 卷第 1 期，1937 年 1 月 10 日

中央商场线形和环状相结合的室内步行商业街组织了各种不同类型的店铺，体现复合型消费空间的特点。场方有意按照不同消费业态进行功能分区，将数量最多的商品和服务业商铺集中设置。这种相关业态的聚集性布局特征在商场二层尤为明显，南侧主体部分主要经营服饰品，东南角有楼梯通往室外，便于顾客有针对性地购物。二层北侧为“餐饮广场”，包括中西、清真餐馆，茶点、咖啡等休闲消费业态，东北角设出入口直通室外。部分较有实力的商家还选择了规模化经营的方式，承租多间商铺，多位于二层。较之商场二层有序的功能分区，一层部分除西侧主入口处集中布置食品商店外，各种售品部类混杂布局，形成综合型的百货商业空间。

中央商场是民国南京首栋新建的，以经营日用百货为主、兼营餐饮休闲等业态的大型商场，即时人所称之“集团售品组织”。作为现代化的商业企业，中央商场以官僚化的组织机构与现代化的管理模式为特征。如果说百货公司所代表的西方现代资本主义，体现了一整套商品生产、流通、交换的逻辑，集团售品组织类型的大型商场则为商品交换创造了建筑空间，场方通过收取押租利息及出租租金牟取利润。作为适应这一企业组织、经营与管理模式的现代化商业设施，中央商场的建筑空间以室内步行街为特征，受到中国传统的商业街市空间原型的影响，形成自城市街道、标志物、广场到商业内街的空间序列。此外，商场还采用了钢筋混凝土、玻璃等现代化的建筑结构与材料，创造出不同于传统商业街道的空间体验。

五、社会改良类商业设施：大型菜场的建设

（一）发展沿革

南京特别市政府成立后，将辟建菜场视为便民类商业设施建设的重要一环。同年，工务局派员会同南京市公安局查勘全市 14 处地点，以确定拟建菜场区位。之后，当局根据“交通便利”和“人烟稠密”的原则，拟定牛家湾、大中桥、新街口、中华门等处设立菜场，并完成相应建筑设计图纸。但是，迨至 1935 年前后，南京城区仅有中华路、彩霞街、程阁老巷等数处集中设置的菜场，其中，官办菜场仅中华路一处，不仅难以满足南京市区人口日益增长的需要，且菜贩“浮摊游担、触处皆是，充塞街衢、拥挤冲要，市容观瞻及交通秩序，备受妨碍”。因此，南京市工务局继续着手择地建造菜场。

1935 年至 1936 年期间，南京市工务局相继设计建成公共菜场 4 座，自行设计而对外招

商承建、经营菜场一座。公营菜场包括1935年7月竣工的下关杨家花园菜场、1935年8月竣工的丁家桥菜场、1935年9月竣工的丁家桥菜场扩充工程、1935年8月竣工的下关杨家花园菜场扩充工程、1936年2月竣工的八府塘菜场和1936年3月竣工的科巷菜场（图5-2-14）。此外，工务局还为同仁街菜场“制定计划图样”，并对外招商承建经营。5处菜场共计建筑面积9006.9平方米，摊位1219个。截至1936年，南京城内共有大型菜场7家，其中官办5家，分别为八府塘菜场、丁家桥菜场、科巷菜场、中华路菜场和杨家花园菜场；商办菜场2家，分别位于彩霞街和洪武路。

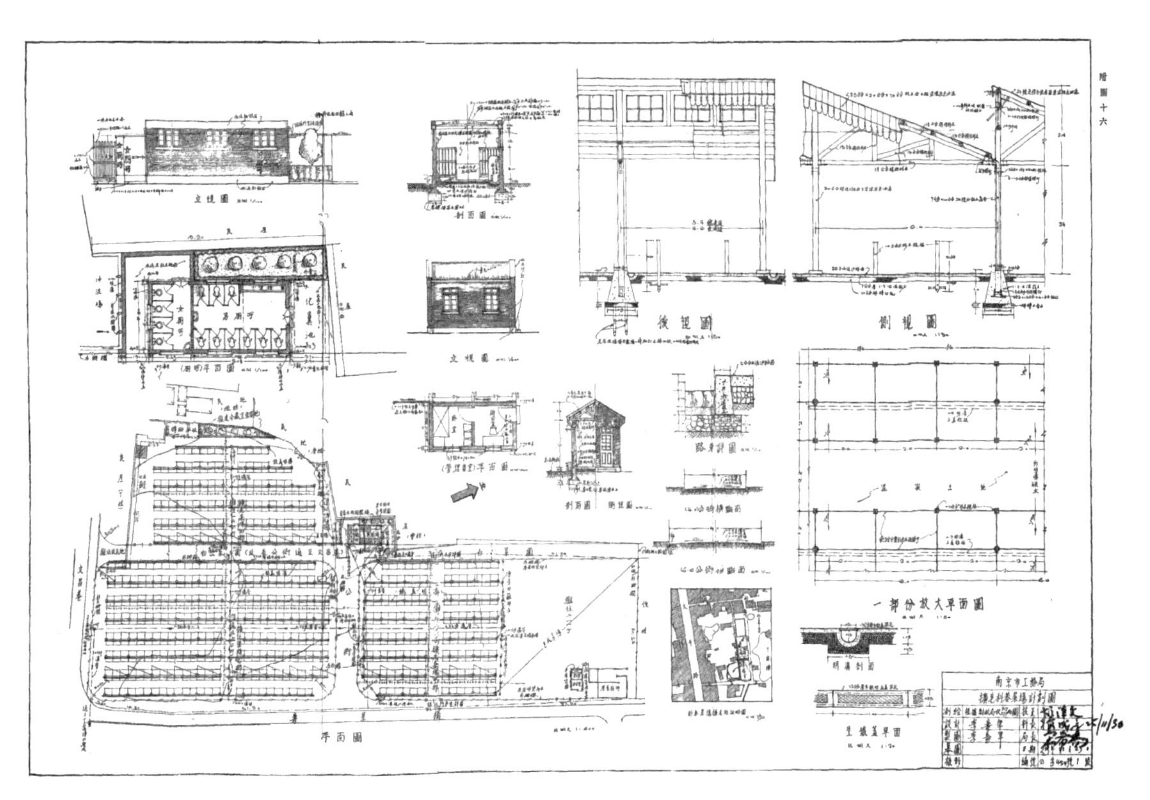

图5-2-14 扩充科巷菜场计划图

图片来源：［民国］南京市工务局. 南京市工务报告［R］. 南京：南京市工务局发行，1937.

图5-2-15 八府塘菜场外观

图片来源：［民国］南京市工务局. 南京市工务报告［R］. 南京：南京市工务局发行，1937.

图5-2-16 八府塘菜场内景

图片来源：［民国］南京市工务局. 南京市工务报告［R］. 南京：南京市工务局发行，1937.

至抗日战争爆发前的1937年中，南京共有市有菜场6座，包括丁家桥菜场、中华路菜场、八府塘菜场、科巷菜场、杨家花园菜场和同仁街菜场，共有摊位1313个。其中，八府塘菜场规模最大，共有摊位 395 个（图 5-2-15，图 5-2-16）。私有菜场共有 5 座，包括鱼市大街菜场、程阁老巷菜场、彩霞街菜场、明瓦廊菜场（临时）和孝陵卫菜场，共有摊位 309 个，规模最大的彩霞街菜场有摊位 88 个。除集中设置的菜场外，市工务局还会同警察局严格管控零星摊位和菜贩占道经营情况，“布告晓谕、严行取缔”，仅就科巷、丁家桥菜场扩充工程完工之前，划定寿星桥和模范马路旁空地为“临时摊贩陈列之所”，其余“所有菜场附近之街路两侧”一律禁止设摊，“免致妨碍市容交通及场内营业”。

（二）建筑空间形式特征

南京市工务局营建的菜场建筑体现了实用性特征。1937 年南京市工务局编纂的《南京市工务报告》：“各菜场之建筑构造，大抵为木柱屋架，瓦楞白铁瓦面，水泥混凝土地面。附属工程，则有公共厕所、竹篱、栅栏墙、水井、大门、活动木棚、垃圾箱及下水道等等。”[①]这些菜场之所以采用单层木构形式，主要因为市政府资金不足，而且南京旷土较多、地价不高，平房建筑自然比楼房更为经济[②]。

南京市工务局创办的菜场按照经营类别划分区域，一般包括“肉鱼”“鸡鸭”“蔬菜”“干货”“点心”等区。并划分摊位等级、分别厘定租金[③]。例如，科巷菜场位于中山东路、太平路路口东南向，邻近城南商住区，经营情况较好。该菜场共有摊位 211 个，全部租罄，划分为 8 个营业区，包括“猪肉”33 个、“牛肉火腿”4 个、“干货”40 个、“鱼”35 个、“鸡鸭”12 个、“豆腐”12 个、“水菜”72 个以及“点心”3 个。摊位按照等级划分，包括乙等 127 个及丙等 84 个[④]。

综上所述，菜场是南京国民政府时期当局力主创办的民生类大型商业建筑类型。这些建筑基本为单层木框架结构，形成一体化的室内大空间，再以界桩划分摊位，由菜贩们分别租用。大型菜场的创办方便了南京市民就近购买蔬菜，创造出具有气候边界的、舒适的室内买菜场所。此外，也利于当局集中管理，一方面，当局可根据菜、荤、面点等商品类别划定区域，形成类似大型商场商品部的形式，便于顾客比价、挑选与购买。另一方面，当局设置了公共厕所、垃圾桶等卫生设施，并集中管理菜场的启闭时间，从而在社会卫生、治安管理等方面达成现代化社会改良的目的。

---

① ［民国］南京市工务局．南京市工务报告［R］．南京：南京市工务局发行，1937：17.

② 根据 1937 年的《南京市工务报告》记载：“因本市菜场首在供给普遍之需要，又以市库未充，不容多掷费用于少数建筑，故大抵用木料建筑，同时本市地面尚形宽旷，非如沪市之随处稠密，寸地皆金，难求平面之扩展，故已成菜场，皆采用平式，因扩地较建楼反为经济也。”

③ 根据 1937 年的《南京市工务报告》记载：“各菜场摊位，按照营业物品种类，划分区域，计有肉鱼、鸡鸭、蔬菜、干货、点心等区……摊位租金，按营业种类及地点优劣，分等厘定。”

④ ［民国］南京市政府秘书处统计室．二十四年度南京市政府行政统计报告［R］．南京：南京市政府秘书处发行，1937：230.

第三节　日据时期南京商业设施改造与建设

一、日军对南京城市商业设施的破坏

1937年8月13日，驻扎在上海虹口地区的日本海军特别陆战队向中国军队挑起战端，“淞沪会战”打响。战斗异常惨烈，历时3个月，11月12日，上海宣告沦陷。

在“淞沪会战”的同时，日军展开了对南京的空袭，先后达110次以上。1937年11月底，日军各部开始进逼南京，12月13日早晨，日军攻入城内，当日傍晚，南京沦陷。自此，日军开始对城市房屋建筑、文教古迹等进行焚烧破坏，造成了惨绝人寰的南京大屠杀暴行，犯下滔天罪行。日军入城后的纵火及劫掠暴行持续到1938年1月底[①]，南京的大量商业设施遭受严重破坏，城市陷入瘫痪中。张纯如在《南京暴行：被遗忘的大屠杀》一书中指出，南京的大火持续了“6个星期”，城内四分之三的商店均被“烧成了灰烬”。直至1938年1月，城内没有一家商店营业。

图5-3-1 日军攻陷南京之城南街道

图片来源：“支那”事变特輯ニュース 南京陥落. 東京：尚美堂発行，昭和12年（1937）.

图5-3-2 战后的中华路

图片来源：皇威輝く中支之展望：上海·南京·蕪湖·漢口·蘇州·杭州. 大阪：株式会社大正写真工艺所印刷及发行，昭和十四年（1939）六月第四版.

日军的野蛮侵略及入城后的纵火、劫掠使得南京城几乎沦为废墟，成为“建筑物的修罗场”。日本人洞富雄在《南京大屠杀》一书中转引了当时“一个德国人的所见所闻”，就南京市区建筑物毁坏状况及遭毁原因进行了分类统计，详述如表5-3-1所示。

各街被焚商店铺面一览表[②]　　表5-3-1

路街名	被焚铺面	备考
朱雀路	约计17号	被损坏，装修未焚待整理的铺面不在此列
太平路	约计411号	—
中山东路	约计77号	自太平路至新街口一段
中正路	约计8号	自新街口至白下路（中央商场、中央游艺园、大华戏院均焚）
白下路	约计61号	—
升州路	约计137号	—
建康路	约计247号	—
中华路	约计262号	—
夫子庙	约计132号	桃叶渡、龙门街、贡院街、东牌楼、大石坝街等

① 1938年1月13日，魏特琳在日记中记载：“现在局势有了一些好转，抢劫、纵火少了一些。”但直到1月底，每天仍有一到两处大火。

② 南京市档案馆藏，市实业局：《南京市被焚商店房屋建筑计划意见（附：各街路被焚商店铺面一览表）》，1938年1月1日，档案号10020100215(00)0001。

日军占领南京后，对城市原有商业街区和商业设施进行了纵火焚烧与抢劫掠夺，战前城南、城中商业区内大量的房屋建筑遭到不同程度的破坏。其中，太平路、中华路、建康路、升州路、夫子庙等商业街市受损最为严重，商民损失不计其数。在1946年的远东国际军事法庭上，美国驻南京副领事埃斯皮指出："要恢复市区内的正常活动，这些地区（南京的商业区）几乎全部需要重新建设。"①

二、概述：日据时期南京城市商业概况与商业设施建设

（一）日据时期南京社会及商业概况

日军占领南京后，制定了一整套"统制"政策，以管控占领区的经济与物资，使南京地方经济沦为其对华侵略的军需品供应地。日据时期，南京城市商业的恢复与发展基本以1940年3月为界。第一时期内包括两届过渡性"政权"，主要以资源掠夺和战后城市经济秩序恢复为主，体现在日本对南京物资的掠夺与管控、幸存中国民众迫于生计的商业活动等。1938年11月起，当局开始为太平路工商各业发放许可证，各业陆续复业。根据1939年3月"南京市总商会筹备会"的调查，1938年7月至1939年2月这8个月间，南京共有3582家店铺登记开业，涵盖116行，总资本达到1 070 671元，此外还有未登记的店铺821家。

1940年3月以后，南京人口增多，市面逐渐恢复。根据1940年6月的"南京职业人口调查"，其中从事商业和服务业的人口分别占从业人口的22.92%和16.22%，商业人口所占比例基本同战前相符。由此可见，1940年初，南京的商业活动基本恢复。当局为进一步建设和发展市面，还采取了一系列促进工商业发展的措施，并拟就了"南京特别市奖励手工业办法"，以吸纳上海及周边地区的商人到南京创业。

日据时期，南京城市商业虽然在遭受战火摧残后逐渐恢复，并在1940年后有一定程度的发展。但由于当局无限制地印行纸币，造成金融市场混乱，货币贬值、物价飞涨，大量商民破产。1940年后，当局还实施所谓的"战时经济体制"，严格管制农业生产、霸占中国企业并大肆掠夺军用物资，致使中国民族工商业遭受沉重打击。

（二）日据时期南京的商业设施建设与发展概况

日据时期，南京商业设施的建设情况基本遵循城市商业的恢复与发展过程，体现出三个时期的特征：战后初期，日本人占据了遭受破坏较少的战前商业区，幸存的中国民众则因陋就简地设立了一些路摊市场，在废墟上建屋营业；1938年3月至1940年初，许多幸存民众回归原住址复业，当局还开展了一些菜场、简易市场与市房建设，市面有一定程度的恢复；1940年3月以后，随着南京人口逐渐增多，市面有所发展，商业设施的建造活动亦开始增多。

1. 因陋就简：战后初期的商业设施

日军占领南京后不久，率先将原先南京市中心最繁华的新街口、中山东路、太平路一带

---

① 洞富雄．南京大屠杀［M］．毛良鸿，朱阿根，译．上海：上海译文出版社，1987：143-145.

划定为“日人街”。该街区主要为在南京的日军服务，最初设置了各种军内小商店，后来增加了餐饮、钟表、杂货等功能，并开办了一些日商企业。

在日本方面划定“日人区”并扶植日商企业、日本商人的同时，也开始允许中国市民开设马路摊贩市场，最早的路摊出现在“安全区”[①]内。1937年底、1938年初，安全区内的人们搭建起许多小商店，上海路形成一个较正规的简易市场，包括店铺、茶馆和饭店等，主要贩售食品、衣物、盘子等。随着日本对“南京安全区国际委员会”的限制并力图解散“安全区”，城西南的莫愁路附近成为新的市场。南京时局渐趋“稳定”，距安全区较远的城南地区也开始出现列摊待售的市场，如夫子庙广场前便聚集了很多商贩，因太平路白菜园菜场被毁而无处营业的菜贩则在科巷附近摆摊贩卖等。

1938年2月中，在南京沦陷初期的劫掠与纵火后，日本试图恢复城市秩序。他们在扶植傀儡政权并限制“国际委员会”活动、解散“难民区”的同时，让市民回归原住所恢复原业并开设零售商场[②]。于是，幸存的中国民众开始在废墟上复业。至1938年2月末，有172 502人回归了原住地，部分“持有少量营业资金的人”在回归原住所后就地开设了简单的小卖店，主要销售食品、杂货等。此外，由于大量南京原住民或在战前迁居外地或遭到屠戮，很多外地难民在无人问津的屋基房产上建屋营业，其经营类别可谓五花八门，有饭店、鞋店、衣服、香烟、理发、钟表、五金等。但南京城内不仅建材资源短缺，也没有专业的建筑师和施工人员，人们只得利用家中的旧建筑材料和废墟里的“残废之料”搭盖简易房屋。这部分房屋基本都是简陋的平房，以铁皮、芦席等材料搭建，建筑质量较差。此外，1938年上旬，随着在南京的日本商人增多，他们开始霸占未毁于战火的中国居民产业，“自由住入”并开办商店。

2.1938至1940年的市房与简易市场建设

该时期内，当局据“繁荣南京当以秦淮河为始”，首先恢复秦淮河畔的歌舞厅、画舫、酒楼饭店、戏院等娱乐行业。随后，南京民众开始登记创办商号并建屋营业，战前商业街逐渐复苏。截至1938年11月，南京工商各业已许可发证的商号有34家，已登记但未给证的商号有29家。战后各类生活物资和基本服务均较为匮乏，这些商号涵盖了饮食、服装等日用百货类别以及浴室、理发等基本服务业。许可发证的34家商号中有30位店主均居住于店内，体现了商住一体式市房的空间特征。此外，城市建设百废待兴，也为营造业的发展提供了契机，34家登记商号中有14家与建筑工程相关，包括营造厂、水木作、建筑工程等营造业，石灰、水泥、纸筋等建筑材料业。

1938年至1940年期间，日本人“占屋营业”也趋于规范化。1938年初，日本商人只需向“南京特务机关”呈报，由其发给“许可书”备案即可“占屋营业”。1938年7月，“督办南京市政公署”开始办理土地登记，业主需持战前颁发的“土地图状”呈请办理，由当局颁发“查验土地权利图状登记证”。1938年中，当局又颁布了《督办南京市政公署代管经收房租规则》，规定业主不在南京的市房地产由“财政局”代管并代为与日本商人订定租约、

---

① 1937年11月12日，日军攻占上海后，迅速向南京推进。当时留在南京的20余名西方人士组成南京安全区国际委员会，本着人道主义精神，他们在南京城内发起成立了一个旨在保护和救济战争难民的中立区一南京安全区。其具体地理范围为：东以中山路、中山北路为界，自新街口起，止于山西路口；北以山西路及其以北一带至西康路之线为界；西以西康路、汉口路西端与上海路同汉中路交叉口之间的直线为界；南以汉中路为界。

② 1938年2月15日，日本下令当晚之前所有“安全区”内的店铺须全部搬走，于是人们拆除店铺，回住地废墟上复业。

收取租金[1]。至 1940 年，日本人若想在南京“占屋经营”，须向“南京特务机关”申请核准，然后与“财政局”驻“特务机关”的相关办公人员订定租约并缴纳一定数额的租金，“数年以来，以成为定例”[2]。中国业主则须持“查验土地权利图状登记证”向“督办南京市政公署”呈请领租。对于没有“土地图状”无法及时查验的业主，则须拟具“铺保”（亦称“店保”）或“邻保”——由业主联络商号或邻居证明地权属实，然后获得“市政公署”颁发的“领租证”，凭证按月领取租金。

1938 年 9 月至翌年年中，“督办南京市政公署”创办了多处菜场建筑，包括改建的承恩寺菜场、中华路菜场、程阁老巷菜场、长乐路菜场等，新建的复兴路菜场、下关鱼市场等。除山西路菜场和下关鱼市场分别位于城北和下关一带外，其余菜场均位于新街口以及中山东路以南的原城中、城南商业区内（图 5-3-3）。当局还为日本人代办了部分市房建筑，自 1938 年底至 1939 年底，共完成太平路第一至第四期以及中山东路一期等五期市房，除太平路一期市房外，均为联排式市房，竣工后交付“南京特务机关”，供在南京的日本人使用。该时期内，当局的一系列商业设施建设，旨在解决中国民众生计问题，也为在南京的日本商人服务，以期恢复正常的生活秩序。

3.1940 年以后的综合型商场建设及市房改造

自 1940 年 3 月 30 日至 1945 年 8 月日本战败投降，是以汪精卫为首的“南京特别市政府”时期。在当局的导向下，南京建设了多栋大型商场和简易市场，中国民众及日本商人亦在战前著名的商业街两侧建造、改筑市房，部分商业街市恢复战前形貌。

1940 年前后，南京商业市面虽有所恢复，但商业生活仅能满足民众生存所需。1942 年前后，当局为恢复南京市面，“威逼”与“利诱”上海服装、纺织品商人迁到南京经营。随后，大量上海商家来宁设店，如金谷、金门、新都服装店，新光衬衫厂，永新雨衣厂，章华毛纺厂等。在此背景下，1942 年至 1944 年期间，沪宁一带商人创办了多处大型商场和简易市场，前者包括复兴商场、永安商场、联合商场、建康商场等，后者包括大中华商场、兴中商场、新世界商场等。除复兴、兴中两座商场位于新街口外，其余商场均位于战前繁华的城南商业区，即中华路、太平路、夫子庙一带（图 5-3-3）。

这一时期，大量中国民众回到南京，在原址上建屋营业，城中、城南商业街道两侧的市房建造活动增多。同时，日本人租赁市房的程序更加规范化，许多中国业主向有关当局呈请收取租金。对于之前由日本人占据但未订定租约或在占用期间出现房屋损毁的情况，当局会协助业主索取租金及补偿金、收回房屋等。至 1942 年前后，以太平路、建康路为代表的城南商业街重现连栋式店铺街的面貌，逐渐恢复了战前的繁华。相较而言，城北地区则较为萧条。1943 年，当局成立“山西路市容整顿事务所”，统一负责山西路市房建筑改造。但是，这部分市房建筑多为单层，主要采用旧建筑材料，无法同城南地区由二、三层市房组成的店铺街相比。

① 南京市档案馆藏，孙长科：《关于请发代收太平路二五八号至二六零房租及与市政公署的来往文书》，1938 年 6 月 27 日，档案号 10020041417(00)0001。

② 南京市档案馆藏，卢觳章：《关于请领太平路四零一号房屋租金与市政府来往文件》，1940 年 7 月 21 日，档案号 10020041394(00)0002。

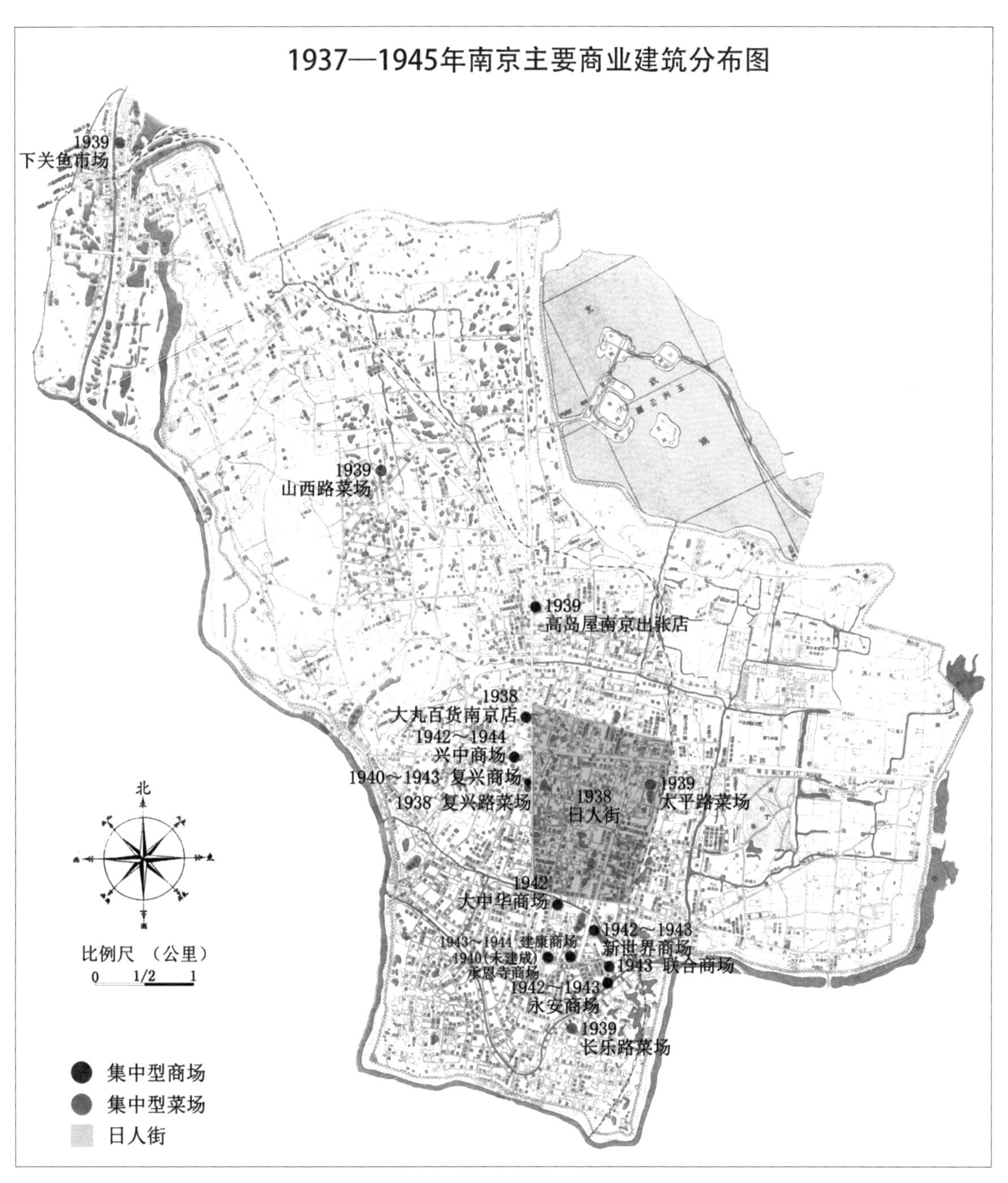

图 5-3-3 1937—1945 年南京集中型商业设施分布图

底图来源：中国史地图表编辑社，马宗尧 编制，金擎宇 校订．南京市街道详图（1949）［Z］．亚光舆地学社出版，大中国图书局发行，1949．

三、日本人创办的商业设施

（一）“日人街”的划定

日本殖民经济政策的主要内容便是使“殖民地”经济日本化，从而成为日本经济的附庸。为实现对南京的经济统治，日本首先划定了日本人活动区域，并帮助日本企业在南京开设商场和店铺。1938 年初，日军攻占南京不久，便将南京市中心最繁华的区域划定为“日人街”。

根据 1938 年 1 月 21 日“南京特务机关”制定的《南京班第一次报告》[①]记载，“日人街设置在市内最繁华地区，面积大约为 220 町步。最初以军内小商店为主，逐步增加了饮食店、钟表店、理发店、杂货店、旅馆等，目前开业的店数约有 60 家，另外还有几家正在申请开店。除军人、军属外，居住此地的日本人人数约达 300 人。”[②]同年 3 月的《南京班第三次报告》记载了“日人区”的具体位置，即“北起国府路，南到白下路，西起中正路，东达铁道线路”，该区域内包括了战前繁华的太平路及中山东路商业街区[③]。

日本将新街口、中山东路、太平路一带划定为“日人街”主要因为该区域的地理位置和既有设施方面的便利。一方面，该区域位于南京城市中心，与“南京市自治委员会”初期划定的 4 个行政区域联系紧密，方便日本的殖民式统治。另一方面，“日人街”的范围囊括了战前南京最繁华的商业区，虽然大量商业建筑毁于战火，但中山东路、新街口附近遭破坏程度较小，尚有部分商业用房可以使用。因此，日军占领南京后不久，日本商人便在该区域内“占屋营业”。

（二）日本连锁型百货商店的出现

日本对南京实行经济侵略的另一个方式为扶植日本企业在南京开办商场。日本的百货公司企业是伴随着 1895 年中日《马关条约》的签订以及 1904 年至 1905 年“日俄战争”日本胜利并获得俄国在中国东北的特权而率先进入东北地区和台湾地区。最早在中国设店的是高岛屋百货公司（Takashimaya Dept.）和三越百货公司（Mitsukoshi Dept.），例如 1901 年的高岛屋台湾商店、1936 年的高岛屋奉天店（洋服店）等，1909 年的三越台湾店、1927 年的三越大连百货店等。

1937 年，全面抗日战争爆发后，大片中国国土沦陷，更多日本百货公司随日军铁蹄进入中国，在上海、南京、北京、天津等华东、华北地区设立各类连锁型百货商店、零售店、杂货店、食料品店、军票交换所等。至抗日战争胜利前，南京先后有高岛屋、大丸（Daimaru Dept.）、三中井（Minakai Dept.）等多家大型连锁百货公司设店。

日本人在南京开设的百货商店基本是侵占未毁于战火的既有建筑，少事修葺、布置便即营业。如大丸百货南京商店占据了位于中山路 73 号的南京国货公司分公司旧址，高岛屋南京出张店则占用了位于中山路 346 号的市房[④]。这些百货商店建筑面积较小，如高岛屋南京出张店为三层联排式市房，面阔 5 间约 20 米，进深约 8 米，建筑面积仅约 500 平方米。但它们均属于日商大型百货公司企业的连锁店，经营货品种类较多，在日据时期的南京较有名气。如 1945 年 12 月，首都警察厅东区警察局便称高岛屋南京出张店为“南京市较大商店”，“在京市营业规模甚大、货物亦甚多”。

日本商人在南京开办的百货商场是日本殖民经济的组成部分。一方面，他们利用各类商业设施肆意调控物价，在占有地倾销商品，掠夺民众财富；另一方面，日本商人大肆掠夺、囤积战略军用物资，支援日本侵略战争。

① 自 1938 年 1 月 21 日至 1938 年 3 月底，“南京特务机关”（也叫“南京特务班”）向满铁有关部门提交了三次报告，该报告为第一次报告。（根据：辽宁省档案馆．满铁档案中有关南京大屠杀的一组史料［J］．民国档案，1994（2）：10．）

② 辽宁省档案馆．满铁档案中有关南京大屠杀的一组史料［J］．民国档案，1994（2）：14．

③ 辽宁省档案馆．满铁档案中有关南京大屠杀的一组史料（续）［J］．民国档案，1994（3）：11．

④ 南京市档案馆藏，南京市政府：《据市民水周南呈请让出中山路三四六号房屋等情致党政工作考核委员会的函及原呈文》，1946 年 1 月 17 日，档案号 10030210164(00)0026。

（三）日本商人的市房改造与建设

自1930年代末至1945年，大量日本商人占据、租赁太平路两侧被毁坏的房屋，改造、建设为独栋式市房。这些市房建筑一般由在南京的日本建筑、土木业事务所设计并监造，作为日本商人的住家和商业经营用途，时称“家屋”。

市房建筑类型众多，按照空间格局可以划分为单栋式和组合式，前者只设临街店铺栋，在竖向空间上划分功能，包括下店上寝式、前店后储式、底层为营业空间的混合式等；后者一般为院落式布局，由临街的店铺栋和屋后的附属栋组成，包括前店后储型、前店后厂型等。

1. 单栋式市房

（1）下店上寝型

单栋式市房中以下店上寝型最为普遍，一般在底层临街面设店铺，楼上为居住空间，包括店主居室、职员宿舍等，如太平路391号“河濑洋行”、太平路405号“三大洋行”、太平路347号“国华洋行”、太平路30号“株式会社重松药房南京支店”等。

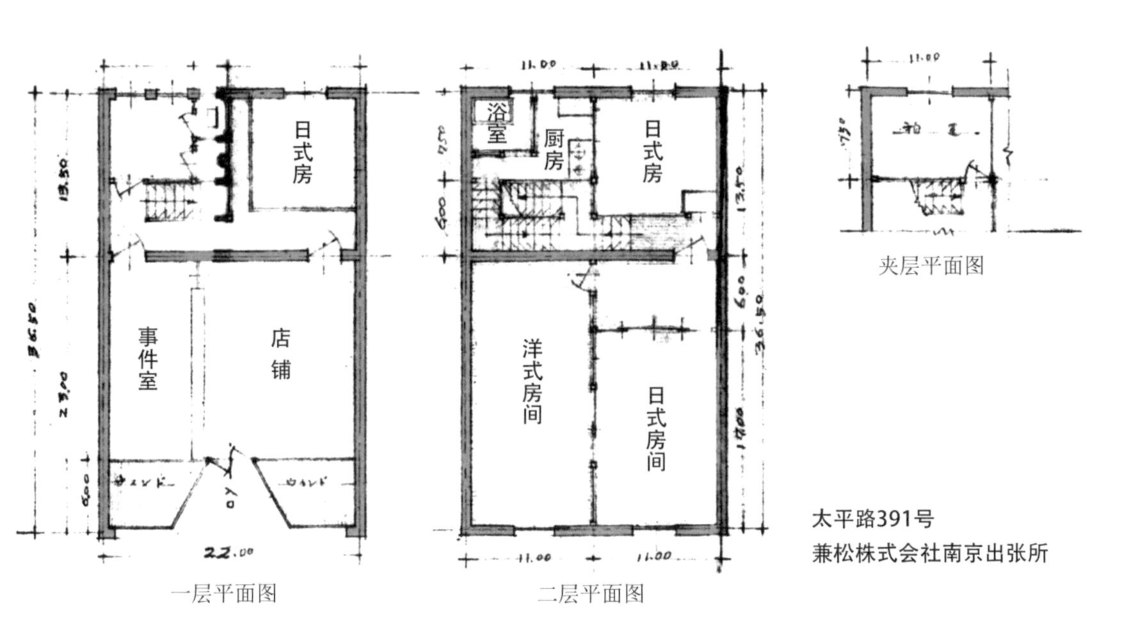

图5-3-4 太平路391号“兼松株式会社南京出张所”建筑设计图

底图来源：南京市档案馆藏，日本驻南京总领事馆管理科：《关于红花地三八号太平路三九一号碑亭巷四九号房屋改变承租人一事与市政府来往文件及附件》，1944年11月16日，档案号：10020041616(00)0013

太平路391号位于太平路与马府街路口东北侧，1941年由日本商人改建、开办“兼松株式会社南京出张所”，于1943年对房屋进行改造，1944年转由“河濑洋行”经营。改造方案由“日本林工务所”设计（图5-3-4），该事务所为一家土木建筑类综合型事务所，位于中山东路英威街137号，负责人为林光政①。建筑两层，高26日尺（合7.88米），采用简化的西式建筑风格。平面呈矩形，面阔两间为22日尺②（合6.6米），进深36.5日尺（合11.06米），建筑面积约为155.05平方米。该房屋为典型的下店上寝式市房，建筑底层沿街面为店铺和事

① 南京市档案馆藏，南京土木建筑业组合：《关于金村壬石太平路四零五号房屋给日本总领事馆田中彦藏的报告》，1944年8月29日，档案号10020041640(00)0005。

② 日尺为日本长度计量单位，1日尺=10寸≈0.30303米。

件室，二层有日本式房间两间和洋式房间一间，以过厅连通，洋间和过厅均采用木地板装修。建筑东北角处为错层空间，由一层上半层为储物间，一层半处则为浴室和厨房，从而减少了浴厨空间对居室的干扰。

太平路 405 号体现了相似的空间格局。该建筑位于太平路、马府街路口东北角，南京沦陷后，由日本商人创办“三大洋行”，经营中国物产贸易业和委托买卖，1944 年，承租者因营业使用不便而局部改造该屋，改造工程由“林工务所”设计监管。建筑为砖结构的三层房屋，檐高 38 日尺（合 11.52 米），采用现代派风格。房屋临街面长 38.5 日尺（合 11.67 米），进深 35 日尺（合 10.61 米），建筑面积约为 362.48 平方米。建筑底层临街为宽敞的营业空间，屋后为小尺度的附属用房及楼梯，二、三层应为员工的寝室。较之太平路多数商业市房底层临街面设展示橱窗，所形成上实下虚的立面形式，太平路 405 号则改造为中间为弹簧门、两侧设窗的底层立面（图 5-3-5）。此外，屋宇南侧尚有通道可直达后院，应作为运输货物之用。与同期一般性商业市房充分利用底层临街面、增加展示设施并扩大宣传的普遍性做法不同，太平路 405 号体现了贸易业对于商业空间的半开放性需求（图 5-3-5）。

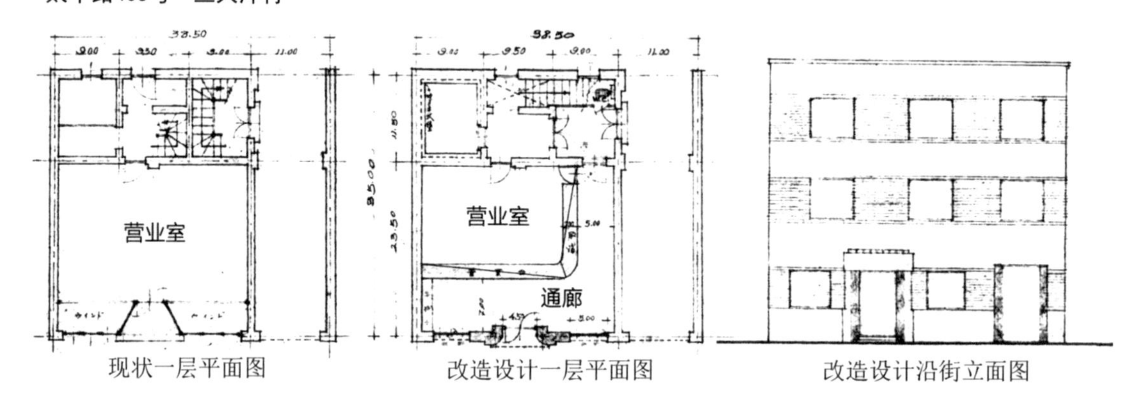

图 5-3-5 太平路 405 号“三大洋行”改造工程平面、立面图

底图来源：南京市档案馆藏，南京土木建筑业组合：《关于金村壬石太平路四零五号房屋给日本总领事馆田中彦藏的报告》，1944 年 29 日，档案号：10020041640(00)0005

单栋式市房设后院的情况较为常见，一般作为仓储院和杂物院。太平路 405 号因其功能需求而在屋后设仓储院，并专设通道与街道相连通，方便货物运输、存放。杂物院则一般为店主的日常生活服务，与厨房、厕所联系紧密，亦可用于杂物堆放。

太平路 347 号便是设置了杂物后院的单栋式市房。该房屋位于太平路与马府街交界处东北侧，属于战前张麟和所有“麟和里”市房、住宅建筑群中的一栋。1939 年，日本商人租赁该屋经营“叠扇业”，1944 年，某日本建筑材料商改造该房屋并经营“国华洋行”，作为事务所和住宅，工程由“株式会社福昌公司南京出张所工事部”设计管理。太平路 347 号为砖结构两层房屋，檐高 23.5 日尺（合 7.12 米），平面呈矩形，面阔 26.5 日尺（合 8.03 米），进深 43.5 日尺（合 13.18 米），建筑面积 109.42 平方米。该屋为典型的带后院的下店上寝型市房，底层临街面为营业场所“事务室”，其后为附属用房，包括浴室、茶房、厨房和食堂，并与后院相连通，卫生间也设在院内。楼梯上半层可至平台，连接服务于楼上部分的卫生间和杂物间。继而折转向上，到达以会客和休息为主的二层，卧室位于临街的西面，包括日本间两间，屋后为会客室和掌柜办公室，会客与交通空间均敷设木地板（图 5-3-6）。

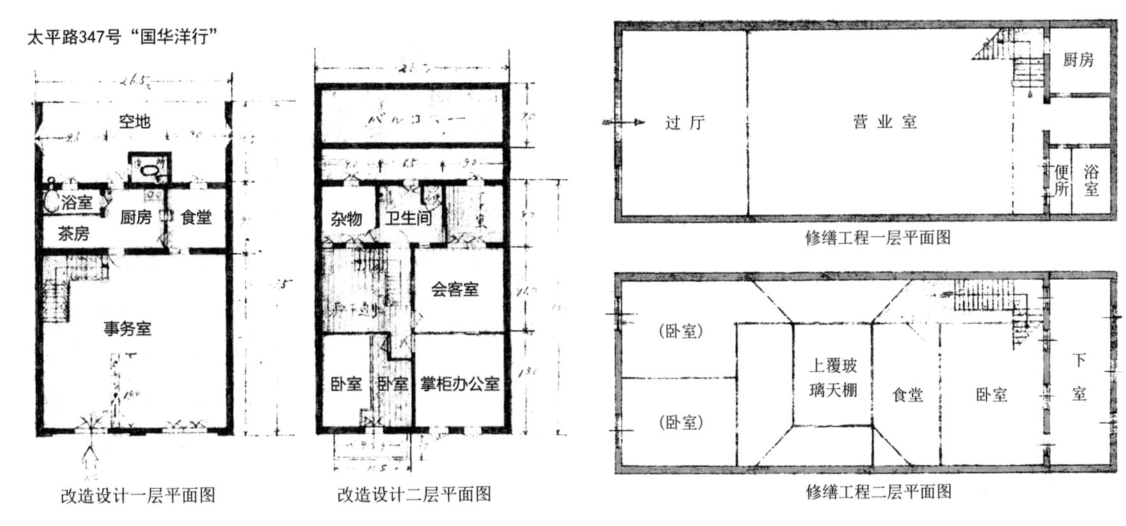

图 5-3-6 太平路 347 号“国华洋行”改造平面图

底图来源：南京市档案馆藏，日本驻南京总领事馆管理科：《为日侨伊藤浪三改修太平路三四七号房屋事给市财政局的函件及附件》，1944年7月15日，档案号10020041616(00)0019

图 5-3-7 太平路 30 号“株式会社重松药房”修缮工程平面图

底图来源：南京市档案馆藏，日本总领事馆田中彦藏：《关于林太一请求改筑太平路三十号家屋及市政府的公函》，1943 年 9 月 3 日，档案号 10020041424(00)0013

还有的单栋式市房采用中庭院式布局，如位于太平路、中山东路路口西南侧的太平路30号。南京沦陷时，该房屋幸存，1938年由日本药材商重松鸟治开办“株式会社重松药房南京支店”[①]，1943年，因屋顶漏雨严重，承租方进行了改造修缮，由位于淮海路大松涛巷的南京“王益兴营造厂”负责设计、监理和施工。日本人委托中国人经营的营造厂进行家屋修筑设计、施工的情况在当时比较少见。太平路30号为两层高的砖木混合结构房屋，总高约10.01米，檐口高度约7.78米，临街立面采用巴洛克风格。建筑为带状用地，面阔约7.52米，进深约17.60米，建筑面积约260平方米。建筑为带中庭的下店上寝式格局，底层主要为统一的营业空间，中央设中庭，上有玻璃天窗采光。由后部楼梯上至二层，交通空间环绕中庭布置，临街一侧设卧室两间，东侧为食堂和卧室。房屋主体后部尚有一幢附属建筑，与主体建筑间以错层的形式相分隔，底层为厨卫，上半层则是雇工宿舍，保证主体建筑二层东侧卧室的采光（图5-3-7）。

太平路 30 号是少有的、未毁于战火的太平路市房，体现了抗日战争之前中国人所经营的市房建筑的特点。建筑中央设采光天井，贯穿两层，上覆玻璃天棚，为该建筑的一大特色。这种“天井式中庭”源自玻璃天窗与江南地区天井院落住宅相结合形成的“天井院式中庭布局”，体现了现代建筑技术与传统建筑空间的融合。

（2）下店上寝与前店后储的混合型

下店上寝与前店后储的混合型单栋市房一般以交通空间划分为前后两部分，底层临街面为营业场所，屋后为仓储空间，楼上为居住、起居、宿舍等较为私密的休憩空间，如太平路 401 号“广泰洋行事务所”、朱雀路 119 号“株式会社三光洋行南京支店”、太平路 311 号“濑川洋行”等。

太平路 401 号位于太平路门帘桥段路东，靠近白下路，抗战前为“正大电机染号”。南京沦陷后，先有日本商人经营“八谷洋行”，后作为杂货烟草批发商店及家屋，1943 年，“广

① 日据时期，日本商人重松在南京经营的药房规模很大。根据华庆在《下关药商》一文中的叙述：“汪伪时期，日商重松在下关大马路 92 号开设了下关药房，基本上控制了下关药业。”（华庆．下关药商［M］// 政协南京市下关区文史资料委员会．商埠春秋：下关文史第 7 集．南京：南京红光印刷厂，1998：72．）

泰洋行南京出张所”租赁并改造该屋，作为“广泰洋行事务所”及店员宿舍，专营纤维制品杂货批发，改造工程由位于中山东路 33 号的日本“东和组南京出张所”设计并管理。太平路 401 号为临街两层、后部一层的砖木结构房屋，建筑最高点为 9 米，檐高 7.5 米，采用巴洛克建筑风格。房屋面阔 5.60 米，进深 15.15 米，建筑面积 90.6 平方米。建筑布局为典型的下店上寝与前店后储的混合形制，水平向以楼梯区分前后，临街侧为事务所，其后为储藏和盥洗间。二层为接待、起居等较为私密的空间，端部设厨房，与起居室和接待室连通，后者亦可作为餐厅使用。起居室设计为符合日本人传统生活习惯的日式榻榻米房间，约 16.56 平方米（图 5-3-8）。

太平路 401 号平面较规整，是下店上寝与前店后储的混合型单栋市房的典型空间格局，但是，各主要功能用房均为线性串联，彼此之间影响较大。针对基于私密程度进行空间分化，以竖向交通核和水平向步道相结合组织各功能房间的格局更有利于空间私密度的提升。这方面，朱雀路 119 号的空间格局则更加集约和高效。

朱雀路 119 号位于朱雀路与建康路路口东北侧，1944 年由日本商人租赁并局部改造，开设“株式会社三光洋行南京支店”，改造工程由位于南京铁管巷 5 号的日本“大中组南京出张所”设计管理。建筑为三层砖结构房屋，檐高 41 日尺（合 12.42 米），面阔 21 日尺（合 6.36 米），建筑面积约 261.03 平方米。建筑平面顺应地形呈向道路纵深方向延展的狭长折线形布局，中段交通核——包括楼梯和卫生间——将平面分隔为前、后两部分。前部底层为事务所，二、三层为日本传统榻榻米居室；后部为附属功能，底层为仓库，二、三层分别为佣人居室和食堂、厨房。储藏功能对层高没有过多要求，因此自二层起后部体量低半层高度，形成错层型布局（图 5-3-9）。

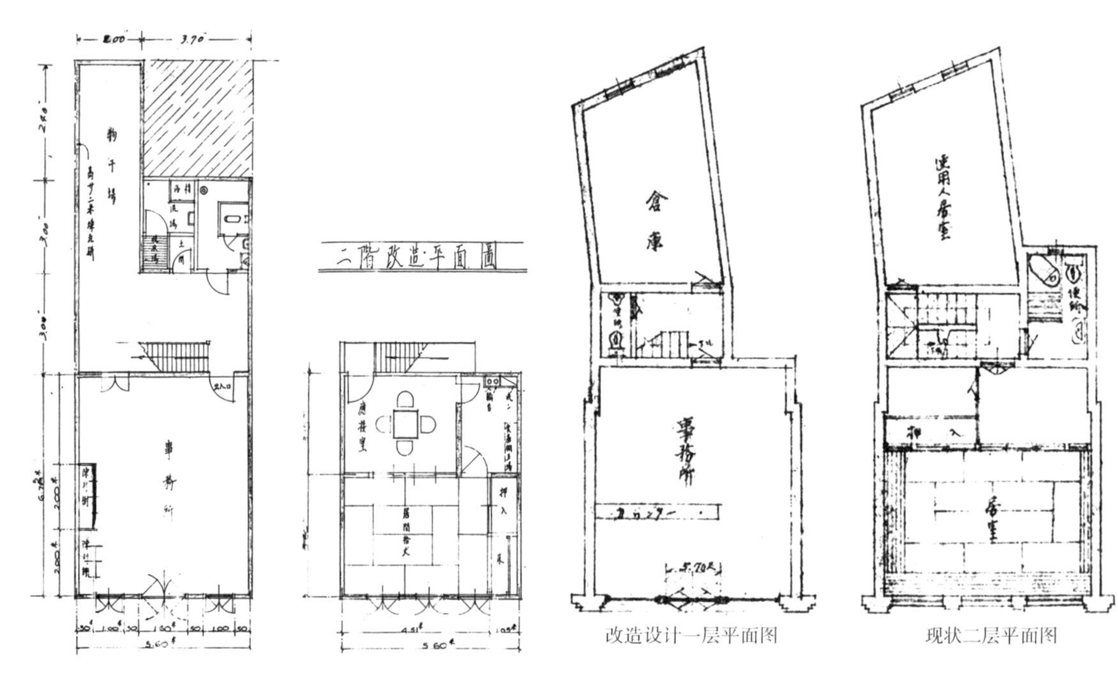

图 5-3-8 太平路 401 号“广泰洋行事务所”改造工程一层、二层平面图

底图来源：南京市档案馆藏，田川博一：《关于太平路四零一号家屋改筑使用许可证及市政府给日本领事馆的公函》，1943 年 10 月 22 日，档案号 10020041424(00)0017

图 5-3-9 朱雀路 119 号“株式会社三光洋行南京支店”改造设计一层、二层平面图

底图来源：南京市档案馆藏，日本总领事馆管理课：《关于田代保直在户鹤雄改建朱雀路一一九号太平路二二三号房屋与市财政局的来往文书》，1944 年 9 月 6 日，档案号 10020041640(00)0012

上述两栋建筑均采用向垂直街道纵深方向配置公共、半公共和私密空间的格局。太平路 311 号则采用了不同的、平行于道路布置的平面布局形式。太平路 311 号位于太平路与太平巷交叉口东南侧，战前由“金兴记营造厂”开办“中国商场”，南京沦陷时，房屋毁于战火，

1939年由日本商人在“烧迹”上建造房屋，创办“濑川洋行”，经营东洋烟草代理和贸易，1944年，另一位日本商人租赁该屋，作为“华中烟草组合第二配给所事务所及宿舍”。建筑为二层砖木结构房屋，面阔[1]4间约24米，进深约12米，体现了联排式市房的特征。由街道进入店铺，为营业厅，一侧为店铺和事务室，另一侧由走廊连接两间仓库。营业厅后部设楼梯，上至二层为会客、休憩空间，包括日本式房间两间、西洋式房间三间，接待室和厨房各一间。（图5-3-10）

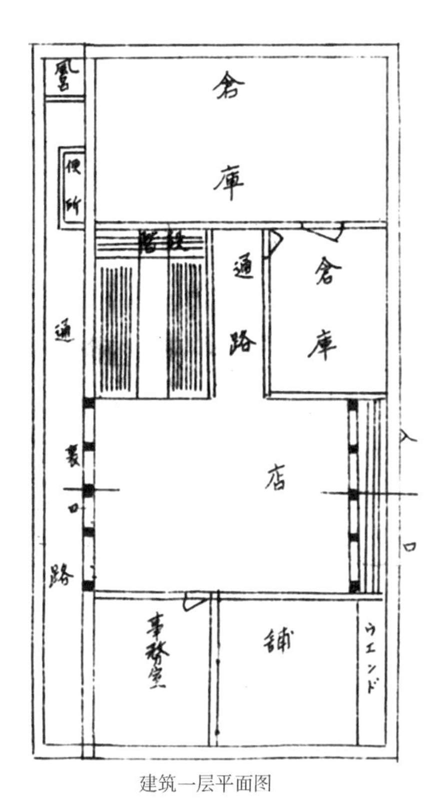

建筑一层平面图

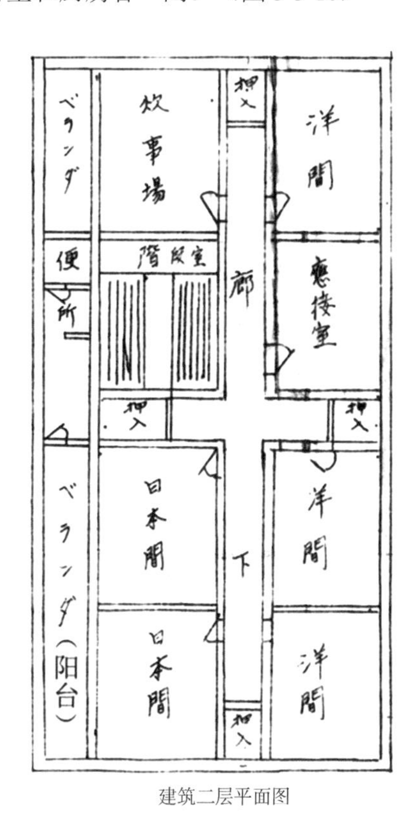

建筑二层平面图

图5-3-10 太平路311号“濑川洋行”一层、二层平面图

底图来源：南京市档案馆藏，日本驻南京总领事馆：《关于池田清一申请租用太平路三一一号房屋事与市政府的文件及附件》，1944年9月22日，档案号10020041634(00)0008

太平路311号基地具备优越的商业位势，其临街面阔相当于4间普通市房的宽度，这源自其之前作为集中式商场的用地属性。然而，日本商人在经营该处屋产时，将近二分之一的临街面用于封闭的非商业功能，这种有悖于商业街界面一般规律的布局形式，反映出20世纪30年代末期日本商人在南京占屋经营所享有的特权，以及较之战前的繁华景象，太平路商业街所显示出的衰败与没落。

（3）底层临街面为营业空间的混合型

单栋市房的另一种类型为一层临街面为对外营业空间的混合式市房，底层以上一般作为办公、旅馆等功能，体现了复合型业态的特征，如太平路135号“南京土木建筑业组合事务所”、太平路333-349号“广岛旅馆”等。

太平路135号是底层作为营业空间、上层为办公用房的典型市房。该房屋位于太平路与文昌巷交叉口东南角，为1939年当局创办的太平路第三期市房的“当心间”，起初由日本“国本洋行”租赁，1942年起由“南京土木建筑业组合事务所”[2]使用，后因房屋漏雨问题于1943年进行了修缮。建筑为二层砖木混合结构房屋，最高点达21日尺（合6.36米），檐

① “南京特别市政府财政局科员”张心贤在调查报告中称，该栋房屋为“四号楼上下”，故推测该屋基址在战前占据4间门牌号。（根据 南京市档案馆藏，日本驻南京总领事馆：《关于池田清一申请租用太平路三一一号房屋事与市政府的文件及附件》，1944年9月22日，档案号10020041634(00)0008。）

② “南京土木建筑业组合事务所”简称“南京土建组合”，是日据时期活跃于南京的专营土建设计、工程预算及项目管理的综合性日本建筑事务所。

高为 17 日尺（合 5.15 米），采用简化的西式立面。建筑平面为带状布局，面阔 14.50 日尺（合 4.39 米），进深 55.80 日尺（合 16.91 米），建筑面积约 68.86 平方米。建筑布局为下店上办的变异形式，综合了前店后院的特征。一层临街面为事务所，屋后有厨房、厕所等附属用房，二层则是会议和办公空间。

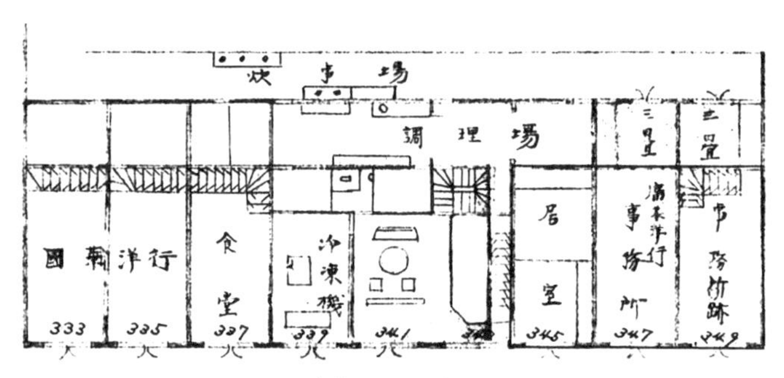

建筑一层平面图

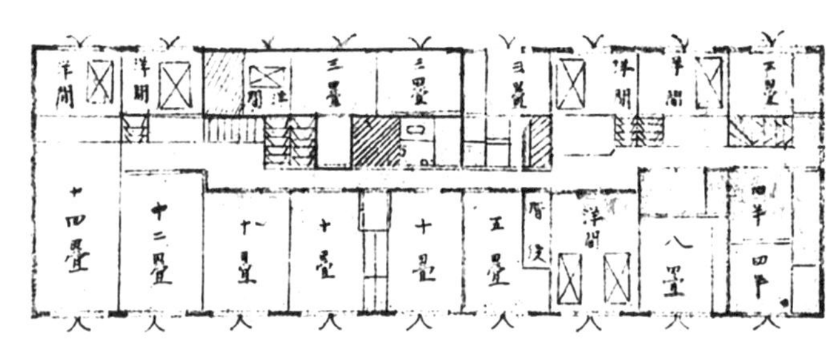

建筑二层平面图

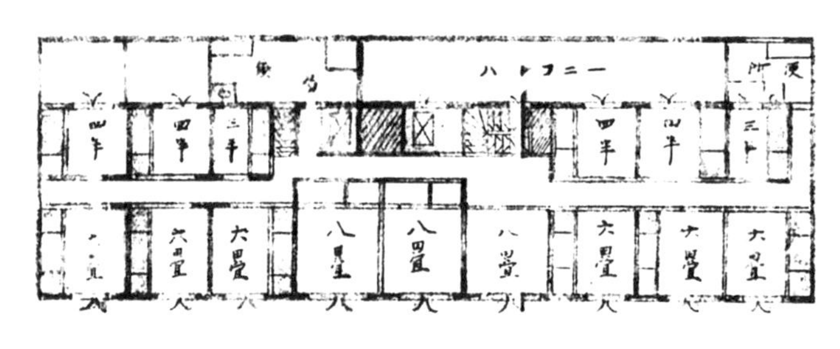

建筑三层平面图

图 5-3-11 太平路 333-345 号“广岛旅馆”建筑平面图（一）

底图来源：南京市档案馆藏，石川春一：《关于改筑太平路三三九至三四九号家屋及市政府给日本领事馆的公函》，1943 年 11 月 27 日，档案号 10020041424(00)0014

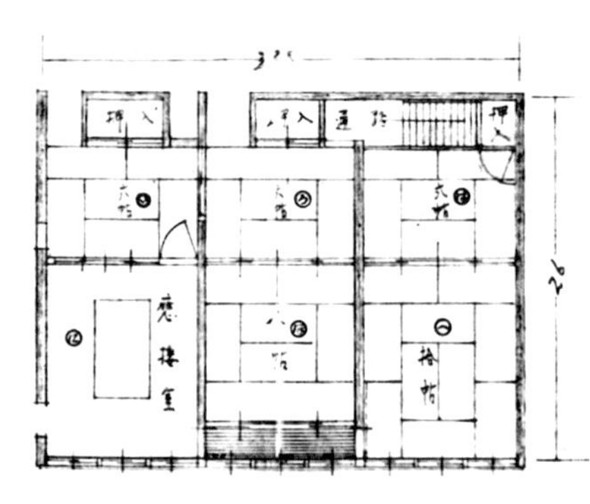

图 5-3-12 太平路 333-345 号“广岛旅馆”建筑平面图（二）

底图来源：南京市档案馆藏，石川春一：《关于改筑太平路三三九至三四九号家屋及市政府给日本领事馆的公函》，1943 年 11 月 27 日，档案号 10020041424(00)0014

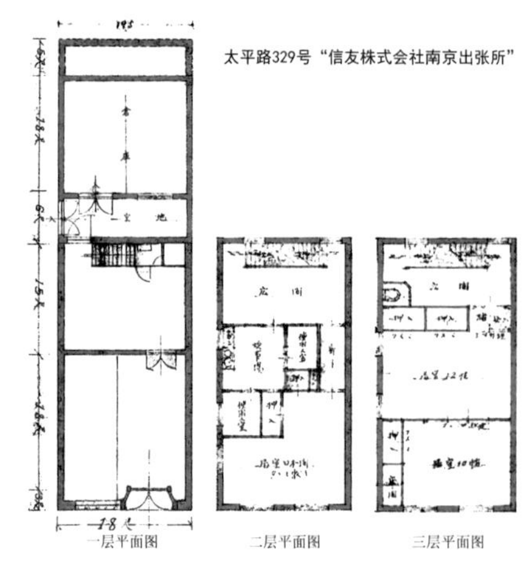

图 5-3-13 太平路 329 号“信友株式会社南京出张所”建筑平面图

底图来源：南京市档案馆藏，高桥美三郎：《关于太平路三二九号家屋使用许可证及市政府给日本领事馆的公函》，1943 年 12 月 2 日，档案号 10020041424(00)0016

太平路 333-345 号“广岛旅馆”则体现了底层作为商业的混合式市房在更大尺度的商业建筑中的适用性。建筑位于太平路自马府街至太平巷段路东，原为江苏银行出资兴建的 10 开间三层楼房，并出租于中华珐琅厂。抗战后房屋被日军焚毁，后由日本人在“烧迹”上改建、创办“广岛旅馆”，为日本“兵站”指定旅馆[①]。1943 年，旅馆经营者又对房屋进行了局部改造，由位于中山东路 334 号的日本“三巴洋行”设计、管理并派员监理施工[②]。太平路 333-345 号

① 太平路 333-345 号房屋原为章氏公祠所有，349 号为张麟和所有，后由江苏银行出资兴建三层楼房，共计房屋 30 间，出租于中华珐琅厂。抗日战争爆发后，江苏银行迁移，该屋无人管理，被日军焚毁成为“烧迹”。随后，由日本商人石川春一改建为 9 开间的三层楼房，共计房屋 27 间，设立“广岛旅馆”。1943 年 11 月，石川春一呈请改筑该屋，11 月 16 日，“日本驻南京总领事馆管理课”照会“财政局局长”。此次改造将屋宇重新编号为 333-349 号，共计 9 间。

② 南京市档案馆藏，石川春一：《关于改筑太平路三三九至三四九号家屋及市政府给日本领事馆的公函》，1943 年 11 月 27 日，档案号 10020041424(00)0014。

为砖木结构的三层联排式市房，高40日尺（合12.12米），檐高32日尺（合9.70米），面阔9间，建筑面积为约991.14平方米。是典型的底层作为商业、上部为旅馆功能的混合型市房。底层端部4间分别由“国华”“广泰”洋行等租赁作为事务所，中央5间作为旅馆的餐厅、厨房、设备等配套设施用房。楼上共有旅馆32间，包括位于二层的6间洋式房间和26间日本式房间。位于二层中后部的三间后来改造为男女浴场、盥洗间和卫生间，推测各房间内应不设独立的卫浴用房。竖直方向上功能配置的不同也产生了不同的空间格局，底层因各间相互独立，呈面向街道的横向分隔状，二、三层则为统一管理的纵向内走廊式空间（图5-3-11、图5-3-12）。

作为日军后勤保障机构的指定旅馆，“广岛旅馆”日本式房间的室内装修均采用日本传统榻榻米形式。房间大小以榻榻米数量和铺设方式为尺度，共计9种，最小的为“三畳”（约4.97平方米），最大的“十四畳”（约23.19平方米）。很多房间都设有“押入”，即日本式房间内放置卧具和家具的壁橱，以拉门或隔扇与房间隔开。

2. 组合式市房

（1）前店后储型

组合式市房中以前店后储型最为普遍，一般由临街面的店铺栋和屋后的仓储栋组成，店铺栋则为下店上寝式布局，二者之间则围合成一处内庭院，有的屋后还设后院，如太平路329号“信友株式会社南京出张所”、太平路404号“株式会社市田商店南京出张所”、太平路55号“株式会社阿部市洋行南京出张所”等。

太平路329号位于太平路与沙塘湾路口东南角，南京沦陷时房屋幸免于战火，后由日本商人开设“南京洋行支店”，为“机器脚踏车行”。1942年由日本“信友株式会社南京出张所”租赁，经营纤维织物批发并作为住宅使用，1943年，店主在屋后添筑仓库，由“大中组南京出张所”设计管理，形成前店后储的组合式市房格局。市房由临街店铺栋和屋后的仓库组成，二者之间为一处窄院，基地背面还设后院（图5-3-13）。建筑面阔19.5日尺（合5.91米），进深65.6日尺（合19.88米），总建筑面积253.22平方米。仓库为单层硬山顶房屋，店铺栋为四层砖结构的平屋顶房屋，高48日尺（合14.55米），底层为营业用房，二至四层为居住空间，包括二层的佣人房、厨房和日本式房间，三层的两间大居室以及顶层的洗浴用房。由于建筑面积较为充裕，二、三层楼梯处均设过厅，丰富了空间体验。

太平路329号采用江南地区传统内天井院的布局形式。房屋共五进，中央为天井，功能前后分立。天井既是前、后屋的联系空间，也起到空间分隔的作用。此外，建筑基于街角的特殊狭长基地形成不同的功能流线，天井处设侧门直通沙塘湾，从而在空间上将店家居住流线以及货运、仓储等物流流线同对外的营业空间相分离，既保证了房屋作为住家的私密性，也避免了运货、仓储流线和经营活动的交叉，这也是该市房不同于一般的单面临街市房的重要特点。

如果说太平路329号作为战前中国人所经营市房的“幸存者”，尚保留了江南天井院式住宅的空间特征，那么太平路55号的布局则受到日本人住居习惯的影响。该建筑位于太平路与科巷交接处东南侧，1944年，由日本商人租赁、改造，创办“株式会社阿部市洋行南京出张所”，经营“绵丝布、人绢、丝布、毛织绵杂品、棉花、茶叶、土纸、绢丝布、曹达灰”[①]等，主营丝织品并兼营日用百货。改造工程由日本“大中组南京出张所”设计监造。太平路55号

---

① “曹达”为日文“ソーダ”（读音sooda），即现代汉语“苏打”之意。时人将纯碱称为“曹达灰”。

为典型的前店后储和下店上寝的混合式市房（图 5-3-14），因用地较窄长，房屋沿垂直于道路的纵深方向展开，共计三进，包括临街带状的店铺栋、屋后的狭长庭院以及尽端的仓储栋。建筑面阔 18 日尺（合 5.45 米），进深 97 日尺（合 29.39 米），总建筑面积约 260.13 平方米。主体店铺栋为二层砖结构房屋，檐高 35 日尺（合 10.61 米），采用简化的西式风格。建筑底层为对外的营业、接待用房，二层为居住空间，采用中央设内天井式中庭的走廊式平面，共有日本式居室三间，背面过厅和阳台内配置卫、厨等功能。

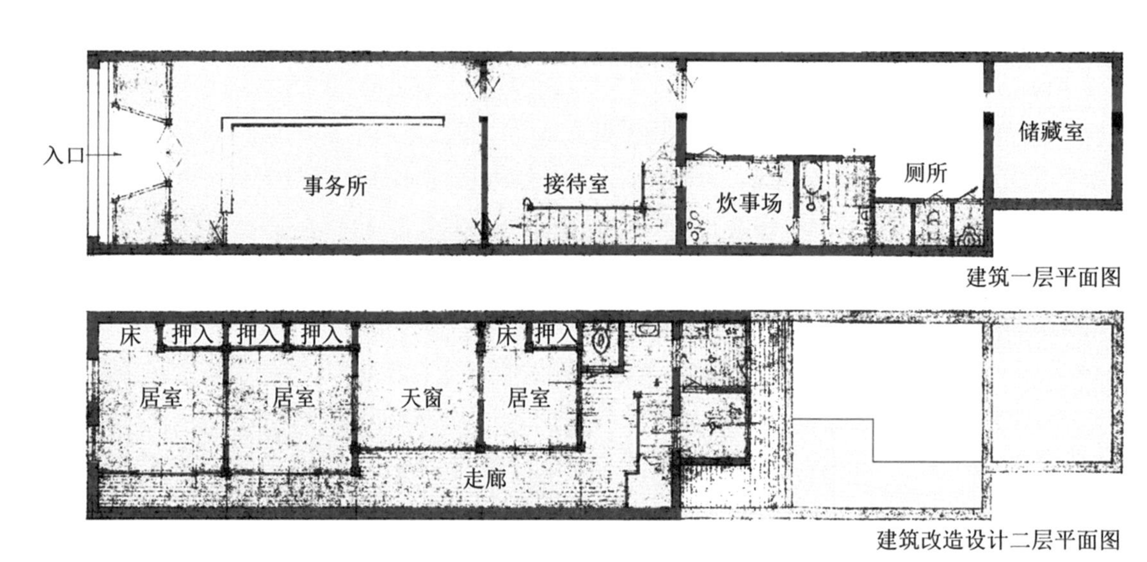

图 5-3-14 太平路 55 号“株式会社阿部市洋行南京出张所”改造设计建筑一层、二层平面图

底图来源：南京市档案馆藏，市工务局：《关于日商友好胜三郎修理太平路五五号等房屋及日本领事馆与市政府来往文件》，1944 年 4 月 10 日，档案号 10020041424(00)0010

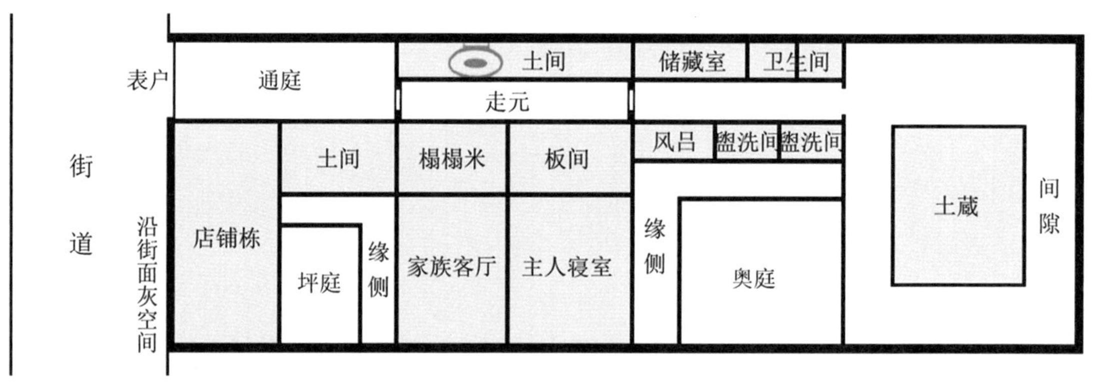

图 5-3-15 京都町家典型平面布局示意图

图片来源：东南大学周琦建筑工作室，陈勐绘

太平路 55 号市房中央庭院的布局形式受日本传统“町屋”式住宅空间的影响。“町屋”（日文为“まちや”，英文专用词为“machiya”）是由日本中世纪“市店”发展而来的城市传统住宅的主要形式，亦称“町家”或“铺面房”，一般为两层木结构房屋，以临街面较窄而地基狭长、土地利用率高、设有安静的庭院为特征[①]。“京町家”典型平面为一列三室的前店后宅式布局，面阔三间（每间 1.8 米，合 5.4 米）、进深 11 间（约 20 米），由沿街面向内依次为店铺栋、前院（即“坪庭”）、住宅栋、后院（即“奥庭”）和仓库（即“土蔵”）。房屋侧面有一条自店铺栋直达后院的通道，称为“土间”，由中门（“中户”）和后门（“奥户”）分成前、中、后三段。前部为“通庭”，在居住栋一侧布置的厨房（即“灶间”）称为“走元”，是一处在

① 王劲韬. 浅析日本传统町屋的空间和装饰特色［J］. 华中建筑，2006（11）：194.

满足功能需求的最小空间限度内所创造出的适合于日常生活用火、用水的独立空间（图5-3-15）。

这种“走元”式空间还可见诸太平路66号、太平路77号等市房中。太平路66号位于太平路与铜井巷路口西南侧，1938年由日本商人建造家屋，经营“松屋乐器店”。建筑为典型的前店后储式市房，面阔21日尺（合6.36米），进深100日尺（合30.30米），建筑面积约225.01平方米。店铺栋与仓储栋均为两层，之间以宽为21日尺（6.36米）、进深为52日尺（15.76米）的“通道式”内院相连通。内院一侧布置附属用房，包括库房、厨房、食堂、浴室和厕所等，从而将生活用水、用火区域独立设置（图5-3-16）。

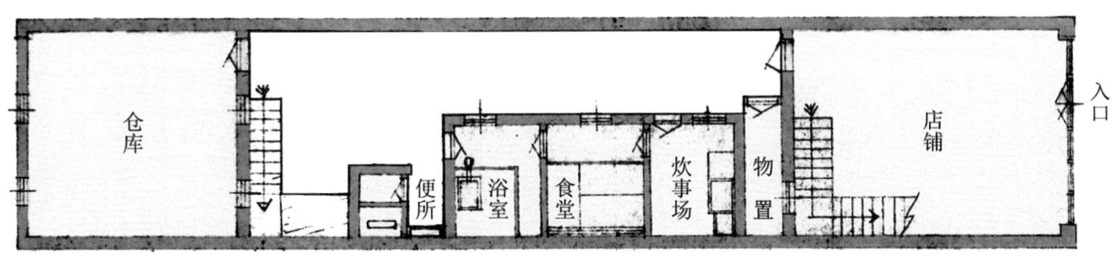

图5-3-16 太平路66号“松屋乐器店”建筑改造设计一层、二层平面图

底图来源：南京市档案馆藏，日本驻南京领事馆管理课：《为日商潭仪八改建增建太平路四零四号房屋事与市政府往来文件及附件》，1943年9月20日，档案号10020041430(00)0001

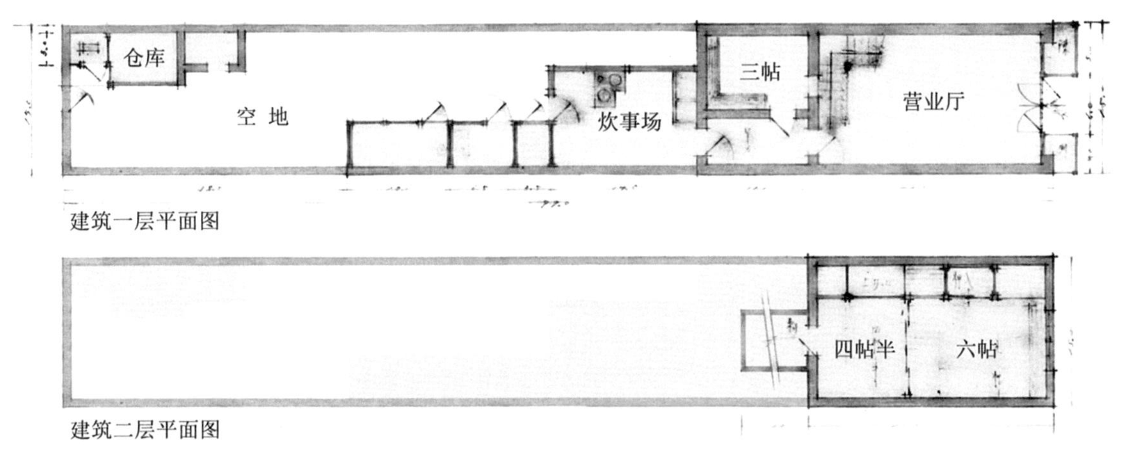

图5-3-17 太平路77号“南京百货店”建筑一层、二层平面图

底图来源：南京市档案馆藏，市财政局：《关于送永友宅治康租太平路七十七号房与日本总领事馆管理课等的来往文书》，1945年2月20日，档案号10020041638(00)0008

太平路77号位于太平路之科巷与文昌巷一段路东。南京沦陷后，由日本商人开办“南京百货店”[①]。建筑为前店后储型布局，面阔15日尺（合4.55米），进深99日尺（约合30米），

① 太平路77号属“不在家主”家屋。南京沦陷后，由日本长崎县商人永友宅治开办“南京百货店”。1944年12月，永友宅治将邻地79号合并入营业区域并进行了店铺扩建，由位于南京市四条巷16号的日本“森阳洋行”设计，负责人为森实秀一，建筑费用共计“中储券”198 000元。（根据 南京市档案馆藏，市财政局：《关于送永友宅治康租太平路七十七号房与日本总领事馆管理课等的来往文书》，1945年2月20日，档案号10020041638(00)0008。）

总建筑面积约130.81平方米。店铺栋为砖木结构的二层房屋，底层为店铺，楼上为日本式居室。其后为长达63日尺（合19.09米）的窄院，直通房屋后门。窄院一侧布置厨房、卫浴等附属设施，尽端为一小间仓库和卫生间。在太平路77号建筑中，“走元”式空间发展为兼具生活用水、生活用火、交通以及仓储功能的杂物院（图5-3-17）。

“走元”式空间体现了日本人营造家屋时处理洁污分区的习惯和方式，他们在既有市房的改造中亦会增添类似的空间。例如，太平路404号位于太平路、娃娃桥路口西北侧，广岛旅馆对面。该市房属1939年“市工务局”营建的太平路第四期联排式市房中的一间，由中国籍技师许炳辉设计。原建筑为前店后厨型布局，临街店铺栋高二层，背面为单层厨房，二者间以天井院分隔。1940年前后，日本商人开办“高桥工务店”，随后租于“株式会社市田商店南京出张所”，作为经营“物品输移出入贸易业”的事务所。1943年底至翌年初，承租者对房屋进行了局部改造，由位于南京铁管巷50号的日本“大中组南京出张所”设计并监理施工。

改造后的太平路404号形成前店后储的院落格局。日本承租商人在原用地基础上向后部扩建一段，形成进深62日尺（合18.79米）、面阔约7.11米的折线形狭长用地。基于狭长的用地形态，房屋组织了五进空间序列，包括临街的店铺栋、天井院、餐厨用房、“走元”式主院落和仓储栋，建筑面积约295.74平方米。店铺栋为标准的下店上寝式房屋，底层为事务所和接待室，二楼设日本式居室三间。自店铺栋后门至仓储栋间有一条贯穿的“通路”，连接起两个院落，类似日本传统町屋中自“通庭”经过“走元”到达仓库的通道式空间。生活用水、用火均布置在该空间内，包括天井院的厨房、茶房和厕所，主院一侧的浴室、食堂和煤炭贮存间等。此外，仓库栋亦不同于一般的单层房屋，而是下储上寝的复合式功能，二层设洋式卧室一间、日本式房间两间，并单设厨、卫，或为贸易客户临时使用。底层则有对外后门，或与房屋用地狭长、屋后临街有关（图5-3-18）。

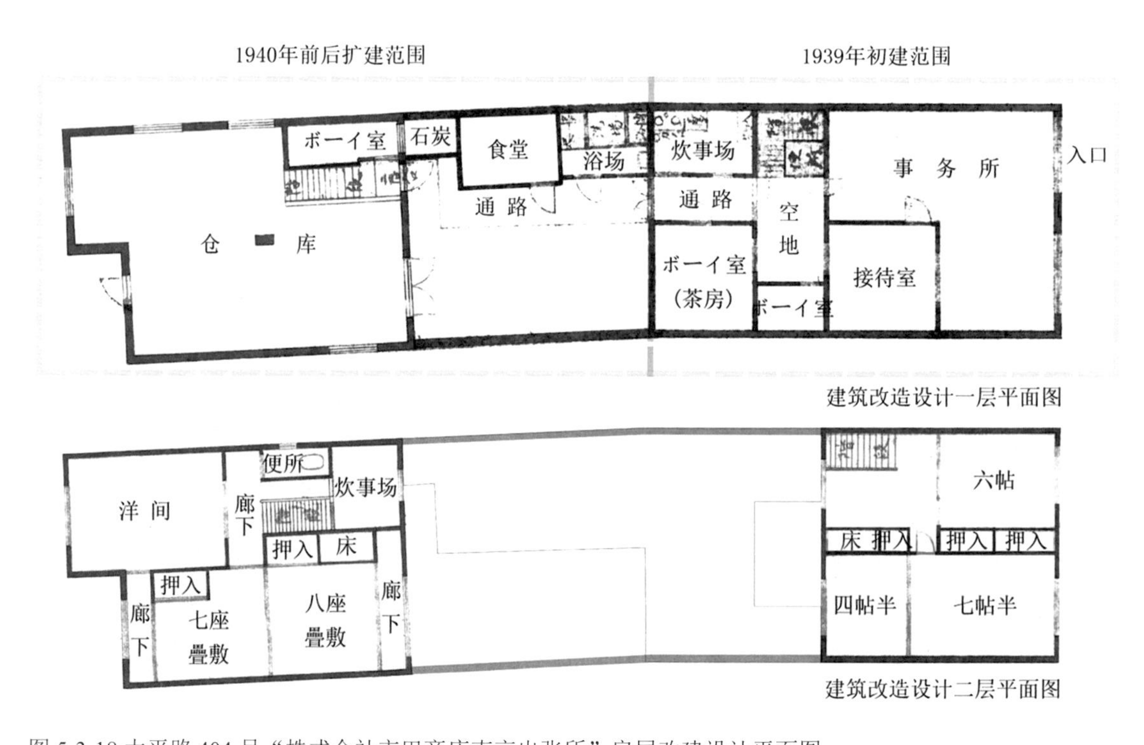

图5-3-18 太平路404号“株式会社市田商店南京出张所”房屋改建设计平面图

底图来源：南京市档案馆藏，日本驻南京领事馆管理课：《为日商潭仪八改建增建太平路四零四号房屋事与市政府往来文件及附件》，1943年9月20日，档案号10020041430(00)0001

太平路 329 号、66 号、77 号及 404 号等市房均出现了以通道窄院组织卫厨的日本町屋“走元”式空间。店铺栋与仓储室之间以狭长院落连通，一侧排列厨房、浴室和卫生间等生活用水、用火房间，只是日本传统兼具卫厨功能的侧面通道式空间变为连接店铺栋与附属房屋的内庭窄院，其位置与尺度均发生了改变。这种纵深向的窄院形制既与中国江南地区以合院和天井院为特征的、一进一进展开空间序列的传统家宅形成鲜明对比，也不同于日本町屋的一般性格局，体现了日本传统居住空间在移植到南京时与当地文化的融合与变异。

（2）前店后坊型

前店后坊型组合式市房指将生产、服务功能同对外销售、营业功能容纳在一起的市房类型，一般临街面为下店上寝的店铺栋，底层为营业空间，屋后为生产类用房，包括工厂、作坊、工作间等，如太平路 259 号“大东亚洗濯店”、太平路 28 号“室井写真馆”、太平路 393 号“金森洋行”等。

太平路 259 号位于太平路之太平巷路段，为三十四标与太平巷间路东，房屋西、南、东三面临街。抗日战争爆发前，房屋业主为“王思济堂”，租赁于欧阳德甫开设“文华昌记印务局”，经营印刷、文具、纸张等业务。1938 年日本商人开办“松浦洋行”，亦称“大东亚洗濯店”，经营服装洗涤等，1944 年因墙壁倒塌而进行修筑，由位于杨公井 33 号的日本福久洋行设计并管理。太平路 259 号为前店后坊型布局，由临街面店铺栋和后部的洗涤工坊组成，用地面积约 202.71 平方米，临太平路一侧面阔 22 日尺（合 6.67 米），进深 108 日尺（合 32.73 米），总建筑面积约 433.97 平方米。

太平路 259 号店铺栋为前部店铺，后部、二楼为住宅的混合式房屋，檐高 22 日尺（合 6.67 米）。屋后为一天井院，设对外出口，与店铺栋相连部位设“土间”，类似日本传统“町屋”中介于室内外的过渡性缓冲空间。土间的地面往往覆土，墙面抹灰，用材风格与居室内的木质装修材料形成鲜明对比。由是，天井院和土间形成的“L”形空间将店家的居住功能与营业、工厂相隔离。洗涤场由中部二层主楼和两侧的院落组成，主屋主要作为衣物洗涤的加工间，背面有独立对外出口。端部和主楼二层包括雇工寝室、厨房、卫生间、客房等功能，形成满足工人生产和日常生活的独立空间（图 5-3-19）。

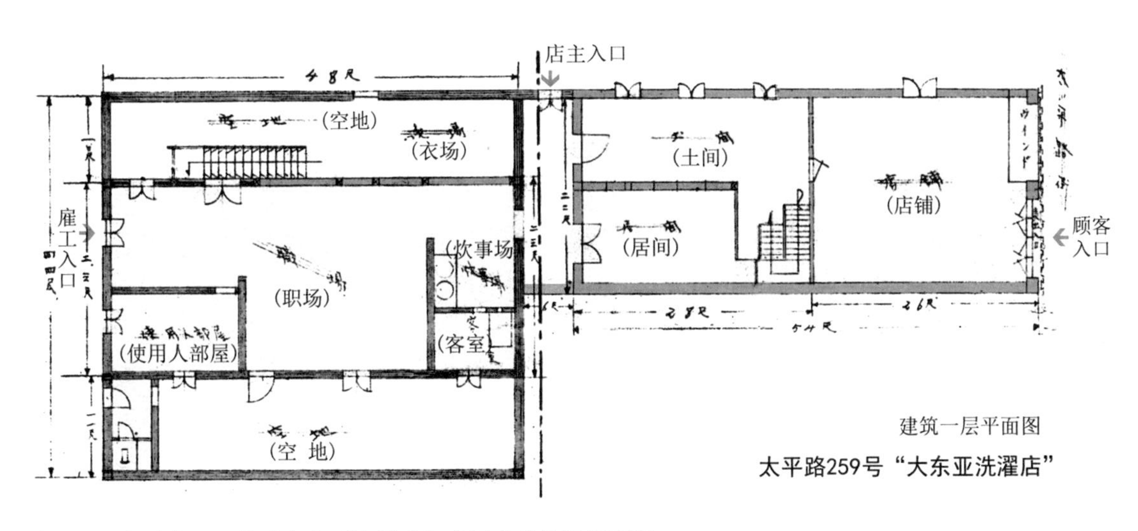

图 5-3-19 太平路 259 号“大东亚洗濯店”房屋改建设计平面图

底图来源：南京市档案馆藏，日本驻南京领事馆管理课：《为日商潭仪八改建增建太平路四零四号房屋事与市政府往来文件及附件》，1943 年 9 月 20 日，档案号 10020041430(00)0001

工坊占地面积比一般市房要大。沙塘湾 6 号位于太平路东向支巷沙塘湾尽端，介于太平巷和马府街之间。1943 年，日本商人租赁该屋经营“饂飩[1]工场”，并于同年进行了整体改造，由位于中山东路 366 号的“日京一工务所”承办。沙塘湾 6 号用地面积约 557.02 平方米，总建筑面积约 287.60 平方米，建筑为单层，是一栋以乌冬面生产加工为主、兼有对外营业功能的前店后坊型市房。建筑主入口面南，通向马府街。房间序列与入口方向垂直，靠近大门的是对外营业的事务所，其余空间主要作为面条生产之用，尽端为面条生产间，一侧为半室外的晒干场，与入口处的室外晒干场形成“L”形功能性院落。事务所与生产用房之间为贮藏室，包括普通仓库三间、精加工面条贮藏室一间，后者紧挨营业室，方便取货与贩卖。建筑背面为一狭长后院，组织各类附属用房，包括日本管理者的居室、卫浴、厨房等，以及中国雇工的卫生间和值班警卫室等（图 5-3-20）。

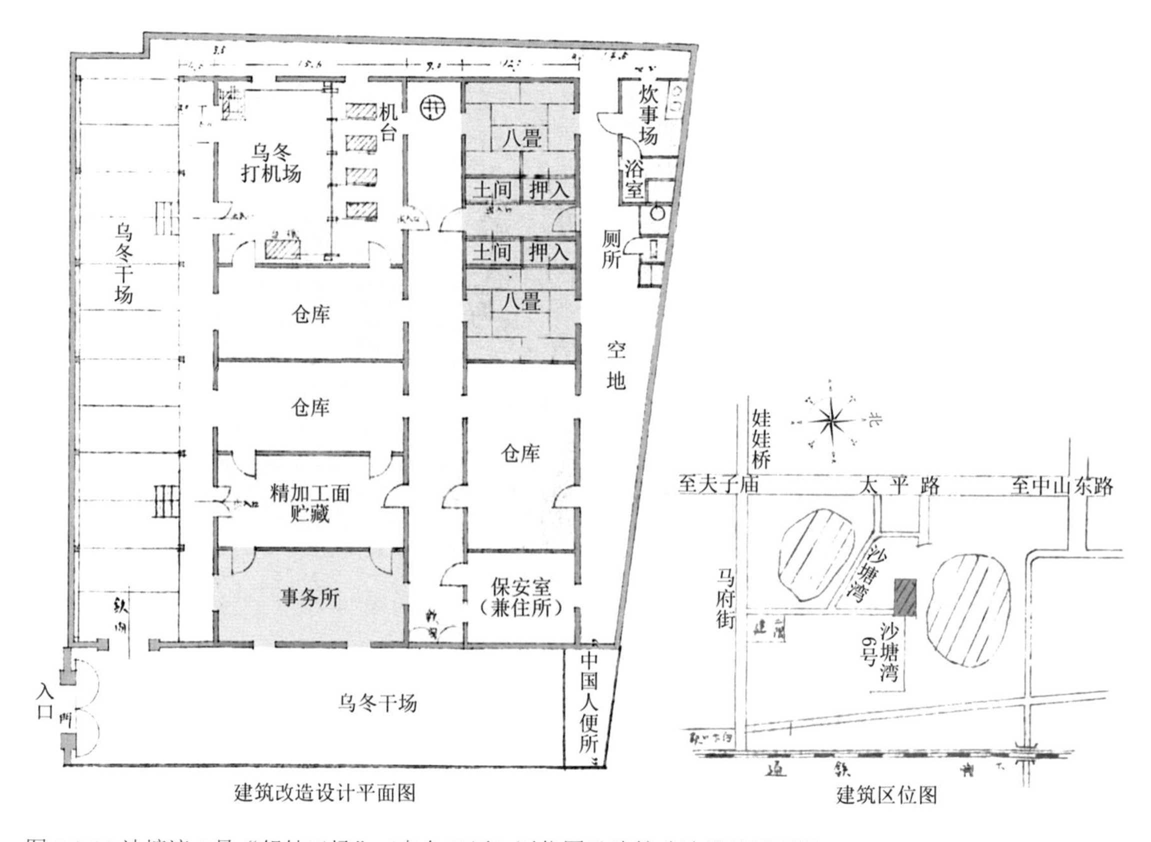

图 5-3-20 沙塘湾 6 号“饂飩工场”（乌冬工厂）区位图及建筑改造设计平面图

底图来源：南京市档案馆藏，市政府：《关于早田荣藏租用改筑沙塘湾六号房屋与日本领事馆来往文书图纸等件》，1944 年 1 月 31 日，档案号 10020041511(00)0002

沙塘湾 6 号位于街区内部，建筑容积率和商业性均较低。所邻街道并非繁华市街，便于复杂生产空间的布局，从而形成以工坊为主的空间格局。对于既紧邻繁华市街，又对生产、贮藏等空间需求较多的前店后坊型市房，则向地块内部延展，以不同尺度的合院组织各类生产用房，例如太平路 393 号。

太平路 393 号位于太平路、马府街路口东北角，1939 年起，由日本商人改造开办“金森洋行”，经营“叠及诸式类贩卖业”[2]，并于 1940 年至 1941 年期间，对房屋进行了整体改造。

---

① “饂饨”即“乌冬面”（日文称“うどん”，英文称“udon”），亦称“乌龙面”，是一种以小麦为原料制造的日本传统面食。

② 此处“叠”指“畳敷”，即榻榻米。“叠”通“畳”，是日本席居制度榻榻米的计量单位，“一畳”约为 3 尺宽（约合 910 毫米）、6 尺长（约合 1820 毫米）。日本住宅建筑开间由“畳”来决定，一般居室为 4.5 或 6“畳”。（张希真. 榻榻米与日本建筑文化［J］. 建筑工人，1994（8）：56-57. ）

工程分6次进行，由“日京一工务所”[1]承办。1943年，转由另一位日本商人租赁，继续经营“叠制造贩卖业”，并作为住宅使用。建筑群基于不规则用地布局，由6栋房屋围合成两进院落，总建筑面积达4993平方日尺（合1513.03平方米）。临街市房为下店上寝型，屋后为一杂物院，继而向内，四栋房屋围合成一尺度较大的三合院，包括2号仓库及厕所、3号日本式榻榻米房间、4号洋室和5号制造工坊等。所有房屋均向内院开门，形成以加工、储藏榻榻米为主的厂院（图5-3-21）。

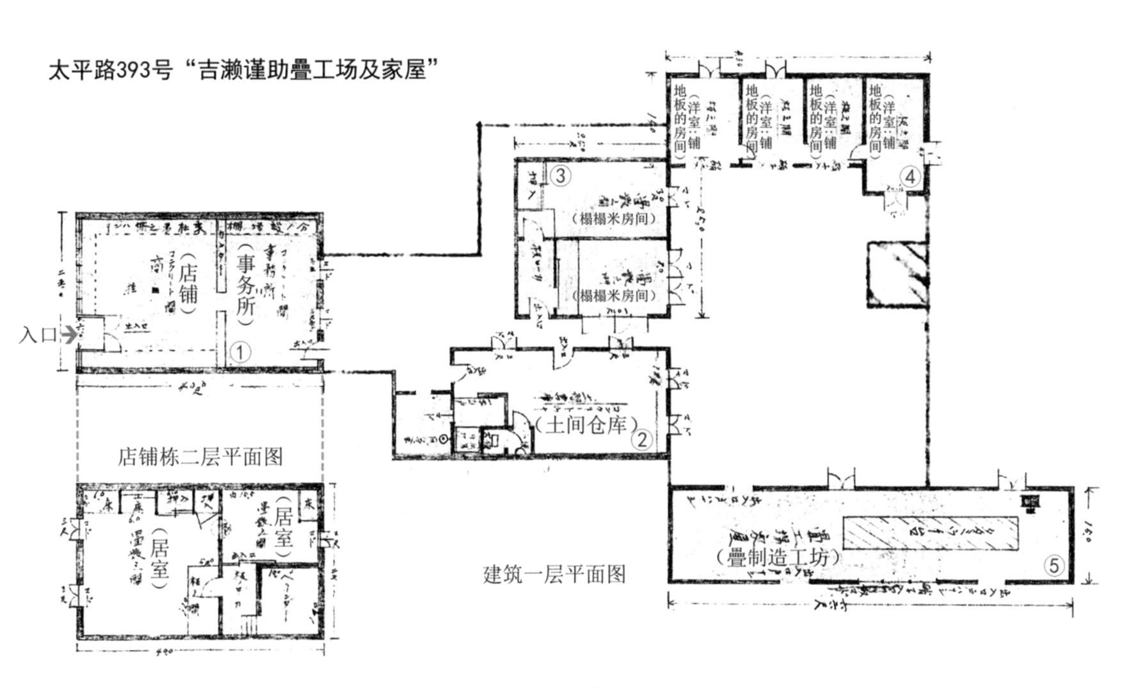

图5-3-21 太平路393号“吉瀬谨助叠工场及家屋”建筑平面图

底图来源：南京市档案馆藏，吉瀬谨助：《关于太平路三九三号家屋使用许可证及市政府给日本领事馆的公函》，1943年12月20日，档案号10020041424(00)0015

前店后坊式市房将外向的服务、营业等经营性用房和内向的生产、贮存等功能在平面上相分离，形成内外分立的空间格局。然而，对于需要消费者参与生产过程的市房空间，则体现了不同的布局形式，如太平路28号的摄影工作室。

太平路28号位于太平路、中山东路交叉口西南侧，华中百货店对面。南京沦陷时，房屋被烧毁，1939年日本商人在“烧迹”上自建“家屋”，开办摄影工作室“室井写真馆”，并作为住宅使用。太平路28号为前店后坊型布局，面阔29日尺（约8.79米），进深70日尺（约21.21米），建筑面积约280平方米。建筑平面三进式，临街面底层为营业厅和洽谈业务房间，大门两侧设陈列橱窗。中间一进为摄影室及相关功能房间，如暗室、现像室等，同营业厅联系紧密，形成“L”形的对外服务空间。建筑后部为仓储栋，底层分隔为三间仓库，分类存放摄影器材、杂物等，同中部位于一侧的厨房、卫生间等附属用房形成另一个“L”形空间，同对外服务空间彼此“嵌套”（图5-3-22）。此外，前进及后进房屋均为二层楼房，楼上应作为店主和雇员的居住用房。

太平路28号“室井写真馆”充分利用了狭长的基地条件，将不同空间需求的公共性与私密性、消费性与生产性功能合理地组织在一起，是一栋兼具营业、工坊、居住、仓储等功

① “日京一工务所”是一家涵盖建筑设计、建筑施工、土木工程及室内装修等综合性业务的建筑公司，位于中山东路366号，负责人为永田朝男。（参照 南京市档案馆藏，吉瀬谨助：《关于太平路三九三号家屋使用许可证及市政府给日本领事馆的公函》，1943年12月20日，档案号10020041424(00)0015。）

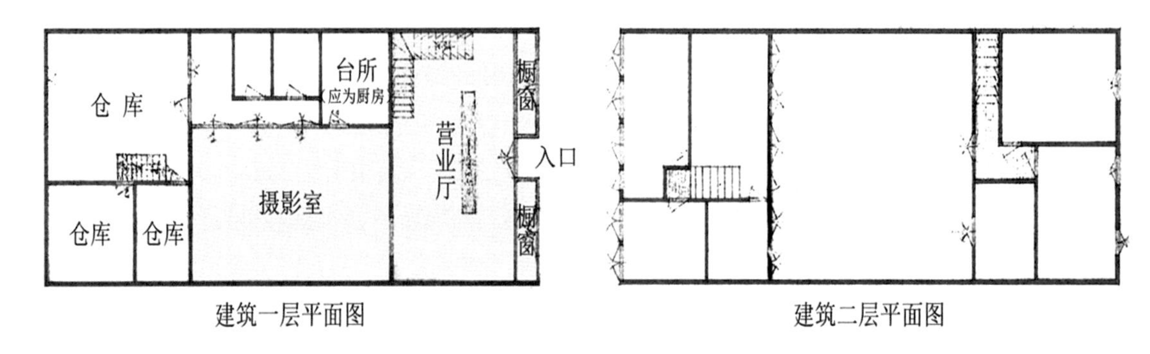

图 5-3-22 太平路 28 号“室井写真馆”建筑一层、二层平面图

底图来源：南京市档案馆藏，日本驻南京总领事田中彦藏：《关于室井多三郎批新筑改筑太平路二十八号房屋请求追认及市政府的公函》，1943 年 8 月 25 日，档案号 10020041424(00)0005

能的复合型市房。然而，较之太平路 393 号“金森洋行”，“室井写真馆”的前店后坊式布局并不具有典型性，这与摄影业不同于传统手工业和现代化工业生产的特殊性有关——消费者需要参与生产的过程，这也是“室井写真馆”营业空间与生产空间联系紧密的原因。

日据时期，日本商人经营的市房建筑类型众多，包括单栋式和组合式等，基于对商业、居住、储藏、生产等多种功能的需求，形成了多种类型的建筑空间格局。这些市房建筑在临街面的形式营造、日本传统建筑文化的引入等方面体现出一些共性特征。

日本人所创办市房建筑的立面构图与形式不同于南京的现代化市房建筑。后者的入口处一般不作踏步，设内凹式空间，在大门两端设玻璃橱窗，形成底层通透的玻璃界面，与二层以上的砖墙面形成强烈的虚实对比，提高对外商业展示、宣传，吸引顾客进入。日本商人一般改造为与街道齐平的玻璃门窗的形式，形成内向型营业空间，虽扩大了使用面积，但也降低了广告宣传功能，并不符合商业建筑的一般规律。

日本商人还将其传统居住文化以及与之相适应的空间形式引入南京，并同南京当地的市房相融合。组合型市房发展出类似日本“町屋走元”的通道式窄院，即一处在满足功能需求的最小空间限度内所创造出的适合于日常生活用火、用水的独立空间，只是日本传统的兼具卫厨功能的侧面通道转变为连接店铺栋与附属房屋的内庭窄院，其位置与尺度均发生了改变，体现了日本传统住居空间在移植到南京时与当地文化的融合与变异。此外，许多市房还采用了日本榻榻米式居室，设“土间”“押入”等房间，并出现了专门生产、贩售榻榻米、乌冬面的建筑空间。有悖于商业规律的店面形式以及日本传统居住文化的引入，这些市房建筑是为在南京的日本人服务，也从侧面反映出日据时期南京城市商业的畸形状态。

四、当局的商业设施改造与建设

（一）菜场

1938 年 9 月至翌年年中，“督办南京市政公署”创办了多处菜场建筑，旨在解决民众生计问题，恢复正常的生活秩序。这些菜场由“实业局”勘查、核定地点，“工务局”负责具体的建筑设计及工程预算、招标、验收等事项。菜场多数利用原有建筑修缮、改造或扩建而成，包括承恩寺菜场、中华路菜场、程阁老巷菜场、长乐路菜场等。亦有部分为新建，包括复兴路菜场、山西路菜场、下关鱼市场等。菜场是该时期主要的商业设施类型，基本由当局出资创办，仅山西路菜场一处为中国商民集资创办。

1. 复兴路菜场

复兴路菜场位于新街口西南片区，与中央商场隔街相对，是日据时期由当局最早创建的官办菜场之一。1938 年下旬，“督办南京市政公署工务局”创办该菜场，于 9 月前后开工。建筑由南京顺昌营造厂施工建造，水、电设备等由华中公司承办，于 1938 年 12 月竣工验收。鉴于菜场完工后摊位不敷分配，当局又将周围约三亩空地整理、布置，作为临时菜场，共设摊位 100 余个。

2. 承恩寺、中华路及程阁老巷菜场

复兴路菜场建设同期，“督办南京市政公署”开始着手筹办另外三处菜场，包括新设的承恩寺菜场和改建的中华路、程阁老巷菜场。

承恩寺等三处菜场均为利用旧有房屋设施经修缮及改扩建而成。菜场均为木结构单层建筑，木材采用洋松，屋顶结构为木桁架式，上覆瓦楞白铁屋面，围护墙体采用砖砌，地面一般为水泥地。建筑内部为统一大空间，以界桩划分摊位，形成室内步道式的菜市。例如，中华路菜场利用原菜场设施改造而成，建筑为半开放式的单层矩形平面，临街面面阔三间为 46 英尺 2 英寸（合约 14.07 米），进深六间为 110 英尺（合约 33.53 米），建筑面积约 471.79 平方米。菜场内部为统一大空间，呈行列式划分，开间单元中央为步道，两侧设摊位。这一空间格局与木桁架结构形式相适应，中间一跨的人字屋架高出两侧坡屋面，在柱间设置了时称“腰头窗”的天窗，提高了菜场内部的采光。

较中华路菜场的规整用地，承恩寺菜场的周边环境较为复杂。该建筑由原承恩寺庙宇大殿经修缮、扩建而成，原庙宇为面阔五间的硬山式建筑，新建部分在面阔方向采用相同柱间距，并向南扩建近似方形的菜场，总体形成新旧并置的格局。平面为矩形，面阔 63 英尺（合约 19.20 米）、进深 84.5 英尺（合约 25.76 米），建筑面积 494.57 平方米。室内空间利用 3.81 米的开间单元，中间为宽约 1.8 米的步道，两侧各设约 1m 宽的摊位，形成连续的街市空间。此外，建筑保留了原有的礼佛路径，新建部分中央为两面围合的碎砖砌走道，南接入口，北侧通向原有佛座，形成一条具有仪式感的中轴线。基于寺庙形成的瞬时性和历时性集市是中国传统社会中重要的商业空间形态，承恩寺菜场体现了新型集中式消费场所对传统宗教空间的介入，是时人对传统庙会式商业空间的近代转译的一种探索。

3. 长乐路菜场

复兴路、承恩寺等菜场竣工后，当局又创办了长乐路菜场。该菜场位于长乐路宰猪巷 207 号，原为市政府清洁队的车库，建筑改造工程由“工务局技师”周荫芉设计，上海正隆营造厂承建，自来水设备由日本商人承办。1939 年 4 月 10 日，工程开工，同年 5 月 23 日竣工。

长乐路菜场的建筑结构、空间形式等方面与同期当局所建的菜场基本相似，唯在正门外辟建了一处室外广场，两侧设行列式铺面，形成三面围合的形式。该广场不仅可作为商业空间与城市道路间的缓冲地带，亦可作为室外菜场使用。（图 5-3-23）

4. 山西路菜场

山西路菜场是该时期内“官督商办”的菜场，由当局设计、监管，中国商民集资创办。

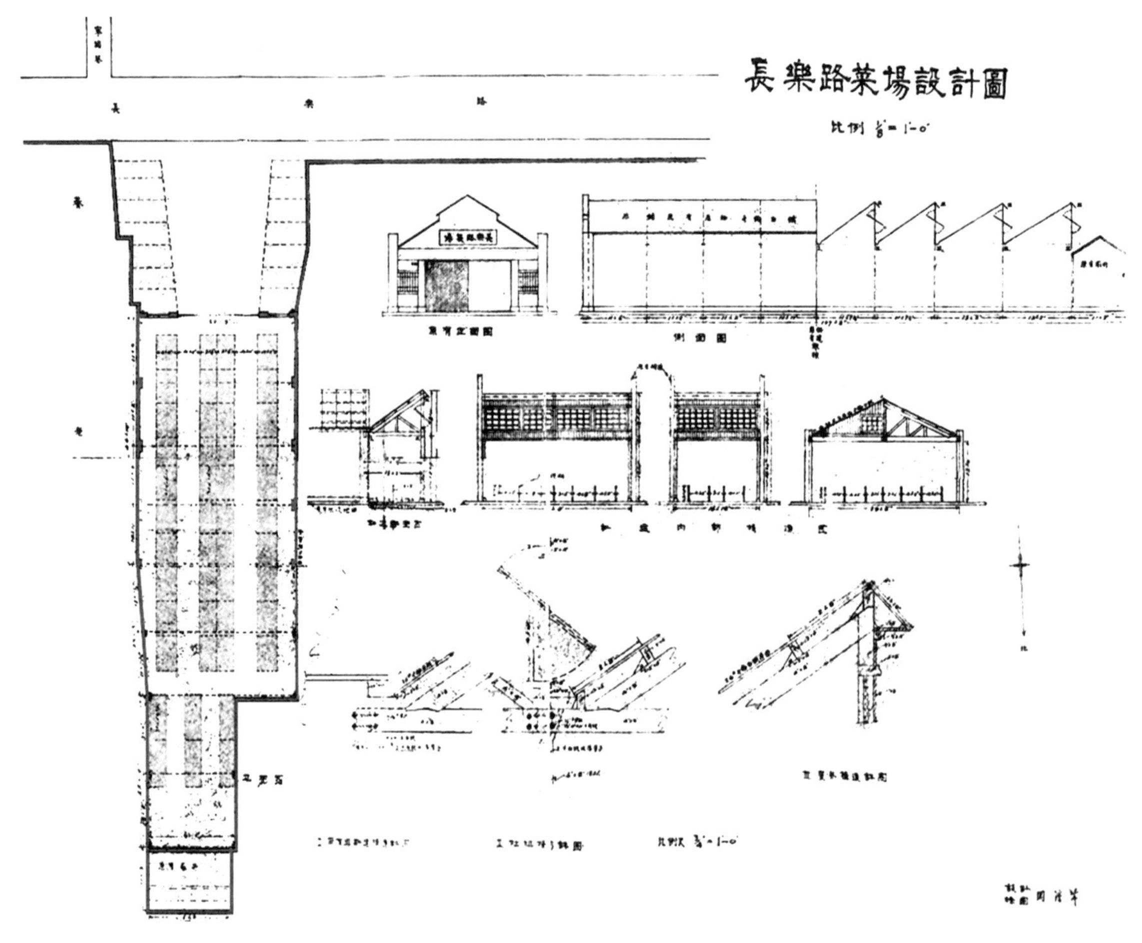

图 5-3-23 长乐路菜场建筑设计图

底图来源：南京市档案馆藏，周荫芊：《关于长乐路菜场修建工程估价单及说明书、设计图各一份与工务局、市政府》，1939 年 3 月 2 日，档案号 10020050998(00)0002

1939 年 1 月，山西路市民据“山西路一带人口繁盛、机关林立，尚未建设菜场”为由，拟集资在“四卫头转角处”创办菜场。因该处基址与原“实业局”核定的拟建菜场地点相同，故由“官办”改为商办。菜场建筑由“工务局技师”华竹筠设计，缪贵记营造厂承建，于 1939 年 3 月初开工，同年 6 月 14 日竣工。1943 年，当局又在原菜场北部进行了扩建。

山西路菜场基于特殊的基地环境创造了不规则的建筑平面形态以及与之相适应的结构空间形式。建筑基地位于城北原南京国民政府“第一新住宅区”北侧，用地呈一锐角三角形，两侧分别为江苏路和四卫头。基址内原为“竹园”，周边还有池塘和林地，“泥土松浮、地形不整”。由于特殊的地理环境，华竹筠的方案因地制宜，设计了顺应周边走势的三角形平面，以减小土方工作量并节省费用，如他所言：“为减免填土工程麻烦起见，将全场场面设计成一不等腰三角形，所需工程材料或较正方形略有消耗，但与填土工程相比，省费实属不赀。”[①]（图 5-3-24）

在基地环境及经济性因素的双重制约下，山西路菜场形成“异形”的平面格局，其空间划分与结构选型亦须与这种三角形平面相协调。设计者将入口设在道路交汇处，采用木框架结构创造出统一的营业空间，建筑室内则划分为五排与三角形底边相平行的内街。各排结构相对独立，采用并列式单坡顶木桁架，在突出屋面的南侧“腰身”墙体上设高窗，提高了内部空间的采光。这种并列式桁架结构对于统一大空间的采光、通风等均具有良好的作用，常

① 南京市档案馆藏，督办南京市政公署工务局：《关于建筑山西路菜场工程招标地形图纸、设计图纸、工程说明书、估价单给市政府报告》，1939 年 2 月 6 日，档案号 10020050999(00)0002。

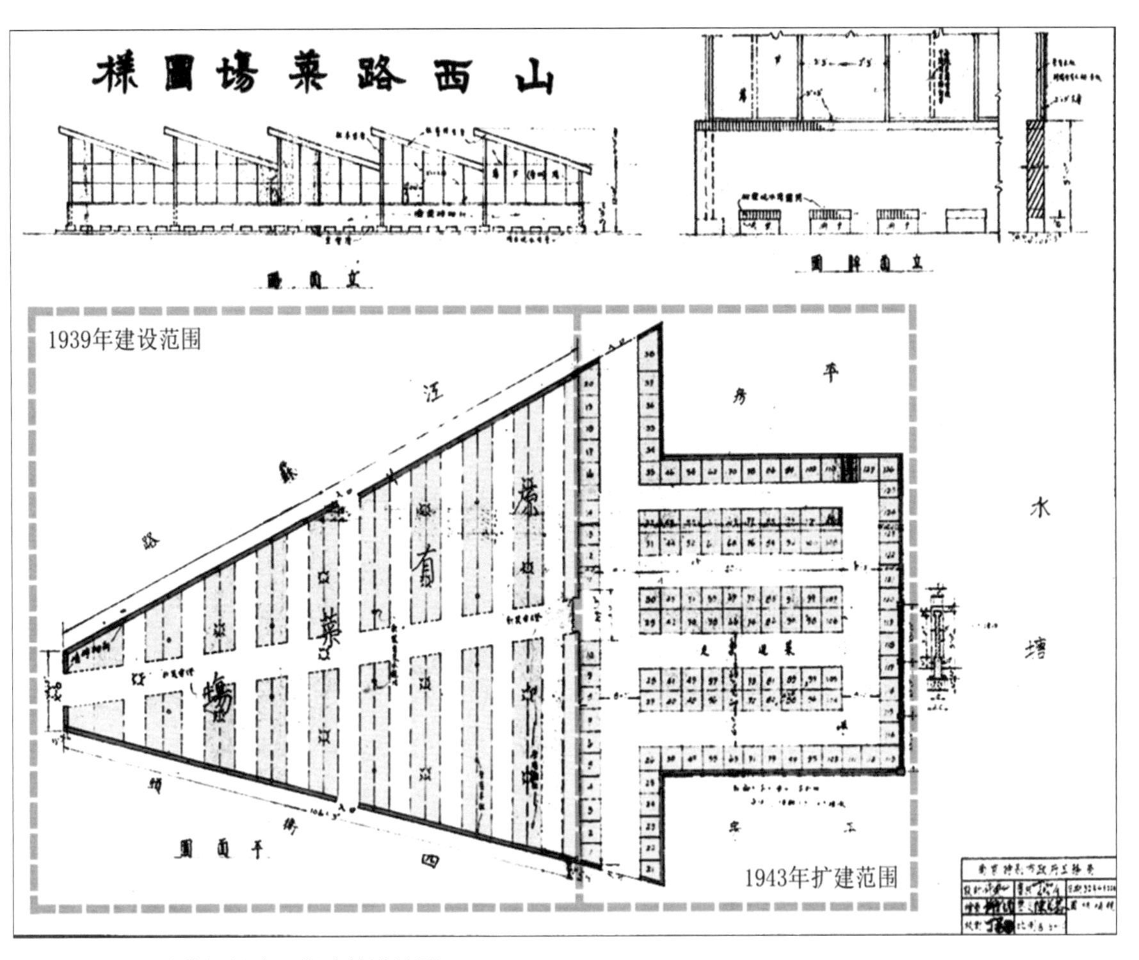

图 5-3-24 山西路菜场扩建工程建筑设计图

底图来源：南京市档案馆藏，南京特别市政府参事、市工务局：《关于制定山西路菜场整理计划图样、说明书等及市政府批文》，1943 年 4 月 28 日，档案号 10020050999(00)0012

见于近代的工业建筑中，如 1865 年由李鸿章创办的金陵机器制造局。商业建筑特别是菜场中亦有采用，例如南京国民政府时期的科巷菜场、八府塘菜场等。

1938—1940 年间，当局主要创办的商业设施类型为菜场。“官办”菜场主要集中于南京沦陷前较为繁华的城中、城南商业区，利用“烧迹”、废弃房屋进行修缮、改造。建筑基本为单层木框架结构房屋，屋顶为木桁架式，木材采用洋松，室内为整体开敞的大空间，以界桩划分为步行街市。在当时建材物资紧缺，民用建筑项目多采用从建筑废墟上拆卸下来的旧建材、建造较为简陋的情况下，由当局创办的菜场建筑也出现了施工方偷工减料、私用旧建材等情况。

（二）市房

这一时期，“督办南京市政公署”的另一项商业设施建设为市房建筑，包括四期太平路市房和一期中山东路市房，均由“市政公署财政处”负责办理，“工务处技师”许炳辉[①]设计并监造，部分图纸由黄元魁绘制。市房均公开招标营造，自 1938 年底至 1939 年底陆续竣工，除太平路一期市房工程外，均为联排式市房。这些建筑实际为当局替“日本在南京的特务机关”代建，完工后均交付日本人使用，开办各类洋行、百货、服务业设施等。

① 许炳辉，1938 年时 27 岁，南京人，上海中华工程学校机械、建筑两科毕业。

1. 空间格局

当局创办的市房建筑多数为多开间的联排式市房，仅一期工程为三处独栋式市房。由于设计者是具有一定执业经验的中国籍建筑师，市房建筑体现了江南地区传统合院式、天井院式宅院特征。这些市房均为前后分立的空间格局，包括后院式和内天井院式两种形式，前者在临街面设下店上寝式的店铺栋，屋后为附属用房，一般作为厨房和储藏间，各屋或设独立后院，或以“L”形、“凹”字形建筑围合成天井院，包括太平路市房一期和二期。后者则在临街店铺栋与屋后附属用房之间设内天井院，包括太平路三期、四期市房及中山东路一期市房。

太平路一期市房共三栋，包括：太平路 77 号面阔一间为 12 英尺（合约 3.66 米），太平路 93 号面阔两间为 22 英尺（合约 6.71 米），太平路 79 号面阔三间为 33 英尺（合约 10.06 米）。三栋市房的进深均为 32.75 英尺（合约 10.90 米），由二层高的店铺栋和屋后相连的附属用房组成，呈下店上寝和前店后储的混合型功能格局。屋后设单开间的天井院，以增强各房间的采光与通风（图 5-3-25）。太平路二期市房为联排式市房，位于太平路与党公巷交叉口西南侧，建筑面阔九间为 116.75 英尺（合约 35.59 米），进深为 42.75 英尺（合约 13.03 米）。市房临街侧为二层的下店上寝式店铺栋，屋后为相连的二层附属用房，建筑呈“L”形、“凹”形布局，围合出天井式后院（图 5-3-26）。

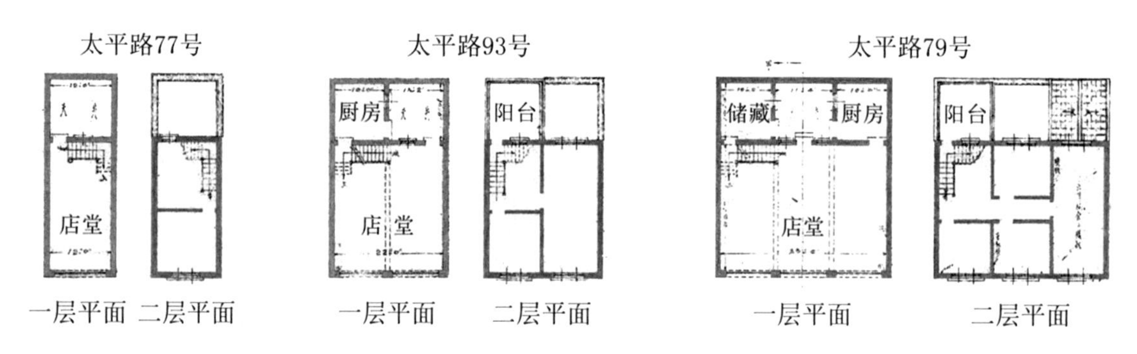

图 5-3-25 太平路市房一期建筑平面图

底图来源：南京市档案馆藏，督办南京市政公署工务处：《关于第二期办理建筑太平路市房定于本月十五日开标请各处处长参加》，1938 年 10 月 14 日，档案号 10020050975(00)0006

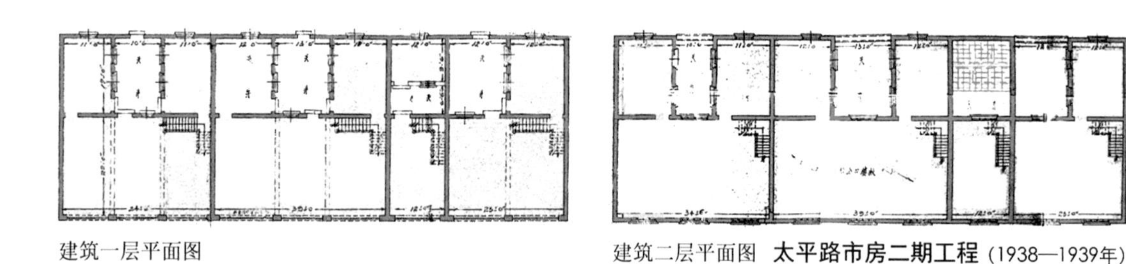

图 5-3-26 太平路市房二期建筑平面图

底图来源：南京市档案馆藏，督办南京市政公署工务局：《关于建筑太平路市房第二期建筑工程经招商比价拟由华记营造厂承建请市政公署核示》，1938 年 10 月 16 日，档案号 10020050978(00)0001

市房建筑空间格局的另一种形态为内天井院式。例如，太平路四期联排式市房位于太平路、娃娃桥路口西北侧，广岛旅馆对面。建筑面阔 9 间为 108 英尺（合约 32.92 米），进深为 47.75 英尺（合约 14.86 米）。建筑平面纵向划分为 5 户，包括两开间的 4 户和一开间的一户，以分户墙分隔。各户均由临街面下店上寝式的二层店铺栋和屋后的单层附属栋组成，附属房屋用作仆人住屋和厨房，二者间则形成进深约2.5米的天井式窄院（图5-3-28）。相似的空间格局亦可见于太平路三期市房中（图5-3-27）。

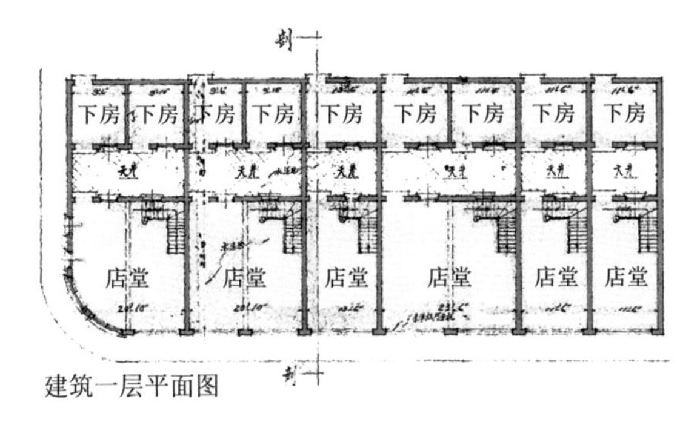

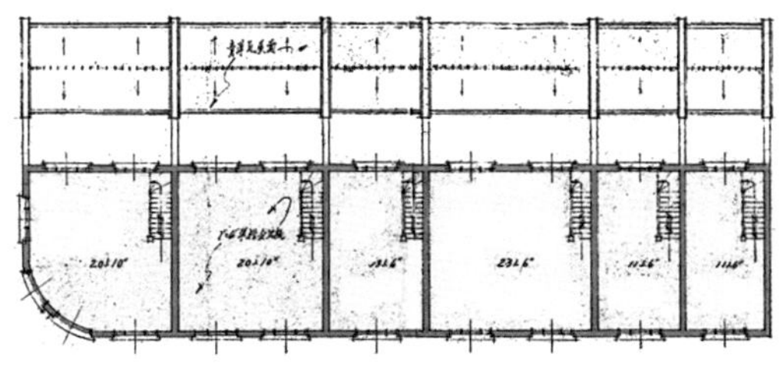

图5-3-27 太平路市房三期建筑平面图

底图来源：南京市档案馆藏，督办南京市政公署工务局：《关于建筑太平路第三期市房，附投标价格比较表，章程图样预算书等报告市政公署》，1938年12月4日，档案号10020050987(00)0003

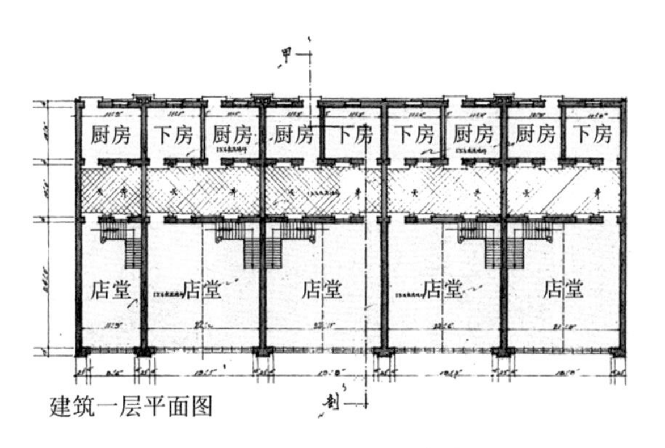

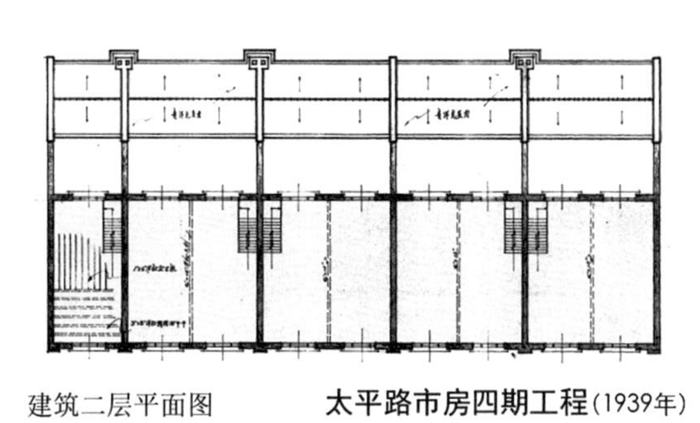

图5-3-28 太平路市房四期建筑平面图

底图来源：南京市档案馆藏，督办南京市政公署工务局：《呈送市政府关于太平路第四期建筑市房设计图则等件》，1939年6月27日，档案号10020051001(00)0001

中山东路一期市房在水平面向前后分立的空间格局基础上增加了竖直向的空间维度。该建筑面阔9间为105英尺（合约32.00米），进深为48英尺（合约14.63米），纵向划分为4户，包括面阔两间的三户和面阔三间的一户。建筑包括临街面的二层店铺栋和屋后的二层附属栋，二者间设天井院，并在二层以室外连廊相连，形成下店上寝和前店后厨的组合式空间格局（图5-3-29）。由是，天井院成为整栋建筑的“内庭”，从作为采光、通风、交通、区隔的功能性空间转变为整栋建筑的中心，增强了空间体验性和生活情趣。

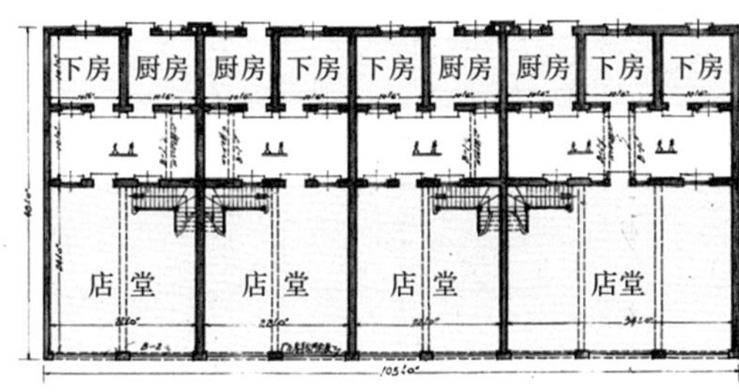

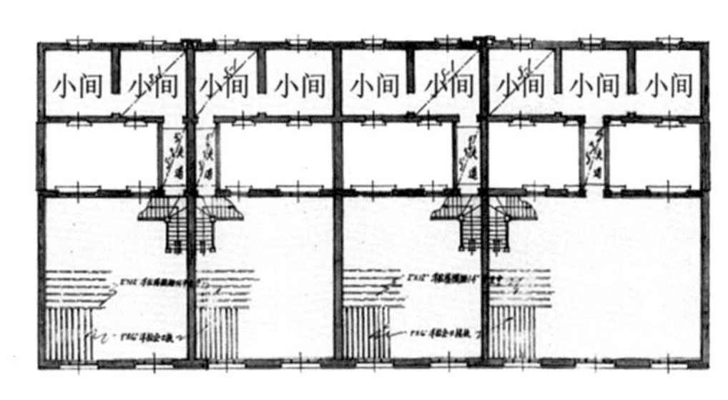

图5-3-29 中山东路一期市房平面图

底图来源：南京市档案馆藏，南京特别市工务局：《呈送市政府关于建筑中山东路第一期市房工程全部图算》，1939年9月2日，档案号10020051002(00)0001

2. 建筑结构与形式

当局所建的市房建筑均采用以砖木结构为主、钢筋混凝土为辅的混合结构形式。建筑以山墙作为竖向承重构件，承托三角形木桁架式屋面，上覆洋瓦，形成类似传统硬山式房屋的屋面形式。主要的水平向承重构件为木构，包括木梁、架空木楼板等。门、窗过梁及圈梁等则主要采用钢筋混凝土，亦有市房的店铺栋采用钢筋混凝土大梁，如太平路市房一期工程，而中山东路一期市房在二层连廊、附属栋楼面则采用钢筋混凝土结构。建筑木材种类较多，而且均选用新材料，包括洋松、杉木、本松等。

"工务局技师"在建筑结构、节点设计等方面均较为精细，选用木材种类亦多，体现了当局对此"代办"项目的重视。但在当时建材紧缺、运输困难的情况下，各营造厂难以严格按照图样进行施工。太平路二期市房工程楼面所用洋松企口板改用小尺寸材料，太平路四期市房将屋面本松板改为木椽子加钉木条的做法等。

这些市房建筑均采用西式建筑风格，在主体店铺栋临街面增加西式店面。店面顶部高出坡屋面檐口，甚至高于屋脊，使得街上行人无法看到建筑屋顶，形成了完整的商业界面。店面一般为竖向三段式，中部为带有窗户的实墙，上端为装饰性檐部，采用三角形、阶台形等各类造型，并设置装饰线脚，底部为传统门洞式入口，排列木制排门板，营业时则全部敞开。这种建筑形式与结构相分离的现象也是前一阶段的近代化市房建筑类型空间形式的一种延续。

市房建筑的店面形式按照立面构图原则可分为单元式和整体式两类，前者以立柱划分为店面单元，从而将各户的分隔形式在立面上表达出来，包括太平路市房二期、四期工程。例如，太平路二期市房立面采用淡黄色毛水泥，勒脚做假麻石，立面由不同开间的四幢西式店面组合而成，各单元内强调横向线条及屋檐线脚，并有三角形和阶台形山花装饰檐部。四期市房工程立面设计更加精致，以凸出檐口的柱子划分为5户，二层窗户上下预留横向店牌匾额位置。立面采用淡黄色毛水泥，预留店招处则粉光水泥，已资区分。匾额、门面板均采用中式元素，柱头还有装饰主义风格细部，体现了折中主义的形式特征。

整体式店面强调统一的立面构图，采用对称形式，装饰水平线条，使店面形成整体，包括太平路市房一期工程的79号房屋（图5-3-30）及太平路三期、中山东路一期市房（图5-3-31）等。例如，太平路一期市房共3栋，其中79号面阔三间，立面采用毛水泥，以水平向装饰线条形成统一的立面形式，体现了联排式市房店面形式特征。太平路三期市房店面较为简约，采用黄色毛水泥，由横向装饰线条统一主立面，窗间墙采用泰山面砖，丰富了立面形式。中山东路一期市房亦由窗洞上下的横向装饰线条统一建筑立面，并粉饰水泥，窗间墙、门洞柱等均为青砖。檐口采用阶台式装饰主义形式，使人联想起刘既漂、李宗侃为西湖博览会设计的大门。

"督办南京市政公署"代建的市房采用江南地区传统的天井院落布局及结构体外装潢店面的建筑形式，是前一阶段市房建筑类型的延续。在当时的社会背景下，这些建筑尚属质量较好者，体现在设计细节、建筑选材等方面。房屋落成后，均交由在南京的日本人使用，集中反映了当局的傀儡政权性质—他们协助日本殖民者在南京进行经济掠夺并为居住在南京的日本人服务。即便如此，市房建筑中亦可见到一些设计方面的简化，例如，房屋底层临街面并未设计玻璃展橱和现代门窗，而是采用传统的门面板，反映出南京沦陷初期建材物资的短缺。

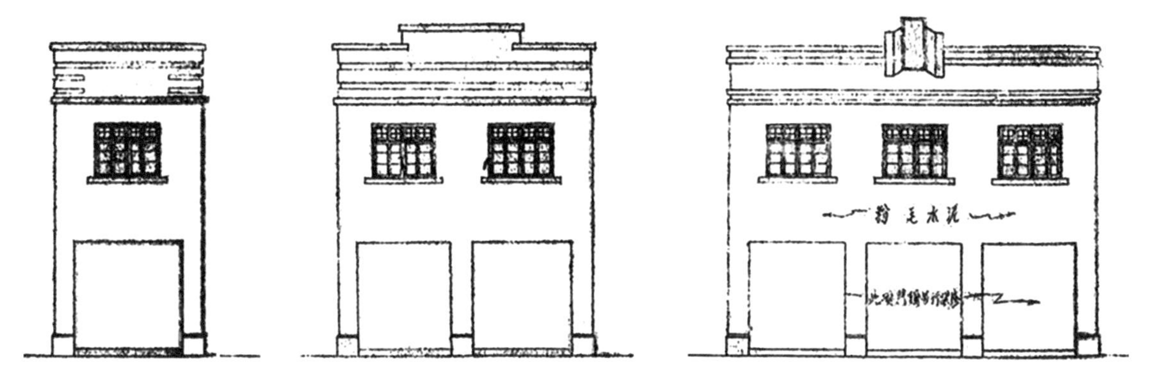

图 5-3-30 太平路市房一期建筑立面图

底图来源：南京市档案馆藏，督办南京市政公署工务处：《关于第二期办理建筑太平路市房定于本月十五日开标请各处处长参加》，1938 年 10 月 14 日，档案号 10020050975(00)0006

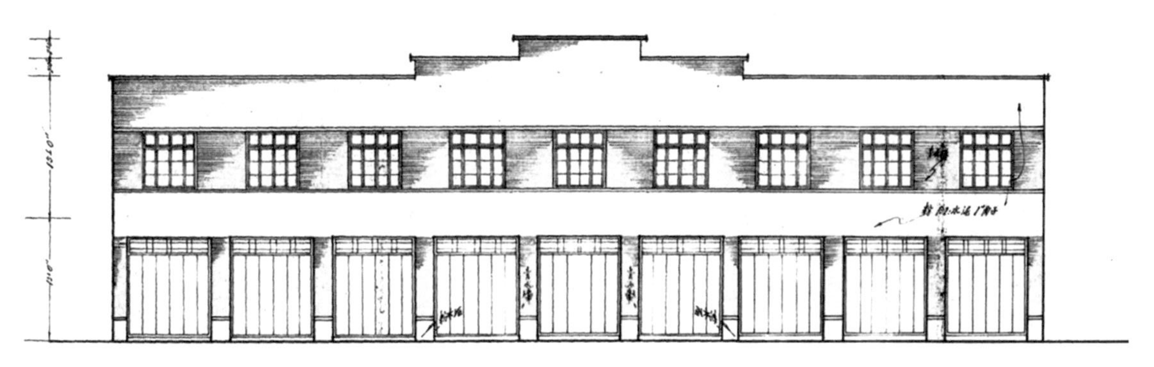

图 5-3-31 中山东路市房一期建筑立面图

底图来源：南京市档案馆藏，南京特别市工务局：《呈送市政府关于建筑中山东路第一期市房工程全部图算》，1939 年 9 月 2 日，档案号 10020051002(00)0001

（三）简易市场

该时期内，当局还建设了大型的、临时性简易市场，即中华路 207 号“席棚商场”，是日据时期最早的新建简易商场之一。1939 年 12 月，因“南京宪兵队”租用建康路商场，“财政局”在中华路 207 号市产基地搭建席棚商场，以容纳原建康路商场各商号。商场工程由朱泰记棚铺承建，工程期限为 10 日内[①]。

中华路 207 号席棚商场较为简陋，采用所谓“人字汽楼式”形制——底层设四排木柱，承托木屋架，上覆三层芦席中夹两层杭油纸的重檐棚顶，屋架腰身部位环绕一圈玻璃气窗。席棚商场这种临时搭盖的简易商业设施也体现了 1940 年前后南京城市商业的破败以及当局财政拮据的状况。1940 年以后，南京城市商业生活逐渐恢复，加之当局“鼓动”上海地区商人到南京投资，故该时期中国商人创办的商业设施较多，当局主办的商业设施较少，主要的建设活动为山西路一带的市房改造。

抗日战争爆发前，山西路为联系颐和路公馆区和中山北路的重要交通要道，也是南京城北重要的商业街道。1940 年后，山西路“商铺林立，日趋繁荣”[②]，被时人称为城北地区的

---

① 南京市档案馆藏，市财政局：《关于南京宪兵队租用健康路商场全部房屋一案给市长的报告，附图样估价单》，1939 年 12 月 18 日，档案号 10020041935(00)0001。

② 南京市档案馆藏，南京特别市工务局：《呈送市政府关于山西路商店建筑图样等件请核示》，1943 年，档案号 10020052540(00)0007。

重要“商业中心”[①]。但山西路一带的房屋主要为战后中国居民因陋就简所建，多采用稻草、芦席等粗劣材料临时搭盖，不仅材料易燃，而且也没有防火设备，具有较大的安全隐患。加之当时南京建材价格高涨，许多投机市民将业主不在南京的房屋私自拆除变卖，阻碍了市面的整体恢复和发展。因此，当局针对这一现象，组织了山西路一带市房改造工程。

1943年初，“南京特别市市长”周学昌据“增强治安，整顿市容起见”[②]，面谕饬令“工务局”改造山西路市房。随后“工务局”成立了“山西路市容整顿事务所”，专门负责山西路市房建筑改造设计、工程管理等具体事项。经当局调研统计，拟改造屋宇共计51处，包括瓦房18处，草房17处，白铁房10处，新式平房、一般性平房及木房各2处。其中，有32处位于山西路，11处位于江苏路，珞珈路、四卫头则各4处。

山西路市房由“市工务局技正”许中权[③]设计，建筑均为砖木结构的单层房屋，屋顶采用木桁架式坡屋顶。市房按照平面形式和面阔大小可划分为两类，即“单开间式”和“双开间式”，单开间式面阔12英尺（合约3.66米），进深为18英尺（合约5.49米），双开间式面阔为其两倍，进深尺寸一样。此外，还有一种“立柱式”，应为以山墙面作为承重结构、临街面用柱子代替砖墙作为立面装饰的形式。这几种市房的檐高均为10.5英尺（合约3.20米），形成竖向两段式的构图。上部为高4英尺10英寸（合约1.47米）的“灰幔商标匾额”，均粉刷深黄色面层，“以资一律”，下部为门洞式入口和6块木排门板，从而形成店招与店面入口高度约为1：2的连续商业界面（图5-3-32）。另外，各商号如有需要亦可申请建设楼房，但需遵照“市工务局”的相关要求和设计方案。

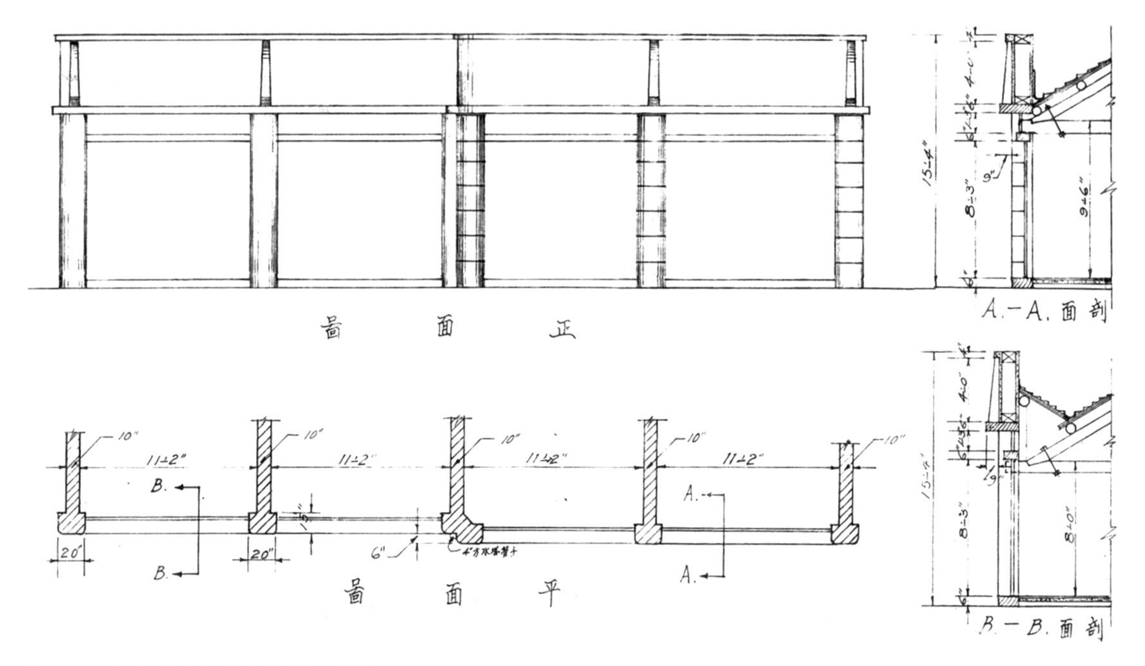

图5-3-32 山西路市房改建门面图样

底图来源：南京市档案馆藏，山西路市容整顿事务所：《关于山西路市房改建门面图样》，1943年11月27日，档案号10020010404(00)0026

山西路市房建筑虽然以统一的建筑临街立面和店招形式塑造了连续的店面街形式。但是，

① 俞执中．南京书场印象记［N］．弹词画报，1941-3-8（1）．

② 南京市档案馆藏，南京特别市工务局：《关于山西路商店建筑图样施工说明书工料概算表呈市政府》，1943年4月10日，档案号10020051034(00)0003。

③ 许中权为“南京特别市工务局技正”，1943年4月时还担任“工务局审勘主任”。

建筑主要采用旧材料，少用新料，且装修材料（木排门板）、屋面基层用材（芦席）的规格均较低，反映出当局以市面建设为目的的“面子工程”的初衷。同时，店面街以面积狭小的单层市房为主，若与同期城中、城南地区较普遍的多层市房相比较，体现出城北地区商业的不发达。

日据时期，当局主导的商业设施建设大致以 1940 年为界划分为两个阶段。前一时期内，当局为复苏城市机能、恢复商业生活，以解决民众生计问题的商业设施——菜场建设为主，并为“日本特务机关”及日本人代建了部分市房建筑。后一时期内，随着城市商业生活逐渐恢复，当局创办的商业设施较少，主要以市容建设为主，意在塑造所谓的“新都”形象。除代办市房外，这一时期由当局创办的商业设施基本为木结构、砖木结构，多采用旧建材，较少利用玻璃、混凝土等现代化建筑材料，集中体现了商业建筑的实用性特征。

五、中国商人创办的集中型商业设施

日据时期，南京另一类主要的商业设施类型为中国商人创办的集中型商业设施，主要包括大型商场和简易市场，前者为全室内空间，一般采用步行商业街的形式，包括永安商场、兴中商场、联合商场、建康商场等；后者实际为统一规划建设的步行商业街区，由商铺单元组成，包括复兴商场、大中华商场、新世界商场等。

集中型商业设施的发展主要集中于 1940 年之后，主要由于两方面原因：一方面，该时期城市商业生活秩序逐渐恢复，部分中国商民回到南京建造商业用房、经营商场等；另一方面，由于战火对南京城市商业区的破坏，加之众多民众在战争期间迁徙，许多商业及市房用地沦为“产权不明”或“业主不在京”的“烧迹”、废墟等，为商人整合用地创办集中型商业设施提供了可能。

（一）内街式集中型商业设施：商场

1. 夫子庙永安商场（1942—1943 年）

（1）创办背景与经营状况

永安商场是日据时期南京新建的规模最大的综合型商场之一，也是城南夫子庙地区著名的老字号商场，被誉为民国时期南京的三大商场之一[①]。1940 年，鸿记营造厂老板、上海人陆新根[②]租下秦淮小公园东侧基地，着手兴建一座综合型商场[③]。商场基地北邻贡院前街，南邻秦淮河，东侧为“首都警察厅南区警察局”，西侧为秦淮公园路，面积 15 663.78 平方市尺（合 1740.42 平方米）。基地位置较为优越，不仅南面坐拥秦淮河畔、北依城南重要干道贡院前街，水陆交通便捷，而且向西约 200 米便是夫子庙及闹市区（图 5-3-33）。随后，筹办方在中山路 135 号成立永安商场筹备处，由王彭生负责，并聘任法国巴黎大学毕业的陈仲通担任商场总经理。商场建筑由技师杨存熙设计于 1942 年 10 月 14 日，随后呈报“市工务局”，

① 民国南京的三大商场为 1936 年开业的中央商场、1943 年开业的永安商场和 1947—1948 年间开业的太平商场。

② 陆新根，1945 年时 35 岁，籍贯上海，学历为私塾，曾担任陆新记营造厂经理。

③ 由于永安商场的建筑平面并非规整矩形，柱网亦非单一尺寸，平面规则的商铺单元包括 4 种，即 12 英尺 ×15 英尺、15 英尺 ×15 英尺、12 英尺 ×20 英尺和 15 英尺 ×20 英尺，1 英尺 =0.3048 米，建筑面积分别为 16.72 平方米、20.90 平方米、22.30 平方米和 27.87 平方米。

当月16日获颁发建筑执照。工程由鸿记营造厂承建，于1943年4月30日竣工，同年5月正式开业。

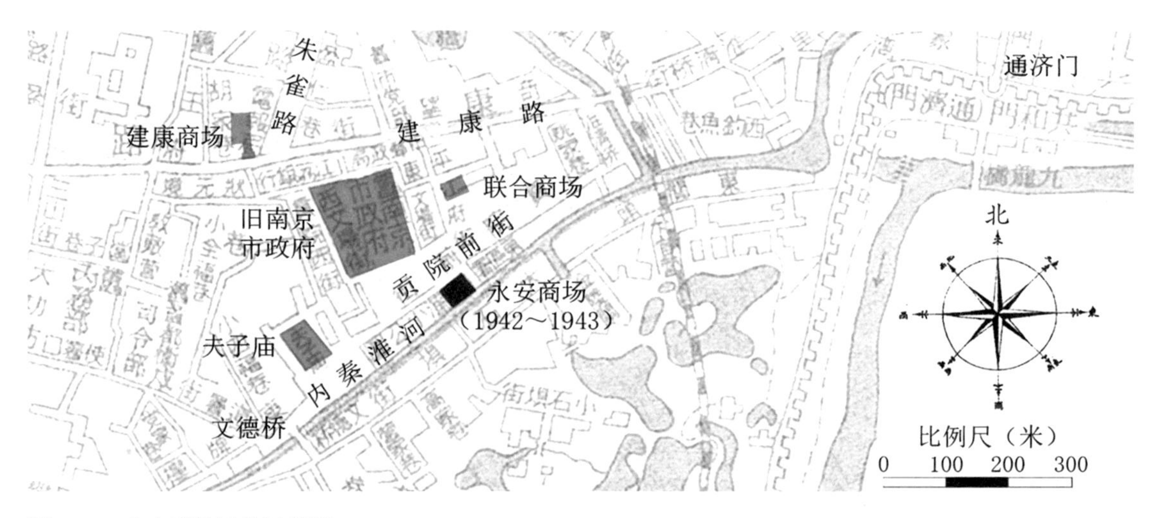

图 5-3-33 永安商场区位示意图

底图来源：中国史地图表编辑社马宗尧 编制，金擎宇 校订．南京市街道详图（1949）[Z]. 亚光舆地学社出版，大中国图书局发行，1949.

永安商场是日据时期本土商人在南京建设的最著名的大型商场之一，它的创立主要源自当局对繁荣南京市面的诉求。1942年前后，上海疏散各地人口，当局"劝导"在沪市民回宁的同时，亦"威逼"与"利诱"上海商人迁至南京开店，永安商场便吸引了许多苏浙沪一带的商人。根据1945年1月的《永安商场厂商联谊会会员名册》记载，商场联谊会包括40家铺号计41位会员，主要以江浙地区商人为主，上海籍商人最多，达到8位，南京本籍商人仅有5位。

永安商场也是一栋经营日用品等诸端百货的大型"集团售品组织"，体现在经营业态的复合性特征。创立伊始，商场共容纳了50余家商铺，所经销商品种类繁多，包括各类日用百货，如雨衣、眼镜、玩具、首饰、香粉等，服饰品如衣帽、绸布、鞋袜等，还有银号、信托等业务。除商业、金融业铺面外，发起人陆新根还引入"上海咖啡室"，并亲任经理。场方还计划设立剧场，后因故取消。永安商场经营产品以日用百货为主，并兼营金融、餐饮等业态，体现了现代化"一站式消费"的复合型消费场所特征。

（2）建筑空间形式

永安商场位于城南夫子庙核心商业区的方整地块内，用地北邻传统商业街贡院前街，南依秦淮河，向西可达夫子庙前广场，商业位势较为优越。

永安商场建筑平面顺应规整的用地边界，大致呈面阔12间合152英尺8英寸（合约46.53米）、进深9间合120英尺4英寸（合约36.68米）的不规则矩形。建筑基本采用12英尺×15英尺（合约3.66米×6.10米）的柱网，每间店铺单元占据一个柱网[③]，共有商铺68间，总建筑面积约为2639.17平方米，容积率为1.52。建筑主入口位于西北角，面向贡院街，与原首都大戏院隔街相望，南面基于临河栈道创造出体验性的商业街市空间，并设置了两个通往卖场的次入口，此外东面还设有一个疏散出口（图5-3-34）。永安商场建筑主体两层，西北角主入口圆形塔楼局部高三层，采用砖木混合结构，屋面为木桁架式双坡顶构造。建筑立面风格简约、现代，主体粉刷黄色水泥浆，窗间墙则保留砖的固有材质，塔楼部分用竖向线条装饰略作区分，采用白色水泥浆粉刷。由剖面上看，商场形成自外向内跌落的屋面形式，在支撑墙处开设高侧窗，增强购物空间的自然采光（图5-3-35）。

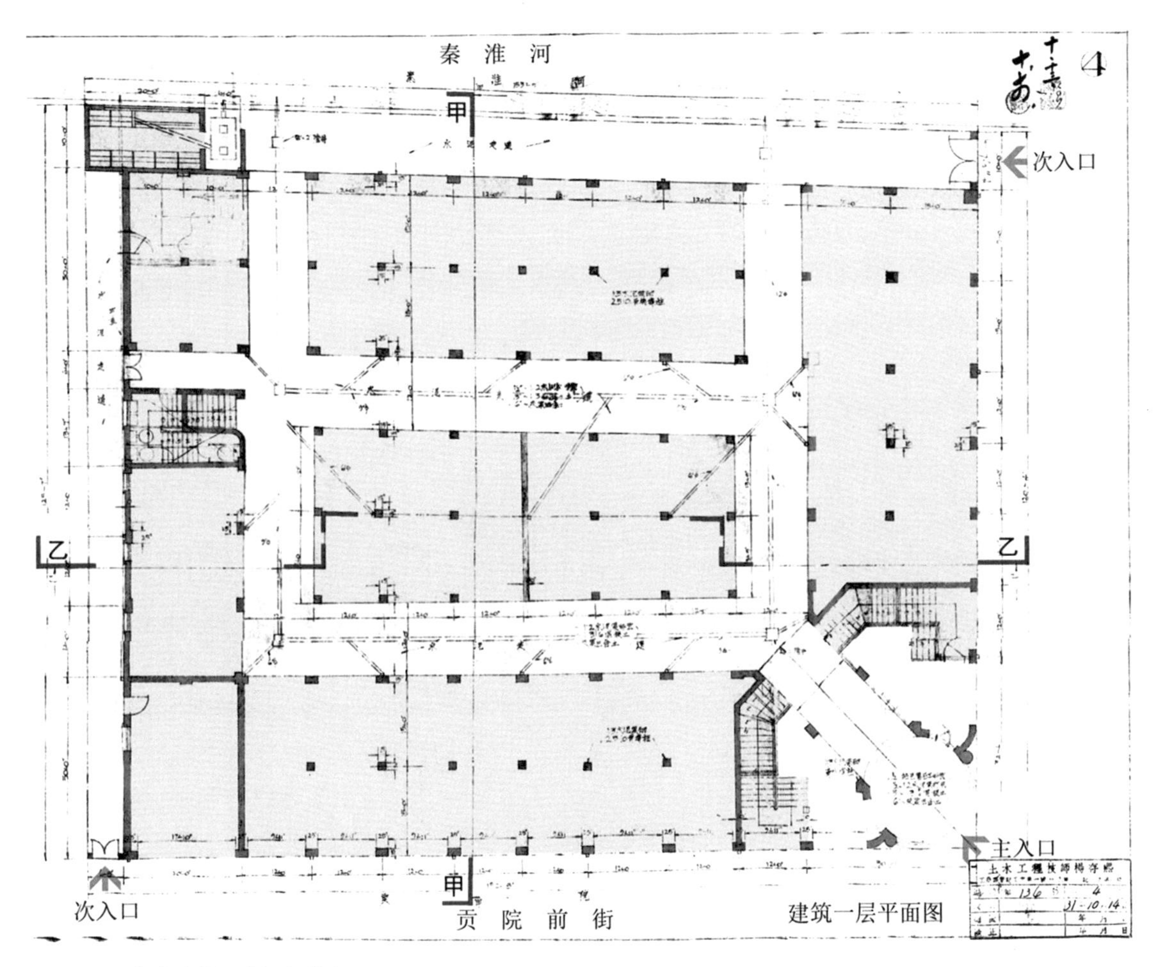

图 5-3-34 永安商场一层平面图

底图来源：南京市档案馆藏，市工务局：《关于永安商场建筑工程材料一份应归还原单位存档》，1942 年 10 月 26 日，档案号 10020052520(00)0001

永安商场（1942—1943年）

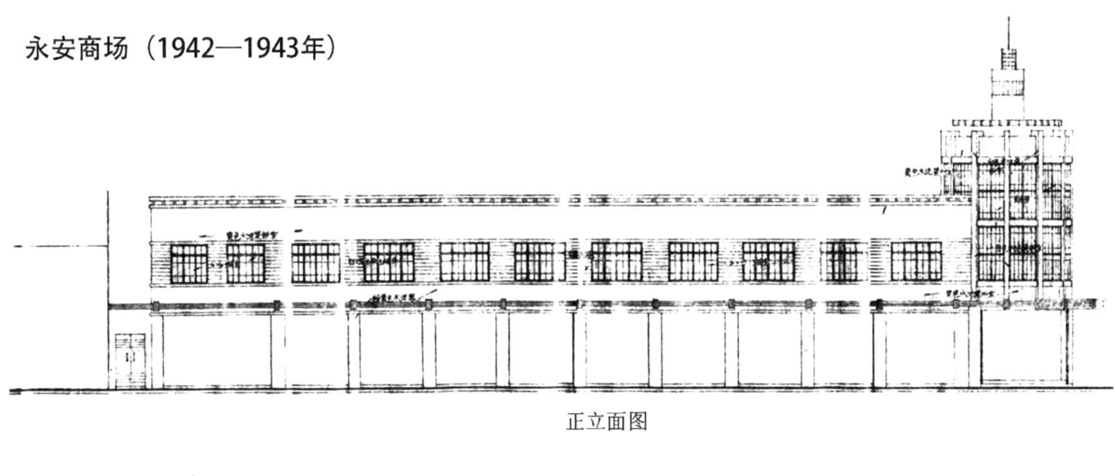

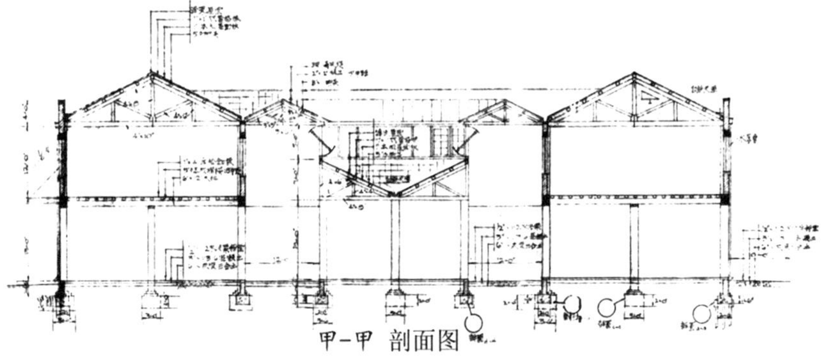

图 5-3-35 永安商场立面图（上）、剖面图（下）

图片来源：南京市档案馆藏，市工务局：《关于永安商场建筑工程材料一份应归还原单位存档》，1942 年 10 月 26 日，档案号 10020052520(00)0001

永安商场的内街式建筑空间形式是场方组织经营模式的集中体现。同抗战爆发前的国货陈列馆、中央商场一样，永安商场也源自近代以来的新的商业建筑类型——“集团售品组织”，即由发起方筹资建设商场空间，再承租给各商号，通过收取出租租金和押租利息来牟取利润。基于这一经营模式，建筑以室内的环形步行道组织店铺单元，并充分利用底层商业界面为各商家灵活单租、整租以及装潢店铺空间提供便利。商场除西、北两侧为临街面外，还于南侧河畔设置了3米宽的临河商业栈道，从而充分利用了秦淮河道景观，使得除东立面以外的商场底层空间均可对外营业，以获取更高的租金利润。

商场采用的框架式结构为室内空间的灵活出租和划分创造了便利。场方未因保持建筑立面形式而管控承租商租赁铺面数量及装潢范围，商家不仅可以灵活随意地划分内部空间，也可基于自身需求改变原有建筑的外立面形式。例如，上海雨衣公司、国光呢绒服饰商店、信孚信托公司等商家便租赁了相邻的两间商铺。大达银号甚至整租了位于一层西端的10间铺面，形成30英尺 ×66英尺（合约9.14米 ×20.12米）的完整空间，并于1945年1月进行了室内装修工程，采用木夹板隔墙将内部空间划分为会客室、经理室、文书会谈室、什物间、钦库、饭厅等房间，外立面则将原有翻窗改造为大玻璃窗[①]。商场创办人陆新根还于南侧东段的5间铺面开办了上海咖啡室，后又将部分河岸栈道纳入室内，使咖啡座临河岸而居，并有踏步可下至河道，既充分发掘了秦淮河景的商业价值，也为西方舶来的休闲场所赋予了地方性的空间体验。

永安商场是日据时期南京较为著名的大型商场，与中央商场和抗战后创办的太平商场并称为“民国南京的三大商场”。该商场的发起源自当局为复兴南京市面而驱使苏浙沪一带商人来宁经商，故商场的主要发起人和承租商均为沪商和江浙一带商人，南京本地商人较少。外来资本的介入，保证了商场建筑的建造水平和施工质量，与同期的其他商场相比，永安商场的室内空间形式、外立面形式、建筑结构与用材等方面均较为考究，可谓日据时期内街式集中型商业设施的代表性建筑。

永安商场旧址也是尚存为数不多的民国时期的大型商场之一。2008年，该建筑进行了整体翻新改造，室内中庭部分加建为三层，原采光高窗全部拆除，立面则改造为以粉墙黛瓦为特征的仿江南地区传统民居的新中式风格。该建筑现由南京夫子庙购物中心有限公司管理，经营“美特斯邦威”品牌服饰。

2. 汉中路兴中商场（1942—1944年）

（1）创办背景与经过

兴中商场是日据时期南京新建的重要的大型商场，抗日战争胜利后，与中央商场、世界商场（即原“复兴商场”）并称为“新街口三大商场”。兴中商场位于新街口广场西南侧、汉中路邮政局与铁管巷之间，用地面积约8000平方米，商业位势较为优越。抗战爆发前，该地除汉中路沿街建有市房外，基地内部主要为菜圃，南京沦陷后，用地内建有“棚摊”[②]，以容纳汉中路一带的中小摊贩。

兴中商场的创办源自当局针对汉中路一带“棚摊”的市容整顿措施。1942年，为执行当局“整顿市容，限期拆迁汉中路棚摊一案”，汉中路全体摊商发起组织“群益商场”。同年8月，众

---

① 南京市档案馆藏，《关于鸿记承修贡院街永安商场内大达钱庄》，1945年2月，档案号10020051692。

② 南京市档案馆藏，市汉中路全体摊商代表：《关于请求联合商户建筑商场一案财政局往来文书》，1942年8月12日，档案号10020041657(00)0001。

摊商组织商场筹备处，推举建康路380号“南京胜锡商号”老板金锡奎为摊商代表，并拟定《汉中路摊贩商建筑商场大纲七条》，将商场改名为“兴中商场”。他们计划由众摊商先行认股集资自建，若认股不足则呈请“政府”协助或另行对外招股，工期拟定为5个月。因基地产权较为复杂，发起人还呈请由“市政府”代管该处土地，共计约12亩（合8000平方米）用地。

由于当时建材市场混乱、物价高涨，兴中商场的筹备遇到较大困难。1942年底，商场一众发起人先向“市政府”呈请租金减半，后因原计划的100万元建筑费用不敷使用，又向“南京市银行”呈请贷款。1943年初，商场开工建设，由位于南京荳菜桥4号的公记祥号营造厂承建。1943年11月底，商场建筑工程完工，装修工程亦将完竣，于12月初获准先行开业。

（2）经营状况

兴中商场建成伊始主要容纳了汉中路一带的小型摊贩，占承租商总数的三分之二以上。其中，又以南京本籍商人为主，不同于永安商场以沪商为主，浙商、宁商共营的情况。根据1944年10月的《南京兴中商场厂商联谊会筹备会筹备员略历表》记载，筹备员共有11人，其中南京籍商人达到8人，占大多数[①]。商场经营类别则是五花八门，包括各类百货、瓷器、绸布、电料、木器、锡器等商号，可谓一处售卖诸类百货品的大型商场。此外，商场内经营“五洋货品”的商号较多，即香烟、肥皂、火油、洋烛和火柴等。创办伊始，商场内就有陈近记五洋号、公顺烟号、泰昌烟号、合记五洋号、永成五洋号、公鑫烟号等。抗日战争胜利后，商场内还设有专门的“五洋市场”，与1946年夏创办的、位于马路对面的“义民商场”一起形成南京重要的五洋商品“大本营”，终日“人声嘈杂”“叫喊混做一团”。

（3）建筑空间形式

兴中商场位于新街口商业区西南片区，商业位势优越。建筑由“市工务局技师”曹春葆设计，建筑平面顺应基地外缘形成不规则形式，临汉中路一侧为主立面，面阔9间计177英尺5英寸（合约54.08米），总建筑面积达到8890平方米。建筑设两个主入口，还有3个次入口，曰“太平门”。自汉中路沿街市房往南为主体的商业空间，建筑一层，沿汉中路街道纵向平行划分商业空间，包括横向商业内街11条，纵向联系内街3条，之间共有铺面23排，形成阡陌纵横的购物路径。商铺总数为382余个，标准铺面尺寸较小，面阔10英尺3英寸（合约3.12米）、进深为12英尺（合约3.66米），面积为11.43平方米。（图5-3-36）

兴中商场建筑遵循大型商场中常见的内外分立的空间格局。主体卖场一层，临汉中路一侧市房两层，除底层作为商铺外，二层为办公室、职员寝室、经理及副经理办公室等较为私密的房间。为适应卖场内部阡陌纵横的商业内街的空间形式，建筑主体采用砖木混合式结构，商铺屋顶为东西走向的木桁架双坡顶屋面，在南北方向上并列排布。室内步道亦上覆双坡顶并高出两侧店铺，在高出部分的竖向墙体间开设高侧窗，部分步道的交叉处则上覆玻璃天棚，从而基于光线的强弱形成一定的空间节奏，丰富了消费空间体验。由于临汉中路一侧市房、铁管巷附近房屋系利用旧有设施翻新、改造、扩建而成，结构相对较为繁复，局部如梁、楼面等部位采用了钢筋混凝土大料。兴中商场对于既有设施的最大化利用也影响了临汉中路空间界面的完整性，除中部五间较为规整突出了商场主入口外，两端的几间高度参差不齐层高也不一样，有的为传统市房做法，有的又装饰了西式门面，并未形成统一的界面风格，尚不如同期太平路、中山东路的联排式市房。

---

① 南京市档案馆藏，南京特别市政府：《关于据社福局呈兴中商场厂商联谊会筹备员略历表暨筹备会图记印模单》，1944年11月20日，档案号：10020010840(00)0001。

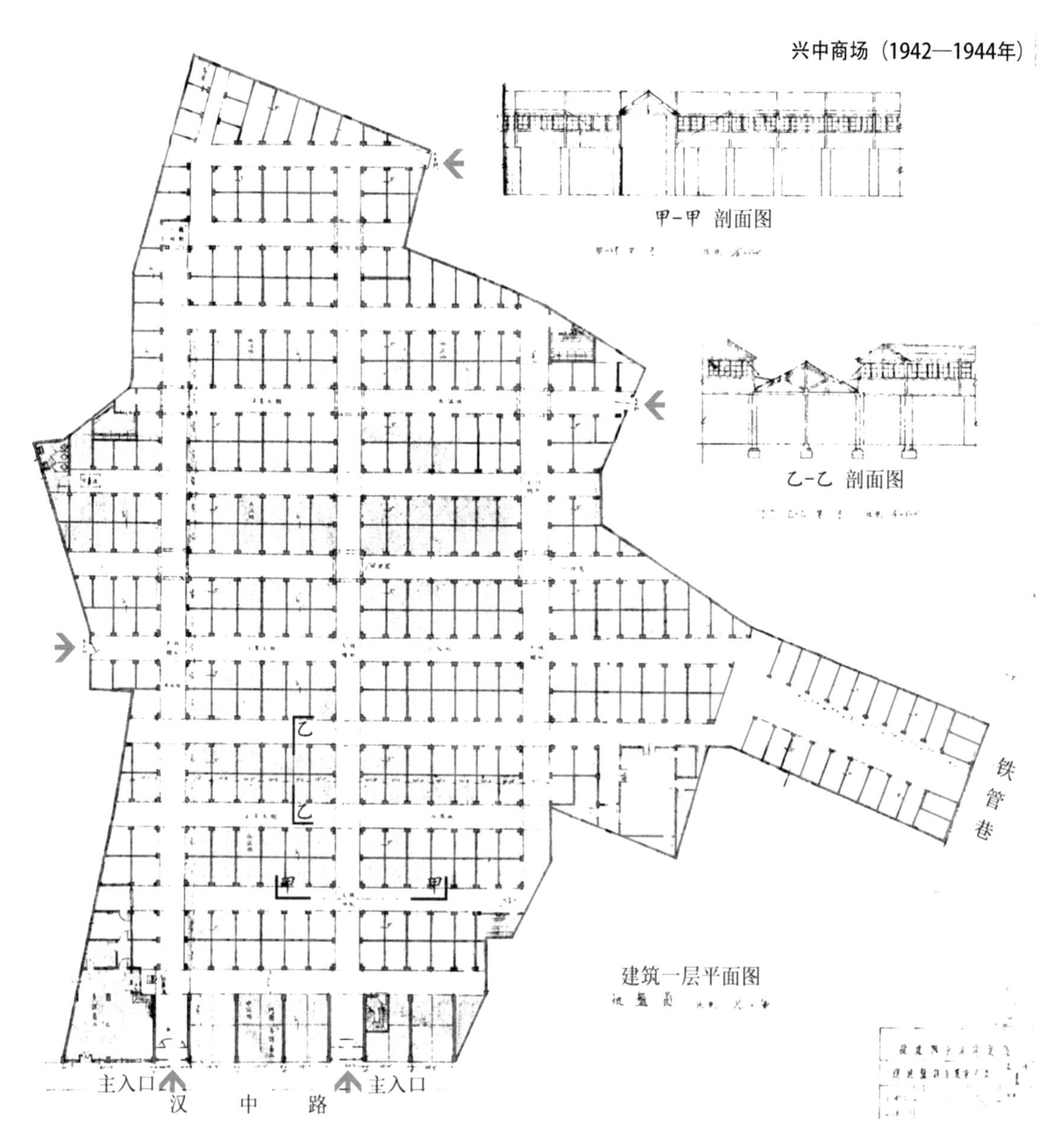

图 5-3-36 兴中商场建筑设计图

底图来源：南京市档案馆藏，市工务局：《关于兴中商场沿铁管巷添建平房二十二间其基地超出工务局范围产权由谁代管与财政局往来文书、附图样一份》，1944 年 1 月 31 日，档案号 10020052148(00)0009

兴中商场是日据时期由汉中路一带的中国商民集资创办的大型集中型商业设施，从建筑面积、商铺数量等方面来看，该商场为该时期规模最大的大型商场，甚至在近代南京都属于规模较大的大型商场之一，仅次于抗日战争胜利后的中央商场（包括一期、二期）及太平商场。但是，由于日据时期通货膨胀、工料飞涨，而由小商贩组成的建设主体资金不足，不仅延误了工程进度，也导致建筑从设计、施工、用材等各方面均体现出较为简陋的状况。首先，发起人为了充分利用旧有设施，保留了汉中路一带的临街市房，导致商场临街界面完整度较低、美观性也较差。其次，商场使用了许多从“烧迹”、废墟上拆卸下来的旧建筑材料，质量较差，存在一定的安全隐患。最后，发起人为了最大限度地创造营业空间，基本将用地占满，然而建筑又缺乏有效的消防设施，导致从防火、疏散等方面均存在一定的安全隐患。

兴中商场的发起源自当局市容整顿的重点区域——新街口一带的市面形象工程。1942 年底，当局借孙中山先生诞辰纪念日之际，将其铜像移至新街口广场，力图渲染其“政权”的“合理性”与“正当性”，兴中商场便在这一背景下创办起来。当局为实现其政治目的可谓“一路大开绿灯”，先是利用约 3 个月时间便办理了整合、代管土地，仅对汉中路的摊贩们收取象征性的租金，又将铁管巷口由“市政府”代管的土地批作商场之用，之后还批准了商民们削减租金的请求，并帮助他们申请建设贷款等。然而，完工后的商场建筑却差强人意，不仅临街界面较为凌乱，无法达成当局“以壮观瞻”的目的[①]，而且一众发起人也“各怀鬼胎”——他们既然可以承担高达百万元的建设费用，却无法接受每亩每月 100 元的租金。考虑到当时盗拆、盗卖建筑材料之风较盛，一众商势必也参与其中攫取利益。当局与中国商民间存在利益的博弈，反映了日据时期畸形的社会形态。

3. 平江府街联合商场（1943 年）

（1）创办背景与经过

联合商场位于夫子庙传统商业区，基地形态规整，北至新姚家巷，西达平江府街，南邻平江府南街，面积为 2.45 亩（合 1633.3 平方米）（图 5-3-37）。1943 年初，该地产和屋产所有者联合“大华实业股份有限公司”拟创办联合商场，并任命关华年为商场经理。建筑原拟由新申营造厂承建，后因该厂业务纠纷改由公协营造厂承建。在呈报建筑图则的同期，筹备方开始面向社会招租商号。但是，当时建筑材料价格飞涨，联合商场建筑工期不仅一拖再拖，且完工时缺乏消防设备，引起各承租商家的不满。在“市政府工务局”派员查勘、斡旋后，商场建筑方如期竣工开业。1943 年 11 月底，商场建筑工程完工，于 12 月 3 日先行开幕，之后开始进行橱窗、橱柜等室内装修工程，由上海昌时建筑师事务所（Jones Architects & Engineers, Shanghai）南京办事处设计。

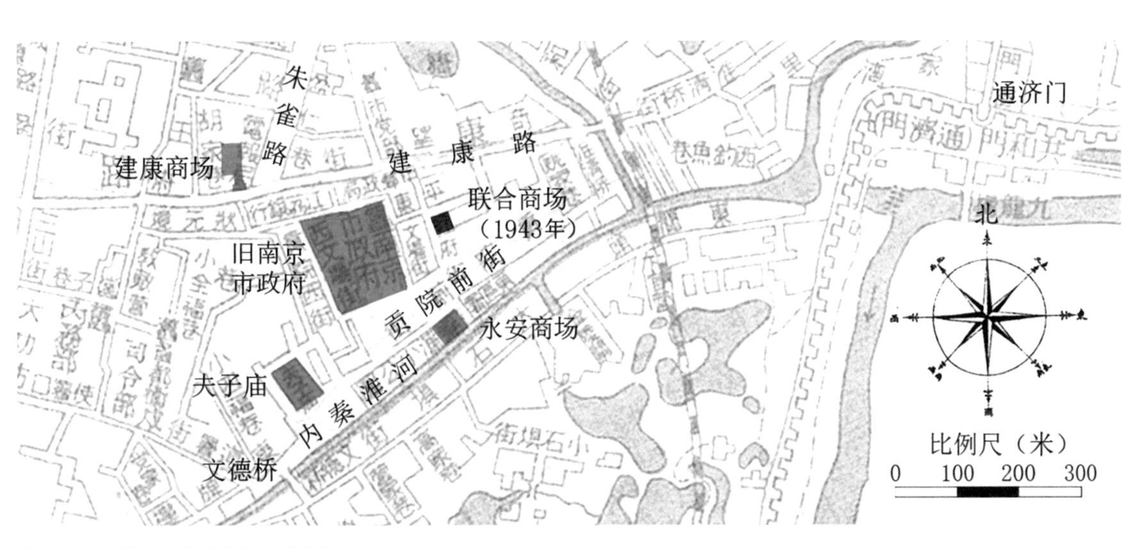

图 5-3-37 联合商场区位示意图

底图来源：中国史地图表编辑社，马宗尧 编制，金擎宇 校订．南京市街道详图（1949）［Z］．亚光舆地学社出版，大中国图书局发行，1949.

与同期的商场建筑工程相比，联合商场在建筑的设计、用材等方面尚属情况较好者。根据 1943 年 12 月 1 日“市工务局”的查勘报告记载：“商场全部建筑业已完竣，其构造除所有橱窗未做外，其余与图上书符合，……更查其屋架木料全系毛坯，惟尺寸尚符。……对于消防设备，

① 孙中山先生铜像移至新街口广场之际，兴中商场的一众发起人便先行展让汉中路路口约 10 丈的地基，“以壮观瞻”。根据 南京市档案馆藏，市汉中路全体摊商代表：《关于请求联合商户建筑商场一案财政局往来文书》，1942 年 8 月 12 日，档案号 10020041657(00)0001。

尚付阙如，令饬装置。……” 据此可知，商场所用木料均为新材。另参照 1943 年 2 月 24 日由新申营造厂编制的“估价单”，建筑木材包括洋松大料、屋架桐木和桁条桐木三种①。在当时南京盗拆、盗卖旧建筑材料成风的情况下，联合商场在用材和建造等方面尚属较佳者。

（2）建筑空间形式

联合商场由技师徐信孚设计，建筑平面顺应基地四缘近似正方形，沿平江府街南北 7 间合 34.39 米，东西进深 6 间合 33.38 米，采用 5.18 米 ×5.48 米的柱网，建筑面积约为 1665 平方米，规模较小（图 5-3-38）。建筑共设 6 个入口，除西北角、西南角为主要的卖场入口外，其余为凤凰餐厅和金刚酒家的独立出入口，包括营业入口和后勤入口各一个。后勤出入口紧靠送货间和厨房，保证了后勤服务流线与消费者流线的分离。建筑主体为一层的卖场空间，临平江府街的西北角设二层塔楼，面向自朱雀路、建康路来的人群。塔楼一层为入口前厅和管理室，二层包括办公室两间和卧室一间，应为场方管理人员的寝室。建筑采用砖木混合结构，屋面采用东西向上连续并置的双坡顶木桁架构造（图 5-3-38）。建筑采用简化的西式风格，街口转角处呈层层升起的阶台式形制，立面强化竖向线条，应受到装饰主义的影响。

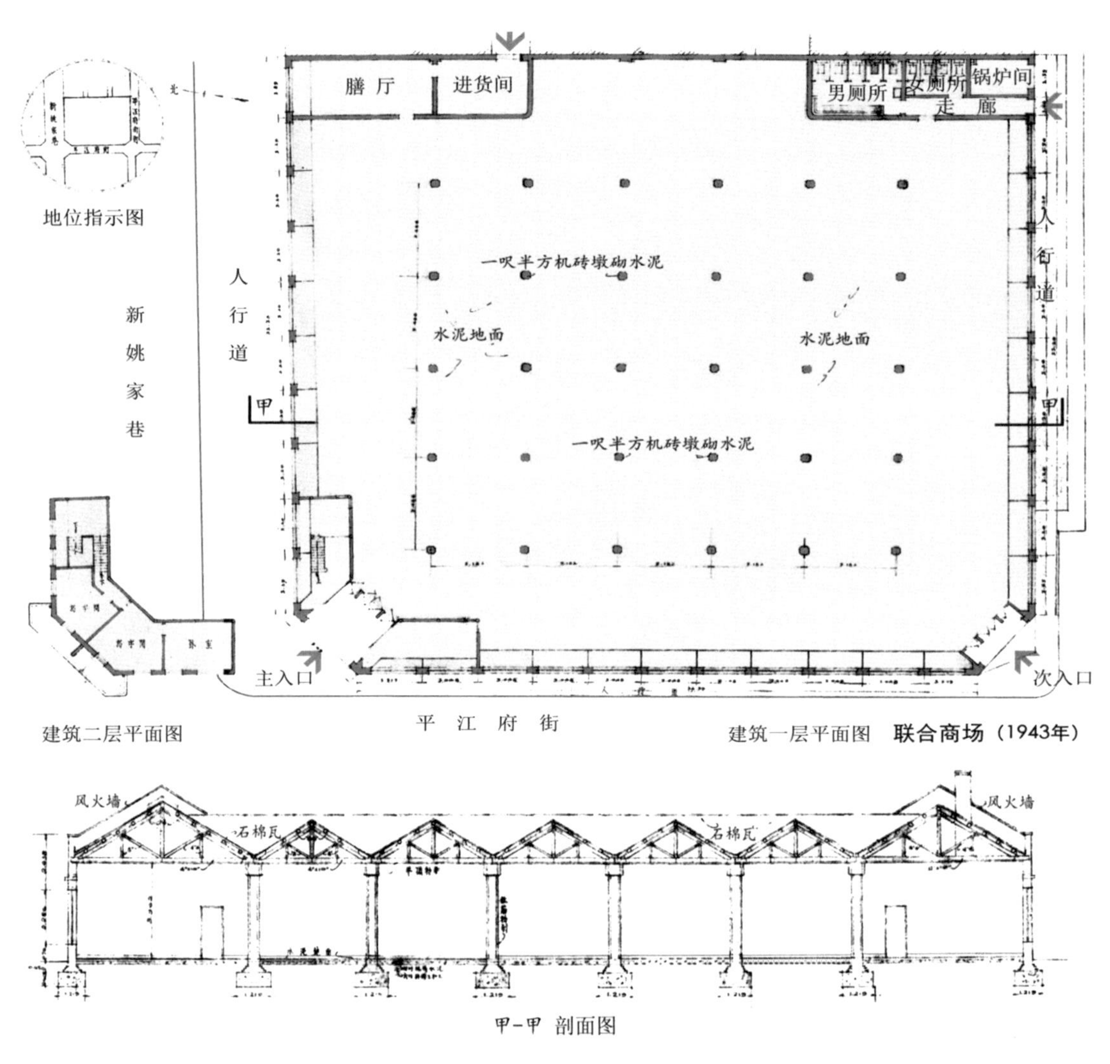

图 5-3-38 联合商场建筑平面、剖面图

底图来源：南京市档案馆藏，南京特别市工务局：《南京联合商场建筑工程》，1943 年，档案号 10020052521

① 南京市档案馆藏，市工务局：《关于收到新申营造厂报建筑姚家巷工程图则、图样、合同单等件的批文》，1943 年 3 月 5 日，档案号 10020052521(00)0001。

联合商场主体卖场为复合型空间，体现在多样化的消费业态和空间划分等方面。商场内以经营饭店、日用品百货、文具的商家居多，兼有理发、皮鞋、食品、西药、玩具等店铺。尤其值得称道的是两家大型的饭店——凤凰餐厅和金刚酒家，前者占据 12 个柱网单元，后者占据约 5 个，基本将东、南两侧的街道界面纳入自家营业空间中，并分别设置了独立的出入口。二者所形成的“L”形格局将商业空间限定在西侧临城市道路最为热闹的区域中，平面呈矩形，共有约 24 个柱网单元，临平江府街的 15 间店铺为商业价值最高的区位。

联合商场内部空间还体现出百货公司的一体化空间特征。卖场以橱柜划分内部空间，包括通廊式柜台和单体式柜台，共有柜台 106 个。各承租商户分领柜橱经营，即商场经理关华年所讲“各厂商并无装修，仅每厂商设有货橱、柜台各一只”[①]。这种室内空间的划分方式与南京同期创办的复兴、建康、兴中等商场有所不同，复兴、建康、兴中等商场延续了战前中央商场式的、以单体式铺面组成的室内步行商业街的空间形式。联合商场以柜台划分的商业空间在形式上初具百货公司之雏形，但并未按照商品部类划分空间，也反映出商场的组织形式并未与“集团售品组织”有何不同——各商家依旧“各自为政”，场方虽然有心创造新的消费空间体验模式，但也不过是“画虎不成反类犬”而已。

联合商场是日据时期由房屋业主和商人共同发起创办的小型集中型商业设施。建筑以复合型的商业空间和多样化的消费业态为特征，并出现了仿效西方现代化百货公司的以商品展示橱柜进行空间区划的一体化商业空间，是场方的现代化商业空间图景的体现。但是，由于组织经营模式的不同，这种空间区划的方式并未基于独立的商品部类，导致虽有百货公司的形式，却无法容纳百货公司的内容。

联合商场建成后的经营情况尚不得而知，但从商场的规模、区位等方面判断，其经营与发展将遇到一些困难。联合商场虽然位于夫子庙商业区内且三面临街，商业位势看似比较优越，但是，较之周边的贡院前街、建康路、朱雀路等城市主干道级别的繁华商业街道而言，联合商场周边区域略显落寞，仅为一些狭窄支巷。况且，南面的贡院前街已有永安商场，不远处的建康路、朱雀路路口有建康商场，联合商场从建筑规模和商业区位等方面均无法与之相媲美，大量的消费人群将被吸引过去。因此，1943 年 11 月，场方为扩大宣传计划在平江府路与贡院街、建康路交叉口处各建造牌楼门一幢。在上报当局后，仅批准在建康路路口修建一幢，而场方设计的文字广告内容也多数被政治宣传用语所取代。

4. 建康路建康商场（1943—1944 年）

（1）创办背景与经过

建康商场位于建康路 219 至 225 号，朱雀路与建康路路口西北角，北通太平路、南接夫子庙，商业位势较为优越（图 5-3-39）。该基地原为陈可卿（亦称陈静宜）所有“宅地”，还包括临朱雀路空地一块，面积共 36 911.43 平方市尺（合 4101.27 平方米）。用地内建有江南地区的天井式宅院，以单层房屋为主。南京沦陷后该处宅地破坏严重，“后进被炸、中进被烧”，仅余“楼上下十余间”。房主陈可卿后移居朱雀路 104 号，并将临街市房出租于多人，开设新新饭店（建康路 223 号）、明发理发店（219 号）、新鸿复源饺面店（221 号）等。

---

① 南京市档案馆藏，市工务局：《关于大华实业股份有限公司工程已经完竣请准先行开幕等情与该公司往来文书》，1943 年 12 月 1 日，档案号 10020052521(00)0005。

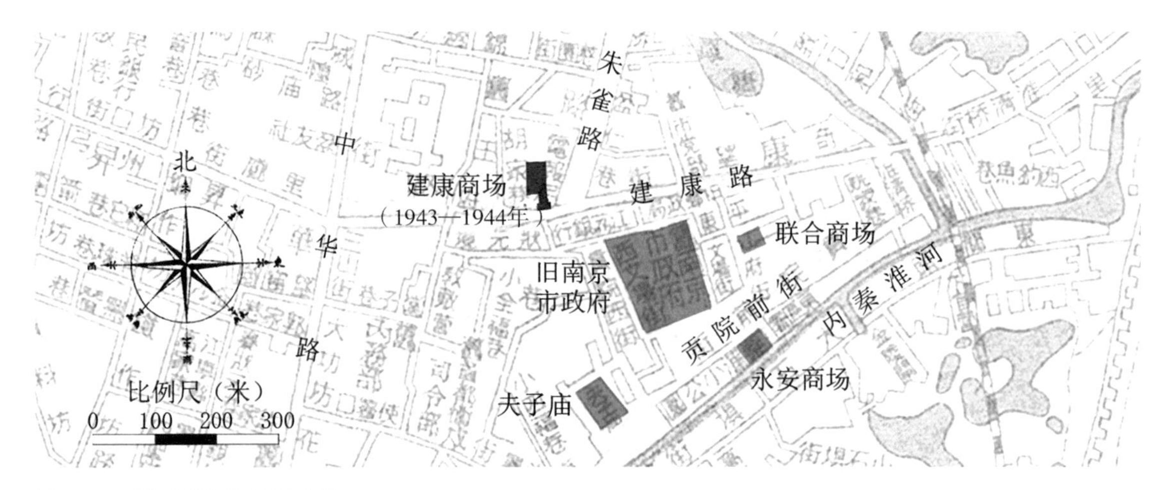

图 5-3-39 建康商场区位示意图

底图来源：中国史地图表编辑社，马宗尧 编制，金擎宇 校订. 南京市街道详图（1949）［Z］. 亚光舆地学社出版，大中国图书局发行，1949.

20 世纪 40 年代初，随着市面逐渐恢复，业主拟拆除以平房为主的旧宅并建造商场。1943 年 5 月底，陈可卿据“市房年久失修、危险堪舆，尤以 221 号曾遭火患，木料烧毁、墙屋破坏”为由，先呈请将旧有平房翻建为楼房，由复兴商场经理查委平负责各项事务，委托位于鼓楼四条巷 1 号的南京君力建筑公司设计并承建。但是，业主之前已将市房出租于多家商户，并订有租约，其违约翻建行为遭到各承租商的抵制。陈可卿等人只得采取“避实就虚”的方式，通过各种途径强调房屋的破损情况及安全隐患，以改造建筑为由，达到翻建大型商场的目的。承租商人对拆屋工作的抵制一直持续到 1943 年 10 月中旬，拖延了商场建筑工程进度。自 1943 年 6 月初房屋拆除工作开始，直至 1944 年 2 月底，建康商场主体部分方才完工，共计造价 2 511 870 元。随后，各商家开始陆续装修店面。

建康商场这种由中国籍的土地及房屋业主和投资方合营的商业开发模式在日据时期较为常见，他们为追求商业利益而拆除旧屋、翻建商场，并不惜利用各种手段违背契约。但是，这种破坏契约的行为非但未遭到当局的惩处，甚至从某种程度上得到了当局的鼓励。由此可见当局对于恢复和建设南京市面的迫切需求，也反映出日据时期畸形的社会形态。

（2）建筑空间形式

建康商场位于南京城南著名商业街道建康路与朱雀路路口西北角，属南京城南商业区的核心区位。基地南面靠近建康路的唯一临街面建有门楼式市房，并设主入口，与主体卖场间通过商业内街相连通，总建筑面积约为 2 500 平方米。建筑临街面较窄，仅有 50 英尺 10 英寸（合约 15.49 米）。建筑主体位于基地内部，并于东北角设后勤入口，直通后巷。不规则用地边界导致商场建筑平面亦呈不规则形态，南侧为三层的临街市房，采用砖、木及钢筋混凝土混合结构，底层为商铺，二、三层应为场方办公及相关附属用房。北侧为一层的主体卖场，平面近似呈矩形，四周为环形商业内街，中部有三条东西向内街，形成环状加线形室内步行商业街的空间格局。所有交通及购物路线上部均设玻璃天棚，增强了购物空间的自然采光。为适应室内步行街的空间形式，主体卖场采用砖木混合的框架结构，屋面为四周环形布置、中部南北向上连续并置的双坡顶木桁架构造。标准商铺单元包括两种，分别为 11.25 英尺 ×15 英尺（合约 3.43 米 ×4.57 米）和 11 英尺 5 英寸 ×20 英尺（合 3.48 米 ×6.10 米）（图 5-3-40）。

建康商场也采用当时较为普遍的集团售品组织式的经营模式，即由场方创办卖场空间，再以店铺单元的形式出租给各家商户。各商户拥有装修店面、布置室内空间的自主权，为多样化的商业空间提供了可能，主要体现在店面装饰形式、入口及展示界面、室内陈设等方面。店面一般由三部分组成，即檐口、店招和入口界面，形成统一的装饰风格。店面样式较为丰富，基本遵循建筑立面的处理方法，延续了同时期市房店面的风格。多数店面以附加的几何体量穿插和简约的横、竖向线条装饰为主，也有店家采用了中式传统样式，如马敦和帽店在檐口、门洞上缘均采用中式元素，窗户则为传统格子窗。商铺基本采用位于门楣之上的横向店招，应为场方的统一要求，但店招的形式、大小及字体样式等则各异。店招以下是通透的入口界面，一般由中间的大门和两侧的玻璃橱窗组成。多数店家采用通透性强的玻璃面，既可在橱窗内展陈样品，亦可使店内陈设一览无余。室内陈设则基于不同的商品类型进行组合，主要采用点式橱柜、玻璃平橱、货架等家具，高档店铺还设置了独立的会客、洽谈室，服装店则设置了试衣间等（图 5-3-41）。

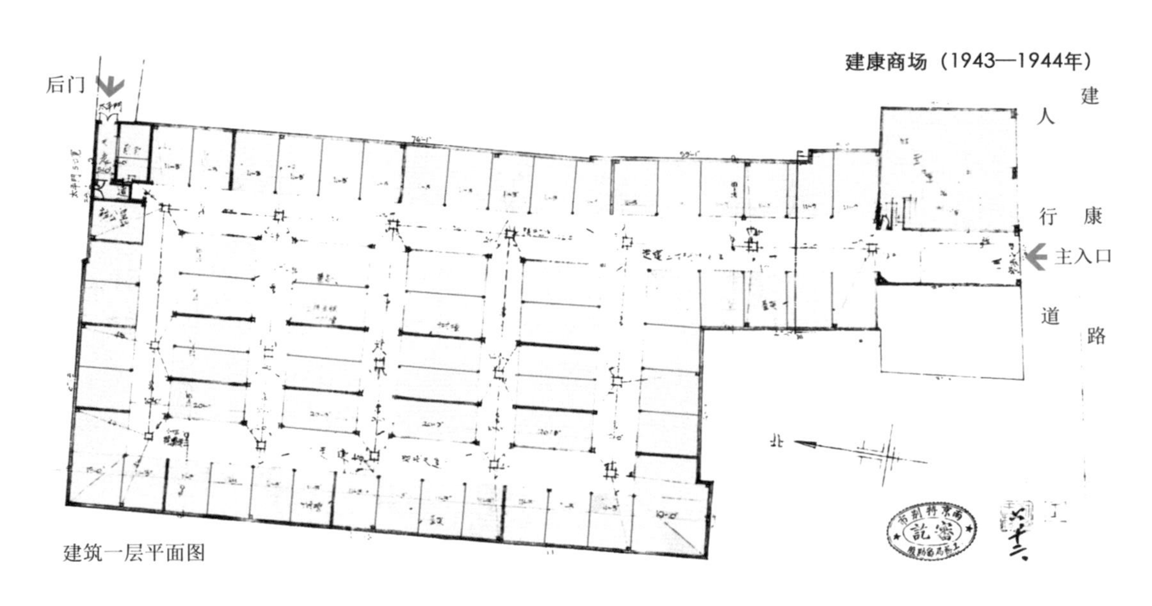

图 5-3-40 建康商场一层平面图

底图来源：南京市档案馆藏，南京特别市政府工务局：《关于建康商场建筑工程》，1943—1944 年，档案号 10020052522

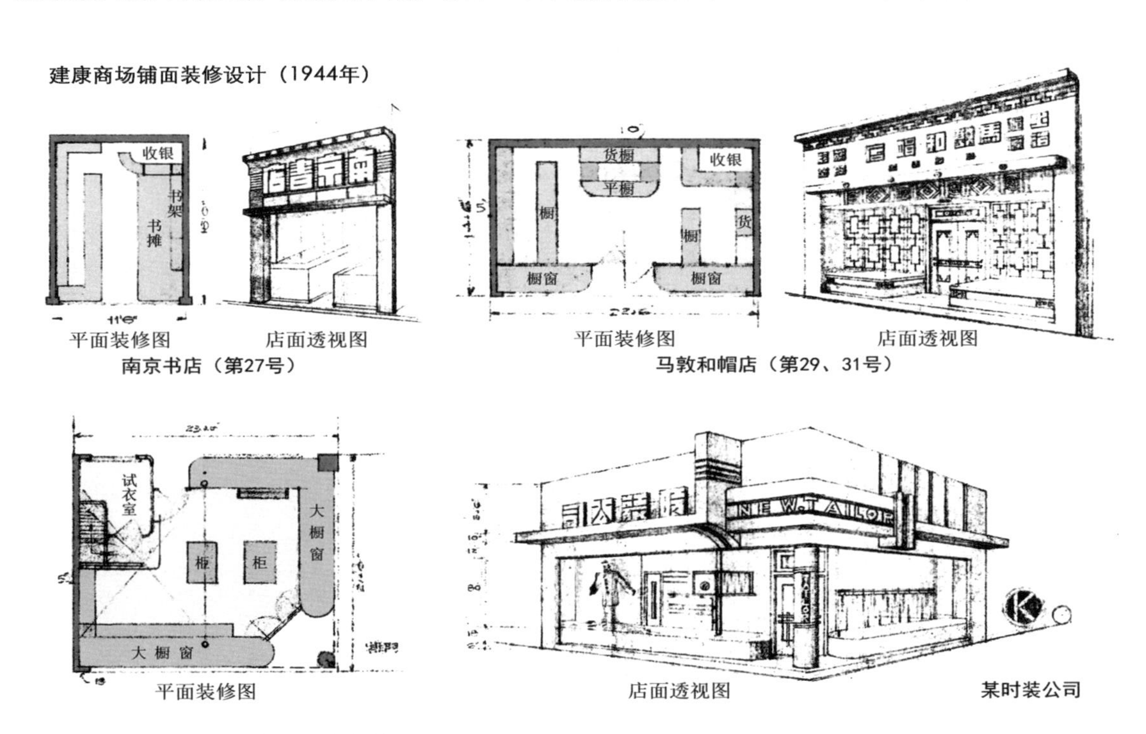

图 5-3-41 建康商场出租店铺室内装修设计图

底图来源：南京市档案馆藏，南京特别市政府工务局：《关于建康商场建筑工程》，1943—1944 年，档案号 10020052522

建康商场内基于店铺单元设计的多样化店面装潢样式的组合形成了类似太平路、建康路等连栋式店铺街的空间界面，塑造出现代化室内步行商业街的空间体验。

建康商场是日据时期新建的小型集中型商业设施，位于城南著名商业街朱雀路、建康路路口，商业位势优越。商场由房屋业主和投资方合作开发经营，在筹备过程中，虽然涉及同原临街市房承租商户的合约问题，但由于迎合了当局繁荣市面、建设市容的方针，商场建筑工程并未遇到太大阻力。此外，建康商场所采用的集团售品组织式的经营模式为各家商户自主装修提供了可能，商场室内塑造出基于店铺单元所形成的、类似于连栋式店铺街的室内步行商业街界面，丰富了消费者的现代化购物体验。

（二）简易的集中型商业设施：市场

1. 复兴路复兴商场（市场）（1940—1943 年）

（1）创办背景与经过

复兴商场（初创时也称“复兴路市场”或“复兴路商场”）是日据时期创办的大型市场之一[①]。建筑位于南京新街口西南侧、中央商场对面，东至复兴路（南京国民政府时期称“中正路”），西达大丰富巷，市场中部包围着 1938 年创办的复兴路菜场，商业位势较为优越（图 5-3-42）。商场基地原为国民党元老李石曾、张静江等人所有。1940 年后，当局为恢复和发展市面，发动商家复业，新街口作为战前南京重要的商业中心，引起各方重视。1940 年 10 月，汪精卫“军政部参议”萧一诚呈请修复并经营中央商场，位于其对面的复兴商场便在这样的社会背景下筹办起来。

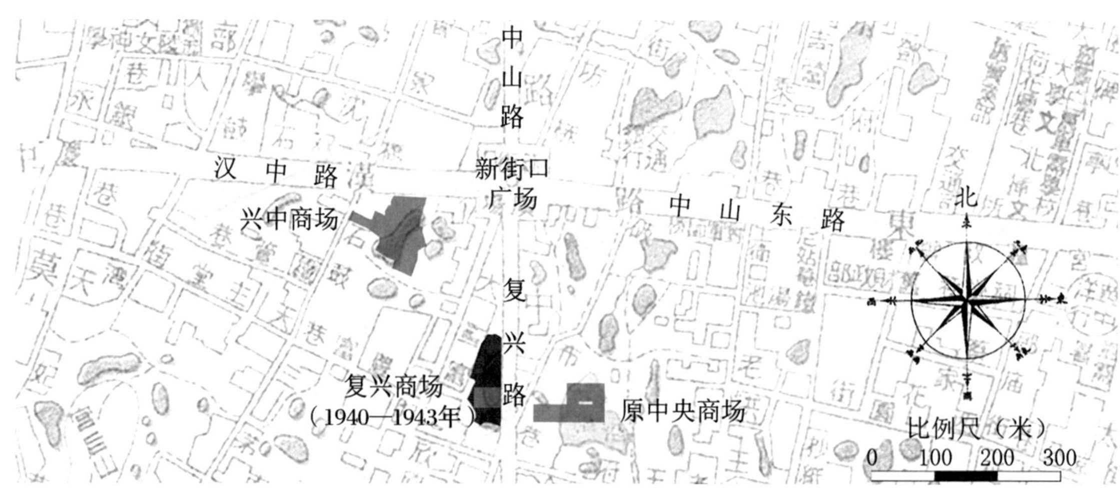

图 5-3-42 复兴商场区位示意图

底图来源：中国史地图表编辑社，马宗尧 编制，金擎宇 校订．南京市街道详图（1949）［Z］．亚光舆地学社出版，大中国图书局发行，1949.

复兴商场的创办过程较为曲折，大致分为当局主办和“商会”主办两个阶段。1940 年底，“南京特别市政府”成立复兴路商场筹备处，派“财政局第三科科长”翁士铎兼任筹备处主任，

① 复兴商场建筑基地约 8 亩，原为国民党元老李石曾之“私有”地产。抗日战争爆发后，李石曾随国民政府迁往重庆，该地产被日本当局占据，于基地中部建立复兴路菜场，菜场两旁尚有大片空地。

进行商场筹备事宜，1941 年 1 月正式开始办理招商登记事宜。商场建筑设计及工程招标事务由“市工务局”负责，根据该局技术人员制定的《复兴路商场工程投标规则》和《复兴路商场预概算书》记载，拟建商场包括沿街门面 31 间、店铺 180 间，共计 211 间（图 5-3-43）。但当时南京建材价格日趋高涨，“市财政局”“库款奇绌”，而招商方面亦不顺利，商场筹办工作遇到较大困难。

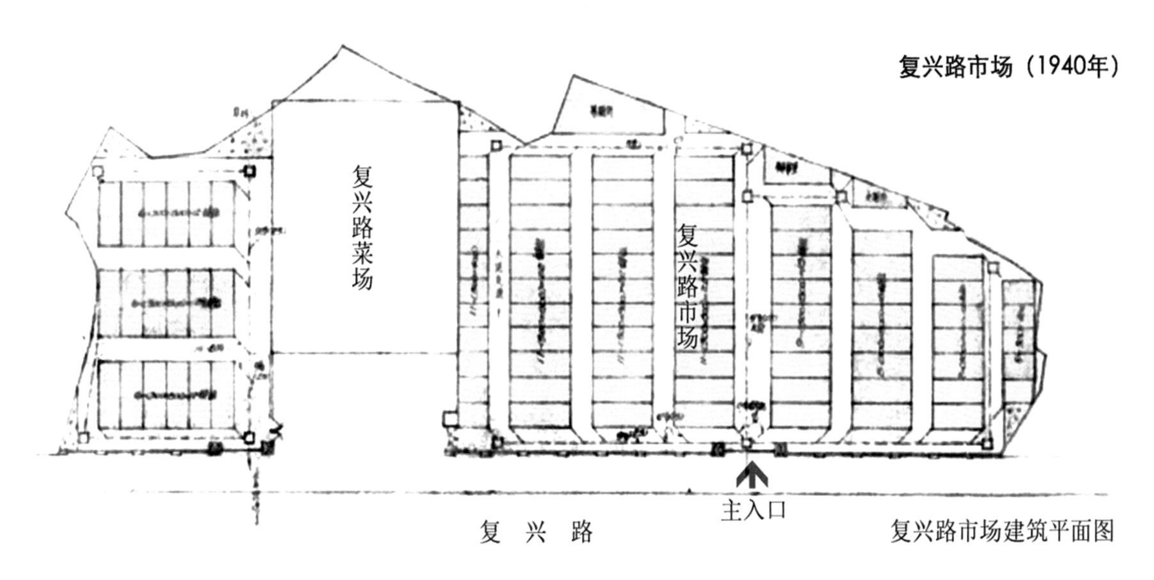

图 5-3-43 复兴路市场建筑平面图

底图来源：南京市档案馆藏，南京特别市财政局：《为拟在复兴路菜场两旁隙地建筑商场与工务局的来往文书》，1940 年，档案号 10020051013(00)0001

由于资金筹措不成，复兴商场只得变更创办主体。1942 年 6 月，“南京特别市商会理事长”葛亮畴携“常务理事”端木申卿、金宏义、汤绍衡等人呈请转租该地创办商场。他们计划采用有限公司的组织形式，由曾担任“市工务局二科科长”的查委萍任商场经理，拟向各业集资 60 万元，建造单层铺面 212 间。1943 年 3 月前后，商场建筑开始兴工，由基成建筑公司承建。然而，1943 年 8 月 5 日，施工中的复兴商场新建楼面全部倒塌，致使工期延后。自 1943 年 9 月至 1944 年初，商场内各家商铺才陆续完成修缮装修，商场得以正式开业。

（2）建筑空间形式

复兴商场是 1940 年后最早发起创办的大型市场。建筑位于南京新街口西南片区，商业位势优越。根据 1940 年“市工务局”技师曹春葆设计的方案，建筑群位于复兴路菜场南北两侧，东面临复兴路，其余三面边界呈不规则形态。临复兴路一面设立了高大的西方牌楼门式主入口，两侧设置低矮围墙。市场内道路纵横交错，形成以室外步行商业街串联起店铺单元的商业空间形式。店铺单元的建造与用材较为简单，均采用木结构，屋面为双坡顶木桁架构造，上覆中国传统小青瓦。由于建筑方案中临街面的矮墙形式难以满足当局建设“新都”市面的愿景，因此，1941 年初“南京特别市市长”蔡培“亲谕”将拟建建筑中的“沿街矮墙”改建为“铺房”，后拟设沿街铺面 31 间，由“市财政局”出资承办。这种临街市房加步行商业街区的空间形式也在最终建成的建筑中得以实施。

复兴商场是 1940 年后由当局力主创办的大型市场建筑，按照他们的图景，商场建设既可以繁荣市面，也能增加当局的财政收入。复兴商场方案中所呈现出的简易的结构、材料与空间形式也反映出当局资金拮据的现实。但是，为了示范性的实现“繁荣首都商业，以壮市容之观瞻”的目的，当局也竭力美化建筑外观，以促进都市形象工程的实施。由此观之，当局借助商场和临街市房建设来“粉饰”南京市面并借此谋取利益的意图十分明显。此外，商场从自发起至完竣前后持续了将近 4 年，并经历由官办到商会主办的筹办方易主过程，曲折的创办历程体现了日据时期南京城市经济的萎靡。

2. 中华路大中华商场（1942 年设计建造）

（1）创办背景与经过

大中华商场位于中华路与白下路路口东南角，西临中华路，包括中华路 97 号至 103 号，北侧靠近内青溪（图 5-3-44）。1942 年，江苏宜兴商人、慧园街大上海饭店老板范冰雪等人发起集资创办大中华商场。该基地原为“旗地”，即清朝统治者划拨给皇室、勋贵或八旗官兵的土地。商场建筑由技师徐信孚设计，金明营造厂承造，分三期工程，包括：第一期工程为临街单层市房 8 间，1942 年 1 月开工，1942 年 5 月中旬完工；二期位于一期临街市房屋后东侧，设计于 1942 年 1 月 28 日，包括单层铺房 32 间；三期工程设计于 1942 年 3 月 6 日，为商场主体部分。因二期、三期工程涉及用地产权不明等问题，建造过程屡经中断，1942 年 9 月前后，大中华商场全部建筑方才落成。

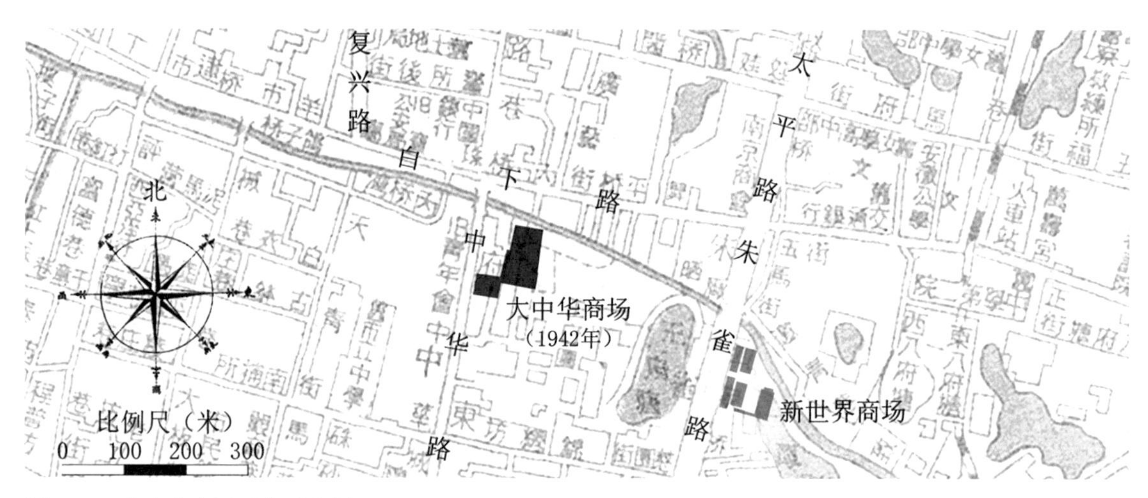

图 5-3-44 大中华商场区位示意图

底图来源：南京市档案馆藏，王礼承：《关于请修缮复兴商场工程的保证书，邬寅记营造厂登记登记表、估价单图纸给工务局报告》，1944 年 3 月 4 日，档案号 10020052149(00)0001；南京市档案馆藏，倪有记营造厂：《关于承包复兴商场内张小泉荣记门面装修与市工务局的来往文书》，1943 年 11 月 17 日，档案号 10020051405(00)0001

（2）建筑空间形式

大中华商场区位优越，不仅靠近中华路、白下路等著名商业街，且距离太平路、朱雀路仅一个街区，处于南京老城南商业区的重要位置。但基地仅西侧一面邻接中华路，主要用地均位于基地内。为顺应不规则的用地形态，建筑平面亦呈不规则式布局，大致由两个对接的矩形平面组成，各类型店铺共计 158 间，总建筑面积约 2559 平方米。一期、二期工程靠近中华路，包括一期临街的 8 间市房和二期的 32 间店铺，形成垂直于道路的东西向矩形格局——经过过街楼进入室外商业街式的交易空间。三条东西向的步道具有向基地内部引导的指向性，步道宽度仅为 2.1~2.7 米，形成街巷式的空间体验。三期工程位于二期后，共 118 间铺面，是商场的主体空间。三期与二期通过步道相连通，入内则是环形与线形相结合的购物路径，其间阡陌纵横，步道宽度达到 5 米以上，与二期的狭窄巷道形成对比。东北角处的购物流线末端为商场出口。

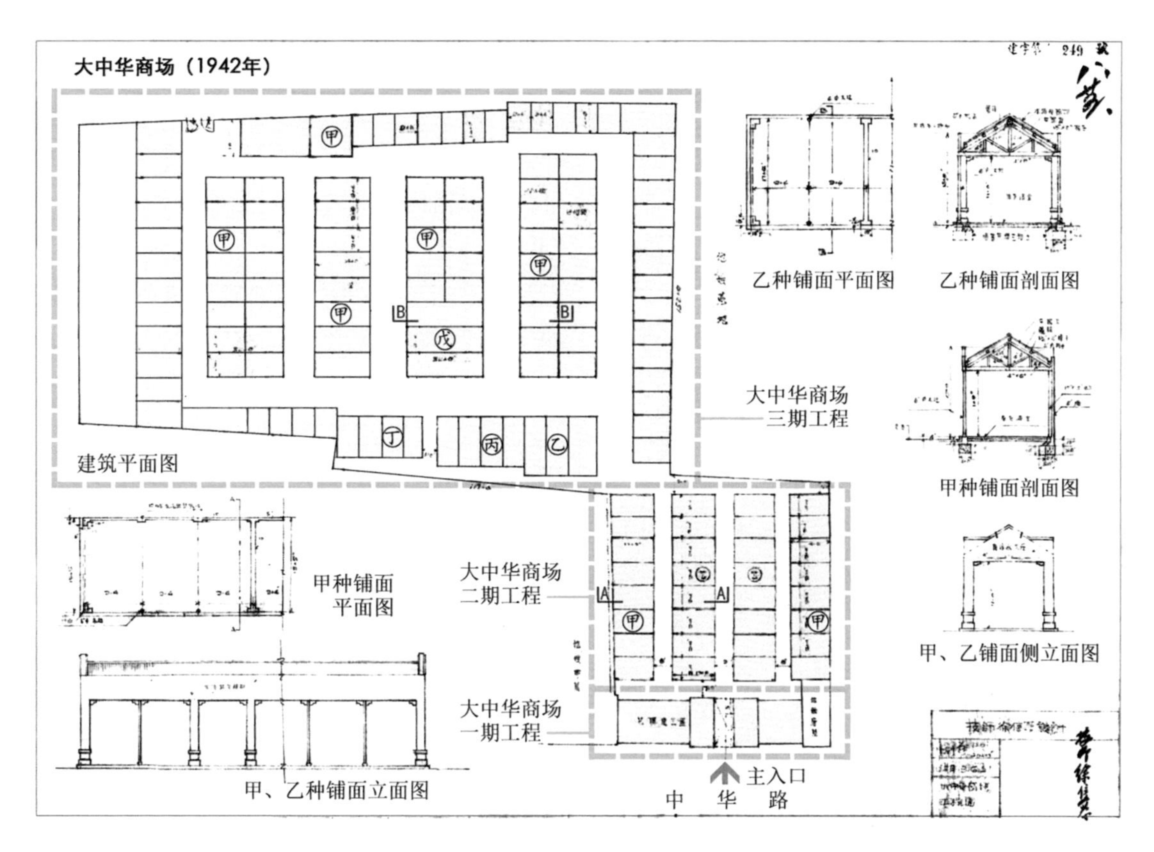

图 5-3-45 大中华商场建筑平面图及二期店铺平面、立面及剖面图（1942 年）

底图来源：南京市档案馆藏，市工务局：《关于建造大中华商场建筑图纸》，档案号 10020052551(00)0001

大中华商场是通过线形、环形的室外步行商业街组织店铺单元的集中型简易商业设施，体现了场方对于商业利益的追逐和建筑空间的实用性需求（图 5-3-45）。为方便灵活出租，商场设置了多种类型的店铺单元，包括：二期设甲、乙两种店铺，三期设甲、乙、丙、丁、戊等共 5 种类型店铺。这些店铺单元均为面阔 2.8 米左右、进深 4.7~9.8 米不等的矩形平面。临近中华路的二期商场店铺面积、步道宽度普遍较小，街区内部的三期则相应增大，体现了商业性对于商业步行街空间尺度的影响。店铺均采用简易的木结构和砖木混合结构，二期店铺屋顶为市房中常见的西式木桁架，三期店铺单元则沿用了传统民居的结构形式——砖墙、檐柱上架一根主梁，梁上再架短柱，檩条搁置在柱头。传统抬梁式的“脊瓜柱”被一根短柱所取代，增强了屋架的整体性。建筑用材、建造与形式均较为简单朴素。正立面粉刷纸筋灰，山墙面则为黄沙水泥，屋面覆盖“中国瓦”（应为传统小青瓦），局部如柱础、雀替等细节虽模仿了中式装饰形制，但比例、形式均简化，体现了商场发起人的实用性需求。

大中华商场是日据时期由中国商人资本联合创办的简易市场建筑类型的典范，集中体现在线形加环形组织的室外商业步行街，多元化的店铺单元，简单朴素的建筑结构、材料与形式等方面。从某种程度上讲，大中华商场是自上而下规划建设的商业街区，以复合型的商业业态吸引购物者，从而提升了原本商业价值较低的街区内部空间的活力。临街一侧则设置过街门楼，与同时期大型商场的入口门楼有异曲同工之妙，也是中国传统街市空间的标识性建筑——牌楼型市门的近代化转译。此外，在建筑空间形式与廉价用材等方面所反映出的简易性与实用性，既是商人阶层趋利思想在商业建筑空间中的体现，也反映出该时期南京商人资本的薄弱。

3. 朱雀路新世界商场（1942—1943 年）

（1）创办背景与经过

新世界商场位于城南著名商业街朱雀路 49 号，即四象桥东南角，基地西临朱雀路，东、北两侧均为河塘（图 5-3-46）。该处地产原为旅宁湘人之“公产”，晚清时曾创办“湘军公所”，又为纪念两江总督刘坤一而创建“刘公祠”。之后，湘人每年春、秋两季皆柬请同乡耆旧祭拜，并因此组建“湖南旅京同乡会”。南京国民政府时期，该地产经湘人认许由刘理青管理，并于 1936 年领有“土地所有权状”①。

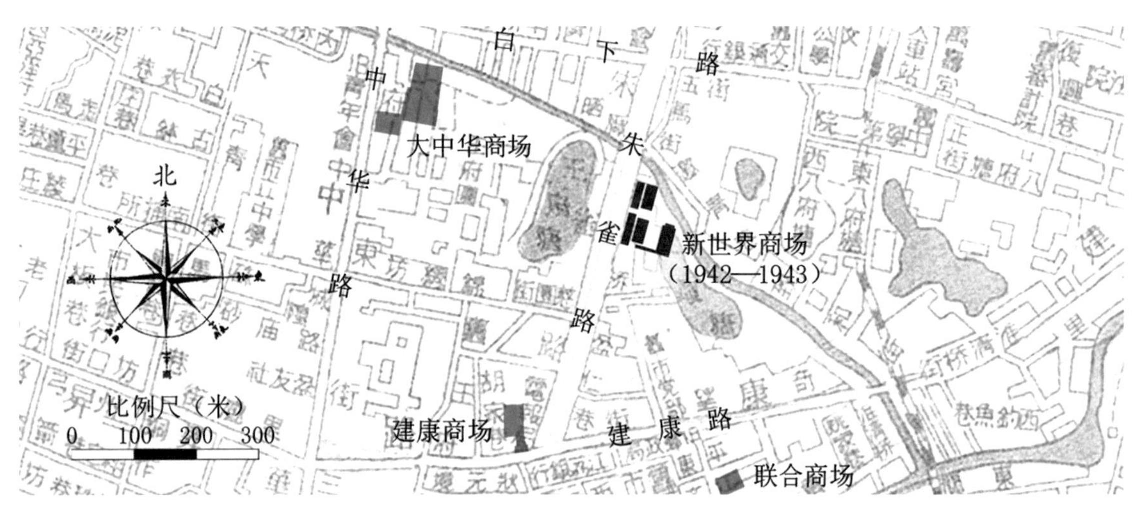

图 5-3-46 新世界商场区位示意图

底图来源：中国史地图表编辑社，马宗尧 编制，金擎宇 校订．南京市街道详图（1949）［Z］．亚光舆地学社出版，大中国图书局发行，1949.

1940 年前后，随着太平路、朱雀路一带市面逐渐恢复，该处地产由原业主刘理青改作商用。1940 年，商人何星五在该地创办“新世界游艺园”（应包括“京班大戏院”），经营各种戏剧。之后，又租赁于商人邢长宝，继续经营游艺园。1942 年底，刘理青等人成立新世界商场筹备处，计划改建原有戏院并新建三层商场，由技师杨存熙设计，位于珠江路 716 号的杨鸿记营造厂（亦称“南京杨鸿记建筑公司”）承造。但刘理青等创办商场的行为侵犯了在宁湘人的权益，湖南旅宁同乡会成员遂联名向当局呈请保卫“公产”，后当局勒令工程停工。与此同时，南京建材工料、物价高涨，工期又一拖再拖，营造厂商难以周转②，商场创办遇较大困难。在此情况下，商场筹备方以修理旧有房屋为由，于 1943 年 7 月委托位于南京泰仓巷 37 号的福泰营造厂私自修缮、改建了原有戏院及单层房屋两幢。1943 年 10 月，新世界商场及“民众大舞台”竣工开放。

（2）建筑空间形式

新世界商场位于南京城南著名商业街朱雀路中段，该路北通太平路、白下路，南接建康路、夫子庙，商业区位十分优越。改造后的建筑是一处简易的商业、娱乐综合体建筑组群，包括两栋市场和一幢京班大戏院，总建筑面积约为 1070 平方米。建筑主入口面向朱雀路，穿过临

① 南京市档案馆藏，振业营造厂：《呈报承建协鑫商场检附平面图等工务局批复》，1946 年 5 月 17 日，档案号 10030080859(00)0005。

② 1942 年 5 月，杨鸿记营造厂呈请撤销工程呈报，并请发还图则、证件、图样、账单等相关材料。

街市房底层入内，两栋市场分立南北两侧，均为南北向的矩形平面。屋后为“凹”字形空地，环拱南侧中央的“民众大舞台”。戏院亦为南北向的矩形平面布局，北面为主入口和观众厅，入口两侧有新建票房，南侧为舞台和后台，西南侧沿围墙排列化妆间。由于涉及用地权属问题，基地内建筑密度较小，缺乏统一的规划（图 5-3-47）。

新世界商场建筑较为简易，体现在空间形式、建筑用材、建造等方面。两栋市场面阔 8 间为 83 英尺（合约 25.30 米）、进深三间为 40 英尺（合约 12.20 米），均为砖木结构的单层双坡顶房屋，上覆白铁皮屋面。建筑中部高起窄小天窗，暗示了以柜台、摊位划分的简易卖场的空间形式。戏院亦为单层砖木结构的双坡顶房屋，面阔 50 英尺（合约 15.24 米）、进深 10 间 102 英尺 6 英寸（合约 31.24 米）。屋架采用杉木制的豪式屋架，上覆白铁皮屋面，舞台部分较高，坡向与观众厅相垂直。为适应观演建筑的整体大空间需求，建筑室内不设柱子，以东西两侧外墙承载屋架，15 米左右的跨度亦符合豪式屋架的经济跨度。每榀桁架与外墙的交接处设壁柱，来抵抗屋架的侧推力，从而形成净高约 3.3 米、进深约 23.3 米的观众厅空间。

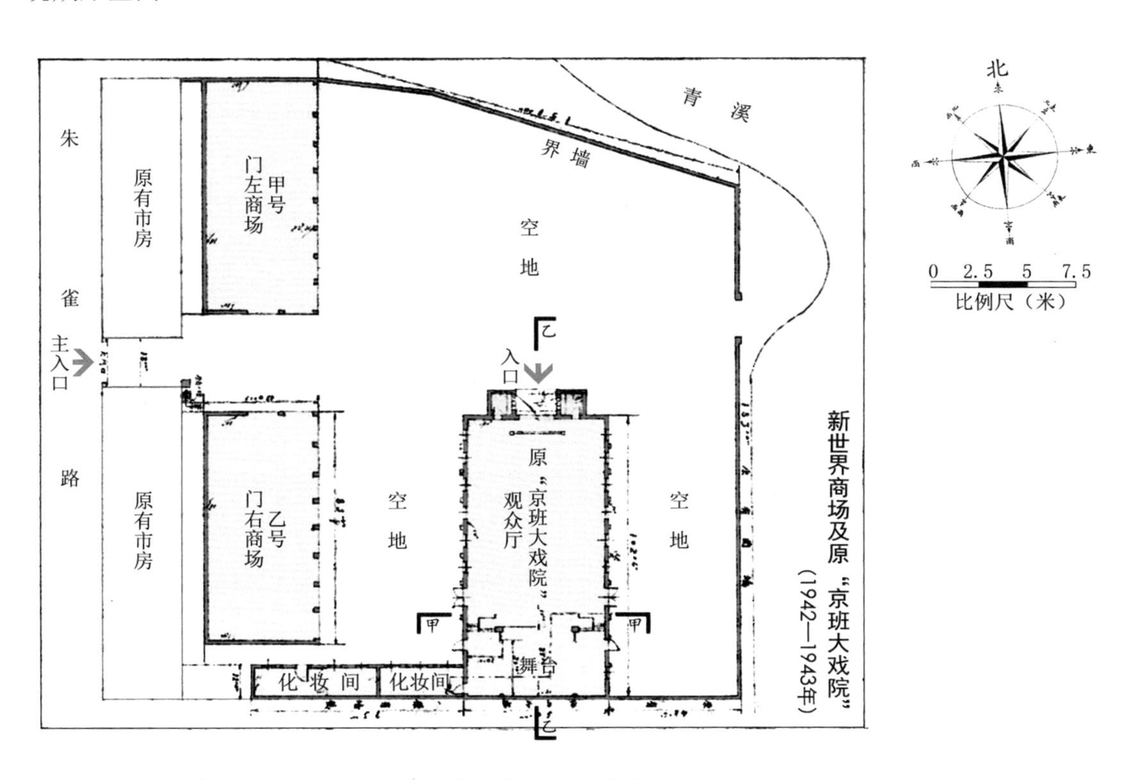

图 5-3-47 新世界商场及原“京班大戏院”全部修理工程平面图

底图来源：南京市档案馆藏，蒋泽林：《呈市长关于改建民众大戏院请将首从一并移送法院究办及其批示》，1943 年 10 月 26 日，档案号 10020052096(00)0012

新世界商场是日据时期由土地、房屋业主等联合创办的容纳了商业、娱乐等业态的复合型简易商业设施。由于用地权属的历史遗留问题，新世界商场的创办遇到较大阻力，最终只得利用旧有设施稍事修缮、草草开业。主办方的草率与无奈在建筑组群布局、建筑单体形貌等方面均有所体现。一方面，建筑组群缺乏整体的布局规划设计，导致空地较多，不符合商业建筑追逐实用性和利益最大化的一般规律。另一方面，建筑单体用材、建造、形式等方面均较为简易，仅为一处平民化、大众化的消费场所，与战前太平路、朱雀路繁华而高档的商业形态形成鲜明对比，从侧面反映出日据时期南京城市商业的萧条。

第四节　抗日战争胜利后南京商业设施的发展

一、概述：抗日战争胜利后南京城市商业概况与商业设施

（一）商业区的变迁与商业街市发展概况

抗日战争胜利后，战前的著名商业区逐渐恢复往昔的繁荣景象。南京主要的商业区集中于城南中华路、夫子庙、建康路一带，城中新街口、中山东路、太平路等处，城北北门桥、鱼市街以及城外下关大马路、二马路等地，为“商务荟萃之区”[①]。由于1940年以后的商业设施建设集中于城中、城南地区，南京的商业区较之战前亦有所改变，体现在太平路、新街口作为商业中心地位的增强。1949年3月，聚兴诚银行南京分行通讯文章《今日首都（京行通讯）》记载：“京市繁华，自南而北，夫子庙、太平路，诚然负有热闹的盛誉；新街口现在也迎头赶上，成为本市繁盛之区，几乎遐迩闻名。”[②]战前的新街口地区虽有大量商业市房、银行及娱乐设施，但大型商场仅中央商场一处。日据时期，新街口地区先后建成兴中商场和复兴商场，同中央商场并称为“新街口三大商场”，成为远近知名的商业中心，时人云：“以言交通，这里（新街口）的车辆四通八达；以言饮食，这里有南珍北味，供你吃喝咀嚼；以言娱乐，这里有足够你悦目赏心的影剧戏院；以言商业，这里聚焦了商业精华。”（图5-4-1）

南京各商业区还体现了自下而上发展的商业聚集性特征，形成了不同业态类型的商业区域，包括绵绸、五金百货、粮副食品、金融业等。根据1947年《南京聚兴诚银行三十六年度工作报告》的记载，南京以城南、城中及下关为代表的三处主要商业区体现出不同的商业业态聚集性特征。棉纱业、绸布业主要集中于城南升州路、建康路、中华路一带。新街口地区依托中央、世界及兴中三大商场，成为重要的百货、五洋、五金及服装业中心，并向四缘辐射，囊括了中山路、中山东路、中正路一带，其中，兴中商场和北面的义民商场是当时南京重要的五洋商品中心。贸易运输业、粮食业及南北货业则依托于城北便利的水陆交通设施，在下关商埠区一带汇集，南京的金融业设施也主要集中于三大商业区内。

（二）商业建筑发展概况

1946至1947年间，伴随抗日战争胜利后初期各阶层蜂拥回宁及国民政府计划“还都”南京，商业建筑迎来了短暂的发展契机，体现在国货运动影响下的商业空间的现代化发展，各类官办、商办的集中型商业设施的建设，市房建筑的营造与改建等方面。

国货运动所推动的百货公司、大型商场及商品展览会的创办是该时期商业设施现代化发展的主要特征。抗日战争胜利后，工商各界人士重新提倡国货运动，南京作为国民政府的政治、经济中心，成为推动国货事业发展的重要城市。这一时期，战前著名的中央商场、南京国货公司相继复业，战前筹建的首都中国国货公司重新续办。此外，各界国货人士还发起创办了

---

① 1946年的首都警察厅警员训练所讲义《南京市地理及社会概况》记载：“本京商业区密集之地，城南自中华路至中华门，建康路至升州路，城中以中山路、中山东路、太平路、白下路，城北以北门桥、鱼市街之间，下关之大、二、三等马路及鲜鱼巷，均为商务荟萃之区。”

② 今日首都（京行通讯）[J]．聚星月刊，1949，2（9）：12．

图 5-4-1 1945—1949 南京集中型商业设施分布图

底图来源：中国史地图表编辑社，马宗尧 编制，金擎宇 校订．南京市街道详图（1949）［Z］．亚光舆地学社出版，大中国图书局发行，1949.

首都国货展览会、小型国货展览会、全国国货展览会等商品展销会，促进了商业空间的现代化发展。

该时期内还有一些集中型商业设施的建设，主要包括南京市政府创办的商场和菜场，商人发起的大型商场等。1946 至 1947 年间，南京市政府计划创办大型商场、菜场各三处，向四联总处贷款 18 亿元，但因建材及施工费用飞涨，实际建成者仅有三处，包括下关热河路商场、热河路菜场和八府塘菜场。这一时期，以商人为主体发起创办的大型商场包括首都商场、太平商场和世界商场等，其中，位于太平路商业街的太平商场是当时远近著名的消费场所，与中央商场、永安商场并称为民国南京的三大商场。此外，一些上海的百货公司在南京开设了分销机构，包括位于太平路 304 号的永安股份有限公司，位于中山路 346 号的上海有限公司等，体现了战后初期商业的复苏景象。

至中华人民共和国成立前，南京已有大型百货商场约11家，较大型商场若干（详见表5-4-1）。大型商业设施根据建设时段包括三类，一类是南京国民政府时期及日据时期已建商业设施的续办，包括南京国货公司、中央商场、兴中商场、永安商场等；另一类为接收、改造的由日本人、日本扶植的傀儡政权占用或建造的商业设施，包括世界商场、上海百货公司南京分公司等；还有一类为抗日战争胜利后，政府或商人新建的大型商业设施，大型商场包括首都中国国货公司、首都商场、太平商场和热河路商场等，菜场包括热河路菜场及八府塘菜场等。这些集中型商业设施集中于新街口以南、中华路以东的城中、城南旧城区内，鼓楼和下关地区仅各有一大型商场，旧城南、城中地区依旧是南京市民聚居以及商业活动的主要区域。

中华人民共和国成立前南京重要大型商场一览表[①] 表5-4-1

商场名称	地址	备注
中央商场	中正路69号	1936年1月开业；抗战后，由曾养甫等人接收，于1946年10月31日开业
兴中商场	汉中路	1943年12月开业，经理谢开基
世界商场	中正路，新街口西南角	日据时期创办复兴商场，1944年初开业；1946年李石曾接收该商场，更新改造后更名为世界商场，后于1947年底筹建世界大厦
永安商场	贡院街	1943年5月正式开业
太平商场	太平路	1948年初开业
热河路商场	下关热河路	1948年初开业
永安股份有限公司	太平路304号	应为上海永安股份有限公司在南京的分公司
首都中国国货公司	中山东路二郎庙口	抗日战争爆发前开始筹划，但因战火未能建成；1945年11月，启动筹备续办事宜，1946年7月6日正式复业
南京国货公司	中山路73号	总公司位于建康路，1937年于中山路73号设分公司；1938年，日本大丸百货占据分公司旧址；1946年南京国货公司于中山路旧址复业
上海有限公司	中山路346号	1939年被日商企业高岛屋占据开办南京出张店，抗战胜利后开设“上海百货公司南京分公司”
首都商场	朱雀路49号，四象桥东南隅	原为旅京湘人公产，日据时期曾创办民众戏院及新世界商场；抗战胜利后创办首都商场

此外，抗日战争胜利后，随着原籍商民陆续返回南京，商业街道两侧的市房建筑亦有一定程度的发展，体现在传统天井院式空间格局的独栋市房的回归、联排式市房的发展等。独栋式市房是该时期主要的市房建筑类型，包括单栋式和组合式，前者只设临街的店铺栋，后者则由店铺栋和屋后的附属用房组成，一般采用天井院落式布局，而不是日据时期常见的“走元式”布局。联排式市房临街面较为宽阔，一般或为大户的土地，或由富有商家整合、购置，再统一建屋经营。随着当局自上而下的中山北路沿线改造工程的推进，道路两侧还建设了部分联排式市房，具有代表性的建筑为馥记营造公司办公大楼，该建筑面阔约112米，进深约10米，集中体现了联排式市房的较大规模和较高建造水平。

① 参照南京市图书馆、南京市档案馆、上海市图书馆等所藏相关历史资料。

二、抗日战争胜利后南京商业街区的改良与建设

（一）既有商业区的改良计划

关于既有商业区的改良主要包括下关商业区及新街口广场周边地区。后者在日军侵略南京时保存相对较为完整，沦陷初期便被日本人占据并划为“日人街”；前者则在战火中遭受严重破坏，“十毁八七”，迨至20世纪40年代中叶市面也未能恢复。

1. 下关地区的土地重划

战后下关地区用地界限混乱，且有大面积的土地“满目荒凉”“一片冷落”，无法重操旧业，当局遂决定进行土地重划。1946年10月，国民政府行政院颁布《土地重划办法》，拟以“交换分合”“地形改良”的方式对用地边线进行重划整理[①]。下关土地重划计划分为三期，第一期位于京沪铁路以西、京市铁路以北、惠民河以东、老江口以南的区域，共计133亩；第二期东至府城墙、南至绥远路、西达惠民河、北至京市铁路，总面积为155亩；第三期位于第一期范围以西，南面以大马路为界，西、北至江面，总面积为212亩[②]。下关土地重划只有第一期和第二期得以执行，第三期则未能进行。土地重划完成后，市政府又将沿江的带状地带设为工业区，惠民河两岸则划作为商业区[③]。

下关的大型官办商业设施计划伴随着土地重划而展开，均位于惠民河两岸的商业区内。1946年10月起，南京市政府拟办的6处大型商业建筑中有4座位于下关土地重划区范围内，包括热河路商场、菜场及商埠街商场、菜场。但因市政府财政拮据，建材费用飞涨，商业设施建设遇到极大困难。1947年底、1948年初，几经周折的热河路菜场和商场先后开业，而商埠街商场与菜场计划未能实施[④]。

2. 新街口广场改良计划

新街口广场改良计划制订于1947年，是关于新街口及周围建筑城市空间设计的方案。该计划包括两个方案，在平面布局及空间形式上均呈现一定的相似性（图5-4-2）。方案均延续了现状的正方形基地边界，并在广场正中设置了花坛。但是，两个方案还将内部与之相切的圆形道路改为旋转45度角的折线形道路。方案二的街心广场顺应于道路布置，呈现倒角的方形广场形态。方案一则为圆形的街心广场，由内向外分别为中央水池、步道和圆形花坛，自圆心向外辐射出8条小路，其平面形态似乎隐喻着国民党“青天白日”的党旗图案。广场基地四缘建筑物均紧贴边线而设，并统一采用简约、现代的建筑风格，方案二还运用了大面积的玻璃幕墙。方案一建筑高3至4层，方案二建筑更高一些，但均呈现出对中央广场的较高围合度和向心性，使人联想起墨菲在《首都计划》中所做的方案。

新街口广场改良计划的制订目的尚不得而知，但联想到同时期中山北路的大规模市容建

---

① 国民政府行政院.《土地重划办法（1946）》，转引于 左静楠. 南京近代城市规划与建设研究（1865~1949）[D]. 南京：东南大学，2016：208-210.

② 左静楠. 南京近代城市规划与建设研究（1865~1949）[D]. 南京：东南大学，2016：210-211.

③ 南京市档案馆藏，市地政局：《下关道路系统规划及第三区土地重划》，时间不详，档案号10030160042(00)0013。

④ 南京市档案馆藏，《请送下关热河路商、菜场建筑图等件及市政府复函》，1947年5月10日，档案号10030080637(00)0019。

设，作为京市中心的新街口，其四周风格各异、略显无序的建筑空间格局实难让当权者满意。此外，抗战胜利后初期，南京面临住房紧缺、市内荒地较多等情况。新街口广场改良计划的政治象征性目的应当远大于社会性需求。

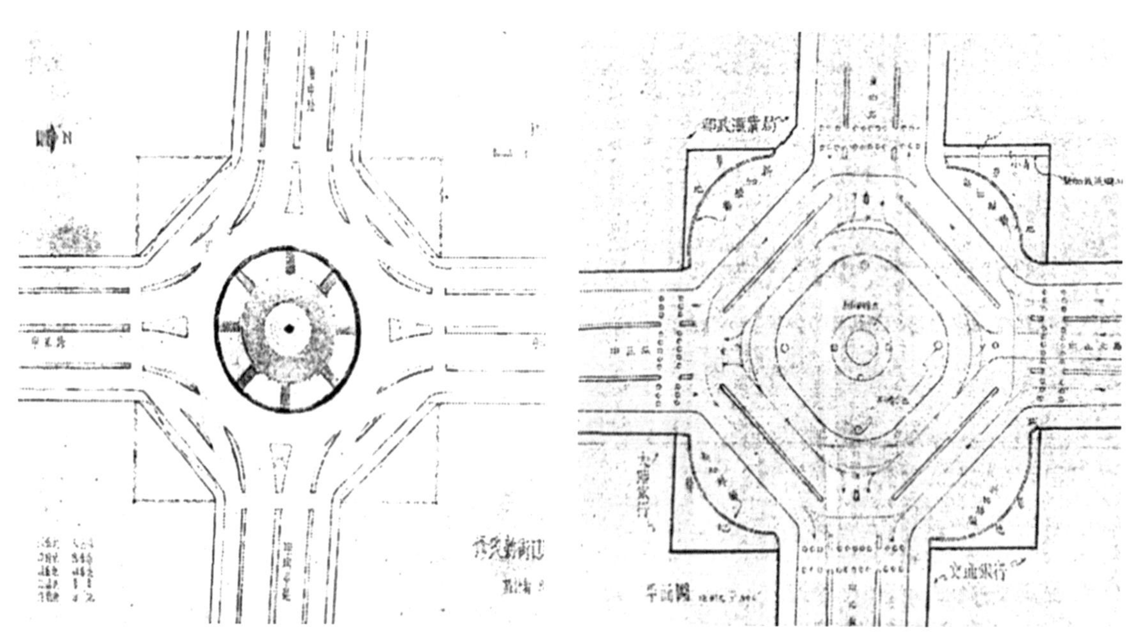

图 5-4-2 1947 年新街口广场改造方案

图片来源：南京市城建档案馆藏，《1947 年整修新街口广场图纸》

(二) 市区的北拓：中山北路沿线建设

抗日战争胜利后，国民政府当局将市容整顿及道路整修作为“首都”重建工作的重要一环，以中山北路为主的城北地区迎来了发展契机。自晚清以来，南京历届政府均将城北地区的复兴列为城市发展的重要一环。南京国民政府时期，虽有一部分住宅区、大型公共建筑的规划与建设，但因抗日战争爆发，城北地区的建设工程均停顿下来。抗日战争胜利后，南京城北地区地势偏僻，以中山北路为主的道路基础设施损坏严重，道路沿线界面房屋稀少，依旧较为萧条。1946 年 5 月，国民政府“还都”伊始，蒋介石便手谕整修中山北路，批准拨款 5 亿元作为修理费用，并手令南京市市长马超俊拟具“建筑房屋计划概算”[①]。根据 1946 年 11 月“主席府”针对该“概算”的核定，中山北路改造段包括自鼓楼广场至挹江门的路段，计划建造公寓、旅馆、铺房、里巷、住宅、学校、戏院等房屋，并于沿路一带剩余空地布置花园。由于通货膨胀严重，第一期拟建房屋工程连地价在内共需国币 2 178 000 万元。

中山北路沿线整治工程根据建设主体不同可以分为两类，一类由各用地业主自行建造房屋，另一类则由当局负责征地建设，再面向社会出售。后者由以中央信托局为代表的国家金融领导机构“四联总处”[②] 与南京市政府共同协商实施，双方商定两条原则，从而将土地征用及房屋建设权责分离，包括：① 房屋由中央信托局负责集资筹建、出售，但由南京市政府与业主接洽征购土地；② 全部建筑贷款请中央银行按九折予以转抵押，从而保证工程如期实

① 根据四联总处文件辑要：四联总处第三二七次（卅五年十一月七日）理事会议报告及决议重要案件，首都兴建中山北路房屋贷款原则核定．金融周报，1946，7（46）：30；沌边．蒋主席关怀中山北路：手谕拨款重修［J］．吉普，1946（26）：5.

② 1937 年 8 月，中央银行、中国银行、交通银行、中国农民银行在上海组成“四行联合办事处”，简称“四联总处”，为国家金融领导机构。1942 年，中央信托局、邮政储金汇业局也受该处监管，形成由“四行二局”组成的国民政府国家金融体系的核心。

施、“从速实现”。1946年12月，中央信托局在南京市府之“建筑房屋计划概算”的基础上制定《建筑中山北路两旁房屋计划大纲》，遵照“繁荣首都市区”和“鼓励人民移居”原则，划定“各种必需房屋”6类，包括里弄房屋、小型住宅、铺面市房、小学、社交堂和小型旅馆招待所，总价达2 165 800万元。

但由于物价飞涨、城市经济紊乱，中山北路道路沿线整顿工程进展缓慢。至1947年底，仍有大量用地空置。1947年11月，蒋介石面谕有关部门通知中山北路沿线业主“赶速兴工”，并需在建屋前先围筑围墙，若不遵照办理，则无论公地、私地概由政府征收。迨至1949年初，中山北路道路沿线虽有馥记营造公司办公大楼、中央银行南京分行、公教新村第四村以及一些商业市房建筑落成，但并未形成如中山东路、太平路般连续且整齐的都市景观。1949年，鼓楼以北、以西依然散布着大量池塘、荒地，即便是中山北路道路两侧，也分布着大量空地。

抗日战争胜利后，国民政府当局将市容整顿及道路整修作为南京都市重建工作的重要一环，主要包括1946年启动的中山北路沿线整顿工程和1947年制定的新街口广场改良计划等。这些计划与工程主要出于政府建设南京市容和整顿市面的目的，力图以恢复现代化的“新都”形象作为政权的合法性基础，如1946年11月《四联总处第三二七次理事会议报告》所记载：“本案（中山北路沿线整顿工程）关系首都市区繁荣，并为中外观瞻所系。”[①] 当时甚至还流传着一个“段子”，云：“关于这一段路程的开始修筑，那完全是蒋主席的意思。主席那天坐着汽车，从中山北路经过，车子颠动得非常厉害，乃问左右：‘这里是什么地方？’左右答说是：‘中山北路。’问：‘何以道路如此不平？’左右说：‘八年沦陷，敌伪占据南京，弄得乱七八糟。’于是主席即手谕迅速修理。”[②] 在国统区经济、社会动荡，南方多省大面积饥荒，民众生活疾苦的社会背景下，当政者仅凭个人喜好便启动了如此大规模的市容建设工程，不禁令人唏嘘。难怪当时有人讽刺：“要面子的中国人，救灾不慌，整饬首都市容要紧。”[③]

三、国货运动与南京的现代化商业设施（1945—1949年）

抗日战争胜利后，工商各界人士重新提倡国货运动，各地国货团体、国货公司陆续复业。在此背景下，南京商业设施的现代化进程得以延续，战前著名的中央商场、南京国货公司相继复业，战前处于筹备阶段的大型百货公司——首都中国国货公司完成续办。此外，南京及各地民众团体、有关部门还创办了首都国货展览会、全国国货展览会等具有一定规模的国货商品展销会，进一步促进了商业空间的现代化发展。

战前如火如荼的国货运动伴随着抗日战争的全面爆发而跌入低谷，许多国货团体被迫停止活动甚至解散，中国国货联营公司移至后方，勉力维持、举步维艰。1945年抗日战争胜利后，各级政府、实业机构纷纷返回日据区收缴“逆产”，上海及各地国货团体相继复业，工商业人士重新倡导国货运动。之后，中国国货联营公司总公司由重庆迁回上海，开始着手恢复、重建各地的国货公司。南京各界国货人士亦着手计划发展国货事业，包括国货公司的恢复与创办以及国货展览会的创办等。

---

① 四联总处文件辑要：四联总处第三二七次（卅五年十一月七日）理事会议报告及决议重要案件，首都兴建中山北路房屋贷款原则核定[J]．金融周报，1946，7（46）：30.

② 沌边．蒋主席关怀中山北路：手谕拨款重修[J]．吉普，1946（26）：5.

③ 漫画：“要面子的中国人救灾不慌整饬首都市容要紧”[J]．吉普，1946（31）：11.

（一）中央商场的改造与扩建（1945—1946 年）

中央商场曾是国民政府时期南京规模最大的、经营日用国货商品的大型商场。南京沦陷时，该商场遭到严重破坏，之后又被日当局占据。抗日战争胜利后，中央商场率先复业，之后又完成了改造与扩建。至中华人民共和国成立前，成为南京城内规模最大的、最具影响力的大型商场之一。

1. 中央商场的发展沿革与经营情况

日据时期，中央商场遭到严重破坏，并几经易主，可谓历尽沧桑。抗日战争爆发后，中央商场负责人及多数厂商均随军西撤。南京沦陷时，商场北侧的大华大戏院和东南角的中央游艺场被焚毁，商场内门窗、柜台等设施均遭到严重破坏，二层被焚烧，仅余下空壳。之后，日军占据商场仅存的结构体和屋架作为养马场，后又有日本商人经营自动车商店，中央大舞台则由中国人开办演戏剧场。1940 年以后，随着社会秩序逐渐恢复，中央商场迎来转机。1940 年 6 月，汪精卫“军政部参议”“社会部计划委员会副主任”萧一诚主办修理商场，并于同年 10 月重新申请营业。商场复业后，经营状况大不如前，商场内仅有 50 家商号和 9 家摊柜，全部员工不到 300 人。

图 5-4-3 日据时期中央商场正门照片
图片来源：南京图书馆藏

图 5-4-4 日据时期中央商场的营业情形
图片来源：《华文大阪每日（半月刊）》，第八卷第六期第八十二号，1942 年 3 月 15 日，第 27 页.

抗日战争胜利后，国民党军政官员纷纷涌回南京接收“逆产”，并计划“旋都”复业。战前曾担任中央商场董事长、时任国民党中央第六届中央执行委员的曾养甫便委派抗日战争爆发之际保护商场账册、档案有功的龚伯炎[1]返回南京接管商场，筹划商场建筑改、扩建工程。工程分两部分，包括旧楼修缮改造、室内装修工程，以及拟建新营业楼和沿街市房。1946 年 1 月至 3 月间，场方率先完成商场旧楼修缮、改造工程。主要针对商场二层中、北部，包括新筑砖墙、木屋架加固、铺设白铁皮屋面等项。同年 4 月，筹备二楼后部装修工程，由黄全记营造厂承办，于 7 月中旬竣工。

中央商场旧楼修缮、改造工程进行的同时，场方为扩大经营，筹划建设新楼。1946 年初，场方委托上海均益建筑师事务所负责商场扩建工程设计，包括主体楼房一座及沿中正路市房一栋。4 月，扩建工程兴工，裕庆鸿记营造厂承建。8、9 月间，建筑主体及设备工程先后竣工。

---

① 抗日战争爆发后，管理处主任王继先遂委托会计龚伯炎代为主持场内撤离事务，提升龚伯炎为会计主任。抗日战争胜利后，龚伯炎被委派返回南京接管商场被委任为中央商场总经理，担任 1947 年全国国货展览会总干事。

场方为增强建筑群的整体性，添建新楼和游艺场间的连接通道。同年 10 月，中央商场南部新厦及市房全部完工，11 月 12 日正式开幕。中央商场改造及扩建工程完竣后，场内共容纳各业商铺 260 余户，员工 1000 余人，规模宏大、包罗万象，基本恢复了战前的繁荣，重新成为“南京第一大商场”。

1949 年 4 月 23 日，中国人民解放军攻克南京，中央商场开启了新的篇章。4 月 26 日上午，商场率先开业。1954 至 1956 年间，商场内各商业全部转化为公私合营，逐步完成社会主义初步改造。商场旧楼一直使用至 20 世纪 80 年代末，1988 年初，场方计划进行改扩建工程。自 1991 年底至 2000 年，先后完成了一、二、三期改扩建工程。至此，在南京市中心屹立了 60 余年的中央商场营业大楼被新的商业大厦所取代。

2. 中央商场建筑群布局与空间形式

中央商场建筑群是近代南京规模最大、档次最高的大型商业娱乐建筑群。除经营日用品百货的大型商场外，街区内还容纳了电影院、戏剧院、游艺场、饭店等众多消费设施，成为自上而下规划形成的、井然有序的现代化商业街区。

中央商场建筑群位于南京新街口广场东南片区，基地西邻中正路，南至淮海路，东达旧老王府后街，北侧经一条支街可至正洪街，西北角为大华大戏院，商业区位价值较高，总用地面积约 6852.2 平方米（图 5-4-5）。基地内东南角为中央大舞台，其北面、西面为原第一游艺场房屋，对基地正中的主体商场形成“L”形包围（图 5-4-6）。中央商场是建筑群的核心，由北侧的一期卖场和南侧的二期临街市房、商场扩建工程组成，总建筑面积约为 12 508 平方米，其中一期建筑面积约 7017 平方米，二期商场建筑面积为 4609 平方米，市房建筑面积为 882 平方米。建筑均由中国籍建筑师设计，一期建筑由上海华中营业公司设计，上海仁昌营造厂承建，二期扩建工程由（上海）均益建筑师事务所唐文青设计，裕庆鸿记营造厂承建。

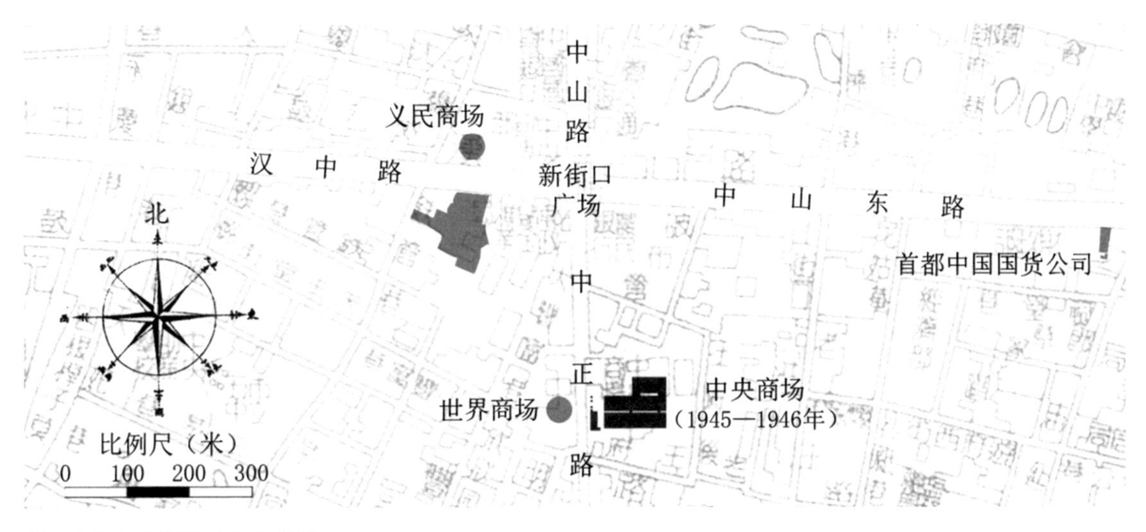

图 5-4-5 中央商场区位示意图

底图来源：中国史地图表编辑社，马宗尧 编制，金擎宇 校订．南京市街道详图（1949）［Z］．亚光舆地学社出版，大中国图书局发行，1949.

中央商场建筑由牌楼式大门、市房和主体商场组成，主体商场又包括西侧的入口门楼和其后的卖场，形成自城市街道经过牌楼门、广场进入商场的空间序列。商场建筑平面呈现向垂直于中正路的纵深方向发展的带状平面布局特征，自南向北共计三列，面阔均为 23.77 米，构成“L”形平面形态。南面两列面向中正路，进深达 95.54 米，北列位于大华大戏院之后，进深较短，为 51.34 米。中央商场向垂直于道路的纵深方向延展的线形空间序列和行列式的空间格局源自室内步行商业街式的商业空间原型，每列卖场面阔均为三间，中央一间为步道和摊柜组成的交通空间，两侧为窄长的店铺，每间店铺占据一个 4 米 ×8 米的柱网。商场中部、后部还有横向的步道相连通，形成线形与环形并置的室内步行商业街。

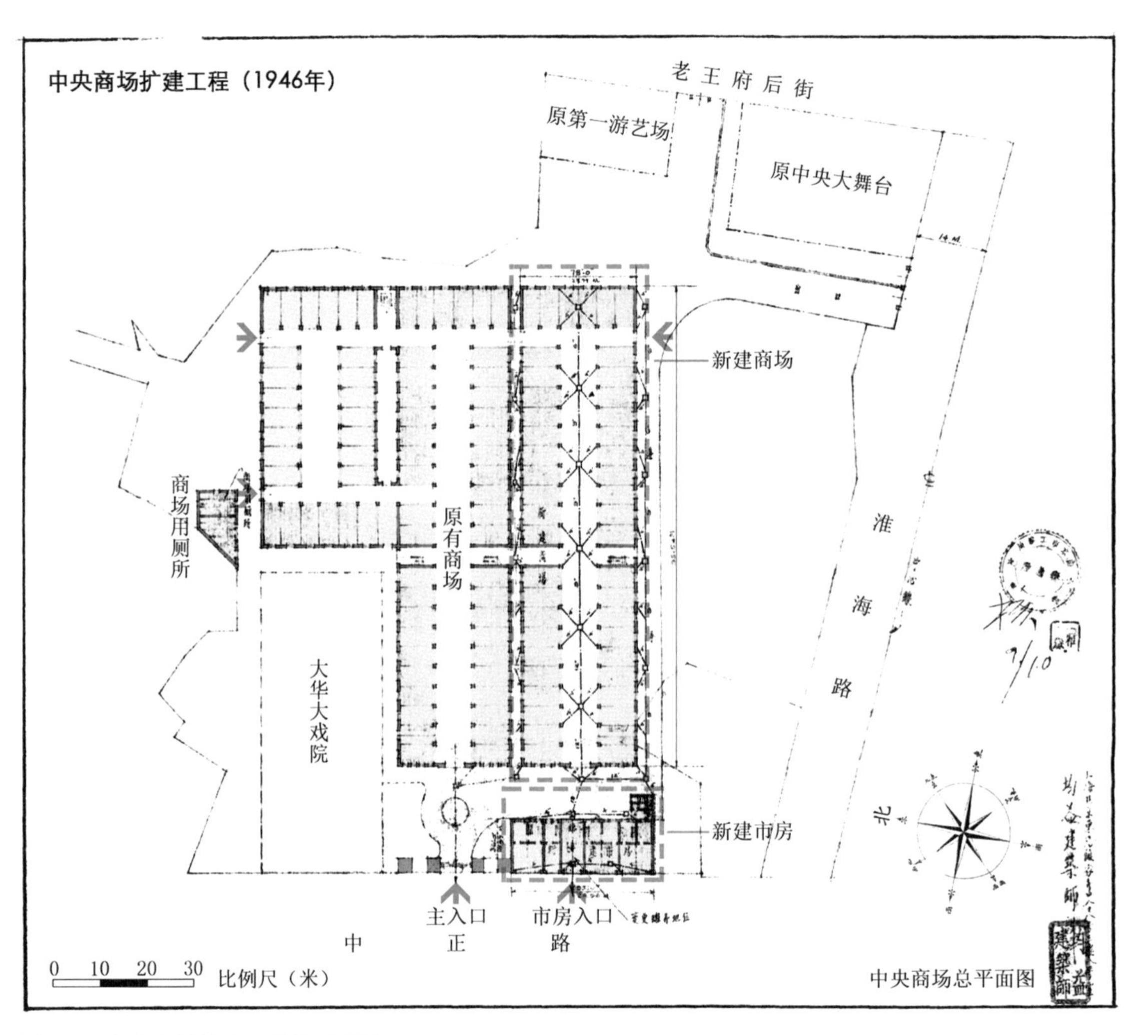

图 5-4-6 中央商场扩建工程总平面图

底图来源：南京市档案馆藏，中央商场股份有限公司：《呈工务局为给具改动建筑图拆鉴备案》，1946 年 9 月 16 日，档案号 10030080850(00)0022

作为近代南京规模最大的“集团售品组织”式的大型商场，中央商场建筑设计较为考究，体现在现代化的建筑结构与用材、时尚的建筑风格、丰富的建筑细部设计等方面。商场建筑采用钢筋混凝土框架结构，屋顶顺应行列式体量，为并列排布的木桁架式屋面（图 5-4-7）。主体卖场建筑高两层，门楼高四层，其中三、四层为商场的管理、办公用房。临街市房为高三层的“底商上办”式联排式市房，一层、二层设四间独立的下店上寝式商铺，每间均有楼梯，方便租售。市房三层为统一的内走廊式办公空间，由屋后楼梯可直达三层，私密性较强，共有出租型写字间 14 间。中央商场建筑的整体风格受装饰主义影响较大，临街门楼面阔三间，中央一间体量高起，呈跌落式形制。建筑立面以斩假石工艺和水泥墙面为主，窗间墙的竖向线条和竖向条形窗强调了向上的冲势，符合阶台式装饰主义建筑风格的主要特征。此外，建筑细部形式也受到中国传统建筑文化的影响，例如牌楼门中以石材仿制的额枋、椽子等中式细部，商场门楼檐口处的卷云纹装饰等。中央商场仿效了西方建筑风格的构图，并在细部采用了中国传统的建筑语汇，是早期中西调和的建筑形式在大型商业建筑类型中的一种尝试。

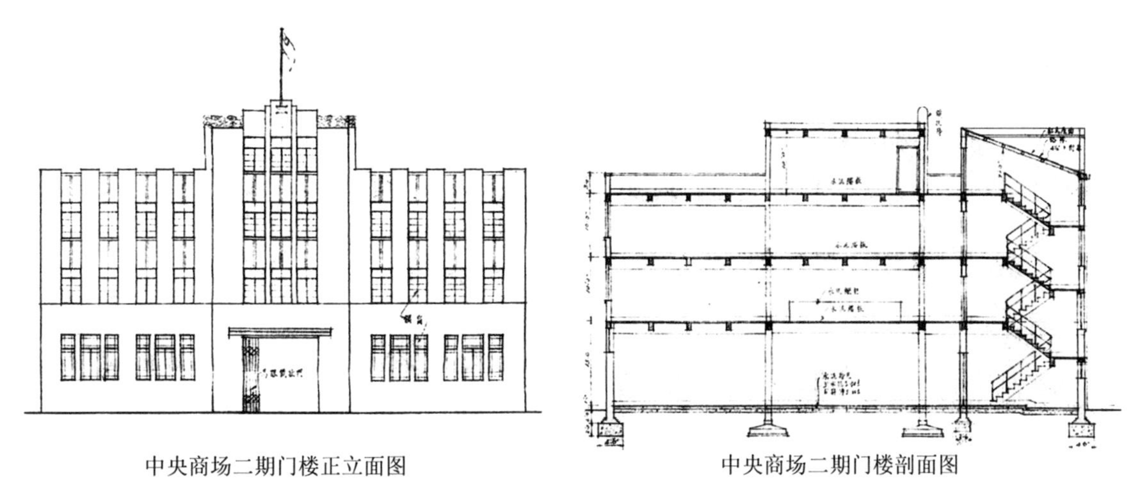

中央商场二期门楼正立面图　　中央商场二期门楼剖面图

图 5-4-7 中央商场扩建工程之门楼部分立面、剖面图

底图来源：南京市档案馆藏，中央商场股份有限公司：《呈工务局为拓建场屋呈送图样计处书祈准发建筑执照》，1946 年 2 月 28 日，档案号 10030080850(00)0003

中央商场商业空间虽以体现“集团售品组织”特征的室内商业街为主，但也出现了西方百货公司特征的统一商业空间，即由场方独自经营的旧楼中部后翼，称“中央商场二楼后部货架及玻璃柜台工程”。1946 年 4 月至 7 月间施工，由南京黄全记营造厂承建，通过各类商品展陈用家具作为空间限定要素，形成一体化的商业空间[①]。

中央商场中部二楼后翼平面呈矩形，东西长 12 间计 167 英尺 2 英寸（合约 50.95 米），南北宽 6 间计 76 英尺 6 英寸（合约 23.32 米），中央为长约 28 米、宽约 5.6 米的中庭，建筑面积为 1031.27 平方米，约占总营业面积的十分之一。该区不仅西、北、南三面均有通道可直达商场旧楼与新楼，东北角还有一处室外楼梯，可直达商场一层辅助出口，方便工作人员和货品进出，可谓一处相对独立的区域。

中央商场中部二楼后翼以各类商品展陈用家具划分商业空间，基本元素为“货架”（即货架式玻璃展柜，亦称阁楼式展柜）、“玻璃平橱”（即柜台）和“披衣架”（即衣架展示架）。展示性柜橱又包括单侧通廊式柜台、双侧通廊式柜台、“L”形展柜、单体式展柜等。衣架展示架根据支撑体端头的形式不同，又分为甲、乙、丙、丁四种。

基于展柜、展台等商品展示要素的组合排列，中央商场中部二楼后翼商业空间划分为西、北、南、东四区。西区为主要入口区，空间较为开阔，南北两侧各置一个“凹”字形综合式橱柜，靠墙一侧为货架式玻璃展柜，面向中间的开敞空间，方便往来的顾客驻足挑选与购物。南、北两区基于东西向带形空间布置展陈设施，均采用双侧通廊式玻璃柜台划分出内步道，靠墙面采用货架式玻璃展柜和单侧通廊式玻璃柜台的组合形式，从而提挈了线形商业空间特质，并增加了商业营业面积。南区西侧 4 间后来改为服装部，沿墙一面增加功能用房，包括试衣间、账房、收银台、会客室等，以样品橱、玻璃橱窗、独立式玻璃平橱作为空间限定要素，营业场所较为开敞。

东区位于二楼商区末端，为服装区。玻璃橱窗沿北、东、南三面墙体展开，南、北两面橱窗下还各设 6 台“活落样盘”——一种叠放样品服装的木质橱柜。东北、东南角分别布置试衣

① 南京市档案馆藏，中央商场：《与黄全记营造厂签订承包二楼后部合同》，1946 年 4 月 20 日，档案号 10030080850(00)0017。

间，东墙正中为收银台和两间会客室，一部后勤用楼梯直通户外。商品展示顺应山墙面平行展开，正中8台玻璃平橱，两个一组，一线排列，其余空间布置各类“披衣架”。衣架立面为“T”形，由竖杆支撑上部的横杆，端头采用中式元素装饰，如斗拱坐斗式、华表云板等。

中央商场中部二楼后翼自成一区，将既有建筑的室内商业街空间改造为统一的大空间，以各式商业展陈设施进行空间限定与功能区划。中央商场场方管理层不甘于只做“大房东”，开始向规模化经营方向发展。在场方商业经营模式转变的情况下，商场建筑突破了原有的商铺单元式格局，呈现出现代化百货公司的室内空间特征。

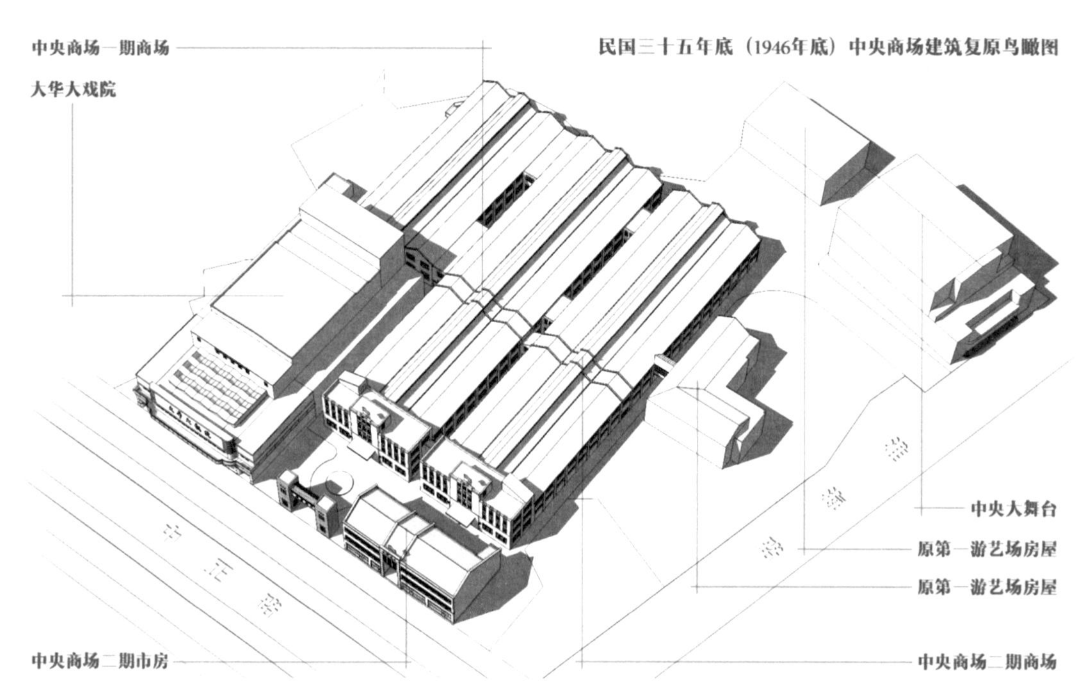

图5-4-8 中央商场建筑复原鸟瞰图

图片来源：周琦建筑工作室

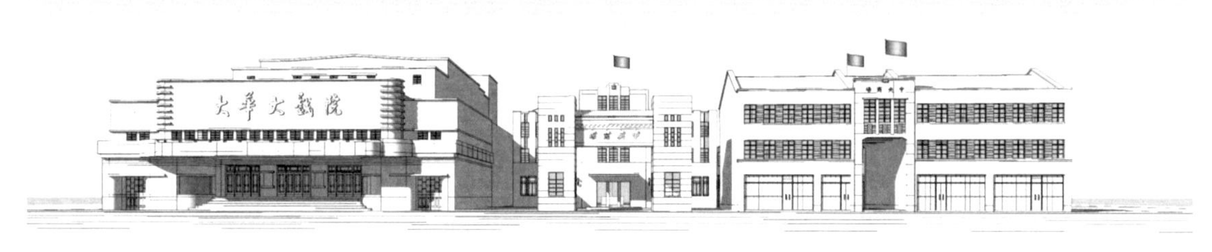

图5-4-9 中央商场建筑沿中正路复原正面透视图

图片来源：周琦建筑工作室

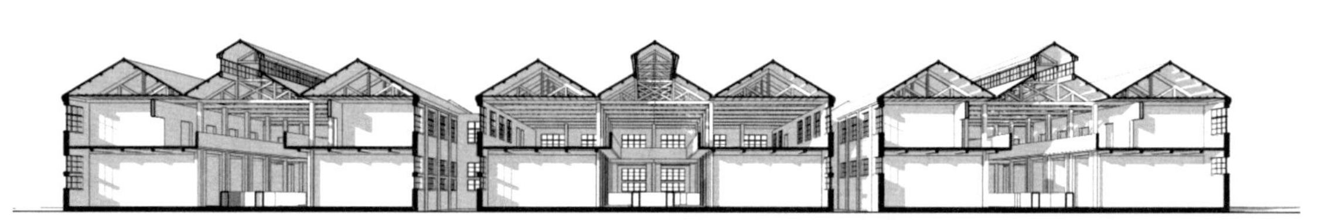

图5-4-10 中央商场建筑复原剖透视图

图片来源：周琦建筑工作室

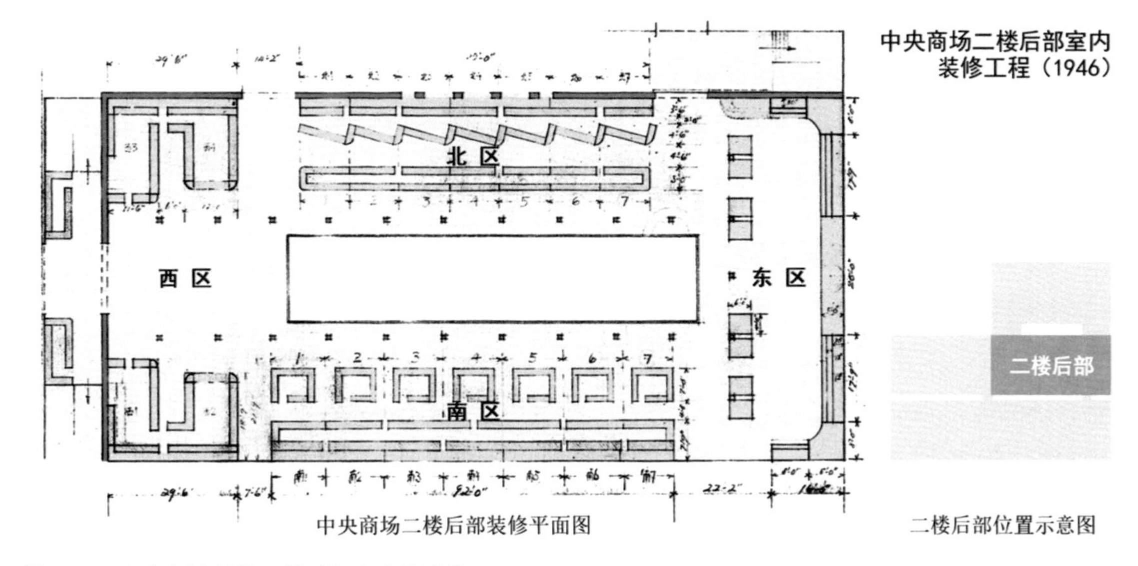

图 5-4-11 中央商场老楼二楼后部室内设计图

底图来源：南京市档案馆藏，中央商场：《与黄全记营造厂签订承包二楼后部合同》，1946 年 4 月 20 日，档案号 10030080850(00)0017

抗日战争胜利后，随着中央商场完成建筑改造、扩建工程，成为南京城内规模最大的、最为著名的经营日用百货品的大型商场，与永安商场、太平商场并称为民国南京的三大商场。此外，中央商场街区内还包括了电影院、戏剧院、游艺场、饭店等众多娱乐休闲设施，形成了现代化的商业、娱乐业休闲街区，是体现近代南京都市文化特征的现代化城市综合体建筑群。

中央商场延续了战前的现代化企业经营管理模式，包括官僚化的组织机构与集团售品组织式的经营管理模式等。商场的建筑空间形式既是现代化企业经营管理模式的体现，也受到中国传统“市肆观”和西方建筑空间形式和现代化结构体系的影响，体现在室内步行商业街式的卖场空间以及与之相适应的由钢筋混凝土框架结构和木桁架式屋架组成的行列式结构体系，创造出不同于传统商业街市的空间体验。中央商场的建筑形式、用材等方面也较为考究，包括中西调和的建筑风格、现代化的建筑用材、丰富精致的细部设计等方面，集中反映了其作为民国南京著名大型商场的形象与面貌。

（二）国货公司的复业与续办

抗日战争胜利后，在各方力量的推动下，战前创办的南京国货公司和筹备中的中国国货公司南京分公司相继开业，成为该时期南京著名的百货公司，推动了南京商业建筑的现代化发展。

1. 南京国货公司的复业

南京国货公司全称为“南京国货股份有限公司”，是抗日战争爆发前由南京市政府和商人联合创办的经营国货的百货公司，总公司位于建康路，后在中山路 73 号开设分店。日据时期，原总公司四层楼房被“农商银行”承租，原分公司四层楼房被日商企业大丸洋行占用。抗日战争胜利后，原南京国货公司各主要股东开始筹划复业。鉴于公司股东人数众多，且战事爆发后分散四方难以联络，1946 年 4 月，原公司常务董事卞芷湘等向南京市政府社会局呈请于中山路 73 号分公司旧址内先行临时营业。他们计划待城市交通恢复、股东返回南京后再行召开股东会，办理增资、改组并正式登记复业。同年5月，南京市社会局批准先行临时营业[①]。

中山路73号南京国货公司建筑主体三层，中部为四层塔楼，建筑面积约600平方米。建筑形式较为简约，两侧体量强调水平向形式要素，窗台和窗槛墙连续贯通，中部塔楼则采用竖向装饰线条，形成对比。塔楼顶部层层收分，应受阶台式装饰主义风格的影响。

南京国货公司临时复业后，增资扩股计划遇到较大困难。一方面，公司原为官商合办，股东人数众多，且因战事散处四方，难以联络；另一方面，国统区经济在经历了战后初期的短暂繁荣后，迅速走向衰落，市场恶性通货膨胀，国货公司举步维艰。由于股东难以召集而政府财政紧张，南京国货公司的增资扩股计划遂告失败。由是，各主要股东只得在重建公司组织机构的同时另寻其他经营办法。

自1946年12月至1947年上旬，南京国货公司各主要股东经过数度集议，决定采用“合作代理经营”的模式，即以原商场各项设备、室内装修及家具等作为固定资产，出租于经营国货的厂商代为经营。1947年4月，国货公司将三层楼面分别出租，并订定了“合作事业”契约。一楼出租于公司副经理方瑞甫，经营瑞元公司、广东袜厂等公司的棉织、针织、化妆、搪瓷、钢精水瓶料器类商品；二楼与副经理陆茂如订约，经营中茂公司、茂丰绸布庄等公司的绸缎、布匹、呢绒、服装类商品；三楼与曹经晨订约，经营开明教育用品社等公司的文具、书籍、礼品类商品[②]。

南京国货公司这种“合作代理经营”的模式体现了“集团售品组织”和百货公司两种经营模式的调和。由于延续了战前的股权性质，公司保留了股份制有限公司的“空壳”组织机构以及官商合办的“名义”，但没有流动资金和贮存货物——日本商人所遗留的货物均被政府统一没收。而且，地产亦非公司所有，只能以原大丸洋行建筑内的各类家具和水电设备作为固定资产股本。所谓“合作代理经营”不过是中央商场这类“大房东式”经营模式的变形，即以收取“厘金”的方式来替代租金——在经营方每日营业收入总额中按百分比提取收益，由甲方派员记账收款，每日结数，次日结算给乙方。除房租、水电、捐税等各项费用由双方根据营业额分摊外，经营方具有较大的独立性，他们可以自主布置展陈设施、添置家具、雇佣员工等。而且，定约时场方按照售品部类划分了楼层区域，也促进了百货公司式商业空间的形成。

由于自身经济原因和金融市场时局混乱的双方面影响，南京国货公司只得试行一种妥协、调和的所谓“合作代理”的经营模式，从一定程度上导致了“集团售品组织”式经营模式和百货公司式统一商业空间的结合。

2. 首都中国国货公司的续办

首都中国国货公司全称为“首都中国国货股份有限公司”，是抗日战争胜利后乃至整个民国时期南京规模最大的百货商场。抗日战争爆发前，中国国货联营公司会同南京市政府及当地金融、工商各界提倡国货人士发起筹办国货公司，由官商合营，本已募齐股本并勘定店址，但因战火而告停顿。抗日战争胜利后，中国国货联营公司总公司由重庆迁回上海，开始着手恢复各地的国货公司。

---

① 南京市档案馆藏，市社会局：《关于南京国货公司呈报复业一事的批文及该公司报告》，1946年5月13日，档案号10030031633(00)0001。

② 南京市档案馆藏，市社会局：《关于南京国货股份有限公司补正附件重新登记与该公司及经济部来往文件》，1946年12月9日，档案号10030031633(00)0002。

1945 年 11 月 1 日，中国国货联营公司、南京市政府以及中国、交通、新华银行等原股东代表在南京集议关于国货公司续办事宜，于南京市商会暂设复业筹备处，拟租用太平路 17 号之日据时期的“华中百货店”铺房作为营业地址。首都中国国货公司有四联总处的中国银行和交通银行的金融资本支持，加之上海诸国货工厂、南京市政府及商人团体的协力共谋，筹办过程较为顺利。资本来源主要为金融资本入股和进口押汇贷款，总资本达 1 亿 2 千万元国币。之后，首都中国国货公司租赁中山东路 248-252 号三层建筑，经修缮改造后作为百货商场，于 1946 年 7 月 6 日正式复业（图 5-4-12）[①]。建筑修缮改造工程由（上海）兴业建筑事务所设计，（南京）陆根记营造厂承建。

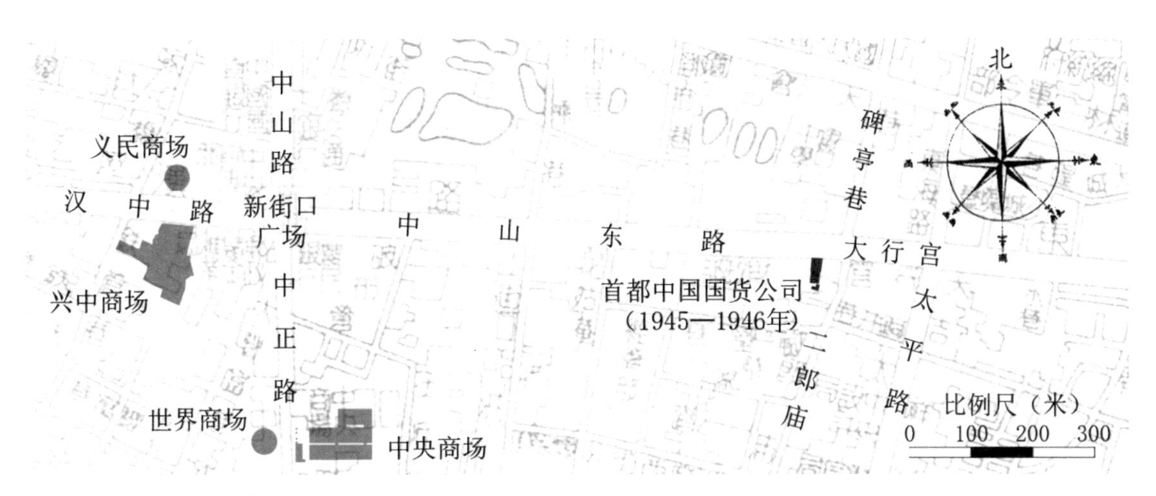

图 5-4-12 首都中国国货公司区位示意图

底图来源：中国史地图表编辑社，马宗尧 编制，金擎宇 校订．南京市街道详图（1949）［Z］，亚光舆地学社出版，大中国图书局发行，1949．

首都中国国货公司位于中山东路与碑亭巷、二郎庙路口西南角，西距新街口商业中心仅 800 米，东侧紧邻大行宫、太平路商业区，商业位势十分优越。建筑用地较为规整，向垂直于中山东路的地块纵深方向发展，大致为与道路垂线略呈一角度的矩形。

首都中国国货公司分为前部商场和屋后的附属房屋。商场平面近似矩形，主入口面向中山东路，背面设出口，建筑面阔 50 英尺 8 英寸（合约 15.44 米）、进深 37.2 米，建筑面积为 1 332.4 平方米。后部为砖结构的单层附属用房，呈“L”形布局，建筑面积为 65.18 平方米。商场建筑主体三层，分前后两个体量，以底层整体的营业空间相连通（图 5-4-13、图 5-4-14）。建筑采用砖混结构——由砖墙、砖柱及钢筋混凝土楼板、过梁构成承重体系。主体为平屋顶，中部连接体顶部设钢丝玻璃、木屋架组成的玻璃天窗。建筑临街立面中轴对称、秩序井然，体现了简化的西方新古典主义建筑风格特征。立面以水平向、竖向三段式进行构图处理，前者体现在两侧体量和中部竖向条形窗之间的虚实对比，形成古典式的体量美和形式构图；后者反映在由基座、腰身和檐口所形成竖向三段式构图，丰富了立面形式的层次。基座与主体间还进行了材质区分，基座部分饰以水刷石，上部为毛水泥。

首都中国国货公司的空间格局体现了现代化百货商场的复合性空间特征，体现在统一的卖场空间以及小尺度的管理、会计、仓储等诸多服务性功能用房的并存。商场建筑底层及后楼二、三层均为统一的营业空间，基于不同的商品部类通过橱柜及室内装修划分空间。临街

① 根据 南京市档案馆藏，南京交通银行：《为中国国货公司商借款事与总处中国国货联营公司、中国国货公司往来文书（附：质押贷款合约）》，1946 年 3 月 27 日，档案号 10220010093(00)0004；首都中国国货公司概况［J］．中华国货产销协会每周汇报，1947，4（14）．

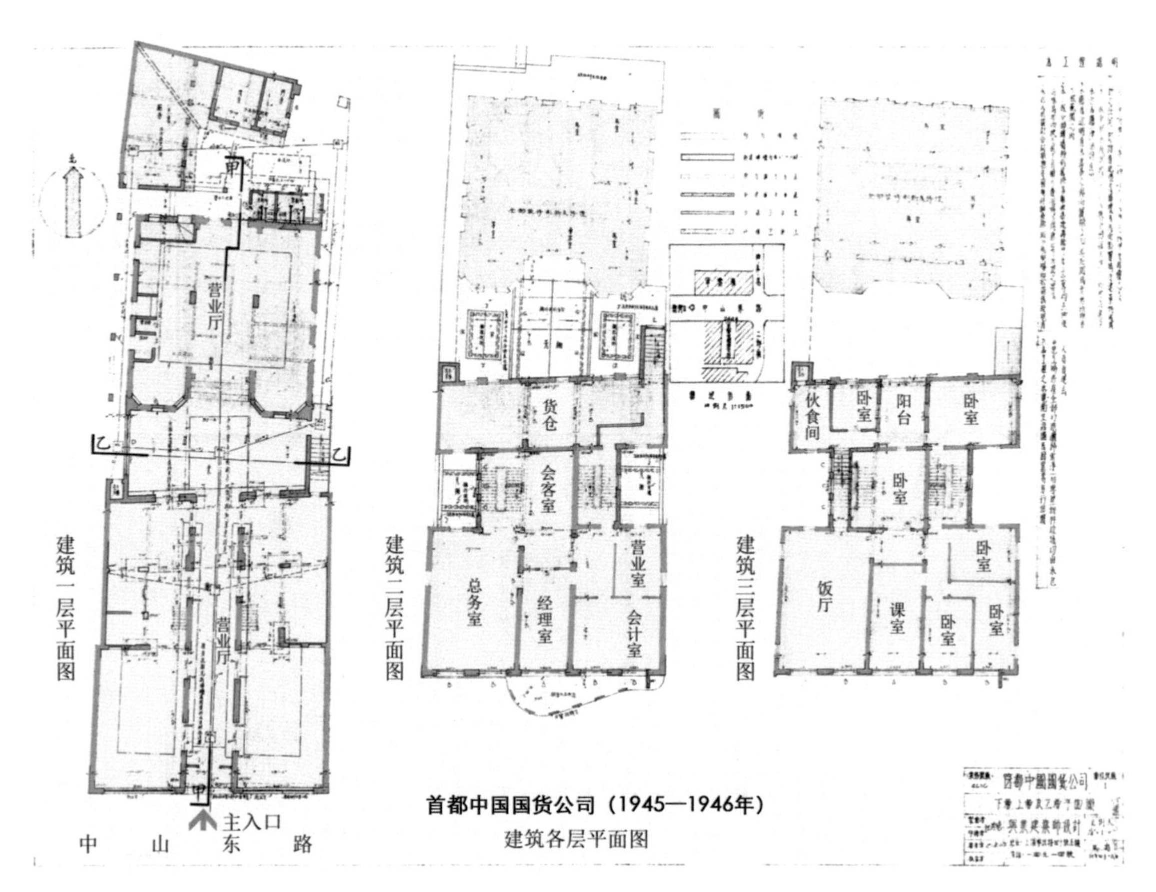

图 5-4-13 首都中国国货公司建筑各层平面图

底图来源：南京市档案馆藏，陆根记营造厂：《关于修理中山东路 246 号门面房一事与工务局来往文书及国货公司的报告》，1946 年 4 月 27 日，档案号：10030080845(00)0001

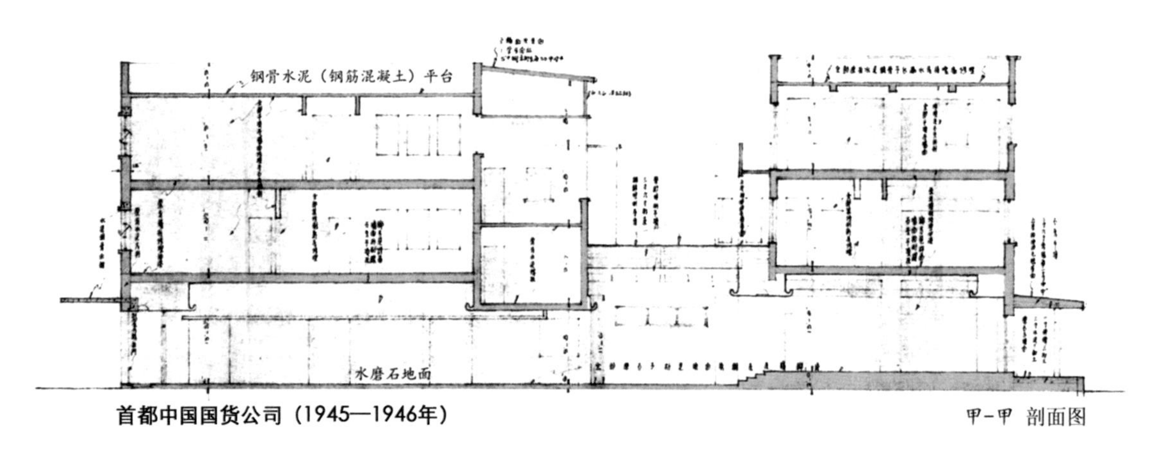

图 5-4-14 首都中国国货公司建筑剖面图

底图来源：南京市档案馆藏，陆根记营造厂：《关于修理中山东路 246 号门面房一事与工务局来往文书及国货公司的报告》，1946 年 4 月 27 日，档案号：10030080845(00)0001

面及背面设出入口，购物流线较为合理。前楼二、三层则为服务性用房，设独立的出入口。二层主要为办公和仓储用房，包括会客室、总务室、经理室、营业室、会计室及货仓等，货仓靠近后楼卖场，联系密切。三楼主要为员工休息区，包括卧室 6 间、饭厅 2 间、课堂 1 间（图 5-4-13）。总办公、服务性用房面积为 561.73 平方米，占总建筑面积的 42.16%，而这一数据在中央商场中仅为 4.90%。

作为近代南京规模最大的百货公司企业，首都中国国货公司所采用的官、商、金融三方合作的经营模式使其具有较为雄厚的资本背景，在建筑的空间、结构、形式等方面均体现出较高的现代性。首先，百货公司统一的管理模式塑造了整体性的营业空间，突破了近代南京最普遍的大型商场类型——以室内步行商业街为特征的“集团售品组织”式的空间形式。虽然近代南京也出现了或根植于南京、或总部设在上海的百货公司在南京的分销机构，如南京国货公司、上海百货公司南京分公司等。但它们规模均较小，上海公司建筑仅有500平方米，无法与首都中国国货公司相媲美①。其次，由于以钢筋混凝土为代表的现代化建筑材料费用较高，多应用于银行、行政办公、纪念性建筑中，较少在实用主义的商场及商业市房中大量使用。首都中国国货公司采用了砖和钢筋混凝土混合结构，较之同期以砖木结构为主的大型商场，亦属进步。最后，兴业建筑事务所原本设计了现代主义国际式建筑风格的立面方案，强调水平向条窗，整体较为简约。但该方案未被采用，而是代之以具有新古典主义构图特征的风格形式。较之其他同期商业建筑追逐的现代主义、装饰主义等流行风格，首都中国国货公司这种庄重、典雅的古典造型更适合于国家金融资本控股的大型百货公司的企业形象。

首都中国国货公司是近代南京规模最大的大型百货公司商业机构。该公司由生产、销售及金融三方联合创办，具有国家金融资本背景，从而在秩序动荡的社会经济时局中得以维系和发展。作为现代化的百货公司企业，首都中国国货公司采用了股份有限公司式的官僚化组织机构和现代化的经营管理模式，容纳了商品生产、运输、仓储、销售、管理、服务等部门，并设置了18个商品部，涵盖了与日常生活相关的各类物品，体现了一整套从商品生产、流通到商品交换的资本主义逻辑。

首都中国国货公司的建筑空间形式基本反映出公司的组织经营管理模式特征、深厚的资本背景等方面，体现在基于商品部类划分的一体化卖场空间与小尺度的办公管理用房的并存、现代化的建筑结构与用材、考究的建筑形式与细部设计等。国货公司建筑正立面对称庄重的古典造型隐喻了国家金融资本控股下的大型百货公司的企业形象，也成为商场最佳的对外宣传名片。

（三）国货展览会的创办

这一时期，南京及各地民众团体、有关部门先后组织创办了多次具有一定规模的国货商品展销会，进一步宣传国货、促进国货商品销路，推动商业空间的现代化发展。

1. 首都国货展览会（1947年4月27日—6月27日）

国民政府正式“还都”南京后，京市商人团体率先发起开办“首都国货展览会”。1946年10月，“前大中国国货商场”② 总经理范冰雪邀集南京新华被帐厂等7家厂商发起开办“首都国货展览会”，后通过与南京市商会洽商，发起人团体扩大到20余人，决定由市商会主办并成立筹备处，由商会常务理事穆华轩和范冰雪分任正副主任。1947年4月27日，首都国货展览会在朱雀路49号首都商场内开幕，1947年6月27日闭幕，历时两个月。参会厂商分为以

① 上海百货公司南京分公司亦称上海公司，位于中山路346号，南京沦陷时，由日商百货公司企业高岛屋占据，开办高岛屋南京出张店。（参见 川端基夫. 戦前•戦中期における百貨店の海外進出とその要因（The International Expansions and the Motives of Japanese Depertment Stores prior to and during World War II）［J］. 經営学論集，第49卷第1号，2009：P231-249. 及 南京市档案馆藏. 南京市政府：《据市民水周南呈请让出中山路三四六号房屋等情致党政工作考核委员会的函及原呈文》，1946年1月17日，档案号10030210164(00)0026。）

② 应为1942年创办的大中华商场。（南京市档案馆藏，市工务局：《关于大中华商场第一程工程已结束交销执照第二期限文到一周内验第三期更正图样与大中华商场往来文书》，1942年5月24日，档案号10020052151(00)0007。）

推销商品为主和以展陈商品为主两类，前者共计 63 家，多来自沪宁杭一带，后者则为 20 家。

首都国货展览会开会两周却“前往逛逛者大有人在，而购物者寥寥”[1]，因三方面原因：首先，各厂商展陈布置较为简单，除南京本地厂商略具规模外，其余外地厂家多采用简易的临时性设施；其次，各商家均想借展览会之机，攫取利润、促销产品，导致各类百货商店较多，例如著名的“张小泉剪刀厂”竟开设了四家，有“靖记”“生记”“贵记”和“正记”等四个品牌；最后，各商家并未采取有效的广告宣传及营销手段，商品价格也与市面上相差无几，因此，即便“张小泉”有四家之多，也是“无人过问，没有开张”[2]。

首都国货展览会与其说是一场国货商品的博览会，不如说是沪宁杭一带国货厂商的产品促销会，如时人所言：“所谓展览者，仅有一两家橡皮厂而已，其余不得谓之展览，仅是售货而已。”由于筹备方定位不明确、策展及宣传力度不够大，加之各商家缺乏有效的营销手段，该会虽然吸引了一些当地的参观者，但并未达到促销国货商品、扩大国货销路的目的。

2. 全国国货展览会（1947 年 10 月 1 日—12 月 31 日）

正值首都国货展览会行将开幕之际，另一规模更大、影响更广的展览会开始登上历史舞台，即“全国国货展览会”。该会于 1947 年 10 月 1 日在南京太平商场内开幕，12 月 31 日闭幕，为期三个月，是 1945 至 1949 年间在南京举办的规模最大的一次国货展览会。

1947 年 3 月，“新生活运动促进总会”借第十三周年纪念日之际，举办了小型国货展览会（图 5-4-15），蒋介石夫妇到场参观，并指示“扩大举办、以示倡导”。随后，“新生活运动促进总会”召集全国性的民众团体“中国生产促进总会”“中华民国商会联合会”“中国全国工业协会”及有关机关“数度集议”，筹划全国国货展览会。他们选定龚伯炎、成栋材、倪翰如为正副总干事，在南京太平路 50 号设立筹备处。筹备方规定，所有参展工商品必须为“经商标局注册有案”或经“本会审查认为合格”之“国货”。经过几个月的筹备工作，共召集来自全国各地的公、私厂商 200 余家，包括参加展览厂商和委托会方代行展览两类[3]。

图 5-4-15 小型国货展览会会场内景一

图片来源：龚伯炎．全国国货展览会纪念特辑：筹备经过概述［J］．新运导报，1948（1）：66.

图 5-4-16 全国国货展览会会场内一角

图片来源：龚伯炎．全国国货展览会纪念特辑：筹备经过概述［J］．新运导报，1948（1）：66.

① 姚巖．如此首都国货展览会［J］．新上海，1947（68）：6.

② 姚巖．如此首都国货展览会［J］．新上海，1947（68）：6；首都国货展览会专页：挽救经济危机，倡导国货的首都国货展览会，《工商新闻（南京）》，第 26 期，1947 年 4 月 28 日，第二、第三版；简讯：南京市商会主办首都国货展览会［J］．工商新闻（南京），1947（27）．

③ 根据：龚伯炎．全国国货展览会纪念特辑：筹备经过概述［J］．新运导报，1948（1）：66；全国国货展览会欢迎各厂商参加［J］．中华国货产销协会每周汇报，1947，4（38）：3

对于具备一定规模的全国国货展览会而言，择定与租赁会场是筹备工作的重要一环。1947年6月，展会筹备处与太平商场商定，拟租赁商场二楼全部及底层一部分空间作为展场。事实上，由于有关当局的重视，商场一楼作为展览空间更能达到“以壮观瞻”的目的，而这将侵犯已经同太平商场订定租约的商户的利益——他们同太平商场签订租约在先，且部分商家已经完成店铺装修。由是，展期一再拖延，筹备工作“几告停顿”。直至1947年9月，双方才达成一致，将商场一楼全部作为国货展览会会场，原本签订租约的56家店铺和36处摊位均被移至二楼。

1947年10月1日，全国国货展览会在南京太平商场内正式开幕（图5-4-16）。会场分为展览区和贩售区两部分，后者位于商场二层，前者位于一层。展览区共设三馆，包括经济部主办的工商馆、农林部主办的农林馆和资源委员会主办的资源馆。资源馆规模最宏大、容纳厂商最多，既有国办、公营事业亦有民营厂商，登记在册者达42家，还包括台湾机械造船公司、糖业公司、金铜矿务局等8所台湾企业。

与会的工商企业来自全国各地，其中以厂址设于上海的厂商最多，在由58家厂商共同组成的厂商联谊会中占43家。同各地工商企业的踊跃出品相比，南京地区的出品厂商则较少，厂商联谊会中厂址或发行所设在南京的厂商仅有5家[①]。这5家本地厂商分别为大西制茶厂、首都中国国货公司、中国农林药局、汉昌化工公司和冠生园南京分店，除汉昌公司的厂、店均位于南京外，其余4家则或为代销机构、或为分店。造成南京本地参展厂商较少的原因，一方面或许受到首都国货展览会的影响，另一方面，也从侧面反映出南京本地工商企业实力的薄弱。

虽然有关当局尽心筹备，但全国国货展览会所展陈物品依旧以食物、布匹、香烟、皮货等日常生活所需的商品为主，各类地方特产、传统手工艺制品依旧占据较大比重，现代化工业、机械品出品很少。

全国国货展览会采用了现代化设备及各种营销和宣传手段来丰富商业空间体验，包括各式广告、广播等。广告手段包括霓虹灯广告、活动广告和名流代言等。许多厂商采用霓虹灯广告牌，丰富了夜晚的空间效果，如中华烟草公司广告、上海渣华织造厂的“渣华花袜”广告等；还有厂商采用各类可移动式广告，例如梁新记兄弟牙刷公司“双十牌牙刷”的“一毛不拔”活动广告等；还有厂商邀请社会名流到场代为宣传，例如著名的“杨元鼎笔”便邀请了国民党元老、有“草推于右任、隶称胡汉民”之称的书法家于右任，知名作家、编辑姚苏凤，著名作家程小青等人为其宣传和介绍产品。

全国国货展览会还运用现代化广播宣传国货，活跃和调节现场气氛。会场内专设“建业广播电台”，并聘请“南京之鶯”播音员王薇小姐担任会场播音员，除负责介绍、宣传国货外，还播放“该台精美音乐”，以丰富参观者的空间体验、活跃现场气氛[②]。

全国国货展览会展期内参观者络绎不绝。最热闹时，每日参观者达到了5万余位，许多中外社会团体还组团前往参观，如南京各学校学生、新疆省政府宣传委员会青年歌舞访问团、英国议会访华团等。一时间，太平商场“楼上楼下摩肩踵接、人山人海”，承办方甚至一度将展会时间延长到晚间9点半。国货展览会可谓成为一处远近闻名的“现代化瞬时性集市”。

① 全国国货展览会参加厂商名录（根据厂商联谊会所印尚有未列入者）[J]. 新运导报，1948（1）：79-81.

② 全国国货展览会大会花絮 [J]. 新运导报，1948（1）：81-88.

四、当局主办的大型商业设施

国民政府“还都”南京后，当局计划创办大型商业设施。1946 年下旬，国民政府主席蒋介石命南京市政府创办大型商业设施，由南京市工务局负责承办，原计划创办商场、菜场各三处，包括下关热河路商场、下关商埠街商场、淮清桥商场、下关热河路菜场、八府塘菜场和下关商埠街菜场等，由市政府向四联总处贷款共计 18 亿元。但因“工料飞涨，原概算不敷甚巨”，至 1947 年 5 月，动工兴建者仅有下关热河路商场及菜场、八府塘菜场三处，在建房屋总价涨至约 20.65 亿元，不仅其余三处因资金不足无法创办，原 18 亿元贷款数额甚至不能满足三处在建建筑的开销。因此，在动荡的社会经济时局的制约下，实际建成的大型官办商业设施仅有三栋，其余三幢商场和菜场则未能兴建。

（一）下关热河路商场及菜场（1946—1947 年）

1. 下关热河路商场

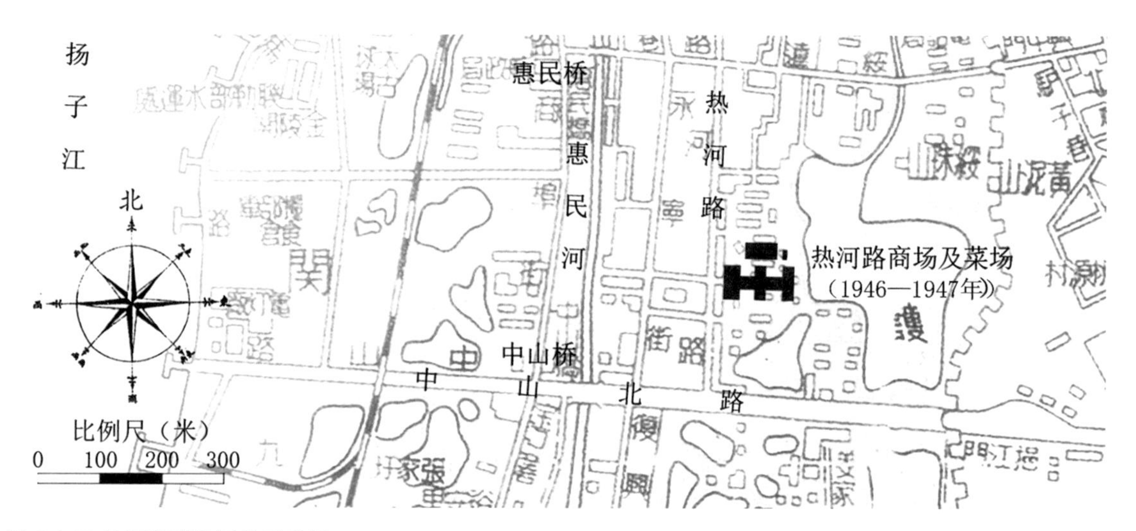

图 5-4-17 热河路商场区位示意图

底图来源：中国史地图表编辑社，马宗尧 编制，金擎宇 校订．南京市街道详图（1949）［Z］．亚光舆地学社出版，大中国图书局发行，1949.

下关热河路商场是抗日战争胜利后由当局公营筹办的最著名的大型商场，由南京市政府贷款筹划，市工务局负责承办，与热河路菜场同时创建。该商场位于旧府城挹江门外，西邻热河路通正丰街，西南角为石桥街，东侧为池塘，用地面积为 16.952 亩（合 11 301.33 平方米），其中，“营地”为 11.7095 亩，占 69.10%，市有地产 2.2602 亩，占 13.33%。商场基地商业价值较高，位于旧南京府城与下关商埠区之间，向西可至下关最繁华的惠民河、商埠街和大马路，向北可至兴中门大街，向南则是由江边入城之主要干道——中山北路，可谓南京对外贸易与对内经销之前站（图 5-4-17）。

商场选址既定，当局一面开展规划与建筑设计并着手招标兴工，一面向中央信托局南京分局致函办理贷款业务。1946 年 9 月，当局完成第一商场及菜场规划布局设计，由陈府真设计并绘图，市工务局正工程司兼第三科计划股主任孙荣樵校对，后又由第三科技佐孙培尧修订并深化道路规划与布局[①]。工程招投标工作同期进行，9 月 24 日工程开标，鲁创营造厂中标，

① 1946 年 9 月 5 日，第一商场及菜场完成规划布局设计，由陈府真设计并绘图，南京市工务局正工程司兼第三科计划股主任孙荣樵校对；10 月 9 日，第三科技佐孙培尧修订该规划图，并深化道路规划及布局，该案由孙荣樵校对。

于10月底订约，工期限为“80个晴天”。但是，直至翌年4月初，商场仍未竣工，这与当时通货膨胀的经济背景下，政府财政拮据、民营营造厂企业生存维艰等情况有关。因建材市场混乱、物价飞涨，南京营造业工人相率怠工并要求增加工资，由是，下关热河路商场建筑工程便停滞下来。鲁创营造厂遂向市政府当局请求追加预算，遭到拒绝后，工程由市工务局收回办理。随后，工务局采用邀标形式重新进行施工招标。1947年7月，位于南京管家桥30号的成泰营造厂因报价最低而中标。1947年9月底，商场建筑竣工，水电工程开工，由位于中山路66号的益丰水电材料工程行承办，同年10月，开始订定放租规则并招租商户[①]。商场竣工之际，南京市政府正式将其定名为“热河路商场”[②]。

热河路商场位于下关商埠区规整的矩形地块内，基地西邻热河路商业街，北侧与热河路菜场间相隔一条内街，东、南两侧靠近池塘。热河路第一商场建筑方案及施工图均由南京市工务局技师孙荣樵设计并校对，陈贵全绘图，屋架及部分详图由陈贵全设计，孙荣樵校对。热河路商场的主要设计者和项目负责人便是孙荣樵。孙荣樵时年44岁（1947年），浙江上虞人，毕业于天津高等工校，先后任重庆市工务局技师、财政部田赋管理委员会技术室主任技士、重庆天坛工程股份公司设计室工程司、南京市工务局正工程司兼第三科计划股主任等职务。孙荣樵在国民政府“还都”南京后十分活跃，主创或参与设计了多栋政府性工程，包括中正图书馆（1946年）、北平路市府官邸（1946年）、广州路市民住宅食堂（1946—1947年）、中华门外小市口南京市立师范学校（1947年）等。

热河路商场建筑平面顺应规整的用地边界呈现正交形式，由南北向的三列房屋与中央东西向的连接体组成，形成中轴对称的“王”字形平面格局。建筑南北宽11间合48米，东西总长108.38米，总建筑面积达到4453.24平方米。场地主入口位于西侧临街面正中，入内为一环路，中央为圆形花坛，两侧分别为自行车停车场。建筑主体卖场空间均为一层，西立面主入口为二层高的办公楼，底层为商铺，上层设20间出租式写字间，形成内外分立的空间格局。建筑正交的平面形态限定了室内步行商业街的购物路径，自西向东形成“三进式”的购物空间。自西立面大门进入，为主体卖场空间，由东西向主路连接南北向次路。宽达8米的主路中央设摊柜，两侧为商铺，次路则相对较窄。购物路径尽端设次入口，分别位于建筑东侧背面和南北六翼端部（图5-4-18）。

热河路商场建筑采用砖、木混合结构，局部如雨篷等处采用钢筋混凝土构造。建筑屋面为交叉排列的双坡顶木桁架式屋架（图5-4-19），侧翼及连接体均为三跨，中间一跨为交通空间，屋架高于两侧店铺，室内净高分别为5.892米和3.492米。交通空间上部开设高侧窗，以增强商场采光。建筑正立面中轴对称，明间设塔楼，高约13米，两侧体量高约10.5米。立面采用横向三段式，下虚上实、对比强烈，底层为商铺门洞，砖柱外粉刷水泥和黄色水泥浆。中段设小窗，并有横向线条，墙面以纸筋灰砂打底外刷黄色浆，窗间墙则采用拉毛水泥，上段为坡屋面。侧翼立面亦中轴对称，体量凝练，中跨形体高9.60米，两侧高6.60米。建筑中轴对称的布局及浑厚的几何体量使其具有西方新古典主义意蕴，但建筑室内空间仅为单层实用的线形步行商业街，欠缺多样化的购物空间体验，体现了建筑师在经济条件制约下进行商业

---

① 热河路商场放租问题解决.《南京市政府公报》，第4卷第4期，1948年2月29日，第77页；南京市档案馆藏，市工务局：《呈送下关第一商场水电工程合同事由》，1947年9月19日，档案号10030011415(00)0009；南京市档案馆藏，市工务局：《为下关商场水电工程现已完工呈请验收事由》，1947年10月27日，档案号10030011415(00)0010。

② 1947年9月29日，南京市工务局就“新建商场定名案”向市政府呈报了两个名称，分别为“热河路商场”和“下关第一商场”，后由南京市市长沈怡亲自定名为“热河路商场”（南京市档案馆藏，市工务局：《为下关商场名称兹经财政局开会决议拟订名称两种呈请鉴核采样示遵由》，1947年9月29日，档案号10030011415(00)0007）。

建筑空间设计时所采用的实用主义方式。

经济因素对于建筑空间形式的制约也体现在建造和施工过程中对于立面细部、建筑用材等方面的设计变更上。商场开工后，由于工料费用高涨，原概算不敷甚巨，南京市工务局相关负责人员及设计者孙荣樵在 1947 年 5 月对设计方案进行了修改。一方面体现在建筑立面形式的简化。例如，根据 1946 年 9 月 12 日的设计图纸，西立面设计为阶梯状形式，南北两侧高二层，次间和明间高三层，明间顶部还设一西式塔楼，细节精美。而 1947 年 5 月 26 日的图纸则将次间降为二层，明间的塔楼取消，改为平屋顶。另一方面，对建筑材料的选择也相应降低了标准。例如，正立面明间二层通高的大玻璃窗原计划采用铁花格栅，后改为木格栅；正立面一层砖柱原设计为斩假石，后改为“粉水泥外刷黄色浆”（图 5-4-20）；背面次入口原设计采用铁艺大门，六翼侧门采用玻璃门，后统一改为传统的木制排门板；坡屋面原设计采用洋瓦与玻璃，后改为油毛毡屋面；地面原计划采用水泥地面，后改为石灰三合土地面等[①]。

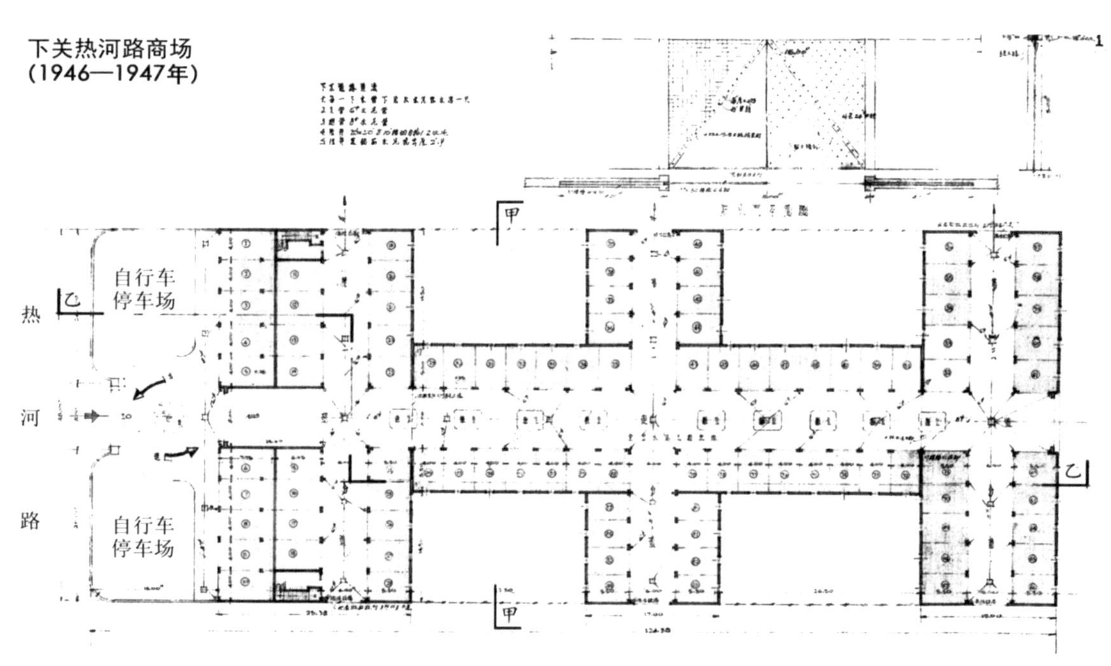

图 5-4-18 热河路商场建筑一层平面图

底图来源：南京市档案馆藏，市财政局：《热河路商场建筑图纸》，1946 年 9 月，档案号 10030051960(00)0010

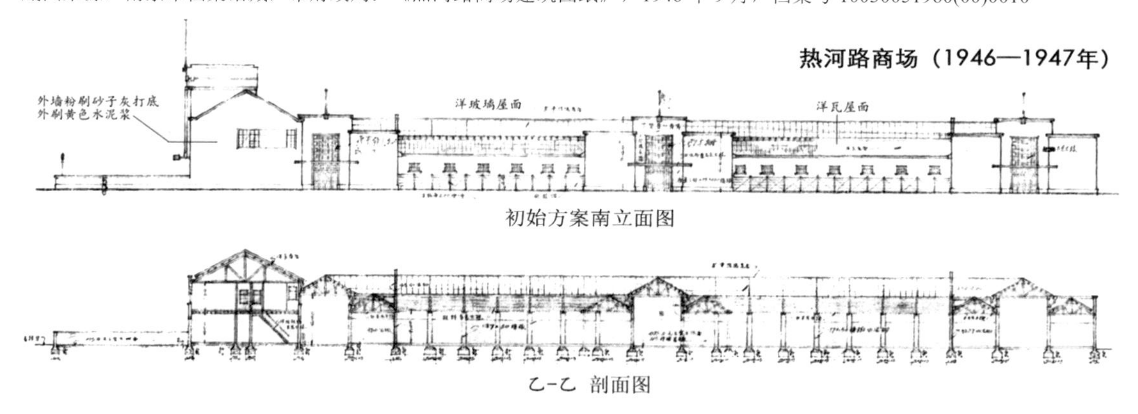

图 5-4-19 热河路商场建筑立面、剖面、大样图

底图来源：南京市档案馆藏，市财政局：《热河路商场建筑图纸》，1946 年 9 月，档案号 10030051960(00)0010

① 参照“下关热河路第一商场”相关设计图纸。详见 南京市档案馆藏，市财政局：《热河路商场建筑图纸》，1946 年 9 月，档案号 10030051960(00)0010。

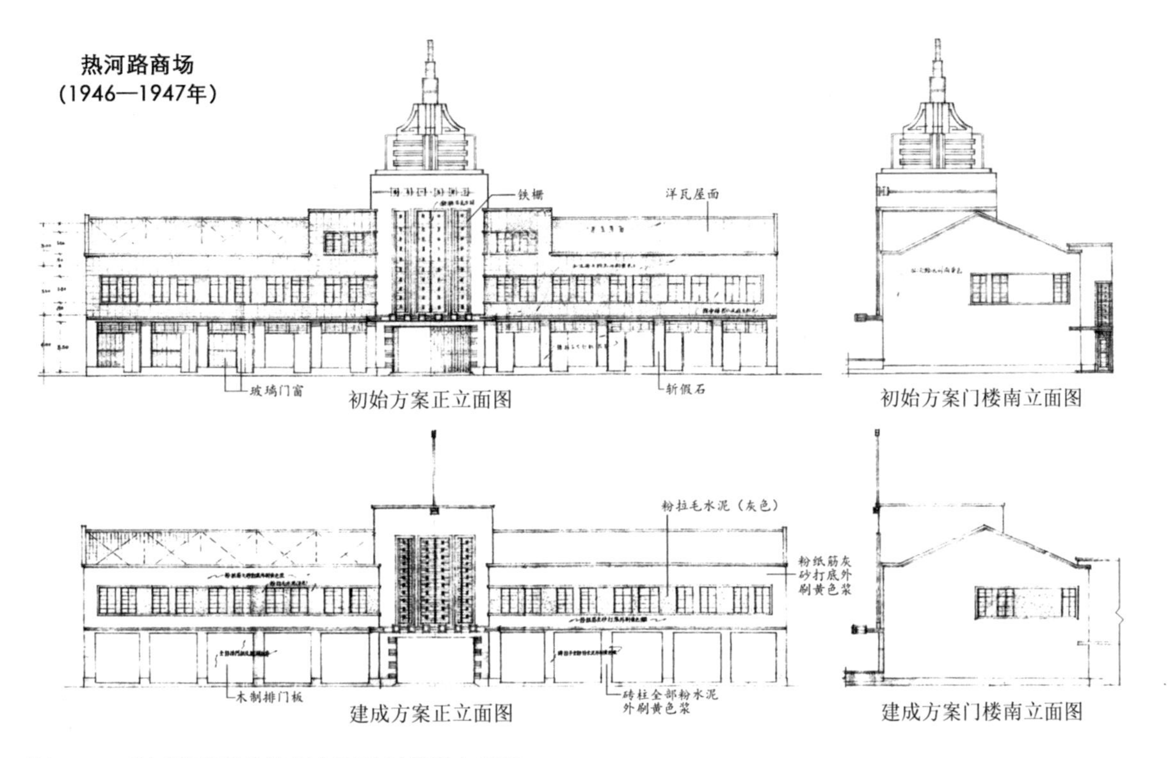

图 5-4-20 热河路商场建筑正立面及门楼侧立面图

底图来源：南京市档案馆藏，市财政局：《热河路商场建筑图纸》，1946 年 9 月，档案号 10030051960(00)0010

2. 下关热河路菜场

下关热河路菜场（筹创期称“下关热河路第一菜场”）与热河路商场同期筹划建设。该菜场位于南京旧府城挹江门外，西邻热河路通正丰街，西南角处为石桥街，东侧为池塘，南侧为拟建的热河路商场。1946 年 9 月、10 月间，南京市工务局设计人员完成了热河路商场及菜场规划与建筑设计，其中菜场部分由孙荣樵设计并校对，孙培尧绘图，给排水设备则由孙培尧设计并绘图，陈府真校对①。工程招投标工作亦同期进行，1946 年 9 月热河路菜场完成工程开标，由新记营造厂中标。由于当时建材市场混乱、物价飞涨，工期拖至翌年 10 月，当局又就未完工程重新开标，由成泰营造厂中标。1947 年 12 月，全部工程竣工，并于当月月底正式营业。

由于用地较为规整，热河路菜场平面呈东西向的方整矩形，西侧主入口处布置管理、储藏、冷藏等功能用房，东侧为主体的菜场空间。摊位沿东西长向平行布置，共设 10 排，另有两条南北向道路连接，形成环路（图 5-4-21）。菜场为单层，共设摊位 186 个，建筑面积为 1 152 平方米。热河路菜场采用了当时菜场建筑类型中较常见的并列式单坡顶木桁架结构，木材均为杉木，突出屋面的“腰身”设侧高窗，从而增强了大空间的室内采光。由于该建筑用地规整，可视为单坡顶并列式木桁架结构形式的原型。

（二）八府塘菜场（1946—1947 年）

位于城南地区的八府塘菜场亦属于南京市政府官办商业设施之一，且其设计与竣工日期均早于热河路商场和菜场。八府塘菜场由南京市工务局技师杨延馀设计于 1946 年 6 月，同年 10

① 南京市档案馆藏，市工务局：《建筑下关热河路菜场工程合同》，1946 年 10 月 12 日，档案号 10030080646(00)0002。

月工程开标，由黄秀记营造厂中标。1947年9月，菜场建筑及水电工程均告竣工，并于随后开业。

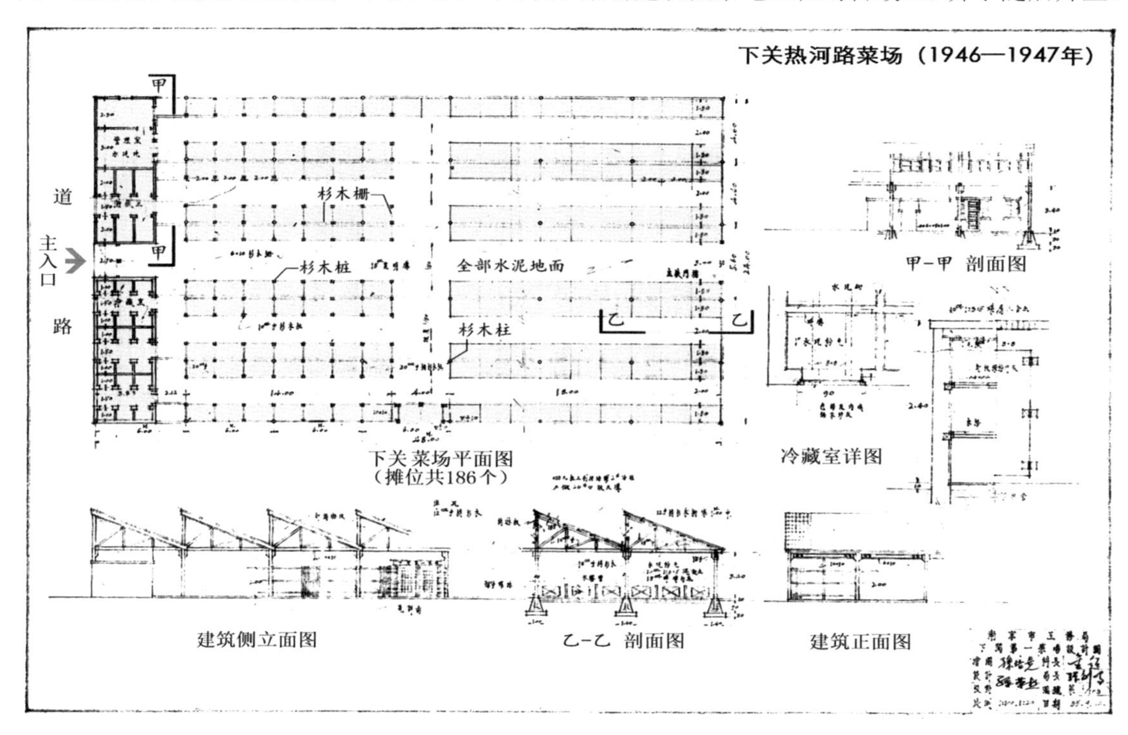

图 5-4-21 下关热河路菜场平面、剖面、大样图

底图来源：南京市档案馆藏，市工务局：《建筑下关热河路菜场工程合同》，1946 年 10 月 12 日，档案号 10030080646(00)0002

八府塘菜场位于城南一带的繁华商业街朱雀路、建康路附近，北邻八府塘街，与南京中学初中部隔街相对，西邻城内小铁路，对面是南京中学初中部操场。建筑主要入口面向西、北两侧道路，室内以阡陌纵横的步行道组织购物流线，共设摊位 395 个。建筑为单层木结构房屋，屋顶亦采用热河路菜场式的单坡顶并列式木桁架结构。

1946 年国民政府“还都”南京后初期，伴随着官、商阶层陆续返回南京，京市人口激增，加之社会经济秩序相对稳定，带动了消费市场的繁荣。在此背景下，政府当局展开了公营大型商业设施建设计划，力图重塑现代化都市形象并借此增加政府的财政收入。但是，随着社会、经济时局走向纷乱，商业设施计划在执行中遇到诸多困难。国统区金融市场崩溃、物价飞涨、货币贬值等一系列不利因素接踵而至，当局原计划中的 6 栋大型商场、菜场仅有 3 栋得以建设，不仅其余 3 栋建筑计划被迫停止，在建房屋也因建材价格高涨、原预算不敷甚巨、营造厂工人怠工等原因而拖延工期。

经济性因素的制约也影响到公营大型商业建筑的空间形式。这些建筑均采用砖、木等传统材料作为承重结构，鲜见钢筋混凝土、玻璃等现代化材料。建筑立面多采用水泥浆、拉毛等朴素的饰面层，而不是具有一定规格的石材和斩假石工艺等。建筑外观的装饰性构件、细部设计也在后期施工中被简化，例如热河路商场正立面的阶台式形制、中央的装饰性高塔等。建筑形式的简化、用材的朴素等均反映出紊乱的社会金融秩序背景下商业建筑设计与建造过程中的妥协与折中，指向实用主义商业空间形式。

五、商人创办的大型商场和市房

抗日战争胜利后，各阶层人士陆续返宁，南京人口增长较快，带动消费市场的发展。

1946 年 5 月国民政府正式“还都”南京，为城市商业设施的现代化发展创造了契机。这一时期商人主办的商业设施包括大型商场、商业市房及规模化的联排式市房等。

（一）大型商业设施

1946 至 1947 年间，人口增长与消费市场的发展为商业设施的现代化创办了契机，商办的大型商业设施主要包括朱雀路首都商场、新街口世界商场、太平路太平商场等。

1. 朱雀路首都商场（原称“协鑫商场”）（1946—1947 年）

1946年5月5日，国民政府正式“还都”南京后，率先登上历史舞台的商办大型商场为“协鑫商场”，后更名为“首都商场”。首都商场基址位于朱雀路 49 号，西邻朱雀路，西北角为四象桥，东北面为青溪，区位商业价值较高（图 5-4-22）。该基地原为旅宁湘人的“公产”，晚清时曾创办著名的“湘军公所”，后又建造为纪念前两江总督、湘军宿将刘坤一的“刘公祠”。抗日战争爆发后，湘人多数逃到后方，“民众戏院”凭借当局势力占据该地达 8 年之久。之后，又由土地地主刘理青、代理人周达夫等创办“新世界商场”。1946 年 5 月前后，上海资本家刘和笙连同房产业主何星五及刘理青、周达夫等人发起创办大型商场，任命俞子钦为商场经理。工程持续了大约半年时间，1946 年 11 月前后，商场建筑竣工。时人对于首都商场抱有较大的期望，一位署名“铁笔”的人在报刊中称：“太平路差不多是南京市的繁华的中心了，有了这座伟大的商场，预料商业上一定可以茂盛的。”[①]

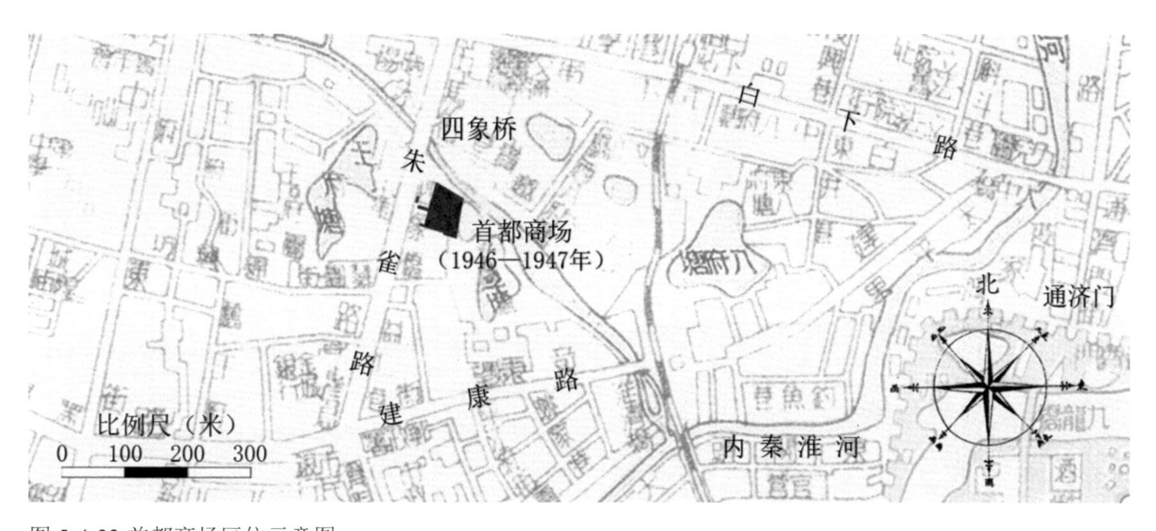

图 5-4-22 首都商场区位示意图

底图来源：中国史地图表编辑社，马宗尧 编制，金擎宇 校订．南京市街道详图（1949）［Z］．亚光舆地学社出版，大中国图书局发行，1949.

但是，关于朱雀路 49 号的土地产权问题一直存在纠纷。日据时期，拟创办的新世界商场便被勒令停工，后来只得简单修葺旧有房屋草草开业。抗战胜利后，首都商场的发起创办再次引起在宁湘人团体的反对，他们向法院提起诉讼，要求收回地产。由是，正待开业的首都商场遭受重大打击，“招商承租房屋，竟至无人问津”。这场纠纷一直持续到 1947 年初，

① ［民国］铁笔．首都商场无法开幕［J］．快活林，1946（39）：9.

1947 年 4 月 27 日至 6 月 27 日间，首都商场承办了由南京市商会举办的“首都国货展览会”。展会闭幕后，商场方得以开业。

首都商场位于南京城南著名商业街朱雀路中段，北达白下路与太平路商业街相通，南至建康路与夫子庙商业区相接，可谓南京旧城商业区的核心位置，商业价值较高。商场建筑由（上海）兴业建筑师事务所设计，由振业营造厂承造。兴业建筑师事务所由徐敬直、李惠伯、杨润钧创办于 1933 年，是民国时期活跃于上海、南京、重庆等地的著名建筑师事务所。兴业在南京的建筑作品较多，包括实业部中央农业实验所（1933 年）、中央博物院（1935—1948 年）、中山东路中央博物院宿舍（1947 年）、丁家桥中央大学附属医院门诊部工程（1947 年）等。

首都商场基地呈不规则四边形，面积较广，达 26 334.67 平方米[①]。商场主入口面向西侧朱雀路，东侧有两个次入口。因场地西侧边界不临街，购物人群需经朱雀路处门洞式塔楼，进入一宽 44 英尺 6 英寸（合约 13.56 米）、长 52 英尺 6 英寸（合约 16.00 米）的矩形广场，继而到达商场主入口，形成自街道至用地内部的空间序列。主体建筑平面顺应用地边界呈不规则四边形，东、北两面因池塘及青溪河道走势略呈一斜度，南北长约 221 英尺 2 英寸（合约 67.41 米），东西宽约 152 英尺 4 英寸（合约 46.43 米），建筑面积为 3 485.96 平方米。商场建筑主体一层，西面局部二层，室内采用步行商业街的空间形式，一层共有商铺 80 余个，二层还有过道式摊柜 20 余个。标准铺面单元共计 4 类，面阔均为 11 英尺 5 英寸（合约 3.48 米），进深由 5.2 米至 7.9 米不等[②]。（图 5-4-23）

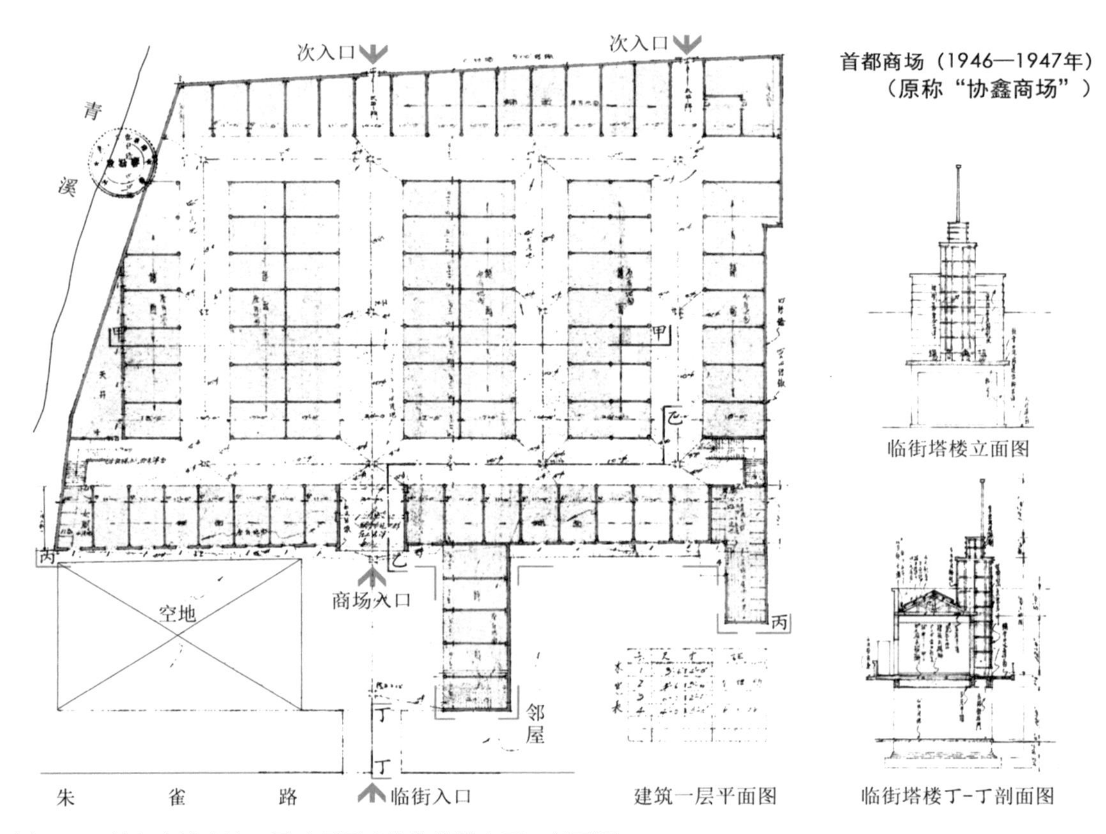

图 5-4-23 首都商场建筑一层平面图及临街塔楼立面、剖面图

底图来源：南京市档案馆藏，振业营造厂：《呈报承建协鑫商场检附平面图等工务局批复》，1946 年 5 月、6 月，档案号 10030080859(00)0005

① 根据史料记载，首都商场用地面积为 237 012.08 平方市尺，合 39 亩 5 分 0 厘 2 毫，合 26 334.67 平方米。（根据 南京市档案馆藏，杨鸿记营造厂：《呈工务局关于建筑新世界商场房屋陈述理由请发给执照及其批示》，1943 年 4 月 15 日，档案号 10020052096(00)0006。）

② 首都商场标准铺面单元按照平面尺寸可划分为 4 类，包括 11 英尺 5 英寸 ×19 英尺 2 英寸（合 3.48 米 ×5.84 米）、11 英尺 5 英寸 ×17 英尺（合 3.48 米 ×5.18 米）、11 英尺 5 英寸 ×18 英尺（合 3.48 米 ×5.49 米）和 11 英尺 5 英寸 ×26 英尺（合 3.48 米 ×7.92 米）。

由于首都商场西侧主立面不临街，并未延续沿街商铺的形制，整体形式较为简约、凝练。建筑主立面基座、檐口、窗框等部位均装饰横向线条，强调水平向的延伸感，带有现代主义国际式建筑风格特征（图5-4-24）。外立面基座部分则采用了斩假石，较为考究。建筑主体为木框架结构，以木柱和木桁架组成承重体系，局部如楼梯、二层楼面则采用钢筋混凝土，主要的围护结构包括砖砌的外墙、板条隔墙等。屋面形态由环形布置、相互嵌套的双坡顶屋架组成，过道部分屋架高于两侧商铺，从而在高侧墙部分开设高窗，为室内步行道营造自然采光环境（图5-4-25）。

首都商场（1946—1947年）（原称“协鑫商场”）

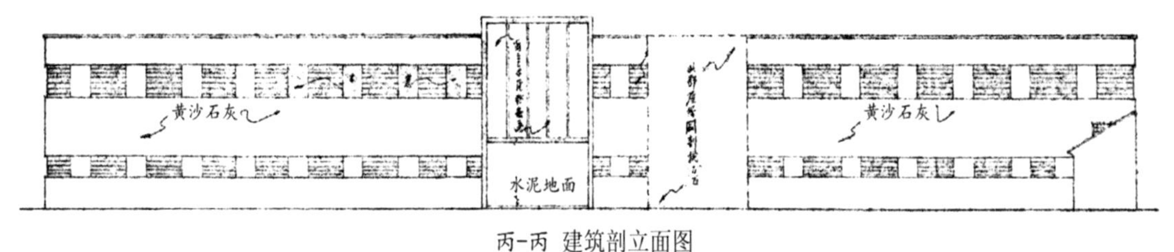

图5-4-24 首都商场建筑剖立面图

底图来源：南京市档案馆藏，振业营造厂：《呈报承建协鑫商场检附平面图等工务局批复》，1946年5月、6月，档案号10030080859(00)0005

首都商场（1946—1947年）（原称“协鑫商场”）

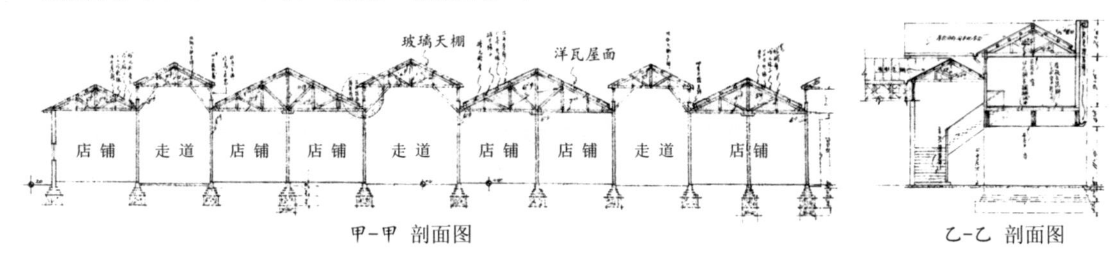

图5-4-25 首都商场建筑剖面图

底图来源：南京市档案馆藏，振业营造厂：《呈报承建协鑫商场检附平面图等工务局批复》，1946年5月、6月，档案号10030080859(00)0005

首都商场是1946年后最早由商本独资创办的大型商场，建筑亦采用同期商场建筑类型中常见的室内步行商业街的空间形式，建筑结构、用材等方面均较为简易，应受到发起方的经济实力和当时动荡的社会经济秩序的双重影响，是商业建筑实用性特征的集中体现。首都商场之后的经营与发展状况现不得而知，但从相关史料和商业位势的分析中尚可预见、推测其之后发展所面临的困境①。一方面，因涉及用地权属的纠纷，首都商场的招商放租遇到一些挫折，加之承办首都国货展览会的不成功经验，时人对商场之后的营业均持悲观态度。另一方面，首都商场介于太平路和夫子庙核心商业区之间，前者商铺市肆林立，并有筹建中的太平商场，后者为传统商业、娱乐业较为集中的区域，并有永安、联合等多栋已建的大型商场，首都商场实难与之竞争。加之首都商场主立面并不临街，需经一条通道进入地块内。用地条件的制约也势必影响到商业空间的繁荣程度。

① 首都国货展览会的举办并未引起过多关注，“前往逛逛者大有人在，而购物者寥寥”。基于该会的不成功经验，时人对闭会后将要开业的首都商场持悲观态度，一位署名“姚巘”的人在《如此首都国货展览会》一文中称：“展览会闭幕后，首都商场便要揭幕，要比起中正路的中央商场和夫子庙的永安商场来，相差太远，前途没有多大的希望。”

2. 新街口世界商场（即日据时期的“复兴商场”）与世界大厦

世界商场即日据时期所创办的“复兴商场”，该商场位于南京新街口西南侧，中央商场对面，盐业银行以南，东至中正路（日据时期称“复兴路”），西达大丰富巷，是新街口地区重要的大型商场。世界商场所属基地约为8亩，原为国民党元老李石曾、张静江的私有土地。抗日战争爆发后，李石曾随国民政府迁往重庆，专注于外交事业，往来于欧美、香港、重庆间。商场地产被日当局占据，1942年由“南京特别市商会理事长”葛亮畴发起创办“复兴商场”。抗日战争胜利后，葛亮畴因汉奸罪被逮捕，1946年4月，李石曾收回该商场，更名“世界商场”，并于1947年底筹建“世界大厦”[①]。世界商场是抗日战争胜利后南京较为著名的大型商场，与中央商场、兴中商场并称为新街口三大商场。

3. 太平路太平商场（1946—1947年创办）

这一时期，实业界人士发起创立的最著名的商场是位于太平路的太平商场。该商场也是抗日战争胜利后、中华人民共和国成立前，南京新建的规模最大的商场，与1936年创办的新街口中央商场、1943年创办的夫子庙永安商场并称为当时南京的三大商场。

1946年8月，南京实业界人士贺鸿棠[②]联合顾心衡[③]、周亚南、陈君素、邹秉文、王敬煜、胡间云等7人发起创办太平商场，在中华路10号设立筹备处，拟于南京太平路267号至289号自建商业“大厦”一所，“经营百货，以期市面得以振兴，社会因而趋于繁荣”（图5-4-26）。随后，筹备处向南京市政府社会局呈请登记，制定相关章程和营业计划书，并开始招募股款。1947年4月1日，在南京安乐酒店举行“太平商场股份有限公司创立会”，公推贺鸿棠为主席，胡间云任商场经理。

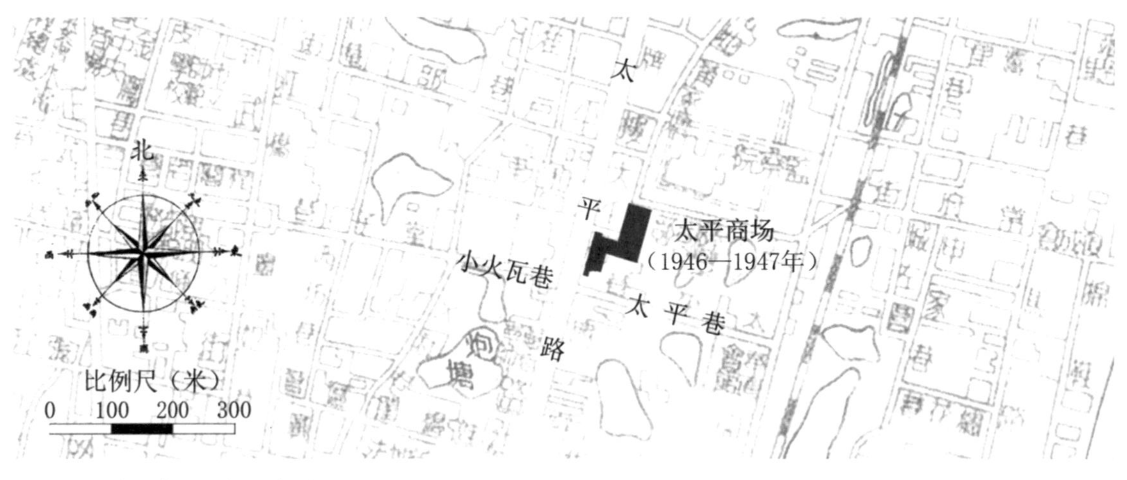

图5-4-26 太平商场区位示意图

底图来源：中国史地图表编辑社，马宗尧 编制，金擎宇 校订. 南京市街道详图（1949）[Z]. 亚光舆地学社出版，大中国图书局发行，1949.

太平商场股份有限公司成立后，开始筹划创办商场建筑。1946年10月前后，场方在太

---

① 李清悚. 南京世界商场与世界大厦 [J]. 世界月刊，1947，2（6）：55；徐友春. 民国人物大辞典 [M]. 石家庄：河北人民出版社，1991：307.

② 贺鸿棠时任开物企业公司及福民农场董事长，参见《太平商场股份有限公司发起人姓名经历及认股数额表》，收录于南京市档案馆藏，市社会局：《关于太平商场补呈章程各件尚合准予备查》，1946年10月2日，档案号10030031615(00)0002。

③ 顾心衡为国民党军官，是国民党高级将领、时任国民党陆军总司令部总司令的顾祝同的堂弟。

平路、三十四标（今常府街）路口东南角租赁公产一处，完成拆迁后，于 1947 年初开始建设商场。建筑由南京正兴隆营造厂承建，水、电、消防、卫生等设备工程由南京俊记水电行承办，于 1947 年 9 月全部完工。太平商场竣工伊始，便承办了历时三个月的全国国货展览会，直到 1948 年初才正式营业。

但太平商场开业后不久，便面临通货膨胀、物价飞涨等问题，大量民族工商业者歇业或倒闭，战后初期繁荣的城市商业局面急转直下。至 1948 年下半年，商场内各商号已无法维持，不仅很多商家在营业时间内提前打烊，且无法按期缴付租金陆续歇业。至 1949 年南京解放前夕，商场内只剩下私营小店三四十家，经营情况十分惨淡。

太平商场位于太平路商业街的核心地段，基地两面邻街，主入口面向西侧的太平路，次入口位于北侧的三十四标（今常府街），建筑面积约 10 580 平方米。场方仅负责营建商场的承重和围护结构体及相关的水、电、消防、卫生等设备工程，室内店面装修则由各承租商号自行负责，在经营方面具有一定的灵活度。太平商场建筑图纸现已遗失，尚可从现存建筑、相关文献史料及历史照片中窥见当时的建筑形貌。

太平商场建筑平面顺应折线形用地边界呈“之”字形态，由西翼、中翼和北翼三部分组成（图 5-4-27）。西翼临街面设南北分立的两个主入口，次入口位于北翼尽端，中翼东端和北翼的东西两面还设置了次入口。建筑主体卖场空间高二层，临近三十四标的北翼局部一层，西翼沿街面及北翼中段局部高三层，顶楼作为办公、管理和出租式写字间。商场采用室内步行商业街式的空间格局，线形购物流线基本顺应了建筑平面的折线形态，南翼和中翼形成“L”形单向内街，北翼因面宽较大，内街形成环路，并在北侧次入口处设置大厅，丰富了购物空间的体验。从剖面上看，中跨为两层通高的通道式共享空间，底层中央设摊柜和摊架，两侧布置商铺。商铺标准单元大致呈面阔 4 米、进深 8 米的矩形，共计 180 余间，其中一层 103 间，二层 77 间，此外还有出租式写字间和摊位若干。

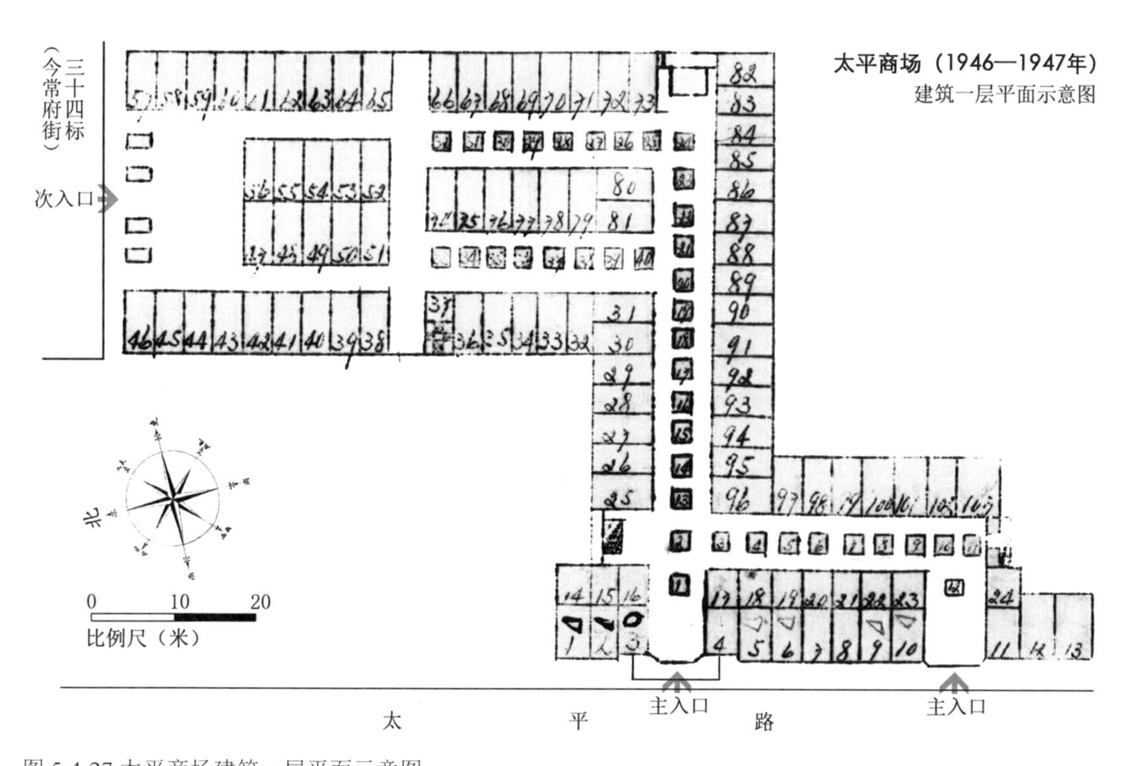

图 5-4-27 太平商场建筑一层平面示意图

底图来源：南京市档案馆藏，南京市社会局：《关于全国国货展览会与太平商场场商立调解决议契约》，1947 年 9 月 19 日，档案号 10030031296(00)0007

太平商场是当时南京规模、档次均较高的大型商场，体现在现代化的建筑结构与用材、考究的建筑风格与形式、丰富的建筑细部设计等方面。建筑采用钢筋混凝土框架结构，屋顶为顺应平面走势的双坡顶木桁架结构，过道上空部分屋面高出两侧商铺，为当时南京大型商业建筑中盛行的侧高窗形式，即中跨结构体高出两侧坡屋面下缘，从而在高侧墙部分设窗，以达到提高营业空间采光的目的。

建筑邻太平路的西立面为主立面，面阔约 65 米，高约 12 米。西立面具有整体式联排市房的形式特征，入口处体量高出两侧市房，并装饰竖向线条，形成向上的冲势。两侧市房则在窗檐和窗台处装饰横向线条，形成对比。建筑立面底层为店面橱窗，较为通透，二、三层基于开间大小设横向矩形窗，形成一定的秩序。西立面入口顶部原有西式的高耸塔楼，高达 24 米。塔楼与主体屋面连接处设圆形基座，其上为平面旋转了 45 度的正方形塔身，顶部以圆形塔柱收束。底层大门处则有一中式单间牌坊门，雀替、额枋处饰以中式传统彩绘，细节精美。太平商场建筑立面整体简约而现代，正门檐口处高低错落、凹凸有致的装饰线脚使人联想起太平路的西洋式店面，立面的横向、竖向装饰线条又似有装饰主义“遗风”，可谓大型商场建筑中采用兼容中西、调和新旧的折中主义式建筑风格的典范。

太平商场是太平路商业街上首栋大型的经营日用百货品的集中型商业设施，也是抗日战争胜利后南京新建的规模最大、最为著名的大型商场，与南京国民政府时期初创的中央商场、日据时期创办的永安商场并称为民国南京的三大商场。太平商场沿用了“集团售品组织”式的组织、经营与管理模式，并在此基础上拓展了贸易、仓储、地产、批发销货等业务，开始向规模化、产业化的百货公司式的经营模式转型。商场的建筑空间形式基本反映了其经营模式的转型特征，反映在办公、管理等附属用房的增多等方面。此外，太平商场是当时规格较高的大型商场，在多元化的商业空间体验、现代化的结构与用材、考究的立面风格与装饰细节等方面均有所体现。

太平商场是民国时期南京所建的大型商场建筑中鲜有的尚存者之一，现仍作为商场使用。1996 年，太平商场场方在旧址南侧创办了新的营业大楼，经营中高端商品。该楼地下一层，地上 8 层，建筑面积约为 28 000 平方米。由是，商场旧址得以保留，现为以经营中低端商品为主的大型卖场。

（二）市房的营建与改造

抗日战争胜利后，商业市房建筑的发展迎来契机。这一时期，市房营建活动包括新建与改造两部分，主要集中于太平路两侧，包括独栋式市房和联排式市房。

1. 独栋式市房

独栋式市房按照空间格局可以划分为单栋式和组合式，前者只设临街的店铺栋，在竖向空间上划分功能；后者一般为院落式布局，由临街的店铺栋和屋后的附属用房组成。这一时期，由于市房所有者多为中国商人，故多采用江南地区的天井院式格局。

（1）单栋式

单栋式市房一般采用公、私分立的下店上寝型布局，在底层设营业用房，楼上作居住功能，例如太平路 205—207 号“九龙绸缎局”、185 号“济华堂”和 100 号市房等。

太平路205—207号位于太平路与杨公井路口东北侧。1946年5月，九龙绸缎局租赁该房屋，并进行了局部改造。改造工程由建昌营造厂设计承建，主要针对破损严重的门面部分，并在屋后加建楼梯[①]。该房屋为砖、木、水泥混合结构的三层房屋，平面主体呈方形，面阔43英尺（合约13.11米），门面部分高40英尺（合约12.19米）。该房屋为典型的下店上寝式市房，底层为营业空间，通过屋后楼梯上至二、三层，为较为私密的卧室和财务等房间（图5-4-28）。建筑立面风格较为现代，唯在檐口两端增加了曲线装饰。店铺栋后部加建低层附属用房的格局在单栋式市房中较为常见，既在有限的基地内增加了建筑使用面积，也保证了二层居室良好的采光与通风环境。

太平路205—207号市房单面临街，为增加使用面积，而采用占满基地的一般性做法，这也导致顾客流线同住家、货物运输流线混杂在一起。为解决这一问题，有的市房设置了侧巷或侧院，保证功能流线的分离。例如，太平路100号市房位于太平路之铜井巷与党公巷段路西[②]，于1946年4月由南京亨基营造厂设计并建造。建筑为砖木混合结构的两层房屋，平面呈矩形，总面阔为36英尺2英寸（合约11.02米），总进深为52英尺（合约15.85米），建筑面积约

太平路205-207号“九龙绸缎局”

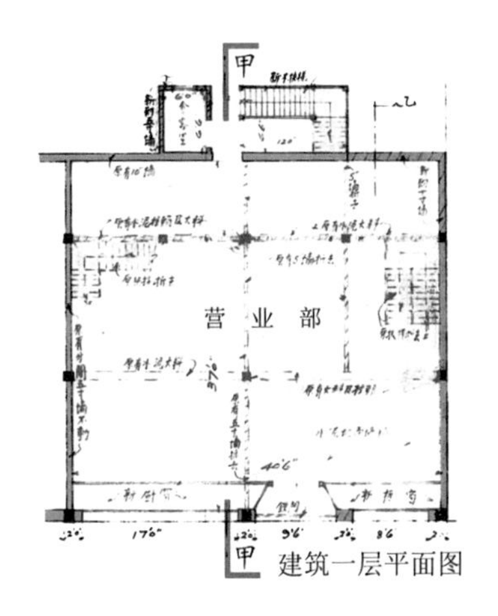

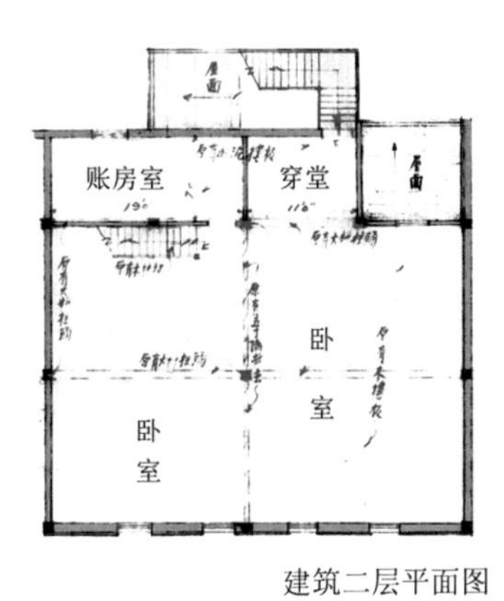

晒 台

卧

室

建筑三层平面图

图5-4-28 太平路205—207号“九龙绸缎局”各层平面图 1946）

图片来源：南京市档案馆藏，九龙绸缎局：《关于太平路205-7号修理执照一事给市工务局的呈文及该局的批复》，1946年5月27日，档案号10030082284(00)0004

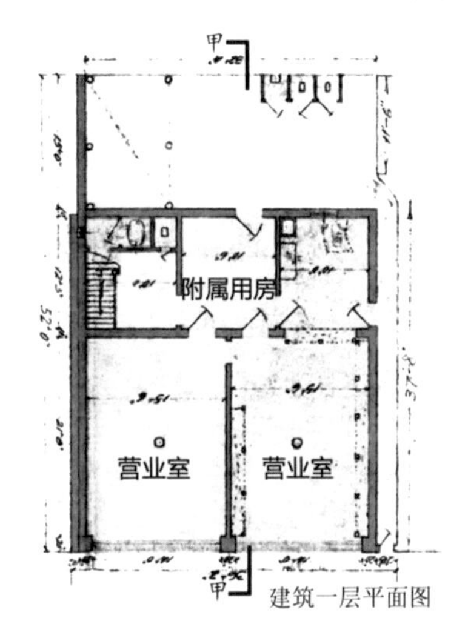

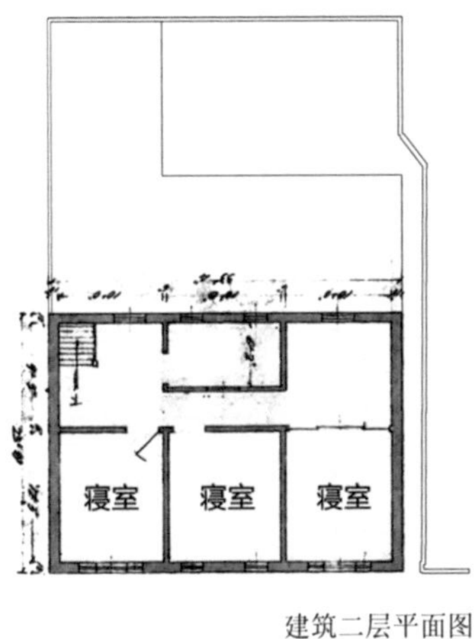

图5-4-29 太平路100号市房一层、二层平面图

图片来源：南京市档案馆藏，亨基营造厂：《申请发给太平路1000号建筑执照等事与工务局来往文书附陈业庆报告敌伪产处理局市办事处致工务局函》，1946年4月5日，档案号10030081741(00)0003

① 南京市档案馆藏，九龙绸缎局：《关于太平路205-7号修理执照一事给市工务局的呈文及该局的批复》，1946年5月27日，档案号10030082284(00)0004。

② 南京市档案馆藏，亨基营造厂：《申请发给太平路1000号建筑执照等事与工务局来往文书附陈业庆报告敌伪产处理局市办事处致工务局函》，1946年4月5日，档案号10030081741(00)0003。

206.36 平方米。市房为下店上寝式，底层临街面为两间较大的营业室，后部则是厨房、卫生间等附属用房。室内二层以木板条墙划分为多个小空间，应作为店主和员工的寝室。屋后还有一处矩形院落，设置了堆栈式阁楼、厕所等，形成前店后院的布局形式。自后院经过市房北侧的一条窄巷可直达太平路，从而保证了后勤、办公人员流线与消费者流线的分离（图 5-4-29）。

还有的单栋式市房为划分交通流线而在店铺栋一侧设置后勤窄院，例如太平路 185 号“济华堂”。该市房位于太平路东侧、鹰坊巷与磨盘路之间，于 1946 年 3 月由南京隆兴营造厂设计并建造[①]。建筑为砖木混合结构的单栋式市房，前部三层、后部两层，呈下店上寝及前店后厨的混合布局形制，建筑面积约 216.9 平方米。太平路 185 号基于商业与后勤、居住的不同需求在平面上进行了空间划分。基地四缘虽近似规则矩形，但房屋并未占满基地，而是将北墙设计为折线形，使房屋北侧划出一条似院似巷的室外空间。这一做法既保证了临街面的实际面阔，也在狭小的基地内划出一条具有独立出入口的窄长杂物院，作为储货、员工的入口，从而保证了顾客与货物、住家人流的分离（图 5-4-30）。

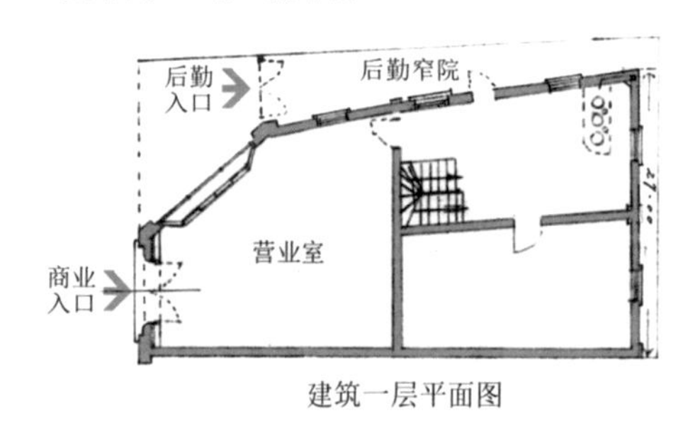

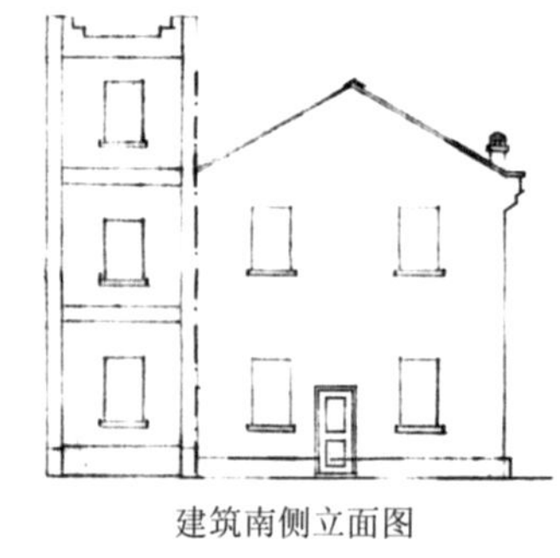

图 5-4-30 太平路 185 号“济华堂”平面、侧立面

图片来源：南京市档案馆藏，俞信发：《关于送建筑太平路 185 号楼房工程图账单等事给工务局报告及批示齐会堂报告附图》，1946 年 3 月 8 日，档案号 10030081741(00)0005

（2）组合式

组合式市房是由多栋房屋组合形成，一般包括临街的店铺栋和屋后的附属用房。店铺栋多采用下店上寝式，附属用房则通常作为仓储、厨房、仆役卧室等房间，例如太平路 65 号市房、227 号市房等。

太平路 65 号市房位于太平路之科巷与文昌巷段路东，于 1946 年 5 月设计建造。基地前后均邻道路，平面呈矩形，向垂直于太平路的纵深方向延展，且呈现出典型的传统商业街的带状地块特征。市房分前后两栋，前栋高三层，后栋两层，中央围合出一方形院落，建筑面阔 23 英尺（合约 7.01 米），总进深 56 英尺（合约 17.07 米），建筑面积约为 240.67 平方米。院落的植入使得太平路 65 号形成典型的前后分立的下店上寝式格局，建筑前栋与后栋、底层与楼上部分均具有较为明确的空间划分。店铺栋一层前部为营业室，以玻璃橱柜划分出“凹”字形柜台，屋后则为一处三合院，北侧布置账房及库房。后栋两间，分别为厨房和楼梯间，厨房还设对外的独立出口。自后栋楼梯上至二层，为居住空间，前、后房屋间以风雨走廊相连接，经店铺栋二层楼梯可到达私密度最高的三楼卧室（图 5-4-31）。

太平路 65 号呈现出两种维度上的空间私密度划分方式的组合——水平方向上的前店后厨式和竖直方向上的下店上寝式。这种双重维度的、复合的空间组织方式也是带状地块内市房建筑格局的理想形式。

在更加窄长的基地中，市房建筑的组合形式则更为复杂。例如，太平路 227 号市房用地

① 南京市档案馆藏，俞信发：《关于送建筑太平路 185 号楼房工程图账单等事给工务局报告及批示齐会堂报告附图》，1946 年 3 月 8 日，档案号 10030081741(00)0005。

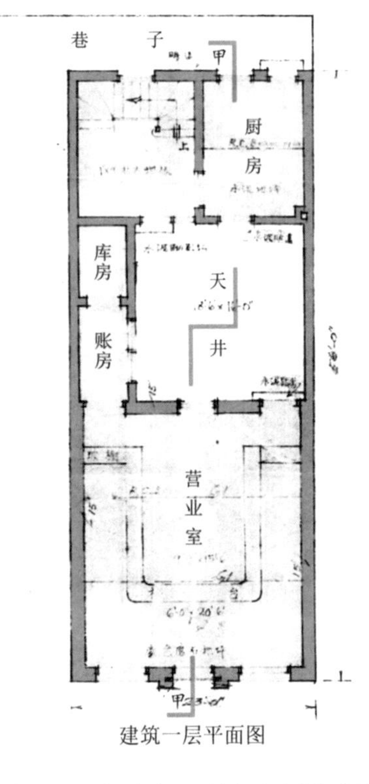

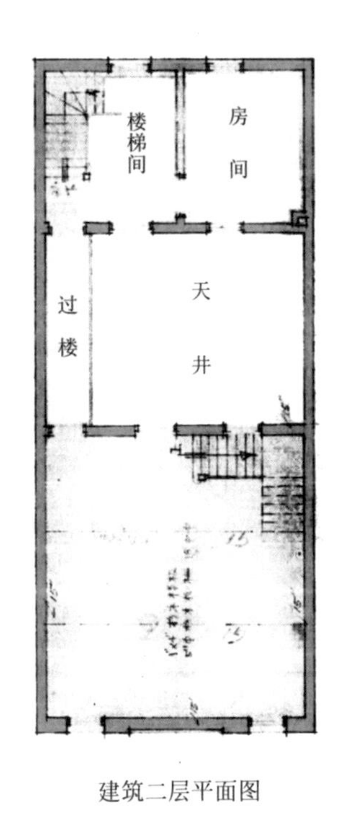

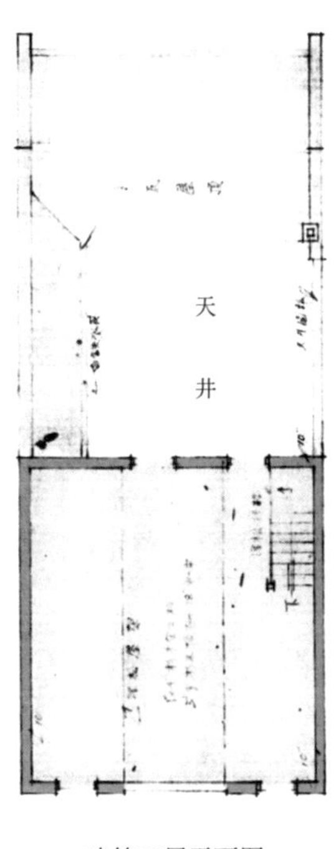

图 5-4-31 太平路 65 号市房各层平面图

底图来源：南京市档案馆藏，王凝峯：《关于呈重建太平路六十五号楼房请发执照及工务局批文》，1946 年 5 月 30 日，档案号 10030080652(00)0001

宽约 25 英尺（合约 7.62 米），进深约 95 英尺（合约 28.96 米），山墙面与邻地毗连，形成一处长宽比接近 4:1 的、采光面较小的狭长基地。市房空间序列遂呈线性展开。前部主体店铺栋进深约 20.6 米，为下店上寝式的两层房屋，屋后则为一单层小屋，应为仓储等附属功能。由于基地过于狭长，市房的组合形式亦不能采用一般性的天井院或合院的形式，而是创造了某种空间的变体，即采光中庭和户外跌台的综合。店铺栋正中设采光天井，光线可自屋面直接投入底层营业空间，二层居室则环绕中庭布置，提高了建筑的整体采光和通风状况。店铺栋室内天井的设置，从某种程度上减少了对于店铺栋与附属栋之间窄院的功能性依赖，自店铺栋二层居室部分挑出晒台，既保证了二层居室的通风采光，也创造出更多的使用面积。这一时期市房建筑空间依旧体现出结构与形式相分离的二分性特征。市房一般为双坡顶，采用砖木混合结构，以砖墙加木楼板、木桁架作为主要承重体系，有的市房在楼板、楼梯等局部位置采用钢筋混凝土。内部空间一般以非承重的木板条墙进行分隔，屋面多采用红瓦、铁皮、洋瓦等。市房山墙面彼此毗连，从而形成连栋式商业街。建筑临街面则在店铺栋的主体结构外装饰各种风格的店面，一般高出屋檐檐口，从而遮蔽了坡屋顶形式，形成统一的店面街。市房店面一般采用西方样式，如装饰主义式、简化的巴洛克式、现代式等，局部则搭配以中国传统装饰。具有代表性的市房建筑有太平路 205—207 号“九龙绸缎局”、65 号市房、100 号市房等。

太平路 205—207 号和 100 号均为单栋式市房（图 5-4-32、图 5-4-33），其建筑结构与形式也呈现相似性特征。前者为砖木结构的三层市房，主体部分为两坡顶，后部又增设单坡顶晒台和楼梯，晒台部分采用水泥楼板。后者在屋后亦加建单层小屋，唯该屋是山墙面与店铺栋相接，屋面形式的组合产生一定变化。从纵深向剖面上看，两栋市房的屋面均形成向内跌落的层次，但是这种内部空间的复杂性被遮蔽起来，实际的临街展示面则是规整的店面装饰墙。太平路 205—207 号立面形式为简约的现代风格，底层为大面积的玻璃橱窗，二、三层则以实墙体为主，采用斩毛石，形成虚实对比。店面上部正中布置横向匾额，两端则有类似中国传统云纹的装饰线脚。太平路 100 号的立面风格更加简约和西化，三根壁柱自下而上贯穿，强调开间，具有联排式市房的单元式造型特征。柱子间檐口部分设栏杆，市房为平顶，凸显结构与形式不一致性。

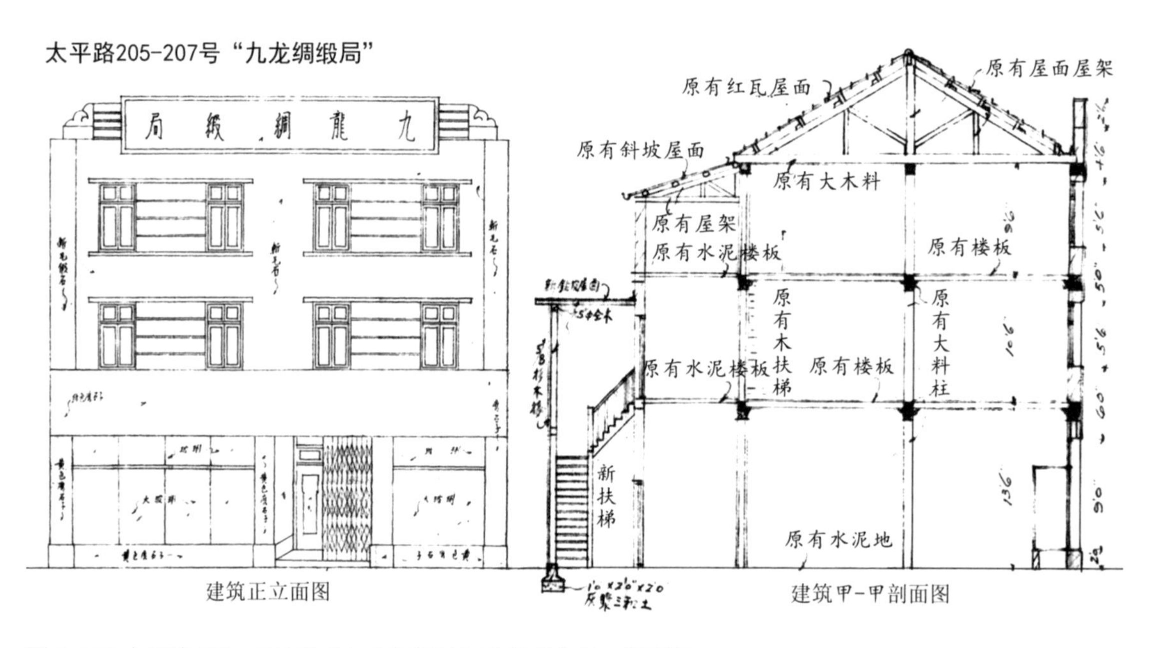

图 5-4-32 太平路 205—207 号“九龙绸缎局”建筑正立面、剖面图

图片来源：南京市档案馆藏，九龙绸缎局：《关于太平路 205-7 号修理执照一事给市工务局的呈文及该局的批复》，1946 年 5 月 27 日，档案号 10030082284(00)0004

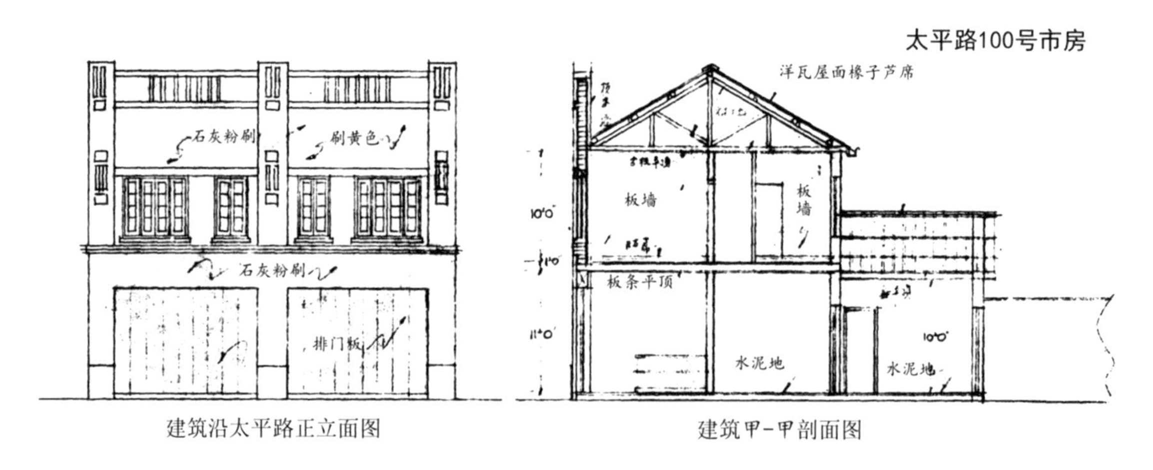

图 5-4-33 太平路 100 号市房临街正立面、剖面图

图片来源：南京市档案馆藏，亨基营造厂：《申请发给太平路 100 号建筑执照等事与工务局来往文书附陈业庆报告敌伪产处理局市办事处致工务局函》，1946 年 4 月 5 日，档案号 10030081741(00)0003

市房建筑结构与形式的不一致性同样存在于组合式市房中。太平路 65 号市房建筑为合院式格局，前后两栋均为双坡顶，上覆中国瓦，采用砖、木、钢筋混凝土混合结构，钢筋混凝土主要用于前屋门楣、梁以及后屋楼板等处。立面风格为简化的中西混合式，以竖向线条及横向面板装饰立面，二、三层正中则为矩形商标匾额，顶部层层跌落的形式使人联想到阶台式装饰主义风格。中式元素主要体现在细部装饰，例如，窗楣仿照传统中式额枋并饰以彩绘，

入口处装饰中式牌楼门等。

市房建筑虽然效仿各式建筑风格，但因为临街栋功能配置的相似性——多数临街店铺栋均为下店上寝式格局——市房在立面形式方面体现出一些共性特征。店面一般采用竖向三段式，即底层入口、屋身及檐部，各段内则配置门、窗、装饰等要素。底层是商业市房的主要入口和对外展示面，一般采用玻璃弹簧门，并搭配窗户及橱窗。屋身部分指店铺栋的二、三层，由于内部空间较为私密，一般开设小窗，窗间墙和窗下墙往往装饰横向、竖向线条。檐部指突出屋面的装饰性檐墙，多根据建筑风格装饰各类线脚，如源自装饰主义的阶台式、巴洛克的曲线式等。基于商、住功能需求的三段式造型形成了下虚上实的立面形式，保证了店面街的整体性和连续性。此外，店面还设置了一些功能性及装饰性要素，如店招、店牌、旌旗等。由于当局并未对广告招牌的尺寸、形式及位置等进行规定，店招均由各商家自行安排，丰富店面街。

在相似建筑风格的市房建筑中，由于门、窗等各类元素的选用和搭配不同，亦体现出不同特征。例如，太平路 65 号、185 号及 304 号市房均采用阶台式装饰主义风格，立面为三段式，强调竖向的装饰线条，檐部突出屋面，自中部向两端呈阶梯状，正中设置旌旗（图 5-4-34）。除却整体风格的相似性外，店面的功能性元素配置则差异明显。太平路 65 号和 185 号均采用普通的双开门，入口均紧贴外墙设置，一侧设窗，作为内部营业空间对外展示的窗口。太平路 304 号将入口内凹，与街道间形成一处具有缓冲作用的灰空间，上部为店招，两侧设玻璃橱窗，从而创造出独立的商业展陈界面。这种入口空间在当时较为常见，是富裕商家乐于采用的形式。

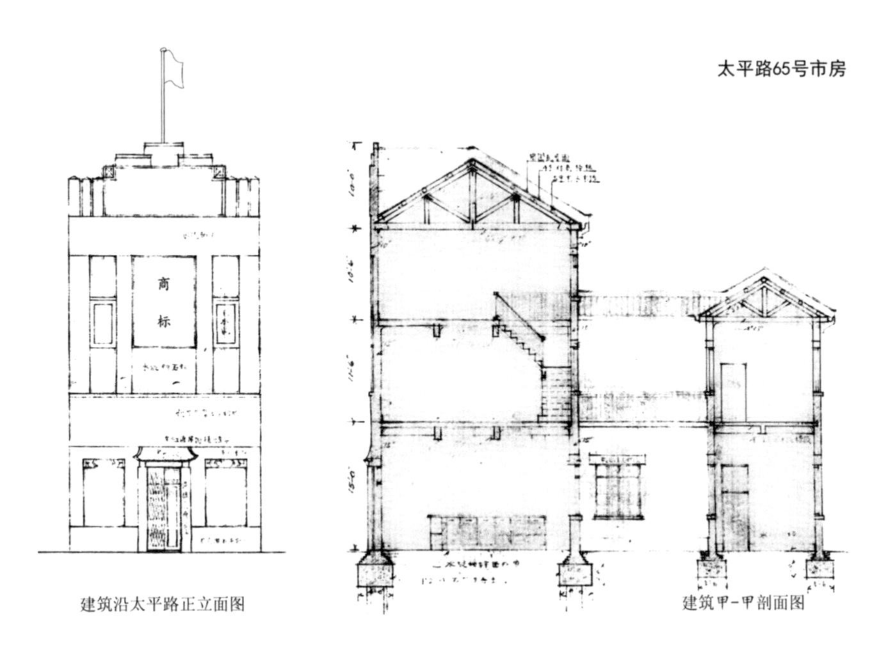

图 5-4-34 太平路 65 号市房正立面图、甲—甲剖面图

图片来源：南京市档案馆藏，王嶷峯：《关于呈重建太平路六十五号楼房请发执照及工务局批文》，1946 年 5 月 30 日，档案号 10030080652(00)0001

太平路 45 号、118 号及 117 号“鸿福呢绒服装”市房均采用三角形、曲线等几何装饰，应受到西方巴洛克式牌楼门和装饰艺术风格的影响。太平路 45 号、118 号市房均强调竖向线条，檐部突出三角形装饰线脚。太平路 117 号市房则在墙身部分设置大圆拱窗，两侧增加了一些曲线装饰，这种形式在现存的中山东路 45 号市房中亦可见到，只是后者还在山墙处增设了古典的多立克式壁柱，装饰细节更加丰富。太平路 118 号和 117 号底层均采用内凹式入口加玻璃橱窗的商业展示界面（图 5-4-35），太平路 100 号市房则采用中国传统商店的木制排门板，即由檐板和山墙界定出门洞，早晚装卸木制排门板以示启闭。

抗战后，南京的市房建筑重新回归江南地区传统的天井院式市房格局，并基于可行技术

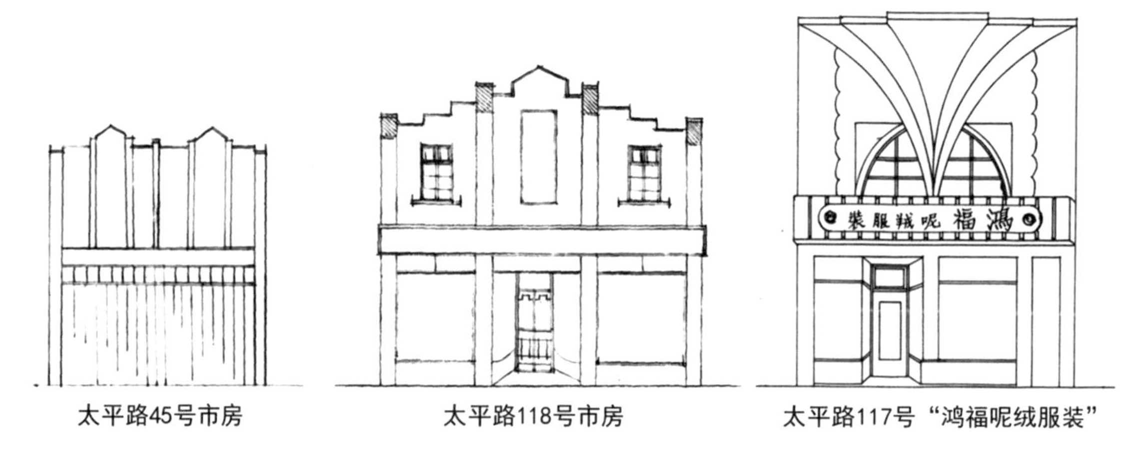

图 5-4-35 太平路 45 号、118 号及 117 号“鸿福呢绒服装”市房沿街正立面图

图片来源：南京市档案馆藏，杨锦江：《申请发给修缮太平路45、47号房屋执照一事给工务局报告及批示附图》，1946年5月6日，档案号 10030081741(00)0016；南京市档案馆藏，盛昌明：《申请修理太平路中华钟表门面请发执照等事给工务局报告及批示》，1946 年 4 月 23 日，档案号 10030081741(00)0011；南京市档案馆藏，张斌：《呈局长奉派查勘郭歧山报太平路一一七号修缮工程已动工面饬即日停工外请鉴核及原呈局批》，1946 年 4 月 9 日，档案号 10030080851(00)0071。

进行了空间优化，如采用了玻璃天棚的内天井式市房等。市房建筑的空间形式则体现了店面装饰与结构形式的二分性特征，是早期近代化市房建筑空间形式的延续。店面一般为竖向三段式，效仿西方的建筑风格，并在局部饰以中国传统装饰，《首都计划》所规定的商业建筑以“采用外国形式、装饰中国之点缀”的总体格调得到延续。

2. 联排式市房

联排式市房是一种平行于商业街道布置的带状商业建筑，临街面较为宽阔，多为几十米，甚至可达上百米，进深方向则较窄，有的市房屋后还设有院落和其他居住用房。联排式市房占地较为广阔，一般为大户的土地，或由富有商家统一购置、整合，再建造房屋、出租经营。这一时期，重要商业街道两侧均有一些联排式市房建造活动，特别是借当局中山北路沿线改造工程机会建设起一些联排式市房建筑，具有代表性的联排式市房有太平路忠义坊 299—327 号联排式市房[①]、馥记营造公司办公大楼等。其中，馥记大楼集中体现了商业、办公复合型联排式市房建筑的较高规模和建造水平。

（1）太平路忠义坊 299—327 号联排式市房（1946 年）

太平路忠义坊 299—327 号联排式市房位于太平路与太平巷路口东南角，与太平路平行呈南北向布局。该处用地业主为康金宝，除西侧临太平路一面建造了联排式市房外，基地内部尚有各式平房、楼房、空院若干，应为业主的住家。

太平路忠义坊 299—327 号市房修理改建工程设计于 1946 年 3 月 29 日，建筑为典型的联排式市房，主体两层，中间局部设夹层（图 5-4-36），总建筑面积约 2 411 平方米。建筑临街面面阔 17 间合 79.33 米，进深两间合 11.43 米，屋后还有走廊及楼梯间，共计进深 14.88 米。临街面自北面数第 8 间为入口门厅，空间开敞，面阔达到 7.01 米，其余各间均为面阔约 4.52 米的店铺单元。建筑采用双坡顶屋面，上覆中式青瓦，北端街角处为歇山顶，南端为硬山山墙。建筑采用砖、木、水泥混合结构，主体承重部分包括墙体、屋架、室内楼板等均体现了

① 南京市档案馆藏，康金宝：《申请发给修建太平路 299 号房屋执照一事给工务局报告及批示附图》，1946 年 4 月 11 日，档案号 10030081741(00)0003。

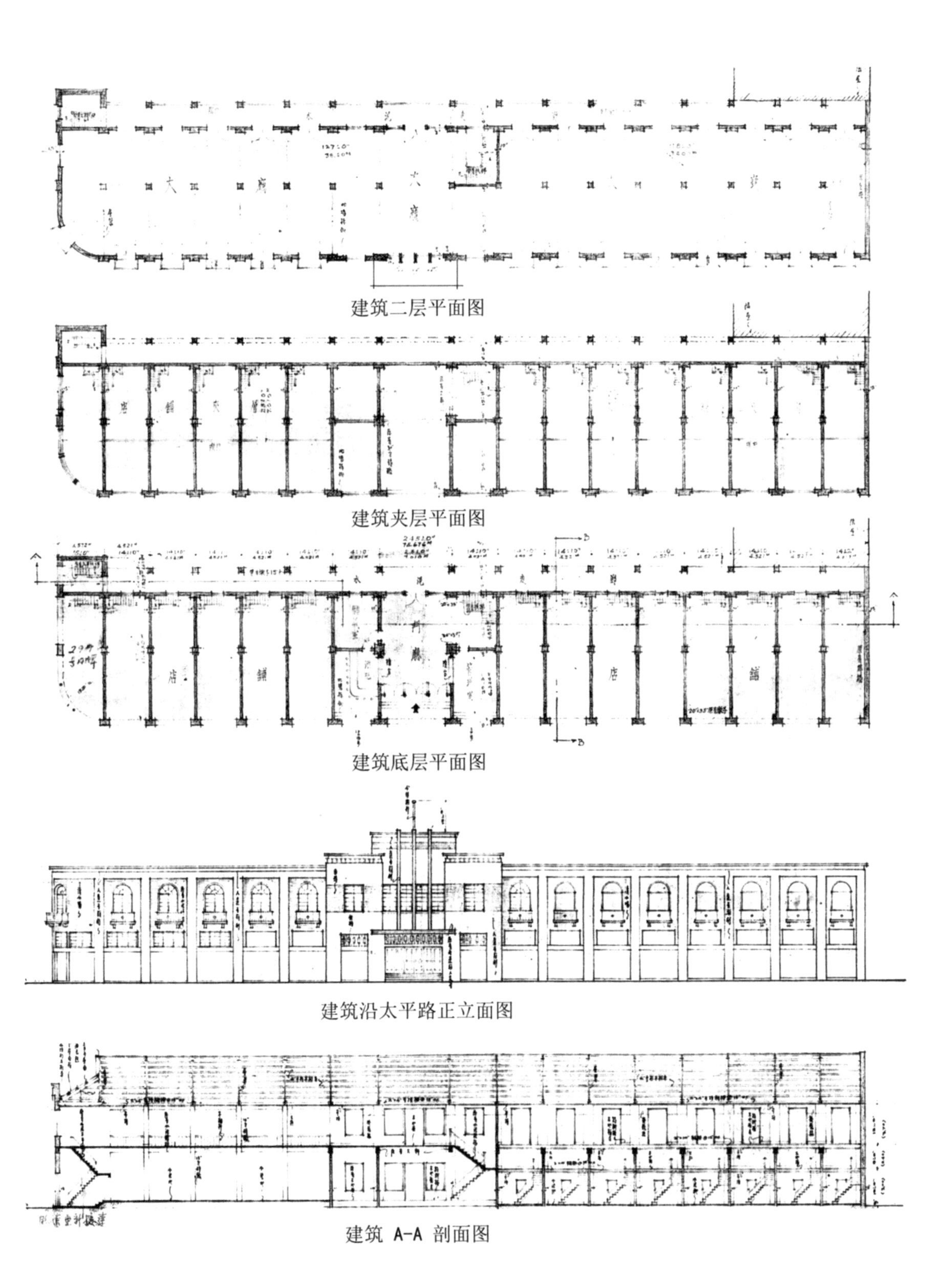

图 5-4-36 太平路 299—327 号联排式市房设计图

图片来源：南京市档案馆藏，康金宝：《申请发给修建太平路 299 号房屋执照一事给工务局报告及批示附图》，1946 年 4 月 11 日，档案号 10030081741(00)0003

典型的砖木结构特征，唯屋后外廊楼面采用水泥。建筑立面为西式风格，南北两侧主体房屋高 11.3 米，中央大厅及两侧各一间高出主体房屋，呈阶梯式形制。立面采用“人造石粉刷”（应为水刷石）的竖向装饰线条，划分出的墙体为清水砖墙，具有一定的韵律感。

太平路忠义坊 299—327 号市房建筑体现了小型店铺及统一卖场这两类典型商业空间并置的特征。建筑共有面阔约 4.52 米、进深 11.43 米的标准铺面 14 间，各家独立对外营业，包括一层高 3 米的营业空间和 2.4 米高的夹层，屋后设独立楼梯，夹层部分既可作为仓储用房亦可作为雇员及商家的寝室。门厅两侧分别为管理室、储藏室等附属用房，自一层门厅部分上至二层，为统一的营业大厅，便于具有一定财力的商家进行规模化经营。此外，门厅一侧还开设了一间酒吧，体现了商业市房的复合型功能特征。

太平路忠义坊 299—327 号市房建筑将公共性的商业空间与较为私密的居住空间进行了前后分立，临街市房平行于道路呈带状形态，具备典型的联排式市房的空间格局特征，体现在结构形式、屋面样式、店面装饰以及结构与外观间的统一性等方面。此外，太平路忠义坊 299—327 号还体现了两类典型商业空间的并置，即下层的单开间店铺和上层统一的商业大空间。从经营模式上看，底层店铺空间可视为下店上寝式市房的变体——底层作为营业空间，上面的夹层可以作为住宅，便于个体商户和店家租赁、经营。二层的大空间则提供了多种经营方式的可能性——既可以由大公司统一租赁经营，亦可以分区、分柜台出租，形成内街式的卖场。由此可见，太平路忠义坊 299—327 号虽然延续了联排式市房建筑的整体布局与形式特征，但为适应不同的经营模式而出现了多种类型的商业空间，是一种介于传统市房与大型商场之间的商业空间形态。

（2）馥记营造公司办公大楼（1947 年）

另一栋体现联排式市房空间特征的代表性建筑是 1947 年初由兴业建筑师事务所为馥记营造公司设计的办公大楼。中华人民共和国成立后，该楼曾作为鼓楼百货商店和鼓楼饭店，后因建设紫峰大厦而于 2005 年被拆除。馥记营造公司即原“馥记营造厂”，亦称“陶馥记”，由启东吕四人陶桂林兴办，是“当时内地最大的营造厂之一”，也是国民政府“还都”南京后“首都唯一大规模的建筑厂”。馥记营造厂业务范围甚广，除一般营造厂涵盖的建筑施工、预算、监理等业务外，还兼营建筑材料、房地产等。

南京馥记营造公司办公大楼的创办源自当局的城北复兴计划。1946 年底，由蒋介石手谕的南京中山北路沿线房屋改造计划正如火如荼地进行，馥记值此机会购地建设办公大楼。1946 年底、1947 年初，馥记在鼓楼北侧购买土地，一面向南京市地政局申请土地权利转移登记，一面委托兴业建筑师事务所设计大楼方案。1947 年 4 月 17 日，馥记营造公司办公大楼开始动工兴建。

馥记营造公司办公大楼位于南京中央路、中山北路路口西北角（图 5-4-37），邻近鼓楼广场，四面交通便捷，商业价值较高。建筑基地依中山北路走势呈狭长形布局，用地面积为 1 300 平方米[①]。建筑由兴业建筑师事务所汪坦先生设计并绘图[②]，南京市档案馆尚保存着 1947 年 1 月 29 日的“馥记营造公司办公大楼施工略图”，由周家模审查校核。根据该设计图纸，拟建建筑包括临街的办公大楼、楼后堆栈以及南垣的汽车间。办公大楼高三层，平行于中山北路呈带状布局，将基地西侧临街面占满，从而保证街道建筑界面的完整性。建筑南北两间底层架空，作为进入后院的通道。建筑平面呈一长条状矩形，采用 14 英尺 ×14 英尺（合约 4.27 米 ×4.27 米）柱网，南北长 26 间合 368 英尺（合约 112.17 米），东西宽两间半合 33 英尺（合约 10.06 米），建筑面积约 3140 平方米。办公楼后面是作为建材加工、存放的杂物院，并设三栋堆栈，形成前后分立的格局。此外，根据 1947 年 2 月馥记营造公司南京分公司负责人的

① 根据 1947 年 6 月，南京市工务局函送中央信托局南京分局的《中山北路沿路两旁空地申报建筑已经核准给照户名表》记载，馥记大楼基址所在地包括第六区的 4483、4485、4486 三段用地，请照号数为“建 833”，用地面积为 1300 平方米。此外，馥记所有的 4485 段还有 280 平方米土地另行单独兴工，请照号数为“建 708”。

② 根据汪坦先生回忆：“南京馥记大楼设计时李惠伯正在美国。我用一周时间就画出图。”

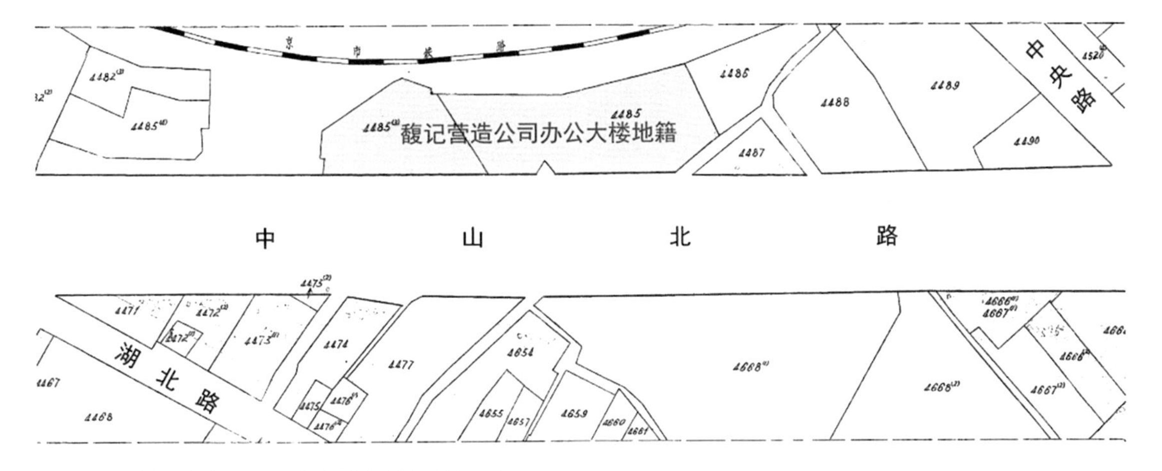

图 5-4-37 馥记营造公司办公大楼及周边地籍图

底图来源：南京市档案馆藏，南京市工务局：《中山路沿线地籍图》，日期不详，档案号 10010030469(00)0001

描述，馥记方面还计划在大楼后面建设机器锯木厂一幢，“专锯木材，以应该公司及各方的需要，并且可以作为员工实习之用”①。

馥记营造公司办公大楼体现了下店上办的复合型联排式市房的空间格局特征，即营业空间位于底层，二、三层为私密性较强的办公用房。建筑分为南北两区，除北侧端头 6 间由馥记自用外，主体部分均为出租式商铺和写字间，南端为厕卫等附属用房。主体部分底层设 6 间标准铺面单元，宽 42 英尺（合约 12.80 米）、进深 33 英尺（合约 10.06 米），营业入口面向中山北路，屋后均设独立的辅助入口。大楼二、三层为内走廊式办公用房，包括出租型写字间 78 间，标准单元平面为一间柱网，约合 18.49 平方米。馥记自用的办公房间自成一区，设独立的厕卫与交通空间，底层以对外营业用房为主，包括问询处、接待室、经理室及大办公室等，二、三层为写字间。馥记营造公司自用的办公用房的空间格局反映出该公司的经营特征，作为主营建筑工程设计、预算、施工及监理，兼营建材、房地产的综合性建筑公司，馥记更注重办公场所的私密性要求，而具有一定开放度的服务性功能如会客、洽谈、开放办公室等则置于建筑底层。

馥记营造公司办公大楼代表了大型联排式市房建筑的较高建造水平，体现在现代化的结构与用材、简约而现代的建筑风格等方面。大楼高三层，为钢筋混凝土框架结构，室内重要房间的隔墙采用砖砌，包括出租型铺面及馥记公司的大写字间、接待室与经理室等，其余隔墙则采用板条墙。屋面采用木桁架式双坡顶，上覆洋瓦，地面覆水磨石。建筑立面以横向、竖向的混凝土装饰线条进行划分，富有节奏感，体现了现代主义国际式风格特征。1947 年 1 月 29 日的图纸与馥记大楼实际建成状况在建筑风格、式样等方面基本一致，但形态略有出入。由照片可知，建成的房屋主体高三层，主入口处加高为四层，立面以凝练的横向、竖向线条作为装饰（图 5-4-38），整体造型简约而现代，带有国际式风格特征。主入口处的混凝土板自下而上垂直贯通，形态挺拔。同时，由于建筑正面呈北偏西向布局，故竖向的混凝土板也具备遮阳功能。

馥记营造公司办公大楼是近代南京较为著名的复合型商业办公建筑，其缘起受到当局以中山北路沿线道路改造工程为导向的城北复兴计划的影响。同时，当局自上而下的旧城改造计划也促进了联排式市房建筑类型的规模化发展。馥记营造公司办公大楼集中体现了近代南

① ［民国］陈聚辉．首都唯一大规模的建筑厂：馥记营造公司访问记［J］．建筑材料月刊，1947，1（2、3）：6．

图 5-4-38 馥记营造公司办公大楼

底图来源：刘先觉. 中国近现代建筑艺术［M］. 武汉：湖北教育出版社，2004：82.

京联排式市房的较高规模和建造水平，反映在现代化的建筑结构与用材、简约而现代的建筑风格等方面。复合型联排式市房在同期的太平路、朱雀路等繁华商业街较为常见，往往在建筑主体外装饰西式店面，而馥记营造公司办公大楼则以基于建筑开间、开窗等结构、功能制约的正交线条作为外部造型，去除了无谓的装饰元素，使建筑形式成为功能与结构由内而外作用的结果。这一理性的造型方式是决策者和设计者现代性审美的体现，也隐喻了馥记营造厂的现代化企业形象（图图 5-4-39）。

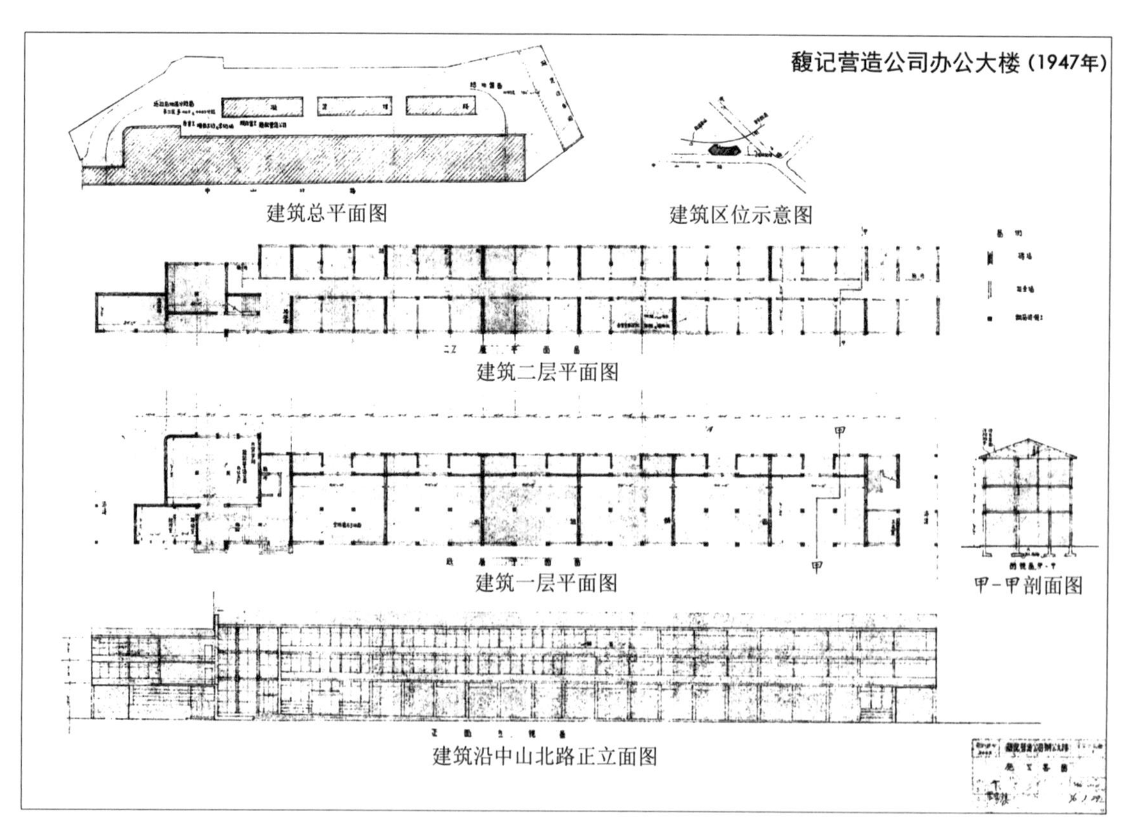

图 5-4-39 馥记营造公司办公大楼施工略图：总平面、各层平面、立面及剖面图

图片来源：南京市档案馆藏，馥记营造厂：《呈报中山北路建办公楼图样正在设计及工务局批示》，1947 年 1 月 28 日，档案号 10030080734(00)0005

第六章
旅馆建筑

第一节　近代南京旅馆业发展概况

一、清末的集聚

清末时期，南京城内旅馆集中在夫子庙地区及太平路沿线。一般来说，旅馆的经营活动只有在交通发达、商旅聚集市场条件良好的区域才有发展。随着社会经济的发展和旅馆业的成熟，旅馆开始逐步向城镇集市中心转移。夫子庙区域逐步由运输中心转变为城市商业中心，太平路南连夫子庙北抵督署，商业沿其向北发展，引导旅馆沿太平南路分布。

清末时期，夫子庙凭借优越的地理位置形成发达的市场环境。南唐时期，秦淮河便已成为南京的内河，在明代奠定的南京城市格局中，南部为工商业居民聚集区，“市魁驵侩千百嘈杂其中”。图 6-1-1 为日本明治时期画家歌川芳虎所绘明代南京图景，从中可看出该日本画师对南京的图解：城市以紫金山为背景，秦淮河横亘城中，两岸商铺繁多，商旅、小贩云集，客栈、酒肆、歌坊、粮铺等分布其间。可见由河运给两岸带来的商机及人流物流的聚集，在明代已形成规模。到了清代，织造加工坊又集中分布在南秦淮河沿岸。

图 6-1-1 日本画师歌川芳虎所绘明代南京
图片来源：日本画师歌川芳虎所绘明代南京，Nanking in China (Dai Min Nankin fushibô), from the series Bankoku meishô jinkyô no uchi；Utagawa, Yoshitora (fl. 1850-1880), Japanese；Edo period, Late, 1789-1868；© President and Fellows of Harvard College

夫子庙地区的发展不仅源于河运，还由于它承担着明清科举考试考场之职。北宋景佑元年，建康府学学宫迁于此，与孔庙合二为一，统称夫子庙。明初，科举三试集于南京，永乐迁都后，仍负乡试和会试之责。清代科举沿袭明制，江南贡院为苏皖二省乡试之地。乡试举办之时参加考试者集聚夫子庙，极大地带动了周边的市场：“东牌楼沿秦淮东岸，北抵学宫贡院，南达下江考棚，大比之年，商贾云集”“歙之笔墨、宣之纸、歙之砚，宜兴之竹刻陶器，金陵之刻瓷，乃至常之梳篦，苏之糖食，扬之香粉，可以归贻细君者，鲜弗具。”贡院街和状元境内私营书坊“比屋而居，有二十余家，大半皆江右人，虽通行坊本。然琳琅满架，亦殊可观”[①]。

直至清末，夫子庙脱离对科举的依赖，贡院一带正式成为商业聚集地。平日为行商提供便利、应考之际为举子提供食宿，为周边旅馆业发展提供了巨大的商机。1910 年在南京举办的南洋劝业会曾出版《南京暨南洋劝业会指南》，其中提及夫子庙附近旅馆业的有状元境的

本章作者为张宇。

① 夏仁虎 . 秦淮志［M］. 南京：南京出版社，2006.

泰安栈、集贤栈、庆贤栈、聚贤栈、全安栈，贡院东街的长发栈和临淮旅馆等。区别于西式旅馆以“饭店”“酒店”为名，当时“客栈”仍为中国旧式旅馆的习称。夫子庙附近旅馆仍多为清朝沿袭下的旧式旅馆，它的繁盛依托于夫子庙市场的发达。

太平路南接朱雀路直达夫子庙，北抵大行宫，其繁盛依托于夫子庙。太平路上曾建有规模甚大的钟山书院，位置在今白下会堂附近，该书院设立于清朝雍正元年，乾隆时院内生徒已达数百人，“分内课、外课、附课三类，外籍者有本学学官印文可附试，并拨给驻防八旗子弟名额，附课无额，后无论本省、外省士子均可肄业，规模甚大”[①]。书院的设立带动了花牌楼附近的书籍交易市场，这一带便开设了大大小小多家书铺，至于民国期间，花牌楼一段已成为知名的“书店一条街”，全国各大书店纷纷在此开设分店，如商务印书馆、中华书局等。太平路区域旅馆分布，以花牌楼大街及大行宫督署一带最为密集。

二、清末至 1927 年

（一）下关商区的兴起

南京下关商区的兴起源于清政府签订的条约和拨款建设。1898 年清政府被迫签署的《修改长江通商条约》，划定城墙以外集中于下关的地区为开埠范围，且在江边设置了正式海关——金陵关。而后清政府拨款十万多两白银建设下关，于是这里逐渐形成了“商埠街”“大马路”等繁华街道[②]。自下关开埠后，南京逐步成为江海航运枢纽。1905 年，沪宁铁路开工建设，1908 年全线通车；1908 年，津浦铁路开工建设，1912 年全线通车。南北陆路与长江水运的交汇突出了南京的区位优势，下关成了当时全国最大的三个铁路始发站之一和最大的铁路运输中转站[③]。得益于交通枢纽的区位优势，大马路一带商贾云集、洋楼林立，颇有一番繁盛的景象（图 6-1-2）。时人称：“南有夫子庙，北有商埠街”“南有秦淮河，北有大马路”。

随着下关经济发展及流动人口聚集，到二十世纪三十年代初，下关已成为南京市旅馆分布最为密集的区域。出版于 1924 年，陆衣言的《最新南京游览指南》食宿游览篇中提及各旅馆于下关车站、码头招揽顾客的繁盛场景：“南京著名的旅馆都在下关江边大马路和城内中正街一带。各旅馆都有接客，每逢轮船火车到埠的时候，那旅馆的接客手拿仿单到埠迎接旅客，旅客欲往何家只要接收仿单，将行李点交给接客，先行前往。”除国人开设的旅馆外，西式旅馆也次第出现在下关，英商投资的扬子饭店和惠龙饭店应运而生，其经营方式、服务方法和先进设备为南京旅馆业注入新的活力，成为南京最早的外资旅馆。

（二）南洋劝业会举办

下关开埠西方资本的传入给南京带来巨变，晚清政府也在此时为城市发展添上浓墨重彩的一笔，南京举办了一次全国规模的博览会：南洋劝业会。为确保南洋劝业会顺利召开，委员会特设数家旅馆。劝业会官方所出版的《南京暨南洋劝业会指南》对会场附近的旅馆作了

① 邓洪波 . 中国书院学规［M］. 长沙：湖南大学出版社，2000：10.

② 俞明 . 论下关开埠对南京政治经济地位与城市发展的影响——纪念南京下关开埠 10 周年［J］. 南京社会科学 .1994（4）：43-47.

③ 俞明 . 论下关开埠对南京政治经济地位与城市发展的影响——纪念南京下关开埠 10 周年［J］. 南京社会科学 .1994（4）：43-47.

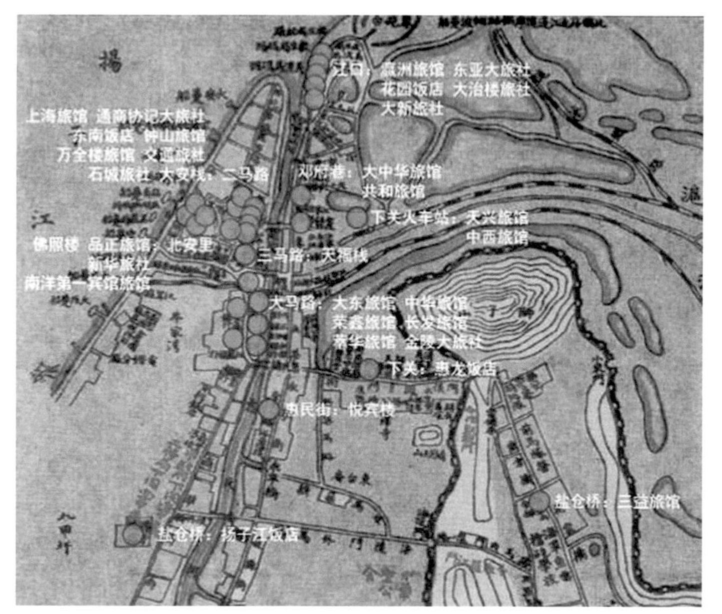

图 6-1-2 1910 年下关旅馆分布情况

图片来源：基于《南京暨南洋劝业会指南》

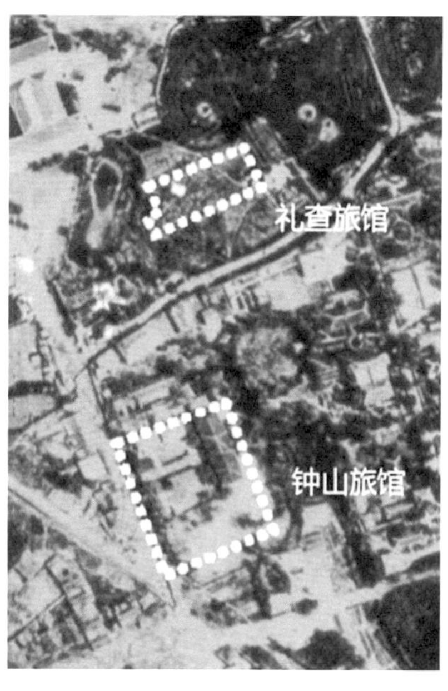

图 6-1-3 1929 年航拍地图中两栋旅馆位置

细致的描述：

“会场近开设大旅馆数处，一在牌楼之东曰礼查旅馆，建筑西式楼房，陈设甚精，专为招待外宾而设。一在丁家桥左曰钟山旅馆，建筑西式楼房，前园竹篱，极形雅洁，专为招待出品人及游览人而设。该二旅馆皆备而餐，足供宴会。其在模范马路有第一旅馆、凤台旅馆、五洲迎宾馆、缘鹤旅馆等，其在将军庙马路旁有博览宾馆等皆极修洁。附近会场足尽招待之谊。”

引文所述旅馆标中，招待外宾的礼查旅馆坐落于入口牌楼东侧，地理位置优越、设施精良，为西式建筑风格。招待出品人和游人的高级旅馆——钟山旅馆则位于丁家桥左，为西式建筑风格。从两所高档旅馆皆选择西式风格可看出，此时西式风格的旅馆俨然已与高档画上等号。其较大的规模、完备的设施和先进的服务成为此时旅馆业的标杆。1929 年航拍图上依稀可见中山旅馆的建筑遗存，而礼查旅馆位置上已没有建筑（图 6-1-3）。

（三）1908 年南京城内旅馆分布——基于《南京暨南洋劝业会指南》

《南京暨南洋劝业会指南》中除介绍劝业会场周围的旅馆，还对南京城中旅馆进行审核后推荐于观会者，其文如下：

“拟定各处旅馆，金陵城内地方辽远，市面独盛于城南，因之旅客侨居亦就城南便。城南旅馆林立，良莠不齐。本会自开办以来各处机关所有委员来宁交涉者已络绎相接，早经审择较优旅馆，妥与商酌，减轻房金以示优待。现当开会之日，各处赴会者日益加聚，除本会场业已招商设备特别旅馆，以画招待外。所有城南及城北场所近傍，至下关一带旅馆再行择较优者指定为本会招待旅馆。茶役毋许需索，房金均尤减轻，兹将指定各旅馆地名号名及房金价目列表如左，按右表前列八旅馆皆为本会所指定后所列者，虽未指定亦经调查一次都可安寓到此旅寓者各随其便可也。”

陸師學堂新測金陵省城全圖
北
東
南
西
玄武湖

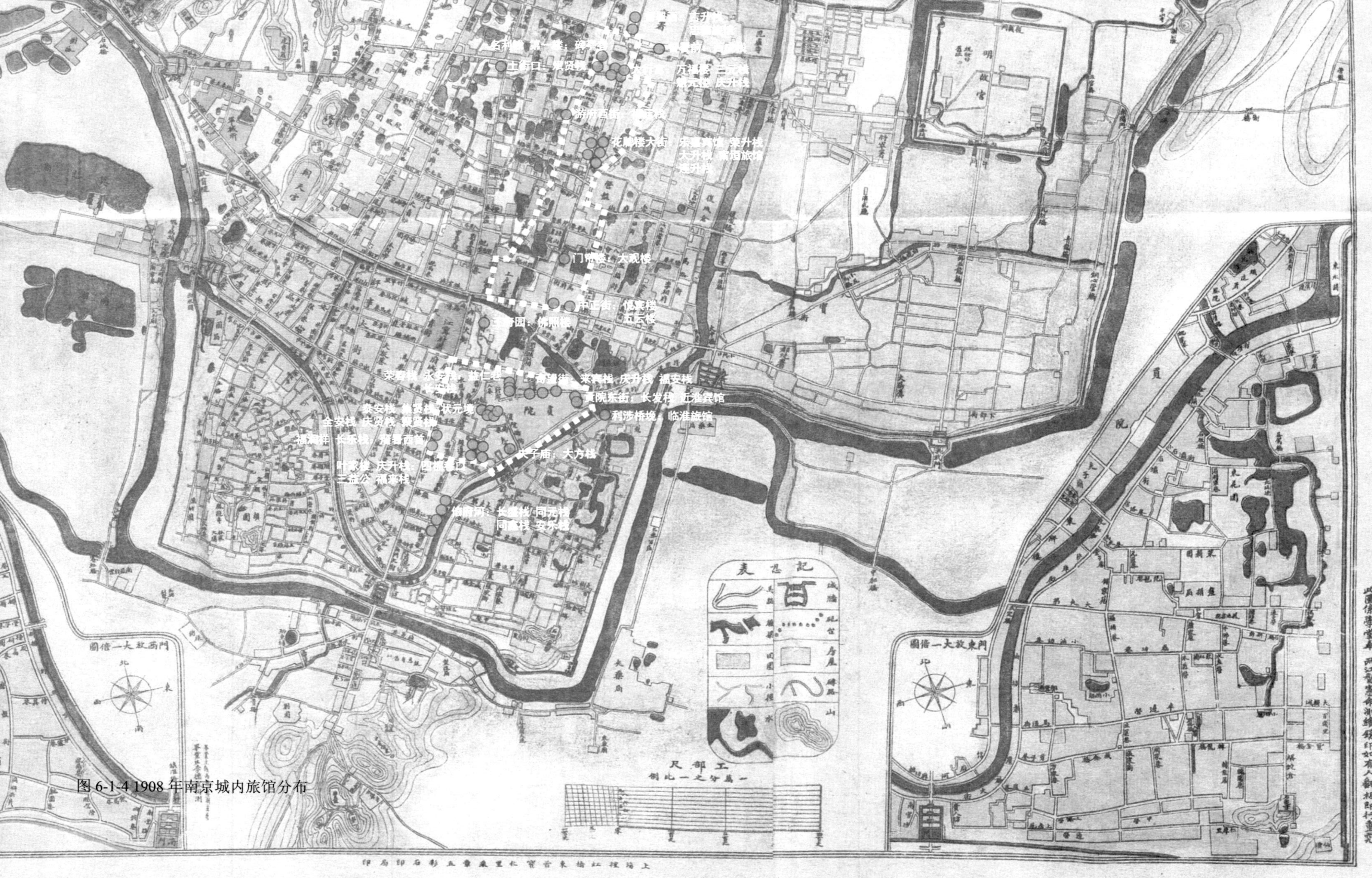

图 6-1-4 1908 年南京城内旅馆分布

1908 年南京城内旅馆情况表　　表 6-1-1

馆名（房间号数）	地名	馆名（房间号数）	地名
中西旅馆（五十号）	北亭巷口北	福升栈（八号）	唱经楼
大观楼（三十号）	门帘楼	湧源栈（三五号）	北门桥
大同旅馆	鼓楼东街	顺安栈（八号）	北门桥鸡鹅巷
鸿升旅馆	双龙巷口	佛照楼（十四号）	王府园
吉升栈（二二号）	督署西	荣春栈（八号）	益仁巷
忠信旅馆（十九号）	督署西	永安栈（二二号）	益仁巷
福升栈（十九号）		长安栈（十一号）	益仁巷
西成栈（十七号）	督署前	来宾栈（十八号）	奇望街
万福楼（六十号）	大行宫	庆升栈（七号）	奇望街胡家巷
三元栈（二一号）	大行宫	福安栈（十七号）	奇望街新巷
魁元楼（十号）	大行宫	长发栈（八号）	贡院东街
庆升栈（十号）	大行宫	近淮宾馆（三五号）	贡院东街
新丰栈（二一号）	北亭巷口北首	临淮旅馆（十四号）	利涉桥堍
名利栈（二五号）	碑亭巷	泰安栈（二十号）	状元境
第一楼	碑亭巷口	集贤栈（十九号）	状元境
斌贤栈（十六号）	土街口	庆贤栈（二七号）	状元境
福元栈（十六号）	游府西街	聚贤栈（十八号）	状元境
乐嘉宾馆（四十八号）	花牌楼大街	全安栈（十一号）	状元境
荣升栈（二十号）	花牌楼	叶家楼（九号）	四福巷口
大升栈（二二号）	花牌楼	庆升栈（五号）	四福巷口
甯垣旅馆（六号）	花牌楼	三益公（七号）	四福巷口
连升栈（十三号）	花牌楼	福来栈（十一号）	四福巷口
同元栈（七号）	信府河	大方栈（二六号）	夫子庙
同鑫栈（七号）	信府河	福润祥（七号）	藩署西首
安乐栈（七号）	信府河	长乐栈（八号）	藩署西首
五云楼（十八号）	中正街	卢六房（十号）	
悦宾楼（二十号）	中正街	长盛栈（十号）	信府河

依此官方表格，将各个旅馆按所属街道位置标注于 1910 年南京地图上，以求对当时旅馆的分布有较为直观的了解，图中黄圈为旅馆聚集区（图 6-1-4）。

此时旅馆分布仍以夫子庙区域最为密集，沿朱雀路、太平路向北延伸至大行宫一带。这一区域旅馆以旧式旅馆为主，其发展依托于城内传统商业区。鼓楼广场由于地处下关入城道路与城南商区的交汇口，其便利的交通环境促进了旅馆的集聚：鼓楼东街的大同旅馆、双龙巷口的鸿升旅馆以及唱经楼的福升栈等。城北模范马路丁家桥因南洋劝业会的举办而出现多家旅馆：除官方招商设立的大型旅馆礼查饭店和钟山饭店外，模范马路上仍有第一旅馆、凤台旅馆、五洲迎宾旅馆和缘鹤旅馆等。

三、繁荣期（1927—1937 年）

1927 年至 1937 年为南京建设的黄金十年。国民政府定都南京，南京自此兴起了持续十年的建设高潮。此时对南京城市格局影响最大的应属中山路的建设，明清南京轴线以皇城轴线为主，北起富贵山，南出正阳门。新的城市轴线将城西北、城中和城东有机联系起来，而作为节点的鼓楼和新街口也在此基础上发展起来。

（一）新街口广场

新街口位于中山路、中正路和汉中路的交汇处，地处南京城中心。1930 年 11 月，中山路修建完成后，国民政府着手修建新街口广场，1931 年 1 月 20 日完工。新街口广场凭借其优越的地理位置和精心的规划布局逐渐吸引各大银行、酒楼、商场、戏院入驻。中山东路口，聚集了各大银行，如交通银行、中国国货银行、江苏农民银行、聚兴诚银行等，银行的聚集使该区成为南京的金融一条街。除银行外，新街口也密布各式酒楼餐厅，有专营俄式餐点的美美餐厅，以及岭南酒家、新都餐厅、大三元酒家等。戏院、影院等娱乐场所也应运而生，如大华大戏院、胜利电影院。金融机构和各类商家的入驻使新街口得到迅速的发展，短短几年便成为南京最繁华的商业中心区。

首都商业中心的兴起自然吸引众多投资商的目光，1935 年商人丁福成便于新街口处兴建高 6 层的大楼，取名为福昌饭店，该饭店在当时被誉为“南京第一高楼”，其内部装饰设施皆采用新型材料，餐厅、车库、客房等功能一应俱全，配有美国奥的斯（OTIS）手摇式电梯。由此可见，此时民族商人投资的高档旅馆开始学习西方旅馆模式，关注生活配套设施设备，以此提高自身的品牌形象。

（二）鼓楼广场

新街口广场凭借其优越的地理位置和政府积极的营造，在短时间内成了南京商业金融中心。北侧的鼓楼广场同样由于迎梓大道的建设得以发展。鼓楼广场位于北京东路、北京西路、中山路、中山北路、中央路 5 条干道交汇处。在中山大道未辟建前，仅有保泰街（今北京西路西段）通过鼓楼门洞通往下关方向，其周围均为空地和少量建筑物。

1929 年中山北路、中山路建成，前者承担着下关交通枢纽和主城间的巨大交通量，后者为城市中心区主干道。1934 年，开辟中央路后鼓楼广场成为五路交叉口，建成长 42 米、宽 18 米的椭圆形环岛。[①] 交通量的激增和随之而来的人口流动促进了沿线地区旅馆业的发展。

（三）大行宫、中山北路

1927 年南京成为民国政府的首都，总统府与中山北路一带成为政客高官出入频繁之所。基于此特殊的政治原因，总统府一带的旅馆业迅速发展起来。规模较大的为商人江政卿在总统府正南方投资建设的中央饭店，一时成为政客要员出入、宴会宴请频繁之所。

除总统府大行宫一带，中山北路由于建有外交部、最高法院、铁道部等行政机关，附近陆续有华侨招待所、国际联欢社等旅馆建立。这两栋旅馆皆为政府出资，前者为高规格的国民政府侨务委员会招待所，后者为外交部直属招待各国驻华使团的旅馆。由于政府出资中国本土设计师设计，这两栋旅馆在一定程度上同时体现了政府与设计师的意志。如华侨招待所采用“中国固有式”顺应此时首都建设的潮流；而国际联欢社却是现代式，采用简洁的几何

---

① 苏则民．南京城市规划史稿［M］．北京：中国建筑工业出版社，2008：249.

构图来安排立面和空间布局，在降低造价的同时提供舒适的居住环境。

（四）1933 年南京城内旅馆分布——基于《新南京》

1933 年，南京市市政府秘书处编著了《新南京》，内容涉及南京史地、名胜、教育、交通、农商等诸多方面，客观真实地反映了民国时期首都南京于 1927—1933 年中的发展历程。其中第十章农工商业部分的旅馆及菜馆篇章中关于南京旅馆的记述为："京市旅馆林立，散步各处，尤以下关和城南之状元境、白下路一带特多，房间有大有小，普通均在八角至一元五角之间，其特别昂贵者，若中央饭店、安乐酒店等，最大之房间，有达三四十元者，即最小房间亦需一二元。兹将各旅馆之名称、地址、电话号码列后。"①

1933 年南京城内旅馆情况表 表 6-1-2

名称	地址	名称	地址
中央饭店	国府东街	凤仪旅馆	马府街
安乐酒店	太平路	洪武旅馆	洪武街
大中华旅馆	邓府巷	鹿鸣旅馆	南捕厅
大中旅馆	大中桥太平里	都安旅馆	户部街
大东旅馆	下关大马路	南方饭店	户部街
大观楼旅馆	娃娃桥	宝来旅馆	下关惠龙里
大华饭店	花牌楼	石城大旅馆	大香炉
惠来旅馆	状元境	石城旅社	下关二马路
湘宁旅馆	卢妃巷	西城大旅社	昇平桥
福来旅馆	状元境	钟山大旅社	新街口
荣鑫旅馆	下关大马路	和平大旅社	邀贵井
华安旅馆	大行宫	东亚大旅社	下关江口
国民旅馆	胪政牌楼	通商协记大旅社	下关二马路
三益旅馆	下关盐仓桥	大安旅社	太平街
上海旅馆	下关二马路	江南旅社	奇望街
南洋旅馆	状元境	天华旅社	大行宫
吉升旅馆	顾楼街	长发旅馆	下关大马路
兴华旅馆	鼓楼	惠东旅社	常府街
瀛洲旅馆	下关江口	凤仪旅馆	马府街
宁台旅馆	白下路	凤来旅馆	鼓楼
宁中旅馆	白下路	大新饭店	慧园街
天兴旅馆	下关火车站	钟山旅馆	下关二马路
交通旅馆	白下路	大成旅馆	白下路
花园饭店	下关江口	大东旅社	常府街
东南饭店	下关二马路	大治楼旅社	下关江口
兴源饭店	洪武街	大新旅社	下关江口
华洋旅馆	大行宫	惠龙饭店	下关
东方饭店	延龄巷	新亚旅社	国府路

① ［民国］南京市市政府秘书处 . 新南京［M］. 南京 : 南京出版社，2013.

续表 6-1-2

名称	地址	名称	地址
中西旅馆	京沪车站	新华旅社	北安里
文明旅馆	四象桥	秣陵饭店	慧园街
孟渊旅馆	中正街	华东旅社	淮清桥
共和旅馆	邓府巷	交通旅社	下关二马路
片云旅馆	旧王府	京华旅社	河沿街
名利旅馆	二廊庙	大通旅社	状元境
东来旅馆	状元境	新南京饭店	中正街
温泉旅馆	淮清桥	新大同旅社	钞库街
萃华旅馆	大马路	湘大旅社	黄家塘
聚亿旅馆	益仁街	连升栈	评事街
佛照楼	北安里	天福栈	下关三马路
鼓楼饭店	黄泥岗	长安栈	益仁巷
三新旅馆	三道高井	悦宾楼	下关惠民街
丹凤旅馆	丹凤街	集贤栈	状元境
恒来旅馆	白下路	聚英商栈	绫庄巷
中华旅馆	下关大马路	南洋旅馆	四象桥
泰来旅馆	白下路	新都旅社	大石桥
泰山旅馆	国府路	城中饭店	估衣廊
民生旅馆	丁家桥	永安旅社	大香炉
迎宾旅馆	头道高井	中国大旅社	薛家巷
秦淮旅馆	贡院街	明星旅社	五马街
品正旅馆	北安里	金陵大旅社	下关大马路
南京旅馆	四象桥	铁路饭店	江边
南洋第一宾馆旅馆	北安里	大安栈	下关二马路
扬子江饭店	下关中山桥	老泰安栈	状元境
远东旅馆	胪政牌楼	大同公寓	胪政牌楼
万全旅馆	奇望街	皖商公寓	评事街
万全楼旅馆	二马路	江苏旅馆	中正街

依据表格，将各旅馆大略位置标注于 1928 年南京地图上（图 6-1-5），以求对当时旅馆的分布有较为直观的了解。

此时，夫子庙地区和下关地区的旅馆最为密集，城中新增旅馆以鼓楼及大行宫最多。下关地区旅馆的增长直观地反映出下关商区的发展，除火车站、船坞沿线旅店外，外商所开西式旅馆也多在此处。由于政治性原因，催生了大行宫周围旅馆业的发展。政府由于接待需要而建的旅馆则多位于新开辟的中山北路沿线交通便捷处，如国际联欢社、华侨招待所。

对比 1908 年与 1933 年南京城内旅馆分布图可看出，旧商业区夫子庙的旅馆数目并未减少，旧式旅馆仍占有很大的市场；城外新兴的下关商区极速发展，西式与传统旅馆并存；城内新建旅馆大多分布于中山路沿线，尤以道路转折节点处为盛。

最新首都城市全圖
中華民國十七年八月訂正
北
南
東
西
鐘山道書云第三十一洞天名朱湖太生之天高一百六十八丈周一百里
玄
武
湖
鐵路
鐘山
揚
江

图 6-1-5 1933 年南京城内旅馆情况

四、萧条期（1937—1945 年）

1937 年底南京沦陷，1937 年到 1945 年期间，南京的城市规划活动处于停滞状态，城市建设也仅限于修复战乱破坏房屋。南京城内旅馆遭到战火焚烧，保留下的旅馆多数已停业，规模较大的则被日军占领。如首都饭店，成为侵华日军上海派遣军司令部；扬子饭店同样遭日军劫掠，店主柏耐登一家移居上海，由日本人宫原静雄继续经营[①]；国际联欢社则由汪精卫政府使用，于 1940 年 3 月 20 日至 22 日在此召开了“中央政治会议”；福昌饭店遭到日军劫掠，内部设施、名人字画、银质餐具等均被抢夺，后福昌饭店成为汪精卫政府高官聚会、议事之所；华侨招待所在日军入侵期间，则成为南京国际安全区难民收容所之一，为南京市民提供庇护。虽上述各家旅馆处境各不相同，但均无法正常营业，城内旅馆业逐渐萧条。

日军进驻南京后，“计划设立的日本专管侨居地的区域包括城北三分之二以上的面积以及紫金山南麓相当大的区域，拟作为目前在长崎等地避难的日本人所居住的地区”。日军当局将南京城区中心一片繁华街区划作日本侨民的生活居住与营业区，“此区域北起国府路，南到白下路，西起中正路，东达铁道线路。这一带包括太平路及中山东路的繁华地区”。1938 年 1 月，最早一批日侨商店在市中心一带“日人街”开张，“最初以军内小商店为主，逐步增加了饮食店、钟表店、理发店、杂货店、旅馆等”。到 1938 年 3 月，见表 6-1-3，有 82 家日侨店铺开业，其中申请开业旅馆 2 家，已开业 1 家。

1938 年 3 月底南京日侨商业营业种类表[②]　　表 6-1-3

营业种类	许可数	开业数	营业种类	许可数	开业数
食品杂货	42	31	钟表修理及销售	5	3
贸易商	3	1	理发	3	3
雕刻业	1	1	洋服店	2	—
文具	1	1	运输业	4	—
烟草批发与零售	1	1	船舶运输	1	1
旅馆	2	1	汽车修理	2	1
印刷业	1	1	出租房屋类	5	5
陶瓷器商	1	—	咖啡店	1	1
中药材销售	4	1	茶馆	1	—
洗衣店	2	—	糕点制造销售	5	2v
土木建筑	3	—	演艺	2	1
皮革制品商	1	—	鱼商	2	1
制鞋与维修	3	2	豆腐房	2	—
医师	3	—	照相馆	6	3
牙医	1	1	当铺	1	—
饮食店	22	18	报纸通讯	4	4
饭店	2	2	宗教	1	1
			总计	148	82

日侨进驻南京经商，使南京市场得到一定的恢复。1939 年时南京中山东路上“布满了日

① 南京市档案馆藏，《关于梅广仁恢复扬子饭店请发许可证事宜》，1938 年 9 月，南京特别市市政公署实业局档案，档案号 1002-10-17。

② 南京市档案馆藏，《关于梅广仁恢复扬子饭店请发许可证事宜》，1938 年 9 月，南京特别市市政公署实业局档案，档案号 1002-10-17。

本商店，还有不少中国人开的商店……”[①]。1940年3月，汪精卫政府在南京成立，得到了日本、德国、意大利等国家的外交承认，多家外国使领馆重新入驻南京；日军“上海派遣军”总司令部设于首都饭店，日驻军甚多机关林立；来南京经商的日本人逐渐增多。

就旅馆业而言，民国“黄金十年”建设的大型旅馆多为日军劫掠，店主避难在外，仅中央饭店仍作为旅馆维持经营。南京市场在此期间虽得到一定的恢复，但旅馆业的发展仍举步维艰。

五、恢复期（1946—1949年）

抗日战争胜利后，国民党政权还都南京，南京的经济得到了短暂的恢复。首先是商业活动得到了恢复和发展。战后最初一年内，南京市内人口急剧增加，刺激了南京商业活动的恢复和发展。而后由于内战开始，刚恢复的经济又濒临崩溃。国民党由于军费开支浩大无限制滥发钞票造成了恶性的通货膨胀，南京的物价在三年里上涨了9万倍[②]。社会动荡不安，经济全面崩溃。至1949年，混乱无序中的南京已是百业凋零之景。战后经济短暂的复苏期间，市内旅馆数目比日据时略有增长。1948年11月，由于市内通货膨胀，导致城内该月旅馆税收增率为578.8%。旅馆行业在接下来的经济崩溃中同样遭受到重创，无法回到三十年代的胜景。

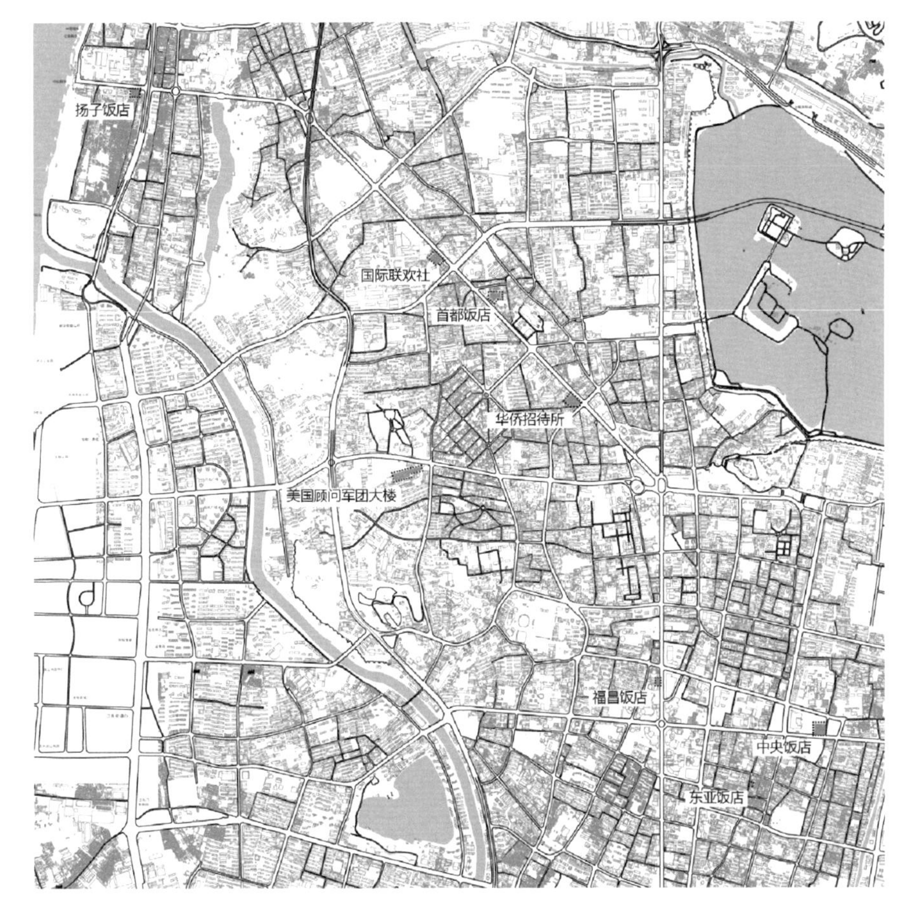

图6-1-6 南京城内现存民国时期典型旅馆分布图

图片来源：东南大学周琦建筑工作室，张宇绘

① ［美］明妮·魏特琳．魏特琳日记［M］．南京：江苏人民出版社，2000.

② 南京市人民政府研究室．南京经济史［M］．北京：中国农业科技出版社，1998.

第二节　近代南京旅馆业建筑类型

南京城市的近代化促使城内旅馆业不断发展变革，传统旅店逐渐衰落，外资经营的西式旅馆接连出现，旅馆的类型构成、经营方式、服务方法和设备也发生了巨大的变化。

南京近代旅馆按照资本类型划分，大致可分为三大类，一为外商投资的西式旅馆；二为民族资本的旅馆，其中又可细分为受西式旅馆影响较大的中西式旅馆，以及传统的旧式旅馆；三为民国政府投资所建立的旅馆或公寓（表 6-2-1）。

南京民国旅馆建筑分类表　　表 8-2-1

资本模式	类型	典型建筑名称	建造年代	主要风格
外商投资	西式旅馆	扬子饭店	1912—1914 年	法国城堡风格
		惠龙饭店	1915 年	不详
民族资本	中西式旅馆	中央饭店	1929—1930 年	装饰风格
		苏州旅京同乡会	1934 年	装饰风格
		东方饭店	1934 年	装饰风格
		首都饭店	1934—1935 年	现代主义风格
		福昌饭店	1935—1936 年	装饰风格
	传统旧式旅馆	—	—	—
政府投资	国资旅馆 / 公寓	华侨招待所	1930—1931 年	中国固有式
		国际联欢社	1935—1936 年	现代主义风格
		美军顾问团宿舍	1946 年	现代主义风格

一、外商投资经营的西式旅馆

该类型以 1912 年和 1915 年英侨先后建立扬子饭店和惠龙饭店为代表。

扬子饭店位于下关南侧盐仓桥，惠龙饭店位于天妃宫，均距车站码头约 1 千米处，远离嘈杂之所，这不同于传统旅馆围绕火车站、码头集聚的特征。惠龙饭店于 1937 年 12 月中弹焚毁未能留存下，只可从明信片中窥见其昔日风采。

图 6-2-1 惠龙饭店内石碑

图片来源：叶兆言，卢海鸣，黄强. 老明信片 · 南京旧影［M］. 俞康骏，收藏. 南京：南京出版社，2011.

图 6-2-2 扬子饭店

图片来源：东南大学周琦建筑工作室，苏圣亮摄影

西式旅馆是当时南京城内旅馆业最先进的代表，对比于传统旧式旅馆，具有以下几个特征：

建筑规模较大，一般为多层，内部装饰豪华、设施完备。除设客房、餐厅等必备设施外，还设有酒吧、舞厅、台球室等娱乐空间，以及理发室、会客厅和小卖部便利服务空间。楼内装有电梯、电话、暖气等设备，室内设有卫生间。扬子饭店和惠龙饭店规模宏大：扬子饭店由多栋楼房组成，占地面积为994平方米，建筑面积为2429平方米；惠龙饭店楼高三层，且设外廊。两栋英资旅馆的设施也属一流。在1932年《旅行杂志》的文章《南京之旅馆》中，关于扬子饭店与惠龙饭店设备一栏皆为“一应俱全”，价格在10元到24元间，在南京旅馆中最贵。

西式旅馆引进新的服务理念。旅馆的经理人员皆为外籍人员，具备西方先进的旅馆管理、经营的经验。如扬子饭店由英侨法尔里出资购地建设，1921年法尔里病故，由英侨威廉·柏耐登经营管理；惠龙饭店（英名为“ Bridge House Hotel”）由名为“W.A Martin”的英国人进行高效管理[①]。西式旅馆不仅强调内部干净卫生等基本条件，还着力打造整体的企业文化，如惠龙饭店便为旅馆设计徽标，贴于行李上标示其所属旅馆，以此打造企业形象。

总的来说，外资经营的西式旅馆在建筑设计和旅馆管理运营方面皆不同于传统旧式旅馆，它的出现为清末南京旅馆业树立了标杆，一时成为城内旅馆竞相模仿的对象。

二、民族资本投资的中西式旅馆

西式旅馆的兴起刺激了中国的民族资本向旅馆业投资。20世纪30年代，中西式旅馆在南京的发展达鼎盛阶段。1930年江政卿于总统府南侧投资建设中央饭店，1934年中国旅行社投资建设首都饭店，1935年丁福成于新街口投资建设福昌饭店。除此之外，还有民间团体于首都南京设立同乡会性质的旅馆，如1934年建的苏州旅京同乡会。

这些民族资本投资的旅馆在建筑风格、房内设备、服务项目等方面都有西式旅馆的特点。如首都饭店在1935年《旅行杂志》中的介绍便有“房间大小凡四十六，计二床套房连阳台者二，二床房间八，双床房间十二，单床房间十四，单床小房间二。每一房间之内，均有浴室瓷盆，衣柜写字台，新式桌椅，以及化妆台，抽水马桶等。……所列房间，床铺均为席梦思，软绵适体，舒美无比。一切布置陈设，华丽雅静。餐室则高广轩敞，悉合卫生。并备有冷热水汀随时调节气温，旅客身处其中，所得精神上之安慰。”[②]这里，已明确提出的环境卫生、设备整洁、饮食精良和服务便利四项经营方针，便是从外国商业旅馆的经营特色中吸收而来的。

南京城中西旅馆的特点在于建筑风格上趋于西化。店内设备、服务项目和经营方式等方面也受到西式旅馆的影响，房间一般分为普通间和高级套间，室内设有卫生间、电灯和电话等设施；除住宿外还提供舞厅、宴会厅等娱乐空间，理发室、会客室等房里住客的服务性空间。经营管理模式受西式旅馆影响，从制度上改革学习先进的经验。如首都饭店“所雇招待侍役，靡不先为训练，对于各国之习尚，中外人士之心理，悉心考察，施以相当之知识及应如何招待服务之工作”，聘有旅馆专家管理一切，聘经验丰富的厨师精制各式菜肴，“即沪上著名之中西菜馆，亦较逊筹”[③]。菜肴除中式外，以供应西式菜肴为流行。如福昌饭店一共有8名西餐师傅，为了学西餐他们远赴香港学习。经营者和股东多为资金雄厚的公司或个人，

① 老明信片里的“乌龟驮碑”原来在下关［N］. 金陵晚报，2012-2-16（B05）.

② 中国旅行社 . 南京首都饭店［J］. 旅行杂志，1935（7）.

③ 中国旅行社 . 南京首都饭店［J］. 旅行杂志，1935（7）.

如中国旅行社（投资首都饭店）和苏州旅京同乡会（投资苏州旅京同乡会）为公司和团体投资商，丁福成（投资福昌饭店）和江政卿（投资中央饭店）为个人投资者。

这些先进的特点使中西式旅馆脱颖而出，西方输入南京近代旅馆业的经营思想和经营方式已逐渐中国化，这些本土化的特点是中西式旅馆最大的竞争力。

三、中西式旅馆建筑特点

中西式旅馆的标准客房一般设有卧室、浴室、衣帽室各一间，面积约 30 平方米，浴室约 4~5 平方米，衣帽间约 2 平方米。仅苏州旅京同乡会较为特殊，仍然为同层共用浴室卫生间，故客房面积较小。首都饭店客房“均有浴室瓷盆，衣柜写字台，新式桌椅，以及化妆台，抽水马桶等”[①]，中央饭店除特等套间外，24 间标准客房“设有卧室、浴室各一”[②]。客房内设置浴室、卫生间，可见中西式旅馆设计时已关注住客的私密性。

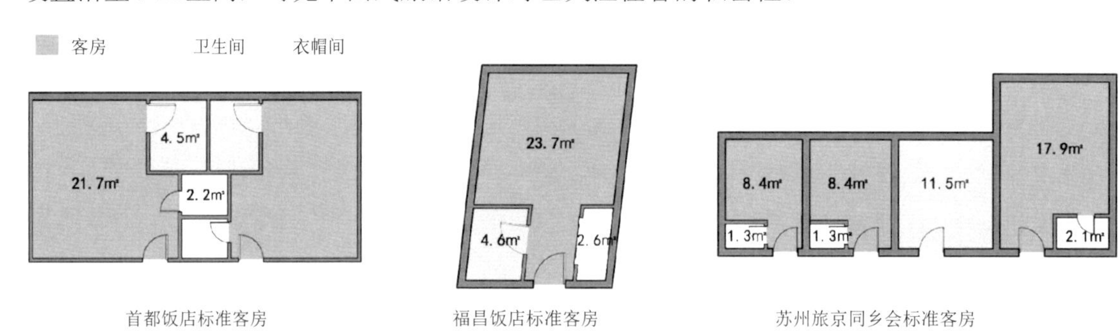

图 6-2-3 首都饭店、福昌饭店、苏州旅京同乡会标准客房对比图
图片来源：东南大学周琦建筑工作室

传统旧式旅馆功能为单一的住宿或住宿与餐饮相结合，而中西式旅馆受西式旅馆影响，丰富了由住宿、餐饮延伸出的功能部分。由于需要为旅客提供便利服务而设立理发室、会客间、酒吧间、租车部等，由餐饮延伸出中西式餐厅、咖啡厅、宴会厅等。如中央饭店除了旅社外，还附有中西菜社、弹子房、理发馆等[③]。饭店底层设有汽车出租部和大型餐厅；首都饭店“屋之前后左右，均有广场，可以畅通车马。园地广袤，花木扶疏，尤足资旅客之颐养。至于室内空气光线两者，尤极充足，洵裨摄生棲息之佳所也。底层除经理室、办公室、会客室、大客厅、穿堂、衣帽储藏室、厨房、酒吧间、餐室、备餐室、理发室外，尚有锅炉房平台等。屋顶为花园，凭栏远眺，南京全市在望……至网球场及其他设备，正在筹划中”[④]；福昌饭店“车库、餐厅、客房等功能设施一应俱全。”

20 世纪 30 年代中，西式旅馆布局一般在一层设置上述附属功能空间及宴会厅，从二层开始设置客房。中西式旅馆建筑最初为对西式旅馆的建筑进行简单模仿，表现为采用西式旅馆的装饰性元素装饰立面，如中央饭店的西式线脚，店主希望采用类似西式旅馆的建筑形式招徕住客。而后，中西式旅馆逐渐将学习模仿的重心转移到经营管理模式上，这种转向抓住了旅馆业经营的核心——重要的并非外在形式而是经营管理，表现在建筑上，重要的并非立

---

① 中国旅行社 . 南京首都饭店［J］. 旅行杂志，1935（7）.
② 南京市档案馆，令市旅馆业公会等检发旅馆业价目记录一份，市社会局，1947 年 2 月 5 日，档案号 10030031948（00）0016。
③ ［民国］倪锡英 . 南京［M］. 南京：南京出版社，2011.
④ 中国旅行社 . 南京首都饭店［J］. 旅行杂志，1935（7）.

面的装饰性元素而是建筑内部的流线及空间布局。

四、民族资本的传统旧式旅馆

传统旧式旅馆具有悠久的历史，并已形成固有的建筑形式。在漫长的历史阶段中，旅馆的类型、规模等逐渐发生变化以适应需求。至清末，宾馆名称有“迎宾馆”“逆旅”“邸店”“馆”“传舍”“客舍”“火房”“四方馆”“铺舍”等①。古代旅馆大多由四合院组成，门口设马厩或拴马栏。江南一带往往底层或前面为店（饭店、酒货栈），楼上或后进为旅舍②。

民国时期，传统旧式的中小型旅馆仍大量存在，且数量逐渐增加，20世纪二三十年代达到鼎盛时期，即使在抗战爆发，大型旅馆纷纷歇业之时，这类旅馆仍有大量的客源。

传统的旧式旅馆由于固有名称而具有极高的辨识度：中档旅馆多沿用“旅社”的旧称，低档旅馆则仍以“客栈”名之。这类旅馆在资金、屋舍、设备条件、服务项目等方面较为薄弱，但由于大多数旅客难以承担高级旅馆的费用，这在客观上为这类旅馆提供了广阔的市场。

清末至1937年，南京城内的旧式旅馆数量不断增长，分布也从以夫子庙为主的区域扩展到太平路沿线。这些旅馆设备简陋，资金匮乏、屋宇狭小，但近代西式旅馆所带来的先进经营方式与管理体制或多或少对其产生了影响。旧式旅馆有意无意地学习模仿西式旅馆，不仅是对西方先进的服务、管理方法的学习，也是对西式旅馆建筑的模仿。然而，由于脱胎于中国传统的旧式旅店业，又因设备、资金管理人员等各方面条件的局限，这种模仿仅仅停留在表面。从建筑上来看，仅仅是对西式旅馆建筑立面装饰元素的吸纳，其建筑结构布局仍无法脱离传统旧式旅馆，具体来说传统旧式旅馆并不设宴会厅这种大空间，而多为由院落组织客房的布局形式，或采用与酒店结合营业的方式，大空间为酒店，客房仅为附属，如首都招待所。

民国期间，旧式旅馆在经营、服务及建筑风格上，也呈现出中西交融、传统与近代并立，总的趋势是向新式旅馆业演进的。

五、政府出资的旅馆或公寓

1927年南京成为民国首都，中山北路陆续建设外交部、最高法院、铁道部等行政机关，其附近先后建立华侨招待所、国际联欢社，1946年又在北京西路设立了美军顾问团宿舍。这三栋旅馆皆为政府出资，华侨招待所为高规格的国民政府侨务委员会招待所，国际联欢社为外交部直属招待各国驻华使团的旅馆，美军顾问团宿舍则偏重于公寓性质。

政府出资，由中国本土设计师设计，这三栋建筑同时体现了政府与设计师的意志。如华侨招待所采用“中国固有式”，顺应此时首都建设的潮流；国际联欢社和美军顾问团宿舍却是现代式，采用简洁的几何构图来安排立面和空间布局。政府出资建设的旅馆受政府的意志主导，其营业性较弱。旅馆客房与公寓同时兼有的现象出现在国际联欢社加建工程中，而美军顾问团宿舍更是按照公寓的模式建立。

---

① 忻平．民国时期的旅馆业［J］．民国档案，1991（3）：108-112.

② 奚树祥．中国古代的旅馆建筑［J］．建筑学报，1982（1）：72-75.

第三节　典型建筑案例

一、中央饭店

（一）建筑概要

中央饭店位于中山东路 237 号（图 6-3-1），建造于 1929—1930 年，钢筋混凝土结构，占地面积约 2460 平方米，建筑面积约 8850 平方米，建筑总造价约 60 万银元。

图 6-3-1 中央饭店城市区位图

图片来源：东南大学周琦建筑工作室

图 6-3-2 1929 年航拍图

图片来源：美国国会图书馆

图 6-3-3 20 世纪 30 年代中央饭店建成后历史照片

图片来源：http://cn.bing.com/

（二）历史沿革（表 6-3-1）

中央饭店的建造年代并无确切记载，推测为 1929 年 9 月完成建设（图 6-3-2），1930 年正式开业（图 6-3-3）。

对此，2013 年 1 月 3 日《中国档案报》中提到“中央饭店建于 1929 年，1930 年 1 月正式开业”；2010 年 11 月 08 日《现代快报》文章《中央饭店和它的第一位主人》为对江政卿外孙江东先生口述史的采访，文中江东提到“1929 年年初，呈现新式西洋建筑风格的中央饭店开张了”；叶皓所著《南京民国建筑的故事》中《名流云集：中央饭店》，提到“1930 年 1 月中央饭店正式开业”。1929 年 9 月南京市航拍地图中中央饭店已具雏形，同时，南京市档案馆 1931 年 9 月中央饭店董事长袁履登向市政府申请减轻牌照税的呈文，其中记载有：“敝饭店十九年度请领牌照时…”，此处可看出其 1930 年才向市政府申请旅馆业的牌照。

历史事件表 表 6-3-1

时间	具体事件
1930.1	正式开业
1930.11	宣布“东北易帜”后的张学良来南京，入住中央饭店
1930.12	蒋介石授意各大学校长和学生代表来南京听训，安排住于中央饭店
1933.10.10	陈立夫、吴铁城等国民党要员在中央饭店设宴招待东北选手及东北旅京民众代表 90 余人
1936 夏	沈钧儒、章乃器、李公朴，受蒋介石邀赴南京，安排住于中央饭店
1936.10	参加柏林奥运会的中国代表团下榻中央饭店，财政部部长宋子文发表致辞
1936.12	西安事变爆发，中共代表潘汉年来南京商讨解决事变问题，下榻中央饭店
1937.8	蒋介石邀中共代表到南京参加国防会议。招待中共代表于中央饭店品尝西餐
1937.12.13	南京国际红十字会委员会主席马吉牧师到中央医院见日本指挥官，请求为国民政府伤病提供人道主义救援被拒
1940.12	刺杀汪精卫的黄逸光入住中央饭店 304 房间
1946“制宪国大”召开前夕	海外华侨领袖、洪门致公党主席司徒美堂入住中央饭店
1946	梅兰芳剧团入住中央饭店
1946	郭沫若入住并撰写《南京印象》
1948“行宪国大”召开前夕	湖北代表在中央饭店开会，商讨协助程潜竞选副总统
1948“行宪国大”召开期间	副总统候选人程潜包下中央饭店孔雀厅免费招待国大代表；副总统选举期，蒋介石支持孙科，派蒋经国与各方斡旋，蒋经国前线指挥部设于中央饭店
1949.4 南京即将解放前夕	“南京治安维持委员会”成立，办公地点设于中央饭店
1949.4 南京解放后	中央饭店被部队接收，成为南京军区后勤部办公用房和家属宿舍
1995	南京军区后勤部将住户迁出
1995.8.18	中央饭店原貌的基础上装潢改造竣工
1995.9.19	中央饭店重新开业

（三）建筑现状及特征

中央饭店在南京解放后成为南京军区后勤部办公用房和家属宿舍（表 6-3-1），1993 年楼房进行加固改造，按照三星级宾馆标注进行装修并安装中央空调。另在原建筑东侧建附属用房，主要功能为空调机房、配电房、锅炉房、洗衣房和地下消防水池。1995 年改造完成，中央饭店重新作为旅馆开业[①]。中央饭店南侧四层原为店主江政卿居所，现由于营业需求，

① 倪锦亚 . 南京中央饭店加固改造［J］. 建筑结构，2001（3）：32-33.

在四层上加建宴会厅。

中央饭店坐北朝南，平面为“回”字形。其东西向长约 51 米，南北向长约 57 米，占地面积约 2460 平方米，建筑面积约 8850 平方米。

中央饭店首层平面经过加建改造：西侧采用轻质材料加建宽约 6 米的体量，连同饭店原有西侧一跨空间为西餐厅；“回”字形平面的中央庭院部分加设屋顶，内部现为宴会厅。原建筑部分以大堂及餐饮宴会空间为主。进入大门即饭店大堂，天花内凹纵向延伸，大堂西侧设有两排共 6 根柱子，形成序列感。西走廊内侧房间为理发室、订票间等附属空间。

中央饭店二、三层均为客房层。客房按“回”字形分布，内外两层，由于中部天井，每个客房均有良好的采光。中间走廊宽阔，约 2.6 米。客房层每层现有 62 个房间。

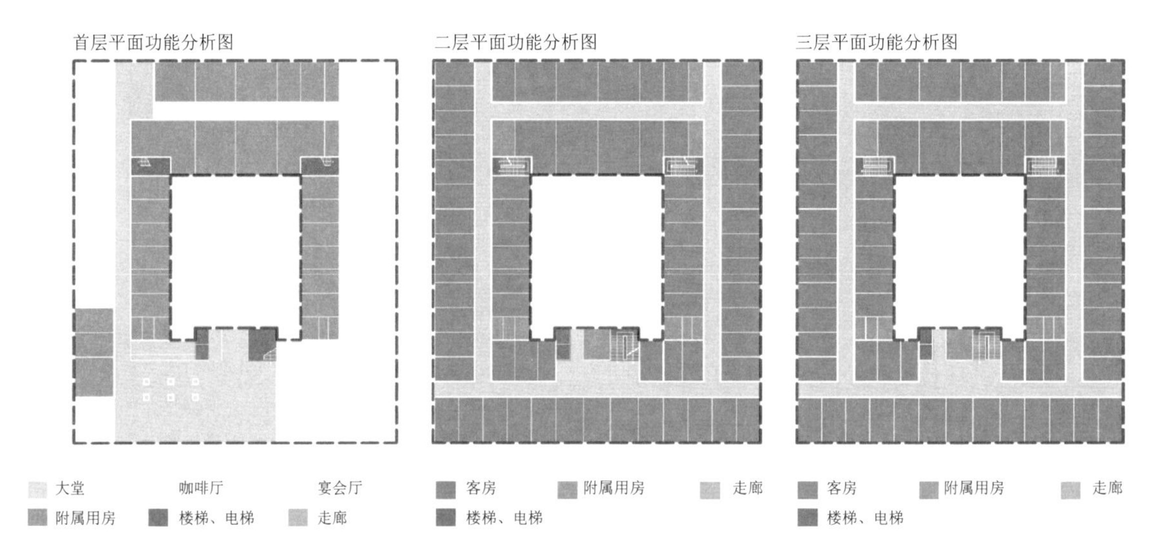

图 6-3-4 中央饭店二、三层平面功能分析
图片来源：东南大学周琦建筑工作室

据记载，20 世纪 30 年代，中央饭店设备应有尽有，除了旅社外，还附有中西菜社、弹子房、理发馆等[①]。据江政卿后人回忆，饭店底层设有汽车出租部，有 4 辆轿车供给出租，且一层设大型餐厅：1947 年前专营西餐，名为“孔雀厅”，可供 300 至 400 客，1947 年后改经营中餐，名为“红梅厅”，可供 30 桌[②]。

南京市档案馆中《令市旅馆业工会等检发旅馆业价目记录一份》对 1947 年中央饭店客房的情况有相关记载。1947 年中央饭店共有客房 175 间，分为甲乙丙丁戊己庚辛壬等 9 个等级。仅甲乙丙级房间设有浴室，甲乙级的房间即为如今的套间。套间共 18 间，约占房间总量的 10%，高比例的配置可看出高级套间的需求量很大，这与中央饭店以政商界名流为主要客户群密不可分。房间内设置有暖水汀、电扇，以及由上海定做的刻有“央”字标志的西式铜床、镶有大理石面的柳安木家具及大沙发[③]。

中央饭店以南立面为主要立面。南立面中轴对称，纵向分为五段，每部分以突出墙体的壁柱作为划分，壁柱顶端设装饰性构件突出墙体与檐口相互衔接（图 6-3-5、图 6-3-6）。端头段、中央段窗户划分及尺寸与其余窗略有不同，阳台栏杆材料也有区别。端头段落地玻璃门两侧对称开两扇小窗，床下有几何形纹样。中央段共由 4 根壁柱划分为 3 份，阳台栏杆采用石质

① 倪锡英 . 南京［M］. 南京：南京出版社，2011.
② 张荣 . 中央饭店和它的第一位主人［N］. 现代快报，2010-11-8.
③ 张荣 . 中央饭店和它的第一位主人［N］. 现代快报，2010-11-8.

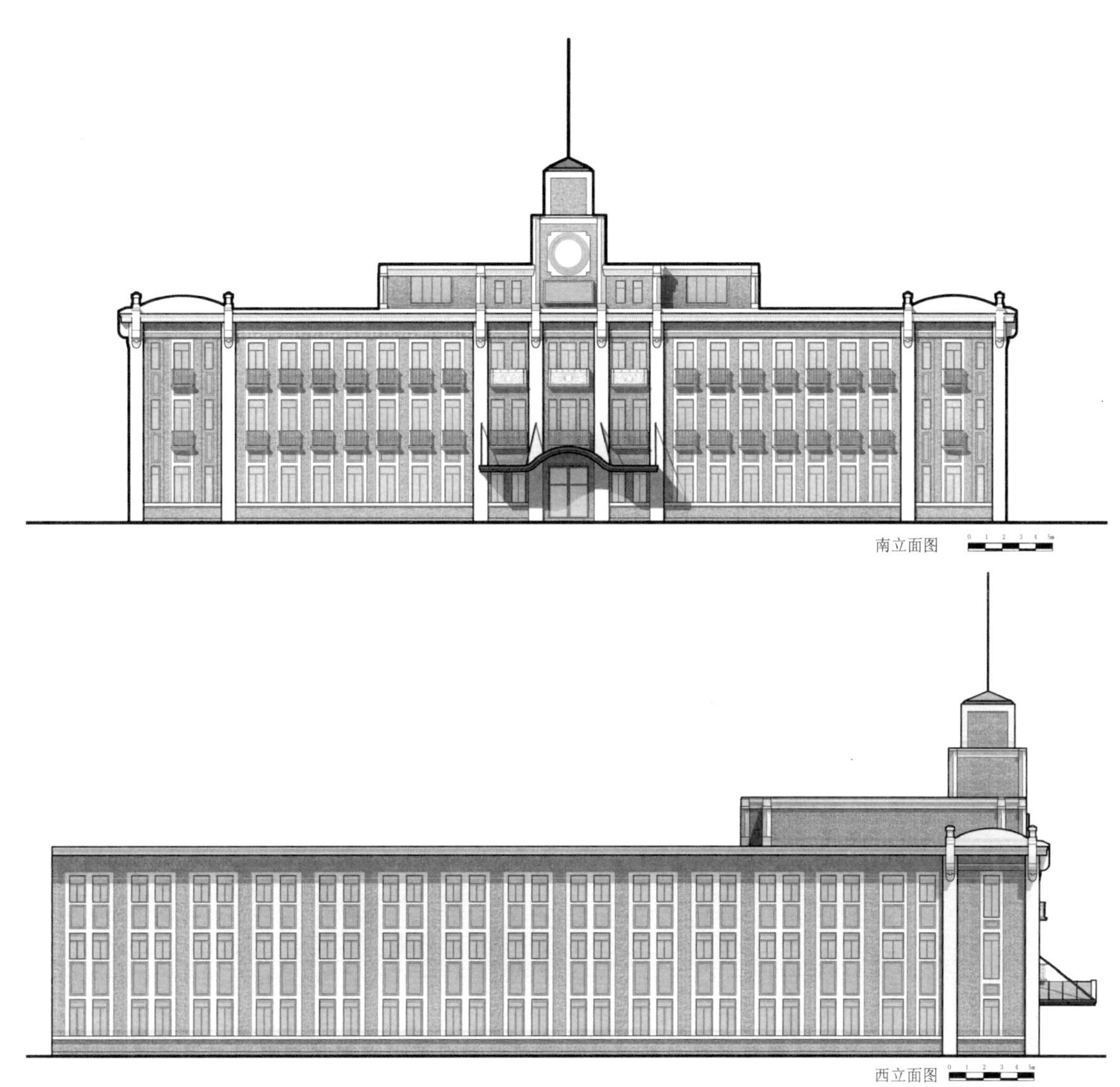

图 6-3-5 中央饭店立面复原推测立面图
图片来源：东南大学周琦建筑工作室

图 6-3-6 中央饭店复原模型
图片来源：东南大学周琦建筑工作室

饰以菊花纹样。横向划分以三层高的建筑主体为基座，其上正中设有六层高钟楼，层层向上收缩。立面形式古典而庄重。

中央饭店主体为钢筋混凝土结构，外墙为 240 承重砖墙，内隔墙为灰板条墙，楼面为 90 毫米厚现浇板，上面铺木地板，走道部分为水磨石地面。主梁跨度多数介于 6.4 ～ 7.5 米之间，截面 200 毫米 ×500 毫米，内柱 400 毫米 ×400 毫米，外柱 300 毫米 ×400 毫米，与承重墙共同承重。基础为木桩独立基础，木桩经防腐处理，尚未腐烂[1]。

中央饭店南立面阳台铁艺栏杆均为民国时期旧物，石质阳台也与民国时期照片相统一（图 6-3-7）。入口雨篷样式相左于原始样式。民国时期中央饭店雨篷为弧线造型，采用钢骨架玻璃材质（图 6-3-8），雨篷下仍可采光。轻质骨架配合玻璃材料的构造十分现代。

图 6-3-7 中央饭店南立面中央段片段

图片来源：东南大学周琦建筑工作室，张宇摄影

图 6-3-8 中央饭店雨篷历史照片

图片来源：https://cn.bing.com/

（四）历史评价与特征

1. 饭店主人江政卿生平考证

中央饭店主人名为江政卿（图 6-3-9），祖籍苏州，来南京经营中央饭店前一直居住于上海。江政卿曾加入上海总商会，并于 1925 年 1 月被该商会派遣组织保卫团进驻上海制造局及兵工厂[2]。同年 7 月，江政卿被选为上海运输公会主席，该会在浦西和浦东分设办事处，总办事处设在煤炭公所[3]。1927 年 4 月，国民革命军东路军前敌总指挥部政治部主任委任江政卿为上海保卫团指导员兼公共体育场指导员[4]。

20 世纪 20 年代末筹建中央饭店几乎用尽江政卿手头的现金，据其后人回忆，初股金为 30 万银元，后添置家具遂增股至 60 万银元，江政卿个人占股 10%，担任总经理，袁履登[5]任董事长[6]。中央饭店落成开业后江政卿举家迁往南京，居住于中央饭店四楼南侧。江政卿在南京经营中央饭店之时，结交众多政商界人士，且与上海青帮头目杜月笙为好友[7]。除中央

① 倪锦亚 . 南京中央饭店加固改造［J］. 建筑结构，2001（3）：32-33.

② 上海工商社团志编纂委员会 . 上海工商社团志［M］. 上海：上海社会科学院出版社，2001.

③ 上海港志编纂委员会及修志办公室成员 . 上海港志［M］. 上海：上海社会科学院出版社，2001.

④ 陈其美，叶楚伧 . 江政卿任保卫团指导员［N］. 民国日报，1927-4-23.

⑤ 袁履登（1879—1954 年）原名贤安，改名礼敦，字履登，浙江宁波人。早年就读宁波斐迪中学。清光绪二十六年（1900 年），毕业于上海圣约翰大学。袁曾数次出任上海总商会董事。

⑥ 南京市档案馆，《关于袁履登呈请减轻中央饭店本年度旅馆牌照捐的批复和呈文》，1931 年 9 月 19 日，南京特别市政府，档案号 10010020425（00）0009。

⑦ 章君穀 . 杜月笙传［M］. 北京：中国大百科全书出版社，2011.

饭店外，江政卿在南京仍经营其他生意，曾任中国华成烟草股份有限公司南京分公司董事长(图6-3-10)，在南京下关大马路设货仓，中山东路设门店[①]。

图 6-3-9 江政卿照片

图片来源：南京市档案馆，国大选举事务所，对商会代表江政卿遵有据的举报调查，档案号 10030010787（00）0003

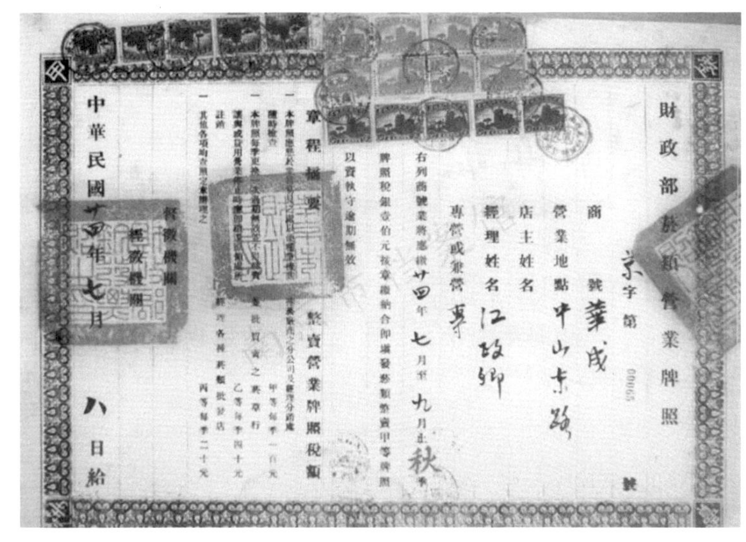

財政部

營業牌照

京字第　號

商號 華成

營業地點 中山東路

店主姓名

經理姓名 江政卿

專營或兼營 專

右列商號業將應繳廿四年七月至九月止秋季牌照稅銀壹伯元按章繳納合即填發參類紮賣甲等牌照

以資執守逾期無效

章程摘要

紮賣營業牌照稅額

中華民國廿四年七月八日給

图 6-3-10 1925 年南京华成烟草股份有限公司执照

图片来源：南京市档案馆，予注销的批和华成公司江政卿的呈文及调查报告，档案号 10010020425（00）0009

1937 年抗日战争爆发前期，江政卿携其家眷辗转武汉，最终返回上海继续经商。1940 年返回南京，此时中央饭店已为日军占领，江政卿以低价收回饭店 70% 的股权，并从日本人手中夺回饭店恢复营业。江政卿曾在 1941 年举办普益社，该社实为洪门帮会，具有一定社会势力[②]。

1945 年日本投降，美军入驻中央饭店使用大部分客房，江政卿又一次成功将美军及其家眷请出饭店[③]。1946 年，国民政府召开制宪国大，江政卿当选为南京市职业团体代表[④]。1949 年南京解放前夕，江政卿离开南京返回上海。至 1950 年，中央饭店生意入不敷出，最终以五亿人民币旧币卖于解放军空军机关。江政卿亦携家眷迁往香港，1960 年代逝世于香港。

2. 中央饭店及背后的政治性因素

中央饭店与总统府旧址间曾设有一长约 60 米高约 11 米的照壁。该照壁原为清末总督府大门的附属建筑，典型的中国传统样式。1927 年国民政府迁都南京，以两江总督府为办公地点，1929 年蒋介石下令重修一座西式大门，同时对大门南侧照壁改造，该照壁被加宽加高。改造后的照壁端部雕有西方古典柱头的纹样，而且可明显看到照壁新旧部分分界。照壁在视线上阻隔了中央饭店和总统府旧址。中央饭店原设计层数为七层，国民政府认为建筑太高会对政府安全构成威胁，因而只允许其建三层[⑤]。据江政卿后人叙述，政府要求店主出资修建照壁。2002 年，该照壁由于长江路拓宽及地下广场修建工程而被拆除。

---

① 南京市档案馆，南京市财政局：予注销的批和华成公司江政卿的呈文及调查报告，1935 年 10 月 3 日。

② 南京市档案馆，中国普益社，成立大会改订本月十四日在中央饭店礼堂召开，1941 年 9 月 10 日，档案号 100200000020090（00）0004。

③ 南京市档案馆，国大选举事务所，对商会代表江政卿遵有据的举报调查，1946 年 2 月 9 日，档案号 10030010787（00）0003。

④ 民国大会秘书处 . 民国大会实录［M］. 南京：民国大会秘书处，1946.

⑤ 叶皓 . 南京民国建筑的故事［M］. 南京：南京出版社，2010.

3. 宴会及政治事件

中央饭店地理位置特殊和设施豪华，倪锡英在1936年8月出版的《南京》一书中写道："中央饭店完全是西式的建筑，设备应有尽有，除了旅社外，还附有中西菜社、弹子房、理发馆等，可是房价很贵，每天最低的房价自三元起，大房间要三四十元①，这种旅馆是专供有钱的旅客享受的"②。高昂的价值使百姓望而却步，中央饭店成为富商及国民政府政要居住及宴请社会名流的场所。

1930年中央饭店营业至1937抗战前夕，中央饭店为国民政府政要接待及宴请重要宾客的场所。1930年11月，张学良应蒋介石之邀来南京，张学良被安排下榻在财政部部长孔祥熙的铁汤池官邸，其随行人员则住在中央饭店。1936年夏，沈钧儒、章乃器、李公朴受蒋介石邀请来南京，下榻于中央饭店。1936年10月，参加柏林奥运会的中国代表团下榻中央饭店，并受到国民政府要员的隆重接见和宴请，时任财政部部长的宋子文发表致辞。1936年12月，西安事变爆发，中共代表潘汉年赴南京，于南京中央饭店内会见了宋子文、宋美龄，共同商讨如何和平解决西安事变。1937年8月上旬，蒋介石邀请中共代表到南京参加国防最高会议，朱德、叶剑英于9日抵达南京，姚琮及何应钦等人将其迎接至中央饭店，招待西餐③。

1937年日军攻陷南京，1940年汪精卫国民政府在南京成立。在此期间，中央饭店也成为各种政治事件的舞台。1940年12月，军统特务黄逸光奉命刺杀汪精卫，住进中央饭店304房间，刺杀未成却在饭店中被捕。

1946国民政府还都南京至1949期间，国民政府于1946年召开"制宪国大"、1948年召开"行宪国大"，中央饭店成为两次大会代表居住与宴请、宣传场所。1946年5月5日，海外华侨领袖、洪门致公党主席司徒美堂下榻中央饭店，当晚蒋介石、宋美龄、孔祥熙及国民政府要员在中央饭店孔雀厅举行欢迎宴会为其接风。1947年4月，陈诚率党国要员接待韩国领袖李承晚访华，下榻中央饭店，并在一楼孔雀厅设宴欢迎。1948年"行宪国大"选举副总统期间，程潜包下了中央饭店的孔雀厅，凡国民大会代表免费招待三餐；蒋介石力捧孙科为副总统，派蒋经国与各方斡旋，蒋经国的前线指挥部设在中央饭店里；竞选副总统期间李宗仁曾于中央饭店内举行记者招待会。

---

① 1927—1936年间，一块钱大约折合2007年人民币36～40元。

② 倪锡英. 南京［M］. 南京：南京出版社,2011.

③ 叶皓. 南京民国建筑的故事［M］. 南京：南京出版社，2010.

二、首都饭店

（一）建筑概要

首都饭店（现名华江饭店）位于中山北路178号，建造于1934—1935年，钢筋混凝土结构，占地面积约1515.2平方米，建筑面积约4393.9平方米（图6-3-11~图6-3-13）。投资者为中国旅行社，由华盖建筑师事务所主持建筑设计，华启顾问工程师主持结构设计。

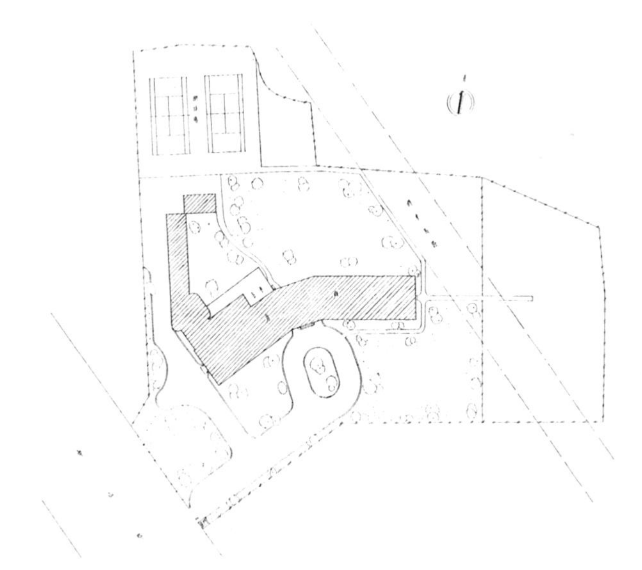

图6-3-11 1935年《中国建筑》中首都饭店总平面图

图片来源：《中国建筑》1935年第3卷第3期，第22页

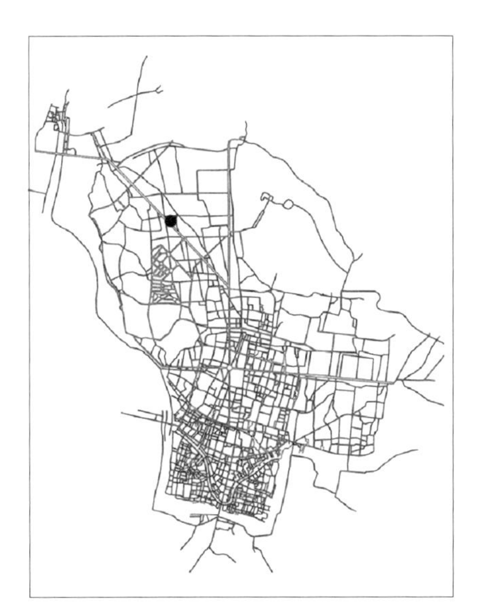

图6-3-12 首都饭店城市区位图

图片来源：东南大学周琦建筑工作室

图6-3-13 首都饭店历史照片

图片来源：《旅行杂志》1935年第9卷第9号，第3页

（二）历史沿革

首都饭店为中国旅行社在民国首都南京投资设立的旅馆。中国旅行社1923年成立于上海，属上海商业储蓄银行旅行部，1927年该机构从银行独立，改名为中国旅行社（下文简称“中国旅”）。20世纪30年代，中国旅开始投资设立旅馆，并统一命名为“招待所”。1934年夏，

中国旅出资于南京市中山北路建设首都饭店，聘请华盖建筑师事务所设计[①]。项目建设历时约一年，至1935年8月1日，首都饭店正式营业[②]（图6-3-14、图6-3-15）。1936年，饭店原四层阳光室、屋顶花园改建为客房[③]。1937年，日军侵占南京后，首都饭店成为日军上海派遣军司令部[④]。抗战期间，首都饭店被日本华中铁道公司占用[⑤]。1945年抗战胜利后，在国民党前进指挥所派兵协助下首都饭店从日本人手中收回，12月前后交由国民党战地服务团使用[⑥]。其后，首都饭店经励志社订约承租作为美军第二招待所，1948年美军第二招待所撤销，励志社于1948年12月17日解除承租契约并将首都饭店交还中国旅，于同年12月22日复营业，经营旅馆及餐饮[⑦]。1992年，首都饭店被列为南京市文物保护单位。2002年10月22日，被列为第五批江苏省文物保护单位[⑧]。

图6-3-14 1935年《中国建筑》中首都饭店效果图

图片来源：《中国建筑》1935年第3卷期3期，第21页

图6-3-15 建成后历史照片

图片来源：《旅行杂志》1935年第9卷第9号

---

① 首都饭店［J］. 中国建筑，1935，3（3）：21.

② 中国旅行社 . 南京首都饭店［J］. 旅行杂志，1935（7）.

③ 首都中山路首都饭店加建房屋——四层加建客室平面图、屋顶平面图，南京市城市建设档案馆。

④ 叶皓 . 南京民国建筑的故事［M］. 南京：南京出版社，2010.

⑤ 南京市档案馆，为我社首都饭店经协助收回并指定为盟军招待所将日商遗下什物造清册请备案的呈文(附清册)，1945年12月4日。

⑥ 南京市档案馆，为我社首都饭店经协助收回并指定为盟军招待所将日商遗下什物造清册请备案的呈文(附清册)，1945年12月4日。

⑦ 南京市档案馆，关于请社会局准中国旅行社附舍南京首都饭店复业发给登记证，1948年12月21日，档案号10030031798（00）0001。

⑧ 叶皓 . 南京民国建筑的故事［M］. 南京：南京出版社，2010.

（三）建筑现状及特征

平面布局上看，建筑并非传统的“回”字形或者“口”字形平面，而从基地形状看确有生成这种布局的条件。建筑垂直于主干道布置，在基地内部向南偏折以获得更好的采光，转折处体量升起统领两翼，为建筑入口和交通空间。

从使用功能分析，首层为大堂、餐厅、客房、厨房及车库等附属空间。接待大堂位于一层中心位置，正对饭店大门，东侧为客房，西侧为餐厅及会客厅。宴会厅和会客厅为大空间，设有可灵活划分的隔断。北侧细长体量为厨房、车库等附属空间，与主体建筑的交接略显生硬。平面布局体现出了“形式服从于功能”的原则。

二、三层平面为客房及附属服务用房（图 6-3-16）。该层有 20 间客房，包括东侧端头一间特等大套间。该层设有会客间，为住客提供公共交谊空间。饭店四层为屋顶花园层，该层中部体量升起，图纸标注为“阳光室”，东侧房间同样为“阳光室”（图 6-3-17），推测为聚会、会议所用。而与之对称的西侧部分并无围墙封闭的空间，而是建有敞廊，与后勤服务的楼梯相连接。这样的设计在满足使用功能的基础上又节省了造价，且在立面上形成横向的构图元素，体现“现代式”的原则。

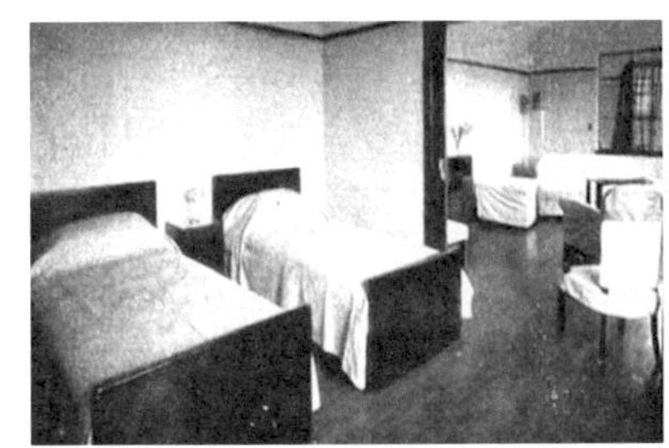

图 6-3-16 首都饭店历史照片
图片来源：《旅行杂志》1935 年第 9 卷第 9 号

首都饭店以南立面为主立面，造型简洁，由中央高起的体量统一两翼，中轴对称。采用横向划分，通过材料的变化及窗户上下突出的横向线条，强调建筑的几何感。突出的建筑主体的阳台在立面上留下深重的阴影，增加了体积感，该细部在华盖接下来的项目中仍有采用。从细节上可看出，立面并非完全对称，而是根据使用功能灵活变化：一层西侧由于是大空间餐厅，便采用落地式玻璃窗以增加室内采光；四层东侧为封闭的阳光室而西侧为敞廊，这同样是出于使用功能的考虑。

首都饭店为钢筋混凝土作承重结构，墙体作围护结构，墙体又分为实心砖、空心砖、钢骨水泥墙和板条墙四种。楼板为现浇的混凝土楼板，一层入口处为磨石子地面，大堂及餐厅铺设柳桉木地板，客房及走廊铺设洋松木地板。

南立面与东立面底部墙裙采用“斩石”饰面，窗户均为钢窗，窗间墙饰以面砖，其余部分施以“西摩近漆”；西立面及北立面由于为附属部分，立面统一用拉毛水泥粉刷。首都饭店正门宽约 3.68 米，由中央宽 1.86 米的旋转门和两侧 0.9 米宽平推门组成（图 6-3-18）。旋转门门框为木质，内嵌玻璃，铝制门推手，门下框包铝皮保护。大门上部内设吊顶，吊顶内有灯泡提供夜间照明。

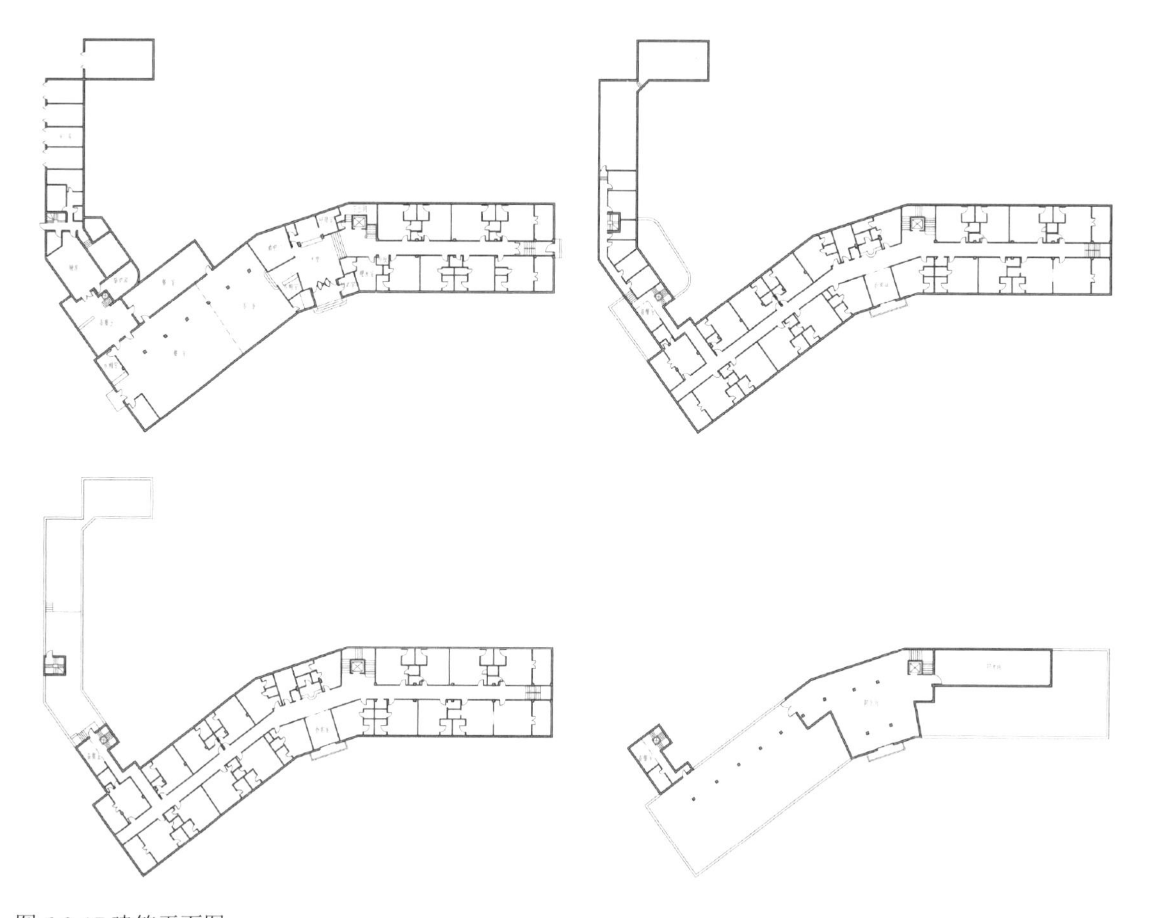

图 6-3-17 建筑平面图

图片来源：东南大学周琦建筑工作室

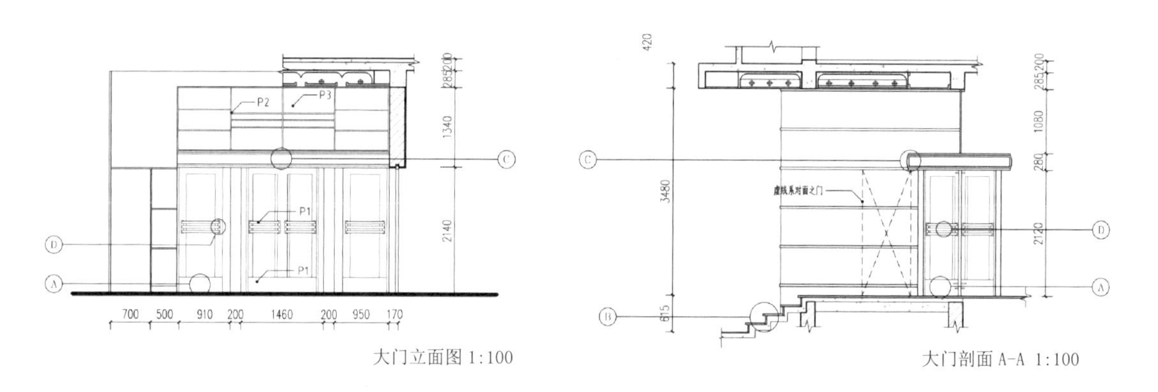

图 6-3-18 节点大样图

图片来源：东南大学周琦建筑工作室

（四）历史评价与特征

1. 投资者：中国旅行社

首都饭店是由中国旅行社投资建立的。中国旅行社成立于1923年，该社成立宗旨在于便利旅行从而推动国内旅游业的发展。民国时期国内旅馆仍以传统的旧式旅馆为主，中国旅行社认为若要发展旅游业必须首先解决住宿问题，从而采用投资新建或加盟改造的方式在各地发展属于其自身旗下的旅馆，统一管理。这些旅馆由中国旅统一更名为“招待所”，其目的在于打造品牌效应，使旗下旅馆更易于辨识并体现出该社重视服务的宗旨[①]。

20世纪30年代，恰逢南京作为国民首都得到初步发展，中国旅行社便将投资的眼光放在南京，初选址于新街口附近，经良久思量，终选定中山北路外交部与铁道部之间，建立首都饭店[②]。

首都饭店代表着中国旅的形象，可从以下几点推知。首先，在旅馆的名称上，它并未沿用中国旅旗下旅馆“招待所”的称谓，而是以“饭店”名之。民国时期，以“饭店”代称旅馆是从西式旅馆开始，这些“饭店”往往是规模宏大、设施完善和拥有先进的服务管理理念，可见中国旅将首都饭店定位为高端旅馆。其次硬件设施方面，中国旅聘请华盖建筑事务所对首都饭店进行设计，建设耗资达20.72万元[③]，这反映出中国旅对建筑品质的要求。第三在软件方面，首都饭店建成之后，对饭店内员工悉心培训，“所雇招待侍役，靡不先为训练，对于各国之习尚，中外人士之心理，悉心考察，施以相当之知识及应如何招待服务之工作”[④]，并聘有经验的厨师精制各式菜肴，“即沪上著名之中西菜馆，亦较逊筹”[⑤]。

总的来说，中国旅行社开设“招待所”便是希望对传统旧式旅馆进行变革，从硬件设施——建筑及内部设备到软件设施——服务人员的培训及管理措施彻底提升。使其名下旅馆成为供“高洁自好之士”旅行往来的下榻之所，可为更多的国人提供旅行的便利。从这点可看出中国旅的旅馆改革是面向大众的，建设旅馆并非追求奢华盈利，而是着眼于实用经济。

2. 华盖建筑设计事务所与“国际式”

首都饭店由华盖建筑事务所（以下简称“华盖”）设计。该事务所1933年成立于上海，由赵深、陈植、童寯三位建筑师共同开业。三位合伙人皆留学于美国宾夕法尼亚大学，系统地学习了西方古典建筑，同时也受到西方现代主义建筑思潮的影响。

现代主义建筑思潮产生于19世纪后期，成熟于20世纪20年代。其主张摆脱传统建筑形式的束缚，创造适应于工业化要求的建筑。这种建筑形式注重建筑形体和内部功能的结合，探求解决建筑的使用功能和经济问题的方式。而现代主义运动所强调的“设计为大众服务”也与中国旅的想法不谋而合，或许这也是首都饭店采用现代形式的原因。

首都饭店建设时间为1934年夏，1935年8月开业，据图签上曾于民国二十三年和民国

---

① 易伟新．近代中国第一家旅行社［D］．长沙：湖南师范大学，2003.
② 首都饭店［J］．中国建筑，1935，3（3）：21.
③ 中国旅行社．南京首都饭店［J］．旅行杂志，1935（7）.
④ 中国旅行社．南京首都饭店［J］．旅行杂志，1935（7）.
⑤ 中国旅行社．南京首都饭店［J］．旅行杂志，1935（7）.

二十四年修改的字样，推测至少从 1934 年开始华盖便已经开始设计出图。首都饭店是华盖较早的现代建筑的尝试。1935 年首都饭店落成，华盖于同年在《中国建筑》上以“国际式”概括其样式。且 1936 年童寯曾于中国建筑展览会上发表题为“现代建筑”的演讲，可见这一阶段华盖建筑事务所对于现代建筑风格的倡导。之后华盖的现代式建筑不断落成，南京城内较为有代表性的有：首都电厂（图 6-3-19）、审计部办公楼、美军顾问团宿舍工程[①]。

图 6-3-19 1936 年首都电厂建成历史照片

图片来源：http://news.xhby.net/system/2018/01/28/030787456.shtml

首都饭店建成时候屋顶为平屋面，设有阳光室、聚会室[②]，“屋顶有花园，凭栏远眺，南京全市历历在目”。这种设计手法或可与 1926 年柯布西耶提出的现代建筑五点中的屋顶花园相对应。柯布所提出的“屋顶花园”概念认为，在新的排水技术和结构形式下，屋顶不再有做坡形的必要性，可以是平的。其次屋顶也是好的空间，有最好的阳光和视野，应该加以利用。而首都饭店采用了这种形式，事实上也达到了设计师所期待的效果。

1936 年，华盖建筑事务所曾出图“四层加建客室平面图、屋顶平面图”，图签时间为民国二十五年四月四日，由丁宝训绘制。这次修建将原有屋顶花园和阳光间改造为客房。加建的四层与原有部分窗间墙材质有所不同，原中部体量升起统领两翼之感也被削弱。推测这次改造是出于中国旅希望增加客房数量的意愿。改建恰可反映出原屋顶花园的设计是出于建筑师的意愿，从中可看出中国建筑师对现代建筑的探索。

三、华侨招待所

（一）建筑概要

华侨招待所（现名江苏议事园酒店）位于中山北路 81 号，建造于 1930—1931 年，钢筋混凝土结构，用地面积约 6267 平方米，占地面积 1847 平方米，建筑面积约 3552 平方米。投资者为民国政府外交部。建筑由范文照设计，新锡记营造公司施工。（图 6-3-20~ 图 6-3-23）

（二）历史沿革

国民政府定都南京之初，曾于五洲公园设简易的华侨招待处。

---

① 蒋春倩 . 华盖建筑事务所研究 1931—1952［D］. 上海：同济大学，2008.

② 中国旅行社 . 南京首都饭店［J］. 旅行杂志，1935（7）.

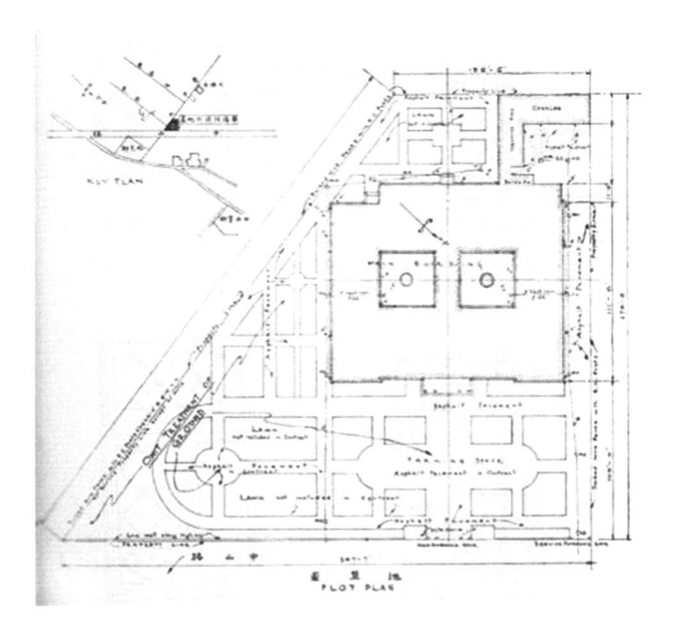

图 6-3-20 华侨招待所总平面图
图片来源：《建筑月刊》第一卷第五期，第 16 页

图 6-3-21 华侨招待所城市区位图
图片来源：东南大学周琦建筑工作室

图 6-3-22 华侨招待所历史照片
图片来源：《大匠筑迹》汪晓茜，252 页

图 6-3-23 华侨招待所建成后西侧照片
图片来源：《大匠筑迹》汪晓茜，253 页

由于该招待处条件简陋，加之此时国民政府希望华侨来国内投资等原因，1929 年 1 月中央决议建设华侨招待所，指定陈果夫及刘纪文筹备。选定位置后，国民政府即以 12 498 元的价格购入土地，按此基地绘图设计，以范文照建筑师的修正本为正式图样。1929 年 1 月，中央第四十九次常会决议，以 15 万元为预算建筑总额，投标建筑，由新锡记营造公司承造，其造价为 144 742 元，1930 年 5 月 10 日开工建设。后因添置设备及工程师等费用，华侨招待所建设费用合计为 240 234 元 1 角 4 分。值得注意的是，该项目工程师的酬资约 12 000 元[①]。

由于经费所限，华侨招待所未能按原定计划建设。筹备报告中提及“惟礼堂及东西两厢房屋，底脚均甚稳固，将来经济充裕，或应用不敷时，仍可加高至三层，以与正面相等”[②]。华侨招待所两侧厢房及礼堂部分最初均设计为 3 层，与东侧相同，由于经费短缺，厢房只建造了两层，礼堂仅建设了一层。

1934 年至 1936 年期间，华侨招待所多次举办“中国美术会”展览[③]。1937 年 12 月，侵

① 华侨招待所举行落成典礼［J］. 中央周刊，1931：155.
② 华侨招待所举行落成典礼［J］. 中央周刊，1931：155.
③ 司开国 . 华侨招待所与民国首都的美术记忆［J］. 美术研究，2013（2）：104-108.

华日军在南京进行了惨无人道的屠杀，华侨招待所在这期间成为南京国际安全区难民收容所之一，1938 年 1 月 3 日调查收容难民人数为 1100 人[①]。1948 年国民党进行“制宪国大”选举期间，孙科曾于华侨招待所设宴招待“国大”代表。1949 年之后，华侨招待所先后更名为江苏省招待所、江苏省人大常委会办公楼、江苏议事园。2006 年，华侨招待所被列为南京市文物保护单位（表 6-3-2）。

历史事件表　　表 6-3-2

时间	历史事件
1930.5.10	华侨招待所开工建设
1931.1.20	华侨招待所举行落成典礼，蒋介石出席并致辞
1934.9.15	“中国美术会成立展览会”在华侨招待所举行
1935.4.15	“中国美术会”第二届展览会在华侨招待所举行
1935.10.10—1935.10.16	“中国美术会”第三届展览会在华侨招待所举行
1936.4.18—1936.4.26	“中国美术会”第四届展览会在华侨招待所举行
1936.11.1—1936.11.8	“中国美术会”第五届展览会在华侨招待所举行
1937.12	华侨招待所成为南京国际安全区难民收容所之一
1937.12.16	侵华日军从避难于此的难民中间，搜捕所谓的有当兵嫌疑者 5000 余人，押解至下关码头，用机枪集体射杀后，弃尸江中
南京沦陷间	南京沦陷期间，华侨招待所成为汪精卫国民政府的中央党部
1945.8.27	冷欣在华侨招待所设立前进指挥所
1947	吴铁城将其改为营业性机构，经营旅馆
1948.4.20“行宪国大”召开期间	孙科在华侨招待所分批宴请“国大”代表，与代表们联络感情
1949.5	南京市军管会主任刘伯承、副主任宋任穷分别召集工人代表、学生会负责人、科学文化工作者、工商界代表在华侨招待所举行座谈会
2006	华侨招待所被列为南京市文物保护单位

（三）建筑现状及特征

华侨招待所选址于中山北路，距鼓楼约 960 米处。基地位于大方巷与中山北路的夹角处，呈梯形，上底宽约为 38 米，下底宽约为 105 米，腰长约 85 米，基地面积九亩四分，约 6300 平方米，招待所的选址靠近外交部及中央党部。由于建筑基地近似三角形，建筑正立面与中山北路平行，建筑退后街道约 30 米，空出前部场地为招待所的花园及入口广场，可供停车。

华侨招待所平面为“口”字形，轴线对称（图 6-3-24）。仅西南角内收 4 米，西北角有附属建筑连于主体建筑之上，为招待所的车库及锅炉房。一层平面由大堂、宴会厅及旅馆附属用房构成。入口八边形大厅联系三向走廊，正对大门的走廊直通宴会厅，其余两条走廊直通南北两侧楼梯且联系一层其余房间。二层为“U”字形，由 U 形走廊组织交通，除东侧部分为走廊双向布置客房外，南北两侧均为内走廊，单侧布置客房。三层平面为“一”字形，客房两侧排布，中间为走廊（图 6-3-25）。

如今华侨招待所房间功能与原有不同，但由《中央周刊》1931 年 5 月 21 日的报道仍可寻得相关线索：“（华侨招待所）第一层为礼堂，会客室、阅报室、休息室、弹子房、游艺室、食堂，第二、三层为宿舍、浴室、厕室，以及杂役室。”[②]

---

① 朱成山 . 考证南京难民收容所［J］. 江苏地方志，2005（04）：10-13.

② 华侨招待所举行落成典礼［J］. 中央周刊，1931：155.

华侨招待所以东立面为主要立面。东立面横向可分为基座、墙身及屋顶三段。基座部分为一层，采用石质贴面，打造其厚重感。中段为二、三层，墙身为拉毛水泥，窗间墙为壁柱，窗户划分及窗下墙装饰均采用中式。青灰色屋顶铺设圆筒瓦，高度约为 7 米，屋檐挑出约 1.6 米。自上而下三段的比例大致为 3:3:2。北立面由东侧大屋顶的三层体量与西侧两层体量构成。东侧部分仍保持与东立面统一的风格，西侧部分明显简化了装饰元素，仅仅以拉毛水泥饰面（图 6-3-26）。

华侨招待所为钢筋混凝土结构。东立面 11 跨，结构柱位置与立面壁柱相对应。立面基座部分采用石材贴面，墙体部分均施以拉毛水泥，壁柱、窗户及彩画等以彩色油漆涂刷。

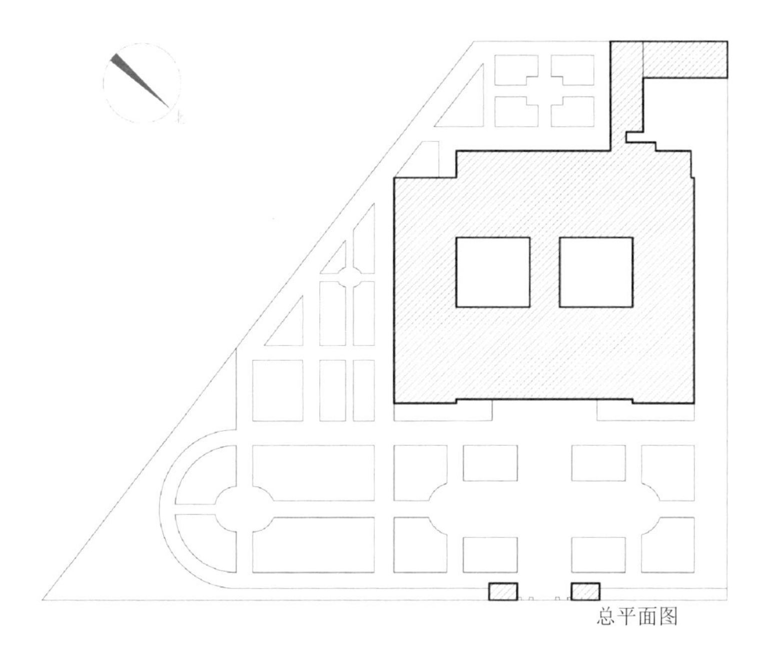

图 6-3-24 华侨招待所总平面图

图片来源：东南大学周琦建筑工作室

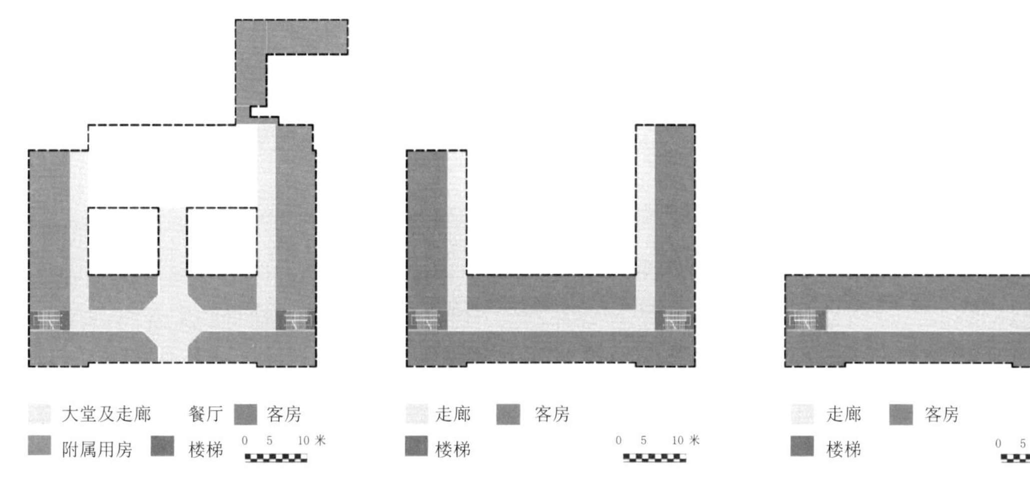

图 6-3-25 华侨招待所平面功能分析图

图片来源：东南大学周琦建筑工作室

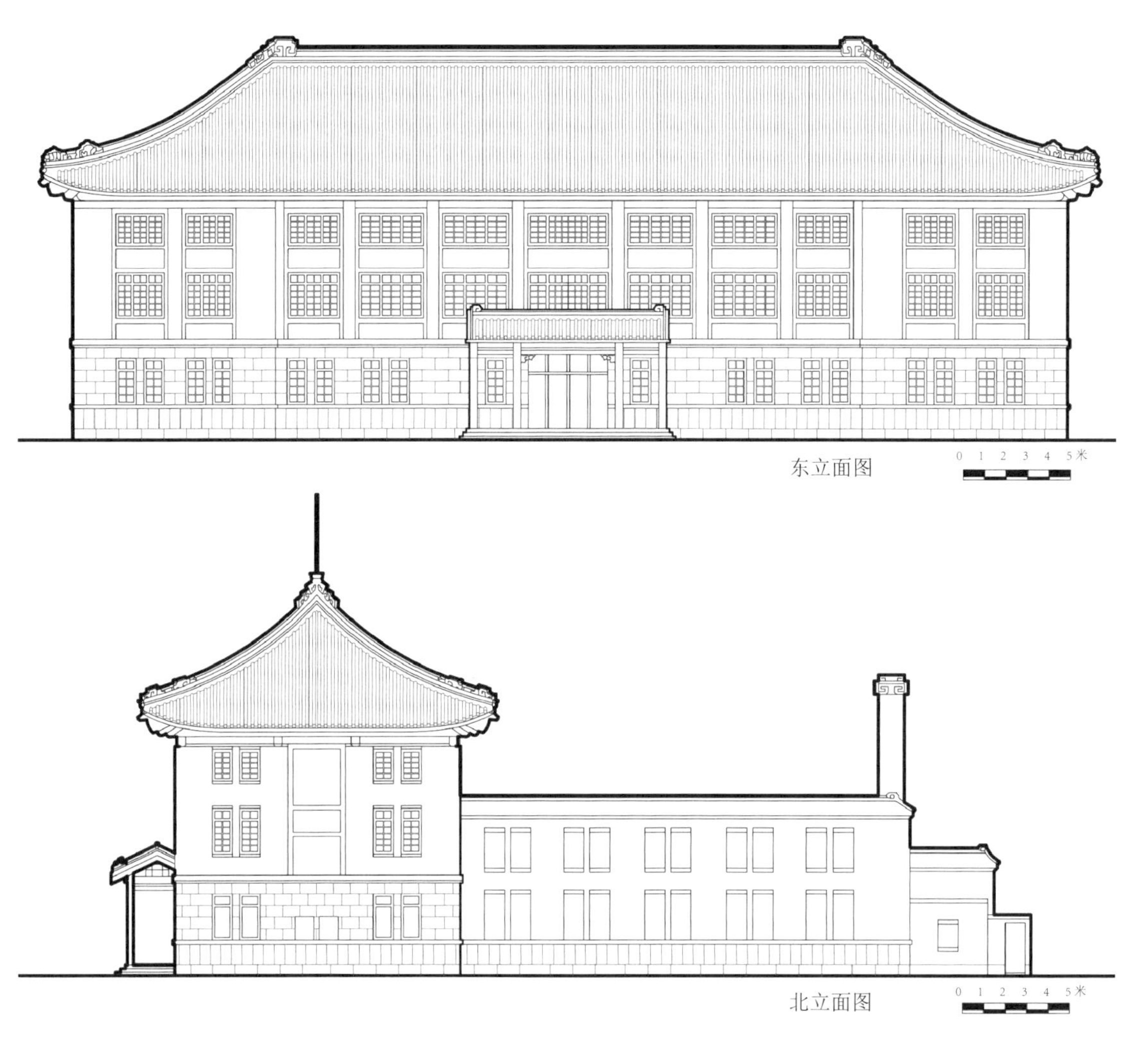

图 6-3-26 华侨招待所东立面、北立面图
图片来源：东南大学周琦建筑工作室

（四）历史评价与特征

1. 海外华侨与国民政府

国民党自革命之初直至建都南京，华侨贡献甚巨。从 1894 年兴中会建立到武昌起义后的光复斗争，华侨捐款筹饷，成为孙中山等坚持革命斗争的物质保证。1912 年中华民国成立，南京临时政府财政极度困难之时，也是依靠海外华侨资助度过。在中国严重的民族危机和社会矛盾激化的历史背景下，海外华侨追随孙中山，从财力、人力、物力上都为革命作出巨大贡献。孙中山更曾说过“华侨为革命之母”。至 1927 年民国政府建都南京，1929 年便筹备建设华侨招待所，1931 年 5 月招待所建成。落成典礼上，蒋介石、陈果夫、余井塘、曾养甫及宾客 500 余人到场，《中央周刊》报道蒋介石致辞如下：

“总理革命四十年，得侨胞赞助之力颇多，故中国得造成同一之基础，今日华侨招待所成立，余有无穷之感想，（一）本党革命成立，侨胞之力实居第一位，（二）政府奠都南京后，无时无刻不以侨胞为念，首都建设，甫在开始之时，中央党部，国名政府之新址，均未建造，而华侨招待所，已首先落成，于此可见本党敬重华侨之意，盖无微不至，希望以后侨胞，更能拥护中央，一致努力建设工作云云”①。

报道可知，对侨胞长期支持的敬意及希望其大力投资国内工商业是国民政府着力建设华侨招待所的直接原因。20 世纪 30 年代初，资本主义世界爆发大规模经济危机，华侨在海外的事业受到冲击，国民政府即先后颁布《特种工业奖励法》《华侨回国兴办实业奖励办法》及《华侨投资国内矿业奖励条例》等政策法规，对华侨在国内兴办实业和各种公益事业给予特别奖励和保护，吸引侨资发展国内实业②。华侨招待所建设的优先权和建筑所采用的传统中国式都直接表达了国民政府对侨胞的重视态度。

2. 范文照与中国固有式

华侨招待所为范文照设计。范文照 1893 年生于上海，1917 年上海圣约翰大学毕业，土木工程系学士学位，1919 年到 1921 年就读于美国宾夕法尼亚大学建筑系，范文照接受了学院派（Beaux-Arts）教育的培养，系统学习了西方古典建筑语汇。回国后不久，范文照便参与了南京中山陵和广州中山纪念堂的设计竞赛，都是“中华古典”大屋顶风格，但两次竞赛皆惜败，分别获得第二奖和第三奖。这两次竞赛启发范文照对中国传统建筑的探索。

1927 年，范文照在上海创办了自己的事务所：范文照建筑师事务所，赵深加入事务所与其共事。1930 年到 1931 年间，范文照与赵深合作了南京市铁道部、励志社和华侨招待所③。

观其在南京的三栋建筑作品，都是大屋顶的中国传统式风格。铁道部大楼平面为长条形，中间一栋为重檐庑殿顶，其余为歇山顶，琉璃瓦屋面和青灰色墙面，细节上采用了斗拱、门楣等元素（图 6-3-27）；励志社为“品”字形分布的三栋建筑组成的建筑群（图 6-3-28），大礼堂为重檐攒尖屋顶，其余两栋分别为庑殿顶和歇山顶；华侨招待所采用传统宫殿式屋顶，入口处为卷棚顶。三个项目的中国式风格源于《首都计划》中“以大体言，政治区之建筑物，宜尽量采用中国固有之形式，凡古代宫殿之优点，务当一一施用”④。国民政府认为传统样式的建筑风格对国民来说更具文化认同感。

图 6-3-27 铁道部

图片来源：http://www.chinamaxicard.com/forum.php?mod=viewthread&tid=178176

图 6-3-28 励志社

图片来源：《首都空中游览》，1936 年第 116 期

---

① 华侨招待所举行落成典礼［J］. 南京：中央周刊，1931：155.

② 张赛群 . 论抗战期间国民政府的侨资引进政策［J］. 华侨大学学报（哲学社会科学版），2019（1）：72-80.

③ 首都华侨招待所明春可完工［N］. 时事新报，1930-12-5.

④ 国都设计技术专员办事处 . 首都计划［M］. 王宇新，王明发，点校 . 南京：南京出版社，2006：9.

四、福昌饭店

（一）建筑概要

福昌饭店位于中山路75号，建于1935—1936年，钢筋混凝土结构（图6-3-29、图6-3-30）。占地约256平方米，建筑面积约1536平方米。投资者为丁福成。建筑由华盖建筑事务所设计，顺源营造厂施工。

图 6-3-29 福昌饭店

图片来源：http://js.ifeng.com/humanity/zt/detail_2014_05/09/2250042_0.shtml

图 6-3-30 福昌饭店城市区位图

图片来源：周琦建筑工作室绘制

（二）历史沿革（表 6-3-3）

推测福昌饭店建造时间为1935年，直到1936年10月1日正式营业，由上海华盖建筑师事务所设计，顺源营造厂承建。叶皓在《民国建筑的故事》中记叙“1935年，丁福成出资在当时的南京市中心新街口兴建了一座大楼，取名‘福昌饭店’”；丁福成口述的《德商礼和洋行在华经营军火活动情况》中提到，“一九三五年在南京新街口建造了六层大楼，即福昌大楼，并开设福昌饭店，在南京旅馆中堪称是第一流的”①；1936年10月南京工务局和地政局要求福昌饭店主人交纳房捐的文档中，记载福昌饭店1936年10月1日新屋落成营业，其房屋建筑价值为40 500元，地皮价值为6756元②。

历史事件表 表 6-3-3

时间	历史事件
1935	建造福昌大楼
1936.10.1	福昌饭店落成营业
1937.12.2	中英文化协会主席在福昌饭店举行告别晚宴，拉贝等人应邀参加
1937.12.8	福昌饭店膳请南京各医院院长聚餐，商量伤兵收容及转运的办法
1937.12.9	福昌饭店主人丁福成外出避难。饭店由德商上海保险公司代表、南京国际安全区委员会委员爱德华·施佩林代管

① 丁福成．德商礼和洋行在华经营军火活动情况［M］//《文史资料选辑》编辑部．文史资料选辑合订本．北京：中国文史出版社，2000.

② 南京市档案馆，《请查复新街口福昌饭店房屋造价低价由》，档案号10010020395（00）0067。

续表 6-3-3

时间	历史事件
1937.12.13	福昌饭店遭到日军劫掠，饭店内物资被日军抢走
1937.12.19	福昌饭店、世界剧场（后称延安剧场）附近遭炸弹轰炸，负责管理饭店的施佩林被玻璃的碎片击中，受轻伤
1937.12.13	福昌饭店被汪精卫政府接管，成为军政要员聚会、议事的场所
1945.8	重庆方面国民党代表与日本驻中国派遣军司令官冈村宁次在福昌饭店密谈日军的受降事宜
1948	李宗仁竞选副总统期间，福昌饭店为竞选总部
1949—1952	福昌饭店由大建公司承租，做办公之用
1952	南京市人民政府交际处承租，作为重要的内外宾接待场所，其间卢森堡大公、溥仪和华罗庚等曾光临
1966	更名为南京“胜利饭店”
1966	福昌饭店接待溥仪、溥杰兄弟
1992	重新改造开业，并恢复旧名
2006	福昌饭店被列为南京市文保单位

（三）建筑现状及特征

福昌饭店平面呈不规则梯形，沿街东立面宽 16.98 米，西立面宽 16.5 米；北立面宽 14.45 米，南立面宽 16.8 米，同样相差约 2 米，建筑占地面积为 256 平方米。福昌饭店基地首先顺应原有城市肌理，垂直于基地西侧城市道路而呈现出倾斜态势。1929 年中山路建成后成为南京城中的主干道，迫使福昌饭店沿街面与其平行。原有城市肌理与新建干道的矛盾作用于福昌饭店，使其呈现出特殊的形态。

福昌饭店共六层，其中一、二、三层为公共空间，一层为大厅，二层为餐厅、三层为宴会厅。目前福昌饭店虽仍作为旅馆经营，但一层大部分已出租。一层入口处现为前台，空间狭小，末端房间为附属用房。二层现为超市，三层则为旅馆经营的餐厅。餐饮空间由结构柱为依据划分，其间由可移动格栅灵活分隔。铺设木质地板，墙壁、柱子均饰以木质贴面，天花采用格纹吊顶。由于层高较低，空间仍略显憋闷。饭店四到六层为客房层，每层设有 6 间客房，整座饭店仅 18 间客房。客房层平面布局紧凑，交通空间及附属用房集中于一侧，朝向较好的完整空间作为客房。客房中央走廊宽敞，客房内部设卫生间和衣帽间。

福昌饭店以沿中山路界面的东立面为主要立面。东立面为三段式的处理：其上下、左右均可分为三部分。纵向三段，下段一层为旅馆入口空间。中段四层，由石墙分隔，石墙内侧饰有一圈弧形带状纹样，该带状纹样由定制砌块拼接而成。窗退后于窗间墙，窗间墙由特制砌块拼接形成类似柱式凹槽的竖向划分，客房分隔墙恰藏于细薄的窗间墙后。窗下墙也饰有突出墙体的纹样。上段一层，其与中段分隔处由内凹弧形线脚装饰，细致精美。端部由图案繁冗的铁艺栏杆收头。南北立面整体简洁，北立面中部设有凹槽，增加了建筑的雕塑感。

建筑为钢筋混凝土结构，基础为木桩独立基础，木桩经防腐处理。在三至六层三跑楼梯未经装饰处，地面为水磨石地面。

福昌饭店立面有丰富的装饰元素，墙体内侧饰有一圈弧形带状纹样，该带状纹样由定制砌块拼接而成。窗退后于窗间墙，窗间墙由特制砌块拼接形成类似柱式凹槽的竖向划分，客房分隔墙恰藏于细薄的窗间墙后。三层至六层楼梯均为水磨石地面，饰以水磨石墙裙、大理石踢脚，且在楼梯转角处做弧面处理，细节设计考究，饭店电梯为 20 世纪 30 年代美国奥的斯

(OTIS) 公司 ① 的手摇式电梯，彼时南京城仅有两部，一部在国民政府子超楼内，一部便在福昌饭店。手摇式电梯采用钢缆拉伸轿厢，轿厢西侧另设供电梯平衡铁块升降的坑道。这一特殊构造被保留下来，1991 年，手摇式老电梯拆除，在原来的坑道上重建一部搭载 4 人的小电梯，并在原来放铁块的地方，重新修建了一部大的电梯供旅馆使用 ②。（图 6-3-31）

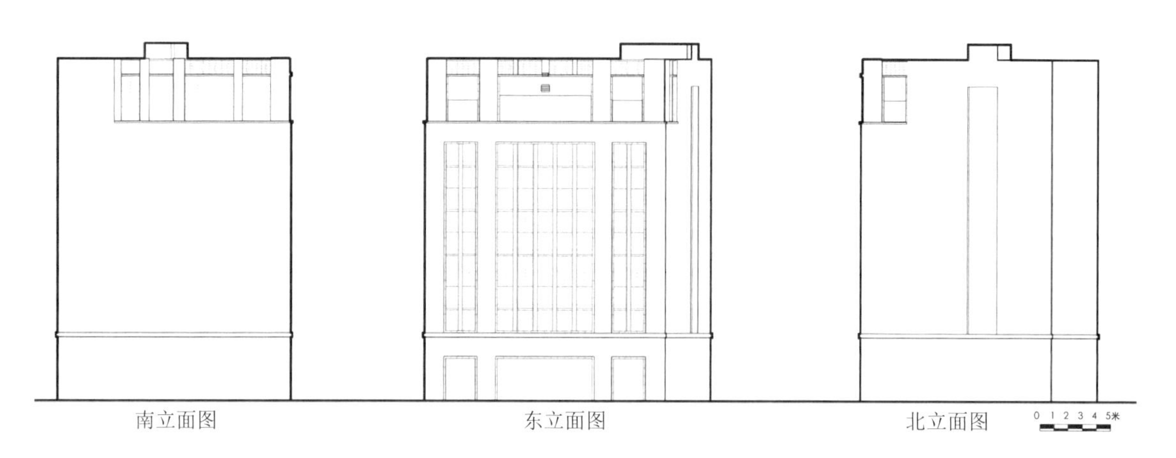

图 6-3-31 福昌饭店立面复原推测图
图片来源：东南大学周琦建筑工作室

（四）历史评价与特征

1. 饭店主人丁福成生平

丁福成生于 1897 年，浙江宁波人，是中国近代知名民族企业家。少时留学美国，回国后从事贸易工作。因其胞兄在上海开设仪器仪表制造厂而与德国礼和洋行有业务往来，丁福成与礼和洋行总经理刘伦士相识，从而在南京开设福昌贸易行以代理礼和洋行所经营事务，销往南京市场。从 1930 年 8 月起到年底的 5 个月内，福昌贸易行先后与内政部卫生署、财政部、中央军校等机关做成总值约金马克五百万元的生意，而丁福成个人所得佣金约为金马克十万元。与政府的大规模交易使礼和洋行认为有必要在南京设置办事处，由丁福成负责管理运营。于是丁福成在中山北路购置地皮建筑楼房，作为礼和洋行的办事处。1933 年，丁福成于双石鼓路双石新村，建筑几幢花园洋房专事出租。1934 年，又于三步二桥建筑了自宅，同年向财政部销售卜福斯山炮和卜福斯高射炮，获巨额佣金。1935 年在新街口建造六层的福昌大楼，开办福昌饭店 ③。

2. 华盖建筑事务所及福昌饭店

为了树立高端品牌形象，丁福成委托华盖建筑事务所对福昌大楼进行了设计。华盖三

① 奥的斯电梯公司 OTIS：由世界电梯工业的发明者伊莱沙·格雷夫斯·奥的斯先生于 1853 年在美国创立。1900 年，奥的斯公司在上海的上海大厦销售并安装了中国历史上的第一部电梯，开启了中国电梯史的篇章。20 世纪 30 年代，奥的斯公司在上海设立了区域总部，成为当时公司在远东的业务核心。

② 毛丽萍，胡玉梅 . 上世纪 30 年代南京第一高楼［N］. 现代快报，2009-04-20（A22）.

③ 丁福成 . 德商礼和洋行在华经营军火活动情况［M］//《文史资料选辑》编辑部 . 文史资料选辑合订本 . 北京：中国文史出版社，2000.

位合伙人皆留学于美国宾夕法尼亚大学，系统地学习了西方古典建筑。他们在美国学习或实习期间，美国 Art Deco 风格从无到有，成为摩登艺术风格的中心，这是三人由美国回国前接触到的最新的建筑思想和样式。而 20 世纪 20 年代晚期，Art Deco 在上海也开始流行起来，至 30 年代前期最为繁荣，同时这种风潮由上海传入南京，福昌饭店身上也体现出 Art Deco 的风格。

五、国际联欢社

（一）建筑概要

国际联欢社（现名南京饭店）位于中山北路259号，钢筋混凝土结构，用地面积约17.05亩，占地面积（扩建后）约 2362 平方米，建筑面积（扩建后）约 5219 平方米。投资者为国民政府外交部。一期工程建造于 1935—1936 年，由基泰工程司建筑师梁衍设计，裕信营造厂施工，总造价国币 15.96 万元。二期工程建造于 1946—1947 年，由基泰工程司建筑师杨廷宝设计，弘毅营造厂施工，总造价国币“叁億陆仟萬圆”。（图 6-3-32、图 6-3-33）

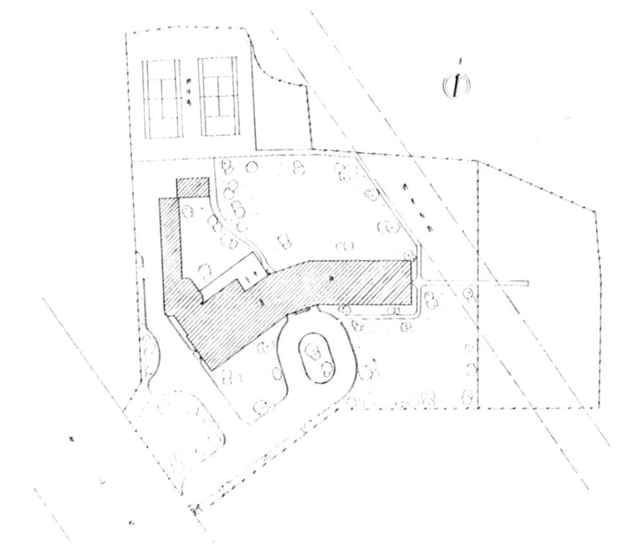

图 6-3-32 总平面图

图片来源：《建筑月刊》第一卷第五期，第 16 页

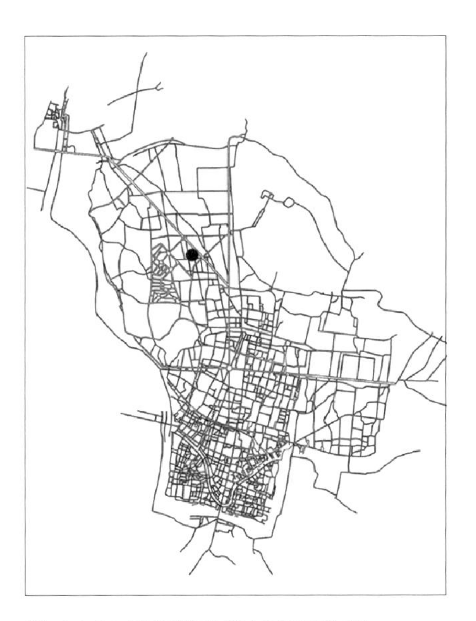

图 6-3-33 国际联欢社城市区位图

图片来源：东南大学周琦建筑工作室

（二）历史沿革（表 6-3-4）

叶皓的《南京民国建筑的故事》中，“1946 年，国民政府外交部决定在国际联欢社原有房屋基础上，扩建一座餐厅及附属用房，并就此事在《中央日报》《大刚报》上登报招标，投标的有华业、弘毅、华北、王荣记、鲁创、顺源、森记、金陵、同益、新星记 10 家营造厂，同年 11 月 26 日，在外交部礼堂当众开标，华业营造厂以国币 246 225 200 元的报价中标[①]。”南京市档案馆中“外交部国际联欢社新建房屋工程合同”显示 1946 年 12 月 12 日，外交部与弘毅营造厂签订了联欢社新建房屋的合同，从合同内容中得知“承办本合同与图样

① 叶皓．南京民国建筑的故事［M］．南京：南京出版社，2010：158.

做法说明书及章程内所载全部工程之工料总价国币叁億陆仟萬圆”[①]，见图 6-3-34。虽然开标时中标者为华业营造厂，但具体合同中签订者为弘毅营造厂。

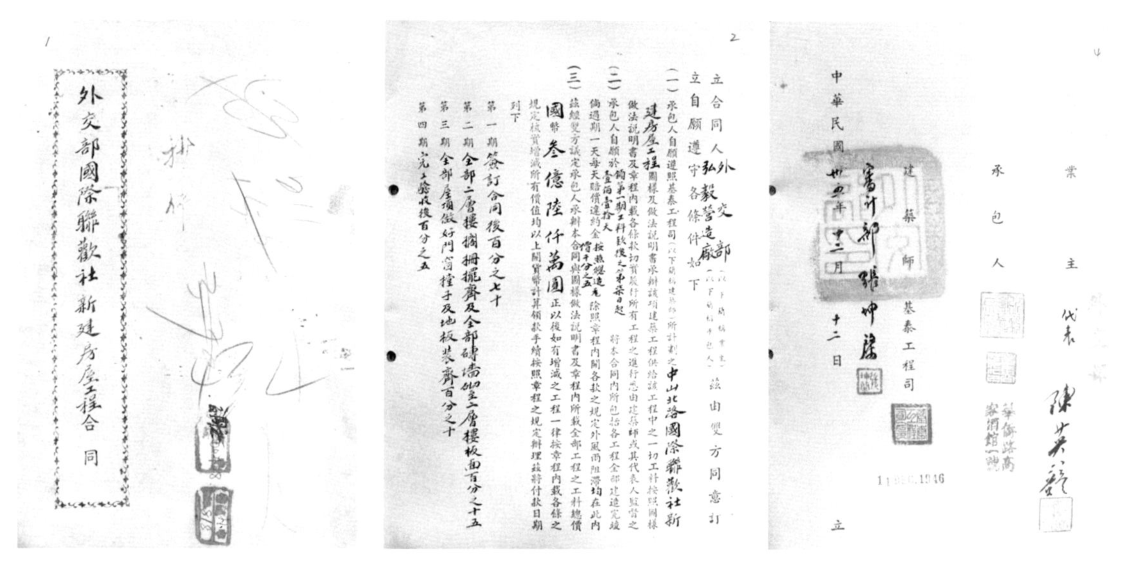

外交部國際聯歡社新建房屋工程合同

立合同人外交部（以下簡稱業主）弘毅營造廠（以下簡稱承包人）茲由雙方同意訂立自願遵守各條件如下

（一）承包人自願遵照基泰工程司（以下簡稱建築師）所計劃之中山北路國際聯歡社新建房屋工程圖樣及做法說明書承辦該項建築工程供給該工程中之一切工料按照圖樣做法說明書及章程內載各條款切實履行所有工程之進行悉由建築師或其代表人監督之

（二）承包人自願於[illegible]將本合同內所包括各工程全部建造完竣倘逾期一天每天賠償違約金[illegible]除照章程內關各款之規定外風雨阻滯均在此內

（三）茲經雙方議定承包人承辦本合同與圖樣做法說明書及章程內所載全部工程之工料總價國幣叁億陸仟萬圓正以後如有增減之工程一律按章程內載各條之規定核實增減所有價值均以上開貨幣計算領款手續按照章程之規定辦理茲將付款日期列下

第一期 簽訂合同後百分之七十

第二期 全部二層樓擱柵擺齊及全部磚墻砌至二層樓板面百分之十五

第三期 全部屋頂做好門窗樘子及地板裝齊百分之十

第四期 完工驗收後百分之五

中華民國卅五年十二月十二日

建築師 基泰工程司

業主 外交部

承包人

立

图 6-3-34 外交部国际联欢社新建房屋工程合同

图片来源：南京市档案馆，外交部国际联欢社新建房屋工程合同，档案号 102200000010143（00）0005

历史事件表 表 6-3-4

时间	历史事件
1929	“国际联欢社”团体成立，在三牌楼将军庙活动
1935.6	时任行政院长兼外交部部长汪精卫请行政院批准拨款 12 万银元，建造国际联欢社
1935.12	于三步两桥附近的中山北路沿街购地建造国际联欢社新址
1936	国际联欢社新址竣工
1937.5.16	爱国教育家马相伯在国际联欢社举行 98 岁寿宴
1937.11.25	南京市市长马超俊邀请滞留在南京的欧美人士在国际联欢社举行会议
1940.3.20-22	汪精卫在此召开“中央政治会议”
1946.7.13	华侨招待所内设立古巴公使馆
1946.10.8	华侨招待所内设立丹麦公使馆
1946.12	国际联欢社原有房屋基础上，扩建一座餐厅及附属用房
1947.8	扩建部分竣工
1992	国际联欢社被列为南京市文物保护单位
2002.10.22	国际联欢社被列为第五批江苏省文物保护单位

（三）建筑物现状及特征

国际联欢社一期与二期建筑体量均为“U”形，加建部分向北延伸，由 50 度的圆弧形体量连接（图 6-3-35）。由于新建房屋使用功能为公寓，旋转 50 度恰使得该体量处于正南北，增加室内的采光。二期工程扩建增加了餐厅及附属用房，从一层平面上看，餐厅及储藏间办公室等位于“U”形体量南侧，北侧为一梯两户的公寓，公寓均设一间起居室两间卧室一厨一卫。二层部分设 5 间公寓，除两翼部分各有两间外，在连接体部分又增一间。4 间公寓为

① 南京市档案馆，外交部国际联欢社新建房屋工程合同、做法说明书，档案号 102200000010143（00）0005。

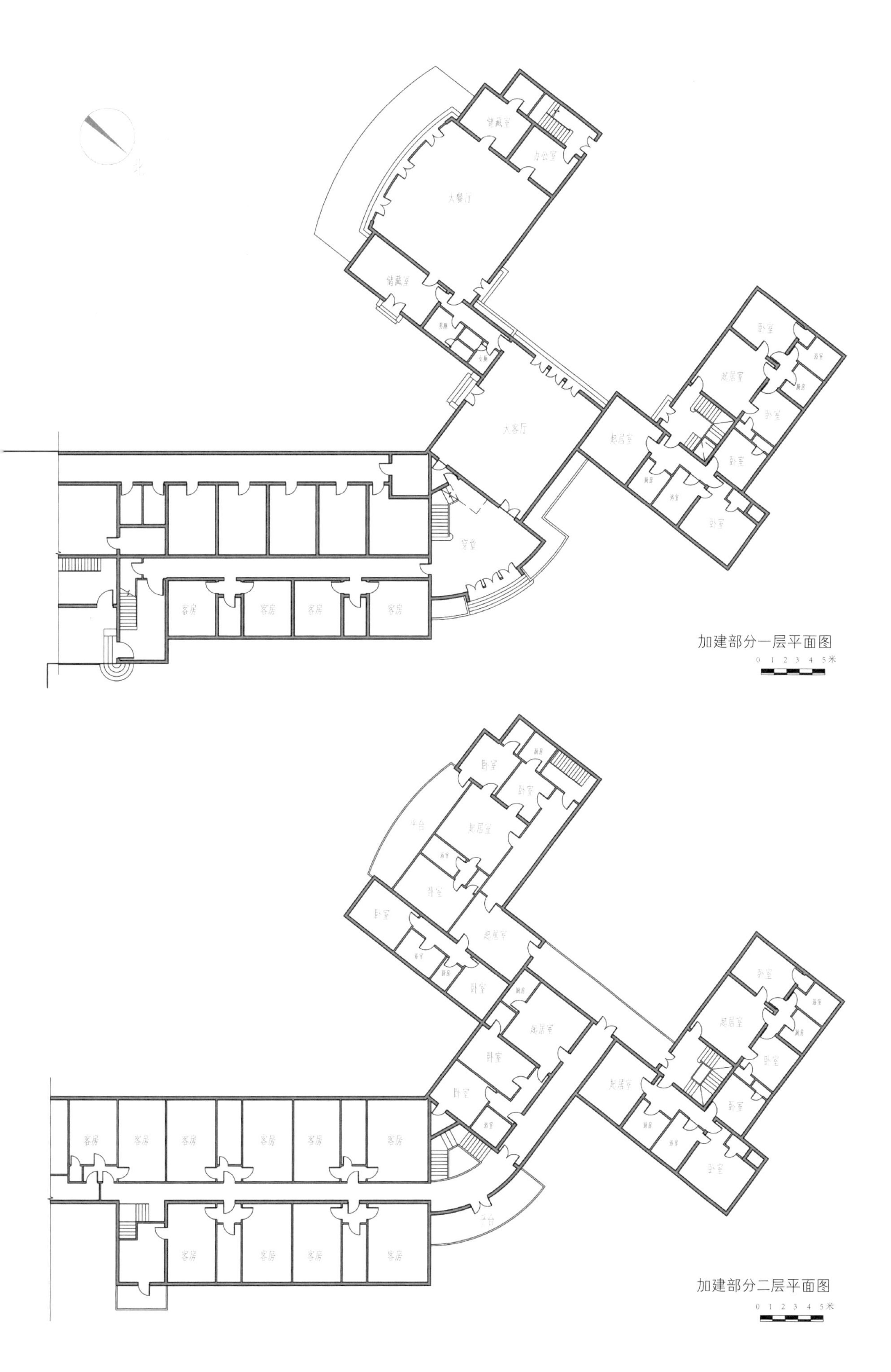

加建部分一层平面图

加建部分二层平面图

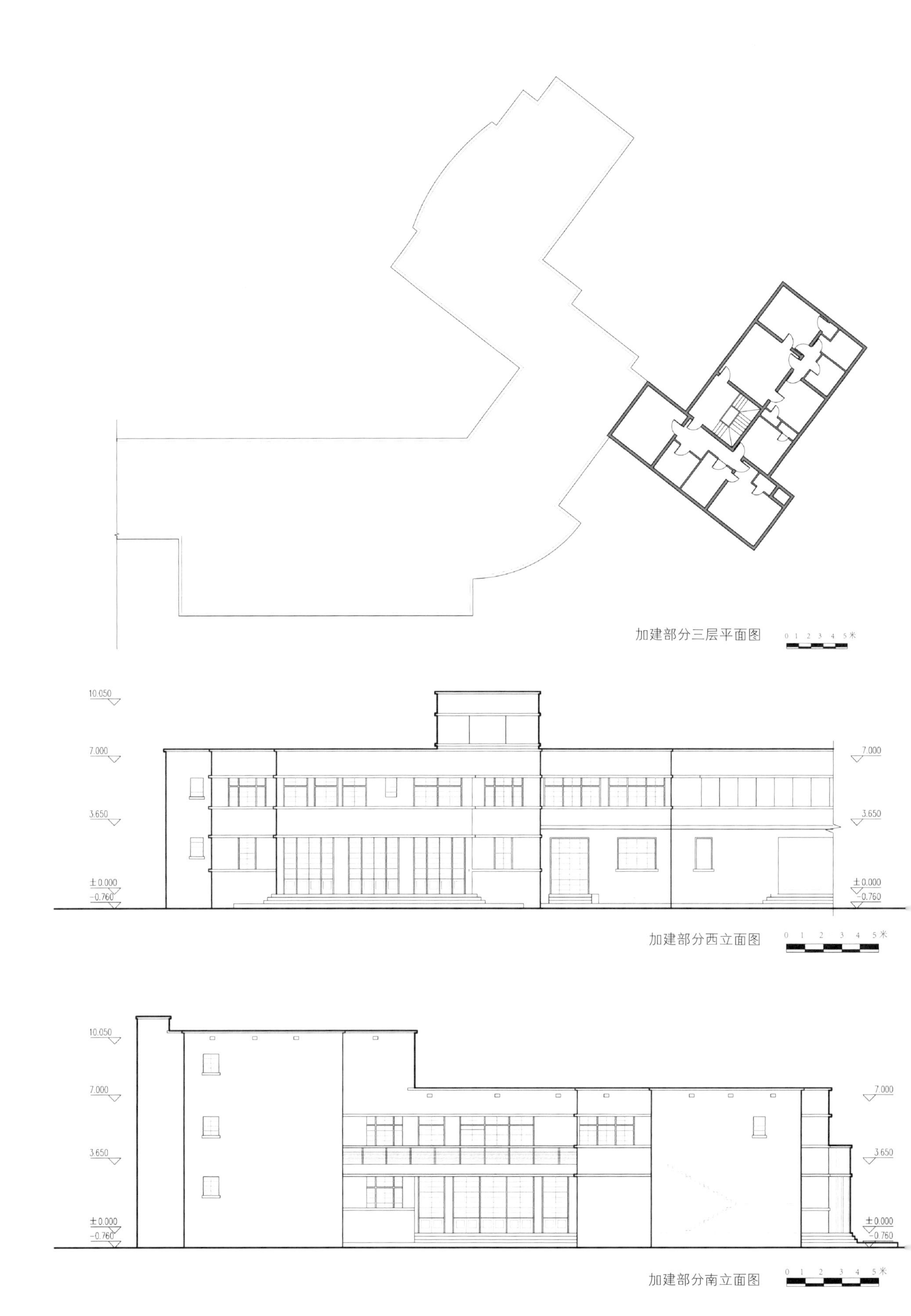

图 6-3-35 加建部分设计图

图片来源：东南大学周琦建筑工作室

一间起居室两间卧室一厨一卫，仅一间南向带露台的套型包含3间卧室。北侧部分升起三层，套型与一、二层相同。

国际联欢社立面造型简洁，一期与二期均采用几何元素构图。西立面入口处圆形体量与矩形体量相交接。立面上半圆形体量高起，4根柱子强调圆弧的造型，窗户及窗下墙内收，柱子在立面上留下深重的阴影。180度的半圆形雨篷突出圆形体量，其下为黑色花岗石饰面，内嵌“国际联欢社”及“基泰工程司设计民国贰拾伍年”“Club NanKing International Kwan, Chu&Yang Architects & Engineers 1936”的字样。一期工程的西立面采用大片落地玻璃与南端高起的实体相连，虚实结合，造型简练，体现出现代建筑风格。（图6-3-36）

国际联欢社为钢筋混凝土结构。入口空间、储藏室采用磨石子地面，内部客厅及起居室、办公室采用美松木地板，钢门钢窗，公寓内门为木质。

图6-3-36 国际联欢社历史照片
图片来源：中国知网

（四）历史评价与特征

1. 国际联欢社与基泰建筑事务所

国际联欢社一期工程于1935年12月至1936年竣工，由基泰工程司建筑师梁衍设计，裕信营造厂承建。二期扩建工程于1946年开工，由基泰工程司建筑师杨廷宝设计，弘毅营造厂承建[①]。

梁衍毕业于耶鲁大学建筑系，曾在美国莱特建筑事务所工作，他1934年加入基泰工程司，任设计师。此时，“现代建筑”正进入国际建筑领域与视野中，影响着世界建筑潮流的发展，其主张摆脱传统建筑形式的束缚，创造适应于工业化要求的建筑，考虑到建筑的经济性，与外交部“不使国库增加新负担，而主权不致旁落”的初衷相契合。

杨廷宝毕业于宾夕法尼亚大学建筑系，与路易斯·康是同班同学。他于1927年加入基泰工程司，主要负责建筑设计工作。硕士学习期间师从保罗·克瑞，系统地学习西方古典样式。

杨廷宝于1946年主持国际联欢社的加建工程，1947年8月加建竣工。加建工程从使用功能出发，考虑到新增的功能为餐厅和公寓，设计师将建筑扭转50度使朝向为正南北。立面设计材料、划分等均与原有建筑保持一致。

① 南京市档案馆，外交部国际联欢社新建房屋工程合同，档案号102200000010143（00）0005。

六、美军顾问团宿舍

（一）建筑概要

美军顾问团宿舍（现名华东饭店）位于北京西路 67 号，建造于 1946 年，钢筋混凝土结构，2 栋建筑占地面积均 1900 平方米。建筑总面积约 15 000 平方米。投资者为国民政府后勤部。建筑由华盖建筑师事务所设计，结构设计由蔡显裕工程师事务所主持。施工方为成泰营造厂。地价为国币 64 485 898 元。（图 6-3-37~ 图 6-3-39）

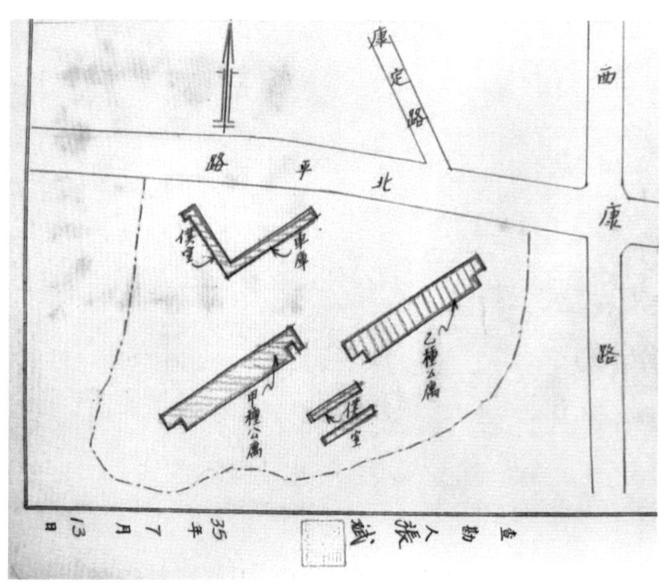

图 6-3-37 1946 年 7 月美军顾问团宿舍勘测总平面图

图片来源：南京市档案馆，呈报美军顾问团官舍建委会拟在北平路西康路口建公寓及市政府，档案号 10030080585（00）0001

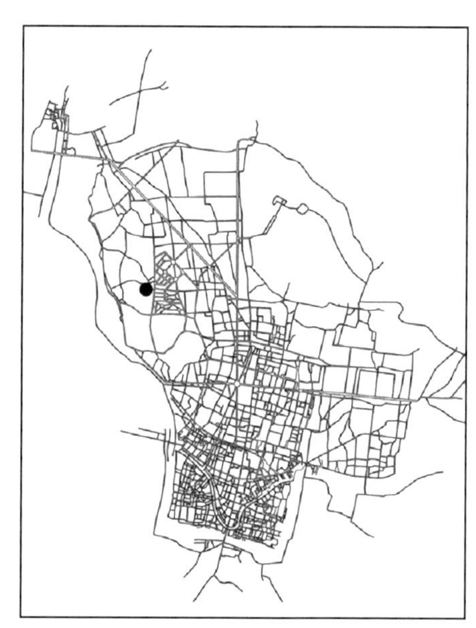

图 6-3-38 美军顾问团宿舍城市区位图

图片来源：东南大学周琦建筑工作室

图 6-3-39 美军顾问团宿舍历史照片

图片来源：童寯 . 童寯文集：第二卷［M］. 北京：中国建筑工业出版社，2001.

（二）历史沿革（表 6-3-5）

美军顾问团是美国在华的一个独立机构，直属于美国最高军事指挥部门。它成立于 1946 年 2 月 20 日，称为“南京总部”，总部设在国民政府国防部大院内。1946 年 10 月 28 日，为了避免造成直接卷入中国内战的不良影响，“南京总部”改名为美国陆军顾问团，与 1945 年 11 月 23 日成立的美国海军顾问团调查组合在一起，称为美国驻华军事顾问团[①]。

历史事件表 表 6-3-5

时间	历史事件
1946.2.20	“美军顾问团宿舍”成立，名为“南京总部”
1946.5.27	美军顾问团宿舍工程建筑委员会第七次会议记录，会上开标，成泰营造厂报价最低
1946.10.28	“南京总部”改名为美国陆军顾问团
1946.9.7	南京市工务局批准营建美军顾问团公寓
1946	竣工，作为励志社南京第一招待所专供美军顾问团成员和家属居住
1949	“美军顾问团宿舍大楼”成为中共南京市委所在地
1950	美军顾问团宿舍大楼由华东军区、第三野战军司令部招待处接管
1952—1955	成为苏联军事顾问团南京军区分团所在地，简称“苏联专家招待所”
1969.8	美军顾问团宿舍大楼改称南京军区华东饭店
1992.3.17	美军顾问团宿舍大楼被列为第二批南京市文物保护单位

（三）建筑物现状及特征

美军顾问团宿舍大楼每栋皆为 4 层，底层为大厅，并设有办公室、美容室、游艺室、餐厅、厨房等，二层至四层为公寓式房间，每间公寓皆设有卧室、起居室、厨房、卫生间，每栋都有 57 套。屋顶设有露天广场，供应冷饮且有放映设备[②]。

公寓里面造型简洁，带型钢窗突出于建筑主体并形成横向划分，除在女儿墙顶部和窗台处有简单压线外，立面基本没有任何装饰。玻璃与墙体形成强烈的虚实对比。

建筑结构为钢筋混凝土和砖墙混合结构。建筑平面为长方形，其平面开间方向使用了六柱五跨钢筋混凝土框架，跨距相差较大，长跨达 6.25 米，而短跨仅 1.2 米。进深方向中跨较大，边跨较小。在构造上采用特殊做法：如第四层框架柱相比下面三层界面变小；楼板与梁柱结合部相近处使用“夹腋”的处理方法等[③]。

在内部设施布置上，暖卫等设备一应齐全。楼梯扶手、栏杆、踏步、墙裙均用彩色水磨石装饰，楼地坪采用纸浆地板。童寯曾回忆道：“为使这些洋人起居舒适如要有宾至如归之感，把我们所熟悉的美国生活方式都用在这公寓，用了很多高贵材料，连铺地的油毡也是从美国进口。”[④]

---

① 叶皓 . 南京民国建筑的故事［M］. 南京：南京出版社，2010.

② 南京市地方志编纂委员会 . 南京建筑志［M］. 北京：方志出版社，1996.

③ 李海清 . 中国建筑现代转型［M］. 南京：东南大学出版社，2004：164-165.

④ 童寯 .“文革”中思想汇报 .1968.1 ～ 1969.5［未刊］

参考文献

第一章

[1] 董鉴泓．中国城市建设史 [M]. 北京：中国建筑工业出版社，1989.

[2] 何一民．中国城市史纲 [M]. 成都：四川大学出版社，1994.

[3] 徐苏斌．近代中国建筑学的诞生 [M]. 天津：天津大学出版社，2010.

[4] 南京市地方志编纂委员会．南京城市规划志 [M]. 南京：江苏人民出版社，2008.

[5] 南京市政筹备处．南京市政计划书·序 [Z]. 南京市政筹备处 (发行)，1926.

[6] 国都设计技术专员办事处编．首都计划 [M]. 王宇新，王明发，点校．南京：南京出版社，2006

[7] 南京市地方志编纂委员会．南京市政建设志 [M]. 深圳：海天出版社，1994.

[8] 孟建民．城市中间结构形态研究 [M]. 南京：东南大学出版社，2015.

[9] 南京出版社．老地图·南京旧影 [M]. 南京：南京出版社，2012.

[10] 蒋廷黻．中国近代史 [M]. 上海：上海世纪出版集团，上海古籍出版社，2006.

[11] 罗玲．近代南京城市建设研究 [M]. 南京：南京大学出版社，1999.

[12] 董佳．民国首都南京的营造政治与现代想象 [M]. 南京：江苏人民出版社，2014.

[13] 齐康．杨廷宝的建筑学术思想：纪念杨廷宝先生诞辰 100 周年 [J]. 建筑学报，2002（3）：32-35.

[14] 王建国．杨老建筑生涯中的民族情结：从原中央研究院社会科学研究所设计谈起 [J]. 新建筑，2001（6）：14.

[15] 国民政府首都建设委员会秘书处．首都建设 [M]. 国民政府首都建设委员会秘书处，1929.

[16] 杨永生．中国四代建筑师 [M]. 北京：中国建筑工业出版社，2002.

[17] 卢海鸣，杨新华．南京民国建筑 [M]. 南京：南京大学出版社，2001.

[18] 赖德霖．近代哲匠录：中国近代重要建筑师、建筑事务所名录 [M] ．北京：中国水利水电出版社，知识产权出版社，2006.

[19] 潘谷西．南京的建筑 [M] ．南京：南京出版社，1995.

[20] 刘先觉．中国近现代建筑艺术 [M]. 武汉：湖北教育出版社，2004.

[21] 刘先觉，张复合，村松伸，等．中国近代建筑总览：南京篇 [M]. 北京：中国建筑工业出版社，1992.

[22] 中共南京市下关区委员会，南京大学文化与自然遗产研究所．百年商埠：南京下关历史溯源 [M]. 南京：凤凰出版传媒集团，江苏美术出版社，2011.

[23] 杨新华，王宝林．南京山水城林 [M]. 南京 : 南京大学出版社，2007.

[24] 南京市政府秘书处．新南京 [M]. 南京 : 南京共和书局，1933.

[25] 王建国，等．后工业时代产业建筑遗产保护更新 [M]. 北京：中国建筑工业出版社，2008.

[26] 李帆，邱涛．近代中国的民族国家建设 [M]. 北京：商务印书馆，2015.

[27] 黄仁宇．现代中国的历程 [M]. 北京：中华书局，2011.

[28] 赖德霖．中国建筑革命：民国早期的礼制建筑 [M]. 台北：博雅书屋有限公司，2011.

[29] 杨秉德，中国近代中西建筑文化交融史 [M]. 武汉：湖北教育出版社，2003.

[30] 童明，杨永生．关于童寯 [M]. 北京：知识产权出版社，中国水利水电出版社，2002.

[31] 杨永生，明连生．建筑四杰 [M]. 北京：中国建筑工业出版社，1998.

[32] 傅朝卿．中国古典式样新建筑：二十世纪中国新建筑定制化的历史研究 [M]. 台北：南天书局，1993.

[33] 贾梦玮．往日庭院—南京老公馆 [M]. 天津：百花文艺出版社，2005.

[34] 周琦，季秋．历史保护与更新：二十年的探索与反思 [J]. 建筑与文化，2008（10）：48-51.

[35] 王世仁．中国近代建筑与建筑风格 [J]. 建筑学报，1978（4）：30-34.

[36] 俞孔坚，方琬丽．中国工业遗产初探 [J]. 建筑学报，2006（8）：12-15.

第二章

[1] 叶楚伧，柳诒徵．首都志 [M]. 南京：正中书局，1935.

[2] 南京市地方志编纂委员会．南京简志 [M]. 南京：江苏古籍出版社，1986.

[3] 南京市地方志编纂委员会．南京建置志 [M]. 深圳：海天出版社，1994.

[4] 南京市地方志编纂委员会．南京城市规划志 [M]. 南京：江苏人民出版社，2008.

[5] 南京市地方志编纂委员会．南京市政建设志 [M]. 深圳：海天出版社，1994.

[6] 南京市地方志编纂委员会．南京土地管理志 [M]. 南京：江苏人民出版社，1999.

[7] 金钟．南京财政志 [M]. 南京：河海大学出版社，1996.

[8] 张洪礼．南京交通志 [M]. 深圳：海天出版社，1994.

[9] 夏海勇．南京人口志 [M]. 上海：学林出版社，2001.

[10] 南京市地方志编纂委员会．南京计划管理志 [M]. 北京：方志出版社，1997.

[11] 后文洙，崔书玖．南京商贸史话 [M]. 南京：南京出版社，2001.

[12] 南京市人民政府研究室．南京经济史 [M]. 北京：中国农业科技出版社，1998.

[13] 吕华清．南京港史 [M]. 北京：人民交通出版社，1989.

[14] 欧阳杰．中国近代机场建设史 [M]. 北京：航空工业出版社，2008.

[15] 江苏省南京市公路管理处史志编审委员会．南京近代公路史 [M]. 南京：江苏科学技术出版社，1990.

[16] 沈嘉荣．南京开埠通商前后 [J]. 南京史志，1998(3)：3-5.

[17] 南京特别市秘书处编译股．南京特别市市政公报 [Z]. 南京特别市市政府秘书处（发行），1927.

[18] 南京市政府秘书处编译股．首都市政公报 [Z]. 南京市政府秘书处（发行），1928.

[19] 南京市政府秘书处编译股．南京市政府公报 [Z]. 南京市政府秘书处（发行），1931.

[20] 南京市档案馆．中山陵档案史料选编 [M]. 南京：江苏古籍出版社，1986.

[21] 南京特别市工务局 . 南京特别市工务局年刊 [M]. 南京特别市工务局，1927:37-40.

[22] 南京特别市市政府 . 南京市政要览：南京特别市成立两周年纪念 [Z]. 南京：南京图书馆，1929.

[23] 国民政府首都建设委员会秘书处 . 首都建设 [M]. 南京：国民政府首都建设委员会秘书处，1929.

[24] 南京特别市市政府秘书处编译股 . 首都市政要览 [M]. 南京：南京特别市市政府秘书处编译股，1929.

[25] 铁道部 . 铁道部首都铁路轮渡通车纪念刊 [Z]. 南京：铁道部，1933.

[26] 南京市政府工务局 . 南京市建筑规则 [Z]. 南京：南京图书馆，1935.

[27] 南京市政府秘书处 . 南京市政府行政统计报告 [Z]. 南京：南京图书馆，1937.

[28] 内政部总务司编印 . 南京市政府概况 [Z]. 南京：南京图书馆，1939.

[29] 国民政府行政院新闻局 . 首都建设 [Z]. 南京：南京图书馆，1947.

[30] [民国] 南京市政府 . 首都市政 [Z]. 南京：南京市政府，1948.

[31] 书报简讯社 . 南京概况：秘密（下册）[Z]. 南京：南京图书馆，1949.

[32] 中国第二历史档案馆 . 中华民国史档案资料汇编：第一编 政治（一）[G]. 南京：江苏古籍出版社，2000.

[33] 中国第二历史档案馆 . 中华民国史档案资料汇编：第一编 财政经济（七）[G]. 南京：江苏古籍出版社，1994.

[34] 国民政府 .“国使馆”国民政府档案 [Z]. 台北：“国使馆”.

[35] 刘岫青 . 南京市土地征收之研究 [M]// 萧铮 . 民国二十年代中国大陆土地问题资料 . 台北：成文出版社，1977.

[36] 张建新 . 南京市地区划利用问题 [M]// 萧铮 . 民国二十年代中国大陆土地问题资料 . 台北：成文出版社，1977.

[37] 宋炳炎 . 南京市办理地政之经过 [M]// 萧铮 . 民国二十年代中国大陆土地问题资料 . 台北：成文出版社，1977.

[38] 陈岳麟 . 南京市之住宅问题 [M]// 萧铮 . 民国二十年代中国大陆土地问题资料 . 台北：成文出版社，1977.

[39] 蔡鸿源 . 民国法规集成 [M]. 合肥：黄山书社出版社，1999：99-102.

[40] 南京市政筹备处 . 南京市政计划书 [Z]. 南京市政筹备处 (发行)，1926.

[41] 孙中山 . 实业计划 [M]. 北京：外语教学与研究出版社，2013.

[42] 国都设计技术专员办事处 . 首都计划 [M]. 王宇新，王明发，点校 . 南京：南京出版社，2006.

[43] 芒福德 . 城市发展史 [M]. 北京：中国建筑工业出版社，2005.

[44] William S G. 中华帝国晚期的城市 [M]. 叶光庭，译 . 北京：中华书局，2000.

[45] 董鉴泓 . 中国城市建设史 [M]. 北京：中国建筑工业出版社，1989.

[46] 何一民 . 中国城市史纲 [M]. 成都：四川大学出版社，1994.

[47] 杨秉德 . 中国近代城市与建筑 [M]. 北京：中国建筑工业出版社，1993.

[48] 潘谷西 . 中国建筑史 [M]. 北京：中国建筑工业出版社，2009.

[49] 赖德霖 . 中国近代建筑史研究 [M]. 北京：清华大学出版社，2007.

[50] 汪坦 . 中国近代建筑史研究讨论会论文集 [M]. 北京：中国建筑工业出版社，1986.

[51] 董鉴泓 . 城市规划历史与理论研究 [M]. 上海：同济大学出版社，1999.

[52] 李百浩 . 中西近代城市规划比较综述 [J]. 城市规划学刊，2000(1):43-44.

[53] 谭纵波 . 城市规划 [M]. 北京：清华大学出版社，2005.

[54] 郭建 . 中国近代城市规划文化研究 [D]. 武汉：武汉理工大学，2008.

[55] 牛锦红 . 近代中国城市规划法律文化探析 [M]. 北京：中国法制出版社，2011.

[56] 蔡泰成 . 我国城市规划机构设置及职能研究 [D]. 广州：华南理工大学，2011.

[57] 刘希 . 清末民初城市规划与建设管理机构的研究 [D]. 天津：天津大学，2014.

[58] 谭纵波 . 国外当代城市规划技术的借鉴与选择 [J]. 国际城市规划，2001(1):38-41.

[59] Hall P. 美国城市规划八十年回顾 [J]. 洪强，译 . 国际城市规划，1991(1):48-55.

[60] 王少华 .19 世纪末 20 世纪初美国城市美化运动 [D]. 长春：东北师范大学，2008.

[61] 王兰 . 城市规划编制体系在城市发展中的作用机制 : 芝加哥和上海的比较 [J]. 城市规划学刊，2011(2):33-42.

[62] 李恒 . 美国区划历史研究 [D]. 北京：清华大学，2007.

[63] 徐旭 . 美国区划的制度设计 [D]. 北京：清华大学，2009.

[64] 徐波 . 土地区划整理 : 日本的城市规划之母 [J]. 国外城市规划，1994(2):25-34.

[65] 谭峻 . 台湾地区市地重划与城市土地开发之研究 [J]. 城市规划学刊，2001(5):58-60.

[66] 沈克宁 . 建筑类型学与城市形态学 [M]. 北京：中国建筑工业出版社，2010.

[67] 苏则民 . 南京城市规划史稿 [M]. 北京：中国建筑工业出版社，2008.

[68] 王俊雄 . 国民政府时期南京首都计划之研究 [D]. 台南：台湾成功大学，2002.

[69] 熊浩 . 南京近代城市规划研究 [D]. 武汉：武汉理工大学，2003.

[70] 孟建民 . 城市中间结构形态理论研究与应用：南京城市建构过程总体分析 [D]. 南京：东南大学，1990.

[71] 汪晓茜 . 规划首都：民国南京的建筑制度 [J]. 中国文化遗产，2011（5）:19-25.

[72] 权伟 . 明初南京山水形势与城市建设互动关系研究 [D]. 西安：陕西师范大学，2007.

[73] 徐延平，徐龙梅 . 南京工业遗产 [M]. 南京：南京出版社，2012.

[74] 文烨 . 清代南京城市发展历程探析 (1644—1911)[D]. 成都：四川大学，2007.

[75] 罗玲 . 近代南京城市建设研究 [M]. 南京：南京大学出版社，1999.

[76] 董佳 . 民国首都南京的营造政治与现代想象 [M]. 南京：江苏人民出版社，2014.

[77] 徐智 . 改造与拓展 : 南京城市空间形成过程研究 (1927—1937)[D]. 上海：复旦大学，2013.

[78] William C J. Henry K.Murphy：an American Architect in China,1914 ～ 1935[D].Ithaca：Cornell University，1989.

[79] Tsui C M.A history of dispossession：governmentality

and the politics of property in Nanjing 1927-1979 [D].Berkeley：University of California，2011.

[80] Musgrove C D.The Nation's concrete heart：architecture，planning，and ritual in Nanjing，1927-1937 [D]. San Diego：University of California，2002.

[81] Scott M.American city planning since 1890[M]. Berkeley：University of California Press，1971.

[82] Boyer C M.Dreaming the rational city：the myth of American city planning[M].Cambridge，MA：The MIT Press，1983.

[83] John W R.The making of urban America：a history of city planning in the United States[M].Princeton：Princeton University Press，1992.

[84] Cannigia G，Maffei G L.Interpreting basic building：architectural composition and building typology [M].Florence：Alinea，2001.

[85] Case S B.The anatomy of sprawl[J].Places Forum of Design for the Public Realm，2001，14(2):28-37.

[86] Conzen M R G.Alnwick，Northumberland：a study in Town-plan analysis[M].London：Institute of British Geographers，1969.

[87] Moudon A V.Getting to know the built landscape：typomorphology[C]// Larice M，Macdonald E.The urban design reader.New York：Routledge，2006.

[88] Hillier B，Hanson J.The social logic of space[M]. Cambridge：Cambridge University Press,1984.

[89] Hillier B.Space is the machine：a configurational theory of architecture[M].Cambridge：Cambridge University Press，1999.

[90] Kropf K.Aspect of urban form[J].Urban Morphology,2009,13(2):105-119.

[91] Peponis J，Hadjinikolaou E，Livieratos C，et al.The spatial core of urban culture[J].Ekistics，1989，56.

[92] 王树槐 . 中国现代化的区域研究：江苏省 (1860—1916) [M]. 台北：“中央”研究院近代史研究所，1984.

[93] 何一民 . 近代中国城市发展与社会变迁 [M]. 北京：科学出版社，2004.

[94] 闵杰 . 近代中国社会文化变迁录 : 第二卷 [M]. 杭州：浙江人民出版社，1998.

[95] 张学武 . 南京国民政府前十年市制探析 (1927—1937) [D]. 郑州：河南大学，2008.

[96] 甄京博 , 张向阳 . 近代中国城市土地管理述论 [J]. 经济研究导刊 ,2012(8):86-88.

[97] 宋伟轩，徐昀，王丽晔 , 等 . 近代南京城市社会空间结构—基于 1936 年南京城市人口调查数据的分析 [J]. 地理学报，2011，66(6):771-784.

[98] 徐昀，朱喜钢 . 近代南京城市社会空间结构变迁—基于 1929—1947 年南京城市人口数据的分析 [J]. 人文地理，2008，23(6):17-22.

[99] 李沛霖 . 抗战前南京城市公共交通研究 (1907—1937) [D]. 南京：南京师范大学，2012.

[100] 杨新华 . 山水城林话金陵 [M]. 南京：南京师范大学出版社，2009.

[101] 李恭忠 . 中山陵征地考 [J]. 江苏社会科学，2004(4):200-205.

[102] 王瑞庆 .1927 年—1937 年南京市征地补偿研究 [D]. 南京：南京师范大学，2008.

[103] 陈蕴茜 . 国家权力、城市住宅与社会分层—以民国南京住宅建设为中心 [J]. 江苏社会科学，2011(6):223-230.

[104] 南京出版社 . 老地图·南京旧影 [M]. 南京：南京出版社，2012.

[105] 朱炳贵 . 老地图·南京旧影 [M]. 南京：南京出版社，2014.

[106] 叶兆言，卢海鸣，黄强 . 老明信片· 南京旧影 [M]. 俞康骏，收藏 . 南京：南京出版社，2011.

[107] 叶兆言，卢海鸣，黄强 . 老照片·南京旧影 [M]. 南京：南京出版社，2012.

[108] 刘先觉，张复合，村松伸，等 . 中国近代建筑总览：南京篇 [M]. 北京：中国建筑工业出版社，1992.

第三章

[1] 李帆，邱涛 . 近代中国的民族国家建设 [M]. 北京：商务印书馆，2015.

[2] 金陵关税务司 . 金陵关十年报告 [M]. 南京: 南京出版社，2014.

[3] 袁琳 . 宋代城市形态和官署建筑制度研究 [M]. 北京：中国建筑工业出版社，2013.

[4] 汪楫宝 . 民国司法志 [M]. 北京：商务印书馆，2013.

[5] 申晓云 . 民国政体与外交 [M]. 南京：南京大学出版社，2013.

[6] 娄承浩，陶祎珺 . 陈植：世纪人生 [M]. 上海：同济大学出版社，2013.

[7] 孙中山 . 三民主义 [M]. 北京：九州出版社，2012.

[8] 唐润明 . 抗战时期国民政府在渝纪实 [M]. 重庆：重庆出版社，2012.

[9] 刘云虹 . 国民政府监察院研究：1931—1949[M]. 上海：上海三联书店，2012.

[10] 汪楫宝 . 民国司法志 [M]. 北京：商务印书馆，2012.

[11] 赖德霖 . 民国礼制建筑与中山纪念 [M]. 北京：中国建筑工业出版社，2012.

[12] 郑则民 . 国民政府史话 [M]. 北京: 社会科学文献出版社，2012.

[13] 马敏 . 政治象征 [M]. 北京：中央编译出版社，2012.

[14] 孙宅巍，蒋顺兴 . 民国迁都纪实 [M]. 北京：中国文史出版社，2012.

[15] 黄华平 . 国民政府铁道部研究 [M]. 合肥：合肥工业大学出版社，2011.

[16] 孙雄 . 监狱学 [M]. 北京：商务印书馆，2011.

[17] 王辉 . 行政空间北京城 [M]. 北京：清华大学出版社，2011.

[18] 黄仁宇 . 现代中国的历程 [M]. 北京：中华书局，2011.

[19] 书报简讯社 . 南京概况（秘密）[M]. 南京：南京出版社，2011.

[20] 苏克勤，余洁宇，南洋劝业会图说 [M]. 上海：上海交通大学出版社，2010.

[21] 文闻 . 国民党中央陆军学校与军事专科学校 [M]. 北京：中国文史出版社，2010.

[22] 金以林 . 国民党高层的派系政治：蒋介石“最高领袖”地位是如何确立的 [M]. 北京：社会科学文献出版社，2009.

[23] 王晓华，陈宁骏 . 汪伪国民政府旧址史话 [M]. 南京：南京出版社，2009.

[24] 张研，孙燕京 . 民国史料丛刊：61 政治·政权机构·参议院内各种规则 参议院要览 [M]. 郑州：大象出版社，2009.

[25] 张研，孙燕京．民国史料丛刊：73 政治·政权机构·中国政府大纲 监察制度的运用 [M]. 郑州：大象出版社，2009.

[26] 张研，孙燕京．民国史料丛刊：98-99 政治·政权机构·江苏省内务行政报告书（一）[M]. 郑州：大象出版社，2009.

[27] 张研，孙燕京．民国史料丛刊：164 政治·政权机构·上海市统计总报告（1946 年）（二） 建筑上海市政府新屋纪实 上海市政府施政报告 [M]. 郑州：大象出版社，2009.

[28] 张研，孙燕京．民国史料丛刊：209 政治·政权机构·京外改良各监狱报告录要 [M]. 郑州：大象出版社，2009.

[29] 总理陵园管理委员会．总理陵园管理委员会报告（上、下）[M]. 南京：南京出版社，2008.

[30] 王晓山．中国监狱建筑 [M]. 北京：法律出版社，2008.

[31] 肖如平．国民政府考试院研究 [M]. 北京：社会科学文献出版社，2008.

[32] 严泉．失败的遗产：中华首届国会制宪 1913—1923[M]. 桂林：广西师范大学出版社，2007.

[33] 程舒伟．民议会政治与近代中国 [M]. 北京：商务印书馆，2006.

[34] 国都设计技术专员办事处．首都计划 [M]. 王宇新，王明发，点校．南京：南京出版社，2006.

[35] 赖德霖．近代哲匠录：中国近代重要建筑师、建筑事务所名录 [M]. 北京：中国水利水电出版社，知识产权出版社，2006.

[36] 秦风 辑图，杨国庆，薛冰 撰文．金陵的记忆：铁蹄下的南京 [M]. 桂林：广西师范大学出版社，2006.

[37] 蒋廷黻．中国近代史 [M]. 上海：上海世纪出版集团，上海古籍出版社，2006.

[38] 廖庆渝．重庆歌乐山陪都遗址 [M]. 成都：四川大学出版社，2005.

[39] 薛毅．国民政府资源委员会研究 [M]. 北京：社会科学文献出版社，2005.

[40] 家近亮子．蒋介石与南京国民政府 [M]. 王士花，译．北京：社会科学文献出版社，2005.

[41] 刘先觉．中国近现代建筑艺术 [M]. 武汉：湖北教育出版社，2004.

[42] 李海清．中国建筑现代转型 [M]. 南京：东南大学出版社，2004.

[43] 赵辰，伍江．中国近代建筑学术思想研究 [M]. 北京：中国建筑工业出版社，2003.

[44] 米歇尔·福柯．规训与惩罚：监狱的诞生 [M]. 刘北城，杨远婴，译．北京：生活·读书·新知三联书店，2003.

[45] 杨秉德．中国近代中西建筑文化交融史 [M]. 武汉：湖北教育出版社，2003.

[46] 陈诗启．中国近代海关史 [M]. 北京：人民出版社，2002.

[47] 童明，杨永生．关于童寯 [M]. 北京：知识产权出版社，中国水利水电出版社，2002.

[48] 罗炳良．孙中山建国方略 [M]. 北京：华夏出版社，2002.

[49] 杨永生．中国四代建筑师 [M]. 北京：中国建筑工业出版社，2002.

[50] 卢海鸣，杨新华．南京民国建筑 [M]. 南京：南京大学出版社，2001.

[51] 韩延龙，苏亦工．中国近代警察史：上、下 [M]. 北京：社会科学文献出版社，2000.

[52] 潘谷西．南京的建筑 [M]. 南京：南京出版社，1995.

[53] 杨永生，明连生．建筑四杰 [M]. 北京：中国建筑工业出版社，1998.

[54] 王建国．杨廷宝建筑论述和作品集 [M]. 北京：中国建筑工业出版社，1997.

[55] 南京市地方志编纂委员会．南京房地产志 [M]. 南京：南京出版社，1996.

[56] 南京市地方志编纂委员会．南京建筑志 [M]. 北京：方志出版社，1996.

[57] 《江苏文史资料》编辑部．民国时期的陆军大学 [M]. 南京：《江苏文史资料》编辑部，1994.

[58] 南京市地方志编纂委员会．南京市政建设志 [M]. 深圳：海天出版社，1994.

[59] 南京市地方志编纂委员会．南京建置志 [M]. 深圳：海天出版社，1994.

[60] 曹余濂．民国江苏权力机关史略 [M]. 南京：《江苏文史资料》编辑部，1994.

[61] 傅朝卿．中国古典式样新建筑：二十世纪中国新建筑官制化的历史研究 [M]. 台北：南天书局，1993.

[62] 陈济民，庄淑玉，卢海鸣．民国官府 [M]. 香港：金陵书社出版公司，1992.

[63] 刘先觉，张复合，村松伸，等．中国近代建筑总览：南京篇 [M]. 北京：中国建筑工业出版社，1992.

[64] 袁继成，李进修，吴德华．中华民国政治制度史 [M]. 武汉：湖北人民出版社，1991.

[65] 刘国铭．中华民国国民政府军政职官人物志 [M]. 北京：春秋出版社，1989.

[66] 罗刚．中华民国国父实录（1-6 册）[M]. 台北：正中书局，1988.

[67] 张朋园，沈怀玉．“中央研究院”近代史研究所史料丛刊（6）·国民政府职官年表（1925—1949）（第一册）[M]. 台北：“中央研究院”近代史研究所，1987.

[68] 张德泽．清代国家机关考略 [M]. 北京：中国人民大学出版社，1981.

[69] [民国] 叶楚伧，柳诒徵．首都志 [M]. 南京：正中书局，1935.

[70] Whyte I B.Modernism and the Spirit of the City[M]. London & New York：Routledge Taylor & Francis Group，2003.

[71] Cody J W.Building in China：Henry K. Murphy’s “Adaptive Architecture”，1914-1935[M].Hong Kong：The Chinese University Press，2001.

[72] 董佳．国民政府时期的南京《首都计划》.：一个民国首都的规划与政治 [J]. 城市规划，2012，36（8）：14-19.

[73] 徐颂雯，民国公共空间的政治利用——南京中山路建造始末 [J]. 新建筑，2012（5）：21-26.

[74] 张莉．国民政府外交部重庆旧址的历史考察和价值评估 [J]. 长江文明，2012（2）：73-82.

[75] 郭祥，郑力鹏，董力早．广东咨议局旧址 [J]. 南方建筑，2011（2）：64-67

[76] 李研芬，刘正平．南京民国建筑保护与利用问题思考 [J]. 华中建筑，2010，28（6）：129-130.

[77] 冷天．墨菲与“中国古典建筑复兴”：以金陵女子大学为例 [J]. 建筑师，2010（2）：83-88.

[78] 刘园．拓展城市空间重塑城市格局 [J]. 山西建筑，2009，35（10）：25-26.

[79] 卢洁峰．吕彦直的家学渊源与他的建筑思想 [J]. 建筑创作，2009（5）：166-169.

[80] 周琦，季秋．历史保护与更新：二十年的探索与反思 [J].

建筑与文化，2008（10）：48-51.

[81] 韩涛．司法变奏的历史空间：从晚清大理院办公场所的建筑谈起 [J]. 北大法律评论，2008，9（2）：515-536.

[82] 德文．浅议吕彦直与墨菲就当年南京政府中心选址和构思之辩 [J]. 北京规划建设，2008（4）：106-108.

[83] 刘正平，郑晓华．南京重要近现代建筑保护与利用探索 [J]. 建设科技，2007（17）：56-59.

[84] 郭湘闽，孙一民．孙中山大元帅府及其周边地区城市设计案例探析 [J]. 建筑学报，2006（7）：19-23.

[85] 岳华．从社会学视角看中西行政建筑的变迁 [J]. 中外建筑，2006（5）：78-82.

[86] 刘亦师．从近代民族主义思潮解读民族形式建筑 [J]. 华中建筑，2006（1）：5-8.

[87] 朱振通．关于"基泰"南京外交宾馆方案初始图的探究 [J]. 华中建筑，2005（5）：180-184.

[88] 杨秉德．关于中国近代建筑史时期民族形式建筑探索历程的整体研究 [J]. 新建筑，2005（1）：48-51.

[89] 吴尧，刘先觉．南京近代非"文保"建筑的保护 [J]. 华中建筑，2004（6）：111-112.

[90] 丁宏伟．南京总统府旧址保护与利用研究：南京中国近代史博物馆规划设计 [J]. 建筑创作，2003（8）：82-107.

[91] 赵明远．孙支厦：中国近代早期建筑师的杰出代表 [J]. 南通工学院学报（社会科学版），2003（1）：42-44.

[92] 齐康．杨廷宝的建筑学术思想：纪念杨廷宝先生诞辰100 周年 [J]. 建筑学报，2002（3）：32-35.

[93] 王建国．杨老建筑生涯中的民族情结：从原中央研究院社会科学研究所设计谈起 [J]. 新建筑，2001（6）：13.

[94] 李海清．哲将之路：近代中国建筑师的先驱者孙支厦研究 [J]. 华中建筑，1999，17（2）：127-128.

[95] 杨维菊．南京近代建筑的保护、利用和改造 [J]. 华中建筑，1998（4）：129-134.

[96] 侯幼斌，李婉贞．一页沉沉的历史：纪念前辈建筑师虞炳烈先生 [J]. 建筑学报，1996(11)：47-49.

[97] 刘先觉，杨维菊．建筑技术在南京近代建筑发展中的作用 [J]. 建筑学报，1996（11）：40-42.

[98] 周琦．保护与更新：原清末江苏省咨议局建筑群的修缮与环境改造 [J]. 建筑学报，1996（9）：52-53.

[99] 张复合．中国第一代大会堂建筑：清末资政院大厦和民国国会议场 [J]. 建筑学报，1995（5）：45-48.

[100] 刘先觉．洋务派与早期民间仿洋式建筑 [J]. 建筑学报，1993（12）：14-15.

[101] 范尧，抗战时期的陪都建筑 [J]. 青岛建筑工程学报，1992（4）：24-37.

[102] 杨维菊．南京近代建筑初探 [J]. 江苏建筑，1991（4）：6-10.

[103] 方拥．建筑师童雋 [J]. 华中建筑，1987（2）：83-89.

[104] 王世仁．中国近代建筑与建筑风格 [J]. 建筑学报，1978（4）：30-34.

[105] Lai D.Searching for a modern Chinese monument：the design of the Sun Yat-sen Mausoleum in Nanjing [J].Society of Architectural Historians，2005,64（1）.

[106] Cody J W.Striking a harmonious chord：foreign missionaries and Chinese-style buildings，1911-1949 [J]. 中国学术，2003（1）.

[107] 曾德萍，周琦，2007 年及 2009 年南京重要近现代建筑及近现代风貌区整治设计 [C]// 中国近代建筑研究与保护（七）. 北京：清华大学出版社，2010.

[108] 方雪，冯铁宏，一位美国建筑师在近代中国的设计实践—《亨利•墨菲在中国的适应性建筑 1914—1935》评介 [C]// 中国近代建筑研究与保护（七）. 北京：清华大学出版社，2010.

[109] 龙潇，周琦．国民政府外交部历史探源与修缮设计 [C]// 中国近代建筑研究与保护（五）. 北京：清华大学出版社，2006.

[110] 李海清，尹彤．"科学主义"与未开化状态：从"华盖建筑事务所"的两个项目看国人对于建筑科学技术的态度 [C].2004 年中国近代建筑史研讨会，2004.

[111] 李海清，傅雪梅．选择与得失：从技术层面检讨"中国固有式"建筑 [C]// 中国近代建筑研究与保护（三）. 北京：清华大学出版社，2002.

[112] 李海清．历史的误会—南京原外交部办公建筑设计引发的思考 [C]. 建筑史论文集（第 14 辑），2001.

[113] 黄学明文脉延续与创新—南京地区近代建筑环境的保护、更新和发展 [C]// 中国近代建筑研究与保护（二）. 北京：清华大学出版社，2000.

[114] 丁宏伟．总统府旧址的保护和利用：南京中国近代史博物馆规划 [C]// 中国近代建筑研究与保护（二）. 北京：清华大学出版社，2000.

[115] 黄学明．近代建筑修缮、修复和再利用的探索：原国民政府外交部旧址修缮设计介绍 [C]// 中国近代建筑研究与保护（一）. 北京：清华大学出版社，1999.

[116] 李明．孙中山大元帅府旧址的保护与再利用设想 [C]// 中国近代建筑研究与保护（一）. 北京：清华大学出版社，1999.

[117] Musgrove C D.The Nation’s concrete heart：architecture，planning，and ritual in Nanjing，1927-1937[D]. San Diego：University of California，2002.

第四章

[1] 南京市地方志编纂委员会．南京建置志 [M]. 深圳：海天出版社，1994.

[2] 南京市地方志编纂委员会．南京简志 [M]. 南京：江苏古籍出版社，1986.

[3] 南京市地方志编纂委员会，南京城市规划志 [M]. 南京：江苏人民出版社，2008.

[4] 南京市地方志编纂委员会．南京建筑志 [M]. 北京：方志出版社，1996.

[5] 南京市地方志编纂委员会．南京房地产志 [M]. 南京：南京出版社，1996.

[6] 南京市地方志编纂委员会．南京市政建设志 [M]. 深圳：海天出版社，1994.

[7] 叶楚伧，柳诒徵．首都志 [M]. 南京：正中书局，1935.

[8] 国都设计技术专员办事处．首都计划 [M]. 王宇新，王明发，点校．南京：南京出版社，2006.

[9] 南京市地方志编纂委员会．南京教育志 [M]. 北京：方志出版社，1998.

[10] 李清悚．学校之建筑与设备 [M]. 南京：商务印书馆，1934.

[11] 高时良．中国近代教育史资料汇编：洋务运动时期教育 [G]. 上海：上海教育出版社，1992.

[12] 南京特别市教育局编纂委员会．南京教育［M］. 南京：南京中文仿宋印书馆，1939.

[13] 南京市教育局．南京市教育概览 [M]. 南京：南京市教育局，1947.

[14] 南京市教育局.南京市教育概览[M].南京：南京市教育局，1948.

[15] 郭秉文.中国教育制度沿革史[M].南京：商务印书馆，1916.

[16] 南京特别市工务局.南京特别市工务局年刊[M].南京印书馆，1927.

[17] 南京特别市市政府秘书处编译股.一年来之首都市政[M].1928.

[18] 赵辰."立面"的误会：建筑·理论·历史[M].北京：生活·读书·新知三联书店，2007.

[19] 赖德霖.近代哲匠录：中国近代重要建筑师、建筑事务所名录[M].北京：中国水利水电出版社，知识产权出版社，2006.

[20] 徐苏斌.近代中国建筑学的诞生[M].天津：天津大学出版社，2010.

[21] 汪晓茜.大匠筑迹：民国时代的南京职业建筑师[M].南京：东南大学出版社，2014.

[22] 杨永生，刘叙杰，林洙.建筑五宗师[M].天津：百花文艺出版社，2005.

[23] 李海清，汪晓茜.叠合与融通：近世中西合璧建筑艺术[M].北京：中国建筑工业出版社，2015.

[24] 邓庆坦.中国近、现代建筑历史整合研究论纲[M].北京：中国建筑工业出版社，2008.

[25] 傅朝卿.中国古典式样新建筑：二十世纪中国新建筑官制化的历史研究[M].台北：南天书局，1993.

[26] Fei S Y.Negotiating urban space：urbanization and Late Ming Nanjing[M].Cambridge Massachusetts：Harvard University Press，2009.

[27] Ladd B.The ghosts of Berlin：confronting German history in the urban landscape[M].Chicago：The University of Chicago Press，1997.

[28] 刘先觉，张复合，村松伸，等.中国近代建筑总览：南京篇[M].北京：中国建筑工业出版社，1992.

[29] 刘先觉，王昕.江苏近代建筑[M].南京：江苏科学技术出版社，2008.

[30] 潘谷西.南京的建筑[M].南京：南京出版社，1995.

[31] 孟建民.城市中间结构形态研究[M].南京：东南大学出版社，2015.

[32] 卢海鸣，杨新华.南京民国建筑[M].南京：南京大学出版社，2001.

[33] 张燕.南京民国建筑艺术[M].南京：江苏科学技术出版社，2000.

[34] 叶皓.南京民国建筑的故事[M].南京：南京出版社，2010.

[35] 东南大学建筑系，东南大学建筑研究所.杨廷宝建筑设计作品选[M].北京：中国建筑工业出版社，2001.

[36] 罗玲.近代南京城市建设研究[M].南京：南京大学出版社，1999.

[37] 王建国.杨廷宝建筑论述和作品集[M].北京：中国建筑工业出版社，1997.

[38] 陈华.百年南大老建筑[M].南京：南京大学出版社，2002.

[39] 周琦.南京近现代建筑修缮技术指南[M].北京：中国建筑工业出版社，2018.

[40] 董黎.中国近代教会大学建筑史研究[M].北京：科学出版社，2010.

[41] 董黎.岭南近代教会建筑[M].北京：中国建筑工业出版社，2005.

[42] 宋泽方，周逸湖.大学校园规划与建筑设计[M].北京：中国建筑工业出版社，2006.

[43] 张宗尧，李志民.中小学建筑设计[M].2版.北京：中国建筑工业出版社，2009.

[44] 冯刚，吕博.中西文化交融下的中国近代大学校园[M].北京：清华大学出版社，2016.

[45] 张奕.教育学视阈下的中国大学建筑[M].青岛：中国海洋大学出版社，2006.

[46] 姜辉，孙磊磊，万正旸，等.大学校园群体[M].南京：东南大学出版社，2006.

[47] 涂慧君.大学校园整体设计：规划·景观·建筑[M].北京：中国建筑工业出版社，2007.

[48] 陈晓恬，任磊.中国大学校园形态发展简史[M].南京：东南大学出版社，2011.

[49] 陈晋略.教育建筑[M].沈阳：辽宁科学技术出版社，2002.

[50] 汤志民.台湾学校建筑的发展[M].台北：五南图书出版有限公司，2006.

[51] Cody J W.Building in China：Henry K. Murphy's "Adaptive Architecture",1914-1935[M].Hong Kong：The Chinese University Press,2001.

[52] Perkins,Fellows & Hamilton,Architects.Educational buildings[M].Chicago:Press of the Blakely Printing Company,1925.

[53] Smalley M.Hallowed Halls：Protsestant colleges in old China Hong Kong[M].Hong Kong：Old China Hand Press，1998.

[54] Turner P V.Campus：An American planning tradition[M].Cambridge：The MIT Press，1984.

[55] 徐传德.南京教育史[M].北京：商务印书馆，2006.

[56] 舒新城.中国近代教育史资料[M].北京：人民教育出版社，1961.

[57] 李华兴.民国教育史[M].上海：上海教育出版社，1997.

[58] 陈学恂.中国近代教育史教学参考资料：上册[M].北京：人民教育出版社，1986.

[59] 宋恩荣，章咸.中华民国教育法规选编（1912—1949）[M].南京：江苏教育出版社，1990.

[60] 王建军.中国教育史新编[M].广州：广东高等教育出版社，2014.

[61] 史全生.中国近代军事教育史[M].南京：东南大学出版社，1996.

[62] 杰西·格·卢茨.中国教会大学史[M].曾钜生，译.杭州：浙江教育出版社，1987.

[63] 高时良.中国教会学校史[M].长沙：湖南教育出版社，1994.

[64] 曲士培.中国大学教育发展史[M].太原：山西教育出版社，1993.

[65] 伍德勤，贾艳红，袁强.中外教育简史[M].合肥：安徽大学出版社，2002.

[66] 吴式颖.外国教育史教程[M].北京：人民教育出版社，2002.

[67] 费正清.剑桥中华民国史1912—1949：上、下卷[M].中国社会科学院历史研究所编译室，译.北京：中国社会科学出版社，1994.

[68] 郑则民.国民政府史话[M].北京：社会科学文献出

版社，2012.

[69] 朱斐．东南大学史[M].南京：东南大学出版社，1991.

[70] 苏云峰．三（两）江师范学堂：南京大学的前身，1903—1911[M].南京：南京大学出版社，2002.

[71] 《南大百年实录》编辑组．南大百年实录：上册[M].南京：南京大学出版社，2002.

[72] 张宪文．金陵大学史[M].南京：南京大学出版社，2002.

[73] 张连红．金陵女子大学校史[M].南京：江苏人民出版社，2005.

[74] 孙海英．建立百屋房：金陵女子大学[M].石家庄：河北教育出版社，2004.

[75] 江苏省政协文史资料委员会，中国第二历史档案馆．民国时期的陆军大学[M]．南京：《江苏文史资料》编辑部，1994.

[76] 杨祖恒．南京市金陵中学[M].北京：人民教育出版社，1998.

[77] 徐卫国．中国近代大学校园研究[D].北京：清华大学，1986.

[78] 董黎．中西建筑文化的交汇与建筑形态的构成—中国教会大学建筑研究［D］.南京：东南大学，1995.

[79] 彭长歆．岭南建筑的近代化历程研究［D］.广州：华南理工大学，2004.

[80] 蔡凌．中国近代大学建筑［D］.南京：东南大学，2010.

[81] 江浩．大学形态的形成及设计理论研究［D］.上海：同济大学，2005.

[82] 陈晓恬．中国大学校园形态演变［D］.上海：同济大学，2008.

[83] William C J.Henry K.Murphy:an American Architect in China，1914～1935［D］.Ithaca：Cornell University，1989.

[84] 吴正旺，王伯伟．大学校园规划100年[J].建筑学报，2005（3）：5-7.

[85] 张奕．刍议中国当前大学建筑理论的研究[J].建筑学报，2005（3）：8-10.

[86] 徐卫国．中国近代大学校园建设[J].新建筑，1986（4）：18-26.

[87] 徐卫国．近代教会校舍论[J].华中建筑，1988（3）：18-22.

[88] 覃莺，刘塨．中国近代大学校园中心区沿革概要[J].华中建筑，2002（2）：94-96，103.

[89] 罗森．清华大学校园建筑规划沿革（1911-1981）[J].新建筑，1984（4）：2-14.

[90] 杨嵩林．风格迥异的姊妹园—试论清华学堂与燕京大学校园的历史文化基因[J].华中建筑，1991（4）：62-67.

[91] 董黎．金陵女子大学的创建过程及建筑艺术评析[J]华南理工大学学报（社会科学版），2004（6）：57-61.

[92] 冷天，赵辰．原金陵大学老校园建筑考[J].东南文化，2003（3）：53-58.

[93] 彭长歆，邓其生．广州近代教会学校建筑的形态发展和演变[J].华中建筑，2002（5）：11-16.

[94] 刘先觉，楚超超．南京近代大学校园建筑评析[C]// 中国近代建筑研究与保护（五）.北京：清华大学出版社，2006.

[95] 汪晓茜．历史视野中的中国近代教会大学建筑：以东吴大学为例[C]// 中国近代建筑研究与保护（五）.北京：清华大学出版社，2006.

[96] 罗森．清华校园建设溯往—清华大学建筑九十年纪念[C]// 建筑史论文集第14辑．北京：清华大学出版社，2001.

[97] 徐苏斌．中国建筑教育的原点：清末京师大学堂与明治时期的日本—中日建筑文化关系史之研究[C]// 中国近代建筑研究与保护（一）.北京：清华大学出版社，1999.

[98] 蔡凌，邓毅．中国近代教会大学的学院哥特式建筑[J].建筑科学，2011，27（1）：106-110.

[99] 周学鹰，马晓．南京江宁府学的古建技艺［J］.古建园林历史与理论，2012（3）：42-45.

[100] 刘贞贞，刘舜仁．台湾小学建筑空间形态演变之探讨［J］.台湾建筑学会建筑学报，2007（61）:175-195.

[101] Cody J W.Striking a harmonious chord：foreign missionaries and Chinese-style buildings， 1911-1949［J］.中国学术，2003（1）.

[102] Perkins，Fellows & Hamilton，Architects.The University of Nanking，China［J］.The American Architect，1925（127）.

[103] Alex G.Small：Construction problems of a superintendent in China［J］.The American Architect，1928（134）.

[104] 叶兆言，卢海鸣，黄强．老照片·南京旧影[M].高清典藏本．南京：南京出版社，2012.

[105] 叶兆言．老南京旧影秦淮[M]．南京：江苏美术出版社，1998.

[106] 叶兆言，卢海鸣，黄强．老明信片·南京旧影[M].俞康骏，收藏．南京：南京出版社，2011.

[107] 卢海鸣，钱长江．老画册·南京旧影[M].南京：南京出版社， 2014.

[108] 南京大学高教研究所校史编写组．金陵大学史料集[M].南京：南京大学出版社，1989.

第五章

[1] 徐苏斌．近代中国建筑学的诞生[M].天津：天津大学出版社，2010.

[2] 赖德霖．中国近代建筑史研究[M].北京：清华大学出版社，2007.

[3] 李海清．中国建筑现代转型[M].南京：东南大学出版社，2004.

[4] 刘先觉．中国近现代建筑艺术[M].武汉：湖北教育出版社，2004.

[5] 赖德霖．近代哲匠录：中国近代重要建筑师、建筑事务所名录[M].北京：中国水利水电出版社，知识产权出版社，2006.

[6] 菊池敏夫．近代上海的百货公司与都市文化[M].陈祖恩，译．上海：上海人民出版社，2012.

[7] 刘琼琳．广州近代商贸建筑研究[M].广州：华南理工大学出版社，2016.

[8] 刘先觉，张复合，村松伸，等．中国近代建筑总览：南京篇[M].北京：中国建筑工业出版社，1992.

[9] 王晓，闫春林．现代商业建筑设计[M].北京：中国建筑工业出版社，2005.

[10] 梁思成．梁思成全集：第六卷[M].北京：中国建筑工业出版社，2001.

[11] 南京市地方志编纂委员会．南京城市规划志[M].南京：江苏人民出版社，2008.

[12] 南京市下关区政协学习文史委员会，等．下关民国建筑遗存与纪事[M].南京：南京市下关区地方志编纂办公室，2010.

[13] 南京金融志编纂委员会，中国人民银行南京分行 . 南京金融志资料专辑（一）：民国时期南京官办银行 [M]. 南京：南京金融志编辑室，1992.

[14] 南京金融志编纂委员会，中国人民银行南京分行 . 南京金融志资料专辑（二）：民国时期南京商办银行 [M]. 南京：南京金融志编辑室，1994.

[15] 陈占彪 . 清末民初万国博览会亲历记 [M]. 北京：商务印书馆，2010.

[16] 愈力 . 历史的回眸：中国参加博览会的故事（1851—2008）[M]. 上海：东方出版中心，2009.

[17] 陈渔光，苏克勤，陈泓 . 中国近代早期博览会之父：陈琪文集 [M]. 苏克勤，陈泓，校注 . 南京：江苏文艺出版社，2012.

[18] 苑书义，孙华峰，李秉新 . 张之洞全集：第二册 [M]. 石家庄：河北人民出版社，1998.

[19] 苏克勤，余洁宇 . 南洋劝业会图说 [M]. 上海：上海交通大学出版社，2010.

[20] 谢辉，林芳 . 陈琪与近代中国博览会事业 [M]. 北京：国家图书馆出版社，2009.

[21] 徐友春 . 民国人物大辞典 [M]. 石家庄：河北人民出版社，1991：223.

[22] 赖德霖 . 中国建筑革命：民国早期的礼制建筑 [M]. 台北：博雅书屋有限公司，2011.

[23] 王漱岩 . 南洋劝业会杂咏 [M]. 苏克勤，校注 . 上海：上海交通大学出版社，2010.

[24] 黄德泉 . 民国上海影院概况 [M]. 北京：中国电影出版社，2014.

[25] 苏克勤，袁志秀，陈泓 . 南洋劝业会：中国历史上首次全国规模的博览盛会 [M]. 南京：南京大学出版社，2010.

[26] 罗时铭 . 中国体育通史：第三卷（1840—1926 年）[M]. 北京：人民体育出版社，2008.

[27] 后文洙 . 六秩春秋话沧桑：南京中央商场六十年（1936—1996）[M]. 南京：南京中央商场股份有限公司，1995 年 12 月（编后记成文时间）.

[28] 孙中山 . 实业计划 [M]// 孙中山 . 建国方略 . 牧之，方新，守义，选注 . 沈阳：辽宁人民出版社，1994：146.

[29] 国都设计技术专员办事处 . 首都计划 [M]. 王宇新，王明发，点校 . 南京：南京出版社，2006.

[30] 秦风 . 民国南京（1927—1949）[M]. 上海：文汇出版社，2005.

[31] 康泽恩 . 城镇平面格局分析：诺森伯兰郡安尼克案例研究 [M]. 宋峰，许立言，侯安阳，等译，谷凯，曹娟，邓浩，校 . 北京：中国建筑工业出版社，2011.

[32] 南京市地方志编纂委员会 . 南京建置志 [M]. 深圳：海天出版社，1994.

[33] 南京日用工业品商业志编纂委员会 . 南京日用工业品商业志 [M]. 南京：南京出版社，1996.

[34] 柳诒徵 . 首都志 [M]. 南京：正中书局，1935.

[35] 南京市人民政府研究室 . 南京经济史：上、下册 [M]. 北京：中国农业科技出版社，1996.

[36] 上海百货公司，上海社会科学院经济研究所，上海市工商行政管理局 . 上海近代百货商业史 [M]. 上海：上海社会科学院出版社，1988.

[37] 南京市地方志编纂委员会 . 南京简志 [M]. 南京：江苏古籍出版社，1986.

[38] 李昭祥 . 龙江船厂志 [M]. 南京：江苏古籍出版社，1999.

[39] 潘宗鼎 . 金陵岁时记 [M]. 南京：南京市秦淮区地方史志编纂委员会，南京市秦淮区图书馆，1993.

[40] 中共南京市下关区委员会，南京市下关区人民政府，南京大学文化与自然遗产研究所 . 百年商埠：南京下关历史溯源 [M]. 南京：凤凰出版传媒集团，江苏美术出版社，2011.

[41] 南京市公路管理处 . 南京近代公路史 [M]. 南京：江苏科学技术出版社，1990.

[42] 南京市市政府秘书处 . 新南京 [M]. 南京：南京出版传媒集团，南京出版社，2013：39.

[43] 徐鼎新，钱小明 . 上海总商会史（1902—1929）[M]. 上海：上海社会科学院出版社，1991.

[44] 徐寿卿 . 新南京志 [Z]. 南京：南京花牌楼共和书局，1928.

[45] 徐寿卿 . 金陵杂志（订正五版）[Z]. 南京共和书局，1927.

[46] 荣孟源 . 中国国民党历次代表大会及中央全会资料 [M]. 北京：光明日报出版社，1985.

[47] 上海市档案馆，中山市社科联 . 近代中国百货业先驱—上海四大公司档案汇编 [G]. 上海：上海书店出版社，2010：54.

[48] 南京大学历史学系扬子饭店历史研究课题组 . 南京扬子饭店历史研究（修订稿）[M]. 内部资料，2013.

[49] 刘先觉，杨维菊 . 建筑技术在南京近代建筑发展中的作用 [J]. 建筑学报，1996（11）：40-42.

[50] 朱翔 . 南京中央商场创办始末 [J]. 中国高新技术企业，2008（21）：196.

[51] 宋宝华 . 哈尔滨秋林公司史话（二）[J]. 黑龙江史志，2007（2）：39-42.

[52] 尤天然 . 近代化还是现代化 [J]. 探索与争鸣，1991（2）：59-60.

[53] 胡阿祥 . 中国历史研究的地域视野 [J]. 学海，2009（1）：12-13.

[54] 魏文静，汪亮 . 南京青溪变迁考略 [J]. 江苏地方志，2013（3）：40.

[55] 王凯 . 勾连南北，兴盛漕运—南京周边运河史话 [J]. 中国三峡，2015（1）：17-18.

[56] 汪熙 . 关于买办和买办制度 [J]. 近代史研究，1980（2）：171-172.

[57] 藤森照信 . 外廊样式—中国近代建筑的原点 [J]. 张复合，译 . 建筑学报，1993（5）：34-35.

[58] 何家伟 .《申报》与南洋劝业会 [J]. 史学月刊，2006（5）：126.

[59] 沈原 . 中西文化的交融与碰撞—记晚清政府派员参加美国圣路易斯博览会 [J]. 历史档案，2006（4）：72-76.

[60] 乔兆红 . 清末新政与中国近代博览会事业 [J]. 历史教学问题，2009（6）：8.

[61] 叶扬兵 . 清末江苏水电厂的考订 [J]. 学海，1999（5）：128.

[62] 李万万 . 中国人初识“美术馆”—南洋第一次劝业会中的“美术馆”[J]. 中国美术馆，2012（3）：111-117.

[63] 叶扬兵 . 清末江苏水电厂的考订 [J]. 学海，1999（5）：126-129.

[64] 刘珊 . 万牲园史考 [J]. 文物春秋，2003（3）：27-29，49.

[65] 李富慧 . 南洋劝业会期间举办的首届全国运动会 [J]. 江苏地方志，2010（2）：40-41.

[66] 周佳泉 . 基督教青年会与中国近现代体育 [J]. 体育文史，

1998（3）：32-33.

[67]　张兴华 . 南京太平商场一期工程营业楼设计断想 [J]. 江苏建筑，1999（5）：10-11，14.

[68]　刘凡 . 南京营造业和“四大金刚”[J]. 南京史志，1991（6）：76-77.

[69]　青锋 . 从塔里埃森到清华园—汪坦先生诞辰 100 周年纪念会侧记 [J]. 世界建筑，2016（6）：10-13.

[70]　罗晓翔 . 明代南京官房考 [J]. 南京大学学报（哲学·人文科学·社会科学），2014（6）：64-75.

[71]　罗晓翔 . 明代南京的房产管理与居住条件 [C]// 中国明史学会会议论文集 . 烟台：黄海数字出版社，2015.

[72]　周一凡 . 洋务运动在下关 [C]// 政协南京市下关区文史资料委员会 . 商埠春秋（下关文史第 7 集）. 南京：政协南京市下关区文史资料委员会，1998.

[73]　王引 . 饱经沧桑的下关商埠街 [C]// 政协南京市下关区文史资料委员会 . 商埠春秋（下关文史第 7 集）. 南京：政协南京市下关区文史资料委员会，1998.

[74]　赵晖 . 解放前的下关银行业 [C]// 政协南京市下关区文史资料委员会 . 商埠春秋（下关文史第 7 集）. 南京：政协南京市下关区文史资料委员会，1998.

[75]　青木信夫，徐苏斌 . 清末天津劝业场与近代城市空间 [C]// 建筑理论 • 历史文库编委会 . 建筑理论 • 历史文库（第 1 辑）. 北京：中国建筑工业出版社，2010.

[76]　潘君祥 . 辛亥革命与中国国货运动的产生 [C]// 潘君祥 . 中国近代国货运动 . 北京：中国文史出版社，1996.

[77]　潘君祥 . 三四十年代国货运动的持续发展和严重挫折 [C]// 潘君祥 . 中国近代国货运动 . 北京：中国文史出版社，1996.

[78]　寿墨卿 . 参加提倡国货运动的片段回忆 [C]// 潘君祥 . 中国近代国货运动 . 北京：中国文史出版社，1996.

[79]　华庆 . 下关药商 [C]// 政协南京市下关区文史资料委员会 . 商埠春秋（下关文史第 7 集）. 南京：政协南京市下关区文史资料委员会，1998：72.

[80]　张士杰 . 南京近代商业的发展 [C]// 南京市人民政府经济研究中心 . 南京经济史论文选 . 南京：南京出版社，1990.

[81]　许念飞 . 南京新街口街区形态发展变迁研究 [D]. 南京：南京大学，2004.

[82]　南京市政府 . 首都市政 [Z]. 南京：南京市政府，1948.

[83]　梁思成，刘致平 . 建筑设计参考图集第三集：店面 [Z]. 北京：中国营造学社，1935.

[84]　铁道部铁道年鉴编纂委员会 . 铁道年鉴：第一卷 [Z]. 铁道部铁道年鉴编纂委员会，1933.

[85]　刘靖夫，等 . 南京暨南洋劝业会指南 [Z]. 南京：南京金陵大学堂，清宣统二年（1910）.

[86]　陈乃勋，杜福堃 . 新京备乘 [Z]. 北京清秘阁南京分店发行，1932.

[87]　下关商埠局帮办 . 规划下关振兴商场之呈文 [J]. 中国实业杂志，1914，5（9）：5-7.

[88]　南京下关宜推广商场意见书 [J]. 江苏实业月志，1920（20）：15-18.

[89]　南京市政府秘书处统计室 . 二十四年度南京市政府行政统计报告 [R]. 南京：南京市政府秘书处（发行），1937.

[90]　国民经济建设运动委员会总会 . 南京绸缎业调查报告 [R]. 国民经济建设运动委员会总会发行，1937.

[91]　南京特别市工务局 . 南京特别市工务局十六年度年刊 [Z]. 南京：南京花牌楼太平街南京印书馆印刷，1928.

[92]　马轶群，李宗侃，唐英，等 . 首都城市建筑计划 [J]. 道路月刊，1928，23（2、3）：5-11.

[93]　南京市工务局 . 南京市工务报告 [R]. 南京：南京市工务局（发行），1937.

[94]　联合征信所南京分所调查组 . 南京金融业概览 [Z]. 南京：南京联合征信南京分所，1947.

[95]　中国银行经济研究室 . 全国银行年鉴（上）[Z]// 沈云龙 . 近代中国史料丛刊三编第二十四辑 . 台北：文海出版社有限公司，1987.

[96]　南京图书馆藏，《南京中央商场创立一览》，MS/F721/8(1912-1949)-01-202.

[97]　南京图书馆藏，《南京中央商场》，MS/F721/14(1912-1949)-01-201.

[98]　中国国货暂订标准（十七年九月二十二日部令公布）[J]. 工商公报，1928，1（5）：11.

[99]　《中国国货联合营业股份有限公司与各地中国国货公司合作契约（民国 36 年 3 月 13 日奉经济部批示准予备案）》[C]// 潘君祥 . 中国近代国货运动 . 北京：中国文史出版社，1996：526-528.

[100]　Cody J W.Building in China：Henry K. Murphy’s “Adaptive Architecture”，1914-1935[M].Hong Kong：The Chinese University Press，2001.

[101]　川端基夫 . 戦前·戦中期における百貨店の海外進出とその要因 [J]. 経営学論集，2009，49（1）：231-249.

[102]　Durand J N L.Précis of the lectures on architecture，[M]. Los Angeles：The Getty Research Institute，2000.

[103]　Giedion S. Space，time and architecture：the growth of a new tradition [M].London：Harvard University Press，1941.

[104]　Ingersoll R. There is no criticism，only history：an interview with Manfredo Tafuri [J].Design Book Review，1986（9）：8-11.

[105]　Lancaster B.The department store：a social history [M]. London and New York：Leicester University Press，1995.

[106]　Fowler H W，Fowler F G，The concise Oxford Dictionary of current English [D].London：the University of Oxford，1912.

[107]　York T.British architectural styles：an easy reference guide [M].Cambridge：Cambridge University Press，2008.

[108]　Hübsch H,et al.In what style should we build? The German debate on architectural style [M].Santa Monica：the Getty Center for the History of Art and the Humanities，1992.

[109]　Whiffen M. American architecture since 1780：a guide to the styles [M]. Cambridge：The MIT Press，1969：142.

[110]　Findling J E. Pelle K D. Historical dictionary of world’s fairs and expositions，1851-1988 [M].Connecticut：Greenwood Press，1990.

[111]　Miller M B.The bon marche：bourgeois culture and the department store，1869-1920 [M]. Princeton：Princeton University Press，1994：50.

[112]　Crozier W. The Nanyang Exhibition：China’s first great national show [J]. The Far-Eastern Review：Engineering，Commerce，Finance，1910，6（11）：503，504.

[113]　Shaw A. China’s first world’s fair [J]. American Review of Reviews，1910，41（6）：692.

[114]　1840-1980 苏格兰建筑师名录 [EB/OL].http://www.scottisharchitects.org.uk/architect_full.php?id=202154

[115]　Wright A，Cartwright H A. Twentieth century impressions of Hongkong，Shanghai，and other treaty ports of China：

their history，people，commerce，industries and resources [M]. London：Lloyd’s Greater Britain Publishing Company，Ltd，1908：628.

[116] The University of Nanking Magazine，Liu C F. Guide to Nanking and the Nangyang Exposition [M].Nanking：The University of Nanking Magazine，1910.

[117] 南洋劝业会日本出品协会 . 南京博览会各省出品调查书 [Z]. 东京：东亚同文会调查编纂部，1912.

[118] Wang S C. Shop signs of Imperial China [M].Beijing：Foreign Languages Press，2005.

[119] Pevsner N. A history of building types [M].Princeton：New Jersey，1979.

[120] Ketchum M. Shop and stores [M]. New York：Reinhold Pub.Corp.，1948.

[121] Mayfield F M. The department store story [M].New York：Fairchild Publications，Inc.，1949.

第六章

[1] 潘谷西 . 南京的建筑 [M]. 南京：南京出版社，1995：108.

[2] 叶皓 . 南京民国建筑的故事 [M]. 南京：南京出版社，2010.

[3] 李海清 . 中国建筑现代转型 [M]. 南京：东南大学出版社，2004.

[4] 童寯 . 童寯文集 [M]. 北京：中国建筑工业出版社 .2000.

[5] 刘先觉，张复合，村松伸，等 . 中国近代建筑总览：南京篇 [M]. 北京：中国建筑工业出版社，1992.

[6] 刘先觉，王昕 . 江苏近代建筑 [M]. 南京：江苏科学技术出版社，2008.

[7] 卢海鸣，杨新华 . 南京民国建筑 [M]. 南京：南京大学出版社，2001.

[8] 张燕 . 南京民国建筑艺术 [M]. 南京：江苏科学技术出版社，2000.

[9] 国都设计技术专员办事处 . 首都计划 [M]. 王宇新，王明发，点校 . 南京：南京出版社，2006.

[10] 南京市地方志编纂委员会 . 南京建筑志 [M]. 北京：方志出版社，1996.

[11] 南京市下关区地方志编纂委员会 . 下关区志 [M]. 北京：方志出版社，2005.

[12] 夏仁虎 . 秦淮志 [M]. 南京：南京出版社 ,2006.

[13] [明] 礼部 纂修 . 洪武京城图志：金陵古今图考 [M]. 南京：南京出版社 .2006.

[14] 中国早期博览会资料汇编 [G]. 全国图书馆文献缩微复制中心影印复制 . 北京：新华书店，2003.

[15] 上海工商社团志编纂委员会 . 上海工商社团志 [M]. 上海：上海社会科学院出版社 ,2001.

[16] 龚敏 . 近代旅馆业发展研究 1912-1937[D]. 长沙：湖南师范大学 ,2011.

[17] 熊浩 . 南京近代城市规划研究 [D]. 武汉：武汉理工大学，2003.

[18] 刘杨 .1930 年代的上海旅馆业研究 [D]. 上海：东华大学，2013.

[19] 蒋春倩 . 华盖建筑事务所研究 1931-1952[D]. 上海：同济大学，2008.

[20] 易伟新 . 近代中国第一家旅行社 [D]. 长沙：湖南师范大学，2003.

[21] 陆敏 . 历史文化名城商业中心的区位演变研究—以南京为例 [J]. 建筑与文化，2012（12）：80-82.

[22] 俞明 . 论下关开埠对南京政治经济地位与城市发展的影响—纪念南京下关开埠 10 周年 [J]. 南京社会科学，1994（4）：43-47.

[23] 洪振强 . 南洋劝业会与晚清社会发展 [J]. 江苏社会科学，2007（4）：204-210.

[24] 徐颂雯 . 民国公共空间的政治利用—南京中山路建造始末 [J]，新建筑，2102（5）：21-26.

[25] 藤森照信 . 外廊样式—中国近代建筑的原点 [J]. 张复合，译 . 建筑学报，1993（5）：34-35.

[26] 倪锦亚 . 南京中央饭店加固改造 [J]. 建筑结构，2001（3）：32-33.

[27] 司开国 . 华侨招待所与民国首都的美术记忆 [J]. 美术研究，2013（2）：104-108.

[28] 张赛群 . 论抗战期间国民政府的侨资引进政策 [J]. 华侨大学学报（哲学社会科学版），2009（1）：72-80.

[29] 周树 . 国际联欢社 [J]. 钟山风雨，2004（5）：57.

[30] 忻平 . 民国时期的旅馆业 [J]. 民国档案，1991（3）：108-112.

[31] 奚树祥 . 中国古代的旅馆建筑 [J]. 建筑学报，1982（1）：72-75.

[32] 首都饭店 [J]. 中国建筑，1935，3（3）：21.

作者简介

作者简介

（以本书出现的先后顺序）

周琦

周琦，美国伊利诺理工学院建筑学博士、东南大学建筑学院教授、博士生导师。主要从事近代建筑历史研究与遗产保护工作，在国内以城市为基础的研究与保护中处于领先地位，在过去二十多年里，分别主持修缮了近百项重要近代建筑遗址，包括原国民政府外交部、基督教圣保罗教堂、大华大戏院、下关滨江历史建筑、和记洋行建筑遗产等项目。发表了数十篇相关论文，代表性著作有《南京近现代建筑修缮技术指南》、论文集《回归建筑本源》等。同时致力于建筑创作及其理论的研究。2016 年因“人民日报社新大楼工程”获米兰设计奖建筑类金奖。

以下作者所写作有关章节，均为他们在东南大学建筑学院求学期间，由周琦教授指导完成的研究生论文的主要成果。

左静楠

东南大学博士研究生（2011—2017 年），1984 年生，2011 年获得东南大学建筑学硕士学位，专业为建筑设计及其理论，2011—2017 年于东南大学建筑学院攻读博士学位，2013—2015 年国家公派美国佐治亚理工学院联合培养博士研究生，代表作《彼得·卒姆托的材料观念及其影响下的建筑设计方法初探》，发表于《建筑师》2012 年第一期，现工作于河南省发展与改革委员会。

高钢

东南大学博士研究生（2010 年—），1981 年生，江苏扬州人，2004 年毕业于大连理工大学建筑与艺术学院建筑学专业，2007 年获得东南大学建筑学院建筑设计及其理论专业硕士学位，现为东南大学建筑学院在读博士研究生，主要研究领域为近代历史建筑保护修缮、既有建筑改扩建等。发表《建筑的复杂性与简单性：建筑空间与形式丰富性设计方法探讨》等多篇论文，参与编写《共同的遗产：上海现代建筑设计集团历史建筑保护工程实录》《中国建筑研究室口述史（1953—1965）》等书。

王荷池

东南大学博士研究生（2011—2018 年），1982 年生，2006 年获华中科技大学建筑学专业学士学位，2011 年获武汉理工大学环境艺术设计专业硕士学位，2011—2018 年于东南大学建筑学院攻读博士学位，研究方向为近代教育建筑研究、建筑遗产保护与利用研究等。在国内外期刊先后发表学术论文 6 篇，代表性论文有《南京近代教会中学的肇始：金陵中学历史建筑解析》，现任湖北工业大学土木与环境学院讲师。

陈勐

东南大学博士研究生（2012—2018 年），1986 年生，2010 年获山东建筑大学建筑学学士学位，2012 年获东南大学建筑学硕士学位，专业为建筑设计及其理论，2012—2018 年于东南大学建筑学院攻读博士学位，2014—2015 年国家公派美国得克萨斯大学奥斯汀分校联合培养博士。主要从事近现代建筑历史理论、建筑遗产保护与利用等方面的研究，以第一作者身份发表学术论文 6 篇，参加国内外学术会议 5 次，参与编著《中国近代建筑史（第一卷）》（2016）等，现为山东建筑大学建筑城规学院讲师。

张宇

东南大学硕士研究生（2012—2015 年），1988 年生，2012 年获大连理工大学建筑学学士学位，2012—2015 年于东南大学建筑学院攻读硕士学位，在学期间参与南京近代建筑调研与修缮工作，著《南京近代旅馆业建筑》论文，现工作于上海柏涛建筑设计咨询有限公司。

胡占芳

1984 年生，2011 年获东南大学工学硕士学位，专业为建筑历史与理论；2018 年获东南大学工学博士学位，专业为建筑遗产保护与管理。现任职于南京工业大学建筑学院。主要研究方向为中国近代居住建筑研究、中国传统建筑工匠技艺研究、建筑遗产保护与利用研究等，主持省部级课题 1 项、市厅级课题 1 项、行业协会课题 1 项、校级课题 1 项，在国内外期刊先后发表学术论文 9 篇。

陈亮

东南大学博士研究生（2011—2018 年），1985 年生，2011 年获东南大学工学硕士学位，2011—2018 年于东南大学建筑学院攻读博士学位，进行建筑历史与理论研究。代表性论文有《鹤湖新居：守望深圳客家》（2012 年）、《基于文化视角的历史研究与保护策略制定：以南京扬子饭店为例》（2015 年）、《记忆传承语境下“无身份”城市街区的更新尝试：上海 228 街坊保护与更新回顾》（2017 年）。

李蒙

东南大学博士研究生（2014 年—），1988 年生，2012 年获长沙理工大学建筑学学士学位，2014 年获东南大学建筑学硕士学位，2017—2018 年国家公派意大利罗马第一大学联合培养博士，现为东南大学建筑设计及其理论专业在读博士研究生。代表性论文有《南京下关火车站改造研究：南京近代铁路建筑保护方式探索》（2012 年）。

魏文浩

东南大学硕士研究生（2011—2014 年），1987 年生，2011 年获西安建筑科技大学建筑学学士学位，2011—2014 年于东南大学建筑学院攻读硕士学位，进行建筑历史与理论研究。代表性论文有《中国古代建筑中的微积分：浅谈傅熹年的模数研究》（2014 年）。

邱田

东南大学硕士研究生（2012—2014 年），1989 年生，2012 年获西安建筑科技大学建筑学学士学位，2012—2014 年于东南大学建筑学院攻读硕士学位，在学期间参与南京近代建筑调研与修缮工作，著《近代南京驻华使领馆建筑研究》论文，现工作于上海同济大学建筑设计研究院（集团）有限公司。

叶茂华

东南大学硕士研究生（2011—2014 年），1989 年生，2011 年获东南大学工学学士学位，2011—2014 年于东南大学建筑学院攻读硕士学位，代表性论文有《南京近代城市景观历史演变研究初探》（2014 年）、《基于用户体验角度的医院病房平面设计优化研究》（2015 年）。

张力

东南大学博士研究生（2011—2018 年），1984 年生，2007 年获天津大学建筑学专业学士学位，2010 年获东南大学建筑学硕士学位，2011—2018 年于东南大学建筑学院攻读博士学位。

2015—2016 年参加“公派罗马大学建筑系联合培养博士”项目。发表论文有《标志性建筑：人民日报社总部大楼》（2016 年）、《垂直的纪念碑与水平的公园：中西当代纪念物比较》（2016 年）、《南京和记洋行的历史及保护策略研究》（2016 年）、*Vertical Monument vs. Horizontal Landscape. Comparison of Chinese and Western Contemporary Memorials*（2017 年）等。

阮若辰

东南大学硕士研究生（2014—2017 年），1990 年生，2014 年获同济大学建筑学学士学位，2014—2017 年于东南大学建筑学院攻读硕士学位，在学期间参与编著《南京近现代建筑修缮技术指南》《形式与政治：建筑研究的一种方法》等著作，现工作于华东建筑设计研究总院。

卢婷

东南大学硕士研究生（2014—2017 年），1990 年生，2014 年获武汉大学建筑学学士学位，2014—2017 年于东南大学建筑学院攻读硕士学位，进行建筑历史理论与遗产保护研究。在学期间参与编著《南京近现代建筑修缮技术指南》《形式与政治：建筑研究的一种方法》等著作，现工作于广东保利房地产开发有限公司。

胡楠

东南大学硕士研究生（2013—2016 年），1990 年生，2012 年获重庆大学建筑学学士学位，2013—2016 年于东南大学建筑学院攻读硕士学位，进行建筑历史及理论研究。

赵姗姗

东南大学硕士研究生（2014—2017 年），1989 年生，2013 年获烟台大学建筑学学士学位，2014—2017 年于东南大学建筑学院攻读硕士学位，进行建筑历史理论与遗产保护研究。在学期间参与编著《南京近现代建筑修缮技术指南》《形式与政治：建筑研究的一种方法》等著作。现工作于北京城建设计发展集团。

孙昱晨

东南大学硕士研究生（2013—2016 年），1990 年生，2013 年获西南交通大学建筑学学士学位，2013—2016 年于东南大学建筑学院攻读硕士学位，著《南京和记洋行的历史及保护策略研究》论文。

许碧宇

东南大学硕士研究生（2013—2016 年），1990 年生，2013 年获东南大学建筑学学士学位，2013—2016 年于东南大学建筑学院攻读硕士学位。在学期间参与南京近代建筑研究与保护工作，发表论文《金陵机器制造局中近代工业建筑研究》。

韩艺宽

1989 年生，重庆大学助理研究员，东南大学 - 新加坡国立大学联合培养博士。主要研究方向为中国近代建筑史及近现代建筑遗产保护，曾参与周琦教授主持的多项科研项目与书籍编写，并在国内外期刊、会议等发表论文十余篇。代表论文有 *Research on detached housing construction technology in Nanjing during* 1930s（*International Journal of Architectural Heritage*，2020）、《城市公共空间中的政治——南京新街口广场建设（1930—1948）》（《建筑学报》，2020）等。

李莹韩

东南大学博士研究生（2017—2022 年），1990 年生，2014 年获武汉理工大学建筑学学士学位，2017 年获东南大学建筑学硕士学位，2022 年获东南大学工学博士学位，2019—2020 年期间，公派赴荷兰代尔夫特理工大学进行为期一年的联合培养。研究方向为建筑历史与理论，主要研究内容为近代历史建筑的保护修缮与再利用、南京近代建筑技术史，参与编写《南京近现代建筑修缮技术指南》，代表论文有 *Historical Study and Conservation Strategies of "Tianzihao" Colony (Nanjing, China)—Architectural Heritage of the French Catholic Missions in the Late 19th Century*（2021 年）等。

李宣范

东南大学硕士研究生（2016—2019 年），1993 年生，2016 年获青岛理工大学建筑学学士学位，2016—2019 年于东南大学建筑学院攻读硕士学位，在学期间参与下关大马路“天字号”住宅区、西白菜园历史风貌区、宁中里民国时期建筑风貌区等多个近现代文物建筑的保护与修缮设计项目。

胡蝶

东南大学硕士研究生（2016—2019 年），1993 年生，2016 年获上海大学工学学士学位，2016—2019 年于东南大学建筑学院攻读硕士学位，进行建筑历史理论与遗产保护研究。

朱力元

东南大学硕士研究生（2008—2010 年），1986 年生，2008 年获同济大学工学学士学位，专业为历史建筑保护工程；2008—2010 年于东南大学建筑学院攻读硕士学位。主要论文有《宋式与清式楼阁建筑平坐层比较：以独乐寺观音阁与曲阜奎文阁为例》《历史与未来之间的平衡点：世博会博物馆城市空间关系解析》等。现工作于华建集团华东建筑设计研究总院，参与完成上海世博会博物馆等工程。

王为

东南大学博士研究生（2007—2014 年），1984 年生，2007 年毕业于重庆大学建筑城规学院，获建筑学学士学位，2007 年起就读于东南大学建筑学院建筑历史与理论研究所，2014 年获工学博士学位。现为东南大学建筑学院建筑历史与理论研究所讲师，城市与建筑遗产保护教育部重点实验室（东南大学）成员，AS 建筑理论研究中心成员。研究方向包括：现代建筑史、全球建筑史、现代建筑理论、现代住宅史、美国现代建筑、南京近代建筑等。参与“建筑通史”“建筑史论”“住宅与都市”“建筑设计基础”等课程的教学及相关研究，目前主要进行国家自然科学基金青年项目“基于批判理论的住宅现代生产研究”的相关研究工作。已于各类期刊、会议发表学术论文 10 余篇，并参与新版《建筑设计资料集》第 8 分册“历史建筑保护设计 • 近代建筑”一节的编写工作。

王真真

东南大学博士研究生（2012 年—），1985 年生，2012 年获南京工业大学工学硕士学位，专业为建筑设计及其理论，现为东南大学建筑学院建筑历史理论与遗产保护专业在读博士研究生。主要研究领域为中国近现代建筑与城市。关注的问题包括南京近现代建筑的保护修缮设计与历史理论研究、南京近代建筑技术史研究。

书稿整理、校对者：

潘梦瑶

东南大学博士研究生在读（2019年—），1991年生，2014年获南京工业大学建筑学学士学位，2018年获南京工业大学建筑学硕士学位，2019年至今于东南大学建筑学院攻读博士学位，研究方向主要包括中国近代建筑史、近代建筑遗产保护、西方建筑理论等。在学期间参与整理、编写《近现代重要史迹及代表性建筑》（全国文物保护工程专业人员资格考试书目），参与撰写《近代建筑保护》词条，代表论文有《南京新街口第四象限城市设计及德基商业广场三期规划设计》《南京近代建筑彩画病害分析与保护研究》等。

姜翘楚

东南大学博士研究生在读(2019年—),1992年生,2016年获哈尔滨工业大学建筑学学士学位,2019年获东南大学建筑学专业硕士学位，2019年至今于东南大学建筑学院攻读博士学位。在学期间参与整理、编写《近现代重要史迹及代表性建筑》（全国文物保护工程专业人员资格考试书目）。

张祺

东南大学硕士研究生（2017—2020年），1994年生，2017年获东南大学建筑学学士学位，2020年获东南大学建筑学硕士学位。发表论文有《与自然和历史环境相融合的新建筑设计方法探讨：以南京下关滨江历史风貌区07-1地块设计为例》《都市中的自然，自然下的TOD：建筑与城市双重维度下的轨道交通综合体空间模式创新研究》等，现工作于启迪设计集团股份有限公司。

内容提要

本书是一部关于南京近代建筑历史研究的专著。与国内其他城市相比，南京近代建筑规模庞大、建筑类型多样、建筑遗存丰富。通过研究南京近代建筑历史，可以窥见中国近代建筑的发展脉络。

本书以大量南京近代建筑历史文献资料和1500多栋现存历史建筑的调研数据为基础，通过科学完整的价值判断体系研究，结合国内外最新史学观念，从人类学、社会学、考古学等角度，系统、完整地研究南京近代城市建筑遗产。针对南京近代城市和建筑发展的特点，按照不同建筑类型，结合各类案例进行分卷分章论述。本书主要内容包括：卷一，总述南京近代建筑史概况，论述南京城市规划、行政、教育、商业类建筑的发展，其中包含大量历史图纸与相关资料。卷二，论述居住、工业、交通、教堂、使领馆、城市公园、纪念性建筑的发展，并结合现代绘图手法与三维建模技术，重现历史场景，还原建筑构造。卷三，以案例的形式对南京现存各类型近代典型建筑进行详细论述，包括大量精细测绘图、模型及案例分析。

本书适合建筑、考古、历史、科技史、艺术史等相关领域研究者与爱好者参考阅读。

图书在版编目（CIP）数据

南京近代建筑史：全三卷 / 周琦等著. — 南京：东南大学出版社，2022. 7

ISBN 978－7－5641－9689－9

Ⅰ. ①南… Ⅱ. ①周… Ⅲ. ①建筑史－南京－近代 Ⅳ. ①TU-092.5

中国版本图书馆CIP数据核字（2021）第196797号

南京近代建筑史（卷一）

Nanjing Jindai Jianzhushi (Juan Yi)

著　　者　周　琦　等
责任编辑　戴　丽　贺玮玮
责任校对　张万莹
书籍设计　皮志伟
责任印制　周荣虎
出版发行　东南大学出版社
社　　址　南京市四牌楼 2 号（邮编：210096）
网　　址　http://www.seupress.com
电子邮箱　press@seupress.com
经　　销　全国各地新华书店
印　　刷　上海雅昌艺术印刷有限公司
开　　本　889 mm×1194 mm　1/16
印　　张　83（全三卷）
字　　数　1990千字（全三卷）
版　　次　2022年7月第 1 版
印　　次　2022年7月第 1 次印刷
书　　号　ISBN 978-7-5641-9689-9
定　　价　1200.00元（全三卷）

本社图书若有印装质量问题，请直接与营销部联系，电话：025-83791830。